"十二五"普通高等教育本科国家级规划教材

传热学

第6版

陶文铨 主编
李增耀 陈 黎 方文振 参编
（第四版编著 杨世铭 陶文铨
第五版编著 陶文铨）

中国教育出版传媒集团
高等教育出版社·北京

新形态教材网使用说明

1. 计算机访问 https://abooks.hep.com.cn/12288410,或手机扫描下方二维码访问新形态教材网。

2. 注册并登录,进入“个人中心”,点击“绑定防伪码”,输入图书封底防伪码(20 位密码,刮开涂层可见),完成课程绑定。

3. 在“个人中心”→“我的学习”或“我的图书”中选择本书,开始学习。

课程绑定后,数字课程使用有效期为一年。受硬件限制,部分内容无法在手机端显示,请按提示通过计算机访问学习。

如有使用问题,请直接在页面点击答疑图标进行问题咨询。

新形态教材网

MHT-Learning 软件使用说明

本书配置了一些复杂问题的习题,可以使用基于国产自主软件 MHT 的基本框架而开发的求解器(MHT-Learning)来求解。这些习题的解答发布在高等教育出版社新形态教材网,习题解答的资源详情和软件的使用方法等说明如下。

一、 资源详情

本书第 1~10 章中习题的最后列出“采用基于 MHT-Learning 工具软件的题目”,利用求解器即可获得习题及具体的求解过程和答案,供读者学习和参考。

二、 使用方法及意见反馈

1. 使用方法:MHT-learning 在高等教育出版社的服务器进行了线上部署。读者无须安装软件,直接使用手机、计算机等已连接互联网的终端设备,通过以下网址访问和使用本书的配套辅助教学软件:http://2d.hep.cn/chuanrexue/home。

2. 意见反馈:《传热学》(第 6 版)中第一次采用 MHT-learning 软件用于习题解答,软件的第一版难免会有疏漏和错误,欢迎读者积极反馈,反馈邮箱为 fangwenzhen@xjtu.edu.cn。

第6版
前 言

自2019年本书第五版出版以来，能源动力领域发生了一系列深刻的变化。首先，我国确立了“双碳”目标，提出了要构建以新能源为主体的新型电力系统的大目标。由于太阳能、风能的间歇性，储能技术成为国家构建新型电力系统、达成“双碳”目标的重要技术保障。其次，近年来我国氢能产业得到飞速发展，国家制定了发展氢能的中长期规划。此外，随着人工智能技术的突飞猛进，作为硬件支持的数据中心能耗剧增，热管理问题凸显。同时，人工智能技术的发展和广泛应用对传热学课程教学本身也提出了新的命题，课程教学的方法、方式与手段都随着人工智能技术的发展而开创了许多新的模式。随着我国国民经济向深层次方向发展，高等学校工科教育的产教融合成为一种新的发展趋势，传热技术在许多领域的应用都取得了骄人的进展。所有这些变化都要求作为能源动力学科的技术基础之一的传热学推出能适应新形势发展的教材。就是在这样的大形式下，我们开始了《传热学》(第6版)的编写工作。

《传热学》(第6版)的编写基本思想和体例与第五版基本相同。为了适应上述形势的发展，在第五版的基础上，第6版在以下几方面做了努力。

1. 适当地吸收学科及相关工程领域发展的新内容

这些新增的内容包括：新能源领域中的光伏板散热、塔式吸热器传热、锂电池冷却、氢燃料电池中的热质传递、芯片散热；广泛应用于换热器设计的翅片管束对流传热计算关联式；气体辐射的特性计算，目前几乎所有教材仍然采用20世纪30年代Hottel等人的图线，本书引入了20世纪70年代Leckner提出的计算公式；特别是增加了第12章，引入了炽耗散、传热结构拓扑优化、机器学习和传热学、变换热学和热超构材料设计四个方面的专题。

2. 努力地增加相关工程实施案例与课程思政内容

引入工程案例是加强学生工程观点、实施产教融合思想的重要环节。本书编者曾向国内相关工程领域的重要企事业单位征求有关工程案例，得到热烈响应，许多内容已经纳入第6版。例如，翅片管换热器的计算、颗粒堆积床的传热计算、火箭发动机外壳的辐射散热计算及涡轮机机匣的辐射传热计算等。

在教材编写中有机地、潜移默化地引入思政内容是本书编者们追求的目标。我们尽可能引入祖国在国民经济发展中的成就(例如研发了大量的新型换热器，祝融号火星探测器热防护系统等)，老一辈科学家们热爱祖国、淡泊名利的事迹，及解题步骤、有效数字、标准规范等，使学生能从多方面接受热爱祖国、陶冶情操和严密科学思维的教育及训练。

3. 积极地采用新的教学媒介和国产教学计算软件

本书通过二维码的形式提供了能拓宽学生知识面、激发学生学习兴趣的 33 个议题，同时通过适当的方式给教师提供全部题解及多媒体课件。特别值得提出的是，国外的传热学教材普遍采用了商业化的教学计算软件(例如 EES 等)，本书基于国产软件 MHT 研发了可用于传热习题计算的 MHT-Learning 软件，并将进一步开发网上提问与答疑的功能。

4. 严格地统一了主要术语的命名

目前，我国传热学教材中一些术语不统一，例如导热与热传导、对流换热与对流传热等，另外传热过程的传热系数与单个环节的传热系数极易混淆，不利于初学者掌握。针对这种情况，第 6 版做了严密的区分。例如，对流换热与辐射换热一律改为对流传热与辐射传热；由至少三个环节组成的热量传递过程称为总传热过程，其相应的系数称为总传热系数。

本书的编著从一开始就得到教育部能源动力类专业教学指导委员会与何雅玲主任委员的热情支持、指导与帮助；西安交通大学教务处处长王秋旺教授也对本书的编著给予了积极的支持；天津大学赵镇南教授仔细审阅了初稿，提出了不少宝贵意见，显著地提高了本书的质量；作者在此一并表示衷心感谢。本书编著者得到的国内许多企业的工程应用资料，凡已经纳入教材的都在相应部分标注了出处，我们要特别感谢中国核动力研究设计院、中国燃气涡轮研究院、武汉热能动力技术重点实验室、西安航天动力研究所、四平市巨元瀚洋板式换热器有限公司及中国航天科技集团公司第六研究院所提供的重要帮助。西安交通大学热流科学与工程系的各位同仁，特别是何茂刚教授、唐桂华教授、屈治国教授、曾敏教授、冀文涛教授、张剑飞教授、马挺教授、陈磊研究员在书稿修改及资料准备方面提供了帮助；编著者的学生曹宇帆、李志洋、孙诚汇、王杨、何泽鸿、李亚楠、夏琰宸、孙贤聘、田林、姚博文、於尚臻、郭琪、朱亚庆、金晓梅、刘梓玄、张瑞元、罗纪旺、袁义、杨骐瑞、凌涵、张生云、赵国睿、陈忆嘉、胡成卓在准备题解等方面提供了帮助；第 6 版的编著始终在高等教育出版社宋晓编审的帮助下进行，在此一并表示感谢。

虽然本书的全部作者都有幸参与了执行教育部高等教育司的两个项目(“能源动力类专业新形态基础技术课教材建设”及“能源动力类技术基础课中外教材比较研究”)的研究，但是限于我们的水平与阅历，本书在取材与选用方面还存在不足，欢迎读者批评与指正。

在《传热学》(第 6 版)即将出版之际，迎来了本书创始作者杨世铭先生的百岁诞辰纪念，谨将此书献给杨世铭先生的百岁诞辰。

编者

2023 年 12 月 20 日，西安

第五版 前言

本书是“十二五”普通高等教育本科国家级规划教材，是在第四版的基础上修订而成的，在编写的基本思想及体例等方面与第四版基本相同，但在下列5个方面有所变化。

1. 对第5、6、8、9、10章内容做了调整，以增加教材科学原理的系统性

(1) 第5章标题由原来的“对流传热的理论基础”改为“对流传热的理论分析与实验研究基础”，这样更能够体现即使到现在对流传热还很大程度地依赖于实验研究的事实，在内容上将原第6章中关于相似原理的6.1、6.2节移到第5章作为5.5、5.6节。

(2) 原9.4节气体辐射的特点及计算中关于气体辐射及吸收特性的计算移为8.4节，题为“气体的辐射特性及计算”，这样第8章中实际物体的固体、液体及气体的辐射特性在一起讨论，体系上比较合理；9.4节改题为“有气体参与的辐射传热的计算”。

(3) 原10.5节热量传递过程的控制中，关于强化对流传热的场协同原理部分移到第6章，设为6.6节，题为“强化单相对流传热的技术、机理及性能评价”，第10章中则从整个传热过程的角度来讨论强化问题。

2. 在相关部分适当增加了一些新的研究成果使教材更具有时代气息

这些新增的(或在第四版基础上增写的)内容主要有：

(1) 3.6节非傅里叶导热问题简介；

(2) 4.5节数值计算的稳定性、收敛性及精度；

(3) 6.5节微细尺度通道内的传热及纳米流体传热简介；

(4) 9.4节有气体参与的辐射传热的计算，该节除了介绍气体与黑体包壁之间的辐射传热(第四版中的内容)，还增加了无限大平板间有吸收性气体存在时的计算辐射传热的网络法。

考虑到专业重点的不同及学校情况的差别，这些部分都打了星号(*)。

此外，在全书的有关章节中还增添了以下内容：

(1) 在2.1节导热系数部分，增加了气凝胶及各向异性的编织材料的介绍，在附录3中也增加了相应的导热系数的资料；

(2) 在6.6节强化传热技术的介绍部分，将强化气体和液体传热的技术分门别类地介绍，并纳入了更多的实例；

(3) 在凝结传热部分引入了亲水表面与疏水表面的概念；

（4）在换热器形式方面增加了螺旋折流板换热器及印刷电路换热器的简介；

（5）在换热器热设计部分增加了 1-2 型换热器设计要避免出现温度交叉的情形；

（6）附录中增加了液氧、液氮、二氧化碳、液态金属铅等目前开始应用较广的传热介质的物性数据。

3. 增加了采用 MATLAB 求解的题目以培养学生使用工具软件的能力

考虑到工具软件的使用是国际上工程教育的一个发展趋向，以及 MATLAB 的巨大功能，本次从第 1 章到第 10 章都引入两三个采用工具软件的题目作为尝试。这些题目的解答文件可扫二维码查看。

4. 每章末尾增加了“兴趣阅读”，旨在提高学生的兴趣

这是为了给学有余力的学生提供一些可供本科生进一步阅读的资料而设置的，完全不属于教学要求，但也许能起到一些引起或增加学生学习兴趣的作用。感兴趣的学生可扫二维码查看。

5. 纠正了部分欠妥乃至有误的内容，以提高教材的科学性及严谨性

除了一些印刷、校对方面的错误，还发现一些不妥或错误的地方。例如在第 10 章介绍换热器的设计计算方法时，第四版中将传热系数 k 及传热面积 A 看作两个独立变量，实际上从换热器设计的三个方程只能获得 kA 的乘积，无法单独获得其中一个的值，因此第五版中将 kA 的乘积作为一个变量处理，逻辑上更为合理。

本书的编写得到教育部能源动力类专业教学指导委员会的关心与指导。第五版的编写思想曾在教学指导委员会主办的教学研讨会上介绍，从收到的与会代表的建议中，作者得到不少教益；初稿完成后，高等教育出版社及教学指导委员会联合委托清华大学李志信教授和华中科技大学黄素逸教授审阅，两位教授对书稿提出了许多宝贵的修改意见，显著地提高了本书的质量；教学指导委员会主任委员何雅玲教授及两任秘书长丰镇平教授、王秋旺教授都对本书的编写给予了热心的关注，特此深表谢意。西安交通大学热流科学与工程教育部重点实验室的各位同事，特别是何茂刚教授、李增耀教授、唐桂华教授、屈治国教授、曾敏教授、冀文涛副教授、张剑飞副教授、陈磊高级工程师，以及西安交通大学航天航空学院张虎副教授、西北工业大学材料学院苟建军副教授，对书稿内容的形成、资料的查询等提供了不少帮助；研究生和鹏、雷乐、白帆、蔡赛杰、张卓、史济伟协助编写用 MATLAB 求解的例题；本书第四版发行后，不少热心读者来信指出书稿中的印误或表述欠妥之处；高等教育出版社给作者提供了宽松的编写条件。在此一并表示衷心感谢。

当第五版初稿完成时，本书的创始人、陶文铨的恩师杨世铭教授已经驾鹤西去，谨以《传热学》（第五版）表达对杨世铭先生的深切怀念！

诚恳欢迎各种批评、修改意见。

作者

2018 年 8 月于西安

目 录

主要符号表

英文字母

a　热扩散率，m^2/s
A　面积，m^2
A_c　截面积，m^2
b　宽度，m
c　比热容，$J/(kg \cdot K)$；光速，m/s
c_B　组分 B 的物质的量的浓度，mol/m^3
c_f　范宁(Fanning)摩擦系数
c_p　比定压热容，$J/(kg \cdot K)$
c_1　第一辐射常量，$W \cdot m^2$
c_2　第二辐射常量，$m \cdot K$
d　直径，m
D　扩散系数，m^2/s
E　辐射力，W/m^2
E_λ　光谱辐射力，W/m^3
f　达尔西(Darcy)摩擦系数
F　力，N
g　重力加速度，m/s^2
G　投入辐射，W/m^2
h　表面传热系数，$W/(m^2 \cdot K)$；流体的比焓，J/kg
H　焓，J；高度，m
I　电流，A；定向辐射强度，$W/(m^2 \cdot sr)$
j　传热因子
J　有效辐射，W/m^2；电流密度，A/m^2
k　总传热系数，$W/(m^2 \cdot K)$
l　长度，m
M　质量通量密度，$kg/(m^2 \cdot s)$
M_r　相对分子质量
n　物质的量，mol；折射率
N　物质的量的通量密度，$kmol/(m^2 \cdot s)$
p　压力，Pa
P　功率，W；周长，m
q　热流密度，W/m^2
q_m　质量流量，kg/s
q_V　体积流量，m^3/s
Q　热量，J
r　半径，m；汽化潜热，J/kg；单位面积热阻，$K \cdot m^2/W$
r_f　污垢热阻，$K \cdot m^2/W$
R　总面积热阻，K/W；摩尔气体常数，$J/(mol \cdot K)$；电阻，Ω
s　程长，m
S　形状因子
t　摄氏温度，℃
T　热力学温度，K
u　速度，m/s；比热力学能，J/kg
U　热力学能，J；电位差，V
v　速度，m/s；比体积，m^3/kg
V　体积，m^3；电位，V
w　速度，m/s
w_B　组分 B 的质量分数
W　功，J
x　笛卡儿坐标，m；干度

希腊字母

α　体胀系数，K^{-1}；吸收比
β　肋化系数；体积密度，m^2/m^3
δ　厚度，m
ε　发射率；换热器效能
$\varepsilon(\lambda)$　光谱发射率
Φ　热流量，W

φ_B	组分 B 的体积分数
η	动力黏度，$Pa \cdot s$；效率
λ	导热系数，$W/(m \cdot K)$；波长，m 或 μm
ν	运动黏度，m^2/s
ϑ	过余温度，℃ 或 K；平面角，rad
Θ	量纲为一的①过余温度
ρ	密度，kg/m^3；反射比；电阻率，$\Omega \cdot m$
ρ_B	组分 B 的质量浓度，kg/m^3
$\rho(\lambda)$	光谱发射比
σ	斯特藩-玻尔兹曼（Stefan-Boltzman）常量，$W/(m^2 \cdot K^4)$；表面张力，N/m
τ	时间，s；透射比
τ_c	时间常数，s
$\tau(\lambda)$	光谱透射比
Ω	立体角，sr
φ	对数平均温差修正系数

相似特征数

Bi	毕渥（Biot）数
Fo	傅里叶（Fourier）数
Ga	伽利略（Galileo）数
Gr	格拉晓夫（Grashof）数
Ja	雅各布（Jakob）数
Kn	克努森（Knudsen）数②
Le	刘易斯（Lewis）数
Nu	努塞尔（Nusselt）数
Pe	佩克莱（Peclet）数
Pr	普朗特（Prandtl）数
Ra	瑞利（Rayleigh）数
Re	雷诺（Reynolds）数
Sc	施密特（Schmidt）数
Sh	舍伍德（Sherwood）数
St	斯坦顿（Stanton）数

① 按照现行国家标准 GB 3100—1993，“无量纲”应该称为“量纲一”，习惯上称为无量纲。

② 按有关名词术语标准翻译。

第 1 章

热量传递的基本方式及传热过程

本章讲述传热学的研究内容，扼要介绍热量传递的三种基本方式以及传热过程，并给出通过三种基本传热方式及传热过程所传递热量的计算公式，简要介绍传热学在科学技术领域中的应用及解题流程与规范。

本章的教学目的在于使读者对传热学这门学科的研究内容有一个总体的了解，为以后分章深入学习打下基础。

本书采用我国法定计量单位，其与工程单位之间的关系在本书的附录1中给出。

1.1 传热学的研究内容

1.1.1 传热学的研究内容

在大千世界中发生着各种各样的过程,其中与人类的生存关系最密切的物理过程之一是热能的传递:从现代楼宇的暖通空调到自然界的风霜雨雪的形成,从航天飞机重返大气层时壳体的热防护到电子器件的有效冷却,从一年四季人们穿着的变化到人类器官的冷冻储存,无不与热能的传递过程密切相关。传热学(heat transfer)就是研究由温差(temperature difference)引起的热能传递规律的科学。热力学第二定律指出:凡是有温差存在的地方,就有热能自发地从高温物体向低温物体传递(传递过程中的热能常称为热量)。自然界和各种生产技术领域中到处存在着温差,因此热能的传递就成为自然界和生产技术领域中一种极普遍的物理现象。这里所谓的热能传递规律,主要是指单位时间内所传递的热量(热能的多少)与相应的温度差之间的关系,反映这种规律的第一层次的关系式称为热量传递的速率方程(rate equation)。在本章的讨论中将给出热量传递的三种基本方式在一定简化条件下的速率方程。反映这种规律的更深层次的研究是要找出不同条件下相应的温度分布,这将在以后的有关章节中介绍。

1.1.2 传热学中的连续介质假设

连续介质假设是力学中的基本假设之一,最早由瑞士著名科学家欧拉于 1753 年提出。从空间来看,真实的流体和固体所占的空间充满着连续的无空隙的“质点”。所谓“质点”是指微观上充分大、宏观上充分小的微团,它所具有的宏观物理量(如质量、速度、压力、温度等)满足一切应该遵循的物理定律如质量守恒定律、牛顿运动定律、热力学定律及扩散等输运规律。“微观上充分大”是指该微团的尺度和微观粒子运动的尺度相比应足够大,使得微团中包含大量的微观粒子从而对微团进行统计平均后能得到确定的物理量;“宏观上充分小”是指微团的尺度和所研究的问题的特征尺度相比要充分小,使得微团的平均物理量可视作在微团内均匀不变,从而把该微团近似看成几何上的一个点。从时间来看,对于进行统计平均的时间,它还要求微观上充分长、宏观上充分短。所谓“微观上充分长”是指进行统计平均的时间应足够长,使得在这段时间内,微观的过程(如粒子间的碰撞)已进行了很多次,能够由统计平均得到确定的值;所谓“宏观上充分短”是指统计平均的时间与所研究问题的特征时间相比可以看成一个瞬间。

连续介质假设在一般情况下是成立的。例如对于气体,只要被研究对象的几何尺度远大于气体分子间的平均自由程,就可以把气体看作连续介质[1]。一个物理大气压、室温下的空气分子的平均自由程约为 0.07 μm($1\ \mu m=10^{-6}$ m)。由此可见,除非研究到微米级别的几何尺度中的热量传递现象,或者高空极其稀薄气体中热量传递问题,常规尺度下的气体都满足这一假定。最近三十余年中,微机电系统(micro-electromechanical system,MEMS)技术得到迅速发展。所谓微机电系统,是指由尺寸在 1 μm~1 mm 的器件所组成的系统。发生在这样大小的器件中的流动与传热问题通常不能采用连续介质的假定,这个问题将在对流传热部分给予简要介绍。另外,本书假定热量传递过程所发生的时间间隔远大于物体内的微观粒子在经受扰动后恢复平衡状态所需的时间，后者的数值一般很小，例如对铜和铁，在 $10^{-14} \sim 10^{-15}$ s 的数量级，因此大多数工程问题在时间上都能满足这一假定。但是对于超短脉冲激光技术，激光脉冲可以到飞秒（1 fs = 10^{-15} s）级别，可能就无法满足这一条件，这将在非傅里叶导热部分简要提及。

微观上，与热有关的微观粒子有分子（molecule）、电子（electron）、声子（phonon）、光子（photon），也称能量载子或载能子（energy carriers）。关于能量载子的输运行为，是微尺度热科学的研究热点，本书中仅适当提及，感兴趣的读者可查阅相关论著（如文献[2]）。

1.1.3 传热学与工程热力学的关系

一方面，传热学与工程热力学都是研究与热现象有关的科学，在我国工程教育界将这两门课程合称为热工课程。这两个科学领域研究内容的区别可以从以下几个方面来说明。首先，也是最根本的区别是：工程热力学研究的是处于平衡状态的系统，其中不存在温差或者压力差，而传热学则正是研究有温差存在时的热能传递规律。以将一个钢锭从 500 ℃ 在油槽中冷却到 100 ℃ 的过程为例，热力学可以告诉我们每千克的钢锭在这一冷却过程中散失的热量。假定钢锭的比热容为 450 J/(kg · K)，则每千克钢锭损失的热力学能为 1 kg×450 J/(kg · K)×(500−100) K = 180 kJ。但是，热力学无法告诉我们为达到这一温度需要多长时间。这一时间取决于油槽的温度、油的运动情况、油的物理性质等，这正是传热学的研究内容。其次，由于上面的根本原因，反映在热力学与传热学中广泛使用的物理参数单位上的区别是：在热力学的各个物理量（如焓、热力学能、熵、比热容等）中都不包含时间，而传热学的主要物理量都以时间作为分母，即关心单位时间内能传递多少热能[3]。

另一方面，传热学与工程热力学又有着密切的关系：分析任何的热量传递过程都要用到热力学第一定律，即能量守恒定律。热力学第一定律的表达式可以对闭口系统（closed system）写出，也可以对开口系统（open system）写出[4]。对于每种系统又有稳态（steady state）和非稳态（unsteady state）两种情形。从热量传递的角度，所谓稳态过程是指系统中各点的温度不随时间而改变的过程，而非稳态过程中各点的温度则随时间而异。以后在分析固体中的导热过程时要用到封闭系统的热力学第一定律表达式，而研究对流传热过程时则采用开口系统的表达方式。此外，在研究热能从一种介质传递到另一种介质时，在两种介质的分界面上也要用到能量守恒的原则。例如，对于图 1-1 所示的固体介质 Ⅰ 与流体介质 Ⅱ 发生热量传递的情形，从固体内部传递到图中所示的界面左侧的能量，无论过程为稳态或非稳态都应该等于从界面右侧传递到流体中去的能量。在传热学文献中经常使用“能量平衡”或者“热平衡”（energy or heat balance）这一术语，实际上这就是热力学第一定律的简单称谓。

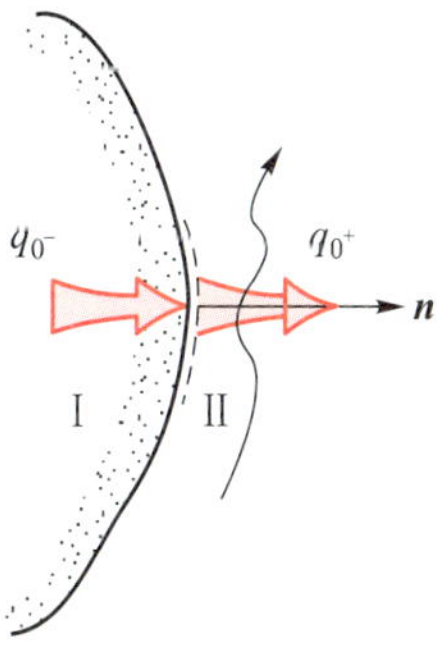

图 1-1　两种介质分界面上的能量平衡

热量传递过程的动力是温差，热能总是由高温处向低温处传递。两种介质或者同一物体的两部分之间如果没有温差就不可能有热量的传递，而这正是热力学第二定律所规定的基本内容。热力学第二定律指出，传热温差是一种不可逆损失；传热学中则研究如何在一定的传热温差下增加传热量的方法，也就是要减少为传递一定的热量所需的温差，以减少传热的不可逆损失。因此，热力学第一、第二定律是进行传热学研究的基础。

1.2 热能传递的三种基本方式

热能的传递有三种基本方式:热传导、热对流与热辐射。兹分别简述如下。

1.2.1 热传导

物体中或相互接触的物体间,仅依靠分子、原子及自由电子等微观粒子的热运动而产生的热能传递称为热传导(heat conduction),简称导热。例如,热量从固体内部温度较高的部分传递到温度较低的部分,以及从温度较高的固体传递给与之接触的温度较低的另一固体都是导热现象。

通过对大量实际导热问题的经验提炼,导热现象的规律已经总结为傅里叶(Fourier)导热定律。

考察如图 1-2 所示的两个表面均维持均匀温度的平板的导热。这是个一维导热问题,即温度仅在 x 方向上发生变化。对于 x 方向上任意一个厚度为 dx 的微元层来说,根据傅里叶定律,单位时间内通过该层的导热热量与当地的温度变化率及平板面积 A 成正比,即

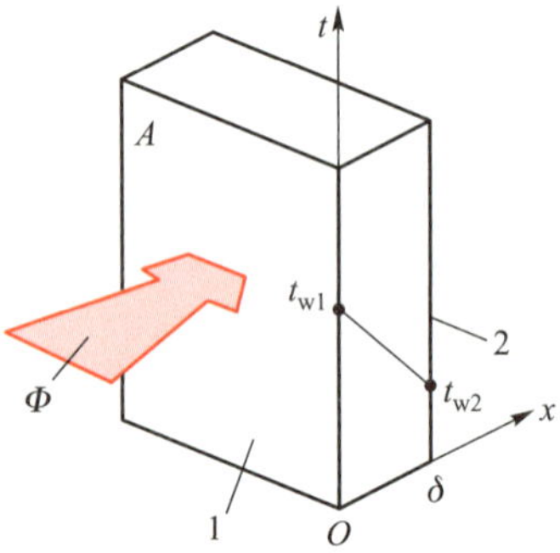

图 1-2 通过平板的一维导热

$$\Phi=-\lambda A\frac{\mathrm{d}t}{\mathrm{d}x} \tag{1-1}$$

式中:Φ 是单位时间内通过某一给定面积的热量,称为热流量(heat transfer rate);λ 是比例系数,称为热导率,又称导热系数(thermal conductivity);负号表示热量传递方向与温度升高的方向相反。式(1-1)是计算通过平板导热量的速率方程。

按 GB 3101—1993 的规定,物理量的符号代表其量值,即数值×单位。例如,热流量 Φ 的单位为 W,已隐含在符号 Φ 中。据此,本书以后所有用物理量的符号表示的表达式——量方程式,对于物理量的单位都应这样理解。

通过单位面积的热流量称为热流密度(heat flux),记为 q,单位为 W/m^2。当物体的温度仅在 x 方向发生变化时,按照傅里叶定律,热流密度的表示式为

$$q=\frac{\Phi}{A}=-\lambda\frac{\mathrm{d}t}{\mathrm{d}x} \tag{1-2}$$

傅里叶定律又称导热基本定律。式(1-1)和式(1-2)是一维稳态导热时傅里叶定律的数学表达式。由式(1-2)可见,当温度 t 沿 x 方向增加时,$\frac{\mathrm{d}t}{\mathrm{d}x}>0$,而 $q<0$,说明此时热量沿 x 减小的方向传递;反之,当$\frac{\mathrm{d}t}{\mathrm{d}x}<0$ 时,$q>0$,说明此时热量沿 x 增加的方向传递。傅里叶定律更完备的矢量表达式将在第 2 章中讨论。

导热系数是表征材料导热性能优劣的参数,是一种热物性参数(thermophysical property),其

单位为 W/(m·K)。不同材料的导热系数值不同,即使是同一种材料,导热系数值还与温度等因素有关,在第 2 章中将做进一步讨论。这里仅指出:一般地说,金属材料的导热系数最高,良导电体(如银和铜)也是良导热体;液体次之;气体最小。

例题 1-1　材料导热系数的影响

一块厚度 $\delta=50$ mm 的平板,两侧表面分别维持在 $t_{w1}=300$ ℃、$t_{w2}=100$ ℃。试求下列条件下通过单位截面积的导热量:(1) 材料为铜,$\lambda=375$ W/(m·K);(2) 材料为钢,$\lambda=36.4$ W/(m·K);(3) 材料为铬砖,$\lambda=2.32$ W/(m·K);(4) 材料为硅藻土砖,$\lambda=0.242$ W/(m·K)。

题解

假设:(1) 一维导热问题;(2) 稳态过程;(3) 导热系数为常数。

分析:参见图 1-2。据式(1-2)有

$$q=-\lambda\frac{\mathrm{d}t}{\mathrm{d}x}$$

在稳态过程中,垂直于 x 轴的任一截面上的导热量都是相等的。将上式对 x 做从 0 到 δ 的积分得

$$q\int_0^{\delta}\mathrm{d}x=-\lambda\int_{t_{w1}}^{t_{w2}}\frac{\mathrm{d}t}{\mathrm{d}x}\mathrm{d}x$$

$$qx\Big|_0^{\delta}=-\lambda t\Big|_{t_{w1}}^{t_{w2}}$$

所以

$$q=\frac{-\lambda(t_{w2}-t_{w1})}{\delta}=\frac{\lambda(t_{w1}-t_{w2})}{\delta}\qquad(\mathrm{a})$$

式(a)是当导热系数为常数时一维稳态导热的热流密度计算式。

计算:将已知数值代入式(a)得:

铜

$$q=375\ \mathrm{W/(m\cdot K)}\times\frac{300\ ℃-100\ ℃}{0.05\ \mathrm{m}}=1.50\times10^{6}\ \mathrm{W/m^2}$$

钢

$$q=36.4\ \mathrm{W/(m\cdot K)}\times\frac{300\ ℃-100\ ℃}{0.05\ \mathrm{m}}=1.46\times10^{5}\ \mathrm{W/m^2}$$

铬砖

$$q=2.32\ \mathrm{W/(m\cdot K)}\times\frac{300\ ℃-100\ ℃}{0.05\ \mathrm{m}}=9.28\times10^{3}\ \mathrm{W/m^2}$$

硅藻土砖

$$q=0.242\ \mathrm{W/(m\cdot K)}\times\frac{300\ ℃-100\ ℃}{0.05\ \mathrm{m}}=9.68\times10^{2}\ \mathrm{W/m^2}$$

讨论:由计算可见,由于铜与硅藻土砖导热系数的巨大差别,导致在相同的条件下通过铜板的导热量比通过硅藻土砖的导热量约大 3 个数量级。因此,铜是热的良导体,而硅藻土砖则可起到一定的隔热作用。

1.2.2　热对流

热对流(heat convection)是指由于流体的宏观运动而引起的流体各部分之间发生相对位移,冷、热流体相互掺混所导致的热量传递过程。热对流仅能发生在流体中,而且由于流体中的分子同时在进行着不规则的热运动,因而热对流必然伴随有热传导现象。工程上特别感兴趣的是流体流过一个物体表面时流体与物体表面间的热量传递过程,并称之为对流传热(convective heat transfer),以区别于一般意义上的热对流。本书只讨论对流传热。

就引起流动的原因而论,对流传热可区分为自然对流与强制对流两大类。自然对流(natural convection)是由于流体冷、热各部分的密度不同而引起的,暖气片表面附近受热空气向上流动就是一个例子。如果流体的流动是由于水泵、风机或其他压差作用所造成的,则称为强制对流

(forced convection)。冷油器、冷凝器等管内冷却水的流动都由水泵驱动,它们都属于强制对流。另外,工程上还常遇到液体在热表面上沸腾及蒸气在冷表面上凝结的对流传热问题,分别简称为沸腾传热(boiling heat transfer)及凝结传热(condensation heat transfer),它们是伴随有相变的对流传热。

对流传热的基本计算式是牛顿冷却公式(Newton's law of cooling)①:

流体被加热时 $$q=h(t_w-t_f) \tag{1-3}$$

流体被冷却时 $$q=h(t_f-t_w) \tag{1-4}$$

式中,t_w 及 t_f 分别为壁面温度和流体温度,℃。如果把温差(亦称温压)记为 Δt,并约定永远取正值,则牛顿冷却公式可表示为

$$q=h\Delta t \tag{1-5}$$

$$\Phi=hA\Delta t \tag{1-6}$$

式中,系数 h 称为表面传热系数(convective heat transfer coefficient)(以前又常称为对流换热系数),W/(m²·K)。式(1-6)是计算对流传热(也称对流换热)的速率方程。

表面传热系数的大小与对流传热过程中的许多因素有关。它不仅取决于流体的物性(λ、η、ρ、c_p 等)以及传热表面的形状、大小与布置,而且还与流速有密切的关系。式(1-5)[或式(1-6)]并不是揭示影响表面传热系数的种种复杂因素的具体关系式,而仅仅给出了表面传热系数的定义。研究对流传热的基本任务,就在于用理论分析或实验方法具体给出各种场合下 h 的计算关系式。这是本书第 5~7 章的主要内容。

表 1-1 给出了几种对流传热过程表面传热系数数值的大致范围。在传热学的学习中,掌握典型条件下表面传热系数的数量级是很有必要的。由表 1-1 可见,就介质而言,水的对流传热比空气强烈;就对流传热方式而言,有相变的优于无相变的,强制对流高于自然对流。例如,空气自然对流传热的 h 为 1~10 的量级,而水的强制对流的 h 的量级则是"成千上万"。

表 1-1 对流传热表面传热系数的大致数值范围

过程	h/[W/(m²·K)]
自然对流:	
空气	1~10
水	200~1 000
强制对流:	
气体	20~100
高压水蒸气	500~3 500
水	1 000~15 000
水的相变传热:	
沸腾	2 500~35 000
蒸汽凝结	5 000~25 000

---

① 1741 年,英国科学家牛顿(I. Newton)提出,当温度为 t_w 的物体受温度为 t_f 的流体冷却时,应有 $\frac{dt_w}{dx}\propto(t_w-t_f)$。后人遂把式(1-3)、式(1-4)命名为牛顿冷却公式。实际上,牛顿本人并未提出此式。

1.2.3 热辐射

物体通过电磁波来传递能量的方式称为辐射。物体会因各种原因发出辐射能，其中因热的原因而发出辐射能的现象称为热辐射(thermal radiation)。本书以后所提到的辐射一律指热辐射。

自然界中各个物体都不停地向空间发出热辐射，同时又不断地吸收其他物体发出的热辐射。辐射与吸收过程的综合结果就造成了以辐射方式进行的物体间的热量传递——辐射传热(radiative heat transfer)。当物体与周围环境处于热平衡时，辐射传热量等于零，但这是动态平衡，辐射与吸收过程仍在不停地进行。

导热、对流这两种热量传递方式只在有物质存在的条件下才能实现，而热辐射可以在真空中传递，而且实际上在真空中辐射能的传递最有效。这是热辐射区别于导热、对流传热的基本特点。辐射传热区别于导热、对流传热的另一个特点是，它不仅产生能量的转移，而且还伴随着能量形式的转换，即发射时从热能转换为辐射能，而被吸收时又从辐射能转换为热能。

实验表明，物体的辐射能力与温度有关，同一温度下不同物体的辐射与吸收本领也大不一样。在探索热辐射规律的过程中，一种称为绝对黑体[简称黑体(black body)]的理想物体的概念具有重大意义。所谓黑体，是指能吸收投入其表面上的所有热辐射能量的物体。黑体的吸收本领和辐射本领在同温度的物体中是最大的。

黑体在单位时间内发出的热辐射热量由斯忒藩-玻尔兹曼(Stefan-Boltzmann)定律①揭示：

$$\Phi = A\sigma T^4 \tag{1-7}$$

式中：T 为黑体的热力学温度，K；σ 为斯忒藩-玻尔兹曼常量，称为黑体辐射常数，它是个自然常数，其值为 5.67×10^{-8} W/(m^2·K^4)；A 为辐射表面积，m^2。

一切实际物体的辐射能力都小于同温度下的黑体。实际物体辐射热流量的计算可以采用斯忒藩-玻尔兹曼定律的经验修正形式：

$$\Phi = \varepsilon A\sigma T^4 \tag{1-8}$$

式中：ε 称为物体的发射率(emissivity)，习惯上又称黑度，其值总小于 1，它与物体的种类及表面状态有关，将在第 8 章进一步讨论；其余符号的意义同式(1-7)。

斯忒藩-玻尔兹曼定律又称四次方定律，是辐射传热计算的基础。

应当指出，式(1-7)、式(1-8)中的 Φ 是物体自身向外辐射的热流量，而不是辐射传热量。要计算辐射传热量还必须考虑投射到物体上的辐射热量的吸收过程，即要算收、支的总账，这将在第 9 章中详细讨论。一种最简单的辐射传热，即两块非常接近的互相平行黑体壁面间的辐射传热，可用迄今已讲过的知识求解，其计算式留给读者去推导。另外，一种简单的辐射传热情形是，一个表面积为 A_1、表面温度为 T_1、发射率为 ε_1 的物体被包容在一个很大的表面温度为 T_2 的空腔内，此时该物体与空腔表面间的辐射传热量按下式计算：

$$\Phi = \varepsilon_1 A_1 \sigma (T_1^4 - T_2^4) \tag{1-9}$$

1.2.4 几种热量传递方式同时存在的情形

以上分别讨论了三种传递热量的基本方式：导热、对流和热辐射。在实际问题中，这些方式

① 1879 年，斯忒藩(J. Stefan)据实验确立了这一定律；1884 年，玻尔兹曼(L. E. Boltzmann)从理论上证明了这一关系式。

往往不是单独出现的。例如，对于室内取暖的暖气片、锅炉中的省煤器及家用冰箱的外置式冷凝器来说，热量传递过程中各个环节的传热方式如图 1-3 所示。

暖气片　热水 —对流传热→ 管子内壁 —导热→ 管子外壁 —对流传热及辐射传热→ 室内环境

省煤器　烟气 —辐射传热及对流传热→ 管子外壁 —导热→ 管子内壁 —对流传热→ 水

冷凝器　蒸气 —凝结传热→ 管子内壁 —导热→ 管子外壁 —对流传热及辐射传热→ 室内环境

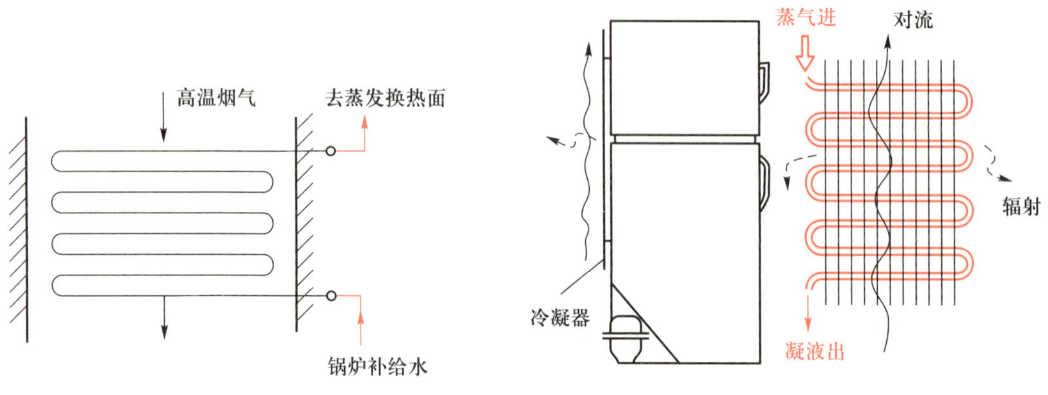

(a) 锅炉省煤器示意图　　(b) 冰箱的外置式冷凝器示意图

图 1-3　省煤器、冷凝器示意图

值得指出，在上述第 1、第 3 种情况中，最后一个方框内写的是“室内环境”，而不写“空气”。我们在第 8 章中会知道，空气没有辐射与吸收的能力，对流传热是管子外壁与周围空气间进行的，而辐射传热则是管子外壁与周围温度较低的其他固体表面（例如墙面）间进行的。

分析一个复杂的实际热量传递过程由哪些环节组成，以及在同一环节中有哪些热量传递方式起作用，是求解实际热量传递问题的基本功。例如，在上述锅炉省煤器中，为什么从烟气到管子外壁的热量传递要同时考虑对流传热及辐射传热，而从热水到内壁的热量传递只有对流传热，读者在学完本书后应有清楚的理解。

最后应当指出，傅里叶定律、牛顿冷却公式及斯忒藩-玻尔兹曼定律对稳态或非稳态过程都是适用的。对于非稳态过程，式(1-1)、式(1-6)及式(1-7)中的温度都是瞬时值，而且由于温度不仅仅是 x 的函数，式(1-1)中的 $\mathrm{d}t/\mathrm{d}x$ 应改为 $\partial t/\partial x$。

例题 1-2　蒸汽管道散热计算

一水平放置的蒸汽管道，其保温层外径 $d=583\ \mathrm{mm}$，外表面实测平均温度 $t_w=48\ ℃$。空气温度 $t_f=23\ ℃$，此时空气与管道外表面间的自然对流传热的表面传热系数 $h=3.42\ \mathrm{W/(m^2\cdot K)}$，保温层外表面的发射率 $\varepsilon=0.9$。试求：(1) 此管道的散热必须考虑哪些热量传递方式；(2) 每米长度管道的总散热量。

题解

假设：(1) 沿管子长度方向各给定参数都保持不变；(2) 稳态过程；(3) 管道周围的其他固体表面温度等于空气温度。

分析：此管道的散热有辐射传热和自然对流传热两种方式。自然对流传热量可按式(1-6)计算，管道外表面与室内物体及墙壁之间的辐射传热可以按式(1-9)计算。

计算：把管道每米长度上的散热量记为 q_l。据式(1-6)，单位长度上的自然对流散热量为

$$\begin{aligned} q_{l,c} &= \pi dh\Delta t = \pi dh(t_w - t_f) \\ &= 3.14 \times 0.583\ \text{m} \times 3.42\ \text{W/(m}^2 \cdot \text{K)} \times (48\ ℃ - 23\ ℃) \\ &= 156.5\ \text{W/m} \end{aligned}$$

每米长度管子上的辐射传热量为

$$\begin{aligned} q_{l,r} &= \pi d\sigma\varepsilon(T_1^4 - T_2^4) \\ &= 3.14 \times 0.583\ \text{m} \times 5.67 \times 10^{-8}\ \text{W/(m}^2 \cdot \text{K}^4) \times 0.9 \times [(48+273)^4\ \text{K}^4 - (23+273)^4\ \text{K}^4] \\ &= 274.7\ \text{W/m} \end{aligned}$$

于是每米长管道的总散热量为

$$q_l = q_{l,c} + q_{l,r} = 156.5\ \text{W/m} + 274.7\ \text{W/m} = 431.2\ \text{W/m}$$

讨论：计算结果表明，对于表面温度为几十摄氏度(℃)的一类表面的散热问题，自然对流散热量与辐射散热量具有相同的数量级，必须同时予以考虑。

例题 1-3　室温下钢板辐射能计算

一块发射率 $\varepsilon = 0.8$ 的钢板，温度为 27 ℃，试计算单位时间内钢板单位面积上所发出的辐射能。

题解

假设：(1) 钢板表面温度均匀；(2) 表面发射率均匀。

计算：按式(1-8)，钢板单位面积上所发出的辐射能为

$$\begin{aligned} q &= \varepsilon\sigma T^4 = 0.8 \times 5.67 \times 10^{-8}\ \text{W/(m}^2 \cdot \text{K}^4) \times (27+273)^4\ \text{K}^4 \\ &= 367.4\ \text{W/m}^2 \end{aligned}$$

讨论：注意，计算结果是钢板单位面积上辐射出去的能量，不是辐射传热量。如果室内环境温度也是 27 ℃，那么钢板的辐射传热量是多少呢？

1.3 传热过程和总传热系数

室内外温度不同时，室内外空气通过墙壁进行热量交换。在许多工业换热设备中，进行热量交换的冷、热流体也常分别处于固体壁面的两侧。例如，在上一节分析过的暖气片、锅炉省煤器及冰箱的冷凝器中的热量交换过程就是如此。这种热量由壁面一侧的流体通过壁面传到另一侧流体中去的过程称为传热过程(overall heat transfer process)。注意：这里“传热过程”这一术语有着明确的含义，它与一般性论述中把热量传递过程统称为传热过程不同。本书中所出现的“传热过程”都是指这一特定的含义。传热过程是工程技术中经常遇到的一种典型热量传递过程，是本书讨论的重要内容之一。在深入讨论导热、对流传热及辐射传热之前，对传热过程有个概略的了解是很必要的。

1.3.1 传热方程式

下面来考察冷、热流体通过一块大平壁交换热量的传热过程，导出传热过程的计算公式并加

以讨论。分析仅限于稳态的传热过程。一般来说,传热过程包括串联着的三个环节:(1) 从热流体到壁面高温侧的热量传递;(2) 从壁面高温侧到壁面低温侧的热量传递,亦即穿过固体壁的导热;(3) 从壁面低温侧到冷流体的热量传递。由于是稳态过程,通过串联着的每个环节的热流量 Φ 应该是相同的。设平壁表面积为 A,参照图 1-4 中的符号,可以分别写出上述三个环节的热流量的表达式如下:

$$\Phi = Ah_1(t_{f1}-t_{w1}) \tag{a}$$

$$\Phi = \frac{A\lambda}{\delta}(t_{w1}-t_{w2}) \tag{b}$$

$$\Phi = Ah_2(t_{w2}-t_{f2}) \tag{c}$$

将式(a)、(b)、(c)改写成温差的形式:

$$t_{f1}-t_{w1} = \frac{\Phi}{Ah_1} \tag{d}$$

$$t_{w1}-t_{w2} = \frac{\Phi}{A\lambda/\delta} \tag{e}$$

$$t_{w2}-t_{f2} = \frac{\Phi}{Ah_2} \tag{f}$$

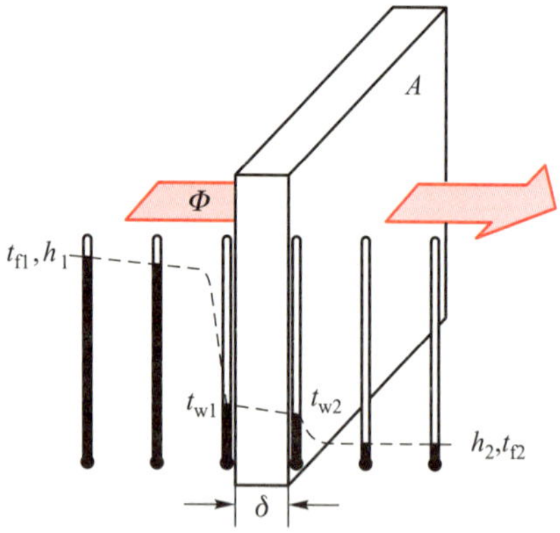

图 1-4　通过平壁的传热过程

将三式相加,消去温度 t_{w1}、t_{w2},整理后得

$$\Phi = \frac{A(t_{f1}-t_{f2})}{\dfrac{1}{h_1}+\dfrac{\delta}{\lambda}+\dfrac{1}{h_2}} \tag{1-10}$$

也可以表示成

$$\Phi = Ak(t_{f1}-t_{f2}) \tag{1-11}$$

式中,k 称为总传热系数(overall heat transfer coefficient),单位为 $W/(m^2 \cdot K)$。数值上,它等于冷、热流体间温差 $\Delta t = 1$ ℃、传热面积 $A = 1\ m^2$ 时的热流量的值,是表征传热过程强烈程度的标尺。传热过程越强烈,总传热系数越大,反之则越小。总传热系数的大小不仅取决于参与传热过程的壁面及两种流体的种类,还与过程本身有关(如流速的大小、有无相变等)。值得指出,如果需要计及流体与壁面间的辐射传热,则式(1-10)中的表面传热系数 h_1、h_2 可取为复合传热表面传热系数,它包括由辐射传热折算出来的表面传热系数在内,其计算方法将在第 9 章中讨论。表 1-2 列出了通常情况下总传热系数的大致数值范围。

表 1-2　总传热系数的大致数值范围

过程	$k/[W/(m^2 \cdot K)]$
从气体到气体(常压)	10～30
从气体到高压水蒸气或水	10～100
从油到水	100～600
从凝结有机物蒸气到水	500～1 000
从水到水	1 000～2 500
从凝结水蒸气到水	2 000～6 000

式(1-11)称为传热方程式,是换热器热工计算的基本公式,将在第 10 章详细学习。

1.3.2 传热热阻

由式(1-10)、式(1-11)可得到通过平板的传热过程的总传热系数 k 的表达式，即

$$k=\frac{1}{\frac{1}{h_1}+\frac{\delta}{\lambda}+\frac{1}{h_2}} \tag{1-12}$$

这个式子揭示了总传热系数的构成，即它等于组成传热过程诸串联环节的 $1/h_1$、δ/λ 及 $1/h_2$ 之和的倒数。如果对式(1-12)取倒数，还可理解得更深刻些。此时

$$\frac{1}{k}=\frac{1}{h_1}+\frac{\delta}{\lambda}+\frac{1}{h_2} \tag{1-13}$$

或

$$\frac{1}{Ak}=\frac{1}{Ah_1}+\frac{\delta}{A\lambda}+\frac{1}{Ah_2} \tag{1-14}$$

将式(1-11)写成 $\Phi=\frac{\Delta t}{1/(Ak)}$ 的形式并与电学中的欧姆定律 $I=\frac{U}{R}$ 相对比，不难看出 $1/(Ak)$ 具有类似于电阻的作用。把 $1/(Ak)$ 称为传热过程热阻(overall thermal resistance)。由类似的方法可知，传热过程热阻的组成 $1/(Ah_1)$、$\delta/(A\lambda)$ 及 $1/(Ah_2)$ 分别是各构成环节的热阻。图 1-5 是传热过程热阻分析图。串联热阻叠加原则与电学中串联电阻叠加原则相对应，即：在一个串联的热量传递过程中，如果通过各个环节的热流量相同，则各串联环节的总热阻等于各串联环节热阻之和。应用热阻的概念，在确认构成传热过程的各环节后，可以立即写出式(1-13)、式(1-14)，而不必做前面的推导。还应指出，式(1-14)虽然是对通过平壁的传热过程导出的(其特点是各个环节的热量传递面积都相等)，但对于各环节的热量传递面积不相等的情形，如通过圆筒壁的传热过程，式(1-14)的形式也成立，只要把各环节的热量传递面积代入相应的项中即可。而式(1-13)仅适用于通过平壁的传热过程，可以看成单位面积热阻的关系式。δ/λ 及 $1/h$ 称为单位面积热阻，其单位为 $m^2\cdot K/W$。热阻分析的方法很有用，本书在以后还要进一步讨论。

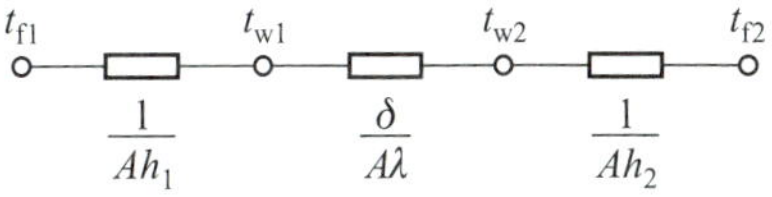

图 1-5 传热过程的热阻分析

例题 1-4 氟利昂冷凝器传热过程分析

对一台氟利昂冷凝器的传热过程做初步测算得到以下数据：管内水的对流传热表面传热系数 h_1 = 8 700 W/($m^2\cdot K$)，管外氟利昂蒸气凝结传热表面传热系数 h_2 = 1 800 W/($m^2\cdot K$)，传热管子壁厚 δ = 1.5 mm。管子材料是导热系数 λ = 383 W/(m·K)的铜。试计算三个环节的热阻及冷凝器的总传热系数。欲增强传热应从哪个环节入手？

题解

假设：(1) 稳态过程；(2) 将圆管按厚度等于管子壁厚的平板处理。

计算：三个环节单位面积热阻的计算分别如下：

水侧传热单位面积热阻 $\frac{1}{h_1}=\frac{1}{8\ 700\ W/(m^2\cdot K)}=1.15\times10^{-4}\ m^2\cdot K/W$

管壁导热单位面积热阻 $\frac{\delta}{\lambda}=\frac{1.5\times10^{-3}\ m}{383\ W/(m\cdot K)}=3.92\times10^{-6}\ m^2\cdot K/W$

氟利昂蒸气凝结面积热阻 $\frac{1}{h_2}=\frac{1}{1\,800\ \text{W}/(\text{m}^2\cdot\text{K})}=5.56\times10^{-4}\ \text{m}^2\cdot\text{K/W}$

于是冷凝器的总传热系数为

$$k=\frac{1}{\frac{1}{h_1}+\frac{\delta}{\lambda}+\frac{1}{h_2}}$$

$$=\frac{1}{1.15\times10^{-4}\ \text{m}^2\cdot\text{K/W}+3.92\times10^{-6}\ \text{m}^2\cdot\text{K/W}+5.56\times10^{-4}\ \text{m}^2\cdot\text{K/W}}$$

$$=1\,481.7\ \text{W}/(\text{m}^2\cdot\text{K})$$

讨论：水侧、管壁导热和氟利昂蒸气侧的单位面积热阻分别占总热阻的17.0%、0.6%和82.4%。氟利昂蒸气侧的热阻在总热阻中占主要地位，它具有改变总热阻的最大潜力。因此，要增强冷凝器的传热，应先从这一环节入手，并设法降低这一环节的热阻值。

1.4 传热问题的三种类型

传热学在科学技术各个领域中都有十分广泛的应用[5-6]。尽管各个科学技术领域中遇到的传热问题形式多样，但大致上可以归纳为以下三种：

(1) 强化传热(heat transfer enhancement)。即在一定的条件(如一定的温差、体积、重量或泵功等)下增加所传递的热量。

(2) 削弱传热(heat transfer reduction)，或称热绝缘。即在一定的温差下使热量的传递减到最小。

(3) 温度控制(temperature control)。为使一些设备能安全经济地运行，或者为得到优质产品，要对热量传递过程中物体关键部位的温度进行控制。

强化传热类型的问题可以家用空调器为例。最近40年，家用空调器的尺寸在不断地缩小，所需的能耗也有所降低，这主要归功于强化传热研究的成果。我们知道，蒸气压缩式的空调器由压缩机、膨胀阀、冷凝器及蒸发器(简称两器)组成，其中两器的体积占了空调器体积的大部分。在两器中，制冷剂在管内凝结或者蒸发，空气在管外冷却或者加热制冷剂。最近40年中，无论是强化空气侧的传热还是强化制冷剂侧的传热的研究都有长足的进步，导致空调器的尺寸不断缩小，能耗减少。

热绝缘类型的问题，对于高温的设备，目的是减少散热损失(heat loss)，对于低温设备，则是减少冷量的损失，或称减少漏热(heat leak)。以保存液氮、液氧的低温容器(称为杜瓦瓶)为例，由于采取了各种减少热量传递的措施，可以使得在垂直于杜瓦瓶壁面方向的热量传递减少到采取措施前的千分之一甚至更少，从而有效地防止了位于瓶中低温液体的蒸发，减少了能量损失。这两类问题都关系到节约能源问题。据估计，世界上的自然能源在被利用转化电能的过程中大约80%需要通过热能转换的环节，因此热能的高效传递方法的研究对于节约能源具有重要意义。能源问题是我国中长期科学技术发展规划中第一个提到的论题，节约能源是实现我国“双碳”目标及能源可持续发展的重要国策[7-8]，本书将对强化与削弱传热的原理与技术予以充分注意。

温度控制类型的问题可以电子器件的冷却和航天器重返大气层时的热防护为例。随着大规模集成电路技术的迅速发展，电子芯片单位面积的功率不断增加，及时地将器件的功耗所产生的热量排出，以保持器件一定的工作温度已经成为当前电子技术进一步发展的一个关键问题。据统计，当前电子器件损坏的主要原因是热损坏，即工作温度超过允许的数值。为了进一步提高个人计算机(PC)与笔记本电脑的性能，其芯片的有效冷却已经成为瓶颈问题。目前，从总体上说，芯片的冷却正在经历着从空气冷却(风冷)向液体冷却的技术发展。航天飞机在重返地球时，以当地声速的15~20倍的极高速度进入大气层，由于气体的黏性阻滞作用产生的大量热量会使飞行器表面(特别是前缘)受到剧烈的加热[称为气动加热(aero-heating)]。例如，当飞行速度为当地声速的20倍时，飞行器前缘点的温度可达10 000 K[9-10]。如何在这样恶劣的工作条件下对飞行器进行热防护(thermal protection)，是航天飞机设计中的关键问题。美国哥伦比亚号航天飞机失事就是因为热保护瓦的脱落所造成的。

还可指出，人的衣着随季节的变化就涉及上面所述的三种类型的问题：在冬天利用保温性能好的衣服来削弱人体向外界的散热，在夏天则是通过较多的裸露皮肤以及穿白色的衣服增加人体向环境的散热，而这样做的目的都是要把人体的温度控制在一定的范围以内。

由于传热学在科学技术领域中的应用如此广泛，它已成为许多工科专业的一门基础技术课程[5]。本书力图从这一角度来组织有关材料。

*1.5 传热学的研究方法

18世纪30年代，首先从英国开始的工业革命促进了生产力的空前发展。生产力的发展为自然科学的发展、成长开辟了广阔的道路。传热学这一门学科就是在这种大背景下发展成长起来的。在近两个世纪的发展过程中形成了传热学的三类研究方法。

(1) 实验测定

实验研究是传热学最基本的研究方法，因为所有热传递过程基本规律的揭示首先要通过实验测定来完成，在传热学中引入的诸如导热系数这一类的热物性参数要靠实验测定来获得。在现阶段，对流传热表面传热系数的工程计算公式都是通过实验测定得出的。在传热学发展进程中，为了能有效地进行对流传热的实验研究，形成与发展起来了相似原理的基本内容。实验的方法在传热设备性能的标定、过程的控制、实验仪器的开发以及新现象的研究中起着重要的作用。传热学实验研究获得的成果是本课程教学的基本内容，读者在学习本课程时应当对传热学的实验技能予以充分重视，特别要掌握温度与热量的测量方法并具备初步的实验研究技能[11-12]。本书在内容的组织方面也给予了充分注意。

(2) 理论分析

流体力学课程告诉我们：流体的速度、压力等参数是由纳维-斯托克斯方程以及连续性方程等一组偏微分方程所规定的。以后会知道，同样物体中各点的温度也由一个称为能量方程(energy equation)的偏微分方程所制约。应用数学分析的理论，求解在给定条件下的这些偏微分方程，从而得出能确定物体中各点的速度、温度等的函数，称为解析解或精确解（analytical or exact solution），这是传热学理论分析的主要任务。由于实际问题的复杂性，目前只能对情况比较简单的问题得出分析解。介绍这些分析解法及其结果是研究生高等传热学的主要内容。本课程中将对导热问题和若干有代表性的其他传热问题，介绍分析解法的基本步骤与思路，这对于培养读者利用基本原理分析复杂实际问题的能力很有好处，应予以重视。

（3）数值模拟

如上所述，由于对大多数实际情况，描写流动与传热问题的偏微分方程组难以得出分析解，随着计算技术的飞速发展，将这些偏微分方程转化为求解区域上的一组代数方程，从而通过计算机求解而得出其近似解的方法应运而生，并且得到迅速的发展，这就是数值传热学（numerical heat transfer）的研究内容。在最近40年中，对传热与流动过程进行数值模拟的商业软件如雨后春笋般地发展起来，出现了像PHOENICS、ANSYS-FLUENT、STAR-CCM+、ANSYS-CFX、PowerFLOW、COMSOL等这样一类通用的流动与传热问题的计算软件，也有不少像FloTHERM这样适用于某一工程领域（电子器件冷却）的专用软件，还有OpenFOAM这类开源且支持二次开发的平台（platform）。根据形势发展的需要，我国学者和企业正在开发具有自主知识产权的计算软件。本课程将通过导热问题的求解向读者介绍传热问题数值计算［又称数值模拟（numerical simulation）］的主要思想。关于对流传热问题的数值模拟方法由于涉及许多专门的知识[13-14]，本书不予展开，但引入一款计算软件来求解一些题目。

MHT-Learning

在教材中采用这些计算机求解工具可以引入更复杂、更加接近工程实际的传热问题，通过求解使学生对物理问题的控制方程及其计算机求解方法有更好的掌握，同时还能方便地分析影响因素等，从而能够更深入和全面地了解传热学的内容，是国际上的发展趋势[14-17]。基于这样的认识，本书增添了基于国产自主软件MHT的基本框架开发的求解器（MHT-Learning）来求解一些复杂问题的例子。

综上所述，由于理论分析、实验测定以及数值模拟各有其最适合的应用范围，这三种方法结合起来使用可以相互补充、相得益彰。本书将在不同的深度上分别介绍三种研究方法及其结果，并将有关内容组织成一个有机的整体，希望能为读者今后应用传热学的基本知识解决工程实际问题和进一步深造打下良好的基础。

1.6 解题流程

知识的掌握需通过解决现实世界中的实际问题来实现，而解决这些问题，特别是复杂的问题，建议读者在适用的情况下遵循以下步骤。

（1）问题描述。用自己的语言简单描述问题的主要信息以及需要计算或确定哪些量，这可以帮助读者在解决问题前对问题有准确的理解。

（2）问题分析。分析问题涉及的概念和物理定律（如存在哪些热量传递方式、这些热量传递方式处于哪个环节等），明确问题的影响因素（包括几何参数、物性参数、已知条件等），厘清主要因素和次要因素；强烈建议绘制相关示意图或草图，并在图上列出相关信息。图不必复杂详尽，但它应该能刻画问题的关键特征。

(3) 合理假设或简化。做出合理的假设或简化，以便获得一定条件下的解；补充必需但没明确给出的参数或条件，譬如环境温度和压力、求解区域等。

(4) 计算或求解。写出问题的数学描写（这将在后续部分详细介绍），将已知条件代入方程来计算未知量。需要注意变量的单位和有效数字，单位采用国际单位制。

(5) 讨论。确认解的合理性，评估假设或简化的有效性，指明解的意义及适应性。

以上步骤是解决工程问题的一般流程，本书例题将按照上列步骤开展，但步骤的顺序及多少将视题目情况而定。

1.7 有效数字及标准和规范

1.7.1 有效数字

把测量结果中能够反映被测量大小的带有一位存疑数字的全部数字叫有效数字。有效数字的一致性是在整个计算过程中需要保持的规则，这在实验测试及计算结果的表述中非常重要。

正确表述有效数字十分重要，但容易被忽视。一个数字的最低有效位意味着测量或计算的精度，例如 1.23（三位有效数字）中最低有效位 3 是一个估值，表明 1.23 这个结果实际上处于 1.22 和 1.24 这个范围内，小数点后再延伸更多的数位是没有意义甚至是错误的。当数字以指数形式表示时是最容易确定有效位数的，如表 1-3 所示。当对多个参数进行计算时，最终结果的有效数字应与问题中最不精确的参数保持一致。例如，体积 $V=3.14\ \mathrm{m}^3$、密度 $\rho=1.291\ \mathrm{kg/m^3}$，则 $\rho V=3.14\times1.291=4.053\ 74$，那么质量应表述为 $m=\rho V=4.05\ \mathrm{kg}$；只有当体积 $V=3.140\ 00\ \mathrm{m}^3$、密度 $\rho=1.291\ 00\ \mathrm{kg/m^3}$ 时，结果 4.053 74 kg 才是有意义的。当进行复杂计算时，中间计算过程中可以多取一位有效数字以减小截断误差，但最终结果需要四舍五入处理。当数字的有效数位不确定时，建议取三位有效数字来计算或处理。

准确度、精确度和有效数字

表 1-3 有效数字

数字	指数形式	有效位数
0.025 9	2.59×10^{-2}	3
0.259	2.59×10^{-1}	3
259	2.59×10^{2}	3
2 590	2.59×10^{3}	3
2 590	2.590×10^{3}	4

1.7.2 标准和规范

中共中央、国务院在 2021 年印发的《国家标准化发展纲要》中指出：“标准是经济活动和社会发展的技术支撑，是国家基础性制度的重要方面。标准化在推进国家治理体系和治理能力现代化中发挥着基础性、引领性作用。新时代推动高质量发展、全面

标准和规范

建设社会主义现代化国家，迫切需要进一步加强标准化工作。”

传热现象无处不在，传热器件和设备应用广泛。任何设备或器件，从设计、样机到最终的产品，都是以标准和规范为指导。标准包括国家标准、行业标准、地方标准、团体标准、企业标准、国际标准、国外标准。我国已经制定了多部与热量传递过程相关的标准，我们在进行相关工程设计时必须按照这些标准进行。例如关于换热器性能的测试，已经制定了《GB/T 27698—2023 热交换器及传热元件性能测试方法》。

本章小结与应用

1. 本章小结

本章的教学目的如下：

（1）介绍导热、对流传热、辐射传热与传热过程的基本概念及其传热量的计算公式，式(1-1)、式(1-6)、式(1-9)及式(1-11)可能是工程传热计算中使用频度最高的公式；

（2）了解传热学与工程热力学的关系，能将工程热力学的能量守恒原理应用到各种传热问题的分析之中；

（3）了解传热学的研究方法，使读者能主动、自觉地在课程学习过程中养成科学的学习方法，提高学习效果。

在介绍导热、对流、辐射及传热过程中，分别引进了一些系数，其中导热系数与表面发射率是物体的热物性参数，而表面传热系数以及总传热系数则与过程有关，同时要注意它们单位的区别。表 1-4 中总结了各种情形的速率方程和注意事项。至于如何获得表面传热系数，如何获得物体中的温度分布等则是本书以后各章的主要任务。

表 1-4　热量传递的速率方程

序号	传递方式	速率方程	有关的系数	注意事项
1	导热	$\Phi=-\lambda A\dfrac{dt}{dx}$	λ 是物性参数，单位为 W/(m·K)	负号的物理意义
2	对流传热	$\Phi=hA\Delta t$	h 的单位为 $W/(m^2\cdot K)$	h 与流体及过程有关
3	辐射传热	$\Phi=\varepsilon_1 A_1\sigma(T_1^4-T_2^4)$	ε 为量纲为一的量 σ 的单位为 $W/(m^2\cdot K^4)$	仅适用于物体 1 被包围于大空腔 2 中时的情形
4	传热过程	$\Phi=kA\Delta t$	k 的单位为 $W/(m^2\cdot K)$	k 与两侧的流体及过程有关，Δt 为热流体与冷流体的平均温差

2. 本章应用举例

人们都有这样的经历，对于相同的室温，夏天在该室温的房间内可能仍然觉得热，而冬天在这样的房间内则还有冷的感觉。这是什么原因呢？这是人体表面与室内环境对流与辐射复合传热量冬夏之间差别巨大所造成的。例题 1-5 给出了这样的计算结果。

例题 1-5　冬夏冷暖感觉的分析

计算夏天与冬天站立在室温同为 25 ℃的房间内的人体与环境间的传热量。站立的人体与空气间的自然对流传热表面传热系数取为 2.6 W/(m² · K)[17]，人体衣着与皮肤的表面温度取为 30 ℃，表面发射率为 0.95。夏天室内墙面温度取为 26 ℃，冬天取为 10 ℃。

题解

分析：人体与环境间的热交换包括人体与空气间的对流、人体与四周冷物体（以墙面为代表）的辐射传热以及与地板间的导热。人体与四周冷墙面间的辐射传热满足使用式(1-9)的条件。

假设：(1) 将人体简化为直径等于 25 cm、高 1.75 m 的圆柱；(2) 过程是稳态的；(3) 忽略人体与地板间的导热。

计算：传热面积 $A=3.14\times0.25\ \text{m}\times1.75\ \text{m}+3.14\times0.25^2/4\ \text{m}^2=1.42\ \text{m}^2$

人体冬天的总传热量：

$$\begin{aligned}\Phi_{\text{winter}}&=hA(t_{w1}-t_f)+\varepsilon A\sigma(T_{w1}^4-T_{w2}^4)\\&=2.6\ \text{W/(m}^2\cdot\text{K)}\times1.42\ \text{m}^2\times(30-25)\ \text{K}+0.95\times1.42\ \text{m}^2\times10^{-8}\ \text{W/(m}^2\cdot\text{K}^4)\times(303^4-283^4)\ \text{K}^4\\&=172.6\ \text{W}\end{aligned}$$

人体夏天的总传热量：

$$\begin{aligned}\Phi_{\text{summer}}&=hA(t_{w1}-t_f)+\varepsilon A\sigma(T_{w1}^4-T_{w2}^4)\\&=2.6\ \text{W/(m}^2\cdot\text{K}^4)\times1.42\ \text{m}^2\times(30-25)\ \text{K}+\\&\quad 0.95\times1.42\ \text{m}^2\times5.67\times10^{-8}\ \text{W/(m}^2\cdot\text{K}^4)\times(303^4-299^4)\ \text{K}^4\\&=51.9\ \text{W}\end{aligned}$$

讨论：(1) 同一室温下，冬天人体的散热量是夏天的 3 倍多，怪不得冬天会觉得冷，而夏天则由于不能及时散热而感到“热”。(2) 这里没有考虑导热。一般人体与地板间的导热量仅占总散热量的百分之几，略去不计是可以的。(3) 夏天如果人体还通过皮肤出汗散热，则其数量是可观的。这里没有考虑这种散热方式。

例题 1-6　祝融号火星车隔热系统漏热量计算

祝融号火星车于 2021 年 5 月 17 日成功着陆火星，成为我国第一个火面探测器。火星表面的热环境与地球表面类似，自转周期为 24.6 h，其表面存在主要成分为 CO_2 气体的大气，但火星表面的平均气压仅为地球的 1/100，平均气温 $t_e=-60$ ℃，且昼夜温差大。为了实现祝融号火星车在火星低温环境下长期生存，北京空间飞行器总体设计部热控工程师从“减小导热、削弱辐射、消除对流”三个方面为祝融号火星车配置了组合多种隔热措施的隔热系统。祝融号火星车隔热系统原理如图 1-6 所示，从被控温设备向外，依次是单面镀金聚酰亚胺膜、滞止二氧化碳气体层、单面镀金聚酰亚胺膜、气凝胶隔热板、碳纤维蒙皮铝蜂窝板（结构板）、单面镀金聚酰亚胺膜。近似评估在设备上施加多大的热流密度能将设备温度 t_s 维持在 −30 ℃以上。设计相关参数有：滞止二氧化碳气体层厚度 $\delta_c=40$ mm、x 方向导热系数 $\lambda_c=0.015$ W/(m · K)；气凝胶隔热板厚度 $\delta_a=30$ mm、x 方向导热系数 $\lambda_a=0.012$ W/(m · K)；碳纤维蒙皮铝蜂窝板 $\delta_f=15$ mm、x 方向导热系数 $\lambda_f=1.5$ W/(m · K)；单面镀金聚酰亚胺膜厚 25 μm；外界环境中的二氧化碳气体与最外单面镀金聚酰亚胺膜间的表面传热系数 $h_o=1.0$ W/(m² · K)。

题解

分析：火星车与外界存在对流传热和辐射传热。由于火星气温很低，所以需要抑制火星车被控温设备向外散失的热量。采用单面镀金聚酰亚胺膜是一种抑制辐射传热的有效措施（将在第 9 章详细介绍），而滞止二氧化碳气体层和气凝胶隔热板是低热导率材料，能有效减小导热量。

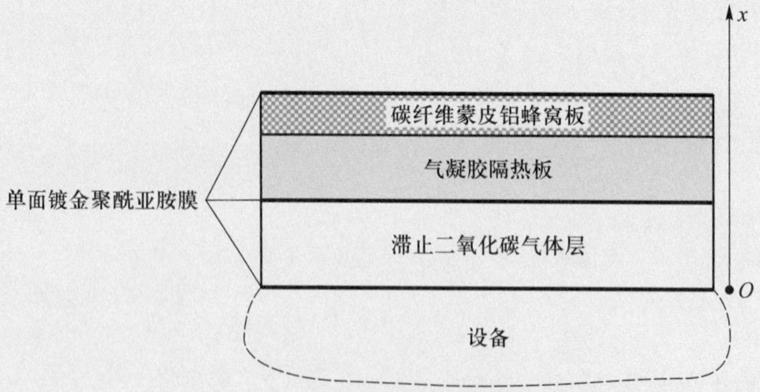

图 1-6　祝融号火星车隔热系统示意图

假设:(1) 过程是一维、稳态的;(2) 忽略单面镀金聚酰亚胺膜的导热热阻;(3) 由于多层单面镀金聚酰亚胺膜的存在,忽略辐射传热;(4) 忽略层间接触热阻。

计算:根据以上分析和简化,热量从内到外依次通过滞止二氧化碳气体层、气凝胶隔热板、碳纤维蒙皮铝蜂窝板到火星大气,根据热阻串联,设备上需要施加的热流密度为

$$q=\frac{t_s-t_e}{\dfrac{\delta_c}{\lambda_c}+\dfrac{\delta_a}{\lambda_a}+\dfrac{\delta_f}{\lambda_f}+\dfrac{1}{h_o}}$$

$$=\frac{(-30\ ℃)-(-60\ ℃)}{\dfrac{0.04\ \text{m}}{0.015\ \text{W}/(\text{m}\cdot\text{K})}+\dfrac{0.03\ \text{m}}{0.012\ \text{W}/(\text{m}\cdot\text{K})}+\dfrac{0.015\ \text{m}}{1.5\ \text{W}/(\text{m}\cdot\text{K})}+\dfrac{1}{1.0\ \text{W}/(\text{m}^2\cdot\text{K})}}$$

$$=\frac{30\ ℃}{2.67\ \text{m}^2\cdot\text{K/W}+2.5\ \text{m}^2\cdot\text{K/W}+0.01\ \text{m}^2\cdot\text{K/W}+1\ \text{m}^2\cdot\text{K/W}}$$

$$=4.85\ \text{W/m}^2$$

讨论:(1) 从计算结果可以看出,该隔热系统的主要热阻是由滞止二氧化碳气体层和纳米气凝胶隔热板组成,碳纤维蒙皮铝蜂窝板的导热热阻可以忽略;(2) 实际上,火星环境温度 T_e 是随时间变化的,昼夜温差大于 50 ℃。环境温度的变化将引起设备的温度随时间变化,这在实际中是需要考虑的;(3) 如何定量计算隔热系统内及火星的太阳辐射,也是值得注意的问题。(本例资料由北京空间飞行器总体设计部热控团队提供)

3. 课堂/课外讨论题

例题 1-7　因散热而引起的体温下降估算

一青年男子在冬天做身体耐寒的考验。在寒冷环境中,人体颤抖时会产生大量的新陈代谢热量,最多可达正常新陈代谢热量的几倍。假设试验一开始该男子就发生颤抖,所产生的新陈代谢热量 $\Phi=400$ W,而人体向周围环境的总散热量高达 $\Phi=800$ W,因此人体温度要逐渐下降。该男子的热容量为 5×10^5 J/K,试估计经历 1 h 的耐寒考验后,该男子的平均体温下降多少?

复习题

1. 试用简练的语言说明导热、对流传热及辐射传热三种热传递方式之间的联系与区别。

2. 以热流密度表示的傅里叶定律、牛顿冷却公式及斯忒藩-玻尔兹曼定律是应当熟记的传热学基本公式。试写出这三个公式并说明其中每个符号的意义。

3. 导热系数、表面传热系数及总传热系数的单位各是什么？它们中哪些是物性参数，哪些与过程有关？

4. 当热量从壁面一侧的流体穿过壁面传给另一侧的流体时，冷、热流体之间的换热量可以通过其中任何一个环节来计算（过程是稳态的），但本章中又引入了传热方程式，并说它是“换热器热工计算的基本公式”。试分析引入传热方程式的工程实用意义。

5. 用铝制水壶烧开水时，尽管炉火很旺，但水壶仍安然无恙。而一旦壶内的水烧干后水壶很快就被烧坏。试从传热学的观点分析这一现象。

6. 用一只手握住盛有热水的杯子，另一只手用筷子快速搅拌热水，握杯子的手会明显地感到热。试分析其原因。

7. 什么是串联热阻叠加原则，它在什么前提下成立？以固体中的导热为例，试讨论有哪些情况可能使热量传递方向上不同截面的热流量不相等。

8. 有两个外形相同的保温杯 A 与 B，注入同样温度、同样体积的热水后不久，就可以感到 A 杯的外表面热，而 B 杯的外表面则感觉不到温度的变化，试问哪个保温杯的质量较好？

9. 从改善散热的效果而言，置于室外的电力变压器外壳上油漆的颜色是深一点好还是浅一点好？

10. 在煤气灶上用铝锅煮鸡蛋，煮熟 2 个鸡蛋的时间是否是煮熟一个鸡蛋时间的 2 倍（其他条件相同）？

11. 塔式太阳能热发电是近年来新兴起的可再生能源发电设备。吸热器是塔式太阳能热发电系统中的关键部件之一，其作用类似于火电厂中的锅炉。它的位置一般在塔式光热电站的塔顶。一种典型的吸热器如图 1-7 所示，为国家首批光热示范项目——首航高科敦煌 100 MW 熔盐塔式光热发电项目的吸热器，由多列竖直管屏圆周排列组成，360°范围内接收来自定日镜场反射的能量。其正常工作时，熔盐在吸热器管内高速流动，吸收定日镜反射的光能。由于吸热器暴露在空气中，所以会有散热损失。请定性分析：(1) 吸热器工作过程中涉及哪些热量传递方式；(2) 如何提高吸热器的吸热效率。

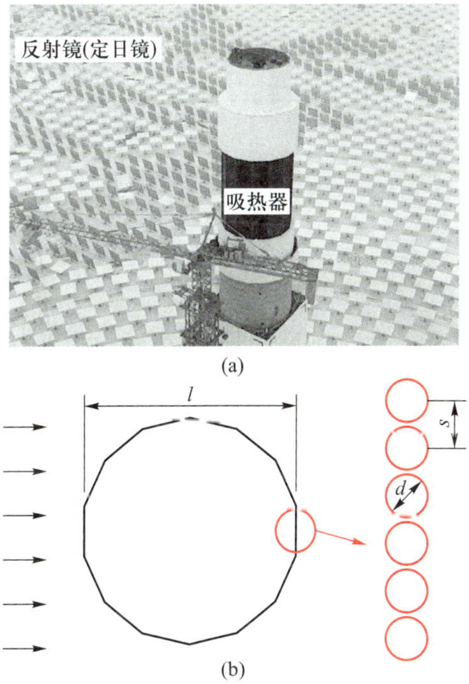

图 1-7　一种塔式吸热器（首航高科能源技术股份有限公司提供资料）

习题

能量平衡分析

1-1　夏天的早晨，一个大学生离开宿舍时的房间温度为 20 ℃。他希望晚上回到房间时的温度能够低一些，于是早晨离开时紧闭门窗，并打开了一个功率为 150 W 的电风扇。该房间的长、宽、高分别为 5 m、3 m、2.5 m。如果该大学生 10 h 以后回来，试估算房间的平均温度是多少。

1-2　理发吹风器的结构示意图如附图所示，风道的流通面积 $A_2=60\ \text{cm}^2$，进入吹风器的空气压力 $p=100\ \text{kPa}$，温度 $t_1=25\ ℃$。要求吹风器出口的空气温度 $t_2=47\ ℃$，试确定流过吹风器的空气的质量流量以及吹风器出口的空气平均速度。电加热器的功率为 1 500 W。

1-3　淋浴器的喷头正常工作时的供水量一般为每分钟 1 000 cm^3。冷水通过电热器从 15 ℃被加热到 43 ℃。试问电热器的加热功率是多少？为了节省能源，有人提出可以将用过后的热水（温度为 38 ℃）送入一个换热器去加热进入淋浴器的冷水。如果该换热器能将冷水加热到 27 ℃，试计算采用余热回收换热器后洗澡 15 min 可以节省多少能量。

1-4　对于附图所示的两种水平夹层，试分析冷、热表面间热量交换的方式有何不同。如果要通过实验来测定夹层中流体的导热系数，应采用哪一种布置？

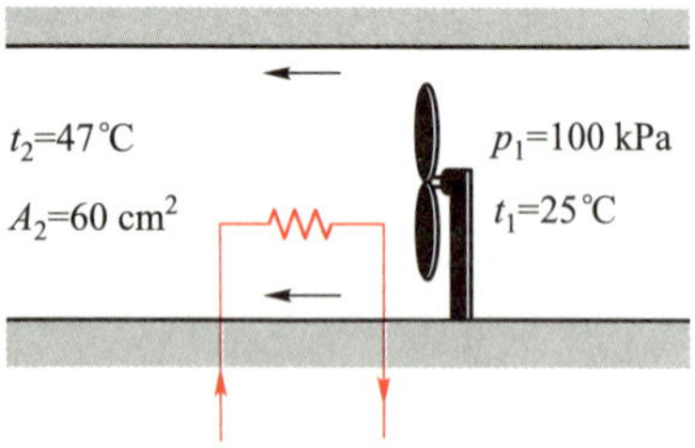

习题 1-2 附图

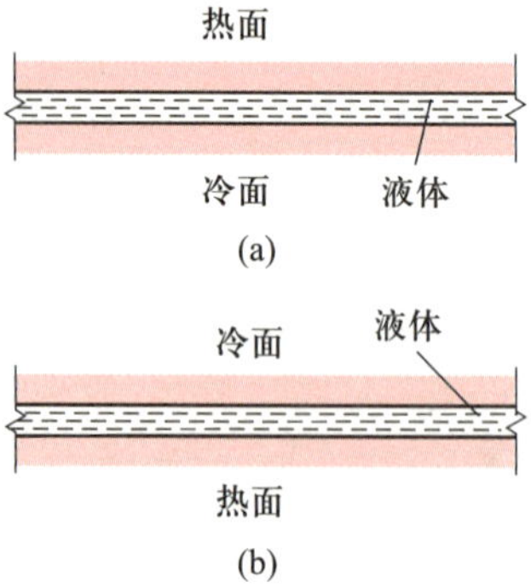

习题 1-4 附图

1-5　一个内部发热的球悬挂于室内，对于附图所示的三种情况，试分析：(1) 球表面热量散失的方式；(2) 球表面与空气之间的热交换方式。

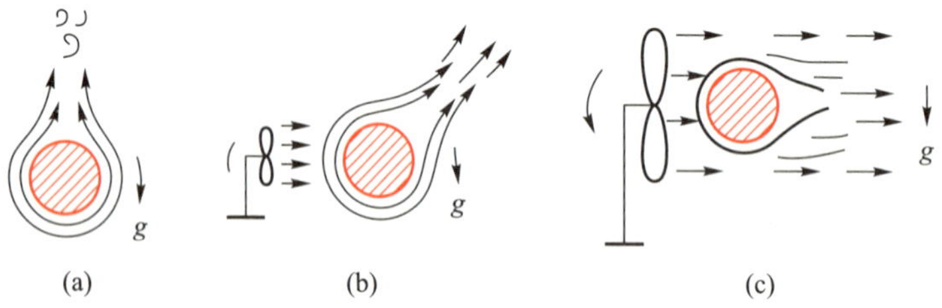

习题 1-5 附图

1-6　一宇宙飞船的外形如附图所示，其中外遮光罩是凸出于飞船船体之外的一个光学窗口，其表面的温度状态直接影响飞船的光学遥感器。船体表面各部分的表面温度与遮光罩的表面温度不同。试分析飞船在太空中飞行时与外遮光罩表面发生热交换的对象可能有哪些，传热的方式是什么？

1-7　热电偶常用来测量气流温度。附图所示为用热电偶测量管道中高温气流的温度 T_f，管壁温度 $T_w<T_f$。试分析热电偶接点的传热方式。

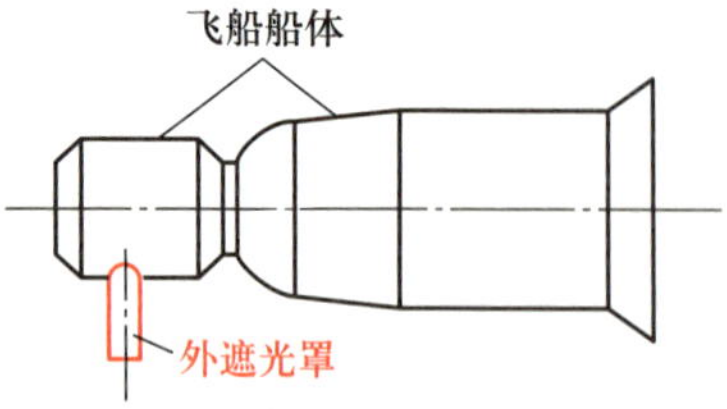

习题 1-6 附图

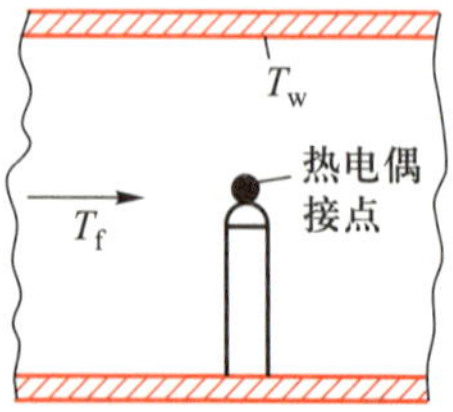

习题 1-7 附图

1-8　热水瓶瓶胆剖面示意如附图所示。瓶胆的两层玻璃之间抽成真空，内胆外壁及外胆内壁涂了发射率很低（约 0.05）的银。试分析热水瓶具有保温作用的原理。如果不小心破坏了瓶胆上抽气口处的密封，这会影响保温效果吗？

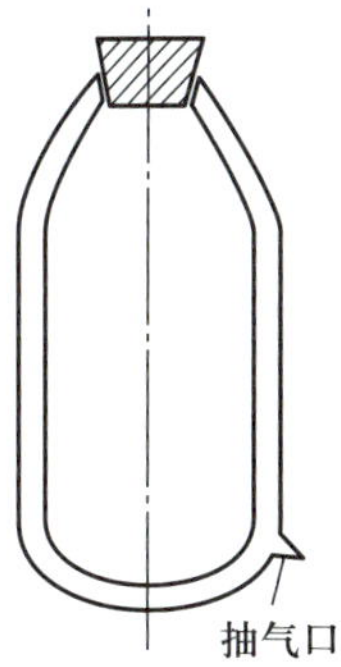

习题 1-8 附图

导热

1-9　一砖墙的表面积为 12 m^2，厚 260 mm，平均导热系数为 1.5 W/(m · K)，设面向室内的表面温度为 25 ℃，外表面温度为 -5 ℃，试确定此砖墙向外界散失的热量。

1-10　一炉子的炉墙厚 13 cm，总面积为 20 m^2，平均导热系数为 1.04 W/(m · K)，内、外壁温分别为 520 ℃ 及 50 ℃。试计算通过炉墙的热损失。如果所燃用的煤的发热值为 2.09×10^4 kJ/kg，问每天因热损失要用掉多少千克煤？

1-11　夏天，阳光照耀在一厚 40 mm 的用层压板制成的木门外表面上，用热流计测得木门内表面的热流密度为 15 W/m^2，外表面温度为 40 ℃，内表面温度为 30 ℃。试估算此木门在厚度方向上的导热系数。

对流

1-12　在一次测定空气横向流过单根圆管的对流传热试验中，得到下列数据：管壁平均温度 $t_w = 69$ ℃，空气温度 $t_f = 20$ ℃，管子外径 $d = 14$ mm，加热段长为 80 mm，输入加热段的功率为 8.5 W。如果全部热量通过对流传热传给空气，试问此时的对流传热表面传热系数多大？

1-13　对置于水中的不锈钢管采用电加热的方法进行压力为 1.013×10^5 Pa 的饱和水沸腾传热试验，测得加热功率为 50 W。不锈钢管外径为 4 mm，加热段长为 10 cm，表面平均温度为 109 ℃。试计算此时沸腾传热的表面传热系数。

1-14　一长、宽均为 10 mm 的等温集成电路芯片安装在一块底板上，温度为 20 ℃ 的空气在风扇作用下冷却芯片。芯片的最高允许温度为 85 ℃，芯片与冷却气流间的平均表面传热系数为 175 W/(m^2 · K)。试确定在不考虑辐射时芯片的最大允许功率。芯片顶面高出底板的高度为 1 mm。

1-15　用均匀地绕在圆管外表面上的电阻带作加热元件，以进行管内流体对流传热试验，如附图所示。用功率表测得外表面加热的热流密度为 3 500 W/m^2；用热电偶测得某一截面上的空气温度为 45 ℃，内管壁温度为 80 ℃。设热量沿径向传递，外表面绝热良好，试计算所讨论截面上的局部表面传热系数。圆管的外径为 36 mm，壁厚为 2 mm。

1-16　为了说明冬天空气的温度以及风速对人体冷暖感觉的影响，欧美国家的天气预报中普遍采用风冷温度的概念（wind-chill temperature）。风冷温度是一个当量的环境温度，当人处于静止空气的风冷温度下时其散热量与人处于实际气温、实际风速下的散热量相同。从散热计算的角度可以将人体简化为直径为 25 cm、高 175 cm、表面温度为 30 ℃ 的圆柱，试计算当表面传热系数为 15 W/(m^2 · K)时人体在温度为 20 ℃ 的静止空气中的散热量。如果在一个有风的日子，表面传热系数增加到 50 W/(m^2 · K)，人体的散热量又是多少？此时风冷温度是多少？

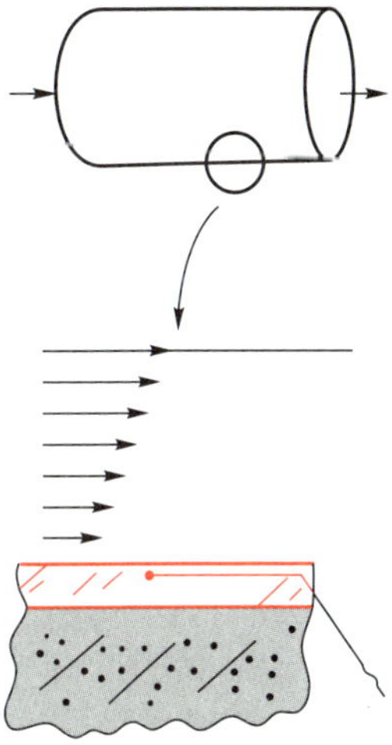
习题 1-15 附图

辐射

1-17　有两块无限靠近的黑体平行平板，温度分别为 T_1 及 T_2。试按黑体的性质及斯忒藩-玻尔兹曼定律导出单位面积上辐射传热量的计算式。（提示：无限靠近意味着每一块板发出的辐射能全部落到另一块板上。）

1-18　宇宙空间可近似地看成 2.7 K 的真空空间。一航天器在太空中飞行，其外表面平均温度为 250 K，表面发射率为 0.7，试计算航天器单位表面上的传热量。

1-19　在习题 1-14 中，如果把芯片及底板置于一个封闭的机壳内，机壳的平均温度为 20 ℃，芯片的表面黑度为 0.9，其余条件不变，试确定芯片的最大允许功率。

1-20 半径为 0.5 m 的球状航天器在太空中飞行，其表面发射率为 0.8。航天器内电子元件的散热量总计为 175 W。假设航天器只与 2.7 K 的宇宙空间发生辐射传热，试估算其外表面的平均温度。

热阻分析

1-21 有一台气体冷却器，气侧表面传热系数 $h_1=95\ \mathrm{W/(m^2\cdot K)}$，壁面厚度 $\delta=2.5\ \mathrm{mm}$，$\lambda=46.5\ \mathrm{W/(m\cdot K)}$，水侧表面传热系数 $h_2=5\ 800\ \mathrm{W/(m^2\cdot K)}$。设传热壁可以看作平壁，试计算各个环节单位面积的热阻及从气到水的总传热系数。请指出为了强化这一传热过程，应首先从哪一个环节着手？

1-22 在上题中，如果气侧结了一层厚 2 mm 的灰，其 $\lambda=0.116\ \mathrm{W/(m\cdot K)}$，水侧结了一层厚 1 mm 的水垢，其 $\lambda=1.15\ \mathrm{W/(m\cdot K)}$，其他条件不变。试问此时的总传热系数为多少？

1-23 在锅炉炉膛的水冷壁管子中有沸腾水流过，以吸收管外的火焰及烟气辐射给管壁的热量。试针对下列三种情况画出从烟气到水的传热过程的温度分布曲线：

（1）管子内、外均干净；

（2）管内结水垢，但沸腾水温与烟气温度保持不变；

（3）管内结水垢，管外结灰垢，沸腾水温及锅炉的产汽率不变。

1-24 在附图所示的稳态传递过程中，已知 $t_{w1}=460\ ^\circ\mathrm{C}$，$t_{f2}=300\ ^\circ\mathrm{C}$，$\delta_1=5\ \mathrm{mm}$，$\delta_2=0.5\ \mathrm{mm}$，$\lambda_1=46.5\ \mathrm{W/(m\cdot K)}$，$\lambda_2=1.16\ \mathrm{W/(m\cdot K)}$，$h_2=5\ 800\ \mathrm{W/(m^2\cdot K)}$。试计算单位面积所传递的热量。

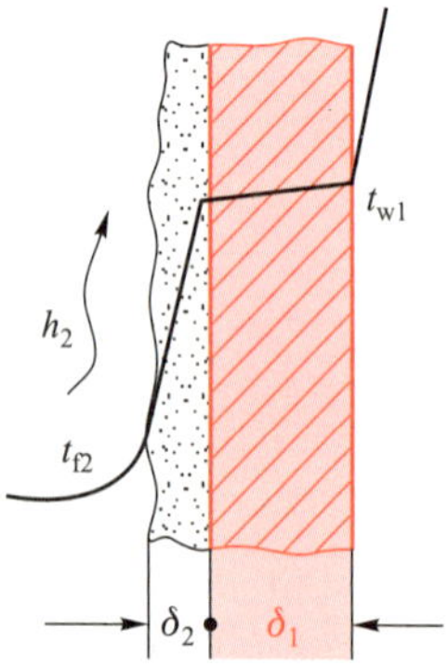

习题 1-24 附图

1-25 在工程传热问题的分析中定性地估计传热壁面的温度工况是很有用的。对于一个稳态的传热过程，试概括出通过热阻以估计壁面温度工况的简明法则。

传热过程及综合分析

1-26 有一台传热面积为 12 m^2 的氨蒸发器。氨液的蒸发温度为 0 ℃，被冷却水的进口温度为 9.7 ℃、出口温度为 5 ℃，蒸发器中的传热量为 6 900 W，试计算总传热系数。

1-27 设冬天室内空气的温度为 t_{f1}，室外空气的温度为 t_{f2}，试在该两温度保持不变的条件下，画出下列三种情形下从室内空气到室外空气温度分布的示意性曲线：

（1）室外平静无风；

（2）室外冷空气以一定流速吹过砖墙表面；

（3）除了室外刮风以外，还要考虑砖墙与四周环境间的辐射传热。

1-28 对于图 1-4 所示的穿过平壁的传热过程，试分析下列情形下温度曲线的变化趋向：（1）$\delta/\lambda\to 0$；（2）$h_1\to\infty$；（3）$h_2\to\infty$。

1-29 在上题所述的传热过程中，假设 $\delta/\lambda=0$，试计算下列情形中平壁的温度：（1）$h_1=h_2$；（2）$h_1=2h_2$；（3）$h_1=0.5h_2$。

1-30 设图 1-4 所示壁面两侧分别维持在 20 ℃ 及 0 ℃，且高温侧受到流体的加热，$\delta=0.08\ \mathrm{m}$，$t_{f1}=100\ ^\circ\mathrm{C}$，$h_1=200\ \mathrm{W/(m^2\cdot K)}$，过程是稳态的。试确定壁面材料的导热系数。

1-31 附图所示的空腔由两个平行黑体表面组成，空腔内抽成真空，且空腔的厚度远小于其高度与宽度。其余已知条件如图示。表面 2 是厚 $\delta=0.1\ \mathrm{m}$ 的平板的一侧表面，其另一侧表面 3 被高温流体加热，平板的导热系数 $\lambda=17.5\ \mathrm{W/(m\cdot K)}$。试问在稳态工况下表面 3 的温度 t_{w3} 为多少？

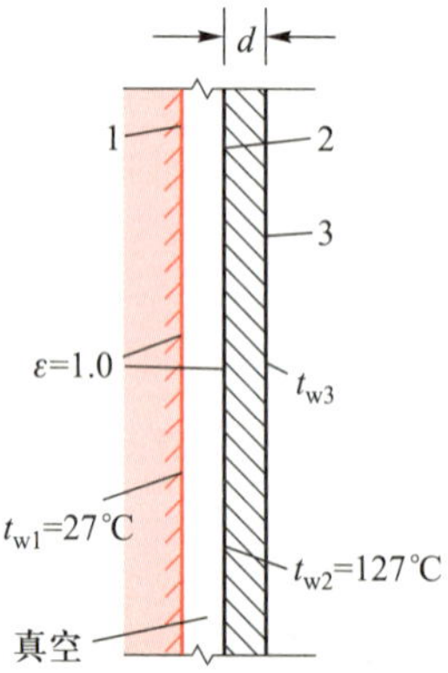

习题 1-31 附图

1-32 一玻璃窗，尺寸为 60 cm×30 cm，厚为 4 mm。冬天夜间，室内及室外温度分别为 20 ℃ 及 -20 ℃。内表面的自然对流传热表面传热系数为 10 W/(m^2·K)，外表面强制对流传热表面传热系数为 50 W/(m² · K),玻璃的导热系数 $\lambda=0.78$ W/(m · K)。试确定通过玻璃的热损失。

1-33 一个储存水果的房间的墙用软木板做成,厚 200 mm,其中一面墙的高与宽各为 3 m 及 6 m。冬天,设室内温度为 2 ℃,室外为-10 ℃,室内墙壁与环境之间的表面传热系数为 6 W/(m² · K),室外刮强风时的表面传热系数为 60 W/(m² · K),软木的导热系数 $\lambda=0.044$ W/(m · K)。试计算通过这面墙所散失的热量,并讨论室外风速减小对墙散热量的影响(提示:可以取室外的表面传热系数值为原来的二分之一或四分之一来估算)。

1-34 一台 R22 的空调器的冷凝器如附图所示。温度为 313 K 的氟利昂 22 的饱和蒸气在管子内流动,温度为 283 K 的空气进入冷凝器冷却氟利昂蒸气使其凝结。该冷凝器的迎风面积为 0.4 m²,迎面风速为 2 m/s。氟利昂蒸气的流量为 0.011 kg/s,从凝结氟利昂蒸气到空气的总传热系数为 40 W/(m² · K),试确定该冷凝器所需的传热面积。提示:以空气进、出口温度的平均值作为计算传热温差的空气温度。所谓迎风面积(frontal area)是指空气进入冷凝器之前的流动面积(图中正面翅片所在的区域)。

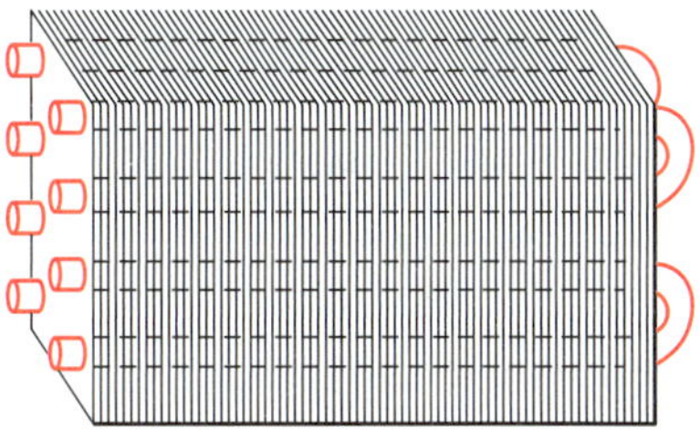

习题 1-34 附图

1-35 一战车的齿轮箱外表面积为 0.2 m²,为安全需要,其最高温度不得超过 65 ℃,为此用 25 ℃的冷空气强制对流流过此表面。该齿轮箱在稳态运行时消耗的机械能为 1 000 W。假定这份能量全部通过对流传热散失到环境中,所需的对流传热表面传热系数应多大?如果齿轮箱四周的固体表面平均温度为 30 ℃,试分析通过辐射传热最多可以带走多少热量?齿轮箱表面的发射率可取为 0.85。

1-36 航空喷气发动机的工作叶片与高温的燃气相接触,为了使叶片金属的温度不超过允许数值,常在叶片中间铸造出冷却通道,从压气机出口抽出一小部分冷空气进入这些通道。附图中示意性地画出了这样的叶片的截面。现在给出以下数据:空心叶片内表面面积 $A_i=200\ \text{mm}^2$,冷却空气的平均温度 $t_{fi}=700$ ℃,表面传热系数 $h_i=320$ W/(m² · K);面积 $A_o=2\ 840\ \text{mm}^2$ 的叶片外表面与平均温度为 1 000 ℃的燃气接触,平均表面传热系数 $h_o=1\ 420$ W/(m² · K)。此时叶片外表面温度为 820 ℃,内表面温度为 790 ℃。试分析此时该叶片内的导热是否处于稳态?

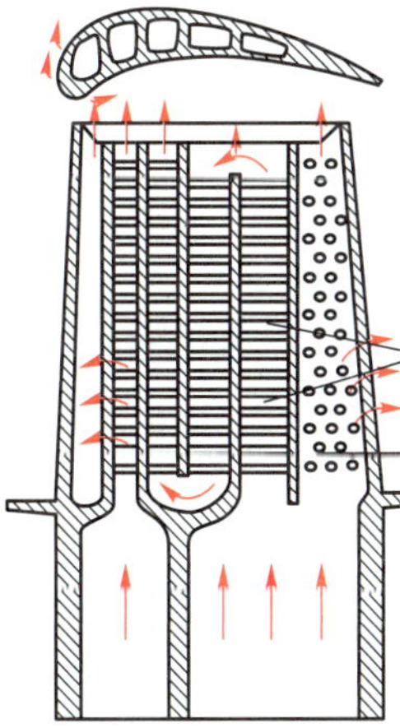

习题 1-36 附图

1-37 一宇航员在太空模拟舱内工作(检测仪器仪表的工作性能),该模拟舱外表面面积为 3 m²,外表面温度为 0 ℃,表面发射率为 0.05。模拟舱位于表面温度为-100 ℃的人工环境的大壳体内。此时模拟舱内的温度保持恒定,试确定模拟舱表面的辐射散热量。这份能量都是由宇航员身上散失的吗?

1-38 在例题 1-6 中,为获得 1 h 后该男子的体温平均下降的数值,可以近似地认为他向环境的散热量为一常数。实际上,这一散热量是随时间而变化的。(1) 分析该男子向环境散热的方式;(2) 如何计算其辐射传热量随时间的变化,并估算考虑这一变化后 1 h 内的辐射总散热量,皮肤与衣料的表面发射率可取为 0.9,刚开始时平均表面温度为 31 ℃,环境温度为 10 ℃;(3) 如何计算其向四周冷空气的对流传热量随时间的变化,并估算考虑这一变化后 1 h 内的对流总散热量。由于人体的颤抖,人体向冷空气散热的对流传热表面传热系数可取为 20 W/(m² · K)。该男子的散热面积可以用直径为 0.318 cm、高 1.7 m 的圆柱的面积来近似替代。

单位换算

1-39 当空气与壁面的平均温度在 30~50 ℃范围内时。空气在水平管外自然对流的表面传热系数可按下式计算:

$$h=C(\Delta t/d)^{1/4}$$

式中：常量 $C=1.04\ \mathrm{kcal/(m^{1.75}\cdot h\cdot ℃^{1.25})}$；直径 d 的单位为 m；温差 Δt 的单位为℃；h 的单位为 $\mathrm{kcal/(m^2\cdot h\cdot ℃)}$。试用我国法定计量单位写出此公式。

1-40 对于水在大容器内的饱和沸腾试验，有人得出下列经验公式：

$$h=C_2(p^{0.14}+C_1p^2)\,q^{0.7}$$

式中：$C_1=9.339\times10^{-14}\ \mathrm{m^{1.72}/N^{1.86}}$；$C_2=0.628\ \mathrm{W^{0.3}/(K\cdot m^{0.32}\cdot N^{0.14})}$；$p$ 的单位为 Pa，q 的单位为 $\mathrm{W/m^2}$，h 的单位为 $\mathrm{W/(m^2\cdot K)}$。试将此式改用工程单位制单位写出。

采用基于 MHT-Learning 工具软件的题目

1-41 对习题 1-33，在其他条件不变的前提下，计算外墙传热系数为 10、15、25、32、45 及 60 $\mathrm{W/(m^2\cdot K)}$ 时这面墙的散热量，并画出散热量与外墙表面传热系数的关系曲线。

1-42 对附图所示的一个电熨斗，其表面积 $A=300\ \mathrm{cm^2}$，发射率 $\varepsilon=0.9$，环境温度为 25 ℃，表面对流传热系数 $h=39\ \mathrm{W/(m^2\cdot K)}$。确定表面 A 的平均温度。

上述这两题的计算不是很复杂，鼓励学生自编程序实现。

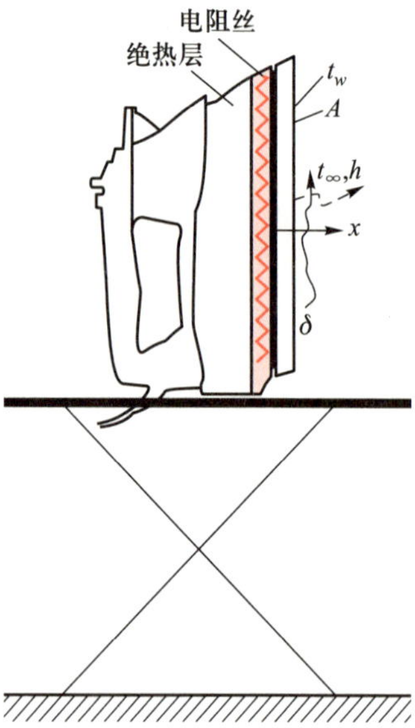

习题 1-42 附图

参考文献

[1] 陈熙. 动力论及其在传热与流动研究中的应用[M]. 北京：清华大学出版社，1996：1，2，14.

[2] KAVIANY M. Heat transfer physics[M]. New York：Cambridge University Press，2008.

[3] JAKOB M. Heat transfer[M]. New York：John Wiley & Sons，Inc.，1949.

[4] 何雅玲. 工程热力学精要分析、典型题解[M]. 西安：西安交通大学出版社，2008.

[5] 教育部面向 21 世纪热工课程改革项目组. 热工课程在工科各专业人才培养中的地位及设置建议[J]. 高等工程教育，2000，增刊：6-11.

[6] 陶文铨，何雅玲. 境外大学工科专业热工类课程的设置[J]. 高等工程教育，2000，增刊：93-97.

[7] 中华人民共和国国家发展和改革委员会. 节能中长期发展规划[M]. 北京：中国环境科学出版社，2005.

[8] 国务院法制办. 国家中长期科学技术发展规划纲要（2006—2020）[M]. 北京：中国法制出版社，2006.

[9] 沈海军，程凯，杨莉. 近空间飞行器[M]. 北京：航空工业出版社，2012.

[10] 姜贵庆，刘连元. 高速气流传热与烧蚀防护[M]. 北京：国防工业出版社，2003：1-2.

[11] 曹玉璋，邱绪光. 实验传热学[M]. 北京：国防工业出版社，1998.

[12] 胡芃，陈则韶. 量热技术和热物性测定[M]. 合肥：中国科学技术大学出版社，2009.

[13] 帕坦卡. 传热和流动的数值计算[M]. 张政，译. 北京：科学出版社，1986.

[14] 陶文铨. 数值传热学[M]. 2 版. 西安：西安交通大学出版社，2001.

[15] HOLMAN J P. Heat transfer[M]. 10th ed. Boston：McGraw-Hill Higher Education，2010.

[16] BERGMAN T L，LAVINE A S. Fundamentals of heat and mass transfer[M]. 8th ed. Hoboken：John Wiley & Sons，2017：496-497.

[17] ÇENGEL Y A，GHAJAR A J. Heat and mass transfer：fundamentals & applications[M]. 6th ed. New York：McGraw-Hill，2020：514，515，459.

[18] NELLIS G，KLEIN S. Intereduction to engineering heat transfer[M]. New York：Cambridge University Press，2009.

第 2 章

导热的理论基础及稳态导热计算

从本章起将深入讨论热量传递三种基本方式的规律。为了解决工程技术中三种类型的传热问题（传热强化、传热削弱以及温度控制），必须能够：（1）准确地计算所研究过程中传递的热流量；（2）准确地预测物体中的温度分布。其中预测温度分布是关键。本书将在对所研究过程的物理机理有深刻认识的基础上，建立该过程的数学描写，通过一定的数学处理来预测物体中的温度分布。对目前还难以进行严格数学求解的问题，则介绍数值计算温度分布的方法。热传导是最容易进行数学处理的一种热量传递方式，对传热学的深入学习就从导热问题开始。

本章有两部分内容。第一部分内容先是引出导热基本定律的最一般的数学表达式，然后介绍导热微分方程及相应的初始与边界条件，它们构成了导热问题完整的数学描写，这是热传导的理论基础。第二部分内容是研究稳态热传导的规律和计算。针对几个典型的一维导热问题进行分析求解，以获得物体中的温度分布和热流量。

2.1 导热基本定律——傅里叶导热定律

2.1.1 物体的导热机理

导热是物体在温度梯度作用下仅仅依靠微观粒子热运动来传递热量的一种方式。从微观角度来看,气体、液体、导电固体和非导电固体的导热机理是不同的。气体导热是气体分子不规则热运动时相互碰撞的结果。气体的温度越高,其分子的运动动能越大。不同能量水平的分子相互碰撞的结果,使热量从高温传到低温处。固体主要靠自由电子迁移和晶格振动两种方式来实现热量的传递。导电固体中有相当多的自由电子,它们在晶格之间像气体分子那样运动,自由电子的运动在导电固体的导热中起主导作用。在非导电固体中,导热是通过晶格结构的振动,即原子、分子在其平衡位置附近的振动来实现的。晶格结构振动的传递常称为弹性声波,弹性声波能量的量子化表示称为声子(phonon),与辐射能量的量子化表示——光子(photon)类似。在半导体中导热主要依靠晶格的振动,也有电子迁移的贡献。液体的导热的机理既有类似于固体的晶格振动,也有气体分子那样的热运动,只是情况更复杂,因为液体分子间的距离比较近,分子间的作用力对碰撞过程的影响远比气体大。所以导热的微观机理是物体的分子(原子)、电子、声子这些能量载流子在温度不均的物体中运动的结果,这些微观粒子的运动不产生物体的宏观位移。关于物体导热机理的详细微观描述可以参见文献[1-2],本书以后的论述仅限于导热现象的宏观规律。

2.1.2 温度场

像重力场、速度场等一样,物体中存在温度的场,称为温度场(temperature field),它是各个时刻物体中各点温度所组成的集合,又称为温度分布(temperature distribution)。一般地说,物体的温度场是空间与时间的函数,即

$$t=f(x,y,z,\tau) \tag{2-1}$$

温度场可以分为两大类:一类是稳态工作条件下的温度场,此时物体中各点的温度不随时间而变,称为稳态温度场或定常温度场(steady temperature field);另一类是工作条件变动时的温度场,温度分布随时间而变,例如热机(如内燃机、蒸汽轮机、航空发动机等)的部件在启动、停机或者变工况时出现的温度场。这种温度场称为非稳态温度场(非定常温度场)或瞬态温度场(unsteady or transient temperature field)。

稳态温度分布的表达式简化为

$$t=f(x,y,z) \tag{2-2}$$

在特殊情况下,物体的温度仅在一个坐标方向有变化,如图 1-2 所示的两个各自保持均匀温度的平行平面间的导热就是一个例子,这种情况下的温度场称为一维稳态温度场。

温度场中同一时刻相同温度各点连成的面称为等温面(isothermal surface)。在任何一个二维的截面上等温面表现为等温线(isotherm)。温度场习惯上用等温面图或等温线图来表示,图 2-1 是用等温线图表示温度场的实例。

根据等温线的上述定义，物体中的任一条等温线要么形成一个封闭的曲线，要么终止在物体表面上，它不会与另一条等温线相交。当等温线图上每两条相邻等温线间的温度间隔相等时，等温线的疏密可直观地反映出不同区域导热热流密度的相对大小。

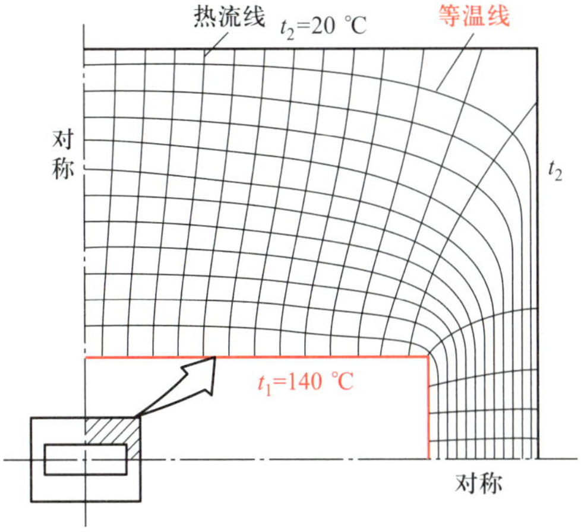

图 2-1　温度场的图示

2.1.3　导热基本定律

在第 1 章里，傅里叶导热定律式（1-1）是在一块平板的两个表面分别维持各自的均匀温度的条件下得出的，这里将从更一般的角度来给出傅里叶导热定律。

傅里叶导热定律是法国物理学家傅里叶从大量实验研究中总结出来的，他发现单位时间内通过单位截面积所传导的热量，正比于当地垂直于截面方向上的温度变化率。以一维笛卡儿坐标（Cartesian coordinates）为例，有

$$\frac{\Phi}{A} \sim \frac{\partial t}{\partial x}$$

此处，x 是垂直于面积 A 的坐标轴。引入比例常数可得

$$\Phi = -\lambda A \frac{\partial t}{\partial x} \tag{2-3}$$

这就是导热基本定律，即傅里叶导热定律（Fourier's law of heat conduction）的数学表达式。式中，负号表示热量传递的方向指向温度降低的方向，这是满足热力学第二定律所必需的；λ 是物体的导热系数，它是一种热物性，用以衡量物体的导热能力。傅里叶导热定律用文字来表达是：在导热过程中，单位时间内通过给定截面的导热量，正比于垂直该截面方向上的温度变化率和截面面积，而热量传递的方向则与温度升高的方向相反。

傅里叶导热定律用热流密度 q 表示时有下列形式：

$$q = -\lambda \frac{\partial t}{\partial x} \tag{2-4}$$

式中：$\frac{\partial t}{\partial x}$是物体沿 x 方向的温度变化率；q 是沿 x 方向传递的热流密度（严格地说热流密度是矢量，所以上述 q 应是热流密度矢量在 x 方向的分量）。当物体的温度是三个坐标的函数时，三个坐标方向上的单位矢量与该方向上热流密度分量的乘积合成一个空间热流密度矢量，记为 $\boldsymbol{q} = q_x\boldsymbol{i}+q_y\boldsymbol{j}+q_z\boldsymbol{k}$。傅里叶导热定律一般形式的数学表达式是对于热流密度矢量写出的，其形式为

$$\boldsymbol{q} = -\lambda \nabla t = -\lambda \frac{\partial t}{\partial n}\boldsymbol{n} = -\lambda\left(\frac{\partial t}{\partial x}\boldsymbol{i}+\frac{\partial t}{\partial y}\boldsymbol{j}+\frac{\partial t}{\partial z}\boldsymbol{k}\right) \tag{2-5}$$

式中：∇t 是空间某点的温度梯度（temperature gradient）；$\boldsymbol{n}$ 是通过该点的等温线上的法向单位矢量，指向温度升高的方向；$\frac{\partial t}{\partial n}$是法向的方向导数；$\boldsymbol{i}$、$\boldsymbol{j}$、$\boldsymbol{k}$ 是笛卡儿坐标系中三个坐标的单位矢量。值得说明的是，傅里叶导热定律是基于实验获得的结果，因而具有普遍意义，对处于任何状态

(气、液、固)物体的导热都适用。导热问题的求解关键在于获得温度场,一旦获得温度场,就可以利用傅里叶导热定律建立热传导速率和温度场之间的联系。

傅里叶(J. B. Fourier,1768—1830)法国物理学家,因提出导热基本定律及求解导热微分方程的无穷级数(傅里叶级数)而著名。1807 年,他提出这一工作的论文送给权威科学家拉格朗日和拉普拉斯评审时发现了一些缺陷,直到 1822 年修正后才正式发表。

对于二维稳态导热问题,可用等温线及热流线来定量且形象地表述导热过程。图 2-2a 表示了微元面积 dA 附近的温度分布及垂直于该微元面积的热流密度矢量。在整个物体中,热流密度矢量的走向可以用热流线来表示。热流线是一组与等温线处处垂直的曲线,通过平面上任一点的热流线与该点的热流密度矢量相切。在图 2-2b 中,虚线表示热流线,相邻两条热流线之间所传递的热流量处处相等,相当于构成了一个热流通道。这种图解方法作为求解二维稳态导热的近似方法在历史上曾得到广泛应用,随着计算技术的发展,近年来已被数值计算方法所取代。但这种表示方法为数值计算结果的后处理提供了借鉴。图 2-2 所示的等温线就是根据数值计算的结果利用后处理软件绘制而成的。

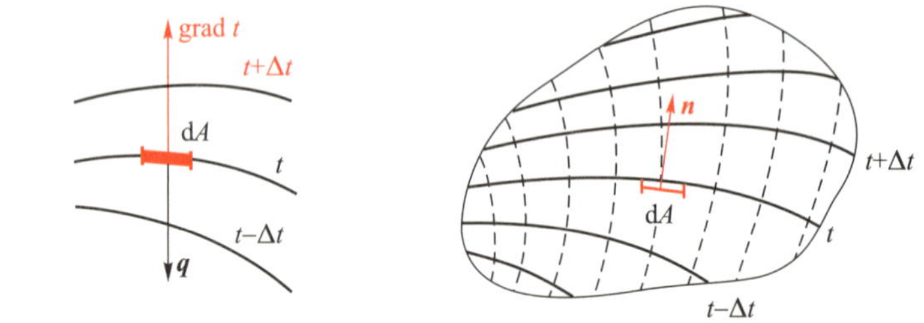

(a) 温度梯度与热流密度矢量　　(b) 等温线(实线)与热流线(虚线)

图 2-2　等温线与热流线

2.2 导热问题的数学描写

导热问题的求解关键在于获得物体内的温度分布。为了获得导热物体温度场的数学表达式,必须根据能量守恒定律和傅里叶导热定律来建立物体中的温度场应当满足的变化关系式,称为导热微分方程(partial differential equation of heat conduction)。导热微分方程是所有导热物体的温度场都应该满足的通用方程,对于各个具体的问题,还必须规定相应的时间与边界的条件,称为定解条件(conditions for unique solution)。导热微分方程及其相应的定解条件构成一个导热问题完整的数学描写(mathematical formulation)。

2.2.1 导热微分方程

下面从导热物体中任意取出一个微元平行六面体来做该微元体能量收支平衡的分析(图 2-3),微元体的长、宽、高分别为 dx、dy、dz。设物体中有内热源,其值为 $\dot{\Phi}$,它代表单位时间内单位体积中产生或消耗的热能（产生取正值，消耗为负值），单位是 W/m^3。假定导热物体的热物理性质是温度的函数。

与热流密度矢量可以分解为三个坐标方向的分量一样，空间任一点(x,y,z)热流量也可以分解成 x、y、z 三个坐标轴方向的分热流量，如图 2-3 中 Φ_x、Φ_y 及 Φ_z 所示。通过 $x=x$、$y=y$、$z=z$ 三个微元表面而导入微元体的热流量可根据傅里叶导热定律写出为

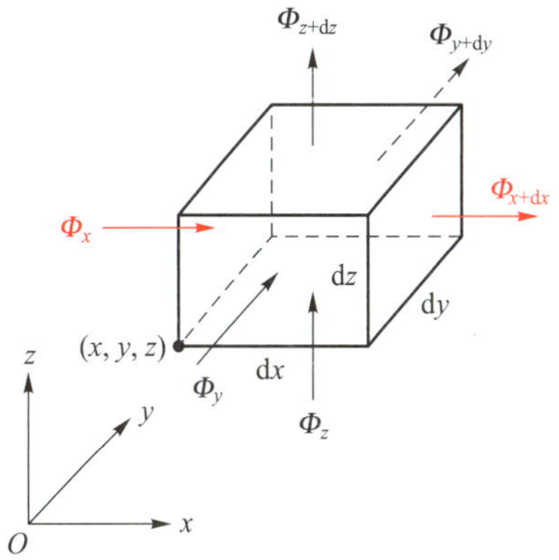

图 2-3　微元体的导热热平衡分析

$$\left.\begin{aligned}(\Phi_x)_x&=-\lambda\left(\frac{\partial t}{\partial x}\right)_x\mathrm{d}y\mathrm{d}z\\(\Phi_y)_y&=-\lambda\left(\frac{\partial t}{\partial y}\right)_y\mathrm{d}x\mathrm{d}z\\(\Phi_z)_z&=-\lambda\left(\frac{\partial t}{\partial z}\right)_z\mathrm{d}x\mathrm{d}y\end{aligned}\right\}\tag{a}$$

式中，$(\Phi_x)_x$ 表示热流量在 x 方向的分量 Φ_x 在点 x 的值，其余类推。通过 $x=x+\mathrm{d}x$、$y=y+\mathrm{d}y$、$z=z+\mathrm{d}z$ 三个表面而导出微元体的热流量可按泰勒级数展开（忽略高阶小量）如下：

$$\left.\begin{aligned}(\Phi_x)_{x+\mathrm{d}x}&=(\Phi_x)_x+\frac{\partial\Phi_x}{\partial x}\mathrm{d}x=(\Phi_x)_x+\frac{\partial}{\partial x}\left[-\lambda\left(\frac{\partial t}{\partial x}\right)_x\mathrm{d}y\mathrm{d}z\right]\mathrm{d}x\\(\Phi_y)_{y+\mathrm{d}y}&=(\Phi_y)_y+\frac{\partial\Phi_y}{\partial y}\mathrm{d}y=(\Phi_y)_y+\frac{\partial}{\partial y}\left[-\lambda\left(\frac{\partial t}{\partial y}\right)_y\mathrm{d}x\mathrm{d}z\right]\mathrm{d}y\\(\Phi_z)_{z+\mathrm{d}z}&=(\Phi_z)_z+\frac{\partial\Phi_z}{\partial z}\mathrm{d}z=(\Phi_z)_z+\frac{\partial}{\partial z}\left[-\lambda\left(\frac{\partial t}{\partial z}\right)_z\mathrm{d}x\mathrm{d}y\right]\mathrm{d}z\end{aligned}\right\}\tag{b}$$

对于微元体，按照能量守恒定律，在任一时间间隔内有以下热平衡关系：

$$\begin{aligned}&\text{导入微元体的总热流量+微元体内热源的生成热}\\&=\text{导出微元体的总热流量+微元体热力学能（即内能）的增量}\end{aligned}\tag{c}$$

式(c)中微元体热力学能的增量及微元体内热源的生成热这两项的表达式分别为

$$\text{微元体热力学能的增量}=\rho c\,\frac{\partial t}{\partial\tau}\mathrm{d}x\mathrm{d}y\mathrm{d}z\tag{d}$$

$$\text{微元体内热源的生成热}=\dot{\Phi}\,\mathrm{d}x\mathrm{d}y\mathrm{d}z\tag{e}$$

式中，ρ、c、$\dot{\Phi}$ 及 τ 分别为微元体的密度、比热容、单位时间内单位体积中内热源的生成热及时间。

将式(a)、式(b)、式(d)及式(e)代入式(c)，经整理得

$$\rho c\,\frac{\partial t}{\partial\tau}=\frac{\partial}{\partial x}\left(\lambda\,\frac{\partial t}{\partial x}\right)+\frac{\partial}{\partial y}\left(\lambda\,\frac{\partial t}{\partial y}\right)+\frac{\partial}{\partial z}\left(\lambda\,\frac{\partial t}{\partial z}\right)+\dot{\Phi}\tag{2-6}$$

这是笛卡儿坐标系中三维非稳态导热微分方程的一般形式，其中 ρ、c、λ 及源项 $\dot{\Phi}$ 均可以是变量。式(2-6)是针对微元体做能量守恒而获得的导热微分方程，它的物理含义为：对于空间中的任一微元体，从各个方向导入微元体的净热流量加上微元体自身的产热必须等于微元体热力学能的增量。

式(2-6)中右端最后一项 $\dot{\Phi}$ 为物体的内热源产生的热量，比如导线通电的发热、核反应堆燃料元件的发热、物体内有化学反应的放热。此外，生物体中新陈代谢产生的热量也是一种典型

的内热源。

现在针对一系列具体情形来导出式(2-6)的相应简化形式。

(1) 导热系数为常数

此时式(2-6)简化为

$$\frac{\partial t}{\partial \tau}=a\left(\frac{\partial^2 t}{\partial x^2}+\frac{\partial^2 t}{\partial y^2}+\frac{\partial^2 t}{\partial z^2}\right)+\frac{\dot{\Phi}}{\rho c} \tag{2-7}$$

式中,$a=\lambda/\rho c$ 称为热扩散率或热扩散系数(thermal diffusivity)。

(2) 导热系数为常数、无内热源

此时式(2-6)简化为

$$\frac{\partial t}{\partial \tau}=a\left(\frac{\partial^2 t}{\partial x^2}+\frac{\partial^2 t}{\partial y^2}+\frac{\partial^2 t}{\partial z^2}\right) \tag{2-8}$$

这就是常物性、无内热源的三维非稳态导热微分方程。

(3) 常物性、稳态

此时式(2-6)可改写为

$$\frac{\partial^2 t}{\partial x^2}+\frac{\partial^2 t}{\partial y^2}+\frac{\partial^2 t}{\partial z^2}+\frac{\dot{\Phi}}{\lambda}=0 \tag{2-9}$$

数学上,式(2-9)称为泊松(Poisson)方程,是常物性、稳态、三维且有内热源问题的温度场控制方程式。

(4) 常物性、无内热源、稳态

这时式(2-6)简化成为以下拉普拉斯(Laplace)方程:

$$\frac{\partial^2 t}{\partial x^2}+\frac{\partial^2 t}{\partial y^2}+\frac{\partial^2 t}{\partial z^2}=0 \tag{2-10a}$$

采用数学上的符号,式(2-10a)可以表示成

$$\nabla\cdot(\nabla t)=0 \tag{2-10b}$$

式中:∇t 是温度梯度;符号 $\nabla\cdot$ 表示对温度梯度求散度,其结果是一个标量。

对于圆柱坐标系(cylindrical coordinates)及球坐标系(spherical coordinates)中的导热问题,采用类似的分析方法(图 2-4)亦可导出相应坐标系中的导热微分方程。下面给出这两种坐标系中一般形式的导热微分方程。

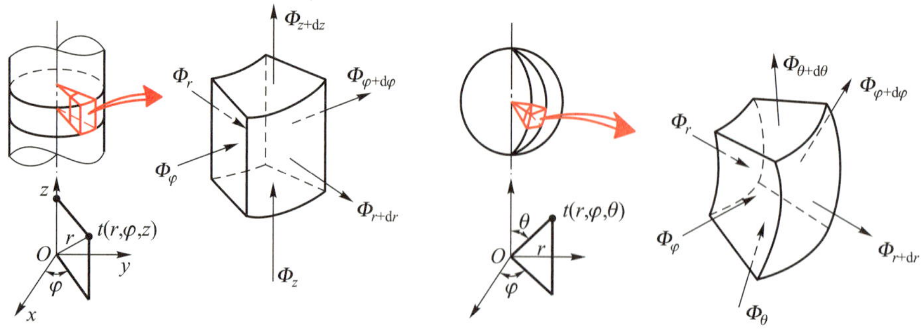

(a) 圆柱坐标系　　(b) 球坐标系

图 2-4　圆柱坐标系与球坐标系中的微元体

在圆柱坐标系中，热流密度矢量与温度梯度的关系如下：

$$\boldsymbol{q}=-\lambda\nabla t=-\lambda\left(\frac{\partial t}{\partial r}\boldsymbol{i}+\frac{1}{r}\frac{\partial t}{\partial \varphi}\boldsymbol{j}+\frac{\partial t}{\partial z}\boldsymbol{k}\right) \tag{2-11}$$

式中，$\boldsymbol{i}$、$\boldsymbol{j}$、$\boldsymbol{k}$ 分别代表圆柱坐标系中 r、φ、z 方向的单位矢量，基于如图 2-4a 所示的微元体，可推导得到圆柱坐标系的方程为

$$\rho c\frac{\partial t}{\partial \tau}=\frac{1}{r}\frac{\partial}{\partial r}\left(\lambda r\frac{\partial t}{\partial r}\right)+\frac{1}{r^2}\frac{\partial}{\partial \varphi}\left(\lambda\frac{\partial t}{\partial \varphi}\right)+\frac{\partial}{\partial z}\left(\lambda\frac{\partial t}{\partial z}\right)+\dot{\Phi} \tag{2-12}$$

在球坐标系中，热流密度矢量与温度梯度的关系如下：

$$\boldsymbol{q}=-\lambda\nabla t=-\lambda\left(\frac{\partial t}{\partial r}\boldsymbol{i}+\frac{1}{r}\frac{\partial t}{\partial \theta}\boldsymbol{j}+\frac{1}{r\sin\theta}\frac{\partial t}{\partial \varphi}\boldsymbol{k}\right) \tag{2-13}$$

式中，$\boldsymbol{i}$、$\boldsymbol{j}$、$\boldsymbol{k}$ 分别代表球坐标系中 r、θ、φ 方向的单位矢量，基于如图 2-4b 所示的微元体，类似地可推导得到球坐标系的方程

$$\rho c\frac{\partial t}{\partial \tau}=\frac{1}{r^2}\frac{\partial}{\partial r}\left(\lambda r^2\frac{\partial t}{\partial r}\right)+\frac{1}{r^2\sin^2\theta}\frac{\partial}{\partial \varphi}\left(\lambda\frac{\partial t}{\partial \varphi}\right)+\frac{1}{r^2\sin\theta}\frac{\partial}{\partial \theta}\left(\lambda\sin\theta\frac{\partial t}{\partial \theta}\right)+\dot{\Phi} \tag{2-14}$$

这里要再一次指出，式(2-6)、式(2-12)、式(2-14)都是能量守恒定律应用于导热问题的表现形式。三式中等号左边是单位时间内微元体热力学能的增量[非稳态项(transient term)]，等号右边的前三项之和是通过界面的导热进入微元体的净热流量[扩散项(diffusion term)]，最后一项是源项(source term)。如果在某一坐标方向上温度不发生变化，该方向的净导热量为零，相应的扩散项即从导热微分方程中消失。例如，对常物性、无内热源的一维稳态导热问题，式(2-6)最终简化成为

$$\frac{\mathrm{d}^2 t}{\mathrm{d}x^2}=0 \tag{2-15}$$

对于式(2-12)、式(2-14)，同样可以做类似式(2-6)的各种简化，这留给读者自己去完成。

2.2.2 定解条件

导热微分方程是描写导热过程共性的数学表达式。求解导热问题，实质上归结为对导热微分方程的求解。为了获得某一具体导热问题的温度分布，还必须给出表征该特定问题的附加条件。这些使微分方程获得适合某一特定问题的解的附加条件，称为定解条件。导热微分方程及定解条件构成了一个具体导热问题的完整数学描写。对非稳态导热问题，定解条件有两个方面，即规定初始时刻温度分布的初始条件(initial condition)，以及规定导热物体边界上温度或换热情况的边界条件(boundary condition)。对于稳态导热问题，定解条件中没有初始条件，仅有边界条件。

导热问题的常见边界条件可归纳为以下三类。

(1) 规定了边界上的温度值，称为第一类边界条件。此类边界条件最简单的典型例子就是规定边界温度保持常数，即 t_w = 常量。对于非稳态导热，这类边界条件要求给出以下关系式：

$$\tau>0\ \text{时},\quad t_w=f_1(\tau) \tag{2-16}$$

(2) 规定了边界上的热流密度值，称为第二类边界条件。此类边界条件最简单的典型例子就是规定边界上的热流密度保持定值，即 q_w = 常数。对于非稳态导热，这类边界条件要求给出以下关系式：

$$\tau>0\text{ 时，}\quad -\lambda\left(\frac{\partial t}{\partial n}\right)_{\mathrm{w}}=f_2(\tau) \tag{2-17}$$

式中，n 为表面 A 的法线方向。

（3）规定了边界上物体与周围流体间的表面传热系数 h 及周围流体的温度 t_f，称为第三类边界条件。以物体被冷却的场合为例，第三类边界条件可表示为

$$-\lambda\left(\frac{\partial t}{\partial n}\right)_{\mathrm{w}}=h(t_{\mathrm{w}}-t_{\mathrm{f}}) \tag{2-18}$$

对非稳态导热，式中 h 及 t_f 均可为时间的已知函数。上式中 n 为换热表面的外法线，t_w 及 $\left(\frac{\partial t}{\partial n}\right)_{\mathrm{w}}$ 都是未知的，但是它们之间的联系由式（2-18）所规定。该式无论对固体被加热还是被冷却都适用。

以上三种边界条件在数学物理方程理论中分别称为狄利克雷条件、诺伊曼条件与洛平条件。在处理复杂的实际工程问题时，还会遇到下列两种情形。

（1）辐射边界条件（radiative boundary condition）。如果导热物体表面与温度为 T_e 的外界环境只发生辐射换热，则应有

$$-\lambda\frac{\partial T}{\partial n}=\varepsilon\sigma(T_{\mathrm{w}}^4-T_{\mathrm{e}}^4) \tag{2-19}$$

式中：n 是壁面的外法线方向；ε 为导热物体表面的发射率。当航天器在太空中飞行时，航天器上的发热元件向太空的散热就属于这类边界条件。

（2）界面连续条件（interface continuum condition）。对于发生在不同物体间的导热问题，不同物体间的区域分别满足导热微分方程。由于导热系数阶跃式地变化，无论分析求解或是数值计算常常采取分区进行的方式，假定两种材料接触良好，这时在两种材料的分界面上应该满足以下温度与热流密度连续的条件（图 2-5）：

$$t_{\mathrm{I}}=t_{\mathrm{II}},\quad \lambda_{\mathrm{I}}\frac{\partial t_{\mathrm{I}}}{\partial n}=\lambda_{\mathrm{II}}\frac{\partial t_{\mathrm{II}}}{\partial n} \tag{2-20}$$

式（2-20）在某些文献中又称为第四类边界条件[16]。

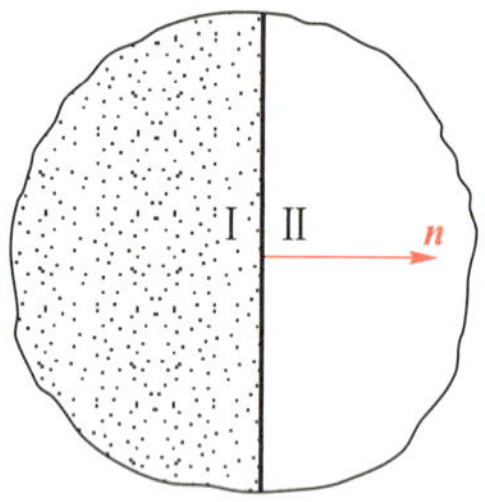

图 2-5　不均匀材料的界面条件

2.2.3　导热系数

导热系数的定义式由傅里叶导热定律的数学表达式给出。由式（2-5）得

$$\lambda=\frac{|\boldsymbol{q}|}{\left|\frac{\partial t}{\partial n}\boldsymbol{n}\right|} \tag{2-21}$$

数值上，它等于在单位温度梯度作用下物体导热的热流密度矢量的模。

1. 工程技术材料的导热系数

工程计算采用的各种物质导热系数的数值都是由实验测定的。测定导热系数的方法有稳态法与非稳态法两大类，傅里叶导热定律是稳态法测定的基础，测试方法可见文献[3]。一些常用物质的导热系数数值列在书末的附录中，更多的实验资料可参见文献[4-8]。

导热系数的大小取决于物质的种类和温度等因素。金属的导热系数很高。常温（20 ℃）

条件下金属导热系数的典型数值是：纯铜为 399 W/(m·K)，碳钢（碳质量分数 $w_C \approx 1.5\%$）为 36.7 W/(m·K)。气体的导热系数很小，如 20 ℃时干空气的导热系数为 0.025 9 W/(m·K)。液体导热系数的数值介于金属和气体之间，如 20 ℃时水的导热系数为 0.599 W/(m·K)。非金属固体的导热系数在很大范围内变化，数值高的同液体相近，如耐火黏土砖 20 ℃时的导热系数值为 0.71~0.85 W/(m·K)，数值低的则接近甚至低于空气导热系数的数量级。图 2-6 示出了多种物质的导热系数对温度的依变关系。从图上可以看到：在比较广阔的温度区间内的实用计算中，大多数材料的 λ 都容许采用线性近似关系，即 $\lambda=\lambda_0(1+bt)$，式中 t 为温度，b 为常量，而 λ_0 是该线段的延长线在纵坐标上的截距。

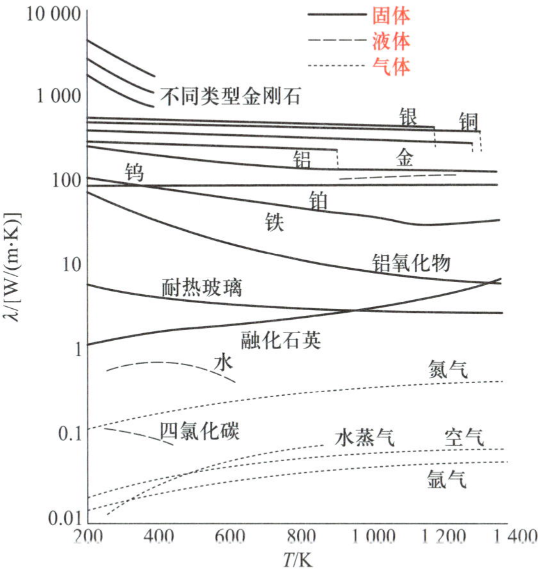

图 2-6　温度对常见材料导热系数的影响

图 2-7 给出了 7 类材料的导热系数的量级，图的右下方则给出了部分材料室温下导热系数的数值。由图可见工程技术材料的导热系数的数值相差可达 5 个数量级。

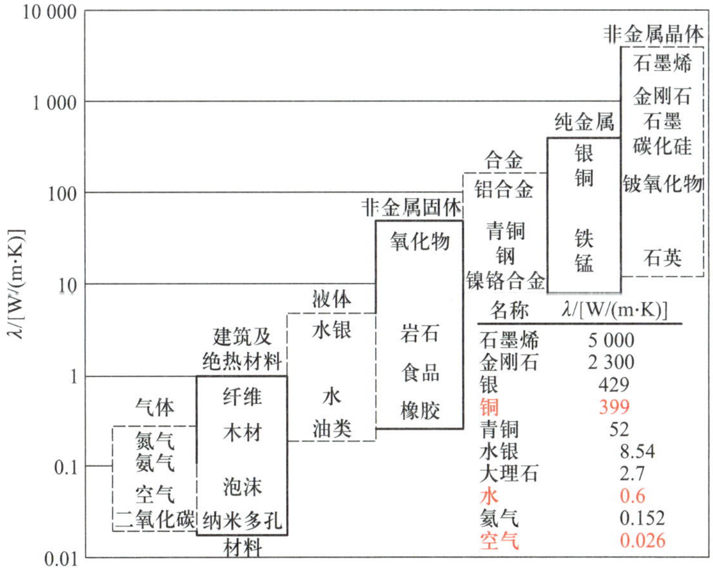

图 2-7　7 类材料的导热系数量级

习惯上把导热系数小的材料称为保温材料，又称隔热材料或绝热材料（insulating material），其界定值与各国保温材料生产与节能技术水平有关。20 世纪 50 年代，我国取为 0.23 W/(m·K)，到 80 年代规定为 0.14 W/(m·K)，在 1992 年的我国国家标准中，规定凡平均温度不高于 350 ℃时导热系数不大于 0.12 W/(m·K)的材料称为保温材料。在 2013 年的国家标准[9]中保温材料导热系数的界定值已经减小到 70 ℃时不大于 0.08 W/(m·K)。矿渣棉、硅藻土等都属于这类材料。近年来,我国发展生产了岩棉板、岩棉玻璃布缝毡、膨胀珍珠岩、膨胀塑料及中孔微珠等许多新型隔热材料,它们都有容积重量小、隔热性能好、价格低廉、施工方便等优点。如岩棉玻璃布缝毡在 0 ℃时的导热系数仅为 0.031 W/(m·K)。国产保温材料导热系数的资料可见参考文献[10]。这些效能高的保温材料多呈蜂窝状多孔性结构。严格地说,多孔性结构的材料不再是均匀的连续介质,所谓导热系数是一种“折算导热系数”,或称“表观导热系数”(apparent thermal conductivity)、“等效导热系数”(effective thermal conductivity)。高温时,这些保温材料中热量转移的机理包括蜂窝体结构的导热及穿过微小气孔的导热几种方式;在更高温度时,穿过微小气孔不仅有导热,同时还有辐射方式。

最近 30 年中,随着纳米技术的发展,研制出了一种纳米多孔材料,目前较为常用的是 SiO_2 气凝胶及其复合材料。它的孔隙率极高(80%~99.8%),密度极低(0.003~0.5 g/cm^3),含有大量尺度在数十纳米甚至更小的孔(图 2-8),其尺度小于大气压下的空气分子平均自由程,因此气体的导热和对流都受到极大的抑制,使其有效导热系数可以低至 0.02 W/(m·K)以下。但是纯 SiO_2 气凝胶机械强度较低,高温下辐射的作用明显,为此需要增加一些增强纤维以及遮光剂,这些都会使导热系数增加,但是还能保持在 0.03~0.04 W/(m·K)的级别。

图 2-8 纳米多孔材料的电镜扫描图

2. 工程导热材料按导热系数的分类

上面所介绍材料的导热性能是均匀而且各向同性的,即在同一个温度下材料中不同地点以及同一地点的不同方向上导热系数之值都一样。由于各种复杂应用的需要,实际工程技术中还经常使用导热性能更复杂的材料和结构。工程技术中采用的导热材料与结构可以分为四类[11],如图 2-9 所示。

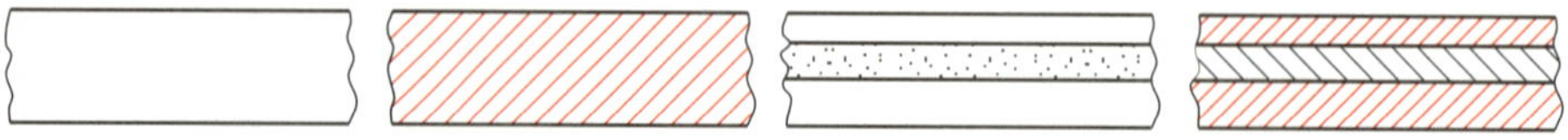

图 2-9 四类导热材料与结构

最广泛采用的是均匀、各向同性的导热材料,可示意性地用图 2-9a 表示。

图 2-9b 表示了均匀但各向异性的材料,木材、石墨、变压器的铁芯均属之。例如木材,顺木纹方向的导热系数是垂直于木纹方向的数倍。为了存储液氢、液氦等超低温材料以及航天事业的需要,发展了具有极好隔热效果的所谓超级保温材料(super-insulating material)。一种有效的方法是采用具有多层间隔的结构(每厘米厚度上多达十余层)。间隔材料的反射率很高,可减少辐射传热;夹层中抽真空可削弱通过导热而造成的热损失。这种超级保温材料在垂直于隔板方向上的导热系数可以低达 10^{-4} W/(m·K)的数量级[12-13],本书第 8 章将做进一步讨论。

图 2-9c 表示了不均匀但每个区域中都各向同性的导热结构。为了提高建筑节能的效果,必须尽量减少砖墙等围护结构的散热损失,将黏土砖从实心变为空心,即采用空心砖是提高砖墙导热阻力的有效方法。空心砖就属于图 2-9c 所示情形。一块标准黏土砖从实心改为空心率为

40%的空心砖，其当量导热系数可以减少大约 50%。

采用不同的木材压制成的多层板属于不均匀而且各向异性的情形（图 2-9d），航天飞行器燃烧室中采用的层板结构也属于这一类型。航天飞行器燃烧室中高温燃气温度高达数千摄氏度，而包容燃气的金属壁面最高耐温只有千余摄氏度。为了冷却燃烧室壁面使其处于允许的温度内，壁面往往采用层板结构，其内流过冷却介质（一般为取自压气机的高压空气）。为了强化冷却介质与壁面间的传热，冷却介质流经的通道做成复杂的总体上看来是各向异性的结构，这就形成了图 2-9d 所示的一类导热材料。对于总体上不均匀的材料，其每个均匀的区域前述公式均可采用，只要在界面上满足连续性的条件（见 2.2.2 节）。但各向异性材料中傅里叶导热定律的表达式与以前所述的不同，可参见文献[14]。

编织复合材料是最近十余年中材料科学研究中的重大成就，由织物与 C 及 SiC 等基体固化而成；轻质、高强而且导热系数较小，广泛用于航空航天、汽车、能源、生物工程等领域[15]。图 2-10 中示出了一种二维编织材料及一种三维四向编织材料，为清楚显示编织纤维，图中没有表示出基体材料。这种编织复合物就是不均匀而且各向异性的导热材料。各向异性的材料同一地点处的导热系数还与空间方向有关，本书第 12 章中还要提及。

(a) 二维编织材料

(b) 三维四向编织材料

图 2-10　编织复合材料示意图

本书主要讨论各向同性材料的导热问题，而且认为材料的导热系数及其与温度的依变关系都是已知的。由上述讨论可见，一旦物体中的温度分布已知，就可按傅里叶导热定律计算出各点的热流密度矢量。因此，求解导热问题的关键是要获得物体中的温度分布，本章以下各节将主要按照这一思路展开讨论。这里要顺便说明，热流密度本身是一个矢量（本节中记为 $\boldsymbol{q}$），它在各坐标轴上的分量（即投影）为标量（在笛卡儿坐标系中记为 q_x、q_y 和 q_z）。但是，为行文及书写之便，本节以后把热流密度的分量简称为热流密度，而且在不至于引起误解时简单地用符号 q 表示。

3. 复杂材料的等效导热系数计算

在实际工程领域中，热量的传递通常发生在多孔介质等复杂结构中。多孔介质内含有固体骨架及大量孔隙。固体和孔隙内的流体有其各自的导热系数 λ_s 和 λ_f，为衡量多孔介质的整体导热能力，可用等效导热系数 λ_{eff} 来表示。对于如图 2-11a 所示的多孔介质，假设其上、下表面温度分别为 t_1 和 t_2，且多孔介质内的流体不动，稳态时通过厚度为 L 材料的热流密度可由下式表示：

$$q=\frac{\lambda_{eff}}{L}(t_1-t_2) \tag{2-22}$$

多孔介质的等效导热系数 λ_{eff} 不仅取决于固相和流体相各自的导热系数及两相的分布，还和它们所占据的体积分数相关。尽管多孔介质的等效导热系数较为复杂，等效导热系数的下限和上限可分别由图 2-11a、b 所示的串联和并联模型确定，其计算公式分别为

$$\lambda_{eff}=\left[\frac{1-\phi_f}{\lambda_s}+\frac{\phi_f}{\lambda_f}\right]^{-1} \tag{2-23}$$

$$\lambda_{eff}=(1-\phi_f)\lambda_s+\phi_f\lambda_f \tag{2-24}$$

式中，ϕ_f 为流体相的体积分数。

(a) 串联模型　(b) 并联模型　(c) 麦克斯韦模型　(d) 哈密顿模型　(e) 有效介质理论模型

图 2-11　等效导热系数计算模型

除了串并联模型，还有其他较为经典的等效导热系数计算模型。对图 2-11c 所示的麦克斯韦模型，假设分散相为球型颗粒，随机分布在连续相中，而且分散相体积分数较低（$\phi_2 \leqslant 0.25$），颗粒相之间互不干扰时复合材料的等效导热系数可由下式估算[17]：

$$\frac{\lambda_{\text{eff}}}{\lambda_1}=1+\frac{3(\alpha-1)\phi_2}{(\alpha+2)-(\alpha-1)\phi_2} \tag{2-25}$$

式中：下标 1、2 分别代表连续相和分散相；$\alpha=\lambda_2/\lambda_1$。对于颗粒分散相如图 2-11d 所示的情形，其等效导热系数可由哈密顿模型计算[17]：

$$\frac{\lambda_{\text{eff}}}{\lambda_1}=\frac{\alpha+(n-1)+(n-1)(\alpha-1)\phi_2}{\alpha+(n-1)+(1-\alpha)\phi_2} \tag{2-26}$$

式中：n 为分散相形状因子，对于圆柱形分散相，$n=6$；而对于球形颗粒分散相，$n=3$，此时哈密顿模型转变为麦克斯韦模型。

另外，如图 2-11e 所示的模型，假设分散相随机分布，且等效导热系数与分散相的形状无关，此时复合材料的等效导热系数可由有效介质理论计算[17]：

$$\phi_1\frac{\lambda_1-\lambda_{\text{eff}}}{\lambda_1+2\lambda_{\text{eff}}}+\phi_2\frac{\lambda_2-\lambda_{\text{eff}}}{\lambda_2+2\lambda_{\text{eff}}}=0 \tag{2-27}$$

2.2.4　热扩散率的物理意义

在式（2-8）的非稳态导热问题控制方程中，出现了热扩散率（或热扩散系数）这样的热物性系数，它是物体导热系数 λ 和体积比热容 ρc 的比值。以物体受热升温的情况为例来分析。在物体受热升温的非稳态导热过程中，进入物体的热量沿途不断地被吸收而使当地温度升高，此过程持续到物体内部各点温度全部扯平为止。由热扩散率的定义 $a=\lambda/(\rho c)$ 可知：(1) 分子 λ 是物体的导热系数，λ 越大，在相同的温度梯度下可以传导更多的热量。(2) 分母 ρc 是单位体积的物体温度升高 1 ℃所需的热量，ρc 越小，温度上升 1 ℃所吸收的热量越少，可以剩下更多的热量继续向物体内部传递，能使物体内各点的温度更快地随界面温度的升高而升高。热扩散率 a 是 λ 与 $1/(\rho c)$ 两个因子的结合。a 越大，表示物体内部温度扯平的能力越大，因此有热扩散率的名称。这种物理上的意义还可以从另一个角度来加以说明，即从温度的角度看，a 越大，材料中的温度变化传播得越迅速。可见 a 也是材料传播温度变化能力大小的指标，因此也有导温系数之称。热扩散率在理解非稳态导热问题的特性中具有重要意义，将在下一章中进一步说明。

2.2.5 非傅里叶导热

傅里叶导热定律实际上是基于热扰动的传递速度是无限大的假定之上的。对一般的工程技术中发生的非稳态导热问题,温度不是很低、热流密度不是很高、过程作用的时间足够长、过程发生的尺度范围也足够大,傅里叶导热定律以及基于该定律而建立起来的导热微分方程是完全适用的。

对于下列四种情形,傅里叶导热定律及导热微分方程是不适用的:

(1) 当导热物体的温度接近绝对零度时。早在 20 世纪 40 年代实验就查明在 1.4 K 的液态氦中热波(热扰动)传递的速度只有 19 m/s,比液氦中的声速小一个数量级[13]。

(2) 当过程的作用时间极短,与材料本身固有的时间尺度相接近时。每一种材料都有一个固有的时间尺度,这个时间尺度称为松弛时间,或弛豫时间(relaxation time)。它反映了在物体的微元体积内为建立起局部平衡状态所需的时间间隔,表 2-1 中给出了部分材料松弛时间的估计值[14]。极短时间的激光脉冲加工就可能属于这种情形。

表 2-1 部分材料的松弛时间估计值

材料类型	材料名称	松弛时间/s
金属	铜(Cu)	2.7×10^{-14}
	银(Ag)	4.1×10^{-14}
	金(Au)	2.9×10^{-14}
	镍(Ni)	1×10^{-14}
	铬(Cr)	3×10^{-15}
	铅(Pb)	5×10^{-15}
不均匀物料	小玻璃球(2~2.5 mm)	13.34
	沙子(0.3~0.5 mm)	3.61
	$CaCO_3$ 颗粒(1.3~1.6 mm)	8.59
	处理过的肉类	15.5

(3) 当过程发生的空间尺度极小,与微观粒子的平均自由行程相接近时。例如,对于通过气层的导热,当气层所在空间的尺度与气体分子的平均自由程接近时,傅里叶导热定律就不再适用。大量实验证实,通过厚度为纳米级别的薄膜的导热,薄膜的导热系数明显低于常规尺度材料的数值,掌握这种现象的规律对大规模集成电路的制造非常重要。

(4) 在极高的热流密度(例如 10^{10} W/m^2 以上)下即使稳态导热也会出现傅里叶导热定律不适用的情况,一般发生在纳米技术领域。

基于傅里叶导热定律而导出的导热微分方程数学上属于抛物型方程,物理上意味着热扰动的传递速度是无限的;考虑热扰动传递速度为有限时得到的方程是双曲型方程(波动方程)。

凡是傅里叶导热定律不适用的导热问题统称为非傅里叶导热问题(non-Fourier heat conduction),对这类导热问题的研究是近代微米纳米传热学(micro and nano heat transfer)的一个重要内容。

2.2.6 纳米尺度导热

这里就上述非傅里叶导热的第 3 种情形做进一步说明。当物体特征长度与能量载流子的平均自由程相当时,纳米尺度效应明显,此时材料的热物理性质依赖于物体结构和尺寸,需要基于微纳米尺度来描述物体导热规律。这里主要介绍非导电固体导热的纳米尺度效应。

在非导电固体中,声子运动是导热的主要机制。在结晶态固体中,原子是按一定的规律排列在晶格上的,它们总是围绕着其平衡位置不断地振动。原子之间相互影响,其相互作用力可近似为弹性力,每个原子的振动都要牵动周围的原子,晶格结构振动的传递常称为弹性声波,其能量的量子化表示称为声子。

声子平均自由程和物体宏观导热系数的关系如下[2]:

$$\lambda=\frac{1}{3}c_{\mathrm{ph}}vl_{\mathrm{mfp}} \tag{2-28}$$

式中:c_{ph} 是声子比热;v 是声子平均群速度;l_{mfp} 是声子平均自由程。由式(2-28)可见,声子平均自由程越大,物体的导热系数越高。现假设有一厚度为 L 的薄膜,当薄膜的厚度与声子平均自由程相当时,薄膜物理边界的散射会降低声子的平均自由程,导致薄膜的导热系数较块材的低。当 $L/l_{\mathrm{mfp}}\geqslant 1$ 时,沿着膜厚度方向的导热系数可由下式估算[18]:

$$\frac{\lambda_{\mathrm{film}}}{\lambda_{\mathrm{bulk}}}=1-\frac{l_{\mathrm{mfp}}}{3L} \tag{2-29}$$

式中,λ_{bulk} 为材料是块材时的导热系数。由式(2-29)可知,当薄膜的厚度 $L>7l_{\mathrm{mfp}}$ 时,纳米薄膜的导热系数与块材的偏差在 5%以内。当 $L/l_{\mathrm{mfp}}<1$ 时,目前尚没有通用公式可以直接预测薄膜的导热系数。

2.3 典型一维稳态导热问题的分析解

本节介绍几种典型的一维稳态导热问题的分析解法。所谓"一维",是指导热物体的温度仅在一个坐标方向发生变化。

2.3.1 通过平壁的导热

1. 单层平壁

先讨论导热系数为常数的情形。已知一个厚度为 δ、没有内热源的平壁,其两个表面分别维持在均匀而恒定的温度 t_1、t_2。取坐标如图 2-12 所示,则该导热问题的数学描写为

$$\frac{\mathrm{d}^2t}{\mathrm{d}x^2}=0 \tag{a}$$

$$x=0,t=t_1;x=\delta,t=t_2 \tag{b}$$

对式(a)连续积分两次,得其通解为

$$t=c_1x+c_2 \tag{c}$$

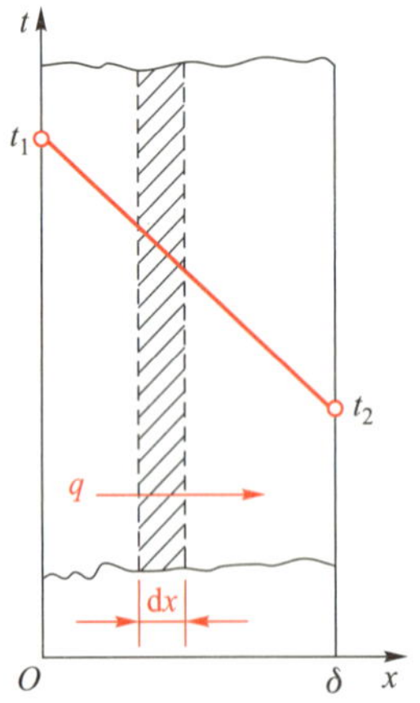

图 2-12 通过平壁的导热

式中，c_1 和 c_2 为积分常数，由边界条件式(a)、式(b)确定。最后解得温度分布为

$$t=\frac{t_2-t_1}{\delta}x+t_1 \tag{d}$$

由于 δ、t_1、t_2 都是定值，所以温度呈线性分布，即温度分布曲线的斜率是常数：

$$\frac{\mathrm{d}t}{\mathrm{d}x}=\frac{t_2-t_1}{\delta} \tag{e}$$

解得温度分布后，只要将 $\mathrm{d}t/\mathrm{d}x$，即式(e)的关系代入傅里叶导热定律的表达式

$$q=-\lambda\frac{\mathrm{d}t}{\mathrm{d}x}$$

即可得 $q=f(t_1,t_2,\lambda,\delta)$ 的具体表达式为

$$q=\frac{\lambda(t_1-t_2)}{\delta}=\frac{\lambda}{\delta}\Delta t \tag{2-30}$$

对于表面积为 A、两侧表面各自维持均匀温度的平板，则有

$$\Phi=A\frac{\lambda}{\delta}\Delta t \tag{2-31}$$

式(2-30)、式(2-31)是通过平壁导热的计算公式。式(2-30)揭示了 q、λ、δ 和 Δt 四个物理量间的内在联系。已知其中任意三个量，就可以求出第四个量来。例如，对于一块给定材料和厚度的平壁，施加已知的热流密度时，测定了平壁两侧的温差 Δt 后，就可据此得出实验条件下材料的导热系数为

$$\lambda=\frac{q\delta}{\Delta t} \tag{2-32}$$

式(2-32)是稳态法测定导热系数的主要依据。

下面对绪论中提到的热阻的概念做进一步论述。应该指出，热量传递是自然界中的一种转移过程，与自然界中的其他转移过程(如电量的转移、动量的转移、质量的转移)有类似之处。各种转移过程的共同规律性可归结为

$$\text{过程中的转移量}=\frac{\text{过程的动力}}{\text{过程的阻力}}$$

在电学中，这种规律性就是众所周知的欧姆定律，即

$$I=\frac{U}{R}$$

在平壁导热中，与之相对应的表达式可从式(2-31)的下列改写形式中得出：

$$\Phi=\frac{\Delta t}{\dfrac{\delta}{A\lambda}}=\frac{\Delta t}{R} \tag{2-33}$$

这种形式有助于更清楚地理解式中各项的物理意义。式中：热流量 Φ 为导热过程的转移量；温压 Δt 为转移过程的动力；分母 $\delta/(A\lambda)$ 为转移过程的阻力。热转移过程的阻力称为热阻。对平壁的单位面积而言，导热热阻为 δ/λ，称为单位面积热阻，以区别于整个平板的导热热阻 $\delta/(A\lambda)$。以下热阻(按总面积计)及单位面积热阻分别用符号 R 及 r 表示。以后在不致引起混淆时均简称为热阻。

热阻概念的建立对复杂热传递过程的分析带来很大的便利。比如,可以借用比较熟悉的串、并联电路电阻的计算公式来计算热传递过程的合成热阻(或称总热阻)。串联电阻叠加得到总电阻的原则,实质上已在绪论中被用于导出传热过程传热系数的表达式,下面在推导复合壁的导热公式时将再一次应用这一原则,建议读者利用热阻的概念推导式(2-23)、式(2-34)。还应指出,上述关于热阻的概念本质上是对一维导热问题引出的。但在分析实际多维传热问题时,只要能将传热量与相关的温差写成式(2-33)的形式,则位于分母 R 中的部分就称为热阻,例如在电子器件的热分析中,就广泛采用这样的热阻的表达方法。

2. 多层平壁

所谓多层平壁,就是由几层不同材料叠在一起组成的复合壁。例如,采用耐火层、保温砖层和普通砖层叠合而成的锅炉炉墙,就是一种多层壁。下面以图 2-13 所示的一个三层的多层壁作为讨论对象,但讨论的方法与结果并不只限于三层的多层壁,对任意层的多层壁也同样适用。假定层与层之间接触良好,没有引入附加热阻[这种附加热阻称为接触热阻(thermal contact resistance)],因此通过层间分界面就不会发生温度降落。已知各层的厚度 δ_1、δ_2、δ_3,各层的导热系数 λ_1、λ_2、λ_3 以及多层壁两外表面的温度 t_1、t_4,要确定通过这个多层壁的热流密度以及各层平壁的层间温度。

这个问题如果采用上面单层壁的求解方法,须先暂时设定 t_2、t_3,对三层平壁分别求解,得出如式(2-30)那样的结果,然后利用界面连续性条件,得出层间温度 t_2、t_3。其实,应用热阻的概念可以很方便地先导出通过多层平壁的导热量计算式,然后再确定 t_2、t_3。具体实施步骤如下。

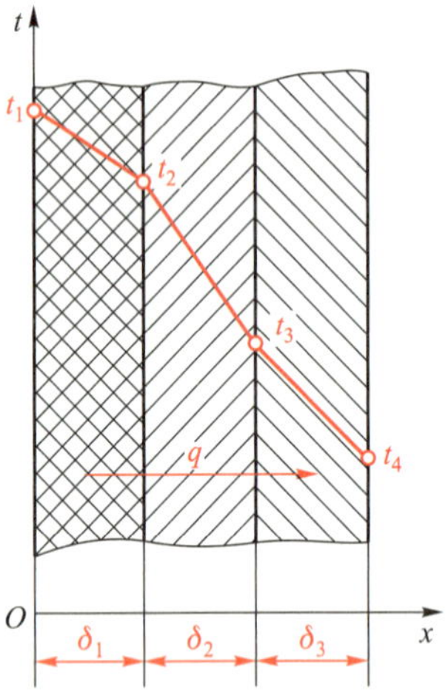

图 2-13 多层平壁导热

按式(2-30)可写出各层的热阻表达式如下:

$$\left.\begin{aligned}\frac{t_1-t_2}{q}&=\frac{\delta_1}{\lambda_1}\\ \frac{t_2-t_3}{q}&=\frac{\delta_2}{\lambda_2}\\ \frac{t_3-t_4}{q}&=\frac{\delta_3}{\lambda_3}\end{aligned}\right\} \tag{f}$$

应用串联过程的总热阻等于其分热阻的总和,即所谓串联热阻叠加原则,把各层热阻叠加就得到多层壁的总热阻为

$$\frac{t_1-t_4}{q}=\frac{\delta_1}{\lambda_1}+\frac{\delta_2}{\lambda_2}+\frac{\delta_3}{\lambda_3}$$

于是,可导得热流密度的计算公式为

$$q=\frac{t_1-t_4}{\dfrac{\delta_1}{\lambda_1}+\dfrac{\delta_2}{\lambda_2}+\dfrac{\delta_3}{\lambda_3}} \tag{2-34}$$

依此类推,n 层多层壁的计算公式为

$$q=\frac{t_1-t_{n+1}}{\sum\limits_{i=1}^{n}\dfrac{\delta_i}{\lambda_i}} \tag{2-35}$$

解得热流密度后，层间分界面上的未知温度 t_2、t_3 就可利用式(f)求出。例如

$$t_2=t_1-q\frac{\delta_1}{\lambda_1} \tag{2-36}$$

导热系数对温度有依变关系的导热问题将在本章后面加以讨论，这里先把分析得出的结论提出：当导热系数是温度的线性函数，即 $\lambda=\lambda_0(1+bt)$ 时，只要取计算区域平均温度下的 $\overline{\lambda}$ 值代入按 λ 等于常数时的计算公式，就可获得正确的结果。

例题 2-1　单层锅炉炉墙散热计算

一锅炉炉墙采用密度为 300 kg/m³ 的水泥珍珠岩制作，壁厚 $\delta=120$ mm，已知内壁温度 $t_1=500$ ℃，外壁温度 $t_2=50$ ℃，试求每平方米炉墙的热损失。

题解

假设：(1) 一维问题；(2) 稳态导热。

分析：根据附录 4，密度为 300 kg/m³ 的水泥珍珠岩制品的导热系数为

$$\{\overline{\lambda}\}_{W/(m\cdot K)}=0.065\,1+0.000\,105\{\overline{t}\}_{℃}$$ ①

因此需按炉墙平均温度下的导热系数计算热流量。

计算：为求平均导热系数 $\overline{\lambda}$，先算出材料的平均温度

$$\overline{t}=\frac{500\ ℃+50\ ℃}{2}=275\ ℃$$

于是

$$\begin{aligned}\overline{\lambda}&=(0.065\,1+0.000\,105\times275)\ W/(m\cdot K)\\&=(0.065\,1+0.028\,9)\ W/(m\cdot K)\\&=0.094\,0\ W/(m\cdot K)\end{aligned}$$

代入式(2-20)得每平方米炉墙的热损失为

$$\begin{aligned}q&=\frac{\lambda}{\delta}(t_1-t_2)=\frac{0.094\,0\ W/(m\cdot K)}{0.120\ m}\times(500\ ℃-50\ ℃)\\&=353\ W/m^2\end{aligned}$$

讨论：对水泥珍珠岩这类在一定的温度范围内导热系数与温度呈线性关系的材料，工厂提供的导热系数计算式中 t 都是指计算范围内的平均值，使用时要注意其最高的允许使用温度。

例题 2-2　三层锅炉炉墙散热及界面温度计算

一台锅炉的炉墙由三层材料叠合组成。最里面是耐火黏土砖，厚 115 mm；中间是 B 级硅藻土砖，厚 125 mm；最外层为石棉板，厚 70 mm。已知炉墙内、外表面温度分别为 495 ℃ 和 60 ℃，试求每平方米炉墙每小时的热损失及耐火黏土砖与硅藻土砖分界面上的温度。

题解

假设：(1) 一维问题；(2) 稳态导热；(3) 无接触热阻。

---

① 这是国家标准 GB 3101—1993 中规定的数值方程式的表示方法：$\{\overline{\lambda}\}_{W/(m\cdot K)}$ 中的下标表示平均导热系数以 W/(m·K) 为单位，$\{\overline{t}\}_{℃}$ 表示平均温度以℃为单位。

分析：根据附录 4，耐火黏土砖以及 B 级硅藻土的导热系数都是温度的函数，按平均温度计算其导热系数时需要知道层间温度。而层间温度本身是待求解的，因此需要采用迭代法（iteration method），即先估计各层的平均温度算出导热量。第一次估计的平均温度不一定正确，待算得分界面温度时，如假定值与计算值的差别超过允许数值，可重新假定每层的平均温度。经几次试算，逐步逼近，可得合理的数值。迭代过程采用 MHT-learning 进行。

计算：采用图 2-13 中的符号。$\delta_1=115\ \text{mm}$、$\delta_2=125\ \text{mm}$、$\delta_3=70\ \text{mm}$。经过几次迭代，得出三层材料的导热系数为

$$\lambda_1=1.12\ \text{W/(m·K)},\quad \lambda_2=0.116\ \text{W/(m·K)},\quad \lambda_3=0.116\ \text{W/(m·K)}$$

代入式（2-34）得每平方米炉墙每秒钟的热损失为

$$q=\frac{t_1-t_4}{\dfrac{\delta_1}{\lambda_1}+\dfrac{\delta_2}{\lambda_2}+\dfrac{\delta_3}{\lambda_3}}$$

$$=\frac{495\ ℃-60\ ℃}{\dfrac{0.115\ \text{m}}{1.12\ \text{W/(m·K)}}+\dfrac{0.125\ \text{m}}{0.116\ \text{W/(m·K)}}+\dfrac{0.07\ \text{m}}{0.116\ \text{W/(m·K)}}}$$

$$=\frac{435}{1.78}\ \text{W/m}^2=244\ \text{W/m}^2$$

将此 q 值代入式（2-36），求出耐火黏土砖与 B 级硅藻土砖分界面的温度为

$$t_2=t_1-q\frac{\delta_1}{\lambda_1}=495\ ℃-244\ \text{W/m}^2\times\frac{0.115\ \text{m}}{1.12\ \text{W/(m·K)}}=470\ ℃$$

讨论：本题是一个非线性问题，其特点是：要求解什么必须预先假定什么。工程计算中经常碰到这类问题。这时迭代法是一种行之有效的方法，即：先估计一个所求量的数值进行计算，再用计算结果修正预估值，逐次逼近，一直到预估值与计算结果一致（在一定的允许偏差范围内），称为计算达到收敛。读者应掌握这种方法。

例题 2-3　熔融盐储热罐保温层厚度计算

聚光太阳能热电站的储能系统由冷、热两个熔盐罐组成：热盐罐工作温度为 565 ℃，直径为 29.25 m，侧壁高 15 m（图 2-14）。热盐罐中储热介质为二元硝酸盐，565 ℃ 时比热为 1 540.2 J/(kg·K)，密度为 1 899 kg/m^3。在环境温度 0 ℃ 的冬天，如果要求温降率不超过 1 K/天，试估算保温层所需厚度。假设储罐外表面与环境的平均表面换热系数为 3 W/(m^2·K)，耐火层选取耐火砖，其导热系数为 $\lambda_{\text{fire}}=0.33\ \text{W/(m·K)}$，耐火层厚度 $\delta_{\text{fire}}=0.24\ \text{m}$，保温层选取硅酸铝纤维，其导热系数为 $\lambda_{\text{insu}}=0.1\ \text{W/(m·K)}$。

题解

假设：(1) 稳态问题；(2) 罐直径够大，侧壁的导热按一维平板处理；(3) 忽略罐体钢材热阻；(4) 不考虑保护气体层；(5) 忽略罐底向土壤的散热；(6) 盐罐储满盐；(7) 罐顶的散热面积按底面积的大小折算。

分析：储热罐通过壁面的传热如图 2-15 所示。根据题目中给出的储热罐的参数以及熔融盐的物性，可以计算出温降率不超过 1 K/天时所要求的最大热流密度。然后再利用热流量和罐内外温差，求出储热罐的总热阻。最后根据总热阻中各项热阻去反推算出保温层的厚度。

计算：首先计算出储热罐的总传热面积：

$$A=\pi DH+\pi R^2$$

$$=3.14\times 29.25\ \text{m}\times 15\ \text{m}+3.14\times(29.25/2)^2\ \text{m}^2$$

$$=2\ 049.3\ \text{m}^2$$

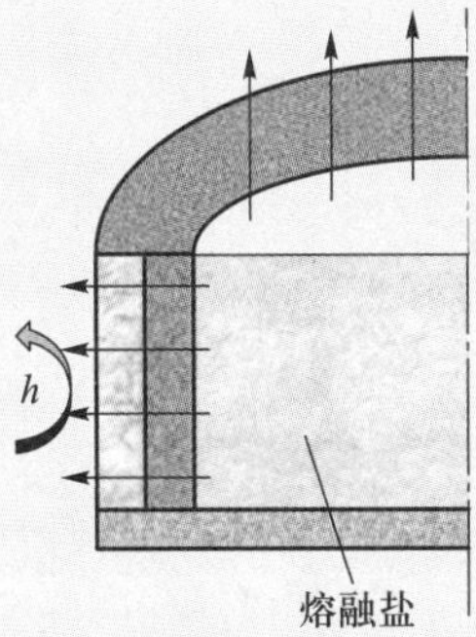

图 2-14　熔融盐储热罐传热示意图

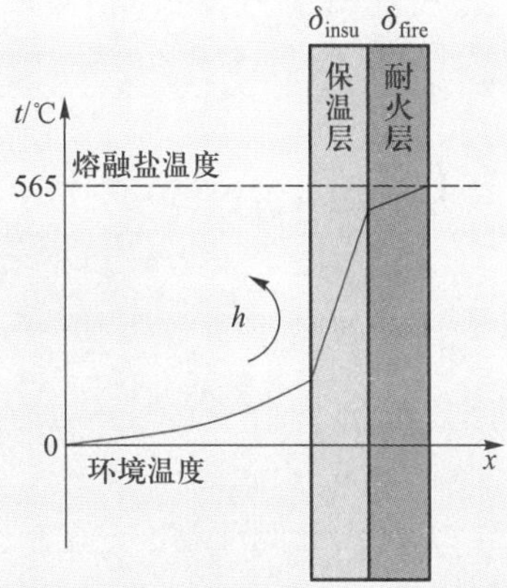

图 2-15　储热罐壁温度分布示意图

然后计算将储热罐装满的熔融盐的质量：

$$m=\pi R^2 H\rho=3.14\times(29.25/2)^2\ \mathrm{m^2}\times 15\ \mathrm{m}\times 1\,899\ \mathrm{kg/m^3}=19\,130\,997.8\ \mathrm{kg}$$

要求熔融盐 24 h 温度降低 1 K，则每秒钟散失的热量应不超过：

$$\Phi=mc_p\Delta t/(24\times 3\,600\ \mathrm{s})=19\,130\,997.8\ \mathrm{kg}\times 1\,540.2\ \mathrm{J/(kg\cdot K)}\times 1\ \mathrm{K}/(24\times 3\,600\ \mathrm{s})=3.404\,398\times 10^5\ \mathrm{W}$$

这要求总热阻应不少于：

$$R_t=A\Delta t/\Phi=2\,049.3\ \mathrm{m^2}\times(565-0)\ \mathrm{K}/(3.404\,398\times 10^5\ \mathrm{W})=3.040\ \mathrm{m^2\cdot K/W}$$

所计算的热量从耐火层内表面到环境的传递过程的串联总热阻为 $R_t=1/h+\delta_{insu}/\lambda_{insu}+\delta_{fire}/\lambda_{fire}$，代入储热罐外表面与环境的平均表面换热系数、耐热层和保温层的物性参数，计算出保温层的最小厚度为 0.198 m。

讨论：由于没有考虑储罐底面的散热损失和接触热阻的影响，本例题所计算的结果是偏于安全的。

例题 2-4　1 mm 厚钢板、水垢及灰垢的导热热阻

已知钢板、水垢及灰垢的导热系数各为 46.4 W/(m · K)、1.16 W/(m · K)及 0.116 W/(m · K)，试比较厚 1 mm 的钢板、水垢及灰垢的单位面积热阻。

题解

假设：(1) 一维；(2) 稳态问题。

计算：平板的单位面积导热热阻 $r=\delta/\lambda$，故有

钢板
$$r=\frac{1\times 10^{-3}\ \mathrm{m}}{46.4\ \mathrm{W/(m\cdot K)}}=2.16\times 10^{-5}\ \mathrm{m^2\cdot K/W}$$

水垢
$$r=\frac{1\times 10^{-3}\ \mathrm{m}}{1.16\ \mathrm{W/(m\cdot K)}}=8.62\times 10^{-4}\ \mathrm{m^2\cdot K/W}$$

灰垢
$$r=\frac{1\times 10^{-3}\ \mathrm{m}}{0.116\ \mathrm{W/(m\cdot K)}}=8.62\times 10^{-3}\ \mathrm{m^2\cdot K/W}$$

讨论：由此可见，1 mm 厚水垢的热阻相当于 40 mm 厚钢板的热阻，而 1 mm 厚灰垢的热阻相当于 400 mm 厚钢板的热阻。因此，在换热器的运行过程中尽量保持换热表面的干净是十分重要的。

例题 2-5　通过四周绝热的圆柱的导热

在一个建筑物中，有如图 2-16 的结构。钢柱直径 $d=50$ mm，长度 $l=300$ mm，材料导热系数为 $\lambda=50$ W/(m·K)，其两个端面分别维持在 60 ℃ 与 20 ℃，四周为建筑保温材料。计算通过钢柱的导热量。

题解

分析：钢柱四周相当于绝热，温度仅沿着轴线方向变化，因此可按一维导热处理。

假设：(1) 一维；(2) 稳态问题。

计算：

$$\phi=\lambda A\frac{\Delta t}{\delta}=50\ \text{W/(m}\cdot\text{K)}\times\frac{3.14\times0.025^2\ \text{m}^2}{0.3\ \text{m}}\times(60-20)\ \text{K}$$

$$=13.1\ \text{W}$$

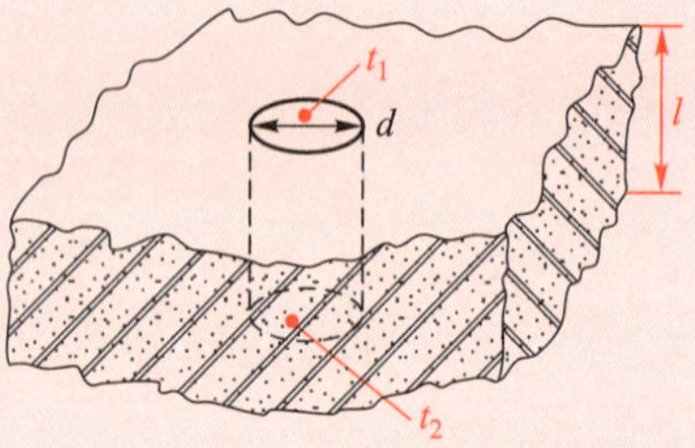

图 2-16　例题 2-5 附图

讨论：对通过一个等截面物体的导热，如果温度仅在厚度方向发生变化，就可以作为直角坐标中的一维导热问题，至于物体截面积则可大可小，截面也未必是方形的。以前文献中常有“通过无限大平板的导热”的提法，其实“无限大”只是为“一维”创造条件，并不十分确切。

2.3.2　通过圆筒壁的导热

1. 单层圆筒壁

考察一个内、外半径分别为 r_1、r_2 的圆筒壁，其内、外表面温度分别维持均匀恒定的温度 t_1 和 t_2，如图 2-17 所示。采用圆柱坐标系 (r,θ,z)，该问题就成为沿半径方向的一维导热问题。为便于分析，先假设材料的导热系数 λ 为常数。

导热微分方程与相应的边界条件为

$$\frac{\mathrm{d}}{\mathrm{d}r}\left(r\frac{\mathrm{d}t}{\mathrm{d}r}\right)=0 \qquad (2-37)$$

$$r=r_1,\quad t=t_1 \qquad (\text{g})$$

$$r=r_2,\quad t=t_2 \qquad (\text{h})$$

对式(2-37)连续积分两次，得其通解为

$$t=c_1\ln r+c_2 \qquad (\text{i})$$

式中，c_1 和 c_2 由边界条件确定。将边界条件式(g)、式(h)分别代入式(i)，联解得

$$c_1=\frac{t_2-t_1}{\ln(r_2/r_1)}$$

$$c_2=t_1-\ln r_1\frac{t_2-t_1}{\ln(r_2/r_1)}$$

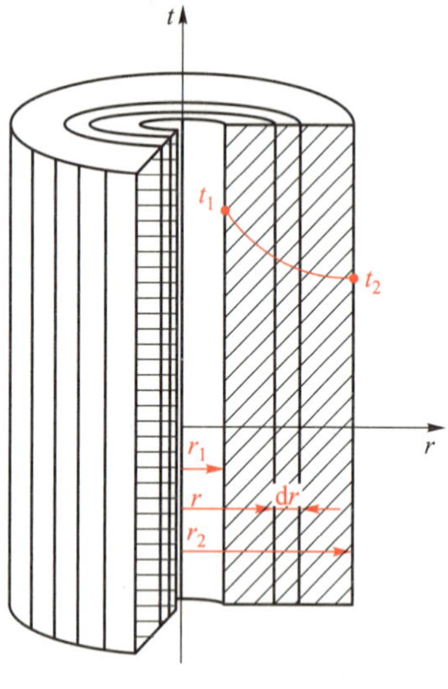

图 2-17　通过圆筒壁的导热

代入式(i)得温度分布为

$$t=t_1+\frac{t_2-t_1}{\ln(r_2/r_1)}\ln(r/r_1) \qquad (2-38)$$

由此可见，与平壁中的线性温度分布不同，圆筒壁中的温度分布呈对数曲线。

对式(2-38)求导数可得

$$\frac{\mathrm{d}t}{\mathrm{d}r}=\frac{1}{r}\frac{t_2-t_1}{\ln(r_2/r_1)}$$

代入傅里叶导热定律得

$$q=-\lambda\frac{\mathrm{d}t}{\mathrm{d}r}=\frac{\lambda}{r}\frac{t_1-t_2}{\ln(r_2/r_1)} \tag{2-39}$$

由此式可见，在通过圆筒壁的稳态导热中，不同半径处的热流密度与半径成反比。但是，通过整个圆筒壁面的热流量 Φ 为常量，不随半径而异。对式(2-39)两边各乘以 $2\pi rl$(半径 r 处垂直于热流密度的面积)得

$$\Phi=2\pi rlq=\frac{2\pi\lambda l(t_1-t_2)}{\ln(r_2/r_1)} \tag{2-40}$$

根据热阻的定义，通过整个圆筒壁的导热热阻为

$$R=\frac{\Delta t}{\Phi}=\frac{\ln(d_2/d_1)}{2\pi\lambda l} \tag{2-41}$$

2. 多层圆筒壁

与分析多层平壁一样，运用串联热阻叠加的原则，可得通过图 2-18 所示的多层圆筒壁的导热热流量(假设层间接触良好)

$$\Phi=\frac{2\pi l(t_1-t_4)}{\ln(d_2/d_1)/\lambda_1+\ln(d_3/d_2)/\lambda_2+\ln(d_4/d_3)/\lambda_3} \tag{2-42}$$

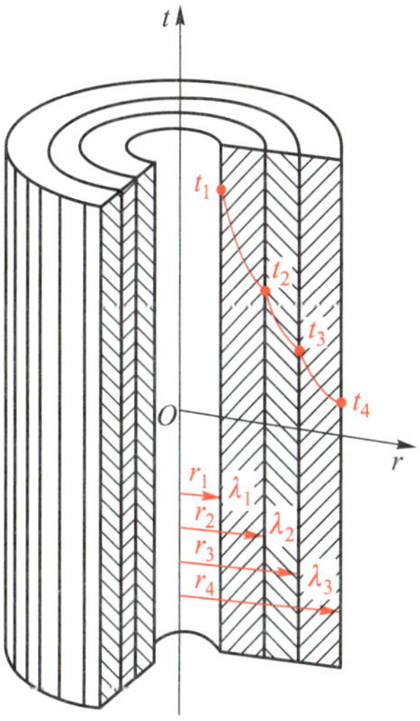

图 2-18 多层圆筒壁

例题 2-6 **蒸汽管道保温层厚度计算**

为了减少热损失和保证安全工作条件，在外径为 133 mm 的蒸汽管道外覆盖保温层。蒸汽管道外壁面温度为 400 ℃。按电厂安全操作规定，保温材料外侧温度不得超过 50 ℃。如果采用水泥珍珠岩制品作保温材料，并把每米长管道的热损失 Φ/l 控制在 465 W/m 之下，问保温层厚度应为多少毫米？

题解

分析：要求解保温层的厚度就是要获得保温层圆筒壁的外径。根据式(2-40)，在已知导热量与温差条件下可以得出内外半径之比。根据附录 4，在计算的温度范围内水泥珍珠岩的导热系数与温度呈线性变化关系。

假设：(1) 圆柱坐标的一维问题；(2) 稳态导热；(3) 导热系数为温度的线性函数。

计算：为求平均导热系数 $\bar{\lambda}$，先算出材料的平均温度

$$\bar{t}=\frac{400\ ℃+50\ ℃}{2}=225\ ℃$$

从附录 4 查得导热系数为

$$\{\bar{\lambda}\}_{W/(m\cdot K)}=0.065\,1+0.000\,105\{\bar{t}\}_{℃}=0.065\,1+0.000\,105\times225$$

$$\bar{\lambda}=0.088\,7\ W/(m\cdot K)$$

因为 $d_1=133$ mm 是已知的，要确定保温层厚度 δ，须先求得 d_2。为求 d_2，将式(2-41)改写成

$$\ln(d_2/d_1)=\frac{2\pi\lambda}{\frac{\Phi}{l}}(t_1-t_2)$$

即

$$\ln\{d_2\}_m=\frac{2\pi\lambda}{\frac{\Phi}{l}}(t_1-t_2)+\ln\{d_1\}_m$$

于是

$$\ln\{d_2\}_m=\frac{2\pi\times0.088\,7}{465}\times(400-50)+\ln 0.133$$

$$=0.419-2.02=-1.601$$

$$d_2=0.202\ \text{m}$$

保温层厚度为

$$\delta=\frac{d_2-d_1}{2}=\frac{0.202\ \text{m}-0.133\ \text{m}}{2}=34\ \text{mm}$$

讨论：根据已知条件的不同，导热热流量计算式(2-31)、式(2-40)及下面的式(2-44)可分别用来计算热流量、导热层厚度及表面温度(或温差)，本题是计算导热层厚度的例子。

2.3.3 通过球壳的导热

对于内、外表面维持均匀恒定温度的空心球壁的导热，在球坐标系中也是一个一维导热问题。相应的计算公式如下。

温度分布
$$t=t_2+(t_1-t_2)\frac{1/r_1-1/r}{1/r_1-1/r_2}\tag{2-43}$$

热流量
$$\Phi=\frac{4\pi\lambda(t_1-t_2)}{1/r_1-1/r_2}\tag{2-44}$$

热阻
$$R=\frac{1}{4\pi\lambda}\left(\frac{1}{r_1}-\frac{1}{r_2}\right)\tag{2-45}$$

其导出过程以及多层球壳的导热量计算式留给读者去完成。化工厂球状储罐壁面中的导热问题是通过球壳导热的典型例子，可参阅本章末的习题。

2.3.4 带第二类、第三类边界条件的一维导热问题

上面的例子求解的都是第一类边界条件的问题。下面以电熨斗金属底板的导热问题为例，介绍第二类、第三类边界条件问题的求解方法。

如图 2-19 所示，一个电熨斗，电功率为 1 200 W，底面竖直置于环境温度为 25 ℃的房间中，金属底板厚为 5 mm，导热系数 $\lambda=15\ \text{W/(m·K)}$，面积 $A=300\ \text{cm}^2$。考虑辐射作用在内的表面传热系数 $h=80\ \text{W/(m}^2\text{·K)}$，今要确定稳态条件下底板两表面的温度。

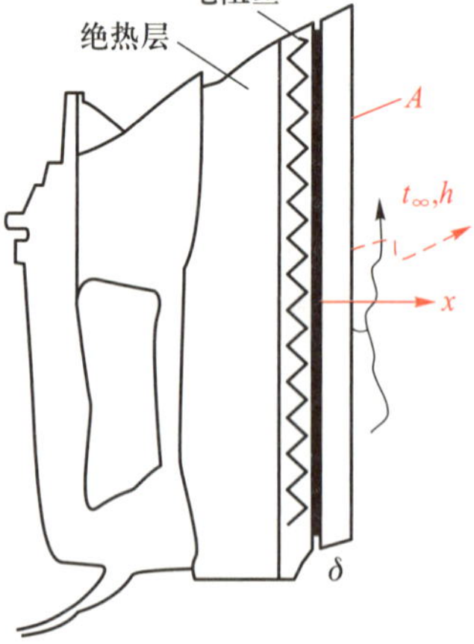

图 2-19　电熨斗底面散热示意图

首先假设电熨斗绝热层的性能良好，因而加热器的功率全部通过底板散到环境中去，再将这个问题近似处理为一维平板导热，

底板右侧处理成为对流边界条件，左侧为给定热流密度边界条件，其值为

$$q_0=\frac{1\ 200\ \mathrm{W}}{0.03\ \mathrm{m}^2}=40\ 000\ \mathrm{W/m}^2$$

温度场的数学描写为

$$\frac{\mathrm{d}^2t}{\mathrm{d}x^2}=0 \tag{j}$$

$$\left.\begin{aligned} x=0,\quad -\lambda\frac{\mathrm{d}t}{\mathrm{d}x}=q_0 \\ x=\delta,\quad -\lambda\frac{\mathrm{d}t}{\mathrm{d}x}=h(t-t_\infty)\end{aligned}\right\} \tag{k}$$

上述方程的通解为

$$t=c_1x+c_2$$

由左侧边界条件得

$$-\lambda c_1=q_0,\quad c_1=-\frac{q_0}{\lambda}$$

由右侧边界条件得

$$-\lambda c_1=h[(c_1\delta+c_2)-t_\infty]$$

$$c_2=t_\infty-\frac{c_1\lambda}{h}-c_1\delta=t_\infty+\frac{q_0}{h}+\frac{q_0}{\lambda}\delta$$

代入通解得

$$t=t_\infty+q_0\left(\frac{\delta-x}{\lambda}+\frac{1}{h}\right) \tag{2-46}$$

代入给定的数值后可得

$$\begin{aligned} t_{x=0}&=t_\infty+q_0\left(\frac{\delta}{\lambda}+\frac{1}{h}\right)\\ &=25\ ℃+40\ 000\ \mathrm{W/m}^2\times\left[\frac{0.005\ \mathrm{m}}{15\ \mathrm{W/(m\cdot K)}}+\frac{1}{80\ \mathrm{W/(m^2\cdot K)}}\right]\\ &=538\ ℃ \end{aligned}$$

$$\begin{aligned} t_{x=\delta}&=t_\infty+q_0\left(0+\frac{1}{h}\right)=25\ ℃+40\ 000\ \mathrm{W/m}^2\times\frac{1}{80\ \mathrm{W/(m^2\cdot K)}}\\ &=525\ ℃ \end{aligned}$$

由求解过程可见，与第一类边界条件求解的区别在于确定任意常数 c_1、c_2 所利用的条件不同。本例中一个边界条件为第二类，另一个为第三类。请读者考虑如果两个边界条件均为第二类，温度场能否得出确定的解。

2.3.5 变截面或变导热系数的一维问题

在上面讨论的平板、圆柱与球的导热问题中，首先求解了导热微分方程，获得温度分布，然后按傅里叶导热定律得出热流密度的计算式，这是用分析法求解导热问题的一般顺序。对于一维导热的第一类边界条件问题，如果求解的目的在于获得热流量的计算式，则也可采用直接对傅里

叶导热定律表达式做积分的方法，而且当导热系数为变数或者导热面积沿热流密度矢量方向改变时，这一方法特别有效。下面介绍这一方法。

导热系数一般可表示为温度的函数 $\lambda(t)$。以一维问题为例，傅里叶导热定律的表达式为

$$\Phi=-A\lambda(t)\frac{\mathrm{d}t}{\mathrm{d}x}$$

分离变量后积分，并注意到热流量 Φ 与 x 无关，得

$$\Phi\int_{x_1}^{x_2}\frac{\mathrm{d}x}{A}=-\int_{t_1}^{t_2}\lambda(t)\,\mathrm{d}t \tag{l}$$

将式(l)右方乘以 $(t_2-t_1)/(t_2-t_1)$ 得

$$\Phi\int_{x_1}^{x_2}\frac{\mathrm{d}x}{A}=-\frac{\int_{t_1}^{t_2}\lambda(t)\,\mathrm{d}t}{t_2-t_1}(t_2-t_1) \tag{m}$$

显然，式中 $\int_{t_1}^{t_2}\lambda(t)\,\mathrm{d}t/(t_2-t_1)$ 项是 λ 在 $t_1\sim t_2$ 范围内的积分平均值，可用 $\overline{\lambda}$ 来表示。于是式(m)可写成

$$\Phi=\frac{\overline{\lambda}(t_1-t_2)}{\int_{x_1}^{x_2}\frac{\mathrm{d}x}{A}} \tag{2-47}$$

只要把具体问题中的 A 与 x 的关系代入上式，就可得到适用于具体情况的计算公式。应该注意：用 $\overline{\lambda}(t_1-t_2)$ 代替 $-\int_{t_1}^{t_2}\lambda(t)\,\mathrm{d}t$ 并不受 A 与 x 的具体关系的约束，因此无论 A 与 x 的关系如何，式(2-47)总是正确的。

如前所述，在工程计算中，材料导热系数对温度的依变关系往往可表示成下列线性关系：

$$\lambda=\lambda_0(1+bt)\quad 或\quad \lambda=\lambda_0+at \tag{n}$$

在这种情况下，式(2-47)中的 $\overline{\lambda}$ 就是算术平均温度 $\bar{t}\left(=\frac{t_1+t_2}{2}\right)$ 下的 λ 值。由此可以得出前面已指出过的结论：式(n)适用时，只要把计算公式中的导热系数取用算术平均温度下的值，前面导得的定导热系数的公式就可适用于变导热系数的问题。

本节所讨论的五种一维导热问题有一个共同的特点，即在热量传递的方向上热流量 Φ 保持不变。工程技术中还经常遇到另一类一维导热问题，即在热量传递方向上热流量不断增加或不断降低。通过肋片的导热就属于这一类情况，将在下一节中予以讨论。

2.4 通过肋片的导热

由对流传热速率方程式(1-6)可见，要增加对流传热量(常称强化传热)可以通过增加温差、增加表面传热系数以及增加换热面积三种方法来达到。增加温差是以增加过程的不可逆损失为代价的，同时也受到具体的工艺技术的制约，很少采用。如何增加对流传热的表面传热系数将在

第 5、6、7 章中讨论，这里先介绍增加换热面积的有效方法。所谓“有效方法”，是指在材料消耗量增加较少的条件下能较多地增大面积的方法。

采用肋片，又称翅片（fin）就是有效地增加换热面积的方法。所谓肋片是指依附于基础表面上的扩展表面，图 2-20 给出了四种典型的肋片结构。肋片可以由管子整体轧制或缠绕、嵌套金属薄片并经加工制成。加工的方法有焊接、浸镀（例如镀锡）或胀管等。

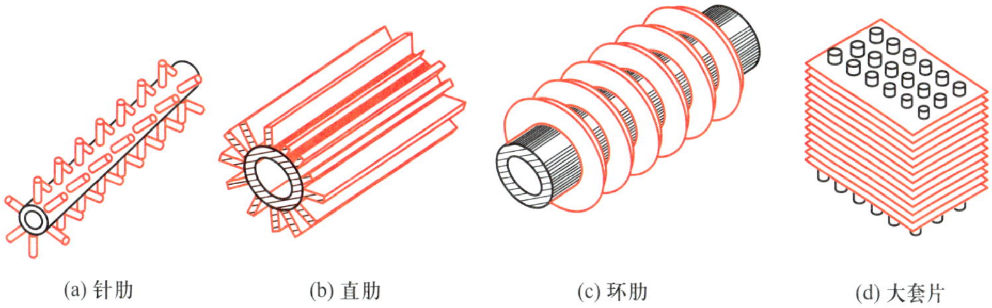

图 2-20　肋片的典型结构

通过肋片的导热有个特点，就是在肋片伸展的方向上有表面的对流传热及辐射传热，因而肋片中沿导热热流传递的方向上热流量是不断变化的。分析肋片的导热要回答两个问题：从基础面伸出部分（即肋片）的温度沿导热热量传递的方向是如何变化的，以及通过肋片所传递的热流量有多少。本节仍将从导热微分方程出发来解决这些问题，重点放在等截面直肋（图 2-20a、b）上，对环肋只介绍分析的结果。

这里要特别指出，在学习本课程时，读者要注意对复杂的工程传热问题经过适当简化建立起合理的物理与数学模型，从而运用已有的数学及传热学知识进行求解的一整套分析方法。本节对等截面直肋、温度计套管及太阳能集热器的吸热板的分析都是运用这种方法的例子，并以肋片温度场为重点，详细地介绍这种分析方法。

2.4.1　通过等截面直肋的导热

从图 2-20b 所示的结构中取出一个肋片来分析，如图 2-21a 所示。肋片与基础表面相交处（称为肋根）的温度 t_0 为已知，并设 t_0 大于周围流体温度 t_∞。该肋片与周围环境之间有热交换，并已知包括对流传热及辐射传热在内的复合换热的表面传热系数 h（辐射传热如何用表面传热系数的形式来表示将在第 9 章中介绍）。现在的任务是要确定肋片中的温度分布及通过该肋片的散热量。

1. 物理模型

根据所给出问题的条件，可以做以下假定，从而既能使问题得到适当简化，便于数学处理，又能保持实际问题的基本特点：(1) 材料的导热系数 λ、表面传热系数 h 以及沿肋高方向的横截面积 A_c 均为常数；(2) 肋片温度在垂直于纸面方向（即长度方向）不发生变化，因此可取一个截面（即单位长度）来分析；(3) 表面上的对流传热热阻 $1/h$ 远远大于肋片中的导热热阻 δ/λ，因而在任一截面上肋片温度可认为是均匀的；(4) 肋片顶端可视为绝热，即在肋的顶端 $\dfrac{\mathrm{d}t}{\mathrm{d}x}=0$。

经过上述简化，所研究的问题就变成一维稳态导热问题，如图 2-21b 所示，并且可以设想，肋片各截面的温度沿高度方向是逐步降低的(图 2-21c)。求解的任务就是要找出截面温度沿高度方向的变化规律。

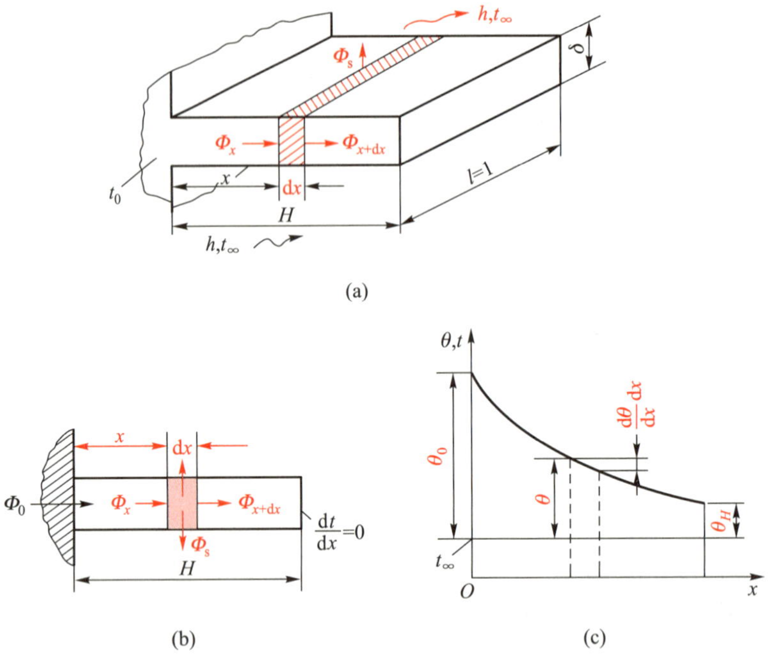

图 2-21　通过肋片的热量传递

2. 数学描写

现在来建立肋片中温度场的数学描写。首先,导热微分方程式(2-9)可简化为

$$\frac{\mathrm{d}^2 t}{\mathrm{d}x^2}+\frac{\dot{\Phi}}{\lambda}=0 \tag{a}$$

现在需要进一步确定的是源项 $\dot{\Phi}$ 的表达式。

对于所研究的问题,肋片的两个侧面并不是计算区域的边界(计算区域的边界是 $x=0$ 及 $x=H$),但通过该两表面有热量的传递。在这种情况下,可以把通过边界所交换的热量折算成整个截面上的体积源项。取长度为 $\mathrm{d}x$ 的微元段来分析。设参与换热的截面周长为 P,则表面的总散热量为

$$\Phi_s=(P\mathrm{d}x)h(t-t_\infty) \tag{b}$$

相应的微元体积为 $A_c\mathrm{d}x$,因而相应的折算源项为

$$\dot{\Phi}=-\frac{\Phi_s}{A_c\mathrm{d}x}=-\frac{hP(t-t_\infty)}{A_c} \tag{c}$$

由于肋片向环境散热,相当于负的源项,因而上式有一负号。将式(c)代入式(a),得

$$\frac{\mathrm{d}^2 t}{\mathrm{d}x^2}=\frac{hP(t-t_\infty)}{\lambda A_c} \tag{d}$$

相应的两个边界条件为

$$x=0,t=t_0;x=H,\frac{\mathrm{d}t}{\mathrm{d}x}=0 \tag{e}$$

式(d)、式(e)构成了肋片温度场的完整的数学描写。

3. 分析求解

式(d)是关于温度的二阶非齐次常微分方程,为便于求解,引入过余温度(excess temperature)$\theta=t-t_\infty$,可得关于过余温度的齐次方程,于是有

$$\frac{d^2\theta}{dx^2}=m^2\theta \tag{2-48a}$$

$$x=0,\theta=\theta_0=t_0-t_\infty;x=H,\frac{d\theta}{dx}=0 \tag{2-48b}$$

其中,$m=\sqrt{hP/(\lambda A_c)}$为一常量。

式(2-48a)是一个二阶线性齐次常微分方程,其通解为

$$\theta=c_1e^{mx}+c_2e^{-mx} \tag{f}$$

其中c_1、c_2由两个边界条件式(2-48b)确定,即

$$c_1+c_2=\theta_0,c_1me^{mH}-c_2me^{-mH}=0 \tag{g}$$

最后可得肋片中的温度分布为

$$\theta=\theta_0\frac{e^{mx}+e^{2mH}e^{-mx}}{1+e^{2mH}}=\theta_0\frac{\text{ch}[m(x-H)]}{\text{ch}(mH)} \tag{2-49}$$

令$x=H$,即可从上式得出肋端温度的计算式。因 ch0=1,故得

$$\theta_H=\frac{\theta_0}{\text{ch}(mH)} \tag{2-50}$$

由肋片散入外界的全部热流量都必须通过$x=0$处的肋根截面。将式(2 49)中的θ代入傅里叶导热定律的表达式,即得此热流量为

$$\begin{aligned}\Phi_{x=0}&=-\lambda A_c\left(\frac{d\theta}{dx}\right)_{x=0}=-\lambda A_c\theta_0(-m)\frac{\text{sh}(mH)}{\text{ch}(mH)}\\&-\lambda A_c\theta_0m\text{th}(mH)=\frac{hP}{m}\theta_0\text{th}(mH)\end{aligned} \tag{2-51}$$

式(2-49)~式(2-51)中的双曲函数 ch(mH)和 th(mH)的数值可从数学手册中查出。

以上根据肋片末梢端面绝热的近似边界条件[式(2-48b)]得到的理论解,应用于大量实际肋片可以获得实用上足够精确的结果。对于必须考虑肋片末梢端面散热的少数场合,其分析解可参见文献[19]。在计算Φ时,有一种巧妙的简化处理方法可代替较繁的理论解。以图 2-21 所示的直肋为例,假如肋厚度为δ,则可以用假想高度$H'=H+\frac{\delta}{2}$代替实际肋高H,然后仍按式(2-51)计算Φ。这种处理,实质上是基于这样一种想法,即为了照顾末梢端面的散热而把端面面积铺展到侧面上去。

值得指出,本节为分析肋片的温度分布把肋片四周的散热当作肋片内热源的处理方法是一种有效的研究方法,当所研究问题的边界条件无法完全反映该物体与环境的热交换情况时就可以采取这个方法。例如当研究生物组织中温度变化时,其与周围流动血液或输液间的热交换就可作为等效源项处理。因而在生物组织的导热微分方程中常含有两个内热源项:新陈代谢产生的热量和与血液热交换折算的等效内热源。

实际上沿整个肋表面传热系数常常是不均匀的,这时可以按其平均值来计算。如果出现严

重的不均匀性，则问题的求解可以采用第 4 章要介绍的数值方法。

4. 解的应用

在将上述分析解应用于计算肋片效率之前，先来分析温度计套管的测温误差，读者应注意这里是如何将表面上看来与肋片风马牛不相及的温度计套管与肋片导热问题联系起来的。

例题 2-7　温度计套管测温误差的分析

压气机设备的储气筒里的空气温度用一支插入装油的铁套管中的玻璃水银温度计来测量，如图 2-22 所示。已知温度计的读数为 100 ℃，储气筒与温度计套管连接处的温度 $t_0=50$ ℃，套管高 $H=140$ mm、壁厚 $\delta=1$ mm、管材导热系数 $\lambda=58.2$ W/(m·K)，套管外表面的表面传热系数 $h=29.1$ W/(m²·K)。试分析：(1) 温度计的读数能否准确地代表被测地点处的空气温度；(2) 如果不能，分析其误差有多大。

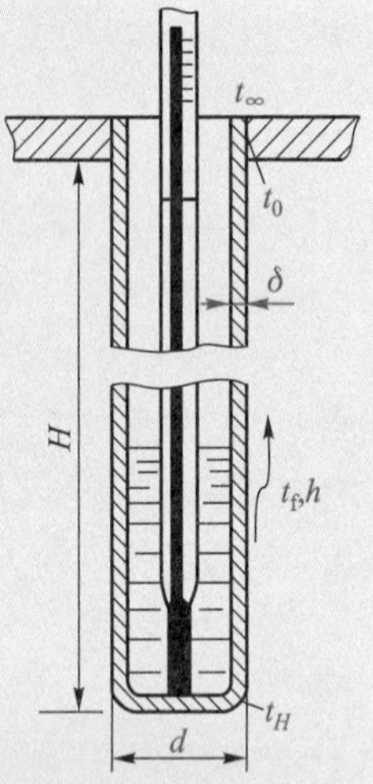

图 2-22　温度计套管

题解

分析：由于温度计的感温泡与套管顶部直接接触，可以认为温度计的读数就是套管顶端的壁面温度 t_H。温度计套管与其四周环境之间发生着三种方式的热量传递，即从套管顶端向根部的导热、从压缩空气向套管外表面的对流传热、从套管外表面向储气筒筒身的辐射传热。稳态时，套管从压缩空气获得的热流量正好等于套筒向筒身的导热及辐射传热之和。因而，套管的壁面温度必然低于压缩空气的温度，即存在着测温误差。

套管中每一截面上的温度可认为是相等的，因而温度计套管可以看成截面积为 $\pi d\delta$ 的一等截面直肋（d 为套管直径）。而所谓测温误差，就是套管顶端的过余温度 $\theta_H=t_H-t_f$，此处 t_f 是筒内空气的温度①。

假设：通过上述分析，可以将所研究的问题看成一维稳态等截面直肋的导热问题，采用肋片分析中的各项假定。

计算：据式(2-50)有

$$t_H-t_f=\frac{t_0-t_f}{\mathrm{ch}(mH)}$$

归并整理后得

$$t_f=\frac{t_H\mathrm{ch}(mH)-t_0}{\mathrm{ch}(mH)-1}$$

本例中，换热周长 $P=\pi d$，套管截面积 $A_c=\pi d\delta$。于是，mH 的值可按定义求出，即

$$mH=\sqrt{\frac{hP}{\lambda A_c}}H=\sqrt{\frac{h}{\lambda\delta}}H=\sqrt{\frac{29.1\ \mathrm{W/(m^2\cdot K)}}{58.2\ \mathrm{W/(m\cdot K)}\times 0.001\ \mathrm{m}}}\times 0.14\ \mathrm{m}=3.13$$

由数学手册查出 ch 3.13 = 11.5。代入 t_f 计算式得

$$t_f=\frac{100\ ℃\times 11.5-50\ ℃}{11.5-1}=104.7\ ℃$$

① 这里，t_f 相当于上述分析中的周围流体温度 t_∞。在传热学文献中，一般把位于有限空间内的流体温度记为 t_f，而把位于大空间中的流体温度记为 t_∞。

讨论：测量误差为 4.7 ℃。这样大的误差往往是不容许的。那么怎样才能减小测温误差呢？这可从两个角度来分析。首先，从温度计套管的一维导热的物理过程来看，可以得出如图 2-23 所示的热阻定性分析图。图中 t_∞ 为储气筒外的环境温度，R_3 代表储气筒外侧与环境间的换热热阻，R_1、R_2 分别代表套管顶端与环境间的换热热阻及套管轴向的导热热阻。显然，要减小测温误差，应使 t_H 尽量接近 t_f，即应尽量减小 R_1 而增大 R_2 及 R_3。另一方面，从式(2-50)来看，要减少 θ_H，应增加 $\mathrm{ch}(mH)$（即增加 mH），以及减小 θ_0 之值。于是可以采用以下方法：(1) 选用导热系数更小的材料作套管（增加热阻 R_2）；(2) 尽量增加套管高度，并减小壁厚（增加热阻 R_2）；(3) 强化套管与流体间的换热（减小 R_1）；(4) 在储气筒外包以保温材料（增加 R_3），最后一条措施对于储气筒虽不十分可取，然而对于测量管道中气流温度的情形是可以操作的。

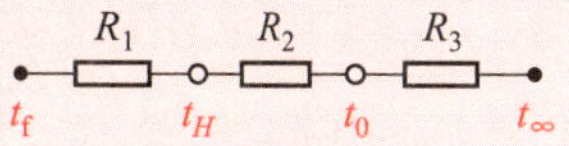

图 2-23　温度计套管测温误差热阻分析图

顺便指出，热阻的概念本质上只适用于一维稳态问题。但是可以拓宽到以下两种情形：(1) 一个多维的问题近似地当一维问题来分析[18]；(2) 一个作为一维分析的问题，其每个环节上的导热量并不相等，上例就属于这种情形。图 2-23 中并未用箭头表示出热流方向，因为热量在从 t_f 到 t_∞ 的过程中各个环节所传递的热流量并不相同，串联热阻叠加的原则在这里不适用，但是作为定性分析，这样的图示还是很有用的。

本节前面讨论一维肋片散热问题时，肋片的高度 H 为有限值。在相同的其他条件下，如果肋片为无限长，其散热量是多少，以及实际上达到多长时就可以认为是无限长。这需要理解无限长肋片散热量如何计算。

无限长肋片的散热量

2.4.2　肋效率与肋面总效率

1. 等截面直肋的效率

前面指出，采用肋片主要是为了增加换热量，人们自然很关心采用一个肋片能增多少换热量。为表征肋片散热的有效程度，引进一个肋效率（fin efficiency）的参数 η_f，其物理意义：

$$\eta_f=\frac{\text{实际散热量}}{\text{假设整个肋表面处于肋基温度下的散热量}} \tag{2-52}$$

已知肋效率 η_f 即可计算出肋片的实际散热量。对于等截面直肋，其肋效率为

$$\eta_f=\frac{\dfrac{hP}{m}\theta_0\mathrm{th}(mH)}{hPH\theta_0}=\frac{\mathrm{th}(mH)}{mH} \tag{2-53}$$

对于直肋，假定肋片长度 l 比其厚度 δ 要大得多，可取出单位长度来研究。参与换热的周界 $P=2$，于是有

$$mH=\sqrt{\frac{hP}{\lambda A_c}}H=\sqrt{\frac{2h}{\lambda\delta\times 1}}H=\sqrt{\frac{2h}{\lambda\delta}}H \tag{h}$$

对于环肋，理论分析表明，肋效率也是参数 mH 的单值函数。假定环肋的内半径远大于其厚度，则式(h)同样成立。将上式的分子分母同乘以 $H^{1/2}$，得

$$mH=\sqrt{\frac{2h}{\lambda\delta H}}H^{3/2}=\sqrt{\frac{2h}{\lambda A_L}}H^{3/2} \tag{2-54}$$

式中，$A_L=\delta H$ 代表肋片的纵剖面积。实用上，往往采用以肋效率 η_f 与式(2-54)所示的 mH 或

$H^{3/2}\left(\dfrac{h}{\lambda A_{\rm L}}\right)^{1/2}$ 为坐标的曲线，来表示各种肋片肋效率的理论解的结果。

2. 其他形状肋片的效率

在工程领域中还广泛采用多种其他形状的肋片，除图 2-21a 所示的矩形截面直肋（rectangular straight fin）外，还有三角形截面直肋（triangle straight fin）、环肋（circular fin）、圆形截面的直肋［又称针肋（pin fin）］及三角形针肋（pin fin of triangle profile）等。其中针肋也是一种等截面直肋，上述分析完全适用。表 2-2 中列出了这五种肋片效率的计算式，图 2-24 和图 2-25 中给出了其变化曲线。为了修正肋端绝热的假设，对一般肋片可用 $H'=H+A_c/P$ 来代替。

表 2-2　常见肋片的肋效率计算式

No.	肋片名称	几何形状	肋效率计算式
1	矩形截面直肋	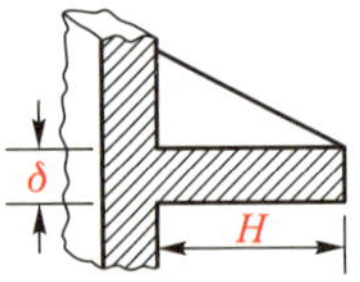	$\eta_f=\dfrac{\text{th}(mH')}{mH'},m=\sqrt{\dfrac{2h}{\lambda\delta}}$ $H'=H+\delta/2$
2	三角形直肋	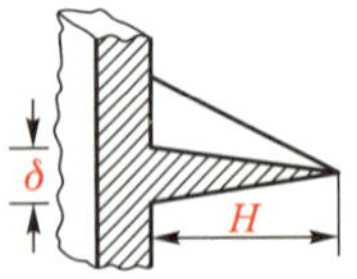	$\eta_f=\dfrac{1}{mH}\dfrac{\text{I}_1(2mH)}{\text{I}_0(2mH)}$ I_0、I_1 为第一类修正零阶与一阶贝塞尔函数
3	环肋	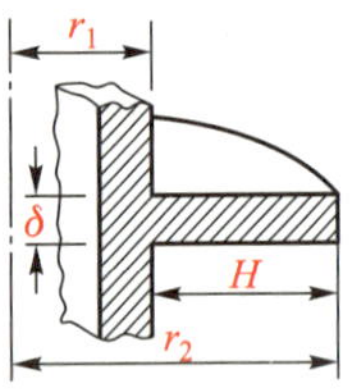	$\eta_f=C_2\dfrac{\text{K}_1(mr_1)\text{I}_1(mr_2')-\text{I}_1(mr_1)\text{K}_1(mr_2')}{\text{I}_0(mr_1)\text{K}_1(mr_2')+\text{K}_0(mr_1)\text{I}_1(mr_2')}$ $C_2=\dfrac{2r_1/m}{(r_2^2-r_1^2)}$ K_0、K_1 为第二类修正零阶与一阶贝塞尔函数， $r_2'=r_2+\delta/2$
4	等截面针肋	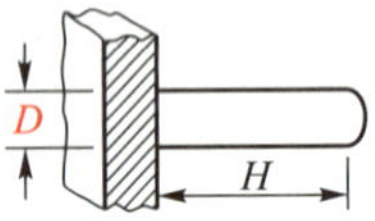	$\eta_f=\dfrac{\text{th}(mH')}{mH'},m=\sqrt{\dfrac{4h}{\lambda D}}$ $H'=H+D/4$
5	三角形针肋	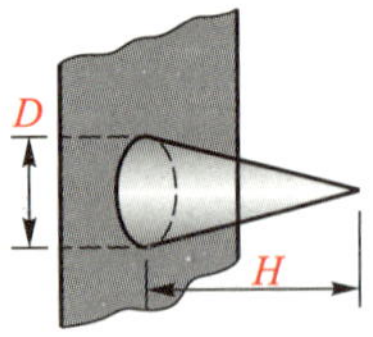	$\eta_f=\dfrac{2}{mH}\dfrac{\text{I}_2(2mH)}{\text{I}_1(2mH)}$ I_2 为第一类修正二阶贝塞尔函数 $\text{I}_2(x)=\text{I}_0(x)-(2/x)\text{I}_1(x),x=2mH,m=\sqrt{\dfrac{4h}{\lambda D}}$

在诸如家用空调的冷凝器与蒸发器中，还广泛采用如图 2-20d 这一类整体式翅片（大套片），常见的整体式翅片（integrated fin）示于图 2-26 中。其中平片、三角形截面波纹片、正弦截面波纹片除了管子穿过处外整个翅片是连续的，这类翅片效率的计算可参见文献[20]。图 2-26d 所示的开缝翅片具有很好的强化传热性能，其翅片效率的计算可采用数值方法[21]。

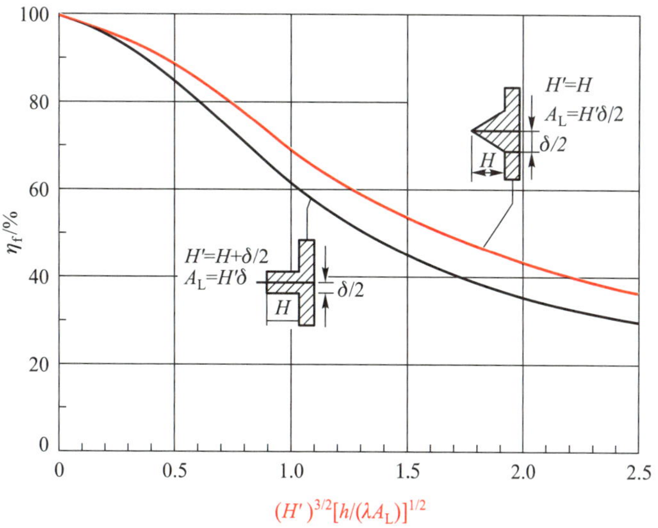

图 2-24　等截面直肋和三角形肋片的效率曲线

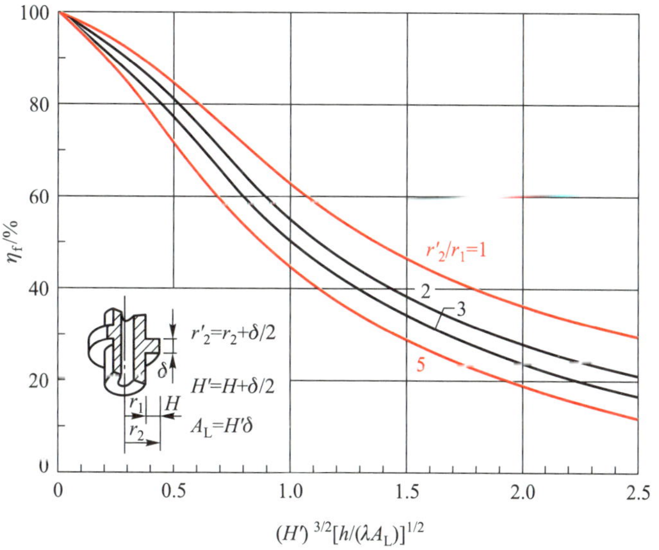

图 2-25　环肋片的效率曲线

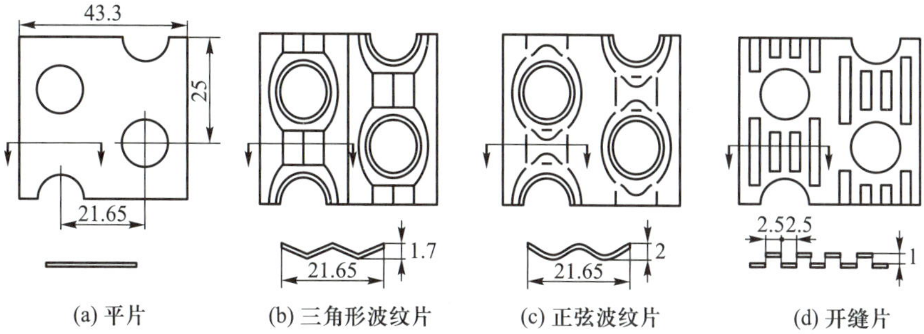

图 2-26　常见的整体式翅片

3. 肋面总效率

表 2-2 以及图 2-24、图 2-25 所示的是单个肋片的效率。实际上肋片总是成组地被采用的，如图 2-27 所示。设流体的温度为 t_f，流体与整个表面的表面传热系数为 h，肋片的表面积为 A_f，肋根面积为 A_b，表示肋片之间的根部表面积为 A_r，根部温度为 t_0，所有肋片与根部面积之和为 A_0，则 $A_0=A_f+A_r$。计算该表面的对流传热量时，若以 t_0-t_f 为温差，则有：

$$\begin{aligned}\Phi &= A_r h(t_0-t_f)+A_f\eta_f h(t_0-t_f)=h(t_0-t_f)(A_r+A_f\eta_f) \\ &= A_0 h(t_0-t_f)\left(\frac{A_r+\eta_f A_f}{A_0}\right)=A_0\eta_0 h(t_0-t_f)\end{aligned} \tag{2-55}$$

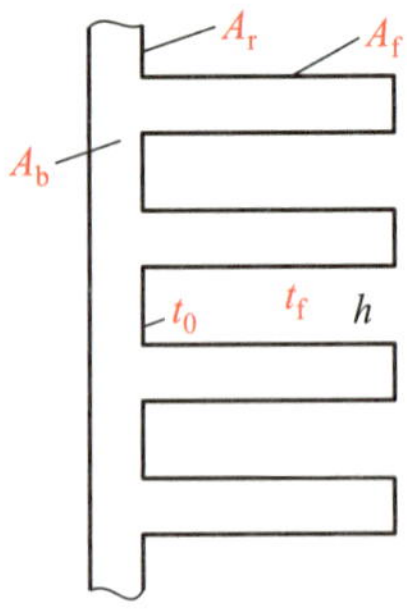

图 2-27　肋化表面示意图

其中

$$\eta_0=\frac{A_r+\eta_f A_f}{A_r+A_f} \tag{2-56}$$

称为肋面总效率（overall fin surface efficiency）。显然，肋片总效率高于肋片效率，在换热器设计中有所应用。

2.4.3　肋效能与肋面总效能

1. 等截面直肋的效能

加设肋片会增加成本和复杂度，只有当此代价对肋片强化传热的效果而言合理时，采用肋片才是合适的。故引入肋效能（fin effectiveness）ε_f 的概念，它的物理意义如下：

$$\varepsilon_f=\frac{\text{通过肋片的散热量}}{\text{未加肋片时通过肋根面积 } A_b \text{ 的散热量}}$$

当肋片选用低导热系数的材料时，可能出现肋效能 $\varepsilon_f<1$，此时肋片实际起到了阻碍传热的效果。由前所述可知，采用肋片的目的是增强传热，故肋效能必须比 1 大许多。一般而言，肋效能 ε_f 应大于 2。肋效率和肋效能都是描述肋片性能的参数，两者关系如下：

$$\varepsilon_f=\frac{\Phi_{\text{finned}}}{\Phi_{\text{unfinned}}}=\frac{\eta_f h A_f(t_0-t_f)}{hA_b(t_0-t_f)}=\frac{A_f}{A_b}\eta_f \tag{2-57}$$

对于等截面直肋，肋片横截面积 $A_c=A_b$，假设等截面直肋无限长，$\text{th}(mH)=1$，由式（2-51）可得此时肋效能为

$$\varepsilon_f=\frac{\Phi_{\text{finned}}}{\Phi_{\text{unfinned}}}=\frac{hP\theta_0/m}{hA_b\theta_0}=\sqrt{\frac{\lambda P}{hA_c}} \tag{2-58}$$

据上式可知，当肋片材料的导热系数 λ 较高，表面传热系数 h 较小，或参与换热的周长与肋片横截面积之比 P/A_c 较大时，肋效能 ε_f 较大。其中，导热系数 λ 较高或表面传热系数 h 较小，对提高肋效率 η_f 也适用。即为了提高肋效能和肋效率，必须采用导热系数较大的材料（如铜、铝、铁等）制作肋片，同时表面与流体间的表面传热系数越低效果越好。因此，通常在与气体进行换热的场合，表面加肋效果较好，而当表面传热系数很高时，加肋片可能削弱传热。改变 P/A_c 对肋效率和肋效能的效果相反。由前述可知，当 P/A_c 增大时，m 增大，此时肋效率降低。因此，减小肋片厚度或采用更细的针肋将提高肋效能 ε_f，但降低肋效率 η_f。

从热阻的角度定性分析，定义肋片热阻 $R_{t,f}=(t_0-t_f)/\Phi_{\text{finned}}$，未加肋时肋根上的热阻 $R_{t,b}=1/hA_b$，则肋效能也可表示为 $\varepsilon_f=R_{t,b}/R_{t,f}$。由此式可知，肋效能随着未加肋时肋根与流体的热阻

的增加及肋片热阻的减小而增加,此结论与上述吻合。

由于采用肋片的基本目的是增强换热,作为衡量肋片有效程度的参数,肋效能比肋效率更有意义。当设计加肋表面时,通常需要在某一给定成本下达到尽可能高的肋效能,或是在达到某一给定肋效能的基础上尽可能降低成本。

2. 肋面总效能

与肋面总效率 η_0 类似,对于成组的肋片,计算肋效能时也需要考虑肋片之间的根部表面。定义肋面总效能(overall effectiveness)为加肋后整个加肋表面的传热量与加肋前该表面的传热量之比。设肋片间根部表面积为 A_r,所有肋片表面积为 A_f,未加肋时的表面积为 A_u,则

$$\varepsilon_0=\frac{h(A_r+\eta_f A_f)(t_0-t_f)}{hA_u(t_0-t_f)}=\frac{A_r+\eta_f A_f}{A_u} \tag{2-59}$$

值得注意的是,肋面总效能不仅取决于单个肋片的效能,也与单位长度上的肋片数有关。对于研究整个加肋表面的传热效果,肋面总效能比单个肋片效能更为合适。

2.4.4 肋片的选用与最小重量肋片

为了增加传热量,由式(1-6)、式(1-11)知可以采用增加传热面积的方法。在基础表面上增加肋片是在一定的材料消耗下极大限度地增加传热面积的有效方法。另外,采用肋片后增加了通过固体的导热热阻,此时式(1-11)中的总传热系数可能会受到影响。所以是否采用在基础表面上增加肋片取决于加肋片后总的传热阻力是增加还是减小:增加肋片加大了对流传热面积,有利于减小总面积热阻,但是肋片增加了固体导热阻力。因此,增加肋片是否有利也可以用肋片的导热阻力$\left(用\dfrac{\delta}{\lambda}表示\right)$与表面对流传热阻力$\left(用\dfrac{1}{h}表示\right)$之比来估算。这一比值$\dfrac{h\delta}{\lambda}$构成一个量纲为一的数,称为毕渥数①,记为 Bi。对等截面的直肋,当 $Bi\leqslant 0.25$ 时(δ 为肋片的半厚),加肋总是有利的[22]。一般工程应用中,肋片总是用导热系数高的金属做成,当换热介质为空气时,采用肋片对强化传热总是有效的。例如空调器的蒸发器、冷凝器中的整体式翅片,航空发动机叶片尾部的针肋——短的圆柱形或方形的直肋(参见第 1 章习题 1-36)。

对于航天器而言,肋片是增强向太空进行辐射散热的唯一手段。为了减轻航天器自身重量,研究在一定的散热量下的最小重量的肋片具有重要意义。对直肋的理论分析表明,这种最优肋片的截面型线为抛物线,但不便于制造。而截面为三角形的针肋(见表 2-1)性能与最优肋片很接近,其重量仅比最优肋片增加百分之几,且加工制造方便,因而在航天器设计中得到广泛应用[13]。

2.4.5 临界热绝缘直径

现在来讨论与圆管外加肋片以强化传热有一定关系的圆管外加保温层的问题。我们知道,圆管外加肋片增加了外表面面积,从而有利于增强传热,但在增加表面积(即减小表面传热热阻)的同时也增加了导热热阻。类似地,在圆管外敷设保温层也同时具有减小表面对流传热热阻及增加导热热阻两种相反的作用。那么,为什么后一情况下传热过程一般是被削弱了,或者加肋

---

① 毕渥(J. B. Biot),物理学家。他先于傅里叶研究了固体导热问题,并已认识到应当把表面对流传热考虑到导热的分析中,但可惜未得到分析解。

片有没有可能使传热过程削弱而加保温层反而使散热增加了呢?

对这一问题的回答取决于增加表面积后所引起的对流传热热阻减小的程度及导热热阻增加的程度的相对大小。对于加肋片的情形,肋片都用金属做成,导热系数很大,而且肋片所增加的换热面积的倍数较高,因而使总的热阻明显降低。但是,保温材料的导热系数都很小,敷设保温层后换热面积的增加是由于简单地扩大直径而致,增加的幅度有限,因而一般地使总热阻增加。所以,表面上看来截然相反的两件事——肋片强化传热和保温层削弱换热,其内部却有这样辩证的关系(图 2-28),而且在一定条件下肋片与保温层的作用还可能互相转化。

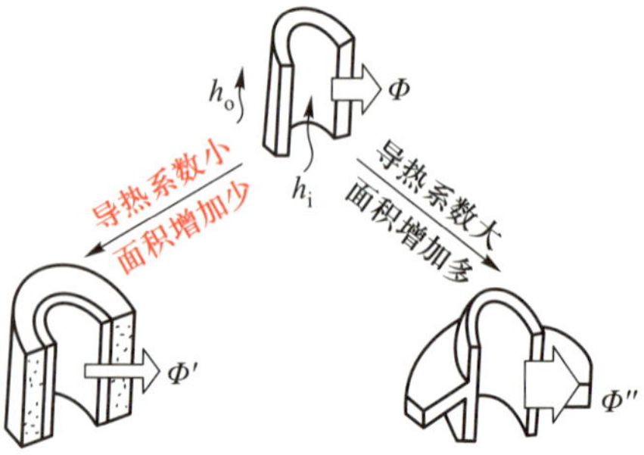

图 2-28　圆管外加肋片及加保温层的辩证关系

假设有一个圆筒壁,内壁面温度为 $t_{w,i}$,与外壁面接触的流体温度为 $t_{f,o}$,圆筒壁导热系数为 λ,圆筒壁外壁面的对流表面传热系数为 h,内径为 d_i,外径为 d_o,长度为 l。根据串联热阻的概念,从内壁面到外壁面流体的总热阻 R 为

$$R=\frac{\ln(d_o/d_i)}{2\pi l\lambda}+\frac{1}{h\pi d_o l}$$

那么,通过圆筒壁的热流量为

$$\Phi=\frac{t_{w,i}-t_{f,o}}{R}$$

随着 d_o 值的增加产生了两种相反的效果:总热阻公式右边第一项导热阻力增加,而第二项对流传热阻力则下降,把热流量对直径 d_o 求一阶导数,并令其等于零:

$$\frac{d\Phi}{dd_o}=-\frac{\pi l(t_{w,i}-t_{f,o})\left(\dfrac{1}{2\lambda d_o}-\dfrac{1}{hd_o^2}\right)}{\left(\dfrac{1}{2\lambda}\ln\dfrac{d_o}{d_i}+\dfrac{1}{hd_o}\right)^2}=0$$

由此得到使得热流量取得极值的临界热绝缘直径(critical diameter of insulation):

$$d_{cr}=\frac{2\lambda}{h} \tag{2-60}$$

那这个临界热绝缘直径所对应的热流量到底是最大值还是最小值?要解决这个问题,就需要求二阶导数并判断其正负。总热阻的二阶导数为

$$\frac{d^2R}{dd_o^2}=\frac{1}{\pi l d_o^2}\left(\frac{2}{hd_o}-\frac{1}{2\lambda}\right)$$

将临界热绝缘直径代入后,得

$$\frac{1}{\pi l\left(\dfrac{2\lambda}{h}\right)^2}\left(\frac{2}{h\dfrac{2\lambda}{h}}-\frac{1}{2\lambda}\right)>0$$

由于此结果始终为正,所得的临界直径是使总热阻取得最小值。图 2-29 中定性地画出了导热热阻、对流传热热阻和总热阻的变化趋势。如果圆柱外径小于 d_{cr},则随着 d_o 的增加散热量将增大;若圆柱外径大于 d_{cr},则散热量随 d_o 的增加而减小。

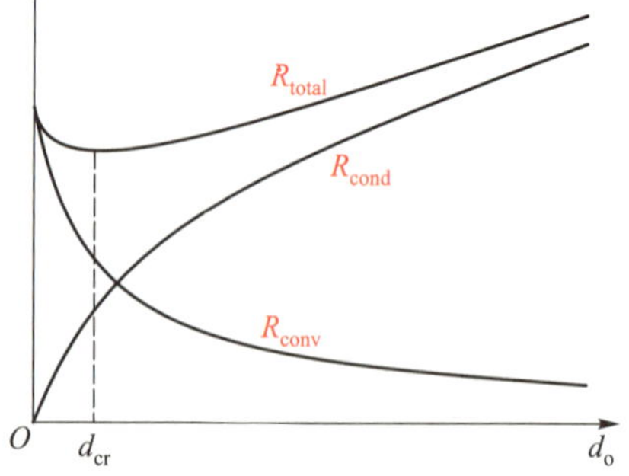

图 2-29　临界热绝缘直径示意图

对于管道保温的情形，取一组代表性数值来分析：$\lambda=0.08\ \mathrm{W/(m\cdot K)}$，$h_o=9\ \mathrm{W/(m^2\cdot K)}$，得 $d_{cr}=17.8\ \mathrm{mm}$。一般动力管道的外径大于此值，所以一般不用考虑临界热绝缘直径的问题。但是在导线的电气绝缘设计中，金属导线的直径常小于此值，这时增加绝缘层厚度即可增加绝缘性能又能强化散热，起到一举两得的作用。关于临界绝热直径的进一步分析可参见文献[23]，关于临界热绝缘直径我们在第 10 章中还要从总体传热过程的角度做进一步讨论。

2.4.6 接触热阻

对于图 2-20d 及图 2-26 所示的整体式翅片，翅片与管子之间的接触是否良好对于肋片作用的发挥具有重要意义。两个名义上互相接触的固体表面，实际上接触仅发生在一些离散的面积元上，如图 2-30 所示。一般情况下，实际接触的面积只有名义面积的百分之几[24-25]。在未接触的界面之间的间隙中常常充满了空气，热量将以导热的方式穿过这种气隙层。这种情况与两固体表面真正完全接触相比，增加了附加的传递阻力，称为接触热阻。对于需要强化传热的情形，如肋片表面，接触热阻是有害的。当采用在圆管上缠绕金属带以生成环肋(图 2-20c)，或在管束间套以金属薄片形成管片式换热器(图 2-20d)时，采用胀管或浸镀锡液的操作都是为了有效地减少接触热阻。当界面间有了接触热阻时，界面上只有少量的地点发生接触而其余地点则充满了周围的流体介质，例如空气。图 2-30 中 A 示意性地表示了界面处温度的变化情况，从接触面两侧的温度分布曲线延伸到界面位置上，温度是不相等的(不连续)，这一温差就是由于接触热阻所致；图 2-30 中 B 定性地表示了在接触点处热流传递的情况。因为接触点处热阻小，因此从该处传递的热流远大于通过空气隙传递的热流。

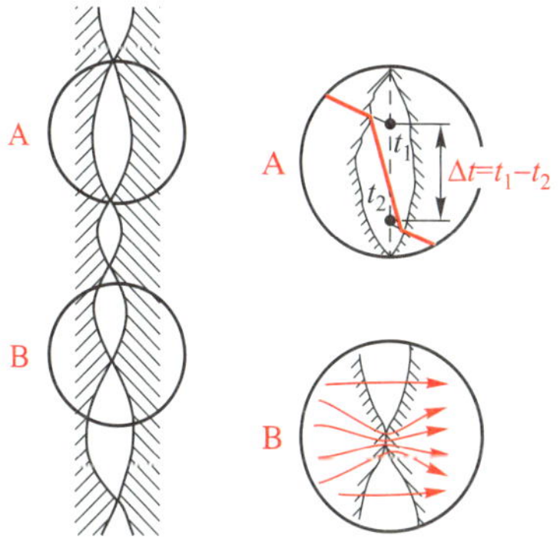

图 2-30　接触热阻示意图

界面间接触热阻的数值取决于许多因素，包括两种材料的性质、表面结构、界面上所受的正压力等，虽然已经进行了大量的研究，但还无法总结出通用的计算规律，对于不同的具体情况必须通过实验来测定。接触界面上空气间隙的厚度也在较大幅度内变化，例如电子器件中的接触界面处的空气隙的厚度大约在 1~25 μm 的范围。在常规的压力与表面粗糙程度下，几个代表性的单位面积接触热阻如下：不锈钢/不锈钢为$(2.2\sim5.88)\times10^{-4}\ \mathrm{m^2\cdot K/W}$，铝/铝为$(0.833\sim4.55)\times10^{-4}\ \mathrm{m^2\cdot K/W}$，不锈钢/铝为$(2.22\sim3.33)\times10^{-4}\ \mathrm{m^2\cdot K/W}$，铜/铜为$(0.25\sim2.5)\times10^{-4}\ \mathrm{m^2\cdot K/W}$。关于接触热阻的更多的数值及测定方法可参见文献[25-26]。

接触热阻的大小与接触压力、接触固体材料和间隙介质导热系数密切相关。接触压力增大，有更多的接触点接触且间隙减小，因而接触热阻降低。另外，采用导热性能更高的介质(如导热硅脂)来填充接触界面间隙，可以有效地降低接触热阻，这也是很多电子芯片散热中常采用的办法。

接触热阻及热界面材料

例题 2-8　矩形剖面环肋的传热计算

为了强化传热，在外径为 25 mm 的管子上装有铝制矩形剖面的环肋，肋高 $H=15\ \mathrm{mm}$，厚 $\delta=1.0\ \mathrm{mm}$。肋基温度为 170 ℃，周围流体温度为 25 ℃。设铝的导热系数 $\lambda=200\ \mathrm{W/(m\cdot K)}$，肋面的表面传热系数 $h=$

130 W/(m² · K),试计算每片肋的散热量。

题解

假设:(1) 一维、稳态、常物性的导热;(2) 肋片顶端的散热用增加半个肋片厚度的方法来考虑。

计算:采用图 2-25 的效率曲线计算:

$$H' = H+\frac{\delta}{2} = 15\ \text{mm}+0.5\ \text{mm} = 15.5\ \text{mm}$$

$$r_1 = \frac{25\ \text{mm}}{2} = 12.5\ \text{mm}$$

$$r_2' = r_1 + H' = 12.5\ \text{mm}+15.5\ \text{mm} = 28.0\ \text{mm}$$

$$\frac{r_2'}{r_1} = \frac{28.0\ \text{mm}}{12.5\ \text{mm}} = 2.24$$

$$\begin{aligned} A_L &= \delta(r_2'-r_1) = 0.001\ \text{m}\times(0.028\ \text{m}-0.012\,5\ \text{m}) \\ &= 1.55\times10^{-5}\ \text{m}^2 \end{aligned}$$

$$H'^{3/2}\left(\frac{h}{\lambda A_L}\right)^{1/2} = (0.015\,5\ \text{m})^{3/2}\times\left[\frac{130\ \text{W}/(\text{m}^2\cdot\text{K})}{200\ \text{W}/(\text{m}\cdot\text{K})\times1.55\times10^{-5}\ \text{m}^2}\right]^{1/2} = 0.396$$

从图 2-25 查得 $\eta_f = 0.82$。

如果整个肋面处于肋基温度,一个肋片两面的散热量为

$$\begin{aligned} \Phi_0 &= 2\pi(r_2'^2-r_1^2)h(t_0-t_\infty) \\ &= 2\pi\times[(0.028\ \text{m})^2-(0.012\,5\ \text{m})^2]\times130\ \text{W}/(\text{m}^2\cdot\text{K})\times(170\ ℃-25\ ℃) \\ &= 74.3\ \text{W} \end{aligned}$$

每一个肋片的实际散热量 Φ 为 Φ_0 与肋效率 η_f 的乘积,即

$$\Phi = 74.3\ \text{W}\times0.82 = 60.9\ \text{W}$$

讨论:这样计算出的只是通过一个环肋的导热量。对于安装有环肋的一根管子而言(图 2-20c),总的换热量除了该管子上的所有环肋的散热量外,还要考虑位于两相邻肋片间的管子基础表面的换热量。

例如,对一根长 0.94 m 的肋片管,其上有 300 个肋片,肋片中心间距为 3 mm。两端各留有 20 mm 的安装段。在上述条件下,肋面总效率为

$$\begin{aligned} \eta_0 &= (A_r+\eta_f A_f)/A_0 \\ &= [3.14\times0.025\times0.6+0.82\times300\times2\times3.14(0.028^2-0.012\,5^2)]\ \text{m}^2/ \\ &\quad [3.14\times0.025\times0.6+300\times2\times3.14(0.028^2-0.012\,5^2)]\ \text{m}^2 \\ &= 0.827 \end{aligned}$$

所以肋片管的总换热量为

$$\begin{aligned} \Phi &= A_0\eta_0 h(t_0-t_f) = 1.23\ \text{m}^2\times0.827\times130\ \text{W}/(\text{m}^2\cdot\text{K})\times(170-25)\ ℃ \\ &= 19\,176\ \text{W} \end{aligned}$$

例题 2-9　平板式太阳能集热器的平板温度场分析

图 2-31 示出了平板式太阳能集热器的一种简单的吸热板结构。吸热板面向太阳的一面涂有一层对太阳辐射吸收比很高的材料,吸热板的背面设置了一组平行的管子,其内通以冷却水以吸收太阳辐射,管子之间则充满绝热材料。吸热板的正面在接受太阳辐射的同时受到环境的冷却,设净吸收的太阳辐射为 q_r,表面传热系数为 h,空气温度为 t_∞,管子与吸热板结合处的温度为 t_0,试写出确定吸热板中温度分布的数学描写并求解之。

题解

假设：首先对这一问题做以下简化假设：(1) 在垂直于纸面方向上管板的长度远大于其厚度，因而可以取一个截面来研究；(2) 任意两根相邻冷却水管间的温度分布可以认为是一样的；(3) 吸热板背面绝热良好，因而背面相当于对称面；(4) 相邻两冷却水管间吸热板的温度分布关于中间截面对称，因而中间截面也是一个绝热面；(5) $\delta/\lambda \ll 1/h$，因而任一 x 截面处沿厚度方向的温度变化可以不计。

分析：经过上述假设，太阳能集热器吸热板中的温度分布问题就成为如图 2-32 所示的等截面直肋中的导热问题，采用分析肋片导热时的前三个假设。

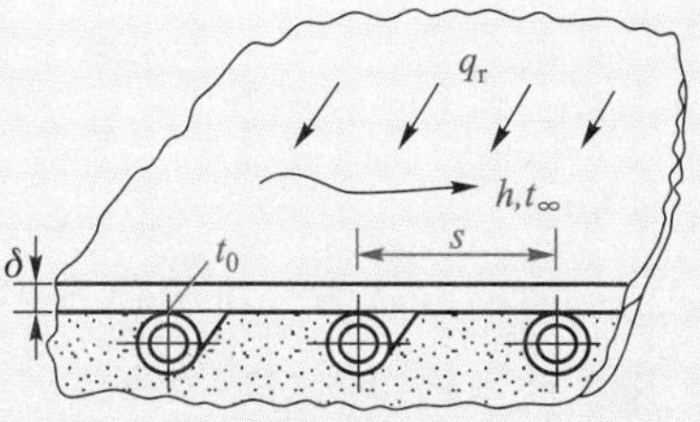

图 2-31　平板式太阳能集热器吸热板

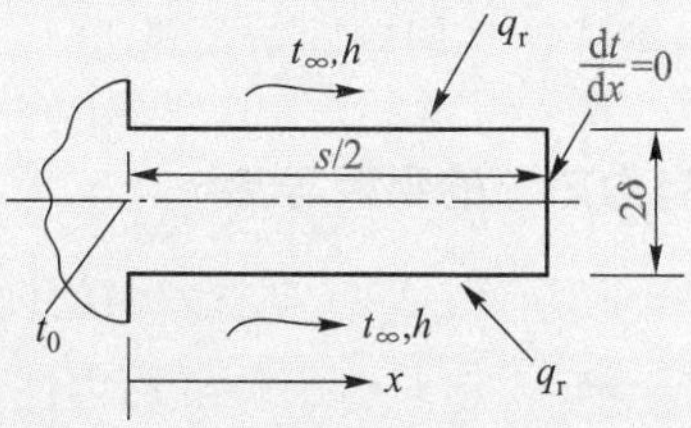

图 2-32　吸热板导热的简化模型

推导：肋片的导热微分方程与边界条件为

$$\frac{d^2 t}{dx^2}+\frac{\dot{\Phi}}{\lambda}=0 \tag{i}$$

$$x=0, t=t_0; x=\frac{s}{2}, \frac{dt}{dx}=0 \tag{j}$$

现在进一步导出式(i)中源项 $\dot{\Phi}$ 的表达式。仿照前面的分析，可以写出

$$\begin{aligned}\dot{\Phi} &= \frac{-hP(t-t_\infty)+q_r P}{A_c} \\ &= -\frac{hP}{A_c}\left(t-t_\infty-\frac{q_r}{h}\right)\end{aligned} \tag{k}$$

代入式(i)得

$$\frac{d^2 t}{dx^2}=\frac{hP}{\lambda A_c}\left(t-t_\infty-\frac{q_r}{h}\right) \tag{l}$$

为使式(l)成为齐次方程，定义 $\theta=t-t_\infty-\frac{q_r}{h}$。于是得

$$\frac{d^2 t}{dx^2}=m^2\theta \tag{m}$$

$$x=0, \theta=\theta_0; x=\frac{s}{2}, \frac{d\theta}{dx}=0 \tag{n}$$

式(2-49)显然就是这一问题的解，而只要将其中的 H 用 $s/2$ 来代替即可，此处不再列出。

讨论：与本节前面分析的等截面直肋的不同在于增加了表面的辐射吸热量，但引入过余温度使方程齐次化后，得到完全相同的数学描写，可见过余温度概念的重要性。另外，由于对称性，本例中肋片顶端绝热是严格的条件，而不是近似的假设。

2.5 具有内热源的一维导热问题

以上各节讨论的都是一维无内热源的导热问题。实际上，在工程技术领域中常常遇到有内热源的导热问题，例如电器及线圈中有电流通过时的发热，化工中的放热、吸热反应以及核能装置中燃料元件的放射反应等。本节以核反应堆的燃料元件的导热问题为背景，介绍具有内热源的平壁以及圆柱导热问题的分析解。

2.5.1 具有内热源的平板导热

设图 2-33 所示的平壁具有均匀的内热源 $\dot{\Phi}$，其两侧同时与温度为 t_f 的流体发生对流传热，表面传热系数为 h，现在要确定平板中任一 x 处的温度及通过该截面处的热流密度。

由于对称性，只要研究板厚的一半即可。这一问题的数学描写为

$$\frac{d^2t}{dx^2}+\frac{\dot{\Phi}}{\lambda}=0 \tag{2-61a}$$

$$\left.\begin{aligned} x=0, &\quad \frac{dt}{dx}=0 \\ x=\delta, &\quad -\lambda\frac{dt}{dx}=h(t-t_f) \end{aligned}\right\} \tag{2-61b}$$

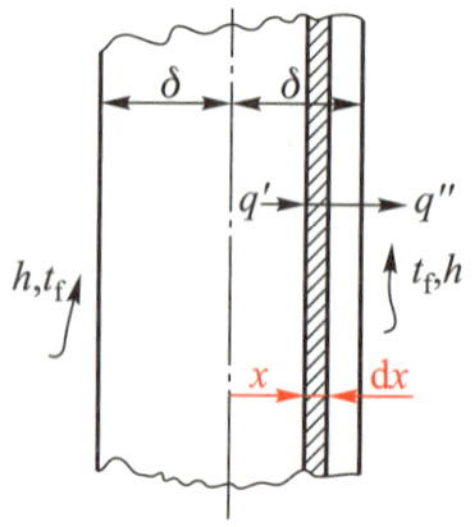

图 2-33 具有均匀内热源的平壁

对式(2-61a)做两次积分得

$$t=-\frac{\dot{\Phi}}{2\lambda}x^2+c_1x+c_2$$

其中常数 c_1、c_2 由两个边界条件式(2-61b)确定。最后可得平板中的温度分布为

$$t=\frac{\dot{\Phi}}{2\lambda}(\delta^2-x^2)+\frac{\dot{\Phi}\delta}{h}+t_f \tag{2-62}$$

任一位置 x 处的热流密度仍然可由温度分布按傅里叶导热定律得出

$$q=-\lambda\frac{dt}{dx}=\dot{\Phi}x \tag{2-63}$$

由此可见，与无内热源的平壁解相比，热流密度不再是常数，温度分布也不再是直线而是抛物线，这些都是由于内热源引起的变化。

值得指出，由于给定壁面温度的情形可以看成当表面传热系数趋于无穷大，从而流体温度等于壁面温度时的一个特例，当平壁两侧均为给定壁温 t_w 时平壁中的温度分布可由式(2-62)得出，为

$$t=\frac{\dot{\Phi}}{2\lambda}(\delta^2-x^2)+t_w \tag{2-64}$$

例题 2-10 核反应堆中燃料元件散热的简化分析

图 2-34a 给出了核反应堆中燃料元件散热的简化模型。该模型是一个由三层平板组成的大平壁，中间

为 $\delta=14$ mm 的燃料层，两侧均为 $\delta_1=6$ mm 的铝板，层间接触良好。燃料层有 $\dot{\Phi}=1.5\times10^7$ W/m³ 的内热源，$\lambda_1=35$ W/(m·K)；铝板中无内热源，$\lambda_2=100$ W/(m·K)，其表面受到温度 $t_f=150$ ℃的高压水冷却，表面传热系数 $h=3\ 500$ W/(m²·K)。不计接触热阻，试确定稳态工况下燃料层的最高温度、燃料层与铝板的界面温度及铝板的表面温度，并定性画出简化模型中的温度分布。

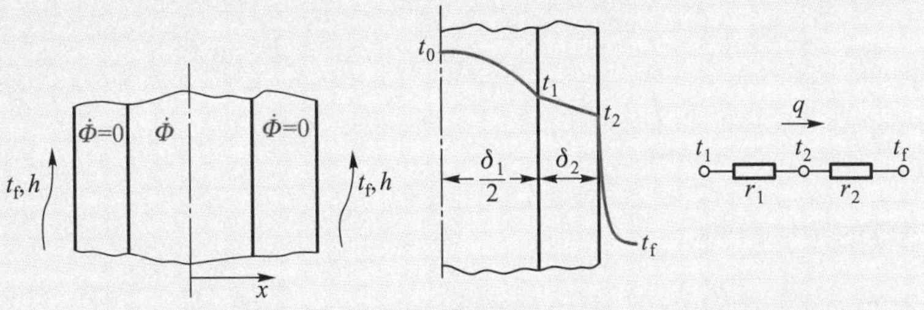

(a) 分析模型　　(b) 温度分布　　(c) 热阻分析

图 2-34　核反应堆燃料元件散热的简化分析

题解

分析：由于对称性，只要研究半个模型即可(图 2-34b)。燃料元件的最高温度必发生在其中心线上($x=0$ 处)，记为 t_0，界面温度记为 t_1，铝板表面温度记为 t_2。在稳态工况下，燃料元件所产生的热量必全部散失到流过铝板表面的冷却水中，而且从界面到冷却水所传递的热流量均相同，故可定性地画出截面上的温度分布及从界面到冷却水的热阻如图 2-34c 所示。图中 r_1 为铝板的单位面积导热热阻，r_2 为表面对流传热热阻，q 为从燃料元件进入铝板的热流密度。

假设：(1) 一维稳态导热；(2) 不计接触热阻；(3) 内热源强度为常数。

计算：据热平衡有

$$q=\frac{\delta_1}{2}\dot{\Phi}=\frac{0.014\ \mathrm{m}}{2}\times1.5\times10^7\ \mathrm{W/m^3}=1.05\times10^5\ \mathrm{W/m^2}$$

按牛顿冷却公式，有

$$q=h(t_2-t_f)$$

即

$$t_2=t_f+\frac{q}{h}$$

代入数值，得

$$t_2=150\ ℃+\frac{1.05\times10^5\ \mathrm{W/m^2}}{3\ 500\ \mathrm{W/(m^2\cdot K)}}=180\ ℃$$

按傅里叶导热定律，有

$$q=\frac{\lambda_2(t_1-t_2)}{\delta_2}$$

即

$$t_1=\frac{q\delta_2}{\lambda_2}+t_2$$

代入数值，得

$$t_1=\frac{1.05\times10^5\ \mathrm{W/m^2}\times0.006\ \mathrm{m}}{100\ \mathrm{W/(m\cdot K)}}+180\ ℃=186.3\ ℃$$

按式(2-64)有

$$t_0=t_1+\frac{\dot{\Phi}(\delta_1/2)^2}{2\lambda_1}$$

$$=186.3\ ℃+\frac{1.5\times10^7\ \mathrm{W/m^3}\times(0.007\ \mathrm{m})^2}{2\times35\ \mathrm{W/(m\cdot K)}}$$

$$=196.8\ ℃$$

讨论:图 2-34c 的热阻分析是从界面温度 t_1 开始的,而不是从 t_0 开始。这是因为燃料元件有内热源,不同 x 处截面 A 的热流量不相等,因而不能应用热阻的概念来做定量分析。

2.5.2 具有内热源的圆柱导热

如图 2-35 所示,一半径为 r_1 的圆柱,具有均匀的内热源 $\dot{\Phi}$,导热系数 λ 为常数,外表面维持在均匀而且恒定的温度 t_1,试确定圆柱中的温度分布及最高温度。

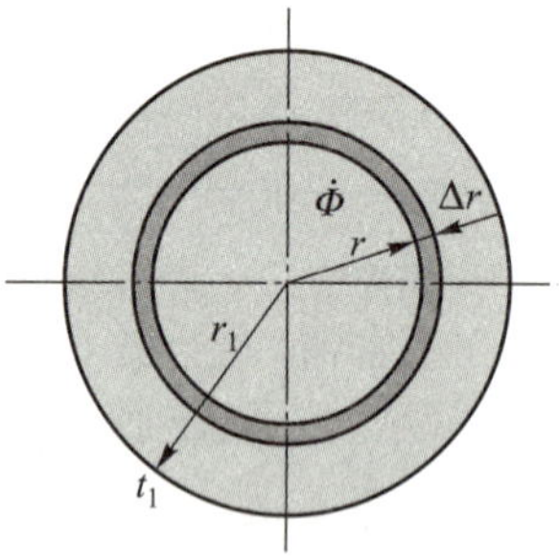

图 2-35 具有内热源的圆柱导热

根据已知条件,圆柱坐标中的导热微分方程式(2-12)简化为

$$\frac{1}{r}\frac{\mathrm{d}}{\mathrm{d}r}\left(r\frac{\mathrm{d}t}{\mathrm{d}r}\right)+\frac{\dot{\Phi}}{\lambda}=0 \tag{2-65a}$$

边界条件为

$$r=0,\frac{\mathrm{d}t}{\mathrm{d}r}=0;r=r_1,t=t_1 \tag{2-65b}$$

其中 $r=0$ 处的边界条件是根据对称性而得出的。对式(2-65a)两端各乘以 r 并积分,得

$$r\frac{\mathrm{d}t}{\mathrm{d}r}+\frac{1}{2}\frac{\dot{\Phi}}{\lambda}r^2=C_1$$

根据 $r=0$ 处的边界条件,$C_1=0$。上式可改写为

$$\frac{\mathrm{d}t}{\mathrm{d}r}+\frac{1}{2}\frac{\dot{\Phi}}{\lambda}r=0$$

对上式再做一次积分,得

$$t=-\frac{1}{4}\frac{\dot{\Phi}}{\lambda}r^2+C_2$$

由第二个边界条件得

$$C_2=t_1+\frac{1}{4}\frac{\dot{\Phi}}{\lambda}r_1^2$$

代入上式得圆柱中的温度场

$$t-t_1=\frac{1}{4}\frac{\dot{\Phi}}{\lambda}(r_1^2-r^2) \tag{2-66a}$$

圆柱中的最高温度出现在圆心处:

$$t_{\max}=\frac{1}{4}\frac{\dot{\Phi}r_1^2}{\lambda}+t_1 \tag{2-66b}$$

例题 2-11　铀棒的最高温度计算

如图 2-36 所示，铀燃料充装于由锆锡合金制成的圆管中，管子内、外径分别为 $d_i=8.25\ \text{mm}$ 与 $d_o=9.27\ \text{mm}$。管子呈正方形布置，管间距为 17.5 mm，铀棒产生功率 $\dot{\Phi}=8.73\times10^8\ \text{W/m}^3$。管束之间有温度 $T_f=400\ \text{K}$ 的冷却水流过，冷却水与管子外表面的表面传热系数为 10 000 W/(m²·K)。管子内壁与铀棒间的接触热阻相当于增加了表面传热系数为 $h_{ct}=6\ 000\ \text{W/(m}^2\cdot\text{K)}$ 的一个传递环节。试确定稳态过程中铀棒的最高温度。

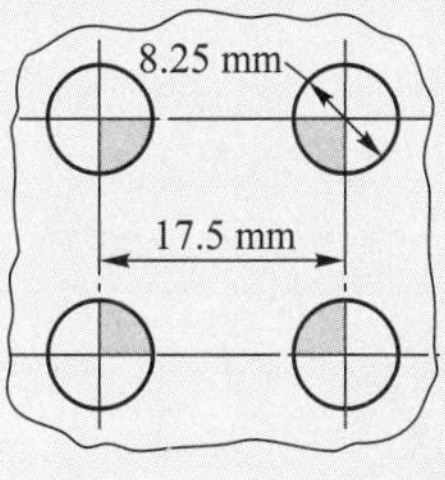

图 2-36　例题 2-11 附图

锆锡合金与铀燃料的导热系数与温度的关系如下：

	温度/K					
	500	600	800	1 000	1 500	2 000
锆锡合金的导热系数 λ_{zir}/[W/(m·K)]	16.2	17.2	19.2			
铀燃料的导热系数 λ_u/[W/(m·K)]				3.9	2.6	2.3

题解

分析：本题只有在确定了铀棒的外表面温度后才能应用上面的分析解。在稳态过程中，从铀棒散出的热量通过接触热阻层、锆锡合金管传到冷却水中。由铀棒外表面散出的热量与相应总热阻的乘积可得出铀棒表面温度与冷却水温度之间的差值。由于锆锡合金以及铀棒的导热系数与温度有关，因此是非线性问题，需采用迭代方法计算。

假设：(1) 稳态有内热源的导热；(2) 4 根铀棒情况一样，计算其中 1 根即可；(3) 一维导热，计算对单位长度铀棒进行。

计算：每米长度铀棒外表面的散热量为

$$\Phi=\dot{\Phi}\times\frac{\pi}{4}d_i^2\times1\ \text{m}=8.73\times10^8\ \text{W/m}^3\times\frac{3.14}{4}\times(8.25\times10^{-3}\ \text{m})^2\times1\ \text{m}$$
$$=46\ 700\ \text{W}$$

铀棒外表面温度为

$$T_U=T_f+\Phi\left(\frac{1}{2\pi r_i h_{ct}\times1\ \text{m}}+\frac{\ln(r_o/r_i)}{2\pi\lambda_{zir}\times1\ \text{m}}+\frac{1}{2\pi r_i h_o\times1\ \text{m}}\right)$$
$$=400\ \text{K}+46\ 700\ \text{W}\times\left[\frac{1}{2\pi\times0.004\ 13\ \text{m}\times6\ 000\ \text{W/(m}\cdot\text{K)}}+\frac{\ln(0.485\ \text{m}/0.413\ \text{m})}{2\pi\lambda_{zir}}+\frac{1}{2\pi\times0.004\ 85\ \text{m}\times10\ 000\ \text{W/(m}\cdot\text{K)}}\right]$$
$$=400\ \text{K}+46\ 700\ \text{W}\times(0.006\ 42\ \text{K/W}+0.025\ 6/\lambda_{zir}\text{m}^{-1}+0.003\ 28\ \text{K/W})$$

先假定锆锡合金管子的平均温度为 600 K，则 $\lambda_{zir}=17.2\ \text{W/(m}\cdot\text{K)}$，代入上式得

$$T_U=400\ \text{K}+46\ 700\ \text{W}\times(0.006\ 42+0.001\ 49+0.003\ 28)\ \text{K/W}=923\ \text{K}$$

至此可以应用式(2-66)计算铀棒的最高温度。为此需假定铀棒的平均温度，这里取为 1 500 K，$\lambda_U=2.6\ \text{W/(m}\cdot\text{K)}$。于是有：

$$T_{max}=T_U+\frac{1}{4}\frac{\dot{\Phi}r_1^2}{\lambda_U}=923\ \text{K}+\frac{8.73\times10^8\ \text{W/m}^3\times0.004\ 13^2\ \text{m}^2}{4\times2.6\ \text{W/(m}\cdot\text{K)}}=2\ 355\ \text{K}$$

现在需要检验所假定的温度是否合适。锆锡合金管的平均壁温为

$$T_{\text{tubem}}=400\ \text{K}+(923\ \text{K}-400\ \text{K})\times\frac{0.003\ 2+0.001\ 49/2}{0.006\ 42+0.001\ 49+0.003\ 28}=588\ \text{K}$$

此值与 600 K 相当接近，可以认为假设有效。

铀棒的平均温度为

$$T_{\text{U,m}}=\frac{923\ \text{K}+2\ 355\ \text{K}}{2}=1\ 639\ \text{K}$$

此值与 1 500 K 相差较远，有必要进行修正。按这一温度 $\lambda_{\text{U}}=2.5\ \text{W}/(\text{m}\cdot\text{K})$，计算得

$$T_{\max}=923\ \text{K}+\frac{8.73\times10^{8}\ \text{W/m}^{3}\times0.004\ 13^{2}\ \text{m}^{2}}{4\times2.5\ \text{W}/(\text{m}\cdot\text{K})}=2\ 412\ \text{K}$$

讨论：(1) 由于铀棒导热系数只给出两位有效数字，因此没有必要做进一步的迭代；(2) 对于有内热源的实心圆柱、球的导热问题，稳态时外表面上的导热量等于内热源功率的总和，需要分析求解的仅是温度分布；(3) 读者不妨回顾 2.2 节中的讨论，对于圆柱与球，那里的讨论为什么只对空心物体（圆筒、球壳）进行？

2.6 多维稳态导热的求解

当实际导热物体中某一个方向的温度变化率远远大于其他两个方向的变化率时，导热问题的分析可以采用一维模型。但是，当物体中两个方向或三个方向的温度变化率具有相同数量级时，采用一维分析方法会带来较大的误差，这时必须采用多维导热问题的分析方法。导热问题由一维到二维、三维（均称多维，multi-dimensional）分析求解的复杂性与难度大为增加。一维稳态导热问题求解的是一个常微分方程，在内热源为常数时分析解容易得出。多维导热需求解一个偏微分方程，即使对简单的求解区域也要用到比较复杂的数学知识。本节先对稳态导热问题的求解方法做一综述，然后分别对分离变量法以及形状因子方法做进一步的介绍。

2.6.1 多维稳态导热问题温度场求解方法简述

前面已经指出，求解导热问题的关键是要获得物体中的温度分布，有了温度分布，导热量不难利用傅里叶导热定律得出。获得物体中温度分布的方法有分析解法与数值解法两种。

2.6.1.1 分析解法

最重要的分析解法就是分离变量法（method of separation of variables）。这是由法国数学家与物理学家傅里叶在 19 世纪发展起来的，他同时也发展出了傅里叶级数作为求解的数学工具。能应用分析解法的问题一般都有以下限制：(1) 求解区域比较简单；(2) 边界条件比较简单；(3) 物体的热物性为常数。尽管如此，分析解法大大促进了传热学的发展，并在工程技术中得到广泛应用。文献[26]是导热分析解法的经典著作。为了使分析解法能应用于较复杂的求解区域，以后又提出了积分法（integral method）这样的近似分析解法，可以参见文献[22]。

2.6.1.2 数值解法

随着计算机技术的发展，通过计算机获得导热问题的数值解的方法迅速发展。这时得到的并不是物体中温度场的函数形式，而只是相应于某个计算条件下物体中一些代表性地点上的温

度值。尽管解的通用性不及分析解，但是由于可以获得分析方法难以得到的结果，并且实施方便，其应用日益广泛，将在第 4 章中予以介绍。

2.6.2 求解稳态导热温度场的分离变量法举例

如图 2-37 所示，一个二维矩形物体的三个边界温度均为 t_1，第四个边界温度为 t_2，物体无内热源，导热系数为常数，现要确定物体中的温度分布。首先写出这一问题的数学描写如下：

$$\frac{\partial^2 t}{\partial x^2}+\frac{\partial^2 t}{\partial y^2}=0 \quad (0<x<a, 0<y<b) \tag{2-67a}$$

$$\left.\begin{array}{ll} t(0,y)=t_1, & t(a,y)=t_1 \\ t(x,0)=t_1, & t(x,b)=t_2 \end{array}\right\} \tag{2-67b}$$

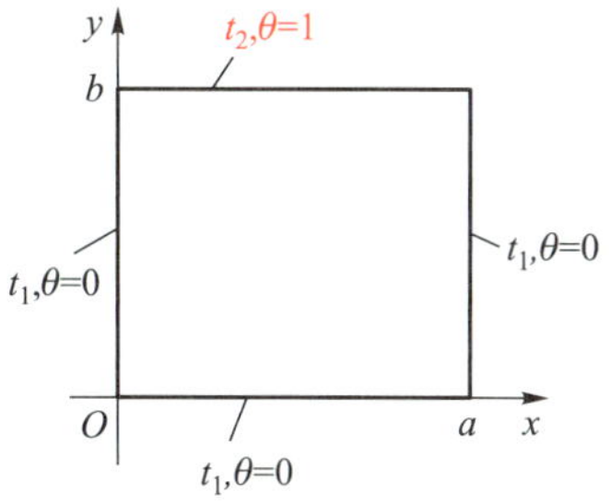

图 2-37 矩形区域中的二维稳态导热

式(2-67a)是关于温度 t 的拉普拉斯方程，是一个齐次方程(即其等号右端为零)。为能采用分离变量法进行求解，需要将其边界条件表达式也齐次化(最多只能包含一个非齐次边界条件)。如果将任意常数 C 乘以所得到的解 t，而 Ct 仍然满足微分方程和边界条件，则这样的方程以及边界条件均称为是齐次的(homogeneous)。显然，边界上的被求函数为零或者其法向一阶导数为零都是齐次的条件。为了使式(2-67b)所示的边界体条件中有三个变为齐次，引入以下量纲为一的过余温度(dimensionless excess temperature)：

$$\Theta=\frac{t-t_1}{t_2-t_1} \tag{2-68}$$

于是可有下列数学描写：

$$\frac{\partial^2 \Theta}{\partial x^2}+\frac{\partial^2 \Theta}{\partial y^2}=0 \tag{2-69a}$$

$$\left.\begin{array}{ll} \Theta(0,y)=0, & \Theta(a,y)=0 \\ \Theta(x,0)=0, & \Theta(x,b)=1 \end{array}\right\} \tag{2-69b}$$

$y=b$ 处为非齐次条件，可以用分离变量法求解。设 $\Theta(x,y)=X(x)Y(y)$，则式(2-69)可以化为关于 X 及 Y 的两个常微分方程。为使通解满足边界条件引入傅里叶级数，可以得出以下分析解：

$$\Theta(x,y)=\frac{2}{\pi}\sum_{n=1}^{\infty}\frac{(-1)^{n+1}+1}{n}\sin\frac{n\pi x}{a}\frac{\sinh(n\pi y/a)}{\sinh(n\pi b/a)} \tag{2-70}$$

对 $a=b$、$t_1=0$ ℃、$t_2=100$ ℃的情形，按式(2-70)画出的等温线示于图 2-38 中。从图中可以看出，在 y 方向上，物体中的温度梯度随 y 的增加而增加；读者不妨参照图 2-2b 画出物体中热流密度的传递方向。还值得指出，在 $x=0$、$y=10$ 以及 $x=10$、$y=10$ 的两个角顶，所有等温线都汇集在一起，物理上是不合理的。数学上，这里是奇点(singular point)，这是由于给定的边界条件中四个顶点都有两个温度所致。实际上，在四个角点附近有非常剧烈的温度变化，但在抽象成数学问题时，简化成了四个边界各是均匀温度的模型。

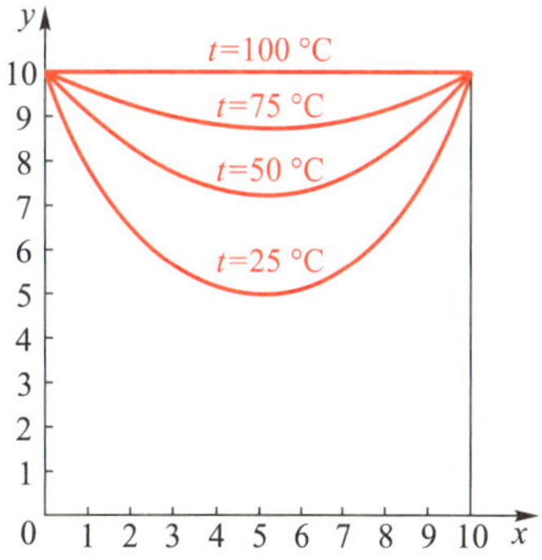

图 2-38 由式(2-70)得出的等温线($a=b$, $t_1=0$ ℃, $t_2=100$ ℃)

当有多个非齐次边界条件时，可以利用叠加原理(superposition principle)将该问题分解为几个只带有一个非齐次边界条件问题的叠加，参见文献[22,26]。

2.6.3 计算导热量的形状因子法

如果求解的目的只在于获得通过物体所传导的热量，则当导热物体主要是由两个等温的边界组成时，可以采用下述形状因子法(shape factor method)。

由通过平壁、圆筒壁、球壁及其他变截面一维问题导热量的计算式(2-21)、式(2-40)、式(2-44)及式(2-47)可见，两个等温面间导热热流量总是可以表示成以下统一的形式：

$$\Phi=\lambda S(t_1-t_2) \tag{2-71}$$

理论分析表明，对于二维或三维问题中两个等温表面间的导热量计算，式(2-71)仍然成立，其中 S 与导热物体的形状及大小有关，称为形状因子。工程中常见的许多复杂结构的导热问题，已经用分析的方法或数值方法解出了其形状因子表达式，部分结果列出于表 2-3，更多的结果可参见文献[27]。使用时要注意，形状因子法仅适用于计算发生在两个等温表面之间的导热热流量。表 2-3 中的第 9 个例子是一个极端的情形，其中等温面 t_1 已退化为一点。

表 2-3 几种几何条件下的形状因子 S

1	地下埋管(单根水平)	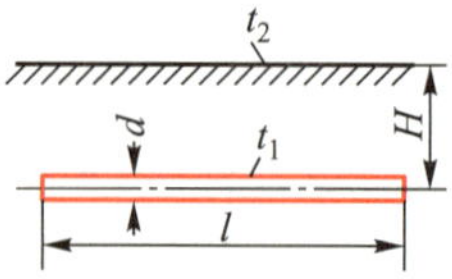	$H>2d$ 时 $\dfrac{S}{l}=\dfrac{2\pi}{\ln\dfrac{4H}{d}}$
2	地下埋管(单根竖直)	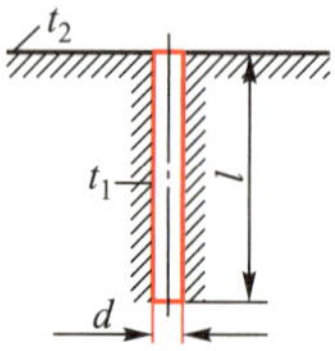	$d\leqslant l$ 时 $S=\dfrac{2\pi l}{\ln\dfrac{4l}{d}}$
3	地下埋管(多根水平)	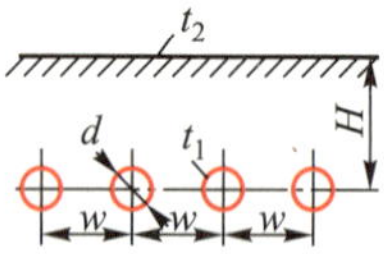	$H>d$、$d<<l$ 时，对于每根管 $S=\dfrac{2\pi l}{\ln\left[\dfrac{2w}{\pi d}\mathrm{sh}\left(2\pi\dfrac{H}{w}\right)\right]}$ l 为管子长度
4	地下埋管(2 根不同直径)	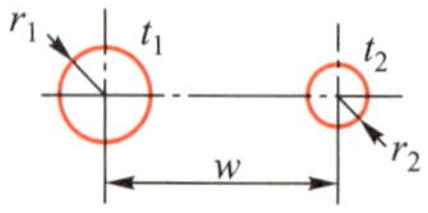	管长 $l>>d_1$，$(d_1>d_2)$，$l>>w$，两管间的导热 $S=\dfrac{2\pi l}{\mathrm{arch}\dfrac{w^2-r_1^2-r_2^2}{2r_1r_2}}$ l 为垂直于纸面方向的管长
5	地下埋球	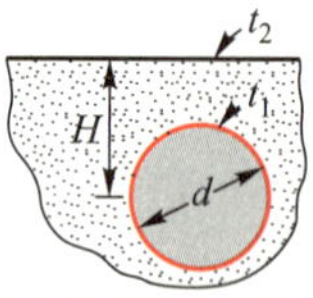	$S=\dfrac{2\pi d}{1-0.25d/H}$
6	管道偏心热绝缘	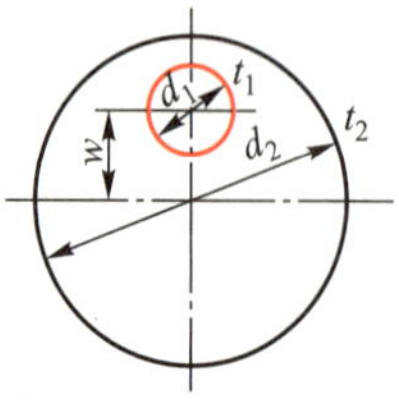	管长 $l>>d_2$ 时 $S=\dfrac{2\pi l}{\ln\dfrac{\sqrt{(d_2+d_1)^2-4w^2}+\sqrt{(d_2-d_1)^2-4w^2}}{\sqrt{(d_2+d_1)^2-4w^2}-\sqrt{(d_2-d_1)^2-4w^2}}}$

7	圆管外包方形绝缘层	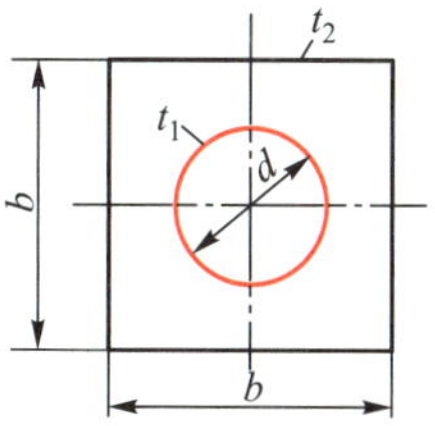	管长 $l \gg d$ 时 $S=\dfrac{2\pi l}{\ln\left(1.08\dfrac{b}{d}\right)}$
8	炉墙与交边	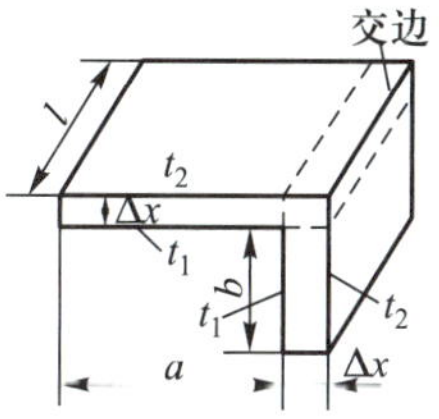	$l>\dfrac{1}{5}\Delta x$ $S=0.54l$
9	炉墙交角	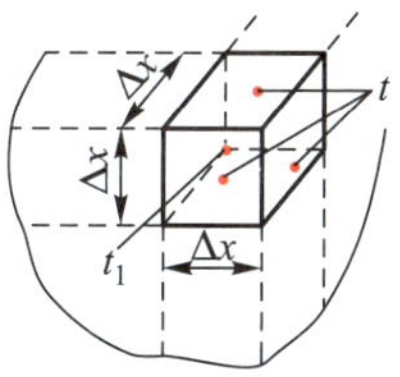	$l>\dfrac{1}{5}\Delta x$（l 见上图） $S=0.15\Delta x$

例题 2-12　用形状因子法求解蒸汽管道的散热量

一根直径为 250 mm 的输送水蒸气的管道用成形的保温材料来包覆，构成截面外形尺寸为 500 mm×500 mm 的隔热层。设蒸汽的平均温度为 200 ℃，保温层外表面温度为 60 ℃，保温材料的导热系数为 0.08 W/(m·K)，管道长 2 m。试计算该管道的散热量。

题解

假设：(1) 稳态常物性导热；(2) 水蒸气与管道间的换热阻力以及管壁的导热阻力远小于保温层的导热阻力，因而可以认为管道外表面温度即为水蒸气的平均温度。

计算：采用形状因子法来计算，所研究的对象如表 2-3 中第 7 栏所示。据已知条件，有

$$S=\frac{2\times 3.14\times 2\ \mathrm{m}}{\ln\left(1.08\times\dfrac{0.50\ \mathrm{m}}{0.25\ \mathrm{m}}\right)}=16.3\ \mathrm{m}$$

$$\begin{aligned}\Phi&=\lambda S(t_1-t_2)\\&=0.08\ \mathrm{W/(m\cdot K)}\times 16.3\ \mathrm{m}\times(200\ ℃-60\ ℃)\\&=182.6\ \mathrm{W}\end{aligned}$$

讨论：形状因子 S 是有量纲的物理量，其单位为 m。对于所研究的问题，利用对称性，可以对八分之一区域定性地画出等温线与热流线，如图 2-39 所示。

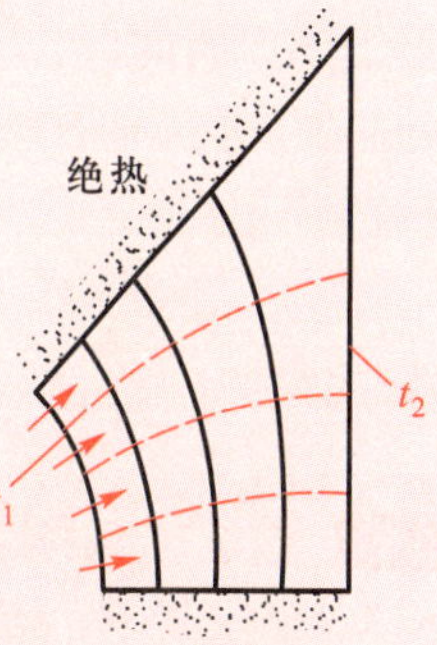

图 2-39　例题 2-12 的等温线及热流线的定性图示

本章小结与应用

1. 本章小结

（1）教学目的与主要内容

本章的教学目的是使读者掌握导热问题的分析解法，亦即如何获得物体温度场的方法。通过引入傅里叶导热定律的一般形式，并将能量守恒原理与其相结合，得到导热物体的温度分布必须满足的偏微分方程。为了对某个具体问题得出其温度分布，还必须给出其边界上的热作用条件——边界条件。分析解法的重点在于一维导热问题以及肋片这种特殊的一维导热。对于三种典型的几何形状在常物性、无内热源、第一类边界条件下的温度场、热流量计算式、热阻以及肋片导热的分析解等汇总在表 2-4 中。

表 2-4　一维稳态导热部分分析解汇总

序号	导热问题	温度场分析解	热流量计算式	热阻表达式
1	平板导热	$t=t_1+(t_2-t_1)\dfrac{x}{\delta}$	$\Phi=\lambda A\dfrac{t_1-t_2}{\delta}$	$R=\dfrac{\delta}{\lambda A}$
2	圆筒导热	$t=t_1+(t_2-t_1)\dfrac{\ln(r/r_1)}{\ln(r_2/r_1)}$	$\Phi=\dfrac{2\pi\lambda l(t_1-t_2)}{\ln(r_2/r_1)}$	$R=\dfrac{\ln(r_2/r_1)}{2\pi\lambda l}$
3	球壳导热	$t=t_1+(t_2-t_1)\dfrac{1/r_1-1/r}{1/r_1-1/r_2}$	$\Phi=\dfrac{4\pi\lambda(t_1-t_2)}{1/r_1-1/r_2}$	$R=\dfrac{1}{4\pi\lambda}\left(\dfrac{1}{r_1}-\dfrac{1}{r_2}\right)$
4	等截面直肋导热	$t=t_f+(t_0-t_f)\dfrac{\mathrm{ch}[m(x-H)]}{\mathrm{ch}(mH)}$	$\Phi=\lambda A_c(t_0-t_f)m\,\mathrm{th}(mH)$	$R=\dfrac{1}{(\lambda A_c hP)^{1/2}\mathrm{th}(mH)}$

由表 2-4 可知，四种一维情况下温度场的解析表达式颇有类似之处。其中肋片的热阻计算式是按热阻的一般定义写出的，在用热阻网络分析问题时这个概念很有用。

（2）求解稳态导热问题的策略

在解决工程稳态导热问题时，建议按以下策略进行处理：1）对于一个多维的几何形状，首先研究可否简化成为一维的问题。尽管一维问题不能精确地反映实际问题的情况，但是常常可以得出具有工程计算所需精确度的结果。正因为如此，本章的讨论重点放在一维问题上。2）对于必须按多维处理的问题，参阅文献[21,25]等，确认是否已经存在精确解。3）对于目的在于确定导热量的问题，确认是否已经解出所需的形状因子。4）对于既无精确解亦无形状因子的复杂问题，采用数值方法。

2. 本章应用举例

例题 2-13　通过飞机座舱多层壁的导热

一飞机的座舱由多层壁结构组成，如图 2-40 所示。内壁是厚 1 mm 的铝镁合金，$\lambda_1=160\ \mathrm{W/(m\cdot K)}$；外壁（常称为蒙皮）是一层厚 2 mm 的软铝，$\lambda_4=200\ \mathrm{W/(m\cdot K)}$；与蒙皮紧贴的是厚 10 mm 的超细玻璃棉保温层，保温层与内壁之间是宽 20 mm 的空气夹层。飞行时要求内壁内表面温度维持在 20 ℃，当飞机座舱外壁面温度为 -30 ℃时，每平方米面积上的散热量是多少？如果要求将散热量减少一半，问保温层应增加到多厚？

题解

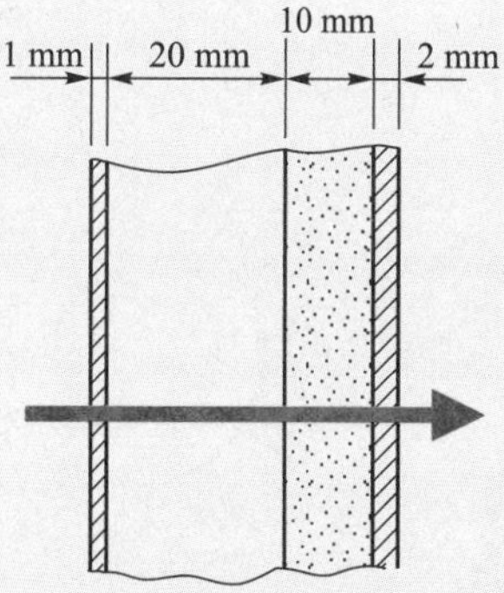

图 2-40　例题 2-13 附图

假设：(1) 飞机座舱呈圆柱形，由于壁厚远小于座舱半径，按平壁处理；(2) 不计接触热阻；(3) 稳态导热；(4) 假设空气层中没有自然对流。

分析：超细玻璃棉的导热系数是温度的函数，这里需先假定平均温度，然后检验之；空气层的导热系数也需要先假定平均温度后再确定。

计算：现假设超细玻璃棉保温层及空气层的平均温度分别为 -25 ℃ 及 0 ℃，则据附录 4 有：

$$\{\lambda_3\}_{W/(m\cdot K)} = 0.033+0.000\,23\{t\}_{℃}$$

$$\lambda_3 = [0.033-0.000\,23\times 25]\ W/(m\cdot K)$$

$$=0.027\,3\ W/(m\cdot K)$$

$$\lambda_2 = 0.024\,4\ W/(m\cdot K)$$

$$q = \frac{t_{wi}-t_{wo}}{\dfrac{\delta_1}{\lambda_1}+\dfrac{\delta_2}{\lambda_2}+\dfrac{\delta_3}{\lambda_3}+\dfrac{\delta_4}{\lambda_4}}$$

$$= \frac{[20-(-30)]\ K}{\dfrac{0.001\ m}{160\ W/(m\cdot K)}+\dfrac{0.02\ m}{0.024\,4\ W/(m\cdot K)}+\dfrac{0.01\ m}{0.027\,3\ W/(m\cdot K)}+\dfrac{0.002\ m}{200\ W/(m\cdot K)}}$$

$$=41.9\ W/m^2$$

由上述计算可见，内壁与蒙皮的热阻不到总热阻的 1%，因而验算平均温度时可认为其温度分别为 20 ℃ 及 -30 ℃。空气层及超细玻璃棉保温层的平均温度为

$$t_{3\,m} = (20-41.9\times 0.819\,7/2)\ ℃ = 2.8\ ℃$$

$$t_{2\,m} = (-30+41.9\times 0.366\,3/2)\ ℃ = -22.3\ ℃$$

上述两个温度与假定值很接近，计算有效。

在上述内、外壁温下要使热损失减小一半，各层的平均温度会有所变化。近似地仍以上述数据进行估算，则可得：

$$\frac{\delta_3}{\lambda_3} = \frac{t_{wi}-t_{wo}}{q} - \frac{\delta_1}{\lambda_1} - \frac{\delta_2}{\lambda_2} - \frac{\delta_4}{\lambda_4}$$

$$\delta_3 = \lambda_3\left(\frac{t_{wi}-t_{wo}}{q} - \frac{\delta_1}{\lambda_1} - \frac{\delta_2}{\lambda_2} - \frac{\delta_4}{\lambda_4}\right)$$

$$=0.027\,3\ W/(m\cdot K)\times\left[\frac{50}{20.95}-(6.25+819.7+1.38)\times 10^{-3}\right]\ m^2\cdot K/W$$

$$=0.042\,6\ m$$

讨论：(1) 飞机座舱的散热量系由舱内的乘客以及飞机空调系统供给的热量来平衡的，在设计时为安全起见，可以认为均由空调系统所提供；(2) 单从导热系数看，空气层的值比超细玻璃棉还小，但是要进一步减小散热损失，不能用加厚空气夹层的方法：这会导致夹层的自然对流，使散热量增加。

例题 2-14　带肋片晶体管的冷却

如图 2-41a 所示，有一直径 $d_1=4$ mm，高 $H=6$ mm 的晶体管，其外表面套着带 12 个纵向肋片的铝圈，铝圈的厚度为 1 mm、导热系数为 200 W/(m · K)，铝圈与肋片系整体制造而成，肋片的高度与晶体管相同，肋片厚度均匀，$\delta=0.7$ mm。铝圈与晶体管之间存在接触热阻，其值为 $R_{A,ct}=10^{-3}\ m^2\cdot K/W$。平均温度为 20 ℃

的空气流过晶体管，表面传热系数为 25 W/(m² · K)。运行中的晶体管的外表面温度维持为 80 ℃，确定此时晶体管散失的热量。

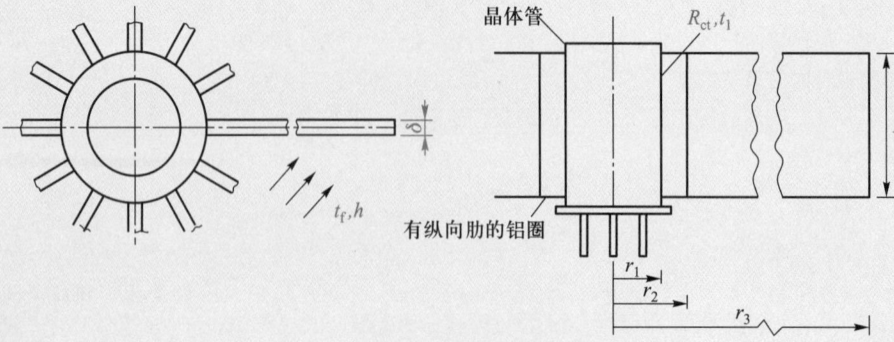

(a) 带散热肋片的晶体管

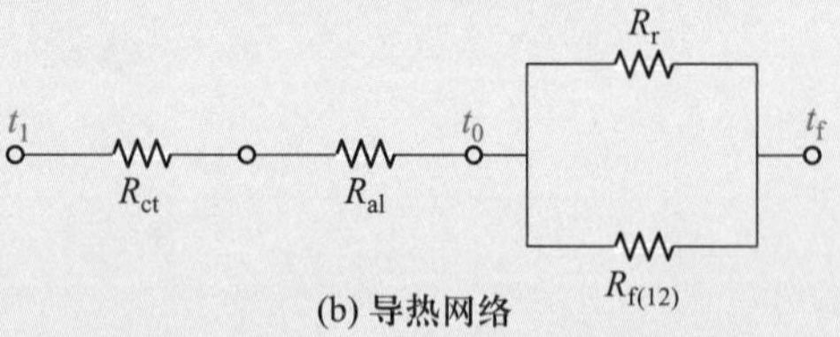

(b) 导热网络

图 2-41　带散热肋片的晶体管散热分析

题解

假设：(1) 略去从晶体管顶上与底面的散热量不计；(2) 一维稳态导热，肋片按等截面直肋看待，采用增加半个肋片厚的方法来考虑顶端的散热；(3) 不计辐射换热。

分析：从晶体管表面温度 t_1 到流体温度 t_f，导热阻力网络如图 2-41b 所示，其中从肋片根部温度 t_0 到流体温度 t_f 之间的两个并联的热阻分别是从根部向四周的散热阻力与从肋片的散热阻力。

计算：四个环节的总面积热阻如下：

接触热阻

$$R_{ct}=\frac{R_{A,ct}}{A_1}=\frac{10^{-3}\ \mathrm{m^2\cdot K/W}}{\pi\times 0.004\times 0.006\ \mathrm{m^2}}$$

铝圈导热热阻

$$R_{al}=\frac{\ln(d_2/d_1)}{2\pi\lambda H}=\frac{\ln(3/2)}{2\pi\times 200\ \mathrm{W/(m\cdot K)}\times 0.006\ \mathrm{m}}$$
$$=0.054\ \mathrm{K/W}$$

等截面直肋的导热量为

$$\Phi=\lambda A_c(t_0-t_f)m\,\mathrm{th}(mH)=(\lambda A_c hP)^{1/2}(t_0-t_f)\,\mathrm{th}(mH)$$

肋片的特性也可以用热阻来表示(表 2-3)。根据热阻的基本定义，由上式可得通过等截面直肋的导热阻力为

$$R_f=\frac{t_0-t_f}{\Phi}=\frac{1}{(\lambda A_c hP)^{1/2}\mathrm{th}(mH)}$$

$$m=\left(\frac{hP}{\lambda A_c}\right)^{1/2}=\left[\frac{h\times 2(H+\delta)}{\lambda(H\times\delta)}\right]^{1/2}=\left[\frac{25\ \mathrm{W/(m^2\cdot K)}\times 2\times(0.006+0.000\,7)\ \mathrm{m}}{200\ \mathrm{W/(m\cdot K)}\times 0.006\times 0.000\,7\ \mathrm{m^2}}\right]^{1/2}=20.0\ \mathrm{m^{-1}}$$

$$mH=20\ \mathrm{m^{-1}}\times(0.01+0.0\times 0.000\,7)\ \mathrm{m}=0.207$$

$$(\lambda A_c hP)^{1/2}=(200\ \mathrm{W/(m\cdot K)}\times 4.2\times 10^{-6}\ \mathrm{m^2}\times 25\ \mathrm{W/(m^2\cdot K)}\times 0.013\,4\ \mathrm{m})^{1/2}$$
$$=0.016\,8\ \mathrm{W/K}$$

$$\text{th}(mH)=\text{th}(0.207)=0.204$$

故有

$$R_f=\frac{1}{0.204\times0.0168\ \text{W/K}}=292\ \text{K/W}$$

12 个肋片的热阻为

$$R_{f(12)}=\frac{R_f}{12}=\frac{292}{12}\ \text{K/W}=24.3\ \text{K/W}$$

肋片根部面积的散热热阻为

$$R_r=\frac{1}{h(\pi d_2-12\times\delta)H}=\frac{1}{25\ \text{W/(m}^2\cdot\text{K)}\times(\pi\times0.006-12\times0.0007)\ \text{m}^2}=638\ \text{K/W}$$

肋片根部与肋片的等效热阻为

$$R_{eq}=(24.3^{-1}+638^{-1})^{-1}\ \text{K/W}=23.4\ \text{K/W}$$

于是从晶体管表面到空气的总热阻为

$$R_{total}=\sum R=(13.3+0.054+23.4)\ \text{K/W}=36.8\ \text{K/W}$$

晶体管散热量为

$$\Phi=\frac{t_1-t_f}{R_{tot}}=\frac{(80-20)\ \text{K}}{36.8\ \text{K/W}}=1.63\ \text{W}$$

讨论:(1) 肋片的效率 $\eta_f=\frac{\text{th}(mH)}{mH}=\frac{0.204}{0.207}=0.986$。肋片根部温度为

$$t_0=t_1-\Phi\sum R=80\ ℃-1.63\ \text{W}\times(13.3+0.054)\ \text{K/W}=58.2\ ℃$$

所以肋片表面的平均温度为

$$t_{f,m}=t_f+\eta_f(t_0-t_f)=[20+0.986\times(58.2-20)]\ ℃=57.7\ ℃$$

这一温度明显高于环境温度,因此通过辐射还有一定的散热。本例中空气为强制对流,表面传热系数较大,略去辐射的影响还可以接受。如何确定辐射散热将在以后考虑。

(2) 如果晶体管不采用铝质翅片,仍然假定原来的表面传热系数之值,则在 80 ℃的温度的限制下,晶体管能散失的热量仅为

$$\begin{aligned}\Phi&=hA_{tr}(t_0-t_f)=25\ \text{W/(m}^2\cdot\text{K)}\times(\pi d_1H+\pi d_1^2/4)\ \text{m}^2\times(80-20)\ ℃\\&=25\ \text{W/(m}^2\cdot\text{K)}\times(12.56+1.26)\times10^{-5}\ \text{m}^2\times60\ ℃=0.21\ \text{W}\end{aligned}$$

可见铝质翅片的作用是十分明显的。

(3) 本例也可以采用肋片总效率来计算,读者不妨自习之。

(4) 注意下列换算:1)从面积热阻到总热阻的换算;2)从单个肋片热阻到 12 个肋片热阻的换算。

例题 2-15 储冰方箱的冷损计算

图 2-42a 示出一储冰的方形箱体,其每个壁面均用厚为 50 mm 的保温材料做成,$\lambda=0.029\ \text{W/(m}\cdot\text{K)}$。箱体尺寸示于图中,其内壁温度为-5 ℃,外壁温度为 25 ℃。试计算该箱体的冷量损失。

题解

假设:(1) 箱体顶盖与侧壁间密封良好;(2) 稳态导热。

分析:冷量损失就是该箱体从外壁导入的热量,可以采用形状因子方法。如图 2-42b 所示,箱体四个侧面由四块平壁以及四根方柱体组成,箱体的上、下壁各由一块平壁、四根柱体以及四个正方体组成。每个导热体两壁的温差均为 30 ℃。

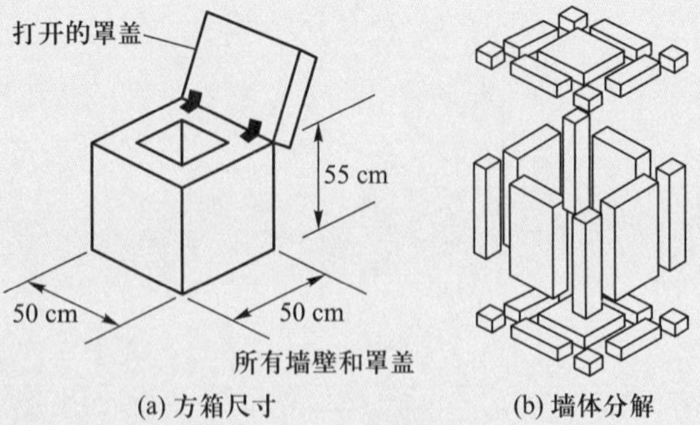

图 2-42　储冰的方箱

计算:根据表 2-3 第 8、9 栏的公式有

$$S_{\text{corner}} = 8\times0.15\Delta x = 8\times0.15\times0.05\ \text{m} = 0.06\ \text{m}$$

$$S_{\text{edge}} = 4\times(0.54l_1+0.54l_2+0.54l_3) = 4\times0.54\times(0.5+0.4+0.4)\ \text{m} = 2.81\ \text{m}$$

同时，

$$S_{\text{wall}} = \sum\frac{A_{\text{wall}}}{\delta} = \frac{\sum A_{\text{wall}}}{\delta} = \frac{1}{0.05\ \text{m}}\times(4\times0.5\times0.4\ \text{m}^2+2\times0.4\times0.4\ \text{m}^2) = 22.4\ \text{m}$$

所以冷量损失为

$$\Phi = \lambda S_{\text{total}}(t_o-t_i) = 0.029\ \text{W/(m·K)}\times(0.06+2.81+22.4)\ \text{m}\times(25+5)\ ℃ = 22\ \text{W}$$

讨论:为了维持储冰箱体的稳定工况,必须安排制冷剂流经箱体的壁面将这份从外界传入箱体的热量带走。所有第一类边界条件的导热问题,要维持稳定的壁面温度都必须有相应的加热或冷却的手段。

例题 2-16　光伏板散热分析

如图 2-43 所示,光伏板可以近似简化为多层平板结构,从上到下分别由 3 mm 厚的掺铈玻璃(λ_g = 1.4 W/(m·K)、0.1 mm 厚的光学黏合剂[λ_a = 145 W/(m·K)]以及非常薄的硅层和基板组成,在硅层中将太阳能转化为电能,太阳能-电能转换效率 $\eta = a-bt_{si}$,其中 t_{si} 为硅片的温度,a = 0.553,b = 0.001 K^{-1}。假设太阳投入辐射 G_s = 700 W/m^2,7%被玻璃的顶部表面反射,10%被吸收,83%传输到硅层并被吸收。被硅层吸收的能量有一定的比例转换为电能,其余的转换为热能。光伏板底部和侧面绝热,假设光伏板表面传热系数 h = 35 W/(m^2·K),流体和环境温度 t_∞ = 20 ℃,光伏板表面发射率 ε = 0.9,试确定光伏板的表面温度及此时的光电转换效率。

分析:对于实际光伏板结构,硅层底部还有基板等材料。由于硅层底部和侧面绝热,所以废热只能从顶部散走。所以硅层底部的基板结构不考虑在内,如图 2-43 所示。

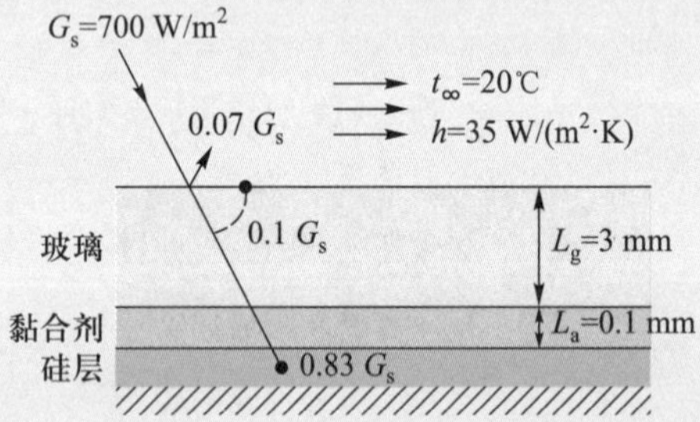

图 2-43　例题 2-16 附图

假设:(1) 一维稳态导热;(2) 常物性;(3) 接触热阻忽略不计;(4) 硅层中的温度梯度忽略不计。

计算:根据题意,太阳投入辐射经反射和吸收到达硅层表面的能量为 $0.83G_s$。光电转换的废热通过导热从硅层传导到光伏板顶部,然后再通过光伏板表面辐射、对流带走热量。首先对硅层建立能量平衡方程,有

$$0.83G_s(1-\eta) = \frac{t_{si}-t_{top}}{\dfrac{L_a}{\lambda_a}+\dfrac{L_g}{\lambda_g}}$$

其中，t_{si} 为硅层的温度，t_{top} 为光伏板顶部的温度。接着对玻璃顶部(光伏板表面)做能量平衡，有：

$$0.83G_s(1-\eta)+0.1G_s=h(t_{top}-t_\infty)+\varepsilon\sigma[(t_{top}^4+273.15)^4-(t_\infty^4+273.15)^4]$$

将 $\eta=a-bt_{si}$ 代入，联立求解得 $t_{si}=34$ ℃。那么，此时的光电转换效率 $\eta=0.247$。

讨论：随着表面传热系数 h 的提高，硅层的温度会降低，这会获得更高的 η。所以光伏板的冷却对光电转换效率影响巨大。为降低发电的成本，可采用较便宜的透镜进行聚光获得较高的太阳辐射热流密度，但此时硅层的温度也会显著升高。因此采用先进的冷却技术对降低光伏发电的成本至关重要。

例题 2-17　塔式吸热器管壁厚度估计

如图 2-44 所示的塔式太阳能聚光集热系统，定日镜场投射热流密度为 $q_s=80\ 000\ \mathrm{W/m^2}$，并有 $\alpha=90\%$ 被吸热器外壁面吸收。假设吸热器管内流体平均温度 $t_f=700$ K，管内表面传热系数 $h_f=1\ 000\ \mathrm{W/(m^2\cdot K)}$，外部环境温度 $t_\infty=300$ K，表面传热系数 $h_\infty=10\ \mathrm{W/(m^2\cdot K)}$。吸热器壁面采用耐高温材料，导热系数为 15 W/(m·K)，外表面发射率为 0.1。现要求外壁面温度不能高于 1 000 K，需要壁面厚度至少为多少？

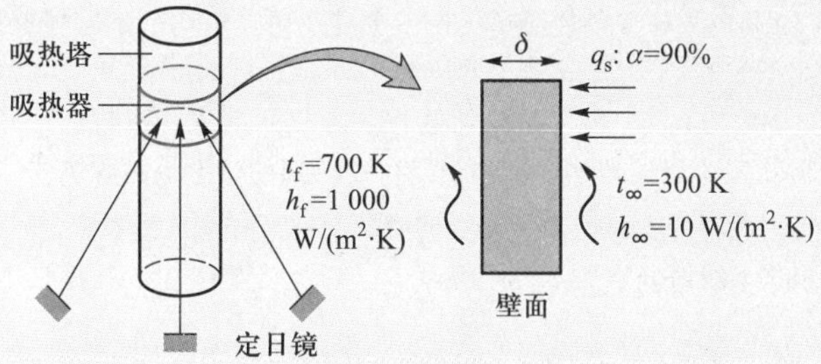

图 2-44　例题 2-17 附图

题解

分析：对外壁面做热平衡分析，假设其温度为 1 000 K，记外壁面到管内流体的传热过程热流密度为 q，对环境的辐射热流密度为 q_{rad}，对流传热热流密度为 q_{conv}，则有热平衡 $\alpha q_s-q_{rad}-q_{conv}=q$。

假设：(1) 一维稳态导热；(2) 常物性。(3) 壁面当作一维平板。

计算：

外壁面对环境的辐射热流密度为

$$q_{rad}=\varepsilon C_0\left[\left(\frac{t_w}{100}\right)^4-\left(\frac{t_\infty}{100}\right)^4\right]=0.1\times5.67\ \mathrm{W/(m^2\cdot K^4)}\times\left[\left(\frac{1\ 000\ \mathrm{K}}{100}\right)^4-\left(\frac{300\ \mathrm{K}}{100}\right)^4\right]=5\ 624.07\ \mathrm{W/m^2}$$

外壁面对空气的对流传热热流密度为

$$q_{conv}=h_\infty\Delta t=10\ \mathrm{W/(m^2\cdot K)}\times(1\ 000\ \mathrm{K}-300\ \mathrm{K})=7\ 000\ \mathrm{W/m^2}$$

代入热平衡条件 $\alpha q_s-q_{rad}-q_{conv}=q$：

$$0.9\times80\ 000\ \mathrm{W/m^2}-5\ 624.07\ \mathrm{W/m^2}-7\ 000\ \mathrm{W/m^2}=\frac{1\ 000\ \mathrm{K}-700\ \mathrm{K}}{\dfrac{1}{1\ 000\ \mathrm{W/(m^2\cdot K)}}+\dfrac{\delta}{15\ \mathrm{W/(m\cdot K)}}}$$

解得：

$$\delta=0.060\ 8\ \mathrm{m}=60.8\ \mathrm{mm}$$

讨论：导热问题的一维近似分析可以处理不少具有工程实际意义的问题，本章列举了一系列例题。即使像利用热电效应回收汽车废热这样较复杂的问题也可用一维分析获得有意义的解。

热电效应回收汽车废热

复习题

1. 试写出傅里叶导热定律的一般形式，并说明其中各个符号的意义。

2. 已知导热物体中某点在 x、y、z 三个方向上的热流密度分别为 q_x、q_y、q_z，如何获得该点的热流密度矢量？

3. 试说明得出导热微分方程所依据的基本定律。

4. 试分别用数学语言及传热学术语说明导热问题三种类型的边界条件。

5. 试说明串联热阻叠加原则的内容及其使用条件。

6. 发生在一个短圆柱中的导热问题，在哪些情形下可以按一维问题来处理？

7. 通过圆筒壁的导热量仅与内外半径之比有关而与半径的绝对值无关，而通过球壳的导热量计算式却与半径的绝对值有关，怎样理解？

8. 扩展表面中的导热问题可以按一维问题处理的条件是什么？有人认为，只要扩展表面细长，就可按一维问题处理，你同意这种观点吗？

9. 肋片高度增加引起两种效果：肋效率下降及散热表面积增加。因而有人认为，随着肋片高度的增加会出现一个临界高度，超过这个高度后肋片导热热流量反而会下降。试分析这一观点的正确性。

10. 在式(2-70)所给出的分析解中，不出现导热物体的导热系数，请你提供理论依据。

11. 有人对二维矩形物体中的稳态、无内热源、常物性的导热问题进行了数值计算。矩形的一个边绝热，其余三个边均与温度为 t_f 的流体发生对流传热。你能预测他所得到的温度场的解吗？

12. 纵向截面为三角形的直肋与纵向截面为矩形的直肋相比有什么优点？

13. 假设一块多孔砖的两个端面分别处于两个温度 t_2、$t_1(t_2>t_1)$，其余 4 个表面绝热，试分析两端面之间热量传递的方式。

14. 对于没有内热源的圆柱与球体的稳态导热问题，为什么讨论只对中心部分是挖空的情形进行？

15. 流体力学中 $\nabla \cdot U$ 表示流出一个微元体的净流量，其中 U 为速度矢量；类似地，导热问题中 $\nabla \cdot q$ 表示导出微元体的净热量。试据此导出式(2-6)。

习题

平板导热

2-1 用平底锅烧开水，与水相接触的锅底温度为 111 ℃，热流密度为 42 400 W/m^2。使用一段时间后，锅底结了一层平均厚度为 3 mm 的水垢。假设此时与水相接触的水垢的表面温度及热流密度分别等于原来锅底的值，试计算水垢与金属锅底接触面的温度。水垢的导热系数取为 1 W/(m·K)。

2-2 一冷藏室的墙由钢皮、矿渣棉及石棉板三层叠合构成，各层的厚度依次为 0.794 mm、152 mm 及 9.5 mm，导热系数分别为 45 W/(m·K)、0.07 W/(m·K)及 0.1 W/(m·K)。冷藏室的有效换热面积为 37.2 m^2，室内、外气温分别为-2 ℃及 30 ℃，室内、外壁面的表面传热系数可分别按 1.5 W/(m^2·K)及 2.5 W/(m·K)计算。为维持冷藏室温度恒定，试确定冷藏室内的冷却排管每小时内需带走的热量。

2-3 有一厚 20 mm 的平面墙，导热系数为 1.3 W/(m·K)，为使每平方米墙的热损失不超过 1 500 W，在外表面覆盖了一层导热系数为 0.08 W/(m·K)的保温材料。已知复合壁两侧的温度分别为 750 ℃及 55 ℃，试确定此时保温层的厚度。

2-4 一烘箱的箱门由两种保温材料 A 及 B 做成，且 $\delta_A=2\delta_B$（见附图）。已知 $\lambda_A=0.08$ W/(m·K)、$\lambda_B=0.05$ W/(m·K)，烘箱内空气温度 $t_{f1}=400$ ℃，内壁面的总表面传热系数 $h_1=50$ W/(m·K)。为安全起见，希望烘箱门的外表面温度不得高于 50 ℃。设可把

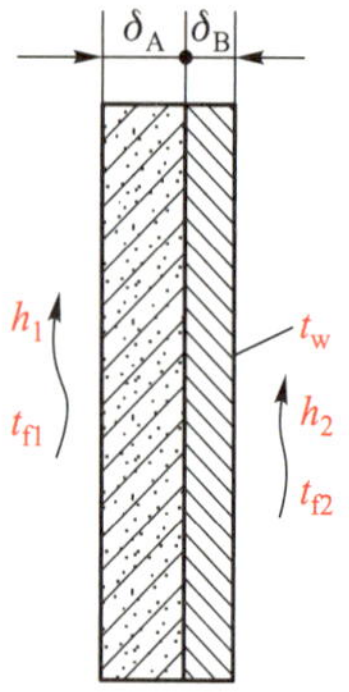

习题 2-4 附图

烘箱门导热作为一维问题处理,试确定所需保温材料的厚度。环境温度 $t_{f2}=25$ ℃,外表面总表面传热系数 $h_2=9.5$ W/(m^2 · K)。

2-5 对于无限大平板内的一维稳态导热问题,试说明在三类边界条件中,两侧面边界条件的哪些组合可以使平板中的温度场获得确定的解?

2-6 一火箭发动机燃烧室是外径为 130 mm 的圆筒,厚 2.1 mm,导热系数为 23.2 W/(m · K)。圆筒壁外用液体冷却,外壁温度为 240 ℃。测得圆筒的热流密度为 4.8×10^6 W/m^2,其材料的最高允许温度为 700 ℃。试判断该燃烧室壁面是否工作于安全温度范围内。

2-7 如附图所示的不锈钢平底锅置于电器灶具上被加热,灶具的功率为 1 000 W,其中 85%用于加热平底锅。锅底厚 $\delta=3$ mm,平底部分直径 $d=200$ mm,不锈钢的导热系数 $\lambda=18$ W/(m · K),锅内汤料与锅底的对流传热表面传热系数为 2 500 W/(m^2 · K),流体平均温度 $t=95$ ℃。把锅底作为一维平板,试列出锅底导热的数学描写,并计算锅底两表面的温度。

2-8 一种用比较法测定导热系数装置的原理示于附图中。将导热系数已知的标准材料与被测材料做成相同直径的圆柱,且标准材料的两段圆柱分别压紧置于被测材料的两端。在三段试样上分别布置三对测定相等间距两点间温差的热电偶。试样的四周绝热良好(图中未示出)。已知试样两端的温度分别为 $t_h=400$ ℃、$t_c=300$ ℃、$\Delta t_r=2.49$ ℃、$\Delta t_{t,1}=3.56$ ℃、$\Delta t_{t,2}=3.60$ ℃,试确定被测材料的导热系数,并讨论哪些因素会影响 $\Delta t_{t,1}$ 与 $\Delta t_{t,2}$ 不相等。

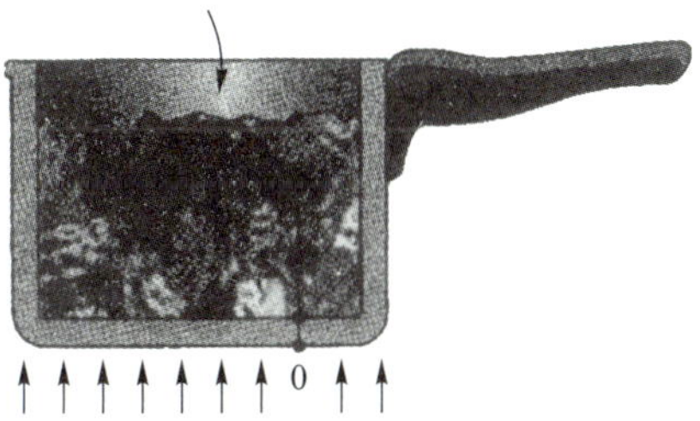

习题 2-7 附图

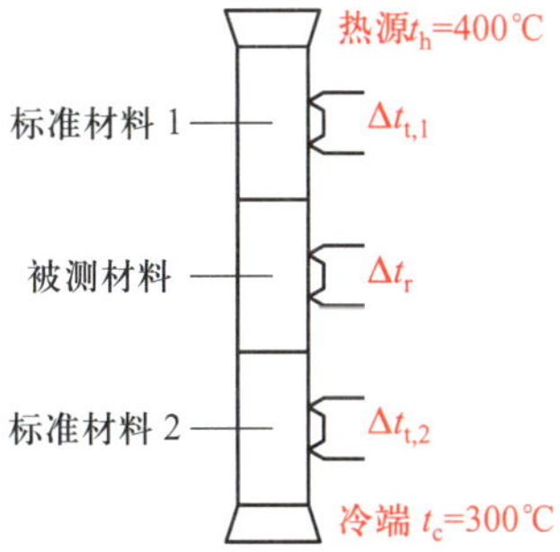

习题 2-8 附图

多层平壁

2-9 一双层玻璃窗是由两层厚 6 mm 的玻璃及其间的空气隙所组成,空气隙厚度为 8 mm。假设面向室内的玻璃表面温度与面向室外的玻璃表面温度分别为 20 ℃及-20 ℃,试确定该双层玻璃窗的热损失。如果采用单层玻璃窗,其他条件不变,其热损失是双层玻璃的多少倍?玻璃窗的尺寸为 60 cm×60 cm。不考虑空气间隙中的自然对流。玻璃的导热系数为 0.78 W/(m · K)。

2-10 某些寒冷地区采用三层玻璃的窗户,如附图所示。已知玻璃厚 $\delta_g=3$ mm,空气夹层宽 $\delta_{air}=6$ mm,玻璃的导热系数 $\lambda_g=0.8$ W/(m · K)。玻璃面向室内的表面温度 $t_i=15$ ℃,面向室外的表面温度 $t_o=-10$ ℃,试计算通过三层玻璃窗导热的热流密度。

2-11 提高燃气进口温度是提高航空发动机效率的有效方法。为了使发动机的叶片能承受更高的温度而不至于损坏,叶片均用耐高温的合金制成,同时还提出了在叶片与高温燃气接触的表面上涂以陶瓷材料薄层的方法,如附图所示,叶片内部通道则由从压气机来的空气予以冷却。陶瓷层的导热系数为 1.3 W/(m · K),耐高温合金能承受的最高温度为 1 250 K,其导热系数为 25 W/(m · K)。在耐高温合金与陶瓷层之间有一薄层黏结材料,其造成的接触热阻为 10^{-4} m^2 · K/W。如果燃气的平均温度为 1 700 K,与陶瓷层间的表面传热系数为 1 000 W/(m^2 · K),冷却空气的平均温度为 400 K,与内壁间的表面传热系数为 500 W/(m^2 · K),试分析此时耐高温合金是否可以安全地工作。

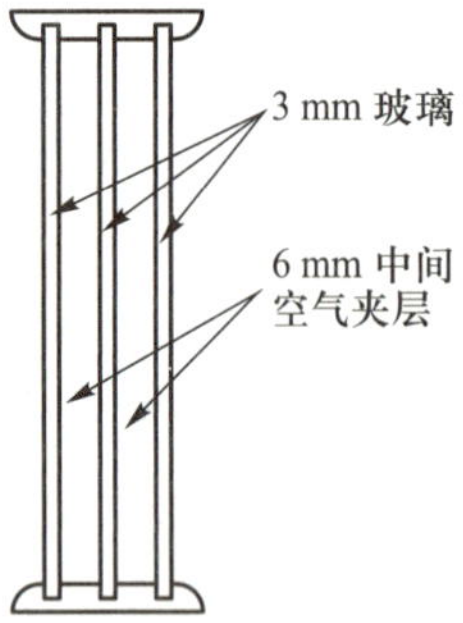

习题 2-10 附图

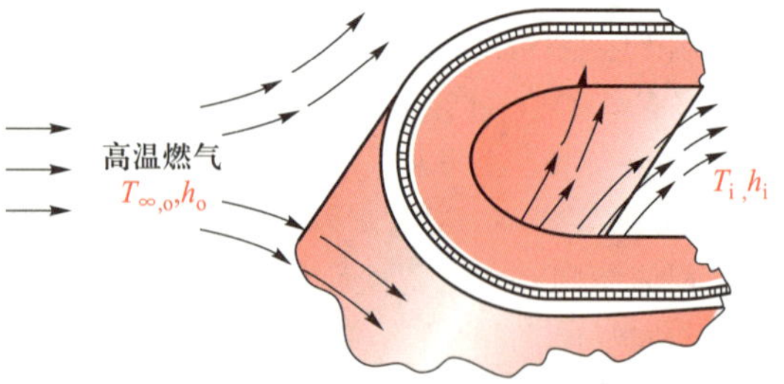

习题 2-11 附图

2-12 在某一产品的制造过程中，在厚 1.0 mm 的基板上紧贴了一层透明的薄膜，其厚度为 0.2 mm。薄膜表面有一股冷却气流流过，其温度 $t_f=20$ ℃，对流传热表面传热系数 $h=40$ W/(m^2·K)。同时，有一股辐射能 q 透过薄膜投射到薄膜与基板的结合面上，如附图所示。基板的另一面维持在温度 $t_1=30$ ℃。生产工艺要求薄膜与基板结合面的温度 t_0 应为 60 ℃，试确定辐射热流密度 q 应为多大。薄膜的导热系数 $\lambda_f=0.02$ W/(m·K)，基板的导热系数 $\lambda_s=0.06$ W/(m·K)。投射到结合面上的辐射热流全部为结合面所吸收。薄膜对 60 ℃ 的热辐射是不透明的。

2-13 在如附图所示的平板导热系数测定装置中，试件厚度 δ 远小于直径 d。由于安装制造不好，试件与冷、热表面之间平均存在着一层厚 $\Delta=0.1$ mm 的空气隙。设热表面温度 $t_1=180$ ℃，冷表面温度 $t_2=30$ ℃，空气隙的导热系数可分别按 t_1、t_2 查取。试计算空气隙的存在给导热系数的测定带来的误差。通过空气隙的辐射传热可以略而不计。

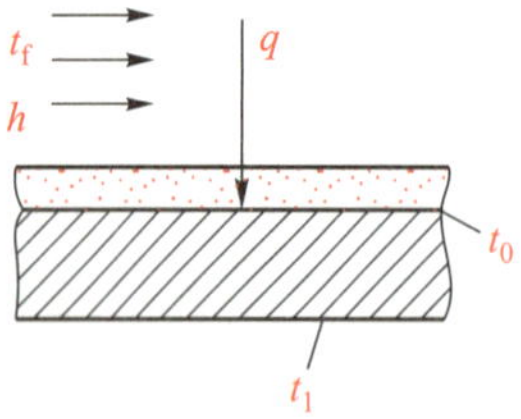

习题 2-12 附图

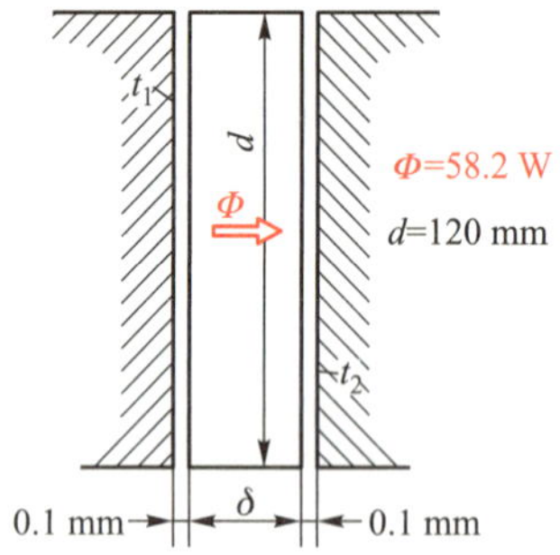

习题 2-13 附图

圆筒

2-14 外径为 100 mm 的蒸汽管道，覆盖密度为 20 kg/m^3 的超细玻璃棉毡保温。已知蒸汽管道的外壁温度为 400 ℃，希望保温层外表面温度不超过 50 ℃，且每米长管道上散热量小于 163 W，试确定所需的保温层厚度。

2-15 外径为 50 mm 的蒸汽管道外包覆有厚为 40 mm、平均导热系数为 0.11 W/(m·K)的矿渣棉，其外为厚 45 mm、平均导热系数为 0.12 W/(m·K)的煤灰泡沫砖。绝热层外表面温度为 50 ℃。试检查矿渣棉与煤灰泡沫砖交界处的温度是否超过允许值。增加煤灰泡沫砖的厚度对热损失及交界面处的温度有什么影响？蒸汽管道的表面温度取为 400 ℃。

2-16 一根直径为 3 mm 的铜导线，每米长的电阻为 $2.22\times10^{-3}\Omega$。导线外包有厚 1 mm、导热系数为 0.15 W/(m·K)的绝缘层。限定绝缘层的最高温度为 65 ℃，最低温度为 0 ℃，试确定在这种条件下导线中允许通过的最大电流。

2-17 一蒸汽锅炉炉膛中的蒸发受热面管壁受到温度为 1 000 ℃ 的烟气加热，管内沸水温度为 200 ℃，烟气与受热面管子外壁间的复合换热表面传热系数为 100 W/(m^2·K),沸水与内壁间的表面传热系数为 5 000 W/(m^2·K),管子壁厚 6 mm、管壁 $\lambda=42$ W/(m·K)、外径为 52 mm。试计算下列三种情况下受热面单位长度上的热负荷:(1) 换热表面是干净的;(2) 外表面结了一层厚为 1 mm 的烟灰,其 $\lambda=0.08$ W/(m·K);(3) 内表面上有一层厚为 2 mm 的水垢,其 $\lambda=1$ W/(m·K)。

2-18 在一根外径为 100 mm 的热力管道外拟包覆两层绝热材料,一种材料的导热系数为 0.05 W/(m·K),另一种为 0.08 W/(m·K),两种材料的厚度都取为 75 mm。试比较把导热系数小的材料紧贴管壁及把导热系数大的材料紧贴管壁这两种方法对保温效果的影响,这种影响对于平壁的情形是否存在?假设在两种做法中绝热层内、外表面的总温差保持不变。

2-19 一直径为 30 mm、壁温为 100 ℃的管子向温度为 20 ℃的环境散热,热损失率为 100 W/m。为把热损失减小到 50 W/m 有两种材料可以同时被利用:材料 A 的导热系数为 0.5 W/(m·K),可利用度为 3.14×10^{-3} m^3/m;材料 B 的导热系数为 0.1 W/(m·K),可利用度为 4.0×10^{-3} m^3/m。试分析如何敷设这两种材料才能达到上述要求。假设敷设这两种材料后,外表面与环境间的表面传热系数与原来一样。

2-20 一直径为 d、长 l 的圆杆,两端分别与温度为 t_1 及 t_2 的表面接触,杆的导热系数 λ 为常数。试对下列两种稳态情形列出杆中温度分布的微分方程式及边界条件,并求解之:(1) 杆的侧面是绝热的;(2) 杆的侧面与四周流体间有稳定的对流传热,平均表面传热系数为 h,流体温度 t_f 小于 t_1 及 t_2。

2-21 一根直径为 20 mm、长 300 mm 钢柱,两端分别与温度为 250 ℃及 60 ℃的两个热源相连接。柱体表面向温度为 30 ℃的环境散热,表面传热系数为 10 W/(m·K)。试计算该钢柱在单位时间内从两个热源获得的热量。钢柱的 $\lambda=40$ W/(m·K)。

球壳

2-22 一个储液氮的容器可近似地看成内径为 300 mm 的球,球外包有厚 30 mm 的多层结构的隔热材料。隔热材料沿半径方向的当量导热系数为 1.8×10^{-4} W/(m·K)。球内液氮的温度为-195.6 ℃,室温为 25 ℃,液氮的相变热(汽化潜热)为 199.6 kJ/kg。试估算在上述条件下液氮每天的蒸发量。

2-23 有一批置于室外的液化石油气储罐,直径为 2 m,通过使制冷剂流经罐外厚为 1 cm 的夹层来维持罐内的温度为-40 ℃。夹层外是厚为 30 cm 的保温层,保温材料的导热系数为 0.08 W/(m·K)。在夏天的恶劣条件下,环境温度为 40 ℃,保温层外表面与环境间的复合换热表面传热系数可达 30 W/(m^2·K)。为维持液化石油气-40 ℃的温度,试确定对 10 个球罐所必须配备的制冷设备的容量。罐及夹层钢板的壁厚可略而不计。

2-24 颗粒状散料的表观导热系数常用球导热仪来测定。如附图所示的内球内安置有一电加热器,被测材料安装在内、外球壳间的夹套中,外球外有一水夹层,其中通以进口温度恒定的冷却水。用热电偶测定内球外壁及外球内壁的平均温度。在一次实验中测得以下数据:$d_i=0.15$ m;$d_o=0.25$ m,$t_i=200$ ℃,$t_o=40$ ℃,电加热功率 $P=56.5$ W。试确定此颗粒材料的表观导热系数。

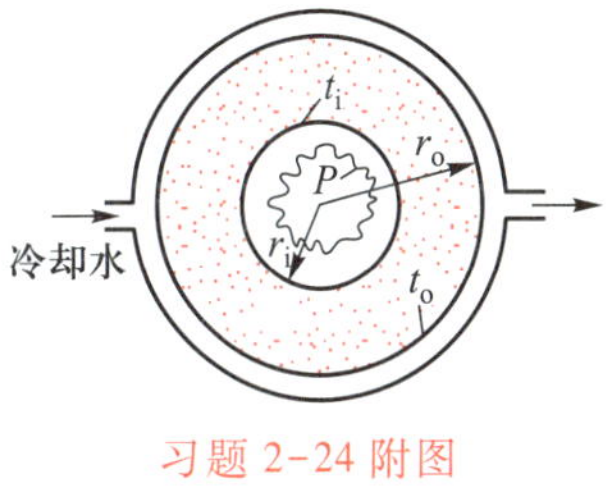

习题 2-24 附图

如果由于偶然的事故导致测定外球内壁的热电偶线路遭到破坏,但又急于要获得该颗粒表观导热系数的近似值,试设想一个无需修复热电偶线路又可获得近似值的测试方法。球壳用铝制成,其厚度约为 3~4 mm。

2-25 内、外径各为 0.5 m 及 0.6 m 的球罐,其中装满了具有一定放射性的化学废料,其容积发热率 = 10^5 W/m^3。该罐被置于水流中冷却,表面传热系数 $h=1\,000$ W/(m^2·K),流体温度 $t_f=25$ ℃。试求:(1) 球罐的外表面温度;(2) 球罐的内表面温度。球罐用铬镍钢钢板制成。

2-26 附图所示储罐用厚 20 cm 的塑料制成,其导热系数 $\lambda=1.5$ W/(m·K)。储罐内装满工业用油,油中安置了一电热器,使罐的内表面温度维持在 400 K。该储罐置于 $t_f=25$ ℃的空气中,表面传热系数为 10 W/(m^2·K)。$r_o=0.5$ m,$l=2.0$ m。试确定所需的电加热功率。

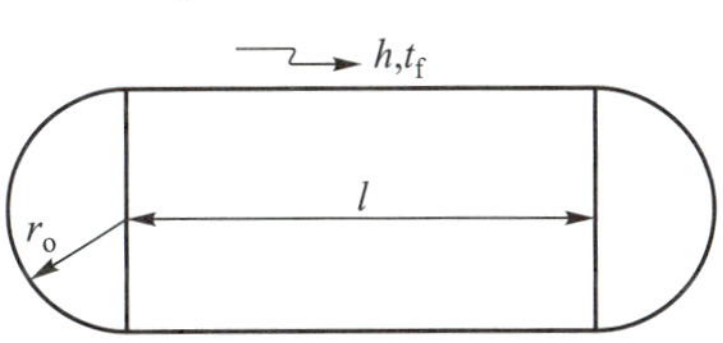

习题 2-26 附图

2-27 人的眼睛在完成生物功能的过程中生成的热量要通过角膜散到周围环境中,其散热条件与是否带有隐形眼镜片有关。如附图所示,设角膜及隐形镜片均呈球状,且两者间接触良好,无接触热阻。角膜及镜片所张的中心角占了三分之一的球体。试确定在下列条件下不戴镜片及戴镜片时通过角膜的散热量:$r_1=10\ \text{mm}$,$r_2=12.5\ \text{mm}$,$r_3=16.3\ \text{mm}$,$t_{fi}=37\ ℃$,$t_{fo}=20\ ℃$,$h_i=12\ \text{W/(m}^2\cdot\text{K)}$,$h_o=6\ \text{W/(m}^2\cdot\text{K)}$,$\lambda_1=0.35\ \text{W/(m}\cdot\text{K)}$,$\lambda_2=0.8\ \text{W/(m}\cdot\text{K)}$。

2-28 一储存液态气体的球形罐由薄金属板制成,直径为 1.22 m,其外包覆有厚 0.45 m、导热系数为 $0.043\ \text{W/(m}\cdot\text{K)}$ 的软木保温层。液态气体的温度为 −62.2 ℃,与金属壳体间换热的表面传热系数为 $1\ 050\ \text{W/(m}^2\cdot\text{K)}$;大气温度为 18 ℃,球形罐外表面与环境间的表面传热系数为 $21\ \text{W/(m}^2\cdot\text{K)}$。由于软木保温层的密封性不好,大气中的水蒸气渗入软木层,并在一定深度范围内冻结成了冰。假设软木保温层的导热系数不受水蒸气及所形成的冰层的影响,试估算软木保温层中冰层的深度。球形罐金属壳体的热阻可以不计。在实际运行中,因保温层的密封性不好而在软木保温层中出现的水和冰,对球形罐的保温性能有何影响?

2-29 在一电子器件中有一晶体管可视为半径为 0.1 mm 的半球热源,如附图所示。该晶体管被置于一块很大的硅基板中。硅基板的一侧绝热,其余各表面的温度均为 t_∞。硅基板的导热系数 $\lambda=120\ \text{W/(m}\cdot\text{K)}$。试导出硅基板中温度分布的表达式,并计算当晶体管发热量为 $\Phi=4\ \text{W}$ 时晶体管表面的温度值。

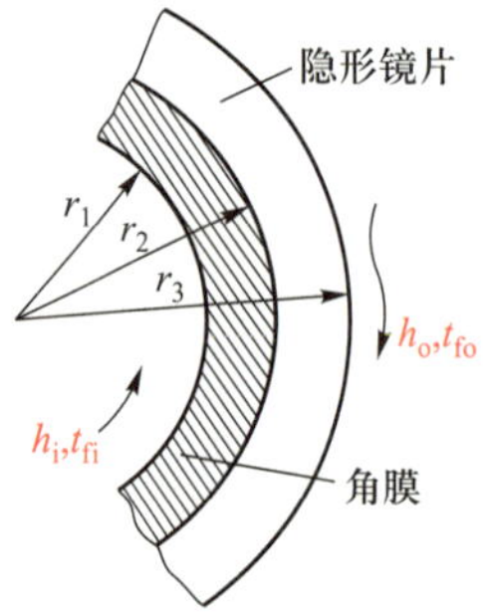

习题 2-27 附图

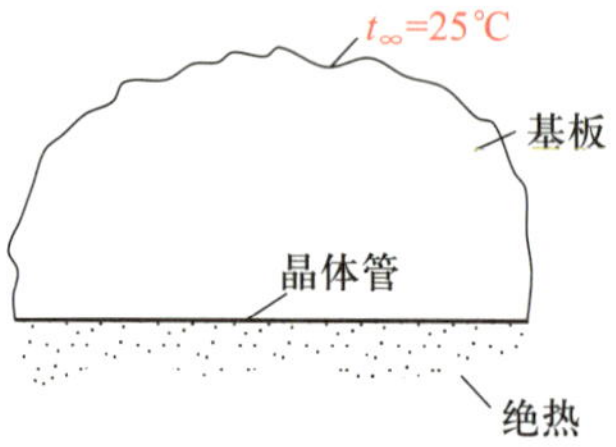

习题 2-29 附图

提示:相对于 0.1 mm 这样小的半径,硅基板的外表面可以视为外半径趋于无穷大的球壳表面。

变截面、变导热系数问题

2-30 一高为 30 cm 的铝制圆台,顶面直径为 8.2 cm,底面直径为 13 cm。底面及顶面温度各自均匀,并分别为 520 ℃ 及 20 ℃。圆台侧面绝热。试确定通过该圆台的导热量。铝的导热系数取为 $100\ \text{W/(m}\cdot\text{K)}$。

2-31 试比较附图所示的三种一维导热问题的热流量大小:凸面圆台、圆柱、凹面圆台。比较的条件是 d_1、t_1、t_2 及导热系数均相同。三种形状物体的直径与 x 轴的关系可统一表示为 $d=ax^n$,其中 a 及 n 之值如下:

	凸面圆台	柱体	凹面圆台
a	$0.506\ \text{m}^{1/2}$	0.08 m	$20.24\ \text{m}^{-1/2}$
n	0.5	0.0	1.5

$x_1=25\ \text{mm}$,$x_2=125\ \text{mm}$。

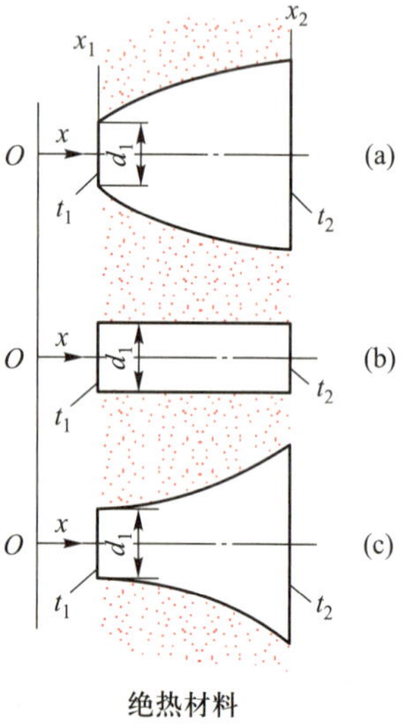

习题 2-31 附图

2-32 某种平板材料厚 25 mm,两侧面分别维持在 40 ℃ 及 85 ℃。测得通过该平板的热流量为 1.82 kW,导热面积为 $0.2\ \text{m}^2$。试:(1)确定在此条件下平板的平均导热系数。(2)设平板材料的导热系数按 $\lambda=\lambda_0(1+bt)$ 变化(其中 t 为局部温度)。为了确定上述温度范围内的 λ_0 及 b 值,还需要补充测定什么量?给出此时确定 λ 及 b 的计算式。

2-33　一空心圆柱，在 $r=r_1$ 处 $t=t_1$，在 $r=r_2$ 处 $t=t_2$。$\lambda(t)=\lambda_0(1+bt)$，$t$ 为局部温度。试导出圆柱中温度分布的表达式及导热量计算式。

2-34　一平板厚为 δ，其两侧表面分别维持在温度 t_1 及 t_2，在此温度范围内平板的局部导热系数可以用直线关系式 $\lambda=\lambda_0(1+bt)$ 来表示。试导出计算平板中某处当地热流密度的表达式，并对 $b>0$、$b=0$、$b<0$ 的三种情况画出平板中温度分布的示意性曲线。

2-35　一圆筒的内、外半径分别为 r_i 及 r_o，相应的壁温为 t_i 与 t_o，其导热系数与温度的关系可表示成 $\lambda=\lambda_0(1+bt)$ 的形式，式中 λ 及 t 均为局部值。试导出计算单位长度上导热热流量的表达式及导热热阻的表达式。

2-36　$q=1\ 000\ \mathrm{W/m^2}$ 的热流沿 x 方向穿过厚 20 mm 的平板（见附图）。已知 $x=0$ mm、10 mm、20 mm 处的温度分别为 100 ℃、60 ℃、40 ℃。试据此确定材料导热系数表达式 $\overline{\lambda}=\lambda_0(1+b\bar{t})$（$\bar{t}$ 为平均温度）中的 λ_0 及 b。

2-37　设某种材料的局部导热系数按 $\lambda=\lambda_0(1+bt)$ 的关系式变化，对于由该材料做成的一块厚 δ 的无内热源的平板，试：

（1）导出利用两侧面温度 $t_1(x=0)$、$t_2(x=\delta)$ 计算导热量的公式；

（2）证明下列关系式成立：

$$\frac{\lambda^2-\lambda_1^2}{\lambda_2^2-\lambda_1^2}=\frac{x}{\delta}$$

其中 λ_1、λ_2 为相应于温度 t_1、t_2 的导热系数，λ 为 x 处的导热系数；

（3）导出平板中温度沿 x 方向变化的下列两个公式：

$$t(x)=\frac{1}{\lambda_0 b}\left[\lambda_1^2+\frac{x}{\delta}(\lambda_2^2-\lambda_1^2)\right]^{1/2}-\frac{1}{b}$$

$$t(x)=\sqrt{\left(\frac{1}{b}+t_1\right)^2-\frac{2qx}{\lambda_0 b}}-\frac{1}{b}$$

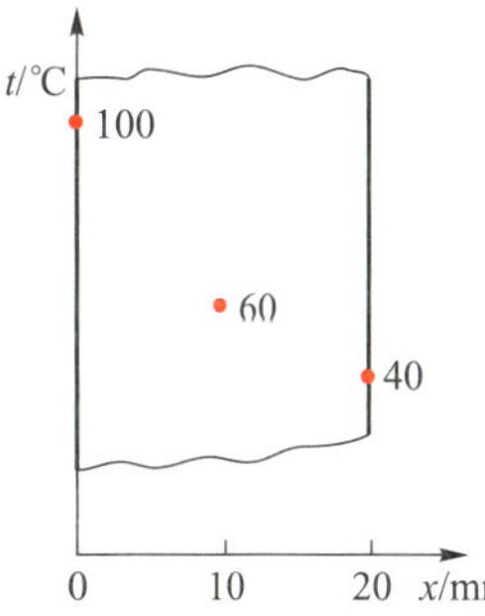

习题 2-36 附图

2-38　一厚 δ 的平壁，两侧面分别维持在恒定的温度 t_1、t_2。平壁的导热系数是温度的函数：$\lambda(t)=\lambda_0(1+\beta t^2)$。试对稳态导热给出热流密度的计算式。

一维有内热源的导热

2-39　试建立具有内热源 $\dot{\Phi}(x)$、变截面、变导热系数的一维稳态导热问题的温度场微分方程式（参考附图）。

2-40　试由导热微分方程式出发，导出通过有内热源的空心柱体的稳态导热热量计算式及壁中的温度分布。$\dot{\Phi}$ 为常数，外壁温度为 t_w。

2-41　确定附图所示氧化铀燃料棒的最大热功率。已知：氧化铀燃料棒的最高温度不能高于 1 600 ℃，冷却水平均温度为 110 ℃，表面传热系数为 12 000 W/(m^2·K)，氧化铀燃料棒与包覆它的锆锡合金层间的接触热阻为 2.22×10^{-4} m^2·K/W。包覆层的内外半径分别为 6.1 mm、6.5 mm，氧化铀燃料棒和锆锡合金的导热系数分别为 7.9 W/(m·K)、14.2 W/(m·K)。

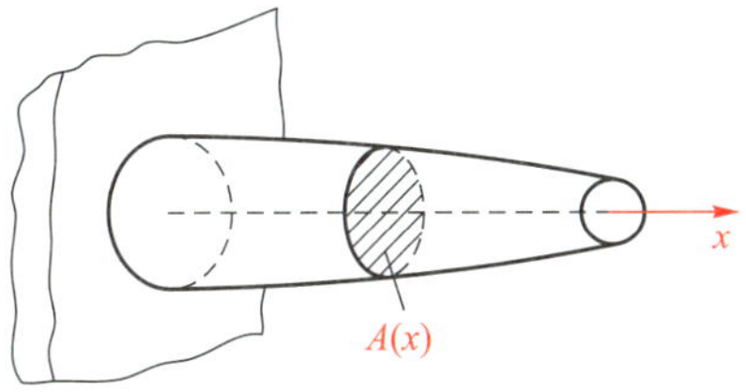

习题 2-39 附图　变截面的一维导热问题

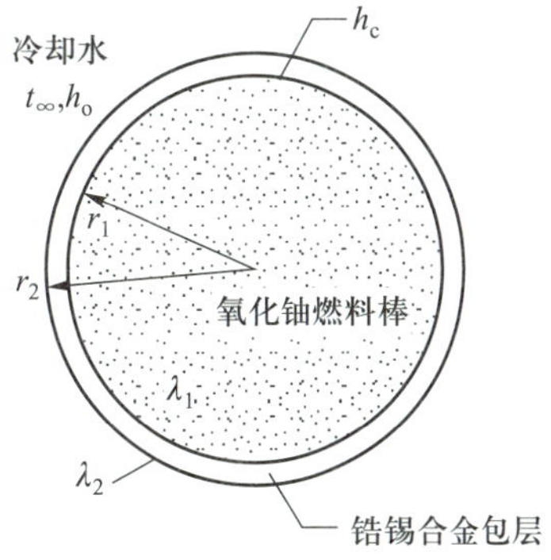

习题 2-41 附图

2-42　一具有内热源 $\dot{\Phi}$、外径为 r_0 的实心长圆柱，向四周温度为 t_∞ 的环境散热，表面传热系数为 h。试列出圆柱中稳态温度场的微分方程式及边界条件，并对 $\dot{\Phi}$ 为常数的情形进行求解。

2-43　在一厚为 $2b$、截面积为 A_c 的金属薄条中有电流强度 I 通过。金属条置于不导电的沸腾液体中。设沸腾换热表面传热系数是均匀的，金属条的电阻率为 ρ（单位为 $\Omega \cdot m^2/m$），导热系数为 λ［单位为 W/(m·K)］，物性为常数。试证该金属条的截面平均温度要比表面温度高 $I^2\rho b^2/(3\lambda A_c^2)$。金属条的端部散热不予考虑。

2-44　一半径为 r_0 的实心圆柱，内热源为 $\dot{\Phi}(r)=\dot{\Phi}_0(1+Ar)$，$\dot{\Phi}_0$、$A$ 为常数。在 $r=r_0$ 处 $t=t_0$。试导出圆柱中的温度分布。

2-45　一厚 δ 的大平板具有均匀内热源 $\dot{\Phi}$，$x=0$ 及 $x=\delta$ 处的表面分别与温度为 t_{f1}、t_{f2} 的流体进行对流传热，表面传热系数分别为 h_1 及 h_2。试导出平板中温度分布的解析表达式，并据此得出平板中温度最高点的位置。对于 $h_1=h_2$、$t_{f1}=t_{f2}$ 及 $h_1=h_2$、$t_{f2}<t_{f1}$ 的情形定性地画出平板中的温度分布曲线。

2-46　一厚 7 cm 的平壁，一侧绝热，另一侧暴露于温度为 30 ℃ 的流体中，内热源 $\dot{\Phi}=0.3\times10^6$ W/m³。对流传热表面传热系数为 450 W/(m²·K)，平壁的导热系数为 18 W/(m·K)。试确定平壁中的最高温度及其位置。

2-47　核反应堆的辐射防护壁因受 γ 射线的照射而发热，这相当于防护壁内有 $\dot{\Phi}(r)=\dot{\Phi}_0 e^{-ax}$ 的内热源，其中 $\dot{\Phi}_0$ 是 $x=0$ 的表面上的发热率，a 为已知常数。已知 $x=0$ 处 $t=t_1$，$x=\delta$ 处 $t=t_2$，试导出该防护壁中温度分布的表达式及最高温度的所在位置。导热系数 λ 为常数。

2-48　核反应堆中一个压力容器的器壁可以按厚 δ 的大平壁处理；其内表面（$x=0$ 处）绝热，外表面维持在恒定温度 t。γ 射线对该容器的加热作用可以用一个当量热源 $\dot{\Phi}$ 来表示，且 $\dot{\Phi}=\dot{\Phi}_0 e^{-ax}$。$\dot{\Phi}_0$、$a$ 为常数，x 是从绝热表面起算的距离。在稳态条件下，试：(1) 导出器壁中温度分布的表达式；(2) 确定 $x=0$ 处的温度；(3) 确定 $x=\delta$ 处的热流密度。

2-49　一半径为 r_1 的长导线具有均匀内热源 $\dot{\Phi}$，导热系数为 λ_1。导线外包有一层绝缘材料，其外半径为 r_2，导热系数为 λ_2。绝缘材料与周围环境间的表面传热系数为 h，环境温度为 t_∞。过程是稳态的。试：(1) 列出导线与绝缘层中温度分布的微分方程式及边界条件；(2) 求解导线与绝缘材料中的温度分布。

提示：在导线与绝缘材料的界面上热流密度及温度都是连续的。

肋片导热

2-50　试计算下列两种情形下等厚度直肋的效率：(1) 铝肋，$\lambda=208$ W/(m·K)，$h=284$ W/(m²·K)，$H=15.24$ mm，$\delta=2.54$ mm；(2) 钢肋，$\lambda=41.5$ W/(m·K)，$h=511$ W/(m²·K)，$H=15.24$ mm，$\delta=2.54$ mm。

2-51　在温度为 260 ℃ 的壁面上伸出一根纯铝的圆柱形肋片，其直径 $d=25$ mm、高 $H=150$ mm。该柱体表面受温度 $t_1=16$ ℃ 的气流冷却，表面传热系数 $h=15$ W/(m²·K)，肋端绝热。试计算该柱体的对流散热量。如果把柱体的长度增加一倍，其他条件不变，柱体的对流散热量是否也增加一倍？从充分利用金属的观点来看，是采用一个长的肋好，还是采用两个长度为其一半的较短的肋好？

2-52　在外径为 25 mm 的管壁上装有铝制的等厚度环肋，相邻肋片中心线之间的距离 $s=9.5$ mm。环肋高 $H=12.5$ mm，厚 $\delta=0.8$ mm。管壁温度 $t_w=200$ ℃，流体温度 $t_f=90$ ℃，管基及肋片与流体之间的表面传热系数为 110 W/(m²·K)。试确定每米长肋片管（包括肋片及基管部分）的散热量。

2-53　过热蒸汽在外径为 127 mm 的钢管内流过，测蒸汽温度套管的布置如附图所示。已知套管外径 $d=15$ mm，壁厚 $\delta=0.9$ mm，导热系数 $\lambda=49.1$ W/(m·K)。蒸汽与套管间的表面传热系数 $h=105$ W/(m²·K)。为使测温误差小于蒸汽与钢管壁温度差的 0.6%，试确定套管应有的长度。

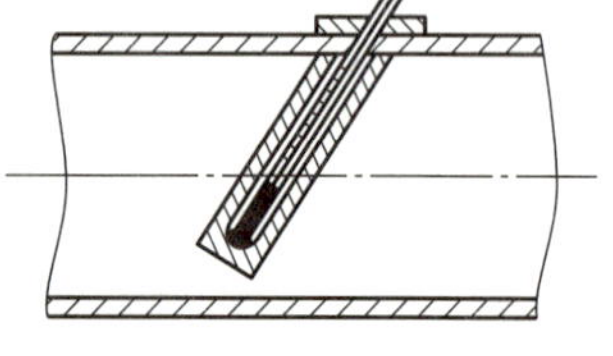

习题 2-53 附图　测温套管

2-54　为了显示套管材料对测温误差的影响，在热力管道的同一地点上安装了分别用铜及钢做成的尺寸相同的两个套管（套管外径 $d=10$ mm，厚 $\delta=1.0$ mm，高 $H=120$ mm）。气流流经两套管时表面传热系数均为 $h=25$ W/(m²·K)。管道壁温 $t_0=25$ ℃。设蒸汽流的真实温度为 70 ℃，问置于两套管中的温度计读数相差多少？温度计本身的误差可以不计。取铜的 $\lambda=390\ \text{W}/(\text{m}\cdot\text{K})$，钢的 $\lambda=50\ \text{W}/(\text{m}\cdot\text{K})$。

2-55　用一柱体模拟燃气轮机叶片的散热过程。柱长 9 cm，周界为 7.6 cm，截面积为 $1.95\ \text{cm}^2$，柱体的一端被冷却到 305 ℃（见附图）。815 ℃的高温燃气吹过该柱体，假设表面上各处的对流传热的表面传热系数是均匀的，并为 $28\ \text{W}/(\text{m}^2\cdot\text{K})$。柱体导热系数 $\lambda=55\ \text{W}/(\text{m}\cdot\text{K})$，肋端绝热。试计算：(1) 该柱体中间截面上的平均温度及柱体中的最高温度；(2) 冷却介质所带走的热量。

2-56　一容器的手柄为半圆形的圆柱如附图所示，圆柱直径为 25 mm，半圆的半径为 75 mm。设容器壁面温度为 80 ℃，空气温度为 20 ℃，考虑辐射影响在内的表面传热系数为 $10\ \text{W}/(\text{m}^2\cdot\text{K})$，试计算手柄的散热量以及手柄中的最低温度。手柄材料的导热系数为 $1.5\ \text{W}/(\text{m}\cdot\text{K})$。讨论手柄材料的导热系数对散热量及温度的影响。

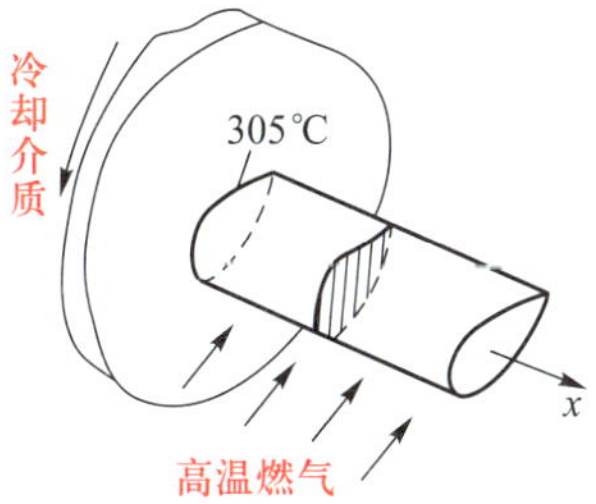

习题 2-55 附图　通过柱体的散热

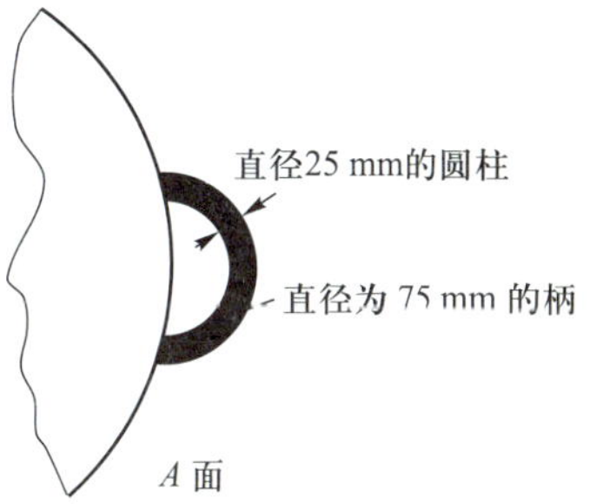

习题 2-56 附图

2-57　一摩托车气缸用铝合金制成，外径为 60 mm，高 170 mm，导热系数 $\lambda=180\ \text{W}/(\text{m}\cdot\text{K})$。为增强散热，气缸外壁上敷设了等厚度的铝合金环肋 10 片，肋厚 3 mm，肋高 25 mm。设摩托车在奔驰过程中表面传热系数为 $50\ \text{W}/(\text{m}^2\cdot\text{K})$，空气温度为 28 ℃，气缸外壁温度保持为 220 ℃。试分析增加了肋片后气缸散热量是原来的多少倍？

2-58　一太阳能集热器的截面图如附图所示。用铝合金[$\lambda=177\ \text{W}/(\text{m}\cdot\text{K})$]做成的吸热板的厚度 $\delta=6$ mm，背面除了与加热水管接触之处外，绝热良好，管子之间的距离 $L=200$ mm。吸热板正面与盖板之间为真空。在设计工况下吸热板净吸收太阳的辐射能为 $800\ \text{W}/\text{m}^2$，管内被加热水的平均温度为 60 ℃。试确定设计工况下吸热板中的最高温度。

2-59　一输送高压水的管道用法兰连接如附图所示，法兰厚 $\delta=15$ mm，管道的内外径分别为 $d_i=120$ mm、$d_o=140$ mm，法兰外径 $d_f=250$ mm。管道与法兰的导热系数为 $\lambda=45\ \text{W}/(\text{m}\cdot\text{K})$。在正常工况下，管道内壁温度为 300 ℃，周围空气温度为 20 ℃，法兰的表面传热系数 $h=10\ \text{W}/(\text{m}^2\cdot\text{K})$。试确定通过一对法兰损失的热量。

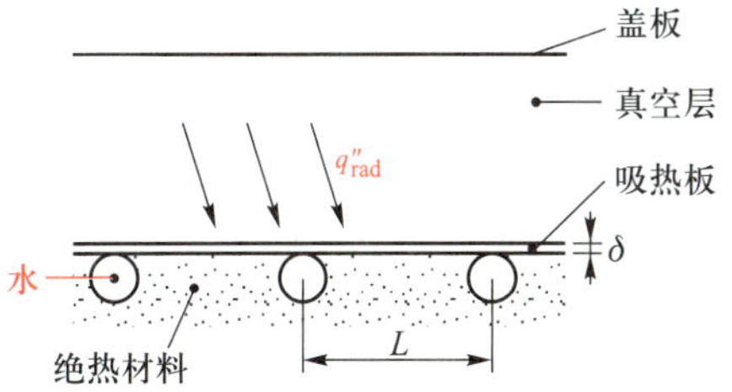

习题 2-58 附图

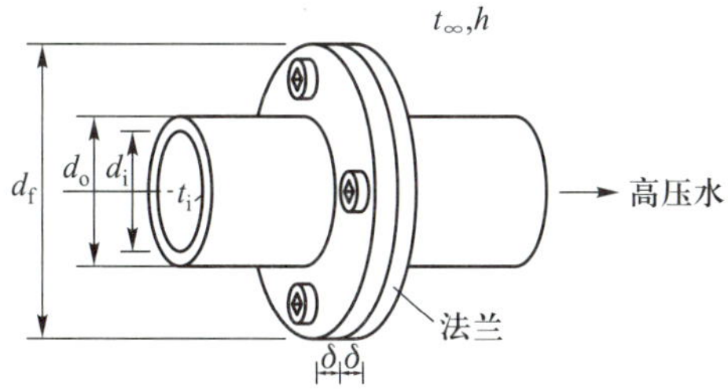

习题 2-59 附图

2-60　肋片在换热器中得到广泛采用，紧凑式换热器就是由基本表面与大量的肋片表面所组成，如附图 a 所示。附图 b 是将其中一种流体的通道放大的示意图。已知肋片的高度 $L=8$ mm，它分别与两块基本表面连接，两基本表面的温度相等，$t_0=t_L$。肋片与流体间的表面传热系数 $h=100\ \text{W}/(\text{m}^2\cdot\text{K})$，肋片的导热系数 $\lambda=200\ \text{W}/(\text{m}\cdot\text{K})$，肋片厚 $\delta=1$ mm。试确定肋片的面积热阻。

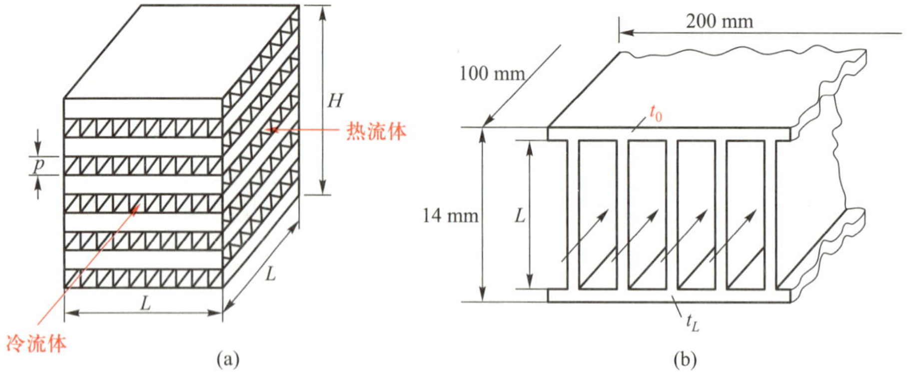

习题 2-60 附图

2-61　一等截面直肋的肋端为第三类边界条件，表面传热系数为 h_2，其侧面的表面传热系数为 h_1，其余条件与 2.4 节中的相同。试证明此时肋片中的温度分布为

$$\frac{t-t_\infty}{t_0-t_\infty}=\frac{\mathrm{ch}[m(H-x)]+[h_2/(\lambda m)]\mathrm{sh}[m(H-x)]}{\mathrm{ch}(mH)+[h_2/(\lambda m)]\mathrm{sh}(mH)}$$

并据此导出肋片散热量的计算式。

多维导热

2-62　设有如附图所示的一偏心环形空间，其中充满了某种储热介质（如石蜡类物质）。白天，从太阳能集热器中来的热水使石蜡熔化，夜里冷却水流过内管吸收石蜡的熔解热而使石蜡凝固。假设在熔解过程的开始阶段，环形空间中石蜡的自然对流可以略而不计，内、外管壁分别维持在均匀温度 t_1 及 t_2。试定性画出偏心圆环中等温线的分布。

2-63　有一用砖砌成的烟气通道，其截面形状如附图所示。已知内、外壁温分别 $t_1=80$ ℃、$t_2=25$ ℃，砖的导热系数为 1.5 W/(m·K)，试确定每米长烟道上的散热量。

2-64　设有如附图所示的一个无内热源的二维稳态导热物体，其上凹面、下表面分别维持在均匀温度 t_1 及 t_2，其余表面绝热。试：

（1）画出等温线分布的示意图；

（2）说明材料的导热系数是否对温度分布有影响。

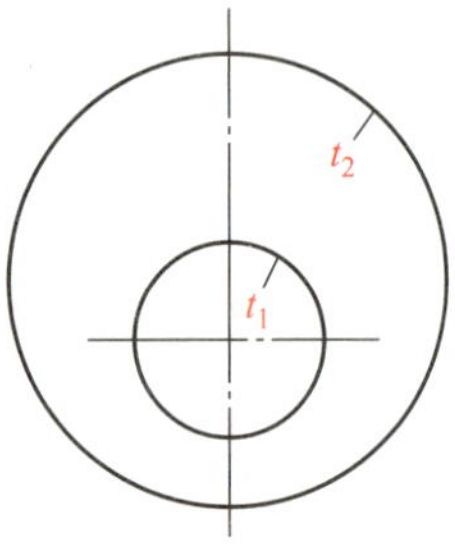

习题 2-62 附图

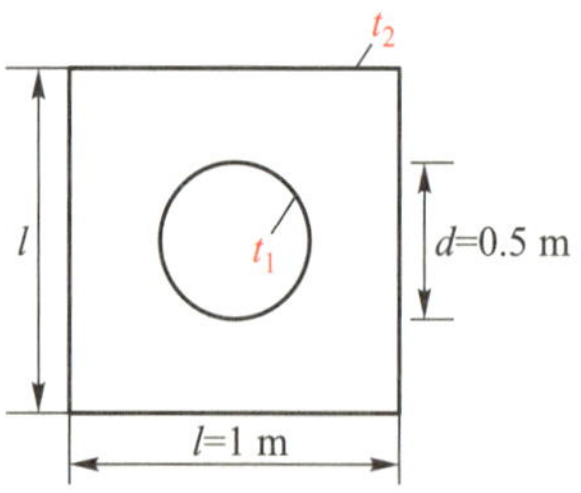

习题 2-63 附图

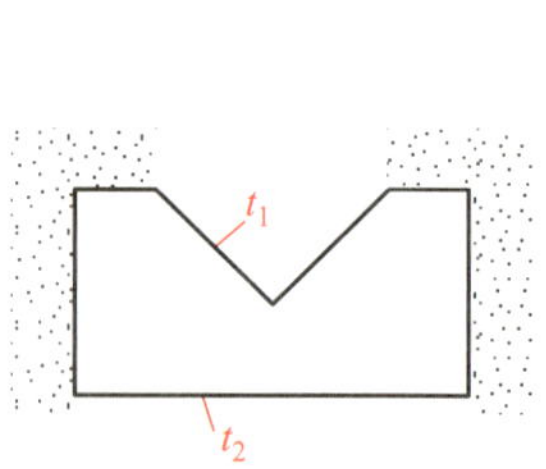

习题 2-64 附图

2-65　试计算通过一立方体墙角（见附图）的热损失。已知每面墙厚 300 mm，导热系数为 0.8 W/(m·K)，内、外壁温分别为 400 ℃及 50 ℃。如果三面墙的内壁温度 t_{11}、t_{12}、t_{13} 各不相等，但均高于外壁温度，试提出一个估算热损失范围的方法。

2-66　一根输送城市生活用水的管道埋于地下 3 m 深处，如附图所示，其外径 $d=500$ mm。土壤的导热系数为 1 W/(m·K)，计算在附图所示条件下每米管道的散热量；在一个严寒的冬天，地面结冰层厚达 1 m 深，其他条件不变，计算此时的散热量。

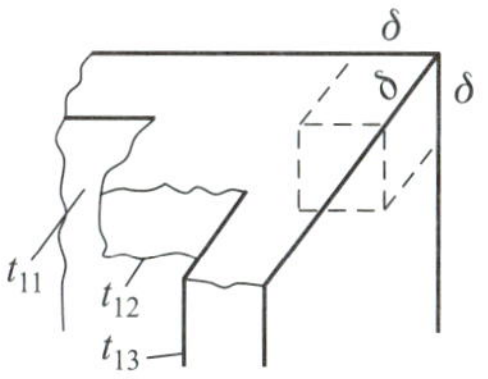

习题 2-65 附图

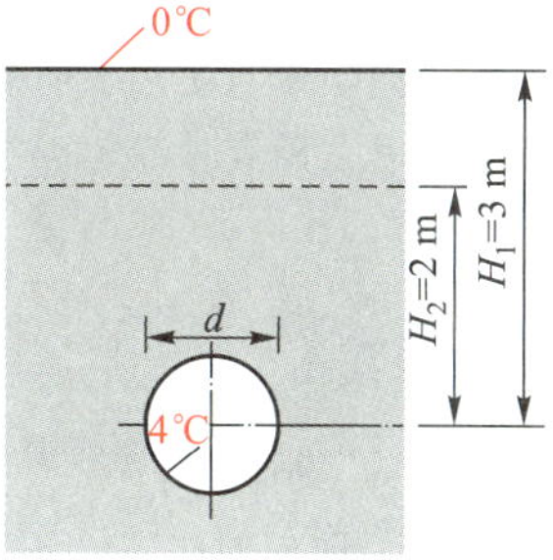

习题 2-66 附图

2-67 对于矩形区域内的常物性、二维无内热源、稳态的导热问题，试分析在下列四种边界条件的组合下，导热物体为铜或钢时物体中的温度分布是否一样：(1) 四边均为给定温度；(2) 四边中有一个边绝热，其余三个边均为给定温度；(3) 四边中有一个边为给定热流（不等于零），其余三个边中至少有一个边为给定温度；(4) 四边中有一个边为第三类边界条件。

2-68 一冰箱的冷冻室可看成是外形尺寸为 0.5 m×0.75 m×0.75 m 的立方体，其中顶面尺寸为 0.75 m×0.75 m。冷冻室顶面及四个侧面用同样厚度的发泡塑料保温，其导热系数为 0.02 W/(m · K)；冷冻室的底面可近似地认为是绝热的。冷冻室内壁温度为-10 ℃，外壁护板温度为 30 ℃。设护板很薄且与发泡塑料接触良好。试估算发泡塑料要多厚才可限制冷量损失在 45 W 以下。

热阻分析

2-69 试写出通过半径为 r_1、r_2 的球壁的导热热阻的表示式。

2-70 试据定义导出具有两个等温面的固体导热热阻与其形状因子之间的关系，并据此写出表 2-2 中第 6、7 栏所示固体的导热热阻。

2-71 两块不同材料的平板组成如附图所示的大平板。两板的面积分别为 A_1、A_2，导热系数分别为 λ_1 及 λ_2。如果该大平板的两个表面分别维持在均匀的温度 t_1 及 t_2，试导出通过该大平板的导热热量计算式。

2-72 在如附图所示的换热设备中，内、外管之间有一夹层，其间置有电阻加热器，产生热流密度 q，该加热层温度为 t_h。内管被温度为 t_i 的流体冷却，表面传热系数为 h_i。外管的外壁面被温度为 t_o 的流体冷却，表面传热系数为 h_o。内、外管壁的导热系数分别为 λ_i 及 λ_o。试画出这一热量传递过程的热阻分析图，并写出每一项热阻的表达式。

2-73 一块尺寸为 10 mm×10 mm 的芯片（附图中的 1）通过厚 0.02 mm 的环氧树脂层（附图中的 2）与厚 10 mm 的铝基板（附图中的 3）相连接。芯片与铝基板间的环氧树脂的热阻可取为 0.9×10^{-4} m² · K/W，芯片及基板的四周绝热，上、下表面与 t_∞ = 25 ℃ 的环境换热，表面传热系数均为 h = 150 W/(m² · K)。芯片本身可视为一等温物体，其发热率为 1.5×10^4 W/m²。铝基板的导热系数为 236 W/(m · K)。过程是稳态的。试画出这一热传递过程的热阻分析图，并确定芯片的工作温度。

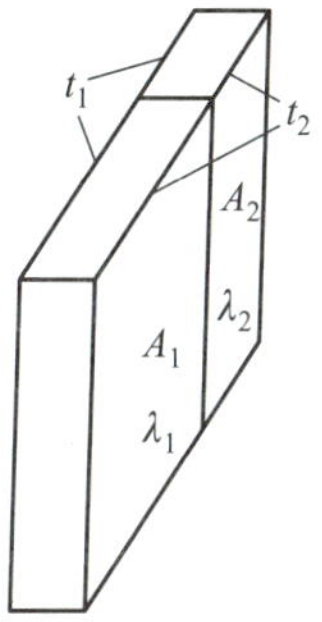

习题 2-71 附图

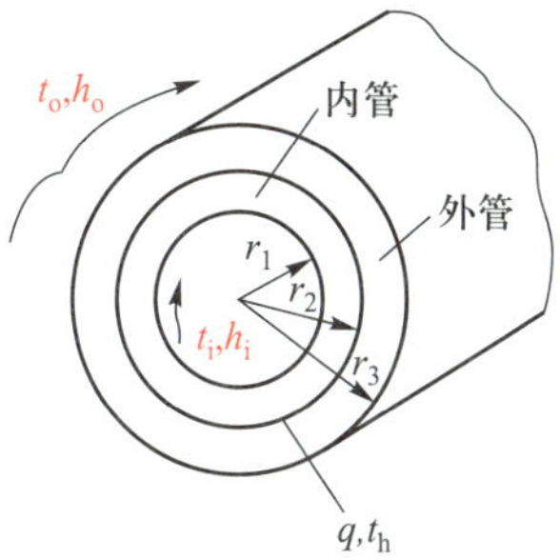

习题 2-72 附图

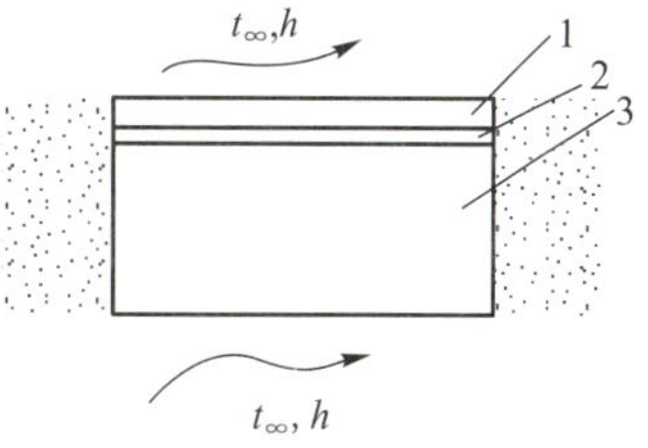

习题 2-73 附图

提示：芯片的热阻为零，其内热源的生成热可以看成由外界加到该节点上的。

2-74　人类居住的房屋本来只是用于防雨雪及盗贼，很少考虑节能与传热特性。随着世界范围内能源危机的发生以及人们生活水平的提高，节能与舒适已经成为建筑业的一个重要考虑原则。采用空心墙是节能的一种有效手段。一民居的砖墙结构如附图所示。已知：室内温度为 20 ℃，室外温度为 5 ℃；室内墙面的表面传热系数为 7 W/(m^2·K)，室外为 28 W/(m^2·K)；第一层塑料板厚 12 mm，导热系数为 0.16 W/(m·K)；第二层厚 25 mm，其中上部杨木层的导热系数为 0.141 W/(m·K)，下部为空气；第三层为砖，厚 200 mm，导热系数为 0.72 W/(m·K)。试对于图示的这一段墙体画出热阻网络，并计算其散热损失。

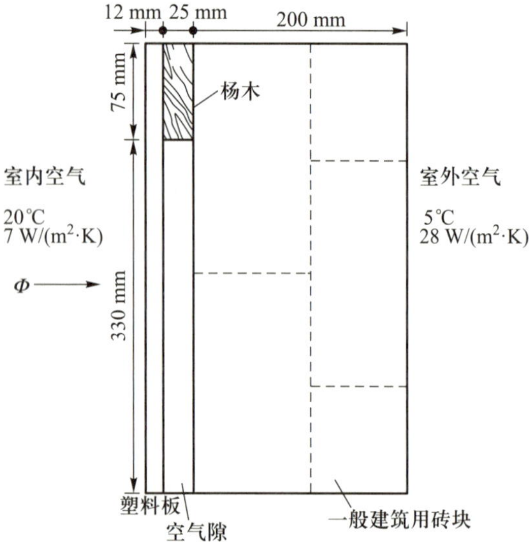

习题 2-74 附图

2-75　如附图所示，有一平板型集成电路板由顶部的芯片和底部的电路板组成，芯片（厚度忽略不计）和电路板之间存在接触热阻 $R_c=10^{-4}\ m^2\cdot K/W$。芯片外表面采用浸没式液体冷却，表面传热系数 $h_o=2\ 000$ W/(m^2·K)，介电液体的温度 $T_{\infty,o}=20$ ℃。电路板底部采用空气冷却，表面传热系数为 $h_i=40$ W/(m^2·K)，空气温度 $T_{\infty,i}=20$ ℃。集成电路板的有效导热系数 $\lambda_b=1$ W/(m·K)，厚度 $L_b=5$ mm。现要求芯片的最高温度不能超过 85 ℃。试画出热阻网络，并求芯片允许的最高热流密度。

2-76　对于附图所示情形，导出从温度为 t_1 的表面到温度为 t_2 的表面的导热热阻表示式。

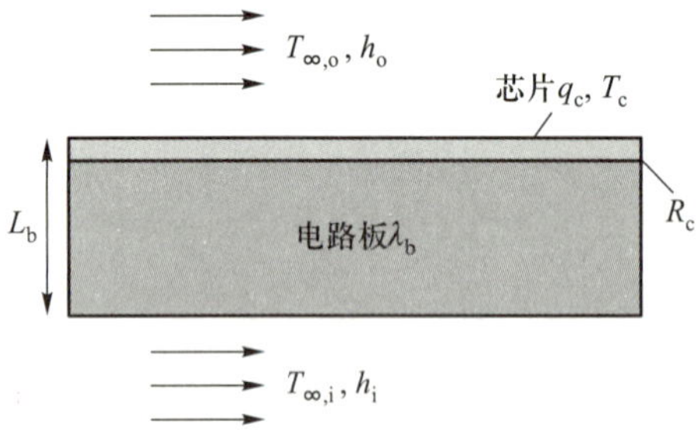

习题 2-75 附图

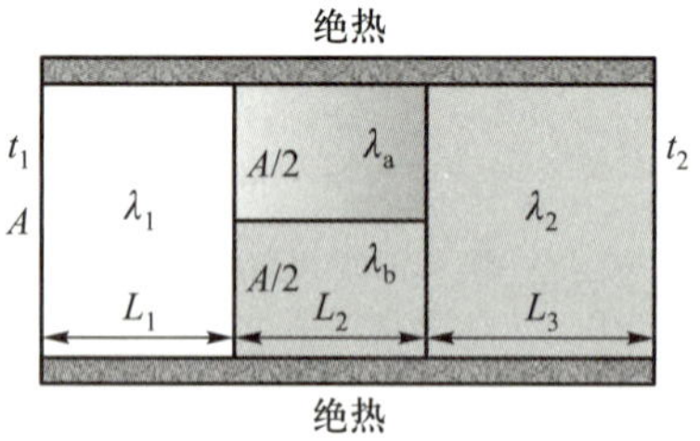

习题 2-76 附图

综合分析

2-77　一管内涂层的操作过程如附图所示。在管子中央有一辐射圆棒，直径为 d_1，其外表面发出的每米长度上的辐射热流密度为 q_r，管内抽真空；涂层表面的吸收比很高，可近似地看成黑体。管子外表面温度恒为 t_{s2}；涂层很薄，工艺要求涂层表面温度维持在 t_{s1}。试：(1) 导出稳态条件下用 q_r、t_{s2}、r_2、r_3 及管壁导热系数 λ 表示的管壁中的温度分布表达式；(2) 设 $t_{s2}=25$ ℃，$\lambda=15$ W/(m·K)，$r_2=35$ mm，$r_3=48$ mm，并要求 t_{s1} 应达到 150 ℃，求 q_r 值。

2-78　刚采摘下来的水果，由于其体内葡萄糖的分解而具有“呼吸”作用，结果会在其表面析出 CO_2、水蒸气，并在体内产生热量。设在通风的仓库中苹果以如附图所示的方式堆放，并有 5 ℃的空气以 0.6 m/s 的流速吹过。苹果每天的发热量为 4 000 J/kg。苹果的密度 $\rho=840$ kg/m^3，导热系数 $\lambda=0.5$ W/(m·K)；空气与苹果间的表面传热系数 $h=6$ W/(m^2·K)。试计算稳态下苹果表面及中心的温度。每个苹果可按直径为 80 mm 的球处理。

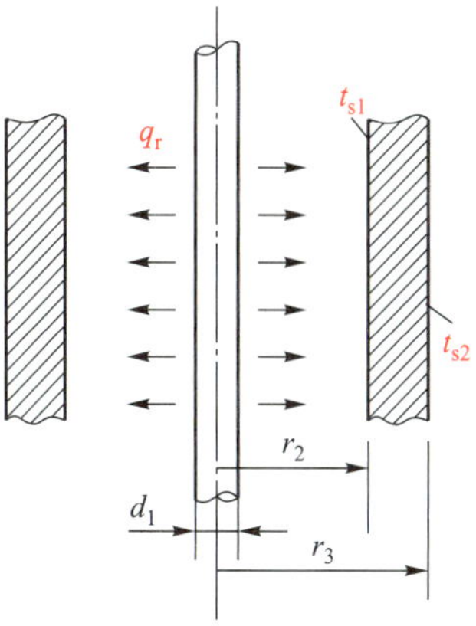

习题 2-77 附图

习题 2-78 附图

2-79　在一有内热源的无限大平板的导热问题中，平板两侧面温度分别为 t_1(x=0 处)及 t_2(x=δ 处)。平板内温度分布为 $(t-t_1)/(t_2-t_1)=c_1+c_2x^2+c_3x^3$，其中 c_1、c_2、c_3 为待定常数。平板的导热系数为常数，x=0 处的内热源强度为 $\dot{\Phi}_0$。试确定该平板中内热源 $\dot{\Phi}(x)$ 的表达式。

2-80　为了估算人体的肌肉由于运动而引起的温升。可把肌肉看成半径为 2 cm 的长圆柱。肌肉运动产生的热量相当于内热源，设 $\dot{\Phi}$=5 650W/m^3。肌肉表面维持在 37 ℃。过程处于稳态，试估算由于肌肉运动所造成的最大温升。肌肉的导热系数为 0.42 W/(m^2·K)。

2-81　一日式火锅的手柄为圆锥形空心圆柱，如附图所示。今将其简化为等直径圆筒。设：筒体内、外表面传热系数各为 2 W/(m^2·K)及 10 W/(m^2·K)，内、外直径分别为 25 mm 与 30 mm，柄长 90 mm，筒体内、外流体温度均为 15 ℃，手柄与锅体相接部分的温度为 70 ℃。试计算：(1) 手柄局部温度为 35 ℃处的位置；(2) 上述条件下手柄所传递的热流量。

2-82　北极爱斯基摩人的住屋用压紧的雪做成，常呈半球形，如附图所示。假设球的内半径为 1.8 m，球壁厚 0.5 m，压紧的雪与冰的导热系数均为 0.15 W/(m·K)。一般情况下室外温度 t_∞=−40 ℃，表面传热系数为 15 W/(m^2·K)。室内表面(包括冰地面)的表面传热系数为 6 W/(m^2·K)，冰地面的温度为−20 ℃，一家三口的发热量为 950 W，试确定半球小屋内的空气平均温度。

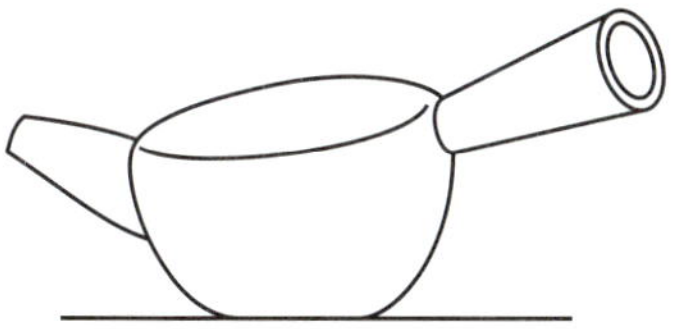

习题 2-81 附图

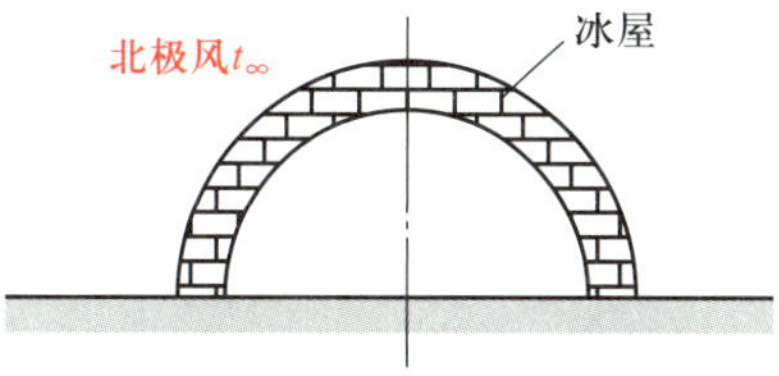

习题 2-82 附图

2-83　一种消防员穿戴的现代化衣服的衣料如图所示。其中面罩料、湿面料以及热面料的厚度及其导热系数见附表。热量通过两层空气隙传递时，既有导热又有辐射，辐射热流量可以按对流的方式计算：$q_{rad}=h_{rad}(T_1-T_2)$，其中 T_1、T_2 为空气间隙两表面的温度，$h_{rad}=4\sigma T_{av}^3$，$T_{av}=(T_1+T_2)/2$。假定每层空气间隙都可以按 T_{av}=470 K 来计算辐射热流密度，试确定每层导热的面积热阻。在一次演习中，消防员衣服表面接收到 2 500 W/m^2 的辐射热流，试计算当该衣服内表面温度达到 65 ℃(皮肤不受损伤的最高温度)时的外表面温度。

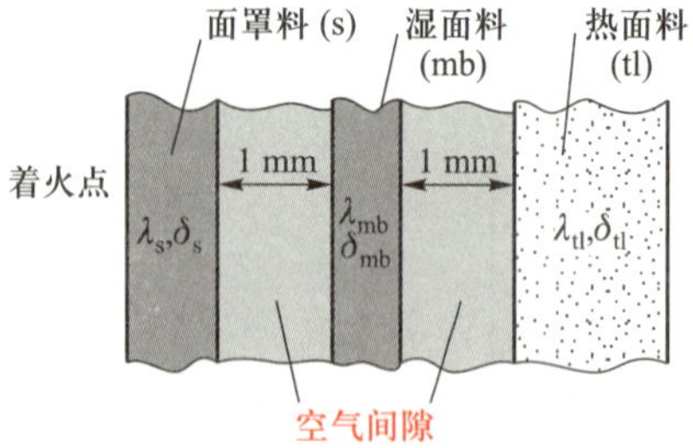

习题 2-83 附图

导热层名称	λ/[W/(m·K)]	δ/mm
面罩料	0.047	0.8
湿面料	0.012	0.55
热面料	0.038	3.5

2-84 一空气冷却器的传热管采用如附图所示的结构，冷却水在管外流动，温度为 t_o，表面传热系数 h_o = 2 000~3 000 W/(m^2·K)，管内中心安置了一芯管，芯管与外管之间用焊接方法安置了 8 个径向肋片，空气在所形成的 8 个扇形空腔中流动，温度为 t_i，表面传热系数为 h_i。运行中芯管的中间不通过空气(进出口堵死)。试针对下列条件计算每米长管子上空气的散热量。d_i = 12 mm，d_o = 36 mm，t_o = 35 ℃，t_i = 100 ℃，h_i = 50 W/(m^2·K)，δ = 1 mm，管材及肋片均为铜，其 λ = 390 W/(m·K)，管子壁厚为 2 mm。

2-85 在温度变化范围 t_1 ~ t_2，若材料的导热系数与温度呈线性关系 $\lambda=\lambda_0(1+bt)$，则可以采用下列方法来确定系数 b：用该材料制成一块厚的平壁，并使其两侧面分别保持在温度 t_1 及 t_2，用热电偶测定平壁中间层的温度 t_c，则由 t_1、t_2 及 t_c 即可确定系数 b。试导出 b 与上述三个温度的关系式。

2-86 一种利用对比法测定材料导热系数装置的示意图如附图所示。用导热系数已知的材料 A 及待测导热系数的材料 B 制成相同尺寸的两个无限长圆柱，并竖直地安置于温度为 t_s 的热源上。采用相同的方法冷却两个柱体，并在离开热源相同的距离 x_1 处测定两柱体的温度 t_A 及 t_B。已知 λ_A = 200 W/(m·K)，t_A = 75 ℃，t_B = 65 ℃，t_s = 100 ℃，t_∞ = 25 ℃。试确定 λ_B 之值。

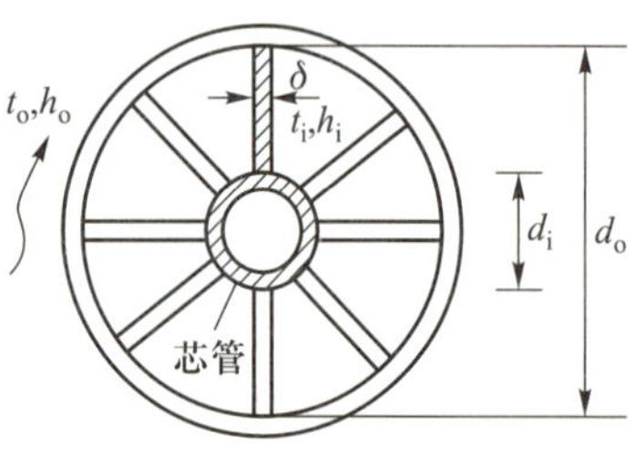

习题 2-84 附图

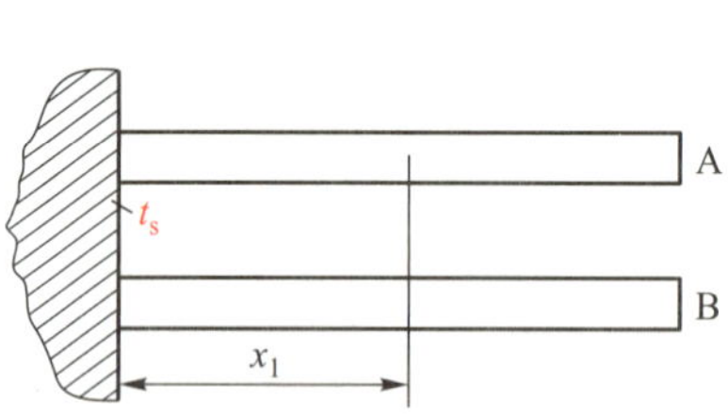

习题 2-86 附图

2-87 当把直径为 d 的一金属柱体安置到温度为 t_s 的等温壁面上去时，一般都假定金属柱体与基体交接处的温度仍为 t_s。实际上，由于要向柱体传导热量，交接处(即肋根)的温度常常要略低于离开肋根较远处的温度 t_s(设柱体周围的流体温度 t_∞ 低于 t_s)。试：(1) 定性地画出肋根附近(包括基体及柱体中的部分区域)的等温线分布；(2) 定性地分析柱体与周围流体间的表面传热系数 h 及柱体导热系数 λ 的大小对肋根处温度下降的影响；(3) 如果把柱体看成测定壁温的热电偶，由上述分析可以得到什么样的启示？设柱体与基体之间接触良好，不存在接触热阻(见附图)。

2-88　有一用于冷却电子器件的散热器(常称热沉,heat sink)如附图所示,其中 L 为垂直于纸面方向的尺度。热沉底面温度为 75 ℃。试计算:(1) 肋片的效率;(2) 肋面总效率;(3) 该热沉能散发的热量。热沉的材料为铝,导热系数为 180 W/(m · K)。

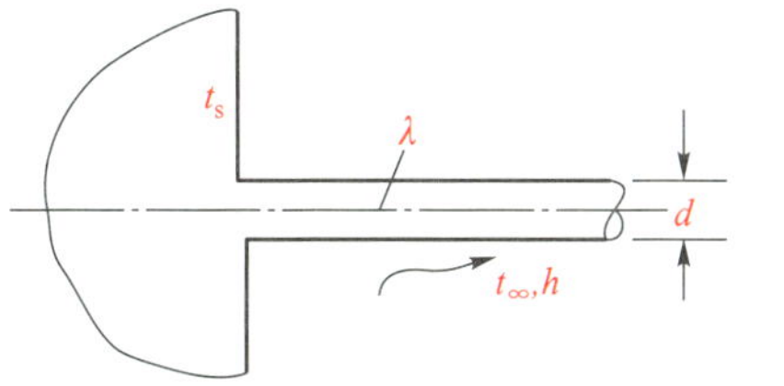

习题 2-87 附图

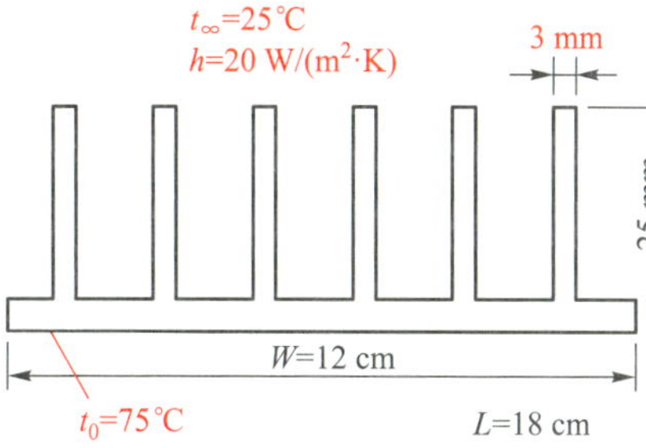

习题 2-88 附图

2-89　有一用针肋构成的热沉用来使处于微腐蚀性环境中的发热表面维持在 70 ℃,发热表面的尺寸为 10 cm×16 cm。针肋的高度与直径分别为 3 cm 与 4.2 cm,材料为不锈钢,导热系数为 15 W/(m · K)。在周围流体温度为 20 ℃、考虑对流与辐射作用在内的表面传热系数为 70 W/(m^2 · K)的条件下,试计算为散发 80 W 的热量需要多少个针肋。

小论文题目

2-90　为了测定 CO_2 在微细管道内的对流传热表面传热系数,采用对实验管道直接通电加热的方法[27]。假定电流产生的热量所形成的内热源均匀分布,记为 $\dot{\Phi}$,管道的内外径分别为 d 与 D,外表面绝热良好(见附图),通过管壁的导热可以作为一维问题处理。实验测得管外壁面温度为 $t_{wo}(x)$,试导出据测定的外表面温度 $t_{wo}(x)$ 及 $\dot{\Phi}$ 确定管子内壁面温度 $t_{wi}(x)$ 的计算式。

2-91　对于长方形截面的直肋片,试分析在一定的金属耗量下,为使肋片的散热量最大,肋片的 H、δ 与 λ、h 之间应满足怎样的关系?(参见图 2-18)。

2-92　对于如附图所示的圆截面直肋,设肋端($x=H$ 处)是绝热的。按本书中的讨论,肋片中过余温度的分布满足

$$\theta(x)=\theta_0\frac{\mathrm{ch}[m(x-H)]}{\mathrm{ch}(mH)},\quad m=\sqrt{\frac{hP}{\lambda A_c}}$$

在导出上式的几个假定条件下,试分析在一定的金属消耗量下,为使肋片的散热量达到最大,肋片的几何尺寸 H、d 与其导热系数 λ、表面传热系数 h 之间应满足怎样的关系?设 λ、h 均为常数。

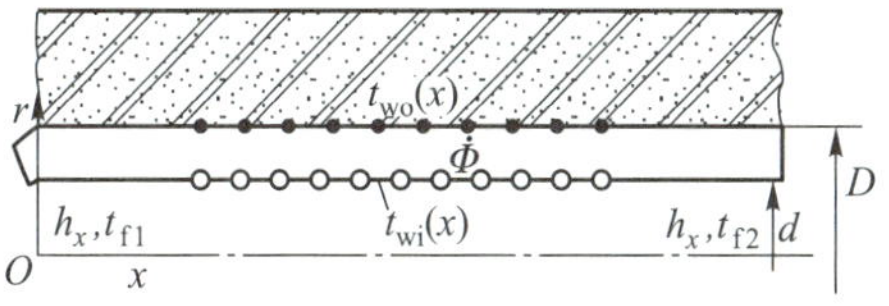

习题 2-90 附图

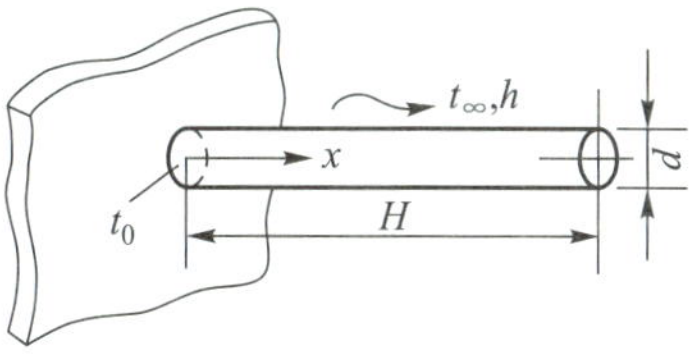

习题 2-92 附图　圈形截面直肋

采用基于 MHT-Learning 工具软件的题目

2-93　对附图所示的测定界面接触热阻的实验试件,测得了如附表所列的数据:

习题 2-93 附表　试件表面测点温度值

序号	测点 1	测点 2	测点 3	测点 4	测点 5	测点 6
温度 t/℃	51.2	53.3	54.4	56.9	59.5	61.6
位置 x/mm	5	25	40	60	75	95

由于温度变化范围不大，材料的导热系数为常数[42.8 W/(m·K)]。试对测点 1~3 及 4~6 两组数据用最小二乘法进行线性回归，得出两者的直线方程，再根据界面处的 $x=50$ cm，可得界面两侧的温度 $t^+_{x=50}$ 和 $t^-_{x=50}$ 相减求得界面处的温差 Δt，从而最后计算出接触热阻。

2-94　为冷却一个发热表面设计了如附图所示的散热器，圆柱直径为 7.5 mm，呈顺排排列，圆柱的间距（相邻两中心线的距离）为 10 mm。在所示条件下散热器的平均对流传热系数可用下式计算（包括圆柱表面及底面）：

$$h=5.12\frac{u^{0.65}}{d^{0.35}}$$

式中，h 的单位是 W/(m·K)，速度 u 的单位是 m/s，直径的单位是 m。试对 $u=0.6$、1.0、1.5、2.0、2.5 m/s 的情形计算散热器的散热量，并画出散热量随空气流速而变化的曲线。

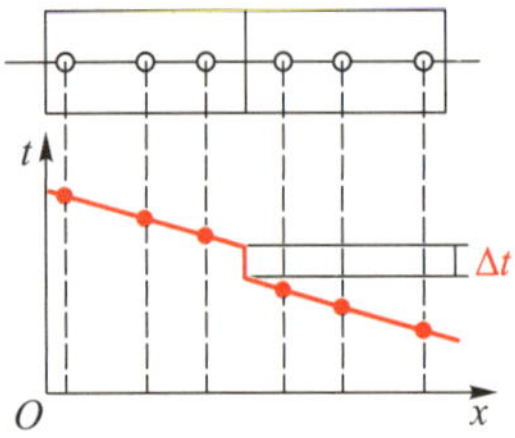

习题 2-93 附图

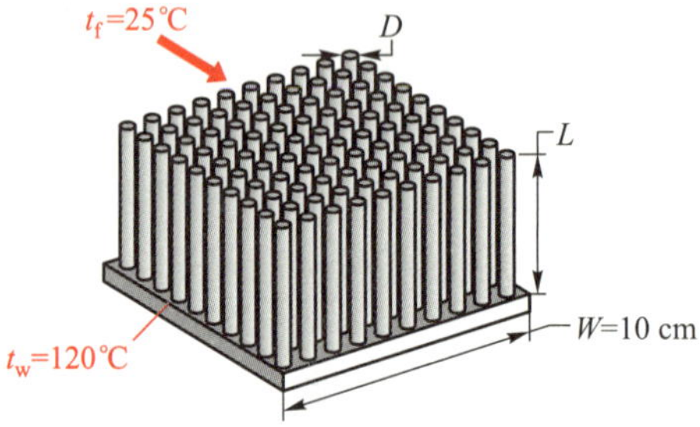

习题 2-94 附图

2-95　对表 2-1 的第 5 种肋片，三角形针肋，以 $H^{3/2}\sqrt{h/(\lambda A_L)}$ 为横坐标，画出横坐标为 0~2.5 的肋效率曲线，其中 A_L 是针肋的纵剖面积。

2-96　对于表 2-2 中圆管外包方形绝缘层的几何结构，试采用基于 MHT-Learning 工具软件进行导热问题的数值计算，获得导热量后根据形状因子公式计算形状因子 S，并与表 2-2 中给出的公式进行对比。图中几何参数 b/d 和温差可自己假定。

2-97　对于附图二维导热问题，采用基于 MHT-Learning 的工具软件计算得到温度分布，并与分析解对比。

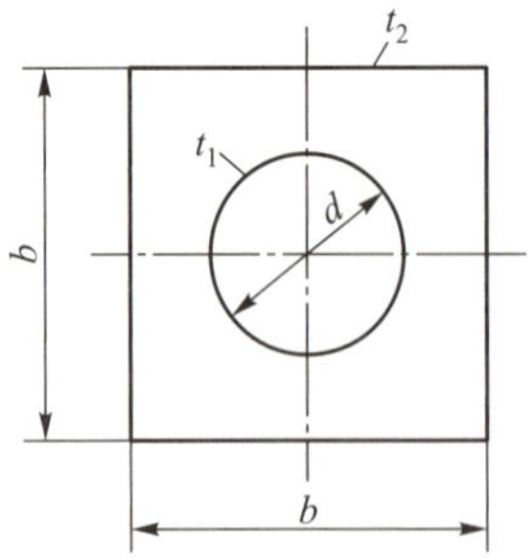

习题 2-96 附图

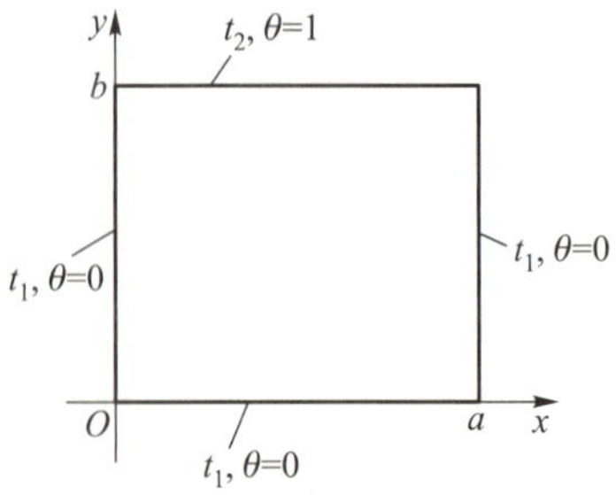

习题 2-97 附图

参考文献

[1] KAVIANY M. Heat transfer physics [M]. New York: Cambridge University Press, 2008.

[2] 段文辉,张刚. 纳米材料热传导[M]. 北京:科学技术出版社,2017.

[3] 胡芃,陈则韶. 量热技术和热物性测定[M]. 2 版,合肥:中国科学技术大学出版社,2009:97-155.

[4] TOULOUKIAN Y S, POWELL R W, CHO C Y, et al. Thermophysical properties of matter. Vol. 1 Thermal conductivity of metallic solids[M]. New York: IFI/Plenum Press, 1970.

[5] TOULOUKIAN Y S, POWELL R W, CHO C Y, et al. Thermophysical properties of matter: Vol. 2 thermal conductivity of nonmetallic solids[M]. New York: IFI/Plenum Press, 1972.

[6] TOULOUKIAN Y S, LILEY P E, SAXENA S C. Thermophysical properties of matter: Vol. 1 thermal conductivity of metallic liquid and gases[M]. New York: IFI/Plenum Press, 1972.

[7] FILLIPOV L P, TAZIMANOV A A, TOTTSKI E E. Handbook of thermal conductivity of liquids and gases[M]. Boca Raton: CRC Press, 1994.

[8] 马庆芳,方荣生,项力成,等. 实用热物理性质手册[M]. 北京:中国农业机械出版社,1986.

[9] GB 50264—2013. 工业设备及管道绝热工程设计规范[S]. 北京:中国标准出版社,2013.

[10] 陕西省建筑设计院. 建筑材料手册[M]. 4 版,北京:中国建筑出版社,1997:726~797.

[11] ROHSENOW W M, HARTNETT J P, CHO Y I. Handbook of heat transfer, fundamentals[M]. 3rd ed. New York: McGraw-Hill Book Company, 1998.

[12] TIEN C L, GUNNINGTON G R. Cryogenics insulation heat transfer [M]//Hartnett J P. Advances in heat transfer. New York: Academic Press, 1973: 350-418.

[13] 闵桂荣,郭舜. 航天器热控制[M]. 2 版. 北京:科学出版社,1998:110-139,341-350.

[14] ECKERT E R G, DRAKE JR R M. Analysis of heat and mass transfer[M]. International student edition. Tokyo: McGraw-Hill Kogakusha, Ltd. 1972: 12-17, 24.

[15] 张立同. 纤维增韧碳化硅陶瓷复合材料:模拟、表征与设计[M]. 北京:化学工业出版社,2009.

[16] ZADBRODSKIY S S. Several special terms and concepts in Russian heat transfer notation[J]. Heat Transfer——Soviet Research, 1972, 4(2): 1-4.

[17] WANG MORAN, PAN NING. Predictions of effective physical properties of complex multiphase materials [J]. Materials Science & Engineering R, 2008, 63(1): 1-30.

[18] ÇENGEL Y A, GHAJAR A J. Heat and Mass Transfer: Fundamentals and Applications [M]. New York: McGraw-Hill Education, 2020.

[19] LOOK D C. 1-D fin tip boundary condition corrections [J]. Heat Transfer Engineering, 1997, 18(2): 46-49.

[20] SPARROW E M, LIN S H. Heat transfer characteristics of polygonal and plate fins[J]. International Journal of Heat and Mass Transfer, 1964, 7: 951-953.

[21] TAO W Q, LUE S S. Numerical method for calculation of slotted-fin efficiency in dry condition[J]. Numer Heat Transfer, Part A, 1994, 26: 351-362.

[22] 奥齐西克. 热传导[M]. 俞昌铭,译. 北京:高等教育出版社. 1983.

[23] AZIZ A. The critical thickness of insulation [J]. Heat Transfer Engineering, 1997, 18(2): 61-93

[24] MODHUSUDANA C V. Thermal contact resistance[M]. New York: Spring-Verlag, 1996.

[25] DAI Y J, GOU J J, REN X J, et al. A test-validated prediction model of thermal contact resistance for Ti-6Ae-4V alloy [J]. Applied Energy, 2018, 228: 1 601-1 607.

[26] CARSLAW H S, JAEGER J C. Conduction of heat in solids [M]. 2nd ed. Oxford: Clarendon Press, 1959.

[27] ANTEBY I, SHAI I. Modified conduction shape factors for isothermal bodies embedded in a semi-infinite medium[J]. Numerical Heat Transfer, Part A, 1993, 23(2): 233-245.

[28] JIANG P X, XU Y J, Shi R F, et al. Experimental and numerical investigation of convection heat transfer of CO_2 at supercritical pressure in a mini-tube[C]. Proceedings of 2nd International Conference on Micro and Mini channels. New York: ASME, 2004: 333-340.

第 3 章

非稳态导热的计算

许多工程实际问题需要确定物体内部的温度场随时间的变化，或确定其内部温度到达某一限定值所需的时间。例如，钢制工件的热处理是一个典型的非稳态导热过程，掌握工件中温度变化的速率是控制工件热处理质量的重要因素。可见，非稳态导热是个有很大实际意义的课题。

本章首先简述非稳态导热的基本概念，然后由简单到复杂依次介绍零维问题、一维问题、半无限大物体以及多维问题的导热微分方程的分析解法，并总结求解非稳态导热问题的一般策略以及应用实例。与稳态导热问题类似，学习非稳态导热主要掌握基本概念、确定物体瞬时温度场的方法和在一段时间间隔内物体所传导热量的计算方法。

3.1 非稳态导热的基本概念

3.1.1 非稳态导热过程的类型及特点

物体的温度随时间而变化的导热过程称为非稳态导热(unsteady heat conduction)。根据物体温度随时间的推移而变化的特性,非稳态导热可以区分为两类:物体的温度随时间的推移逐渐趋近于恒定的值及物体的温度随时间而做周期性的变化。在周期性的非稳态导热过程中,物体中各点的温度及热流密度都随时间做周期性的变化。例如,由于太阳辐射的周期性变化而引起的房屋的墙壁、屋顶等的温度场随时间的变化(以 24 h 为周期),地球表面层的温度由于季节更替而引起的周期性变化(以 1 年为周期),等等。本书不讨论周期性非稳态导热问题,对此有兴趣的读者可参阅文献[1]。

工程上几种典型的非稳态导热过程温度变化率的数量级示于图 3-1 中。在该图坐标的高端,即极高速非稳态导热区域(例如短脉冲、高强度激光处理)应当考虑非傅里叶导热的影响。

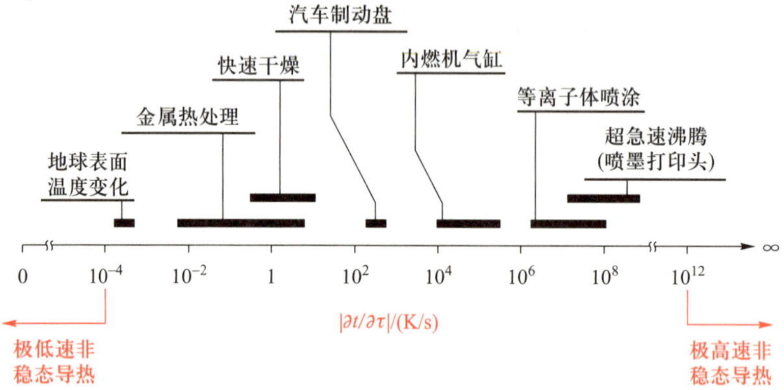

图 3-1　几种典型非稳态导热过程的温度变化率

非稳态导热过程中,在热量传递方向上不同位置处的导热量是不同的;不同位置间导热量的差别用于(或来自)该两个位置间的物体内能随时间的变化,这是区别于稳态导热的一个特点。因此,对非稳态导热一般不能用热阻的方法来做问题的定量分析。

为定性说明非稳态导热过程中物体内各处温度变化的基本趋势,先来考察一个简单的例子。图 3-2 中示出了一复合平壁,左侧为金属壁,右侧为保温层,层间接触良好,两种材料的导热系数、密度及比热容均为常数,初始温度为 t_0。然后,复合壁左侧表面温度突然升高到 t_1,并保持不变,而右侧仍与温度为 t_0 的空气接触。这可以作为热机(例如汽轮机)启动的一种简化分析模型。在这种条件下,金属壁及保温层中的温度经历了以下变化过程:

首先金属壁中紧挨高温表面部分的温度很快上升,而其余部分则仍保持原来的温度 t_0,温度分布如图中曲线 $P-B-L$ 所示。随着时间的推移,温度上升所波及的范围不断扩大,经历了一段时间后金属壁与保温层界面的温度也受到影响,如图中曲线 $P-D-I$ 所示。随过程的进一步深入,保温层中温度也缓慢地上升,图中曲线 $P-E-J$、$P-F-K$ 及 $P-G-L$ 示意性表示了这种变化过程。最后到达稳态时，金属壁与保温层中的温度分布各自为直线 PH 与 HM。图中金属壁与保温层的接触面的条件就是第 2 章式(2-19)所示的界面连续条件，保温层的温度曲线 HM 的倾斜程度大于金属壁中的曲线 PH，这定性上反映了金属导热系数远大于保温层的这一事实。

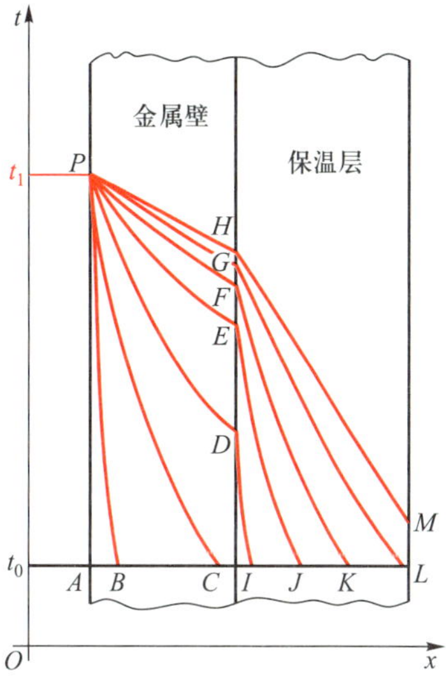

图 3-2　非稳态导热过程中复合壁温度的变化

进一步分析图 3-2 所示的温度变化曲线可以看出，物体中温度的分布可以区分为两个阶段：以金属壁中的温度分布为例，在初始阶段，金属壁中的温度分布主要受初始温度分布的影响，如图中曲线 P-B-I、P-C-I。也就是说，这一阶段中的温度分布主要受初始温度分布的控制，称为非正规状况阶段(non-regular regime)。当过程进行到一定深度时，物体初始温度分布的影响逐渐消失，此后不同时刻的温度分布主要受热边界条件的影响，如图中曲线 PD、PE、PF、PG 及 PH。这个阶段的非稳态导热称为正规状况阶段(regular regime)。存在着有区别的两个不同的导热阶段是这一类非稳态导热区别于周期性非稳态导热的一个特点。后面将会看到，正规状况阶段的温度分布计算要比非正规状况阶段简单得多。物体的整个非稳态导热过程主要处于正规状况阶段，因此正规状况阶段的温度变化规律是本章的主要讨论内容。

前已指出，在非稳态导热过程中，热量传递方向上的不同位置的导热量是不同的。对于上面讨论的复合壁的情形，不同时刻左、右表面的导热量随时间的变化定性地示于图 3-3 中。其中 Φ_1 为从左侧面导入金属壁的热流量，而 Φ_2 为从保温层导出的热流量。在整个非稳态导热过程中这两个热流量是不相等的，但随着过程的进行，其差别逐渐减小，直到进入稳态阶段两者达到平衡，此时两者相等。图中有阴影线的部分代表了复合壁在升温过程中所积聚的能量，即内能的增量。

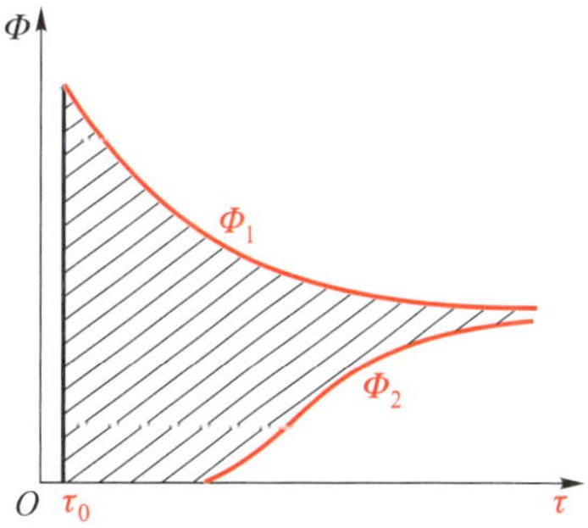

图 3-3　平板非稳态导热过程中两侧表面上导热量随时间的变化

*3.1.2　导热微分方程解的唯一性定理

第 2 章已经指出，导热微分方程式连同初始条件及边界条件一起，完整地描写了一个特定的导热问题。非稳态导热问题的求解，实质上归结为在规定的初始条件及边界条件下求解导热微分方程式。这是本章的主要任务。

本章讨论中假定物体的热物理特性参数均为常数。三个坐标系中的导热微分方程，即式(2-6)、式(2-12)和式(2-14)可以用矢量的形式统一表示成为

$$\rho c_p \frac{\partial t}{\partial \tau} = \mathrm{div}(\lambda \,\mathrm{grad}\, t) + \dot{\Phi} \tag{3-1a}$$

式中，当 λ 为常数时，div(grad t)是温度的拉普拉斯(Laplace)算子数 $\nabla^2 t$。在 ρc_p 及 λ 均为常数的条件下，引入热扩散率 $a = \dfrac{\lambda}{\rho c_p}$，于是有

$$\frac{\partial t}{\partial \tau}=a\nabla^2 t+\frac{\dot{\Phi}}{\rho c_p} \tag{3-1b}$$

初始条件的一般形式是

$$t(x,y,z,0)=f(x,y,z) \tag{3-2a}$$

一个简单特例是初始温度均匀,即

$$t(x,y,z,0)=t_0 \tag{3-2b}$$

边界条件的表示方式已在第 2 章中讨论过。鉴于第三类边界条件比较常见,本章将着重讨论物体处于恒温介质中的第三类边界条件的非稳态导热,即:

$$-\lambda\left(\frac{\partial t}{\partial n}\right)_{\mathrm{w}}=h(t_{\mathrm{w}}-t_{\mathrm{f}}) \tag{3-3}$$

这里要再次强调,n 是换热表面的外法线,h、t_{f} 是已知的,而 t_{w}、$\left(\frac{\partial t}{\partial n}\right)_{\mathrm{w}}$ 是未知的。式(3-3)无论对物体被加热或冷却均适用。

数学上可以证明[2],如果某一函数 $t(x,y,z,\tau)$ 满足方程(3-1a)或方程(3-1b)(其中 $\dot{\Phi}$ 可以是坐标 x、y、z 及时间 τ 的函数)以及一定的初始与边界条件,则此函数就是这一特定导热问题的唯一解。换言之,不可能同时存在两个都满足导热微分方程及同一定解条件的不同的解。这个结论称为解的唯一性定理。本章所介绍的各种分析解都是满足特定问题的唯一解。

3.1.3 第三类边界条件下 *Bi* 数对平板中温度分布的影响

为了说明第三类边界条件下非稳态导热时物体中的温度变化特性与边界条件参数的关系,下面来分析一个简单情形。设有一块厚为 2δ 的金属平板,初始温度为 t_0,突然将它置于温度为 t_∞ 的流体中进行冷却,表面传热系数为 h,平板的导热系数为 λ。根据平板导热热阻 δ/λ 与表面对流传热热阻 $1/h$ 的相对大小的不同,平板中温度场的变化会出现图 3-4 所示三种情形。

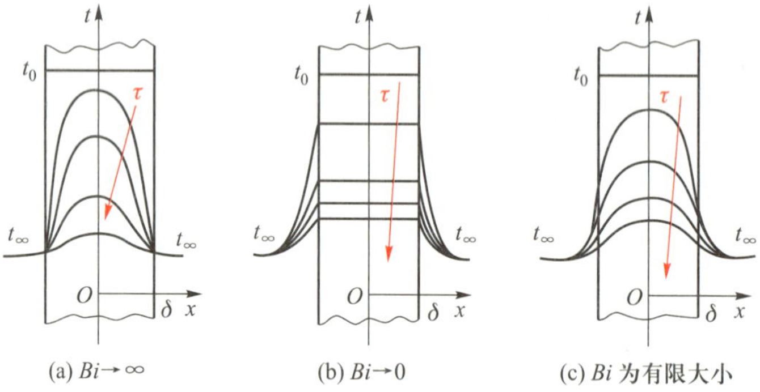

图 3-4　*Bi* 数对平板中温度分布的影响

(1) $1/h \ll \delta/\lambda$

这时,由于表面对流传热热阻 $1/h$ 几乎可以忽略,因而过程一开始平板的表面温度就被冷却到 t_∞。随着时间的推移,平板内部各点的温度逐渐下降而趋近于 t_∞,如图 3-4a 所示。

(2) $1/h \gg \delta/\lambda$

这时,平板内部导热热阻 δ/λ 几乎可以忽略,因而任一时刻平板中各点的温度接近均匀,并随着时间的推移整体地下降,逐渐趋近于 t_∞,如图 3-4b 所示。

(3) $1/h$ 与 δ/λ 的数值比较接近

这时，平板中不同时刻的温度分布介于上述两种极端情况之间，如图 3-4c 所示。由此可见，上述两个热阻的相对大小对于物体中非稳态导热的温度场的变化具有重要影响。表征这两个热阻比值的量纲为一的数称为毕渥数：

$$Bi=\frac{\delta/\lambda}{1/h}=\frac{\delta h}{\lambda} \tag{3-4}$$

像毕渥数、雷诺数这一类表征某一类物理现象或物理过程特征的量纲为一的数称为特征数(characteristic number)，习惯上又称准则数。出现在特征数定义式中的几何尺度称为特征长度(characteristic length)，一般用符号 l 表示。在这里以平板的半厚作为特征长度，即取 $l=\delta$。在接触一个新的特征数时，读者除应熟悉其定义外还应掌握它的基本物理意义。

毕渥(J. W. Biot,1774—1862)，法国物理学家。他先于傅里叶研究了固体的导热问题，并已经认识到应当将表面的对流传热考虑到导热问题的分析中，但未能获得分析解。后傅里叶阅读了毕渥的著作，找出了解决问题的方法。毕渥还在光的偏振研究方面有所贡献，并因此获得法国皇家学会奖。

下面首先讨论固体内部导热热阻相对于表面换热热阻很小($Bi\to0$)时的情形，然后介绍毕渥数为有限大小时一维及多维非稳态导热的分析解，并着重于正规状况阶段的计算。

3.2 零维问题的分析法——集中参数法

当固体内部的导热热阻远小于其表面的换热热阻时，任何时刻固体内部的温度都趋于一致，可以认为整个固体在同一瞬间均处于同一温度下。这时所要求解的温度仅是时间 τ 的一元函数而与空间坐标无关，好像该固体原来连续分布的质量与热容量汇总到一点上，而只有一个温度值那样。这种忽略物体内部导热热阻的简化分析方法称为集中参数法(lumped parameter method)。显然，如果物体的导热系数相当大，或者几何尺寸很小，或表面传热系数极低，则其非稳态导热都可能属于这一类型的问题。例如，测量变化着的温度的热电偶就是个典型的实例。

3.2.1 集中参数法温度场的分析解

设有一任意形状的固体，其体积为 V、表面积为 A，并具有均匀的初始温度 t_0。在初始时刻，突然将它置于温度恒为 t_∞ 的流体中，设 $t_\infty>t_0$，固体与流体间的表面传热系数 h 及固体的物性参数均保持常数，试求物体温度随时间的依变关系。此问题可应用集中参数法分析。

非稳态、有内热源的导热微分方程式(2-7)适用于本问题，即

$$\frac{\partial t}{\partial \tau}=a\nabla^2 t+\frac{\dot{\Phi}}{\rho c_p}$$

由于物体的内部热阻可以忽略，温度与空间坐标无关，所以式中温度的二阶导数项为零。于是上式简化成为

$$\frac{\mathrm{d}t}{\mathrm{d}\tau}=\frac{\dot{\Phi}}{\rho c} \tag{a}$$

其中 $\dot{\Phi}$ 应看成广义热源。与分析肋片的导热问题相类似,这里发生热交换的边界不是计算边界(零维问题,无几何边界),因而界面上交换的热量应折算成整个物体的体积热源

$$\dot{\Phi}V=Ah(t_\infty-t) \tag{b}$$

将式(b)确定的 $\dot{\Phi}$ 代入式(a),有

$$\rho cV\frac{\mathrm{d}t}{\mathrm{d}\tau}=hA(t_\infty-t) \tag{3-5a}$$

这就是适用于本题的导热微分方程式,读者也可以通过对物体作热平衡得出上述结果,上式中右端代表从环境中所吸收的热量。引入过余温度 $\theta=t-t_\infty$,则上式变成

$$\rho cV\frac{\mathrm{d}\theta}{\mathrm{d}\tau}=-hA\theta \tag{3-5b}$$

以过余温度表示的初始条件为

$$\theta(0)=t_0-t_\infty=\theta_0 \tag{3-5c}$$

式(3-5b)、式(3-5c)构成对所研究问题完整的数学描写。

下面对此进行分析求解。将式(3-5b)分离变量,得

$$\frac{\mathrm{d}\theta}{\theta}=-\frac{hA}{\rho cV}\mathrm{d}\tau \tag{c}$$

将式(c)对 τ 从 0 到 τ 积分,有

$$\int_{\theta_0}^{\theta}\frac{\mathrm{d}\theta}{\theta}=-\int_0^{\tau}\frac{hA}{\rho cV}\mathrm{d}\tau$$

$$\ln\frac{\theta}{\theta_0}=-\frac{hA}{\rho cV}\tau$$

$$\frac{\theta}{\theta_0}=\frac{t-t_\infty}{t_0-t_\infty}=\exp\left(-\frac{hA}{\rho cV}\tau\right) \tag{3-6}$$

注意到 V/A 具有长度的量纲,并定义

$$l_c=\frac{V}{A} \tag{3-7}$$

则式(3-6)右端的指数项可做如下变化:

$$\frac{hA}{\rho cV}\tau=\frac{hl_c}{\lambda}\frac{\lambda}{\rho c}\frac{\tau}{l_c^2}=\frac{hl_c}{\lambda}\frac{a\tau}{l_c^2}=BiFo \tag{3-8}$$

式中:Bi 是以 l_c 为特征长度的毕渥数;Fo 称为傅里叶数,这里也以 l_c 作为其特征长度。这样式(3-6)又可以表示成为

$$\frac{\theta}{\theta_0}=\exp(-BiFo) \tag{3-9}$$

3.2.2 导热量计算式、时间常数与傅里叶数

1. 导热量计算式

采用集中参数法分析时,从初始时刻到某一瞬间为止的时间间隔内,导热物体与流体间所交

换的热量可由瞬时热流量对时间做积分而得。导热物体的瞬时热流量为

$$\Phi=\rho cV\frac{\mathrm{d}t}{\mathrm{d}\tau}=hA(t_\infty-t)=(t_\infty-t_0)hA\frac{t_\infty-t}{t_\infty-t_0}=(t_\infty-t_0)hA\exp\left(-\frac{hA}{\rho cV}\tau\right)$$

从 $\tau=0$ 到 τ 时刻之间所交换的总热量为

$$Q_\tau=\int_0^\tau\Phi\mathrm{d}\tau=(t_\infty-t_0)\int_0^\tau hA\exp\left(-\frac{hA}{\rho cV}\tau\right)\mathrm{d}\tau=(t_\infty-t_0)\rho cV\left[1-\exp\left(-\frac{hA}{\rho cV}\tau\right)\right] \quad (3-10)$$

虽然，上述各式是对物体被加热的情况而导出的，但同样适用于被冷却的场合，只是为使换热量恒取正值应将式中的 $t_\infty-t_0$ 改为 t_0-t_∞。物体内部导热热阻可以忽略时的加热或冷却，有时又称牛顿加热或牛顿冷却。

2. 时间常数

式(3-6)或式(3-9)表明，当采用集中参数法分析时，物体中的过余温度随时间呈指数曲线关系变化。在过程的开始阶段温度变化很快，随后逐渐减慢，如图 3-5 所示。

在式(3-6)的指数函数中，$hA/\rho cV$ 具有与 $1/\tau$ 相同的量纲。如果时间 $\tau=\rho cV/(hA)$，则有

$$\frac{\theta}{\theta_0}=\frac{t_\infty-t}{t_\infty-t_0}=\exp(-1)=0.368=36.8\%$$

$\rho cV/(hA)$ 称为时间常数(time constant)，记为 τ_c。当时间 $\tau=\tau_c$ 时，物体的过余温度已经降低到了初始过余温度值的 36.8%。在用热电偶测定流体温度的场合，热电偶的时间常数是说明热电偶对流体温度变动响应快慢的指标。显然，时间常数越小，热电偶越能迅速反映出流体温度的变动。时间常数不仅取决于热电偶的几何参数 V/A、物理性质 ρ 和 c，还同换热条件(h)有关。从物理意义上来说，热电偶对流体温度变化反应的快慢取决于其自身的热容量 ρcV 及表面换热条件 hA。热容量越大，温度变化得越慢；表面换热条件越好(hA 越大)，单位时间内传递的热量越多，则越能使热电偶的温度迅速接近被测流体的温度。ρcV 与 hA 的比值反映了这两种影响的综合结果。

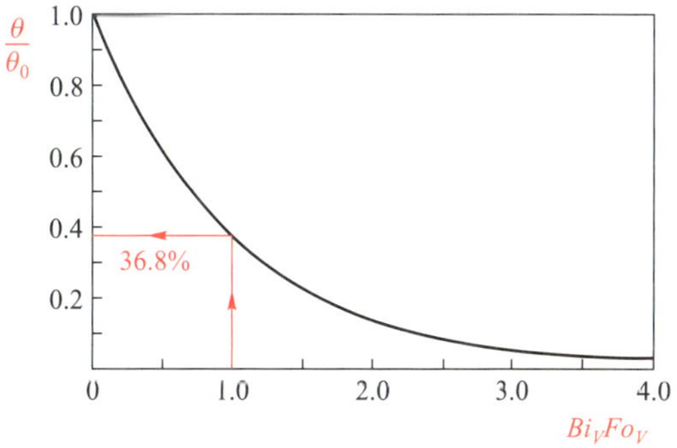

图 3-5　用集中参数法分析时物体量纲为一的过余温度的变化曲线

3. 傅里叶数的物理意义

上节中已指出，Bi 是固体内部单位导热面积上的导热热阻(内部热阻)与单位表面积上的换热热阻(即外部热阻)之比[$Bi=(l/\lambda)/(1/h)$]。Bi 越小，意味着内热阻越小或外热阻越大，这时采用集中参数法分析的结果就越接近实际情况。例如，对于用热电偶测定流体温度的场合，Bi 的值大概只有 0.001(或更小)的数量级。试验证实，这时式(3-6)同实测结果符合得很好。

现在来讨论 Fo 的物理意义。傅里叶数的物理意义可以理解为两个时间间隔相除所得的量纲为一的时间，即 $Fo=\tau/(l_c^2/a)$，分子 τ 是从边界上开始发生热扰动的时刻起到所计算时刻为止的时间间隔，分母 l_c^2/a 可以视为使边界上发生的有限大小的热扰动穿过一定厚度的固体层扩散到 l_c^2 的面积上所需的时间。因此，Fo 可以看成表征非稳态过程进行深度的量纲为一的时间。在非稳态导热过程中，这一量纲为一的时间越大，热扰动就越深入地传播到物体内部，因而物体内各点的温度越接近周围介质的温度。

3.2.3 集中参数法的适用范围及应用举例

前面的定性分析表明，当 Bi 很小时可以采用集中参数法。那么究竟小到什么程度才适合应用集中参数法呢？这取决于问题本身对计算精度的需要。由后面的一维问题分析解可知，对于平板、长圆柱与球中的一维非稳态第三类边界条件下的导热问题，当按特征长度

$$\left.\begin{array}{ll} l=\delta, & \text{厚度为 } 2\delta \text{ 的平板} \\ l=R, & \text{长圆柱} \\ l=R, & \text{球} \end{array}\right\} \tag{3-11}$$

定义的 Bi 满足

$$Bi=\frac{hl}{\lambda}\leqslant 0.1 \tag{3-12}$$

时，物体中最大与最小的过余温度之差小于 5%，对于一般工程计算，此时已经足够精确地可以认为整个物体温度均匀。按照这样要求，由于 $l_c=V/A$ 对圆柱与球分别是半径的 1/2 与 1/3，因而如果以 l_c 作为 Bi 的特征长度，则该 Bi 对平板、圆柱与球应该分别小于 0.1、0.05 和 0.033。

但是，考虑到表面传热系数的计算中 20%～25% 的误差是很正常的[3-4]，同时零维问题的分析方法简单，对许多工程问题都可以得出有用的结果，并且对于形状复杂的问题还无法得出分析解，因此对某些情形也不妨将集中参数法的适用条件放宽到

$$Bi=\frac{hl_c}{\lambda}\leqslant 0.1 \tag{3-13}$$

对于球，此时最大与最小的过余温度相差约 13%，对圆柱相差约 9%。当计算精度要求不是很高时，这样的结果也是可以接受的。这一情况说明，分析工程问题时要根据问题的实际条件、便于获得分析方法等情况灵活处理，不能墨守成规。

例题 3-1　确定钢球冷却到一定温度所需时间

一直径为 5 cm 的钢球，初始温度为 450 ℃，突然被置于温度为 30 ℃ 的空气中。设钢球表面与周围环境间的表面传热系数为 24 W/(m²·K)，试计算钢球冷却到 300 ℃ 所需的时间。已知钢球的 $c=0.48$ kJ/(kg·K)，$\rho=7\,753$ kg/m³，$\lambda=33$ W/(m·K)。

题解

假设：(1) 钢球冷却过程中与空气及四周冷表面发生对流与辐射传热，随着表面温度的降低辐射换热量减少。这里取一个平均值，表面传热系数按常数处理；(2) 常物性。

计算：首先检验是否可用集中参数法。为此计算 Bi：

$$Bi=\frac{hR}{\lambda}=\frac{24\ \text{W}/(\text{m}^2\cdot\text{K})\times 0.025\ \text{m}}{33\ \text{W}/(\text{m}\cdot\text{K})}=0.018<0.1$$

可以采用集中参数法。

$$\frac{hA}{\rho cV}=\frac{24\ \text{W}/(\text{m}^2\cdot\text{K})\times 4\pi\times(0.025\ \text{m})^2}{7\,753\ \text{kg/m}^3\times 480\ \text{J}/(\text{kg}\cdot\text{K})\times 4\pi/3\times(0.025\ \text{m})^3}=7.74\times10^{-4}\,\text{s}^{-1}$$

据式(3-9)有

$$\frac{t-t_\infty}{t_0-t_\infty}=\frac{300\ ℃-30\ ℃}{450\ ℃-30\ ℃}=\exp(-7.74\times10^{-4}\tau)$$

由此解得

$$\tau = 570\ \text{s} = 0.158\ \text{h}$$

讨论:本例是在已知表面传热系数的条件下计算的,所设定数值的大小对计算结果影响很大。如果为了获得金属球与冷却液体间的表面传热系数,在已知 c、ρ 和几何尺寸的情况下,你能否设计出一种方法,以通过测定金属球非稳态导热过程中的温度变化而获得所需的表面传热系数 h 之值。

例题 3-2　水银温度计时间常数估算

一温度计的水银泡呈圆柱形,长 20 mm,内径为 4 mm,初始温度为 t_0,今将其插入温度较高的储气罐中测量气体温度。设水银泡同气体间的对流传热表面传热系数为 11.63 W/(m² · K),水银泡一层薄玻璃的作用可以忽略不计,试计算此条件下温度计的时间常数,并确定插入 5 min 后温度计读数的过余温度为初始过余温度的百分之几。水银的物性参数如下:$c = 0.138\ \text{kJ/(kg·K)}$,$\rho = 13\,110\ \text{kg/m}^3$,$\lambda = 10.36\ \text{W/(m·K)}$。

题解

假设:(1) 以水银泡部分作为分析对象,略去玻璃柱体部分的影响;(2) 常物性。

计算:首先检验是否可用集中参数法。考虑到水银柱体的上端面不直接受热,故

$$\frac{V}{A} = \frac{\pi R^2 l}{2\pi R l + \pi R^2} = 0.953\times10^{-3}\ \text{m}$$

$$Bi = \frac{hR}{\lambda} = \frac{11.63\ \text{W/(m}^2\cdot\text{K)}\times0.953\times10^{-3}\ \text{m}}{10.36\ \text{W/(m}\cdot\text{K)}} = 1.07\times10^{-3} < 0.1$$

可以采用集中参数法。时间常数为

$$\tau_c = \frac{\rho c V}{hA} = \frac{13\,110\ \text{kg/m}^3\times138\ \text{J/(kg}\cdot\text{K)}\times0.953\times10^{-3}\ \text{m}}{11.63\ \text{W/(m}^2\cdot\text{K)}} = 148\ \text{s}$$

$$Fo = \frac{a\tau}{(V/A)^2} = \frac{\lambda}{c\rho}\frac{\tau}{(V/A)^2}$$

$$= \frac{10.36\ \text{W/(m}\cdot\text{K)}}{13\,110\ \text{kg/m}^3\times138\ \text{J/(kg}\cdot\text{K)}}\times\frac{5\times60\ \text{s}}{(0.953\times10^{-3}\ \text{m})^2} = 1.89\times10^3$$

$$\frac{\theta}{\theta_0} = \exp(-BiFo) = \exp(-1.07\times10^{-3}\times1.89\times10^3) = 0.133$$

即经 5 min 后温度计读数的过余温度是初始过余温度的 13.3%。也就是说,在这段时间内温度计的读数上升了这次测定中温度跃升(从 t_0 上升到流体温度 t_∞)的 86.7%。

讨论:由此可见,当用水银温度计测量流体温度时必须在被测流体中放置足够长的时间,以使温度计与流体之间基本达到热平衡。对于稳态的过程,这是允许的。但对于非稳态的流体温度场的测定,水银温度计的热容量过大时将无法跟上流体温度的变化,即其响应特性很差。这时需要采用时间常数很小的感温元件,直径很小的热电偶(如 $d = 0.05$ mm)是常见的用于动态测量的感温元件。请读者从式(3-6)出发分析采用小直径热电偶能减少时间常数的原因。

例题 3-3　短圆柱加热到一定温度的时间估算

一直径为 5 cm、长 30 cm 的钢圆柱,初始温度为 30 ℃,将其放入炉温为 1 200 ℃ 的加热炉中加热,升温到 800 ℃ 方可取出。设钢圆柱与烟气间的复合换热表面传热系数为 140 W/(m² · K),钢的物性参数与例题 3-1 一样,问需多长时间才能达到要求。

题解

假设:(1) 表面复合传热系数为常数;(2) 常物性。

计算:首先检验是否可用集中参数法。对于短圆柱,用 V/A 计算特征长度,那么 Bi:

$$Bi=\frac{h(V/A)}{\lambda}=\frac{h[(\pi d^2 l/4)/(\pi dl+2\pi d^2/4)]}{\lambda}=\frac{h}{\lambda}\frac{dl/4}{l+d/2}$$

$$=\frac{140\ \text{W}/(\text{m}^2\cdot\text{K})}{33\ \text{W}/(\text{m}\cdot\text{K})}\times\frac{0.05\ \text{m}\times0.3\ \text{m}/4}{0.3\ \text{m}+0.025\ \text{m}}=0.049<0.1$$

可以采用集中参数法。因

$$\frac{hA}{\rho cV}=\frac{h}{\rho c}\left(\frac{V}{A}\right)^{-1}=\frac{h}{\rho c}\frac{4(l+d/2)}{dl}=\frac{140\ \text{W}/(\text{m}^2\cdot\text{K})\times4\times0.325\ \text{m}}{7\,753\ \text{kg/m}^3\times480\ \text{J}/(\text{kg}\cdot\text{K})\times0.05\ \text{m}\times0.3\ \text{m}}$$

$$=0.326\times10^{-2}\ \text{s}^{-1}$$

$$\frac{\theta}{\theta_0}=\frac{t-t_\infty}{t_0-t_\infty}=\frac{800\ ℃-1\,200\ ℃}{30\ ℃-1\,200\ ℃}=0.342$$

据式(3-6)有

$$0.342=\exp(-0.326\times10^{-2}\tau)$$

由此解得 $\tau=329$ s。

讨论:本例中以 l_c 作为特征长度的 Bi 已达到 0.049,如果按 0.05 来估算,则柱体表面的过余温度与中心的过余温度之比为 0.95。设经过 329 s 后柱体表面温度已达 800 ℃,则其中心温度可据 $(800\ ℃-1\,200\ ℃)/(t_m-1\,200\ ℃)=0.95$ 加以估计,其值约为 779 ℃。在需要较准确地预测中心温度达到 800 ℃所需时间的情况下应采用一维问题的分析解。这将在下一节讨论。

例题 3-4　球形颗粒填充床储热时间的计算

由球形颗粒组成的填充床作为储热系统,储能时高温气体从其中流过,热能转化为球形颗粒的内能。现假设填充床由直径 $d=60$ mm 的铝制球体组成,储能时温度为 $t_\infty=300$ ℃的高温气体进入储热系统,球形颗粒的初始温度为 $t_0=25$ ℃,若表面传热系数 $h=60\ \text{W}/(\text{m}^2\cdot\text{K})$,问经过多长时间,高温气体进口处的小球储存的能量能达到最大的 90%?此时小球中心的温度是多少?

题解

分析:忽略球体之间的相互干扰,储能系统的储能能力取决于单个小球。这是个非稳态导热问题,首先判断是否可以采用集中参数法。

假设:(1) 各球颗粒无相互影响;(2) 常物性。

计算:首先检验是否可用集中参数法,计算 Bi 数:

$$Bi=\frac{hR}{\lambda}=\frac{60\ \text{W}/(\text{m}^2\cdot\text{K})\times0.03\ \text{m}}{240\ \text{W}/(\text{m}\cdot\text{K})}=0.007\,5<0.1$$

故可采用集中参数法。

小球存储热能的最大值为其被加热到来流气体温度时的加热量,由题可得:

$$\frac{\theta}{\theta_0}=\frac{t-t_\infty}{t_0-t_\infty}=\frac{t-300\ ℃}{25\ ℃-300\ ℃}=1-90\%=0.1$$

解得小球温度为 $t=272.5$ ℃

由式(3-6),有

$$\frac{\theta}{\theta_0}=\exp\left(-\frac{hA}{\rho cV}\tau\right)=\exp\left[-\frac{60\ \mathrm{W/(m^2\cdot K)}\times 4\pi\times 0.03^2\ \mathrm{m^2}\times\tau}{2\ 700\ \mathrm{kg/m^3}\times 950\ \mathrm{J/(kg\cdot K)}\times\frac{4}{3}\pi\times 0.03^3\ \mathrm{m^3}}\right]=0.1$$

解得

$$\tau=984\ \mathrm{s}=0.273\ \mathrm{h}$$

讨论:若改用铜制球,其物性为 $\rho=8\ 960\ \mathrm{kg/m^3}$、$c=390\ \mathrm{J/(kg\cdot K)}$,在相同的温差下,铜球储存的热量大致是铝球储存热量的 1.36 倍。

例题 3-5　锂动力电池冷却温度下降估算

冬季低温状态下,锂动力电池(图 3-6)因低温化学反应活性降低,内阻增大从而导致电量无法完全放出,对新能源汽车冬季的使用有很大影响。已知某动力电池电芯总质量 300 kg;电芯尺寸简化为 1 600 mm×1 400 mm×150 mm 的长方体;电芯比热容为 1 000 J/(kg·K),忽略电芯外铝合金箱体的影响。整车静置在停车场,外界温度为-10 ℃,假设空气与电池包的自然对流传热系数 $h=1.5\ \mathrm{W/(m^2\cdot K)}$,电芯导热系数为 1 W/(m·K),刚停车时电芯初始温度 15 ℃。估算停车 5 h 后电芯温度降到多少。

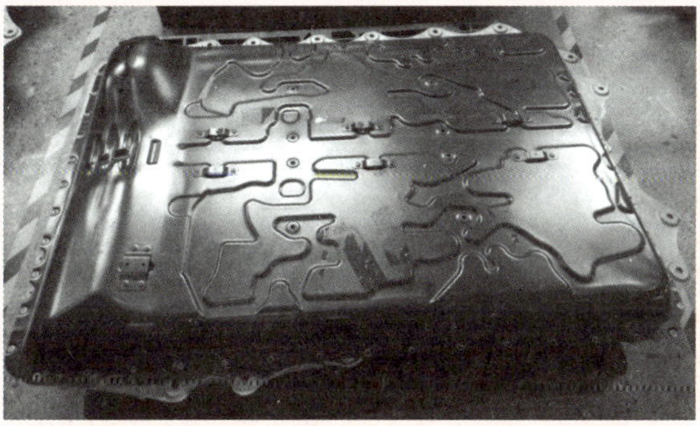

图 3-6　锂离子电池包外观(宋兆普高级工程师提供)

锂电池
基础介绍

题解

假设:电池四周与环境的换热均等效为第三类边界条件,且 $h=1.5\ \mathrm{W/(m^2\cdot K)}$

计算:首先检验是否可用集中参数法。

电池包的特征长度

$$\frac{V}{A}=\frac{1\ 600\ \mathrm{mm}\times 1\ 400\ \mathrm{mm}\times 150\ \mathrm{mm}}{2\times(1\ 600\ \mathrm{mm}\times 1\ 400\ \mathrm{mm}+1\ 400\ \mathrm{mm}\times 150\ \mathrm{mm}+1\ 600\ \mathrm{mm}\times 150\ \mathrm{mm})}=0.062\ 5\ \mathrm{m}$$

$$Bi=\frac{h(V/A)}{\lambda}=\frac{1.5\ \mathrm{W/(m^2\cdot K)}\times 0.062\ 5\mathrm{m}}{1\ \mathrm{W/(m\cdot K)}}=0.094<0.1$$

由式(3-6)有:

$$\frac{\theta}{\theta_0}=\frac{t-t_\infty}{t_0-t_\infty}=\exp\left(-\frac{hA}{\rho cV}\tau\right)=\exp\left[-\frac{1}{V}\ \frac{1.5\ \mathrm{W/(m^2\cdot K)}\times 5\ \mathrm{h}\times 3\ 600\ \mathrm{s/h}}{300\ \mathrm{kg}\times 1\ 000\ \mathrm{J/(kg\cdot K)}\times 0.062\ 5\ \mathrm{m}}\right]$$

解得电芯温度为 $t=5.4$ ℃

讨论:由于电池包的特征尺度较大,计算得到的 Bi 接近于 0.1,采用集中参数法估算电池包温度会带来较大误差。但由于集中参数法计算简便,可用来快速评估电池包的温度以便于热管理。

3.3 典型一维物体非稳态导热的分析解

本节介绍平板、圆柱与球的一维非稳态导热温度场的分析解。所谓一维是指：对平板，温度仅沿厚度方向变化；对圆柱与球，温度仅沿半径方向变化。重点是解的应用，而求解过程本身可参见文献[5-6]。假定导热物体的热物性均为常数。

3.3.1 三种几何形状物体的温度场分析解

以平板为例说明物理问题及温度场数学描写的建立过程。设有一块厚为 2δ 的无限大平板，初始温度为 t_0。在初始瞬间将它放置于温度为 t_∞ 的流体中，设平板两边对称受热，板内温度分布必以其中心截面为对称面。因此，只要研究厚为 δ 的半块平板的情况即可。将 x 轴的原点置于板的中心截面上，如图 3-7 所示。对于 $x \geqslant 0$ 的半块平板，可以列出下列导热微分方程式及定解条件：

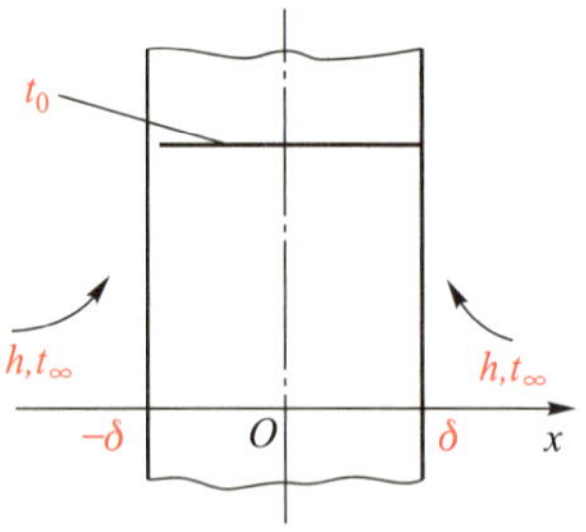

图 3-7　平板第三类边界条件

$$\frac{\partial t}{\partial \tau}=a\frac{\partial^2 t}{\partial x^2}\quad(0<x<\delta,\tau>0)\tag{3-14}$$

$$t(x,0)=t_0\quad(0\leqslant x\leqslant\delta)\tag{3-15}$$

$$\left.\frac{\partial t(x,\tau)}{\partial x}\right|_{x=0}=0\tag{3-16a}$$

$$h[t(\delta,\tau)-t_\infty]=-\lambda\left.\frac{\partial t(x,\tau)}{\partial x}\right|_{x=\delta}\tag{3-16b}$$

引入过余温度

$$\theta=t(x,\tau)-t_\infty\tag{3-17}$$

则以上四式化为

$$\frac{\partial \theta}{\partial \tau}=a\frac{\partial^2 \theta}{\partial x^2}\quad(0<x<\delta,\tau>0)\tag{3-18}$$

$$\theta(x,0)=\theta_0\quad(0\leqslant x\leqslant\delta)\tag{3-19}$$

$$\left.\frac{\partial \theta(x,\tau)}{\partial x}\right|_{x=0}=0\tag{3-20a}$$

$$h\theta(\delta,\tau)=-\lambda\left.\frac{\partial \theta(x,\tau)}{\partial x}\right|_{x=\delta}\tag{3-20b}$$

一维无限大平板非稳态导热分析解

式(3-18)~式(3-20)是所研究问题的数学描写。对于圆柱和球可以列出类似的数学描写。采用分离变量法，可得量纲为一的温度的分析解，见表 3-1。

表 3-1 平板、圆柱、球在第三类边界条件下非稳态导热量纲为一的温度的分析解

几何形状	量纲为一的温度分析解	μ_n 是下列超越方程的根 (eigengvalue)	η	Fo	Bi
平板	$\frac{\theta(\eta,\tau)}{\theta_0}=\sum_{n=1}^{\infty}C_n\exp(-\mu_n^2Fo)\cos(\mu_n\eta)$ $C_n=\frac{2\sin(\mu_n)}{\mu_n+\cos(\mu_n)\sin(\mu_n)}$	$\tan(\mu_n)=\frac{Bi}{\mu_n},\quad n=1,2,\cdots$	$\frac{x}{\delta}$	$\frac{a\tau}{\delta^2}$	$\frac{h\delta}{\lambda}$
圆柱	$\frac{\theta(\eta,\tau)}{\theta_0}=\sum_{n=1}^{\infty}C_n\exp(-\mu_n^2Fo)J_0(\mu_n\eta)$ $C_n=\frac{2}{\mu_n}\frac{J_1(\mu_n)}{J_0^2(\mu_n)+J_1^2(\mu_n)}$	$\mu_n\frac{J_1(\mu_n)}{J_0(\mu_n)}=Bi,\quad n=1,2,\cdots$	$\frac{r}{R}$	$\frac{a\tau}{R^2}$	$\frac{hR}{\lambda}$
球	$\frac{\theta(\eta,\tau)}{\theta_0}=\sum_{n=1}^{\infty}C_n\exp(-\mu_n^2Fo)\frac{1}{\mu_n\eta}\sin(\mu_n\eta)$ $C_n=2\frac{\sin(\mu_n)-\mu_n\cos(\mu_n)}{\mu_n-\sin(\mu_n)\cos(\mu_n)}$	$1-\mu_n\cot(\mu_n)=Bi,\quad n=1,2,\cdots$	$\frac{r}{R}$	$\frac{a\tau}{R^2}$	$\frac{hR}{\lambda}$

由表 3-1 可见，平板、圆柱与球中的量纲为一的过余温度 θ/θ_0 与 Fo 数、Bi 数及量纲为一的距离 η 有关，即：

$$\frac{\theta}{\theta_0}=\frac{t(\eta,\tau)-t_\infty}{t_0-t_\infty}=f(Fo,Bi,\eta)$$

3.3.2 非稳态导热正规状况阶段分析解的简化

1. 非稳态导热正规状况阶段的物理概念与数学含义

在 3-1 节中已经指出，非周期性的非稳态导热过程在进行到一定深度后，初始条件对物体中量纲为一的温度分布的影响基本消失，温度分布主要取决于边界条件的影响。非稳态导热的这一阶段称为正规状况阶段。

现在从分析解的数学表达式来揭示正规状况阶段的数学含义。三个解的特征值都是 Bi 数的函数，在一定的 Bi 数下 μ_n 之值随 n 的增加而迅速增加。例如，对平板，在 $Bi=1.0$ 时前 4 个根分别为 0.860 3、3.425 6、6.437 3、9.529 3。由三个分析解中反映时间影响的部分[$\exp(-\mu_n^2Fo)$]可见，无穷级数第一项以后的各项，会随着 Fo 数的增加而迅速衰减。数值计算表明，当 Fo 数大于 0.2 以后，略去无穷级数中第二项及以后各项所得的计算结果与按完整级数计算结果的偏差小于 1%。这相当于将无穷级数解中的系数 $C_n(n\geqslant2)$ 取为零。因为 C_n 的无穷系列值是为了使分析解满足初始条件而引入的，这样的处理就意味着初始条件的影响已经消失，所以三个分析解无穷级数的第一项就是正规状况阶段温度场的解。对于非周期性的非稳态导热过程，从过程的开始到温度分布趋近于稳态分布的时间间隔中，初始条件影响基本消失的阶段占了极大部分的比例，故称这一阶段为“正规状况”。

2. 正规状况阶段三个分析解的简化表达式

平板
$$\frac{\theta(\eta,\tau)}{\theta_0}=\frac{2\sin\mu_1}{\mu_1+\sin\mu_1\cos\mu_1}\exp(-\mu_1^2Fo)\cos(\mu_1\eta) \tag{3-21}$$

圆柱 $$\frac{\theta(\eta,\tau)}{\theta_0}=\frac{2}{\mu_1}\frac{J_1(\mu_1)}{J_0^2(\mu_1)+J_1^2(\mu_1)}\exp(-\mu_1^2 Fo)J_0(\mu_1\eta) \tag{3-22}$$

球 $$\frac{\theta(\eta,\tau)}{\theta_0}=\frac{2(\sin\mu_1-\mu_1\cos\mu_1)}{\mu_1-\sin\mu_1}\exp(-\mu_1^2 Fo)\frac{\sin(\mu_1\eta)}{\mu_1\eta} \tag{3-23}$$

以平板的解式(3-21)为例,正规状况阶段的任何时刻,平板中任意处(η)与平板中心($\eta=0.0$)处的过余温度之比为

$$\frac{\theta(\eta,\tau)}{\theta(0,\tau)}=\frac{\theta(\eta,\tau)}{\theta_m(\tau)}=\cos(\mu_1\eta) \tag{3-24}$$

可见这一比值与时间无关,只取决于特征值 μ_1,即取决于边界条件,这是与“正规状况”4 个字的含义相一致的。

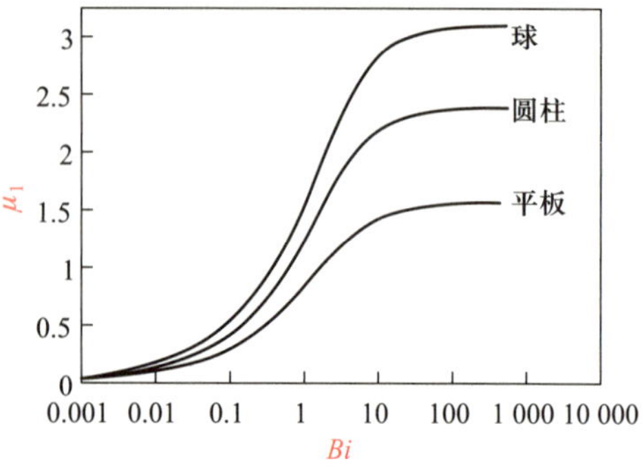

图 3-8　平板、圆柱、球分析解特征值 μ_1 随 Bi 的变化

三种几何形状 μ_1 随 Bi 的变化如图 3-8 所示。

3. 一段时间间隔内所传导的热量计算式

从初始时刻到平板与周围介质处于热平衡这一过程中所传递的热量为

$$Q_0=\rho cV(t_0-t_\infty) \tag{3-25}$$

这是非稳态导热过程中所能传递的最大热量,从初始时刻到某一时刻 τ 这一阶段中所传递的热量 Q 与 Q_0 之比为

$$\frac{Q}{Q_0}=\frac{\rho c\int_V[t_0-t(x,\tau)]\mathrm{d}V}{\rho cV(t_0-t_\infty)}=\frac{1}{V}\int_V\frac{(t_0-t_\infty)-(t-t_\infty)}{t_0-t_\infty}\mathrm{d}V \tag{3-26}$$

$$=1-\frac{1}{V}\int_V\frac{t-t_\infty}{t_0-t_\infty}\mathrm{d}V=1-\frac{\overline{\theta}}{\theta_0}$$

对上述三种物体,当 $Fo>0.2$ 后,将式(3-21)~式(3-23)代入,分别可得:

平板 $$\frac{Q}{Q_0}=1-\frac{\sin\mu_1}{\mu_1}\frac{2\sin\mu_1}{\mu_1+\sin\mu_1\cos\mu_1}\exp(-\mu_1^2 Fo) \tag{3-27}$$

圆柱 $$\frac{Q}{Q_0}=1-\frac{2J_1(\mu_1)}{\mu_1}\frac{2}{\mu_1}\frac{J_1(\mu_1)}{J_0^2(\mu_1)+J_1^2(\mu_1)}\exp(-\mu_1^2 Fo) \tag{3-28}$$

球 $$\frac{Q}{Q_0}=1-\frac{3(\sin\mu_1-\mu_1\cos\mu_1)}{\mu_1^3}\frac{2(\sin\mu_1-\mu_1\cos\mu_1)}{\mu_1-\sin\mu_1\cos\mu_1}\exp(-\mu_1^2 Fo) \tag{3-29}$$

仔细分析式(3-21)~式(3-23),以及式(3-27)~式(3-29)可见,三种几何形状物体的正规状况阶段温度场与导热量的计算式可以统一表示为

$$\frac{\theta(\eta,\tau)}{\theta_0}=A\exp(-\mu_1^2 Fo)f(\mu_1\eta) \tag{3-30}$$

$$\frac{Q}{Q_0}=1-A\exp(-\mu_1^2 Fo)B \tag{3-31}$$

三种形状物体的 A、B、$f(\mu_1\eta)$ 的表示式列于表 3-2 中。

表 3-2　A、B、$f(\mu_1\eta)$ 的表示式

几何形状	A	B	$f(\mu_1\eta)$
平板	$2\dfrac{\sin\mu_1}{\mu_1+\sin\mu_1\cos\mu_1}$	$\dfrac{\sin\mu_1}{\mu_1}$	$\cos(\mu_1\eta)$
圆柱	$2\dfrac{J_1(\mu_1)}{\mu_1[J_0^2(\mu_1)+J_1^2(\mu_1)]}$	$2\dfrac{J_1(\mu_1)}{\mu_1}$	$J_0(\mu_1\eta)$
球	$2\dfrac{\sin\mu_1-\mu_1\cos\mu_1}{\mu_1-\sin\mu_1\cos\mu_1}$	$3\dfrac{\sin\mu_1-\mu_1\cos\mu_1}{\mu_1^3}$	$\dfrac{\sin(\mu_1\eta)}{\mu_1\eta}$

3.3.3　非稳态导热正规状况阶段的工程计算方法

利用上述公式计算时，需要根据不同的 Bi 数查出相应的特征值 μ_1，并且要涉及贝塞尔（Bessel）函数等的计算，不甚方便。在传热学的发展史上先后提出了两种简化计算手续的方法，即由海斯勒（Heisler）等提出的诺谟图（nomogram）方法[7-8]以及由坎坡（Campo）提出的近似拟合公式方法[9]，现分别介绍如下。

1. 图线法

历史上曾广泛采用按分析解的级数第一项而绘制的用以确定温度分布的曲线，称为海斯勒图。以无限大平板为例，它首先根据式（3-21）给出 θ_m/θ_0 随 Fo 及 Bi 变化的曲线（此时 $x/\delta=0$），随后再根据式（3-24）确定 θ/θ_m 之值，于是平板中任意一点的 θ/θ_0 值便为

$$\frac{\theta}{\theta_0}=\frac{\theta_m}{\theta_0}\frac{\theta}{\theta_m} \tag{3-32}$$

同样，对于初始时刻到时刻 τ 物体与环境间所交换的热量，可以利用式（3-27）~式（3-29）作出 $Q/Q_0=f(Fo,Bi)$ 的图线[10]。

2. 近似拟合公式法

文献[9]对三种几何形状的第一特征值 μ_1，以及式（3-30）、式（3-31）中的 A、B 和零阶贝塞尔函数 $J_0(x)$ 提出了以下拟合公式：

$$\mu_1^2=\left(a+\frac{b}{Bi}\right)^{-1} \tag{3-33a}$$

$$A=a+b(1-e^{-cBi}) \tag{3-33b}$$

$$B=\frac{a+cBi}{1+bBi} \tag{3-33c}$$

$$J_0=a+bx+cx^2+dx^3 \tag{3-33d}$$

式（3-33a）~式（3-33d）中的常数列出于表 3-3、表 3-4 中。

表 3-3　式（3-33a）~式（3-33c）中的常数

计算的量		无限大平板	无限长圆柱	球
特征值 μ_1	a	0.402 2	0.170 0	0.098 8
	b	0.918 8	0.434 9	0.277 9

续表

计算的量		无限大平板	无限长圆柱	球
系数 A	a	1.010 1	1.004 2	1.000 3
	b	0.257 5	0.587 7	0.985 8
	c	0.427 1	0.403 8	0.319 1
系数 B	a	1.006 3	1.017 3	1.029 5
	b	0.547 5	0.598 3	0.648 1
	c	0.348 3	0.257 4	0.195 3

表 3-4　计算 $J_0(x)$ 的常数

a	b	c	d
0.996 7	0.035 4	-0.325 9	0.057 7

在表 3-2 中的第一类一阶贝塞尔函数 $J_1(x)$ 可根据递推公式 $J_1(x)=-J_0'(x)$ 来确定，这里 $J_0'(x)$ 表示 $J_0(x)$ 对 x 的一阶导数。

值得指出，虽然图线法有简捷、方便的优点，但是计算的准确度受到图线分辨率的限制。近似拟合公式的方法便于用计算机求解，计算准确度不亚于图线法，而且对采用图线法需要迭代计算的问题，采用拟合公式法时可免去迭代。本书正文中给出了一维平板的图线（图 3-9～图 3-11），圆柱与球的图线在附录中给出。

3.3.4　分析解应用范围的推广及 Fo、Bi 对过程影响的讨论

上述分析解无论对物体被加热或冷却都是适用的。对于一维平板，在热边界条件方面还可以应用于以下两种情形：(1) 平板一侧绝热，另一侧为第三类边界条件；(2) 平板两侧面均为第一类边界条件且维持在相同的温度。读者可自行分析这样推广的理由。

下面讨论 Fo 及 Bi 对温度场的影响。

表 3-1 所示分析解及诺谟图清楚地表明，物体中各点的过余温度随时间 τ 增加而减小。因为 Fo 与 τ 成正比，所以物体中各点的过余温度亦随 Fo 的增加而减小。Bi 的影响则可以从两个方面来说明。一方面，从图 3-9 可以看出，在相同 Fo 的条件下，Bi 越大（即 $1/Bi$ 越小），θ_m/θ_0 的值越小。因为 Bi 越大，意味着表面上的换热条件越强，导致物体的中心温度越能迅速地接近周围介质的温度。在极限情况下，$Bi\to\infty$，这相当于在过程开始瞬间物体表面就达到了周围介质的温度，物体中心温度的变化当然也最迅速。所以，诺谟图中 $1/Bi=0$ 的线实质上就代表壁温保持恒定的第一类边界条件的解。另一方面，Bi 的大小还决定了物体中温度趋于均匀的程度。例如对平板，从诺谟图 3-10 中可以看到，当 $1/Bi>10$（即 $Bi<0.1$）时，截面上的过余温度差值已小于 5%。若采用忽略物体内部热阻的简化分析，即前面已介绍过的集中参数法，误差也不大。在海斯勒图上，为得到更高的计算准确度，Bi 的下限一直推到 0.01，这时分析解与集中参数法的结果相差极微。由此可见：介质温度恒定的第三类边界条件下的分析解，在 $Bi\to\infty$ 的极限情况下转化为第一类边界条件下的解，而在 $Bi\to 0$ 的极限情况下则与集中参数法的解相同。

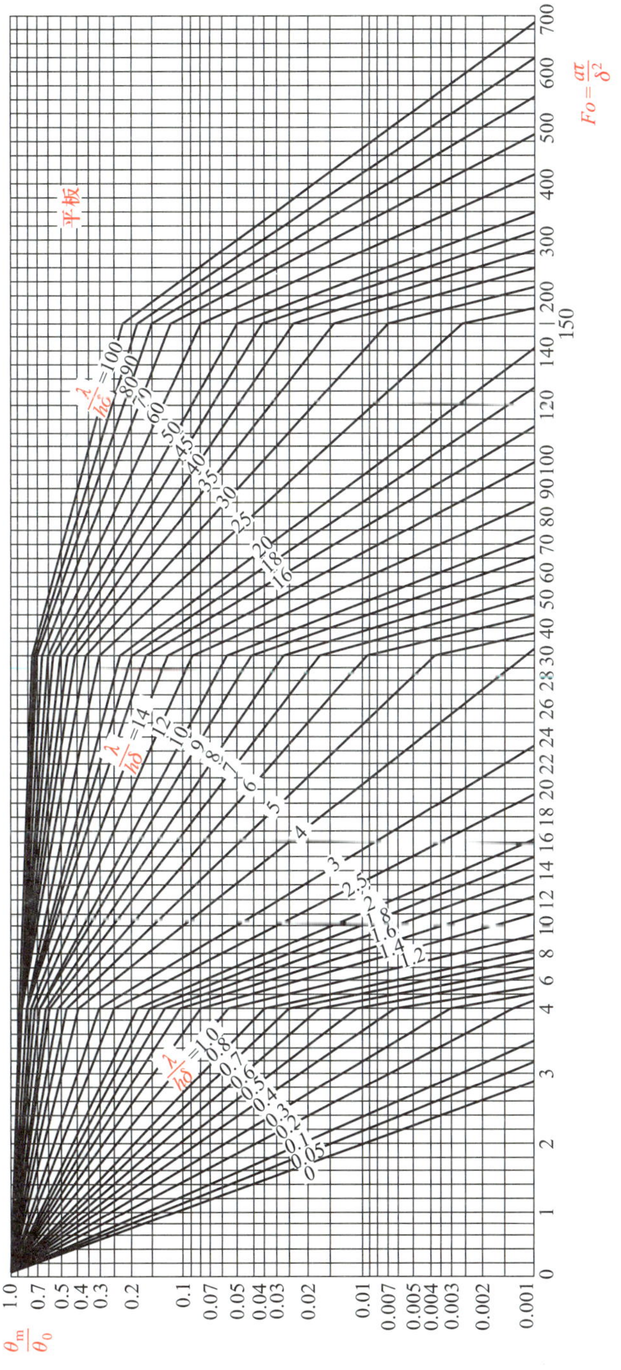

图3-9　无限大平板中心温度的诺谟图

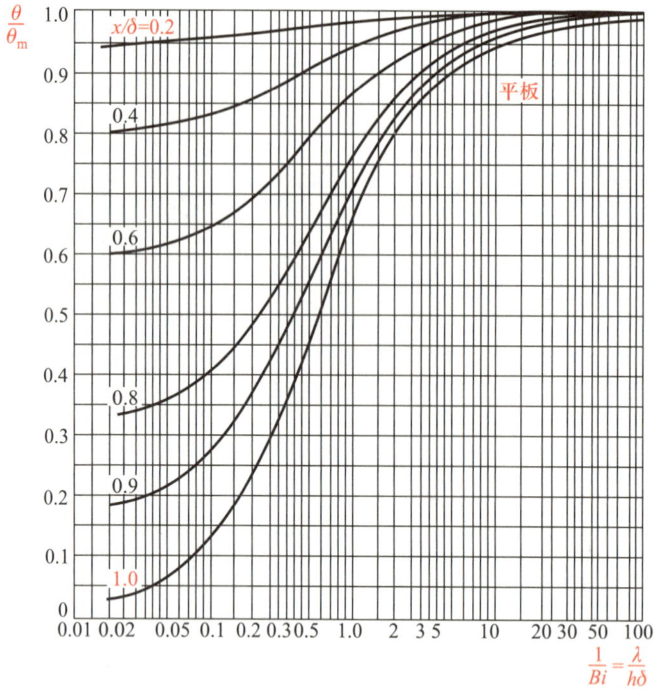

图 3-10　无限大平板的$\frac{\theta}{\theta_m}$曲线

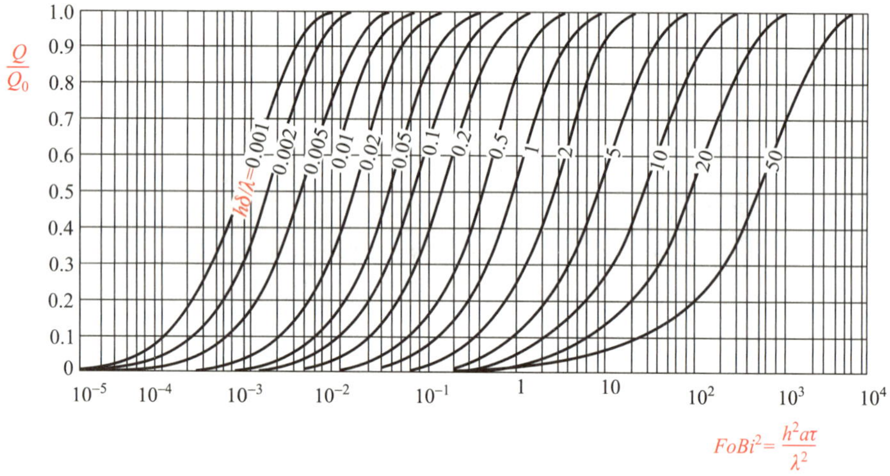

图 3-11　无限大平板的 Q/Q_0 曲线

例题 3-6　钢板加热温度达到一定数值的预测

一块厚 100 mm 的钢板放入温度为 1 000 ℃ 的炉中加热，钢板一面受热，另一面可近似地认为是绝热的。钢板初始温度 $t_0 = 20$ ℃。求钢板受热表面的温度达到 500 ℃ 时所需的时间，并计算此时剖面上的最大温差。取加热过程中的平均表面传热系数 $h = 174$ W/(m² · K)，钢板的 $\lambda = 34.8$ W/(m · K)，$a = 0.555 \times 10^{-5}$ m²/s。已知：$Bi = 0.1$ 时，$\mu_1 = 0.311\ 1$ rad；$Bi = 0.5$ 时，$\mu_1 = 0.653\ 3$ rad；$Bi = 1.0$ 时，$\mu_1 = 0.860\ 3$ rad。

题解

假设:(1) 一维问题;(2) 热物性为常数;(3) 加热过程表面传热系数为常数。

分析:这一问题相当于厚 200 mm 平板对称受热的情形,故可以应用一维平板的分析解。

计算:对于此平板

$$Bi=\frac{h\delta}{\lambda}=\frac{174\ \mathrm{W/(m^2\cdot K)}\times 0.1\ \mathrm{m}}{34.8\ \mathrm{W/(m\cdot K)}}=0.5$$

$$\frac{x}{\delta}=1.0$$

从图 3-10 查得,在平板表面上 $\theta_w/\theta_m=0.8$。另外,根据已知条件,表面上的量纲为一的过余温度为

$$\frac{\theta_w}{\theta_0}=\frac{t_w-t_\infty}{t_0-t_\infty}=\frac{500\ ℃-1\ 000\ ℃}{20\ ℃-1\ 000\ ℃}=0.51$$

$$\frac{\theta_w}{\theta_0}=\frac{\theta_m}{\theta_0}\frac{\theta_w}{\theta_m}$$

故得

$$\frac{\theta_m}{\theta_0}=\frac{\theta_w}{\theta_0}\bigg/\frac{\theta_w}{\theta_m}=0.51/0.8=0.637$$

据 θ_m/θ_0 及 Bi 之值,从图 3-9 查得 $Fo=1.2$,故得

$$\tau=1.2\frac{\delta^2}{a}=1.2\times\frac{(0.1\ \mathrm{m})^2}{0.555\times10^{-5}\ \mathrm{m^2/s}}=2.16\times10^3\ \mathrm{s}=0.6\ \mathrm{h}$$

另外,由 $\theta_m=0.637\theta_0$ 得

$$t_m=0.637\theta_0+t_\infty=0.637\times(20\ ℃-1\ 000\ ℃)+1\ 000\ ℃=376\ ℃$$

故得剖面上的最大温差为

$$\Delta t_{max}=500\ ℃-376\ ℃=124\ ℃$$

讨论:下面利用式(3-21)计算 Fo 之值。据已知 $Bi=0.5$ 时,$\mu_1=0.653\ 3\ \mathrm{rad}=37.43°$,故有

$$0.51=\frac{2\sin 37.43°}{0.653\ 3+\sin 37.43°\times\cos 37.43°}\times\exp(-0.653\ 3^2 Fo)\times\cos(37.43°\times1)$$

$$0.51=1.070\ 1\times\exp(-0.426\ 8Fo)\times0.798\ 1$$

得 $Fo=1.196$。

由此例可见,当在海斯勒图上有所需要的 Bi 的曲线时,由查图得出的结果与分析解是相当一致的。

例题 3-7　圆柱钢锭加热温度达到一定数值的预测

有一直径为 400 mm 的钢锭,初温 $t_0=20$ ℃,将它置于炉温为 900 ℃的炉中加热,试计算加热到表面温度为 750 ℃时所需的加热时间。假定钢锭可近似地视为无限长的圆柱,并取 $h=174\ \mathrm{W/(m^2\cdot K)}$。钢锭的 $\lambda=34.8\ \mathrm{W/(m\cdot K)}$,$a=0.695\times10^{-5}\ \mathrm{m^2/s}$。

题解

假设:(1) 一维问题;(2) 热物性为常数;(3) 加热过程的表面传热系数为常数。

计算:

$$Bi=\frac{hR}{\lambda}=\frac{174\ \mathrm{W/(m^2\cdot K)}\times0.20\ \mathrm{m}}{34.8\ \mathrm{W/(m\cdot K)}}=1.0$$

$$\frac{r}{R}=1.0$$

从附录查得，$\theta_w/\theta_m=0.65$。根据已知条件，表面上的量纲为一的过余温度为

$$\frac{\theta_w}{\theta_0}=\frac{t_w-t_\infty}{t_0-t_\infty}=\frac{750\ ℃-900\ ℃}{20\ ℃-900\ ℃}=0.17$$

故得

$$\frac{\theta_m}{\theta_0}=\frac{\theta_w}{\theta_0}\Big/\frac{\theta_w}{\theta_m}=0.17/0.65=0.262$$

据 $Bi=1.0$ 及 $\theta_m/\theta_0=0.262$，由附录查得 $Fo=0.96$，故得

$$\tau=0.96\frac{R^2}{a}=0.96\times\frac{(0.2\ \text{m})^2}{0.695\times10^{-5}\ \text{m}^2/\text{s}}=5\ 525\ \text{s}=1.535\ \text{h}$$

讨论：如果采用拟合公式(3-33)来计算，则有

$$\mu_1^2=\left(0.170\ 0+\frac{0.434\ 9}{1}\right)^{-1},\quad \mu_1=1.285\ 8\ \text{rad}$$

$$A=1.004\ 2+0.587\ 7\times[1-\exp(-0.403\ 8\times1)]=1.199\ 4$$

$$\text{J}_0(\mu_1\eta)=0.996\ 7+0.035\ 4\times1.285\ 8-0.325\ 9\times1.285\ 8^2+0.057\ 7\times1.285\ 8^3=0.626\ 1$$

$$\frac{\theta_m}{\theta_0}=\frac{\theta_w}{\theta_0}\Big/\frac{\theta_w}{\theta_m}=0.17/0.65=0.262$$

所以 $Fo=0.898\approx0.9$。这一结果与查海斯勒图得到的数值基本一致。钢锭的直径实际上常常可以与其长度比较，因而更合理的计算应把它当作二维物体来处理，3.5 节中将讨论这一类问题。

3.4 半无限大物体的非稳态导热

半无限大物体(semi-infinite body)可以看成一维平板的一种特殊情况。所谓半无限大物体，是指几何上如图 3-12 所示的那样的物体，其特点是从 $x=0$ 的界面开始可以向正向以及上、下方向上无限延伸，而在每一个与 x 坐标垂直的截面上物体的温度都相等。现实世界中不存在这样的半无限大物体，但是在研究物体中非稳态导热的初始阶段时，则有可能把实际物体当作半无限大的物体来处理。例如，假设有一块几何上为有限厚度的平板，起初具有均匀的温度，然后其一侧表面突然受到热扰动，如壁温突然升高到一定值并保持不变，或者突然受到恒定的热流密度加热，或者受到温度恒定的流体的加热或冷却。当扰动的影响还局限在表面附近而尚未深入平板内部中去时，就可有条件地把该平板视为一“半无限大物体”。工程导热问题中有不少情形可按半无限大物体处理。本节中将介绍三种边界条件下温度场的分析解，重点是解的应用及理解其所包含的物理概念，这里只给出第一类边界条件的求解过程，第二、三类边界条件的求解可参见文献[5,11]。

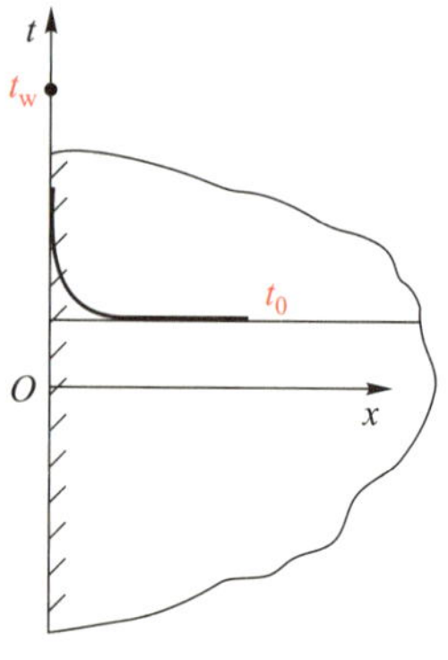

图 3-12　半无限大物体图示

3.4.1　三种边界条件下半无限大物体温度场的分析解

如图 3-12 所示，有一半无限大物体，初始温度均匀为 t_0。在 $\tau=0$ 时刻，$x=0$ 的侧面突然受到热扰动，这种情况可以归纳为以下三种边

界条件：(1) 表面温度突然变化到 t_w，并保持恒定（第一类）；(2) 受到恒定的热流密度加热（第二类）；(3) 与温度为 t_∞ 的流体进行热交换（第三类）。这三类边界条件定性地示于图 3-13 中。假定物体的热物性为常数，没有内热源。

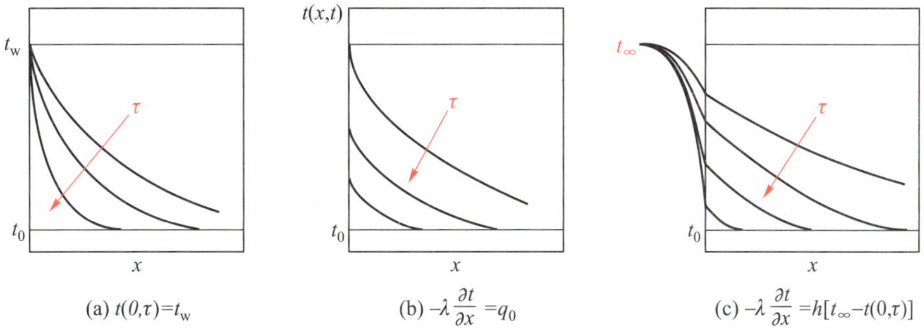

图 3-13　三种边界条件的图示

上述条件下物体中温度的控制方程和定解条件为

$$\left.\begin{aligned}&\frac{\partial t}{\partial \tau}=a\frac{\partial^2 t}{\partial x^2}, && 0<x<\infty\\ &\tau=0, && t(x,\tau)=t_0\\ &x\to\infty, && t\to t_0\\ &x=0, && \text{图 3-13 所示的三种条件之一}\end{aligned}\right\} \tag{3-34}$$

下面以第一类边界条件为例，介绍半无限大物体温度场的分析解。

采用相似变换可以将上述偏微分方程转换为常微分方程，使问题的求解得到很大的简化。引入相似变量

$$\xi=\frac{x}{2\sqrt{a\tau}} \tag{3-35}$$

则有

$$\frac{\partial \xi}{\partial x}=\frac{1}{2\sqrt{a\tau}},\quad \frac{\partial \xi}{\partial \tau}=-\frac{1}{2\tau}\frac{x}{2\sqrt{a\tau}}=-\frac{\xi}{2\tau} \tag{a}$$

$$\frac{\partial t}{\partial \tau}=\frac{\partial t}{\partial \xi}\frac{\partial \xi}{\partial \tau}=-\frac{\xi}{2\tau}\frac{\partial t}{\partial \xi} \tag{b}$$

$$\frac{\partial t}{\partial x}=\frac{\partial t}{\partial \xi}\frac{\partial \xi}{\partial x}=\frac{1}{2\sqrt{a\tau}}\frac{\partial t}{\partial \xi} \tag{c}$$

$$\frac{\partial^2 t}{\partial x^2}=\frac{\partial}{\partial \xi}\left(\frac{\partial t}{\partial x}\right)\frac{\partial \xi}{\partial x}=\frac{1}{4a\tau}\frac{\partial^2 t}{\partial \xi^2} \tag{d}$$

将以上结果代入公式(3-34)，可将偏微分方程转换为常微分方程：

$$\begin{aligned}&\frac{d^2 t}{d\xi^2}+2\xi\frac{dt}{d\xi}=0\\ &\xi=0,\quad t=t_w\\ &\xi\to\infty,\quad t=t_0\end{aligned} \tag{e}$$

令 $Z=\dfrac{\mathrm{d}t}{\mathrm{d}\xi}$,则可将二阶常微分降阶为

$$\frac{\mathrm{d}Z}{\mathrm{d}\xi}+2\xi Z=0 \tag{f}$$

积分之可求得上述方程的通解:

$$Z=C_1\exp(-\xi^2) \tag{g}$$

再积分一次,可得

$$t=C_1\int_0^{\xi}\exp(-u^2)\mathrm{d}u+C_2 \tag{h}$$

代入公式(e)中定解条件得

$$C_1=\frac{-2(t_{\mathrm{w}}-t_0)}{\sqrt{\pi}},\quad C_2=t_{\mathrm{w}} \tag{i}$$

由此获得第一类边界条件时无限大物体中的温度分布:

$$\frac{t-t_{\mathrm{w}}}{t_0-t_{\mathrm{w}}}=\frac{2}{\sqrt{\pi}}\int_0^{\xi}\exp(-u^2)\mathrm{d}u=\mathrm{erf}\left(\frac{x}{2\sqrt{a\tau}}\right) \tag{j}$$

其中,$\mathrm{erf}\left(\dfrac{x}{2\sqrt{a\tau}}\right)$ 称为误差函数。

三类边界条件下温度场的分析解分别为

第一类边界条件

$$\frac{t(x,\tau)-t_{\mathrm{w}}}{t_0-t_{\mathrm{w}}}=\mathrm{erf}\left(\frac{x}{2\sqrt{a\tau}}\right) \tag{3-36}$$

第二类边界条件

$$t(x,\tau)-t_0=\frac{2q_0\sqrt{\dfrac{a\tau}{\pi}}}{\lambda}\exp\left(-\frac{x^2}{4a\tau}\right)-\frac{q_0x}{\lambda}\mathrm{erfc}\left(\frac{x}{2\sqrt{a\tau}}\right) \tag{3-37}$$

第三类边界条件

$$\frac{t(x,\tau)-t_0}{t_\infty-t_0}=\mathrm{erfc}\left(\frac{x}{2\sqrt{a\tau}}\right)-\exp\left(\frac{hx}{\lambda}+\frac{h^2a\tau}{\lambda^2}\right)\mathrm{erfc}\left(\frac{x}{2\sqrt{a\tau}}+\frac{h\sqrt{a\tau}}{\lambda}\right) \tag{3-38}$$

其中 $\mathrm{erfc}\left(\dfrac{x}{2\sqrt{a\tau}}\right)=1-\mathrm{erf}\left(\dfrac{x}{2\sqrt{a\tau}}\right)$ 称为余误差函数。误差函数的部分数值在书末的附录中给出。

3.4.2 导热量计算

下面以第一种边界条件为例,来导出从初始时刻到某一指定时刻 τ 之间半无限大物体表面与外界的换热量(亦即半无限大物体内的导热量)。

通过任意截面 x 处的热流密度

$$\begin{aligned}q_x&=-\lambda\frac{\partial t}{\partial x}=-\lambda(t_0-t_{\mathrm{w}})\frac{\partial \mathrm{erf}\,\eta}{\partial x},\quad \eta=\frac{x}{2\sqrt{a\tau}}\\&=\lambda\frac{t_{\mathrm{w}}-t_0}{\sqrt{\pi a\tau}}\exp[-x^2/(4a\tau)]\end{aligned} \tag{3-39}$$

在表面上($x=0$)的导热量为

$$Q=A\int_0^{\tau}q_w\mathrm{d}\tau=A\int_0^{\tau}\frac{\lambda(t_w-t_0)}{\sqrt{\pi a\tau}}\mathrm{d}\tau=2A\sqrt{\frac{\tau}{\pi}}\sqrt{\rho c\lambda}(t_w-t_0) \tag{3-40}$$

由以上两式可见,表面上的瞬时热流密度与时间的平方根成反比,而总的导热量则与时间的平方根成正比。此外,Q 还与物体的 $\sqrt{\rho c\lambda}$ 成正比(注意:在稳态导热中,导热量与 ρc 无关,而只与 λ 成正比)。在材料成形工业中称 $\sqrt{\rho c\lambda}$ 为吸热系数(thermal effusivity),它的大小代表了物体向与其接触的高温物体吸热的能力。在选择造型材料与冷铁时,吸热系数是一个重要指标,它关系到物体(如铸件)的冷却速度。

3.4.3 分析解的讨论

上述三种边界条件下的解都包含有一个量纲为一的参数 $\eta=\frac{x}{2\sqrt{a\tau}}$ 以及误差函数 erf η,这是半无限大物体分析解的一个共同特点。下面以第一类边界条件的分析解式(3-36)为例来进一步分析这一参数所代表的物理意义。

首先看误差函数 erf η 随 η 的变化趋势,如图 3-14 所示。由书末的附表可知,当 $\eta=2$,即 $\frac{x}{2\sqrt{a\tau}}\geqslant 2$ 时,该 x 处的温度可以认为仍等于 t_0(量纲为一的过余温度的变化小于 0.5%)。由此可以得出两个重要结论:

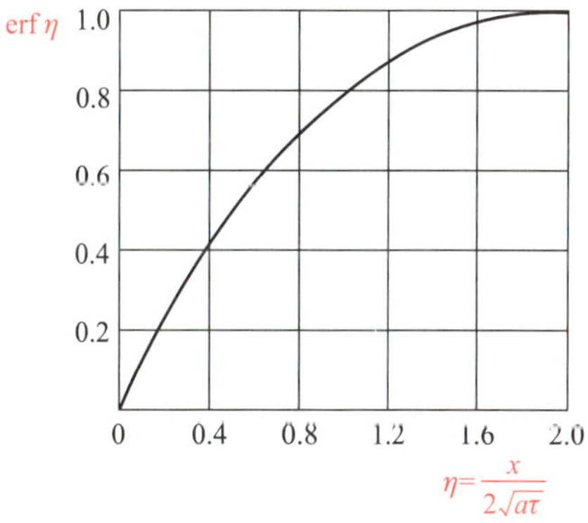

图 3-14 误差函数曲线

(1) 从几何位置上说,如果 $\frac{x}{2\sqrt{a\tau}}\geqslant 2$,则在 τ 时刻 x 处的温度可以认为尚未发生变化。因而对一块初始温度均匀的厚 2δ 的平板,当其一个侧面的温度突然变化到另一恒定温度时,如果其半厚度 $\delta\geqslant 4\sqrt{a\tau}$,则在 τ 时刻之前该平板中瞬时温度场的计算均可采用半无限大物体的模型。

(2) 从时间上看,如果 $\tau\leqslant\frac{x^2}{16a}$,则此时 x 处的温度可认为完全不变,因而可以把 $\frac{x^2}{16a}$ 视为惰性时间(inertia time),即当 $\tau<\frac{x^2}{16a}$ 时 x 处的温度可认为等于 t_0。或者说,当它的局部 Fo 数 $\frac{a\tau}{x^2}<\frac{1}{16}\approx 0.06$ 时,物体中的非稳态导热可以作为半无限大物体处理。

3.4.4 导热系数的非稳态测试简介

导热系数的测量方法有稳态法和非稳态法。稳态法测量材料测量导热系数耗时较长,因为要建立稳态工况所需的时间一般很长,而非稳态测试方法可以克服这种缺陷。目前,测量导热系数非稳态的经典方法有热线法、热带法、热盘法等,其基本原理都是基于半无限大物体的非稳态导热过程。热线、热带或者热盘等探头既是加热元件也是温度传感器。在测试过程中,将探头置于被测材料表面,以恒定的功率通入探头用以加热被测材料,探头表面的温升与被加热材料的导热系数密切相关。基于半无限大物体导热的假设,可以推导得到在一定时间范围内,探头表面温升与被测材料导热系数的函数关系式，因此通过监测探头表面的温升可获得材料的导热系数。值得注意的是，探头表面温升与被测材料导热系数的关系是基于半无限大物体推导得到的，所以利用热线、热带、热盘等非稳态方法测量材料导热系数时，被测材料应满足半无限大物体假设，因而非稳态方法的测试时间一般都很短，且对被测材料的厚度有一定的要求。

瞬态平面热源法

例题 3-8　平板型铸钢冷却温度预测

一块大平板型钢铸件在地坑中浇注，浇注前型砂温度为 20 ℃（图 3-15）。设在很短时间内浇注完成，并且浇注后铸件的表面温度一直维持在其凝固温度 1 450 ℃，试计算离铸件底面 80 mm 处浇注后 2 h 的温度。型砂的热扩散率 $a=0.89\times10^{-6}\ \mathrm{m^2/s}$。

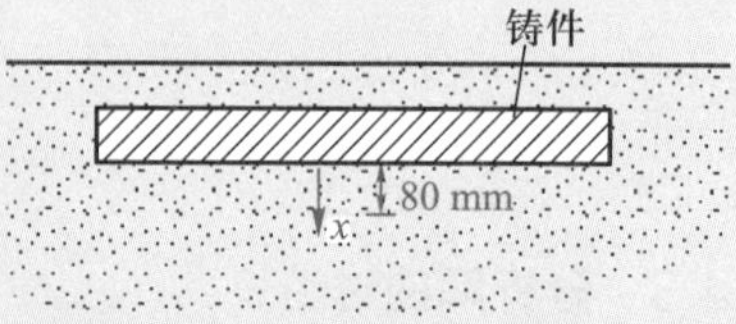

图 3-15　例题 3-8 附图

题解

假设：(1) 将铸件底面以下砂型中的非稳态导热按第一种边界条件的半无限大物体处理；(2) 物性为常数。

计算：

$$\eta=\frac{x}{2\sqrt{a\tau}}=\frac{80\times10^{-3}\ \mathrm{m}}{2\sqrt{0.89\times10^{-6}\ \mathrm{m^2/s}\times2\times3\ 600\ \mathrm{s}}}=0.5$$

由附录查得

$$\mathrm{erf}\ 0.5=0.520\ 5$$

所以

$$t=t_w+\mathrm{erf}\ 0.5\times(t_0-t_w)=1\ 450\ ℃+0.520\ 5\times(20\ ℃-1\ 450\ ℃)=705.7\ ℃$$

讨论：物体表面与发生相变的物质紧密接触是形成第一类边界条件的常见例子。本例中，在铸件内部基本凝固之前，假设铸件表面仍处于相变温度不失为一个可接受的近似处理。

例题 3-9　地下埋管的温度预测

地面下的埋管是常见的工程与生活设施。考虑埋管深度的一个重要因素是在当地的气候条件下，埋管处的温度不会导致管内流体冻结或凝固。以输送工业及民用水的埋管为例，埋管处的温度不能低于 0 ℃。设某地冬天地表面温度为 10 ℃，后突然受冷空气侵袭，地表温度下降到 −15 ℃，并维持 45 天不变。试确定此种条件下 45 天后地面下温度为 0 ℃ 处的位置。

题解

假设：(1) 采用第一种边界条件的半无限大非稳态导热模型；(2) 物性为常数。

计算：土壤的物性取 $c=1\ 840\ \mathrm{J/(kg\cdot K)}$，$\rho=2\ 050\ \mathrm{kg/m^3}$，$\lambda=0.52\ \mathrm{W/(m\cdot K)}$，于是 $a=\lambda/(\rho c)=0.138\times10^{-6}\ \mathrm{m^2/s}$。利用式(3-36)可写出

$$\frac{t-t_w}{t_0-t_\infty}=\mathrm{erf}\left(\frac{x}{2\sqrt{a\tau}}\right)$$

即

$$\frac{0\ ℃-(-15\ ℃)}{10\ ℃-(-15\ ℃)}=0.6=\mathrm{erf}\left(\frac{x}{2\sqrt{a\tau}}\right)$$

由附录查得 $\frac{x}{2\sqrt{a\tau}}\approx0.6$，于是

$$x=1.2\sqrt{a\tau}=1.2\times(0.138\times10^{-6}\ \mathrm{m^2/s}\times3\ 600\ \mathrm{s}\times45\times24)^{1/2}=0.88\ \mathrm{m}$$

讨论:土壤的热物性参数受许多因素的影响,也与各地的地质条件有关,而本例计算结果的准确性在很大程度上取决于热扩散率之值。例如,a 值增加一倍,将使所需最小埋管深度增加 41%。因此,与其他传热问题的计算一样,为了获得较准确的结果应尽量选用可靠的物性数据。还应指出,第一类边界条件下半无限大物体非稳态导热只是本问题的一个较粗略的模型,因为地表层的温度并不是均匀的,地表面温度阶跃性的变化也只是一种理想化的处理。考虑这些复杂因素时分析解已无能为力,应求助于数值计算。但作为一种工程估算,本题的结果仍有其参考意义。

例题 3-10　温度不同两平板紧密接触后的温度变化

两块半无限大平壁 A 和 B,最初处于均匀温度 $t_{A,0}$ 和 $t_{B,0}$。在某一时刻,两大平壁突然紧贴在一起,如图 3-16 所示,试求接触面温度 t_s,并分别画出两块平壁中的温度分布示意图。

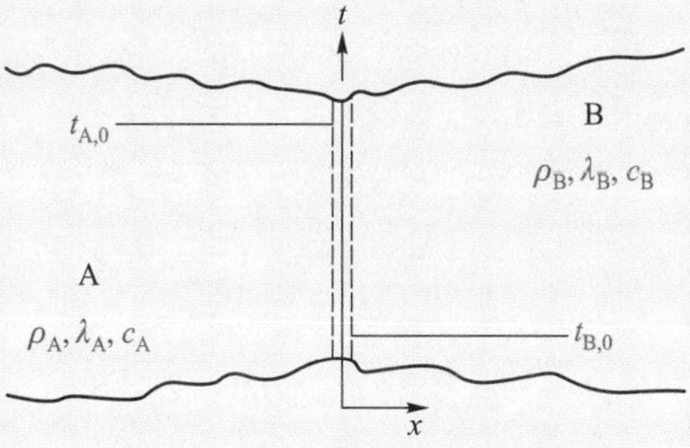

图 3-16　例题 3-10 附图

题解

分析:两个半无限大物体接触时,在界面上温度和热流密度连续,若给定界面上的边界条件,则可将半无限大物体的分析解分别应用于两半无限大物体。

假设:(1) 常物性;(2) 接触面热阻忽略不计

计算:根据热平衡,两个表面必须具有相同的温度和热流密度,假设接触面的温度为 t_s,通过界面传入半无限人物体 A 和 B 的热流量分别为 q_A 和 q_B,且 $q_A=q_B$。据式(3-39)并令 $x=0$,则有

$$\frac{\sqrt{\lambda_A\rho_A c_A}}{\sqrt{\pi\tau}}(t_s-t_{A,0})=\frac{\sqrt{\lambda_B\rho_B c_B}}{\sqrt{\pi\tau}}(t_s-t_{B,0})$$

由此可得接触面上温度为

$$t_s=\frac{(\lambda\rho c)_A^{1/2}t_{A,0}+(\lambda\rho c)_B^{1/2}t_{B,0}}{(\lambda\rho c)_A^{1/2}+(\lambda\rho c)_B^{1/2}}$$

可见 t_s 与时间无关,接触面上的温度恒为定值。由式(3-36),两半无限大物体中的温度分布示意图如图 3-17 所示。

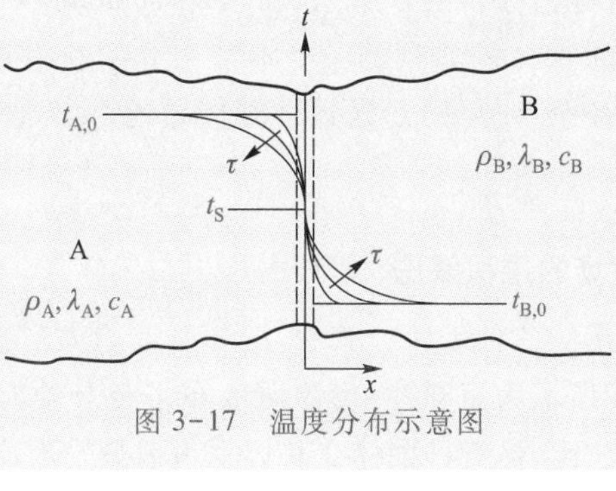

图 3-17　温度分布示意图

讨论：室温下铜的吸热系数 $\sqrt{\lambda\rho c}$ 值大约是 36 kJ/(m² · K)，木材 $\sqrt{\lambda\rho c}$ 值大约是 0.38 kJ/(m² · K)，而人体皮肤的 $\sqrt{\lambda\rho c}$ 值大约是 1.1 kJ/(m² · K)。当 35 ℃的手分别接触 15 ℃的铜和木材时，接触温度分别为 15.59 ℃和 29.8 ℃，同时触摸铜的热损失大约是触摸木头的 3.78 倍，这就是手摸金属比手摸同样温度的木材觉得冷的原因。

例题 3-11　非稳态法测定导热系数的原理

一种测量导热系数的瞬态法是基于半无限大物体的导热过程而设计的。设有一块厚金属，初温为 30 ℃，然后其一侧表面突然与温度为 100 ℃的沸水相接触。在离开此表面 10 mm 处由热电偶测得 2 min 后该处的温度为 65 ℃。已知材料的 $\rho=2\ 200\ \text{kg/m}^3$、$c=700\ \text{J/(kg}\cdot\text{K)}$，试计算该材料的导热系数。

题解

分析：将厚金属视为半无限大物体，则可利用第一类边界条件下的分析解来获得材料的导热系数。

假设：厚金属在测试时间范围内可当作半无限大物体。

计算：

由式(3-36)可得：

$$\operatorname{erf}\eta=\frac{t(x,\tau)-t_w}{t_0-t_w}=\frac{65\ ℃-100\ ℃}{30\ ℃-100\ ℃}=0.5$$

查附录 15 得 $\eta=0.477$，则有：

$$\eta=\frac{x}{2\sqrt{a\tau}}=\frac{0.01\ \text{m}}{2\times\sqrt{\dfrac{\lambda}{2\ 200\ \text{kg/m}^3\times 700\ \text{J/(kg}\cdot\text{K)}}\times 120\ \text{s}}}=0.477$$

解得

$$\lambda=1.41\ \text{W/(m}\cdot\text{K)}$$

讨论：热线法、热盘法、热带法等非稳态导热系数测试方法与例题中的原理类似。运用非稳态方法测量导热系数，可以缩短稳态测试过程中建立稳态温度场所需要的时间。

3.5 简单几何形状物体多维非稳态导热的分析解

在多维导热问题中，几种简单几何形状物体的非稳态导热问题的分析解，可以用几个相应的一维非稳态导热分析解相乘得出，称为乘积解法(product solution)。方形截面的二维柱体、短圆柱以及立方体是这类几何形状物体的典型例子。本节中介绍获得量纲为一的温度场的乘积解法，重点是其应用(确定温度场及导热量)。通过计算例题还可以进一步体会到采用拟合公式方法计算的优点。

3.5.1 获得量纲为一的温度场的乘积解法

设有如图 3-18a、b、c 所示的三种固体。其中：图 a 所示为方形截面的二维导热物体，沿着 z 方向物体温度没有变化；图 b 所示为短圆柱，物体温度在半径及轴向发生变化；图 c 所示是立方体，温度在三个坐标方向均改变。这三种固体在几何上可以分别看成由两块平板、一块平板与一个圆柱以及三块平板相贯而成，如图 3-18d、e、f 所示。假设三个物体的初始温度都是均匀的，记为 t_0，然后与周围介质之间发生对流传热，流体温度为 t_∞，表面传热系数为 h。在这样的条件下，三个固体中的量纲为一的温度场可以由其几何上的相贯体的一维分析解相乘而得：

二维柱体
$$\Theta=\frac{\theta(x,y,\tau)}{\theta_0}=\Theta_{p1}(x,\tau)\Theta_{p2}(y,\tau) \tag{3-41}$$

短圆柱
$$\Theta=\frac{\theta(x,r,\tau)}{\theta_0}=\Theta_{p}(x,\tau)\Theta_{c}(r,\tau) \tag{3-42}$$

立方体
$$\Theta=\frac{\theta(x,y,z,\tau)}{\theta_0}=\Theta_{p1}(x,\tau)\Theta_{p2}(y,\tau)\Theta_{p3}(z,\tau) \tag{3-43}$$

其中 Θ_p、Θ_c 分别表示一维平板及圆柱在第三类边界体条件下量纲为一的温度的分析解。以上三式就是适用于图 3-18 所示三种几何形状物体的乘积解法的表示式。

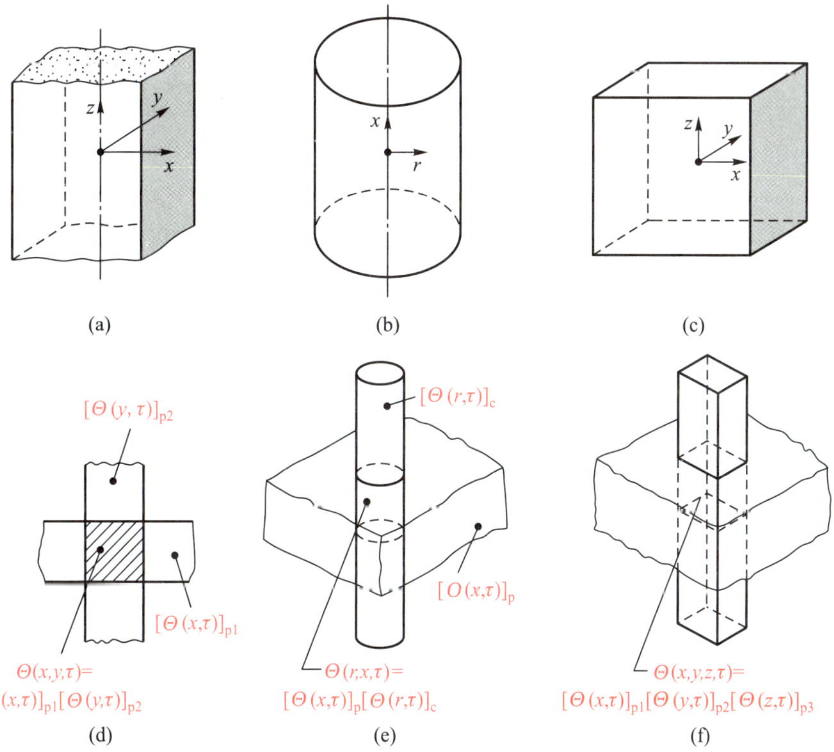

图 3-18　说明乘积解法的图示

需要强调指出：乘积解法只适用于第三类边界条件，并且：(1) 物体初始温度均匀；(2) 周围介质温度均匀；(3) 表面传热系数均匀；(4) 常物性、没有内热源。对于表面传热系数为无限大的情形，即第一类边界条件，当然也是适用的。

二维乘积解法的证明

3.5.2 导热量的计算

在 3.4 节中已经指出，为了获得非稳态导热过程从初始时刻到某一时刻 τ 的导热量，可以首先计算该热量占非稳态导热过程总导热量的百分数，然后与从热平衡角度得出的总导热量相乘即可。所以，计算导热量的关键是要得出这个导热量的百分数。文献[12]证明，对于多维非稳态导热，导热量百分数也可以通过类似乘积解法的模式得出。假设$\left(\dfrac{Q}{Q_0}\right)_1$、$\left(\dfrac{Q}{Q_0}\right)_2$、$\left(\dfrac{Q}{Q_0}\right)_3$分别是构成一个二维与三维非稳态导热物体的一维几何体的导热量百分数，则可有：

二维问题

$$\frac{Q}{Q_0}=\left(\frac{Q}{Q_0}\right)_1+\left(\frac{Q}{Q_0}\right)_2\left[1-\left(\frac{Q}{Q_0}\right)_1\right] \tag{3-44}$$

三维问题

$$\frac{Q}{Q_0}=\left(\frac{Q}{Q_0}\right)_1+\left(\frac{Q}{Q_0}\right)_2\left[1-\left(\frac{Q}{Q_0}\right)_1\right]+\left(\frac{Q}{Q_0}\right)_3\left[1-\left(\frac{Q}{Q_0}\right)_1\right]\left[1-\left(\frac{Q}{Q_0}\right)_2\right] \tag{3-45}$$

这个计算模式的结构便于记忆与应用。但要注意，这里给出的是百分数，或者说是量纲为一的导热量，好像温度场分析解给出的是量纲为一的温度场一样。

例题 3-12　三维钢锭加热温度的预测

钢锭的尺寸为 $2\delta_1=0.5$ m、$2\delta_2=0.7$ m、$2\delta_3=1$ m，钢锭的 $\lambda=40.5$ W/(m·K)，$a=0.722\times10^{-5}$ m²/s，求钢锭置入炉温为 1 200 ℃的加热炉中 4 h 后的最低温度与最高温度。其初温 $t_0=20$ ℃，取 $h=348$ W/(m²·K)。

题解

分析：该问题的解可由三块相应的无限大平板的解得出。最低温度发生在钢锭的中心，即三块无限大平板中心截面的交点上，而最高温度则发生在钢锭的顶角上，即三块平板表面的公共点上。

假设：(1) 物性为常数；(2) 加热过程中表面传热系数为常数。

计算：设 x、y、z 分别表示与三个尺度相应的坐标轴方向，则有

$$Bi_x=\frac{h\delta_1}{\lambda}=\frac{348\ \text{W/(m}^2\cdot\text{K)}\times0.25\ \text{m}}{40.5\ \text{W/(m}\cdot\text{K)}}=2.15$$

$$Fo_x=\frac{a\tau}{\delta_1^2}=\frac{0.722\times10^{-5}\text{m}^2\text{/s}\times4\times3\ 600\ \text{s}}{(0.25\ \text{m})^2}=1.66$$

$$Bi_y=\frac{h\delta_2}{\lambda}=\frac{348\ \text{W/(m}^2\cdot\text{K)}\times0.35\ \text{m}}{40.5\ \text{W/(m}\cdot\text{K)}}=3.01$$

$$Fo_y=\frac{a\tau}{\delta_2^2}=\frac{0.722\times10^{-5}\ \text{m}^2\text{/s}\times4\times3\ 600\ \text{s}}{(0.35\ \text{m})^2}=0.849$$

$$Bi_z=\frac{h\delta_3}{\lambda}=\frac{348\ \text{W/(m}^2\cdot\text{K)}\times0.5\ \text{m}}{40.5\ \text{W/(m}\cdot\text{K)}}=4.30$$

$$Fo_z=\frac{a\tau}{\delta_3^2}=\frac{0.722\times10^{-5}\ \text{m}^2\text{/s}\times4\times3\ 600\ \text{s}}{(0.5\ \text{m})^2}=0.416$$

采用拟合公式计算，

对平板 1：

$$\mu_1=\left(0.402\ 2+\frac{0.918\ 8}{2.15}\right)^{-1/2}=1.097\ 9\ \text{rad}$$

$$A=1.010\ 1+0.257\ 5(1-\mathrm{e}^{-0.427\ 1\times2.15})=1.164\ 8$$

平板中心处　$\cos(\mu_1\eta)=\cos0°=1$

平板表面处　$\cos(\mu_1\eta)=\cos\mu_1=\cos62.91°=0.455\ 5$

$$\left(\frac{\theta_m}{\theta_0}\right)_x = 1.1648\times\exp(-1.0979^2\times1.66) = 0.1574$$

$$\left(\frac{\theta_w}{\theta_0}\right)_x = 1.1648\times\exp(-1.0979^2\times1.66)\times0.4555 = 0.0717$$

对平板 2:

$$\mu_1 = \left(0.4022+\frac{0.9188}{3}\right)^{-1/2} = 1.1881 \text{ rad}$$

$$A = 1.0101+0.2575(1-e^{-0.4271\times3.01}) = 1.1961$$

平板中心处

$$\cos(\mu_1\eta) = \cos 0° = 1$$

平板表面处

$$\cos(\mu_1\eta) = \cos 68.08° = 0.3734$$

$$\left(\frac{\theta_m}{\theta_0}\right)_y = 1.1961\times\exp(-1.1881^2\times0.849) = 0.3608$$

$$\left(\frac{\theta_w}{\theta_0}\right)_y = 1.1961\times\exp(-1.1881^2\times0.849)\times0.3734 = 0.1347$$

对平板 3:

$$\mu_1 = \left(0.4022+\frac{0.9188}{4.30}\right)^{-1/2} = 1.2742 \text{ rad}$$

$$A = 1.0101+0.2575(1-e^{-0.4271\times4.30}) = 1.2266$$

平板中心处

$$\cos(\mu_1\eta) = \cos 0° = 1$$

平板表面处

$$\cos(\mu_1\eta) = \cos 73.01° = 0.2923$$

$$\left(\frac{\theta_m}{\theta_0}\right)_z = 1.2266\times\exp(-1.2742^2\times0.416) = 0.6243$$

$$\left(\frac{\theta_w}{\theta_0}\right)_z = 1.2266\times\exp(-1.2742^2\times0.416)\times0.2923 = 0.1825$$

据上述计算可得:

钢锭中心温度

$$\frac{\theta_m}{\theta_0} = \left(\frac{\theta_m}{\theta_0}\right)_x\left(\frac{\theta_m}{\theta_0}\right)_y\left(\frac{\theta_m}{\theta_0}\right)_z = 0.1574\times0.3608\times0.6243 = 0.03545$$

$$t_m = 0.03540\theta_0+t_\infty = [0.03540\times(20\ ℃-1200\ ℃)+1200\ ℃] = 1158.3\ ℃$$

钢锭的顶角温度

$$\frac{\theta_w}{\theta_0} = \left(\frac{\theta_w}{\theta_0}\right)_x\left(\frac{\theta_w}{\theta_0}\right)_y\left(\frac{\theta_w}{\theta_0}\right)_z = 0.0716\times0.1344\times0.1821 = 0.00176$$

$$t = 0.00176\theta_0+t_\infty = [0.00176\times(20\ ℃-1200\ ℃)+1200\ ℃] = 1197.9\ ℃$$

讨论:钢锭的中心温度及角顶温度显然是钢锭中的最低与最高温度,钢锭的表面温度介于其间。试利用上面计算中已获得的数值计算此时钢锭三个表面的中心温度。

例题 3-13　三维圆柱钢锭加热温度预测

一直径为 600 mm、长 1 000 mm 的钢锭,初温为 30 ℃,然后置于 1 300 ℃的加热炉中。求置入加热炉内 4 h 后钢锭中心的温度。取表面传热系数的平均值 $h=232\ \text{W/(m}^2\cdot\text{K)}$,钢锭的导热系数 $\lambda=40.5\ \text{W/(m}\cdot\text{K)}$,热扩散率 $a=0.625\times10^{-5}\ \text{m}^2/\text{s}$。

题解

假设:(1) 物性为常数;(2) 加热过程中表面传热系数为常数。

计算:

$$\Theta_{m}=(\Theta_{m})_{p}(\Theta_{m})_{c}$$

先讨论厚 $2\delta=1\ 000$ mm 的无限大平板:

$$Bi=\frac{h\delta}{\lambda}=\frac{232\ \mathrm{W/(m^2\cdot K)}\times 0.5\ \mathrm{m}}{40.5\ \mathrm{W/(m\cdot K)}}=2.86$$

$$Fo=\frac{a\tau}{\delta^2}=\frac{0.625\times 10^{-5}\ \mathrm{m^2/s}\times 4\times 3\ 600\ \mathrm{s}}{(0.5\ \mathrm{m})^2}=0.36$$

采用拟合公式计算:

$$\mu_1=\left(0.402\ 2+\frac{0.918\ 8}{2.86}\right)^{-1/2}=1.175\ 7\ \mathrm{rad}$$

$$A=1.010\ 1+0.257\ 5(1-\mathrm{e}^{-0.427\ 1\times 2.86})=1.191\ 7$$

$$\frac{\theta_m}{\theta_0}=1.191\ 7\mathrm{e}^{-1.175\ 7^2\times 0.36}=0.724\ 5$$

对于 $2R=600$ mm 的无限长圆柱,有:

$$Bi=\frac{hR}{\lambda}=\frac{232\ \mathrm{W/(m^2\cdot K)}\times 0.3\ \mathrm{m}}{40.5\ \mathrm{W/(m\cdot K)}}=1.72$$

$$Fo=\frac{a\tau}{R^2}=\frac{0.625\times 10^{-5}\ \mathrm{m^2/s}\times 4\times 3\ 600\ \mathrm{s}}{(0.3\ \mathrm{m})^2}=1.0$$

$$\mu_1=\left(0.17+\frac{0.434\ 9}{1.72}\right)^{-1/2}=1.537\ 8\ \mathrm{rad}$$

$$A=1.004\ 2+0.587\ 7(1-\mathrm{e}^{-0.403\ 8\times 1.72})=1.298\ 5$$

$$\frac{\theta_m}{\theta_0}=1.298\ 5\mathrm{e}^{-1.537\ 8^2\times 1.0}=0.122\ 0$$

短圆柱中心的温度为

$$\frac{\theta_m}{\theta_0}=\left(\frac{\theta_m}{\theta_0}\right)_p\left(\frac{\theta_m}{\theta_0}\right)_c=0.724\ 5\times 0.122\ 20=0.088\ 4$$

$$t_m=0.088\ 4\theta_0+t_\infty=[0.088\ 4\times(30\ ℃-1\ 300\ ℃)+1\ 300\ ℃]=1\ 187.7\ ℃$$

讨论:如果把这一钢锭作为无限长柱体处理,则将得到

$$t_m=0.122\ 0\theta_0+t_\infty=[0.122\ 0\times(30\ ℃-1\ 300\ ℃)+1\ 300\ ℃]=1\ 145.1\ ℃$$

这说明短圆柱比无限长圆柱加热得快,试分析其原因。对于几何形状复杂的物体,或几何形状虽不复杂但边界条件复杂的问题,分析解法已无能为力。在这种情况下,可以采用数值解法求解。由于近年来计算机应用的迅速发展,数值解法越来越显示出其重要性,下一章将专门予以介绍。

例题 3-14　加热牛肉所需时间预测

有一直径 $D=4$ cm、高 $H=6$ cm 的牛肉柱体,初始温度为 10 ℃,后置于环境温度为 180 ℃的炉中加热,表面传热系数为 15 $\mathrm{W/(m^2\cdot K)}$。问需经过多长时间牛肉的温度才至少达到 80 ℃?在这一过程中牛肉吸收的热量是多少?

题解

分析：牛肉的温度至少达到 80 ℃就是柱体的中心温度应该达到这一温度。

假设：(1) 牛肉中大部分为水分，近似地用水的物性来估算；(2) 牛肉柱体的各个表面同时受到加热；(3) 以(10 ℃+80 ℃)/2=45 ℃来确定从开始加热到中心温度为 80 ℃水的物理特性，按(10 ℃+180 ℃)/2=95 ℃来决定计算总加热量的物性。

计算：(1) 所需时间计算由附录并插值得

$$\rho=990.1\ \mathrm{kg/m^3},\quad c_p=4.174\ \mathrm{kJ/(kg\cdot K)}$$

$$\lambda=64.2\times10^{-2}\ \mathrm{W/(m\cdot K)},$$

$$a=15.5\times10^{-8}\ \mathrm{m^2/s}$$

采用坎坡的拟合公式计算。

(a) 构成短圆柱的一维平板计算

$$Bi=\frac{h\delta}{\lambda}=\frac{15\ \mathrm{W/(m^2\cdot K)}\times0.03\ \mathrm{m}}{64.2\ \mathrm{W/(m\cdot K)}}=0.702$$

$$\mu_1^2=\left(0.4022+\frac{0.9188}{0.702}\right)^{-1}=0.5841$$

$$A=1.0101+0.2575\times[1-\exp(-0.4271\times0.702)]=1.0768$$

$$B=\frac{1.0063+0.3483\times0.702}{1+0.5475\times0.702}=0.9036$$

$$\frac{\theta(0,\tau)}{\theta_0}=1.0768\exp(-0.5841Fo_{\mathrm{p}})$$

$$\frac{\bar{\theta}}{\theta_0}=1.0768\exp(-0.5841Fo_{\mathrm{p}})\times0.9036=0.9730\times\exp(-0.5841Fo_{\mathrm{p}})$$

(b) 构成短圆柱的一维圆柱

$$Bi=\frac{hR}{\lambda}=\frac{15\ \mathrm{W/(m^2\cdot K)}\times0.02\ \mathrm{m}}{64.2\ \mathrm{W/(m\cdot K)}}=0.4676$$

$$\mu_1^2=\left(0.1700+\frac{0.4349}{0.4676}\right)^{-1}=0.9091$$

$$A=1.0042+0.5877\times[1-\exp(-0.4038\times0.4676)]=1.1053$$

$$B=\frac{1.0173+0.2574\times0.4676}{1+0.5983\times0.4676}=0.8889$$

$$\frac{\theta(0,\tau)}{\theta_0}=1.1053\exp(-0.9091Fo_{\mathrm{c}})\times0.9967=1.1017\exp(-0.9091Fo_{\mathrm{c}})$$

$$\frac{\bar{\theta}}{\theta_0}=1.1053\exp(-0.9091Fo_{\mathrm{c}})\times0.8889=0.9836\exp(-0.5841Fo_{\mathrm{p}})$$

故短圆柱的量纲为一的中心温度为

$$\frac{\theta_{\mathrm{m}}}{\theta_0}=\left(\frac{\theta_{\mathrm{m}}}{\theta_0}\right)_{\mathrm{p}}\left(\frac{\theta_{\mathrm{m}}}{\theta_0}\right)_{\mathrm{c}}=1.0768\exp(-0.5841Fo_{\mathrm{p}})\times1.1017\exp(-0.9091Fo_{\mathrm{c}})$$

$$Fo_{\mathrm{p}}=\frac{a\tau}{\delta^2}=\frac{15.5\times10^{-8}\ \mathrm{m^2/s}\times\tau}{(0.03\ \mathrm{m})^2}=1.7222\times10^{-4}\mathrm{s^{-1}}\times\tau$$

$$Fo_{\mathrm{c}}=\frac{a\tau}{R^2}=\frac{15.5\times10^{-8}\ \mathrm{m^2/s}\times\tau}{(0.02\ \mathrm{m})^2}=3.8750\times10^{-4}\mathrm{s^{-1}}\times\tau$$

代入并合并同类项得：

$$\frac{\theta_m}{\theta_0}=1.186\ 3\exp(-4.528\ 9\times10^{-4}\ s^{-1}\times\tau)=\frac{10}{17}$$

由此解得 $\tau=1\ 549$ s。

验算：此时

$$Fo_p=1.722\ 2\times10^{-4}\times1\ 549=0.266\ 7>0.2$$

$$Fo_c=3.875\ 0\times10^{-4}\times1\ 549=0.600\ 2>0.2$$

（2）牛肉吸收热量的计算

牛肉柱体的体积为

$$V=0.785D^2H=0.785\times(0.04\ m)^2\times0.06\ m=7.536\times10^{-5}\ m^3$$

将已经求出的所需时间代入，得

$$\left(\frac{\bar{\theta}}{\theta_0}\right)_p=0.973\ 0\times\exp(-0.584\ 1\times0.266\ 7)=0.832\ 6$$

$$\left(\frac{\bar{\theta}}{\theta_0}\right)_c=0.983\ 6\times\exp(-0.584\ 1\times0.600\ 2)=0.569\ 3$$

故有

$$\left(\frac{Q}{Q_0}\right)_p=1-\frac{\bar{\theta}}{\theta_0}=1-0.832\ 6=0.167\ 4$$

$$\left(\frac{Q}{Q_0}\right)_c=1-\frac{\bar{\theta}}{\theta_0}=1-0.569\ 3=0.430\ 7$$

$$\frac{Q}{Q_0}=\left(\frac{Q}{Q_0}\right)_p+\left(\frac{Q}{Q_0}\right)_c\left[1-\left(\frac{Q}{Q_0}\right)_p\right]=0.167\ 4+0.430\ 7\times(1-0.167\ 4)=0.526\ 0$$

$$\begin{aligned}Q_0&=\rho cV(t_\infty-t_0)=961.9\ kg/m^3\times4.21\ kJ/(kg\cdot K)\times7.536\times10^{-5}m^3\times(180-10)℃\\&=51.9\ kJ\end{aligned}$$

$$Q=0.526\ 0\times51.9\ kJ=27.3\ kJ$$

讨论：（1）由于涉及的温度变化范围（10～80 ℃和 10～180 ℃）较大，应该考虑热物性与温度有关，所以计算从 10 ℃→80 ℃以及从 10 ℃→180 ℃的热物性所根据的温度不同；（2）在计算所需时间的乘积过程中，利用指数相加的特点立即可以得出结果。如果采用海斯勒图，这里只能采用迭代法，即先假定一个时间，利用乘积解法得出温度，如果得出的值与给定条件不符，则修正假定，直到满足所需的精度为止。利用拟合公式在计算多维问题达到某个温度所需的时间时，不必进行迭代，是其一大优点。

本章小结与应用

1. 本章小结

本章介绍了非稳态导热的基本概念，非稳态导热过程分为非正规和正规状况阶段，并介绍了非稳态导热问题的解析解法：集中参数法、典型一维物体非稳态导热的分析解、半无限大物体的非稳态导热以及简单多维非稳态导热的乘积解法。

当遇到一个工程非稳态导热问题时，建议按照以下步骤进行求解：

(1) 如果物体的形状相对比较简单，或者允许做一定的近似处理，则可考虑采用分析解的方法。对此类问题，首先要尽可能确切地决定非稳态导热物体的热边界条件。在许多情形下，导热物体的边界热作用可以由第三类边界条件近似描述，这时获取比较准确的表面传热系数的数值对于解的准确性具有重要意义。本书第 5~7 章将对此进行详细讨论。

(2) 如果物体的形状复杂而且需要获得物体中的温度随时间变化的详细的信息，例如要确定发动机转子和气缸壁中的温度在启动过程中的分布及变化，以计算金属中由于温度不均匀而引起的热应力，则应求助于数值计算的方法。其主要思想将在下一章中介绍。

(3) 对于在整个非稳态导热过程中表面传热系数有相当大变化的情形，作为计算的第一步可以取其平均值来计算。进一步的方法是将非稳态过程分为几个时段，每一个时段中表面传热系数取为常数。这样的处理往往带有迭代的性质。

(4) 对第三类边界条件的问题，可以采用以下解题策略：

1) 首先尝试集中参数法，计算 Bi(其中可以用 V/A 作为特征尺度)。如果 $Bi<0.1$，则采用集中参数法。

2) 如果 $Bi>0.1$，则计算 Fo。如果 $Fo<0.05\sim0.06$，则可将导热物体看成半无限大的物体，采用式(3-38)计算物体中的温度。

3) 如果 $Bi>0.1$、$0.06<Fo<0.2$，则对可以作为一维问题处理的导热物体，需采用完全的级数解。注意，求解多维问题的乘积解法对于非稳态导热的初始阶段也是适用的。

4) 如果 $Bi>0.1$、$Fo>0.2$，则可采用正规状况阶段的简化解法。建议采用拟合公式(3-33)进行计算。

2. 本章应用举例

例题 3-15　热电偶的时间常数

在脉管制冷机、斯特林制冷机等工程技术领域中，工作介质(气体)速度的方向发生交替变化，流体温度发生周期性脉动，这种流动称为交变流动(oscillating flow)。假定在以空气为介质的交变流动中，空气在一个周期内的平均温度为 303 K，脉动的频率为 5 Hz，现用铜-康铜热电偶来测定气流的温度随时间的变化。气体流速为 20 m/s，热电偶热结点直径 $d=0.9$ mm，热结点的物理性质为 $\rho=8\ 332\ \text{kg/m}^3$、$c_p=188\ \text{J/(kg·K)}$、$\lambda=51\ \text{W/(m·K)}$。试问这样的热电偶是否能达到要求？

题解

分析：要测定脉动频率为 5 Hz(脉动周期为 0.2 s)的气流温度，则热电偶本身的时间常数必须远小于 0.2 s 方可测得较准确的数值。因此，本题的计算目的是要确定所给定条件下热电偶的时间常数。

假设：(1) 热结点是一个孤立的球，不考虑与热结点相连接导线的影响；(2) 热结点与空气间的表面传热系数可以用流体与球间的对流传热计算式来确定(这里应用第 6 章中的公式)；(3) 不计热结点与周围环境间的辐射传热。

计算：303 K 空气的热物性为 $\nu=16.0\times10^{-6}\ \text{m}^2/\text{s}$、$\lambda=2.67\times10^{-2}\ \text{W/(m·K)}$、$Pr=0.701$(普朗特数，反映流体热物性的影响)。来流的 Re 为

$$Re=\frac{u_\infty d}{\nu}=\frac{20\ \text{m/s}\times9\times10^{-4}\ \text{m}}{16.0\times10^{-6}\ \text{m}^2/\text{s}}=1\ 125$$

小球的平均表面传热系数可按下式计算：

$$\frac{hd}{\lambda_f}=2+(0.4Re^{1/2}+0.06Re^{2/3})Pr^{2/5}$$

$$=2+(0.4\times1\,125^{1/2}+0.06\times1\,125^{2/3})\times0.701^{2/5}$$

$$=2+17.2=19.3$$

$$h=\frac{19.3\times26.7\times10^{-2}\ \mathrm{W/(m\cdot K)}}{9\times10^{-4}\ \mathrm{m}}=591\ \mathrm{W/(m^2\cdot K)}$$

$$Bi=\frac{hd}{\lambda}=\frac{591\ \mathrm{W/(m^2\cdot K)}\times9\times10^{-4}\ \mathrm{m}}{51\ \mathrm{W/(m\cdot K)}}=0.01$$

满足采用集中参数法的条件。所以

$$\tau_c=\frac{\rho cV}{Ah}=\frac{8\,332\ \mathrm{kg/m^3}\times188\ \mathrm{J/(kg\cdot K)}\times4.5\times10^{-4}\ \mathrm{m}}{591\ \mathrm{W/(m^2\cdot K)}\times3}=1.19\ \mathrm{s}$$

讨论:此值大于温度的脉动周期,因此该直径的热电偶无法测定这一交变流动的温度随时间的变化。需要将直径减小到多大才能满足要求留给读者在习题中去完成。

例题 3-16　电熨斗烫衣料

用电熨斗来烫平一块厚的衣料。熨斗表面的热流密度 $q_0=2\times10^4\ \mathrm{W/m^2}$,衣料的初始温度为 20 ℃,热扩散率 $a=10^{-7}\ \mathrm{m^2/s}$,导热系数 $\lambda=0.2\ \mathrm{W/(m\cdot K)}$。该衣料的烫焦温度为 180 ℃。如果熨斗连续在衣料表面上同一地点放置 30 s,问衣料表面以及其下 3 mm 处的温度是多少?

题解

分析:此题可以采用第二类边界条件的半无限大物体的简化模型来分析。

假设:(1) 熨斗放在衣料上后该处仍然保持原有的形状;(2) 熨斗的热量全部传到衣料中;(3) 常物性。

计算:计算 30 s 后衣料表面及其下 3 mm 处的温度

$$t(0,\tau)=t_0+\frac{2q_0\sqrt{\frac{a\tau}{\pi}}}{\lambda}=20\ ℃+\frac{2\times2\times10^4\ \mathrm{W/m^2}\times(10^{-7}\ \mathrm{m^2/s}\times30\ \mathrm{s}/3.14)^{1/2}}{0.2\ \mathrm{W/(m\cdot k)}}=215.5\ ℃$$

对 $x=3$ mm、$\tau=30$ s,有

$$\frac{x^2}{4a\tau}=\frac{(3\times10^{-3}\mathrm{m})^2}{4\times10^{-7}\ \mathrm{m^2/s}\times30\ \mathrm{s}}=0.75$$

$$t(x,\tau)=t_0+\frac{2q_0\sqrt{\frac{a\tau}{\pi}}}{\lambda}\exp\left(-\frac{x^2}{4a\tau}\right)-\frac{q_0x}{\lambda}\mathrm{erfc}\left(\frac{x}{2\sqrt{a\tau}}\right)$$

$$=20\ ℃+\frac{2\times2\times10^4\ \mathrm{W/m^2}\times(10^{-7}\ \mathrm{m^2/s}\times30\ \mathrm{s}/3.14)^{1/2}}{0.2\ \mathrm{W/(m\cdot k)}}\times\exp(-0.75)-$$

$$\frac{2\times10^4\ \mathrm{W/m^2}\times3\times10^{-3}\ \mathrm{m}}{0.2\ \mathrm{W/(m\cdot K)}}\times\mathrm{erfc}\left(\frac{3\times10^{-3}\ \mathrm{m}}{2\times\sqrt{10^{-7}\ \mathrm{m^2/s}\times30\ \mathrm{s}}}\right)$$

$$=20\ ℃+92.3\ ℃-64.5\ ℃=47.9\ ℃$$

讨论:30 s 后衣料的表面温度已经超过烫焦的极限,但是 3 mm 以下处则不到 50 ℃,这是因为衣料的热扩散率极低之故。

例题 3-17　蔬菜罐头的蒸汽加热消毒

一直径为 10 cm、高 8 cm 的蔬菜罐头，初始温度为 40 ℃，被置于饱和温度为 105 ℃的蒸汽中通过蒸汽凝结加热。问 80 min 后罐头中的最低温度及其所吸收的热量。

题解

分析：蒸汽凝结对流传热表面传热系数相当大，可以认为表面热阻为零，即 $Bi\to\infty$；罐头中的最低温度发生在罐头的中心。

假设：(1) 罐头四周均匀受热；(2) 蔬菜的物性取为水的值；(3) 罐头内为纯导热作用，没有对流；(4) 不计罐头金属包壳的影响。

计算：以 (40+80) ℃/2 = 60 ℃计算物性有

$$\rho=983.2\ \mathrm{kg/m^3},\quad c_p=4\,179\ \mathrm{J/(kg\cdot K)},\quad \lambda=65.9\times10^{-2}\ \mathrm{W/(m\cdot K)},\quad a=16\times10^{-8}\ \mathrm{m^2/s}$$

对于 8 cm 厚的平板

$$Fo=\frac{a\tau}{\delta^2}=\frac{16.0\times10^{-8}\ \mathrm{m^2/s}\times4\,800\ \mathrm{s}}{(0.04\ \mathrm{m})^2}=0.48$$

对于 10 cm 直径的圆柱

$$Fo=\frac{a\tau}{R^2}=\frac{16.0\times10^{-8}\ \mathrm{m^2/s}\times4\,800\ \mathrm{s}}{(0.05\mathrm{m})^2}=0.307$$

可以采用正规状况阶段的简化解，采用拟合公式法。

对平板

$$\mu_1^2=\left(a+\frac{b}{Bi}\right)^{-1}=0.402\,2^{-1}=2.486\,3$$

$$A=a+b[1-\exp(-cBi)]=0.402\,2+0.918\,8=1.321\,0$$

$$B=\frac{a+cBi}{1+bBi}=\frac{c}{b}=\frac{0.348\,3}{0.547\,5}=0.636\,2$$

$$\mathrm{J}_0(\eta)=a+b\eta+c\eta^2+d\eta^3=a=0.996\,7$$

$$\left(\frac{\theta_\mathrm{m}}{\theta_0}\right)_\mathrm{p}=A\exp(-\mu_1^2Fo)f(0)=1.321\times\exp(-2.486\,3\times0.48)\times1.000\,0=0.400$$

$$\left(\frac{\overline{\theta}}{\theta_0}\right)_\mathrm{p}=A\exp(-\mu_1^2Fo)B=1.321\times\exp(-2.486\,3\times0.48)\times0.636\,2=0.255$$

$$\left(\frac{Q}{Q_0}\right)_\mathrm{p}=1-\left(\frac{\overline{\theta}}{\theta}\right)_\mathrm{p}=1-0.255=0.745$$

对于一维圆柱

$$\mu_1^2=\left(a+\frac{b}{Bi}\right)^{-1}=0.170\,0^{-1}=5.882\,4$$

$$A=a+b[1-\exp(-cBi)]=1.004\,2+0.587\,7=1.591\,9$$

$$B=\frac{a+cBi}{1+bBi}=\frac{c}{b}=\frac{0.257\,4}{0.598\,3}=0.430\,2$$

$$\mathrm{J}_0(\eta)=a+b\eta+c\eta^2+d\eta^3=a=0.996\,7$$

$$\left(\frac{\theta_\mathrm{m}}{\theta_0}\right)_\mathrm{c}=A\exp(-\mu_1^2Fo)f(0)=1.591\,9\times\exp(-5.882\,4\times0.307)\times0.996\,7=0.261$$

$$\left(\frac{\overline{\theta}}{\theta_0}\right)_\mathrm{c}=A\exp(-\mu_1^2Fo)B=1.591\,9\times\exp(-5.882\,4\times0.307)\times0.430\,2=0.113$$

$$\left(\frac{Q}{Q_0}\right)_c=1-\left(\frac{\overline{\theta}}{\theta}\right)_c=1-0.113=0.887$$

蔬菜罐头

$$\frac{\theta_m}{\theta_0}=\left(\frac{\theta_m}{\theta_0}\right)_p\left(\frac{\theta_m}{\theta_0}\right)_c=0.400\times0.261=0.1044$$

$$\frac{t_m-t_\infty}{t_0-t_\infty}=\frac{t_m-105\ ℃}{40\ ℃-105\ ℃}=0.1044,\quad t_m=98.1\ ℃$$

$$\frac{Q}{Q_0}=\left(\frac{Q}{Q_0}\right)_p+\left(\frac{Q}{Q_0}\right)_c\left[1-\left(\frac{Q}{Q_0}\right)_p\right]=0.745+0.887\times(1-0.745)=0.9712$$

仍然以 60 ℃的物性值计算 Q_0,则有

$$\begin{aligned}Q&=0.9712\times983.2\ \text{kg/m}^3\times4\,179\ \text{J/(kg}\cdot\text{K)}\times3.14\times(0.05\ \text{m})^2\times0.08\ \text{m}\times(105-40)\ \text{K}\\&=162.9\ \text{kJ}\end{aligned}$$

讨论:分析解是对常物性问题作出的,实际物体的物理性质多少与温度有关。但只要物性数值变化不是太大,取某个平均温度[这样的温度称为定性温度(reference temperature)]下的物性进行计算一般足够准确。上例中,如果计算 Q_0 的温度取为 70 ℃,$\rho=977.7\ \text{kg/m}^3$,$c_p=4\,187\ \text{J/(kg}\cdot\text{K)}$,则所得之值相差仅 0.4%,完全在工程计算允许的误差范围内。因此原设定性温度 60 ℃有效,不必更新再计算。

例题 3-18　芯片冷却时间估算

现有一厚度 $\delta=1$ mm 的正方形芯片被嵌在陶瓷基片内(图 3-19),芯片上表面被 $t_\infty=20$ ℃的介电液体冷却,$h=200\ \text{W/(m}^2\cdot\text{K)}$,该芯片表面边长 $l=5$ mm。一开始芯片不运行,其温度与介电液体相同(即 $t_0=t_\infty$),开始工作时,芯片温度将不断升高直到达到新的稳态。将工作芯片视作内部有均匀的内热源 $\dot{\Phi}=9\times10^6\ \text{W/m}^3$。假设芯片底部和四周与陶瓷基片间的接触热阻无限大,芯片内部的导热热阻可忽略,试确定芯片达到稳态时的温度 t_{ch},芯片温度达到与稳态温度相差 1 ℃之内需要多长时间?已知芯片 $\rho=2\,000\ \text{kg/m}^3$,$c=700\ \text{J/(kg}\cdot\text{K)}$。

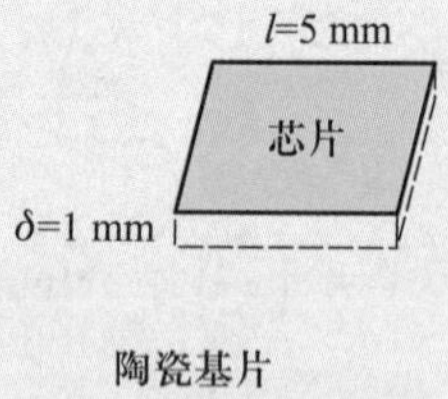

图 3-19　例题 3-18 附图

题解

分析:芯片只有上表面被冷却,四周和侧面绝热,因而参与换热的面积只有上表面。芯片有内热源,需考虑内热源对温度变化的影响。

计算:

由题设,忽略内部导热热阻,故可使用集中参数法。首先确定达到稳态时的芯片温度,由热平衡关系有

$$\dot{\Phi}V=hA(t_{ch}-t_\infty)$$

即

$$9\times10^6\ \text{W/m}^3\times0.001\ \text{m}\times(0.005\ \text{m})^2=200\ \text{W/(m}^2\cdot\text{K)}\times(0.005\ \text{m})^2\times(t_{ch}-20)\ \text{K}$$

解得 $t_{ch}=65$ ℃。

此时由于芯片内部有内热源,温度控制方程应写为

$$\rho cV\frac{dt}{d\tau}=-hA(t-t_\infty)+\dot{\Phi}V$$

引入过余温度 $\theta=t-t_\infty$,方程改写为

$$\rho c\frac{V}{A}\frac{\mathrm{d}\theta}{\mathrm{d}\tau}=-h\theta+\dot{\Phi}\frac{V}{A}$$

求解得到其温度表达式为

$$\theta=-\frac{\dot{\Phi}V}{Ah}\mathrm{e}^{-\frac{Ah}{\rho cV}\tau}+\frac{\dot{\Phi}V}{Ah}$$

当芯片温度为 64 ℃时，有

$$64\ ℃-20\ ℃=-45\exp\left(-\frac{1}{7}\tau\right)+45$$

解得 $\tau=26.647$ s。

讨论：若增大芯片表面传热系数 h，芯片会更快达到稳态温度，但此时芯片的稳态温度会显著降低。

例题 3-19　热扰动传递速度的讨论

有一半无限大的物体，初始温度 $t_0=25$ ℃，后其表面温度突然上升到 50 ℃并保持不变。试计算使表面的扰动传递到 $x=0.01$ m、0.1 m、1.0 m 及 10 m 四个地点，且使该处发生 0.1 ℃温度变化所需要的时间。$a=10^{-5}\ \mathrm{m^2/s}$。

题解

分析：上面已指出，傅里叶导热定律是基于热扰动的传递速度是无限大的假定，而实际物体中热扰动的传递又是以有限速度进行的。这样两个看起来是矛盾的概念在处理一般工程导热问题时又是如何统一的呢？本例就是为回答这样一个问题而专门设计的。

计算：上述四个地点温度升高 0.1 ℃后有

$$\frac{t_w-t(x)}{t_w-t_0}=\frac{50\ ℃-25.1\ ℃}{50\ ℃-25.0\ ℃}=0.996$$

利用双精度数据对误差函数作数值积分后得 $\eta=2.035\ 2$ 时 $\mathrm{erf}\,\eta=0.996\ 000\ 6$。由此得

$$\frac{x}{2\sqrt{a\tau}}=2.035\ 2$$

即

$$\tau=\frac{x^2}{4.070\ 4^2a}$$

对四个地点的计算结果如下：

x/m	0.01	0.1	1.0	10
τ/s	0.603 6	60.357	6 035.67	603 567

讨论：根据误差函数的性质，$\eta\to\infty$ 时 $\mathrm{erf}\,\eta\to1$，η 为有限大小时 $\mathrm{erf}\,\eta$ 之值总小于 1。于是，由式(3-35)可见，一旦物体表面上发生一个热扰动，无论经历多么短的一段时间（τ 很小），无论在离开表面多么远的地点（x 很大），该处总能感受到表面上的变化（$\theta/\theta_0<1$），这就意味着热扰动的传播速度是无限的。实际上，傅里叶导热定律及导热微分方程式正是基于热量扩散的速度是无限大的假定。对大多数工程导热问题，这一假定是可以接受的。因为本例的计算表明，虽然式(3-35)的导出是基于热量扩散的速度是无限大的假设，但要使离开表面一定距离处产生有限大小的温度变化则仍需要一定时间，而且离开表面的距离越远，所需的时间越长，这好像热量的扩散是以“有限的速度”进行的。从一般工程检测而言，0.1 ℃是可以分辨出来的

温度变化，所以本题中取此值进行计算。因此，本书中所讨论的导热问题的基本方程虽是基于热量扩散的速度是无限大的假定，但在解释热扩散率的物理意义（2.2 节）及傅里叶导热定律的物理意义（3.2 节）时，仍然是从热量扩散的速度是有限的这一角度出发的，其理由也就在于此。

复习题

1. 试说明集中参数法的物理概念及数学上处理的特点。

2. 在用热电偶测定气流的非稳态温度场时，怎样才能改善热电偶的温度响应特性？

3. 试说明“一维”平板的物理概念，并举出一两个可以按一维平板处理的非稳态导热问题。

4. 什么是非稳态导热的正规状况阶段或充分发展阶段？这一阶段在物理过程及数学处理上都有些什么特点？

5. 有人认为，当非稳态导热过程经历时间很长时，采用图 3-8 计算所得的结果是错误的。理由是：这个图表明，物体中各点的过余温度的比值仅与几何位置及 Bi 有关，而与时间无关。但当时间趋于无限大时，物体中各点的温度应趋近流体温度，所以两者是有矛盾的。你是否同意这种看法，说明你的理由。

6. 试说明 Bi 的物理意义。$Bi\to0$ 及 $Bi\to\infty$ 各代表什么样的换热条件？有人认为，$Bi\to0$ 代表了绝热工况，你是否赞同这一观点，为什么？

7. 什么是非稳态导热问题的乘积解法，它的使用条件是什么？

8. 什么是“半无限大”的物体？半无限大物体的非稳态导热存在正规状况阶段吗？

9. 冬天，72 ℃的铁与 600 ℃的木材摸上去的感觉一样，为什么？

10. 本章的讨论都是对物性为常数的情形作出的，对物性是温度函数的情形，你认为应怎样获得其非稳态导热的温度场？

11. 图 3-8 表明当 Bi 足够大时，三种几何形状的 μ_1 均为常数，这代表了什么样的导热工况？

习题

基本概念及定性分析

3-1 设有五块厚 30 mm 的无限大平板，各用银、铜、钢、玻璃及软木做成，初始温度均匀且为 20 ℃，两个侧面突然上升到 60 ℃，试计算使中心温度上升到 56 ℃时各板所需的时间。五种材料的热扩散率依次为 $170\times10^{-6}\ m^2/s$、$103\times10^{-6}\ m^2/s$、$12.9\times10^{-6}\ m^2/s$、$0.59\times10^{-6}\ m^2/s$、$0.155\times10^{-6}\ m^2/s$。由此计算你可以得出什么结论？

3-2 设一根长 l 的棒有均匀初始温度 t_0，此后使其两端各维持在恒定的温度 $t_1(x=0)$ 及 $t_2(x=l)$，并且 $t_2>t_1>t_0$。棒的四周保持绝热。试画出棒中温度分布随时间变化的示意性曲线及最终的温度分布曲线。

3-3 假设把汽轮机的汽缸壁及其外的绝热层近似地看成两块紧密接触的无限大平板（绝热层厚度大于汽缸壁），试定性地画出汽轮机从冷态启动（即整个汽轮机均与环境处于热平衡）后缸壁及绝热层中的温度分布随时间的变化。

3-4 在一内部流动的对流传热试验中（见附图），用电阻加热器产生热量加热管道内的流体，电加热功率为常数，管道可以当作平壁对待。试画出在非稳态加热过程中系统中的温度分布随时间的变化（包括电阻加热器、管壁及被加热的管内流体）。画出典型的四个时刻：初始状态（未开始加热时）、稳定状态及两个中间状态。

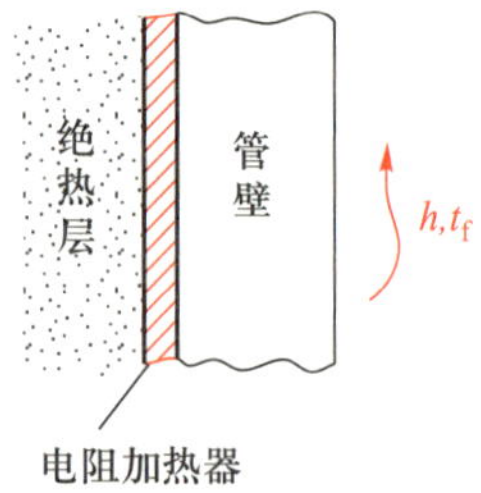

习题 3-4 附图

3-5 现代微波炉加热物体的原理是利用高频电磁波使物体中的分子极化从而产生振荡，其结果相当于物体中产生了一个接近于均匀分布的内热源，而一般的烘箱则是从物体的表面上进行接近恒热流的加热。

设把一块牛肉当作厚 2δ 的无限大平板，试定性地画出采用微波炉及烘箱对牛肉加热（从室温到最低温度为 85 ℃）过程中牛肉中的温度分布曲线（加热开始前、加热过程中某一时刻及加热终了三个时刻）。

集中参数法分析

3-6　一初始温度为 t_0 的固体，被置于室温为 t_∞ 的房间中。物体表面的内流体与容器中流体间的总传热系数 k 及传热面积 A 均为已知，k 为常数。试导出开始加热后任一时刻 τ 时容器中流体温度的计算式。

3-7　如附图所示，一容器中装有质量为 m、比热容为 c 的流体，初始温度为 t_0。另一种流体在管内凝结放热，凝结温度为 t_1。容器外壳绝热良好。容器中的流体因有搅拌器的作用而可认为任一时刻整个流体的温度都是均匀的。管内流体与容器中流体间的总传热系数 k 及传热面积 A 均为已知，k 为常数。试导出开始加热后任一时刻 τ 时容器中流体温度的计算式。

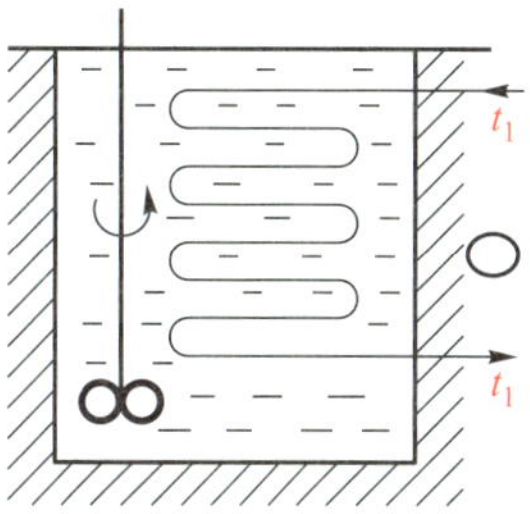

习题 3-7 附图

3-8　一具有内部加热装置的物体与空气处于热平衡。在某一瞬间，加热装置投入工作，其作用相当于强度为 Φ 的内热源。设物体与周围环境的表面传热系数为 h（常数），内热阻可以忽略，其他几何、物性参数均已知，试列出其温度随时间变化的微分方程式并求解之。

3-9　一热电偶的 $\rho cV/A$ 之值为 2.094 kJ/(m² · K)，初始温度为 20 ℃，后将其置于 320 ℃ 的气流中。试计算在气流与热电偶之间的表面传热系数为 58 W/(m² · K) 及 116 W/(m² · K) 的两种情形下热电偶的时间常数，并画出两种情形下热电偶读数的过余温度随时间变化的曲线。

3-10　一热电偶的热结点可近似地看成球形，初始温度为 25 ℃，后被置于温度为 200 ℃ 的气流中。问欲使热电偶的时间常数 $\tau_c = 1$ s，热结点的直径应为多大？已知热结点与气流间的表面传热系数为 350 W/(m² · K)。热结点的物性为 $\lambda = 20$ W/(m · K)、$c = 400$ J/(kg · K)、$\rho = 8\ 500$ kg/m³。如果气流与热结点之间还有辐射传热，对所需的热结点直径之值有何影响？热电偶引线的影响略而不计。

3-11　一根裸露的长铜导线处于温度为 t_∞ 的空气中。试导出当导线中通以恒定电流 I 后导线温度变化的微分方程式。设导线同一截面上的温度是均匀的，导线的周长为 P，截面积为 A_c。比热容为 c，密度为 ρ，电阻率为 ρ_e，与环境的表面传热系数为 h，长度方向的温度变化略而不计。若已知导线的质量为 3.45 g/m，$c = 460$ J/(kg · K)，电阻值为 3.63 Ω/m，电流为 8 A，试确定导线刚通电瞬间的温升率。

3-12　一块单侧表面积为 A、初温为 t_0 的平板，一侧表面突然受到恒定热流密度 q_0 的加热，另一侧表面则受温度为 t_∞ 的气流冷却，表面传热系数为 h。试列出物体温度随时间变化的微分方程式并求解之。设内热阻可以不计，其他的几何、物性参数均已知。

3-13　一块厚 20 mm 的钢板，加热到 500 ℃ 后置于 20 ℃ 的空气中冷却，设冷却过程中钢板两侧面的平均表面传热系数为 35 W/(m² · K)，钢板的导热系数为 45 W/(m · K)，热扩散率为 1.37×10^{-5} m²/s。试确定使钢板冷却到与空气相差 10 ℃ 时所需的时间。

3-14　一碳质量分数约 0.5% 的曲轴，加热到 600 ℃ 后置于 20 ℃ 的空气中回火。曲轴的质量为 7.84 kg，表面积为 870 cm²，比热容为 418.7 J/(kg · K)，密度为 7 840 kg/m³，导热系数可按 300 ℃ 查取，冷却过程的平均表面传热系数取为 29.1 W/(m² · K)。问经多长时间后曲轴可冷却到与空气相差 10 ℃？

3-15　一种火焰报警器采用低熔点的金属丝作为传感元件，当该导线受火焰或高温烟气的作用而熔断时报警系统即被触发。一报警系统导线的熔点为 500 ℃，$\lambda = 210$ W/(m · K)，$\rho = 7\ 200$ kg/m³，$c = 420$ J/(kg · K)，初始温度为 25 ℃。问当它突然受到 650 ℃ 烟气加热后，为在 1 min 内发出报警信号，导线直径应限制在多大以下？设复合换热的表面传热系数为 12 W/(m² · K)。

3-16　在热处理工艺中，用银球试样来测定淬火介质在不同条件下的冷却能力。今有两个直径为 20 mm 的银球，加热到 650 ℃ 后被分别置于 20 ℃ 的盛有静止水的大容器及 20 ℃ 的循环水中。用热电偶测得，当银球中心温度从 650 ℃ 变化到 450 ℃ 时，其降温速率分别为 180 ℃/s 及 360 ℃/s。试确定两种情况下银球表面与水之间的表面传热系数。已知在上述温度范围内银的物性参数为 $\rho=10\ 500\ kg/m^3$、$c=262\ J/(kg\cdot K)$、$\lambda=360\ W/(m\cdot K)$。

3-17 等离子喷镀是一种用以改善材料表面特性(耐蚀性、耐磨性等)的高新技术。陶瓷是常用的一种喷镀材料。喷镀过程大致如下:把陶瓷粉末注入温度高达 10^4 K 的等离子气流中,在到达被喷镀的表面之前,陶瓷粉末吸收等离子气流的热量而迅速升温到熔点并完全熔化为液滴,然后冲击到被喷镀表面上后迅速凝固,形成一镀层。设氧化铝(Al_2O_3)粉末颗粒的直径 $D_p=50\ \mu m$,密度 $\rho=3\ 970\ kg/m^3$,导热系数 $\lambda=11\ W/(m\cdot K)$,比热容 $c=1\ 560\ J/(kg\cdot K)$,这些粉末颗粒与气流间的表面传热系数为 $10\ 000\ W/(m^2\cdot K)$,粉末颗粒的熔点为 2 350 K,熔解潜热为 3 580 kJ/kg。试在不考虑颗粒的辐射热损失时确定从 $t_0=300$ K 加热到其熔点所需的时间,以及从刚到达熔点直至全部熔为液滴所需的时间。

3-18 直径为 1 mm 的金属丝置于温度为 25 ℃ 的恒温油槽中,其电阻值为 0.01 Ω/m,设电流强度为 120 A 的电流突然流经此导线并保持不变,导线表面与油之间的表面传热系数为 $550\ W/(m^2\cdot K)$。问:当导线温度稳定后其值为多少? 从通电开始瞬间到导线温度与稳定时之值相差 1 ℃ 所需的时间为多少? 设表面传热系数保持为常数,导线的 $c=500\ J/(kg\cdot K)$,$\rho=8\ 000\ kg/m^3$,$\lambda=25\ W/(m\cdot K)$。

一维平板、圆柱非稳态导热

3-19 作为一种估算,可以对汽轮机启动过程中汽缸壁的升温过程做以下近似分析:把汽缸壁看成一维的平壁,启动前汽缸壁温度均匀并为 t_0,进入汽轮机的蒸汽温度与时间呈线性关系,即 $t_f=t_{f0}+w\tau$,其中 w 为蒸汽升温速率。汽缸壁与蒸汽间的表面传热系数 h 为常数。汽缸壁外表面绝热良好。试对这一简化模型列出汽缸壁中温度的数学描写式。

3-20 在一无限大平板的非稳态导热过程中,测得某一瞬间在板的厚度方向上的三点 A、B、C 处的温度分别为 $t_A=180$ ℃、$t_B=130$ ℃、$t_C=90$ ℃,点 A 与 B 及 B 与 C 各相隔 1 cm,材料的热扩散率 $a=1.1\times10^5\ m^2/s$。试估计在该瞬间 B 点温度对时间的瞬时变化率。该平板的厚度远大于 A、C 之间的距离。

3-21 有两块同样材料的平板 A 及 B,A 的厚度为 B 的两倍,从同一高温炉中取出置于冷流体中淬火。流体与各表面间的表面传热系数均可视为无限大。已知板 B 中心点的过余温度下降到初值的一半需要 21 min,问 A 板达到同样温度工况需多少时间?

3-22 某一瞬间,一无内热源的无限大平板中的温度分布可以表示成 $t=c_1x^2+c_2$ 的形式,其中 c_1、c_2 为已知的常数。试确定:(1) 此时刻在 $x=0$ 的表面处的热流密度;(2) 此时刻平板平均温度随时间的变化率,物性已知且为常数。

3-23 一截面尺寸为 10 cm×5 cm 的长钢棒(18~20Cr/8~12Ni),初始温度为 20 ℃,然后长边的一侧突然置于 200 ℃ 的气流中,$h=125\ W/(m^2\cdot K)$,而另外三个侧面绝热。试确定 6 min 后长边的另一个侧面中点的温度。钢棒的 ρ、c、λ 可近似地取用 20 ℃ 时之值。

3-24 一高 $H=0.4$ m 的圆柱,初始温度均匀,然后将其四周曲面完全绝热,而上、下底面暴露于气流中冷却,气流与两底面间的表面传热系数均为 $50\ W/(m^2\cdot K)$。圆柱导热系数 $\lambda=20\ W/(m\cdot K)$,热扩散率 $a=5.6\times10^{-6}\ m^2/s$。试确定圆柱中心过余温度下降到初值一半时所需的时间。

3-25 有一航天器,重返大气层时壳体表面温度为 1 000 ℃,随即落入温度为 5 ℃ 的海洋中。设海水与壳体表面间的表面传热系数为 $1\ 135\ W/(m^2\cdot K)$,试问此航天器落入海洋 5 min 后的表面温度是多少? 壳体壁面中的最高温度是多少? 壳体的厚度 $\delta=50$ mm,$\lambda=56.8\ W/(m\cdot K)$,$a=4.13\times10^{-6}\ m^2/s$,其内侧面可认为是绝热的。

3-26 厚 8 mm 的瓷砖被堆放在室外货场上,并与 −15 ℃ 的环境处于热平衡。此后把它们搬入 25 ℃ 的室内。为了加速升温过程,每块瓷砖被分散地搁在墙旁,设此时瓷砖两面与室内环境的表面传热系数为 $4.4\ W/(m^2\cdot K)$。为防止瓷砖脆裂需待其温度上升到 10 ℃ 以上才可操作,问需等待多少时间? 已知瓷砖的 $\lambda=1.1\ W/(m\cdot K)$,$a=7.5\times10^{-7}\ m^2/s$。如瓷砖厚度增加一倍,其他条件不变,问等待时间又为多少?

3-27 汽轮机在启动一段时间后,如果蒸汽速度保持匀速上升,则汽缸壁中的温度变化会达到或接近这样的工况:壁中各点的温度对时间的偏导数既不随时间而异,又不随地点而变(称准稳态工况)。试对准稳态工况导出汽缸壁中最大温差的计算公式。

3-28 一块厚 300 mm 的板状钢坯(碳质量分数近似为 0.5%)的初温为 20 ℃,送入温度为 1 200 ℃的炉子里单侧加热,不受热侧可近似地认为是绝热的。已知钢板的热扩散率 $a=5.55\times10^{-6}\ \mathrm{m^2/s}$。加热过程中平均表面传热系数为 290 $\mathrm{W/(m^2\cdot K)}$,试确定加热到钢板表面温度低于炉温 15 ℃时所需的时间以及此时钢板两表面间的温差。导热系数可按 600 ℃查附录。

3-29 一初始温度为 t_0、厚 2δ 的无限大平板,其两表面的温度突然降低到 t_w,此后平板中各点的温度按下式计算:

$$\frac{\theta}{\theta_0}=\frac{4}{\pi}\sum_{n=1}^{\infty}\frac{1}{n}\mathrm{e}^{-[n\pi/(2\delta)]^2}\sin\frac{n\pi x}{2\delta}$$

$$\theta=t(x,\tau)-t_w,\quad \theta_0=t_0-t_w$$

今有一厚为 3 cm 的平板,$t_0=150$ ℃,$t_w=30$ ℃,$a=2\times10^{-6}\ \mathrm{m^2/s}$,试用上式(仅取无穷级数的第一项)计算 1 min 后平板中间截面上的温度,并与海斯勒图及式(3-30)相比较。如取级数的前 4 项来计算,对结果有何影响?

3-30 火箭发动机的喷管在启动过程中受到高温($t_\infty=2\ 300$ K)燃气的加热,受材料限制其局部壁温不得大于 1 500 K。为延长运行时间,在喷管内壁喷涂了一层厚 10 mm 的陶瓷,其热物性参数为 $\lambda=10\ \mathrm{W/(m\cdot K)}$、$a=6\times10^{-6}\ \mathrm{m^2/s}$,试对此情况下喷管能承受的运行时间作一保守的估计。设内表面与高温燃气间的表面传热系数为 2 500 $\mathrm{W/(m^2\cdot K)}$,喷管的初始温度 $T_0=300$ K。

3-31 一火箭发动机喷管,壁厚为 9 mm,初始温度为 30 ℃。在进行静推力试验时,温度为 1 750 ℃的高温燃气送入该喷管,燃气与壁面间的表面传热系数为 1 950 $\mathrm{W/(m^2\cdot K)}$。喷管材料的密度 $\rho=8\ 400\ \mathrm{kg/m^3}$,$c=560\ \mathrm{J/(kg\cdot K)}$,$\lambda=24.6\ \mathrm{W/(m\cdot K)}$。假设喷管因直径与厚度之比较大而可视为平壁,且外侧可做绝热处理,试确定:(1) 为使喷管的最高温度不超过材料允许温度 1 000 ℃而能允许的运行时间;(2) 在所允许时间的终了时刻,壁面中的最大温差;(3) 在上述时刻壁面中的平均温度梯度与最大温度梯度。

一维圆柱

3-32 对于一无内热源的长圆柱的非稳态导热问题,在某一瞬测得 $r=2$ cm 处温度的瞬时变化率为 -0.5 K/s。试计算此时此处圆柱单位长度上的热流量沿半径方向的变化率,并说明热流密度矢量的方向。已知 $\lambda=43\ \mathrm{W/(m\cdot K)}$,$a=1.2\times10^{-5}\ \mathrm{m^2/s}$。

3-33 一根长黄铜柱,直径为 20 cm,初温为 20 ℃,后被置于 100 ℃的流体中加热。问需要多大的表面传热系数才可使柱体中心温度在 10 min 内上升到 80 ℃? 黄铜的 ρ、c、λ 可按 20 ℃查表。

3-34 一根直径为 170 mm 的长轴,初始温度为 17 ℃,后被置于炉温为 850 ℃的环境中。轴材料的导热系数为 30 $\mathrm{W/(m\cdot K)}$,热扩散率为 $6.2\times10^{-6}\ \mathrm{m^2/s}$,加热过程中的表面传热系数为 141 $\mathrm{W/(m^2\cdot K)}$。试确定为使长轴的中心温度达到 800 ℃所需的时间以及该时刻钢轴表面的温度。

3-35 直径为 40 cm 的长轴在加热炉内加热到 600 ℃,然后从炉内移出用吊车运往热加工车间进行加工。但当该长轴刚从炉内取出而其他材料已装入炉内后,吊车突然发生事故,致使该轴不得不暂时搁置在 30 ℃的环境中等候吊车修复。如果从工艺及运送的角度,轴的最低温度不得低于 450 ℃,试问吊车必须在多长时间间隔内修复。假设不计长轴和搁架之间的导热,轴表面与环境间的表面传热系数为 18.5 $\mathrm{W/(m^2\cdot K)}$,轴材料的 $\lambda=22.3\ \mathrm{W/(m\cdot K)}$、$a=8.8\times10^{-6}\ \mathrm{m^2/s}$。

3-36 将初温为 30 ℃的钢锭装入温度为 1 400 ℃的炉中加热,钢锭直径为 600 mm。试计算装炉后 2 h、3 h、4 h 及 5 h 四个时刻钢锭表面及中心的温度,并画出时间-温度曲线。假设钢锭可视为一长圆柱,其 $\lambda=43.5\ \mathrm{W/(m\cdot K)}$、$a=7.5\times10^{-6}\ \mathrm{m^2/s}$,加热过程中表面传热系数为 290 $\mathrm{W/(m^2\cdot K)}$。

3-37 一直径为 500 mm、高 800 mm 的钢锭,初始温度为 30 ℃,被送入 1 200 ℃的炉子中加热。设各表面同时受热,且表面传热系数 $h=180\ \mathrm{W/(m^2\cdot K)}$,钢锭的 $\lambda=40\ \mathrm{W/(m\cdot K)}$、$a=8\times10^{-6}\ \mathrm{m^2/s}$。试确定 3 h 后在钢锭高 400 mm 处的截面上半径为 0.13 m 处的温度。

3-38 一直径为 30 mm 的长塑料棒，$\lambda=0.3\ \mathrm{W/(m\cdot K)}$，$\rho c=1\ 050\ \mathrm{kJ/(m^3\cdot K)}$。为压制成形，需要先在一炉内均匀加热。为获得最佳的成形结果，该塑料棒的最低温度不得低于 200 ℃。塑料棒从加热炉到成形机之间的运送时间为 3 min，其间受温度为 150 ℃ 的保温仓的冷却，表面传热系数为 $8.5\ \mathrm{W/(m^2\cdot K)}$。问塑料棒应在加热炉内加热到多高温度才能满足压制成形的要求？

3-39 有一耐热玻璃棒，直径为 25 mm，为改善其表面的机械特性，在表面上涂了一层极薄的导热系数很大的金属层。在此金属涂层与芯棒之间平均存在有 $R_l=0.10\ \mathrm{m\cdot K/W}$ 的热阻（每米长度上的热阻）。该棒起初处于均匀温度 800 K，然后突然被置于 300 K 的气流中冷却，表面传热系数 $h=120\ \mathrm{W/(m^2\cdot K)}$。试确定将该棒的中心温度降低到 500 K 所需的时间。玻璃棒物性参数为 $\rho=2\ 600\ \mathrm{kg/m^3}$、$c_p=808\ \mathrm{J/(kg\cdot K)}$，$\lambda=3.98\ \mathrm{W/(m\cdot K)}$。

一维球

3-40 在温度为 250 ℃ 的烘箱中烤洋山芋，设洋山芋可以看作直径 5 cm 的球，初始温度为 20 ℃，其物性可近似地取 50 ℃ 水的值。试估算烘烤 20 min 后洋山芋中心的温度。取表面传热系数为 $20\ \mathrm{W/(m^2\cdot K)}$。

3-41 一钢球，直径为 10 cm，初温为 250 ℃，后将其置于温度为 10 ℃ 的油槽中冷却。设冷却过程中的表面传热系数可取为 $200\ \mathrm{W/(m^2\cdot K)}$，问欲使球心温度降低到 150 ℃ 要经过多长时间，此时球表面的温度为多少？球的导热系数 $\lambda=44.8\ \mathrm{W/(m\cdot K)}$，热扩散率 $a=1.229\times10^{-5}\ \mathrm{m^2/s}$。

3-42 在滚珠轴承表面硬化的热处理中，希望把滚珠表面温度在很短的时间内升高到 1 000 K 左右，而其内部温度没有明显上升。这可以通过把滚珠突然浸入温度达 1 300 K 的盐浴炉来实现。在盐浴中滚珠的表面传热系数高达 $5\ 000\ \mathrm{W/(m^2\cdot K)}$。为使直径等于 20 mm、初温为 300 K 的滚珠在离开表面 1 mm 深的范围内均能得到硬化，试估计需要浸入盐浴多少时间。滚珠的 $\rho=7\ 800\ \mathrm{kg/m^3}$，$c=500\ \mathrm{J/(kg\cdot K)}$，$\lambda=50\ \mathrm{W/(m\cdot K)}$。

3-43 磨光前，为了消除光学透镜中的热应力需进行退火处理。设初温为 30 ℃、半径为 0.15 m 的半球形玻璃被置于温度为 410 ℃ 的退火炉内，其平面一侧与炉底接触，可近似地认为是绝热的。球面的表面传热系数 $h=10.5\ \mathrm{W/(m^2\cdot K)}$，玻璃的 $\rho=2\ 750\ \mathrm{kg/m^3}$、$c=840\ \mathrm{J/(kg\cdot K)}$、$\lambda=0.8\ \mathrm{W/(m\cdot K)}$。试确定 8 h 后半球内的最高温度。

3-44 冬天，由于寒潮突然入侵使某地气温由 10 ℃ 突然下降到 −5 ℃。该地有一片橘子林，橘子表面一旦结霜就会损坏。假设橘子可近似地当作直径为 6 cm 的球来看待，其物性 λ、a 可按 5 ℃ 水的数值近似计算，试确定为使橘子免受损坏而允许的寒潮气流连续时间。设橘子外表面与寒流间的表面传热系数为 $7\ \mathrm{W/(m^2\cdot K)}$。

3-45 一石头蓄热器用来储存太阳能，所使用卵石的平均直径为 10 cm，初始温度为 20 ℃。从太阳能集热器来的平均温度为 80 ℃ 的热空气连续地流过卵石，试计算 0.5 h 和 2 h 后卵石的中心温度，及每立方米堆放体积的卵石的储热量。气流与卵石表面的表面传热系数为 $35\ \mathrm{W/(m^2\cdot K)}$，卵石的导热系数 $\lambda=2.2\ \mathrm{W/(m\cdot K)}$、热扩散率 $a=1.13\times10^{-6}\ \mathrm{m^2/s}$、比热容 $c=780\ \mathrm{J/(kg\cdot K)}$。

3-46 两个固体球 A、B 被加热到 600 K 后突然被置于温度恒为 300 K 的恒温浴中，有关参数如下：$d_A=200\ \mathrm{mm}$、$d_B=20\ \mathrm{mm}$，$\rho_A=1\ 600\ \mathrm{kg/m^3}$、$\rho_B=400\ \mathrm{kg/m^3}$，$c_A=0.4\ \mathrm{kJ/(kg\cdot K)}$、$c_B=1.6\ \mathrm{kJ/(kg\cdot K)}$，$\lambda_A=170\ \mathrm{W/(m\cdot K)}$、$\lambda_B=1.7\ \mathrm{W/(m\cdot K)}$，表面传热系数 $h_A=5\ \mathrm{W/(m^2\cdot K)}$、$h_B=50\ \mathrm{W/(m^2\cdot K)}$。试确定把两个球表面冷却到 415 K 及把两球中心冷却到 415 K 所需的时间，并对计算结果作出定性分析。

3-47 在温度为 −30 ℃ 的高空云层中形成了直径为 5 mm 的球状冰雹，然后开始落下并穿过温度为 5 ℃ 的热空气层。试计算冰雹需落下多少时间其表面才开始融化，并确定此时冰雹中心的温度。取 $h=240\ \mathrm{W/(m^2\cdot K)}$ 冰雹的物性：$c=2\ 040\ \mathrm{J/(kg\cdot K)}$，$\rho_1=921\ \mathrm{kg/m^3}$，$\lambda=2.56\ \mathrm{W/(m\cdot K)}$。

半无限大物体

3-48 一种测量导热系数的瞬态法是基于半无限大物体的导热过程而设计的。设有一块厚金属，初温为 30 ℃，然后其一侧表面突然与温度为 100 ℃ 的沸水相接触。在离开此表面 10 mm 处由热电偶测得 2 min 后该处的温度为 65 ℃。已知材料的 $\rho=2\ 200\ \mathrm{kg/m^3}$、$c=700\ \mathrm{J/(kg\cdot K)}$，试计算该材料的导热系数。

3-49　有两件很大的不锈钢制及木制的家具置于 20 ℃的室内已有很长时间。当用手去触摸它们时，哪一个感觉更冷一些？木材的物性可取为 $\rho=545\ \text{kg/m}^3$、$c=2\ 385\ \text{J/(kg·K)}$、$\lambda=0.17\ \text{W/(m·K)}$，不锈钢的物性为 $\rho=7\ 820\ \text{kg/m}^3$、$c=460\ \text{J/(kg·K)}$、$\lambda=18\ \text{W/(m·K)}$。试用定量分析来说明问题。

3-50　夏天，高速公路的路面在日光长时间的曝晒下可达到 50 ℃的温度。假设突然一阵雷雨把路面冷却到 20 ℃并保持不变，雷雨持续了 10 min。试计算在此降雨期间单位面积上所放出的热量。高速公路混凝土的物性可取为 $\rho=2\ 300\ \text{kg/m}^3$。$c=880\ \text{J/(kg·K)}$，$\lambda=1.4\ \text{W/(m·K)}$。作为一种估算，假设雷雨前路面以下相当厚的一层混凝土均处于 50 ℃，分析这一假设对计算得到的放热量的影响。

3-51　在寒冷地区埋设地下水管时应考虑冬天地层下结冰的可能性。为使水管安全工作，水管应埋设在结冰层以下。作为一种估算，可以采用这样的简化模型，即把地球表面层看成半无限大的物体，而冬天则用较长时间内地球表面突然处于较低的平均温度这样一种物理过程来模拟。设某处地层的热扩散率为 $1.65\times10^{-7}\ \text{m}^2/\text{s}$，地球表面温度由原来均匀的 15 ℃突然下降到−20 ℃，并达 50 天之久。试估算为使埋管上不出现霜冻而必需的最浅埋设深度。

3-52　医学知识告诉我们：人体组织的温度等于、高于 48 ℃的时间不能超过 10 s，否则该组织内的细胞就会死亡。今有一劳动保护部门需要获得这样的资料，即人体表面接触到 60 ℃、70 ℃、80 ℃、90 ℃及 100 ℃的热表面后皮肤下烧伤深度随时间而变化的情况。试利用非稳态导热理论作出上述烧伤深度随时间变化的曲线。人体组织可看作各向同性材料，物性可取为 37 ℃水的数值。计算的最大时间为 5 min。为简化分析，这里可假定一接触到热表面，人体表面温度就上升到了热表面的温度。

3-53　70 ℃的热茶突然倒入初温为 25 ℃的陶瓷茶杯中。茶杯壁面厚 6 mm。假设茶杯内表面温度立即上升到 70 ℃，试确定茶杯内表面下 2 mm 处温度达 30 ℃所需的时间。陶瓷材料的热扩散率 $a=4\times10^{-7}\ \text{m}^2/\text{s}$。

3-54　人进入 100 ℃的蒸汽中洗蒸汽浴安然无恙，但将手臂插入 60 ℃的热水中就会烫伤，试分析原因。（假设：可把皮肤与热流体的接触作为两个半无限大的物体来考虑）

多维非稳态导热

3-55　一初始温度为 25 ℃的正方形人造木块被置于 425 ℃的环境中。设木块的六个表面均可受到加热，表面传热系数 $h=6.5\ \text{W/(m}^2\text{·K)}$。经过 4 小时 50 分 24 秒后，木块局部地区开始着火。试推算此种材料的着火温度。已知木块的边长为 0.1 m；材料是各向同性的，$\rho=810\ \text{kg/m}^3$，$c=2\ 550\ \text{J/(kg·K)}$，$\lambda=0.65\ \text{W/(m·K)}$。

3-56　一易拉罐饮料从 30 ℃的室温中移入 5 ℃的冰箱冷藏室中冷却。假设罐中饮料的自然对流可以忽略，其外表面与冷藏室环境的表面传热系数为 $10\ \text{W/(m}^2\text{·K)}$，罐壳的热阻可以忽略不计，试计算为把饮料冷却到至少 10 ℃所需的时间。饮料的物性可按水处理，罐的直径为 50 mm、高 120 mm。

3-57　一直径为 0.15 m、高 0.05 m 的平板玻璃圆盘，送入退火炉中消除应力，其初始温度为 30 ℃，炉中温度为 450 ℃。设该玻璃盘在炉内时各表面均可受到加热，表面传热系数为 $9.5\ \text{W/(m}^2\text{·K)}$。按工艺要求，需加热到盘内各处温度均在 400 ℃以上，试估算所需的加热时间。已知该盘的导热系数 $\lambda=0.78\ \text{W/(m·K)}$，$\rho=2\ 700\ \text{kg/m}^3$，$c=835\ \text{J/(kg·K)}$。

3-58　一块牛肉从 5 ℃的冷藏室中取出后置于 180 ℃的烘箱中烘烤，加热到至少 80 ℃就达到了所谓鲜嫩可食用的程度。设牛肉外表面与烘箱加热气流间的表面传热系数为 $20\ \text{W/(m}^2\text{·K)}$，试确定把牛肉加热到鲜嫩程度所需的时间。牛肉的物性可按水处理，其尺寸为 40 mm×60 mm×100 mm。

3-59　一直径为 10 cm、高 10 cm 的短钢柱体，初温为 260 ℃，后将其置于温度为 30 ℃的大油槽中，其全部表面均可受到油的冷却，冷却过程中的表面传热系数为 $250\ \text{W/(m}^2\text{·K)}$。试确定 3 min 后钢柱体内的最大温差。钢柱体的导热系数为 $47.5\ \text{W/(m·K)}$，热扩散率为 $9.55\times10^{-6}\ \text{m}^2/\text{s}$。

3-60　对于 3.5 节中所讨论的长棱柱的非稳态导热问题（图 3-18a），假设平板 p1 及 p2 从过程开始到 τ 时刻的换热量与该平板在这一非稳态导热过程中的最大换热量之比分别为 $(Q/Q_0)_{\text{p1}}$ 及 $(Q/Q_0)_{\text{p2}}$。试导出用上述两个值表示的在同一时间间隔内柱体的 Q/Q_0 之值的计算式。

3-61　如图所示，一个环形工件四周都受到高温流体的加热，流体的温度及表面传热系数都一致，试分析可否采用乘积解法来预测其温度随时间的变化。

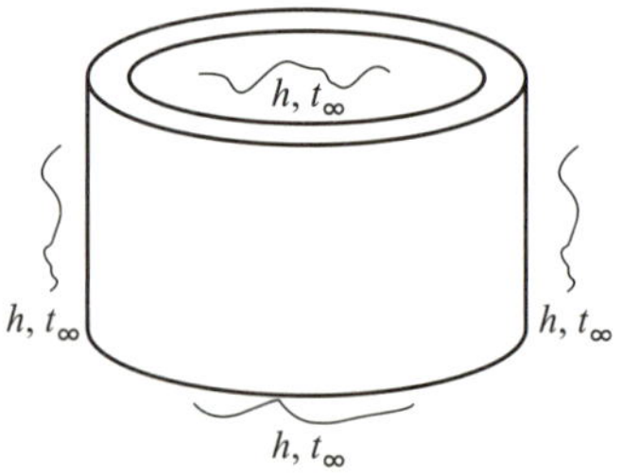

习题 3-61 附图

综合分析

3-62　一大型加热炉的炉底采用厚 50 mm 的耐火材料做成。设炉子从冷态 25 ℃开始点火后炉内马上就形成了稳态的 1 600 ℃的高温气体，气体与炉底表面间的平均表面传热系数为 40 W/(m²·K)。炉底材料的热扩散率 $a=5\times10^{-6}\ m^2/s$，导热系数 $\lambda=4.0\ W/(m\cdot K)$。按工艺要求，炉内各表面均应加热到 1 500 ℃方投入使用。试确定从开始点火到满足这一条件所需的时间。

3-63　试定性地画出半无限大物体在下列三种边界条件下物体中温度随时间变化的图像：(1) 第一类边界条件，t_w 为常数；(2) 第二类边界条件，q_w 为常数；(3) 第三类边界条件，h 及 t_∞ 为常数。

3-64　位于寒冷地区的一大直径输油管的外径为 1 m、壁厚 45 mm，油管外侧绝热良好。未送油前油管温度为-20 ℃，然后 80 ℃的热油突然流经该油管，与内壁间的表面传热系数 $h=400\ W/(m^2\cdot K)$。试确定：(1) 输油 5 min 后油管外表面的温度；(2) 输油 5 min 后内表面的瞬时热流密度；(3) 输油 5 min 内油管单位长度上所吸收的热量。输油管壁的 $\lambda=43\ W/(m\cdot K)$，$a=1.17\times10^{-5}\ m^2/s$。

3-65　一直径为 10 mm 的固体球被均匀加热到 450 ℃，然后进行两步冷却：第一步把它置于 25 ℃的空气中缓慢冷却，直到球的中心温度下降到 350 ℃，此阶段球的表面传热系数为 10 W/(m²·K)；第二步把它置于 25 ℃的水中快速冷却，直到球的中心温度降低到 50 ℃，此阶段球的表面传热系数为 6 000 W/(m²·K)。球体的物性为 $\rho=3\ 200\ kg/m^3$，$c=1\ 200\ J/(kg\cdot K)$，$\lambda=18\ W/(m\cdot K)$。试确定每一阶段冷却所需的时间及该阶段中球体所释放出的热量。

3-66　有一个二维的矩形区域，初始时刻处于均匀温度 t_0，后其四个表面突然受到均匀的热流密度 q 的加热。试证明，该矩形区域中非稳态导热的过余温度场可以用两个相应的一维非稳态导热问题过余温度场的叠加来获得。

3-67　在一太阳能储能系统中有一卵石蓄热床，卵石的平均直径为 60 mm，初始温度为 350 ℃，温度为 280 ℃的冷空气流经该蓄热床。试确定需经过多长时间与冷空气接触的第一排卵石能释放用于加热空气的能量的 90%？卵石的导热系数 $\lambda=1.6\ W/(m\cdot K)$，热扩散率 $a=7\times10^{-7}\ m^2/s$。

3-68　物体的非稳态导热进入正规状况阶段后，一般定义同一点上两个不同时刻的过余温度 θ_1、θ_2 与相应时刻 τ_1、τ_2 的关系

$$m=\frac{\ln\theta_1-\ln\theta_2}{\tau_2-\tau_1}$$

为冷却或加热速率。试对无限大平板导出 m 的表达式，并利用表 3-2 所提供的信息，设计出一种测定非金属固体材料（如塑料板等）导温系数的简易方法[15]。

3-69　一直径为 d 的钢球，加热到 t_{s0} 温度后被突然置于温度为 t_{f0} 的液体中冷却。由于液体的容积有限，在钢球冷却过程中液体也逐渐升温。为强化钢球表面与液体之间的换热过程，液体槽中加了搅拌器，因而可近似地认为任一瞬间液槽中的温度是均匀的。试导出确定钢球温度及油温随时间变化的微分方程式，并求解之。设表面传热系数为常数。

小论文题目

3-70　如果非稳态导热的求解仅着眼于正规状况阶段（即充分发展阶段），则对于无限大平板、无限长圆柱及球，其温度的微分方程可简化为一个常微分方程。定义量纲为一的温度为 $\Theta=\dfrac{t-t_\infty}{t_b-t_\infty}$，其中 $t_b=\dfrac{1}{V}\int_V t\mathrm{d}V$ 为容积平

均温度。试对于两侧对称受热(冷却)的无限大平板导出 Θ 的微分方程及边界条件[16]。

3-71　已知同例题 3-10,但接触界面上存在恒定的接触热阻,试写出两个半无限大物体非稳态导热的控制方程、边界条件。坐标的选取如附图所示[17]。

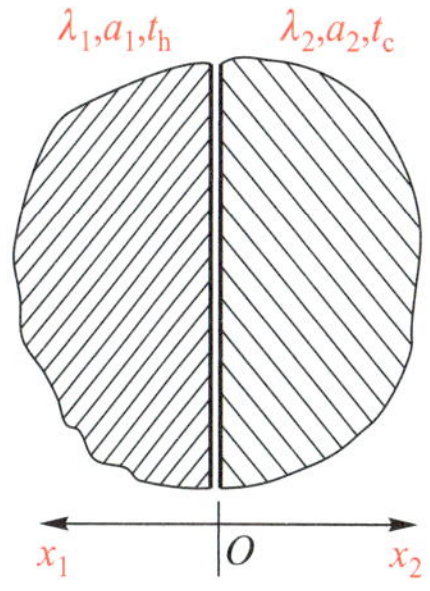

习题 3-71 附图

采用基于 MHT-Learning 工具软件的题目

3-72　对例题 3-8,画出浇注后 2 h 从铸件底面到其下 80 mm 的型砂层中的温度分布。

3-73　乘积解法对非稳态导热的任何一个阶段都成立。试确定例题 3-13 中钢锭加入炉中后 1 h 瞬间钢锭中心的温度。

3-74　一易拉罐饮料从 30 ℃的室温中移入 5 ℃的冰箱冷藏室中冷却。假设罐中饮料的自然对流可以忽略,其外表面与冷藏室环境的表面传热系数为 10 W/(m^2·K),罐壳的热阻可以忽略不计,试计算为把饮料冷却到至少 10 ℃所需的时间。饮料的物性可按水处理,罐的直径为 50 mm、高 120 mm。

参考文献

[1] KAKAC S, YENER Y. Heat conduction [M]. 2nd ed. Washington: Hemisphere Publishing Corporation, 1986.

[2] 埃克特,德雷克. 传热与传质分析[M]. 航青,译. 北京:科学出版社,1983:70-256.

[3] CARSLAW H, JAEGER J C. Conduction heat transfer in solids[M]. Oxford: Clarendon Press, 1986:50-229.

[4] 奥齐西克. 热传导[M]. 俞昌铭,等译. 北京:高等教育出版社,1984:26-201.

[5] 陶文铨. 数值传热学[M]. 2 版. 西安:西安交通大学出版社,2001.

[6] YUAN Z X, TAO W Q, WANG Q W. Numerical prediction for laminar forced convection heat transfer in parallel plate channels with streamwise periodic rod disturbances[J]. Int J Numer Methods Fluids, 1998, 28:1371-1387.

[7] NELLIS G, KLEIN S. Heat transfer[M]. New York: Cambridge University Press, 2009.

[8] HOLMAN J P. Heat transfer [M]. 10th ed. Boston: McGraw-Hill Higher Education, 2010.

[9] ÇENGEL Y A, GHAJAR A J. Heat and mass transfer[M]. 4th ed. New York: McGraw-Hill, 2011.

[10] BERGMAN T L, LAVINE A S, INCROPERA F P, et al. Introduction to heat transfer[M]. 6th ed. Hoboken: John Wily & Sons, 2011.

[11] ROLLE K C. Heat and mass transfer[M]. 2nd ed. Australia: CENGAGE Learning, 2016.

[12] SPARROW E M, LIN S H. Heat transfer characteristics of polygonal and plate fins[J]. Int J Heat Mass Transfer, 1964, 7(5):951-953.

[13] ECKERT E R G, DRAKE R M, Jr. Analysis of heat mass transfer[M]. Tokyo: McGraw-Hill Kogakusha Ltd., 1972:42-47.

[14] SOBHAN C B, PETERSON G P. Microscale and nanoscale heat transfer[M]. Boca Raton: CRC Press, 2008:38.

[15] 奥西波娃. 传热学实验研究[M]. 蒋章焰,王传院,译. 北京:高等教育出版社,1982:69-79.

[16] 辛荣昌,陶文铨. 非稳态导热充分发展阶段的分析解[J]. 工程热物理学报,1993,14(1):80-83.

[17] XIN R C, TAO W Q. Analytical solution for transient heat conduction in two-semi-infinite bodies in contact[J]. ASME J heat Transfer, 1994, 116(1):224-228.

第 4 章

导热问题的数值解法

由前两章的讨论可知，所谓求解导热问题，就是对导热微分方程在规定的定解条件下的积分求解。这样获得的解称为分析解（analytical solution）。近100年来，对大量几何形状及边界条件比较简单的问题获得了分析解。本书第2、3两章介绍了一些简单情况下的分析解，更多的结果可参见文献［1-4］。但是，对于工程技术中遇到的许多几何形状或边界条件复杂的导热问题，由于数学上的困难目前还无法得出其分析解。另外，在近几十年中，随着计算机技术的迅速发展，对物理问题进行离散求解的数值方法发展十分迅速，并得到日益广泛的应用。这些数值方法包括有限差分法、有限元法及边界元法等。本章将着重介绍物理概念明确、实施方法简便的有限差分法。学习本章以后，读者应掌握导热问题数值解法的基本思想，以及从能量守恒定律出发建立温度场离散方程的方法，同时对代数方程的求解方法及求解过程中可能出现的收敛性及稳定性问题有所了解。

4.1 导热问题数值求解的基本思想

4.1.1 基本思想

对物理问题进行数值求解的基本思想可以概括为:把原来在时间、空间坐标系中连续的物理量的场,如导热物体的温度场,用有限个离散点上的值的集合来代替,通过求解按一定方法建立起来的关于这些值的代数方程,来获得离散点上被求物理量的值。这些离散点上被求物理量值的集合称为该物理量的数值解。这一基本思想可用图 4-1 所示的求解过程的框图来表示。随着计算机工业的迅速发展,数值求解方法(又称数值模拟,numerical simulation)在科学研究、工业设计及国防建设中的作用越来越重要。

4.1.2 导热问题数值求解基本步骤

下面以图 4-2a 所示的二维矩形域内的稳态、无内热源、常物性的导热问题为例,对数值求解过程的六个步骤做进一步说明。

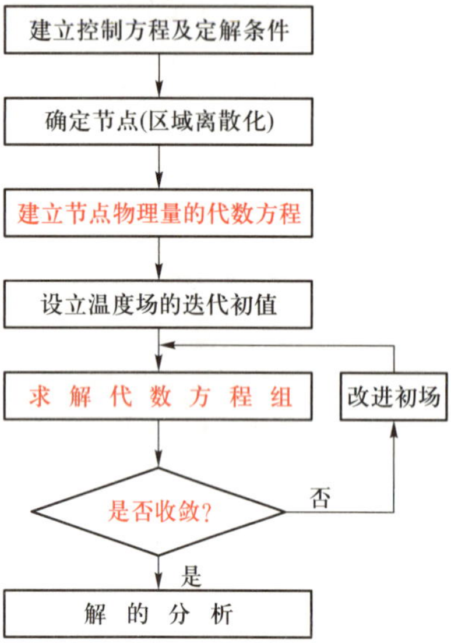

图 4-1 物理问题的数值求解过程

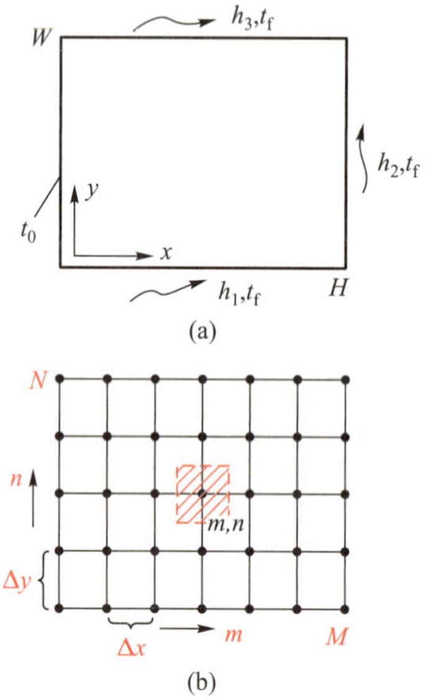

图 4-2 导热问题数值求解示例

(1) 建立控制方程及定解条件

描写物理问题的微分方程常称控制方程(governing equation),在这里就是导热微分方程:

$$\frac{\partial^2 t}{\partial x^2}+\frac{\partial^2 t}{\partial y^2}=0 \tag{a}$$

其四个边界分别为第一类(左边界)及第三类边界条件,为节省篇幅不再一一写出。

(2) 区域离散化

如图 4-2b 所示,用一系列与坐标轴平行的网格线把求解区域划分成许多子区域,以网格线的交点作为需要确定温度值的空间位置，称为节点（也称结点，node）。相邻两节点间的距离称为步长（step length），记为 Δx、Δy。图 4-2b 中，x 方向及 y 方向是各自均分的。根据实际问题的需要，网格的划分常常是不均匀的。这里为简便起见采用均分网格。节点的位置以该点在两个方向上的标号 m、n 来表示。

每一个节点都可以看成以它为中心的一个小区域的代表，图 4-2b 中有阴影线的小区域即是节点（m,n）所代表的区域，它由相邻两节点连线的中垂线构成。把节点所代表的小区域称为元体（element），又称为控制容积（control volume）。

（3）建立节点物理量的代数方程

节点上物理量的代数方程称为离散方程（discretization equation）。它的建立是数值求解过程中的重要环节，将在下面予以详细介绍。这里仅列出节点（m,n）的代数方程作为示例。当 $\Delta x=\Delta y$ 时，有

$$t_{m,n}=\frac{1}{4}(t_{m+1,n}+t_{m-1,n}+t_{m,n+1}+t_{m,n-1}) \tag{b}$$

式（b）是位于计算区域内部的节点（内节点）的代数方程。同样，对于温度未知的位于边界上的节点也要建立相应的方程，这将在后面予以详细介绍。

（4）设立迭代初场

代数方程组的求解方法有直接解法与迭代法两大类。在传热问题的有限差分解法中主要采用迭代法（iterative method）。采用此法求解时需要对被求解的温度场预先假定一个解，称为初场（initial field），在求解过程中这一温度场不断得到改进。

（5）求解代数方程组

在图 4-2b 中，除 $m=1$ 的左边界上各节点的温度为已知外，其余（$M-1$）×N 个节点都需建立起类似于式（b）的离散方程，一共（$M-1$）×N 个代数方程，构成了一个封闭的代数方程组。在实际工程问题的计算中，代数方程的个数一般在 $10^4\sim10^7$ 的量级，只有利用现代的计算机才能迅速获得所需的解。图 4-1 是针对常物性、无内热源（或具有均匀的内热源）的问题的。对于这种问题，代数方程一经建立，其中各项的系数在整个求解过程中不再变化，称为线性问题。图中是否收敛的判断是指用迭代方法求解代数方程是否收敛，即本次迭代计算所得之解与上一次迭代计算所得之解的偏差是否小于允许值。如果物性为温度的函数，则式（b）右端 4 个邻点温度的系数不再是常数，而是温度的函数。这些系数在迭代过程中要相应地不断更新。这种问题称为非线性问题（non-linear problem）。本章中仅讨论常物性导热问题。

（6）解的分析

获得物体中的温度分布常常不是工程问题的最终目的，所得出的温度场可能进一步用于计算热流量或计算设备、零部件的热应力及热变形等。如把图 4-2a 看成一个二维肋片，则最终的目的可能是要计算肋效率。对于数值计算所获得的温度场及所需的一些其他物理量应作仔细分析，以获得定性或定量上的一些新的结论。

以上 6 个步骤中，控制方程及定解条件的建立已经在前两章中做过详细的介绍；对于规则的区域，网格的划分与节点的生成容易进行（对于不规则区域的一种处理方法将在第 4.3 节中作简单说明）；对数值解的分析是解决实际问题过程中的重要一步，但不涉及数值解本身的技术。因此，本章中的讨论重点放在如何建立离散方程组，以及如何求解离散方程组上。对于非稳态导热，除了空间区域的离散，还要离散时间坐标，将在第 4.4 节中介绍。

4.2 内节点离散方程的建立方法

建立内节点离散方程的方法有泰勒级数展开法(Taylor series expansion method)及热量守恒法(heat balance method)两种,下面分别讨论。其中热量守恒法本质上就是能量守恒(这里的能量就是指热量,因而更清楚地称之为热量守恒法)。为讨论方便,把图 4-2b 中的节点(m,n)及其邻点取出并放大,如图 4-3 所示。

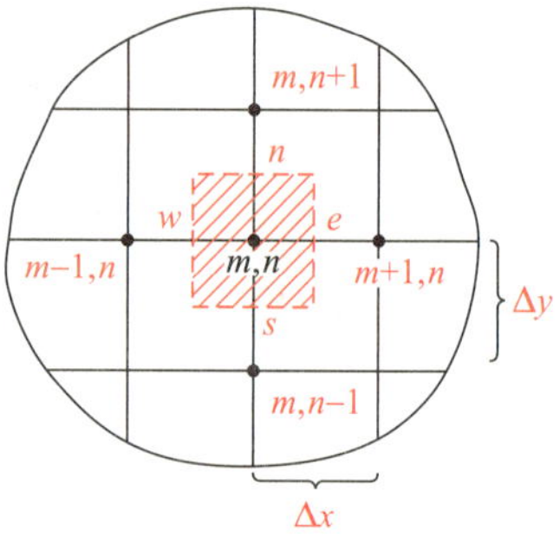

图 4-3 内节点离散方程的建立

4.2.1 泰勒级数展开法

现以节点(m,n)处的二阶偏导数为例,用这种方法来导出其差分表达式。对节点$(m+1,n)$及$(m-1,n)$分别写出函数 t 对(m,n)点的泰勒级数展开式:

$$t_{m+1,n}=t_{m,n}+\Delta x\left.\frac{\partial t}{\partial x}\right|_{m,n}+\frac{\Delta x^2}{2}\left.\frac{\partial^2 t}{\partial x^2}\right|_{m,n}+\frac{\Delta x^3}{6}\left.\frac{\partial^3 t}{\partial x^3}\right|_{m,n}+\frac{\Delta x^4}{24}\left.\frac{\partial^4 t}{\partial x^4}\right|_{m,n}+\cdots \quad \text{(a)}$$

$$t_{m-1,n}=t_{m,n}-\Delta x\left.\frac{\partial t}{\partial x}\right|_{m,n}+\frac{\Delta x^2}{2}\left.\frac{\partial^2 t}{\partial x^2}\right|_{m,n}-\frac{\Delta x^3}{6}\left.\frac{\partial^3 t}{\partial x^3}\right|_{m,n}+\frac{\Delta x^4}{24}\left.\frac{\partial^4 t}{\partial x^4}\right|_{m,n}+\cdots \quad \text{(b)}$$

将式(a)、式(b)相加得

$$t_{m+1,n}+t_{m-1,n}=2t_{m,n}+\Delta x^2\left.\frac{\partial^2 t}{\partial x^2}\right|_{m,n}+\frac{\Delta x^4}{12}\left.\frac{\partial^4 t}{\partial x^4}\right|_{m,n}+\cdots \quad \text{(c)}$$

将式(c)改写成$\left.\frac{\partial^2 t}{\partial x^2}\right|_{m,n}$的表示式,有

$$\left.\frac{\partial^2 t}{\partial x^2}\right|_{m,n}=\frac{t_{m+1,n}-2t_{m,n}+t_{m-1,n}}{\Delta x^2}+O(\Delta x^2) \quad \text{(d)}$$

这是用三个离散点上的值来计算二阶导数$\left.\frac{\partial^2 t}{\partial x^2}\right|_{m,n}$的严格的表达式,其中符号 $O(\Delta x^2)$称为截断误差(truncation error),表示未明确写出的级数余项中 Δx 的最低阶数为 2。在进行数值计算时,希望得出用三个相邻节点上的值表示的二阶导数的近似的代数表达式,为此略去式(d)中的 $O(\Delta x^2)$,可得

$$\left.\frac{\partial^2 t}{\partial x^2}\right|_{m,n}\cong\frac{t_{m+1,n}-2t_{m,n}+t_{m-1,n}}{\Delta x^2} \quad \text{(4-1a)}$$

这就是二阶导数的差分表达式,称为中心差分(central difference)。同理可有

$$\left.\frac{\partial^2 t}{\partial y^2}\right|_{m,n}\cong\frac{t_{m,n+1}-2t_{m,n}+t_{m,n-1}}{\Delta y^2} \quad \text{(4-1b)}$$

将式(4-1)代入节点(m,n)的控制方程,即上节中式(a),得其离散形式为

$$\frac{t_{m+1,n}-2t_{m,n}+t_{m-1,n}}{\Delta x^2}+\frac{t_{m,n+1}-2t_{m,n}+t_{m,n-1}}{\Delta y^2}=0 \quad \text{(4-2)}$$

如果 $\Delta x=\Delta y$,则式(4-2)即变为上节中的式(b)。在传热学问题的控制方程中,主要遇到的是一阶与二阶导数。在均分网格中,一、二阶导数的常见的离散表达式(差分表示式)列于表 4-1 中。

表 4-1　一阶、二阶导数的常用差分表示式

导数	差分表示式	截断误差	备注
$\left(\dfrac{\partial t}{\partial x}\right)_i$	$\dfrac{t_{i+1}-t_i}{\Delta x}$	$O(\Delta x)$	称为点 i 的向前差分 (forward difference)
	$\dfrac{t_i-t_{i-1}}{\Delta x}$	$O(\Delta x)$	称为点 i 的向后差分 (backward difference)
	$\dfrac{t_{i+1}-t_{i-1}}{2\Delta x}$	$O(\Delta x^2)$	称为点 i 的中心差分
$\left(\dfrac{\partial^2 t}{\partial x^2}\right)_i$	$\dfrac{t_{i+1}-2t_i+t_{i-1}}{\Delta x^2}$	$O(\Delta x^2)$	称为点 i 的中心差分

值得指出,当给出一个导数的差分表达式时必须明确是对哪一点建立的,表 4-1 中导数的下角标 i 就表示差分式是对点 i 建立的。另外,上面的分析虽然是对直角坐标得出的,但表 4-1 所列出的导数差分表示式,对圆柱坐标与极坐标中的一、二阶导数同样适用,但极坐标中的圆周角 θ 是量纲一的量,圆周方向两相邻点间的距离要用 $r\Delta\theta$ 表示。关于一、二阶导数的差分表示的更多的内容可参见文献[5]。对于非均分网格,具有二阶截断误差的中心差分的表示式要比表 4-1 中列出的复杂,这时推荐使用下面介绍的热量守恒法(常称热平衡法)来建立离散方程。

4.2.2　热量守恒法

采用热量守恒法时,对每个节点所代表的元体用傅里叶导热定律直接写出其能量守恒的表达式。此时把节点看成元体的代表。通过元体的界面(图 4-3 中的虚线)所传导的热流量可以对有关的两个节点应用傅里叶导热定律写出。例如,从节点$(m-1,n)$通过界面 w 传导到节点(m,n)的热流量可表示为

$$\Phi_{\mathrm{w}}=\lambda\Delta y\frac{t_{m-1,n}-t_{m,n}}{\Delta x} \tag{e}$$

类似地可以写出通过其他三个界面 e、n 及 s,而传导给节点(m,n)的热量。对于所研究的问题,元体(m,n)的能量守恒方程为

$$\Phi_{\mathrm{e}}+\Phi_{\mathrm{w}}+\Phi_{\mathrm{n}}+\Phi_{\mathrm{s}}=0 \tag{f}$$

将类似于式(e)的表达式代入得

$$\lambda\frac{t_{m-1,n}-t_{m,n}}{\Delta x}\Delta y+\lambda\frac{t_{m+1,n}-t_{m,n}}{\Delta x}\Delta y+\lambda\frac{t_{m,n+1}-t_{m,n}}{\Delta y}\Delta x+\lambda\frac{t_{m,n-1}-t_{m,n}}{\Delta y}\Delta x=0 \tag{4-3}$$

注意,式(4-3)中的各项热流量都以导入元体(m,n)的方向为正。对式(4-3)进一步简化可得出式(4-2)。由上述推导过程可见,用热量守恒法导出式(4-3)的思路和过程与 2.2 节中建立导热微分方程的思路和过程完全一致,所不同的只是 2.2 节所讨论的是一个微元体,而此处为有限大小的元体。

在热量守恒法中直接将能量守恒原理以及傅里叶导热定律应用于节点所代表的控制容积。这种方法的物理概念清晰，推导过程简捷。对于非均分网格上述推导结果同样适用，只要将节点间距离的不同反映到离散方程中，即式(4-3)中的 Δx、Δy 采用各个元体中的不同数值。

如图 4-4 所示，对一个二维稳态有内热源的导热问题，网格划分是不均匀的(在预期温度变化剧烈处网格较密，而温度变化平缓处网格较稀)，则对节点(m,n)所代表的控制容积应用能量守恒(即热量守恒法)以及傅里叶导热定律，建立得到的离散代数方程如下：

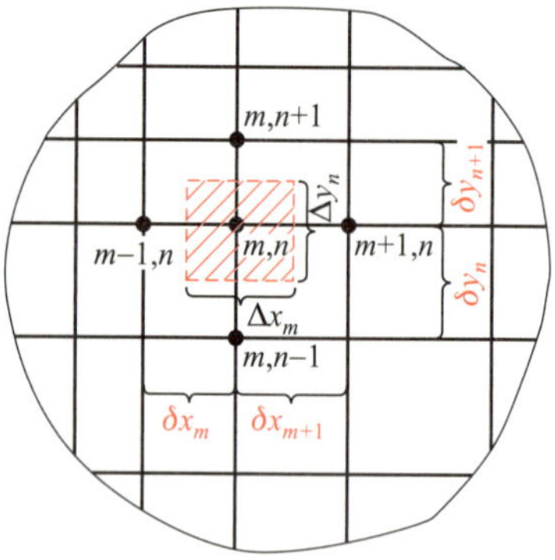

图 4-4　非均分网格示意图

$$\lambda\Delta y_n\frac{t_{m-1,n}-t_{m,n}}{\delta x_m}+\lambda\Delta y_n\frac{t_{m+1,n}-t_{m,n}}{\delta x_{m+1}}+\lambda\Delta x_m\frac{t_{m,n+1}-t_{m,n}}{\delta y_{n+1}}+\lambda\Delta x_m\frac{t_{m,n-1}-t_{m,n}}{\delta y_n}=0$$

值得注意的是，上述方法也可以处理物性变化不剧烈的情况，这时，上述四项中的导热系数可取为相关两点导热系数的算术平均值。热量守恒法在工程数值计算中得到广泛的应用，读者应该很好掌握。关于变物性的进一步的处理方法参见文献[5]。

4.3 边界节点离散方程的建立及代数方程的求解

4.3.1 边界节点离散方程的建立

对于第一类边界条件的导热问题，所有内节点的离散方程组成了一个封闭的代数方程组，可以立即进行求解。但对于含有第二类或第三类边界条件的导热问题，由内节点的离散方程组成的方程组是不封闭的，因为其中包含了未知的边界温度，因而必须对位于这类边界上的节点补充相应的代数方程，才能使方程组封闭。这就是数值计算中的边界条件处理问题。

在下面的讨论中，先把第二类边界条件及第三类边界条件合并起来考虑，并以 q_w 代表边界上已知的热流密度值或热流密度表达式(以热量进入计算区域为正)，用热量守恒方法导出三类典型边界节点的离散方程，然后针对 q_w 的三种不同情况使导得的离散方程进一步具体化。为使结果更具一般性，假设物体具有内热源 $\dot{\Phi}$(不必均匀分布)。

(1) 位于平直边界上的节点

这时边界节点(m,n)代表半个元体，如图 4-5 中有阴影线的区域所示。设边界上有向该元体传递的热流密度 q_w，于是该元体的能量守恒定律可表示为

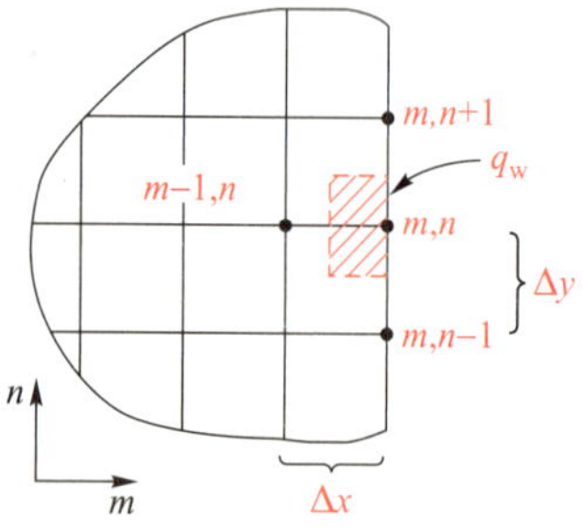

图 4-5　平直边界上的节点

$$\lambda\frac{t_{m-1,n}-t_{m,n}}{\Delta x}\Delta y+\lambda\frac{t_{m,n+1}-t_{m,n}}{\Delta y}\frac{\Delta x}{2}+\lambda\frac{t_{m,n-1}-t_{m,n}}{\Delta y}\frac{\Delta x}{2}+\frac{\Delta x\Delta y}{2}\dot{\Phi}_{m,n}+\Delta y q_w=0 \quad (4-4a)$$

当 $\Delta x=\Delta y$ 时有

$$t_{m,n}=\frac{1}{4}\left(2t_{m-1,n}+t_{m+1,n}+t_{m,n-1}+\frac{\Delta x^2\dot{\Phi}_{m,n}}{\lambda}+\frac{2\Delta xq_w}{\lambda}\right) \tag{4-4b}$$

（2）外部角点

在如图 4-6 所示的二维墙角计算区域中，节点 $A \sim E$ 均为外部角点，其特点是每个节点仅代表四分之一个以 Δx、Δy 为边长的元体。今以外部角点 D 为例，假设其边界上有向该元体传递的热流密度 q_w，则热量守恒表达式为

$$\lambda\frac{t_{m-1,n}-t_{m,n}}{\Delta x}\frac{\Delta y}{2}+\lambda\frac{t_{m,n-1}-t_{m,n}}{\Delta y}\frac{\Delta x}{2}+\frac{\Delta x\Delta y\dot{\Phi}_{m,n}}{4}+\frac{\Delta y+\Delta x}{2}q_w=0 \tag{4-5a}$$

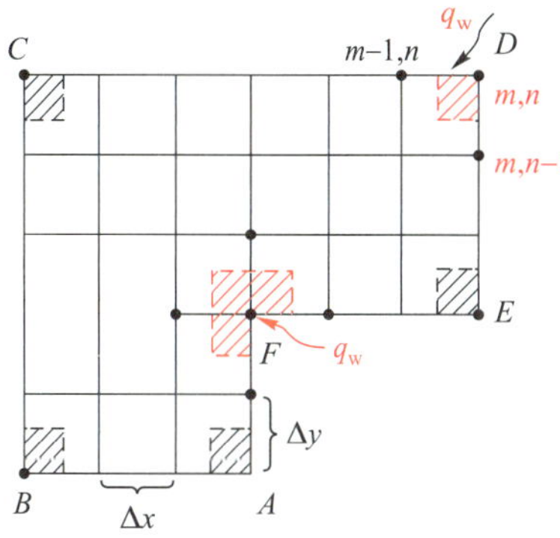

图 4-6　外部角点与内部角点

当 $\Delta x=\Delta y$ 时有

$$t_{m,n}=\frac{1}{2}\left(t_{m-1,n}+t_{m,n-1}+\frac{\Delta x^2\dot{\Phi}_{m,n}}{2\lambda}+\frac{2\Delta xq_w}{\lambda}\right) \tag{4-5b}$$

（3）内部角点

图 4-6 中的点 F 为内部角点，代表了四分之三个元体。设点 F 的编号为(m,n)，则在同样的假设条件下有

$$\begin{aligned}&\lambda\frac{t_{m-1,n}-t_{m,n}}{\Delta x}\Delta y+\lambda\frac{t_{m,n+1}-t_{m,n}}{\Delta y}\Delta x+\lambda\frac{t_{m,n-1}-t_{m,n}}{\Delta y}\frac{\Delta x}{2}+\\&\lambda\frac{t_{m+1,n}-t_{m,n}}{\Delta x}\frac{\Delta y}{2}+\frac{3\Delta x\Delta y}{4}\dot{\Phi}_{m,n}+\frac{\Delta x+\Delta y}{2}q_w=0\end{aligned} \tag{4-6a}$$

当 $\Delta x=\Delta y$ 时有

$$t_{m,n}=\frac{1}{6}\left(2t_{m-1,n}+2t_{m,n+1}+t_{m,n-1}+t_{m+1,n}+\frac{3\Delta x^2\dot{\Phi}_{m,n}}{2\lambda}+\frac{2\Delta xq_w}{\lambda}\right) \tag{4-6b}$$

现在来讨论关于边界热流密度的三种情况。

（1）绝热边界

令式(4-4)～式(4-6)中的 $q_w=0$ 即可。

（2）q_w 值不为零

以给定的 q_w 值代入上述方程，但要注意上述三式中以传入计算区域的热量为正。

（3）对流边界

此时 $q_w=h(t_f-t_{m,n})$，将此表达式代入式(4-4)～式(4-6)，并将此项中的 $t_{m,n}$ 与等号前的 $t_{m,n}$ 合并。对于 $\Delta x=\Delta y$ 的情形，可得出确定 $t_{m,n}$ 的计算式如下：

平直边界

$$2\left(\frac{h\Delta x}{\lambda}+2\right)t_{m,n}=2t_{m-1,n}+t_{m,n+1}+t_{m,n-1}+\frac{\Delta x^2\dot{\Phi}_{m,n}}{\lambda}+\frac{2h\Delta x}{\lambda}t_f \tag{4-7}$$

外部角点

$$2\left(\frac{h\Delta x}{\lambda}+1\right)t_{m,n}=t_{m-1,n}+t_{m,n-1}+\frac{\Delta x^2\dot{\Phi}_{m,n}}{2\lambda}+\frac{2h\Delta x}{\lambda}t_f \tag{4-8}$$

内部角点

$$2\left(\frac{h\Delta x}{\lambda}+3\right)t_{m,n}=2(t_{m-1,n}+t_{m,n+1})+t_{m+1,n}+t_{m,n-1}+\frac{3\Delta x^2\dot{\Phi}_{m,n}}{2\lambda}+\frac{2h\Delta x}{\lambda}t_f \tag{4-9}$$

出现在式(4-7)~式(4-9)中的量纲为一的数$\frac{h\Delta x}{\lambda}$是以网格步长 Δx 为特征长度的 Bi 数,称为网格 Bi 数,它是在对流边界条件的离散过程中引入的。

这里要特别指出,以上详细介绍了如何用热量守恒方法导出温度离散方程的过程,得出了一系列表达式,目的在于使读者能较好地理解与掌握这一方法,这是本章的教学重点之一。只要掌握了这一方法就不难推得上述各种具体计算式,因此不必强行记忆所导出的结果。

4.3.2 处理不规则区域的阶梯形逼近法

当计算区域中出现曲线边界或倾斜的边界时,常常用阶梯形的折线来模拟真实边界,然后再用上述方法建立起边界节点的离散方程。例如,要用数值方法确定如图 4-7a 所示二维区域的形状因子。显然,根据对称性只要考虑四分之一的计算区域即可。图 4-7a 中的内圆边界可以采用图 4-7b 所示的阶梯形的折线边界来近似。只要网格取得足够密,这种近似处理方法对于不是很复杂的边界仍能获得相当准确的结果。

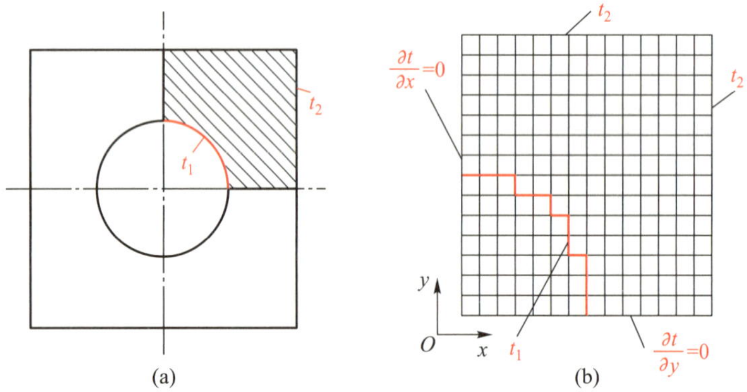

图 4-7　不规则区域的处理

工程上遇到的几何结构大多较为复杂,采用上述阶梯形逼近方法建立的网格很难精确地逼近真实边界,会带来不小偏差。在实际数值计算过程中可采用非结构化网格进行区域离散,如图 4-8 所示。正是这种非结构化网格的发展,使得数值计算能够模拟复杂的工程问题。虽然非结构化网格节点排列无序、节点之间的联系信息必须专门存储,因而网格生成的工作量较大,控制方程的离散也比较复杂,但由于其对复杂边界的高度适应性,非结构化网格已经在商业软件中得到广泛的采用。

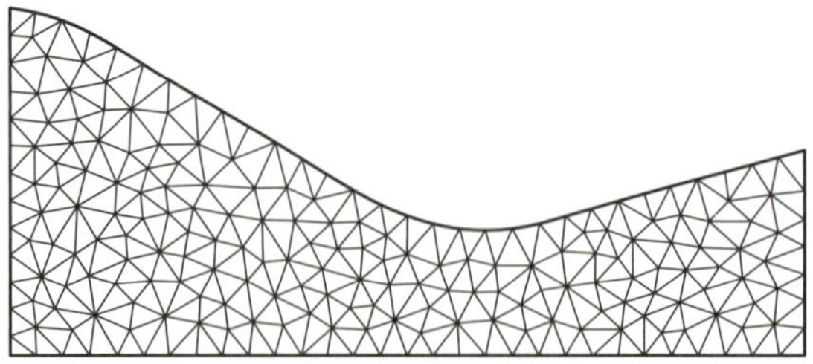

图 4-8　非结构化网格举例

4.3.3 求解代数方程的迭代法

前已指出，代数方程组的求解方法分为直接解法及迭代法两大类。直接解法（direct method）是指通过有限次运算获得代数方程精确解的方法，像矩阵求逆、高斯消元法等均属于此种方法，其中较为著名的直接解法为三对角矩阵算法。这一方法的缺点是计算所需的计算机内存较大，当代数方程的数目较多时使用不便。另一类方法称迭代法。在迭代法中先对要计算的场做出假设（设定初场），在迭代计算过程中不断予以改进，直到计算前的假定值与计算后的结果相差小于允许值为止，称为迭代计算已经收敛。本书重点介绍迭代法。

三对角
矩阵算法

1. 高斯-赛德尔迭代法

迭代法中应用较广的是高斯-赛德尔（Gauss-Seidel）迭代法，现以简单的三元方程组为例说明其实施步骤。

一个三元方程组，记为

$$\begin{cases} a_{11}t_1+a_{12}t_2+a_{13}t_3=b_1 \\ a_{21}t_1+a_{22}t_2+a_{23}t_3=b_2 \\ a_{31}t_1+a_{32}t_2+a_{33}t_3=b_3 \end{cases} \tag{a}$$

其中 $a_{i,j}(i=1,2,3;\ j=1,2,3)$ 及 $b_i(i=1,2,3)$ 是已知的系数（设均不为零）及常数。采用高斯-赛德尔迭代法求解的步骤如下：

（1）将式（a）改写成关于 t_1、t_2、t_3 的显式形式（迭代方程），如

$$\begin{cases} t_1=\dfrac{1}{a_{11}}(b_1-a_{12}t_2-a_{13}t_3) \\ t_2=\dfrac{1}{a_{22}}(b_2-a_{21}t_1-a_{23}t_3) \\ t_3=\dfrac{1}{a_{33}}(b_3-a_{31}t_1-a_{32}t_2) \end{cases} \tag{b}$$

（2）假设一组解（即迭代初场），记为 $t_1^{(0)}$、$t_2^{(0)}$ 及 $t_3^{(0)}$，由式（b）逐一计算出改进值 $t_1^{(1)}$、$t_2^{(1)}$ 及 $t_3^{(1)}$。每次计算均用 t 的最新值代入。例如，当由式（b）中的第三式计算 $t_3^{(1)}$ 时代入的是 $t_1^{(1)}$ 及 $t_2^{(1)}$ 之值。

（3）以计算所得之值作为初场，重复上述计算，直到相邻两次迭代值之差小于允许值，此时称为已达到迭代收敛，迭代计算终止。

2. 迭代过程是否已经收敛的判据

判断迭代是否收敛的常用判据有以下三种：

$$\max\left|t_i^{(k)}-t_i^{(k+1)}\right|\leqslant\varepsilon \tag{4-10a}$$

$$\max\left|\frac{t_i^{(k)}-t_i^{(k+1)}}{t_i^{(k)}+\varepsilon_0}\right|\leqslant\varepsilon \tag{4-10b}$$

$$\max\left|\frac{t_i^{(k)}-t_i^{(k+1)}}{t_{\max}^{(k)}}\right|\leqslant\varepsilon \tag{4-10c}$$

其中，上角标（k）及（$k+1$）表示迭代次数，$t_{\max}^{(k)}$ 为第 k 次迭代计算所得的计算区域中的最大值，式中 ε_0 为设定的一个小数。一般采用相对偏差小于规定数值的判据比较合理，而且当计算区域中

有接近于零的 t 时，宜采用式(4-10c)。允许的相对偏差 ε 之值常在 $10^{-3}\sim10^{-6}$ 范围内，视具体情况而定。

3. 迭代过程能否收敛的判据

那么怎样构造迭代公式才能获得收敛的解呢？对于常物性导热问题所组成的差分方程组，迭代公式的选择应使每一个迭代变量的系数总是大于或等于该式中其他变量系数绝对值之和，此时用迭代法求解代数方程一定收敛，称为所建立的代数方程组具有收敛性(convergence)。这一条件在数学上称为主对角线占优，简称对角占优(diagonal predominant)。对于式(a)而言，这一条件可表示为

$$\frac{|a_{12}|+|a_{13}|}{|a_{11}|}\leqslant 1,\quad \frac{|a_{21}|+|a_{23}|}{|a_{22}|}\leqslant 1,\quad \frac{|a_{31}|+|a_{32}|}{|a_{33}|}\leqslant 1$$

值得指出，在用热量守恒法导出离散方程时，若每一个方程都选用导出该方程的中心节点的温度作为迭代变量，则上述条件必满足，迭代一定收敛。读者不妨以式(4-4b)、式(4-5b)、式(4-6b)为例检验之。

例题 4-1　高斯-赛德尔迭代法求解代数方程

用高斯-赛德尔迭代法求解下列方程组：

$$\begin{cases}8t_1+2t_2+t_3=29\\ t_1+5t_2+2t_3=32\\ 2t_1+t_2+4t_3=28\end{cases}\tag{c}$$

题解

分析：先将上式改写成以下迭代形式：

$$\begin{cases}t_1=\dfrac{1}{8}(29-2t_2-t_3)\\ t_2=\dfrac{1}{5}(32-t_1-2t_3)\\ t_3=\dfrac{1}{4}(28-2t_1-t_2)\end{cases}\tag{d}$$

注意，对上述改写后的方程组，迭代收敛的条件是满足的。假设一组初值，例如取 $t_1^{(0)}=t_2^{(0)}=t_3^{(0)}=0$，利用上述迭代方式，可以得出第一次迭代的结果。经过数次迭代后，就可获得所需的解。

计算：经过 7 次迭代后，在 4 位有效数字内得到了与精确解一致的结果。迭代过程的中间值示于下表中。

迭代次数	t_1	t_2	t_3
0	0	0	0
1	3.625	5.675	3.769
2	1.735	4.545	4.996
3	1.864	4.038	5.058
4	1.983	3.980	5.013
5	2.003	3.994	5.000
6	2.001	4.000	5.000
7	2.000	4.000	5.000

讨论：本例的讨论在第 4.5 节中进行。

例题 4-2　二维稳态导热问题温度分布的数值求解

有一各向同性材料的方形物体，其导热系数为常量。已知各边界的温度如图 4-9 所示，试用高斯-赛德尔迭代求其内部网格节点 1、2、3 和 4 的温度。

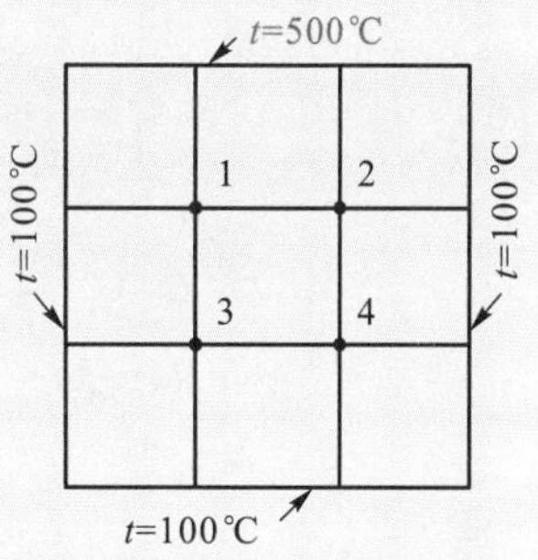

图 4-9　方形物体的网格示意图

题解

分析：这是一个二维稳态导热问题。对于物体内部每个网格节点的温度，式(4-2)的关系适用。从形式上看，式(4-2)中主对角元 $t_{m,n}$ 的系数正好等于 4 个邻点的系数之和。但注意到，对所计算的问题每个内节点都有两个邻点是边界节点，其温度值是已知的。在写成代数方程的通用形式时，温度值已知的项应该归入常数项 b 中，故主对角元的系数大于邻点系数之和的要求仍然满足，迭代法可以获得收敛的结果。

计算：假设 $t_1^{(0)}=t_2^{(0)}=300\ ℃$，$t_3^{(0)}=t_4^{(0)}=200\ ℃$。应用式(4-2)，按高斯-赛德尔迭代得

$$t_1^{(1)}=\frac{1}{4}\times(500\ ℃+100\ ℃+t_2^{(0)}+t_3^{(0)})$$

$$=\frac{1}{4}\times(500+100+300+200)\ ℃=275\ ℃$$

$$t_2^{(1)}=\frac{1}{4}\times(500\ ℃+100\ ℃+t_1^{(1)}+t_4^{(0)})$$

$$=\frac{1}{4}\times(500+100+275+200)\ ℃=268.75\ ℃$$

$$t_3^{(1)}=\frac{1}{4}\times(100\ ℃+100\ ℃+t_1^{(1)}+t_4^{(0)})$$

$$=\frac{1}{4}\times(100+100+275+200)\ ℃=168.75\ ℃$$

$$t_4^{(1)}=\frac{1}{4}\times(100\ ℃+100\ ℃+t_2^{(1)}+t_3^{(1)})$$

$$=\frac{1}{4}\times(100+100+268.75+168.75)\ ℃=159.38\ ℃$$

依此类推，可得其他各次迭代值。第 1~6 次迭代值汇总于下表。其中第 5 与第 6 次迭代的相对偏差[按式(4-10b)]已小于 2×10^{-4}，迭代终止。

迭代次数	t_1/℃	t_2/℃	t_3/℃	t_4/℃
0	300	300	200	200
1	275	268.75	168.75	159.38
2	259.38	254.69	154.69	152.35
3	252.35	251.18	151.18	150.59
4	250.59	250.30	150.30	150.15
5	250.15	250.07	150.07	150.04
6	250.04	250.02	150.02	150.01

讨论：这里为了教学上的方便，只取 4 个内部节点。进行工程数值计算时，节点数的多少原则上应以下述条件为度：再进一步增加节点数目时对数值计算主要结果的影响已经小到在可允许的范围之内，这时称

数值计算的结果基本上已与网格数目无关,称为网格独立解(grid-independent solution)。如图 4-10 为采用 MHT-Learning 软件计算得到的不同网格数目的计算结果。只有与网格无关的数值解才能作为数值计算的结果。有关内容将在 4.4 节中举例说明。

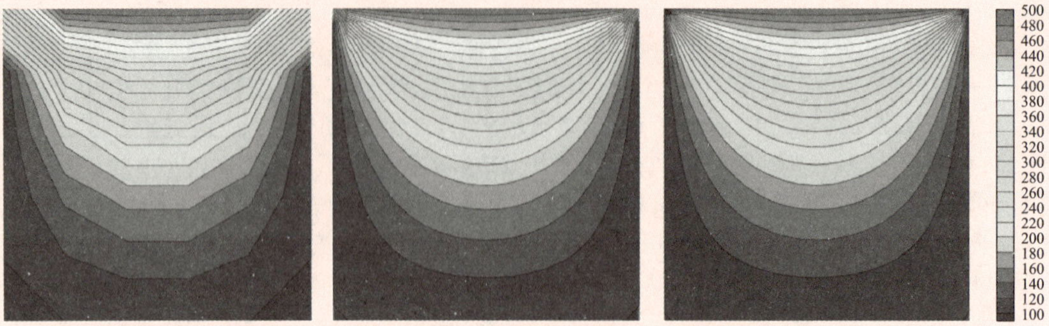

(a) 网格5×5　　(b) 网格20×20　　(c) 网格40×40

图 4-10　例题 4-2 网格数目对结果的影响

4.4 非稳态导热问题的数值解法

非稳态导热与稳态导热的主要差别在于控制方程中多了一个非稳态项,而其中扩散项的离散方法与稳态导热是一样的。因此,本节讨论重点将放在非稳态项的离散以及扩散项离散时所取时间层的不同对计算带来的影响上。

4.4.1 时间-空间区域的离散化

首先以一维非稳态导热为例讨论时间-空间区域的离散化。如图 4-11 所示,x 为空间坐标,将计算区域划分为 N-1 等份,得到 N 个空间节点;τ 为时间坐标,将时间坐标上的计算区域划分为 I-1 等份,得到 I 个时间节点。从一个时间层到下一个时间层的间隔 $\Delta\tau$ 称为时间步长。空间网格线与时间网格线的交点,如(n,i),代表了时间-空间区域中的一个节点的位置,相应的温度记为 $t_n^{(i)}$。

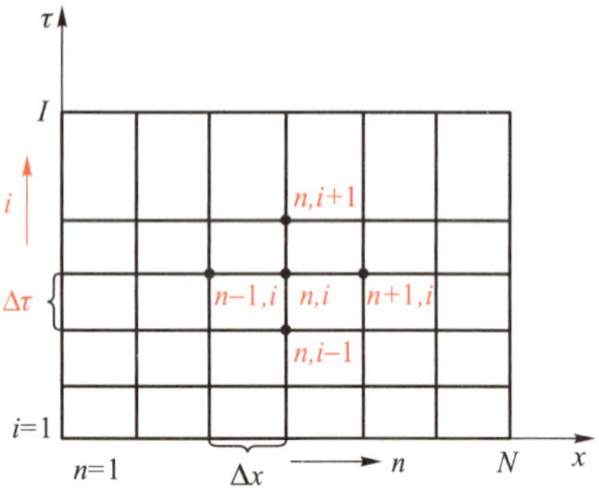

图 4-11　一维非稳态导热时间-空间区域的离散化

将函数 t 在节点$(n,i+1)$对点(n,i)做泰勒展开,可有

$$t_n^{(i+1)}=t_n^{(i)}+\Delta\tau\left.\frac{\partial t}{\partial\tau}\right|_{n,i}+\frac{\Delta\tau^2}{2}\left.\frac{\partial^2 t}{\partial\tau^2}\right|_{n,i}+\cdots \tag{a}$$

于是有

$$\left.\frac{\partial t}{\partial\tau}\right|_{n,i}\cong\frac{t_n^{(i+1)}-t_n^{(i)}}{\Delta\tau}+O(\Delta\tau) \tag{b}$$

式中,符号 $O(\Delta\tau)$ 表示余项中 $\Delta\tau$ 的最低阶为一次。由式(b)可得在点(n,i)处一阶导数的一种差分表示式

$$\left.\frac{\partial t}{\partial \tau}\right|_{n,i}=\frac{t_n^{(i+1)}-t_n^{(i)}}{\Delta \tau} \tag{4-11}$$

此式称为$\left.\frac{\partial t}{\partial \tau}\right|_{n,i}$的向前差分。

类似地，将 t 在点$(n,i-1)$对点(n,i)做泰勒展开，可得$\left.\frac{\partial t}{\partial \tau}\right|_{n,i}$的向后差分的表达式

$$\left.\frac{\partial t}{\partial \tau}\right|_{n,i}=\frac{t_n^{(i)}-t_n^{(i-1)}}{\Delta \tau} \tag{4-12}$$

如果将 t 在点$(n,i+1)$及$(n,i-1)$处的展开式相加，则可得一阶导数具有二阶精度的中心差分的表达式

$$\left.\frac{\partial t}{\partial \tau}\right|_{n,i}\cong\frac{t_n^{(i+1)}-t_n^{(i-1)}}{2\Delta \tau} \tag{4-13}$$

在非稳态导热问题的数值计算中，非稳态项的离散主要采用向前差分的格式及中心差分格式。为求解的方便，本书中采用向前差分格式。

4.4.2 一维平板非稳态导热的显式及隐式格式

至此，对于形如式(3-14)所示的一维非稳态导热方程，如扩散项取中心差分(并取 i 时刻之值)，非稳态项取向前差分，则有

$$\frac{t_n^{(i+1)}-t_n^{(i)}}{\Delta \tau}=a\frac{t_{n+1}^{(i)}-2t_n^{(i)}+t_{n-1}^{(i)}}{\Delta x^2} \tag{4-14a}$$

此式可进一步改写为

$$t_n^{(i+1)}=\frac{a\Delta \tau}{\Delta x^2}\left(t_{n+1}^{(i)}+t_{n-1}^{(i)}\right)+\left(1-2\frac{a\Delta \tau}{\Delta x^2}\right)t_n^{(i)} \tag{4-14b}$$

求解非稳态导热方程就是从已知的初始温度分布出发，根据边界条件依次求得以后各个时间层上的温度值，式(4-14b)是对平板中各内点进行这种计算的公式。由该式可见，一旦 i 时层上各节点的温度已知，可立即算出 $i+1$ 时层上各内点的温度，而不必求解联立方程，因而式(4-14)所代表的计算格式称为显式差分格式(explicit scheme)。显式格式的优点是计算工作量小，缺点是对时间步长及空间步长有一定的限制，否则会出现不合理的振荡的解，称为稳定性问题，4.5节还要提及。

如果把式(4-14a)中的扩散项也用$(i+1)$时层上的值来表示，则有

$$\frac{t_n^{(i+1)}-t_n^{(i)}}{\Delta \tau}=a\frac{t_{n+1}^{(i+1)}-2t_n^{(i+1)}+t_{n-1}^{(i+1)}}{\Delta x^2} \tag{4-15}$$

上式中已知的是 i 时层的值 $t_n^{(i)}$，而未知量有 3 个，因此不能直接由上式立即算出 $t_n^{(i+1)}$之值，而必须求解$(i+1)$时层的一个联立方程组才能得出$(i+1)$时层各节点的温度，因而式(4-15)称为隐式差分格式(implicit scheme)。隐式格式的缺点是计算工作量大，但它对步长没有限制，不会出现解的振荡现象。

显式格式和隐式格式的稳定性问题

4.4.3 边界节点的离散方程

以上将一维非稳态导热方程中的两个导数项用相应的差分表示式代替而建立了差分方程，

这种建立离散方程的方法称为泰勒展开法(因导数的表示式用泰勒展开得出而得名)。对均分网格应用这种方法比较方便。此外,还可以对平板中的一个元体直接应用能量守恒定律及傅里叶导热定律而导出以上离散方程,这种方法不受网格是否均分及物性是否为常数等限制,是更为一般的方法。下面对非稳态问题中的边界节点应用这种方法来建立其离散方程。

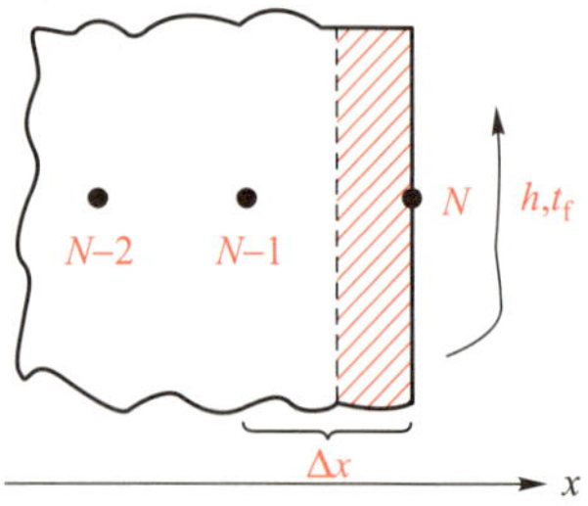

图 4−12 边界节点离散方程的建立

图 4−12 示出了一无限大平板的右边界部分,其表面受到周围流体的冷却,表面传热系数为 h。此时边界节点 N 代表宽度为$\dfrac{\Delta x}{2}$的元体(图中有阴影线的部分)。对该元体应用能量守恒定律可得

$$\lambda\frac{t_{N-1}^{(i)}-t_N^{(i)}}{\Delta x}+h\left(t_f-t_N^{(i)}\right)=\rho c\frac{\Delta x}{2}\frac{t_N^{(i+1)}-t_N^{(i)}}{\Delta\tau} \tag{4-16a}$$

经整理可得

$$t_N^{(i+1)}=t_N^{(i)}\left(1-\frac{2h\Delta\tau}{\rho c\Delta x}-\frac{2a\Delta\tau}{\Delta x^2}\right)+\frac{2a\Delta\tau}{\Delta x^2}t_{N-1}^{(i)}+\frac{2h\Delta\tau}{\rho c\Delta x}t_f \tag{4-16b}$$

式中:$\dfrac{a\Delta\tau}{\Delta x^2}$是以 Δx 为特征长度的傅里叶数,称为网格傅里叶数;$\dfrac{2h\Delta\tau}{\rho c\Delta x}$一项可做如下变化:

$$\frac{h\Delta\tau}{\rho c\Delta x}=\frac{\lambda}{\rho c}\frac{\Delta\tau}{\Delta x^2}\frac{h\Delta x}{\lambda}=\frac{a\Delta\tau}{\Delta x^2}\frac{h\Delta x}{\lambda}=Fo_\Delta Bi_\Delta \tag{c}$$

式中 Fo_Δ 及 Bi_Δ 分别为网格傅里叶数及网格毕渥数。于是式(4−16b)又可改写为

$$t_N^{(i+1)}=t_N^{(i)}\left(1-2Fo_\Delta Bi_\Delta-2Fo_\Delta\right)+2Fo_\Delta t_{N-1}^{(i)}+2Fo_\Delta Bi_\Delta t_f \tag{4-16c}$$

多维非稳态导热问题应用热量守恒法建立离散方程的过程与上类似,为节省篇幅这里不再展开,读者可从本章后的练习中得到这种训练。

*4.5 数值计算的稳定性、收敛性及精度

本节以导热问题的数值计算为例来讨论这三个重要概念。

4.5.1 数值稳定性

以一维平板非稳态导热显式格式离散方程组的求解为例来讨论这一问题。

由于问题的对称性,第三类边界条件下厚度为 2δ 的大平板的数值计算问题只要求解一半厚度即可,其数学描写见式(3−14)~式(3−16)。设将计算区域等分为 $N-1$ 等份(N 个节点,见图 4−13),节点 1 为绝热的对称面,节点 N 为对流边界,则与微分形式的数学描写相对应的显式离散形式为

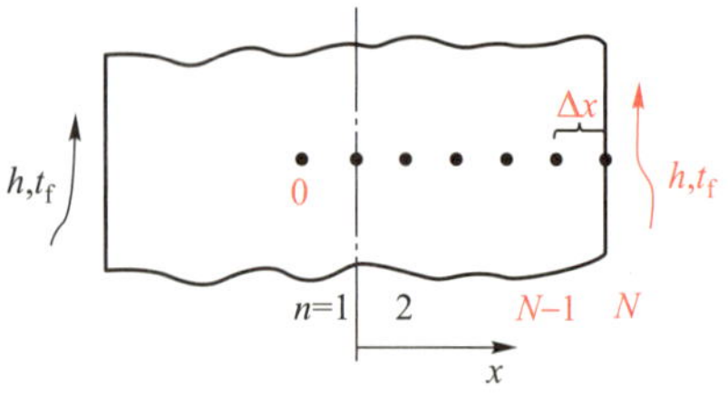

图 4−13 计算无限大平板导热的网格划分

$$t_n^{(i+1)}=Fo_\Delta(t_{n+1}^{(i)}+t_{n-1}^{(i)})+(1-2Fo_\Delta)t_n^{(i)},\quad n=1,2,\cdots,N-1 \tag{4-17}$$

$$t_n^{(1)}=t_0,\quad n=0,1,2,\cdots,N \tag{4-18}$$

$$t_N^{(i+1)}=t_N^{(i)}(1-2Fo_\Delta Bi_\Delta-2Fo_\Delta)+2Fo_\Delta t_{N-1}^{(i)}+2Fo_\Delta Bi_\Delta t_{\rm f} \tag{4-19}$$

$$t_0^{(i)}=t_2^{(i)} \tag{4-20}$$

式(4-20)是绝热边界的一种离散方式,在确定 $t_1^{(i+1)}$ 之值时需要用到 $t_0^{(i)}$。根据对称性,该值等于 $t_2^{(i)}$。这样,从已知的初始分布 t_0 出发,利用式(4-17)及式(4-19)可以依次求得第2时层、第3时层直到第 I 时层上的温度值(图4-10)。

式(4-17)的物理意义是很明确的。该式表明,点 n 上 $i+1$ 时刻的温度是在该点 i 时刻温度的基础上计及了左右两邻点温度的影响后得出的。假如两邻点的影响保持不变,合理的情况是:i 时刻点 n 的温度越高,则其相继时刻的温度也较高;反之,i 时刻点 n 的温度越低,则其相继时刻的温度也较低。在差分方程中要满足这种合理性是有条件的,即式(4-17)中 $t_n^{(i)}$ 前的系数必须大于或等于零。为使得 $t_n^{(i)}$ 项的系数大于等于零,则必须保证

$$Fo_\Delta=\frac{a\Delta\tau}{\Delta x^2}\leqslant\frac{1}{2} \tag{4-21}$$

否则将会出现十分不合理的情况。式(4-21)是从一维问题显式格式的内节点方程得出的限制条件。这一条件对于时间步长和空间步长的选择给出了限制:在给定的空间步长下,最大的时间步长必须满足式(4-21)。同样的讨论还可以对显式格式的对流边界节点方程式(4-19)进行。显然,为了得出合理的解应有

$$1-2Fo_\Delta Bi_\Delta-2Fo_\Delta\geqslant0 \tag{4-22a}$$

即

$$Fo_\Delta\leqslant\frac{1}{2(1+Bi_\Delta)} \tag{4-22b}$$

式(4-22b)这一要求比内点的限制还要苛刻。当由边界条件及内节点的稳定性条件得出的 Fo_Δ 不同时,应以较小的 Fo_Δ 为依据来确定所允许采用的时间步长。当然,对第一类或第二类边界条件的问题,则只有内点的限制条件。

例题4-3　无限大平板受冷却过程温度数值求解的不稳定性实例

厚 $2\delta=0.06$ m 的无限大平板受对称的冷却,初始温度 $t_0=100$ ℃。在初始瞬间,平板突然被置于 $t=0$ ℃的流体中。已知平板的 $\lambda=40$ W/(m·K),$h=1\ 000$ W/(m²·K),试用数值法求解其温度分布。取 $Fo_\Delta=1$。

题解

分析:取 $\Delta x=0.01$ m,则

$$Bi_\Delta=\frac{h\Delta x}{\lambda}=\frac{1\ 000\ \text{W/(m}^2\cdot\text{K)}\times0.01\ \text{m}}{40\ \text{W/(m}\cdot\text{K)}}=0.25$$

按式(4-22b),网格 Fo 小于 $\frac{1}{2.50}$ 时格式才稳定,所以 $Fo_\Delta=1$ 的计算结果将会振荡。

根据本例的条件及式(4-17)~式(4-19),可得半个平板四个节点的离散方程式如下:

$$t_n^{(i+1)}=t_{n+1}^{(i)}+t_{n-1}^{(i)}-t_n^{(i)},\quad n=1,2,3 \tag{a}$$

$$t_n^{(i)}=100\ ℃,\quad n=1\sim4 \tag{b}$$

$$t_1^{(i)} = t_2^{(i)} \tag{c}$$

$$t_4^{(i+1)} = -1.5t_4^{(i)} + 2t_3^{(i)} \tag{d}$$

迭代计算结果如下表：

℃

n	i							
	1	2	3	4	5	6	7	8
1	100	100	100	100	0	450	-1 325	4 937.5
2	100	100	100	50	225	-437.5	1 806.25	-5 634.38
3	100	100	50	175	-212.5	918.75	-2 503.13	7 867.19
4	100	50	125	-87.5	481.25	-1 146.88	3 557.81	-10 342.97

从上表可以看出，从 $i=3$ 这一时刻起出现了这样的情况：各点温度随时间作忽高忽低的波动，并且波动幅度越来越大；某点温度越高反使其相继时刻的温度越低。这种现象是荒谬的，它违反了热力学第二定律。因为这意味着，在该时间间隔中从某一时刻起热量将自动地由低温点向高温点传递。数值计算中出现的这种计算结果忽高忽低的波动现象，数学上称为数值不稳定性（numerical instability）。在本例中这是由于式(a)中 $t_n^{(i)}$ 的系数为负及式(d)中 $t_4^{(i)}$ 的系数为负而造成的。值得指出的是从数值上说上表的各个时刻的值确实是式(a)～式(d)的解，解的振荡是由于 Fo_Δ 没有满足式(4-21)及式(4-22b)所致。显式格式的这种稳定性条件对空间步长及时间步长的取值提出了限制，特别是空间步长的细化必须伴随着时间步长的缩小，否则会得出振荡的解。

4.5.2 求解过程的收敛性

对于例 4-1 中的代数方程(c)采用以下的方式来迭代求解：

$$\begin{cases} t_1 = 32 - 5t_2 - 2t_3 \\ t_2 = 28 - 2t_1 - 4t_3 \\ t_3 = 29 - 8t_1 - 2t_2 \end{cases} \tag{a}$$

则对代数方程来说，例 4-1 中的式(c)、式(d)及这里的式(a)是完全等价的，但对迭代过程而言，却有天壤之别——式(a)不能获得 t_1、t_2、t_3 的收敛解。仍以零场作为迭代初场，迭代 4 次的计算结果如下表所示：

迭代次数	0	1	2	3	4
t_1	0	32	522	8 722	143 522
t_2	0	-36	-396	-3 996	-3 996
t_3	0	-155	-3 355	-61 755	-1 068 075

显然，按式(a)的方式迭代得不到收敛的解，称为迭代过程发散（divergence of iteration）这一例子说明，同一个代数方程组，如果选用的迭代方式不合适，可能导致迭代过程发散。在 4.3.3 节中

已经指出代数方程组的对角占优，即迭代变量的系数总是大于或等于该式中其他系数绝对值之和，是采用高斯-赛德尔迭代法获得收敛解的充分条件。

收敛性问题的另一方面的研究内容是怎样提高收敛速度，已超出了本书的研究范围，有兴趣的读者可参见文献[5]。

4.5.3 数值解的精度

数值解的精度（numerical accuracy）指的是数值解偏离精确解的程度。进行实际数值计算时精确解是不知道的。理论分析表明这一偏离程度主要取决于离散误差（discretization error）及舍入误差（round-off error）。

所谓离散误差就是指将微分方程离散成为有限个节点上的代数方程的集合而引起的误差，对非稳态问题还有时间坐标离散引起的误差。影响离散误差的主要因素是差分格式的截断误差及网格节点数的多少（非稳态问题还包括时间步长的大小）。表 4-1 中列出了一、二阶导数不同差分表示式的截断误差。显然截断误差的阶数越高，在相同的网格节点数下所得到的数值解的精度越高。对二阶导数项（扩散项）采用具有二阶截断误差格式就已能满足一般工程计算的需要；对于非稳态问题中的对时间的偏导数一般采用一阶截断误差的格式，此时如果非稳态过程中的某些瞬间的温度分布也是需要求解的结果，则时间步长的取值就应该足够小，以保证所需瞬间温度计算结果的准确性。例题 4-6 显示了时间步长对求解结果的影响。

无论时间步长还是空间步长，都存在网格独立性问题。一般地说，步长越小计算结果越接近于精确解，但是所需的计算资源（内存及时间）大大增加。同时计算次数的增加还会引起下面要介绍的舍入误差的增加。因此，在进行实际问题的数值计算时，要进行数值解结果网格独立性的考核。一般采用 3~5 套不同节点数的网格，相邻两套网格节点数的变化至少在 30%~50%，然后检查计算结果中所感兴趣的参数（如导热量或某些地点的温度）随网格节点数的变化，当网格再进一步细化，在工程允许的偏差范围内（例如 1%左右）数值解几乎不再变化，这样的结果就可以认为是网格独立的解（具有网格独立性）。图 4-14 中给出了对流传热计算的一个例子[6]，图中纵坐标是计算区域（阴影线部分）的对流传热平均努赛尔数（$Nu_m=\dfrac{h_m l}{\lambda}$，$l$ 为计算区域的特征尺寸，λ 为流体的导热系数）。例题 4-4 中给出了导热问题计算的网格独立性例子。舍入误差是由于计算机的字长都是有限的而引起的。例如一个无限循环小数 235.888 888 88…在 8 位有效数字的条件下计算机中为 235.888 89。在数值计算过程中大量这样的圆整处理就造成舍入误差（round-off error）。舍入误差具有随机的性质，随着计算次数的增加而增加。现有大量的计算实践表明，在目前的计算机字长的条件下，数值计算的主要误差来源于离散误差。

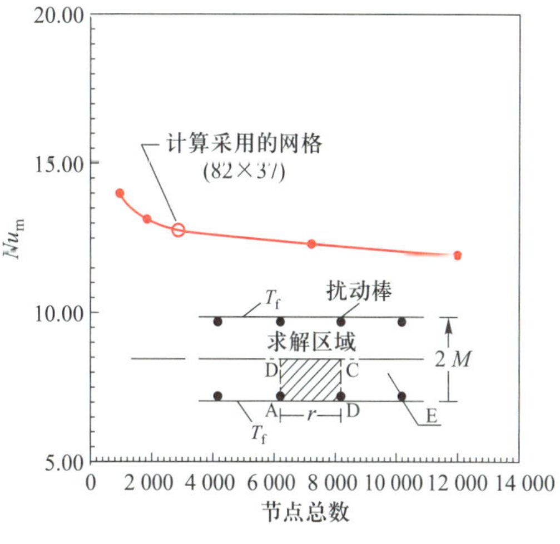

图 4-14 数值解网格独立性考核

4.6 传热计算软件及数字孪生技术介绍

4.6.1 数值方法的学习及工具软件的使用

流动与传热过程的数值模拟是国际上最早被研究的数值求解的领域，早在半个多世纪前就提出了计算流体动力学（computational fluid dynamics，CFD）的名称，现在 CFD 已经拓宽成为对流动、传热传质、燃烧等热流科学领域进行数值求解的一个通用名词。

早期的 CFD 软件受限于计算机性能及网格生成技术，数值仿真仅能针对简单几何外形问题，计算方法也较为简单。随着先进的网格生成技术、计算方法、离散格式、湍流模型等巨大进展，CFD 仿真已经可以通过大规模计算机集群进行，网格数目可高达百亿级别。与实验研究相比，CFD 技术具有成本低、可模拟复杂工况、可缩短设计周期等优越性。在航空航天设计中，CFD 技术的广泛使用可以大幅缩短设计周期。对于高超声速飞行器设计，由于地面测试设备难以满足试验条件，CFD 技术显得尤为重要。另外，由于 CFD 技术可以提供详细的物理场细节，基于此可对关键部件进行精细化的过程分析。因此，数值模拟在探索未知、促进科技发展和国防安全等方面具有不可替代的作用，而且随着计算机技术的迅速发展，数值模拟的应用会越来越重要。

从 20 世纪 80 年代开始，国外诸多知名 CFD 软件如雨后春笋般涌现，比较著名的商业软件如 ANSYS FLUENT、ANSYS CFX、COMSOL、STAR-CCM+等。这些商业软件允许用户针对复杂流动与物理现象采用不同的数值方法和离散格式，实现计算稳定性、速度和精度的平衡，具备解决复杂流动传热问题的能力，且具有较好的人机交互前后处理功能。高性能的数值仿真软件的发展对一个国家的经济建设和国防事业具有重要意义。1985 年以前，欧洲共同体把由英国帝国理工学院斯伯丁（D. B. Spalding）教授开发的世界上第一个流动传热传质的仿真软件 PHONENICS 列为禁止对一些国家出口的产品，直到 1993 年才撤销了对中国出口的禁令[7]。2020 年 6 月，由于美国将我国哈尔滨工业大学与哈尔滨工程大学列入实体清单，MATLAB 软件停止对该两所学校师生的服务。在工业软件的商业市场上，上述国外商业软件占据了绝大多数国内市场。这些严峻的情况给工业软件国产化带来极大挑战与机遇。在此背景下，国内多个高校和研究机构开始研发具有自主知识产权的 CFD 国产软件，而且取得了显著的成绩。例如，中国空气动力研究与发展中心研发的 HYPERFLOW、PHengLEI 软件已经可以采用百亿级别的网格系统对飞机的飞行过程进行仿真分析；本书作者所在团队参与研发的 Mountain of Numerical Heat Transfer（简称 MHT）软件也已在航空发动机的叶片冷却等多个领域取得了应用。

重视工具软件的学习与应用绝不意味着就不需要学习数值模拟的基本方法。这是因为：(1) 各种工具软件都是基于现有的物理模型及数值方法开发出来的，随着科学技术的发展需要建立新的模型和开发更加高效的数值方法，作为国家各个技术领域的高端人才必须具备这样的开发能力；(2) 各种工具商业软件虽然具有一定的通用性，但是不可能包罗万象，常常需要用户自己开发适合所研究问题的模型和程序以与商业软件配合使用。更何况掌握数值模拟基本方法能更加有效、合理地使用工具与商业软件。因此数值模拟（主要是导热部分）目前已经成为国际上本科传热学教材的主要内容之一，而且各教材都采用了各自的教学软件[8-12]。基于此，本书引入了基于 MHT 开发的教学软件(MHT-Learning)的使用,在相关章节内设置了采用该教学软件求解的题目。

4.6.2 数字孪生及其应用

随着大数据、云计算、人工智能等技术的发展和广泛应用,作为以上技术集大成者的数字孪生技术应运而生。

美国国防部高级研究计划局于 2009 年首次提出数字孪生体(digital twin)概念,之后美国空军研究实验室在 2012 年启动了“机身数字孪生体”工程验证项目,美国航空航天局则在未来技术规划中提出要在 2027 年实现数字孪生体。

数字孪生技术含义可以理解为这样一种综合技术:它充分利用物理模型、传感器更新、运行历史等数据,集成多学科、多物理量、多尺度、多概率的仿真过程,在计算机的虚拟空间中构建反映相对应的实体装备的全生命周期过程。简单来说,数字孪生就是在一个设备或系统的基础上,创造一个数字版的“克隆体”。相比于静态的设计图纸,数字孪生体最大的特点在于:它是对实体对象的动态仿真。数字孪生体和实体之间,可以建立全面的实时或准实时联系。实体的实时状态,还有对外界环境条件的响应,都会复现到“孪生体”身上。数字孪生技术能够有效提升产品的可靠性和可用性,同时降低产品研发和制造风险。在产品研发过程中,数字孪生可以虚拟构建产品数字化模型,对其进行仿真测试和验证。生产制造时,可以模拟设备的运转,还有参数调整带来的变化。采用数字孪生技术,通过对运行数据进行连续采集和智能分析,可以预测维护工作的最佳时间点,也可以提供维护周期的参考依据。数字孪生体也可以提供故障点和故障概率的参考。数字孪生技术给工业制造带来了显而易见的效率提升和成本下降,得到国内外几乎所有的工业部门的高度重视。

数字孪生体的建立需要借助高精度的数值模拟方法和机器学习等构建反应实体信息的数据库。掌握数值计算的相关知识,具备一定自主编程能力,可在发展数字孪生技术及当今的大数据时代充分发挥每个研究人员的作用。

本章小结与应用

1. 本章小结

导热问题数值计算的基本思想是用有限个离散点上的值的集合代替连续的物理场,如何建立关于离散点间关系的代数方程是数值计算的关键。本章分别以二维稳态导热稳态和一维非稳态导热问题为例,介绍了采用泰勒级数展开法和热量守恒法建立关于内节点和边界节点代数方程的方法。最后,介绍了代数方程的迭代求解方法。

导热问题的求解,即物体中温度分布以及导热量的获得,可以采用分析解法或者数值解法。对于以下四种情形,数值解法是行之有效的有时甚至是唯一的方法:(1) 物体的几何形状复杂;(2) 物体的热物性是温度的函数;(3) 边界条件复杂,例如辐射边界条件;(4) 物理过程复杂,例如伴随有相变的导热问题。

本章 4.1 节所述的数值解的基本思想适用于多种数值方法,不同数值解法间的主要区别是区域的离散、离散方程的建立及求解三个环节。用导数的差分表达式来代替控制方程中的导数而形成离散方程的方法称为有限差分法,是数值解法中发展最早、较易实施的方法。掌握用热量守恒方法建立离散方程是本章教学的重点。这个方法具有物理概念清晰、易于实施的优点。对于均分网格,可以得出与有限差分法二阶截断误差一样的离散方程,对于非均分网格,能方便地得出离散方程式,读者应很好地掌握。

2. 本章应用举例

例题 4-4　环肋肋效率计算

用数值方法确定当 $r_2/r_1=2$、3、4 时环肋的肋效率,其中 r_2、r_1 为环肋外半径及根圆半径(图 4-15a)。

题解

假设:(1) 流体的表面传热系数为常数;(2) 一维稳态导热;(3) 肋片物性为常数;(4) 环肋顶端绝热。

分析:这是圆柱坐标中常物性一维稳态导热问题,导热微分方程式(2-12)可简化成为

$$\frac{1}{r}\frac{\mathrm{d}}{\mathrm{d}r}\left(r\frac{\mathrm{d}t}{\mathrm{d}r}\right)+\frac{\dot{\Phi}}{\lambda}=0 \tag{a}$$

将肋片上、下表面的换热量折算成内热源:

$$\dot{\Phi}=-2\frac{(2\pi r\mathrm{d}r)h(t-t_{\mathrm{f}})}{(2\pi r\mathrm{d}r)\delta} \tag{b}$$

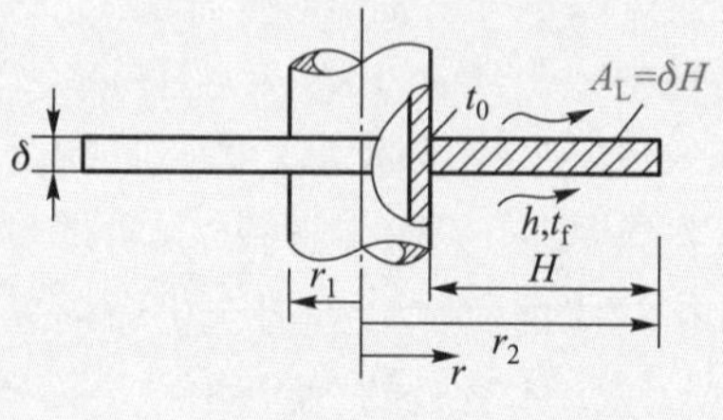

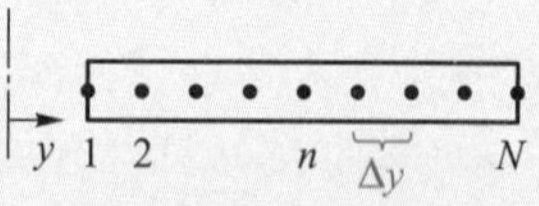

图 4-15　环肋

引入量纲为一的过余温度

$$\Theta=\frac{t-t_{\mathrm{f}}}{t_0-t_{\mathrm{f}}} \tag{c}$$

及量纲为一的半径

$$R=\frac{r}{H} \tag{d}$$

可得这一导热问题的数学描写为

$$\frac{\mathrm{d}^2\Theta}{\mathrm{d}R^2}+\frac{1}{R}\frac{\mathrm{d}\Theta}{\mathrm{d}R}-2m^2\Theta=0 \tag{4-23a}$$

$$R=R_1,\quad \Theta=1 \tag{4-23b}$$

$$R=R_2,\quad \frac{\mathrm{d}\Theta}{\mathrm{d}R}=0 \tag{4-23c}$$

式中:$m=\sqrt{\dfrac{h}{\lambda A_{\mathrm{c}}}}H^{3/2}$;$R_1=r_1/H$;$R_2=r_2/H$。由此可见,为了计算不同 r_2/r_1 下的肋效率,需以 m 为参数。

计算:式(4-23a)是圆柱坐标中的量纲为一的一维稳态导热方程,式中的两个导数项分别用相应的中心差分格式代入,可得以下的差分方程(参见图 4-13b):

$$\frac{\Theta_{n+1}-2\Theta_n+\Theta_{n-1}}{\Delta R^2}+\frac{1}{R_n}\frac{\Theta_{n+1}-\Theta_{n-1}}{2\Delta R}-2m^2\Theta_n=0,\quad n=2,3,\cdots,N-1 \tag{4-24a}$$

$$\Theta_1=1 \tag{4-24b}$$

$$\Theta_N=\Theta_{N-1} \tag{4-24c}$$

式(4-24c)是肋顶绝热条件的一种数值处理方式。

式(4-24)可用高斯-赛德尔迭代方法求解,获得 Θ_n 后再按定义计算肋效率

$$\eta=\frac{\sum_i \Delta A_i \Theta_i}{\sum_i \Delta A_i} \tag{4-25}$$

式中:ΔA_i 为任一节点 i 所代表的微元体的换热表面积;Θ_i 为该节点量纲为一的过余温度。

表 4-2 列出了节点数 N 对肋效率 η 的影响。由表可见,为使在三位有效数字下的解稳定,应取$N=36$,此时可认为已获得了与网格无关的解。不同 r_2/r_1 下肋效率随 m 的变化列于表 4-3 中。

表 4-2　节点数对肋效率的影响($r_2/r_1=2, m=2$)

N	8	16	20	36	64	100
η	0.289	0.278	0.277	0.274	0.274	0.273

表 4-3　环肋效率 η 随 r_2/r_1 及 m 的变化

r_2/r_1	m					
	0.1	0.5	1.0	1.5	2.0	2.5
2	0.991	0.813	0.542	0.370	0.272	0.213
3	0.989	0.781	0.490	0.321	0.230	0.177
4	0.987	0.756	0.454	0.290	0.204	0.154

讨论:表 4-3 的结果是在环肋肋端绝热的条件下得出的。请读者考虑,如果采用 2.4 节中介绍的近似方法来考虑肋端的散热(即肋高加上半个肋厚作为计算肋高),表 4-3 的结果是否还适用?

例题 4-5　判断肋片可以按一维问题处理的主要依据

如图 4-16 所示,一粗而短的肋片的三个表面与温度为 t_f 的流体换热,且表面传热系数均为 h。试计算在下表所示的两种条件下肋片的效率,并与一维分析解的结果相比较。

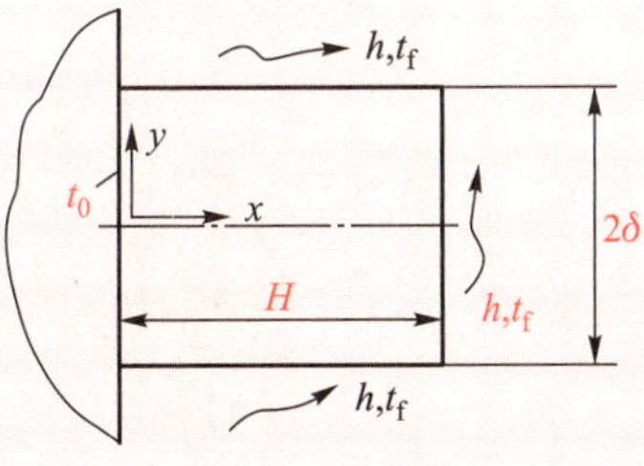

图 4-16　粗而短的肋片的分析

工况	t/℃	t/℃	h/[W/(m²·℃)]	λ/[W/(m·K)]	δ/m	H/m
1	100	20	50	100	0.02	0.04
2	100	20	400	8	0.02	0.08

题解

假设:(1) 流体的表面传热系数为常数;(2) 一维稳态导热;(3) 肋片物性为常数;(4) 肋片顶端绝热。

分析:由于对称性,取一半区域研究即可,其网格划分示意图见图 4-17。$(M-1)\times N$ 个未知温度节点可以区分为五种类型,其节点离散方程示于表 4-4。这些节点方程都是按热量守恒方法根据式(4-4)~式(4-6)得出的,取 $\Delta x=\Delta y$,以过余温度 θ 作为计算变量。

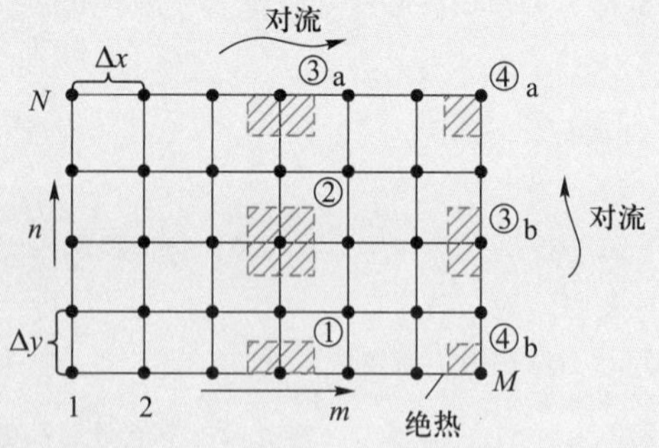

图 4-17 例题 4-5 的网格划分

表 4-4 例题 4-5 的节点离散方程

节点类别	下标变化范围	离散方程
①	$m=2,\cdots,M-1$ $n=1$	$\theta_{m,1}=\dfrac{1}{4}(\theta_{m-1,1}+\theta_{m+1,1}+2\theta_{m,2})$
②	$m=2,\cdots,M-1$ $n=2,\cdots,N-1$	$\theta_{m,n}=\dfrac{1}{4}(\theta_{m+1,n}+\theta_{m-1,n}+\theta_{m,n+1}+\theta_{m,n-1})$
③$_{\text{a}}$	$m=2,\cdots,M-1$ $n=N$	$\theta_{m,N}=\dfrac{1}{4+2Bi_{\Delta}}(\theta_{m-1,N}+\theta_{m+1,N}+2\theta_{m,N-1})$
③$_{\text{b}}$	$m=M$ $n=2,\cdots,N-1$	$\theta_{M,n}=\dfrac{1}{4+2Bi_{\Delta}}(\theta_{M-1,n}+\theta_{M,n+1}+\theta_{M,n-1})$
④$_{\text{a}}$	$m=M$ $n=N$	$\theta_{M,N}=\dfrac{1}{2+2Bi_{\Delta}}(\theta_{M,N-1}+\theta_{M-1,N})$
④$_{\text{b}}$	$m=M$ $n=1$	$\theta_{M,N}=\dfrac{1}{2+2Bi_{\Delta}}(\theta_{M-1,1}+\theta_{M,2})$

在获得了过余温度场的分布后需按定义计算肋效率。对于本例,肋效率的最终计算式为

$$\eta=\frac{0.5(\theta_{1,N}+\theta_{M,1})+\sum_{m=2}^{M}\theta_{m,N}+\sum_{n=2}^{N-1}\theta_{M,n}}{[(M-1)+(N-1)]\theta_0} \tag{4-26}$$

计算:肋效率的数值计算结果列于表 4-5 中。根据计算结果画出的等温线如图 4-18 所示。

表 4-5 肋效率的数值计算结果

工况	节点 $M\times N$	Bi	二维数值计算的 η 值	按一维数值计算的 η 值	相对偏差
1	9×5	0.01	0.973	0.971	0.21%
2	17×5	1.0	0.186	0.206	10.8%

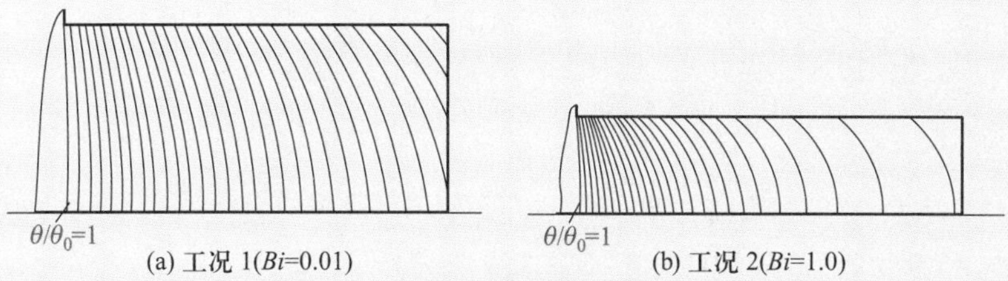

图 4-18　两种肋片的等温线图

讨论:由图 4-18 可见,对于第一种情形,虽然 $H/(2\delta)=1$,但因 $Bi=0.01$,所以肋片中的温度分布要比第二种情形[$H/(2\delta)=2$,但 $Bi=1$]更接近于一维分布。由表 4-5 可以更清楚地看到,对于 $Bi=0.01$ 的短肋,用二维数值计算得出的肋效率与一维公式计算结果的差别完全可以忽略;而对于 $Bi=1.0$ 的长肋片,这一差别则较明显。由此可见,判断肋片中导热可否按一维问题处理的综合指标应当是 Bi 数而不是 H/δ 的比值。

例题 4-6　平板非稳态导热过程中的温度分布

用数值方法计算单侧受热的一维平板的瞬态温度场。平板厚 $\delta=0.1$ m,初始温度 $t_0=80$ ℃,平板一侧被温度 $t_\infty=300$ ℃的流体加热,另一侧绝热。设表面传热系数 $h=1\ 163$ W/(m^2·K),材料的 $\lambda=50$ W/(m·K),$a=1.39\times10^{-5}$ m^2/s。

题解

分析:这一问题可看作厚度为 2δ 的平板两侧同时受流体加热的第三类边界条件下的非稳态导热问题,其控制方程式为式(3-14)~式(3-16)。将平板 10 等分,共 11 个节点,节点离散方程如式(4-17)~式(4-20)所示(节点编号方法见图 4-12)。

计算:计算结果采用等温线来表示。几个不同时刻平板中的温度分布示于图 4-19。时间步长不同对计算结果的影响示于图 4-20。图 4-19 的结果是按 $\Delta\tau=0.18$ s 计算得到的。

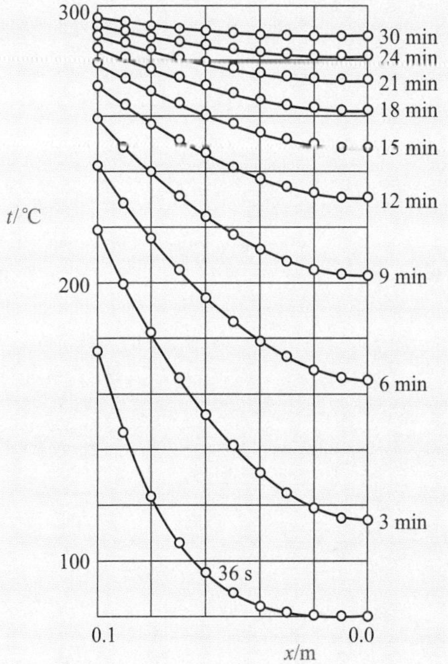

图 4-19　平板中温度的瞬态分布

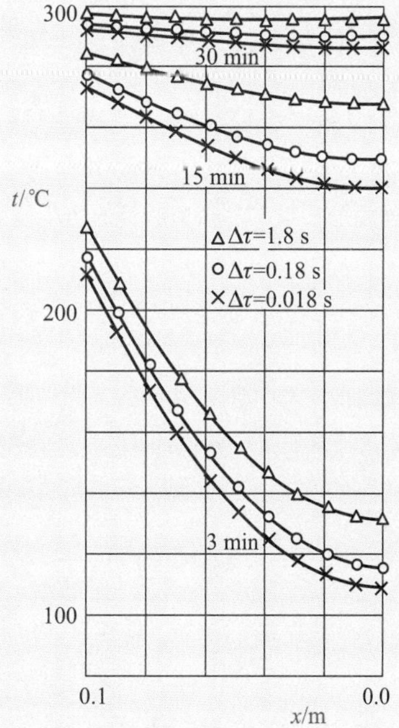

图 4-20　时间步长的影响

讨论：(1) 由图 4-19 可见，在 $\tau \leqslant 36$ s 的时间范围内，虽然平板受热侧已发生了显著的温度变化，但其绝热侧尚未受到界面上发生的热扰动的影响，因而在这一段时间内把厚 $2\delta = 0.2$ m 的平板当作半无限大物体来处理应是一种合理的处理方法。实际上，对于 $a = 1.39 \times 10^{-5}$ m²/s、厚度为 0.1 m 的半个平板，根据 3.5 节的讨论得其惰性时间为 45 s。

(2) 当 $\tau \geqslant 3$ min 后可以发现，平板的右边界温度已受到一定程度影响并逐渐提升，这就是非稳态导热的正规状况阶段。实际上，$\tau = 3$ min 时已有

$$Fo = \frac{a\tau}{\delta^2} = \frac{1.39 \times 10^{-5}\ \mathrm{m^2/s} \times 180\ \mathrm{s}}{(0.1\ \mathrm{m})^2} = 0.25$$

(3) 图 4-20 表明，非稳态导热计算中的瞬时温度分布与时间步长的取值有关，但三种不同时间步长下解的差别在不断缩小。兼顾到计算的准确度与计算的工作量两方面的因素，本题以 $\Delta\tau = 0.18$ s 作为计算步长。

复习题

1. 试简要说明对导热问题进行数值计算的基本思想与步骤。

2. 试说明用热量守恒法建立节点温度离散方程的基本思想。

3. 推导导热微分方程的步骤和过程与用热量守恒法建立节点温度离散方程的过程十分相似，为什么前者得到的是精确描写，而由后者解出的却是近值解。

4. 第三类边界条件边界节点的离散方程，也可用将第三类边界条件表达式中的一阶导数用差分公式表示来建立。试比较这样建立起来的离散方程与用热量守恒法建立起来的离散方程的异同与优劣。

5. 对绝热边界条件的数值处理本章采用了哪些方法？试分析比较之。

6. 什么是非稳态导热问题的显式格式？什么是显式格式计算中的稳定性问题？

7. 用高斯-赛德尔迭代法求解代数方程时是否一定可以得到收敛的解？不能得出收敛的解是否因为初场的假设不合适而造成？

8. 有人对一阶导数 $\left.\frac{\partial t}{\partial x}\right|_{n,i}$ 提出了以下表示式：

$$\left.\frac{\partial t}{\partial x}\right|_{n,i} \approx \frac{-3t_n^{(i)} + 5t_{n+1}^{(i)} - t_{n+2}^{(i)}}{2\Delta x^2}$$

试判断这一表达式是否正确，为什么？

9. 迭代初场的假设好、坏（即假设的初场偏离真解的程度）对迭代过程会产生怎样的影响？

习题

一般性数值计算

4-1 采用计算机进行数值计算不仅是求解偏微分方程的有力工具，而且对一些复杂的经验公式及用无穷级数表示的分析解，也常用计算机来获得数值结果。试用数值方法对 $Bi = 0.1$、1、10 的三种情形计算下列特征方程的根（$n = 1, 2, \cdots, 6$）：

$$\tan\mu_n = \frac{Bi}{\mu_n} \quad (n = 1, 2, 3, \cdots)$$

4-2 试用数值计算证实，对方程组

$$\begin{cases} x_1 + 2x_2 - 2x_3 = 1 \\ x_1 + x_2 + x_3 = 3 \\ 2x_1 + 2x_2 + x_3 = 5 \end{cases}$$

用高斯-赛德尔迭代法求解，其结果是发散的，并分析其原因。

4-3　试对附图所示的常物性、无内热源的二维稳态导热问题用高斯-赛德尔迭代法计算 t_1、t_2、t_3、t_4 之值。

4-4　试对附图所示的等截面直肋的稳态导热问题，用数值方法求解节点 2、3 的温度，图中 $t_0=85$ ℃，$t_f=25$ ℃，$h=30$ W/(m^2·K)。肋高 $H=4$ cm，纵剖面面积 $A_L=4$ cm^2，导热系数 $\lambda=20$ W/(m·K)。

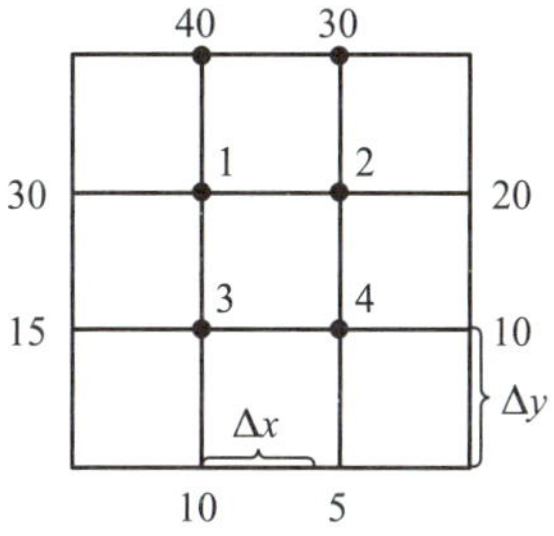

习题 4-3 附图　($\Delta x=\Delta y$)

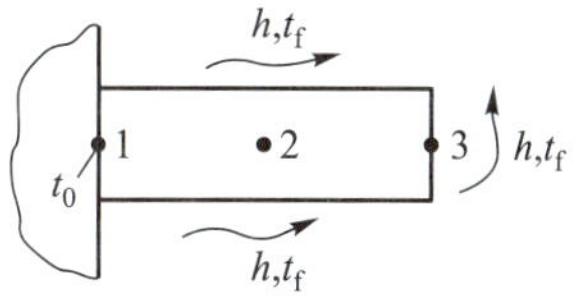

习题 4-4 附图

离散方程的建立

4-5　试将直角坐标中的常物性、无内热源的二维非稳态导热微分方程化为显式差分格式，并指出其稳定性条件($\Delta x\neq\Delta y$)。

4-6　极坐标中常物性、无内热源的非稳态导热方程为

$$\frac{\partial t}{\partial \tau}=a\left(\frac{\partial^2 t}{\partial r^2}+\frac{1}{r}\frac{\partial t}{\partial r}+\frac{1}{r^2}\frac{\partial^2 t}{\partial \varphi^2}\right)$$

试利用本题附图中的符号，列出节点(i,j)的差分方程式。

4-7　一金属短圆柱在炉内受热后被竖直地移到空气中冷却，底面可认为是绝热的。为用数值法确定冷却过程中柱体温度的变化，取中心角为 1 rad 的区域来研究(如本题附图所示)。已知柱体表面发射率 ε、自然对流表面传热系数 h、环境温度 t_∞、金属的热扩散率 a，试列出图中节点$(1,1)$、$(m,1)$、(M,n)及(M,N)的离散方程式。在 r 及 z 方向上网格是各自均分的。

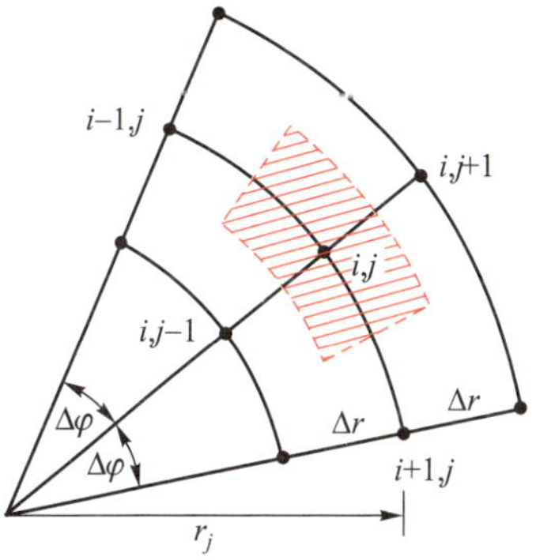

习题 4-6 附图　极坐标中的网格

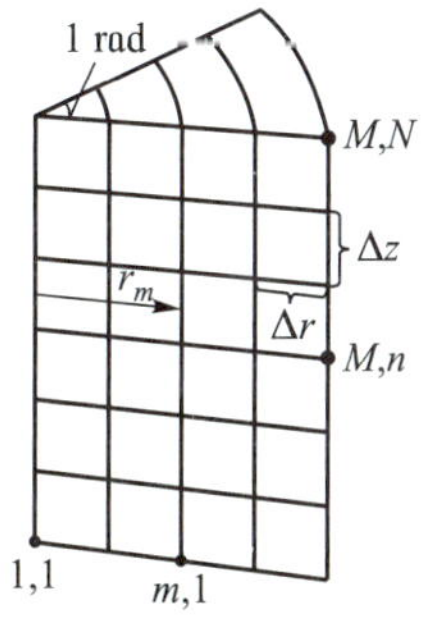

习题 4-7 附图　柱坐标中的网格

4-8　一个二维物体的竖直表面受液体自然对流冷却，为考虑局部表面传热系数的影响，表面传热系数采用 $h=c(t-t_f)^{1.25}$ 来表示。试列出附图所示的稳态、无内热源物体边界节点(M,n)的温度方程，并对如何求解这一方程组提出你的看法。设网格均分。

4-9　在附图所示的有内热源的二维稳态导热区域中，一个界面绝热，一个界面等温温度为 t_0(包括节点 4)，其余两个界面与温度为 t_f 的流体对流换热，λ、h 均匀，内热源强度为 $\dot{\Phi}$，试列出节点 1、2、5、6、9、10 的离散方程式。

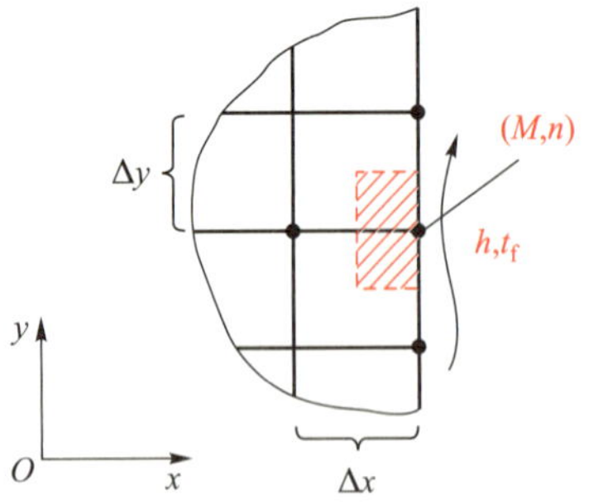

习题 4-8 附图

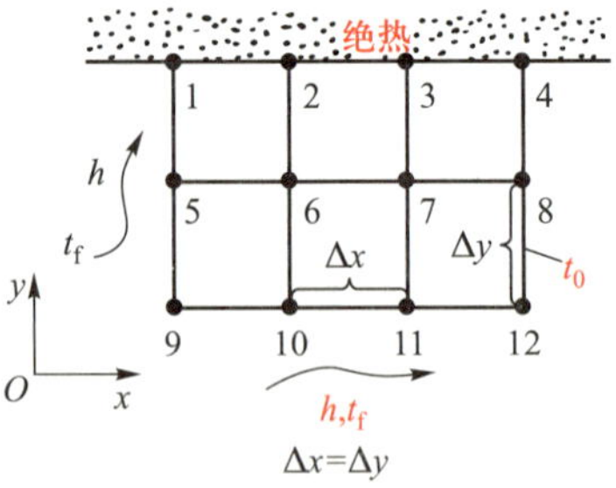

习题 4-9 附图

一维稳态导热计算

4-10　一等截面直肋，高为 H，厚为 δ，肋根温度为 t_0，侧面流体温度为 t_f、表面传热系数为 h，肋片导热系数为 λ。将它均分成 4 个节点（见附图），并对肋端为绝热及为对流边界条件（h 同侧面）的两种情况列出节点 2、3、4 的离散方程式。设 $H=45$ mm、$\delta=10$ mm、$t_0=100$ ℃、$t_f=20$ ℃、$h=50$ W/(m^2·K)、$\lambda=50$ W/(m·K)，计算节点 2、3、4 的温度（对于肋端的两种边界条件）。

4-11　复合材料在航空航天及化工等工业中日益得到广泛的应用。附图所示为双层圆筒壁，假设层间接触紧密，无接触热阻存在。已知 $r_1=12.5$ mm，$r_2=16$ mm，$r_3=18$ mm，$\lambda_1=40$ W/(m·K)，$\lambda_2=120$ W/(m·K)，$t_{f1}=150$ ℃，$h_1=1\,000$ W/(m^2·K)，$t_{f2}=60$ ℃，$h_2=380$ W/(m·K^2)。试用数值方法确定稳态时双层圆筒壁截面上的温度分布。

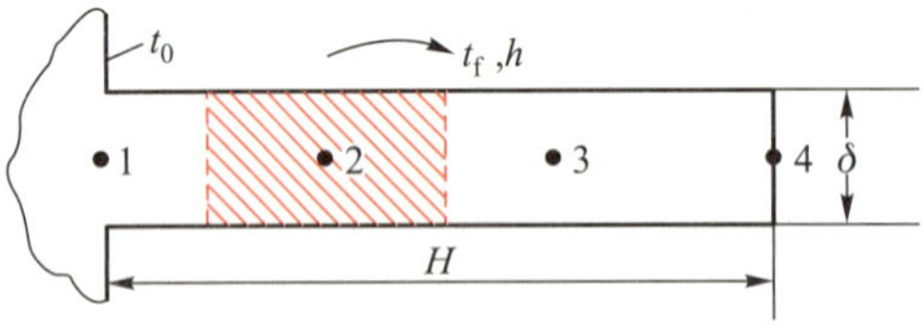

习题 4-10 附图

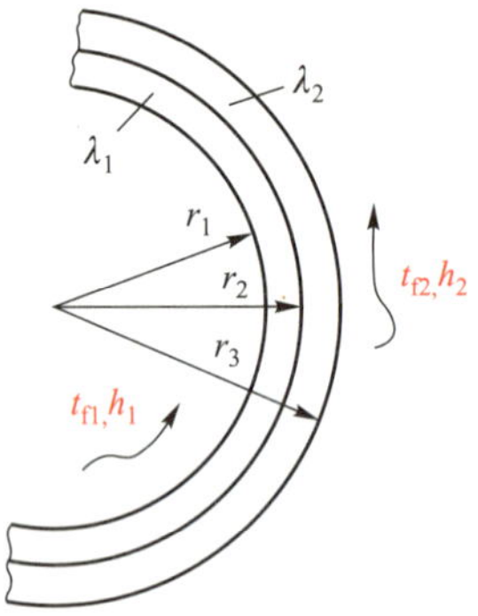

习题 4-11 附图

4-12　有一水平放置的等截面直杆，根部温度 $t_0=100$ ℃，其表面上有自然对流散热，$h=c[(t-t_f)/d]^{1/4}$ 其中：$c=1.20$ W/(m$^{1.75}$·℃$^{1.25}$)；杆的直径 $d=1$ cm，杆高 $H=10$ cm，$\lambda=50$ W/(m·K)，$t_\infty=25$ ℃，不计辐射传热。试用数值方法确定长杆的散热量（需得出与网格无关的解）。杆的顶端可认为是绝热的。

4-13　在上题中考虑长杆与周围环境间的辐射传热，其表面发射率为 0.8，环境可作为温度为 t_∞ 的大空间，试重新计算其导热量[辐射传热量可按式(1-9)计算]。

4-14　有如附图所示的截面为抛物线型的肋片，表面型线方程为

$$y(x)=\frac{e}{2}+[(b-e)(1-x/H)^2]/2$$

肋根温度 t_0 及内热源 $\dot{\Phi}$ 恒定，流体的表面传热系数 h、流体温度 t_f 均为常数。定义：$\Theta=\dfrac{t-t_f}{t_0-t_f}$，$\xi=x/H$。试：(1) 建立量纲为一的温度 Θ 的控制方程；(2) 在量纲为一的参数 $\dfrac{\dot{\Phi}H^2}{\lambda(t_0-t_f)}=0.01$、$\dfrac{e}{H}=0.05$、$\dfrac{b}{H}=0.1$、$\dfrac{hH}{\lambda}=0.01$ 的条件

下，对上述控制方程进行数值计算，以确定量纲为一的温度 Θ 的分布。

一维非稳态导热计算

4-15　一直径为 1 cm、长为 4 cm 的钢制圆柱形肋片，初始温度为 25 ℃。其后，肋基温度突然升高到 200 ℃。同时温度为 25 ℃的气流横向掠过该肋片，肋端及侧面的表面传热系数均为 100 W/(m^2·K)。试将该肋片等分成两段（见附图），并用有限差分法显式格式计算从开始加热时刻起相邻 4 个时刻上的温度分布（以稳定性条件所允许的时间间隔为计算依据）。已知 $\lambda=43$ W/(m·K)，$a=1.333\times10^{-5}$ m^2/s（提示：节点 4 的离散方程可按端面的对流散热与从节点 3 到节点 4 的导热相平衡这一条件列出）。

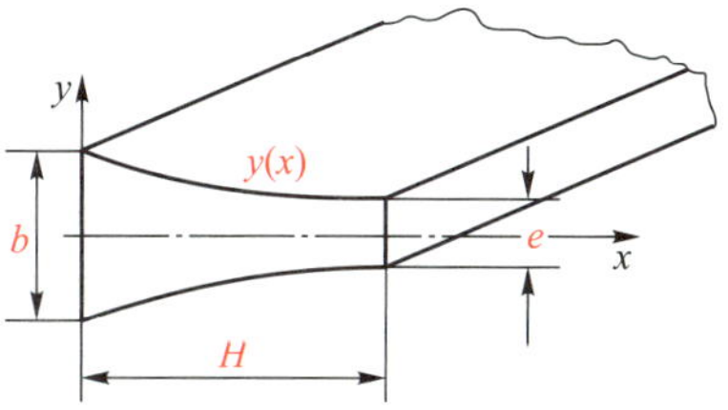

习题 4-14 附图

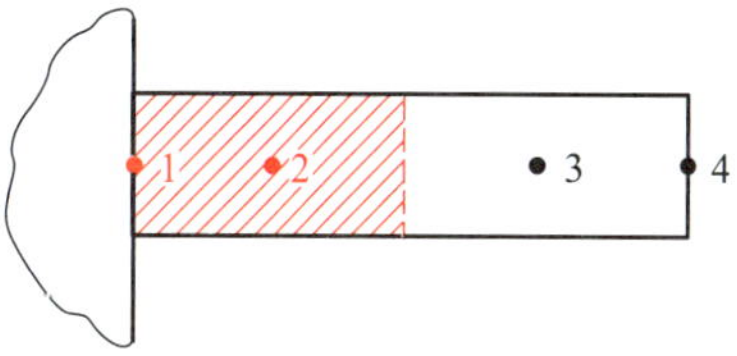

习题 4-15 附图

4-16　一厚为 2.54cm 的钢板，初始温度为 650 ℃。后置于水中淬火，其表面温度突然下降为 93.5 ℃并保持不变。试用数值方法计算中心温度下降到 450 ℃所需的时间。已知 $a=1.16\times10^{-5}$ m^2/s。建议将平板 8 等分，取 9 个节点，并把数值计算的结果与按 Heisler 图计算的结果做比较。

4-17　一火箭发动机的燃烧室，壳体内径为 40 mm，厚 10 mm，壳体内壁上涂了一层厚 2 mm 的包覆层。火箭发动时，推进剂燃烧生成的温度为 3 000 ℃的烟气，经燃烧器端部的喷管喷往大气。大气温度为 30 ℃。设包覆层内壁与燃气间的表面传热系数为 2 500 W/(m^2·K)，外壳表面与大气间的表面传热系数为 350 W/(m^2·K)，外壳材料的最高允许温度为 1 500 ℃。试用数值法确定：为使外壳免受损坏，燃烧过程应在多长时间内完成。包覆材料的 $\lambda=0.3$ W/(m·K)，$a=2\times10^{-7}$ m^2/s；外壳的 $\lambda=10$ W/(m·K)，$a=5\times10^{-6}$ m^2/s。

4-18　锅炉汽包从冷态开始启动时，汽包壁温度随时间而变化。为控制热应力，需要计算汽包壁内的温度场。试用数值方法计算：当汽包内的饱和水温度上升的速率为 1 ℃/min，3 ℃/min 时，启动后 10 min、20 min 及 30 min 时汽包壁截面中的温度分布及截面中的最大温差。启动前，汽包处于 100 ℃的均匀温度。汽包可视为一无限长的圆柱，外表面绝热，内表面与水之间的对流传热十分强烈。汽包的内径 $R_1=0.91$ m，外径 $R_2=1.01$ m，热扩散率 $a=9.98\times10^{-6}$ m^2/s。

4-19　有一砖墙厚 $\delta=0.3$m，$\lambda=0.85$ W/(m·K)，$\rho c=1.05\times10^6$ J/(m^3·K)，室内温度 $t_f=20$ ℃，$h=6$ W/(m^2·K)。起初该墙处于稳定状态，且内表面温度为 15 ℃。后寒潮入侵，室外温度下降为 $t_{f2}=-10$ ℃。外墙表面传热系数 $h=35$ W/(m^2·K)。如果认为内墙温度下降 0.1 ℃是可感到外界温度起变化的一个定量判据，问寒潮入侵后多少时间内墙才感知到？

4-20　一冷柜，起初处于均匀温度 20 ℃。后开启压缩机，冷冻室及冷柜门的内表面温度以均匀速度 18 ℃/h 下降。柜门尺寸为 1.2 m×1.2 m。保温材料厚 8cm，$\lambda=0.02$ W/(m·K)。冷柜外表面包覆层很薄，热阻可略而不计。柜门外受空气自然对流及与环境之间辐射的加热。自然对流可按下式计算：

$$\{h\}_{W/(m^2\cdot K)}=1.55(\{\Delta t\}_{℃}/\{H\}_m)^{1/4}$$

其中 H 为门高。表面发射率 $\varepsilon=0.8$，通过柜门的导热可作为一维问题处理。试计算压缩机启动后 2 h 内的冷量损失。

4-21　一砖砌墙壁，厚度为 240 mm，$\lambda=0.81$ W/(m·K)，$\rho=1\,800$ kg/m^3，$c=0.88$ kJ/(kg·K)。设冬天室外温度在 24 h 内的变化如下表所示。室内空气温度 $t_i=15$ ℃且保持不变；外墙表面传热系数为 10 W/(m^2·K)，内墙为 6 W/(m^2·K)。试用数值方法确定一天之内外墙、内墙及墙壁中心处温度随时间的变化。取 $\Delta\tau=1$ h。设上述温度工况以 24 h 为周期进行变化。

时刻/h	0:00	1:00	2:00	3:00	4:00	5:00	6:00	7:00	8:00	9:00	10:00	11:00
温度/℃	-5.9	-6.2	-6.6	-6.7	-6.8	-6.9	-7.2	-7.7	-7.6	-7.0	-4.9	-2.3
时刻/h	12:00	13:00	14:00	15:00	16:00	17:00	18:00	19:00	20:00	21:00	22:00	23:00
温度/℃	-1.0	-2.4	1.8	1.8	1.6	0.5	-1.6	-2.8	-3.5	-4.3	4.8	-5.3

提示:可从任意初始温度开始进行计算,以周期性边界条件代入,直到相邻两时间周期的对应点上所得出的温度不再变化时为止。

多维稳态导热问题

4-22 如附图所示,一矩形截面的空心电流母线的内、外表面分别与温度为 t_{f1}、t_{f2} 的流体发生对流传热,表面传热系数分别为 h_1、h_2,且各自沿周界是均匀的。电流通过壁内产生均匀热源。今欲对母线中的稳态温度分布进行数值计算,试:(1) 画出计算区域;(2) 对该区域内的温度分布列出微分方程式及边界条件;(3) 对于图中内角顶、外角顶及任一内部节点列出离散方程式($\Delta x \neq \Delta y$),设母线的导热系数 λ 为常数。

4-23 一个长方形截面的冷空气通道的尺寸如附图所示。假设在垂直于纸面的方向上冷空气及通道墙壁的温度变化很小,可以忽略。试用数值方法计算下列两种情况下通道壁面中的温度分布及每米长度上通过壁面的冷量损失:(1) 内、外壁分别维持在 10 ℃及 30 ℃;(2) 内、外壁与流体发生对流传热,且有 $t_{f1}=10$ ℃,$h_1=20$ W/(m^2·K),$t_{f2}=30$ ℃,$h_2=4$ W/(m^2·K)。

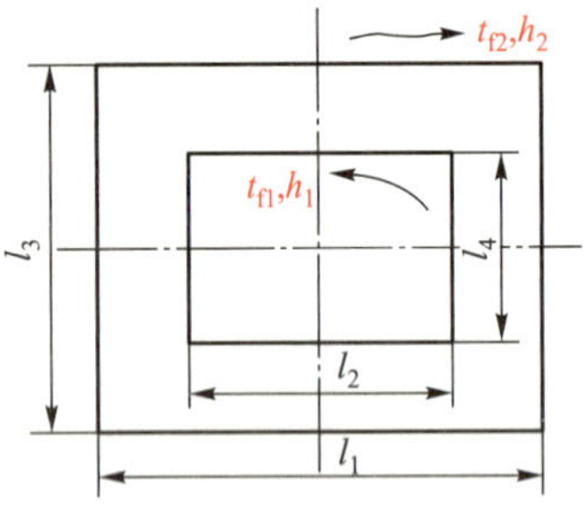

习题 4-22 附图

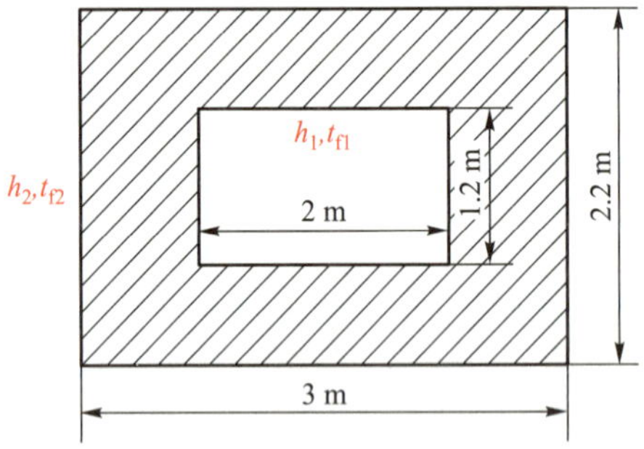

习题 4-23 附图

4-24 为了提高现代燃气透平的进口燃气温度以提高热效率,在燃气透平的叶片内部开设有冷却通道以使叶片金属材料的温度不超过允许值。为对叶片中的温度分布情况做一估算,把附图 a 所示叶片的截面形状简化成为附图 b 所示的情形。已知 $T_o=1\,700$ K,$h_o=1\,000$ W/(m^2·K),$T_i=400$ K,$h_i=250$ W/(m^2·K)。试计算:(1) 截面中的最高温度及其位置;(2) 单位长度通道上的传热量。

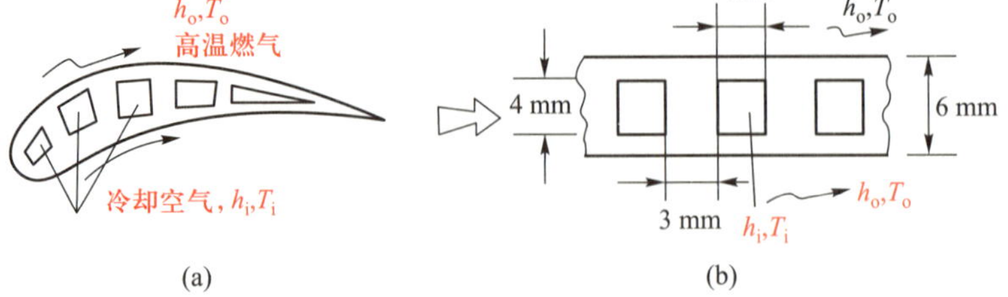

习题 4-24 附图

综合分析与设计、论述题

4-25　工业炉的炉墙以往常用红砖(外层)和耐火黏土砖(内层)组成。由于该两种材料的导热系数较大，散热损失较严重，为了节省能量，近年来国内广泛采用在耐火砖上贴一层硅酸纤维毡，如附图所示。今用以下的非稳态导热简化模型来评价粘贴硅酸纤维毡的收益：设炉墙原来处于与环境平衡的状态，$\tau=0$ 时内壁表面温度突然上升到 550 ℃并保持不变。这一非稳态导热过程一直进行到炉墙外表面的对流、辐射热损失与通过墙壁的导热量相等为止(其后进入稳态导热阶段)。在炉墙升温过程中，外表面的总表面传热系数系由两部分组成，即自然对流引起的部分

$$h_c=1.12\ \mathrm{W/(m^2\cdot K)}\times(t_w-t_f)^{1/3}$$

及辐射部分

$$h_r=4\varepsilon\sigma_0T_m^3,\quad T_m=(T_w+T_f)/2$$

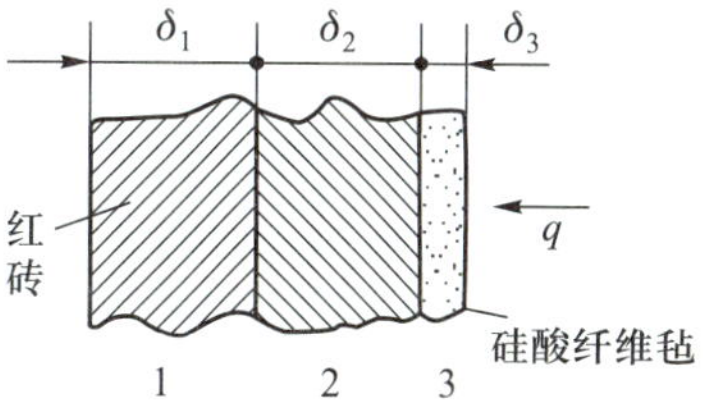

习题 4-25 附图

其中：t_w 或 T_w 为外表面温度；t_f 或 T_f 为环境温度。$\delta_1=240$ mm，$\delta_2=240$ mm，$\delta_3=40$ mm。为简化计算，设三种材料的导热系数均为常数：$\lambda_1=1.6\ \mathrm{W/(m\cdot K)}$，$\lambda_2=0.8\ \mathrm{W/(m\cdot K)}$，$\lambda_3=0.04\ \mathrm{W/(m\cdot K)}$。试计算每平方米炉墙面积上由于粘贴了硅酸纤维毡而在炉子升温过程中少散失的能量。

4-26　空气在附图所示的一长方形截面的送风管道中作充分发展的层流流动，其 z 方向的动量方程简化为

$$\eta\left(\frac{\partial^2w}{\partial x^2}+\frac{\partial^2w}{\partial y^2}\right)-\frac{\mathrm{d}p}{\mathrm{d}z}=0$$

而且 $u=v=0$。上式可看成是源项为 $\left(-\dfrac{\mathrm{d}p}{\mathrm{d}z}\right)$ 的一个二维常物性导热方程。试用数值方法求解这一方程并计算 fRe 之值。f 为阻力系数，Re 的特征长度为当量直径 D_e。计算时可任取一个 $\dfrac{\mathrm{d}p}{\mathrm{d}z}$ 值(但应小于零)，并按 $a/b=0.5$ 及 1 两种情形计算。

4-27　一家用烤箱处于稳定运行状态，箱内空气平均温度 $t_i=155$ ℃，气体与内壁面间的表面传热 $h_i=40\ \mathrm{W/(m^2\cdot K)}$，外壁面与 20 ℃的周围环境间的表面传热系数 $h_o=10\ \mathrm{W/(m^2\cdot K)}$。烤箱保温层厚 30 mm，$\lambda=0.03\ \mathrm{W/(m\cdot K)}$；保温层两侧的护板用金属制成且很薄，分析中可不予考虑。然后将烤箱调节器开大，风扇加速，内壁温度突然上升到 185 ℃。设升温过程中烤箱外壁面与环境间的表面传热系数可用 $h_o=c(t_w-t_f)^{1/4}$ 计算，环境温度 t_f 仍保持为 20 ℃，t_w 为烤箱外表面温度，c 之值与稳定运行时一样。试确定烤箱内壁温度跃升后到达新的稳定状态所需的时间。

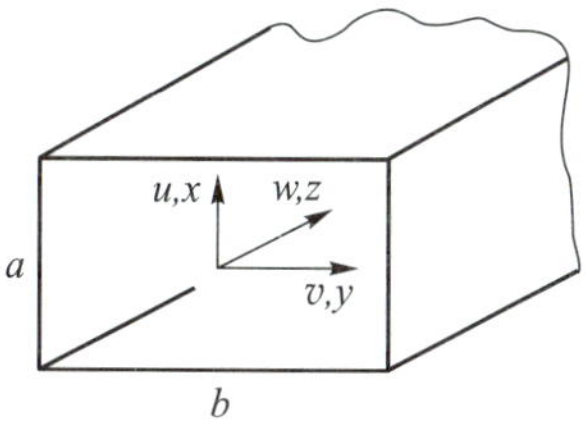

习题 4-26 附图

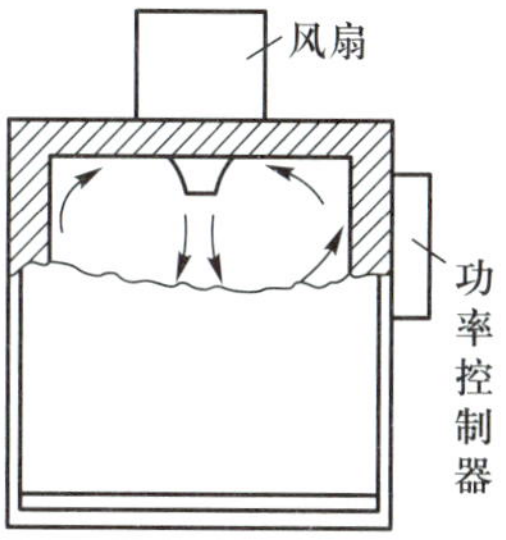

习题 4-27 附图

小论文题目

4-28　一厚为 2.54 cm 的钢管，初始温度为 16 ℃。其后，温度为 572 ℃的液态金属突然流过管内，并经历 10 s。液态金属与内壁面间的表面传热系数 $h=2.84\ \mathrm{kW/(m^2\cdot K)}$。钢管可以按平壁处理，其外表面的散热有对流及辐射两条路径，并分别可按 $\{h_c\}_{\mathrm{W/(m^2\cdot K)}}=1.2\times(\{\Delta t\}_{℃})^{1/3}$ 及 $h_r=4\varepsilon\sigma_0T_m^3$ 计算，$T_m=(T_w+T_f)/2$，周围环境

温度 $t_f=20$ ℃。试用数值方法确定在液态金属开始流入后的 18 s 时截面上的温度分布。已知钢管的 $\lambda=41$ W/(m·K), $\rho=7\ 530$ kg/m^3, $c=536$ J/(kg·K)。

4-29 为对两块平板的对接焊过程(见附图 a)进行数值计算,对其物理过程做以下简化处理:钢板中的温度场仅是 x 及时间 τ 的函数;焊枪的热源作用在钢板上时钢板吸收的热流密度 $q(x)=q_m e^{(-3r^2/r_e^2)}$, r_e 为电弧有效加热半径, q_m 为最大热流密度;平板上、下表面的散热可用 $q=h(t-t_f)$ 计算,侧面绝热;平板的物性为常数,熔池液态金属的物性与固体相同;固体熔化时吸收的潜热折算成当量的温升值,即设熔化潜热为 L,固体比热容为 c,当固体达到熔点 t_s 后要继续吸收相当于使温度升高 L/c 的热量,但在这一吸热过程中该处温度不变。这样,附图 a 所示问题就简化成附图 b 所示的一维非稳态导热问题。试:(1) 列出该问题的数学描写;(2) 计算过程开始后 3.4 s 内钢板中的温度场,设在开始的 0.1 s 内有电弧的加热作用。已知 $q_m=5\ 024$ W/m^2, $h=12.6$ W/(m^2·K), $\lambda=41.9$ W/(m·K), $\rho=7\ 800$ kg/m^3, $c=670$ J/(kg·K), $L=255$ kJ/kg, $t_s=1\ 485$ ℃, $H=12$ cm, $r_e=0.71$ cm。

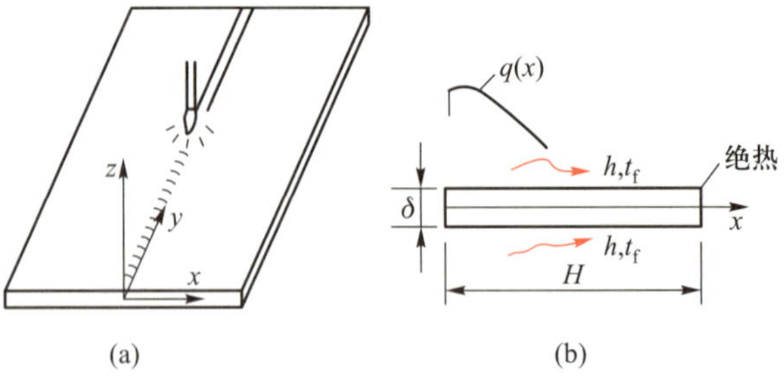

习题 4-29 附图

4-30 在壁厚为 7 cm 的铸铁模型中铸造 14 cm 厚的铜板。假定问题是一维的,试确定达到铜板完全凝固所需的时间。计算时做以下简化处理:液体黄铜在瞬间内充满型腔;液体铜及铸型的初始温度各自均匀;液体铜内无自然对流,固、液体铜内均为导热;液体铜与固体铜的物性相同且为常数;铸件与铸型之间接触良好,不存在空气隙;铸型外两表面与周围环境间的散热可用 $q=h(t-t_f)$ 表示;液体铜在固定的凝固点 t_s 下凝固,凝固过程中释放出的熔化潜热可折算成相当于使物体温度升高 L/c 所需的热量,但在潜热释放过程中该处温度应一直保持 t_s。经过这样一番简化后所计算的问题变为如附图示的双层平板的一维导热问题。试:(1) 列出该问题的数学描写;(2) 在下列条件下计算使铜板完全凝固所需的时间。已知:铸型初温 $t_0=20$ ℃,液体铜初温为 1 100 ℃, $t_s=1\ 000$ ℃, $h=4$ W/(m^2·K), $\lambda_1=126$ W/(m·K), $\lambda_2=63$ W/(m·K), $c_1=419$ J/(kg·K), $c_2=502$ J/(kg·K), $\rho_1=8\ 000$ kg/m^3, $\rho_2=7\ 000$ kg/m^3, $L=167.5$ kJ/kg, $t_f=20$ ℃。

4-31 试用数值方法确定如附图所示圆管外正方形翅片的肋效率。已知 $d_0=12$ mm, $H=40$ mm,翅片厚 $\delta=0.2$ m, $\lambda=120$ W/(m·K)。据文献[12]的分析,此时肋效率可以画成 $\eta\sim(r_0^*-r_0)\sqrt{h/(\lambda\delta)}$ 的曲线形式,并以 r_0^*/r_0 为参数。这里 r_0^* 是一假想半径,以 r_0^* 为半径的圆的面积等于所研究翅片的面积。试在 $h=10\sim100$ W/(m^2·K)的范围内进行计算,并把结果表示成 $\eta\sim(r_0^*-r_0)\sqrt{h/(\lambda\delta)}$ 的曲线。

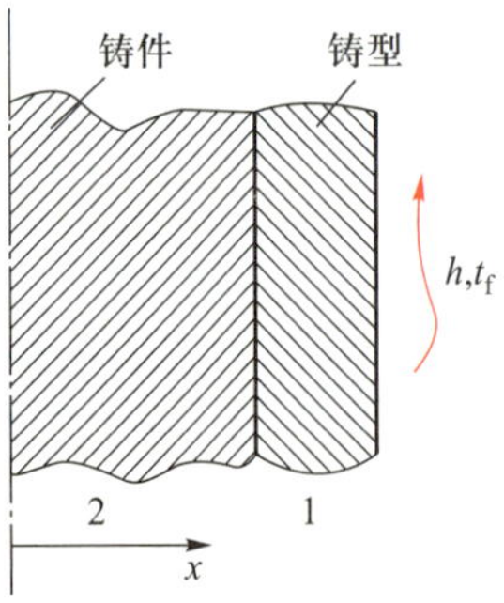

习题 4-30 附图

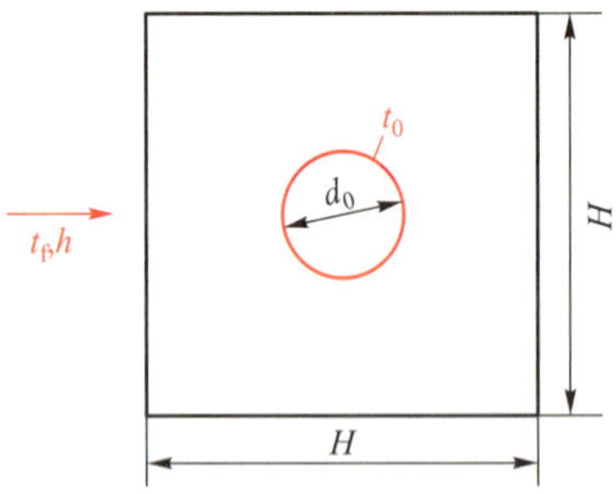

习题 4-31 附图

4-32 有一块印制电路板如附图 a 所示。其中间为 0.8 mm 厚的铜板,导热系数为 165 W/(m·K),其两侧为玻璃纤维环氧树脂板层,铜板底端被冷却到 40 ℃,其他三个侧面可认为绝热,金属板上安装的发热元件及其功耗如图所示。假定通过玻璃纤维环氧树脂板层的散热可以不计,试用数值计算确定铜板中的温度分布。根据元件分布确定的网格划分示于附图 b 中。

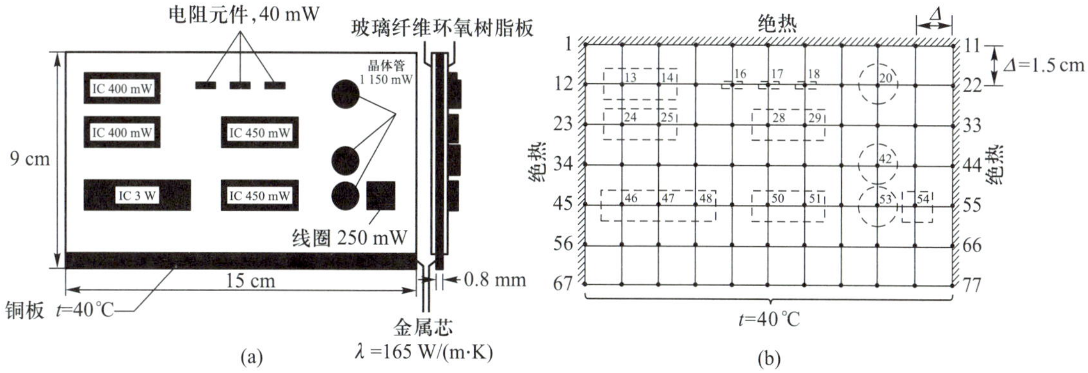

习题 4-32 附图

采用基于 MHT-Learning 工具软件的题目

4-33　利用工具软件求解例题 4-4,并将求解结果与表 4-2、表 4-3 相比较。

4-34　采用更小的时间步长 0. 001 8 s,求解例题 4-6,并与图 4-17 的结果做比较,讨论时间步长对求解结果及计算资源的影响。

4-35　利用工具软件数值求解习题 4-23,讨论网格节点数的影响。

4-36　利用工具软件求解习题 4-26,获得阻力系数 f 之值,并与文献中的结果(正方形 $fRe=57$,长宽比为 2∶1 的长方形 $fRe=62$)进行比较。

4-37　建筑物采暖的一种方式是在房间地板下设置热空气通道,如附图所示。设地板下的水泥混凝土层的一侧绝热,地面层温度 $t_2=30$ ℃。热空气通道截面尺寸为 150 mm×150 mm,并在混凝土层中对称布置,通道壁温保持为 $t_1=80$ ℃。试计算单位长度热空气通道的传热量,并从计算结果中整理出此种情形下形状因子 S 的值。

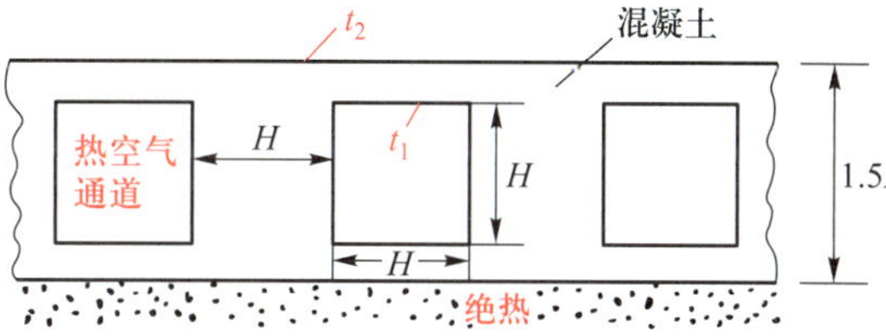

习题 4-37 附图

4-38　芯片采用微通道进行散热,如附图所示。通道内流体温度 25 ℃,流体与通道壁面的表面传热系数 $h=30\ 000$ W/(m^2 · K),微通道底部绝热。微通道由铜加工而成,结构参数如下:$a=b=w_s=w_f=200$ μm,芯片的厚度可忽略不计。由于结构对称性,可采用右图所示的单元进行导热温度场计算,假设芯片温度 t_c 不能超过 75 ℃,求所允许的最高散热热流密度。

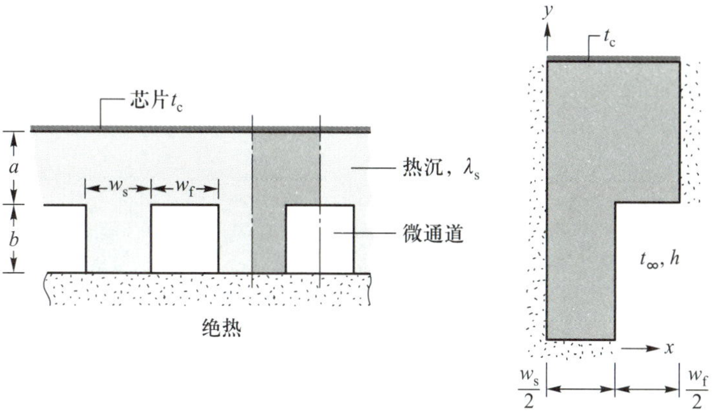

习题 4-38 附图

参考文献

[1] KAKAC S, YENER Y. Heat conduction[M]. 2nd ed. Washington, D. C.: Hemisphere Publishing Corporation, 1986: 109-302.

[2] 埃克特,德雷克. 传热与传质分析[M]. 航青,译. 北京:科学出版社,1983:70-256.

[3] CARSLAW H, JAEGER J C. Conduction heat transfer in solids [M]. Oxford: Clarendon Press, 1986: 50-229.

[4] 奥齐西克. 热传导[M]. 俞昌铭,等译. 北京:高等教育出版社,1984:26-201.

[5] 陶文铨. 数值传热学[M]. 2 版. 西安:西安交通大学出版社,2001:第 2 章,第 5 章.

[6] YUAN Z X, TAO W Q, WANG Q W. Numerical prediction for laminar forced convection heat transfer in parallel plate channels with streamwise periodic rod disturbances [J]. Int J Numer Methods Fluids, 1998, 28: 1371-1387.

[7] 吴振亚. 从 CHAM 公司的兴起和发展看 CFD 软件产业的兴起[G]//陶文铨. 传热学的研究与发展:杨世铭教授从教五十周年暨七十寿辰纪念文集. 北京:高等教育出版社,1995:259.

[8] NELLIS G, KLEIN S. Heat transfer[M]. New York: Cambridge University Press, 2009.

[9] HOLMAN J P. Heat transfer [M]. 10th ed. Boston: McGraw-Hill Higher Education, 2010.

[10] ÇENGEL Y A, GHAJAR A J. Heat and mass transfer[M]. 4th ed. New York: McGraw-Hill, 2011.

[11] BERGMAN T L, LAVINE A S, Incropera F P, et al. Introduction to heat transfer[M]. 6th ed. Hoboken: John Wily & Sons, 2011.

[12] ROLLE K C. Heat and mass transfer[M]. 2nd ed. Australia: CENGAGE Learning, 2016.

[13] SPARROW E M, Lin S H. Heat transfer characteristics of polygonal and plate fins [J]. Int J Heat Mass Transfer, 1964, 7(5): 951-953.

第 5 章

对流传热的理论基础

流体流过与其温度不同的固体表面时发生的热量交换称为对流传热。对流传热的传热量用牛顿冷却公式计算。对单位面积有

$$q=h\Delta t \tag{5-1a}$$

对于面积为 A 的传热表面为

$$\Phi=Ah\Delta t_m \tag{5-1b}$$

其中 Δt_m 为流体与传热面 A 的平均温差。工程计算中无论流体被冷却还是被加热，传热量总是取正值，因此 Δt 及 Δt_m 也总取正值。

牛顿冷却公式只是对流传热表面传热系数 h 的一个定义式，它没有揭示出表面传热系数与影响它的有关物理量之间的内在联系。揭示这种内在的联系正是研究对流传热的主要任务。本章是对流传热的理论基础，旨在揭示对流传热过程的物理本质、数学描述方法以及进行试验研究的基本原则。本章中首先从对流传热物理过程的角度，定性地分析对流传热的影响因素，然后较深入地讨论对流传热过程的数学描写，在此基础上导出边界层类型问题的简化方程，简述其积分解法和类比法的概念。历史上曾经采用六种方法来获得对流传热表面传热系数，但是主要手段是实验。相似原理是指导如何进行实验及整理实验数据的基本原则，本章要进行比较深入的介绍。本章的内容应用数学的表述方法较多，读者在学习时要着重掌握各种数学表达式所反映的物理意义，以能较好地理解对流传热过程的物理本质。前已指出，以牛顿命名的冷却定律并非确由牛顿提出。

牛顿
冷却公式
历史资料

5.1 对流传热概述

5.1.1 对流传热的影响因素

影响对流传热的因素就是影响流动的因素及影响流体中热量传递的因素。这些因素归纳起来可以分为以下五个方面。

1. 流体流动的起因

由于流动起因的不同,对流传热可以区分为强制对流传热与自然对流传热两大类。前者是由于泵、风机或其他外部动力源所造成的,而后者通常是由于流体内部的密度差所引起的。两种流动的成因不同,流体中的速度场也有差别,所以传热规律就不一样。

2. 流体有无相变

在流体没有相变时,对流传热中的热量交换是由于流体显热的变化而实现的,而在有相变的传热过程中(如沸腾或凝结),流体相变潜热的释放或吸收常常起主要作用,因而传热规律与无相变时不同。

3. 流体的流动状态

黏性流体存在着两种不同的流态——层流及湍流。层流时流体微团沿着主流方向作有规则的分层流动,而湍流时流体中各微团之间发生剧烈的混合,因而在其他条件相同时湍流传热的强度自然要较层流强烈。

4. 传热表面的几何因素

这里的几何因素指的是传热表面的形状、大小、传热表面与流体运动方向的相对置以及传热表面的状态(光滑或粗糙)。例如,图 5-1a 所示的管内强制对流流动与流体横掠圆管的强制对流流动是截然不同的。前一种是管内流动,属于所谓内部流动(internal flow)的范围;后一种是外掠物体流动,属于所谓外部流动(external flow)的范围。这两种不同流动条件下的传热规律必然是不相同的。在自然对流领域里,不仅几何形状,几何布置对流动亦有决定性影响。例如图 5-1b 所示的水平壁,热面朝上散热的流动与热面朝下散热的流动就截然不同,它们的传热规律也是不一样的。

图 5-1　几何因素的影响

5. 流体的物理性质

流体的热物理性质对于对流传热有很大的影响。以无相变的强制对流传热为例,流体的密

度 ρ、动力黏度 η、导热系数 λ 以及比定压热容 c_p 等都会影响流体中速度的分布及温度分布，因而影响对流传热。内冷发电机的冷却介质从空气改成水可以提高发电机的出力，就是利用了水的热物理性质有利于强化对流传热这一事实。

由上述讨论可见，影响对流传热的因素很多，由于流动动力的不同、流动状态的区别、流体有否相变及传热表面几何形状的差别构成了多种类型的对流传热现象，因而表征对流传热强弱的表面传热系数是取决于多种因素的复杂函数。以单相强制对流传热为例，在把高速流动排除在外时（高速流动一般只发生在与航空、航天飞行器有关的对流现象中），表面传热系数可表示为

$$h=f(u,l,\rho,\eta,\lambda,c_p) \tag{5-2}$$

式中，l 是传热表面的一个特征长度。

5.1.2 对流传热现象的分类

由上讨论可见，影响对流传热现象的因素很多，为了获得适用于工程计算的对流传热表面传热系数的计算公式，有必要按其主要的影响因素分门别类地加以研究。

图 5-2 给出了目前常见的对流传热的分类方法，本章及下一章将分门别类地逐一介绍确定表面传热系数的计算式，但对于微通道流动、纳米流体传热及高速气流传热仅做过程特点的定性介绍。原则上说，图 5-2 中每一类对流传热都可把流场（或边界层内的流动）区别为层流及湍流两种流态，但为表达的简洁，图中未示出这种差别。读者在学习每一种类型的对流传热时，要特别注意它与其他类型对流传热在物理过程方面的不同，从而更好地理解为什么表面传热系数的计算式会有这样或那样的差别。

- 对流传热
  - 无相变
    - 强制对流
      - 内部流动
        - 1. 圆管内强制对流传热
        - 2. 其他形状截面管道内的对流传热
      - 外部流动
        - 3. 外掠平板的对流传热
        - 4. 外掠单根圆管的对流传热
        - 5. 外掠其他形状截面物体的对流传热
        - 6. 外掠圆管管束的对流传热
        - 7. 外掠翅片管束的对流传热
        - 8. 外掠堆积颗粒的对流传热
        - 9. 射流冲击对流传热
        - 10. 微通道/纳米流体/高速气流的对流传热
    - 自然对流
      - 11. 大空间自然对流传热
      - 12. 有限空间自然对流传热
    - 混合对流
      - 13. 大空间混合对流传热
  - 有相变
    - 沸腾传热
      - 14. 大容器沸腾传热
      - 15. 管内沸腾传热
    - 凝结传热
      - 16. 管外凝结
      - 17. 管内凝结
    - 固液相变传热
      - 18. 熔化传热
      - 19. 凝固传热

图 5-2　对流传热的分类树

研究对流传热的方法，就是获得表面传热系数 h 的表达式的方法。从理论分析及数值计算的

角度，只要获得壁面上流体温度的分布就可以得出该处的局部表面传热系数。下面我们先分析壁面上流体温度分布与对流传热表面传热系数的关系，然后简要介绍获得表面传热系数的六种方法。

5.1.3 如何从解得的温度场来计算表面传热系数

在分析解法及数值解法中，求解所得到的直接结果是流体中的温度分布。那么，如何从流体中的温度分布来进一步得到表面传热系数呢？下面来揭示表面传热系数 h 与流体温度场之间的关系。

当黏性流体在壁面上流动时，由于黏性的作用，在靠近壁面的地方流速逐渐减小，而在贴壁处流体将被滞止而处于无滑移状态，即在贴壁处流体没有相对于壁面的流动，称为无滑移边界条件。图 5-3 示意性地表示了这种近壁面处流速的变化。贴壁处这一极薄的流体层相对于壁面是不流动的，壁面与流体间的热量传递必须穿过这个流体层，而穿过不流动的流体层的热量传递方式只能是导热；当流体为空气一类不参与辐射传热的介质时，穿过流体层的热量传递方式还可能有辐射。这时，壁面的总传热量等于对流及辐射传热量之和。其中对流部分的传热量计算式(5-1)仍然适用，而且辐射部分的传热量也常可表示成这种形式。这里不考虑辐射，对流传热量就等于贴壁流体层的导热量。

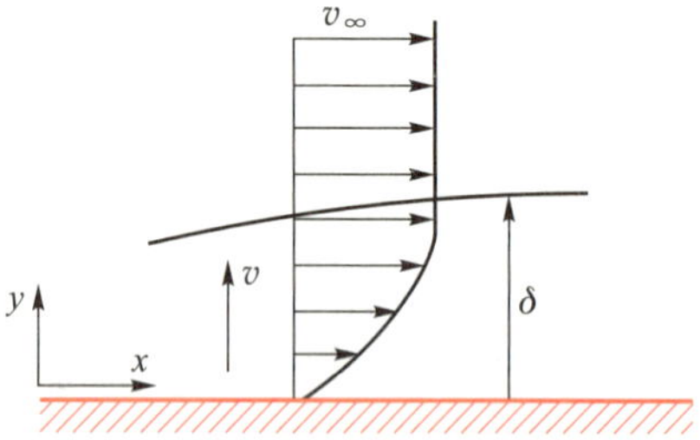

图 5-3 壁面附近速度分布的示意图

将傅里叶定律应用于贴壁流体层，可得

$$q=-\lambda\left.\frac{\partial t}{\partial y}\right|_{y=0} \tag{5-3}$$

式中：$\left.\dfrac{\partial t}{\partial y}\right|_{y=0}$ 为贴壁处壁面法线方向上的流体温度变化率；λ 为流体的导热系数。将牛顿冷却公式(5-1a)与上式联立，即得以下关系式：

$$h=-\frac{\lambda}{\Delta t}\left.\frac{\partial t}{\partial y}\right|_{y=0} \tag{5-4}$$

它把对流传热表面传热系数与流体的温度场联系起来，不论是分析法、数值法还是实验法都要用到它。

在分析法及数值法求解中，对第一类边界条件的问题，壁面温度已知，分析求解的目的是求壁面法向的温度变化率。在第二类边界条件的问题中，壁面的热流密度已知，相应的壁面法向的温度变化率是已知的，分析求解的目的是确定壁温 t_w。这两种边界条件问题的共同点就是要解出流体内的温度分布，即温度场。应注意的是，式(5-4)与导热问题的第三类边界条件不同，其中的 h 是未知量，而在式(2-18)中 h 是作为已知的边界条件给出的。此外，式(2-18)中的 λ 为固体的导热系数，而此处 λ 为流体的值。在用实验法求取 h 的计算式时，式(5-4)将用来导出一个包括 h 的量纲为一的数。还应指出，式(5-4)中的 h 是局部表面传热系数，而整个传热表面的表面传热系数需把牛顿冷却公式应用于整个表面来得出。

5.1.4 获得对流传热表面传热系数的方法

对流传热的研究已经有 100 多年的历史，曾先后发展出以下六种获得表面传热系数 h 方法：(1) 边界层微分方程分析解法；(2) 边界层微分方程积分近似解法；(3) 能量、动量传递类比法；

(4) 质量、热量传递类比法；(5) 相似原理指导下的实验法；(6) 数值法。下面分别做简要介绍。

(1) 边界层微分方程分析解法(analytical method for boundary layer equations)是指对描写某一类对流传热问题的边界层微分方程及相应的定解条件进行数学求解，从而获得速度场和温度场的分析解的方法。由于数学上的困难，虽然目前只能得到个别简单的对流传热问题的分析解，但分析解能深刻揭示各个物理量对表面传热系数的依变关系，而且是评价其他方法所得结果的标准与依据，因而本书将做适当介绍。(2) 边界层微分方程积分近似解法(approximate integral method for boundary layer equation)是指对边界层中的速度与温度分布形式做出假设，例如假设为多项式，多项式各项的系数则通过边界条件来确定，本书将在例题中予以说明。(3) 能量、动量传递类比法(method of analogy between energy and momentum transfer)。类比法又称比拟法，是指通过研究动量传递及热量传递的共性或类似特性，以建立起表面传热系数与阻力系数间的相互关系的方法。应用类比法，可通过比较容易用实验测定的阻力系数来获得相应的表面传热系数的计算公式。在传热学发展的早期，这一方法曾广泛用来获得湍流传热的计算公式。虽然近年来这一方法已较少应用。但是，这一方法所依据的动量传递与热量传递在机理上的类似性，对理解与分析对流传热过程很有帮助，因而本章仍将做一定介绍。(4) 质量、热量传递类比法(method of analogy between heat and mass transfer)利用导热和对流传热与质扩散和对流传质之间的类似性研究表面传热系数的方法，本书将在第 11 章中介绍。(5) 相似原理指导下的实验法(experimental method guided by similarity theory)通过在相似原理指导下的实验研究是目前获得表面传热系数关系式的主要途径，也是本书讨论对流传热部分的重点，是初学者必须掌握的内容。(6) 数值法(numerical method)。数值求解方法在 60 余年内得到了迅速发展，并将会日益显示出其重要的作用。与导热问题的数值求解方法相比，对流传热的数值求解增加了两个难点，即对流项的离散及动量方程中的压力梯度项的数值处理，本章将不做介绍，有兴趣的读者可参见文献[1-2]。但是对流传热中的一种常见情况——平直等截面管道中层流充分发展的对流传热，其控制方程为导热型的方程，已可用读者现有的知识求解，将在本章的练习中通过基于 MHT-Learning 的教学软件进行求解。

本章以下的内容将对研究对流传热的理论分析方法，能量、动量传递类比法及相似原理做进一步讨论，作为对流传热部分的理论基础，至于实验研究结果的介绍，将在第 6、7 章中进行。

5.2 对流传热问题的数学描写

对流传热问题完整的数学描写包括对流传热微分方程组及定解条件，前者包括质量守恒、动量守恒及能量守恒这三大守恒定律的数学表达式。读者已在流体力学课程中学习了质量守恒、动量守恒微分方程的推导过程，这里只引出这些结果，不再推导。下面着重介绍能量守恒微分方程的推导过程及对流传热完整的控制方程和定解条件。

5.2.1 运动流体能量守恒方程的推导

1. 简化假设

为了简化分析，做下列假设：(1) 流动是二维的。(2) 流体为不可压缩的牛顿型流体。切应力服从牛顿黏性定律 $\tau=\eta\partial u/\partial y$ 的流体称为牛顿型流体。空气、水以及许多工业用油类等流体都属牛顿型流体。一些高分子溶液如油漆、泥浆等不遵守牛顿黏性定律，称为非牛顿型流体。(3) 流体物性为常数、无内热源。(4) 略去流体位能及动能的变化，流体也不对外做功。(5) 黏性耗散产生的耗散热可以忽略不计。除高速的气体流动及一部分化工用流体等的对流传热外，工程中常见的对流传热问题大都满足上述假定。二维的假设仅是为了书写的简洁，从二维推广到三维是很方便的。

2. 微元体能量收支平衡的分析

能量微分方程描述运动流体的温度与有关物理量的联系，它的导出同样基于能量守恒定律及傅里叶导热定律。与导出导热微分方程的不同点仅在于，这里要把流体流进、流出一个微元体时所带入或带出的能量考虑进去。

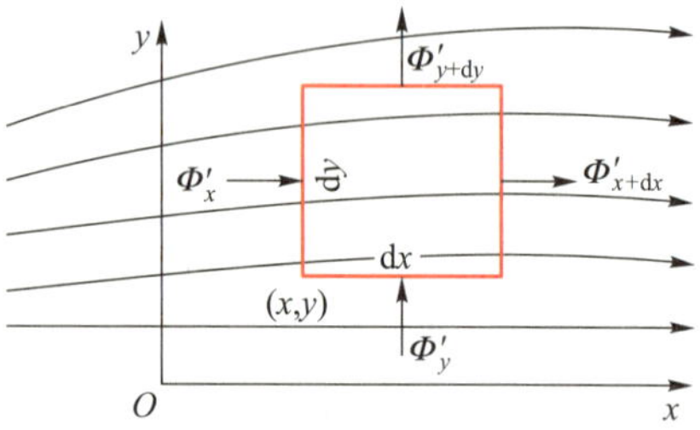

图 5-4　能量微分方程推导中的微元体

以图 5-4 所示笛卡儿坐标系中的微元体作为分析对象，它是固定在空间一定位置的一个控制体，其界面上不断地有流体进出，因而是热力学中的一个开口系统。根据热力学第一定律及假设(3)~(5)，有

$$\Phi=\frac{\partial U}{\partial\tau}+(q_m)_{\text{out}}h_{\text{out}}-(q_m)_{\text{in}}h_{\text{in}}\tag{5-5a}$$

式中：q_m 为质量流量；h 为流体的比焓；下标"in"及"out"表示进及出；U 为微元体的热力学能；Φ 为通过界面导入微元体的热流量。

由导热进入微元体的热量已经在第 2 章中推导过。对于二维问题［假设(1)］及导热系数为常数［假设(3)］的问题，在 $d\tau$ 时间内这一热量为

$$\Phi d\tau=\lambda\left(\frac{\partial^2 t}{\partial x^2}+\frac{\partial^2 t}{\partial y^2}\right)dxdyd\tau\tag{a}$$

在 $d\tau$ 时间内，微元体中流体温度改变了 $\frac{\partial t}{\partial\tau}d\tau$，其热力学能的增量为

$$\Delta U=\rho c_p dxdy\frac{\partial t}{\partial\tau}d\tau\tag{b}$$

这里利用了流体不可压缩的条件［假设(2)］。由于流体流出、流进微元体所带入、带出的焓差可分别从 x 及 y 方向加以计算。以 x 方向为例，在 $d\tau$ 时间内由 x 处的截面进入微元体的焓为

$$H_x=\rho c_p utdyd\tau\tag{c}$$

而在相同的 $d\tau$ 内由 $x+dx$ 处的截面流出微元体的焓为

$$H_{x+dx}=\rho c_p\left(t+\frac{\partial t}{\partial x}dx\right)\left(u+\frac{\partial u}{\partial x}dx\right)dyd\tau\tag{d}$$

将两式相减可得 $d\tau$ 时间内在 x 方向上由流体净带出微元体的热量，略去高阶无穷小量后为

$$H_{x+dx}-H_x=\rho c_p\left(u\frac{\partial t}{\partial x}+t\frac{\partial u}{\partial x}\right)dxdyd\tau\tag{e}$$

同理，y 方向上的相应表达式为

$$H_{y+dy}-H_y=\rho c_p\left(v\frac{\partial t}{\partial y}+t\frac{\partial v}{\partial y}\right)dxdyd\tau\tag{f}$$

于是，在单位时间内由于流体的流动而带出微元体的净热量为

$$
\begin{aligned}
(q_m)_{\text{out}}h_{\text{out}}-(q_m)_{\text{in}}h_{\text{in}} &= \rho c_p\left[\left(u\frac{\partial t}{\partial x}+v\frac{\partial t}{\partial y}\right)+\left(t\frac{\partial u}{\partial x}+t\frac{\partial v}{\partial y}\right)\right]\mathrm{d}x\mathrm{d}y \\
&= \rho c_p\left(u\frac{\partial t}{\partial x}+v\frac{\partial t}{\partial y}\right)\mathrm{d}x\mathrm{d}y
\end{aligned} \tag{g}
$$

将式(a)、式(b)、式(g)代入式(5-5a)并化简，即得二维、常物性、无内热源的能量微分方程：

$$
\rho c_p\left(\frac{\partial t}{\partial \tau}+u\frac{\partial t}{\partial x}+v\frac{\partial t}{\partial y}\right)=\lambda\left(\frac{\partial^2 t}{\partial x^2}+\frac{\partial^2 t}{\partial y^2}\right) \tag{5-5b}
$$

上式左端第一项表示所研究的控制体中，流体温度随时间变化而引起的内能变化，称为非稳态项，左端第 2、3 项表示由于流体流出与流进该控制容积净带走的热量，称为对流项，而等号后两项则表示由于流体中的热传导而净导入该控制体的热量，称为扩散项（导热是扩散过程的一种）。式(5-5b)表明，在流体的运动过程中热量的传递，除依靠流体的流动以外（对流项所代表），还有导热引起的扩散作用。前面指出，所谓对流传热是指运动着的流体与固体表面间的热交换，这时热量的传递一方面由于流体的宏观位移所致，同时与固体之间的热交换是通过固体壁面附近流体的导热来进行，正是这两种热量传递的机制不可分割的共同作用，造成了对流传热过程。

为了进一步说明对流传热是由流体宏观流动所造成的热量转移以及流体中分子导热所产生的热量传递联合作用的结果，是不同于纯导热的一种热量传递方式，下面以流体外掠等温平板的稳态传热情形为例做分析。假设来流温度低于平板温度，则在紧靠壁面的流体薄层黏附在壁面上（无滑移边界条件），该薄层内，由于分子导热，热量从板面传递到流体中，使流体得到加热，被加热的流体同时向前运动，带走了一部分热量，从而使继续向垂直于板面方向传递的热量逐渐减少，到边界层的外边界时，从壁面传递到流体中的热量已经全部为运动着的流体带走，使该处垂直于板面方向的流体中的温度变化率接近于零，因而垂直于板面方向的流体中的导热也为零。这种传递的过程定性地示出于图 5-5 中。图中空心箭头代表垂直于主流方向的分子导热，箭头的不同的宽度表示了热流的大小，虚线箭头表示被流体带走的热量。

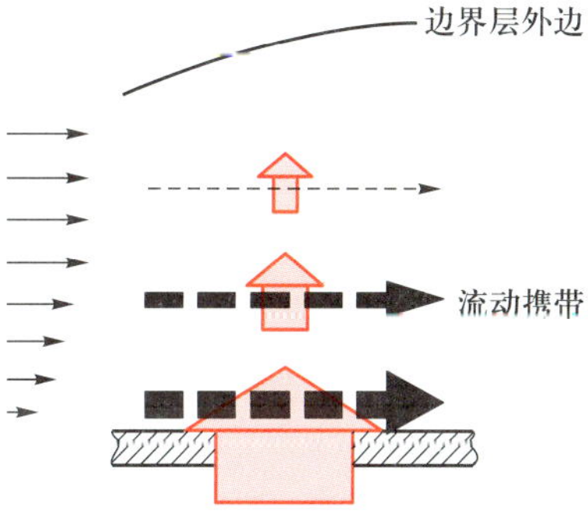

图 5-5　对流传热过程中热量的传递机理说明

图 5-5 所示的定性描述的重要特点是沿着主流方向流体温度必然发生变化：温度升高时流体被加热，温度降低时流体被冷却。这种说明同样适用于管内的对流传热，这时管子的中心线相当于边界层的外边界。

还需要说明的是既然在主流方向流体温度逐渐变化（上例中是逐渐升高），那么在主流方向流体中也有分子导热[式(5-5b)右端第 1 项所代表]。但是相对于流体宏观运动携带的热量来说，在边界层类型的换热中主流方向的导热完全可以不予考虑，详见 5.3.2 节中的讨论。

式(5-4)反映了紧贴壁面的流体薄层中分子导热的重要作用。它说明平板与流体之间的对流传热量都是通过紧贴壁面的流体薄层的导热来传递的。但不能因此认为对流传热是导热的一种特殊形式。因为如果没有这一薄层之外流体沿着流动方向的热量携带，则平板上流体中的温度分布就应该是直线（假定流体导热系数为常数），而不是本书后面介绍的曲线形状了，因此热

对流（对流传热属于热对流）是不同于导热的热量传递基本方式，更深入的分析可参见文献[3]。要掌握各种复杂情形的对流传热规律必须对于上述基本机理有一个清晰的了解。

3. 几点讨论

(1) 当流体静止时，$u=v=0$，式(5-5b)退化为常物性、无内热源的导热微分方程；

(2) 稳态的对流传热问题，非稳态项消失，式(5-5b)可以改写为

$$\rho c_p(\boldsymbol{U}\cdot \text{grad}\ t)=\lambda\left(\frac{\partial^2 t}{\partial x^2}+\frac{\partial^2 t}{\partial y^2}\right) \tag{5-5c}$$

这里已经将对流项简写为速度矢量与温度梯度的点积。

(3) 如果流体中有内热源，例如黏性耗散作用所产生的热量，化学反应的生成热等，则不难证明，只要在式(5-5b)的右端加上 $\dot{\Phi}(x,y)$ 就得出有内热源时的能量方程，这里 $\dot{\Phi}(x,y)$ 称为源项，表示了内热源强度，单位为 W/m^3。对于二维常物性流体，其黏性耗散所产生的内热源强度可以用下式表示[4]：

$$\dot{\Phi}(x,y)=\eta\left\{2\left[\left(\frac{\partial u}{\partial x}\right)^2+\left(\frac{\partial v}{\partial y}\right)^2\right]+\left(\frac{\partial u}{\partial y}+\frac{\partial v}{\partial x}\right)^2\right\} \tag{5-6}$$

(4) 流体力学与传热学中反映动量守恒定律的纳维-斯托克斯(Navier-Stokes)方程与能量守恒定律的式(5-5b)，都是由非稳态项、对流项、扩散项与源项所构成。值得指出，这是流动、传热、传质、燃烧等过程控制方程的一般构成形式，读者应对四个构成项的具体内容有深入的理解。

5.2.2 对流传热问题完整的数学描写

1. 控制方程式

至此，可以把描写对流传热的完整的微分方程组做一汇总。对于不可压缩、常物性、无内热源的二维问题，这一微分方程组如下：

质量守恒方程

$$\frac{\partial u}{\partial x}+\frac{\partial v}{\partial y}=0 \tag{5-7}$$

动量守恒方程

$$\rho\left(\frac{\partial u}{\partial \tau}+u\frac{\partial u}{\partial x}+v\frac{\partial u}{\partial y}\right)=F_x-\frac{\partial p}{\partial x}+\eta\left(\frac{\partial^2 u}{\partial x^2}+\frac{\partial^2 u}{\partial y^2}\right) \tag{5-8}$$

$$\rho\left(\frac{\partial v}{\partial t}+u\frac{\partial v}{\partial x}+v\frac{\partial v}{\partial y}\right)=F_y-\frac{\partial p}{\partial y}+\eta\left(\frac{\partial^2 v}{\partial x^2}+\frac{\partial^2 v}{\partial y^2}\right) \tag{5-9}$$

能量守恒方程

$$\frac{\partial t}{\partial \tau}+u\frac{\partial t}{\partial x}+v\frac{\partial t}{\partial y}=\frac{\lambda}{\rho c_p}\left(\frac{\partial^2 t}{\partial x^2}+\frac{\partial^2 t}{\partial y^2}\right) \tag{5-10}$$

其中 F_x、F_y 是体积力在 x、y 方向的分量。动量守恒方程式(5-8)、式(5-9)就是在 x、y 方向速度分量的 Navier-Stokes① 方程。质量守恒方程式(5-7)又称连续性方程(continuity equation)，质量、动量及能量守恒方程是描写黏性流体流动传热过程的控制方程(governing equation)，对于不可压缩黏性流体的层流及湍流流动都适用。

---

① 1823 年，法国科学家纳维(M. Navier)提出该方程，1845 年英国科学家斯托克斯(G. G. Stokes)加以充实完善。

2. 定解条件

作为对流传热问题完整的数学描写还应该对定解条件作出规定，包括初始时刻的条件及边界上与速度、压力及温度等有关的条件。以能量守恒方程为例，可以规定边界上流体的温度分布（第一类边界条件），或给定边界上加热或冷却流体的热流密度（第二类边界条件）。由于获得表面传热系数是求解对流传热问题的最终目的，因此一般地说求解对流传热问题时没有第三类边界条件。但是，如果流体通过一层薄壁与另一种流体发生热交换，则另一种流体的表面传热系数可以出现在所求解问题的边界条件中。下面我们将通过对流传热问题的一种简单情形——外掠平板的边界层流动，给出其定解条件的表达式作为示例。

式(5-7)~式(5-10)共4个方程，包含了4个未知数(u,v,p,t)。虽然方程组是封闭的，原则上可以求解，然而由于 Navier-Stokes 方程的非线性的特点，要针对实际问题在整个流场内数学上求解上述方程组是非常困难的。这种局面直到1904年德国科学家普朗特(L. Prandtl)提出著名的边界层概念，并用它对 Navier-Stokes 方程进行了实质性的简化后才有所改观，使数学分析解得到发展。后来，波尔豪森(E. Pohlhausen)又把边界层概念推广应用于对流传热问题，提出了热边界层的概念，使对流传热问题的分析求解也得到了发展[4]。下一节将首先复习边界层的概念，并把它应用于能量微分方程，从而导出边界层问题的对流传热微分方程组。

5.3 边界层型对流传热问题的数学描写

5.3.1 流动边界层及边界层动量方程

1. 流动边界层及其厚度的定义

普朗特[4]在仔细观察了黏性流体流过固体表面的特性后提出了突破性的见解。他认为，黏滞性起作用的区域仅仅局限在靠近壁面的薄层内。在此薄层以外，由于速度梯度很小，黏滞性所造成的切应力可以略而不计，于是该区域中的流动可以作为理想流体的无旋流动，其数学求解要比黏性流体的流动容易得多。在这个黏滞力不能忽略的薄层之内，运用数量级分析的方法可以对 Navier-Stokes 方程作实质性的简化，从而可以获得不少黏性流动问题的分析解。这种在固体表面附近流体速度发生剧烈变化的薄层称为流动边界层(flow boundary layer)，又称速度边界层(velocity boundary layer)，图5-6示出了产生流动边界层的两种常见情形。如图5-6a所示，从 $y=0$ 处 $u=0$ 开始，流体的速度随着离开壁面距离 y 的增加而急剧增大，经过一个薄层后 u 增长

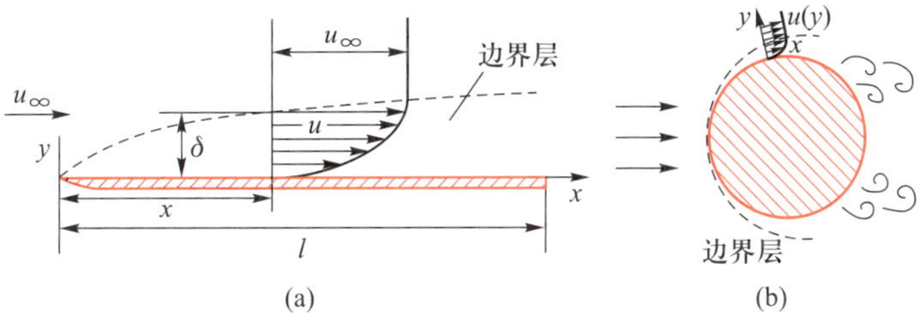

图5-6 流动边界层示意图

到接近主流速度。这个薄层即为流动边界层，其厚度视规定的接近主流速度程度的不同而不同。通常规定达到主流速度的99%处的距离 y 为流动边界层的厚度，记为 δ。图 5-6b 表示了流体流过一个圆柱的情形（来流垂直于柱体轴线，简称横掠圆柱），在圆柱的前半周形成了边界层，在后半周流动发生了分离，形成了旋涡，就不属于边界层流动了。

流动边界层厚度 δ 薄到什么程度呢？以温度为 20 ℃ 的空气沿平板的流动为例。在不同来流速度 u_∞ 下，δ 沿平板长度的变化示于图 5-7。由图可知，相对于平板长度 l，δ 是一个比 l 小一个数量级以上的小量。而在这样一个薄层内，流体的速度要从 0 m/s 变化到接近于主流流速，所以流体在垂直于主流方向上的速度变化是十分剧烈的。

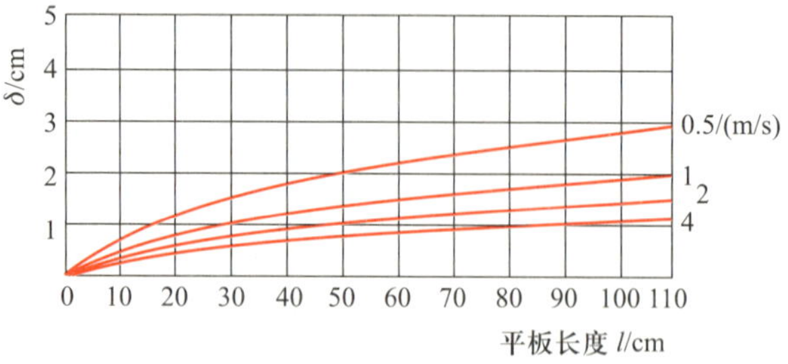

图 5-7　空气沿平板流动时边界层增厚的情况

2. 流动边界层内的流态

前已指出，流体的流动可区别为层流和湍流。在边界层内也会出现层流和湍流两类不同的流动状态。图 5-8 示出了流体掠过平板时边界层的发展过程。流体以 u_∞ 的流速沿平板流动。在平板的起始段，δ 很薄。随着 x 的增加，由于壁面黏滞力的影响逐渐向流体内部传递，边界层逐渐增厚，但在某一距离 x_{cr} 以前会一直保持层流的性质。此时流体作有秩序的分层流动，各层互不干扰。这时的边界层称层流边界层（laminar boundary layer）。沿流动方向随着边界层厚度的增加，边界层内部黏滞力和惯性力的对比向着惯性力相对强大的方向变化，促使边界层内的流动变得不稳定起来。自距前缘 x_{cr} 处起，流动朝着湍流过渡，最终过渡为旺盛湍流。此时流体质点在沿 x 方向流动的同时，又做着紊乱的不规则脉动，这里的边界层称湍流边界层（turbulent boundary layer）。边界层从层流向湍流过渡的距离 x_{cr} 由临界雷诺数 $Re_{cr}=u_\infty x_{cr}/\nu$ 确定。对掠过平板的流动，Re_{cr} 根据来流湍流度的不同而在 2×10^5 到 3×10^6 之间。来流扰动强烈、壁面粗糙时，雷诺数在低于下限值时即发生流动状态的转变。在一般情况下，可取 $Re_{cr}=5\times10^5$。

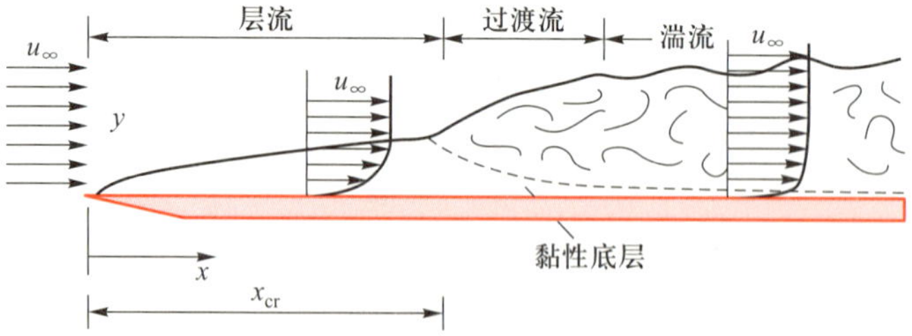

图 5-8　流体掠过平板时边界层的形成和发展

已经查明，湍流边界层的主体核心虽处于湍流流动状态，但紧靠壁面处黏滞应力仍占主导地位，致使贴附于壁面的一极薄层内仍保持层流的主要性质。这个极薄层称为湍流边界层的黏性底层(viscous sublayer)。在湍流核心与黏性底层之间存在着起过渡性质的缓冲层(buffer layer)(图 5-8 只着重勾画出黏性底层)。

图 5-8 定性地给出了边界层内的速度分布曲线,它们与流动状态相对应。层流边界层的速度分布为抛物线状。在湍流边界层中,黏性底层的速度梯度较大,近于直线,而在湍流核心,质点的脉动强化了动量传递,速度变化较为平缓。

3. 流动边界层内的动量方程

流体力学告诉我们,对于如图 5-6 所示的流体外掠物体的流动,运用数量级分析(analysis of order of magnitude)的方法,层流边界层内黏性流体的稳态动量方程可简化为

$$u\frac{\partial u}{\partial x}+v\frac{\partial u}{\partial y}=-\frac{1}{\rho}\frac{\mathrm{d}p}{\mathrm{d}x}+\nu\frac{\partial^2 u}{\partial y^2} \tag{5-11}$$

与二维稳态 Navier-Stokes 方程相比,上式的特点是:(1) 在 u 方程中略去了主流方向的二阶导数项;(2) 略去了关于速度 v 的动量方程;(3) 认为边界层厚度方向压力保持不变用$\frac{\mathrm{d}p}{\mathrm{d}x}$代替了$\frac{\partial p}{\partial x}$。

这里应指出,边界层类型的流动仅当流体不脱离固体表面时才存在。对于图 5-6b 所示的在圆柱后半周出现的脱体流动(流体离开固体表面而形成漩涡),边界层的概念不再适用,应当采用完全的纳维-斯托克斯方程来描述。

以上我们复习了流动边界层的概念。下面把边界层的概念推广到对流传热流体的温度场中,并在此基础上导出边界层能量微分方程。

5.3.2 热边界层及热边界层能量方程

1. 热边界层及厚度定义

在对流传热条件下,主流与壁面之间存在着温度差。实验观察同样发现,在壁面附近的一个薄层内,流体温度在壁面的法线方向上发生剧烈的变化,而在此薄层之外,流体的温度梯度几乎等于零。流动边界层的概念可以推广到对流传热中去,固体表面附近流体温度发生剧烈变化的这一薄层称为温度边界层(temperature boundary layer)或热边界层(thermal boundary layer),其厚度记为 δ_t。对于外掠平板的对流传热,一般以过余温度为来流过余温度的 99% 处定义为 δ_t 的外边界,而且除液态金属及高黏性的流体外,热边界层的厚度 δ_t 在数量级上与流动边界层厚度 δ 相当。于是对流传热问题的温度场也可区分为两个区域:热边界层区与主流区。在主流区,流体中的温度变化率可视为零,这样就可以把要研究的热量传递的区域集中到热边界层之内。图 5-9 示意性地画出了固体表面附近速度边界层及温度边界层的大致情况。

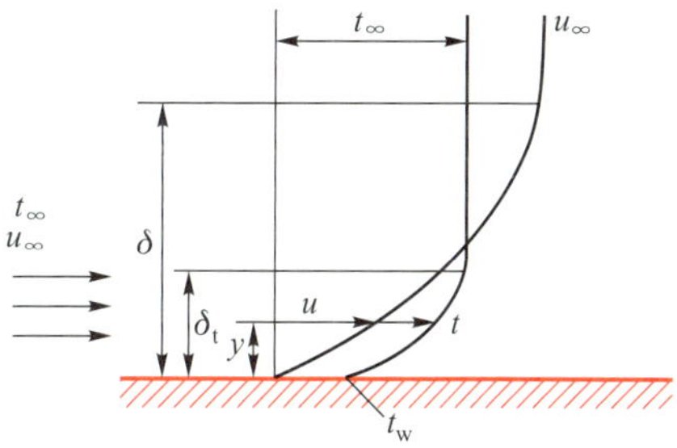

图 5-9 速度边界层与温度边界层

2. 热边界层内的能量方程

和导出边界层中的动量方程一样,根据热边界层的特点,运用数量级分析的方法可以将上节中导出的能量方程简化,得出适用于热边界层的能量方程。

(1) 数量级分析方法的基本思想

所谓数量级分析,是指通过比较方程式中各项数量级的相对大小,把数量级较大的项保留下来,而舍去数量级较小的项,实现方程式的合理简化。数量级分析法在工程问题分析中应用广泛。

(2) 实施方法

至于怎样确定各项的数量级,则视分析问题的性质而不同。这里采用各量在作用区间的积分平均绝对值的确定方法。例如,在速度边界层内,从壁面到 $y=\delta$ 处,主流方向流速的积分平均绝对值显然远远大于垂直主流方向的流速 v 的积分平均绝对值。因而,如果把边界层内 u 的数量级定为 1,则 v 的数量级必定是个小量,用符号 δ 表示(表示小量)。类似地可对能量守恒方程中有关的量做出表 5-1 所示的分析。导数的数量级则可将因变量及自变量的数量级代入导数的表达式而得出。例如$\frac{\partial t}{\partial \tau}$的数量级为$\frac{1}{1}=1$,而$\frac{\partial}{\partial y}\left(\frac{\partial t}{\partial y}\right)$的数量级则为$(1/\delta)/\delta=\frac{1}{\delta^2}$。

表 5-1 温度边界层中物理量的数量级

变量	x(主流方向坐标)	y	u	v	t
数量级	1	δ	1	δ	1

(3) 二维稳态能量方程的数量级分析

利用表 5-1 中所示的数量级,边界层中二维稳态能量方程的各导数项的数量级可分析如下:

$$u\frac{\partial t}{\partial x}+v\frac{\partial t}{\partial y}=a\left[\frac{\partial}{\partial x}\left(\frac{\partial t}{\partial x}\right)+\frac{\partial}{\partial y}\left(\frac{\partial t}{\partial y}\right)\right] \tag{5-12}$$

数量级 $$1\ \frac{1}{1}\quad \delta\left(\frac{1}{\delta}\right)\quad \left(\frac{1}{1}\right)\Big/1\quad \left(\frac{1}{\delta}\right)\Big/\delta$$

这一分析表明:式(5-12)等号后方括号内的两个项$\frac{\partial^2 t}{\partial x^2}\ll\frac{\partial^2 t}{\partial y^2}$,因而可以把主流方向的二阶导数项$\frac{\partial^2 t}{\partial x^2}$略去。进一步,将扩散项中的热扩散率考虑在内,等号前 2 项与扩散项有:

$$1\quad 1\quad \frac{1}{\delta^2}$$

上述结果表明:要使等号前后的项有相同的数量级,热扩散率 a 必须具有 δ^2 的数量级。实际上,除液态金属外的流体都满足这一分析。

于是得到二维、稳态、无内热源的边界层能量方程为

$$u\frac{\partial t}{\partial x}+v\frac{\partial t}{\partial y}=a\frac{\partial^2 t}{\partial y^2} \tag{5-13}$$

5.3.3 二维、稳态边界层型对流传热问题的数学描述

这里所谓的边界层类型问题是指在主流方向上的二阶导数可以忽略的问题,如图 5-6a 所示流体外掠平板的对流传热,及图 5-6b 所示圆柱前半部分流体中没有旋涡产生部分的对流传热。当流体中有漩涡产生时,流场与温度场必须用完全的 Navier-Stokes 方程及能量方程描写。

对于二维、稳态、无内热源的边界层类型问题,流场与温度场的控制方程式为

质量守恒方程

$$\frac{\partial u}{\partial x}+\frac{\partial v}{\partial y}=0 \tag{5-14}$$

动量守恒方程

$$u\frac{\partial u}{\partial x}+v\frac{\partial u}{\partial y}=-\frac{1}{\rho}\frac{\mathrm{d}p}{\mathrm{d}x}+\nu\frac{\partial^2 u}{\partial y^2} \tag{5-15}$$

能量守恒方程

$$u\frac{\partial t}{\partial x}+v\frac{\partial t}{\partial y}=a\frac{\partial^2 t}{\partial y^2} \tag{5-16}$$

注意,式(5-15)中的 ν 为运动黏度,$\frac{\mathrm{d}p}{\mathrm{d}x}$是已知量,它可由边界层外理想流体的伯努利(Bernoulli)方程确定。这样,3 个方程包括 3 个未知数 u、v 及 t,方程组是封闭的。

对上述微分方程组配上定解条件即可求解。对于主流场是匀速 u_∞、均温 t_∞,并给定恒壁温,即 $y=0$ 时 $t=t_w$ 的问题,定解条件可表示为

$$\begin{aligned}&y=0\ \text{时}\quad u=0,\quad v=0,\quad t=t_w\\&y\to\infty\ \text{时}\quad u\to u_\infty,\quad t\to t_\infty\end{aligned} \tag{5-17}$$

对于这种边界层类型问题,当存在由于黏性耗散而产生的内热源时,则由边界层型问题的特点及式(5-6)可见,此时内热源强度可简化为

$$\dot{\Phi}(x,y)=\eta\left(\frac{\partial u}{\partial y}\right)^2 \tag{5-18}$$

这里 y 为垂直于固体表面的坐标。当用高黏度的油类来润滑滚珠轴承时,油中的摩擦生热就属于这种情形,将在 5.5 节中举例说明。

值得指出,对于边界层类型问题,不能设 $x=0$、$u=u_\infty$、$t=t_\infty$ 这样的条件。$x=0$ 的点(称前缘点)在数学上是个奇点,在其附近$\frac{\partial^2 u}{\partial x^2}\ll\frac{\partial^2 u}{\partial y^2}$不再成立,必须采用完全的 Navier-Stokes 方程予以求解[4]。

5.4 流体外掠平板传热层流分析解及类比法

5.4.1 流体外掠等温平板传热的层流分析解

对图 5-6a 所示的情形,假设平板表面温度为常数,在边界层动量方程中引入 $\mathrm{d}p/\mathrm{d}x=0$ 的条件,可以得出层流时截面上速度场及温度场的分析解,进而得出以下结果[5]:

离开前缘 x 处的边界层厚度

$$\frac{\delta}{x}=\frac{5.0}{\sqrt{Re_x}} \tag{5-19}$$

范宁(Fanning)局部摩擦系数

$$c_f=\frac{\tau_w}{\frac{1}{2}\rho u_\infty^2}=\frac{0.664}{\sqrt{Re_x}} \tag{5-20}$$

流动边界层与热边界层厚度之比:

$$\frac{\delta}{\delta_t} \cong Pr^{1/3} \tag{5-21}$$

局部表面传热系数

$$h_x = 0.332\frac{\lambda}{x}(Re_x)^{1/2}(Pr)^{1/3} \tag{5-22a}$$

以上三式中，Re_x 是以 x 为特征长度的雷诺数，$Pr = \nu/a$，称为普朗特数。

5.4.2 特征数方程

式(5-22a)可以改写为

$$\frac{h_x x}{\lambda} = 0.332Re_x^{1/2}Pr^{1/3} \tag{5-22b}$$

此式等号后面是两个量纲为一的数，等号前也必为量纲为一的数，称为努塞尔(Nusselt)数，记为 Nu_x，下标 x 表示以当地的几何尺度为特征长度。于是流体外掠等温平板层流传热的分析解可以表示为

$$Nu_x = 0.332Re_x^{1/2}Pr^{1/3} \tag{5-22c}$$

这种以特征数表示的对流传热计算关系式称为特征数方程(characteristic number equation)，习惯上又称关联式或准则方程(correlation)。获得不同换热条件下的特征数方程是研究对流传热的根本任务。下一章中将系统介绍主要的实验研究结果。

为了得到整个平板的对流传热表面传热系数，对上面所讨论的情形，计算不同 x 处的局部传热系数时所用的温差都是$(t_w - t_\infty)$(假定平板加热流体)，因此可以直接将式(5-22a)对从 0 到 l 做积分，可得

$$Nu_l = 0.664Re_l^{1/2}Pr^{1/3} \tag{5-22d}$$

式中，Nu_l、Re_l 表示该两个特征数中的特征长度是平板的全长 l。由于流体的物理性质都与温度有关，因此在应用式(5-22)进行具体计算时会遇到采用什么温度确定流体的物性的问题。这种用以确定特征数中流体物性的温度称为定性温度(reference temperature)。对于边界层类型的对流传热，规定采用边界层中流体的平均温度，即 $t_m = (t_w + t_\infty)/2$，作为定性温度。式(5-22d)在 $Re \leqslant 2\times10^5$ 的范围内与对空气进行的实验结果符合良好，如图 5-10 所示。值得指出，在一般的传热学文献中，都把 $Re = 5\times10^5$ 作为边界层流动进入湍流的标志(称为临界雷诺数，记为 Re_{cr})，而且式(5-22)的使用范围也近似地延拓到 $Re = 5\times10^5$，本书以后也采用这样的处理。

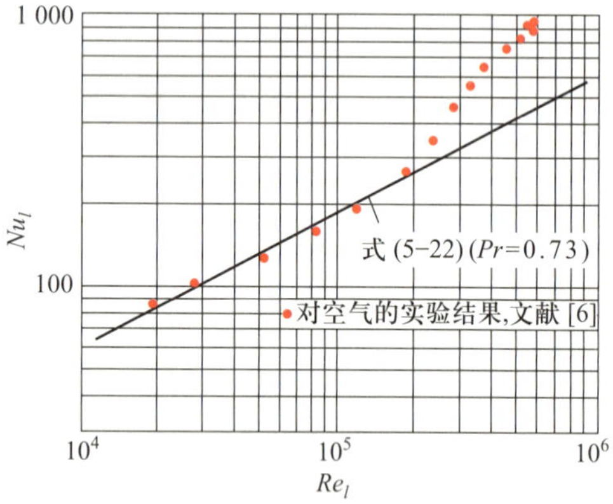

图 5-10　式(5-22)与实验结果的对比

5.4.3 普朗特数的物理意义

对于外掠平板的层流传热，式(5-21)表明，普朗特数表征了流动边界层与热边界层的相对大小。下面我们进一步从控制方程的角度来分析得出这一结果的定性依据。为此，考虑一个掠过平板的强制对流传热问题。在这类强制对流中，重力场可忽略不计，且压力梯度为零，于是式

(5-15)简化为

$$u\frac{\partial u}{\partial x}+v\frac{\partial u}{\partial y}=\nu\frac{\partial^2 u}{\partial y^2} \tag{5-23}$$

将此式与边界层能量微分方程式(5-16)相比,发现它们在形式上是完全类似的。只要 $\nu=a$,且 u 与 t 具有相同的边界条件,例如 $y=0$ 时 $t=t_w$、$u=u_w$($u_w=0$ 并不影响讨论),则式(5-16)与式(5-23)有相同的无量纲形式的解,即$\frac{u-u_w}{u_\infty-u_w}$与$\frac{t-t_w}{t_\infty-t_w}$的分布完全相同。当 $\nu/a=1$ 时,如果热边界层的厚度的定义与流动边界层厚度的定义相同(例如均取来流过余值的99%的位置作为边界层的外边界),则有 $\delta_t=\delta$。可见比值 ν/a 可以表征热边界层与流动边界层的相对厚度。这一比值 $\nu/a=c_p\eta/\lambda$ 即为 Pr 数,它反映了流体中动量扩散与热扩散能力的对比。除液态金属的 Pr 数为0.01的数量级外,常用流体的 Pr 数在0.6~4 000之间,例如各种气体的 Pr 数大致在0.6~0.7之间。流体的运动黏性反映了流体中由于分子运动而扩散动量的能力。这一能力越大,黏性的影响传递得越远,因而流动边界层越厚。可以对热扩散率作出类似的理解。因而 ν 与 a 的比值,即 Pr,反映了流动边界层与热边界层厚度的相对大小。在液态金属中,流动边界层厚度远小于热边界层厚度;对空气,两者大致相等;而对高 Pr 数的油类(Pr 在 $10^2\sim10^3$ 数量级),则速度边界层的厚度远大于热边界层的厚度(图5-11)。

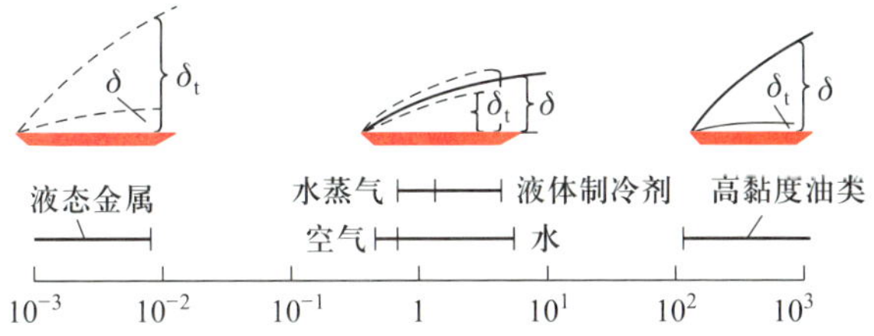

图5-11　流体普朗特数的变化范围

普朗特(L. Prandtl,1876—1953),德国著名物理学家。1905年提出著名的边界层论,将绕流物体的流动区域划分为边界层与主流区两部分,大大促进了流体力学与传热学理论分析发展;同时他对超音速流动、机翼和湍流理论等都有重要贡献。Prandtl被誉为现代力学之父,一生指导了81名博士生获得学位,包括著名空气动力学家冯·卡门和1名中国女学者陆士嘉教授[北京航空航天大学著名流体力学家(1911—1986)]。

与普朗特相关的华裔学者及其部分弟子

5.4.4　类比法的基本思想

所谓类比法①(analogy method)是指利用两个不同物理现象之间由于在控制方程形式上的类似性,通过测定其中一种现象的规律而获得另一种现象基本关系的方法。例如在湍流对流传热的研究过程中,历史上就曾经通过比较容易测定的湍流阻力来推得湍流对流传热关联式。下面我们首先对湍流中由脉动产生的动量与热量交换做简要说明,然后以流体外掠平板为例从控制方程出发来说明类比法的依据。

当流体作湍流运动时,除主流方向的运动外,流体中的微团还作不规则的脉动。因此,当流

① 类比法以前称比拟理论(analogy theory)

体中一个微团从一个位置脉动到另一个位置时将产生两个作用：(1) 不同流速层之间有附加的动量交换，产生了附加的切应力；(2) 不同温度层之间的流体产生附加的热量交换。这种由于湍流脉动而产生的附加切应力及热量传递称为湍流切应力及湍流热流密度。既然湍流中的附加切应力及热流密度都是由于流体微团的脉动所致，所以湍流中的热量传递与流动阻力之间一定存在内在的联系。类比法试图通过较易测定的阻力系数来获得相应的换热 Nu 数的表达式。

假定由于微团脉动所造成的切应力可采用类似于分子扩散所引起的切应力那样的计算公式：

$$\tau=\tau_l+\tau_t=\rho\nu\frac{\mathrm{d}u}{\mathrm{d}y}+\rho\nu_t\frac{\mathrm{d}u}{\mathrm{d}y}=\rho(\nu+\nu_t)\frac{\mathrm{d}u}{\mathrm{d}y} \tag{a}$$

类似地

$$q=q_l+q_t=-\left(\rho c_p a\frac{\mathrm{d}t}{\mathrm{d}y}+\rho c_p a_t\frac{\mathrm{d}t}{\mathrm{d}y}\right)=-\rho c_p(a+a_t)\frac{\mathrm{d}t}{\mathrm{d}y} \tag{b}$$

在以上两式中，u、t 均为时间平均值；ν_t、a_t 分别为湍流动量扩散率(turbulent momentum diffusivity，又称湍流黏度 turbulent viscosity)及湍流热扩散率(turbulent thermal diffusivity)，且其量纲均为 L^2/T，单位均为 m^2/s。

可以证明，对于外掠平板的层流边界层动量方程及能量方程，即式(5-16)、式(5-23)，只要以时均值代替瞬时值，以$(\nu+\nu_t)$及$(a+a_t)$代替 ν 及 a，则它们也适用于湍流边界层的情形，即湍流边界层动量方程与能量方程为

$$u\frac{\partial u}{\partial x}+v\frac{\partial u}{\partial y}=(\nu+\nu_t)\frac{\partial^2 u}{\partial y^2} \tag{5-24}$$

$$u\frac{\partial t}{\partial x}+v\frac{\partial t}{\partial y}=(a+a_t)\frac{\partial^2 t}{\partial y^2} \tag{5-25}$$

引入下列量纲为一的量：

$$x^*=x/l,\ y^*=y/l,\ u^*=u/u_\infty,\ v^*=v/u_\infty$$

$$\Theta=\frac{t-t_w}{t_\infty-t_w}$$

则有

$$u^*\frac{\partial u^*}{\partial x^*}+v^*\frac{\partial u^*}{\partial y^*}=\frac{1}{u_\infty l}(\nu+\nu_t)\frac{\partial^2 u^*}{(\partial y^*)^2} \tag{5-26}$$

$$u^*\frac{\partial \Theta}{\partial x^*}+v^*\frac{\partial \Theta}{\partial y^*}=\frac{1}{u_\infty l}(a+a_t)\frac{\partial^2 \Theta}{(\partial y^*)^2} \tag{5-27}$$

边界条件为

$$y^*=0,\ u^*=0,\ v^*=0,\ \Theta=0 \tag{5-28}$$

$$y^*=\delta/l,\ u^*=1,\ v^*=v_\delta/u_\infty,\ \Theta=1 \tag{5-29}$$

由于湍流附加切应力及热流密度均由脉动所致，因此可以假定 $\nu_t=a_t$ 即 $\nu_t/a_t=Pr_t=1$，这里 Pr_t 为湍流 Pr。虽然近年来的实验测定表明，在实际流动与传热中 Pr_t 之值一般在 1.0~1.6 范围内，但 $Pr_t=1$ 还是可以作为一个较好的近似假定。如果取 $Pr=1$，则 $\delta=\delta_t$ 于是，由式(5-26)、式(5-28)、式(5-29)及式(5-27)、式(5-28)、式(5-29)所描述的两个问题完全等价，即 u^* 与 Θ 应有完全相同的解。下面在 $Pr=1$ 的条件下进一步开展讨论。显然，此时应有

$$\left.\frac{\partial u^*}{\partial y^*}\right|_{y^*=0}=\left.\frac{\partial \Theta}{\partial y^*}\right|_{y^*=0}$$

而

$$\left.\frac{\partial u^*}{\partial y^*}\right|_{y^*=0}=\left.\frac{\partial(u/u_\infty)}{\partial(y/l)}\right|_{y=0}=\left(\frac{\partial u}{\partial y}\right)_{y=0}\frac{l}{u_\infty}=\eta\left(\frac{\partial u}{\partial y}\right)_{y=0}\frac{l}{\eta u_\infty}$$

$$=\tau_w\frac{1}{\frac{1}{2}\rho u_\infty^2}\frac{\rho u_\infty l}{2\eta}=c_f\frac{Re}{2}$$

$$\left.\frac{\partial \Theta^*}{\partial y^*}\right|_{y^*=0}=\left.\frac{\partial\left(\frac{t-t_w}{t_\infty-t_w}\right)}{\partial(y/l)}\right|_{y=0}=-\lambda\left(\frac{\partial t}{\partial y}\right)_{y=0}\frac{-l}{(t_\infty-t_w)\lambda}$$

$$=\frac{q}{t_w-t_\infty}\frac{l}{\lambda}=Nu$$

注意，在上述分析中，我们并未对长度 l 做任何限制。实际上，只要在平板上湍流边界层的范围内，上述分析均成立。因此，上述分析给出了任意一个 $x=l$ 处的局部范宁阻力系数 c_f 及努塞尔数 Nu_x 的关系。由此可知：

$$Nu_x=\frac{c_f}{2}Re_x \tag{5-30}$$

这就是在 $Pr=1$、$Pr_t=1$ 的条件下由类比法得到的局部 Nu 与 Re 间的关系。

5.4.5 类比法的应用

上式表明，如果能通过实验确定湍流阻力系数 c_f 的计算公式，则相应的传热关联式就可得出。

对平板上湍流边界层阻力系数的测定得出了以下阻力系数计算式：

$$Pr=1,\ c_f=0.059\,2Re_x^{-1/5}\quad(Re_x\leqslant10^7) \tag{5-31}$$

将上式代入式(5-30)就得到 $Pr_t=1$ 时局部努塞尔数的计算公式，即

$$Pr=1,\ Nu_x=0.029\,6Re_x^{4/5} \tag{5-32}$$

式(5-32)称为雷诺类比，它仅在 $Pr_t=1$ 时成立。此后由契尔顿(Chilton)及柯尔本(Colburn)[7-8]对式(5-32)进行了修正，提出了修正雷诺类比，又称 Chilton-Colburn 类比，其表达式如下：

$$\frac{c_f}{2}=\frac{Nu}{RePr^{1/3}}=StPr^{2/3}=j\quad(0.6<Pr<60) \tag{5-33}$$

式中，St 称为斯坦顿数，其定义为

$$St=\frac{Nu}{Re\ Pr} \tag{5-34}$$

式(5-33)中的 j 称为 j 因子(j factor)，在制冷、低温工业的换热器设计中应用较广。对流传热的特征数方程也常常表示成 j 因子的计算式。值得指出，无论 j 因子还是 St 都有局部与平均的区别，与定义式中的 Nu 相对应。

当平板长度 l 大于临界长度 x_{cr} 时，平板上的边界层就可看成由层流段($x<x_{cr}$)及湍流段($x>x_{cr}$)组成。对于 $Re>5\times10^5$ 时平均对流传热系数 h_m 应按下式计算(下标 m 表示平均)：

$$h_m=\frac{\lambda}{l}\left[0.332\left(\frac{u_\infty}{\nu}\right)^{1/2}\int_0^x\frac{dx}{x^{1/2}}+0.029\,6\left(\frac{u_\infty}{\nu}\right)^{4/5}\int_x^l\frac{dx}{x^{1/5}}\right]Pr^{1/3}$$

积分后可得

$$Nu_m = [0.664Re_{cr}^{1/2}+0.037(Re^{4/5}-Re_{cr}^{4/5})]Pr^{1/3} \tag{5-35a}$$

其中 Re_{cr} 为临界雷诺数。如采取 $Re_{cr}=5\times10^5$，则上式化为

$$Nu_m = (0.037Re^{4/5}-871)Pr^{1/3} \tag{5-35b}$$

式(5-35a)及式(5-35b)中的 Re 是以平板全长 l 为特征长度的雷诺数。

上面从控制方程的类似性引出了雷诺类比，在第 11 章中还将把这种方法拓宽到质量传递的研究中去。

例题 5-1　外掠等温平板流动边界层及热边界层厚度的计算

压力为大气压的 20 ℃的空气，纵向流过一块长 320 mm、温度为 40 ℃的平板，流速为 10 m/s。求离平板前缘 50 mm、100 mm、150 mm、200 mm、250 mm、300 mm、320 mm 处的流动边界层和热边界层的厚度。

题解

假设：流动处于稳态。

计算：空气的物性参数按板表面温度和空气温度的平均值 30 ℃确定。30 ℃时，空气的 $\nu=16\times10^{-6}\,\mathrm{m^2/s}$、$Pr=0.701$。对长 320 mm 平板而言：

$$Re=\frac{ul}{\nu}=\frac{10\ \mathrm{m/s}\times0.32\ \mathrm{m}}{16\times10^{-6}\,\mathrm{m^2/s}}=2\times10^5$$

这一 Re 位于层流范围内。其流动边界层厚度按式(5-19)计算为

$$\delta=5.0\sqrt{\frac{\nu x}{u_\infty}}=5.0\times\sqrt{\frac{16\times10^{-6}\,\mathrm{m^2/s}}{10\ \mathrm{m/s}}}\sqrt{x}$$

$$=6.32\times10^{-3}\,\mathrm{m^{1/2}}\sqrt{x}\qquad(x\text{ 和 }\delta\text{ 的单位均为 m})$$

$$=0.0632\,\mathrm{cm^{1/2}}\sqrt{x}\qquad(x\text{ 和 }\delta\text{ 的单位均为 cm})$$

热边界层厚度可按式(5-21)计算：

$$\delta_t=\frac{\delta}{\sqrt[3]{Pr}}=\frac{\delta}{\sqrt[3]{0.701}}=1.13\delta$$

δ 及 δ_t 的计算结果示于图 5-12。

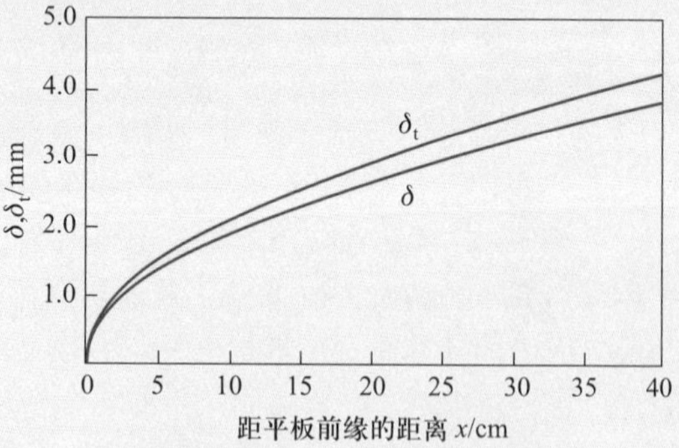

图 5-12　δ 与 δ_t 沿平板长度的变化

讨论：流动边界层厚度 δ 只与 Re_x 有关，因此只要 Re_x 相同，无论是空气还是水，图 5-11 中的 δ 曲线都适用。但 δ_t 还与 Pr 有关，因此在相同的 Re_x 下水的热边界层厚度 δ_t 比空气要小得多(20 ℃时水的 $Pr=7.02$)。

例题 5-2 **外掠等温平板边界层对流传热量计算**

上例中，如平板的宽度为 1 m，求平板的散热量。

题解

假设：(1) 稳态；(2) 不计平板的辐射散热。

计算：先求平板的平均表面传热系数：

$$Nu = 0.664 Re^{1/2} Pr^{1/3} = 0.664(2.0\times10^5)^{1/2}\times0.701^{1/3} = 263.7$$

$$h = \frac{\lambda}{l} Nu = \frac{2.67\times10^{-2}\ \mathrm{W/(m\cdot K)}}{0.32\ \mathrm{m}}\times263.7$$
$$= 22.0\ \mathrm{W/(m^2\cdot K)}$$

式中 $\lambda = 2.67\times10^{-2}\ \mathrm{W/(m\cdot K)}$，是 30 ℃时空气的导热系数。平板与空气的对流传热量为

$$\Phi = hA\Delta t = 22.0\ \mathrm{W/(m^2\cdot K)}\times1\ \mathrm{m}\times0.32\ \mathrm{m}\times(40\ ℃-20\ ℃)$$
$$= 140.8\ \mathrm{W}$$

讨论：在计算整个平板与流体的对流传热量时，首先要计算按整个平板长度为特征长度的 Re，以确认是否整个平板均在层流范围之内。上面计算中已查明 $Re = 2.0\times10^5$，因而可以按层流公式计算。如果 $Re > 5.0\times10^5$，则应区分层流段及湍流段加以计算。

还应说明的是由图 5-10 可见，式(5-22)只在 $Re \leqslant 2.0\times10^5$ 时与空气的实验结果符合良好。当 $Re \geqslant 5.0\times10^5$ 后对流传热已处于旺盛发展的湍流，而当 $2\times10^5 \leqslant Re \leqslant 5\times10^5$ 范围内时，流动处于从层流向湍流的过渡区，在这一范围内没有专门的特征数方程，可近似地采用式(5-22)来计算。

5.5 相似原理与量纲分析

对流传热的早期研究沿着理论分析及实验测定两个方向发展。理论分析的基本内容在前几节做了简要的介绍，本节及下一节介绍进行实验测定及整理实验数据的基本原理——相似原理(similarity principle)及量纲分析(dimensional analysis)。

相似原理与量纲分析的理论形成于 19 世纪末到 20 世纪初。当时的工业发展急需获得对流传热表面传热系数的计算公式。由于对流传热的影响因素很多，例如式(5-2)所表示的管内对流传热的平均表面传热系数受到 6 个因素的影响。按照常规的实验方法：每个变量各变化 10 次，其他 5 个参数保持不变，共需要进行一百万次(10^6)实验。如何减少实验次数又能获得具有通用性的规律就成为急需解决的问题。相似原理及量纲分析就是在这样的工业发展背景下产生的。一般西方国家采用量纲分析较多，而当时苏联的研究者则在相似原理的发展上做出了重要贡献。本章将把两种方法有机地结合起来：以相似原理的基本内容为框架，把量纲分析作为导出相似特征数的一种方式来进行介绍。

5.5.1 物理现象相似的定义

相似的概念最初来自几何学。我们知道，如果两个图形的对应边一一成比例，对应角相等，则称两个图形几何相似。对于两个相似的图形，其中任何一个都可以看成另一个图形的按比例缩小或者放大的结果。相似的概念可以推广到物理现象中去。

对于两个同类的物理现象，如果在相应的时刻及相应的地点上与现象有关的物理量一一对应成比例，则称此两现象彼此相似。这里要特别说明以下三点。

(1) 只有同类的现象才能谈论相似问题。相似原理所研究的是相似物理现象之间的关系，只有同类的物理现象之间才能谈论相似问题。所谓同类现象，是指那些由相同形式并具有相同内容的微分方程式所描写的现象。描写电场与导热物体的温度场的微分方程虽然形式相仿，但内容不同，因此不是同类现象。电场与温度场之间只有“类似”或者“比拟”，但不存在相似。同样，微分方程式(5-24)与式(5-25)虽然形式相同，但内容不同，因此速度场与温度场之间也只能比拟，不存在相似。

(2) 与现象有关的物理量要一一对应成比例。一个物理现象中可能有多个物理量，例如对流传热除了时间与空间外还涉及速度、温度、流体的物理性质等。两个对流传热现象相似要求这些量各自对应成比例，也就是每个物理量的分布各自相似。

(3) 对非稳态问题，要求在相应的时刻各物理量的空间分布相似。对于稳态问题则没有相应时刻的要求。

与几何相似的图形任何一个都可以看成另一个图形的按比例地缩小或者放大类似，凡是相似的物理现象，其各个物理量的场一定各自可以用一个统一的量纲为一的场来表示。例如，两个圆管内的层流充分发展的流动是两个相似的流动现象，其截面上的速度分布可以用统一的量纲为一的场$\dfrac{u}{u_{max}}\sim\dfrac{r}{r_o}$来表示，如图 5-13 所示。

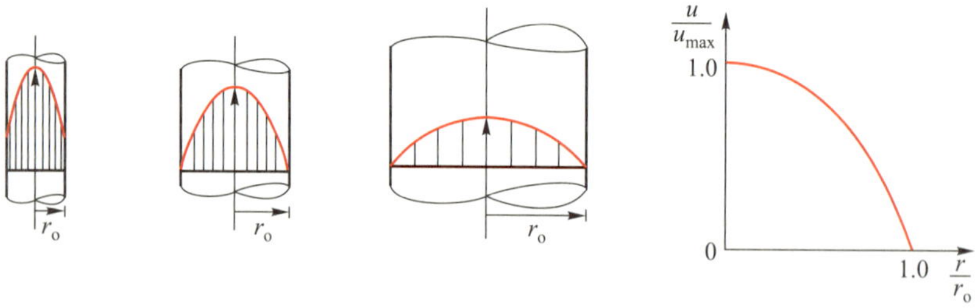

图 5-13 圆管内层流充分发展流动的速度分布

5.5.2 相似原理的基本内容

1. 凡是彼此相似的现象，同名相似特征数相等

这是相似现象的一个十分重要的特性。现以流体与固体表面间的对流传热现象来说明。如图 5-14 所示，在固体壁面上按牛顿冷却定律所定义的 h 与流体中的温度场有如下关系：

$$h(t_w-t_f)=-\lambda\left(\frac{\partial t}{\partial y}\right)_{y=0} \tag{5-36}$$

现在以(t_w-t_f)作为温度的标尺，以换热面的某一特征性尺寸 l 作为长度标尺把上式无量纲化，有

$$\frac{hl}{\lambda}=\left.\frac{\partial[(t_w-t)/(t_w-t_f)]}{\partial(y/l)}\right|_{y=0} \tag{5-37}$$

按前述相似现象的定义，其量纲为一的同名物理量的场是相同的，因而

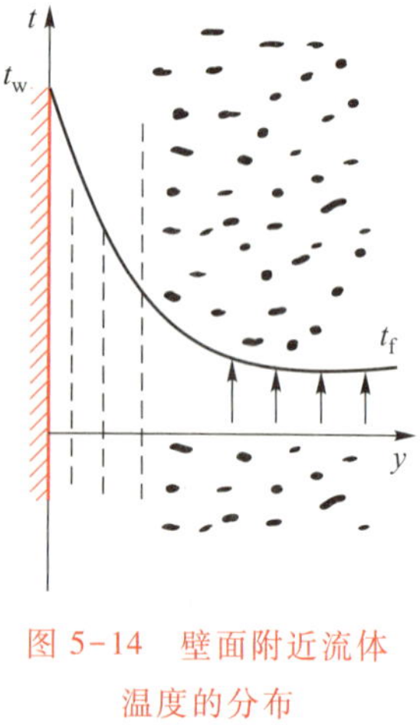

图 5-14 壁面附近流体温度的分布

量纲为一的梯度也相等。上式右端是量纲为一的温度场在壁面上的梯度,因而对两个相似的对流传热现象 1 与 2 应有

$$\left(\frac{hl}{\lambda}\right)_1=\left(\frac{hl}{\lambda}\right)_2 \tag{5-38}$$

上式中$\frac{hl}{\lambda}$为努塞尔数,相似的对流传热现象的 Nu 相等,即 $Nu_1=Nu_2$。

努塞尔(W. Nusselt, 1882—1957)①,德国传热学家,对流传热理论研究的杰出先驱。1907 年获慕尼黑工业大学博士学位,1913—1917 年在德累斯顿任教,其间完成了对流传热量纲分析及膜状凝结理论解。从 1925 年起任慕尼黑工业大学理论力学室主任直至 1952 年退休,其间对换热器设计方法做出了贡献。

2. 同一类现象中相似特征数的数量由 π 定理所规定

一个物理现象中的各个物理量不是独立的,而是与其他物理量之间相互影响、相互制约的。在相似原理与量纲分析理论中有一条 π 定理表述了量纲为一的特征数之间的这种关系。其内容为:一个表示 n 个物理量间关系的量纲一致的方程式,一定可以转换成包含 $n-r$ 个独立的量纲为一的物理量群间的关系式,r 是 n 个物理量中所涉及的基本量纲的数目。它的数学证明已超出本书的范围,可参阅文献[9-10]。

显然,对于彼此相似的物理现象,这个量纲为一的数群(即相似特征数群)间的关系都相同。因此,对某个具体的物理过程所获得的特征数方程也适用于所有其他与之相似的同类物理现象。将 π 定理应用于某个物理过程时,关键在于确定 n 与 r 的数值。

3. 两个同类物理现象相似的充要条件

两个同类物理现象相似的充要条件一是同名的已定特征数相等;二是单值性条件相似。已定特征数是由所研究问题的已知量组成的特征数。例如,在研究对流传热现象时,Re 及 Pr 是已定特征数,而 Nu 为待定特征数,因为其中的表面传热系数是需要求解的未知量。所谓单值性条件,是指使所研究的问题能被唯一地确定下来的条件。它包括:

(1) 初始条件:指非稳态问题中初始时刻的物理量的分布。稳态问题不需要这一条件。

(2) 边界条件:所研究系统边界上的温度(或热流密度)、速度分布等条件。

(3) 几何条件:换热表面的几何形状、位置以及表面的粗糙程度等。

(4) 物理条件:物体的种类与物性。

值得指出,实质上,这里的单值性条件与分析解法中数学描写的定解条件是一致的,只是在相似原理中,为了强调各个与现象有关的量之间的相似性,特别增加了几何条件与物理条件两项。而在数学求解的定解条件中,给定所求解问题的几何条件与物理条件则被认为是不言而喻的。

5.5.3 导出相似特征数的两种方法

1. 方程分析法(equation analysis method)

前已指出一个物理现象中的各个物理量是与其他物理量之间相互影响、相互制约的。描写

---

① 人名也有文献译为努塞尔特,本书采用习惯用法。

该物理现象的微分方程组及定解条件就给出了这种相互影响与制约所应满足的基本关系。下面以一维非稳态导热问题为例来进一步说明各量纲为一的数间的相互关系。

以过余温度为求解变量的常物性、无内热源、第三类边界条件的一维非稳态导热问题(图 3-7)的数学描写为

$$\frac{\partial\theta}{\partial\tau}=a\frac{\partial^2\theta}{\partial x^2} \tag{a}$$

$$x=0,\quad \frac{\partial\theta}{\partial x}=0 \tag{b}$$

$$x=\delta,\quad -\lambda\frac{\partial\theta}{\partial x}=h\theta \tag{c}$$

$$\tau=0,\quad \theta=\theta_0 \tag{d}$$

今以 $\theta_0=t_0-t_\infty$ 为温度的标尺,以平板半厚 δ 作为长度标尺,以 δ^2/a 作为时间的标尺,将式(a)~式(d)无量纲化,得

$$\frac{\partial(\theta/\theta_0)}{\partial\left(\dfrac{a\tau}{\delta^2}\right)}=\frac{\partial^2(\theta/\theta_0)}{\partial(x/\delta)^2} \tag{e}$$

$$\frac{x}{\delta}=0,\quad \frac{\partial(\theta/\theta_0)}{\partial(x/\delta)}=0 \tag{f}$$

$$\frac{x}{\delta}=1,\quad \frac{\partial(\theta/\theta_0)}{\partial(x/\delta)}=-\frac{h\delta}{\lambda}\frac{\theta}{\theta_0} \tag{g}$$

$$\frac{a\tau}{\delta^2}=0,\quad \frac{\theta}{\theta_0}=1 \tag{h}$$

注意,式(g)中量纲为一的数$\dfrac{h\delta}{\lambda}$中的 λ 为固体的导热系数,因而这一量纲为一的量是 Bi。把量纲为一的过余温度$\dfrac{\theta}{\theta_0}$记为 Θ,而$\dfrac{a\tau}{\delta^2}$为 Fo,则有

$$\begin{cases}\dfrac{\partial\Theta}{\partial(Fo)}=\dfrac{\partial^2\Theta}{\partial(x/\delta)^2} & \text{(i)}\\[2mm] \dfrac{x}{\delta}=0,\quad \dfrac{\partial\Theta}{\partial(x/\delta)}=0 & \text{(j)}\\[2mm] \dfrac{x}{\delta}=1,\quad \dfrac{\partial\Theta}{\partial(x/\delta)}=-Bi\Theta & \text{(k)}\\[2mm] Fo=0,\quad \Theta=1 & \text{(l)}\end{cases}$$

由此可见,量纲为一的过余温度 Θ 的解必为 Fo、Bi 及$\dfrac{x}{\delta}$的函数,即

$$\Theta=f\left(Fo,Bi,\frac{x}{\delta}\right) \tag{5-39}$$

式(5-39)表明,与一维无限大平板的非稳态导热有关的 4 个量纲为一的量以一定的函数形式联系在一起,而且对两个一维无限大平板的非稳态导热问题而言,只要单值性条件相似[表现为式

(j)～式(l)对两个系统均成立],Fo、Bi 及 x/δ 之值对应相等(即已定准则相等),则两个平板的 Θ 值必相同,即非稳态导热现象相似。

如前所述,式(5-39)那样的表示物理现象的解的量纲为一的量之间的函数关系式称为特征数方程。

类似地,采用上述方程分析法,可从动量微分方程式(5-15)导出

$$\frac{u'l'}{\nu'}=\frac{u''l''}{\nu''}$$

即

$$Re'=Re''$$

这说明,若两流体的运动现象相似,其 Re 必定相等。

同理,从能量微分方程式(5-16)可导出

$$\frac{u'l'}{a'}=\frac{u''l''}{a''}$$

即

$$Pe'=Pe''$$

这说明,如两热量传递现象相似,其佩克莱数 Pe 一定相等。Pe 可分解为下列形式:

$$Pe=\frac{\nu}{a}\frac{ul}{\nu}=Pr\ Re$$

$Pr=\nu/a$ 即为 Pr 数。

对于自然对流流动,动量微分方程式(5-16)右侧需增加体积力项。体积力与压力梯度合并成浮升力:

$$浮升力=(\rho_\infty-\rho)g=\rho\alpha_V\theta g$$

式中:α_V 为流体的体胀系数,K^{-1};g 为重力加速度,m/s^2;θ 为过余温度,$\theta=t-t_\infty$,℃。改写后适用于自然对流的动量微分方程为

$$u\frac{\partial u}{\partial x}+v\frac{\partial u}{\partial y}=g\alpha_V\theta+\nu\frac{\partial^2 u}{\partial y^2} \tag{5-40}$$

对此式进行方程分析,可得出一个新的量纲为一的量

$$Gr=\frac{g\alpha_V\Delta tl^3}{\nu^2}$$

式中:Gr 称为格拉晓夫数,其导出过程将在第 6 章中介绍;$\Delta t=t_w-t_\infty$。

以上导得的 Re、Pr、Nu、Gr 四个量纲为一的量是研究稳态无相变对流传热问题所常用的特征数。这些特征数反映了物理量间的内在联系,都具有一定的物理意义,将在下一节中讨论。

2. 量纲分析法

下面以单相介质管内对流传热问题为例,应用量纲分析法来导出其有关的无量纲量。对式(5-2)

$$h=f(u,d,\lambda,\eta,\rho,c_p)$$

应用量纲分析法获得管内对流传热特征数的步骤如下。

(1) 找出组成与本问题有关的各物理量量纲中的基本量的量纲。本例有 7 个物理量,它们的量纲均由 4 个基本量的量纲——时间的量纲 T、长度的量纲 L、质量的量纲 M 及温度的量纲 Θ 组成,即 $n=7$、$r=4$,故可以组成 3 个量纲为一的量。同时,选定 4 个物理量作为基本物理量,该基本物理量的量纲必须包括上述 4 个基本量的量纲。本例中取 u、d、λ、η 为基本物理量。

(2) 将基本量逐一与其余各量组成量纲为一的量。量纲为一的量总采用有量纲量的幂指数

形式表示，其中指数值待定。用字母 π 表示量纲为一的量，对本例则有

$$\pi_1=hu^{a_1}d^{b_1}\lambda^{c_1}\eta^{d_1} \tag{m}$$

$$\pi_2=\rho u^{a_2}d^{b_2}\lambda^{c_2}\eta^{d_2} \tag{n}$$

$$\pi_3=c_p u^{a_3}d^{b_3}\lambda^{c_3}\eta^{d_3} \tag{o}$$

(3) 应用量纲和谐原理来决定上述待定指数 $a_1\sim a_3$ 等。以 π_1 为例可列出各物理量的量纲如下：

$$\dim h=M\Theta^{-1}T^{-3},\qquad \dim d=L$$

$$\dim \lambda=ML\Theta^{-1}T^{-3},\qquad \dim \eta=ML^{-1}T^{-1}$$

$$\dim u=LT^{-1}$$

其中 dim X 表示物理量 X 的量纲。将上述结果代入式(m)，并将量纲相同的归并到一起，得

$$\dim \pi_1=L^{a_1+b_1+c_1-d_1}M^{c_1+d_1+1}\Theta^{-1-c_1}T^{-a_1-d_1-3c_1-3}$$

上式等号左边的 π_1 为量纲为一的量，因而等号右边各量纲的指数必为零（量纲和谐原理），故得

$$\left.\begin{aligned}&a_1+b_1+c_1-d_1=0\\&c_1+d_1+1=0\\&-1-c_1=0\\&-a_1-d_1-3c_1-3=0\end{aligned}\right\}$$

由此得 $b_1=1, d_1=0, c_1=-1, a_1=0$。类似地可得其他两个量纲为一的量的指数，故有

$$\pi_1=hu^0d^1\lambda^{-1}\eta^0=\frac{hd}{\lambda}=Nu$$

$$\pi_2=\frac{\rho ud}{\eta}=Re$$

$$\pi_3=\frac{\eta c_p}{\lambda}=Pr$$

π_1 及 π_2 分别是以管子内径为特征长度的 Nu 数及 Re 数。至此，式(5-2)可转化为

$$Nu=f(Re,Pr) \tag{5-41}$$

5.6 相似原理的应用

相似原理在工程实验中应用很广，本节中结合在传热学中的应用展开讨论，更多的应用实例可参见文献[9-10]。

5.6.1 应用相似原理指导实验的安排及实验数据的整理

1. 按相似原理来安排与整理实验数据时，个别实验得出的结果已上升到代表整个相似组的地位

相似原理在传热学中的一个重要应用是指导实验的安排及实验数据的整理。按相似原理，

对流传热的实验数据应当表示成相似准则数之间的函数关系，同时也应当以相似准则数作为安排实验的依据。以管内单相强制对流传热为例，由上一节的分析知道，Nu 与 Re 及 Pr 有关，即 $Nu=f(Re,Pr)$，因此应当以 Re 及 Pr 作为实验中区别不同工况的变量，而以 Nu 为因变量。这样，如果每个变量改变 10 次，则总共仅需做 10^2 次实验，而不是以单个物理量作变量时的 10^6 次。那么，为什么按相似准则数安排实验既能这样大幅度地减少实验次数，又能得出具有一定通用性的实验结果呢？这是因为，按相似准则数来安排实验时，个别实验所得出的结果已上升到了代表整个相似组的地位，从而使实验次数可以大为减少，而所得的结果却有一定通用性（代表了该相似组）。这是本书的创始作者杨世铭在本书第三版中提出的高度凝练的解释与说明，读者应牢固掌握。例如，对空气（$Pr=0.7$）在管内的强制对流传热进行实验测定得出了这样一个结果：对于流速 $u=10.5\ \mathrm{m/s}$、直径 $d=0.1\ \mathrm{m}$、运动黏度 $\nu=16\times10^{-6}\ \mathrm{m^2/s}$、平均表面传热系数 $h=36.9\ \mathrm{W/(m^2\cdot K)}$、流体的导热系数 $\lambda=0.025\,9\ \mathrm{W/(m\cdot K)}$ 的工况，计算得

$$Re=\frac{ul}{\nu}=\frac{10.5\mathrm{m/s}\times0.1\ \mathrm{m}}{16\times10^{-6}\mathrm{m^2/s}}=6.56\times10^4$$

$$Nu=\frac{hd}{\lambda}=142.5$$

因此，只要 $Pr=0.7$、$Re=6.56\times10^4$，圆管内湍流强制对流传热的 Nu 总等于 142.5。而 $Re=6.56\times10^4$ 一种工况可以由许多种不同的流速及直径的组合来达到，上述实验结果即代表了这样一个相似组。

2. 特征数方程（实验关联式）的常用形式

相似原理虽然原则上阐明了实验结果应整理成准则间的关联式（correlation），但具体的函数形式则需通过对实验数据的分析与整理来确定，带有一定的经验性。

在特征数方程式中，待定量表面传热系数 h 包含在 Nu 中，所以 Nu 是个待定准则。对于求 h 的计算，其他特征数都是已定准则。

在对流传热研究中，先后提出了三种分析与整理实验数据的方式，以下分别介绍。

（1）已定准则的幂函数形式。这种方式应用最广并取得很大的成功，如

$$Nu=CRe^n \tag{5-42a}$$

$$Nu=C'Re^nPr^m \tag{5-42b}$$

式中，$C(C')$、n、m 等常数由实验数据确定。

这种实用关联式的形式有一个突出的优点，即它在双对数坐标图上变成一条直线。对式（5-42a）取对数就得到以下直线方程的形式：

$$\lg Nu=\lg C+n\lg Re \tag{5-43a}$$

式中，n 的数值是双对数图上直线的斜率（图 5-15），也是直线与横坐标夹角 φ 的正切。$\lg C$ 则是当 $\lg Re=0$ 时直线在纵坐标轴上的截距。

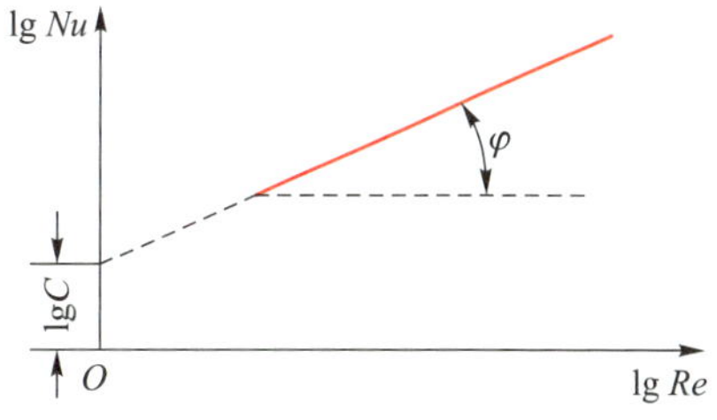

图 5-15　$Nu=CRe^n$ 双对数图图示

在式（5-42b）中需要确定 C'、n、m 三个常数。在实验数据的整理上可分两步进行。例如，对于管内湍流对流传热，可利用舍伍德数得到的同一 Re 下不同种类流体的实验数据图 5-16，从图上先确定 m 值。

$$\lg Nu=\lg C'+m\lg Pr \tag{5-43b}$$

指数 m 由图上直线的斜率确定，即

$$m=\frac{\lg 200-\lg 40}{\lg 62-\lg 1.15}\approx 0.4$$

然后再以 $\lg(Nu/Pr^{0.4})$ 为纵坐标，用不同 Re 的管内湍流传热实验数据确定 C' 和 n，如图 5-17 所示。从图上可得 $C'=0.023$、$n=0.8$。于是，对于管内湍流传热，当流体被加热时式(5-42b)可具体化为

$$Nu=0.023Re^{0.8}Pr^{0.4} \tag{5-44}$$

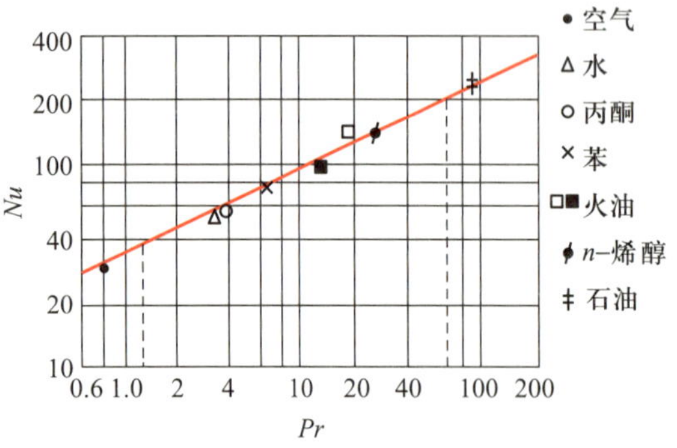

图 5-16 Pr 对管内湍流强制对流传热的影响

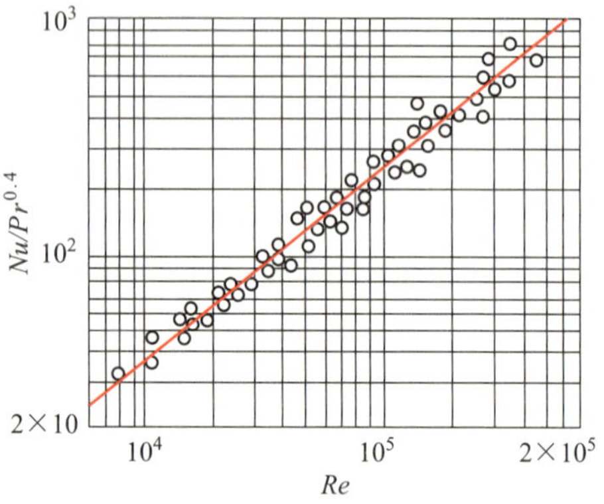

图 5-17 管内湍流强制对流传热的实验结果

对于有大量实验点的关联式的整理，采用最小二乘法确定关联式中各常数值是可靠的方法；对于有多个影响因素的实验数据可以采用多元回归技术，参见文献[11]。

实验点与关联式符合程度的常用表示方式有：大部分实验点与关联式偏差的正负百分数，例如 90% 的实验点偏差在 ±10% 以内，或用全部实验点与关联式偏差绝对值的平均百分数以及最大偏差的百分数来表示等。

式(5-42a)、式(5-42b)是传热学文献中应用最广的一种实验数据整理形式。当实验的 Re 范围相当宽时，其指数 n 常随 Re 的范围的变动而变化，这时可采用分段常数的处理方法。

(2) 在一定的理论分析基础上得出包含有待定参数的计算式，通过实验数据确定待定参数。本书第 6 章要介绍的确定管内湍流对流传热系数的 Gnielinski 公式就是这样得出的。

(3) 对于 Re(或 Gr)的实验范围很宽的情形，Churchill 与 Usagi 在 1972 年提出了如下形式的关联式[12]：

$$Y=(1+X^n)^{1/n} \tag{5-45}$$

式中：X 为已定准则；Y 为待定准则。通过实验数据确定 n 的方法可见文献[12]。本书将在第 6 章中介绍这种复杂形式的关联式。

5.6.2 应用相似原理指导模化实验

相似原理的另一个重要应用是指导模化实验。所谓模化实验(modelling test)，是指用不同于实物几何尺度的模型(在大多数情况下是缩小的模型)来研究实际装置中所进行的物理过程的实验。显然，要使模型中的实验结果能应用到实物中去，应使模型中的过程与实际装置中的相似。这就要求实际装置及模型中所进行的物理现象的单值性条件相似，已定特征数(准则)相等。但要严格做到这一点常常是很困难的，甚至是不可能的。以对流传热为例，单值性条件相似包括了流体物性场的相似，即模型与实物的对应点上流体的物性分布相似。除非是没有热交换

的等温过程，要做到这一点是很难的，因而工程上广泛采用近似模化的方法，即只要求对过程有决定性影响的条件满足相似原理的要求。例如，对稳态的对流传热相似的要求可减少为流场几何相似、边界条件相似、*Re* 相等、*Pr* 相等，物性场的相似则通过引入定性温度来近似地实现。前面已指出，定性温度是指计算流体物性时所采用的温度。在整理实验数据时按定性温度计算物性，则整个流场中的物性就认为是相应于定性温度下的值，即相当于把物性视为常数，于是物性场相似的条件即自动满足。定性温度的选择虽带有经验的性质，但对大多数对流传热问题（除流体物性发生剧烈变化的情形外），采用定性温度整理实验数据仍是一种行之有效的方法。

5.6.3 应用特征数方程应注意之点

在使用特征数方程时应注意以下四个问题。

（1）特征长度应该按该准则式规定的方式选取。前已指出，包括在相似准则数中的几何尺度称为特征长度，例如 *Re*、*Nu*、*Bi* 及 *Fo* 中均包含有特征长度。原则上，在整理实验数据时，应取所研究问题中具有代表性的尺度作为特征长度，例如管内流动时取管内径，外掠单管或管束时取管子外径等。在应用文献中已经有的特征数方程时，应该按该准则式规定的方式计算特征数。对一些较复杂的几何系统，不同准则方程可能会采用不同的特征长度，使用时应加以注意。

（2）特征速度应该按规定方式计算。计算 *Re* 时用到的流速称为特征速度，一般取截面平均流速，且不同的对流传热有不同的选取方式。例如流体外掠平板传热取来流速度，管内对流传热取截面平均流速等。在应用文献中已经有的特征数方程时，应该按该准则式规定的流速计算方式计算特征数。

（3）定性温度应按该准则式规定的方式选取。前面已指出，定性温度用以计算流体的物性。对同一批实验数据，定性温度不同可能使所得的准则方程也不一样。整理实验数据时定性温度的选取除应考虑实验数据对拟合公式的偏离程度外，也应照顾到工程应用的方便。常用的选取方式有：通道内部流动取进、出口截面的平均值；外部流动取边界层外的流体温度或取这一温度与壁面温度的平均值。

相似理论发展简史及应用

（4）准则方程不能任意推广到得到该方程的实验参数的范围以外。这种参数范围主要有 *Re* 范围、*Pr* 的范围、几何参数的范围等。

5.6.4 对实验关联式准确性的正确认识

对流传热是一个复杂的物理过程，当有相变发生时更是如此。对于一个复杂物理过程基本规律的认识需要经历一个较长时期的探索，因此在传热学的发展过程中对于同一类问题常常先后提出过数以十计的实验公式，一部分公式由于当时测定条件的限制，被以后更准确的公式所替代，但不少多年前提出的实验公式在其所依据的实验数据范围内仍然使用到今天。应用每个实验公式所造成的计算误差，或更合适地称为不确定度（uncertainty），常常可达±15%[13]甚至±25%[14]。对于一般的工程计算，这样的不确定度是可以接受的，当需要做相当精确的计算时，可以设法选用使用范围较窄、针对所需要情形整理的专门关联式。

由上面的讨论可见，单相对流传热的实验结果可以整理成以下三种形式：

$$Nu=f(Re,Pr) \tag{a}$$

$$St=f(Re,Pr) \tag{b}$$

$$j=f(Re,Pr) \tag{c}$$

由于 St 和 j 与 Nu 之间的内在联系，本书主要介绍式(a)所示的形式。

本章小结与应用

1. 本章小结

(1) 对流传热问题理论求解的目的。求解对流传热问题的工程目的，是要得出对流传热表面传热系数的计算规律。由式(5-4)可见，为了得出 h，关键是要获得流体中的温度分布。因而从传热学的基本原理来说，求解导热与对流传热问题的实质都是要获得物体中的温度场。只是对于对流传热，由于理论求解一组像式(5-7)～式(5-10)那样的非线性偏微分方程，其难度远较导热问题要大得多，因此主要采用实验测定的方法。这里的所谓非线性，主要是指在动量方程(5-8)、(5-9)中，为了求解速度 u、v(它们位于偏微分的符号内)必须先知道 u、v 之值(它们位于偏导数的系数位置上)。由于对流传热是与流体的流动不可分割地联系在一起，因此求解流场时所遇到的数学困难，也就是求解对流传热问题的难点。由于对流传热的影响因素众多(流动动力、流动状态、几何因素、流体物性以及有否相变)，即使采用数值方法，也仍然难以满足各种工程实际问题的需要。因此在现阶段，实验研究仍然是研究对流传热规律的主要方法。

(2) 边界层类型对流传热问题的根本特点。在 5.4 节中已经总结过边界层理论的基本要点。其中反映边界层类型流动与传热的最根本点，是主流方向的导热(扩散)可以略而不计，即略去主流方向的二阶导数项。由于这一特点，使控制方程得以大为简化，得出式(5-14)～式(5-16)所示那样的控制方程。边界层问题的控制方程理论求解的难度有所减轻，已经得出了一些简单情形的分析解。本章中介绍的层流外掠平板分析解是典型的一例。管内对流传热具有类似于边界层类型流动的特点，当雷诺数与普朗特数的乘积(称为佩克莱数，记为 Pe)大于 100 时主流方向的导热(扩散)也可以不予考虑[15]。

(3) 特征数。本章中介绍了一些通过理论求解得出的计算对流传热表面传热系数的关联式，引入了 Nu、Pr 等特征数。每个特征数都有其一定的物理意义，表 5-2 中列出了本书中出现的各特征数的定义及其意义。值得指出，表中所述的"之比"的一种变量应当如下理解。例如，一个流动的 $Re=1\ 000$，并不是说这个流动中作用在流体微团的惯性力就是黏性力的一千倍，而应理解为对于 Re 分别为 1 000 及 2 000 的流动，作用在流体微团上的惯性力与黏性力之比前者只有后者的一半。

表 5-2　常见相似准则数的物理意义

特征数名称	定义	释义
Bi	$\dfrac{hl}{\lambda}$	固体内部导热热阻与界面上传热热阻之比(λ 为固体的导热系数)
Fo	$\dfrac{a\tau}{l^2}$	非稳态过程的无量纲时间，表征过程进行的深度
Gr	$\dfrac{gl^3\alpha_V\Delta t}{\nu^2}$	浮升力与黏性力之比的一种量度
j 因子	$\dfrac{Nu}{RePr^{1/3}}$	量纲为一的表面传热系数

续表

特征数名称	定义	释义
Ja	$\frac{c_p \Delta t}{r}$	液体的显热与潜热之比
Le	$\frac{a}{D}$	热量扩散能力与浓度扩散能力之比
Nu	$\frac{hl}{\lambda}$	壁面上流体的量纲为一的温度梯度(λ 为流体的导热系数)
Pr	$\frac{\mu c_p}{\lambda}=\frac{\nu}{a}$	动量扩散能力与热量扩散能力之比
Pe	$\frac{\nu}{a}\frac{al}{\nu}=PrRe$	量纲为一的对流传热自变量参数
Ra	$\frac{gl^3\alpha\Delta t}{a\nu}$	浮升力与体积的乘积与热扩散率与动量扩散乘积之比的一种度量
Re	$\frac{ul}{\nu}$	惯性力与黏性力之比的一种度量
Sc	$\frac{\nu}{D}$	动量扩散能力与浓度扩散能力之比
Sh	$\frac{h_m l}{D}$	壁面上流体量纲为一的浓度的梯度,与传热 Nu 相对应
St	$\frac{Nu}{RePr}$	一种修正的 Nu,量纲为一的表面传热系数

(4) 特征数方程(实验关联式)。相似原理指出,当把实验数据整理成量纲为一的特征数之间的关系式时,个别的实验数据就上升到代表整个相似组的地位,因此所有对流传热的研究结果都是以特征数方程的形式来表示。表 5-3 中汇总了本章介绍过的特征数方程,同时还有边界层厚度及阻力系数的关联式,便于读者查用。

表 5-3　流体外掠平板流动与传热计算关联式

层流边界层厚度	$\delta=5xRe_x^{-1/2}$	层流,$Re_x\leqslant5\times10^5$
层流局部阻力系数	$c_f=0.664Re_x^{-1/2}$	层流,$Re_x\leqslant5\times10^5$
热边界层厚度	$\delta_t=Pr^{1/3}\delta$	层流,$Re_x\leqslant5\times10^5$,$0.6\leqslant Pr\leqslant50$
层流局部 Nu	$Nu_x=0.332Re_x^{1/2}Pr^{1/3}$	层流,$Re_x\leqslant5\times10^5$,$0.6\leqslant Pr\leqslant50$
层流全板长平均阻力系数	$c_{f,m}=1.328Re_x^{1/2}$	层流,$Re_x\leqslant5\times10^5$
层流全板长平均 Nu	$Nu_l=0.664Re_l^{1/2}Pr^{1/3}$	层流,$Re_x\leqslant5\times10^5$,$0.6\leqslant Pr\leqslant50$
湍流边界层厚度	$\delta=0.37xRe_x^{1/5}$	$5\times10^5\leqslant Re_x\leqslant10^7$
湍流局部阻力系数	$c_f=0.0592Re_x^{-1/5}$	$5\times10^5\leqslant Re_x\leqslant10^7$

湍流局部 Nu	$Nu_x=0.0296Re_x^{4/5}Pr^{1/3}$	$5\times10^5\leqslant Re_x\leqslant10^7$，$0.6\leqslant Pr\leqslant60$
层流-湍流平均阻力系数	$c_f=0.074Re_l^{-1/5}-1724Re_l^{-1}$	$Re_{cr}=5\times10^5$，$Re_l\leqslant10^7$
层流-湍流平均 Nu	$Nu_l=(0.037Re_l^{4/5}-871)Pr^{1/3}$	$Re_{cr}=5\times10^5$，$Re_l\leqslant10^7$ $0.6\leqslant Pr\leqslant60$

（5）应用对流传热的实验关联式应注意的地方。对所用关联式应注意在确定表面传热系数时牛顿冷却公式中的温差的选取：一般对于外掠物体的对流传热取固体壁温与来流温度之差，对于管槽内的对流传热取壁面温度与流体进出口平均温度之差；同时注意计算特征数时特征尺度、定性温度及特征速度的选取方式。

（6）必要的实验研究和深入的数值模拟是研究复杂对流传热的有效手段。对流传热是工程技术与日常生活中一种重要的热量传递方式，由于大千世界本身的多样性，形成了变化万千的各种对流传热现象。从努塞尔的时代开始，对流传热现象已经研究了一个多世纪，但随着科学技术的发展，许多在工程技术中的重要过程仍然是当今国际传热界的研究热门课题。例如，航空涡轮发动机叶片复杂的冷却通道中的对流传热、紧凑式换热器复杂流动通道的对流传热，电子器件冷却过程的对流传热，等等。对于这种复杂的对流传热过程必要的实验研究仍然具有其指导意义。从 20 世纪 80 年代开始，随着计算机技术的迅速发展，计算流体力学与计算传热学的方法获得了越来越广泛的应用。目前在全世界已经开发出几十个商用软件，其仿真模拟的能力日益加强。实验研究与数值模拟相结合已经成为当今国际学术界研究传热问题的有效手段。

2. 本章应用举例

例题 5-3　平板边界层能量方程的积分近似解（图 5-18）

首先来导出边界层能量积分方程。将式（5-13）沿 y 方向对温度边界层厚度做积分：

$$\int_0^{\delta_t}u\frac{\partial t}{\partial x}\mathrm{d}y+\int_0^{\delta_t}v\frac{\partial t}{\partial y}\mathrm{d}y=\int_0^{\delta_t}a\frac{\partial^2 t}{\partial y^2}\mathrm{d}y \tag{a}$$

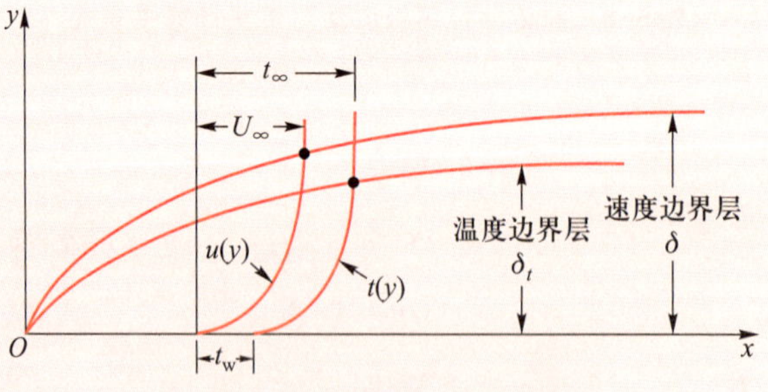

图 5-18　边界层积分方程推导图示

利用温度边界层的特性及质量守恒方程，可以变换为

$$\int_0^{\delta_t}\frac{\partial(ut)}{\partial x}\mathrm{d}y+vt\bigg|_{y=\delta_t}-vt\bigg|_{y=0}=-a\frac{\partial t}{\partial y}\bigg|_{y=0} \tag{b}$$

在 $y=\delta_t$ 处 $t=t_\infty$，而 v_{δ_t} 可导出如下：

将连续性方程(5-14)从 $y=0$ 到 $y=\delta_t$ 做积分，得

$$v_{\delta_t}=-\int_0^{\delta_t}\frac{\partial u}{\partial x}\mathrm{d}y \tag{c}$$

将式(c)代入式(b)，得

$$\int_0^{\delta_t}\frac{\partial(ut)}{\partial x}\mathrm{d}y-t_\infty\int_0^{\delta_t}\frac{\partial u}{\partial x}\mathrm{d}y=-a\left.\frac{\partial t}{\partial y}\right|_{y=0},$$

即

$$\frac{\mathrm{d}}{\mathrm{d}x}\int_0^{\delta_t}u(t-t_\infty)\mathrm{d}y=-a\left.\frac{\partial t}{\partial y}\right|_{y=0} \tag{d}$$

此式称为边界层能量积分方程。类似地可以导出边界层动量积分方程：

$$\frac{\mathrm{d}}{\mathrm{d}x}\int_0^{\delta}u(u-u_\infty)\mathrm{d}y=-\nu\left.\frac{\partial u}{\partial y}\right|_{y=0} \tag{e}$$

由式(d)、式(e)可见，如果假定了边界层内速度及温度的分布形式，就可以据此解出平板壁面的热流密度及切应力。假定平板内热边界层中量纲为一的温度分布为三次多项式：

$$\frac{t-t_\infty}{t_w-t_\infty}=a+b\left(\frac{y}{\delta_t}\right)+c\left(\frac{y}{\delta_t}\right)^2+d\left(\frac{y}{\delta_t}\right)^3 \tag{f}$$

利用下列条件可以得出四个待定参数：

$$\begin{gathered}y=0,t=t_w,\frac{\partial^2 t}{\partial y^2}=0\\ y=\delta_t,t=t_\infty,\frac{\partial t}{\partial y}=0\end{gathered} \tag{g}$$

四个待定参数如下：$a=1,b=-3/2,c=0,d=1/2$。

故有：

$$\theta=\frac{t-t_\infty}{t_w-t_\infty}=1-\frac{3}{2}\left(\frac{y}{\delta_t}\right)+\frac{1}{2}\left(\frac{y}{\delta_t}\right)^3 \tag{h}$$

类似地假定速度为下列三次多项式分布：

$$\frac{u}{u_\infty}=a_1+a_2\left(\frac{y}{\delta}\right)+a_3\left(\frac{y}{\delta}\right)^2+a_4\left(\frac{y}{\delta}\right)^3$$

并利用下列条件：

$$y=0,u=0,\frac{\partial^2 u}{\partial y^2}=0$$

$$y=\delta,u=u_\infty,\frac{\partial u}{\partial y}=0,$$

可以得到：

$$\frac{u}{u_\infty}=\frac{3}{2}\left(\frac{y}{\delta}\right)-\frac{1}{2}\left(\frac{y}{\delta}\right)^3 \tag{i}$$

将式(h)、式(i)代入能量积分方程(d)，对于 $\delta_t/\delta<1$ 的情形，利用边界层动量积分方程求得的速度分布 $\frac{\delta}{x}=\frac{4.64}{\sqrt{Re_x}}$，最终可得

$$\delta_t/x=4.52Re_x^{-1/2}Pr^{-1/3} \tag{j}$$

平板壁面热流密度为

$$q = -\lambda \frac{\partial t}{\partial y}\bigg|_{y=0} = -\frac{3}{2}\frac{\lambda}{\delta_t}(t_\infty - t_w) \tag{k}$$

将式(j)代入式(k),得

$$Nu_x = \frac{h_x x}{\lambda} = \frac{q}{t_w - t_\infty}\frac{x}{\lambda} = 0.332 Re_x^{1/2} Pr^{1/3} \tag{l}$$

这一结果是在普朗特数接近于 1 及大于 1 的条件下得出的(推导时假定了 $\delta_t/\delta<1$),与 Polhaussen 的精确解[5]符合得很好。

例题 5-4　离心力场作用下多孔介质物料层中的强制对流传热

如图 5-19 所示,温度为 $t_{f,in}$、流速为 U_0 的流体,流经温度均匀的固体颗粒层,颗粒层厚为 L,温度为 t_s,$t_s>t_{f,in}$。流体出口温度为 $t_{f,out}$,单位体积中的颗粒表面积为 A,颗粒平均直径为 d。试据能量平衡导出流体与颗粒间的平均表面传热系数 h 和流体的速度、热物理性质之间的关系式[16]。

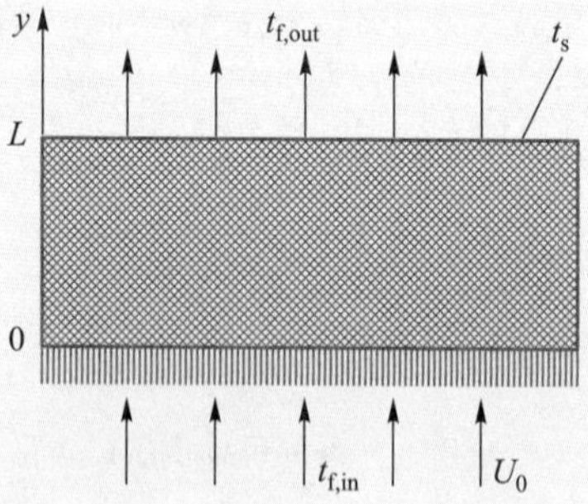

图 5-19　例题 5-4 附图

题解

假设:(1) 过程处于稳态;(2) 流体物性为常数;(3) 流体温度仅是 y 方向的函数。

分析:流经厚为 dL 薄层固体颗粒的能量平衡,可以对垂直于流动方向的单位面积得出:

$$U_0 \rho_f c_p \mathrm{d}t_f = hA(t_s - t_f)\mathrm{d}L \tag{a}$$

这是关于流体温度 t_f 的一个常微分方程。式(a)的边界条件为

$$\left.\begin{aligned} y=0, \quad & t_f = t_{f,in} \\ y=L, \quad & t_f = t_{f,out} \end{aligned}\right\} \tag{b}$$

上述问题的解为

$$\frac{hAL}{U_0 \rho_f c_p} = \ln\left(\frac{t_{f,out} - t_s}{t_{f,in} - t_s}\right) \tag{c}$$

定义下列特征数:

$$Re = \frac{dU_0 \rho_f}{\eta_f}, \quad Pr = \frac{c_p \eta_f}{\lambda_f}, \quad Nu = \frac{hd}{\lambda_f} \tag{d}$$

于是式(c)可以改写为

$$Nu = CRePr, \quad C = \frac{1}{AL}\ln\left(\frac{t_{f,in} - t_s}{t_{f,out} - t_s}\right) \tag{e}$$

讨论:式(e)表明,在所研究的情况下,Nu 与 Re 的一次方成比例,而对于外掠平板的传热,Nu 仅与 Re 的 0.5 次方(层流)或 0.8 次方(湍流)成比例。以后要介绍的各种工程对流传热关联式,Re 的指数也均小于 1。那么为什么这里能达到与一次方成比例呢?关于这个问题我们将在强化传热的机理部分做进一步的讨论。这里先指出一点:在本例中,流体的等温线是与流动方向垂直的,也就是温度梯度是与流动方向平行的。请读者将这一特点记在心中,并对以后遇到的各种对流传热现象注意主流方向与温度梯度方向之间的关系。

另外本例中假定固体颗粒层的温度均匀,这是怎样达到的呢?这是通过将固体颗粒层置于离心力场的作用下来实现的,这时颗粒之间混合与碰撞充分,所以可以假定颗粒层温度均匀。

例题 5-5　滚珠轴承中润滑油摩擦生热量的估算

如图 5-20a 所示，一滚珠轴承用高黏度的油来润滑，其中内圈运动，外圈静止。已知内外圈的速度差为 1 m/s，内外圈的间距为 1 mm。润滑油的动力黏度 $\eta=0.366\ \text{Pa·s}$。试估算润滑油中由于摩擦而产生的热量。

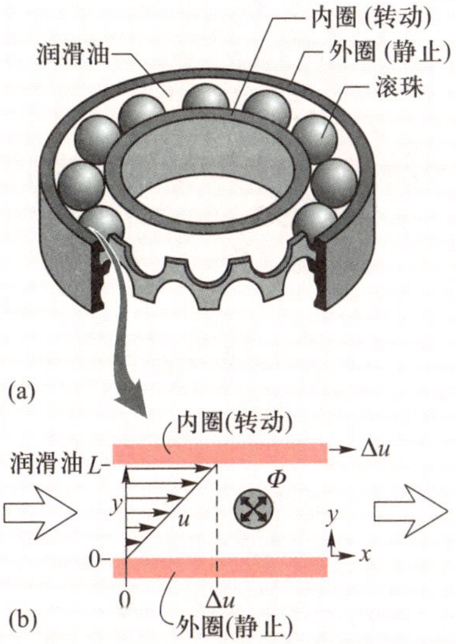

图 5-20　滚珠轴承中流体运动的简化模型

题解

假设：(1) 润滑油为牛顿流体；(2) 轴承环形间隙中的流动可以按平行板间隙中的流动来近似处理，如图 5-20b 所示；(3) 稳态过程。

分析：流体中的摩擦生热就是式(5-7)所示的耗散热量。在上述假设下，式(5-6)所表示的耗散项仅剩下 $\eta\left(\dfrac{\partial u}{\partial y}\right)^2$ 这一项，其中 y 为垂直于平板的距离。

计算：

$$\dot{\Phi}=\eta\left(\frac{\partial u}{\partial y}\right)^2=\eta\left(\frac{\Delta u}{L}\right)^2=0.366\ \text{Pa·s}\times\left(\frac{1\ \text{m/s}}{0.001\ \text{m}}\right)^2$$

$$=3.66\times10^5\ \text{W/m}^3$$

讨论：润滑油中产生的热量必须及时排走，否则油温会不断上升，而使润滑油变质，润滑失效。

例题 5-6　换热器模化实验流速的确定

一换热设备的工作条件是壁温 $t_w=120\ ℃$，加热 $t_f=80\ ℃$ 的空气，空气流速 $u=0.5\ \text{m/s}$。采用一个全盘缩小成原设备 1/5 的模型来研究它的换热情况。在模型中亦对空气加热，空气温度 $t_f'=10\ ℃$，壁面温度 $t_w'=30\ ℃$。试问模型中流速 u' 应多大才能保证与原设备中的换热现象相似（模型中各量用上角码“′”标明）。

题解

假设：(1) 稳态过程；(2) 被加热气体以 100 ℃ 计算其物性，模拟气体以 20 ℃ 计算其物性。

分析：

模型与原设备中研究的是同类现象，单值性条件亦相似，所以只要已定准则 Re、Pr 彼此相等即可实现相似。因空气的 Pr 随温度变化不大，可认为 $Pr'=Pr$。于是需要保证的是 $Re'=Re$。

计算：

$$\frac{u'l'}{\nu'}=\frac{ul}{\nu}$$

从而

$$u'=u\frac{\nu'}{\nu}\frac{l}{l'}$$

据给定的定性温度，从附录查得

$$\nu=23.13\times10^{-6}\ \text{m}^2/\text{s},\ \nu'=15.06\times10^{-6}\ \text{m}^2/\text{s}$$

已知 $l/l'=5$。于是，模型中要求的流体流速 u' 为

$$u'=u\frac{\nu'}{\nu}\frac{l}{l'}=\frac{0.5\ \text{m/s}\times15.06\times10^{-6}\ \text{m}^2/\text{s}\times5}{23.13\times10^{-6}\ \text{m}^2/\text{s}}=1.63\ \text{m/s}$$

讨论：模型是实物的 1/5，如果不按相似原理的思想来考虑，据此以为模型中的速度也应是实物中的 1/5 就错了。实际上恰恰相反，模型中的流速应是实物中流速的 5 倍左右。至于不是严格的 5 倍，那是由流体的

物性随温度的变化而引起的。按照本例计算所得的条件进行试验，模型与实物中的过程就属于同一个相似组。模型中的实验结果就可以代表整个相似组。

例题 5-7　外掠管束模化实验流速的确定

用平均温度为 50 ℃的空气来模拟平均温度为 400 ℃的烟气的外掠管束的对流传热，模型中烟气流速在 10～15 m/s 范围内变化。模型采用与实物一样的管径，问模型中空气的流速应在多大范围内变化？

题解

假设：(1) 稳态过程；(2) 以 50 ℃计算模拟气体（空气）的物性，以 400 ℃确定实际工作气体（烟气）的物性。

计算：由附录知：400 ℃的烟气的 $\nu=60.38\times10^{-6}\ \mathrm{m^2/s}$，50 ℃空气的 $\nu=17.95\times10^{-6}\ \mathrm{m^2/s}$。为使模型与实物中 Re 的变化范围相同，模型中的空气流速应为

$$u'=\frac{17.95\times10^{-6}\ \mathrm{m^2/s}}{60.38\times10^{-6}\ \mathrm{m^2/s}}\times(10\sim15)\ \mathrm{m/s}=(2.94\sim4.46)\ \mathrm{m/s}$$

安排试实时模型中的空气流速应在这一范围内。

讨论：400 ℃烟气的 $Pr=0.64$，50 ℃空气的 $Pr=0.698$，两者并不相等。但考虑到 Pr 不是影响换热的主要因素，而且两个数值相差也不大，故而模化实验的结果仍有工程实用价值。

复习题

1. 试用简明的语言说明热边界层的概念。

2. 与完全的能量方程相比，边界层能量方程最重要的特点是什么？

3. 式(5-4)与导热问题的第三类边界条件式(2-18)有什么区别？

4. 式(5-4)表明，在边界上垂直于壁面的热量传递完全依靠导热，那么在对流传热过程中流体的流动起什么作用？

5. 对外掠平板的边界层流动，给出动量方程从式(5-15)简化为式(5-23)的理由；此时平板的流动阻力来自何处？

6. 对流传热问题完整的数学描写应包括什么内容？既然对大多数实际对流传热问题尚无法求得其精确解，那么建立对流传热问题的数学描写有什么意义？

7. 在例题 5-3 中利用了 $y=0,\dfrac{\partial^2 u}{\partial y^2}=0$ 的条件，试说明其理由。

8. 什么是两个同类的物理现象相似？相似的物理现象有什么共性？怎样才能做到两个物理现象相似？

9. 试举出工程技术中应用相似原理的两个例子。

10. 当一个由若干个物理量所组成的实验数据转换成数目较少的量纲为一的量以后，这个实验数据的性质发生了什么变化？

11. 分析一维非稳态导热数学描写中的基本量纲数目，检查 5.5.3 节中公式(i)、(j)、(k)及(l)中的量纲为一的数的数目是否符合 π 定理。

习题

基本概念与定性分析

5-1　对于流体外掠平板的流动，试利用数量级分析的方法，从动量方程引出边界层厚度的如下变化关系式：

$$\delta/x \sim 1/\sqrt{Re_x}$$

5-2　对于油、空气及液态金属。分别有 $Pr \gg 1$、$Pr \approx 1$、$Pr \ll 1$。试就外掠等温平板的层流边界层流动，画出三种流体边界层中速度分布与温度分布的大致图像（要能显示出 δ 与 δ_t 的相对大小）。

5-3　流体在两平行平板间作层流充分发展的对流传热（见附图）。试画出下列三种情形下充分发展区域截面上的流体温度分布曲线：(1) $q_{w1}=q_{w2}$；(2) $q_{w1}=2q_{w2}$；(3) $q_{w1}=0$。

5-4　设某一电子器件的外壳可以简化成附图所示的形状。截面呈方形，上、下表面绝热，而两侧竖壁分别维持在 t_h 及 t_c（$t_h>t_c$）。试定性地画出空腔截面上空气流动的图像。

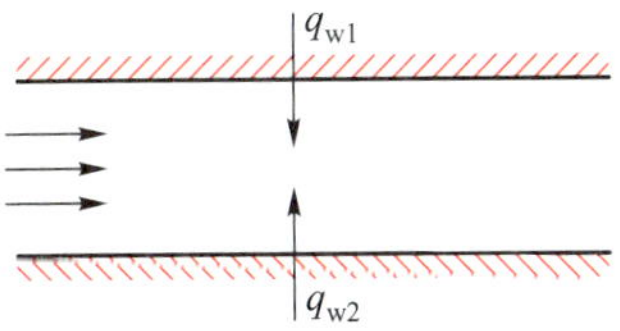

习题 5-3 附图　流体与平行板间的对流传热

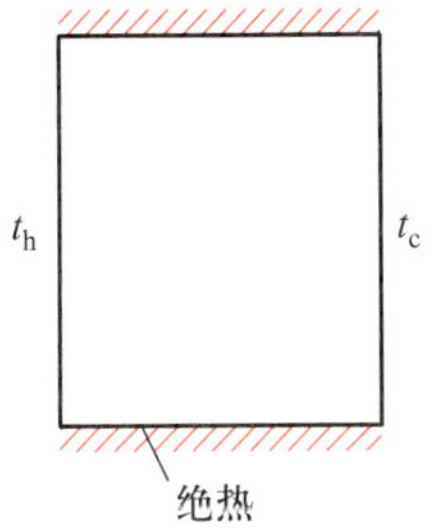

习题 5-4 附图

5-5　一种输送大电流的导线——母线的截面形状如附图所示，内管为导体，其中通以大电流，外管起保护导体的作用。设母线水平走向，内外管间充满空气，试分析内管中所产生的热量是怎样散失到周围环境中的，并定性地画出截面上空气流动的图像。

5-6　在高速飞行部件中广泛采用的钝体是一个轴对称的物体（见附图）。试据你所掌握的流动与传热知识，画出钝体表面上沿 x 方向的局部表面传热系数的大致图像，并分析滞止点 S 附近边界层流动的状态（层流或湍流）。

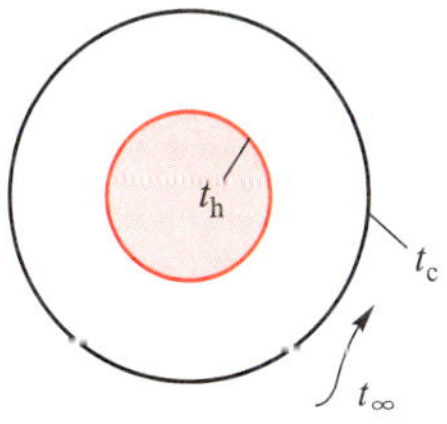

习题 5-5 附图

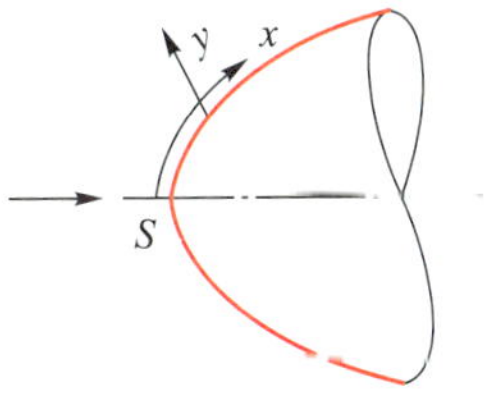

习题 5-6 附图　钝体示意图

5-7　温度为 80 ℃的平板置于来流温度为 20 ℃的气流中。假设平板表面中某点在垂直于壁面方向的温度梯度为 40 ℃/mm，试确定该处的热流密度。

边界层概念及分析解

5-8　取外掠平板边界层的流动由层流转变为湍流的临界雷诺数（Re_c）为 5×10^5，试计算 25 ℃的空气、水及 14 号润滑油达到 Re_c 时所需的平板长度，取 $u_\infty = 1$ m/s。

5-9　20 ℃的水以 2 m/s 的流速平行地流过一块平板，试计算离开平板前缘 10 cm 及 20 cm 处的流动边界层厚度。

5-10　两无限大平板之间的流体，由于上板运动而引起的层流黏性流动（见附图），文献中常称为库埃特流。若不计流体中由于黏性而引起的机械能向热能的转换。试求解流体的速度与温度分布。上板温度为 t_{w2}，下板温度为 t_{w1}。

5-11　试通过对外掠平板的边界层动量方程式

$$u\frac{\partial u}{\partial x}+v\frac{\partial u}{\partial y}=\nu\frac{\partial^2 u}{\partial y^2}$$

沿 y 方向做积分（从 $y=0$ 到 $y\geqslant\delta$）（如附图所示），导出下列边界层的动量积分方程。提示：在边界层外边界上 $v_\delta\neq 0$。

$$\rho\frac{\mathrm{d}}{\mathrm{d}x}\int_0^\delta u(u_\infty-u)\,\mathrm{d}y=\eta\left(\frac{\partial u}{\partial y}\right)_{y=0}$$

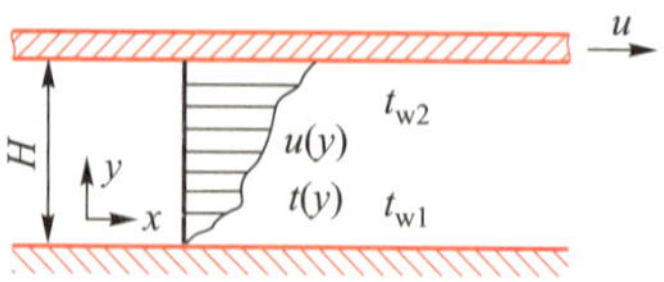

习题 5-10 附图　库埃特流动

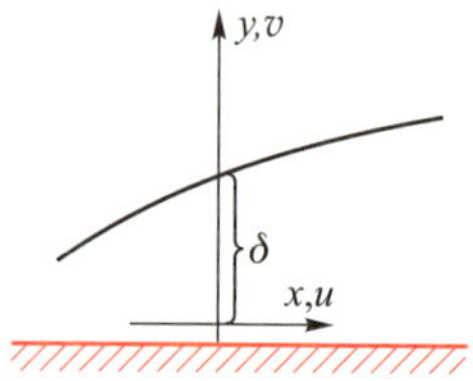

习题 5-11 附图

5-12　1.013×10^5 Pa、100 ℃的空气以 100 m/s 的速度流过一块平板，平板温度为 30 ℃。试计算离开平板前缘 3 cm 及 6 cm 处流动边界层及热边界层厚度、局部切应力和局部表面传热系数、平均阻力系数和平均表面传热系数。

5-13　为利用自然对流冷却给定发热量的一块平板，提出了两种方案：方案(a)采用垂直设置的长肋片，冷却气流从平板底部一直流道顶部；方案(b)则采用斜向设置的两排短翅片。假定翅片的厚度与间距都一样。试分析两种方案的优劣。(深圳中兴公司提供)

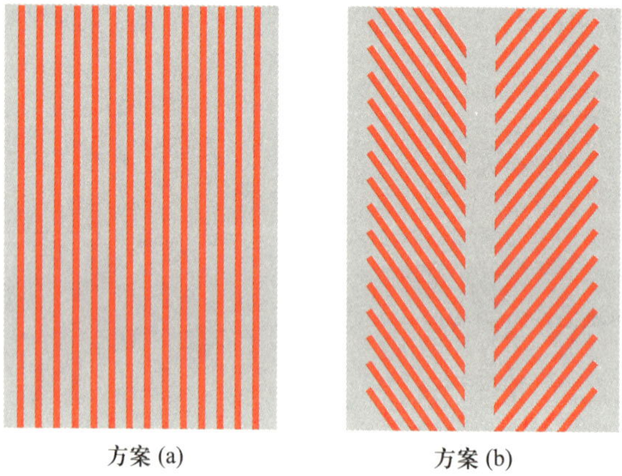

习题 5-13 附图

5-14　来流温度为 20 ℃、速度为 2.5 m/s 的空气沿着平板流动，在距离前沿点为 2 m 处的局部切应力为多大？如果平板温度为 50 ℃，该处的对流传热表面传热系数是多少？

5-15　实验测得一置于水中的平板某点的切应力为 1.5 Pa，如果水温与平板温度分别为 15 ℃与 60 ℃，试计算当地的局部热流密度。

5-16　温度为 160 ℃、流速为 4 m/s 的空气流过温度为 30 ℃的平板。在离开前沿点为 2 m 处测得局部表面传热系数为 149 W/(m^2·℃)。试计算该处的 Re_x、Nu_x、St_x、j_x、c_x 之值。

5-17　将一块尺寸为 0.2 m×0.2 m 的薄平板平行地置于由风洞造成的均匀气体流场中。在气流速度 u_∞ = 40 m/s 的情况下用测力仪测得，要使平板维持在气流中需对它施加 0.075 N 的力。此时气流温度 t_∞ = 20 ℃，平板两表面的温度 t_w = 120 ℃。试据类比法确定平板两个表面的对流传热量。气体压力为 1.013×10^5 Pa。

5-18　试对例题 5-3 完成边界层动量方程的积分近似解（假定速度三方多项式分布）。

相似原理与量纲分析

5-19　在一台缩小成为实物 1/8 的模型中，用 20 ℃的空气来模拟实物中平均温度为 200 ℃空气的加热过程。实物中空气的平均流速为 6.03 m/s，问模型中的流速应为多少？若模型中的平均表面传热系数为 195 W/(m^2·K)，求相应实物中的值。在这一实验中，模型与实物中流体的 Pr 并不严格相等，这样的模化实验有实用价值吗？

5-20　对于恒壁温边界条件的自然对流传热，试用量纲分析方法导出 $Nu=f(Gr,Re)$。提示：在自然对流传热中，$g\alpha_V\Delta t$ 起相当于强制对流中流速的作用。

5-21　试用量纲分析方法证明，恒壁温情况下导出的 $Nu=f(Gr,Re)$ 的关系式对于恒热流边界条件也是合适的，只是此时 Gr 数应定义为 $Gr^*=g\alpha_V ql^4/(\nu^2\lambda)$，$q$ 为给定的热流密度。

5-22　对于常物性流体横向掠过管束时的对流传热，当流动方向上的排数大于 16 时，实验发现，管束的平均表面热系数 h 取决于下列因素：流体速度 u，流体物性 ρ、c_p、η、λ，几何参数 d、s_1、s_2。试用量纲分析方法证明，此时的对流传热关系式可以整理成为

$$Nu=f(Re,Pr,s_1/d,s_2/d)$$

5-23　有人曾经给出下列流体外掠正方形柱体（其一个面与来流方向垂直）的传热数据：

Nu	Re	Pr
41	5 000	2.2
125	20 000	3.9
117	41 000	0.7
202	90 000	0.7

采用 $Nu=CRe^nPr^m$ 的关系式来整理数据并取 $m=1/3$，试确定其中的常数 C 与指数 n。在上述 Re 及 Pr 的范围内，当方形柱体的截面对角线与来流方向平行时，可否用此式进行计算，为什么？

5-24　对于空气横掠如附图示的正方形截面柱体（边长 $l=0.5$ m）的情形，有人通过实验测得了下列数据：$u_1=15$ m/s、$h_1=40$ W/(m·K)，$u_2=20$ m/s、$h_2=50$ W/(m^2·K)，其中 h_1、h_2 为平均表面传热系数。对于形状相似但 $l=1$ m 的柱体，试确定当空气流速为 15 m/s 及 20 m/s 时的平均表面传热系数。设在所讨论的情况下空气的对流传热准则方程具有以下形式：

$$Nu=CRe^nPr^m$$

四种情形下的定性温度之值均相同，特征长度为 l。

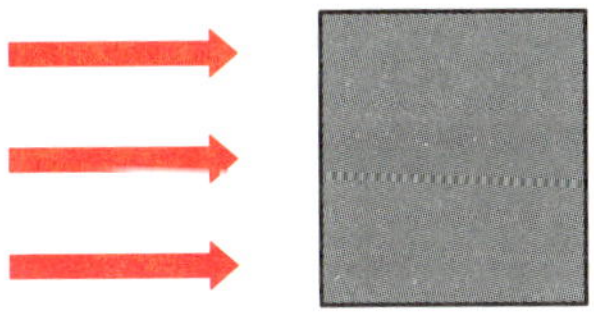

习题 5-24 附图

工程应用

5-25　一飞机在 10 000 m 高空飞行机，时速为 600 km/h。该处温度为-40 ℃。把机翼当成一块平板，试确定离开机翼前沿点多远的位置上，空气的流动变为湍流？空气当作干空气处理。

5-26　将一艘长度为原型 1/4 的潜水艇模型放在一闭式风洞中进行阻力试验。潜水艇水下的最大航速为 16 m/s，风洞内气体的压力为 6×10^5 Pa，模型长为 3 m，试确定试验时最大的风速应为多少。潜水艇在水下工作，风洞中的阻力试验结果能否用于水下工作的潜水艇？

5-27　一火车以 25 m/s 的速度前进，受到 1 400 N 的切应力。它由 1 节机车及 11 节客车车厢组成。将每节车厢都看成由四个平板组成，车厢的尺寸为 9 m（长）×3 m×2.5 m（宽）。不计各节车厢间的间隙，车外空气温度为 35 ℃，车厢外表面温度为 20 ℃。试估算该火车所需的制冷负荷。

5-28　在一热处理过程中将一块尺寸为 70 cm×70 cm 平板置于 30 ℃的空气气流中，空气流速为 1.2 m/s。作用在平板一侧的切应力为 0.14 N。试估计当该金属板的温度为 200 ℃时平板的散热量。

小论文题目

5-29　设有如附图所示的一个二维竖直平行板通道，两个表面的温度均匀，记为 t_w，且高于环境温度 t_∞。假设通道长而窄，由于浮升力引起的两个壁面上的速度场已经在通道中心处汇合，而且流动已经处于充分发展。试证明通道内气体的流量与通道高度无关，并由下式决定：

$$q_m = \frac{\rho g \alpha_V (t_w - t_\infty)\delta^3}{12\nu}$$

其中 δ 为通道的宽度。

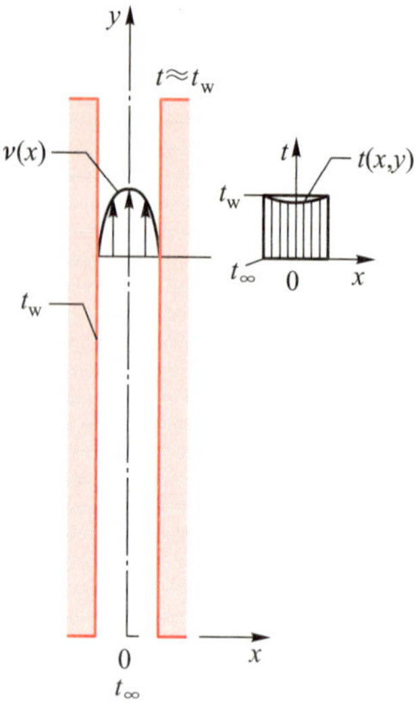

习题 5-29 附图

采用基于 MHT-Learning 工具软件的题目

5-30　长为 0.5 m 的等温（70 ℃）平板被置于 10 ℃的空气流中，空气来流速度为 3 m/s。试：(1) 在 $200(y)\times 50(x)$ 的网格下求解平板上的流场与温度场，并据计算结果确定流动边界层及热边界层的厚度沿着流动方向的变化（取边界层外边界上的速度与温度等于来流的 99%）；(2) 沿平板长度确定 5 个位置，计算每个位置上量纲为一的速度分布，$u/u_\infty : y/\delta$ 及量纲为一的温度分布，$(t-t_w)/(t_\infty - t_w) : y/\delta$，分别将结果表述在两个图上，分析不同流向位置上量纲为一的速度分布及温度分布的特点。

提示：流过平板的流动与传热可用边界层方程来求解，如果使用完全的 Navier-Stokes 方程及相应的能量方程来求解当然可以。采用 MHT 软件求解时就采用式(5-7)～式(5-10)的方程组（略去非稳态项）来求解，计算区域可选取如习题 5-30 附图所示，其中虚线区域是计算区域，四个边界的条件都表示在图中，其中计算区域的高度可取为长度的十分之一，$H=L/10$。L_0 可取为 L 的十分之一。

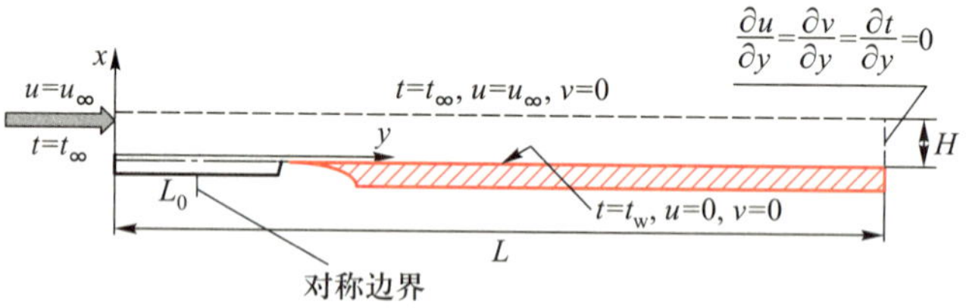

习题 5-30 附图

5-31　长为 0.5 m 的等温（35 ℃）平板被置于 15 ℃的水流中，水的来流速度为 3.5 m/s。试进行习题 5-30 所要求的计算，并比较流动边界层及热边界层的厚度。

5-32　试对空气外掠等温方柱体的层流稳态对流传热，列出控制方程并利用基于 MHT-Learning 的教学软件进行数值计算，获得计算区域中的速度分布及温度分布。

提示：计算可对习题 5-32 附图进行：$L_2/D_2=10$，$D_2/D_1=0.1$；$L_1/(L_2+D_2)\geqslant 13$。$t_w=50$℃，$t_0=20$ ℃。

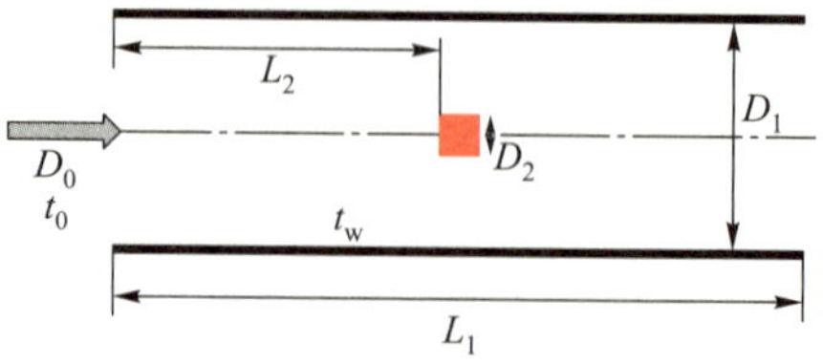

习题 5-32 附图

参考文献

[1] 帕坦卡. 传热与流体流动的数值计算[M]. 张政,译.北京:科学出版社,1989.

[2] 陶文铨. 数值传热学[M].2 版. 西安:西安交通大学出版社,2001:第 5~6 章,350.

[3] ZHAO BO. Integrity of Newton's cooling law based on thermal convection theory of heat transfer and entropy transfer[J]. Scientific Reports,2022,32:16292.

[4] SCHLICHTING H. Boundary layer theory [M]. 7th ed. New York:McGraw-Hill Book Company,1979:141,265-321.

[5] INCROPERA F P,DEWITT D P. Fundamentals of Heat and Mass Transfer [M]. 5th ed. New York:John Wiley & Sons.,2002:389-393.

[6] PARMELEE G V,HUEBSCHER R G. Heat transfer by forced convection along a flat surface [J]. Heat Piping Air Cond.,1947,19(8):115-120.

[7] CHILTON T H,COLBURN A P. Mass transfer (absorption) coefficients:prediction from data on heat transfer and fluid friction [J]. Ind Eng Chem,1934,26:1183-1187.

[8] COLBURN A P. A method of correlating forced convection heat transfer data and comparison with fluid friction [J]. Trans AIChE,1933,29:174-180.

[9] ISAACSON E de S Q,ISAACSON M de S Q. Dimensional methods in engineering and physics [M]. London:Edward,1975:25-27.

[10] 王丰.相似理论及其在传热学中的应用[M]. 北京:高等教育出版社,1990:58-96.

[11] ORME J G,COMBS-ORME T. Multiple regression with discrete dependent variable[M]. New York:Oxford University Press,2009.

[12] CHURCHILL S W,USAGI R. A general expression for the correlation of rates of transfer and other phenomena[J]. AICHE Journal,1972,18(6):1121-1128.

[13] ÇENGEL Y A,GHAJAR A J. Heat and mass transfer[M]. 4th ed. New York:McGraw-Hill,2011:228.

[14] HOLMAN J P. Heat transfer [M]. 10th ed. Boston:McGraw-Hill Higher Education,2010:143.

[15] KAYS W M,CRAWFORD M E. Convective heat and mass transfer [M]. New York:McGraw-Hill Book Company,1980:246.

[16] 施明恒,王海,郝英立.离心力场作用下多孔介质中强制对流换热的研究[J]. 工程热物理学报,2002,23(4):473-475.

第 6 章

单相对流传热的实验关联式

本章主要介绍单相对流传热的实验结果。根据图5-2的分类，下面将按内部流动、外部流动、大空间自然对流及有限空间自然对流的顺序展开讨论，并逐一介绍各类具体的实验关联式。微细通道内的流动与传热问题在最近二三十年中得到广泛的研究，本章中会做出简要介绍。最后讨论强化单相对流传热的基本机制及主要的强化技术。

对流传热的分类树（图5-2）列出了无相变对流传热的13种常见情形，其中外掠平板的对流传热已经在前面讨论过，本章将介绍其他12种情形的常用实验关联式。

6.1 内部强制对流传热的实验关联式

内部流动与外部流动的区别主要在于流动边界层与流道壁面之间的制约关系不同:在外部流动中,换热壁面上的流体边界层可以自由地发展,不会受到流道壁面的阻碍或限制。因此,在外部流动中往往存在着一个边界层外的区域,在那里无论速度梯度还是温度梯度都可以忽略。而在内部流动中,换热壁面上边界层的发展受到流道壁面的限制,因此其传热规律就与外部流动有明显的区别。本节先介绍内部流动,即流体在圆管以及非圆形截面通道(槽道)内的两类情形的传热规律。

6.1.1 管槽内强制对流流动与传热的一些特点

1. 两种流态

我们知道,流体在管道内的流动可以分为层流与湍流两大类,其分界点为以管道直径为特征尺度的 Re,称为临界 Re,记为 Re_c,其值为 2 300。一般认为,Re 大于 10 000 后为旺盛湍流,而 $2\ 300 \leqslant Re \leqslant 10\ 000$ 的范围为过渡区。

2. 入口段与充分发展段

流体力学告诉我们,当流体从大空间进入一根圆管时,流动边界层有一个从零开始增长直到汇合于管子中心线的过程。类似地,当流体与管壁之间有热交换时,管子壁面上的热边界层也有一个从零开始增长直到汇合于管子中心线的过程。当流动边界层及热边界层汇合于管子中心线后称流动及传热已经充分发展(fully developed),此后的局部表面传热系数将保持不变。从进口到充分发展段之间的区域称为入口段(entrance region)。入口段的热边界层较薄,局部表面传热系数比充分发展段的高(图 6-1a)。如果边界层中出现湍流,则因湍流的扰动与混合作用又会使局部表面传热系数有所提高,再逐渐趋向于一个定值,如图 6-1b 所示。实验研究表明,层流时入口段长度由下式确定:

流动入口段
$$\frac{l_h}{d}=0.05Re \tag{6-1a}$$

热入口段
$$\frac{l_t}{d}=0.05RePr \tag{6-1b}$$

而湍流时只要 $l/d>10$,由于流体微团之间剧烈掺混的结果,入口段的影响就不明显了,而且流动入口段长度 l_h 及热入口段长度 l_t 就基本相等了。工程技术中常利用入口段传热效果好这一特点用短管来强化传热,但是大部分换热设备中的管长均远大于入口段的长度。

3. 两种典型的热边界条件——均匀热流和均匀壁温

当流体在管内被加热或被冷却时,加热或冷却壁面的热状况称为热边界条件(thermal boundary condition)。实际的工程传热情况是多种多样的,为便于研究与应用,从各种复杂情况中抽象出两类典型的条件:轴向与周向热流密度均匀,简称均匀热流(uniform heat flux),以及轴向与周向壁温均匀,简称均匀壁温(uniform wall temperature)。图 6-2 示意性地给出了在这两种热边界

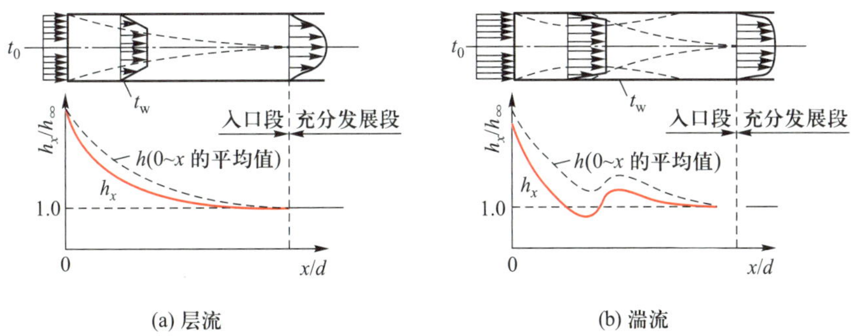

图 6-1　管内对流传热局部表面传热系数 h_x 的沿程变化

条件下沿主流方向流体截面平均温度 $t_f(x)$ 及管壁温度 $t_w(x)$ 的变化情况。湍流时，由于各微团之间的剧烈混合，除液态金属外，两种热边界条件对表面传热系数的影响可以不计。但对层流及液态金属这类低 Pr 介质的情况，两种边界条件下的差别是不容忽视的。

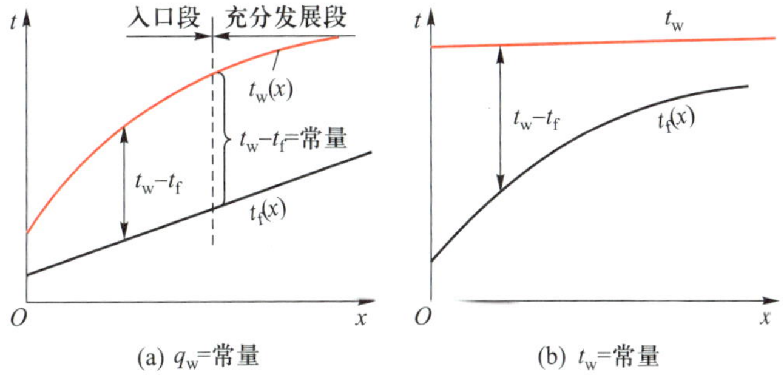

图 6-2　均匀热流与均匀壁温下流体平均温度与壁面温度的沿程变化

那么什么情况下能造成这样的热边界条件呢？采用蒸汽凝结来加热时或者液体沸腾来冷却时，壁面温度可以认为是均匀的；当采用均匀缠绕的电热丝来加热壁面时，就造成了接近均匀热流密度的条件。

4. 流体平均温度以及流体与壁面的平均温差

计算物性的定性温度多为截面上流体的平均温度（或进、出口截面平均温度）。在用实验方法或用数值模拟确定了同一截面上的速度及温度分布后，可采用下式确定该截面上流体的平均温度：

$$t_f = \frac{\int_{A_c} c_p \rho t u \mathrm{d}A}{\int_{A_c} c_p \rho u \mathrm{d}A} \tag{6-2}$$

当采用实验方法来测定截面平均温度时，应在测温点之前设法将截面上各部分的流体充分混合，这样才能保证测得的温度是流体的截面平均温度，文献中又称为整体温度（bulk temperature）。值得指出，在进行对流传热的实验测定时，使加热或冷却后的流体充分混合是测得准确的流体平均温度的重要措施。图 6-3 示意性地给出了这样一种混合器的结构。图中流体进入混合器

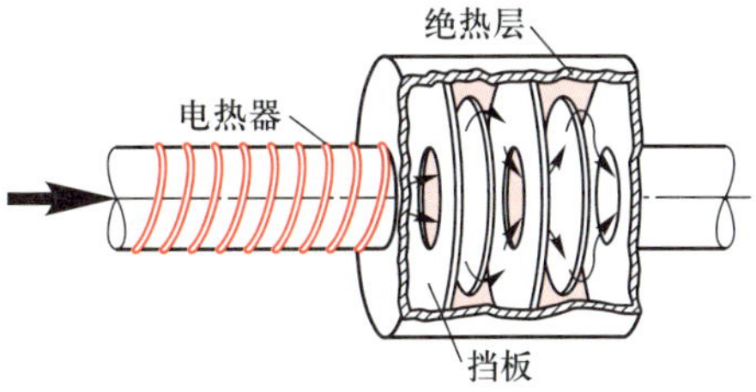

图 6-3　测定流体截面平均温度的混合器示意图

前壁面上均匀缠绕的电热丝就是为了造成均匀加热的边界条件。

如果要确定流体与一长通道表面间的平均表面传热系数，在应用牛顿冷却公式（5-2）时要注意平均温差的确定方法。对于均匀热流的情形，如果其中充分发展段足够长，则可取充分发展段的温差 $t_w - t_f$ 作为 Δt_m（参见图 6-2a）。但对均匀壁温的情形，截面上的局部温差在整个换热面上是不断变化的（参见图 6-2b），这时应利用以下的热平衡式确定平均的对流传热温差：

$$h_m A \Delta t_m = q_m c_p (t_f'' - t_f') \tag{6-3}$$

式中：q_m 为质量流量；t_f''、t_f' 分别为出口、进口截面上的平均温度；Δt_m 按对数平均温差计算，即

$$\Delta t_m = \frac{t_f'' - t_f'}{\ln \dfrac{t_w - t_f'}{t_w - t_f''}} \tag{6-4}$$

当进口截面与出口截面上的温差比 $(t_w - t_f'')/(t_w - t_f')$ 在 0.5～2 时，算术平均温差 $t_w - \dfrac{t_f'' + t_f'}{2}$ 与上述对数平均温差间的差别小于 4%。

6.1.2 管槽内湍流强制对流传热关联式

1. 常规流体（$Pr>0.6$ 的流体）

（1）Dittus-Boelter 公式

对于管道内的强制对流传热，历史上应用时间最长也最普遍的关联式是

$$Nu_f = 0.023 Re_f^{0.8} Pr_f^n \tag{6-5}$$

加热流体时，$n=0.4$；冷却流体时，$n=0.3$。上式习惯上称为 Dittus-Boelter 公式。此式适用于流体与壁面间温差中等的场合。式中采用流体平均温度 t_f（即管道进、出口两个截面平均温度的算术平均值）为定性温度，取管内径 d 为特征长度。实验验证范围为 $Re_f = 10^4 \sim 1.2\times10^5$，$Pr_f = 0.7 \sim 120$，$l/d \geqslant 10$[1,2]。

所谓中等以下温度差，其具体值视计算准确程度而定。一般说，对于气体不超过 50 ℃；对于水不超过 20～30 ℃；对于 $\dfrac{1}{\eta}\dfrac{d\eta}{dt}$ 大的油类不超过 10 ℃。

式（6-5）历史上曾经得到广泛的应用，由于其形式简单目前仍在工程上得到应用[3]。而且 $l/d \geqslant 10$ 的条件工业中基本都能满足，但是该式计算准确度较差，建议在做估算时采用。

（2）Gnielinski 公式[4-5]

$$Nu_f = \frac{(f/8)(Re - 1\,000)Pr_f}{1 + 12.7\sqrt{f/8}\,(Pr_f^{2/3} - 1)}\left[1 + \left(\frac{d}{l}\right)^{2/3}\right] \tag{6-6}$$

式中：l 为管长；f 为管内湍流流动的 Darcy 阻力系数，按柯纳柯夫（Konakov）公式计算：

$$f = (1.8\lg Re - 1.5)^{-2} \tag{6-7}$$

管槽内湍流对流传热典型关联式的发展

式（6-6）的实验验证范围为：$Re_f = 2\,300 \sim 10^6$，$Pr_f = 0.6 \sim 10^5$。

值得指出，流体在管道中湍流对流传热在工程中应用广泛，在传热学的发展过程先后提出了十余个计算关联式。随着测试手段的提高及实验数据的积累，Gnielinski 公式已经被确认为准确度最高的关联式[1,2]。在所依据的 800 多个实验数据（包括中国学者清华大学教授的工作[4]）中，90% 数据与关联式的最大偏差在 ±20% 以内，大部

分在±10%以内。同时,关于长径比或入口效应的影响,在 Gnielinski 公式中已经作了考虑。当需要较高的计算准确度时推荐使用这一公式。

(3) 关联式应用范围的拓宽

1) 变物性影响的修正。所谓温差的影响,实际上是考虑流体热物理性质随温度变化而引起的影响。式(6-5)中 Pr 的指数数值加热与冷却时不同,是考虑流体物理性质随温度变化而引起的对热量传递过程影响的一种最简单的方式。

那么为什么物性变化会影响到传热效果呢?在有传热的条件下,管内截面上的温度是不均匀的。因为温度要影响黏度,所以截面上的速度分布与等温流动的分布有所不同,在图 6-4 示出了有传热时速度分布畸变的景象,图中曲线 1 为等温流体的速度分布。先对液体做分析。因液体的黏度随温度的降低而升高,液体被冷却时,近壁处的黏度较管心处为高,因而速度分布低于等温曲线,变成曲线 2。若液体被加热,则速度分布变成曲线 3,近壁处流速高于等温曲线。近壁处流速增强会加强传热,反之会减弱传热,这就说明了不均匀物性场对换热的影响。对于气体,由于黏度随温度增高而升高,与液体的情形相反,故曲线 2 适用于气体被加热,而曲线 3 适用于气体被冷却。综上所述,不均匀物性场对传热的影响,视液体还是气体、加热还是冷却,以及温差的大小而异。

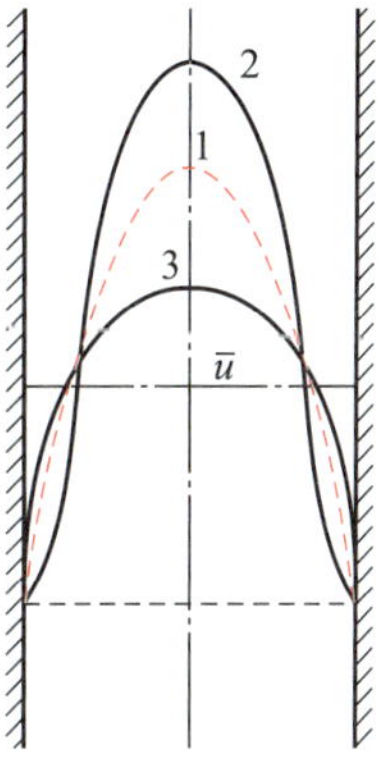

1—等温流动;2—液体冷却或气体加热;
3—液体加热或气体冷却

图 6-4 管内速度分布随换热情况的畸变

考虑较大温差的修正时可在公式(6-5)及式(6-6)的右端乘上温差修正系数 c_t,其取值方法如下:

① 对于式(6-5)(此时 n 恒取 0.4)[3]:

对气体,被加热时
$$c_t=\left(\frac{T_f}{T_w}\right)^{0.5} \tag{6-8a}$$

被冷却时
$$c_t=1.0 \tag{6-8b}$$

对液体,被加热时
$$c_t=\left(\frac{\eta_f}{\eta_w}\right)^{0.11} \tag{6-8c}$$

被冷却时
$$c_t=\left(\frac{\eta_f}{\eta_w}\right)^{0.25} \tag{6-8d}$$

式中:T 为热力学温度,K;η 为动力黏度,Pa · s;下标 f、w 分别表示以流体平均温度及壁面温度来计算的流体的动力黏度。

② 对于式(6-6)[4-5]

对液体
$$c_t=\left(\frac{Pr_f}{Pr_w}\right)^{0.11},\quad \frac{Pr_f}{Pr_w}=0.05\sim20 \tag{6-9a}$$

对气体
$$c_t=\left(\frac{T_f}{T_w}\right)^{0.45},\quad \frac{T_f}{T_w}=0.5\sim1.5 \tag{6-9b}$$

2）非圆形截面的槽道

对于非圆形截面槽道，如采用当量直径（equivalent diameter）作为特征尺度，则对圆管得出的湍流传热公式就可近似地予以应用。当量直径的计算式为

$$d_e=\frac{4A_c}{P} \tag{6-10}$$

式中：A_c 为槽道的流动截面积，m^2；P 为润湿周长，即槽道壁与流体接触面的长度，m。例如，对于内管外径为 d_1、外管内径为 d_2 的同心套管环状通道，当量直径为

$$d_e=\frac{\pi(d_2^2-d_1^2)}{\pi(d_2+d_1)}=d_2-d_1 \tag{6-11}$$

对于气体和液体在环形空间内的换热，除了采用当量直径作为特征尺度外，文献[6]对于内壁换热、外壁绝热及内壁绝热外壁换热的两种情形，在 Gnielinski 光滑圆管的基础上提出了修正系数的计算公式；对于空气在多边形非圆形截面通道内的湍流传热，文献[7]中提出了修正系数计算方法。这些修正系数的引入可使非圆形截面槽道的计算结果更加准确，可参考使用。

3）螺旋管中的湍流传热

工程技术中为强化传热或因工艺的需要，常采用螺旋管（helically coiled tube）。下面简要介绍考虑流体做螺旋运动对传热影响的方法。

螺旋管内的流体在向前运动的过程中连续地改变方向，因此会在横截面上引起二次环流而强化传热。所谓二次环流（secondary circulation），一般指垂直于主流方向的流动。图 6-5 所示是二次环流的定性描述，其中图 a 给出了螺旋管的外貌及截面上的二次环流，图 b 则显示了二次环流与主流合成后的流体运动情况。对于流体在螺旋管内的对流传热的计算，工程上的一种实用做法是，应用前述的准则式计算出平均 Nu 后再乘以一个螺旋管修正系数 c_r。对于 c_r，推荐：

对于气体
$$c_r=1+1.77\frac{d}{R} \tag{6-12a}$$

对于液体
$$c_r=1+10.3\left(\frac{d}{R}\right)^3 \tag{6-12b}$$

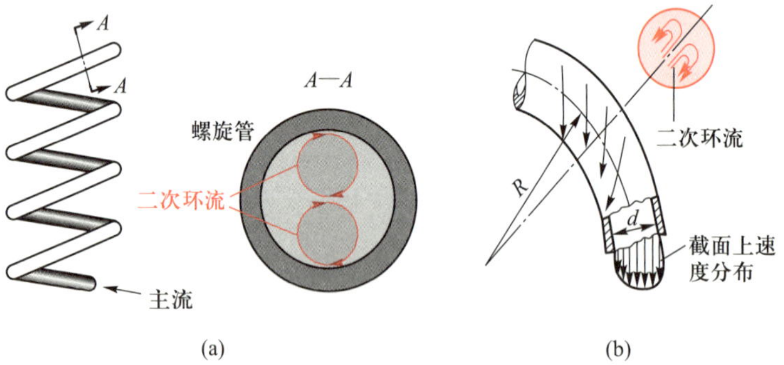

图 6-5　螺旋管中的流动

关于螺旋管对强化对流传热的详细讨论与分析可参见文献[8]。

4）内螺纹微肋管

如图 6-6 所示的内螺纹微肋管广泛应用于空调、制冷工业的冷凝器与蒸发器中，以强化管内

流体的传热。文献[9]对于水的研究表明，只要将 Gnielinski 公式(6-6)中分子上的阻力系数 f 替换为此类管子流动充分发展段的阻力系数值，则 Gnielinski 公式可用来预测此类管子的湍流传热系数(偏差±20%)。

5) 过渡区与粗糙管

Gnielinski 公式可以用于过渡区，但当 $Re<4\ 000$，计算准确性变差。Gnielinski 提出了在 $Re=2\ 300\sim4\ 000$ 范围内用线性插值方法[6]，并得了较多实验的验证[10]。关联式(6-5)及式(6-6)只适用于水力光滑管；对于粗糙管，作为初步的计算可以采用 Gnielinski 公式，其中阻力系数按粗糙管的数值代入。

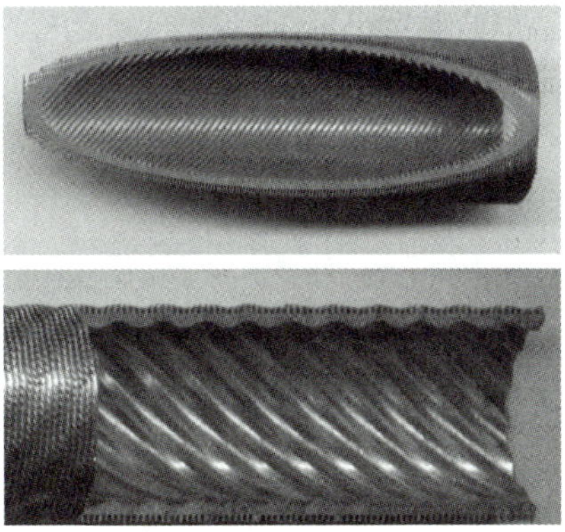

图 6-6　内螺纹微肋管剖视照片

2. 液态金属

对 Pr 很小的液态金属($Pr=3\times10^{-3}\sim5\times10^{-2}$)，速度边界层与温度边界层的相互关系与常规流体完全不同(见图 5-11)，所以具有不同的传热规律。这里推荐适用于光滑圆管的充分发展湍流的实验关联式。

对均匀热流边界条件

$$Nu_f=4.82+0.018\ 5Pe_f^{0.8} \tag{6-13}$$

其中，特征长度为内径，定性温度为流体平均温度。实验验证范围为：$Re_f=3.6\times10^3\sim9.05\times10^5$，$Pe_f=10^2\sim10^4$。

对均匀壁温边界条件

$$Nu_f=5.0+0.025Pe_f^{0.8} \tag{6-14}$$

式中特征长度及特性温度取法同上，实验验证范围为 $Pe_f>100$。

6.1.3　管槽内层流强制对流传热关联式

虽然在一般工业领域湍流普遍存在，但对于水力直径小(单位体积中换热表面积大)或流体黏度高的情况，流体流动一般为层流。

管槽内层流充分发展对流传热的理论分析工作做得比较充分，已经有许多结果可供选用[11]，表 6-1～表 6-3 中给出了一些代表性的结果。由表 6-1 可以看出以下特点：① 对于同一截面形状的通道，均匀热流条件下的 Nu 总是高于均匀壁温下的 Nu(对圆管而言要高 19%)，可见层流条件下热边界条件的影响不能忽略。② 对于表中所列的等截面直通道的情形，层流充分发展时的 Nu 与 Re 无关，这与湍流时有很大的不同。③ 即使用当量直径作特征长度，不同截面管道层流充分发展的 Nu 也不相等。这说明，对于层流当量直径仅仅是一几何参数，不能用它来统一不同截面通道的传热与阻力计算的表达式。

圆管内充分发展层流对流传热的定量特征

表 6-1　不同截面形状的管内层流充分发展换热的 Nu

截面形状	$Nu=hd_e/\lambda$		$fRe\left(Re=\dfrac{ud_e}{\nu}\right)$
	均匀热流	均匀壁温	
正三角形	3.11	2.47	53
正方形	3.61	2.98	57

续表

截面形状	$Nu=hd_e/\lambda$		$fRe\left(Re=\frac{ud_e}{\nu}\right)$
	均匀热流	均匀壁温	
正六边形	4.00	3.34	60.22
圆形	4.36	3.66	64
长方形：			
$\frac{b}{a}=2$	4.12	3.39	62
$\frac{b}{a}=3$	4.79	3.96	69
$\frac{b}{a}=4$	5.33	4.44	73
$\frac{b}{a}=8$	6.49	5.60	82
$\frac{b}{a}=\infty$	8.23	7.54	96

表 6-2　环形空间内层流充分发展换热的 Nu（一侧绝热，另一侧均匀壁温）

内、外径之比 d_i/d_o	内壁 Nu_i（外壁绝热）	外壁 Nu_o（内壁绝热）
0	/	3.66
0.05	17.46	4.06
0.10	11.56	4.11
0.25	7.37	4.23
0.50	5.74	4.43
1.00	4.86	4.86

表 6-3　环形空间内层流充分发展对流传热的 Nu（内、外侧均维持均匀热流）

内外径之比 d_i/d_o	内壁 Nu_i	外壁 Nu_o
0	/	4.36
0.05	17.81	4.79
0.10	11.91	4.83
0.20	8.499	4.83
0.40	6.583	4.98
0.60	5.912	5.10
0.80	5.580	5.24
1.00	5.385	5.39

实际工程换热设备中，层流时的传热常常处于入口段的范围。对于这种情形，推荐采用下列齐德-泰特（Sieder-Tate）公式来计算长 l 的管道的平均 Nu：

$$Nu_f=1.86\left(\frac{Re_f Pr_f}{l/d}\right)^{1/3}\left(\frac{\eta_f}{\eta_w}\right)^{0.14} \tag{6-15}$$

此式的定性温度为流体平均温度 t_f（但 η_w 按壁温计算），特征长度为管径。实验验证范围为

$$Pr_f=0.48\sim16\ 700,\quad \frac{\eta_f}{\eta_w}=0.004\ 4\sim9.75,\quad \left(\frac{Re_f Pr_f}{l/d}\right)^{1/3}\left(\frac{\eta_f}{\eta_w}\right)^{0.14}\geqslant 2$$

且管子处于均匀壁温。值得指出，当以

$$\left(\frac{Re_f Pr_f}{l/d}\right)^{1/3}\left(\frac{\eta_f}{\eta_w}\right)^{0.14}=2$$

的条件代入式(6-15)时，得出 $Nu=3.72$，比 3.66 仅高 1.6%，所以可以认为式(6-15)主要适用于均匀壁温的条件。

需要强调的是，除了前面提到的不能用水力直径来统一不同截面通道的管槽内层流传热与阻力计算外，还需考虑流动边界层和热边界层各自的发展情况[式(6-15)适用于流动边界层与热边界层同时发展的情形]，读者可就 $Pr\to\infty$ 和 $Pr\to0$ 两种极限情况进行定性分析。具体的关联式可参见文献[8]。

例题 6-1　水在均匀壁温的直管内的对流传热

水流过长 $l=5$ m、壁温均匀的直管时，从 $t_f'=25.3$ ℃ 被加热到 $t_f''=34.6$ ℃，管子的内径 $d=20$ mm，水在管内的流速为 2 m/s，求表面传热系数。

题解

分析：本题先采用式(6-5)计算。为此先假定：传热处于小温差的范围。待计算得出表面传热系数以后再推算平均壁温，并且校核假定条件是否成立。如果不成立，则在第一次计算得到的初步结果的基础上再行计算。

计算：水的平均温度为

$$t_f=\frac{t_f'+t_f''}{2}=\frac{25.3\ ℃+34.6\ ℃}{2}=30\ ℃$$

以此为定性温度，从附录查得

$$\lambda_f=0.618\ \text{W/(m·K)},\ \nu_f=0.805\times10^{-6}\ \text{m}^2/\text{s},\ Pr_f=5.42$$

由此得

$$Re_f=\frac{ud}{\nu_f}=\frac{2\ \text{m/s}\times0.02\ \text{m}}{0.805\times10^{-6}\ \text{m}^2/\text{s}}=4.97\times10^4>10^4$$

流动处于旺盛湍流区。采用式(6-5)求 h_m：

$$Nu_f=0.023Re_f^{0.8}Pr_f^{0.4}=0.023\times(4.97\times10^4)^{0.8}\times5.42^{0.4}=258.5$$

$$h_m=\frac{\lambda_f}{d}Nu_f=\frac{0.618\ \text{W/(m·K)}}{0.02\ \text{m}}\times258.5=7\ 988\ \text{W/(m}^2\text{·K)}$$

被加热水每秒钟内的吸热量[从附录中查得 30 ℃ 时水的 $\rho=995.7\ \text{kg/m}^3$，$c_p=4.177\ \text{kJ/(kg·K)}$]为

$$\begin{aligned}\Phi&=\rho u\frac{\pi d^2}{4}c_p(t_f''-t_f')\\&=995.7\ \text{kg/m}^3\times2\ \text{m/s}\times\frac{3.14\times(0.02\ \text{m})^2}{4}\times4\ 174\ \text{J/(kg·K)}\times(34.6\ ℃-25.3\ ℃)\\&=2.43\times10^4\ \text{W}\end{aligned}$$

先用下式计算壁温：

$$\begin{aligned}t_w&=t_f+\frac{\Phi}{h_m A}\\&=30\ ℃+\frac{2.43\times10^4\ \text{W}}{7\ 988\ \text{W/(m}^2\text{·K)}\times0.02\ \text{m}\times3.14\times5\text{m}}=39.7\ ℃\end{aligned}$$

温差 $t_w-t_f=9.7$ ℃，远小于 20 ℃，在式(6-5)的适用范围内，故所求的 h_m 即为本题答案。

讨论：(1) 再按 Gnielinski 公式计算，并近似地取 $t_w=40$ ℃。由附录得

$$Pr_w=4.31,\eta_w=653.3\times10^{-6}\text{kg/(m·s)},\eta_f=801.5\times10^{-6}\text{kg/(m·s)}$$

于是有

$$f=(1.81\lg Re-1.5)^{-2}\times(1.81\times\lg 49\,700-1.5)^{-2}=0.020\,68$$

$$Nu_f=\frac{0.020\,68/8\times(4.97\times10^3-1\,000)\times5.42}{1+12.7\times\sqrt{0.020\,68/8}\times(5.42^{2/3}-1)}\times\left[1+\left(\frac{1}{250}\right)^{2/3}\right]\times\left(\frac{5.42}{4.31}\right)^{0.11}=305.7$$

由此可见，按两个关联式计算同一问题的结果相差约 13.8%。对于一般工程计算，10%左右的偏差是可以接受的；但 Gnielinski 公式计算结果的准确性更高，可以认为本题按 Dittus-Boelter 公式的计算结果约偏低 13.8%左右。

(2) 本题上面计算 t_w 时采用了算术平均温差的方法。实际上，如本节前面所述，对均匀壁温的情形，对于整个换热面应用牛顿冷却公式(5-1b)时应该采用对数平均温差。按对数平均温差的表达式(6-4)：

$$\Delta t_m=\frac{t_f''-t_f'}{\ln\dfrac{t_w-t_f'}{t_w-t_f''}}=\frac{\Phi}{h_mA}$$

代入数据得

$$\frac{(34.6-25.3)\text{℃}}{\ln\dfrac{t_w-25.3\text{ ℃}}{t_w-34.6\text{ ℃}}}=\frac{2.43\times10^4\text{ W}}{9\,267.3\text{ W/(m}^2\cdot\text{K)}\times0.02\text{ m}\times3.14\times5\text{ m}}$$

由此得 $t_w=39.1$ ℃。这一修正的计算结果并不影响本题的计算有效性，也说明当流体进出口温差较小时，算术温差或对数温差的区别不大。

6.2 外部强制对流传热的实验关联式

如前所述，所谓外部流动传热是指传热壁面上的流动边界层与热边界层能自由发展、不会受到邻近通道壁面存在限制的情形。因而，在外部流动中存在着一个边界层外的区域，那里无论是速度梯度还是温度梯度都可以忽略。本节将分别按横掠单管及非圆形截面柱体、球、管束、球堆积结构来介绍对流传热的实验关联式。

6.2.1 流体横掠单管及非圆形截面柱体的实验结果

1. 流体横掠单管流动的特点——边界层的分离

所谓横掠单管，就是流体沿着垂直于管子轴线的方向流过管子表面。流体横掠单管流动除了具有边界层特征外，还要发生绕流脱体，产生回流、漩涡和涡束。下面定性说明绕流脱体现象。如图 6-7a 所示，流体在一平板通道内绕掠圆管，通道的宽度足够大，圆管表面上的边界层可以自由发展。但当流体流过圆管所在位置时，由于流动截面的缩小，流速增加，压力下降，而在后半部由于流动截面的增加，压力又回升。考察压力升高条件($dp/dx\geqslant0$)下边界层的流动特征，发现它与外掠平板的边界层流动不同。此时，在边界层内流体靠本身的动量克服压力增长而向前流

动，速度分布趋于平缓。近壁的流体层由于动量不大，在克服上升的压力时显得越来越困难，终于会出现壁面处速度梯度变为 0，即$\partial u/\partial y\big|_{y=0}=0$ 的局面。随后产生与原流动方向相反的回流，如图 6-7c 所示。这一转折点称为绕流脱体的起点(或称流动分离点，flow separation point)。从此点起边界层内缘脱离壁面，如图 6-7c 中虚线所示，故称流动脱体。脱体起点位置取决于 Re。$Re<10$ 时不出现脱体。$10<Re\leqslant 1.5\times10^5$ 时边界层为层流，脱体发生在 $\varphi=80°\sim85°$处。而 $Re\geqslant 1.5\times10^5$ 时，边界层在脱体前已转变为湍流，脱体的发生推后到 $\varphi=140°$左右之处。

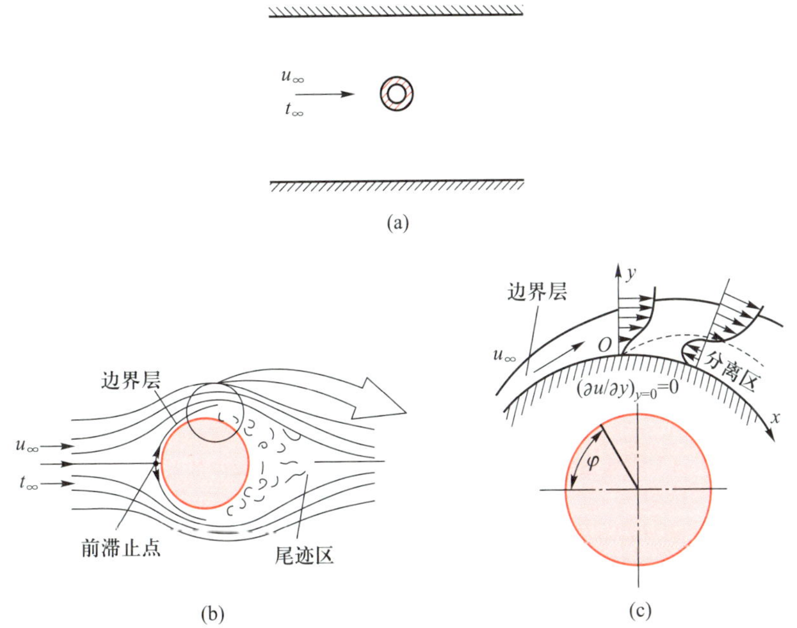

图 6-7　流体横掠单管边界层的分离

2. 沿圆管表面局部表面传热系数的变化

边界层的成长和流动脱体决定了外掠圆管传热的特征。图 6-8 是恒定热流壁面局部 Nu 随角度 φ 的变化。这些曲线在 $\varphi=0°\sim$约 80°范围内随角度的增加而递降，是由于层流边界层不断增厚的缘故。低 Re 时，回升点反映了绕流脱体的起点，这是由于脱体区的扰动强化了传热。高 Re 时，第一次回升是由于转变成湍流的原因；第二次回升约在 $\varphi=140°$之处，则是由于脱体的缘故。

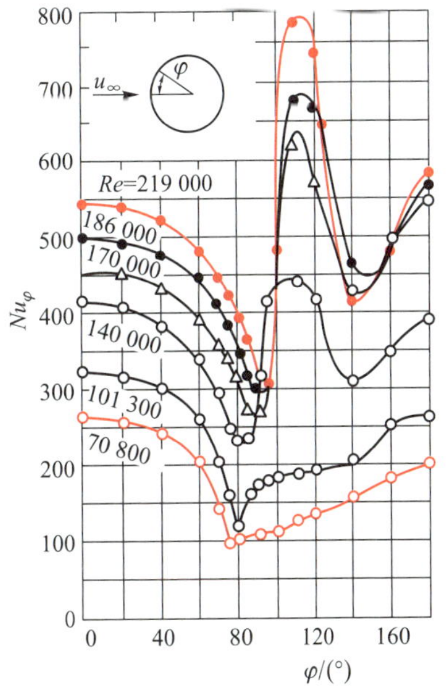

图 6-8　圆管表面局部表面传热系数的变化

3. 圆管表面平均表面传热系数的关联式

流体横掠圆管的平均表面传热系数可以用下列关联式来表示：

$$Nu=CRe^{n}Pr^{1/3} \tag{6-16}$$

式中：C 及 n 的值见表 6-4；定性温度为$(t_w+t_\infty)/2$；特征长度为管外径；Re 中的特征速度为来流速度 u_∞；牛顿冷却公式中的温差为(t_w-t_∞)(取正值)。

表 6-4　式(6-16)中 C 与 n 之值

Re	C	n
0.4～4	0.989	0.330
4～40	0.911	0.385
40～4 000	0.683	0.466
4 000～40 000	0.193	0.618
40 000～400 000	0.026 6	0.805

邱吉尔(Churchill)与伯恩斯坦(Bernstein)对流体横向外掠单管提出了以下在整个实验范围内都适用的准则式[12]：

$$Nu=0.3+\frac{0.62Re^{1/2}Pr^{1/3}}{[1+(0.4/Pr)^{2/3}]^{1/4}}\left[1+\left(\frac{Re}{282\ 000}\right)^{5/8}\right]^{4/5} \tag{6-17}$$

此式的定性温度为$(t_w+t_\infty)/2$，并适用于 $RePr>0.2$ 的情形。

4. 气体横掠非圆形截面柱体的实验关联式

对几种非圆形截面的柱体，气体横掠传热的实验结果也可采用式(6-16)的形式，其中 C 与 n 之值给出在表 6-5 中[2,13]，图中符号 l 表示整理实验结果时所用的特征长度，定性温度为$(t_\infty+t_w)/2$。温差的定义同式(6-16)的定义。

表 6-5　气体横掠几种非圆形截面柱体换热计算式中的常数与系数

	Re	C	n
正方形 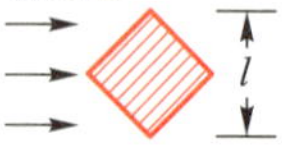	5×10^3～10^5	0.246	0.588
	5×10^3～10^5	0.102	0.675
正六边形 	5×10^3～1.95×10^4 1.95×10^4～10^5	0.160 0.038 5	0.638 0.782
	5×10^3～10^5	0.153	0.638
竖直平板 	4×10^3～1.5×10^4	0.228	0.731

6.2.2　流体外掠球的实验结果

流体外掠球的平均表面传热系数可以用以下关联式来确定[14]：

$$Nu=2+(0.4Re^{1/2}+0.06Re^{2/3})Pr^{0.4}\left(\frac{\eta_\infty}{\eta_w}\right)^{1/4} \tag{6-18}$$

定性温度为来流温度 t_∞，特征长度为球直径，适用范围为 $0.71<Pr<380$、$3.5<Re<7.6\times10^4$。

6.2.3 流体横掠光管管束的实验结果

1. 管束的排列方式及其对流动与传热的影响

外掠管束传热在各种换热设备中最为常见。通常管子有叉排和顺排两种排列方式，如图 6-9 所示。流体冲刷叉排和顺排管束的景象是不同的，如图 6-10 所示。叉排时流体在管间交替收缩和扩张的弯曲通道中流动，比顺排时在管间走廊通道的流动扰动剧烈，因此一般地说叉排时的传热比顺排时强。然而，亦应注意到叉排管束的阻力损失大于顺排，且对于换热器在工作过程中需要冲刷清洗的管束，顺排有易于清洗的优点，所以叉排、顺排的选择要全面权衡。

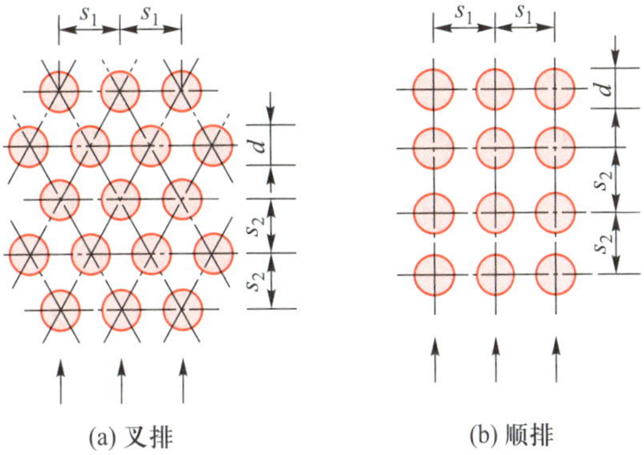

图 6-9　叉排与顺排管束

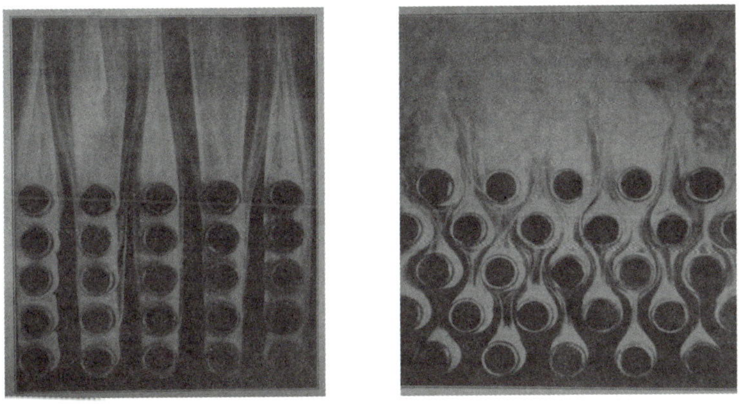

图 6-10　流体横掠管束的流动可视化图像[13]

2. 影响管束平均传热性能的因素

影响管束平均传热性能的因素有流动 Re、流体的 Pr 及排列方式。由于沿着主流方向流体的平均流速不断地发生变化，因此要选定一个特征流速以计算 Re：一般取为管束中最小流通截面上的平均流速。排列方式以及管间距 s_1、s_2 相对大小的不同对传热也有影响，尤其是对叉排管束的情形，s_1、s_2 相对大小的不同会涉及产生最大流速的位置。此外，沿着主流方向流体流过每一排（对顺排）或每两排（对叉排）管子时，流体的运动不断地周期性地重复，当流过主流方向的管排数达到一定数目后，流动与换热会进入周期性的充分发展的阶段（periodical fully developed）。在该局部地区，每排管子的平均表面传热系数保持为常数。对于整个管束的平均值，要使它进入与管排数无关的状态需要经历更多的管排数。在进行实验研究时，一般先确定整个管束的平均表面传热系数与管排数无关时的实验关联式，然后引入考虑排数减少时的影响。当流体进出管束的温度变化比较大时，需要考虑物性变化的影响。作为考虑这种影响的一种实用方式，可采用物性修正因子 $(Pr_f/Pr_w)^{0.25}$。

3. Zhukauskas 关联式

茹卡乌斯卡斯（A. Zhukauskas）对流体外掠管束的传热总结了一套在很宽的 Pr 变化范围内

便于使用的公式[15]。这些公式列出于表 6-6 及表 6-7 中，它们是用于计算沿流体流动方向排数大于或等于 16 的管束平均表面传热系数的关联式。式中定性温度为管束进、出口流体的平均温度；Pr_w 按管束的平均壁温确定；Re 中的流速取管束中最小流动截面处的平均流速；特征长度为管子外径。计算传热量的温差为 (t_w-t_f)（取正值），t_f 为管束中的流体平均温度。这些关联式适用于 $Pr=0.6\sim500$ 的范围。对于排数小于 16 的管束，其平均表面传热系数应按表 6-6、表 6-7 计算所得之值再乘上小于 1 的修正值 ε_n。修正值 ε_n 列于表 6-8。

表 6-6　流体横掠顺排管束平均表面传热系数计算关系式（≥16 排）

关联式	适用 Re 范围	
$Nu_f=0.9Re_f^{0.4}Pr_f^{0.36}(Pr_f/Pr_w)^{0.25}$	$1\sim10^2$	(6-19a)
$Nu_f=0.52Re_f^{0.5}Pr_f^{0.36}(Pr_f/Pr_w)^{0.25}$	$10^2\sim10^3$	(6-19b)
$Nu_f=0.27Re_f^{0.63}Pr_f^{0.36}(Pr_f/Pr_w)^{0.25}$	$10^3\sim2\times10^5$	(6-19c)
$Nu_f=0.033Re_f^{0.8}Pr_f^{0.36}(Pr_f/Pr_w)^{0.25}$	$2\times10^5\sim2\times10^6$	(6-19d)

表 6-7　流体横掠叉排管束平均表面传热系数计算关系式（≥16 排）

关联式	适用 Re 范围	
$Nu_f=1.04Re_f^{0.4}Pr_f^{0.36}(Pr_f/Pr_w)^{0.25}$	$1\sim5\times10^2$	(6-20a)
$Nu_f=0.71Re_f^{0.5}Pr_f^{0.36}(Pr_f/Pr_w)^{0.25}$	$5\times10^2\sim10^3$	(6-20b)
$Nu_f=0.35\left(\dfrac{S_1}{S_2}\right)^{0.2}Re_f^{0.6}Pr_f^{0.36}(Pr_f/Pr_w)^{0.25}$	$10^3\sim2\times10^5$	(6-20c)
$Nu_f=0.031\left(\dfrac{S_1}{S_2}\right)^{0.2}Re_f^{0.8}Pr_f^{0.36}(Pr_f/Pr_w)^{0.25}$	$2\times10^5\sim2\times10^6$	(6-20d)

表 6-8　Zhukauskas 公式的管排修正系数 ε_n

管排数		2	3	4	5	7	11	13
顺排	0.70	0.80	0.86	0.90	0.93	0.96	0.98	0.99
叉排	0.64	0.76	0.84	0.89	0.93	0.96	0.98	0.99

例题 6-2　外掠单管传热实验数据处理

在低速风洞中用电加热圆管的方法进行空气横掠水平放置圆管的对流传热实验。试验管置于风洞的两个侧壁上，暴露在空气中的部分长 100 mm，外径为 12 mm。实验测得来流的 $t_\infty=15$ ℃，换热表面平均温度 $t_w=125$ ℃，功率 $P=40.5$ W。由于换热管表面的辐射及换热管两端通过风洞侧壁的导热，估计约有 15% 的功率损失掉，试计算此时对流传热的表面传热系数。

题解

分析：这是用实验方法测定横掠单管对流传热表面传热系数的例子。按牛顿冷却公式，整个换热管的平均表面传热系数为

$$h=\frac{\Phi}{A(t_w-t_\infty)}$$

计算：由已知得

$$\Phi=0.85P=0.85\times40.5\ \mathrm{W}=34.43\ \mathrm{W}$$

又

$$A=\pi dl=3.14\times0.012\ \mathrm{m}\times0.1\ \mathrm{m}=3.768\times10^{-3}\ \mathrm{m^2}$$

代入上式得

$$h=\frac{34.43\ \mathrm{W}}{3.768\times10^{-3}\ \mathrm{m^2}\times(125-15)\ ℃}=83.1\ \mathrm{W/(m^2\cdot K)}$$

讨论：为了提高表面传热系数测定的精确度，在本实验中尽量降低传热管的辐射与两端导热损失具有重要意义。为了减少辐射传热，可在传热管表面镀铬，这可使表面发射率下降到 0.1～0.05。为了减少两端导热损失，在传热管穿过风洞壁面处应该用绝热材料隔开。在进行自然对流实验时，减少辐射与端部导热损失对提高测试结果的准确度具有更重要意义。

例题 6-3　锅炉烟气换热器顺排管束平均传热系数计算

在一锅炉中，烟气横掠 4 排管组成的顺排管束。已知管外径 $d=60\ \mathrm{mm}$，$s_1/d=2$，$s_2/d=2$，烟气平均温度 $t_f=600\ ℃$，$t_w=120\ ℃$。烟气通道最窄处平均流速 $u=8\ \mathrm{m/s}$。试求管束平均表面传热系数。

题解

分析：本题直接给出了为采用 Zhukauskas 关联式所需的一切参数，可采用书末附表中平均烟气成分的物性进行计算。

计算：由书末查得

$$Pr_f=0.62,\quad Pr_w=0.686,\quad \nu=93.61\times10^{-6}\ \mathrm{m^2/s},\quad \lambda=7.42\times10^{-2}\ \mathrm{W/(m\cdot K)}。$$

又

$$Re=\frac{8\ \mathrm{m/s}\times0.06\ \mathrm{m}}{93.61\times10^{-6}\ \mathrm{m^2/s}}=5\ 128$$

按表 6-6 中的关联式(6-19c)

$$\begin{aligned}Nu_f&=0.27Re_f^{0.63}Pr_f^{0.36}(Pr_f/Pr_w)^{0.25}\\&=0.27\times5\ 128^{0.63}\times0.62^{0.36}\times(0.62/0.686)^{0.25}=48.2\end{aligned}$$

$$h=Nu\frac{\lambda}{d}=48.2\times7.42\times10^{-2}\ \mathrm{W/(m\cdot K)}/0.06\ \mathrm{mm}=59.6\ \mathrm{W/(m^2\cdot K)}$$

按表 6-8，管排修正系数 $\varepsilon_n=0.90$，故平均表面传热系数为

$$h'=Nu\frac{\lambda}{d}=59.6\ \mathrm{W/(m^2\cdot K)}\times0.90=53.6\ \mathrm{W/(m^2\cdot K)}$$

讨论：(1) 与管内对流传热存在多个关联式相类似，流体外掠管束传热也有不同关联式。Zhukauskas 关联式是国际公认准确度较好的公式，因此本书不再介绍其他计算式。(2) 作为例题，直接给出了为采用关联式所需的条件。但在工程实际中测定换热管子表面的平均温度是很困难的。比较接近实际应用条件的计算模型是：给定了流体进、出管排处的平均温度，流体的流量，给出管排的几何条件。试分析在这种情形下如何应用表 6-6 至表 6-8 的结果来确定管束的平均表面传热系数。

6.2.4　流体横掠肋片管束的实验结果

采用肋片管（翅片管）是强化传热的有效途径。工程技术中许多类型的气-液换热器常在气侧采用不同形式的肋片管。流体横掠肋片管束的传热性能不仅与肋片管的结构参数（如肋片的

高度、间距、形状等)有关,还与肋片管的制造工艺(肋片与基管间的接触形态,涉及接触热阻的相关知识)有关。这里只给出整体平直肋片管(图 6-11)的传热关联式[16],其他形式肋片管的可参阅文献[17-18]。

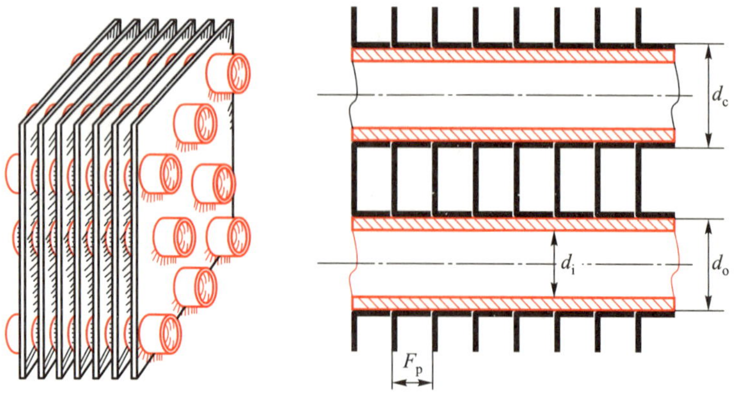

(a) 肋片管束示意图　　(b) 相关尺寸

图 6-11　整体平直肋片管

当管排数 $N=1$ 时,

$$j=0.108Re_{dc}^{-0.29}\left(\frac{s_1}{s_2}\right)^{c_1}\left(\frac{F_p}{d_c}\right)^{-1.084}\left(\frac{F_p}{D_h}\right)^{-0.786}\left(\frac{F_p}{s_1}\right)^{c_2} \tag{6-21a}$$

式中:s_1 和 s_2 分别是横向管间距和纵向管间距(与图 6-9 相同),对于一排管来说,纵向管间距就是主流方向流体流过的直线距离;F_p 为翅片中心间距;d_c 为翅片套环外径;D_h 为翅片管水力(当量)直径,c_1 和 c_2 是与 Re_{dc} 相关的系数,分别为

$$D_h=\frac{4A_cL}{A_0} \tag{6-21b}$$

$$c_1=1.9-0.23\ln Re_{dc} \tag{6-21c}$$

$$c_2=-0.236+0.126\ln Re_{dc} \tag{6-21d}$$

式中:A_c 为流体流经的最窄截面面积;A_0 为总传热面积;L 为主流方向流体流过管束的直线距离。

当管排数 $N\geqslant 2$ 时,

$$j=0.086Re_{dc}^{c_3}N^{c_4}\left(\frac{F_p}{d_c}\right)^{c_5}\left(\frac{F_p}{D_h}\right)^{c_6}\left(\frac{F_p}{s_1}\right)^{-0.93} \tag{6-22a}$$

式中,c_3、c_4、c_5、c_6 分别为

$$c_3=-0.361-\frac{0.042N}{\ln Re_{dc}}+0.158\ln\left[N\left(\frac{F_p}{d_c}\right)^{0.41}\right] \tag{6-22b}$$

$$c_4=-1.224-\frac{0.076\left(\dfrac{s_2}{D_h}\right)^{1.42}}{\ln Re_{dc}} \tag{6-22c}$$

$$c_5=-0.083+\frac{0.058N}{\ln Re_{dc}} \tag{6-22d}$$

$$c_6=-5.735+1.211\ln\left(\frac{Re_{dc}}{N}\right) \tag{6-22e}$$

式(6-21)和式(6-22)的适用范围为：$Re_{dc}=300\sim20\,000$，$d_c=6.9\sim13.6$ mm，$s_1=20.4\sim31.8$ mm，$s_2=12.7\sim30.0$ mm，$F_p=1.0\sim8.7$ mm，$N=1\sim6$；以肋片套环外径 d_c 为特征长度，特征流速、定性温度和计算传热量的温差选择同 Zhukauskas 关联式。值得注意：(1) 该关联式所有数据是基于空气的实验获得，原则上应以空气为主，但由于关联式是无量纲的，可在一定程度上广到其他常用流体，但还需要实验数据的考核；(2) 关联式的结果包含所测试的管束制造时形成的接触热阻（按理说应该将接触热阻分离后再整理测试数据，但实际上很难做到）；(3) 在利用关联式计算对流传热量时需要考虑肋效率。

例题 6-4　单排整体平直肋片管空气传热系数的计算

如图 6-12 所示一单排整体平直肋片管换热器，空气流经肋片侧被冷却。换热器的长宽高分别为 22.0 mm(L)×595.0 mm(W)×355.0 mm(H)，管外径 $d_o=10.1$ mm，横向管间距 $s_1=25.4$ mm，肋片厚度$\delta=0.1$ mm，翅片中心间距 $F_p=1.3$ mm。常压空气来流流速 $u=1.5$ m/s、温度 $t_i=34$ ℃，空气出口温度$t_o=26$ ℃。试求肋片侧空气的平均表面传热系数。

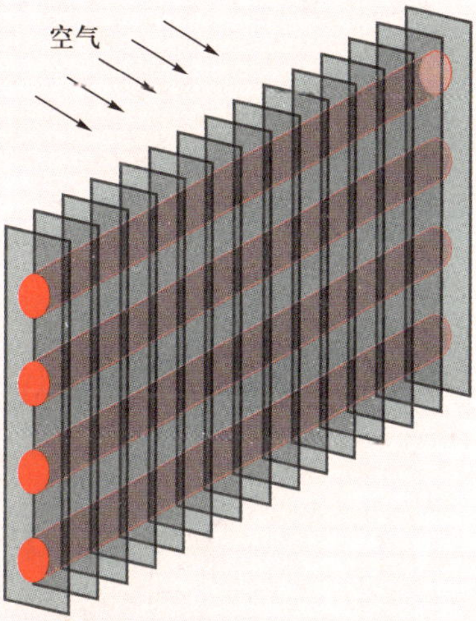

图 6-12　单排平直肋片管

题解

计算：

取定性温度

$$t_f=\frac{t_i+t_o}{2}=\frac{34.0\ ℃+26.0\ ℃}{2}=30.0\ ℃$$

由附录查得 30.0 ℃时空气的热物性 $\rho=1.165\ \text{kg/m}^3$、$\lambda=2.67\times10^{-2}\ \text{W/(m·K)}$、$\eta=1.86\times10^{-5}\ \text{kg/(m·s)}$、$Pr=0.701$。

(1) 肋片套环外径

$$d_c=d_o+2\delta=10.1\ \text{mm}+2\times0.1\ \text{mm}=10.3\ \text{mm}$$

(2) 最窄截面处空气流速

管子数

$$N_t=\frac{H}{s_1}+1=\frac{0.355\ \text{m}}{0.025\,4\ \text{m}}+1=15$$

肋片数

$$N_f=\frac{W}{F_p}+1=\frac{0.595\ \text{m}}{0.013\ \text{m}}+1=458$$

换热器横截面面积

$$A_{cs}=WH=0.595\ \text{m}\times0.355\ \text{m}=0.211\ \text{m}^2$$

换热器总换热面积

$$\begin{aligned}A_t&=\pi d_c(W-N_f\delta)N_t\\&=3.14\times0.010\,3\ \text{m}\times(0.595\ \text{m}-458\times0.000\,1\ \text{m})\times15\\&=0.266\ \text{m}^2\end{aligned}$$

$$A_f = 2N_f\left(LH-N_t\frac{\pi d_c^2}{4}\right)$$

$$= 2\times458\times\left(0.022\ \text{m}\times0.355\ \text{m}-15\times\frac{3.14\times0.0103^2\ \text{m}^2}{4}\right)$$

$$= 6.790\ \text{m}^2$$

$$A_o = A_t+A_f$$

$$= 0.266\ \text{m}^2+6.790\ \text{m}^2 = 7.056\ \text{m}^2$$

空气流经的最窄截面面积

$$A_c = A_{cs}-N_t[Wd_c+N_f\delta(s_1-d_c)]$$

$$= 0.211\ \text{m}^2-15\times[0.0103\ \text{m}\times0.595\ \text{m}+458\times0.0001\ \text{m}\times(0.0254\ \text{m}-0.0103\ \text{m})]$$

$$= 0.109\ \text{m}^2$$

最窄截面处空气流速

$$u_c=\frac{uA_{cs}}{A_c}=\frac{1.5\ \text{m/s}\times0.211\ \text{m}^2}{0.109\ \text{m}^2}=2.90\ \text{m/s}$$

(3) Re,系数 c_1、c_2 及 D_h

$$Re_{dc}=\frac{\rho u_c d_c}{\eta}=\frac{1.165\ \text{kg/m}^3\times2.90\times0.0103\ \text{m}}{1.86\times10^{-5}\ \text{kg/(m}\cdot\text{s)}}\approx 2528$$

$$c_1 = 1.9-0.23\ln Re_{dc} = 0.1325$$

$$c_2 = -0.236+0.126\ln Re_{dc} = 0.7323$$

$$D_h=\frac{4A_cL}{A_0}=\frac{4\times0.109\ \text{m}^2\times0.022\ \text{m}}{7.056\ \text{m}^2}=0.00136\ \text{m}$$

(4) 肋片侧空气的平均表面传热系数

$$j = 0.108Re_{dc}^{-0.29}\left(\frac{s_1}{s_2}\right)^{c_1}\left(\frac{F_p}{d_c}\right)^{-1.084}\left(\frac{F_p}{D_h}\right)^{-0.786}\left(\frac{F_p}{s_1}\right)^{c_2}$$

$$= 0.108\times2528^{-0.29}\times\left(\frac{0.0254\ \text{m}}{0.022\ \text{m}}\right)^{0.1325}\times\left(\frac{0.0013\ \text{m}}{0.0103\ \text{m}}\right)^{-1.084}\times\left(\frac{0.0013\ \text{m}}{0.00136\ \text{m}}\right)^{-0.786}\times\left(\frac{0.0013\ \text{m}}{0.0254\ \text{m}}\right)^{0.7323}$$

$$= 0.01254$$

由

$$j=\frac{Nu}{Re_{dc}Pr^{1/3}}$$

得

$$h_o = \frac{\lambda}{d_c}(jRe_{dc}Pr^{1/3}) = \frac{0.0267\ \text{W/(m}\cdot\text{K)}}{0.0103\ \text{m}}\times(0.01254\times2528\times0.701^{1/3})$$

$$= 73.0\ \text{W/(m}^2\cdot\text{K)}$$

讨论:(1) 整体平肋片管束有不同关联式,对于计算温差、特征长度、肋效率的处理也不尽相同(在选用相关关联式时一定要注意这些细节),文献[16]提出的 Wang(王启川)公式是国际公认准确度较好的公式。(2) 作为例题,直接给出了空气的出口温度。但在工程实际中需要同时考虑管内流体的对流传热,这涉及换热器的热计算,将在第 10 章详细介绍。

6.2.5 球形颗粒堆积结构中的对流传热关联式

填充床中填料和流体之间的传热存在于高温气冷堆、储能、化工、太阳能热利用等领域,一般采用球、圆柱、立方体、拉辛环(Raschig rings,高度与外径相等的薄壁圆筒)或伯尔鞍状物(Berl saddles)作为填料,如图 6-13 所示。填料和流体之间的对流传热与孔隙率、填料尺寸、堆积方式等息息相关,这点与外掠管束问题很类似,实际上管束也可以看作一种多孔介质,只不过它的几何结构比较简单明确。这里仅给出相同粒径球形颗粒堆积结构中的对流传热关联式,首先定义几个参数。

(a) 球形颗粒堆积　　(b) 拉辛环堆积　　(c) 伯尔鞍状物堆积

图 6-13　堆积结构

1. 当量直径

颗粒堆积结构的特征尺寸(当量直径或水力直径),有的取颗粒直径 d,有的取流体流通的当量直径,其定义如下:

$$d_h = d\frac{\phi}{1-\phi} \tag{6-23}$$

式中,ϕ 为孔隙率,表示孔隙体积占结构总体积的百分比,相同粒径球形颗粒无序密实堆积时堆积的孔隙率约为 0.387。

2. 孔隙平均流速

当流体流经颗粒之间的孔隙时,速度的大小和方向会明显改变。颗粒堆积结构中流体流动的特征流速定义如下:

$$u_{pore} = \frac{u_m}{\phi} \tag{6-24}$$

式中,u_m 为表观速度,表示主流方向不考虑颗粒时的截面平均流速。

3. Re 与 Nu 的定义

以截面平均流速和颗粒直径定义的 Re 为

$$Re = \frac{\rho u_m d}{\eta} \tag{6-25a}$$

以当量直径和孔隙平均流速为特征量定义的 Re 为

$$Re_h = \frac{\rho u_{pore} d_h}{\eta} = \frac{1}{1-\phi}Re \tag{6-25b}$$

以颗粒直径定义的 Nu 为

$$Nu = \frac{hd}{\lambda} \tag{6-26a}$$

以当量直径为特征量定义的 Nu 为

$$Nu_h = \frac{hd_h}{\lambda} = \frac{\phi}{1-\phi}Nu \tag{6-26b}$$

下面介绍确定堆积颗粒平均对流传热系数的 Gnielinski 关联式[19]。

$$
\begin{aligned}
& Nu = f_{\mathrm{p}}\left[2+\left(Nu_l^2+Nu_{\mathrm{t}}^2\right)^{0.5}\right] \\
& Nu_l = 0.664(Re/\phi)^{1/2}Pr^{1/3} \\
& Nu_{\mathrm{t}} = \frac{0.037(Re/\phi)^{0.8}Pr}{1+2.443(Re/\phi)^{-0.1}(Pr^{2/3}-1)} \\
& f_{\mathrm{p}} = 1+1.5(1-\phi)
\end{aligned} \tag{6-27}
$$

式中，下标 l 和 t 分别代表层流和湍流。该式的适用范围为 $Pr=0.7\sim10^4$、$Re/\phi=0\sim2\times10^4$，定性温度为流体进出口算术平均值，计算对流传热量时的面积为润湿面积。计算传热量的温差为颗粒壁温与流体平均温度之差。

实际上，式(6-27)也适用于圆柱、立方体、拉辛环或伯尔鞍状物堆积结构，这时 $\phi=0.26\sim0.935$、f_{p} 对应不同的颗粒有不同的取值。后来，该式在空气和氦气为工质、$\phi=0.387$ 条件下被扩展到 $Re/\phi=0\sim7.7\times10^5$，详细内容可参阅文献[19]。

例题 6-5　空气流经球形颗粒简单堆积结构的平均表面传热系数计算

如图 6-14 所示为相同直径球颗粒的三种典型堆积方式，分别为简单立方体均匀堆积(SC)、体心立方体均匀堆积(BCP)和面心立方体均匀堆积(FCP)。现有速度 $u_{\mathrm{m}}=2.0\ \mathrm{m/s}$、温度 $t_{\mathrm{i}}=25\ ℃$ 的常压空气流经图 6-14a 所示的堆积床后被加热到 $t_{\mathrm{o}}=55\ ℃$。已知球颗粒直径 $d=6.0\ \mathrm{mm}$，试求空气与颗粒间的平均表面传热系数。

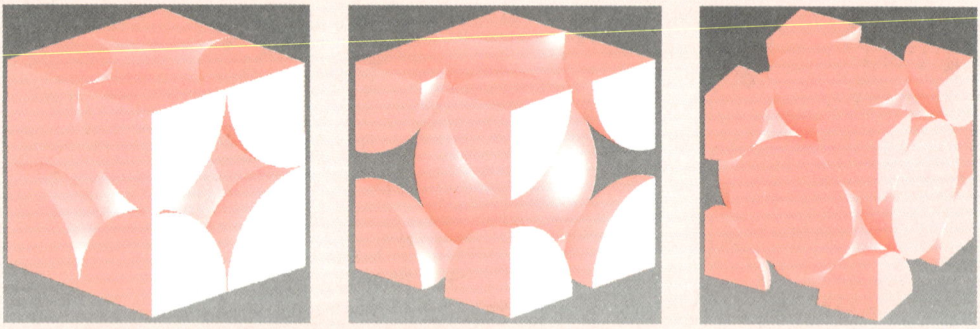

(a) 简单立方体均匀堆积　(b) 体心立方体均匀堆积　(c) 面心立方体均匀堆积

图 6-14　相同直径球颗粒堆积结构

题解

分析：球堆积床可看成图 6-14a 所示的结构周期性堆积而成，球床的几何信息可由该周期性单元计算获得。

计算：

取定性温度

$$t_{\mathrm{f}}=\frac{t_{\mathrm{i}}+t_{\mathrm{o}}}{2}=\frac{25.0\ ℃+55.0\ ℃}{2}=40.0\ ℃$$

由附录查得 40.0 ℃时空气的热物性，$\rho=1.128\ \mathrm{kg/m^3}$、$\lambda=2.76\times10^{-2}\ \mathrm{W/(m\cdot K)}$、$\eta=1.91\times10^{-5}\ \mathrm{kg/(m\cdot s)}$、$Pr=0.699$。

(1) 孔隙率 ϕ、Re、Nu 如下：

$$\phi=\frac{V_{\mathrm{pore}}}{V_{\mathrm{t}}}=1-\frac{V_{\mathrm{particle}}}{V_{\mathrm{t}}}=1-\frac{\frac{1}{6}\pi d^3}{d^3}=0.476$$

$$Re=\frac{\rho u_m d}{\eta}=\frac{1.128\ \mathrm{kg/m^3}\times 2.0\ \mathrm{m/s}\times 0.006\ \mathrm{m}}{1.91\times 10^{-5}\ \mathrm{kg/(m\cdot s)}}=708.69$$

$$Nu_l=0.664(Re/\phi)^{1/2}Pr^{1/3}=0.664\times(708.69/0.476)^{0.5}\times 0.699^{1/3}=38.58$$

$$Nu_t=\frac{0.037(Re/\phi)^{0.8}Pr}{1+2.443(Re/\phi)^{-0.1}(Pr^{2/3}-1)}=\frac{0.037\times(708.69/0.476)^{0.8}\times 0.699}{1+2.443\times(708.69/0.476)^{-0.1}\times(0.699^{2/3}-1)}=1.33$$

$$f_p=1+1.5(1-\phi)=1+1.5\times(1-0.476)=1.786$$

$$Nu=f_p[2+(Nu_l^2+Nu_t^2)^{0.5}]=1.786\times[2+(38.58^2+1.33^2)^{0.5}]=72.52$$

(2) 空气与颗粒间的平均表面传热系数

$$h=\frac{\lambda}{d}Nu_p=\frac{0.0276\ \mathrm{W/(m\cdot K)}}{0.006\ \mathrm{m}}\times 72.52$$

$$=333.6\ \mathrm{W/(m^2\cdot K)}$$

讨论:(1) 以上计算只针对 SC 堆积结构,对于其他两种堆积结构的计算,在习题中安排,从而可比较堆积方式对对流传热的影响。(2) 实际堆积中颗粒形状及大小不一、颗粒之间的接触形态各异,而且堆积也是无序的。这时候堆积结构的表征、几何信息(如孔隙率)的确定等都是关键。

6.3 射流冲击传热的实验关联式

当需要在表面的局部区域产生强烈的传热效果(主要是冷却)时,可采用冲击射流。目前,冲击射流已广泛用于平板玻璃回火、金属薄板退火、纺织品或纸张干燥、燃气轮机叶片冷却及电子器件冷却等技术中。在这种传热方式中,气体或液体在压差作用下通过一个圆形或窄缝形喷嘴垂直(或成一定倾角)地喷射到被冷却的表面上,从而使直接受到冲击的区域产生很强的传热效果。为满足实际生产工艺的需要,也可以同时采用一排喷嘴,图 6-15 是几种射流冲击应用场合的示意图。

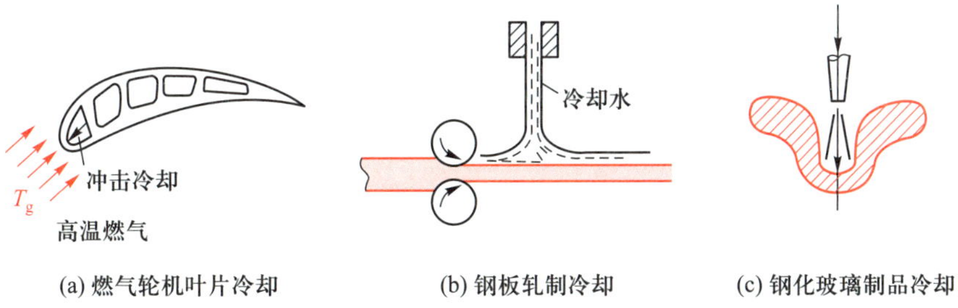

图 6-15　冲击射流应用举例

设与射流发生热交换的固体表面温度为 t_w,射流喷嘴出口温度等于周围环境温度 t_∞,则牛顿冷却公式中确定表面传热系数的温差即为 t_w-t_∞(设 $t_w>t_\infty$)。本节下面的讨论都是基于这样的前提的研究结果。

6.3.1 单个圆喷嘴射流的流场结构及局部传热强度的分布特点

单个圆形喷嘴射流流场定性地示于图 6-16 中。一般射流出口的流速是接近均匀的。射流离开喷嘴表面以后，由于与周围静止介质之间的动量交换，使射流的直径不断扩大，但在射流的中心仍然保持有一个速度均匀的核心区域。随着流体向前运动，核心区域不断缩小，最后整个截面上速度呈现出中间大、逐渐向边缘减小的不均匀分布。流速保持均匀的区域称为射流的位流流核。当射流抵达被冲击物体的壁面后，流体向着四周沿壁面散开，形成贴壁射流区。射流抵达壁面之前的流动区域称为自由射流（free jet），那里的流场未曾受到壁面干扰与限制。

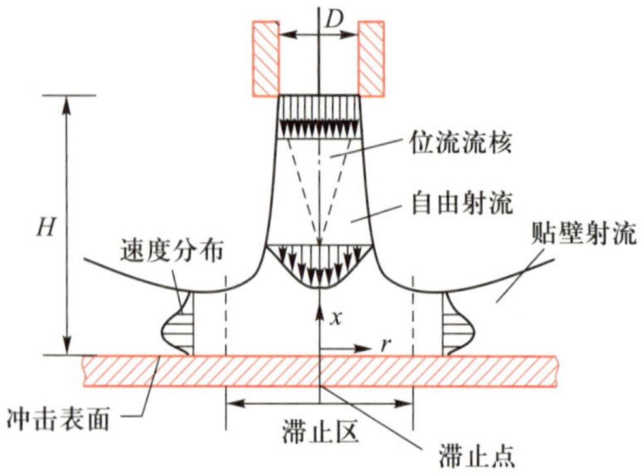

图 6-16　单个圆形喷嘴射流流场示意图

被冲击的壁面正对喷嘴的地区称为滞止区（stagnation region），与射流中心对应的点称为滞止点，这里的局部传热强度最高。物体表面需要特别高的冷却效果的地点，例如电子器件冷却技术中的高功率芯片，航空涡轮叶片正对高温燃气的前缘点，应该位于这一区域内。在不同的 H/D 下，被空气冲击的物体表面上局部 Nu 与离开滞止点的距离的变化情况给出在图 6-17[18] 中。其中 Re_D、Nu_D 的定义为

$$Re_D=\frac{u_e D}{\nu},\quad Nu_D=\frac{h_r D}{\lambda}\tag{6-28}$$

式中：h_r 为离开滞止点为 r 处的局部表面传热系数；u_e 为射流出口的平均流速。

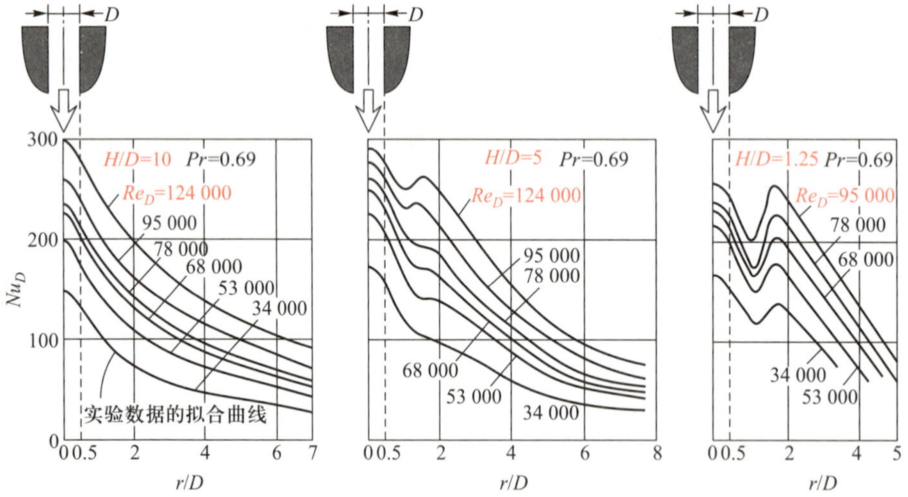

图 6-17　单个圆形喷嘴冲击射流所形成的表面局部 Nu 的分布

由图 6-17 可以观察到以下特点：(1) 当喷嘴表面离开被冲击物体的相对距离 H/D 比较大时（图中为 10），局部表面传热系数从滞止点的最高值向四周单调地下降，随着 r 的增加，下降趋势逐渐减缓，在同一 r/D 下，局部表面传热系数随 Re_D 的升高而升高；(2) 当 H/D 减小到 5 左右

时，随着 Re_D 的增加，局部表面传热系数的分布开始出现第二个峰值，这一趋向随着 Re_D 的升高而日益明显；(3) 当 H/D 减小到 1 左右时，第二个峰值处的表面传热系数在 Re_D 较高时已经与滞止点处的值相接近。射流离开喷嘴后由于气流的卷吸作用而使流动中的湍流度急剧增加，同时气流到达壁面上时，气流与壁面间的剧烈冲击作用也会使气流中的扰动增加。这些因素综合作用的结果，导致在一定的条件下局部表面传系数的分布出现第二个峰值。这一情况说明了冲击射流传热现象的复杂性。

6.3.2 单个圆喷嘴射流平均传热特性的实验关联式

由上面的讨论可见，在以滞止点为圆心、半径为 r 的圆内，被冲击表面的平均传热系数可以表示成为下列函数形式：

$$\frac{h_m D}{\lambda}=(Nu_D)_m=f\left(\frac{H}{D},\frac{r}{D},Re_D,Pr\right) \tag{6-29}$$

文献[20]推荐以下关联式：

$$(Nu_D)_m=2Re_D^{0.5}Pr^{0.42}(1+0.005Re_D^{0.55})^{0.5}\frac{1-1.1D/r}{1+0.1(H/D-6)D/r}\frac{D}{r} \tag{6-30}$$

定性温度取为 $(t_w+t_\infty)/2$，实验验证的范围为

$$2\times10^3\leqslant Re_D\leqslant4\times10^5,\quad 2\leqslant\frac{H}{D}\leqslant12,\quad 2.5\leqslant\frac{r}{D}\leqslant7.5$$

6.3.3 单个狭缝喷嘴射流平均传热特性的实验关联式

由于工艺的需要，射流喷口的形状也有做成狭缝式的，狭缝的宽度一般为长度的十分之一左右。此时确定在宽度为 $2x$ 的条形范围内(条形边界离开滞止点距离为 x)的平均表面传热系数的实验关联式为[20]

$$\begin{gathered}(Nu_b)_m=\frac{3.06}{x/b+H/b+2.78}Re_b^m Pr^{0.42}\\ m=0.695-\left[\frac{x}{2b}+\left(\frac{H}{2b}\right)^{1.33}+3.06\right]^{-1}\end{gathered} \tag{6-31}$$

式中：b 为狭缝的宽度；特征长度为 $2b$；定性温度为 $(t_w+t_\infty)/2$；特征速度为喷嘴出口平均流速。上式的实验验证范围为

$$3\times10^3\leqslant Re_b\leqslant9\times10^4,2\leqslant\frac{H}{b}\leqslant10,4\leqslant\frac{x}{b}\leqslant20$$

当需要在较大的面积上产生较强烈的传热效果时，可采用一组圆形喷嘴或狭缝喷嘴。此时相邻两喷嘴间产生的射流有一定的相互影响，其传热特性的计算可参见文献[20]。关于冲击射流更多的研究成果可参阅文献[21]。

例题 6-6　圆形喷嘴射流从滞止点到一定距离范围内平均传热系数计算

温度为 25 ℃的空气从直径为 2.5 cm 的圆形喷嘴中以 25 m/s 的速度垂直冲击到温度为 95 ℃的壁面上，喷口距离壁面 10 cm。试计算从滞止点到 15 cm 远的范围内的平均传热系数。

题解

计算：这是用空气冷却受热表面的例子。取空气定性温度为(25+95)℃/2＝60 ℃，从附录中查得：

$$\lambda=0.029\ \mathrm{W/(m\cdot K)};\nu=18.97\times10^{-6}\ \mathrm{m^2/s};Pr=0.696$$

得

$$Re_D=\frac{vl}{\nu}=\frac{25\ \mathrm{m/s}\times0.025\ \mathrm{m}}{18.97\times10^{-6}\ \mathrm{m^2/s}}=32\ 947$$

代入公式(6-30),即

$$(Nu_D)_m=2\times32\ 947^{0.5}\times0.696^{0.42}\times[1+0.005(32\ 947)^{0.55}]^{0.5}\times\frac{1-1.1\times(0.025/0.1)}{1+0.1\times(0.1/0.025-6)\times(0.025/0.1)}\times\frac{2.5}{5}=189.1$$

$$h_m=\frac{189.1\times0.029\ \mathrm{W/(m\cdot K)}}{0.025\ \mathrm{m}}=219.4\ \mathrm{W/(m^2\cdot K)}$$

讨论:如果改为空气外掠平板的对流传热,即 25 ℃的空气平行地流过温度为 95 ℃、长为 15 cm 的壁面,则有

$$Re=\frac{25\ \mathrm{m/s}\times0.15\ \mathrm{m}}{18.97\times10^{-6}\ \mathrm{m^2/s}}=1.977\times10^5$$

流动为层流,按照式(5-22d),有:

$$Nu_l=0.664\times(1.977\times10^5)^{1/2}\times(0.696)^{1/3}=216.6$$

$$h_l=216.6\times\frac{0.029\ \mathrm{W/(m\cdot K)}}{0.1\ \mathrm{m}}=75.9\ \mathrm{W/(m^2\cdot K)}$$

可见在几乎相同的条件下,冲击射流的对流传热系数是外掠平板的近 3 倍,其原因将在本章第 5 节中讨论。

6.4 大空间与有限空间内自然对流传热的实验关联式

不依靠泵或风机等外力推动,由流体自身温度场的不均匀所引起的流动称为自然对流。例如,暖气管道的散热、不用风扇强制冷却的电器元件的散热以及事故条件下核反应堆的散热都是自然对流传热的实例。不均匀温度场造成了不均匀密度场,由此产生的浮升力成为运动的动力。

在各种对流传热方式中,自然对流传热的热流密度最低,一般仅 $10\sim10^2\ \mathrm{W/m^2}$ 的量级,但由于这种传热方式固有的特点——安全、经济、无噪声,仍然被广泛地应用于多种工业技术中。功率密度较低的电子器件的冷却,一般家用冰箱冷冻室、冷藏室中的气流流动等都是自然对流。

6.4.1 自然对流传热现象的特点

1. 边界层中的速度与温度分布

现以一块竖直地置于流体空间中的温度均匀的固体热平壁附近形成的自然对流为例来分析。一般情况下,不均匀温度场仅发生在靠近换热壁面的薄层之内。在贴壁处,流体温度等于壁面温度 t_w,在离开壁面的方向上逐步降低,直至周围环境温度 t_∞,如图 6-18a 所示。薄层内的速度分布则有两头小中间大的特点。贴壁处,由于黏性作用速度为零,在薄层外缘温度不均匀作用消失,速度也等于零,在接近热壁的中间处速度有一个峰值,如图 6-18b 所示。由波尔豪森法得到的竖板上自然对流层流边界层方程的分析解及施密特-贝克曼(Schmidt-Beckmann)实验测定

的结果示出于图 6-19 中。图中 $\Theta=\dfrac{t-t_\infty}{t_w-t_\infty}$。由图可见,分析解与实测结果是相当一致的。

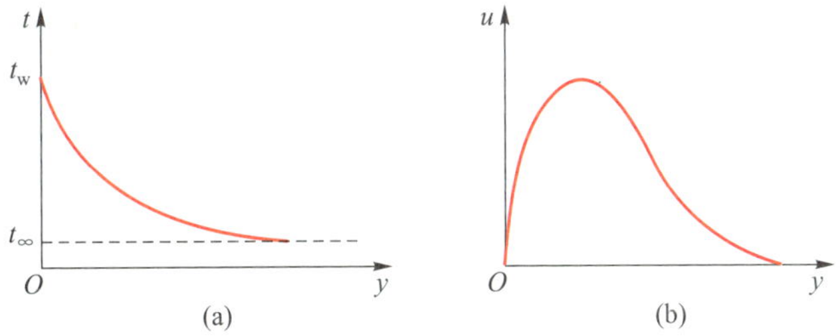

图 6-18　热竖壁附近流体中温度与速度分布的示意图

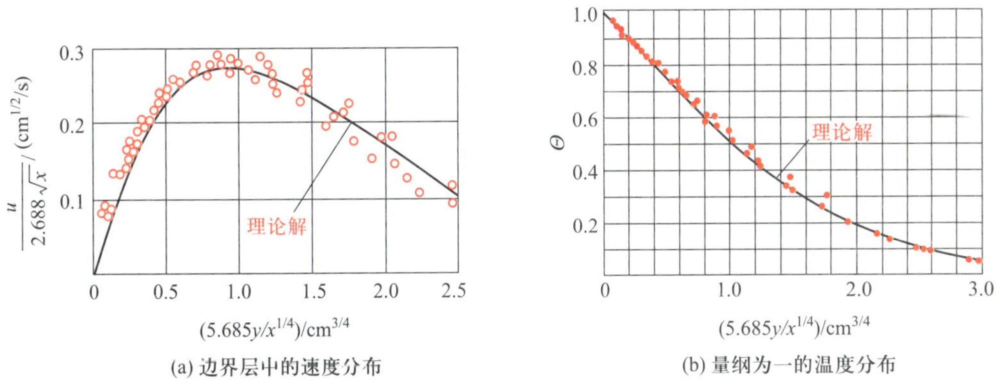

图 6-19　竖壁层流自然对流边界层理论分析与实验测定结果的对比

2. 层流与湍流

自然对流亦有层流和湍流之分。以贴近一块热竖壁的自然对流为例来讨论,其自下而上的流动景象示于图 6-20 中。在壁的下部,流动刚开始形成,它是有规则的层流。若壁面足够高,则上部流动会转变为湍流。采用光学方法可以把这种流动景象揭示出来。图 6-20a、b 中显示的与壁面平行的等温线条纹表明流动处于层流,而图 6-20c 所显示的条纹已出现不规则,表明流动已经开始向湍流转变,图 6-20d 更清楚地显示了这种转变过程。不同的流动状态对传热具有决定

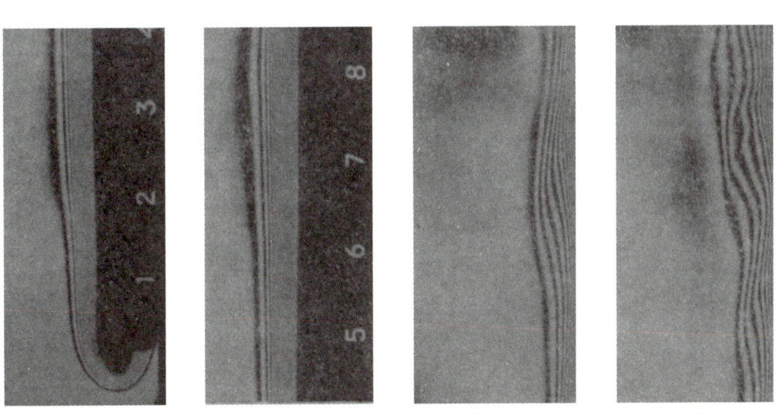

(a)　(b)　(c)　(d)

图 6-20　竖直热平板底端与上部的自然对流边界层[23]

性影响。层流时，传热热阻完全取决于薄层的厚度。从传热壁面下端开始，随着高度的增加，层流薄层的厚度也逐渐增加。与此相对应，局部表面传热系数 h_x 也随高度增加而减小（图 6-21A 处）。如果壁面足够高，流体的流动将逐渐转变为湍流。进入湍流时传热系数有所提高（图 6-21B 处）。已经查明，旺盛湍流时的局部表面传热系数几乎是个常量（图 6-21C 处）。

在被加热的水平圆柱四周空气自然对流的光学图像示于图 6-22 中。图中白色的虚线为被加热圆柱的轮廓，其外的黑圈为热边界层厚度，最外层的白色边框离开圆心的距离则反映了局部传热系数的大小。图中圆柱上方光滑的尾迹是流动的层流部分，其上流动出现混乱的部分就是从层流向湍流的过渡。

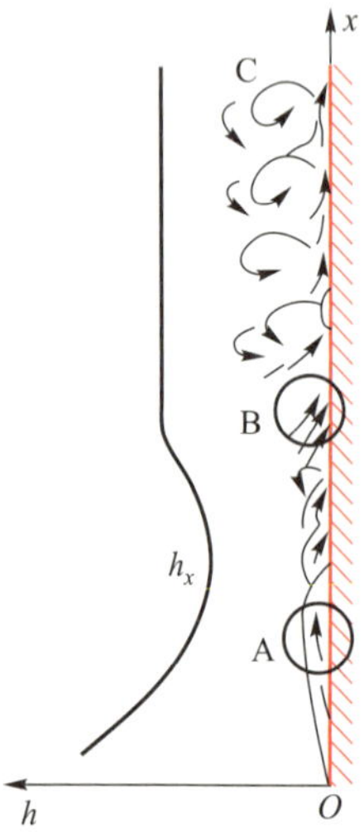

图 6-21 沿热竖壁自然对流局部传热系数的变化

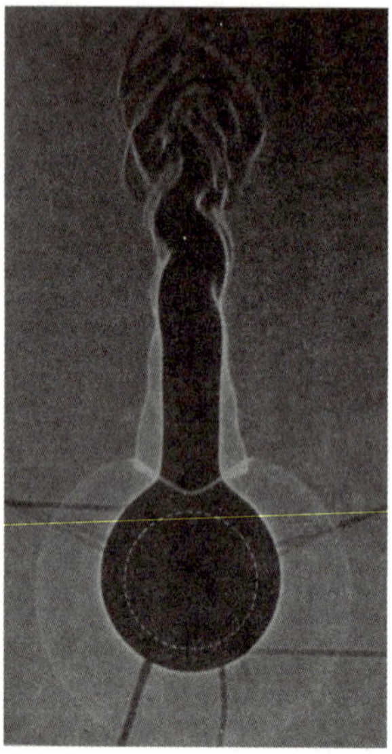

图 6-22 水平圆柱外空气自然对流的光学测定图像[13]

6.4.2 自然对流传热的控制方程与相似特征数

1. 自然对流传热的控制方程

从对流传热微分方程组出发，可以导出表征自然对流传热的准则数。参照图 6-21 所示的坐标系，热竖壁引起的自然对流传热可以用二维对流传热微分方程组式（5-7）~式（5-10）来描述。方程组中的 y 向动量方程式根据数量级分析完全可以略去不计。在 x 向动量方程中，$F_x=-\rho g$，并略去主流方向的二阶导数。于是有

$$u\frac{\partial u}{\partial x}+v\frac{\partial u}{\partial y}=-g-\frac{1}{\rho}\frac{\mathrm{d}p}{\mathrm{d}x}+\nu\frac{\partial^2 u}{\partial y^2} \tag{a}$$

注意到，在薄层外 $u=v=0$，从上式可以推得

$$\frac{\mathrm{d}p}{\mathrm{d}x}=-\rho_\infty g \tag{b}$$

将此关系代入式（a）得

$$u\frac{\partial u}{\partial x}+v\frac{\partial u}{\partial y}=\frac{g}{\rho}(\rho_\infty-\rho)+\nu\frac{\partial^2 u}{\partial y^2} \tag{c}$$

式中右边首项为浮升力。引入体胀系数

$$\alpha_V = -\frac{1}{\rho}\left(\frac{\partial\rho}{\partial T}\right)_p \tag{d}$$

它是定压下与温度变化相对应的密度相对变化的度量，可以近似地写成

$$\alpha_V \approx -\frac{1}{\rho}\frac{\rho_\infty - \rho}{T_\infty - T} \tag{e}$$

由此可得

$$\rho_\infty - \rho \approx \rho\alpha_V(T - T_\infty) \tag{f}$$

代入动量方程并令温压 $\theta = T - T_\infty$，即得式(5-40)。为便于阅读，重新写出如下：

$$u\frac{\partial u}{\partial x} + v\frac{\partial u}{\partial y} = g\alpha_V\theta + \nu\frac{\partial^2 u}{\partial y^2} \tag{6-32}$$

式中，浮升力已用它的推动力——温压表示出来。自然对流传热的数学描写，除动量方程以外，其他所有方程均与强制对流传热问题的相同。于是，自然对流传热的新准则可以从动量方程的相似分析中导得。

仿照5.5节的分析方法，以 u_0、l 及 $\Delta t = T_w - T_\infty$ 分别作为流速、长度及过余温度的标尺，从式(6-32)可得

$$\frac{u_0^2}{l}\left(u^*\frac{\partial u^*}{\partial x^*} + v^*\frac{\partial u^*}{\partial y^*}\right) = g\alpha_V\Delta t\Theta^* + \nu\frac{u_0}{l^2}\frac{\partial^2 u^*}{\partial y^{*2}}$$

式中带上角码“ * ”的量为量纲为一的量，又

$$\Theta^* = (T - T_\infty)/(T_w - T_\infty)$$

两边同除以 $\frac{\nu u_0}{l^2}$ 可得

$$\frac{u_0 l}{\nu}\left(u^*\frac{\partial u^*}{\partial x^*} + v^*\frac{\partial u^*}{\partial y^*}\right) = \frac{g\alpha_V\Delta t l^2}{\nu u_0}\Theta^* + \frac{\partial^2 u^*}{\partial y^{*2}}$$

式中：第一个组合量 $\frac{u_0 l}{\nu}$ 是雷诺数，它反映了两个相似的流动系统中 Re 应相等的原则；第二个组合量经改写可更便于应用。将式中第二个组合量与 Re 相乘并消去 u_0，可得以下组合量：

$$Gr = \frac{g\alpha_V\Delta t l^2}{\nu u_0}\frac{u_0 l}{\nu} = \frac{g\alpha_V\Delta t l^3}{\nu^2} \tag{6-33}$$

这个新的组合量称为格拉晓夫数，它在自然对流现象中的作用与雷诺数在强制对流现象中的作用相当。物理上，Gr 是浮升力/黏滞力比值的一种度量。Gr 增大表明浮升力作用相对增大。从微分方程组的其他方程还可以得到 Re、Pr 和 Nu 等准则。其中 $Re = f(Gr)$，而不是一个独立的准则。于是，原则上自然对流传热准则方程式应为

$$Nu = f(Gr, Pr) \tag{6-34}$$

如果对自然对流的能量方程作类似于上面的推导，可以得出另外一个量纲为一的数，称为瑞利数：

$$Ra = GrPr = \frac{g\alpha_V\Delta t l^3}{a\nu} \tag{6-35}$$

2. 层流向湍流转变的判据

不同流动形态的自然对流传热规律具有不同的关联式。应该用什么准则(判据)来反映自

然对流时流动形态的转变呢？这个问题值得讨论。长期以来，由能量微分方程无量纲化得到的 *Ra* 准则被用来判断传热规律的转变，其效果并不理想。从理论角度，反映流动形态转变的准则应由动量微分方程的无量纲化导出，而不应该从能量微分方程导出。由动量微分方程导出的 *Gr* 准则才是正确的选择，正如强制对流中判别流态的特征数是从动量方程导出的 *Re* 准则一样。杨世铭等的研究表明，采用 *Gr* 作为传热规律转变的判据可以克服原来用 *Ra* 准则作为判据带来的不足[23-25]。本书采用 *Gr* 准则作为判定传热规律转变的判据。

6.4.3 大空间自然对流传热的实验关联式

1. 大空间与有限空间自然对流

自然对流传热区分为大空间自然对流（natural convection in an infinite space）与有限空间自然对流（natural convection in enclosures），又称为外部自然对流与内部自然对流。所谓大空间自然对流，是指热边界层的发展不受到干扰或阻碍的自然对流，而不拘泥于几何上的很大或无限大。而在有限空间自然对流中，或者边界层的发展受到干扰，或者流体的流动受到限制，使其传热规律有别于大空间的情形。

2. 均匀壁温边界条件的大空间自然对流

设壁面温度为 t_w，环境温度（即未受壁面温度影响的流体温度）为 t_∞，则此时牛顿冷却公式及格拉晓夫数中的温差取为 t_w-t_∞（流体被加热时）或 $t_\infty-t_w$（流体被冷却时）。工程计算中广泛采用以下形式的大空间自然对流实验关联式：

$$Nu_m = C(GrPr)_m^n \tag{6-36}$$

式中：Nu_m 为由平均表面传热系数组成的 Nu；下角标 m 表示定性温度采用边界层的算术平均温度 $t_m=(t_\infty+t_w)/2$；Gr 中的 Δt 为 t_w 与 t_∞ 之差，对于符合理想气体性质的气体，Gr 中的体胀系数 $\alpha_V=1/T$。常壁温及常热流密度两种情况可整理成同类形式的关联式。

式(6-36)中的常数 C 与系数 n 由实验确定。换热面形状与位置、热边界条件以及层流或湍流的不同流态都影响 C 与 n 的值。

(1) 竖壁及水平圆柱

由大量实验数据确定的 C 和 n 的值引列于表 6-9 中，特征长度的选择方案为：竖壁和竖圆柱取高度，横圆柱取外径。如表 6-9 所示，流态转变依 Gr 而定。计算前首先要确定 Gr 的大小，才能选定合适的 C 和 n 值。还应指出，式(6-36)对气体工质完全适用，而对液态工质，为考虑物性与温度的依变关系，需要在式(6-36)的右端乘上一个反映物性变化的校正因子，推荐采用 $(Pr_f/Pr_w)^{0.11}$，其中下角码 f 与 w 分别表示以流体温度与壁面温度为定性温度。

表 6-9　式(6-36)中的常数 C 和 n[23]

加热表面形状与位置	流动情况示意	流态	系数 C 及指数 n		Gr 适用范围
			C	n	
竖平板及竖圆柱		层流 过渡 湍流	0.59 0.029 2 0.11	1/4 0.39 1/3	$1.43\times10^4\sim3\times10^9$ $3\times10^9\sim2\times10^{10}$ $>2\times10^{10}$

续表

加热表面形状与位置	流动情况示意	流态	系数 C 及指数 n		Gr 适用范围
			C	n	
横圆柱	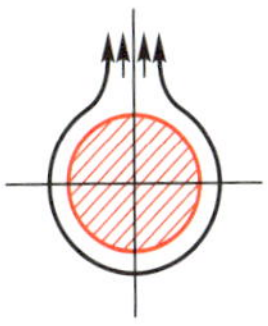	层流过渡湍流	0.48	1/4	$1.43\times10^4\sim5.76\times10^8$
			0.016 5	0.42	$5.76\times10^8\sim4.65\times10^9$
			0.11	1/3	$>4.65\times10^9$

杨世铭指出：采用 Gr 数作为传热规律转变的判据，克服了以往采用 Ra 数时不同流体转变判据数值各异的缺陷，标志着对自然对流传热规律认识上的提高，同时也已经得到部分实验结果的证实[23-27]。

应当指出，竖圆柱按表 6-9 与竖壁用同一个关联式只限于以下情况：

$$\frac{d}{H}\geqslant\frac{35}{Gr_H^{1/4}} \tag{6-37}$$

对于直径小而高的竖圆柱或竖丝，边界层厚度可与直径相比拟而不能忽略曲率的影响，并且在极低 Gr 时，这种竖圆柱的自然对流传热进入以导热机理为主的范围。对于不符合式(6-37)条件的竖圆柱的传热，推荐用文献[28]提供的实验关联式。

(2) 水平面

关于其他几何形状的自然对流问题流态的转变，目前还缺少以 Gr 为判断依据的关联式。为读者计算的方便，下面暂介绍仍以 $Ra=GrPr$ 为判据的实用关联式，有关以 Gr 为传热规律转变判据的研究工作需继续进行。

对于水平热面向上（冷面向下）的情形（图 6-23a、b）[2]：

$$Nu=0.54(GrPr)^{1/4},\quad 10^4\leqslant GrPr\leqslant10^7$$
$$Nu=0.15(GrPr)^{1/4},\quad 10^7\leqslant GrPr\leqslant10^{11} \tag{6-38}$$

对于热面向下（冷面向上）的情形（图 6-23c、d）[1]：

$$Nu=0.27(GrPr)^{1/4},\quad 10^5\leqslant GrPr\leqslant10^{11} \tag{6-39}$$

以上两式中，定性温度为 $(t_w+t_\infty)/2$，特征长度为

$$l=\frac{A_p}{P} \tag{6-40}$$

式中，A_p、P 分别为平板的传热面积及其周界长度。至于为什么热面向上、冷面向下及热面向下、冷面向上可以分别作为一种情形对待，从图 6-23 所示的流动图像可以得到说明。

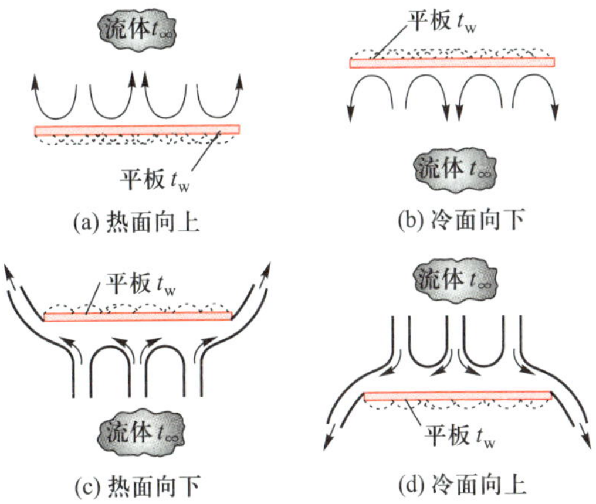

图 6-23　水平板自然对流传热的流动图像

(3) 球

球的自然对流传热实验关联式为

$$Nu=2+\frac{0.589(GrPr)^{1/4}}{[1+(0.469/Pr)^{9/16}]^{4/9}} \tag{6-41}$$

定性温度同上，特征长度为球直径。上式使用范

围为：$Pr \geqslant 0.7$，$GrPr \leqslant 10^{11}$[29]。

3. 匀热流边界条件

在电子器件冷却问题中经常遇到均匀热流密度的加热条件。这时自然对流传热的平均表面传热系数可以采用以下两种方式进行计算。

（1）采用给定壁温公式

文献[1]指出，对于高为 L 的竖直平板的均匀热流加热情形，如果取平板中点的壁温 $t_{L/2}$ 作为确定 Gr 中的温差以及牛顿冷却公式中温差的壁面温度，则对于均匀壁温得出的关联式仍能很好地适用于确定均匀热流密度时的平均表面传热系数。

（2）采用给定热流公式

文献[30-31]针对电子器件冷却问题，对水平板热面向上与向下的情形，提供了均匀加热条件下平均表面传热系数的计算式：

$$Nu = B(Gr^{*}Pr)^{m} \tag{6-42}$$

式中

$$Gr^{*} = GrNu = \frac{g\alpha_V q l^4}{\lambda \nu^2} \tag{6-43}$$

式(6-42)中常数 B 和 m 的值见表 6-10。

表 6-10　式(6-42)中的常数 B 和 m

加热表面形状与位置	流动图示	系数 B 及指数 p		Gr^{*} 适用范围
		B	m	
水平板热面朝上或冷面朝下	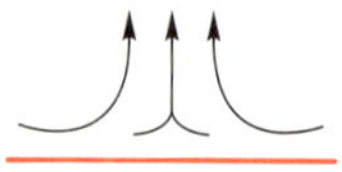	1.076	1/6	$6.37\times10^{5} \sim 1.12\times10^{8}$
水平板热面朝下或冷面朝上		0.747	1/6	$6.37\times10^{5} \sim 1.12\times10^{8}$

这些准则式的定性温度取平均温度 t_m（其中壁温未知，需要迭代计算确定），特征长度对矩形取短边长。由于以上成果是在保持二维条件下取得的，对于长边接近短边长度的矩形，其长边端部影响不可忽略，准则式提供的 Nu 将偏小。计算传热量的温差为 $(t_{w,m}-t_{\infty})$，$t_{w,m}$ 为壁面的平均温度。

无论是均匀壁温，还是均匀热流密度，自然对流湍流时的传热规律都表明表面传热系数是个与特征长度无关的常量。利用这一特征，湍流自然对流的实验研究，可以用比已定特征数相等所要求的更小尺寸的模型进行研究，而只要保证仍处于湍流的范围就可以了。这种特征称为自模化（self modeling）。

关于广泛应用于电子器件散热技术中的竖置肋片组自然对流传热计算可参见文献[2]。

6.4.4　有限空间自然对流传热的实验关联式

如前所述，当自然对流发生在有限空间中时，流体运动受到腔体的限制，流体的加热与冷却在腔体内同时进行，因此腔体的壁面必然有高温与低温两部分，设温度分别为 t_h、t_c，如图 6-24 所示。图中未注明温度的另外两个壁面是绝热的。此时，Gr 与牛顿冷却公式中的温差自然取为 t_h-t_c，流体的定性温度取为 $(t_h+t_c)/2$，而特征尺度则取为冷、热两个表面间的距离 δ。寒冷地区双层玻璃窗是竖夹层的一个例子，水平放置的覆罩有顶盖玻璃的太阳能集热器则是水平夹层的一个实例。夹层内的流动主要取决于以夹层厚度 δ 为特征尺度的 Gr 数：

$$Gr_\delta=\frac{g\alpha_V(t_h-t_c)\delta^3}{\nu^2} \tag{6-44}$$

对于竖直夹层当 $Gr_\delta\leqslant 2\,860$、对水平夹层（底面为热面）当 $Gr_\delta\leqslant 2\,430$ 时，夹层内的热量传递依靠导热。当 Gr_δ 超过上述数值时，夹层内开始形成自然对流，并且随着 Gr_δ 的增加，对流的展开越来越剧烈，当 Gr_δ 达到一定数值时会出现从层流向湍流的过渡与转变。在混沌理论中，著名的贝纳德（Benard）漩涡就出现在水平夹层的传热从导热进入对流工况占优的阶段。图 6-25 中给出了贝纳德漩涡实验照片的顶视图[32]。

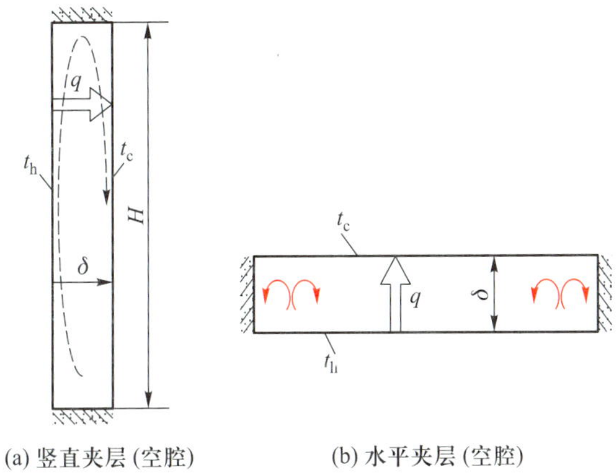

图 6-24　封闭空腔图示

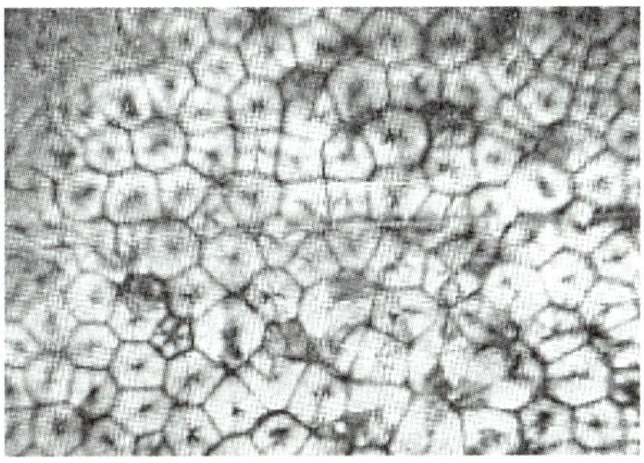

图 6-25　贝纳德漩涡顶面可视化图

对空气在夹层内的自然对流传热，推荐以下计算关联式。

（1）竖直夹层[13,33]

$$Nu=0.197(Gr_\delta Pr)^{1/4}\left(\frac{H}{\delta}\right)^{-1/9},\quad 6\times10^3\leqslant Gr_\delta\leqslant 2\times10^5 \tag{6-45a}$$

$$Nu=0.073(Gr_\delta Pr)^{1/3}\left(\frac{H}{\delta}\right)^{-1/9},\quad 2\times10^5\leqslant Gr_\delta\leqslant 1.1\times10^7 \tag{6-45b}$$

上式的实验范围为 $11\leqslant\dfrac{H}{\delta}\leqslant 42$。

（2）水平夹层（底面向上散热）[33]

$$Nu=0.212(Gr_\delta Pr)^{1/4},\quad 1.0\times10^4\leqslant Gr_\delta\leqslant 4.6\times10^5 \tag{6-46a}$$

$$Nu=0.061(Gr_\delta Pr)^{1/3},\quad Gr_\delta>4.6\times10^5 \tag{6-46b}$$

值得指出，对于竖直夹层 $Gr_\delta\leqslant 2\,860$、对水平夹层 $Gr_\delta\leqslant 2\,430$ 时，流动尚难展开，夹层中的热量传递为纯导热。此外，除了自然对流以外，空气夹层中的热量传递还有辐射传热，此时通过夹层的热量传递应是两者之和。

6.4.5　混合对流简介

在对流传热中，有时需要既考虑强制对流亦考虑自然对流。判断能否忽略自然对流影响的判据是什么呢？应用相似分析法可知，Gr 中包含着浮升力与黏滞力的比值，而由惯性力与黏滞力的对比可得 Re。所以浮升力与惯性力的对比可以表征自然对流相对于强制对流的重要程度。这个对比参量可从特征数 Gr、Re 的组合中消去黏度得到：

$$\frac{g\alpha_V \Delta t l^3}{\nu^2}\frac{\nu^2}{u^2 l^2}=\frac{Gr}{Re^2} \tag{6-47}$$

这就是判断自然对流影响程度的判据。对于竖直大平板，当 $Gr/Re^2 \geqslant 0.1$ 时自然对流的影响不能忽略，而 $Gr/Re^2 \geqslant 10$ 时强制对流的影响相对于自然对流可以忽略不计。当 $0.1 \leqslant Gr/Re^2 \leqslant 10$ 时称混合对流，此时两种对流传热的作用都应加以考虑。一般地说，当流体速度达到 20~30 m/s 时自然对流的影响可以忽略，而当流速低到 0.2~0.3 m/s 时自然对流的作用就会变得明显。对混合对流时的实验关联式，这里提供一个简单的估算方法：

$$Nu_M^n = Nu_F^n \pm Nu_N^n \tag{6-48}$$

式中：Nu_M 为混合对流时的 Nu；Nu_F、Nu_N 分别是按给定条件用强制对流与自然对流关联式计算的结果；两种流动方向相同时取正号，相反时取负号；指数 n 之值可取为 3。关于管道内混合对流传热计算的综述可见文献[34]。

近年来，超临界流体（CO_2、H_2、H_2O、He 等）受到了广泛关注。这些流体的对流传热过程涉及跨临界区时，由于物性剧烈变化，通常浮升力的影响比较显著，需要特别注意。

例题 6-7　大空间中水平与竖管自然对流传热计算

室温为 10 ℃ 的大房间中有一个直径为 15 cm 的烟筒，其竖直部分高 1.5 m，水平部分长 15 m。求烟筒的平均壁温为 110 ℃ 时每小时的对流散热量。

题解

假设：整个烟筒由分开的水平段与竖直段构成，不考虑相交部分的互相影响，分别按水平段与竖直段单独计算。

计算：平均温度

$$t_m=\frac{1}{2}(t_\infty+t_w)=\frac{1}{2}\times(10\ ℃+110\ ℃)=60\ ℃$$

由附录查得，60 ℃ 时空气的物性 $\rho=1.060\ \mathrm{kg/m^3}$，$c_p=1.005\ \mathrm{kJ/(kg\cdot K)}$，$\lambda=0.029\ \mathrm{W/(m\cdot K)}$，$\nu=18.97\times 10^{-6}\ \mathrm{m^2/s}$。

（1）烟筒竖直部分的散热

$$Gr=\frac{g\alpha_V\Delta t l^3}{\nu^2}=\frac{9.8\ \mathrm{m/s^2}\times(1.5\ \mathrm{m})^3\times(110-10)\ ℃}{(18.97\times10^{-6}\ \mathrm{m^2/s})^2\times(273+60)\ \mathrm{K}}=2.76\times10^{10}$$

由表 6-9 知为湍流，其

$$Nu=0.11(GrPr)^{1/3}=0.11\times(2.76\times10^{10}\times0.696)^{1/3}=295$$

所以

$$h=Nu\frac{\lambda}{l}=295\times\frac{0.029\ \mathrm{W/(m\cdot K)}}{1.5\ \mathrm{m}}=5.70\ \mathrm{W/(m^2\cdot K)}$$

$$\Phi_1=\pi dlh(t_w-t_\infty)=3.14\times0.15\ \mathrm{m}\times1.5\ \mathrm{m}\times5.70\ \mathrm{W/(m^2\cdot K)}\times100\ ℃=403\ \mathrm{W}$$

（2）烟筒水平部分的散热

$$Gr=\frac{g\alpha_V\Delta t l^3}{\nu^2}=\frac{9.8\ \mathrm{m/s^2}\times(0.15\ \mathrm{m})^3\times100\ ℃}{(18.97\times10^{-6}\ \mathrm{m^2/s})^2\times(273+60)\ \mathrm{K}}=2.76\times10^{7}$$

由表 6-9 知为层流。于是

$$GrPr = 2.76\times10^{7}\times0.696 = 1.92\times10^{7}$$

$$Nu = 0.48\times(1.92\times10^{7})^{1/4} = 31.8$$

$$h = 31.8\times\frac{0.029\ \mathrm{W/(m\cdot K)}}{0.15\ \mathrm{m}} = 6.15\ \mathrm{W/(m^2\cdot K)}$$

$$\Phi_2 = 3.14\times0.15\ \mathrm{m}\times15\ \mathrm{m}\times6.15\ \mathrm{W/(m^2\cdot K)}\times100\ ℃ = 4\ 345\ \mathrm{W}$$

烟筒的总散热量

$$\Phi_c = \Phi_1+\Phi_2 = (403+4\ 345)\ \mathrm{W} = 4\ 748\ \mathrm{W}$$

讨论:烟筒的总散热量还应包括辐射传热。取烟筒的发射率为 0.85,周围环境温度为 10 ℃,则烟筒的辐射传热量可近似地按式(1-9)估算:

$$\begin{aligned}\Phi_r &= A\varepsilon\sigma(T_1^4-T_2^4)\\ &= (0.707+7.065)\ \mathrm{m^2}\times0.85\times5.67\ \mathrm{W/(m^2\cdot K^4)}\times(3.83^4-2.83^4)\ \mathrm{K^4}\\ &= 5\ 660\ \mathrm{W}\end{aligned}$$

这里又一次看到,对这类表面温度不很高的物体,辐射传热量与自然对流传热量在数量级上是相当的。

例题 6-8　竖封闭夹层内空气自然对流传热量计算

一个竖封闭空腔夹层,两壁是边长为 0.5 m 的方形壁,两壁间距为 15 mm,温度分别为 100 ℃和 40 ℃。试计算通过此空气夹层的自然对流传热量。

题解

分析:先计算 Gr_δ 之值,据此可以确定选用哪一个关联式。

计算:定性温度为两壁的平均温度

$$t_m = \frac{t_{w1}+t_{w2}}{2} = \frac{100\ ℃+40\ ℃}{2} = 70\ ℃$$

从附录查得空气物性为:$\rho = 1.029\ \mathrm{kg/m^3}$, $\nu = 20.02\times10^{-6}\ \mathrm{m^2/s}$, $\lambda = 0.029\ 6\ \mathrm{W/(m\cdot K)}$, $Pr - 0.694$。对于空气

$$\alpha_V = \frac{1}{T_m} = \frac{1}{343\ \mathrm{K}} = 2.915\times10^{-3}\ \mathrm{K^{-1}}$$

计算 Gr_δ:

$$\begin{aligned}Gr_\delta &= \frac{9.8\ \mathrm{m/s^2}\times2.915\times10^{-3}\ \mathrm{K^{-1}}\times60\ ℃\times(15\times10^{-3}\ \mathrm{m})^3}{(20.02\times10^{-6}\ \mathrm{m^2/s})^2}\\ &= 1.444\times10^4\end{aligned}$$

而 $H/\delta = 0.5\ \mathrm{m}/0.015\ \mathrm{m} = 33.3$,可按式(6-45a)计算 Nu,即

$$Nu = 0.197\times(1.444\times10^4\times0.694)^{1/4}\times\left(\frac{0.5}{0.015}\right)^{-1/9} = 1.335$$

所以

$$h = 1.335\times\frac{0.029\ 6\ \mathrm{W/(m\cdot K)}}{0.015\ \mathrm{m}} = 2.63\ \mathrm{W/(m^2\cdot K)}$$

自然对流传热量按牛顿冷却公式计算:

$$\Phi_c = hA\Delta t = 2.63\ \mathrm{W/(m^2\cdot K)}\times0.25\ \mathrm{m^2}\times60\ ℃ = 39.5\ \mathrm{W}$$

讨论:由于夹层厚度远小于平板的边长,可以把封闭腔夹层近似按两互相平行的无限大平板处理。于是,冷、热平板间的辐射传热量可按式(1-9)估计(更准确的计算将在第 9 章介绍)为

$$\Phi_r = A\sigma\varepsilon(T_1^4-T_2^4)=(0.5\ \text{m})^2\times5.67\ \text{W}/(\text{m}^2\cdot\text{K}^4)\times\varepsilon(3.73^4-3.13^4)\ \text{K}^4$$
$$=138.3\varepsilon\ \text{W}$$

取冷、热表面发射率为 0.8，则 $\Phi_r=110.7$ W。当要用实验方法来获得夹层中自然对流传热规律时，这样大的辐射传热量是不合适的。为了减少由于估算辐射传热的误差而对测定结果的影响，应减少表面的发射率。如果表面镀铬，设 $\varepsilon=0.05$，则 $\Phi_r=6.92$ W，后者将使计算值的准确度显著提高。

*6.5 微尺度通道内的流动与传热及纳米流体传热简介

1981 年及 1982 年，Tuckerman 和 Pease[35-36]报道了采用微细通道冷却电子芯片的结果：将冷却水流经宽 50 μm、高 300 μm 的矩形微通道，在冷却水温差为 71 ℃的条件下获得了高达 7.9 MW/m^{2}的热流密度（一般空气冷却只能达几十 W/cm^2），开创了微细通道流动传热的研究先河；随后我国学者吴沛宜及其合作者 Little 发表了在深为 30~60 μm，宽为 130~200 μm 的矩形通道中阻力系数及传热特性的测定数据[37-38]，此后关于微细通道流动与传热的研究就在全世界蓬勃开展起来。一门新兴交叉学科——微机电系统（micro-electro-mechanical system，MEMS）迅速崛起，并产生了微流控技术（microfluidics）这样集流动、传热、电子、信息等学科于一体的新兴学科。目前微型热交换器、微尺度作用器、微尺度控制器件、微尺度生物芯片等不少已经成为商业产品。

关于微细尺度与常规尺度划分文献中一般认为：直径在 1 mm 以下为微通道，直径在 1~5 mm 为细通道，更大的直径则为常规通道[39]。在微细尺度的通道内，流体的流动与热交换出现了一些与常规尺度通道中的流动与传热过程不同的特点（统称为尺度效应，size effects）。下面就经过二十余年研究得出的比较公认的一些重要结论做简要介绍，有关微尺度传热与流动问题的进一步介绍可参见文献[39-41]。

6.5.1 微通道内气体的流动与传热

气体在微细尺度通道中流动时，气体分子的平均自由程 λ 与通道的特征尺度 L（对圆管取为直径）之比称为克努森（Knudsen）数，是表征流动区域的重要参数：

$$Kn=\frac{\lambda}{L} \tag{6-49}$$

根据 Kn 大小的不同，可以将气体的流动划分为以下四个区域[42]。

连续介质区（continuum region）：$Kn\leqslant0.001$

速度滑移与温度跳跃区（velocity slip and temperature jump region）：$0.001<Kn\leqslant0.1$

过渡区（transition region）：$0.1<Kn\leqslant10$

自由分子区（free-molecular region）：$Kn>10$

在流体力学与传热学课程中介绍的 Navier-Stokes 方程与能量方程以及无速度滑移（即固体壁面上流体速度等于当地的固体表面速度）与无温度跳跃（即固体壁面上流体的温度等于当地的固体表面的温度）边界条件仅适用于 Kn 小于 0.001 的连续介质区；在 $0.001<Kn\leqslant0.1$ 的范围

内,上述控制方程仍然适用,但必须采用速度滑移与温度跳跃的边界条件;在过渡区与自由分子区基于连续介质假定而导出的 Navier-Stokes 方程与能量方程不再适用,对流动与传热过程的数学描述需要采用基于分子动力论的有关原理与方程。在 MEMS 器件中遇到的气体流动,大部分处于前三个流动区域。

在微细尺度通道中的流动与传热过程与常规尺度通道中的过程相比有以下特点:

(1) 控制过程的作用力会发生变化。微细尺度系统在几何上的最大特点是表面积与体积之比远远大于常规尺度的系统,微细尺度系统可高达 $10^6\ m^{-1}$,而常规尺度一般为 $1\ m^{-1}$ 左右。这样与体积大小成正比的力(如重力)以及与表面积成正比的作用力(例如摩擦力)在过程中的相对重要性就会发生变化,导致阻力与热量传递规律会与常规通道有所区别。

(2) 表面粗糙度的影响更为突出。在相同的绝对表面粗糙度下,对常规尺度通道流动是水力光滑管,对于微细尺度通道就会处于相当于常规通道的粗糙管的状态。早期关于微细尺度通道中阻力测定的结果常常得出比常规通道要高的结果而且相互间偏差较大,从层流向湍流的流态转变 Re 也较 2 300 小,很可能就是因为相对表面粗糙度较高所造成。目前较为一致的看法是如果微细尺度通道的相对表面粗糙度较小(例如在 1%以下),则其阻力规律与流态转变的 Re 仍然与常规尺度通道基本一致。

(3) 通道固壁的导热影响更为明显。微细尺度的通道无论是用机械方式制造的或者是用光刻方式制造的,构成通道的壁面材料尺度与通道尺度的相对大小远远高于常规通道,使得热量在通道壁面中的传导也成为热量传递的一个重要的途径,而且常常使过程变得更为复杂——壁面中的导热与流体中的对流必须同时考虑,这样基于十分明确的外边界的热边界条件(例如均匀壁温、均匀热流等)得出的常规尺度通道的传热规律就不再适用。

管壁导热的影响

(4) 可压缩性会产生重要的影响。在常规通道中的流动,一般认为当马赫数小于 0.3 时,流体就可以作为不可压缩处理,但是在微细尺度通道中,由于流动阻力很大,常常使通道进出口的压力差达到几个大气压的数量级,此时即使进口流速较低,由于进出口巨大压差所造成的流体密度的变化就不能不予以考虑;同时巨大的阻力使气体密度降低,流速进一步加大,即使通道进口的马赫数远低于 0.3,通道出口的马赫数也会增加到可观的值。这样的变化趋向会使气体的压力梯度不断增加,致使在一个相对较长的微细通道中不会出现常规通道中的流动充分发展的阶段(压力梯度为常数)。气体可压缩性使微通道内的流动阻力系数增加。

(5) 气体稀薄性的影响必须考虑。当 Kn 处于 0.001~0.1 范围内时,气体分子间的碰撞频率仍然比气体分子与固体壁面间的碰撞频率要高得多,但是此时气体分子间的相对距离加大,变得更为“稀薄”,引起所谓的“稀薄效应”(rarefaction effect)。这主要是指在固体壁面上,气体的速度不等于固体速度(速度滑移)、气体的温度不等于固体的温度(温度跳跃)。滑移速度的存在,使得流动阻力相对减小,同样的压差下流量增加;而表面温度的跳跃则使得流体与固体之间多了一层附加的温差,使热量传递减弱。

6.5.2 微通道内液体的流动与传热

对于液体在微细通道中的流动与传热上述特点的前 3 个同样存在。对于大多数液体一直到直径为 1 μm 的通道,常规通道的流动与传热规律仍然适用[1,43];但对于直径小于 1 μm 的通道,流体分子效应会变得明显,对某些固体壁面,还可能出现附加的电场力的作用等,参见文献[39]。

基于这样的认识，Tuckerman 和 Pease 试验中的微通道仍然可以用常规公式来计算传热特性，对流传热系数与直径的 0.5 次方（层流）或 0.2 次方（湍流）成反比例关系，微小的通道使得对流传热系数增加；同时由于在单位体积中微细通道大大增加了对流传热面积，这两个因素使冷却热流密度大幅度增加。因而微细通道也是一种强化对流传热的有效手段。当然相应的流动阻力也会增加，如何综合评价将在下一节中讨论。

6.5.3 纳米流体的流动与传热

所谓纳米流体（nanofluid）是指在基础流体中悬浮有许多纳米尺度颗粒的复合流体，由于颗粒的纳米尺度，这种流体与常规的大颗粒/流体的混合物完全不同。当纳米颗粒材料的导热系数大于基础流体时，大量纳米颗粒的存在不仅增加了流体的热容量与表面积，而且大大增加了流体的有效导热系数，从而十分有利于强化对流传热。例如，如果在水中添加 5%体积的 CuO 纳米颗粒，水的导热系数可以提高 60%左右。关于纳米流体传热特性及其应用的更多内容，有兴趣的读者可参见文献[44-45]。

6.6 强化单相对流传热的技术、机理及性能评价

6.6.1 强化传热问题概说

所谓“强化传热”（heat transfer enhancement, augmentation 或 intensification）是指增加热传递过程的传热量，由传热过程方程式（1-11）或对流传热牛顿冷却公式（5-1）可见，增加传热面积、传热温差以及总传热系数或表面传热系数都可以增加所传递的热量。而所谓“强化传热技术”则是指在一定的材料消耗量与温差下，增加总传热系数或表面传热系数的技术，这是国际传热学界的热门课题，也是本书重要的讨论内容之一。本节仅讨论单相对流传热的强化，整个传热过程的强化问题将在第 10 章中研究。

6.6.2 强化对流传热的常用技术

在大多数工程换热设备中，液体多在管道内流动，而气体多在管外侧流动。以下分别介绍强化气体传热与液体传热的常用方法。

1. 强化气体对流传热的技术

（1）各种翅片。强化气体传热最常用的技术是采用各种肋片（翅片），根据翅片与管子之间的连接关系又可区分为两类，一种为翅片附着在单根管子上，如图 6-26a 所示，另一种为整张翅片与多根管子连接（又称大套片）（图 6-26b）。后一种翅片广泛用于制冷、空调的换热器中，本书第 2 章图 2-26 给出了一些典型整体式翅片的示意图。图 6-27 中是板翅

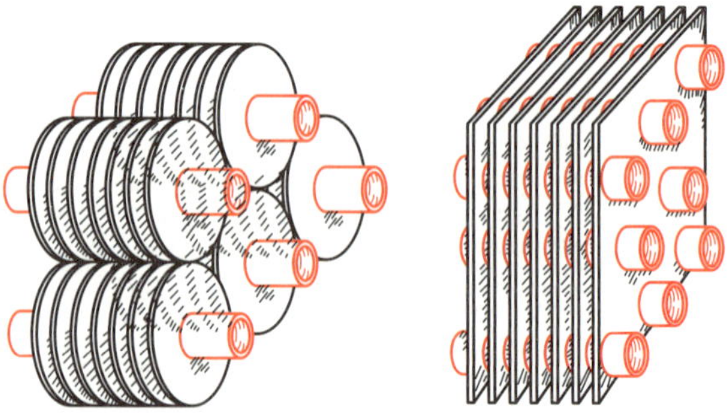

(a) 翅片与单根管子连接　　(b) 大套片

图 6-26　翅片与管子的两种连接方式

式换热器及管带式换热器中的常用翅片。对各种翅片,根据具体情况有不同的翅片尺寸。图 6-28 中给出了一种百叶窗翅片的截面图,百叶窗的作用是使得气体在流动方向的边界层不断被割断,重新发展,使大部分翅片表面上的热边界层都处于较薄的状态从而强化了传热。

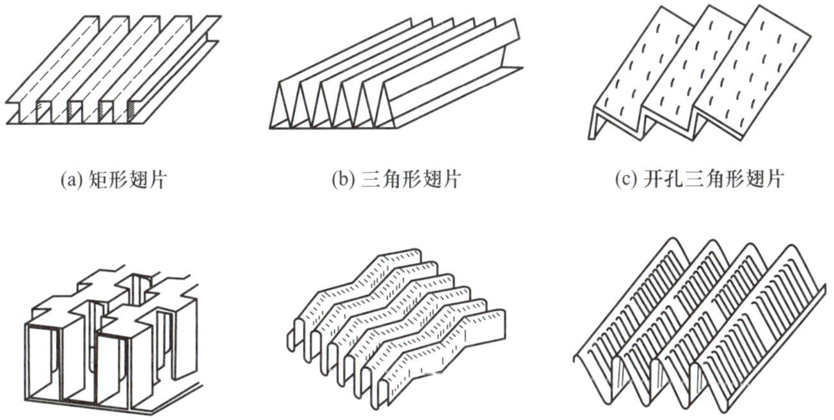

(a) 矩形翅片　(b) 三角形翅片　(c) 开孔三角形翅片

(d) 锯齿形翅片　(e) 波纹翅片　(f) 三角形百叶翅片

图 6-27　板翅式换热器及管带式换热器中的常用翅片形式

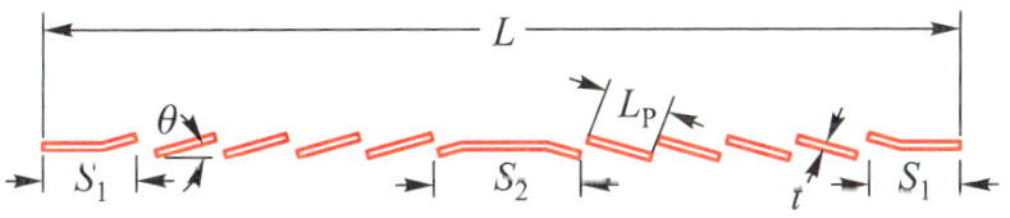

图 6-28　百叶窗翅片结构和参数

(2) 纵向涡发生器(longitudinal vortex generator,LVG)。自 20 世纪末以来,纵向涡发生器在强化传热技术中得到广泛应用。所谓纵向涡发生器就是图 6-29a 所示的突起的三角形片,又称小翼,它们对准来流方向设置,可以使流体绕流后产生沿主流方向前进的一对旋转的涡,称为纵向涡。实验与数值模拟均证明,这样的涡可以有效地强化纵向涡流经地区冷、热流体的混合,提高壁面附近的速度梯度,从而强化对流传热。图 6-29b、c 中给出了在平直翅片和波纹型整体式翅片上引入纵向涡发生器的情形。图 6-30 中给出了采用纵向涡发生器的换热器照片。关于纵向涡发生器近期研究的叙述可见文献[46]。

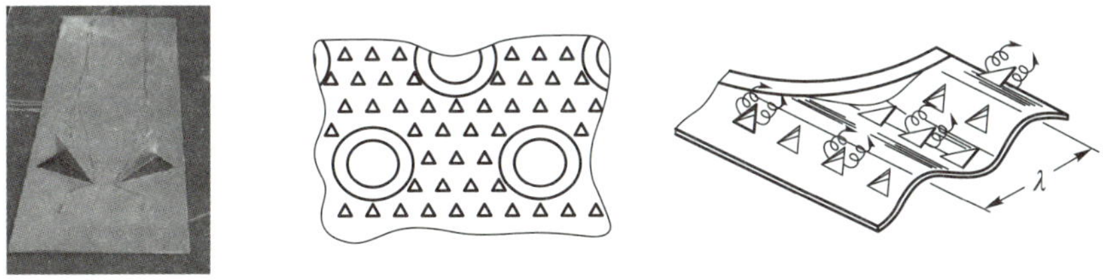

(a) 纵向涡发生器模型　(b) 平直翅片上开纵向涡发生器　(c) 波纹翅片上开纵向涡发生器

图 6-29　带纵向涡发生器的翅片

(3) 酒窝结构(dimpled structure)。一种称为带酒窝结构的翅片在燃气轮机叶片冷却等领域得到广泛采用,酒窝是指在平直翅片的基础上冲压出来的有序排列的一系列类似于酒窝的凹坑。

酒窝的存在对翅片上、下面的气体流动起到加强扰动的作用,而阻力的增加则不明显。图 6-31 示出了对这种强化表面进行数值模拟时生成的网格,其中前后侧半圆的缺口处为安置管子的位置。

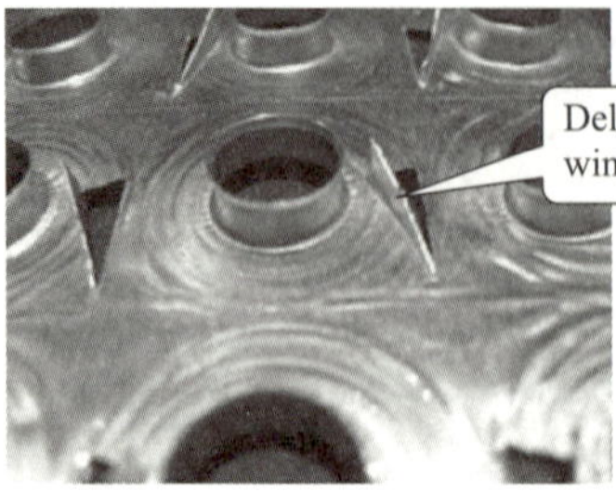

图 6-30 采用纵向涡发生器的换热器照片

(美国 UIUC Jakobi 教授拍摄)

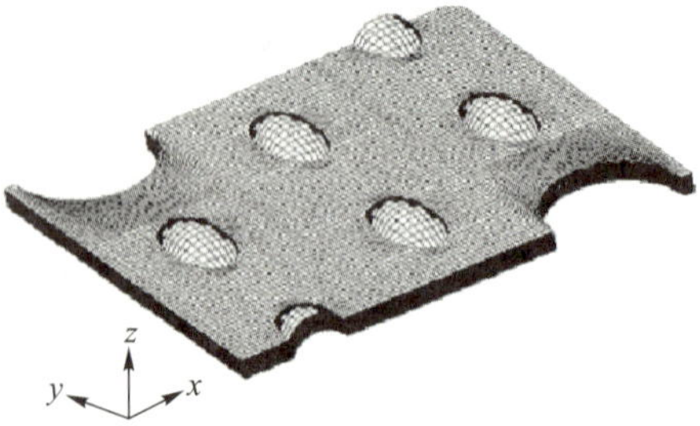

图 6-31 翅片上的酒窝强化结构

(4) 纵向内翅片管。有时气体也可能在管内流动,与管外介质发生热交换;此时纵向内翅片管是一种有效的强化手段,如图 6-32 所示。此时,为安置翅片的方便常在翅片内侧安装有一根心管。值得指出,在一定的气体体积流量下承载翅片的心管被堵的情况换热能力优于心管不堵的情况[47],因为前者使外管壁上的速度梯度增加。图 6-32e 即显示了心管被堵的情况的管子。关于气体强化传热问题的综合分析可参见文献[48]。

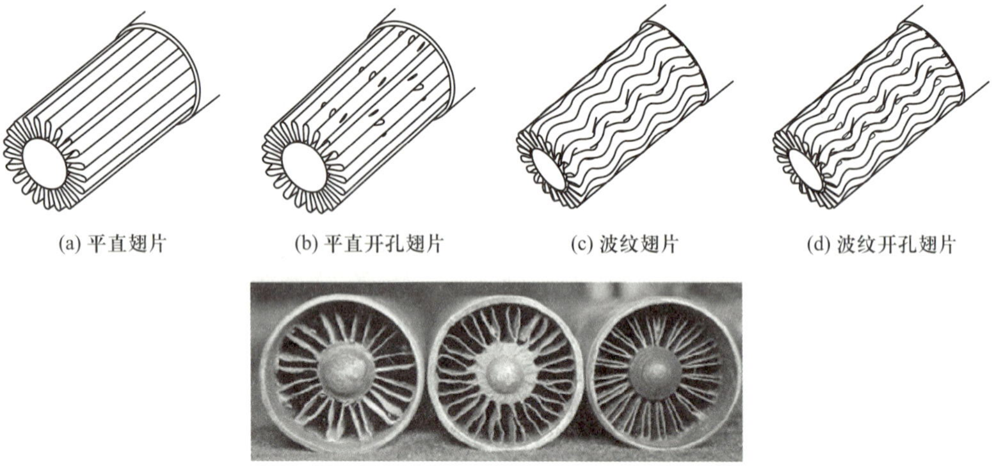

(a) 平直翅片 (b) 平直开孔翅片 (c) 波纹翅片 (d) 波纹开孔翅片

(e) 中心被堵平直翅片管

图 6-32 纵向内翅片管

2. 强化液体对流传热的技术

强化管内液体对流传热的技术可以分为以下五大类。

(1) 螺旋肋片管[49]。图 6-6 列出了两种螺旋肋片管。

(2) 螺旋纽带等插入物[49]。图 6-33 示出了一些螺旋纽带等插入物代表性的结构。

(3) 波纹管和扭转管[49]。图 6-34 中示出了一些波纹管和扭转管典型产品的照片。

(4) 酒窝管及其他三维强化结构[49]。图 6-35 为酒窝管及其他三维强化管。

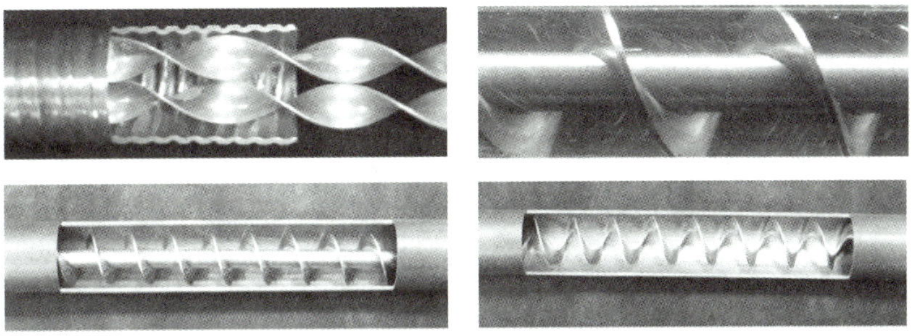

图 6-33　强化管内对流传热的螺旋纽带及其他插入物

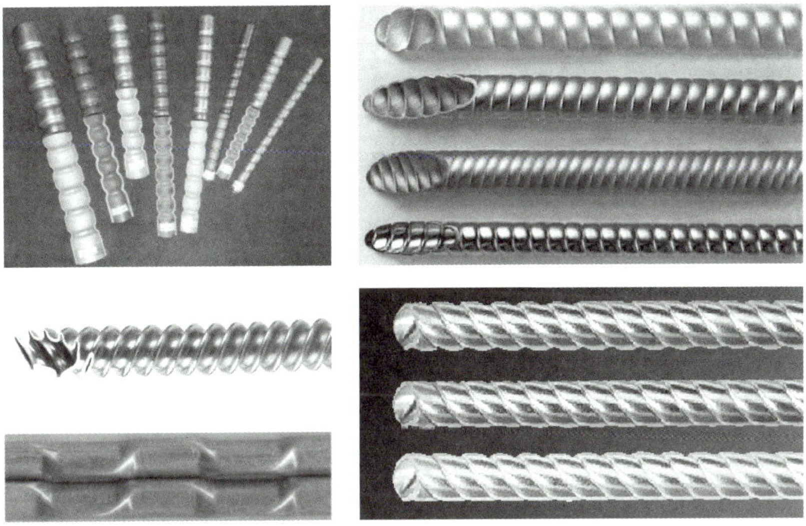

图 6-34　波纹管与扭转管

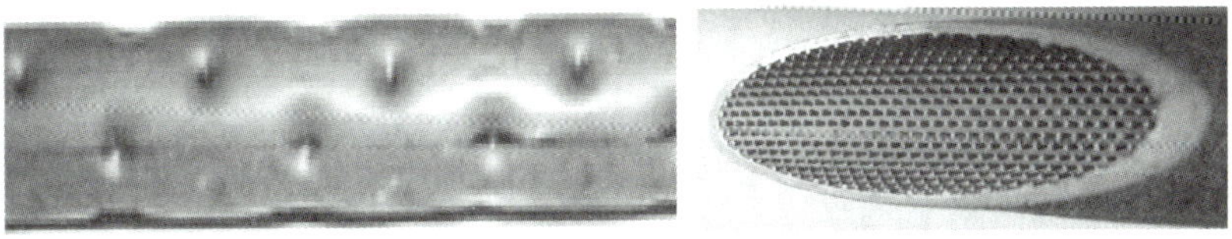

图 6-35　酒窝管及三维强化管

根据下面要介绍的传热与阻力特性的综合分析方法，文献[49]对近半个世纪以来发表的多种强化结构的实验结果进行了分析，结果是：以光滑管的传热及阻力为对比依据，则整体式内肋片管传热可强化 2~4 倍，阻力系数增大为 1~4 倍；插入物传热强化 1.5~6 倍，阻力系数增大为 2~13 倍；波纹管传热强化 1.5~4 倍，阻力系数增大为 2~6 倍；酒窝管传热强化 1.5~4 倍，阻力系数增大到 3~5 倍。传热与阻力的综合性能以整体式内肋片管为最优。

(5) 利用微细通道。上述管内强化传热技术是通过改变光滑管的几何结构来实现的；其实对于光滑管，减小管子的直径本身也是一种有效的强化手段。首先从计算关联式来看，无论是层流还是湍流[式(6-5)，式(6-15)]，表面传热系数都与管子直径呈某种反比例的关系，在相同的平均流速下，直径减小表面传热系数就增加；其次从物理机制看，相同平均速度下，管径越小，固体壁面上的流体速度梯度就越大，传热就增强；最后从单位体积来看，在相同换热器的体积下，采用微细通道可以大大增加传热面积。

在电子器件的微细通道冷却技术中采用歧管(manifold)分流技术可以进一步强化冷却效果。如图 6-36a 所示为常规的微细通道冷却结构,显然在沿着流体运动方向对流传热温差逐渐减小;在图 6-36b 中采用歧管的结构在数个地点引入冷却流体,把一根长的微细通道分为几段,每段都处于流动与换热的进口段,提高了局部传热系数,而且使微细通道几个区段都能直接与进口低温流体接触,增加了平均的传热温差。近年来这种歧管微细通道在电子器件冷却中得到广泛应用。

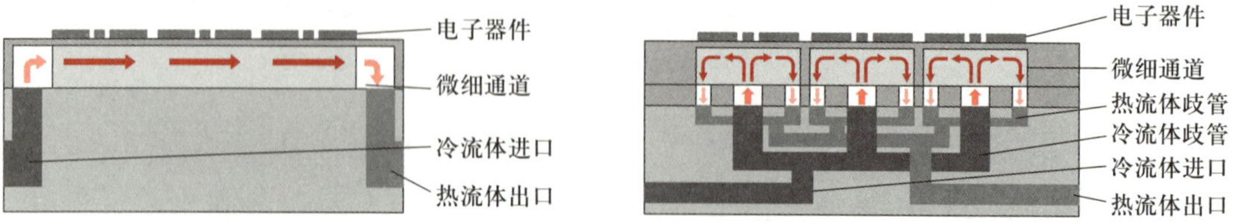

(a) 常规微细通道　　(b) 歧管微细通道

图 6-36　微细通道冷却结构的改进

纵观上面的讨论,可以总结出以下基本观点:对于单相对流传热,凡是能减薄边界层(利用进口段)、增加流体的扰动、促使流体中各部分混合、充分利用冷热流体间的温差以及增加固体壁面上的速度梯度的措施都能强化传热。至于为什么增加壁面的速度梯度能够强化传热,通过下面场协同原理的学习就能理解。

6.6.3　强化单相对流传热技术机理——场协同原理

前面指出,减薄热边界层、增加流体中的扰动及增加壁面附近的速度梯度都可以强化传热。现在要问:减薄热边界层厚度、增加流体中的扰动及增加壁面上的速度梯度之间有什么内在关系,其共同的本质是什么?强化传热技术的研究虽然已经经历了半个多世纪,但关于强化单相对流传热的基本机理的认识直到 20 世纪末没有一个统一的认识。1998 年,我国学者过增元对这个问题给出了明确的答复[50-52]。

在文献[50-51]中,作者将边界层型的对流传热能量方程对热边界层厚度做积分,得

$$\rho c_p\int_0^{\delta_t}(\vec{U}\cdot \mathrm{grad}\ T)=-\left(\lambda\frac{\partial T}{\partial y}\right)_{y=0}=q_w \tag{6-50}$$

其中:q_w 是固体表面上流体与固体之间所交换的热量,即对流传热量。根据矢量的运算规则,有 $\vec{U}\cdot \mathrm{grad}\ T=|\vec{U}|\ |\mathrm{grad}\ T|\cos\theta$。所以在一定的速度及温度梯度下,减小两者间的夹角 θ 是强化传热的有效措施。如果流体被固体冷却,则应使夹角增加到接近 180°[53-56]。对于有回流的椭圆形的流动,以图 6-37 所示的流过一个后台阶的对流传热为例,将能量方程对计算区域 $abcdea$ 做积分[53]:

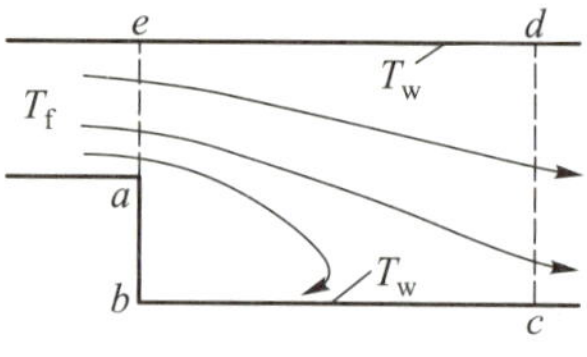

图 6-37　流过后台阶的流动与传热

$$\rho c_p\left(u\frac{\partial T}{\partial x}+v\frac{\partial T}{\partial y}\right)=\frac{\partial}{\partial x}\left(\lambda\frac{\partial T}{\partial x}\right)+\frac{\partial}{\partial y}\left(\lambda\frac{\partial T}{\partial y}\right) \tag{6-51}$$

可得与流体流动有关的部分(FM)及与导热有关的部分(HD):

$$FM=\iint\limits_{\Omega=abcdea}\rho c_p(\vec{U}\cdot\nabla T)\,\mathrm{d}x\mathrm{d}y;$$

$$HD = \iint_{\Omega = abcdea} \left[\frac{\partial}{\partial x}\left(\lambda \frac{\partial T}{\partial x} \right) + \frac{\partial}{\partial y}\left(\lambda \frac{\partial T}{\partial y} \right) \right] \mathrm{d}x\mathrm{d}y \tag{6-52}$$

对 HD 应用高斯积分降维定律，并将通过 cd、ea 部分的导热移到等号前面，最后有

$$\iint_{\Omega = abcdea} \rho c_p (\vec{U} \cdot \nabla T) \mathrm{d}x\mathrm{d}y - \int_{cd} \vec{n}\lambda \nabla T \mathrm{d}S - \int_{ea} \vec{n}\lambda \nabla T \mathrm{d}S = \int_{abc} \vec{n}\lambda \nabla T \mathrm{d}S + \int_{de} \vec{n}\lambda \nabla T \mathrm{d}S \tag{6-53}$$

式中，$\vec{n}$ 是计算区域边界的外法线。式(6-53)等号前第 1 项是通过流体的流动所传递的热量，第 2、3 项是通过流体的导热所传递的热量，等号后是固体表面与流体间的换热量，即对流传热。根据传热学理论，当流体的 Pe 不是很小时，流体中的导热相对于流体运动所传递的热量可以略去不计因而增加 $\vec{U}$ 与 ∇T 间夹角的余弦之值仍然是强化对流传热的有效措施。

由上论述可见，无论是边界层型的流动还是有回流的流动，在一定的速度及温度梯度下要强化对流传热实质上就是要减小速度与温度梯度之间的夹角(流体被加热时)或者使夹角增加到 180°(流体被冷却时)，这一思想称为“场协同”原理(field synergy principle，FSP)。

场协同原理揭示出了强化对流传热的实质。在文献[54]中用对流传热的数值计算进一步证明了减薄热边界层、增加流体中的扰动及增加壁面的速度梯度，其实质都是要减小速度与温度梯度间的夹角，这里将对流体外掠等温平板边界层的数值计算结果给出在图 6-38 中。这是对平板长度的 Re 为 600 的情形所做出的计算，图中横坐标为平板的长度方向，纵坐标表示离开平板前沿为 x 处的局部传热系数 h_x，该处截面上各点处速度与温度梯度夹角的平均值，以及该截面上的下列积分：

$$Int = \rho c_{\mathrm{p}} \int_0^{\delta_t} |\dot{U}| \, |\mathrm{grad}(T)| \cos\theta \mathrm{d}y \tag{6-54}$$

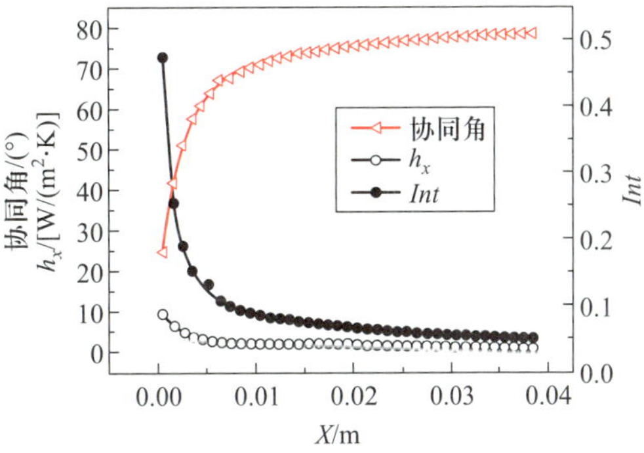

图 6-38 流体外掠平板传热时局部传热系数等沿平板长度的变化

沿着流体流动的方向，边界层厚度逐渐增厚，而图 6-38 中明确地显示了，这时速度与温度梯度夹角(图中称为场协同角)的均值也不断增加，局部传热系数则逐渐降低，积分值 Int 也相应地减少。

根据场协同原理，寻找强化单相对流传热的表面就是要获得能使流体的速度与温度梯度夹角尽量减小(对流体被加热时)的表面结构，这对于开发强化表面具有重要的指导意义，也可以解释传热学中的许多现象。例如在例题 6-6 中，我们知道在几乎相同的条件下，冲击射流的表面传热系数是外掠平板的近 3 倍，就是因为外掠平板的流动中壁面附近流体的等温线几乎与流动方向平行，即流体的温度梯度几乎与速度垂直，速度与温度梯度的协同性很差，而在射流冲击中，在滞止点附近，流体的速度与换热面上流体薄层中的等温线垂直，即速度与温度梯度同向(流体被加热)或反向(流体被冷却)，因此传热十分强烈。

对场协同原理有兴趣的读者可进一步参见文献[55-57]，其中文献[55]提供了许多应用场协同原理来开发强化结构及分析传热现象的例子。文献[57]的研究进一步表明场协同原理对于可压缩的边界层流动也是适用的，只要将温度梯度改为滞止焓的梯度即可。

6.6.4 强化传热技术的评价

这里要指出，凡是能强化单相介质对流传热的方法都不可避免地会引起流动阻力的增加；对

于气体,阻力系数增加的倍数常常大于传热强化的倍数。因此,对一种强化传热方式的综合评价,应当考虑传热效果、流动阻力或运行费用等综合因素。

做这样的比较时一般以对应的原有结构的传热与阻力特性作为比较依据,例如以光滑管作为管内强化传热技术评价的参照物,以平直翅片作为各种新翅片评价的参照物。一般有相同的质量流速、相同的压降或相同的输送功率这样三种比较方式。可以证明在一般工程分析的条件下,对上述三种比较方式(或者称为约束条件)可以得出以下性能比较指标 PEC(performance evaluation criterion):

等泵功
$$\mathrm{PEC}=\frac{(Nu)_{\mathrm{e}}/(Nu)_{\mathrm{r}}}{(f_{\mathrm{e}}/f_{\mathrm{r}})^{1/3}} \tag{6-55a}$$

等压降
$$\mathrm{PEC}=\frac{(Nu)_{\mathrm{e}}/(Nu)_{\mathrm{r}}}{(f_{\mathrm{e}}/f_{\mathrm{r}})^{1/2}} \tag{6-55b}$$

等流量
$$\mathrm{PEC}=\frac{(Nu)_{\mathrm{e}}/(Nu)_{\mathrm{r}}}{f_{\mathrm{e}}/f_{\mathrm{r}}} \tag{6-55c}$$

式中:下标 e、r 分别表示强化结构及参考结构;采用实验或者数值模拟方法来研究强化结构的性能时,在相同的流量下对强化结构及参考结构进行测定或者模拟计算,然后将获得的努塞尔数及阻力系数按照以上公式计算,如果 PEC 之值大于 1,表明在该约束条件下能够强化传热,如果小于 1 则在该约束条件下不能强化传热。一般地说,对于气体要达到在消耗相同的泵送流体的功率下强化传热比较容易实现,而在相同的流量下要强化传热则比较困难。

关于强化传热表面性能的综合评价问题可进一步参见文献[58-59]。

本章小结与应用

1. 本章小结

(1) 计算对流传热的要诀

对于所遇到的任何一种对流传热过程,建议按照下面的简单规则进行分析计算:

1) 首先确认参与换热的固体表面的几何形状与运动性质

表面的不同几何形状与运动性质具有不同的换热规律,必须区分清楚。

2) 确认所计算问题的流动动力

强制对流还是自然对流?

3) 根据几何形状、表面运动性质及流动动力选择合适的对流传热实验关联式

实际工程物体的几何形状可能比较复杂,现有文献中可能还没有这类研究结果,这时只能选择与之最接近的关联式做估算。

4) 在利用选定的关联式做计算时需要注意以下事项:

① 确定关联式中表面传热系数时,牛顿冷却公式中的温差是如何定义的?已经学习过的有以下几种情形:对于流体外掠平板与单管、大空间自然对流,采用固体表面温度及来流或未受干扰的流体温度之差;对于管道内的流动、流体外掠管束,采用流体温度与固体表面温度之差;对于有限空间内的自然对流,采用热壁与冷壁面的温度差。② 关联式中量纲为一的特征数中的特征长度是如何选取的?一般地,Nu 与 Re 中的特征长度是一样的,但也不是绝对的。③ 关联式的定

性温度是如何选取的？定性温度是决定流体物性的重要依据，应按照所采用关联式规定的方式选用。④ *Re* 中的特征流速是怎样计算的？例如，外掠平板为来流速度，外掠管束为管束中的最大流速，管内流动为截面平均流速。⑤ 关联式得出的是整个表面的平均表面传热系数还是局部表面传热系数？对于一般工程计算，主要是平均表面传热系数，因此大部分实验关联式给出的是平均值。⑥ 所计算的问题是否在关联式的适用范围之内？有时稍作外推也是允许的，但应当知道这可能会带来更大的计算误差。

（2）本章介绍的关联式汇总

表 6-11 列出了本章介绍的关联式的名称以及热边界条件。

表 6-11　单相对流部分实验关联式名称汇总

关联式名称	主要热边界条件
1. 管内层流充分发展段表面传热系数（Nu = 3.66），表（6-1）	均匀壁温
2. 管内层流充分发展段表面传热系数（Nu = 4.36），表（6-1）	均匀热流
3. 管内层流入口段平均表面传热系数，齐德-泰特公式，式（6-15）	壁温均匀
4. 管内湍流充分发展段平均表面传热系数，Dittus-Boelter 公式，式（6-5）	没有限定
5. 管内湍流平均表面传热系数（含入口段），Gnielinski 公式，式（6-6）	没有限定
6. 液态金属湍流充分发展段平均表面传热系数，式（6-13）	均匀热流
7. 液态金属湍流充分发展段平均表面传热系数，式（6-14）	均匀壁温
8. 外掠单管平均表面传热系数，式（6-16），表 6-4	没有限定，但接近均匀壁温
9. 外掠非圆形截面柱体平均表面传热系数，式（6-16），表 6-5	没有限定，但接近均匀壁温
10. 外掠球体平均表面传热系数，式（6-18）	没有限定，但接近均匀壁温
11. 外掠管束平均表面传热系数，式（6-19）和式（6-20）	没有限定，但接近均匀壁温
12. 外掠翅片管束平均表面传热系数，式（6-21）和式（6-22）	没有限定，但接近均匀管壁温
13. 外掠颗粒堆积结构平均表面传热系数，式（6-27）	没有限定
14. 单个圆喷嘴冲击换热平均表面传热系数，式（6-30）	均匀壁温
15. 单个狭缝喷嘴冲击换热平均表面传热系数，式（6-31）	均匀壁温
16. 竖管与竖平板自然对流平均表面传热系数，式（6-36），表 6-9	均匀壁温
17. 水平管自然对流平均表面传热系数，式（6-36），表 6-9	均匀壁温
18. 热面向上（冷面向下）水平板自然对流平均表面传热系数，式（6-38）	均匀壁温
19. 热面向下（冷面向上）水平板自然对流平均表面传热系数，式（6-39）	均匀壁温
20. 球体自然对流平均表面传热系数，式（6-41）	均匀壁温
21. 热面向上与向下的水平板自然对流平均表面传热系数，式（6-42），表 6-10	均匀热流
22. 竖直夹层有限空间自然对流平均表面传热系数，式（6-45）	均匀壁温
23. 水平夹层有限空间自然对流平均表面传热系数，式（6-46）	均匀壁温

本章的一个主要教学目的是使读者掌握如何从文献中选取合适的实验关联式。一般地说，这些关联式都能满足工程设计的需要。对于设计精度要求特别高的情形，应当仔细检阅原文献，以获得有意义的关联式的精度估计。正是为此原因，本书力图给出关联式的原文献或引用该关联式的主要文献。

从表 6-11 中可见，单相对流时对于管内层流、液态金属以及大空间自然对流，热边界条件（均匀热流还是均匀壁温）有比较明显的影响。例如：管内层流充分发展段均匀热流的表面传热系数比均匀壁温高 19%；对液态金属，均匀壁温时比均匀热流时高 8%～10%湍流传热时，由于流体中的湍流扰动比较剧烈，热边界条件的影响可以不予考虑。在一般工程技术设备中，实际的热边界条件既非均匀壁温，也非均匀热流，但相对地讲接近于均匀壁温情况较多；此外，实验测定中只要壁面材料的导热系数较大，也容易实现接近于均匀壁温的情形。所以，表 6-11 中适用于均匀壁温的关联式居多。实际应用时，对于接近于均匀壁温的情况，可以取平均壁面温度作为计算依据。

2. 本章应用举例

例题 6-9　热线风速仪测速原理

热线风速仪探头的大致结构示于图 6-39 中。被测定速度的气流流经钨丝的流动属于横掠单管的形式。测定时对钨丝通电，设法使钨丝的平均温度保持不变，电流所产生的热量通过对流传热等散失。流速越大，保持钨丝为某个恒定温度所需的电流强度越大，通过预先的标定，就可以从电流强度获得被测定的流体速度。现在利用图中所示的数据从传热学计算角度来确定被测定的流速。钨丝的温度是通过测定其电阻而得出的，其值为 0.416 4 Ω。

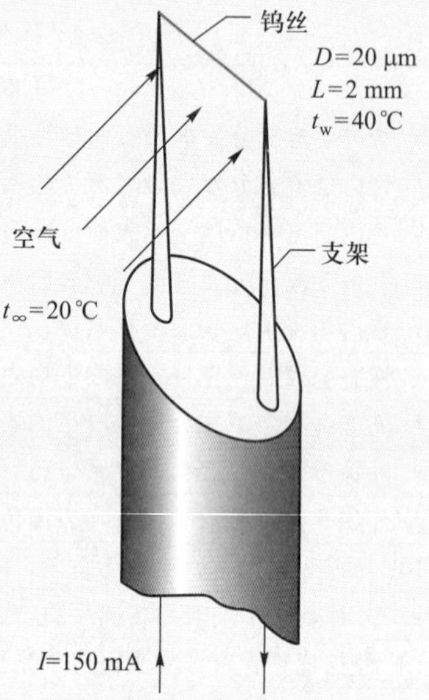

图 6-39　热线风速仪探头示意图

题解

假设：电流所产生的热量全部通过对流散失，不计辐射和热丝端部导热的影响。

分析：这是流体外掠单管的强制对流，可选用式(6-16)及表 6-4 进行计算。但是，对本例流速是被求的量，因此需要根据牛顿冷却公式计算出表面传热系数，再据选定的关联式推算相应的流速。

计算：定性温度 $t_{ref}=(40+20)$ ℃/2 = 30 ℃，相应的物性参数为

$$\lambda=0.026\,7\ \text{W/(m·K)},\quad \nu=16\times10^{-6}\ \text{m}^2/\text{s},\quad Pr=0.701$$

电流的发热量为

$$\Phi=I^2R=(0.150\ \text{A})^2\times0.416\,4\ \Omega=9.37\times10^{-3}\ \text{W}$$

按牛顿冷却公式有

$$h=\frac{\Phi}{A(t_w-t_\infty)}=\frac{9.37\times10^{-3}\ \text{W}}{3.14\times20\times10^{-6}\ \text{m}\times2\times10^{-3}\ \text{m}\times(40-20)\ ℃}=3\,730\ \text{W/(m}^2\cdot\text{K)}$$

$$Nu=\frac{hd}{\lambda}=\frac{3\,730\ \text{W/(m}^2\cdot\text{K)}\times20\times10^{-6}\ \text{m}}{0.026\,7\ \text{W/(m·K)}}=2.794$$

于是有 $2.794=CRe^nPr^{1/3}$。由于出现两个待定常数，需要采用试凑法。先假设 Re 小于 4，则由表 6-4 得 $C=0.989$，$n=0.33$，由此推得 $Re=33.3$。可见假设不正确。再设 Re 处于 4～40，则 $C=0.911$，$n=0.385$，得

$$Re^{0.385}=\frac{2.794}{0.911\times0.701^{0.333}}=3.452$$

$$Re=3.452^{1/0.385}=25$$

这一数值与假定范围吻合，由此得气流速度为

$$u_\infty=\frac{Re\nu}{d}=\frac{25\times16\times10^{-6}\ \text{m}^2/\text{s}}{20\times10^{-6}\ \text{m}}=20\ \text{m/s}$$

讨论：在热线风速仪测定技术中，一般采用 $Nu=A+BRe^n$ 这类形式的经验关联式。热线的 Re 范围一般在 2～40。

例题 6-10　地源冷量的利用

夏天一种节能型的家用空调的方法是利用地下一定深处的温度低于环境温度的特点，将热空气送入置于地下深处的管道内冷却，然后送入房间循环使用，如图 6-40 所示。已知，送风管道内径 $D=400$ mm，风量 $q_V=0.558\ m^3/s$，地下管道维持在壁温 $t_w=18$ ℃，房间出风温度 $t_o=25$ ℃，要求进风温度 $t_i=20$ ℃，管道的绝对表面粗糙度 $\Delta=2.5$ mm。试确定所需管道的长度。

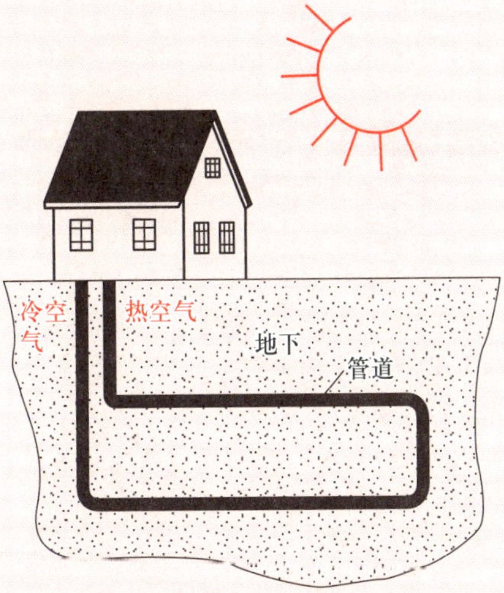

图 6-40　夏天利用地源冷量的示意图

题解

假设：(1) 地源的热容量很大，管壁温度可以维持恒定；(2) 对流传热处于充分发展的湍流阶段；(3) 管道的转弯等不予考虑，均按直管计算。

计算：定性温度为 $t_{ref}=(20+25)℃/2=22.5$ ℃，查得物性参数为

$$\lambda=0.026\ 1\ W/(m\cdot K),\quad \nu=15.3\times10^{-6}\ m^2/s,\quad Pr=0.701,$$

$$\rho=1.195\ kg/m^3,\quad c_p=1\ 005\ J/kg\cdot K$$

截面平均流速

$$u=q_V/(\pi D^2/4)=0.558\ m^3/s/[3.14\times(0.4\ m)^2/4]=4.44\ m/s$$

$$Re=\frac{4.44\ m/s\times0.4\ m}{15.3\times10^{-6}\ m^2/s}=1.16\times10^5$$

相对表面粗糙度为 $\frac{\Delta}{D}=\frac{2.5}{400}=\frac{1}{160}$，流动阻力的 Moody 图上的阻力平方区要求 Re 大于 $4\ 160(0.5D/2\Delta)^{0.85}=4\ 160\times(160\times0.5/2)^{0.85}=95\ 685$。显然，流动已经处于该区域。于是可以采用 Nikurads 公式计算阻力[60]

$$f=\frac{1}{\left(1.74+2\lg\frac{D}{2\Delta}\right)^2}=\frac{1}{(1.74+2\times\lg80)^2}=0.032\ 5$$

由 Gnielinski 公式得

$$Nu=\frac{(f/8)(Re_f-1\ 000)Pr_f}{1+12.7(f/8)^{0.5}(Pr_f^{2/3}-1)}=\frac{(0.032\ 5/8)\times(1.16\times10^5-1\ 000)\times0.701}{1+12.7\times(0.032\ 5/8)^{0.5}\times(0.701^{2/3}-1)}=395$$

$$h_m=\frac{Nu_f\lambda}{D}=\frac{395\times0.026\ 1\ W/(m\cdot K)}{0.40\ m}=25.8\ W/(m^2\cdot K)$$

由空气侧的热平衡关系得总传热量为

$$\Phi=\rho q_V c_p(t_o-t_i)=1.195\ kg/m^3\times0.558\ m^3/s\times1\ 005\ J/(kg\cdot K)\times(25-20)\ K$$
$$=3\ 350\ W$$

本题由于壁温为常壁温而且与流体温度比较接近，应该采用对数平均温差

$$\Delta t_m=\frac{(25-20)\ K}{\ln\frac{25-18}{20-18}}=3.99\ K$$

$$\Phi=hA\Delta t_m=\pi DLh\Delta t_m$$

$$L=\frac{\Phi}{\pi Dh\Delta t_m}=\frac{3\ 350\ W}{3.14\times0.4\ m\times25.8\ W/(m^2\cdot K)\times3.99\ K}=25.9\ m$$

讨论：在空调工程中习惯采用冷冻吨来表示空调负荷，1 冷冻吨的制冷量为 3 518 W，所以上述空调负荷相当于 1 个冷冻吨，大概可供 40 m^2 的房间空调之用。

例题 6-11　开缝翅片效率讨论（课堂/课外讨论用）

为了强化气体的对流传热，常常在气体侧换热表面上设置肋片或翅片，如图 2-20 所示。进一步的强化方法是在连续的翅片上开缝，从气流在翅片上边界层形成的角度，开缝可以切断边界层的连续发展，增加流体中的扰动，从而强化对流传热。图 6-41 示出了一种连续直翅片与一种开缝翅片。开缝翅片是在连续翅片上冲出多条缝条制成的。这些缝条分别向两侧交替地突出，成为切断边界层与增加扰动的元件。文献[61]中研究了连续翅片与开缝翅片的效率与来流气流速度的关系，得出如图 6-42 所示的结果。图中翅片 A 为连续翅片，B、C、D 为开缝翅片。图中结果表明，当气体流速很低时，开缝翅片的翅片效率稍高于平片，而随着气体流速的提高，开缝翅片的效率很快明显地低于平翅片。试从导热与对流传热的基本原理分析这样的结果是否合理，为什么？

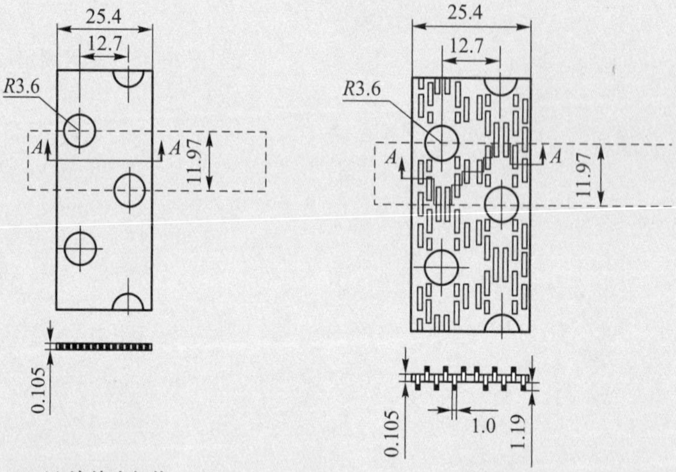

(a) 连续直翅片　　(b) 开缝翅片

图 6-41　连续直翅片与开缝翅片

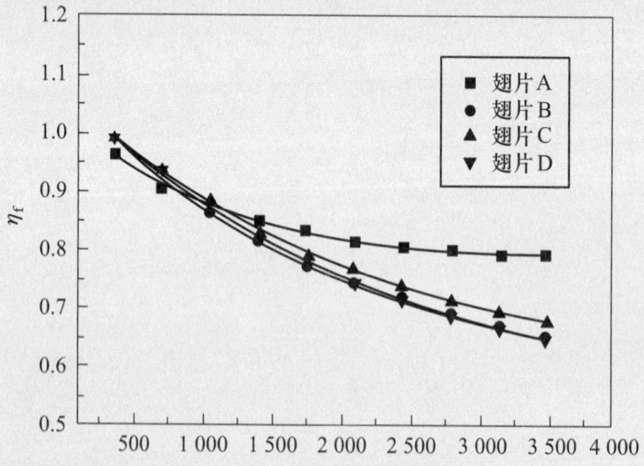

图 6-42　翅片效率与来流气流速度关系

复习题

1. 外掠单管与管内流动这两个流动现象在本质上有什么不同？

2. 外掠管束的平均表面传热系数只有当流动方向的管排数大于一定数值后才与管排数无关，试分析其原因。

3. 说明充分发展管内对流传热这一概念的含义。

4. 说明大空间自然对流与有限空间自然对流的区别，这与强制对流的外部流动和内部流动有什么异同？

5. 对流体外掠叉排管束情况，讨论 s_1/d、s_2/d 的不同对最窄截面位置的影响。

6. 简述射流冲击传热时被冲击表面上局部表面传热系数的分布规律。

7. 为什么射流冲击传热滞止点的局部传热那么强烈？

8. 如果某种强化气体对流传热的结构使阻力系数增加的倍数大于传热系数增加的倍数，它还有使用价值吗？

9. 简述 Nu、Pr、Gr 的物理意义。Nu 与 Bi 有什么区别？

10. 对于新遇到的一种对流传热现象，在从参考资料中寻找特征数方程时要注意什么？

习题

管槽内强制对流传热

6-1　试计算下列情形下的当量直径：(1) 边长为 a 及 b 的矩形通道；(2) 同(1)，但 $b \ll a$；(3) 环形通道，内管外径为 d，外管内径为 D；(4) 在一个内径为 D 的圆形筒体内布置 n 根外径为 d 的圆管，流体在圆外作纵向流动。

6-2　一常物性的流体同时流过温度与之不同的两根直管 1 与 2，且 $d_1 = 2d_2$。流动与传热均已处湍流充分发展区域。试确定在下列两种情形下两管内平均表面传热系数的相对大小：(1) 流体以同样流速流过两管；(2) 流体以同样的质量流量流过两管。

6-3　变压器油在内径为 30 mm 的管子内冷却，管子长 2 m，流量为 0.313 kg/s。变压器油的平均物性可取为 $\rho = 885\ \text{kg/m}^3$，$\nu = 3.8\times10^{-5}\ \text{m}^2/\text{s}$，$Pr = 490$。试判断流动状态及传热是否已进入充分发展区。

6-4　发电机的冷却介质从空气改为氢气后可以提高冷却效率，试对氢气与空气的冷却效果进行比较。比较的条件是：管道内湍流对流传热，通道几何尺寸、流速均相同，定性温度为 50 ℃，气体均处于常压下，不考虑温差修正。50 ℃氢气的物性数据如下：$\rho = 0.075\ 5\ \text{kg/m}^3$，$\lambda = 19.42\times10^{-2}\ \text{W/(m·K)}$，$\eta = 9.41\times10^{-6}\ \text{Pa·s}$，$c_p = 14.36\ \text{kJ/(kg·K)}$。

6-5　平均温度为 100 ℃、压力为 120 kPa 的空气，以 1.5 m/s 的流速流经内径为 25 mm 的电加热管子。试估计在传热充分发展区的对流传热表面传热系数。在均匀热流边界条件下管内层流充分发展对流传热区的 $Nu = 4.36$。

6-6　水以 0.5 kg/s 的质量流量流过一个内径为 2.5 cm、长 15 m 的直通道，入口水温为 10 ℃。管子除了入口处很短的一段距离外，其余部分每个截面上的壁温都比当地平均水温高 15 ℃。试计算水的出口温度，并判断此时的热边界条件。

6-7　流体以 1.5 m/s 的平均速度流经内径为 16 mm 的直管，流体平均温度为 10 ℃，传热已进入充分发展阶段。试比较当流体分别为氟利昂 134a 及水时对流传热表面传热系数的相对大小。管壁平均温度与液体平均温度的差值小于 10 ℃，流体被加热。

6-8　1.013×10^5 Pa 下的空气在内径为 76 mm 的直管内流动，入口温度为 65 ℃，入口体积流量为 $0.022\ \text{m}^3/\text{s}$，管壁的平均温度为 180 ℃。问管子要多长才能使空气加热到 115 ℃？

6-9　平均温度为 40 ℃的 14 号润滑油，流过壁温为 80 ℃、长 1.5 m、内径为 22.1 mm 的直管，流量为 800 kg/h。

油的物性参数可从书末附录中查取。试计算油与壁面间的平均表面传热系数及换热量。80 ℃时油的 $\eta=28.4\times10^{-4}$ Pa·s。

6-10 初温为 30 ℃的水，以 0.857 kg/s 的流量流经一套管式换热器的环形空间，水蒸气在该环形空间的内管中凝结，使内管外壁温维持在 100 ℃。换热器外壳绝热良好。环形夹层内管外径为 40 mm，外管内径为 60 mm。试确定把水加热到 50 ℃时的套管长度，以及管子出口截面处的局部热流密度。

6-11 一台 100 MW 的发电机采用氢气冷却。氢气进入发电机时为 27 ℃，离开发电机时为 88 ℃。发电机的效率为 98.5%，氢气出发电机后进入一正方形截面的管道。若要在管道中维持 $Re=10^5$，问其截面积应为多大？氢气的物性为 $c_p=14.24$ kJ/(kg·K)、$\eta=0.087\times10^{-4}$ Pa·s。

6-12 在一次对流传热的试验中，10 ℃的水以 1.6 m/s 的速度流入内径为 28 mm、外径为 31 mm、长 1.5 m 的管子。管子外表面均匀地缠绕着电阻带作为加热器，其外还包有绝热层。设加热器总功率为 42.05 W，通过绝热层的散热损失为 2%，试确定：(1) 管子出口处的平均水温；(2) 管子外表面的平均壁温。管材的 $\lambda=18$ W/(m·K)。

6-13 水以 1.2 m/s 的平均流速流过内径为 20 mm 的长直管。(1) 管子壁温为 75 ℃，水从 20 ℃加热到 70 ℃；(2) 管子壁温为 15 ℃，水从 70 ℃冷却到 20 ℃。试计算两种情形下的表面传热系数，并讨论造成差别的原因。

6-14 一螺旋管式换热器的管子内径 $d=12$ mm，螺旋数为 4，螺旋直径 $D=150$ mm。进口水温 $t'=20$ ℃，管内平均流速 $u=0.6$ m/s，平均内壁温度为 80 ℃。试计算冷却水出口温度。

6-15 现代储蓄热能的一种装置的示意图如附图所示。一根内径 $d=25$ mm 的圆管被置于一正方形截面的石蜡体中心，热水流过管内使石蜡熔解，从而把热水的显热转化成石蜡的潜热而储蓄起来。热水的入口温度为 60 ℃，流量为 0.15 kg/s。石蜡的物性参数为：熔点为 27.4 ℃，熔化潜热 $L=244$ kJ/kg，固体石蜡的密度 $\rho=770$ kg/m³。假设圆管表面温度在加热过程中一直处于石蜡的熔点，试计算把该单元中的石蜡全部熔化热水需流过多长时间？$b=0.25$ m，$l=3$ m。

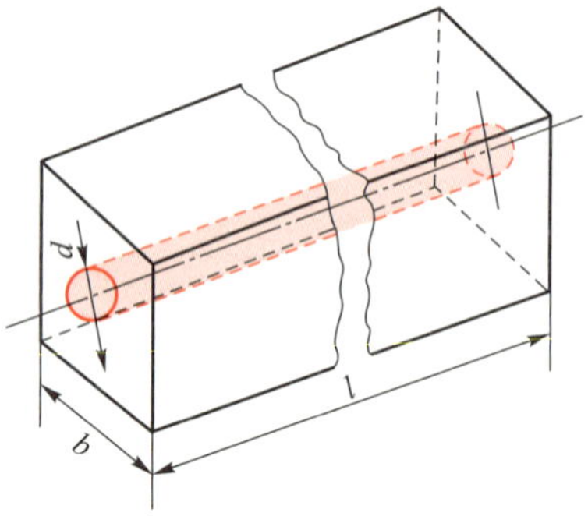

习题 6-15 附图

6-16 在管道中充分发展的传热区域 $\partial\left(\dfrac{t_w-t}{t_w-t_b}\right)\Big/\partial x=0$。无论 t_w 或 t_b 均可以是轴线方向坐标 x 的函数，但上述量纲为一的温度却与 x 无关。试从对流传热表面传热系数的定义出发，以圆管内流动与传热为例，证明在充分发展换热区常物性流体的局部表面传热系数也与 x 无关。

6-17 电力变压器可视为直径为 300 mm、高 500 mm 的短柱体，在运行过程中它需散失热流量 1 000 W。为使其表面温度维持在 47 ℃，在其外壳上缠绕多圈内径为 20 mm 的管子（见附图），管内通过甘油以吸收变压器的散热。管壁通过焊接与变压器外壳相连。设要求外壳温度维持在 47 ℃，甘油入口温度为 24 ℃，螺旋管内的允许温升为 6 ℃，并设变压器的散热均为甘油所吸收。试确定所需甘油流量、换热管总长度以及缠绕在柱体上的螺旋管相邻两层之间的间距 s。27 ℃时甘油的物性参数如下：$\rho=1\,259.9$ kg/m³，$c_p=2\,427$ kJ/(kg·K)，$\lambda=0.286$ W/(m·K)，$\eta=79.9\times10^{-2}$ Pa·s，$Pr=6\,780$。47 ℃时甘油的 $\eta=20.95\times10^{-2}$ Pa·s。

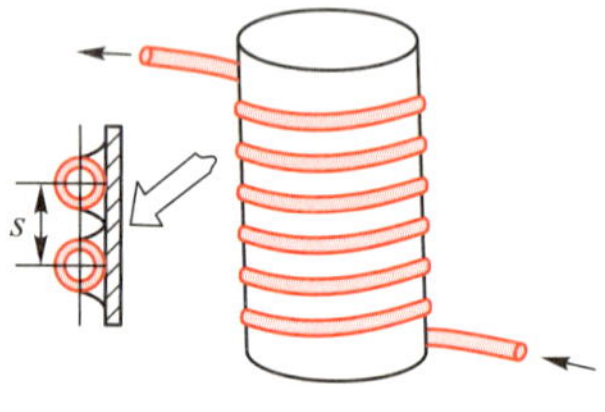

习题 6-17 附图

外掠平板对流传热

6-18 一块长 400 mm 的平板，平均壁温为 40 ℃。常压下 20 ℃的空气以 10 m/s 的速度纵向流过该板表面。试计算离平板前缘 50 mm、100 mm、200 mm、300 mm、400 mm 处的热边界层厚度、局部表面传热系数及平均表面传热系数。

6-19 温度为 0 ℃的冷空气以 6 m/s 的流速平行地吹过一太阳能集热器的表面。该表面呈方形，尺寸为 1 m×1 m，其中一个边与来流方向垂直。如果表面平均温度为 20 ℃，试计算由于对流而散失的热量。

6-20 在一摩托车引擎的壳体上有一条高 2 cm、长 12 cm 的散热片(长度方向系与车身平行)。散热片表面温度为 150 ℃。如果车子在 20 ℃的环境中逆风前进,车速为 30 km/h,而风速为 2 m/s,试计算此时肋片的散热量(风速与车速相平行)。

6-21 一个亚音速风洞实验段的最大风速可达 40 m/s。为了使外掠平板的流动达到 5×10^5 的 Re_x 数,问平板需多长?设来流温度为 30 ℃,平板壁温为 70 ℃。如果平板温度系用低压水蒸气在夹层中凝结来维持,当平板垂直于流动方向的宽度为 20 cm 时,试确定水蒸气的凝结量。风洞中的压力可取为 1.013×10^5 Pa。

6-22 为保证微处理机正常工作,采用一个小风机将气流平行地吹过集成电路块表面,如附图所示。试分析:(1) 如果每个集成电路块的散热量相同,在气流方向上不同编号的集成电路块的表面温度是否一样,为什么?对温度要求较高的组件应当放在什么位置上?(2) 哪些量纲为一的量影响对流传热?

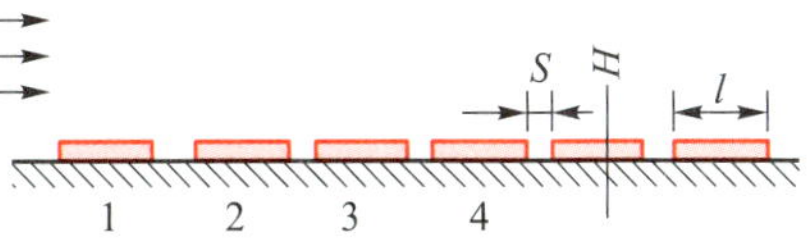

习题 6-22 附图

6-23 飞机的机翼可近似地看成一块置于平行气流中的长 2.5 m 的平板,飞机的飞行速度为 400 km/h,空气压力为 0.7×10^5 Pa,空气温度为-10 ℃。机翼顶面吸收的太阳辐射为 800 W/m^2,而其自身辐射略而不计。试确定处于稳态时机翼的温度(假设温度是均匀的)。如果考虑机翼的本身辐射,这一温度应上升还是下降?

6-24 一空气加热器系由宽 20 mm 的薄电阻带沿空气流动方向并行排列组成(见附图),其表面平整光滑。每条电阻带在垂直于流动方向上的长度为 200 mm,且各自单独通电加热。假设在稳态运行过程中每条电阻带的温度都相等。从第一条电阻带的功率表中读出功率为 80 W,问第 14、24 条电阻带的功率表读数各为多少(其他热损失不计,流动为层流)?

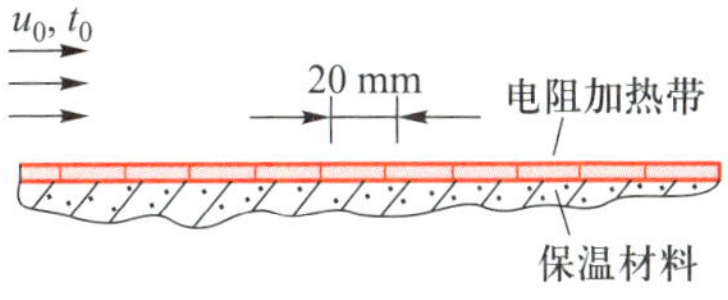

习题 6-24 附图

6-25 为解决世界上干旱地区的用水问题,曾召开过数次世界性会议进行讨论。有一个方案是把南极的冰山拖到干旱地区去。宽阔且平整的冰山是最适宜于拖运的。设要把一座长 1 km、宽 0.5 km、厚 0.25 km 的冰山拖运到 6 000 km 以外的地区去,平均拖运速度为每小时 1 km。拖运路上水温的平均值为 10 ℃。作为一种估算,在拖运中冰与环境的作用可认为主要是冰块的底部与水之间的传热。试估算在拖运过程中冰山自身的融化量。冰的融解热为 3.34×10^5 J/kg,当 $Re>5\times10^5$ 时全部边界层可认为已进入湍流。

外掠单管与管束

6-26 直径为 10 mm 的电加热圆柱置于气流中冷却,在 $Re=4\ 000$ 时每米长圆柱通过对流传热散失的热量为 69 W。若把圆柱直径改为 20 mm,其余条件不变(包括 t_w),问每米长圆柱的散热量为多少?

6-27 测定流速的热线风速仪是利用流速不同对圆柱的冷却能力不同,从而导致电热丝温度及电阻值不同的原理制成的。用电桥测定电热丝的阻值可推得其温度。今有直径为 0.1 mm 的电热丝垂直于气流方向放置,来流温度为 20 ℃,电热丝温度为 40 ℃,加热功率为 17.8 W/m。试确定此时的流速。略去其他的热损失。

6-28 一个优秀的马拉松长跑运动员可以在 2.5 h 内跑完全程(41 842.8 m)。为了估计他在跑步过程中的散热损失,可以作这样的简化:把人体看成高 1.75 m、直径为 0.35 m 的圆柱,皮肤温度作为柱体表面温度,取为 31 ℃;空气是静止的,温度为 15 ℃。不计柱体两端面的散热。试据此估算一个马拉松长跑运动员跑完全程后的散热量(不计出汗散失的部分)。

6-29 一未包绝热材料的蒸汽管道用来输送 150 ℃的水蒸气。管道外径为 500 mm,置于室外。冬天室外温度为-10 ℃。如果空气以 5 m/s 的流速横向吹过该管道,试确定其单位长度上的对流散热量。

6-30 某锅炉厂生产的 220 t/h 高压锅炉,其低温段空气预热器的设计参数为:叉排布置,$s_1=76$ mm,$s_2=44$ mm,管子为 $\phi40$ mm×1.5 mm,平均温度为 150 ℃的空气横向冲刷管束,流动方向的总排数为 44。在管排中心线截面上的空气流速(即最小截面上的流速)为 6.03 m/s。试确定管束与空气间的平均表面传热系数。管壁平均温度为 185 ℃。

6-31 如附图所示，一股冷空气横向吹过一组圆形截面的直肋。已知：最小截面处的空气流速为 3.8 m/s，气流温度 $t_f=35$ ℃；肋片的平均表面温度为 65 ℃，导热系数为 98 W/(m·K)，肋根温度维持定值；$s_1/d=s_2/d=2$，$d=10$ mm。为有效地利用金属，规定肋片的 mH 值不应大于 1.5，试计算此时肋片应多高？在流动方向上排数大于 16。

6-32 在锅炉的空气预热器中，空气横向掠过一组叉排管束，$s_1=80$ mm，$s_2=50$ mm，管子外径 $d=40$ mm。空气在最小截面处的流速为 6 m/s，流体温度 $t_f=133$ ℃。流动方向上的排数大于 10，管壁平均温度为 165 ℃。试确定空气与管束间的平均表面传热系数。

6-33 如附图所示，在两块安装有电子器件的等温平板之间安装了 25×25 根散热圆柱，圆柱直径 $d=2$ mm，长度 $l=100$ mm，顺排布置，$s_1=s_2=4$ mm。设圆柱表面的平均温度为 340 K，进入圆柱束的空气温度为 300 K，进入圆柱束前的流速为 10 m/s，试确定圆柱束所传递的对流传热量。

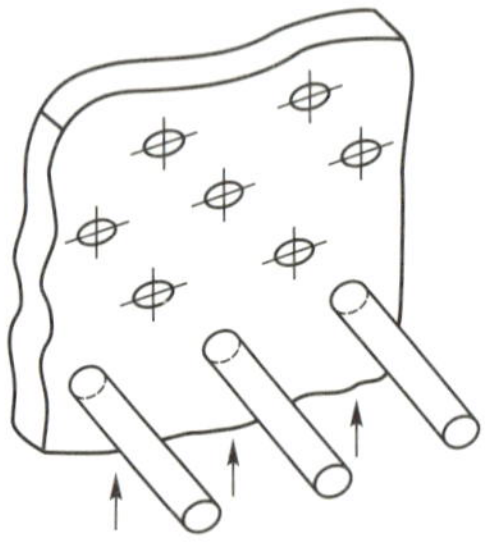

习题 6-31 附图（部分肋片未画出）

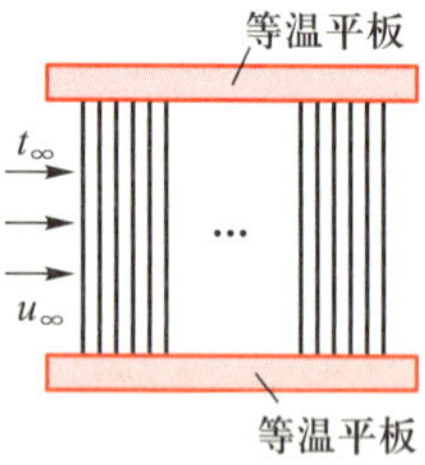

习题 6-33 附图

外掠平直翅片管束

6-34 若例题 6-4 中管排数 $N=2$、叉排，换热器的宽高不变，纵向管间距 $s_2=22.0$ mm，其他条件不变，试求肋片侧空气的平均表面传热系数。

外掠球堆积结构

6-35 现有速度 $u_m=2.0$ m/s、温度 $t_{in}=25$ ℃的常压空气流经图 6-14b、c 所示的堆积床后被加热到 $t_{out}=55$ ℃。已知球颗粒直径 $d=6.0$ mm，试求这两种情况下空气与颗粒间的平均表面传热系数。

射流冲击传热

6-36 温度为 20 ℃的空气从直径 $d=10$ mm 的喷嘴中以 20 m/s 的速度射出，垂直地冲击到 $t_w=100$ ℃的平板上。环境温度 $t_\infty=20$ ℃。试对 $l/d=2$、3、4、5、6 五种情形，计算在 $r/d=2.5\sim7.5$ 范围内的平均 Nu，由此可以得出什么结论？

6-37 温度为 25 ℃的空气从宽 $W=10$ mm 的窄缝中以 10 m/s 的速度射出，垂直地冲击到 $t_w=80$ ℃的表面上。环境温度 $t_\infty=25$ ℃。试对 $l/W=2$、3、4、5、6 五种情形，估算滞止点的表面传热系数。

大空间自然对流

6-38 将水平圆柱外自然对流传热的准则式改写成为以下的方便形式：

$$h=C(\Delta t/d)^{1/4}$$

其中系数 C 取决于流体种类及温度。对于空气及水，试分别计算 $t_m=40$ ℃、60 ℃、80 ℃的三种情形时上式中的系数 C 之值。

6-39 一直径为 25 mm、长 1.2 m 的竖直圆管，表面温度为 60 ℃，试比较把它置于下列两种环境中的自然对流散热量：(1) 15 ℃、1.013×10^5 Pa 下的空气；(2) 15 ℃、2.026×10^5 Pa 下的空气。在一般压力变化范围(大约从 0.1×10^5 Pa 到 10×10^5 Pa)内，空气的 η、c_p 及 λ 可认为与压力无关。

6-40 一根 $l/d=10$ 的金属柱，从加热炉中取出置于静止空气中冷却。从加速冷却的观点，柱体应水平放置还是竖直放置(设两种情况下辐射散热相同)？试估算开始冷却的瞬间在两种放置的情形下自然对流冷却散热量的比值。两种情形下流动均为层流(端面散热不计)。

6-41 假设把人体简化成直径为 30 cm、高 1.75 m 的等温竖圆柱，其表面温度比人体体内的正常温度低 2 ℃，试计算该模型位于静止空气中时的自然对流散热量，并与人体每天的平均摄入热量(5 440 kJ)相比较。圆柱两端面的散热可不予考虑，人体正常体温按 37 ℃计算，环境温度为 25 ℃。

6-42 一块有内部电加热的正方形薄平板，边长 30 cm，被竖直地置于静止的空气中。空气温度为 35 ℃。为防止平板内部电热丝过热，其表面温度不允许超过 150 ℃。试确定所允许的电热器的最大功率。平板表面辐射传热系数取为 $8.52\ \mathrm{W/(m^2\cdot K)}$。

6-43 有人认为，一般房间的墙壁表面每平方米面积与室内空气间的自然对流传热量相当于一个家用白炽灯泡的功率。试对冬天与夏天的两种典型情况作估算，以判断这一说法是否有根据。设墙高 2.5 m，夏天墙表面温度为 35 ℃，室内温度为 25 ℃；冬天墙表面温度为 10 ℃，室内空气温度为 20 ℃。

6-44 电子器件的散热器系由一组相互平行的竖直放置的肋片组成，如附图所示，$l=20$ mm，$H=150$ mm，$t=1.5$ mm。平板上的自然对流边界层厚度 $\delta(x)$ 可按下式计算：

$$\delta(x)=5x(Gr_x/4)^{-1/4}$$

其中，x 为从平板底面起算的当地高度，Gr_x 以 x 为特征长度。散热片的温度可认为是均匀的，并取为 $t_w=75$ ℃，环境温度 $t_\infty=25$ ℃。试确定：(1) 使相邻两平板上的自然对流边界层不互相干扰的最小间距 s；(2) 在上述间距下一个肋片的自然对流散热量。

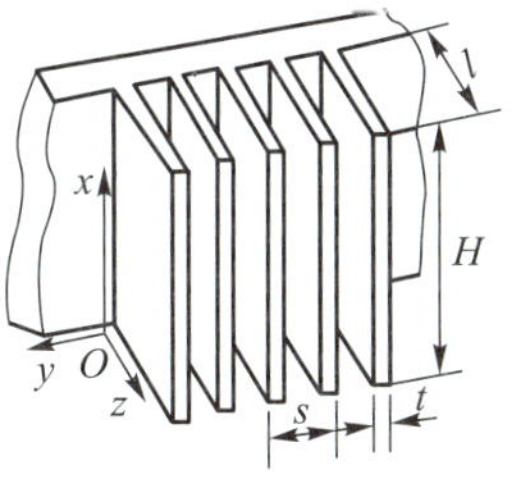

习题 6-44 附图

6-45 一池式换热设备由 30 个竖直放置的矩形平板组成，每块板宽 0.3 m、高 0.5 m，两板之间的距离很大，热边界层的发展不会受到影响。冷却剂为水，温度为 20 ℃。板面的温度均匀，且最高允许温度为 100 ℃。试计算这一换热设备的最大换热量。

6-46 一输送冷空气的方形截面的管道，水平地穿过一室温为 28 ℃的房间，管道外表面平均温度为 12 ℃，截面尺寸为 0.3 m×0.3 m。试计算每米长管道上冷空气通过外表面的自然对流从房间内带走的热量。

6-47 尺寸为 33 cm×33 cm 的薄瓷砖水平地置于加热炉内加热，炉内温度为 590 ℃。试估算当瓷砖表面温度为 430 ℃时的自然对流传热量。计算所用关联式可参考上题。

6-48 一直径为 25 cm 的金属球壳，其内置有电热器，该球壳被悬吊于温度为 20 ℃的盛水的容器中。为使球壳表面温度维持在 65 ℃，问电加热功率为多大？

6-49 对习题 6-42 所述情形，设已知加热功率为 310 W，其中 42% 系通过自然对流散失，且假定热流密度是均匀的。试确定平板的最高壁温。

有限空间自然对流

6-50 一水平封闭夹层，其上、下表面的间距 $\delta=14$ mm，夹层内是压力为 1.013×10^5 Pa 的空气。设一个表面的温度为 90 ℃，另一表面为 30 ℃，试计算当热表面在冷表面之上及在冷表面之下两种情形下，通过夹层单位面积的传热量。

6-51 一太阳能集热器吸热表面的平均温度为 85 ℃，其上覆盖表面的温度为 35 ℃，两表面形成相距 5 cm 的夹层。试确定在每平方米夹层上空气自然对流的散热量。研究表明，当 $Gr_\delta Pr\leqslant1\,700$ 时不会产生自然对流而是纯导热工况。试对本例确定不产生自然对流的两表面间间隙的最大值，此时的散热量为多少(不包括辐射部分)？

6-52 一烘箱的顶部尺寸为 0.6 m×0.6 m，顶面温度为 70 ℃。为减少热损失及安全起见，在顶面上又加了一封闭夹层，夹层盖板与箱顶的间距为 50 mm。假设加夹层后原箱顶的温度仍为 70 ℃，试计算加夹层后的自然对流热损失是不加夹层时的百分之几？环境温度为 27 ℃。

6-53 一太阳能集热器置于水平的房顶上。在集热器的吸热表面上用玻璃作顶盖，形成一封闭的空气夹层，夹层厚 10 cm。设吸热表面的平均温度为 90 ℃，玻璃内表面温度为 30 ℃，试确定由于夹层中空气自然对流散热而引起的热损失。集热器呈正方形，尺寸为 1 m×1 m。又，如果吸热表面不设空气夹层，让吸热表面直接暴露于大气之中，试计算在表面温度为 90 ℃时，由于空气的自然对流而引起的散热量（环境温度取为 20 ℃）。

6-54 与水平面成倾角 θ 的夹层中的自然对流传热，可以近似地以 $g\cos\theta$ 来代替 g 而计算 Gr 数。今有一个 $\theta=30°$ 的太阳能集热器，吸热表面的温度 $t_{w1}=140$ ℃，吸热表面上的封闭空间内抽成压力为 0.2×10^5 Pa 的真空。封闭空间的顶盖为一透明窗，其面向吸热表面侧的温度为 40 ℃。夹层厚 8 cm。试计算夹层单位面积的自然对流散热损失，并从热阻的角度分析，在其他条件均相同的情况下，夹层抽真空与不抽真空对玻璃窗温度的影响。

6-55 一竖直的空心夹层宽 0.1 m、高 3 m，两侧壁温度分别为 20 ℃及 -10 ℃，试确定冷、热单位表面间的换热量。如果在夹层高度一半处加上一层绝热的隔板，把夹层分成上、下两个（见附图），其余情况不变，此时冷、热表面间的换热量如何变化？由此可以得出一些什么看法。

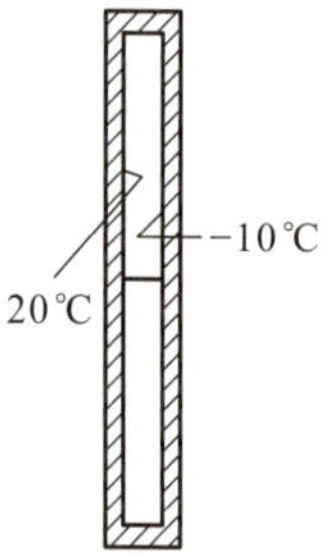

习题 6-55 附图

强化对流传热机理

6-56 有如图所示两种太阳能空气加热器，实践表明，小孔式吸热器的效率远高于平板式，试分析其原因。

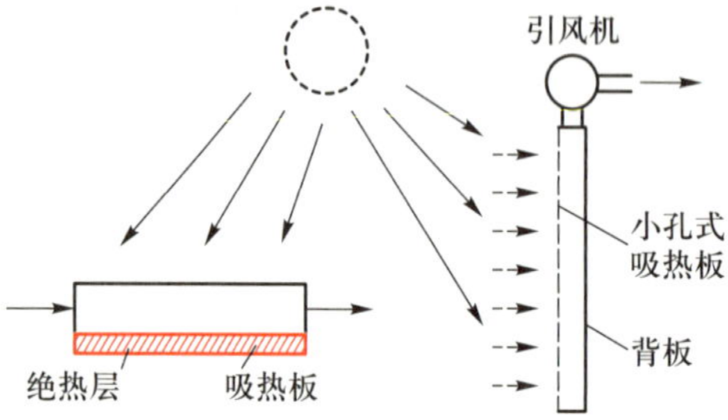

(a) 平板式　　(b) 小孔式

习题 6-56 附图

6-57 如图所示，有一个美国专利[62]，试图将啤酒瓶置于冷却水中旋转而加速啤酒的冷却。试根据强化传热的机理分析这个专利的适用性。

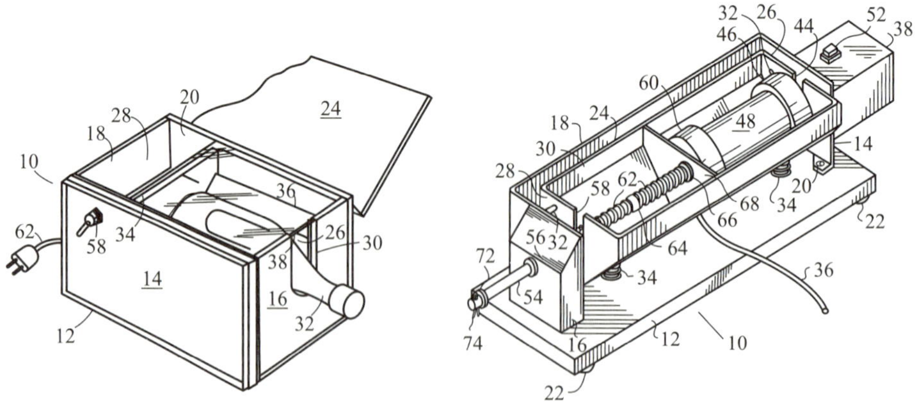
(a) 专利外形图　　(b) 旋转装置细节

习题 6-57 附图

6-58　利用例题 6-6 的条件,但取计算区域的半径为 10 cm,重新计算射流冲击的平均对流传热系数,并且比较流经 10 cm 长平板的对流传热系数。将计算结果与例题 6-6 相比,分析其差别及产生差别的原因。

综合分析

6-59　在一块大的基板上安装有尺寸为 25 mm×25 mm、温度为 120 ℃的电子元件,30 ℃的空气以 5 m/s 的流速吹过该表面,散热量为 0.5 W。今在其中安置一根直径为 10 mm 的针肋,其材料碳质量分数为 1.5%的碳钢,并设电子元件的表面温度仍为 120 ℃。试确定:(1) 针肋能散失的最大热量;(2) 为达到这一散热量该针肋实际所需的长度;(3) 设安置针肋后该元件的热量完全通过针肋散失,安装针肋后该元件的功率可以增加的百分数。

6-60　用附图所示的热电偶温度计测定气流温度。热电偶置于内径 $d_i = 6$ mm、外径 $d_o = 10$ mm 的钢管中,其 $\lambda = 35$ W/(m·K),钢管的高度 $H = 10$ cm。用另一热电偶测得了管道表面温度 t_2。设 $t_1 = 180$ ℃,$t_2 = 100$ ℃,$u_\infty = 5$ m/s,试估计来流温度 t_∞(不考虑辐射传热的影响)。

6-61　在太阳能集热器的平板后面用焊接的方法固定了一片冷却水管排,如附图所示。设冷却管与集热器平板之间的接触热阻可以忽略,集热器平板维持在 75 ℃。管子用铜做成,内径为 10 mm。设进口水温为 20 ℃,水流量为 0.2 kg/s,冷却管共长 2.85 m,试确定该太阳能集热器总的集热量。

6-62　一尺寸为 1.4 cm×1.4 cm 的芯片水平地置于一机箱的底面上。设机箱内空气温度 $t_\infty = 25$ ℃,芯片的散热量为 0.23 W。试确定:(1) 当散热方式仅有自然对流时芯片的表面温度,设芯片周围物体不影响其自然对流运动。(2) 如果考虑辐射传热的作用,则对芯片表面温度有什么影响? 并分析此时应怎样确定芯片的表面温度。

6-63　一种冷却计算机芯片的有效方法是在芯片的一侧表面上黏上一块"冷板",其中设置有一系列并行布置的小冷却通道,如附图所示。试针对下列情形确定冷板的热负荷:$d = 1$ mm,$l = 12$ mm,$s/d = 2$,$q = 2\times10^5$ W/m²,$t' = 33$ ℃。假设在每个小通道中的冷却水流量是均匀的,总流量 $q_m = 9.34\times10^{-4}$ kg/s,冷却通道壁温 $t_w = 80$ ℃。

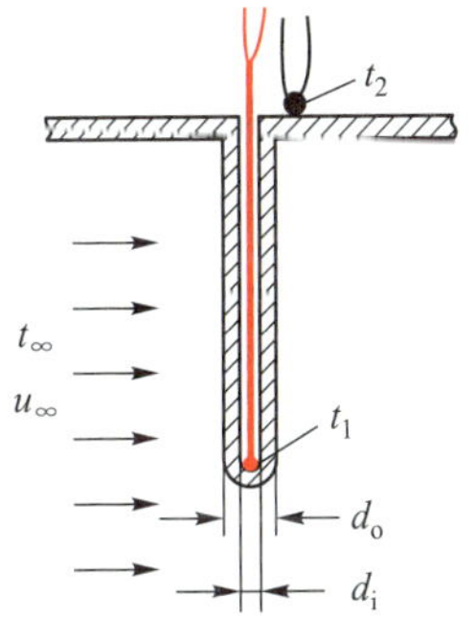

习题 6-60 附图

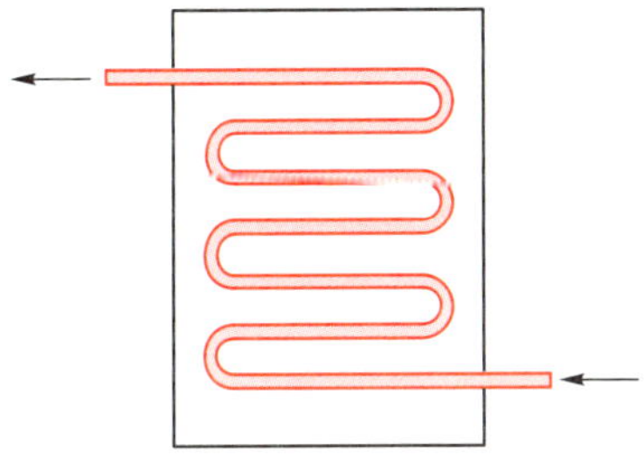
习题 6-61 附图

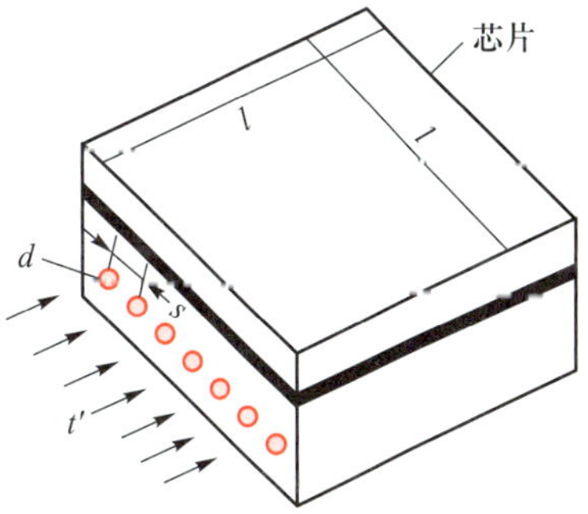

习题 6-63 附图

6-64　用内径为 0.25 m 的薄壁钢管运送 200 ℃的热水。管外设置有厚 $\delta = 0.15$ m 的保护层,其 $\lambda = 0.05$ W/(m·K);管道长 500 m,水的质量流量为 25 kg/s。设冬天该管道受到 $u_\infty = 4$ m/s、$t_\infty = -10$ ℃空气的横向冲刷,试确定该管道出口处水的温度。辐射传热略而不计。

6-65　一烟管内通以高温烟气(平均烟气温度为 800 K)以加热管外的水。设烟管内径 $d = 20$ mm,烟气的质量流量为 0.01 kg/s,而烟管的壁温为 340 K,烟气压力为 1.013×10^5 Pa。试确定烟气与水之间单位长度上的换热量。有人提出,为了强化传热,在烟管中插入一根对角线长为 20 mm 的正方形柱体,试定量确认这一方法是否可行。辐射传热略而不计。

6-66　一种冷却电子线路板的方法示于附图中。线路板两侧紧贴两个带有多个平行通道的冷板,冷空气流过平行通道带走热量。已知:线路板的功率为 100 W;平行通道的截面尺寸为 6 mm×25 mm;常压下的空气以

0.010 m^3/s 的流量流经平行通道，入口气温为 25 ℃。两块冷板的通道总数为 24。试估算线路板的平均运行温度。

6-67　一块厚 20 mm，高、宽各为 300 mm，温度为 0 ℃的冰块，竖直地置于 25 ℃大房间的静止空气中。试估算两个小时之内冰块融化的水的质量。冰的融化热为 333.3 kJ/kg，冰的发射率为 0.95。

6-68　一组平行平板竖直地置于 25 ℃的空气中（见附图），平板温度可视为均匀，$t_w = 75$ ℃，两板间的距离足够大，不影响热边界层的发展。试对下列情况计算一块板单位面积上的散热量：(1) 只有自然对流；(2) 空气以 0.6 m/s 的速度竖直向下流动（在风机作用下）；(3) 空气以 0.2 m/s 的速度竖直地向上流动。

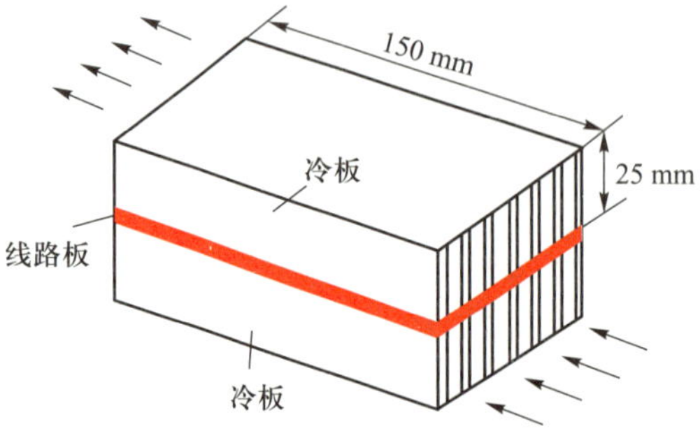

习题 6-66 附图

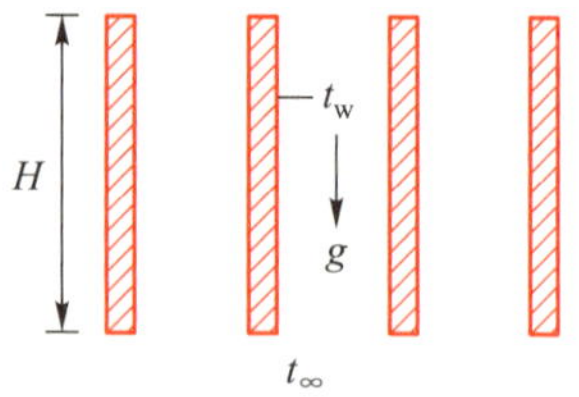

习题 6-68 附图

6-69　对燃气轮机叶片冷却的模拟试验表明，当温度 $t_1 = 35$ ℃的气流以 $u_1 = 60$ m/s 的速度吹过特征长度 $l_1 = 0.15$ m、壁温 $t_{w1} = 300$ ℃的叶片时，换热量为 1 500 W。试据此数据来估算同样温度的气流以 $u_2 = 40$ m/s 的速度流经特征长度 $l_2 = 0.225$ m、$t_{w2} = 340$ ℃的叶片时，叶片与气流间所交换的热量。设两种情形下叶片均可作为二维问题处理，计算可对单位长度叶片进行。

小论文题目

6-70　试从自然对流的能量方程出发，导出 Ra。结合实验结果（参见文献[23,25]）分析为什么自然对流从层流到湍流转变的判据应该是 Gr，而不应采用 Ra？

6-71　方腔内孤立物体的自然对流传热可以作为室内暖气片或者冰箱制冷盘管对流传热的简化模型，如附图 a、b 所示。试分析所示两种情形下的孤立物体的自然对流传热之间有什么联系。

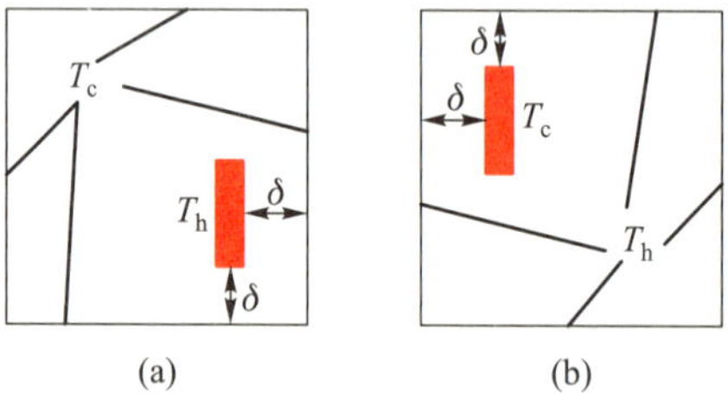

习题 6-71 附图

采用基于 MHT-Learning 工具软件的题目

6-72　如附图所示，在一块 2 cm×2 cm 的铜制冷板上用直径 1 mm、高 15 mm 的铜制小圆柱为散热肋片，圆柱呈顺排排列，迎风面方向有 9 根圆柱，$S_1/d = S_2/d = 2$，圆柱间空气平均流速为 2 m/s，进口温度 20 ℃，该冷板用于冷却功率为 150 W 的电子器件，要求冷板温度不得超过 100 ℃，试分析计算需要设置多少根小圆柱？

6-73　1981 年 Tuckerman 与 Pease[32] 在附图所示的冷却结构中实现了 790 W/cm^2 的记录。冷板材料为铜

(1 cm×1 cm),冷却通道系由硅片制成,其导热系数为铜的 1/3 左右,实验用矩形微通道的尺寸为:通道宽度及间距 $l_w = l_c = 57\ \mu m$,通道高度为 $z = 365\ \mu m$;在冷却水进口温度 23 ℃,流量为 8.6 m^3/s 的条件下,达到了上述冷却功率。试运用你的传热学知识,分析达到这样冷却效果的可能性。

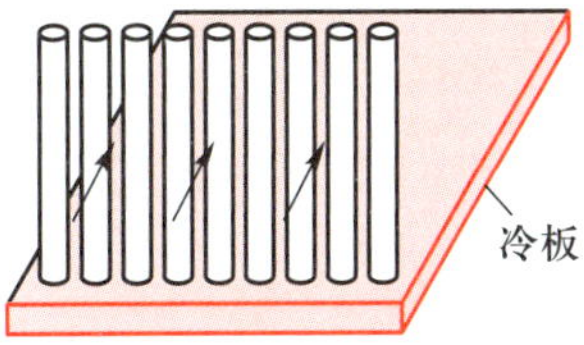

习题 6-72 附图

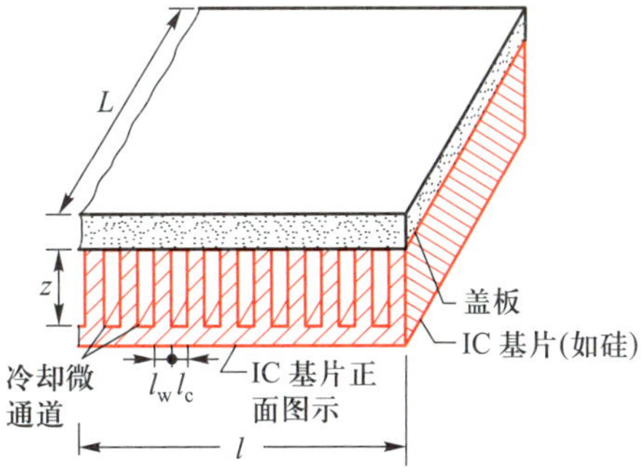

习题 6-73 附图

6-74 如图 6-8 所示,流体横掠单管时表面传热系数在圆管表面周向分布极不均匀。试借助 MHT-Learning 工具软件实现层流范围内不同雷诺数(建议至少两个不同的值)下空气横掠单管的对流传热计算,绘制出表面传热系数沿周向的变化曲线并结合教材相关内容进行分析。

参考文献

[1] BERGMAN T L, LAVINE A S. Fundamentals of heat and mass transfer[M]. 8th ed. Hoboken: John Wily & Sons, 2017: 496-497.

[2] ÇENGEL Y A, GHAJAR A J. Heat and mass transfer: fundamentals & applications[M]. 6th ed. New York: McGraw-Hill, 2020: 514, 515, 459.

[3] 佚名. 锅炉机组热力计算标准方法[M]. 北京锅炉厂设计科, 译. 北京: 机械工业出版社, 1976: 47-75.

[4] GNIELINSKI V. New equations for heat mass transfer in turbulent pipe and channel flows[J]. Int Chem Eng, 1976, 16: 359-368.

[5] GNIELINSKI V. On heat transfer in tubes[J]. Int Journal Heat Mass Transfer, 2013, 63: 134-140. (updated on 2015, 81: 638)

[6] GNIELINSKI V. Turbulent flow in concentric annular ducts[J]. Heat Transfer Engineering, 2009, 30(6): 431-436.

[7] WANG P, YANG M, WANG Z, et al. A new heat transfer correlation for turbulent flow of air with variable properties in noncircular ducts[J]. ASME J Heat Transfer, 2014, 136: 101 701-1 to 101 701-08.

[8] SHAH R K, JOSHI S D. Handbook of single-phase convective heat transfer[M]. New York: Wiley-Interscience, 1987: Chapter 3 and 5.

[9] JI W T, ZHANG D C, HE Y L, et al. Prediction of fully developed turbulent heat transfer of internal helically ribbed tubes: an extension of Gnielinski equation[J]. Int Journal Heat Mass Transfer, 2012, 55: 1 375-1 384.

[10] BERTSCHE D, KNNIPER P, WETZEL T. Experimental investigation on heat transfer in laminar, transitional and turbulent circular pipe flow[J]. Int Journal Heat Mass Transfer, 2016, 95: 1 008-1 018.

[11] SHAH R K, LONDON A L. Laminar flow forced convection in ducts[M]// Hartnett J P, Irvine T F. Advances in heat transfer, supplement 1. New York: Academic Press, 1978, 78-384.

[12] CHURCHILL S W, BERNSTEIN M. A correlating equation for forced convection from gases and liquids to a circular cylinder in cross flow[J]. ASME J Heat Transfer, 1997, 99(1): 300-306.

[13] JAKOB M. Heat transfer: Vol. 1[M]. New York: John Wiley & Sons, 1949: 562, 609-610.

[14] WHITAKER S. Forced convection heat transfer correlations for flow in pipes, past flat plates, single cylinders, single spheres, and flow in packed bids and tube bundles[J]. AIChE J, 1972, 18: 361-372.

[15] ZHUKAUSKAS A. Heat transfer from tubes in cross flow[W]// Kakc S, Shah R K, Wing Aung. Handbook of single phase convective heat transfer. New York: Wiley Interscience, 1987.

[16] WANG C C, CHI K Y, CHANG C J. Heat transfer and friction characteristics of plain fin-and-tube heat exchangers: part II:

correlation [J]. International Journal of Heat and Mass Transfer, 2000,43:2 693-2 700.

[17] 顾维藻,神家锐,马重芳,等. 强化传热[M]. 北京:科学出版社,1990:399-450.

[18] WEBB R L,KIM N H. Principle of enhanced heat transfer [M]. 2nd ed. Boca Raton:Taylor & Francis,2005.

[19] ACHENBACH E. Heat and flow characteristics of packed beds [J]. Experimental Thermal and Fluid Science,1995,10:17-27.

[20] MATIN H. Heat and mass transfer between impinging gas jets and solid surfaces[M]// Hartnett J P. Advances in heat transfer,1977.

[21] WEBB B W,MA C F. Single-phase liquid impingement heat transfer[M]//Hartnett J P. Advances in heat transfer,1995.

[22] ECKERT E R G,DRAKE R M Jr. Heat and mass transfer [M]. 2nd ed. New York:McGraw-Hill Book Company,1959,323.

[23] YANG S M,ZHANG Z Z. An experimental study of natural convection heat transfer from a horizontal cylinder in high Rayleigh number laminar and turbulent region[C]//Hewitt G F. Proceedings of the 10th International Heat Transfer Conference. Brighton, 1994,7:185-189.

[24] 杨世铭. 自然对流换热基本规律研究的新进展[G]//陶文铨,林汉涛,李长发,等. 传热学的研究与进展. 北京:高等教育出版社,1995:17-26.

[25] YANG S M. Improvement of the basic correlating equations and transition criteria of natural convection heat transfer[J]. Heat Transfer-Asian Research,2001,30(4):293-299.

[26] BEJAN A,LAGE J L. The Prandtl number effect on the transition in natural convection along a vertical surface[J]. ASME J Heat Transfer,1990,112:787-790.

[27] 杨世铭. Progress on researches for physical laws of natural convection heat transfer in past decade[G]//陶文铨,何雅玲,等. 对流换热及其强化的理论与实验研究最新进展. 北京:高等教育出版社,2005:1-5.

[28] 杨世铭. 细长圆柱体及竖圆管的自然对流传热[J]. 西安交通大学学报,1980,14(3):115-131.

[29] CHURCHILL S W. Free convection around immersed bodies[M]//E U Schlunder,Editor-in-chief,Heat exchanger design handbook:Section 2. 5. 7. New York:Hemisphere,1983.

[30] SPARROW E M,CARLSON L K. Local and average natural convection Nusselt numbers for a uniformly heated,shrouded or unshrouded horizontal plate[J]. Int J Heat Mass transfer,1986, 29:369-380.

[31] CHAMBER B,LEE T Y T. A numerical study of local and average natural convection Nusselt numbers for simultaneously convection above and below a uniformly heated horizontal thin plates[J]. ASME J Heat Transfer,1997. 119:102-108.

[32] BEJAN A. Heat transfer[M]. New York:John Wiley & Sons,1955:365.

[33] HOLMAN J P. Heat transfer[M]. 10th ed. Boston: McGraw-Hill Higher Education,2010:350.

[34] CHURCHILL S W. Combined free and forced convection in channels [M]//Hewitt G F. Heat exchanger design handbook. New York:Begell House,2002:Section 2. 5. 10.

[35] TUCKERMAN D B,PEASE R E. High-performance heat sinking for VLSI[J]. Electron Device Letters,IEEE,1981,2(5): 126-129.

[36] TUCKERMAN D B,PEASE R E. Optimized convective cooling using micromachined structure[J]. Journal of Electrochemical Society,1982,129(3):98.

[37] WU P Y,LITTLE W A. Measurement of the friction factors for the flow of gases in very fine channels used for microminiature Joule-Thomson refrigerators[J]. Cryogenics,1983,23:273-277.

[38] WU P Y,LITTLE W A. Measurement of the heat-transfer characteristics of gas-flow in fine channel heat-exchangers used for micro/miniature refrigerators[J]. Cryogenics,1984,24:415-420.

[39] SOBHAN C B,PETERSON G P. Microscale and nanoscale heat transfer:fundamentals and engineering applications[M]. Boca Raton:CRC Press,2008,106-110.

[40] GUO Z Y,LI Z X. Size effect on single-phase channel flow and heat transfer at microscale[J]. Int J Heat and Fluid Flow, 2003,24:284-298.

[41] HE Y L,TAO W Q. Numerical and experimental studies of liquid and gas flow and heat transfer in microchannel and nozzle [M]//Rebay M and Kakac S. Microscale and nanoscale heat transfer. Boca Raton:CRC Press,2015:Chapter 12.

[42] 陈熙. 动力论及其在传热与流动研究中的应用[M]. 北京:清华大学出版社,1996:1-18.

[43] SHARP K V,ADRIAN R J. Transition from laminar to turbulent flow in liquid filled microtubes[J]. Experiments in Fluids, 2004,36:741-747.

[44] XUAN Y M,LI Q. Heat transfer enhancement of nanofluids [J]. Int Journal Heat Fluid Flow,2000,21:58-64.

[45] 宣益民,李强. 纳米流体能量传递理论与应用[M]. 北京:科学出版社,2010.

[46] HE Y L,ZHANG Y W. Advances and outlook of heat transfer enhancement by longitudinal vortex generators [M]// Sparrow E M,Cho Y I,Abraham J P,et al. Advances in Heat Transfer Amsterdam:Academic Press,2012:119-185.

[47] YU B,TAO W Q. Pressure drop and heat transfer characteristics of turbulent flow in annular tubes with internal wave-like longitudinal fins[J]. Heat Mass Transfer,2004,40:643-651.

[48] JI W T,JACOBI A M,He Y L,et al. Summary and evaluation on the heat transfer enhancement techniques of gas laminar and turbulent pipe flow [J]. Int Journal Heat Mass Transfer, 2017,111:467-483.

[49] JI W T,JACOBI A M,HE Y L,et al. Review:Summary and evaluation on single-phase heat transfer enhancement techniques of liquid laminar and turbulent pipe flow [J]. Int Journal Heat Mass Transfer,2015,88:735-754.

[50] GUO Z Y,LI D Y,WANG B X. A novel concept for convective heat transfer enhancement[J]. Int J Heat Mass Transfer, 1998,41:2 221-2 225.

[51] WANG S,LI Z X,GUO Z Y. Novel concept and device of heat transfer augmentation[J]. Proceedings of 11th IHTC,1998, 5:405-408.

[52] 过增元. 对流换热的物理机制及其控制:速度场与热流畅的协同[J]. 科学通报,2000,45(19):2 118-2 122.

[53] TAO W Q,GUO Z Y,WANG B X. Field synergy principle for enhancing convective heat transfer:its extension and numerical verification[J]. Int Journal Heat Mass Transfer,2002,45:3 849-3 856.

[54] TAO W Q,HE Y L,WANG Q W,et al. A unified theory for enhancing single phase convective heat transfer:field synergy principle[J]. Int Journal Heat Mass Transfer,2002,45:4 871-4 879.

[55] 陶文铨,何雅玲. 场协同原理及其在强化对流换热与脉管制冷机性能改进中的应用:上[J]. 西安交通大学学报.2002, 34(11):1 101-1 105.

[56] HE Y L,TAO W Q. Convective heat transfer enhancement:mechanism,techniques and performance evaluation[G]// Sparrow E M,Cho Y L,Abraham J P,et al. Advances in Heat Transfer. Amsterdam:Academic Press,2014,46:87-186.

[57] LI X,HE Y L,TAO W Q. Analysis and extension of field synergy principle (FSP) for compressible boundary layer heat transfer [J]. Int Journal of Heat and Mass Transfer,2015,84: 1 061-1 069.

[58] FAN J F,DING W K,ZHANG J F,et al. A performance evaluation plot of enhanced heat transfer techniques oriented for energy saving[J]. Int J Heat Mass Transfer,2009,52:33-44.

[59] JI W T,FAN J F,ZHAO C Y,et al. A revised performance evaluation method for energy saving effectiveness of heat transfer enhancement techniques[J]. Int Journal of Heat and Mass Transfer,2019,138 :1 142-1 153.

[60] 罗惕乾,程兆雪,谢永曜,等. 流体力学[M]. 北京:机械工业出版社,1999:51-54.

[61] QU Z G,TAO W Q,HE Y L. Three dimensional numerical simulation on laminar heat transfer and fluid flow characteristics of strip fin surface with X-arrangement of strips[J]. ASME J Heat Transfer,2004,126(3):698-707.

[62] BRANT J A. Beverage containers cooler:美国,4164851 [P]. 1979-08-21. freepatentsonline 网站.

第 7 章

相变对流传热的计算

蒸气遇冷凝结、液体受热沸腾、固体受热熔化是伴随有相变的对流传热，在相变过程中，发生了固体、液体与气体之间状态的转换，其基本规律与上一章介绍的单相对流传热有重大的区别，所以列出专章予以介绍。凝结与沸腾传热广泛地应用于各种工程领域中：电站汽轮机装置中的凝汽器、锅炉炉膛中的水冷壁①、冰箱与空调中的冷凝器与蒸发器、化工装置中的再沸器等都是应用实例。本章前3节介绍凝结传热，中间3节介绍沸腾传热，7.7节介绍同时包括沸腾与凝结过程的高效传热元件——热管及其应用实例，最后7.8节介绍固液相变换热。读者应当掌握的重点是凝结、沸腾、熔化过程的基本特点、计算关联式的选择与使用以及强化凝结、沸腾、熔化传热过程的基本思想和主要的实现技术。

① 水冷壁是锅炉技术中的一个术语，指的是置于炉膛的四周，其内流动的高压水作沸腾传热的那些管壁。

7.1 凝结传热的模式

7.1.1 珠状凝结与膜状凝结

蒸气与低于饱和温度的壁面接触时有两种不同的凝结形式。如果凝结液体能很好地润湿壁面，它就在壁面上铺展成膜，这种凝结形式称为膜状凝结（film condensation）。膜状凝结时，壁面总是被一层液膜覆盖着，凝结放出的相变热（潜热）必须穿过液膜才能传到冷却壁面上去。这时，液膜层就成为传热的主要热阻。当凝结液体不能很好地润湿壁面时，凝结液体在壁面上形成一个个的小液珠，称为珠状凝结（dropwise condensation）。图 7-1 给出了在不同的润湿能力下气液分界面对壁面形成的接触角 θ 的形状。接触角 θ 小则液体润湿能力强，液体会铺展在壁面上。

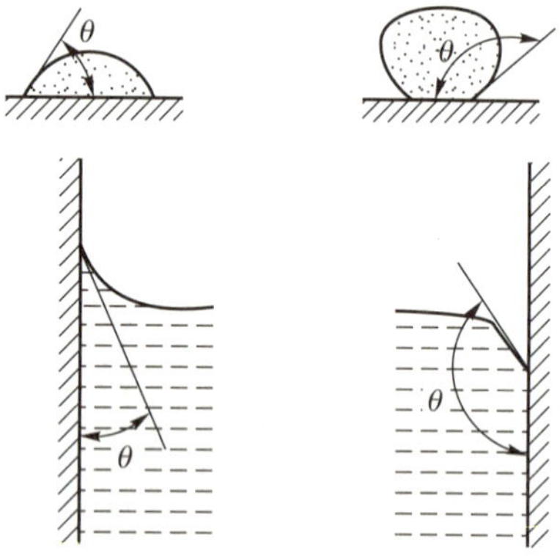

图 7-1　不同润湿能力下壁面上液膜形成的接触角 θ

在固体表面上的凝结液体主要受到三个力的作用（图 7-2），蒸气和液体间表面张力 σ_{lg}、液体-固体间表面张力 σ_{sl} 及气体-固体间表面张力 σ_{sg}，杨氏方程给出了三者之间的关系如下：

$$\sigma_{sg}-\sigma_{sl}=\sigma_{lg}\cos\theta \tag{7-1}$$

在气液界面两侧存在压差 Δp，压差和 σ_{lg} 以及界面曲率半径存在如下关系：

$$\Delta p=\frac{2\sigma_{lg}}{R} \tag{7-2}$$

由式可见，界面曲率半径越小，气液界面两侧压差越大。

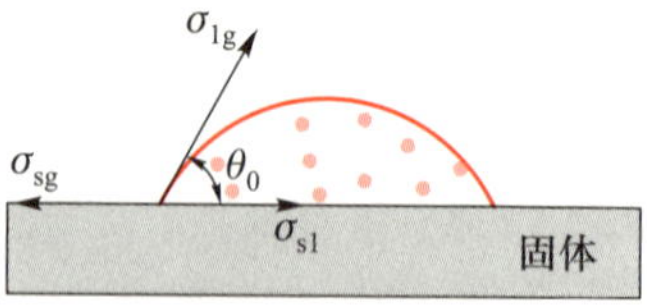

图 7-2　固体表面液滴受力分析图

根据液体与壁面接触角 θ 的大小把固体表面分为亲水表面（$\theta<90°$，hydrophilic）与疏水表面（$\theta>90°$，hydrophobic），其中小于等于 30°的称为超亲水表面，而大于等于 150°的称为超疏水表面。图 7-3 中给出了液滴在这样一些表面上的图像。

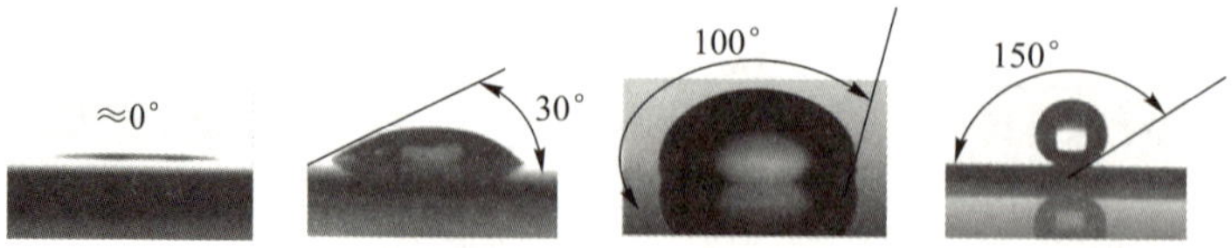

图 7-3　不同亲、疏水表面上液滴的形状（台湾新竹交通大学机械系吕明璋教授提供）

表面的亲、疏水特性对其上发生的蒸气凝结有重要的影响。珠状凝结发生在疏水表面上，图 7-4 是珠状凝结的照片。

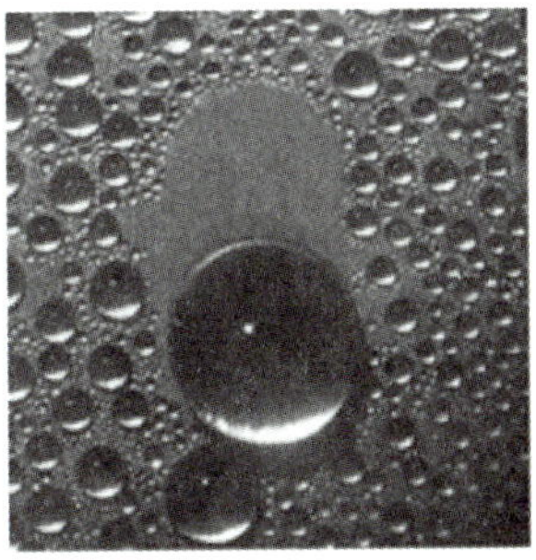

(a) 平面上(最大的液滴约为1 mm)
(大连理工大学马学虎教授提供)

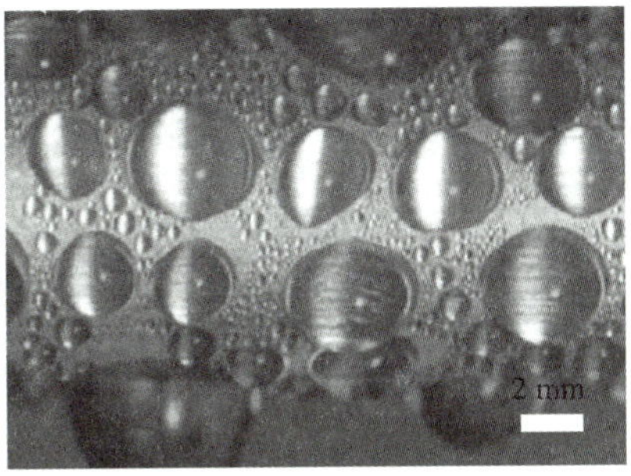

(b) 管子表面上(西安交通大学唐桂华教授提供)

图 7-4　珠状凝结照片

7.1.2　凝结液构成了蒸气与壁面间的主要热阻

在竖壁上膜状凝结与珠状凝结的定性图示如图 7-5 所示。无论是膜状凝结还是珠状凝结，凝结液体都是构成蒸气与壁面交换热量的热阻载体。显然，将蒸气与冷壁面隔开的液体层的面积越大(阻隔蒸气与壁面直接接触的范围越大)、越厚，热阻越大。在减小凝结热阻方面，珠状凝结相比于膜状凝结具有很大的优越性：在产生珠状凝结时大量的液珠的直径是很小的(在 100 μm 以下)，空出了大量的壁面可与蒸气直接接触；所形成的液珠不断发展长大，在非水平的壁面上，因受重力作用液珠长大到一定尺寸后就沿壁面滚下，并在滚下的过程中，一方面会和相遇的液珠合并成更大的液滴，另一方面也扫清了沿途的液珠，使壁面重复液珠的形成和生长过程。从图 7-4 的照片中可清楚地看出，珠状凝结时壁面上不同大小液滴的存在情况。而膜状凝结时，在冷壁面上始终存在一层连续的液膜，其厚度沿着重力的方向增加，所以膜状凝结的热阻常常比珠状凝结大一个数量级以上。在绪论中曾经指出，沸腾与凝结传热的表面传热系数是“成千上万”，这里的凝结指的是膜状凝结；对于珠状凝结，则可高达几十万。当温度高于 100 ℃ 的水蒸气在经过处理的铜表面上形成珠状凝结时，平均凝结传热系数可以达到 2.55×10^5 W/(m^2 · K)。在这种情况下，传热过程的主要热阻完全转移到与之串联的其他环节上。

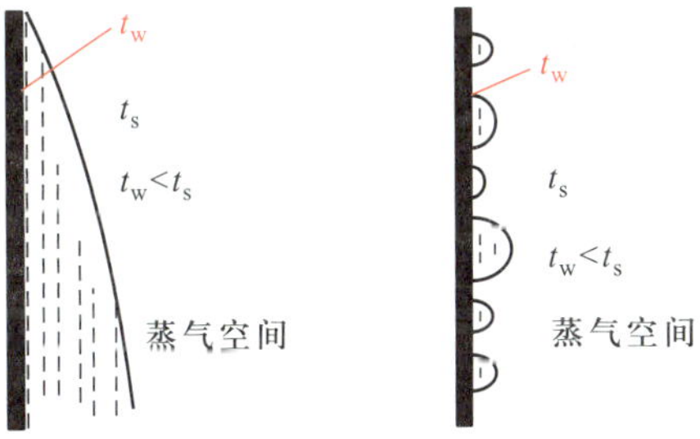

(a) 膜状凝结　　(b) 珠状凝结

图 7-5　竖壁上的两种凝结模式示意图

7.1.3　膜状凝结是工程设计的依据

实验证明，几乎所有的常用蒸气，包括水蒸气在内，在纯净的条件下均能在常用工程材料的洁净表面上得到膜状凝结。这种情况与清洗实验器皿的日常经验相符合：器皿表面上能形成一层液膜被认为是洗净的标志。在大多数工业冷凝器中，特别是动力冷凝器上，实际上都得到膜状凝结。鉴于实际工业应用上都只能实现膜状凝结，所以从设计的观点出发，为保证传热效果，只能用膜状凝结的计算式作为设计的依据。以下的讨论亦限于膜状凝结的分析和计算。同时，从前面的介绍中知道，对于膜状凝结，强化传热的主要途径是减薄液膜的厚度，这将在 7.3 节中进行讨论。

珠状凝结的关键问题是在常规金属表面上难以产生和长久维持。珠状凝结时其热阻已经小到可以忽略不计，因此全世界的研究者一直在研究如何将工程技术常用的材料通过表面改性使之成为疏水乃至超疏水表面从而产生并长期维持珠状凝结。经过国内外学者的努力，这一研究已取得长足的进展，可见文献[1-5]。

7.2 膜状凝结分析解及计算关联式

1916 年，努塞尔首先提出了纯净蒸气层流膜状凝结的分析解[6]。他抓住了液体膜层的导热热阻是凝结过程主要热阻这一点，忽略次要因素，从理论上揭示了有关物理参数对凝结传热的影响，长期被公认为是运用理论分析求解传热问题的一个典范。

7.2.1 努塞尔的蒸气层流膜状凝结分析解

1. 对实际问题的简化假设

努塞尔的分析是对纯净的饱和蒸气在均匀壁温的竖直表面上的层流膜状凝结作出的。根据实际过程的特点，为便于进行数学求解，作出了以下 8 个假设：(1) 常物性；(2) 主流蒸气是静止的，气液界面上无对液膜的黏滞应力；(3) 液膜的惯性力可以忽略；(4) 气液界面上无温差，界面上液膜温度等于饱和温度，$t_\delta=t_s$；(5) 膜内温度分布是线性的，即认为液膜内的热量转移只有导热，而无对流作用；(6) 液膜的过冷度可以忽略；(7) $\rho_v \ll \rho_l$，ρ_v 相对于 ρ_l 可忽略不计；(8) 液膜表面平整无波动。

2. 边界层方程组的简化

凝结液体的流动与传热是在贴附于壁面上的一个薄层内进行的，属于边界层类型的流动。下面将根据以上假设，从边界层方程组出发，推导出努塞尔分析时所建立的简化方程，以作为边界层理论应用的一个实例。以竖壁的膜状凝结为例，把坐标 x 取为重力方向，如图 7-6 所示。在稳态情况下，第 5 章导得的式(5-15)、式(5-16)(加上体积力 ρg)以及式(5-17)适用，即

$$\frac{\partial u}{\partial x}+\frac{\partial v}{\partial y}=0$$

$$\rho_l\left(u\frac{\partial u}{\partial x}+v\frac{\partial u}{\partial y}\right)=-\frac{\mathrm{d}p}{\mathrm{d}x}+\rho_l g+\eta_l\frac{\partial^2 u}{\partial y^2}$$

$$u\frac{\partial t}{\partial x}+v\frac{\partial t}{\partial y}=a_l\frac{\partial^2 t}{\partial y^2}$$

式中，下标“l”表示液相，下同。

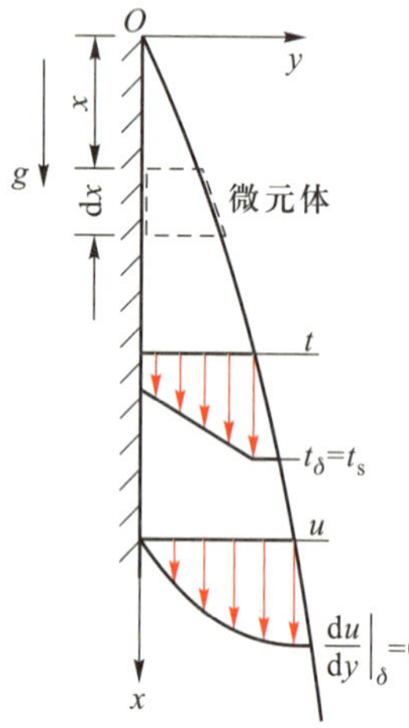

图 7-6　努塞尔理论分析的坐标系与边界条件

应用简化假设(3)，式(5-16)左端可舍去。$\frac{\mathrm{d}p}{\mathrm{d}x}$为液膜在 x 方向的压力梯度，可按 $y=\delta$ 处液膜表面蒸气的压力梯度计算。考虑到假设(2)，若以 ρ_v 表示蒸气密度，则有

$$\frac{\mathrm{d}p}{\mathrm{d}x}=\rho_{\mathrm{v}}g$$

按假设(7),相对于 $\rho_l g$,$\rho_{\mathrm{v}} g$ 可以舍去。按假设(5),式(5-17)左端可以舍去。方程式(5-16)及式(5-17)中只有两个未知量 u、t,不需补充其他方程即可求解,式(5-15)(关于凝结液体质量平衡的原则)在求解过程中还要用到。由此,微分方程组式(5-16)、式(5-17)简化为

$$\eta_l\frac{\partial^2 u}{\partial y^2}+\rho_l g=0 \tag{a}$$

$$\frac{\partial^2 t}{\partial y^2}=0 \tag{b}$$

其边界条件为

$$y=0,\quad u=0,\quad t=t_{\mathrm{w}} \tag{c}$$

$$y=\delta,\quad \frac{\partial u}{\partial y}=0,\quad t=t_{\mathrm{s}} \tag{d}$$

这一组简化了的方程组是努塞尔理论分析的出发点。努塞尔是对微元体直接做力平衡与热平衡得出上述简化方程的。上述简化过程中已经直接应用了(1)~(5)、(7)这 6 个假设,假设(8)也隐含于其中:上述分析只对液膜表面平整无波纹时才适用,如果表面起波纹,则波纹处就会有垂直于壁面方向的流速,形成局部的回流,动量方程中的对流项就不能予以忽略。至于假设(6)将在下面的分析中用到。

3. 主要求解过程与结果

将动量方程与能量方程做两次积分,可得

$$u=\frac{\rho_l g}{\eta_l}\left(\delta y-\frac{1}{2}y^2\right),\ t=t_{\mathrm{w}}+(t_{\mathrm{s}}-t_{\mathrm{w}})\frac{y}{\delta} \tag{e}$$

以上两式中引入了未知的液膜厚度,因此求解的关键在于获得液膜厚度 δ 随 x 的变化规律。为此需要对 $\mathrm{d}x$ 的微元段做质量平衡。如图 7-7 所示,通过 l 截面处宽为 1 m 的壁面凝结液体的质量流量为

$$q_m=\int_0^\delta \rho_l u\,\mathrm{d}y=\int_0^\delta \frac{\rho_l^2 g}{\eta_l}\left(\delta y-\frac{1}{2}y^2\right)\mathrm{d}y=\frac{g\rho_l^2\delta^3}{3\eta_l} \tag{f}$$

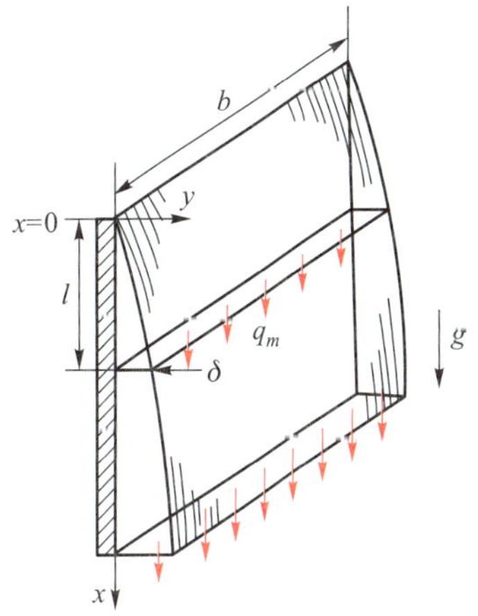

图 7-7　确定凝结液截面流量的图示

在 $\mathrm{d}x$ 微元段上质量流量的增量为

$$\mathrm{d}q_m=\frac{g\rho_l^2\delta^2\,\mathrm{d}\delta}{\eta_l} \tag{g}$$

于是可以从两个角度写出 $\mathrm{d}x$ 微元段上所传递的热量:从通过厚为 δ 的液膜的导热以及 $\mathrm{d}q_m$ 的凝结液体释放出来的潜热,两者应该相等(图 7-8):

$$r\left[\frac{g\rho_l^2\delta^2\,\mathrm{d}\delta}{\eta_l}\right]=\lambda_l\frac{t_{\mathrm{s}}-t_{\mathrm{w}}}{\delta}\mathrm{d}x \tag{h}$$

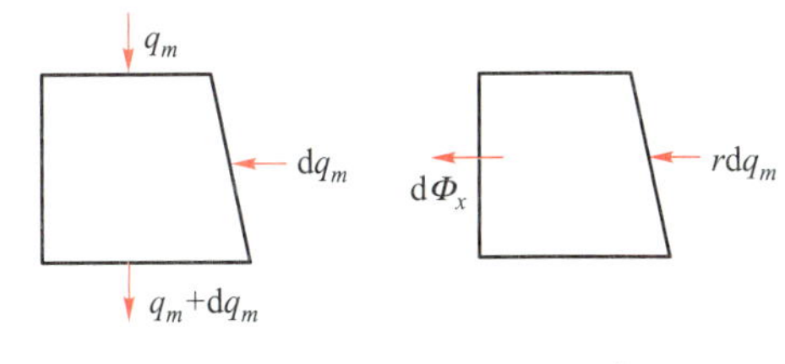

(a) 微元体的质量守恒　(b) 微元体的热平衡

图 7-8　液膜的质量与热量平衡示意图

此式左端为凝结液体释放的汽化潜热,右端为通过液膜的导热。列出此式时引入了假设(6)——没有考虑液膜过冷所释放的显热。式(h)是关于液膜厚度 δ 的

一个常微分方程。积分可得

$$\delta=\left[\frac{4\eta_l\lambda_l(t_s-t_w)x}{g\rho_l^2 r}\right]^{1/4} \tag{7-3}$$

局部表面传热系数为

$$h_x=\frac{\lambda_l}{\delta}=\left[\frac{gr\lambda_l^3\rho_l^2}{4\eta_l(t_s-t_w)x}\right]^{1/4} \tag{7-4}$$

注意到，在高为 l 的整个竖壁上牛顿冷却公式中的温差 $\Delta t=t_s-t_w$ 为常数，因而整个竖壁的平均表面传热系数为

$$h_V=\frac{1}{l}\int_0^l h_x\mathrm{d}x=\frac{4}{3}h_{x=l}=0.943\left[\frac{gr\rho_l^2\lambda_l^3}{\eta_l l(t_s-t_w)}\right]^{1/4} \tag{7-5}$$

式(7-5)就是液膜层流时竖壁膜状凝结的努塞尔理论解，其中 h 的下标“V”表示竖壁。

对于与水平轴的倾斜角为 $\phi(\phi>0)$ 的倾斜壁，只需将式(7-5)中的 g 改为 $g\sin\phi$ 就可应用。

7.2.2 水平管外、球表面的凝结及实验验证

1. 水平圆管及球表面的凝结传热表面传热系数

努塞尔的理论分析可推广到水平圆管及球表面上的层流膜状凝结，平均表面传热系数的计算式分别为[7-8]

$$h_H=0.729\left[\frac{rg\lambda_l^3\rho_l^2}{\eta_l d(t_s-t_w)}\right]^{1/4} \tag{7-6}$$

$$h_S=0.826\left[\frac{rg\lambda_l^3\rho_l^2}{\eta_l d(t_s-t_w)}\right]^{1/4} \tag{7-7}$$

式中：下标“H”表示水平管，“S”表示球；d 为水平管或球的直径。以下在不至于误解时，这些下标均略去。式(7-6)中努塞尔本人用图解积分法得出的系数值为 0.725，这里的 0.729 是文献[7]中得出的更准确的值。

式(7-5)～式(7-7)中，除相变热按蒸气饱和温度 t_s 确定外，其他物性均取膜层平均温度 $t_m=(t_s+t_w)/2$ 为定性温度。

2. 水平管外凝结与竖直管外凝结的比较

横管和竖壁的平均表面传热系数的计算式有两点不同：特征长度横管用 d，而竖壁用 l；两式系数也不同。在其他条件相同时，横管平均表面传热系数 h_H 与竖壁平均表面传热系数 h_V 的比值为

$$\frac{h_H}{h_V}=0.77(l/d)^{1/4} \tag{7-8}$$

在 $l/d=50$ 时，横管的平均表面传热系数是竖管的 2 倍，所以冷凝器通常都采用横管的布置方案。

3. 分析解的实验验证和假设条件的影响

对于竖壁，水蒸气的实验是有代表性的，如图 7-9[9] 所示。图上实验数据与理论式的比较表明$\left(\text{图中的 } Nu=\dfrac{hl}{\lambda}\right)$：$Re<20$ 时，实验结果与理论式相符；$Re>20$ 时，实验值越来越高于理论式，以至到层流湍流转折点时偏高大于 20%。已经查明，这种偏离主要是膜层表面有波动的结果。因

此，工程上使用时将理论式系数增加 20%，即

$$h=1.13\left[\frac{g\rho^2\lambda^3 r}{\eta(t_s-t_w)l}\right]^{1/4} \tag{7-9}$$

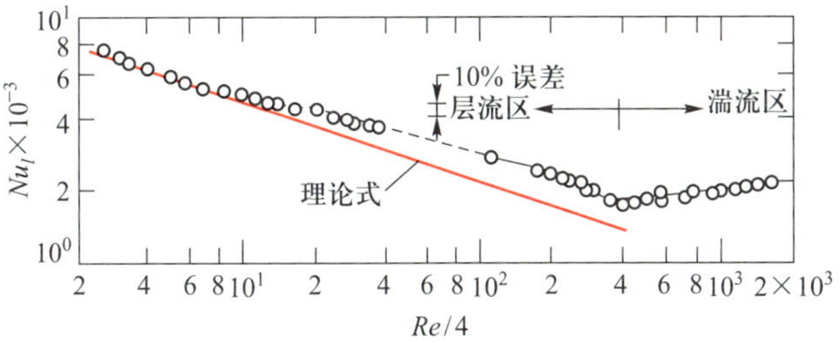

图 7-9 竖壁上水蒸气膜状凝结的理论式和实验结果的比较

同时，现有的实验测定结果还表明[10-13]：水平单管外纯净蒸气凝结的努塞尔分析解与多种流体（包括水及多种制冷剂）的实测值的偏差一般在±10%以内，最多达 15%。因而，实验室研究中常常用对单管凝结传热的实验测定结果是否与式(7-6)基本一致，作为考核测试系统准确性的一种方式。

除了上述考虑表面波动影响的修正以外，努塞尔理论解中的其他一些假设，如不考虑惯性力项[假设(3)]，不考虑液膜的过冷度[假设(6)]等，均有研究者做了关于舍弃这些假设对解的影响的研究。结果表明，对于 Pr 接近于 1 或大于 1 的流体，只要无量纲参数$\frac{r}{c_p(t_s-t_w)}\gg1$，惯性力项及液膜过冷度的影响均可略而不计。下一节中还要介绍一些如何考虑某些因素影响的方法。

7.2.3 湍流膜状凝结

膜层中凝结液的流态也有层流与湍流之别。为了判别流态，需要采用液膜 Re。所谓液膜 Re，是指取液层的当量直径为特征长度的 Re。以竖壁为例，在离开液膜起始处为 $x=l$ 处的液膜 Re 为

$$Re=\frac{d_e\rho u_l}{\eta} \tag{7-10}$$

式中：u_l 为壁底部 $x=l$ 处液膜层的平均流速；d_e 为该截面处液膜层的当量直径。参看图 7-7，当液膜宽为 b 时，润湿周边 $P=b$，截面积 $A_c=b\delta$，于是 $d_e=4A_c/P=4\delta$。代入式(7-10)得

$$Re=\frac{4\delta\rho u_l}{\eta}=\frac{4q_{ml}}{\eta} \tag{7-11}$$

式中，$q_{ml}=\delta\rho u_l$ 是 $x=l$ 处宽为 1 m 的截面上凝结液的质量流量，单位为 kg/(m·s)。q_{ml} 乘以汽化潜热 r 就等于高 l、宽 1 m 的整个竖壁的传热量，故有

$$h(t_s-t_w)l=rq_{ml} \tag{7-12}$$

将此关系式中的 q_{ml} 代入式(7-11)得

$$Re=\frac{4hl(t_s-t_w)}{\eta r} \tag{7-13}$$

值得指出，式(7-9)～式(7-13)中的物性参数都是指液膜的，为书写简单略去了角标。对于

水平管只要用 πd 代替上式中的 l，即为其液膜 Re 数。

实验表明，液膜由层流转变为湍流的临界雷诺数 Re_c 可定为 1 600[14]，如图 7-9 所示，图中横坐标为 1/4 液膜 Re 数。文献中亦有推荐 $Re_c=1\,800$[15]，横管因直径较小，实际上其流态均在层流范围内。

对于 $Re>1\,600$ 的湍流液膜，热量的传递除了靠近壁面的极薄的层流底层仍依靠导热方式外，层流底层以外以湍流传递为主，传热比层流时大为增强。图 7-9 中的实验数据亦表明了这一点。对于底部已达到湍流状态的竖壁凝结传热，其沿整个壁面的平均表面传热系数可按下式求取：

$$h=h_l\frac{x_c}{l}+h_t\left(1-\frac{x_c}{l}\right) \tag{7-14}$$

式中：h_l 为层流段的平均表面传热系数；h_t 为湍流段的平均表面传热系数；x_c 为层流转变为湍流时转折点的高度；l 为壁的总高度。文献[16]中按上述原则整理的以下实验关联式可供计算整个壁面的平均表面传热系数之用：

$$Nu=Ga^{1/3}\frac{Re}{58Pr_s^{-1/2}(Pr_w/Pr_s)^{1/4}(Re^{3/4}-253)+9\,200} \tag{7-15}$$

式中：$Nu=hl/\lambda$；$Ga=gl^3/\nu^2$ 称伽利略（Galileo）数。除 Pr_w 用壁温 t_w 计算外，其余物理量的定性温度均为 t_s，且物性参数均是指凝结液的。

例题 7-1　竖壁膜状凝结传热系数的计算

压力为 1.013×10^5 Pa 的饱和水蒸气在方形竖壁上凝结，壁的尺寸为 30 cm×30 cm，壁温保持 98 ℃。试计算每小时的传热量及凝结蒸气量。

题解

分析：应首先计算 Re，判断液膜是层流还是湍流，然后选取相应的公式计算。由式(7-13)可知，Re 本身取决于平均表面传热系数 h，因此不能简单地直接求解。可先假设液膜的流态，根据假设的流态选取相应的公式计算出 h，然后用求得的 h 重新核算 Re，直到与初始假设相比认为满意为止。

假设：液膜为层流。

计算：根据 $t_s=100$ ℃，从附录查得 $r=2\,257$ kJ/kg。其他物性按液膜平均温度 $t_m=(100\ ℃+98\ ℃)/2=99$ ℃ 从附录查取，得：$\rho=958.4\ \mathrm{kg/m^3}$，$\eta=2.825\times10^{-4}$ Pa·s，$\lambda=0.68$ W/(m·K)。

选用层流液膜平均表面传热系数计算式(7-9)计算：

$$\begin{aligned}h&=1.13\left[\frac{g\rho^2\lambda^3 r}{\eta l(t_s-t_w)}\right]^{1/4}\\&=1.13\times\left\{\frac{9.8\ \mathrm{m/s}\times2\,257\ \mathrm{kJ/kg}\times(958.4\ \mathrm{kg/m^3})^2\times[0.68\ \mathrm{W/(m\cdot K)}]^3}{2.825\times10^{-4}\ \mathrm{Pa\cdot s}\times0.3\ \mathrm{m}\times2\ \mathrm{K}}\right\}^{1/4}\\&=1.57\times10^4\ \mathrm{W/(m^2\cdot K)}\end{aligned}$$

核算 Re 准则。按式(7-13)有

$$\begin{aligned}Re&=\frac{4hl(t_s-t_w)}{\eta r}\\&=\frac{4\times1.57\times10^4\ \mathrm{W/(m^2\cdot K)}\times0.3\ \mathrm{m}\times2\ \mathrm{K}}{2.257\times10^6\ \mathrm{J/kg}\times2.825\times10^{-4}\ \mathrm{Pa\cdot s}}=59.1\end{aligned}$$

说明原来假设液膜为层流成立。传热量按牛顿冷却公式计算：

$$\Phi = hA(t_s - t_w) = 1.57\times10^4\ \text{W}/(\text{m}^2\cdot\text{K})\times(0.3\ \text{m})^2\times2\ \text{K}$$
$$= 2.83\times10^3\ \text{W}$$

凝结蒸汽量为

$$q_m = \frac{\Phi}{r} = \frac{2.83\times10^3\ \text{W}}{2.257\times10^6\ \text{J/kg}} = 1.25\times10^{-3}\ \text{kg/s} = 4.50\ \text{kg/h}$$

讨论：在已学习过的热量传递方式中，自然对流与凝结传热这两种方式的表面传热系数计算式显含有传热温差，自然对流层流时 $h\sim\Delta t^{1/4}$，而凝结液膜为层流时 $h\sim\Delta t^{-1/4}$。又由于凝结传热表面传热系数一般都很大，因而传热温差均比较小，因此，尽可能准确地确定温差对提高实验或计算结果的准确度都有重要意义。本例中如 t_w 改为 99 ℃，则传热强度要提高 41%。

7.3 膜状凝结的影响因素及其传热强化

上面介绍了在一些比较理想的条件下饱和蒸气膜状凝结传热的计算式。工程实际中所发生的膜状凝结过程往往更为复杂，例如蒸气中可能有不凝结气体的成分，在竖直方向上水平管可能是叠层布置的，等等。这些因素对膜状凝结传热有什么影响呢？本节就讨论这些问题。这也是研究复杂传热问题的一种有效方法：先从比较简单的典型情况入手，设法获得这种情况下的关联式，然后再逐一考虑其他因素，引入相应的修正。同时，最近几十年来，国内外在膜状凝结的强化传热技术方面取得了巨大的进步，本节中也要从凝结传热机理的角度开展讨论。

7.3.1 膜状凝结的影响因素

1. 不凝结气体

蒸气中含有不可凝结的气体，如空气，即使含量极微，也会对凝结传热产生十分有害的影响。例如，水蒸气中质量含量占 1%的空气能使表面传热系数降低 60%，后果是很严重的。对此现象可做如下分析。在靠近液膜表面的蒸气侧，随着蒸气的凝结，蒸气分压力减小而不凝结气体的分压力增大。蒸气在抵达液膜表面进行凝结前，必须以扩散方式穿过聚集在界面附近的不凝结气体层。因此，不凝结气体层的存在增加了传递过程的阻力。同时蒸气分压力的下降，使相应的饱和温度下降，减小了凝结的动力 Δt，也使凝结过程削弱。因此，在冷凝器的工作中，排除不凝结气体成为保证设计能力的重要措施。

我国能源利用率低于世界平均水平，其中工业余热回收利用率低、能量没有得到充分的利用是重要原因之一。锅炉、燃气热水器等工业及民用设备排出的废气（烟气）还具有相当高的温度（大于 100 ℃），其中含有处于过热状态的水蒸气。在利用烟气的余热的热交换设备中，当烟气温度降低到水蒸气分压力相应的饱和温度时，烟气中的水蒸气便凝结成水，释放出汽化潜热。所谓的冷凝式锅炉就是利用烟气中水蒸气的汽化潜热的锅炉[17]。含有大量不凝结气体的水蒸气的凝结过程是近年来工业余热利用研究中的一个重要课题[18]。

2. 管子排数

前面给出的横管凝结传热的公式只适用于单根横管。对于沿液流方向由 n 排横管组成的管束的传热，理论上只要将式(7-6)中的特征长度 d 换成 nd 即可计算。实际上，这是过分保守的估计，因为上排管的凝结液并不是平静地落在下排管上，而在落下时要产生飞溅以及对液膜的冲击扰动。飞溅和扰动的程度取决于管束的几何布置、流体物性等，情况比较复杂。设计时最好参考适合设计条件的实验资料。有关动力冷凝器的总结性资料可参阅文献[19]。

3. 蒸气流速

努塞尔的理论分析忽略了蒸气流速的影响，因此只适用于流速较低的场合，如电站冷凝器等。蒸气流速高(对于水蒸气，流速大于 10 m/s)时，蒸气流速对液膜表面会产生明显的黏滞应力。其影响又随蒸气流向与重力场同向或异向、流速大小以及是否撕破液膜等而不同。一般来说，当蒸气流动方向与液膜向下的流动同方向时，使液膜拉薄，h 增大；反方向时则会阻滞液膜的流动使其增厚，从而使 h 减小。

4. 蒸气过热度

前面的讨论都是针对饱和蒸气的凝结而言的。对于过热蒸气，实验证实，只要把计算式中的潜热改用过热蒸气与饱和液的焓差，亦可用前述饱和蒸气的实验关联式来计算过热蒸气的凝结传热系数。

5. 液膜过冷度及温度分布的非线性

努塞尔的理论分析忽略了液膜的过冷度的影响，并假定液膜中温度呈线性分布。分析表明，只要用下式确定的 r' 代替计算公式中的 r，就可以照顾到这两个因素的影响：

$$r' = r + 0.68 c_p (t_s - t_w) \tag{7-16a}$$

上式也可表示成为

$$r' = r(1 + 0.68 Ja) \tag{7-16b}$$

其中 Ja 称为雅各布(Jakob)数，定义为

$$Ja = \frac{c_p (t_s - t_w)}{r} \tag{7-17}$$

是衡量液膜过冷度相对大小的一个量纲为一的数。

杨世铭和 Jakob 的一篇文章

雅各布(Max Jakob，1879—1955)美籍德裔热物理学家，曾是德国传热界的领袖人物。1936 年移居美国，任教于伊利诺伊理工学院。他在沸腾、凝结、传热学专著写作以及使传热学成为美国机械工程学科的一门核心课程方面贡献突出。美国机械工程师协会从 1960 年起设立了 Jakob 奖，奖励对传热学发展作出重要贡献的科学家。在他的晚年，培养了 3 名中国学生获得博士学位，本书创始作者杨世铭先生为其中之一，Ja 这个量纲为一的数是在杨世铭的博士学位论文中第一次引出的。

7.3.2 管内强制对流冷凝传热简介

本章前面所介绍的是管外凝结，凝液在重力作用下向下流动。在不少工业冷凝器(如冰箱中的制冷剂蒸气冷凝器)中，蒸气在压差作用下流经管子内部，同时产生凝结，此时传热的情形与蒸气的流速有很大关系。以水平管中的凝结为例，当蒸气流速低时，凝结液主要积聚在管子的底部，蒸气则位于管子上半部，其截面形状如图 7-10a 所示。如果蒸气流速比较高，则形成所谓环

状流动，凝结液较均匀地展布在管子四周，而中心则为蒸气核。随着流动的进行，液膜厚度不断增厚以致凝结完时占据了整个截面（图 7-10b）。蒸气在管内凝结时，质量流速的不同会导致不同的两相流（two-phase flow）的流型（flow pattern），如前面指出的环状流动（annular flow）就是两相流中的一种常见流态。制冷剂在冷凝器、蒸发器中流动时质量流速变化范围在 50～500 $kg/(m^2 \cdot s)$，常用的范围是 100～300 $kg/(m^2 \cdot s)$。在蒸气干度 0～1 的变化范围内，中间相当宽的蒸气干度区域，流动状态大都是环状流。

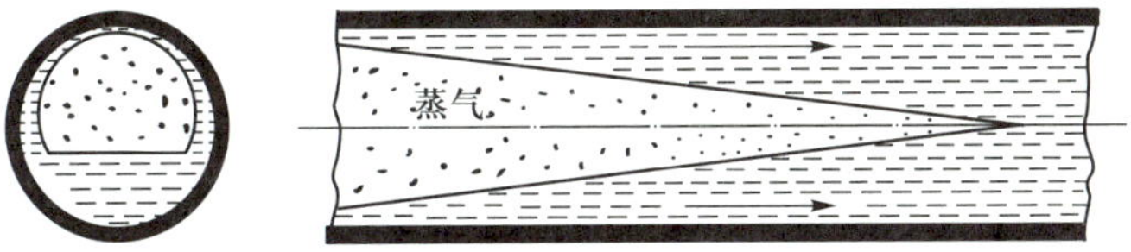

图 7-10　管内凝结时液膜与蒸气核示意图

管内对流冷凝传热系数与两相流的流型有关，对于制冷剂蒸气在蒸气流速较低及高的两种情形，文献[20]推荐了两个计算关联式，可供参考。

7.3.3　膜状凝结的强化原则和技术

1. 尽量减薄液膜厚度是强化膜状凝结的基本原则

由前两节的分析讨论可知，蒸气膜状凝结时，热阻取决于通过液膜层的导热。因此尽量减薄液膜层的厚度是强化膜状凝结的基本手段。为此，可以从两个方面着手。第一是减薄蒸气凝结时直接黏滞在固体表面上的液膜；其次是及时地将传热表面上产生的凝结液体排走，不使其积存在传热表面上而进一步使液膜加厚。最近几十年国内外工程技术界（尤其是制冷工程界）开发出了许多强化技术来达到这些目的。

2. 强化技术简介

（1）减薄液膜厚度的技术

最简单的减薄液膜厚度的方法是：对于竖壁或竖管，在工艺允许的情况下，尽量降低传热面的高度，或者将竖管改置为横管。这里着重介绍利用表面张力减薄液膜厚度的方法。如图 7-11 所示的尖峰固体表面，对位于尖峰上的液膜作力分析表明：液膜的表面张力可以使尖峰上的液膜厚度大大减薄[21]。根据这一基本思想开发出了多种强化表面，整体式低肋管（integral low fin tube）是最早的一种（图 7-12）。最初，人们仅认为肋片只是增加了凝结的面积，但实际的强化效果要较面积增加的份额大得多，这是因为位于肋片上的液膜受表面张力的作用而变薄了的缘故。随后适用于强化蒸气在管外凝结的各种锯齿管（saw-tooth tube）相继问世（图 7-13）。一般地说，三维锯齿管的强化性能优于低肋管。但是在实际的卧式冷凝器中，管子叠层布置。前文已指出这时上排管子的冷凝液会落到下排管子上。研究表明[22]，低肋管的传热性能不会因上排凝液的加入而降低，但三维强化管的传热性能则下降比较明显。因此，冷凝器底部的管子可考虑采用整体式低肋管。

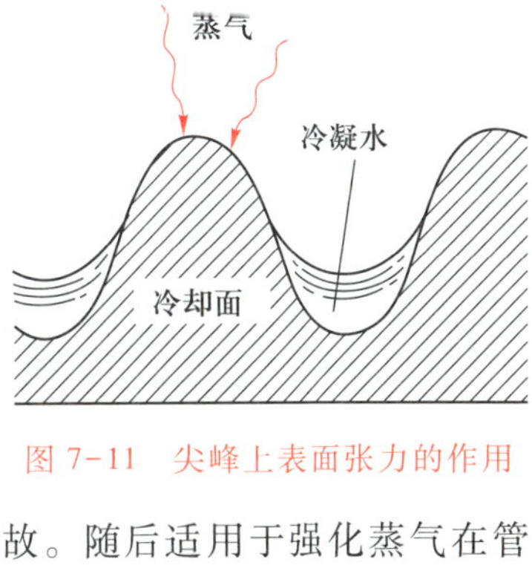

图 7-11　尖峰上表面张力的作用

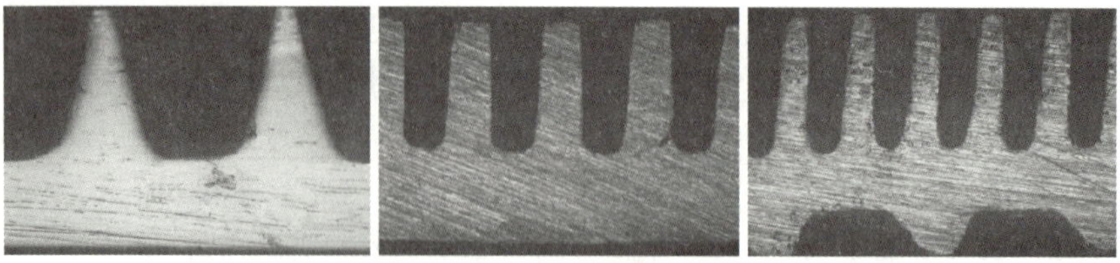

(a)　　(b)　　(c)

图 7-12　整体式低肋管截面图

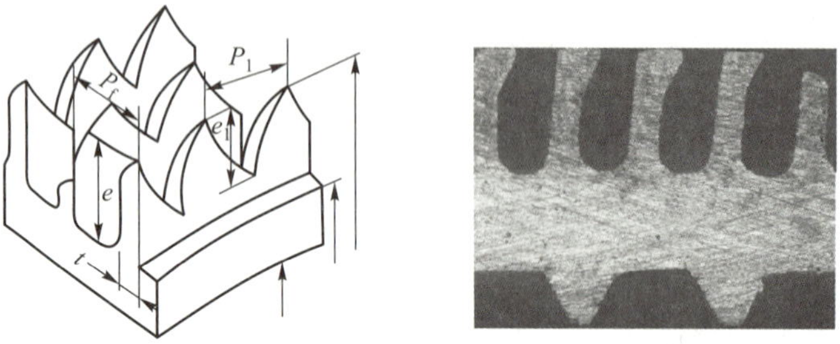

(a) 示意图　　(b) 截面图

图 7-13　三维锯齿管

家用空调冷凝器的主要热阻在制冷剂侧,强化凝结换热可减少换热器体积。已经成功地开发出二维与三维的微肋管。二维微肋管中,螺纹是连续的,三维微肋管的螺纹是间断的。图 7-14a 所示为一种二维微肋管,管径为 7~9 mm,肋片高度为 0.1~0.2 mm,周界方向的肋片数大约为 50~70 个。上述这类强化管已经广泛地应用于国内外的制冷、空调设备中。目前的发展趋势是采用更小直径(5 mm、4 mm)的强化管,具体参数如肋高和肋片节距需根据实际工质的热物性进一步细化选择。

在图 7-14b 所示管子内表面的凹凸构型是内表面螺旋线的剖面。图 7-14c 为三维的低肋管。当制冷剂蒸气在光管外凝结时,其凝结传热系数较管内冷却水的传热系数小很多,传热过程的主要热阻在蒸气凝结侧。但当管外得到有效强化后,外侧热阻明显减小,管内侧的热阻就会突显起来,于是就出现了对内表面采用螺旋线结构的这种强化管,称为双侧强化管,使整个传热过程能得到更为有效的强化。工程技术中常以制造传热管的坯管(光管)的面积作为比较表面传热系数的依据。对于低肋管,凝结传热的表面传热系数可比光管提高 2~4 倍,锯齿管可以提高一个数量级,微肋管则一般可提高 2~3 倍。

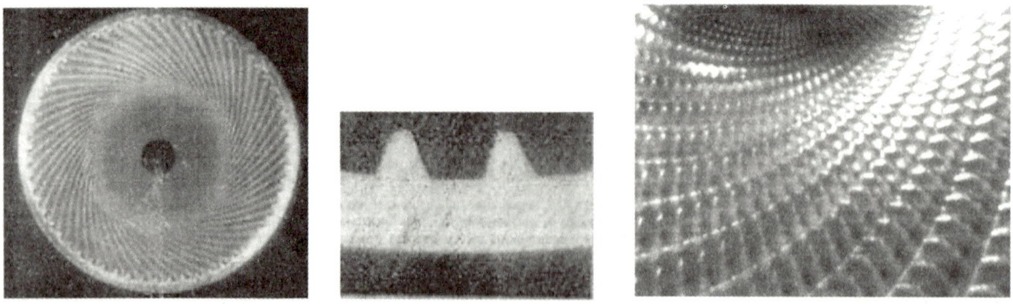

(a) 二维微肋管　　(b) 微肋截面　　(c) 三维微肋

图 7-14　二维、三维微肋管照片

(2) 及时排液的方法

图 7-15 示出了两种常见的加速排除凝结液体的方法:图 7-15a 用于立式冷凝器,在凝液下流的过程中分段排泄,有效地控制了液膜的厚度,图中管表面的沟槽又可以起到减小液膜厚度的作用;图 7-15b 用于卧式冷凝器中,如大型电站的凝汽器,图中的泄流板可使布置在该板上部水平管束上的冷凝液体不会集聚到其下的其他管束上。

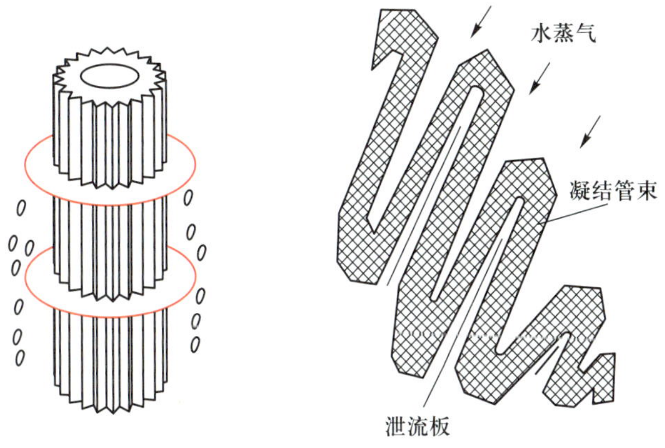

图 7-15　及时排液的措施

最后要特别指出,在动力冷凝器中,如果系统密封良好,由于纯净水蒸气膜状凝结传热表面传热系数很大,凝结侧热阻不占主导地位。但实际运行中凝汽器的泄漏是不可避免的,空气的漏入使冷凝器平均表面传热系数明显下降,所以及时排除不凝结气体是冷凝器运行管理的第一要务。但实际上,空气的漏入是不可避免的,运行的实践表明,采用强化措施可以收到实际效益[23]。在制冷剂的冷凝器中,主要热阻在凝结一侧,凝结传热的强化就有更大的现实意义。

7.4 沸腾传热的模式

液体的汽化(vaporization)可区分为蒸发(evaporation)和沸腾(boiling)两种。前者指发生在液体表面上的汽化过程,后者则指在液体内部以产生汽泡的形式进行的汽化过程。就流体运动的动力而言,沸腾过程又有大容器沸腾,又称池沸腾(pool boiling)和管内沸腾(in-tube boiling)两种。大容器沸腾时流体的运动是由于温差和汽泡的扰动所引起的,而管内沸腾则需外加的压差作用才能维持。本节的重点是大容器沸腾传热的机理、基本特点及沸腾传热系数的计算方法,同时也要对管内沸腾及降膜蒸发做简要介绍。

7.4.1 大容器饱和沸腾的三个区域

现在来做一个观察沸腾传热现象的实验。在盛水的烧杯中置入一根不锈钢细管,通电加热以使其表面上产生汽泡。烧杯底下的电热器用于将水加热到饱和温度,这样在不锈钢管表面上进行的沸腾称为饱和沸腾(saturated boiling)。随着电流密度的加大,亦即表面温度与饱和温度

的温差 $\Delta t=t_w-t_s$（称为过热度）的增加，烧杯中的水与不锈钢管表面之间的热交换会依次出现以下区域（图 7-16）。

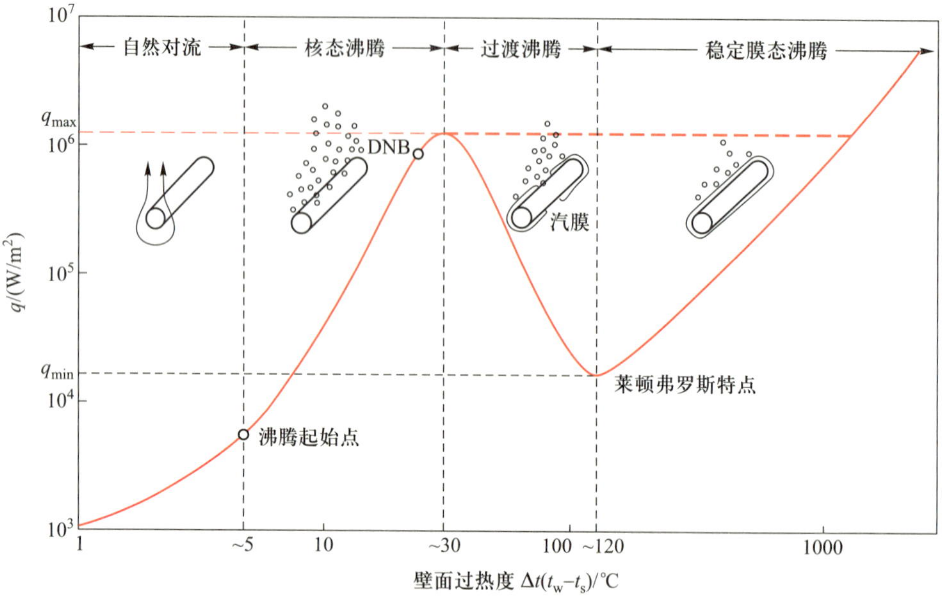

图 7-16 饱和水在水平加热面上沸腾的 $q\sim\Delta t$ 曲线（$p=1.013\times10^5$ Pa）

（1）自然对流区

壁面过热度较小（对于水在一个大气压下的饱和沸腾为 $\Delta t<4$ ℃）时，壁面上没有汽泡产生，传热属于自然对流工况。

（2）核态沸腾区（nucleate boiling）

当加热壁面的过热度 $\Delta t\geqslant4$ ℃后，壁面上个别地点（称为汽化核心）开始产生汽泡，汽化核心产生的汽泡彼此互不干扰，称孤立汽泡区，其沸腾景象如图 7-17a 所示。随着 Δt 进一步增加，汽化核心增加，汽泡互相影响，并会合成汽块及汽柱，图景如图 7-17b 所示。在这两个区中，气泡的生长、合并及脱离表面的过程会造成剧烈的扰动，使得传热系数和热流密度都急剧增大。由于汽化核心对传热起着决定性影响，这两区的沸腾统称为核态沸腾（或称泡状沸腾）。核态沸腾有温差小、传热强的特点，所以一般工业应用都设计在这个范围。核态沸腾区的终点为图 7-16 中热流密度的峰值点。

（3）过渡沸腾区（transition boiling）

从峰值点进一步提高 Δt，传热规律出现异乎寻常的变化。热流密度不仅不随 Δt 的升高而提高，反而越来越降低。这是因为汽泡汇聚覆盖在加热面上，而蒸汽排除过程越趋恶化。这种情况持续到到达最低热流密度为 q_{min} 为止。这段沸腾称为过渡沸腾，是很不稳定的过程。

（4）膜态沸腾区（film boiling）

从 q_{min} 起传热规律再次发生转折。这时加热面上已形成稳定的蒸汽膜层，产生的蒸汽有规则地排出膜层，q 随 Δt 的增加而增大。此段称为稳定膜态沸腾。稳定膜态沸腾在物理上与膜状凝结有共同点，不过因为热量必须穿过的是热阻较大的气膜，而不是液膜，所以传热系数比凝结小得多。稳定膜态沸腾的照片示于图 7-17c。

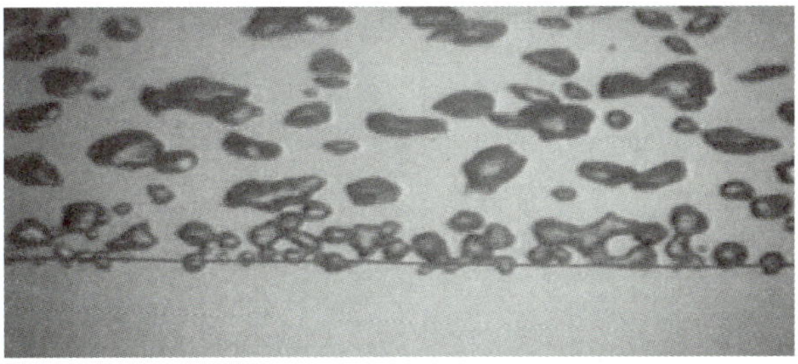

(a) 孤立汽泡区

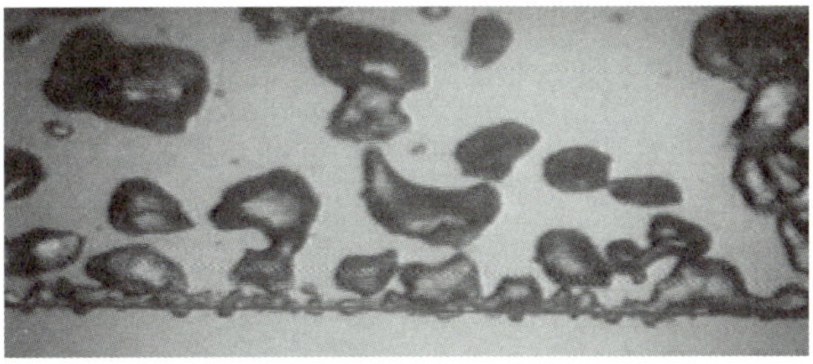

(b) 汽柱汽块区

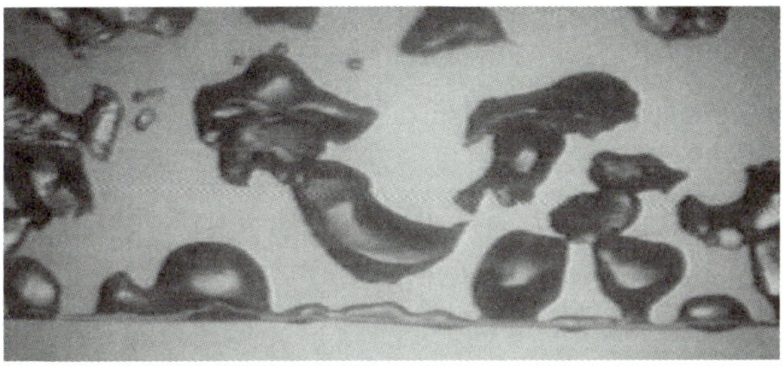

(c) 膜态沸腾区

图 7-17　加热面为金属丝时的不同沸腾区域(本照片由日本神奈川大学 M. Shoji 教授提供)

位于过渡沸腾与稳定膜态沸腾之间的热流密度最低的点,文献中称为莱顿弗罗斯特点。此点是稳态的膜态沸腾的开始点,是核态沸腾传热最差的点。我们的生活经历中会遇到这样的情况:将水泼在灼热的钢板上时,会在短时间内在钢板上形成很多不断跳跃的小水滴,这是因为在灼热的钢板上形成了膜态沸腾,小水滴不断地被从汽膜表面排出的气流带向上面所致。德国 18 世纪的医生莱顿弗罗斯特(Leidengfrost)研究了这一现象,故而命名之。2022 年,香港城市大学等单位的学者在 *Nature* 上联合发文设计了沸腾表面异相多层级结构[24],将莱顿弗罗斯特对应的温度点一直抑制到 1 150 ℃以上,极大地提升了稳定的膜态沸腾起始点的壁温,使得核态沸腾传热可以用来冷却工作温度更高的壁面。

习惯上将包含自然对流在内的图 7-16 所示的 $q \sim \Delta t$ 曲线称为大容器饱和沸腾曲线(saturated pool boiling curve),其中核态沸腾、过渡沸腾和稳定膜态沸腾三个区域属于沸腾传热的范围。由以上讨论可见,对于沸腾传热,过程进行的动力是壁面的过热度,所以牛顿冷却公式中的温差是 $\Delta t = t_w - t_s$。

7.4.2　临界热流密度及其工程意义

上述热流密度的峰值 q_{max} 有重大实践意义,被称为临界热流密度(critical heat flux,CHF)(俄文文献常称之为沸腾危机)。下面从热流密度可控与加热壁温可控两种情形来讨论。对于依靠控制热流密度来改变工况的加热设备(如电加热器)以及加热冷却水的核反应堆,一旦热流密度超过峰值,工况将沿过 q_{max} 点的虚线跳至稳定膜态沸腾线,Δt 将猛升至近 1 000 ℃ 的量级,可能导致设备的烧毁,所以必须严格监视并控制热流密度,确保在安全工作范围之内。也由于超过它可能导致设备烧毁,所以 q_{max} 亦称烧毁点(burnout point)。在图 7-16 中的烧毁点附近,有个比 q_{max} 的热流密度略小,表现为 q 上升缓慢的核态沸腾的转折点 DNB(departure from nucleate boiling 的缩写,意即偏离核态沸腾),可以用它作为监视接近 q_{max} 的警戒。对于蒸发冷凝器等壁温可控的设备,一旦 q 超过转折点之值,就可能导致膜态沸腾。使过程进入图 7-16 的过渡沸腾区域,其温差越大,气膜越厚、越稳定,传热系数反而减少,一直要温差增加到壁面辐射起显著作用阶段才会使沸腾传热系数增加。

图 7-16 中的具体数据是对水在一个大气压下的饱和沸腾采用不锈钢管作为加热面而得出的。不同工质在不同压力和不同的加热面条件下沸腾的参数(沸腾起始点、沸腾转折点 DNB、临界热流密度、莱顿弗罗斯特点等)会随之而异,但是沸腾传热现象演变的总体规律是类似的。

7.4.3 汽泡动力学简介

1. 为什么沸腾传热有那样高的传热强度

由图 7-16 可见,在核态沸腾的范围内,水沸腾时的热流密度可以高达 $10^5 \sim 10^6\ W/m^2$ 的量级,比相同温差变化范围内水的强制对流传热的热流密度至少高一个数量级。这样高的传热强度主要是由于汽泡的形成、成长以及脱离加热壁面所引起的各种扰动所造成的。因此,要进一步强化沸腾传热就要设法增加加热表面上能产生汽泡的地点——汽化核心(nucleation site)。

2. 加热表面上什么地点最容易成为汽化核心

在传热学的发展史上,曾经认为加热表面上的微小突起是产生汽化核心的有利地点。经过近几十年的研究和工程实践[25],现已查明:壁面上的凹坑、细缝、裂穴等最可能成为汽化核心(图 7-18)。这是因为:首先,在表面上的狭缝地带,处于狭缝中的液体所受到的加热的影响比位在平直面上同样数量的液体要多得多(图 7-18a);其次,狭缝中容易残留气体,这种残留气体就自然成为产生汽泡的核心(图 7-18b);此外在凹坑上形成汽-液界面所需的表面能比在微小突起处生成界面的表面能小[25]。所以增加传热表面上的空穴、狭缝与凹坑是开发强化沸腾传热表面的基本手段。至于空穴的形状则与沸腾液体的物理性质有关,主要通过实验来确定,目前还缺少足够的理论研究。

(a) 受热面积大的空穴内的液体　(b) 残存在空穴内的气体是孕育汽泡的有利场所　(c) 汽泡的长大过程

图 7-18　加热面上最有利于成为汽化核心的地点及汽泡的成长

3. 加热表面上要产生汽泡,液体必须过热

即使是表面上的空穴地带,也不是其温度一上升到液体的饱和温度就会产生汽泡,而必须达

到一定的过热度。为说明其理由，试分析位于液体中的一个球形汽泡。

设在流体中存在一个球形汽泡，如图 7-19 所示，它与周围液体处于力平衡和热平衡条件下。由于表面张力的作用，汽泡内的压力 p_v 必大于汽泡外的压力 p_l。根据式(7-2)有

$$p_v - p_l = \frac{2\sigma}{R} \tag{7-18}$$

式中，σ 为气液界面的表面张力。若忽略液柱静压的影响，则 p_l 可认为近似等于沸腾系统的环境压力，即 $p_l \approx p_s$。而热平衡则要求汽泡内蒸气的温度为 p_v 压力下的饱和温度 t_v。界面内外温度相等，即 $t_l = t_v$，所以汽泡外的液体必然是过热的，过热度为 $t_l - t_s$。贴壁处液体具有最大过热度 $t_w - t_s$，加上凹穴处有残存气体，壁面凹处最先能满足汽泡生成的条件：

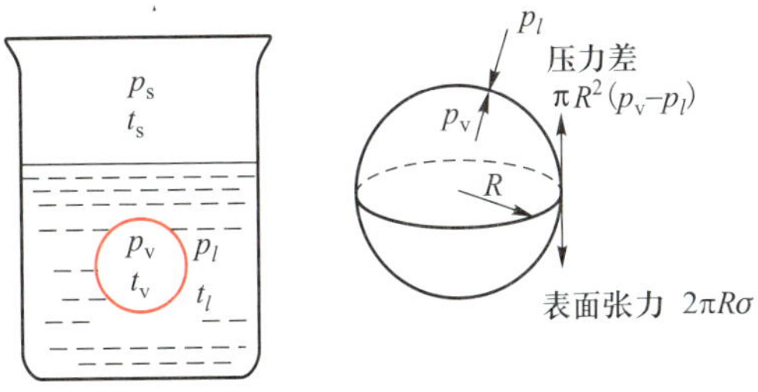

图 7-19　蒸气泡的力平衡

$$R = \frac{2\sigma}{p_v - p_s} \tag{7-19}$$

故汽泡都在壁面上产生。

式(7-19)给出了对于半径为 R 的汽泡所必需的压力差，即液体的过热度。利用工程热力学中克劳修斯-克拉珀龙方程(Clausius-Clapeyron equation)，可得出产生半径为 R 的汽泡所需的过热度

$$\Delta T = T_l - T_s = \frac{2\sigma T_s}{r\rho_v R} \tag{7-20}$$

平衡状态的汽泡是很不稳定的。汽泡半径稍微小于式(7-19)所示半径，表面张力大于压差，则汽泡内蒸气凝结，汽泡瓦解。只有半径大于式(7-19)所示半径时，界面上液体不断蒸发，汽泡才能成长。

综上所述可知，在一定壁面过热度条件下，壁面上只有满足式(7-19)条件的那些地点，才能成为汽化核心。

随着壁面过热度的提高，压差 $p_v - p_s$ 越来越高。按式(7-19)，汽泡的平衡态半径 R 将递减。因此，壁温 t_w 提高时壁面上越来越小的存气凹穴处将成为汽化核心，从而汽化核心数随壁面过热度的提高而增加。

关于加热表面上汽化核心的形成及关于汽泡在液体中的长大与运动规律的研究，无论对于掌握沸腾传热的基本机理以及开发强化沸腾传热的表面都具有十分重要的意义。现有的预测沸腾传热的各种物理模型都是基于对成核理论及汽泡动力学的某种理解而建立起来的。正是 20 世纪 50 年代末关于汽化核心首先是在表面上的一些微小凹坑上形成的这一基本观点的确立[25]，才导致了 20 世纪 70 年代关于沸腾传热强化表面开发工作的蓬勃开展[26]。

7.4.4　微液层

自 20 世纪 60 年代，多位学者基于精密热电偶测温、激光干涉法和激光消光法等诸多方法均发现沸腾过程中气泡底部存在一层厚度为微米量级的液膜[27]，称其为微液层，如图 7-20a 所示。由于微液层和加热面直接接触，在其厚度方向会形成很大的温度梯度，因此在沸腾过程中快速大量蒸发，这部分蒸发潜热对沸腾传热具有不可忽略的贡献，如图 7-20b 所示。

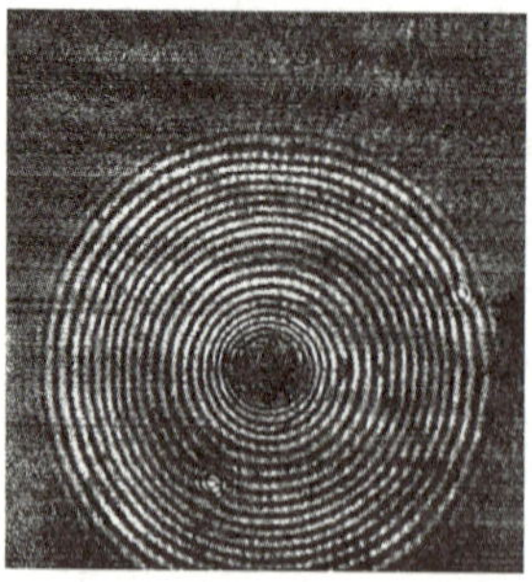

(a) 实验结果(图中黑白条纹相间区域为微液层)

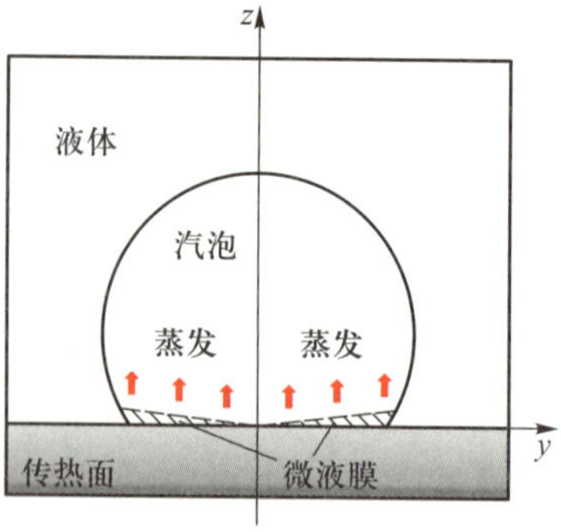

(b) 微液层模型示意图

图 7-20　沸腾表面汽液界面及传热过程示意图

7.5 大容器沸腾传热的实验关联式

前面的分析表明,影响核态沸腾的因素主要是壁面过热度和汽化核心数,而汽化核心数又受到壁面材料及其表面状况、压力、物性等的支配。由于因素比较复杂,如壁面的表面状况需视表面污染、氧化程度而有所不同,文献中提出的沸腾传热系数的计算式分歧较大。在此仅介绍两种类型的计算式:一种类型是针对一种液体的;另一种类型是较广泛地适用于多种液体的。针对性强的计算式精确度往往较高。此外,也要介绍大容器饱和沸腾的临界热流密度以及膜态沸腾的传热系数计算式。

7.5.1 大容器饱和核态沸腾的无量纲关联式

Rohsenow 认为[28],核态沸腾传热之所以强烈,主要是由于汽泡的产生与脱离造成强烈的扰动之故。基于这样的思想,他将实验数据整理成了以下无量纲关联式:

$$\frac{c_{pl}\Delta t}{r}=C_{wl}\left[\frac{q}{\eta_l r}\sqrt{\frac{\sigma}{g(\rho_l-\rho_v)}}\right]^{0.33}Pr_l^s \tag{7-21a}$$

$$\frac{c_{pl}\Delta t}{rPr_l^s}=C_{wl}\left[\frac{q}{\eta_l r}\sqrt{\frac{\sigma}{g(\rho_l-\rho_v)}}\right]^{0.33} \tag{7-21b}$$

式中:c_{pl} 为饱和液体的比定压热容,J/(kg·K);C_{wl} 为取决于加热表面-液体组合情况的无量纲经验常数;r 为汽化潜热,J/kg;g 为重力加速度,m/s^2;Pr_l 为饱和液体的普朗特数,$Pr_l=\frac{c_{pl}\eta_l}{\lambda_l}$;$q$ 为沸腾热流密度,W/m^2;Δt 为壁面过热度,℃;η_l 为饱和液体的动力黏度,Pa·s;ρ_l、ρ_v 为相应于饱和液体和饱和蒸气的密度,kg/m^3;σ 为液体-蒸气界面的表面张力,N/m;s 为经验指数,对于水 $s=1$,对于其他液体 $s=1.7$。

值得指出,式(7-21a)的左端是液体过热的热量(显热)与潜热之比,相当于 Ja 数;右端方括号内是以单位面积蒸气的质量流速 $\frac{q}{r}$ 为特征速度、以 $\sqrt{\frac{\sigma}{g(\rho_l-\rho_v)}}$ 为特征长度的 Re 数。实验查明，汽泡脱离半径正比于 $\sqrt{\dfrac{\sigma}{g(\rho_l-\rho_v)}}$，因此式(7-21b)实际上相当于 $Ja=f(Re,Pr)$ 这样的无量纲关联式。由图 7-16 可见，沸腾传热中热流密度与传热温差之间有非常复杂的依变关系，根据牛顿冷却公式的表达式(5-1a)，可见沸腾传热的表面传热系数必然随温差发生剧烈的变化。因此，为便于使用常常将实验数据整理成温差与热流密度之间的关系，式(7-21)实际上就是这种形式，但也可以改写成表面传热系数与温差的关系或表面传热系数与热流密度的关系。

应用式(7-21)的关键是系数 C_{wl} 的取值，这是一个纯经验参数，取决于固体表面的性质以及沸腾液体的性质，由实验确定。表 7-1 中列出了某些表面与液体组合的 C_{wl} 值[29-30]。

表 7-1　部分液体-固体表面组合的经验系数 C_{wl}

液体-固体表面组合情况	C_{wl}
水-铜	
带划痕的铜	0.006 8
抛光的铜	0.013 0
水-黄铜，水-镍	0.006 0
水-铂	0.013 0
水-不锈钢	
磨光并抛光的不锈钢	0.006 0
化学腐蚀的不锈钢	0.013 0
机械抛光的不锈钢	0.013 0
苯-铬	0.101
乙醇	0.002 7
正戊烷-抛光的铜	0.015 4

由于沸腾传热的复杂性，目前在各类对流传热的准则式中以沸腾传热准则式与实验数据的偏差程度最大。以实验关联式(7-21)为例，当已知 Δt 计算 q 时，计算值与实验值的偏差可达±100%(图 7-21)；而由于 $q\sim\Delta t^3$，因而已知 q 计算 Δt 时，偏差可缩小到±33%左右[30]。

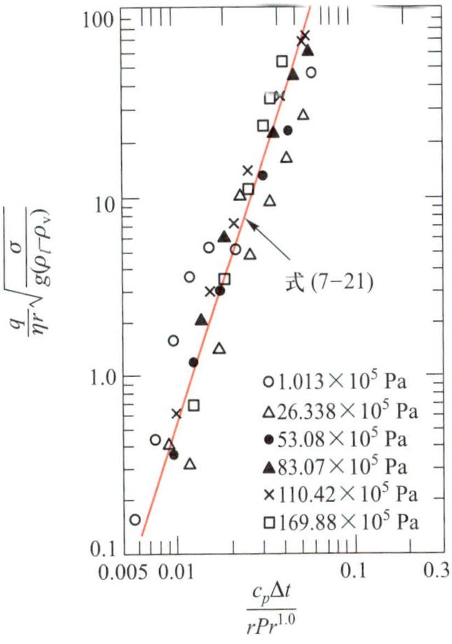

图 7-21　式(7-21)的图示

对于制冷工质而言，以下的库珀(Cooper)公式目前得到较广泛的应用[31]：

$$\left.\begin{aligned}&h=Cq^{0.67}M_r^{-0.5}p_r^m(-\lg p_r)^{-0.55}\\&C=90\ \mathrm{W^{0.33}/(m^{0.66}\cdot K)}\\&m=0.12-0.21\lg\{R_p\}_{\mu m}\end{aligned}\right\}\qquad(7-22)$$

式中：M_r 为液体的相对分子质量(习惯上又称分子量)；p_r 为对比压力(液体压力与该液体的临界压力之比)；R_p 为平均表面粗糙度，单位为 μm，对一般工业用管材表面 $R_p=0.3\sim0.4$ μm；q 为热流密度，W/m²；h 的单位为 W/(m²·K)。获得式(7-22)的实验数据的热流密度范围为 1~100 kW/m²。

最近的实验研究表明[32]，对于 R134a 热流密度的上限可拓宽到 250 kW/m²。

7.5.2 大容器饱和沸腾临界热负荷计算式

在文献[33]中应用泰勒(Taylor)不稳定性原理于气膜的运动，导出了饱和液体大容器沸腾的临界热流密度计算式：

$$q_{\max}=\frac{\pi}{24}r\rho_{v}\left[\frac{\sigma g(\rho_{l}-\rho_{v})}{\rho_{v}^{2}}\right]^{1/4}\left(\frac{\rho_{l}+\rho_{v}}{\rho_{l}}\right)^{1/2} \tag{7-23}$$

当压力离开临界压力比较远时，上述右端最后一项可取为 1，同时将理论分析得出的系数 $\pi/24=0.131$ 用实验值 0.149 代替[34]，得到以下推荐公式：

$$q_{\max}=0.149r\rho_{v}^{1/2}[\sigma g(\rho_{l}-\rho_{v})]^{1/4} \tag{7-24}$$

式中所有物性均按饱和温度查取。该式理论上只适用于加热面为无限大的水平壁的情形，式中没有特征长度。实际上，当加热面的特征长度大于汽泡平均直径的 3 倍时，上式即可使用。

7.5.3 大容器饱和液体膜态沸腾传热计算式

膜态沸腾中，汽膜的流动和传热在许多方面类似于膜状凝结中液膜的流动和传热，适宜用作边界层的分析。文献[35]中勃洛姆莱(Bromley)对汽膜进行分析所得到的结果与膜状凝结的分析解十分相似。对于横管的膜态沸腾，仅需将凝结式中的 λ 和 η 改为蒸气的物性，用 $\rho_{v}(\rho_{l}-\rho_{v})$ 代替 ρ_{l}^{2}，并用实验系数 0.62 代替凝结式中的 0.729，即可得膜态沸腾表面传热系数计算式：

$$h=0.62\left[\frac{gr\rho_{v}(\rho_{l}-\rho_{v})\lambda_{v}^{3}}{\eta_{v}d(t_{w}-t_{s})}\right]^{1/4} \tag{7-25}$$

此式除 ρ_{l} 及 r 的值由饱和温度 t_{s} 决定外，其余物性均以平均温度 $t_{m}=(t_{w}+t_{s})/2$ 为定性温度，特征长度为管外径 d(单位为 m)。如果加热表面为球面，则式(7-25)中的系数为 0.67，其余同上。

应该指出，由于汽膜热阻较大，而壁温在膜态沸腾时很高，壁面的净传热量除按沸腾计算的以外，还有辐射传热。辐射传热的作用会增加汽膜的厚度，因此不能认为此时的总传热系数是按对流传热与辐射传热方式各自计算所得之值的简单叠加。勃洛姆莱建议采用以下超越方程来计算考虑对流传热与辐射传热相互影响在内的复合传热的表面传热系数：

$$h^{4/3}=h_{c}^{4/3}+h_{r}^{4/3} \tag{7-26}$$

式中，h_{c}、h_{r} 分别为按对流传热及辐射传热计算所得的表面传热系数，其中 h_{c} 按式(7-25)计算，而 h_{r} 则按下式确定：

$$h_{r}=\frac{\varepsilon\sigma(T_{w}^{4}-T_{s}^{4})}{T_{w}-T_{s}} \tag{7-27}$$

式中，ε 为沸腾传热表面的发射率。

例题 7-2 经验系数 C_{wl} 的估计

图 7-16 给出了压力为 1.03×10^{5} Pa 的饱和水的沸腾曲线，试据图估计实验表面与水之间 C_{wl} 之值。

题解

分析：由压力为 1.013×10^{5} Pa 的饱和水的条件可以得出式(7-21)中的物性值，于是从图(7-16)上每一对 $\Delta t\sim q$ 的数据就可以得出一个 C_{wl} 之值。由于实验测定以及读取数据时不可避免的偏差，相应于不同 $\Delta t\sim q$ 的 C_{wl} 值会有所波动，取其平均作为代表值。这里仅对一个数据进行计算。

计算:已知 $s=1$,饱和温度 $t_s=100$ ℃。饱和水的物性从附录查得为:$c_p=4.22$ kJ/(kg·K),$Pr=1.75$,$\rho_l=958.4$ kg/m³,$\gamma=0.0589$ N/m,$\eta=0.000283$ Pa·s,而 $\rho_v=0.589$ kg/m³,$r=2257$ kJ/kg。于是

$$\frac{q}{\Delta t^3}C_{wl}^3=\frac{[4\,220\ \mathrm{J/(kg\cdot K)}]^3\times 0.000\,283\ \mathrm{Pa\cdot s}}{(2\,257\times10^3\ \mathrm{J/kg})^2\times1.75^3}\times\sqrt{\frac{9.8\ \mathrm{m/s^2}\times958.4\ \mathrm{kg/m^3}}{0.589\ \mathrm{kg/m^3}}}=3.1\times10^{-4}\ \mathrm{W/(m^2\cdot K)}$$

从图 7-16 读得:$q=4\times10^5$ W/m² 时,$\Delta t=10$ ℃。于是

$$C_{wl}=\left[\frac{3.1\times10^{-4}\ \mathrm{W/(m^2\cdot K)}\times(10\ ℃)^3}{4.2\times10^5\ \mathrm{W/m^2}}\right]^{1/3}=0.009$$

讨论:该例题给出了如何由实验测定结果来确定不同固-液配对时系数 C_{wl} 之值的方法。由于是从图中读取数值,因此仅能作为一种估算,实际确定 C_{wl} 值时,应该以实验测定值为依据。幸好,计算得出的数值落在表 7-1 所列出的数值范围内。

例题 7-3 R134a 沸腾传热系数计算

R12(氟利昂 12)及 R22 由于其对大气臭氧层有破坏作用,已被国际社会规定禁止生产使用或即将停止生产与使用。R134a 是用以替代它们的一种新制冷剂。为了查明其传热性能,进行了大容器水平光管沸腾传热试验,并测得了表 7-2 所列的数据。试验条件是 $t_s=5$ ℃($p_s=0.349$ MPa)。R134a 的相对分子质量 $M_r=102$,临界压力 $p_s=4.06$ MPa,试将库珀公式简化为 $h=C_q^{0.67}$ 的形式,并对计算值 h_c 及 h_e 的差别进行比较。

表 7-2 例题 7-3 的实验数据

q/(W/m²)	2.09×10^4	2.51×10^4	2.93×10^4	3.35×10^4	3.76×10^4	4.11×10^4	4.19×10^4	4.61×10^4
h_e/[W/(m²·K)]	4 058	4 456	5 262	5 669	6 059	6 463	7 084	6 950

题解

分析:应用式(7-22)时的一个不确定因素是 R_p 之值的选取。定性上这个量与式(7-17)中的 C_{wl} 相类似,取决于表面的条件。在没有实验测定值可依据时,对商用管 R_p 之值大约可取 0.3~0.4 μm。

计算:式(7-22)可转化为

$$h=[CM_r^{-0.5}p_r^m(\lg p_r)^{-0.55}]q^{0.67}=C_1q^{0.67}$$

取 $R_p=0.3$ μm,则 $m=0.224\,6$。于是有

$$C_1=90\ \mathrm{W^{0.33}/(m^{0.66}\cdot K)}\times102^{-0.5}\times\left(\frac{0.349}{4.06}\right)^{0.224\,6}\times\left(-\lg\frac{0.349}{4.06}\right)^{-0.55}=4.96\ \mathrm{W^{0.33}/(m^{0.66}\cdot K)}$$

表面传热系数的计算值 h_c 及其偏离实测值 h_e 的百分数列于表 7-3 中。

表 7-3 例题 7-3 的计算值与实测值的对比

q/(W/m²)	2.09×10^4	2.51×10^4	2.93×10^4	3.35×10^4	3.76×10^4	4.11×10^4	4.19×10^4	4.61×10^4
h_c/[W/(m²·K)]	3 890	4 398	4 878	5 337	5 766	6 120	6 170	6 609
$\dfrac{h_e-h_c}{h_c}$/%	4.1	1.3	7.3	5.9	4.8	5.3	12.9	4.9

讨论:在无量纲的关联式中,系数均是无量纲的,如式(7-21)中的 C_{wl},但在有量纲的经验计算式中,如式(7-23),系数都是有量纲的,因此在将表面传热系数转换成为 $h=Cq^n$ 这种形式时,系数 C 也是有量纲的,在使用有量纲的实验计算式时特别要注意这一点。请读者进一步考虑,上式中的指数 n 是否为纯数?

由于 R134a 有较高的全球增温潜能值(global warming potential,GWP),现在也被列入需要替代的制冷剂。

例题 7-4 **水在铂质加热面上作大容器内沸腾时产汽率的计算**

在 1.013×10^5 Pa 的绝对压力下,水在 $t_w=113.9$ ℃ 的铂质加热面上作大容器内沸腾,试求单位加热面积的汽化率。

题解

分析:液体的沸腾传热严格地说是一个非稳态过程:汽泡不断地在加热面上个别地点产生、长大、脱离,然后周围的液体又来填补汽泡的位置,如此反复。式(7-21)、式(7-22)实际上给出了一个准稳态过程的时间平均值。从本例下面的计算结果可以看出,由于汽泡的脱离,在加热面上相当于形成了一股连续的上升气流运动。

计算:壁面过热度 $\Delta t=(113.9-100)$ ℃ $=13.9$ ℃,从图 7-16 知处于核态沸腾区,因而可按式(7-21)求取 q。

从表 7-1 查得,对于水-铂组合 $C_{wl}=0.013$。从附录查得,$t_s=100$ ℃ 时水和水蒸气的物性为

$$c_{pl}=4.22\ \text{kJ/(kg·K)},\qquad \rho_l=958.4\ \text{kg/m}^3$$

$$r=2\,257\ \text{kJ/kg},\qquad \rho_v=0.598\ \text{kg/m}^3$$

$$\sigma=58.9\times10^{-3}\ \text{N/m},\qquad Pr_l=1.75$$

$$\eta=0.282\,5\times10^{-3}\ \text{Pa·s}$$

代入式(7-21)得

$$q=\mu_l r\left[\frac{c_{pl}(t_w-t_s)}{C_{wl}rPr_l}\right]^3\left[\frac{g(\rho_l-\rho_v)}{\sigma}\right]^{1/2}=0.218\,6\times10^{-3}\times2\,257\times10^3\times$$

$$\left(\frac{4\,216\times13.9}{0.013\times2\,257\times10^3\times1.75}\right)^3\times\left[\frac{9.8\times(958.4-0.598)}{0.058\,9}\right]^{1/2}$$

$$=2.91\times10^5\ \text{W/m}^2$$

单位加热面的汽化率为

$$\frac{q}{r}=\frac{2.91\times10^5\ \text{W/m}^2}{2\,257\times10^3\ \text{J/kg}}=0.129\ \text{kg/(m}^2\cdot\text{s)}$$

讨论:这是由汽泡的上升运动而形成的一股当量蒸气流。由于这股气流所引起的对加热面附近液体的剧烈扰动,是使沸腾传热的强烈程度远高于无相变的对流的主要原因之一。如果以饱和蒸气的密度来计算,这股质量流速相当于蒸气以 0.216 m/s 的流速离开壁面向上流动。

例题 7-5 **大气压下水大容器沸腾临界热力密度计算**

试计算水在 1.013×10^5 Pa 压力下沸腾时的临界热流密度,并与图 7-16 做比较。

题解

假设:加热面足够大,式(7-24)的应用条件满足。

计算：水及水蒸气的物性数值与例 7-4 相同。由式(7-24)得

$$q_{max}=0.149\times 2\ 257\times 10^3\ \text{J/kg}\times(0.598\ \text{kg/m}^3)^{1/2}\times$$
$$[9.8\ \text{m/s}^2\times(958.4-0.598)\ \text{kg/m}^3\times 0.059\ 4\ \text{N/m}]^{1/4}$$
$$=126\times 10^4\ \text{W/m}^2$$

讨论：从图 7-16 读得 $q_{max}\approx 11.7\times 10^5\ \text{W/m}^2$，与上述计算值的偏差为 7.7%。在沸腾传热的计算中，这样的数值偏差已经算是很小了。

例题 7-6　膜态沸腾表面传热系数计算

水平铂线通电加热，在 1.013×10^5 Pa 的水中产生稳定膜态沸腾。已知 $t_w-t_s=654$ ℃，导线直径为 1.27 mm，求沸腾传热表面传热系数。

题解

分析：在稳定的膜态沸腾中，加热表面的总的表面传热系数由沸腾及辐射两部分组成。为确定辐射部分的大小，假定铂丝表面的发射率为 0.9。

计算：

ρ_v、λ_v 由 $t_m=(t_w+t_s)/2=427$ ℃确定。从附录查得：$\lambda_v=0.050\ 5\ \text{W/(m·K)}$，$\eta=0.024\ 3\times 10^{-3}$ Pa·s。ρ_l、r 按 $t_s=100$ ℃从附录查得：$\rho_l=958.4\ \text{kg/m}^3$，$r=2\ 257\times 10^3$ J/kg，$Pr_l=1.75$，$c_{pl}=4\ 220\ \text{J/(kg·K)}$，$\sigma=588.6\times 10^{-4}$ N/m。

膜态沸腾传热表面传热系数按式(7-25)计算，得

$$h_c=0.62\times\{9.8\ \text{m/s}^2\times 2\ 257\times 10^3\ \text{J/kg}\times 0.314\ \text{kg/m}^3\times(958.4\ \text{kg/m}^3-0.314\ \text{kg/m}^3)\times$$
$$[0.050\ 5\ \text{W/(m·K)}]^3\}^{1/4}\times[0.024\ 3\times 10^{-3}\ \text{Pa·s}\times 0.001\ 27\ \text{m}\times 654\ ℃]^{-1/4}$$
$$=281\ \text{W/(m}^2\text{·K)}$$

据壁面发射率 $\varepsilon=0.9$，则由式(7-27)可得

$$h_r=\frac{0.9\times 5.67\ \text{W/(m}^2\text{·K}^4)\times[(10.27\ \text{K})^4-(3.73\ \text{K})^4]}{654\ ℃}$$
$$=85.3\ \text{W/(m}^2\text{·K)}$$

由式(7-26)得

$$h^{4/3}=(281^{4/3}+85.3^{4/3})\ \text{W}^{4/3}/(\text{m}^2\text{·K})^{4/3}$$

由此解得

$$h=322.9\ \text{W/(m}^2\text{·K)}$$

此值小于简单叠加之值[366.3 W/(m²·K)]。

讨论：此时热流密度为

$$q=322.9\ \text{W/(m}^2\text{·K)}\times 654\ ℃=2.11\times 10^5\ \text{W/m}^2$$

在同样的热流密度下，如果不发生膜态沸腾，而是处在旺盛沸腾区域内，则可据式(7-21)计算相应的表面传热系数。为此将该式转换成为计算表面传热系数的显式形式：

$$h=\left\{\frac{c_{pl}/r}{C_{wl}\left[\dfrac{1}{\eta_l r}\sqrt{\dfrac{\sigma}{g(\rho_l-\rho_v)}}\right]^{0.33}Pr_l^s}\right\}q^{0.67}\tag{7-28}$$

将有关物性数值代入式(7-28)，据表 7-1 取 $C_{wl}=0.013$，得

$$h=\frac{4\ 220\ \mathrm{J/(kg\cdot K)}}{2\ 257\times10^{3}\ \mathrm{J/kg}}\times$$

$$\frac{q^{0.67}}{0.013\times\left[\frac{1}{282.5\times10^{-6}\ \mathrm{kg/(m\cdot s)}\times2\ 257\times10^{3}\ \mathrm{J/kg}}\times\sqrt{\frac{588.6\times10^{-4}\ \mathrm{N/m}}{9.8\ \mathrm{m/s^{2}}\times(958.4-0.958)\ \mathrm{kg/m^{3}}}}\right]^{0.33}\times1.75}$$

$$=5.0\ \mathrm{W^{0.33}/(m^{0.66}\cdot K)}\times(2.11\times10^{5}\ \mathrm{W/m^{2}})^{0.67}$$

$$=1.85\times10^{4}\ \mathrm{W/(m^{2}\cdot K)}$$

可见，此时膜态沸腾的传热强度已经降低到旺盛核态沸腾的 1/57。

7.6 沸腾传热的影响因素及其强化

沸腾传热是已学习过的对流传热现象中影响因素最多、最复杂的传热过程，实验关联式与所依据的实验数据间的离散度和不同关联式间的分歧也最为严重。本节主要讨论影响大容器沸腾的因素，着重介绍强化沸腾传热的机理与技术，也将简单介绍管内沸腾及降膜蒸发的特点。

7.6.1 影响大容器沸腾传热的因素

1. 表面结构与状态

前已指出加热表面上的空穴、缝隙及凹坑最容易成为汽化核心，表面上这种微小不平整的结构越多沸腾传热越强烈。表 7-1 中化学腐蚀的不锈钢表面其系数 C_{wl} 比抛光表面大一倍多就是这个原因。但是迄今为止，对于某种具体的液体在给定的工作条件下（饱和压力）什么样的空穴结构最利于沸腾换热还主要依靠实验研究，对核态沸腾来说，大多数实验结果显示，小开口+大凹穴的微结构形状有利于强化沸腾传热，本书后面还要介绍；但缺少系统的分析理论。数值模拟技术的进一步发展可望得出一些有益的结果。

2. 过冷度

如果在大容器沸腾中流体主要部分的温度低于相应压力下的饱和温度，则这种沸腾称为过冷沸腾（subcooling boiling）。对于大容器沸腾，除了在核态沸腾起始点附近区域外，过冷度对沸腾传热的强度并无影响。在核态沸腾起始段，自然对流的机理还占相当大的比例，而自然对流时 $h\sim\Delta t^{1/4}$，即 $h\sim(t_w-t_f)^{1/4}$，因而过冷会使该区域的传热有所增强。

3. 液位高度

在大容器沸腾中，当传热表面上的液位足够高时，沸腾传热表面传热系数与液位高度无关，本章以前介绍的计算式都属于这种形式。但当液位降低到一定值时，沸腾传热的表面传热系数会明显地随液位的降低而升高[36-37]，这一特定的液位值称为临界液位。对于常压下的水，其值约为 5 mm。低液位沸腾在热管及电子器件冷却中有所应用。图 7-22 中给出了文献[37]中的三条实验曲线，实验介质为一

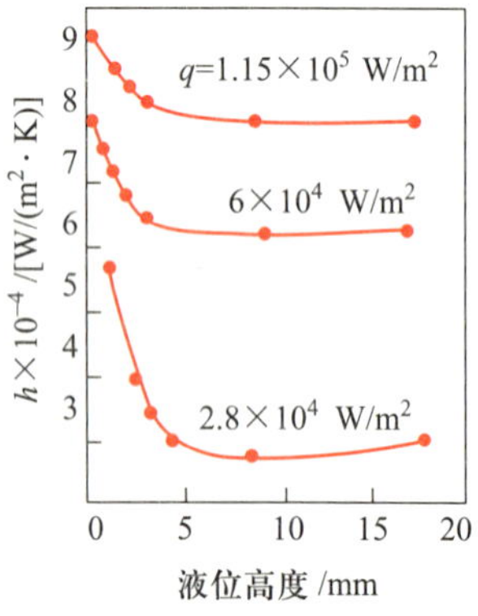

图 7-22 液位高度的影响

个大气压下的水。

研究表明[38],对于浅液位的大容器沸腾汽泡的上升运动会导致整个液层的剧烈扰动,从而进一步强化了传热。

4. 重力加速度

随着航空航天技术的发展,超重力及微重力情况下的传热规律的研究近几十年中得到很大的发展。现有的研究成果表明,在重力加速度很大的变化范围内重力场几乎对核态沸腾的传热规律没有影响(从重力加速度为 0.10 m/s^2 一直到 100×9.8 m/s^2)[39]。但重力加速度对液体自然对流则有显著的影响(自然对流随加速度的增加而强化)。在零重力场(或接近于零重力场)的情况下,沸腾传热的规律还研究得不够。

5. 管束的影响

在制冷空调、化工工业中采用的卧式蒸发器中发生的沸腾传热也是大容器沸腾,其中若干根有序排列的管子浸没在液体中,管内流经高温流体,使管外液体沸腾(图 7-23a)。显然位于管排底端的管子产生的汽泡在上升过程中会增加上面管子附近液体的扰动(图 7-23b),使得管束的大容器沸腾变得十分复杂。本书介绍的库珀公式等只能用于最低端的管子,整个管束的换热必须考虑液体流速的影响。一个最简单的模型是将核态沸腾计算的热流密度与强制对流传热的热流密度叠加,有兴趣的读者可参见文献[40]。

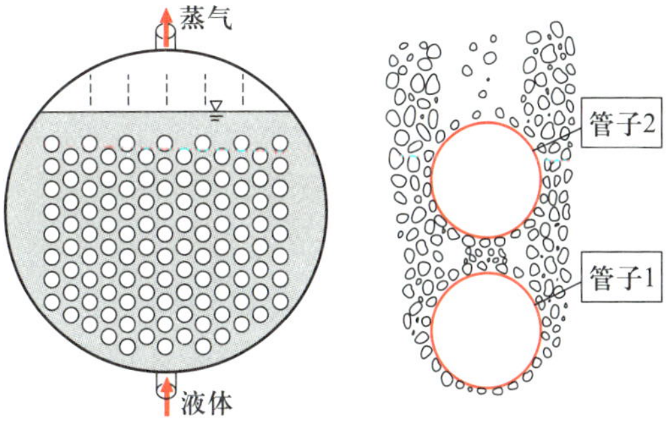

(a) 满液式蒸发器截面图　　(b) 管排间汽泡互相影响

图 7-23　卧式(满液式)蒸发器中沸腾示意图

7.6.2　管内强制对流沸腾及降膜蒸发

1. 管内强制对流沸腾

液体在管内发生强制对流沸腾时,由于产生的蒸气混入液流,出现多种不同形式的两相流结构,即流型(flow pattern),传热机理亦很复杂。图 7-24 示出了一根均匀加热的竖管内液体沸腾可能出现的流动类型及传热类型。流入管内的未饱和液体被管壁加热,到达一定地点时壁面上开始产生汽泡。此时液体主流尚未达到饱和温度,处于过冷状态,这时的沸腾为过冷沸腾。继续加热而使液流达到饱和温度时,即进入饱和核态沸腾区。饱和核态沸腾区经历着泡状流和块状流(汽泡汇合成块,亦称弹状流)。含气量增长到一定程度,大气块进一步合并,在管中心形成气芯,把液体排挤到壁面,呈环状液膜,称为环状流。此时传热进入液膜对流沸腾区。环状液膜受热蒸发,逐渐减薄,最终液膜消失,湿蒸气直接与壁面接触。液膜的消失称为蒸干(dry out)。此时,由于传热恶化,会使壁温猛升,造成对传热设备安全的威胁。此时管壁对湿蒸气流继续加热,使工质最后进入干蒸气单相传热区。横管内

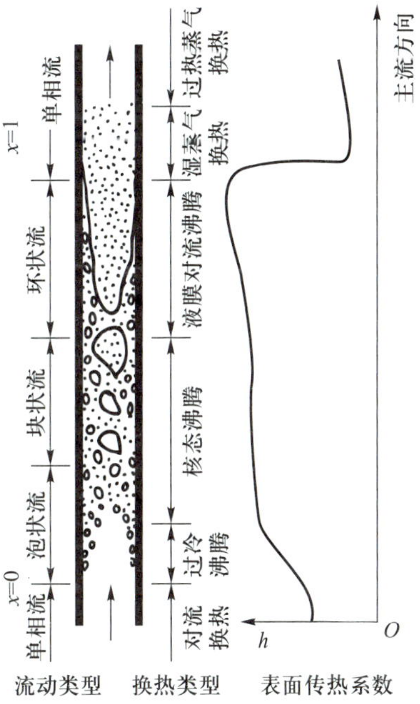

图 7-24　竖管管内沸腾示意

沸腾时，重力场对两相结构有影响而出现新的特点，所以管的位置是影响管内沸腾的因素之一。在管内沸腾中，最主要的影响参数是含气量（即蒸气干度）、质量流速和压力。文献［41］中对管内强制对流沸腾传热的计算模型和方法进行了综述，可参考。

一种估算管内强制对流沸腾传热的方法是将分别按管内单相强制对流计算和大容器沸腾计算获得的传热系数进行迭代，即

$$h_{total}=h_{sp}+h_{pb} \tag{7-29}$$

通道内强制对流沸腾传热关联式

式中：h_{sp} 为管内单相强制对流传热系数，$W/(m^2 \cdot K)$，在 $Re=1\times10^4 \sim 1.2\times10^5$ 的范围内，可采用第 6 章给出的 Dittus-Boelter 公式（式 6-5）计算；而池沸腾传热系数则可通过 7.5.1 节中相关内容确定。但常常要对 h_{sp} 或 h_{pb} 进行一些修正；也有文献对通道中两相流动进行受力分析，提出包含表征相关力的相对大小的量纲为一的数的流动沸腾关联式。

2. 降膜蒸发

图 7-23 所示的满液式蒸发器具有所需制冷剂充灌量大等缺点。随着海水淡化，减小制冷剂对环境影响的研究的开展，一种新型的使传热介质蒸发的技术——降膜蒸发（falling film evaporation）日益得到重视。降膜蒸发（又称为喷淋），是传热介质由液体分配器（布液器）分配到换热管表面，在重力作用下沿换热管壁面流下吸收管内流体的热量而蒸发的过程，如图 7-25 所示。其主要的优点是传热介质充灌量小，对于同等传热面积的蒸发器，和满液式蒸发器相比，充灌量可节省约 50%；同时传热系数较大等。此类蒸发器已经在中央空调、海水淡化等领域得到应用。

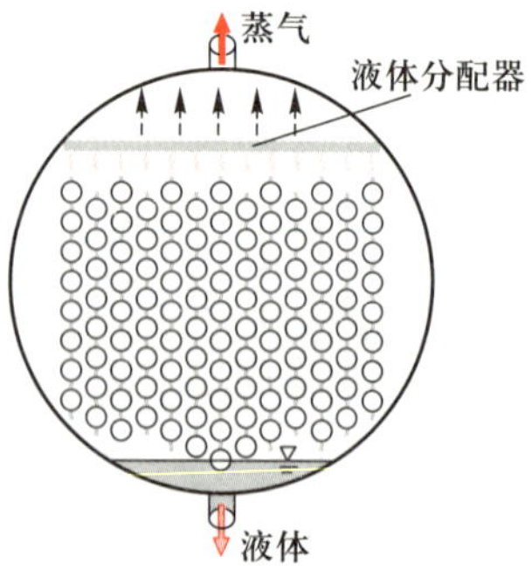

图 7-25　降膜蒸发示意图

7.6.3　强化沸腾传热的原则和技术

无论大容器沸腾还是管内沸腾，在加热面上产生汽泡是其共同的特点，也是使对流传热比无相变的传热强烈的最基本原因。因此，强化沸腾传热的基本原则是尽量增加加热面上的汽化核心，即产生汽泡的地点。根据前面的分析，加热面上的微小凹坑最容易成为汽化核心，近几十年来强化沸腾传热表面的开发主要是按照这一思想进行的。下面分大容器沸腾和管内沸腾予以介绍。

1. 强化大容器沸腾的表面结构

工业界已经开发出两类增加表面凹坑的方法：

（1）用烧结、钎焊、火焰喷涂、电离沉积等物理与化学的方法在传热表面上造成一层多孔结构；

（2）采用机械加工方法在传热管表面上造成多孔结构。

图 7-26 中示出了几种典型的结构与一根双侧强化沸腾传热管的纵截面照片。这种强化表面的传热热流密度与光滑管相比，常常要高一个数量级，已经在制冷、化工等部门得到广泛应用，有兴趣的读者可参见文献［42］。这里要特别指出，对于此类强化结构，论及热流密度时，都是以制造该强化结构的胚管表面面积为计算面积的[43]。

2. 强化管内沸腾的表面结构

为了防止管内沸腾蒸干区域管壁温度的飞升，电站锅炉中广泛采用图 7-27a 所示的内螺纹钢管，肋片的高度在 1 mm 左右。图 7-14 所示的二维、三维微肋管也广泛应用于制冷剂的管内沸腾传热。图 7-27b 中示意性地表示了展成平面的三维微肋结构。注意，其中每一个微小的几何凸体各个方向的几何尺度只有 0.1~0.3 mm。

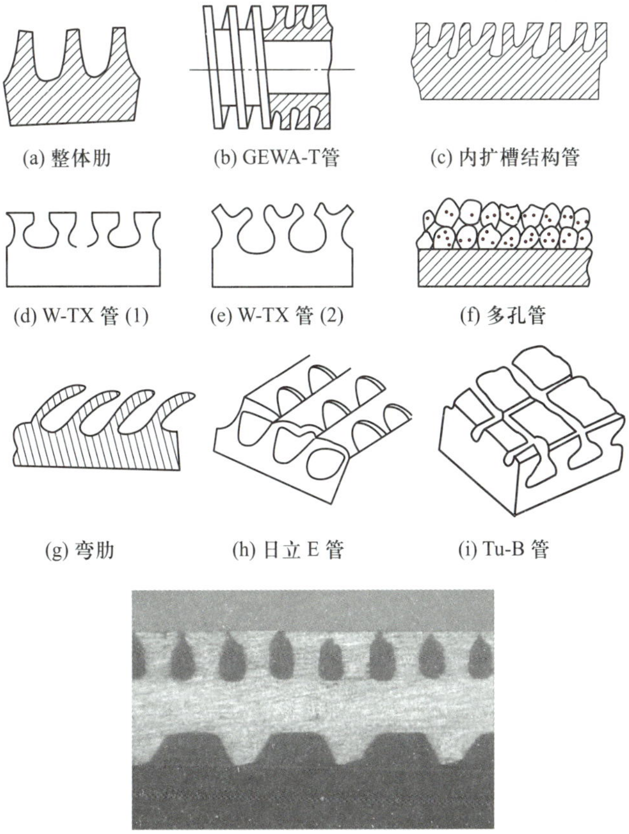

(a) 整体肋　(b) GEWA-T管　(c) 内扩槽结构管

(d) W-TX 管 (1)　(e) W-TX 管 (2)　(f) 多孔管

(g) 弯肋　(h) 日立 E 管　(i) Tu-B 管

(j) 双侧强化沸腾传热管

图 7-26　沸腾传热强化表面结构示意图与照片

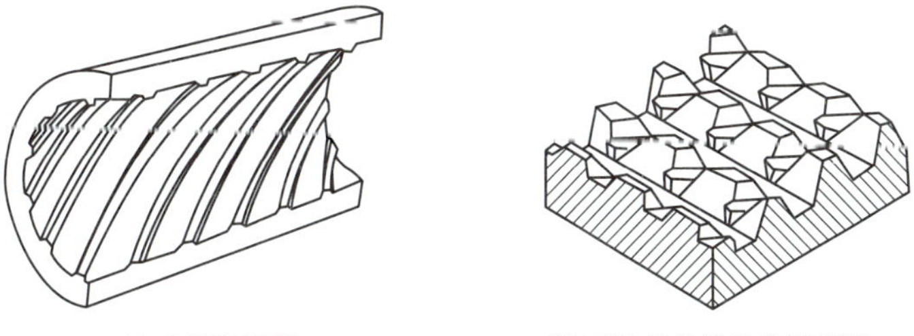

(a) 内螺纹钢管　(b) 三维微肋管肋柱展开图

图 7-27　内螺纹管与三维内肋管示意图

7.7 热管简介

7.7.1 热管的工作原理

热管(heat pipe)是 20 世纪 60 年代发展起来的具有特别高的导热性能的传热元件。它的结构比较简单,图 7-28 为其工作原理示意图。管壳采用金属管,其内壁贴附丝网状吸液芯,以利用毛细力使工作液体在吸液芯内不受热管位置的限制而移动。管壳两端封死,在封死前先将管内抽真空,灌入适量的工作液。工作时,蒸发段(吸热段)的工作液被热管外的热源(可以是热流体或产热固体)加热,吸取潜热蒸发,其蒸气经绝热段(保温段)流向冷凝段(散热段),工作液蒸气放出潜热,凝结为液体。蒸气液化释放出来的潜热通过管壁传递给热管外面的冷流体。积聚在冷凝段吸液芯中的凝结液借助吸液芯毛细力的作用返回到加热段再吸热蒸发。工作液的这种循环就把热量从加热段传递到冷凝段。在由热管管束组成的热管换热器中,通过热管这个中间媒介,热流体的热量就可传给冷流体,实现传热过程。为了强化热管外的流体与热管蒸发段、冷凝段的传热过程,在热管的这两个传热段外面常常加置翅片。

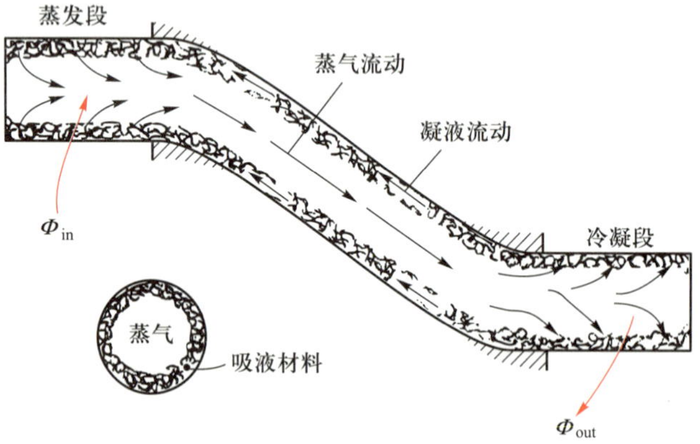

图 7-28　热管示意图

带有吸液芯的热管有突出的优点——对蒸发段与冷凝段的位置没有任何限制。为了显示这一特点,图 7-28 中特地将热管弯曲,冷凝段位于蒸发段之下。但这种热管制造成本较高,多用于航天事业中。对于地面上使用的情形,常采用依靠重力回流冷凝液,从而可以省去吸液材料,简化结构。这种依靠重力使冷凝液回流的热管称为重力热管(又称热虹吸管)。这时冷凝段必须位于蒸发段之上。图 7-29 示意性地表明了重力热管的结构。重力热管的工作介质积聚在热管的底部。当该处受到热管外热流体加热时工作液体蒸发,其中蒸气上升到热管上半部被管外流体冷却而凝结成液体,凝结液在重力作用下沿内壁流下返回到蒸发段而完成一个循环。这样,通过工作液体的不断蒸发、凝结,把热管下半部热源的热量连续地传递到热管上半部的冷源中去。重力热管中应用最广的是钢-水热管。研究发现,钢-水热管在运行过程中会产生不凝性气体——氢气,并最终聚集到冷凝段使凝结传热恶化,以致使热管性能变坏或失效。这种现象称为钢-水的不相容性。

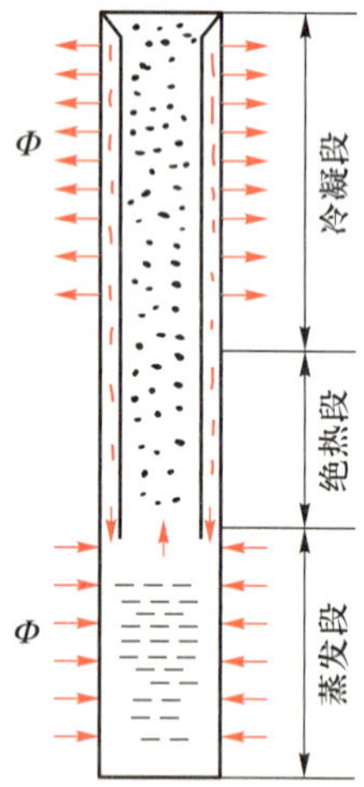

图 7-29　重力热管示意图

7.7.2　热管壳体材料与工质之间的相容性

热管中的工质选择除需要满足所需的工作温度范围以外,还必须注意它与热管壳体材料之间的相容性问题。如上所述,所谓壳体材料与工质相容,是指壳体材料可以使该工质长时间(例如 5~10 年)运行而不会在热管内产生不凝结气体或者表面沉积物。如果两者不相容,则经过不长时间的运行后,不凝结气体或表面沉积物会大大影响相变传热的效果。在常见的使用温度范围内,热管常用的工质及其相容的金属材料列出在表 7-4 中。

表 7-4 热管的管壳-工作液组合及其工作特性[44]

热管种类	工作介质	相容材料	工作温度/℃
低温热管	氨	铝,低碳钢,不锈钢	-60~100
	丙酮	铝,铜,不锈钢	0~120
常温热管	甲醇	铜,碳钢,不锈钢	12~130
	水	铜,内壁经化学处理的碳钢	30~250
	联苯	碳钢,不锈钢	147~300
中温热管	导热姆 A	铜,碳钢,不锈钢	150~395
	汞	奥氏体不锈钢	250~650
	钾	不锈钢	400~1 000
高温热管	钠	不锈钢,因康镍合金	500~1 200
	银	钨,钽	1 800~2 300

目前,广泛采用的克服钢-水不相容性的方法是表面钝化(一种电化学腐蚀处理)以及在水中加入缓蚀剂,以阻止或减缓氢气的析出。

7.7.3 热管中各个传递环节的热阻分析

从热管的工作过程可以看出,它实现了一种特殊的传热过程——热量从热管一端的热流体通过热管传递给位于热管另一端的冷流体。下面以一根钢-水重力热管为例来分析其热传递过程中各个环节的热阻大小。设热管的外径 $d_o=25$ mm,内径 $d_i=21$ mm,蒸发段长度 l_e 及冷凝段长度 l_c 均为 1 m,碳钢导热系数 $\lambda=43.2$ W/(m·K)。对于图 7-29 所示的重力热管,热量从热流体传到冷流体的过程中各个环节的热阻如下。

(1) 从热流体到蒸发段外壁的传热热阻 R_1

设蒸发段外表面总表面传热系数为 $h_{o,e}$,则

$$R_1=1/(\pi d_o l_e h_{o,e})$$

(2) 从蒸发段外壁到内壁的导热热阻 R_2

$$R_2=\frac{1}{2\pi\lambda l_e}\ln\frac{d_o}{d_i}=\frac{1}{2\times3.14\times43.2\ \text{W/(m·K)}\times1\ \text{m}}\times\ln\frac{25\ \text{mm}}{21\ \text{mm}}$$

$$=6.4\times10^{-4}\ \text{K/W}$$

(3) 蒸发段内表面传热热阻 R_3

设蒸发传热的表面传热系数 $h_{i,e}=5\ 000$ W/(m^2·K),则

$$R_3=\frac{1}{\pi d_i l_e h_{i,e}}=\frac{1}{3.14\times0.021\ \text{m}\times1\ \text{m}\times5\ 000\ \text{W/(m}^2\text{·K)}}$$

$$=3\times10^{-3}\ \text{K/W}$$

(4) 从蒸发段到冷凝段蒸气流动的压降所引起的热阻 R_4

蒸气的压降导致饱和温度下降,这等价于存在一个热阻。但实际上由于压降很小,因而所引

起的相应的温差也很小,所以 $R_4 \approx 0$。

(5) 冷凝段内表面传热热阻 R_5

取凝结传热的表面传热系数 $h_{i,c}=6\ 000\ W/(m^2 \cdot K)$,则

$$R_5 = \frac{1}{3.14\times 0.021\ m\times 1\ m\times 6\ 000\ W/(m^2\cdot K)} = 2.5\times 10^{-3}\ K/W$$

(6) 冷凝段固体壁面导热热阻 R_6

R_6 与 R_2 相同,为 6.4×10^{-4} K/W。

(7) 冷凝段外管壁与冷流体间的传热热阻 R_7

设冷流体的总表面传热系数为 $h_{o,c}$,则

$$R_7 = \frac{1}{\pi d_o l_c h_{o,c}}$$

在 $R_1 \sim R_7$ 中,属于热管内部的热阻为 $R_2 \sim R_6$,其和为 6.78×10^{-3} K/W。现在以一根长 2 m、直径为 25 mm 的铜棒导热与之对比。从铜棒的一端向另一端的导热热阻[取铜的导热系数为 400 W/(m²·K)]为

$$R_{Cu} = \frac{l_c + l_e}{\frac{\pi d_o^2}{4}\lambda_{Cu}} = \frac{2\ m}{\frac{3.14\times(0.025\ m)^2}{4}\times 400\ W/(m\cdot K)} = 10.19\ K/W$$

铜棒的热阻是上述钢-水热管的 1 500 倍。也就是说,在所对比的情况下热管的导热能力是铜的 1 500 倍。热管的这种特别优良的导热性能又被称为"超导热性",它实现了几乎没有温差的导热。

7.7.4 热管的应用

上述分析表明,热管有优良的导热性及等温性。此外,热管还有两个重要的特性:

(1) 可以在较大的范围内调整蒸发段与冷凝段的热流密度。这是因为,处于稳态运行的热管本身并不产生或吸收热量,它只是把从蒸发段吸收的热量传到冷凝段并放出。因此,通过调整蒸发段与冷凝段的外表面积,即可实现调整热流密度的作用。

(2) 可以让热量沿着某个方向传递。在实际使用中带有吸液芯的热管未必均为平直的圆管,可以呈各种截面形式,沿轴线方向也可以折成所需的形状。

热管的这些优点使得它在工程技术中获得了广泛的应用。下面分别从航空航天技术、热能动力工程以及电子器件冷却技术三方面举例说明。

热管的超导热性以及等温性使它成为航空航天技术中控制温度的理想工具。热管在航天器中的应用主要有两方面[45]:

(1) 用于卫星表面的等温化。美国一技术卫星的主体为 1.5 m×1.5 m 的圆柱,在未装热管前,向阳面与背阳面的温差达 145 ℃,而安装了 8 根热管后温差减小到 17 ℃(图 7-30)。由于向阳面温差的大幅度降低,使太阳能电池的输出功率增

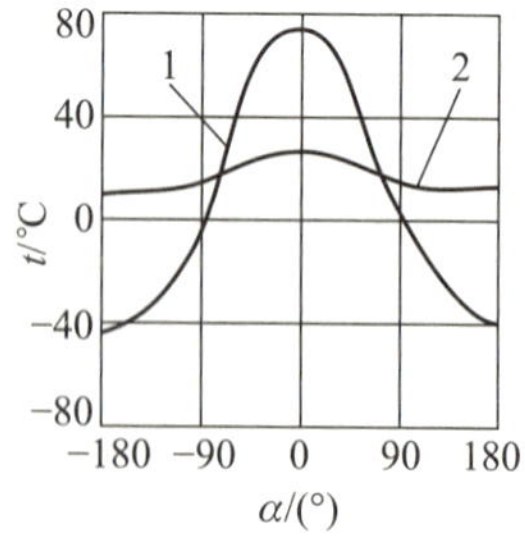

1—用热管前;2—用热管后

图 7-30　热管用于卫星表面等温化

加了 20%,而安装热管仅使卫星重量增加了 5%。

(2) 用于卫星内仪器设备的温度控制。我国 1976 年首次使用热管于卫星仪器的温度控制。在一返回式卫星上使用了 16 根直径为 7 mm 的铝-氨热管,它们分别用于控制直流稳压电源等 4 个发热元件及舱内 3 块主电池的温度,使之位于适宜的温度范围内。

苏联首先将重力式热管换热器用于回收烟气的热量而加热进入炉内的空气,这种换热器称为空气预热器。其次,热管的蒸发段置于烟道内吸收烟气热量,在热管的冷凝段冷空气吸收热量而温度升高,然后进入锅炉的炉膛。这种形式的热管换热器在回收高温烟气的余热中得到广泛的应用。

热管热流密度的可调节性使它可以用于高热流密度的电子元器件。如图 7-31 所示,热管的蒸发段用来冷却高热流密度的大功率晶体管,而用扩大冷凝段面积的方法使冷凝段仍然可以采用常规的空气对流传热方式来冷却。热管还广泛应用于笔记本电脑及数据中心的芯片冷却技术中,图 7-32 是用于笔记本电脑芯片冷却的热管照片,图中两支热管并联使用,以进一步提高散热效果。冷凝器侧敷设有翅片,并用风扇强制通风。两个蒸发器用薄铜板紧密连接,该铜板紧贴于芯片上。

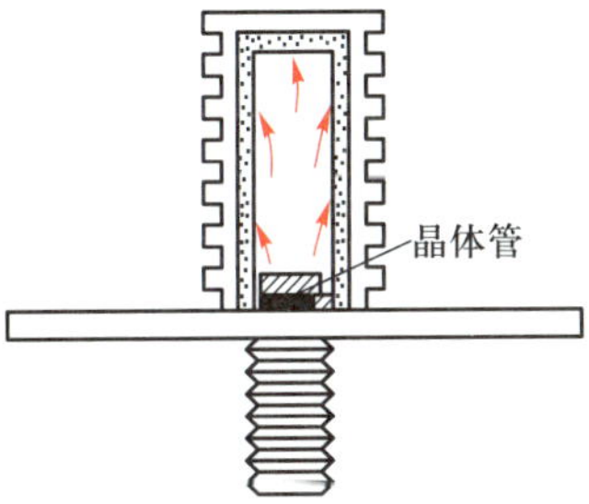

图 7-31 热管用于大功率晶体管的冷却

图 7-32 笔记本电脑芯片冷却用热管

*7.8 固液相变传热简介

除前文讨论的冷凝和沸腾过程外,固体和液体间发生的熔化和凝固也是相变传热过程。熔化是指固体受热变成液体的过程。固体达到熔点后开始熔化,此过程中处于固液共存状态。对于晶体,熔化过程中温度保持不变(该温度称为熔点),吸收的热量将全转化为潜热,直至完全熔化后,温度才会继续升高。而对于非晶体,熔化过程中温度会持续升高。凝固是熔化的反过程。对于晶体,当温度到达凝固点,便会由液相向固相转变,并能够持续放热。在同一环境压力下,凝固点与熔点温度相等。

7.8.1 一维 Stefan 问题

固体熔化后成为液体,液体可能发生流动。如不考虑液体流动带来的影响,固液相变问题可以简化成考虑潜热的非稳态导热问题，即 Stefan 问题（以斯洛文尼亚物理学家 Jožef Stefan 命名）[46]。考虑如图 7-33 所示一维固体初始温度为 T_∞。在 $\tau>0$ 时刻，左边界 $x=0$ 处，施加高于熔点温度 T_m 的恒定高温边界条件 T_w。可以预见，随着时间演变，固相吸热逐渐熔化，相界面 $s(\tau)$ 逐渐向右推移。一维区域分为 $0<x<s(\tau)$ 的液相部分、$x=s(\tau)$ 的固液相变区域以及 $s(\tau)<x<L$ 的固相部分。针对 Stefan 问题，为便于数学求解，进行如下假设：(1) 熔点温度值恒为 T_m，相变界面 $s(\tau)$ 处的温度等于 T_m；(2) 物性不随温度发生改变，并且不考虑重力，计算域中没有流动；(3) 忽略相变时发生的体积变化；(4) $T_\infty=T_m$，即固相的初始温度等于熔点温度。

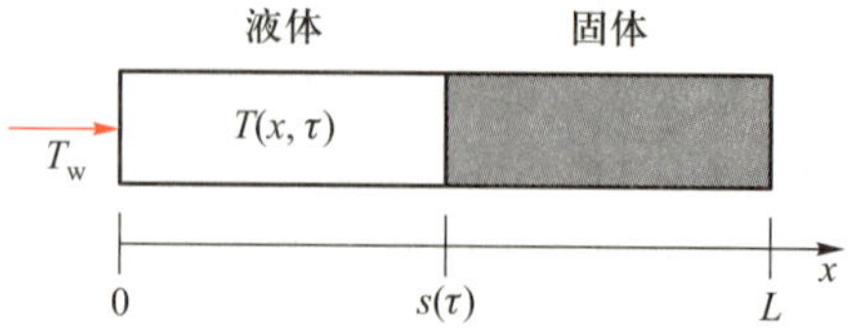

图 7-33　一维 Stefan 问题计算域示意图

基于上述假设，可写出针对图 7-33 所示的一维非稳态相变传热过程的控制方程：

$$\left.\begin{aligned}&\frac{\partial T_1}{\partial \tau}=a_1\frac{\partial^2 T_1}{\partial x^2}, && 0<x<s(\tau)\\&-\lambda_1\frac{\partial T_1}{\partial x}=L_a\rho\frac{\mathrm{d}s}{\mathrm{d}\tau}, && x=s(\tau)\\&T_1(0,\tau)=T_w, && \tau\geqslant 0\\&T_1(s(\tau),\tau)=T_m, && \tau\geqslant 0\end{aligned}\right\}\tag{7-30}$$

其中 $T_1(x,\tau)$ 为液相的温度。上述控制方程的第二式的物理意义是：在相界面上单位时间内从高温液体传给界面的热量等于单位时间内固体液化部分的融化潜热。第三、第四两式分别给出了左界面及固-液界面的温度边界条件。

上述方程的解析解为

$$T_1=T_w-(T_w-T_m)\frac{\operatorname{erf}\left(\dfrac{x}{2\sqrt{a_1\tau}}\right)}{\operatorname{erf}\left(\dfrac{\gamma}{2\sqrt{a_1}}\right)}\tag{7-31}$$

其中 γ 为下列超越方程的根：

$$\frac{(T_w-T_m)\lambda_1 \mathrm{e}^{-\frac{\gamma^2}{4a_1}}}{\sqrt{\pi a_1}\operatorname{erf}\left(\dfrac{\gamma}{2\sqrt{a_1}}\right)}=\frac{L_a\rho\gamma}{2}\tag{7-32}$$

定义过余温度为

$$\Theta=T-T_m\tag{7-33}$$

解析解可以写成

$$\frac{\Theta_1-\Theta_w}{\Theta_w}=-\frac{\operatorname{erf}\left(\dfrac{x}{2\sqrt{a_1\tau}}\right)}{\operatorname{erf}\left(\dfrac{\gamma}{2\sqrt{a_1}}\right)}\tag{7-34}$$

由于相界面处温度等于熔点 T_m，将此条件代入解析解，可得到相界面位置的方程

$$\mathrm{erf}\left(\frac{x_{\mathrm{interface}}}{2\sqrt{a_1\tau}}\right)=\mathrm{erf}\left(\frac{\gamma}{2\sqrt{a_1}}\right) \tag{7-35}$$

解得相界面位置 $x_{\mathrm{interface}}$ 为

$$x_{\mathrm{interface}}=\sqrt{\tau}\gamma \tag{7-36}$$

图 7-34 给出了不同时刻温度的分布情况，各物性参数与水一致，可以看出在同一时刻，随着 x 的增大，Θ_1 减小，即液相区域内温度逐渐降低。对于同一位置，随着 τ 的增大，Θ_1 增大，即液相区域内同一处的温度随时间推移而逐渐升高。从图 7-34 还可以看出，随着熔化过程的进行，相界面 $s(\tau)$ 逐渐向右推移。

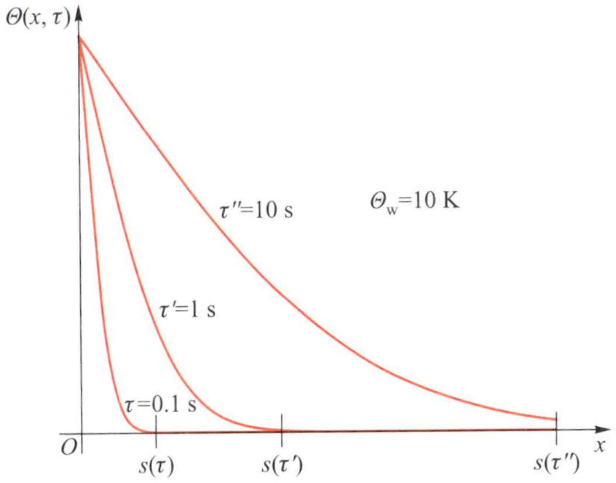

图 7-34　液相温度和界面随时间变化关系

值得指出，上述 Stefan 问题只描述了固体熔化为液体的过程，对外界产生冷却作用（吸收外界热量）；固液相变的另一方面就是液体冷却成固体的热量传递过程，固体释放熔化潜热，对外界产生加热作用。这个吸热与放热过程在储能技术中得到广泛应用。上述分析中假定了初始状态固相的温度就等于熔点温度，实际情况下，固相初始温度常低于熔点，此外固体熔化后液相中也需要考虑液体的流动。

固液相变拓展问题

7.8.2　固液相变过程应用简介

常用的固液相变材料为石蜡这类的烃类混合物。下面从储热器、温度控制技术、高热流密度器件冷却技术三个方面说明其应用。

正如人类利用冰块获取或储存冷量，基于固液相变可以实现热量周期性的释放和吸收，是相变蓄热器的重要过程。近年来，相变储热的应用领域非常广泛，在新能源高效开发、电力峰谷、工业余热回收等领域相变蓄热应用潜力巨大。针对昼夜太阳辐照差和电力峰谷电价差等，相变蓄热均有其应用场景。以太阳能利用为例，采用储热材料，在白天吸收热量，固体熔化为液体吸收热量；到了夜间需要热量的时候，液相凝固变为固相，释放热量。

固液共存状态下温度波动小的特性被广泛地运用到温度控制领域，可以克服热能或冷量需求在时间、地点和强度方面不相匹配的问题，从而能够改变传统的温度控制方法。从可供穿戴的纺织品到移动冷链，再到整个建筑的智能控温，相变控温均可发挥作用。以建筑控温为例，将相变材料与土建材料进行复合并建造墙体，白天吸收热量给室内降温，夜晚释放热量维持内部温度，实现辅助调节室温，减小供暖供冷能耗的目标。

此外，相变材料还可应用在高热流密度器件冷却如动力电池冷却和电子芯片散热领域。散热器中的相变材料在其熔化温度下吸收热量，将电子设备维持在较低的温度。进一步地，在相变材料内布置冷却通道，相变材料储存的热量可通过传热流体在冷却通道内流动带走，实现相变材料对电子芯片的持续散热。

需要指出的是，通常相变材料的导热系数都很低，相变过程缓慢，散热响应过慢。为解决上述问题，通常在相变材料中添加高导热系数的翅片或掺杂添加高导热系数的材料如膨胀石墨等，提高传热能力。

本章小结与应用

1. 本章小结

在结束本章讨论时要着重指出以下几点：

（1）沸腾与凝结是一类复杂的对流传热，由于气-液两相间状态转变的存在使得这类传热有以下主要特点：

1）热交换的动力是流体的饱和温度与壁面温度之差，因此它是牛顿冷却公式中的计算温差；2）影响对流传热的流体物理性质除了无相变时的 ρ、c_p、λ、η 以外，汽化潜热 r 以及两相间的表面张力 σ 也是重要因素；3）无论凝结还是沸腾，都存在两种传热强度有数量级差别的方式，前者是膜状凝结与珠状凝结，后者是核态沸腾与膜态沸腾。

（2）膜状凝结时传热阻力集中在液膜内，可以通过对液膜内流动与传热的控制方程的简化处理而得出分析解。尤其是竖壁与水平圆管外努塞尔理论的分析解是对复杂问题做适当简化而获得有实用意义解的范例，也是应用数学工具求解工程问题的典型。在膜状凝结中，由于完整液膜的存在表面张力的作用显现不出来，但在珠状凝结中它就是一个重要的影响因素。

（3）用 $q\sim\Delta t$ 或者 $h\sim\Delta t$ 表示的大容器沸腾曲线，表征了不同传热机制所造成的传热强度的差别。特别要掌握两个问题：在核态沸腾区域，汽泡的产生与脱离所引起的强烈扰动是沸腾传热比单相对流强烈的主要原因之一；确认临界热流的存在具有重要的工程实际意义，读者可以通过恒定热流密度加热以及恒定壁温加热两种情形来理解其重要性。

（4）强化膜状凝结的核心是使凝结液体尽快离开冷却表面，而强化沸腾的关键是在加热表面上产生尽可能多的汽化核心。凝结与沸腾强化表面的开发主要是沿着这个思路进行的。

（5）本章教学的计算要求是竖壁和水平管外的层流膜状凝结与大容器核态沸腾。管内凝结与沸腾是更为复杂的物理过程，传热强度与流动的形态，即气液两相在管子截面上的分布方式有密切关系，同时了解计算管内沸腾传热系数的一般方法。固液相变传热是储能技术的一种重要方式，通过一维 Stefan 问题了解相变储能的物理过程，及其在工程中的应用。

2. 本章应用举例

例题 7-7　电热锅炉加热器长度及壁温计算

一台电热锅炉每小时生产 75 kg 140 ℃ 的饱和蒸汽。采用外径为 12 mm 的不锈钢管作为安置电热元件的外套。设计中取浸入水中的电热元件表面热流密度为 7.75×10^4 W/m²。试确定需浸入水中的电热元件的总长度以及不锈钢管的平均表面温度。进入锅炉的给水温度为 20 ℃。

题解

假设：（1）按表 7-1 所示的机械抛光的不锈钢表面来计算；（2）电加热功率全部用来加热水；（3）水从 20 ℃ 加热到 140 ℃ 的过程按 80 ℃ 时的比热容计算；（4）加热管在水中加热引起的沸腾属于大容器沸腾，但是因工艺上的原因加热管可能需要分层布置，这时上面的加热面将受到位于下面的加热面所产生汽泡的影响，这里略去这种影响不计。

计算：140 ℃ 时饱和水的物性参数为

$$\rho_l=926.2\ \text{kg/m}^3,\quad \rho_v=1.965\ \text{kg/m}^3,\quad c_{pl}=4.287\ \text{kJ/(kg}\cdot\text{K)}$$

$$\eta_l=201.1\times10^{-6}\ \text{Pa}\cdot\text{s},\quad Pr_l=1.26,\quad r=2\ 144.6\ \text{kJ/kg}$$

$$\sigma=507.2\times10^{-4}\ \text{N/m}$$

80 ℃时的比热容为 4 175 J/(kg·K)。

将 75 kg、温度为 20 ℃的水加热成为 140 ℃的饱和蒸汽需要的热量为

$$Q=75\ \text{kg}\times[4\ 175\ \text{J/(kg}\cdot\text{K)}\times(140-20)\ \text{K}+2\ 144.6\ \text{kJ/kg}]=1.985\times10^{8}\ \text{J}$$

电热锅炉的热流量为

$$\Phi=\frac{1.985\times10^{8}\ \text{J}}{3\ 600\ \text{s}}=5.513\times10^{4}\ \text{W}$$

按设计的热流密度所需加热面积为

$$A=\frac{\Phi}{q}=\frac{5.513\times10^{4}\ \text{W}}{7.75\times10^{4}\ \text{W/m}^2}=0.711\ \text{m}^2$$

所需浸入水中的长度为

$$L=\frac{A}{\pi d}=\frac{0.711\ \text{m}^2}{3.14\times0.012\ \text{m}}=18.7\ \text{m}$$

这样长的加热段必须分成几个弯头来布置，而弯头的多少取决于锅炉容器的长度。应用式(7-21)来计算加热面的平均壁温。该式写成温差的形式为

$$\Delta t=\left\{\frac{q\sigma^{1/2}}{[g(\rho_l-\rho_v)]^{1/2}\eta_l r}\right\}^{1/3}\frac{C_{wl}rPr_l^{s}}{c_{pl}}$$

$$=\left\{\frac{7.75\times10^{4}\ \text{W/m}^2\times(507.2\times10^{-4}\ \text{N/m})^{1/2}}{[9.8\ \text{m/s}^2\times(926.2-1.965)\ \text{kg/m}^3]^{1/2}\times201.1\times10^{-6}\ \text{Pa}\cdot\text{s}\times2\ 144.6\ \text{kJ/kg}}\right\}^{1/3}\times$$

$$\frac{0.013\times2\ 144.6\ \text{kJ/kg}\times1.26}{4\ 287\ \text{J/(kg}\cdot\text{K)}}=6.17\ ℃$$

不锈钢管表面的平均温度为

$$t_w=t_s+\Delta t=(140+6.17)\ ℃=146.2\ ℃$$

讨论：加热管长需 18 m，受到锅炉长度的限制以及工艺上的需要，18 m 长度要分层布置。这时上面的加热面将受到位于下面的加热面所产生的汽泡的影响。这里略去这种影响不计。由于 6 ℃左右的加热温差使沸腾传热刚处于核态沸腾的开始阶段，汽泡不会很密集，这样的简化处理是可以接受的。

例题 7-8　竖直水平管排上平均凝结传热系数的保守估计

如图 7-35 所示，在努塞尔理论分析 8 条假设的基础上，进一步假定上面管子的凝结液体平静地流到下面的管子上，不引起飞溅等现象。试导出在同一竖直排上第 N 根管子的平均凝结传热系数的计算式。

题解

分析：在所假设的条件下，管排上液膜的形成与流下，可以看成一张连续的液膜在被隔成 N 块离散的冷却面上的流动。根据式(7-4)

$$h_x=\frac{\lambda_l}{\delta}=\left[\frac{gr\lambda_l^3\rho_l^2}{4\eta_l(t_s-t_w)x}\right]^{1/4}$$

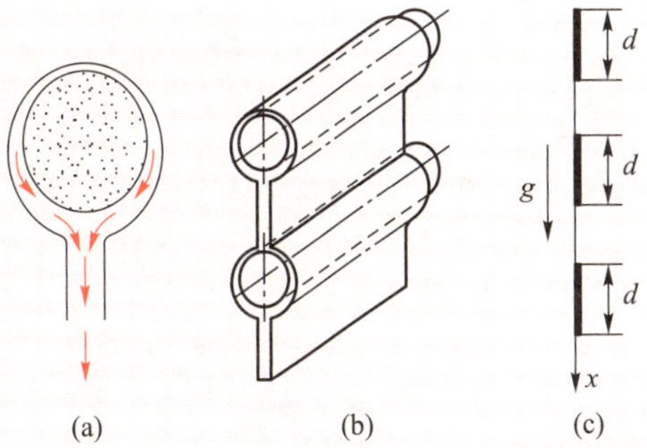

图 7-35　推导管排平均凝结传热系数的模型

可知：$h_x=Cx^{-1/4}$，对一定的传热温差与凝结条件，式中系数 C 为常数。图 7-36c 中每一根管子相当于高度为 Δx 一段传热面，因此有

$$\overline{h_1}=\frac{C}{\Delta x}\int_0^{\Delta x}x^{-1/4}\mathrm{d}x=\frac{4C}{3}\Delta x^{-1/4}$$

$$\overline{h_{1-N}}=\frac{C}{N\Delta x}\int_0^{N\Delta x}x^{-1/4}\mathrm{d}x=\frac{4C}{3}(N\Delta x)^{-1/4}$$

故有

$$\frac{\overline{h_{1-N}}}{\overline{h_1}}=\frac{1}{N^{1/4}}$$

讨论：得出上式的基本假定是(1) 液膜不飞溅；(2) 液膜中的流动为层流。这种情况只有在凝结热负荷比较小时才能近似地成立。

例题 7-9　相变材料冷却锂电池的融化时间计算

锂电池目前普遍应用于新能源汽车及储能系统，其在工作过程中会产生热量。可采用相变材料对锂电池进行冷却。方形锂电池工作时发热，其表面温度假设为 50 ℃，在相邻方形锂电池间布置相变材料层，相变材料层厚度为 2 cm，相变材料为 n-Eicosane，其物性如下：

$$T_{\mathrm{m}}=310.15\ \mathrm{K},\quad L_{\mathrm{a}}=241\ \mathrm{kJ/kg},\quad \rho=778\ \mathrm{kg/m^3}$$

$$\lambda_l=0.15\ \mathrm{W/(m\cdot K)},\quad c_{pl}=2.04\ \mathrm{kJ/(kg\cdot K)}$$

相变材料初始温度为其熔点温度。请确定融化进行到相变层中心位置的时间。

题解

分析：上述过程可简化为本节的一维 Stefan 问题。不同的是，相变材料层两侧均为 50 ℃高温边界。在熔化未进行到相变层中心时，仍可以视为半无限大一维固体熔化过程。

计算：已知 $T_{\mathrm{w}}=323.13\ \mathrm{K}$。

热扩散系数

$$a_l=\frac{\lambda_l}{\rho c_{pl}}=\frac{0.15\ \mathrm{W/(m\cdot K)}}{778\ \mathrm{kg/m^3}\times 2\,040\ \mathrm{J/(kg\cdot K)}}=9.62\times10^{-8}\ \mathrm{m^2/s}$$

代入式(7-32)解超越方程得

$$\gamma=1.417\times10^{-4}\ \mathrm{m/s^{1/2}}$$

由于对称性，当融化进行到相变层中心位置时，可视为相界面到达一维 Stefan 问题的右边界处

$$x_{\mathrm{interface}}=0.01\ \mathrm{m}$$

代入式(7-36)可得

$$\tau=\left(\frac{x_{\mathrm{interface}}}{\gamma}\right)^2=\left(\frac{0.01\ \mathrm{m}}{1.417\times10^{-4}\ \mathrm{m/s^{1/2}}}\right)^2=1.384\ \mathrm{h}$$

讨论：(1) 上述结果表明，经过 1.384 h，相变材料就完全熔化。此时，如不对相变材料进行散热，全部熔化为液体的相变材料温度将持续升高，这将导致相变材料层对锂电池的冷却能力下降，锂电池的温度将逐渐升高，最终可能导致安全隐患。因此，需要对相变材料层进行冷却，在相变材料层中布置冷却通道，通过外界的冷却水将相变材料热量带走是有效手段之一。(2) 本题中假设相变材料初始温度为其熔点温度，实际过程中初始温度会低于熔点温度，此时需要求解 7.8.1 节中二维码材料“固液相变拓展问题”中的方程。(3) 本题假设锂电池的温度为 50 ℃。实际过程中锂电池工作时，在锂电池和相变材料层间的边界条件采用热流密度边界进行描述更加准确。针对定热流密度边界的一维固液相变问题如何求解，有兴趣的读者可进一步思考并可参阅相关文献[47]。

复习题

1. 什么是膜状凝结,什么是珠状凝结?膜状凝结时热量传递过程的主要阻力在什么地方?

2. 在努塞尔关于膜状凝结理论分析的 8 条假设中,最主要的简化假设是哪两条?

3. 有人说,在其他条件相同的情况下,水平管外的凝结传热一定比竖直管强烈,这一说法一定成立吗?

4. 为什么水平管外凝结传热只介绍层流的准则式?常压下的水蒸气在 $\Delta t=t_s-t_w=10$ ℃的水平管外凝结,如果要使液膜中出现湍流,试近似地估计一下水平管的直径要多大。

5. 试说明大容器沸腾的 $q\sim\Delta t$ 曲线中各部分的传热机理。

6. 什么是亲水表面,什么是憎水表面?试分别分析亲水与憎水特性对蒸汽凝结(液体的聚集状态)及液体沸腾(汽泡的形成与脱离)的影响。

7. 对于热流密度可控及壁面温度可控的两种传热情形,分别说明控制热流密度小于临界热流密度及温差小于临界温差的意义,并针对上述两种情形分别举出一个工程应用实例。

8. 试对比水平管外膜状凝结及水平管外膜态沸腾传热过程的异同。

9. 从传热表面的结构而言,强化凝结传热的基本思想是什么?强化沸腾传热的基本思想是什么?

10. 在你学习过的对流传热中,表面传热系数计算式中显含传热温差的有哪几种传热方式,其他传热方式中不显含温差是否意味着与温差没有任何关系?

11. 在图 7-16 所示的沸腾曲线中,为什么稳定膜态沸腾部分的曲线会随 Δt 的增加而迅速上升?

12. 有的燃气热水器生产厂声称所生产热水器的效率可大于 100%,试揭示其中的奥秘。

13. 简述计算管内对流传热沸腾传热系数的一般方法。

14. 固液相变传热什么时候可用于加热物体,什么时候可用于冷却物体?

习题

基本概念与分析

7-1 试将努塞尔关于蒸气在竖壁上作层流膜状凝结的理论解式(7-5)表示成特征数间的函数形式,引入伽利略数 $Ga=\dfrac{gl^3}{\nu^2}$ 及雅各布数 $Ja=\dfrac{c_p(t_s-t_w)}{r}$。

7-2 对于压力为 0.101 3 MPa 的水蒸气,试估算在 $\Delta t=t_s-t_w=10$ ℃的情况下 Ja 之值,并说明此特征数的意义以及可能要用到这一特征数的热传递现象。

7-3 $t_s=40$ ℃的水蒸气及 $t_s=40$ ℃的 R134a 蒸气在等温竖壁上膜状凝结,试计算离开 $x=0$ 处为 0.1 m、0.5 m 处的液膜厚度。设 $\Delta t=t_w-t_s=5$ ℃。

7-4 当把一杯水倒在一块炽热的铁板上时,板面上立即会产生许多跳动着的小水滴。而且可以维持相当一段时间而不被汽化掉,常称为莱顿弗罗斯特现象,试从传热学的观点来解释这一现象,并从沸腾传热曲线上找出开始形成这一状态的点。为什么可以认为增加发生这点的温差是强化传热的一种方法?

凝结传热

7-5 饱和水蒸气在高度 $l=15$ m 的竖管外表面上作层流膜状凝结。水蒸气压力为 $p=2.5\times10^5$ Pa,管子表面温度为 123 ℃。试利用努塞尔分析解计算离开管顶为 0.1 m、0.2 m、0.4 m、0.6 m 及 1.0 m 处的液膜厚度和局部表面传热系数。

7-6 饱和温度为 50 ℃的纯净水蒸气在外径为 25.4 mm 的竖直管束外凝结。蒸汽与管壁的温差为 11 ℃,每根管子长 1.5 m,共 50 根管子。试计算该冷凝器管束的热负荷。

7-7 立式氨冷凝器由外径为 50 mm 的钢管制成。钢管外表面温度为 25 ℃，冷凝温度为 30 ℃，要求每根管子的氨凝结量为 0.009 kg/s，试确定每根管子的长度。

7-8 水蒸气在水平管外凝结。设管径为 25.4 mm，壁温低于饱和温度 5 ℃，试计算在冷凝压力为 5×10^3 Pa、5×10^4 Pa、10^5 Pa 及 10^6 Pa 下的凝结传热表面传热系数。

7-9 饱和温度为 30 ℃的氨蒸气在立式冷凝器中凝结。冷凝器中管束高 3.5 m，冷凝温度比壁温高 4.4 ℃。试问在冷凝器的设计计算中可否采用层流液膜的公式？物性参数可按 30 ℃计算。

7-10 一工厂中采用 0.1 MPa 的饱和水蒸气在一金属竖直薄壁上凝结。对置于壁面另一侧的物体进行加热处理。已知竖壁与蒸汽接触的表面的平均壁温为 70 ℃。壁高 1.2 m，宽 30 cm。在此条件下，一被加热物体的平均温度可以在半小时内升高 30 ℃，试确定这一物体的平均热容量。不考虑散热损失。

7-11 一块与竖直方向呈 30°角的正方形平壁，边长为 40 cm，1.013×10^5 Pa 的饱和水蒸气在此板上凝结，平均壁温为 96 ℃。试计算每小时的凝结水量；如果该平板与水平方向成 30°角，问凝结量将是现在的百分之几？

7-12 压力为 1.013×10^5 Pa 的饱和水蒸气，用水平放置的壁温为 90 ℃的铜管来凝结。有下列两种选择：用一根直径为 10 cm 的铜管或用 10 根直径为 1 cm 的铜管。试问：(1) 这两种选择所产生的凝结水量是否相同？最多可以相差多少了？(2) 要使凝结水量的差别最大，小管径系统应如何布置（不考虑容积的因素）。(3) 上述结论与蒸气压力、铜管壁温是否有关（保证两种布置的其他条件相同）？

7-13 一卧式水蒸气冷凝器管子的直径为 20 mm，第一排管子的壁温 $t_w=15$ ℃，冷凝压力为 4.5×10^3 Pa。试计算第一排管子每米长的凝结液量。

7-14 饱和温度为 30 ℃的水蒸气在恒定温度的竖壁上凝结，试估算使液膜进入湍流的 $l\Delta t$ 之值。物性按饱和温度查取。

7-15 设习题 7-14 中饱和水蒸气的饱和压力为 1.013×10^5 Pa，试重做该题。在一般工业与民用水蒸气凝结的传热系统中，温差常在 5~10 ℃范围内，由本题及习题 7-14 的计算你可以得出什么结论？

7-16 为估算位于同一铅垂面内的 N 根管子的平均凝结传热表面传热系数，可采用下列偏于保守的公式：

$$\overline{h_{1-N}}=\overline{h_1}/\sqrt[4]{N}$$

其中$\overline{h_1}$ 为由上往下第 1 排管子的凝结传热表面传热系数。这里假定 N 根管的壁温相同。

今有一台由直径为 20 mm 的管束所组成的卧式冷凝器，管子成叉排布置。在同一竖排内的平均管排数为 20，管壁温度为 15 ℃，凝结压力为 4.5×10^5 Pa，试估算纯净水蒸气凝结时管束的平均表面传热系数。

7-17 为了强化竖管外的蒸气凝结传热，有时可采用如附图所示的凝结液泄出罩。设在高 l 的竖管外等间距地布置了 n 个泄出罩，且加罩前与加罩后管壁温度及其他条件都保持不变。试导出加罩后全管的平均表面传热系数与未加罩时的平均表面传热系数间的关系式。

如果希望把表面传热系数提高到 2 倍，应加多少个罩？如果 $l/d=100$，为使竖管的平均表面传热系数与水平管一样，需加多少个罩？

7-18 如附图所示，容器底部温度为 $t_w(<t_s)$，并保持恒定，容器侧壁绝热。假定蒸气在凝结过程中压力保持不变，试导出凝结过程中每一时刻底部液膜厚度 δ 的计算式。又，在你的推导过程中，“容器侧壁绝热”这一条件起了什么作用？

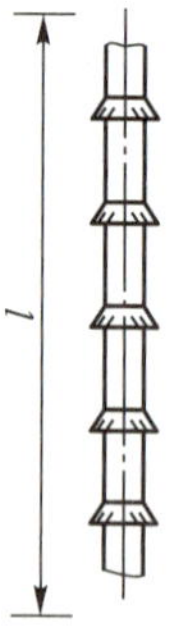

习题 7-17 附图　凝结液泄出罩

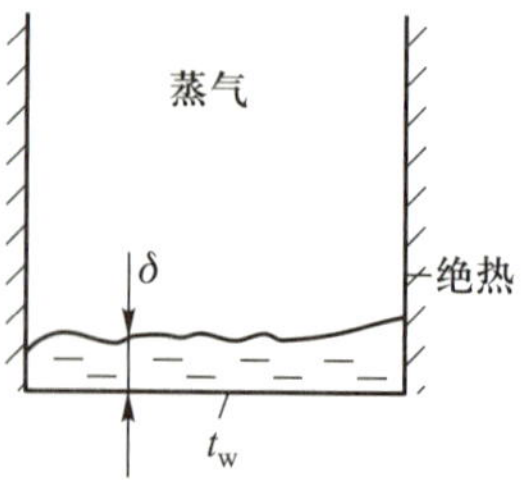

习题 7-18 附图

沸腾传热

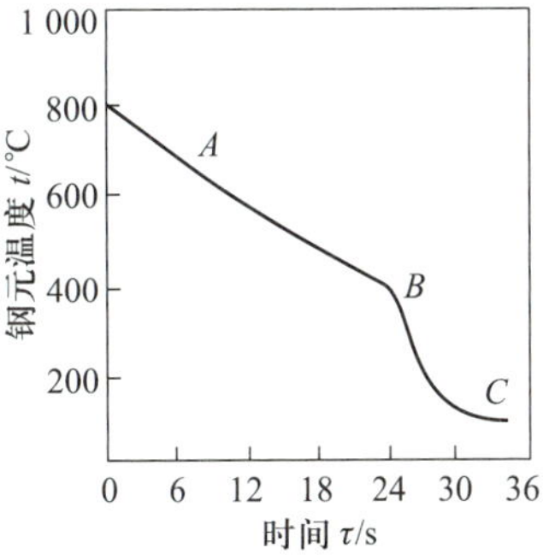

习题 7-19 附图
钢元的冷却曲线

7-19　直径为 6 mm 的合金钢元在 98 ℃的水中淬火时的冷却曲线如附图所示。钢元的初温为 800 ℃。试分析曲线各段所代表的传热过程的性质。

7-20　平均压力为 1.98×10^5 Pa 的水，在内径为 15 m 的铜管内作充分发展的单相强制对流传热。水的平均温度为 100 ℃，壁温比水温高 5 ℃。试问：当流速多大时，对流传热的热流密度与同压力、同温差下的饱和水在铜表面上作大容器核态沸腾时的热流密度相等。

7-21　当液体在一定压力下作大容器饱和核态沸腾时，欲使表面传热系数增加 10 倍，温差 t_w-t_s 应增加几倍？如果同一液体在圆管内作单相湍流传热（充分发展区），为使表面传热系数提高 10 倍，流速应增加多少倍？为维持流体流动所消耗的功将增加多少倍？设物性为常数。

7-22　直径为 5 cm 的电加热铜棒被用来产生压力为 3.61×10^5 Pa 的饱和水蒸气，铜棒表面温度高于饱和温度 5 ℃，问需要多长的铜棒才能维持 90 kg/h 的产汽率？

7-23　一铜制平底锅底部的受热面直径为 30 cm，要求其在 1.013×10^5 Pa 的大气压下沸腾时每小时能产生 2.3 kg 饱和水蒸气。试确定锅底干净时其与水接触面的温度。

7-24　一台电热锅炉，用功率为 8 kW 的电热器来产生压力为 1.43×10^5 Pa 的饱和水蒸气。电热丝置于两根长为 1.85 m、外径为 15 mm 的钢管内（经机械抛光后的不锈钢管），而该两根钢管置于水内。设所加入的电功率均用来产生蒸汽，试计算不锈钢管壁面温度的最高值。钢管壁厚 1.5 mm，导热系数为 10 W/(m·K)。

7-25　直径为 30 mm 的钢棒（碳质量分数约为 1.5%）在 100 ℃的饱和水中淬火。在冷却过程中的某一瞬间，钢棒表面的温度为 110 ℃，试估算此时棒表面的温度梯度。沸腾传热表面传热系数可按不锈钢近似处理。

7-26　一直径为 3.5 mm、长 100 mm 的机械抛光的薄壁不锈钢管，被置于压力为 1.013×10^5 Pa 的水容器中，水温已接近饱和温度。对该不锈钢管两端通电以作为加热表面。试计算当加热功率为 1.9 W 及 100 W 时，水与钢管表面间的表面传热系数值。

7-27　式(7-21)可以进一步简化成 $h=Cq^{0.67}$，其中系数 C 取决于沸腾液体的种类、压力及液体与固体表面的组合。对于水在抛光的铜、铂及化学蚀腐与机械抛光的不锈钢表面上的沸腾传热，式(7-21)中的 C_{wl} 均可取为 0.013。试针对 $p=1.013\times10^5$ Pa、4.76×10^5 Pa、10.03×10^5 Pa、19.08×10^5 Pa、39.78×10^5 Pa 下的大容器沸腾，计算上述情形中的系数 C。

7-28　在所有的对流传热计算式中，沸腾传热的实验关联式大概是分歧最大的。就式(7-21)而言，用它来估计 q 时最大误差可达 100%。系数 C_{wl} 的确定是引起误差的一个方面。今设在给定的温差下，由于 C_{wl} 的取值偏高了 20%，试估算热流密度的计算值会引起的偏差。如果规定了热流密度，则温差的估计又会引起多大的偏差？通过具体的计算来说明。

7-29　用直径为 1 mm、电阻率 $\rho=1.1\times10^{-6}\ \Omega\cdot\text{m}$ 的导线通过盛水容器作为加热元件。试确定在 $t_s=100$ ℃时为使水的沸腾处于核态沸腾区，该导线所能允许的最大电流。

7-30　在实验室内进行压力为 1.013×10^5 Pa 的大容器沸腾实验时，采用大电流通过小直径不锈钢管的方法加热。为了能在电压不高于 220 V 的情形下演示整个核态沸腾区域，试估算所需的不锈钢管的每米长电阻。设选定的不锈钢管的直径为 3 mm，长为 100 mm。

7-31　试计算当水在月球上并在 10^5 Pa、10×10^5 Pa 下作大容器饱和沸腾时，核态沸腾的最大热流密度（月球上的重力加速度为地球的 1/6）比地球上的相应数值小多少？

7-32　在一氨蒸发器中，氨液在一组水平管外沸腾，沸腾温度为 −20 ℃。假设可以把这一沸腾过程近似地作为大容器沸腾看待，试估计每平方米蒸发器外表面所能承担的最大制冷量。−20 ℃时氨从液体变成气体的相变热（潜热）$r=1\ 329$ kJ/kg，表面张力 $\sigma=0.031$ N/m，密度 $\rho_v=1.604\ \text{kg/m}^3$。

7-33　一直径为 5 cm、长 10 cm 的钢柱从温度为 1 100 ℃ 的加热炉中取出后，被水平地置于压力为 1.013×10^5 Pa 的盛水容器中（水温已近饱和）。试估算刚放入时工件表面与水之间的传热量及工件的平均温度下降率。钢的密度 $\rho=7\ 790\ kg/m^3$，比热容 $c=470\ J/(kg\cdot K)$，发射率 $\varepsilon=0.8$。

7-34　如附图所示，在轧制钢板的过程中，当钢板离开最后一副轧辊后，用水（冷却介质）冲射到钢板上进行冷却，然后再卷板。由于钢板温度很高，水膜离开喷嘴不远即在其下形成气膜。不考虑运动的影响，并把钢板看成直径为 1.1 m 的圆柱表面。试估计每平方米钢板与水的贴壁射流间的传热量。钢板表面的温度为 900 K，发射率为 0.50。

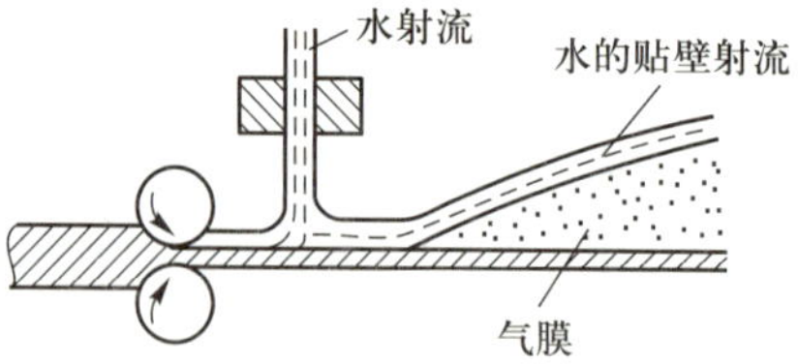

习题 7-34 附图

7-35　水在 1.013×10^5 Pa 的压力下作饱和沸腾时，要使直径为 0.1 mm 及 1 mm 的汽泡能在水中存在并长大，加热面附近水的过热度各需多少？

综合分析

7-36　一种冷却大规模集成电路块的方法的示意图如附图所示。集成电路块被浸入一种低沸点的非电介质中，该介质受热沸腾后所产生的蒸气在其上部空间的竖直表面上凝结。这些表面的温度 t_c 维持在低于饱和温度的数值上。今有若干块面积为 25 mm^2 的集成电路块浸入一种制冷剂中。已知 $t_s=50$ ℃，制冷剂物性为 $\rho_l=1\ 650\ kg/m^3$，$c_{pl}=1\ 000\ J/(kg\cdot K)$，$\eta_l=6.85\times10^{-4}\ Pa\cdot s$，$\lambda_l=0.06\ W/(m\cdot K)$，$Pr_l=11$，$\sigma=6\times10^{-3}$ N/m，$r=1.05\times10^5$ J/kg，$C_{wl}=0.004$，$s=1.7$，集成电路块的表面温度 $t_w=70$ ℃。冷凝表面的温度 $t_c=15$ ℃（采用其他冷却剂对其进行冷却而得以维持），每个冷凝表面高 45 mm。试确定：(1) 每个集成电路块的发热量；(2) 冷却 200 个集成电路块所需要的冷凝表面总面积（m^2）。

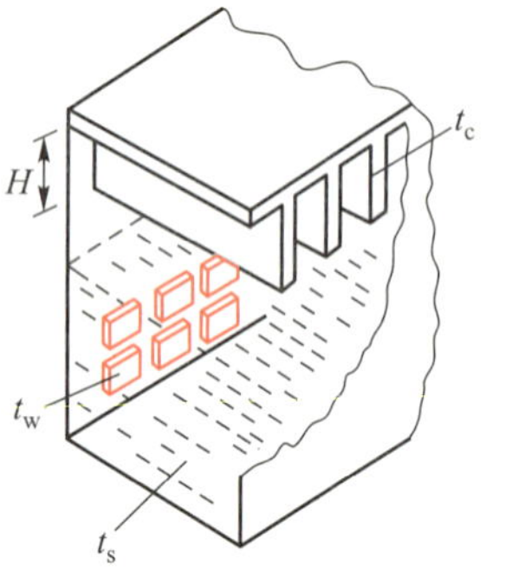

习题 7-36 附图

7-37　平均温度为 15 ℃、流速为 1.5 m/s 的冷却水，流经外径为 32 mm、内径为 28 mm 的水平放置的铜管。饱和压力为 $0.042\ 4\times10^5$ Pa 的水蒸气在铜管外凝结，管长 1.5 m。试计算每小时的凝结水量（铜管的热阻可不考虑）。

7-38　热虹吸管（又称重力热管）是一种封闭、竖直放置的容器，其沸腾段吸收的热量在其冷凝段放出，如附图所示。今用抛光的不锈钢制成一热虹吸管，$d=20$ mm，$l_b=20$ mm，$l_c=40$ mm，$l_i=40$ mm。设 1.013×10^5 Pa 压力下的饱和水在沸腾段沸腾，热流密度 q 是临界热流值的 30%。试计算：(1) 沸腾段的平均壁温 t_{wb}；(2) 凝结段的平均壁温 t_{wc}；(3) 冷凝液的质量流量（kg/s）。

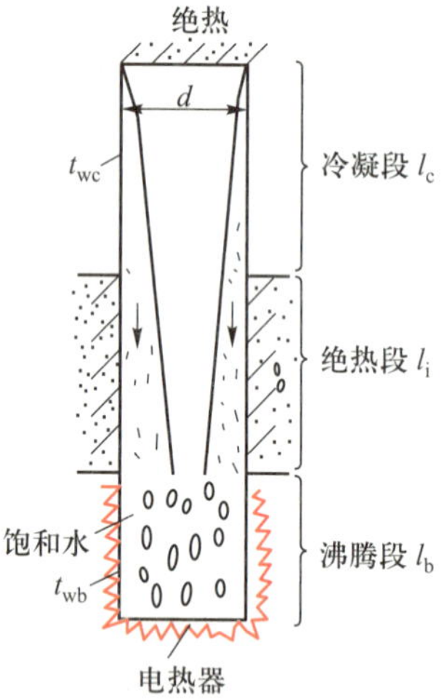

习题 7-38 附图

7-39　为了查明某种肋片管的对流传热性能，在传热风洞中进行了空气横掠单排肋片管的试验。肋片管竖直布置，试验段高 30 cm，在同一迎风面上布置了 5 排管子，肋片管基圆直径为 20 mm，内径为 16 mm，管内以压力为 1.013×10^5 Pa 的饱和水蒸气凝结来加热管外气流。在一次试验中测得以下参数：空气的平均温度为 30 ℃，总传热量为 2 100 W。肋片管的热阻可以忽略，管内凝结可近似地以饱和温度作为定性温度。端部散热亦略而不计。试确定在试验条件下，以基圆面积为计算依据的肋片管的表面传热系数。

7-40　氟利昂 152a 是一种可能替代氟利昂 12 的制冷剂，为了测定其相变传热性能进行了专门的凝结传热的试验研究。该冷凝器试验台系由两根布置在同一水平面内的黄铜管组成，管内用水冷却。为增加冷却水进、出口温差以提高测定的准确性，水系统中两根黄铜管是串联的。冷却水由入口处的 15 ℃ 升高到出口处的 17 ℃。黄铜管的外径为 20 mm，管壁厚为 2 mm，长为 1 m，氟利昂 152a 的冷凝温度为 30 ℃。试确定在该工况下的平均水速及管壁两侧按总面积计算的相对热阻的大小。

7-41　一根外径为 25 mm、外壁平均壁温为 14 ℃的水平管道，穿过室温为 30 ℃、相对湿度为 80%的房间。在管壁外表面上水蒸气作膜状凝结，试估算管子每米长度上水蒸气的凝结量，并分析：与实际情况相比，这一估算值是偏高还是偏低了？

7-42　在一个氟利昂 134a 的大容器沸腾试验台中，以机械抛光的直径为 12 mm 的不锈钢管作为加热表面，其内为水蒸气凝结放热。在一次试验中，氟利昂 134a 的沸腾温度为 30 ℃，加热表面温度为 35 ℃，试确定此时氟利昂 134a 的沸腾传热状态及沸腾传热表面传热系数。若传热段长 15 cm，水蒸气压力为 $0.073\,75\times10^5$ Pa，问所需的水蒸气量为多少？$\rho_v=37.76\ kg/m^3$。

7-43　在一台氟利昂 152a 的蒸发器中，氟利昂 152a 在水平管束外沸腾，饱和温度为-30 ℃。为使蒸发器能安全有效地工作，规定其最大热流密度不得超过临界热流密度的一半，试确定此时单位管长上的最大制冷量。蒸发管外径为 22 mm。$\rho_v=2.617\ kg/m^3$。

7-44　一种冷却计算机芯片的方式如附图所示：芯片置于一热虹吸管的底部，通过制冷剂的沸腾吸收其散出的热量，在热虹吸管的上部通过凝结传热而把热量传递给冷却水。已知工质为 R134a，芯片处于稳态运行，其发热率设计为工质临界热流密度的 90%，芯片尺寸为 20 mm×20 mm，直径 $d=30$ mm，冷凝段壁温 $t_w=30$ ℃。试计算芯片的表面温度及冷凝段长度 l。沸腾温度为 50 ℃，其时 $\rho_v=66.57\ kg/m^3$，$\sigma=5.26\times10^{-3}$ N/m。

7-45　一种同时冷却多个芯片模块的方法如附图所示。已知冷凝管内径 $d_i=10$ mm，外径 $d_o=11$ mm，水平放置，进水温度为 15 ℃，出水温度为 45 ℃，芯片所产生的热量均通过尺寸为 100 mm×100 mm 的沸腾传热表面（抛光的铜表面）散失掉，其散热率为 $10^5\ W/m^2$。冷却剂温度 $t_s=57$ ℃，$\lambda_l=0.053\,5$ W/(m·K)，$c_{pl}=1\,100$ J/(kg·K)，$r=84\,400$ J/kg，$\rho_l=1\,619\ kg/m^3$，$\rho_v=13.5\ kg/m^3$，$\sigma=8.2\times10^{-3}$ N/m，$\eta_l=440\times10^{-6}$ Pa·s，$C_{wl}=0.013$，$s=1.7$，$Pr_l=9$。管内冷却水的流动与传热已进入充分发展阶段。试确定：(1) 所需的冷却水量；(2) 平均的冷凝管壁面温度；(3) 平均的沸腾表面温度；(4) 所需冷却水管的长度。冷凝管壁很薄，导热热阻可以不计。

7-46　一种测定沸腾传热表面传热系数的实验装置见附图。实验表面系一铜质圆柱的断面[$\lambda=400$ W/(m·K)]，在 $x_1=10$ mm 及 $x_2=25$ mm 处安置了两个热电偶以测定该处的温度。柱体四周绝热良好。在一稳态工况下测得了以下数据：$t_1=133.7$ ℃，$t_2=158.7$ ℃。试确定：(1) 式(7-21)中的系数 C_{wl}；(2) 式(7-23)中要用到的传热表面的 R_p 值。

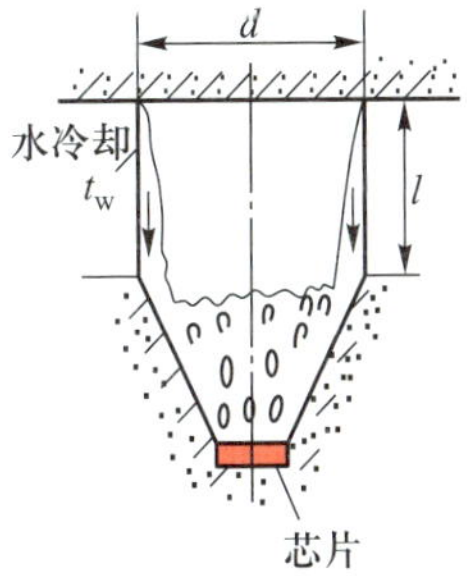

习题 7-44 附图

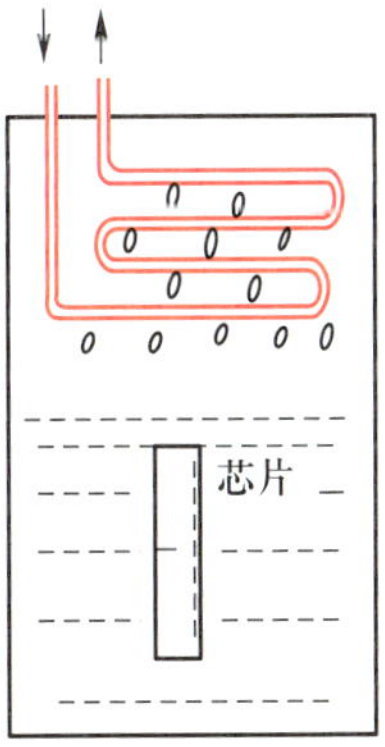

习题 7-45 附图

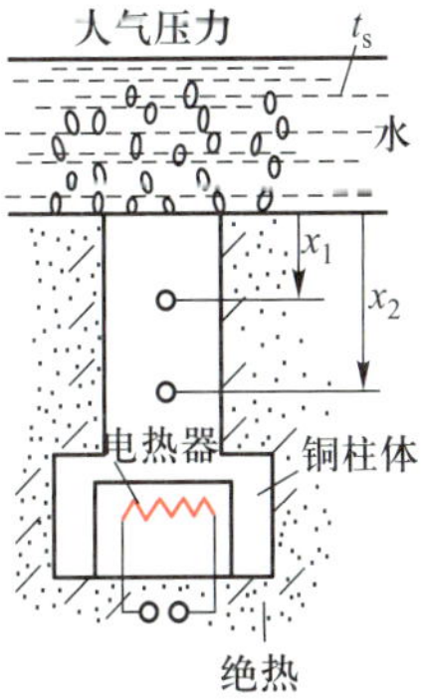

习题 7-46 附图

7-47　一块厚 $\delta=2.5$ mm 的硅芯片用饱和温度为 50 ℃的制冷剂冷却（见附图），芯片的 $\lambda=135$ W/(m·K)，芯片底面上的电路产生的功率在硅片的上表面上形成了一个均匀的热流密度，$q=5.5\times10^4\ W/m^2$，硅片的侧面及底面绝热良好。已知制冷剂的 $c_{pl}=1\,100$ J/(kg·K)，$r=84\,400$ J/kg，$\rho_l=1\,619\ kg/m^3$，$\rho_v=13.5\ kg/m^3$，$\sigma=8.2\times10^{-3}$ N/m，$\eta_l=440\times10^{-6}$ Pa·s，$\lambda_l=0.053\,5$ W/(m·K)，$C_{wl}=0.005$，$Pr=9.0$，$s=1.7$，试计算芯片底面的温度 t_0。芯片底面上的电路可近似地看成厚 0.05 mm、具有均匀内热源的薄层。

7-48　随着空间飞行技术的发展，零重力下的传热问题研究越来越得到重视，其中零重力下的凝结与沸腾是一个重要的课题。对于管内强制对流凝结，在零重力下可以认为液膜均匀地分布在管子四周，并不断地沿流动方向增厚，直到全部凝结（见附图）。设在 7-2 节分析中的假设(1)(3)(4)(5)(6)及(8)仍成立，同时设：(1) 同一截面的气、液压力均匀，压力只沿轴向变化；(2) 在气-液相界面存在着切应力 τ_{vl}。试：(1) 列出液膜中的动量守恒、质量守恒及能量守恒方程；(2) 写出 $y=0$ 及 $\delta=0$ 处的速度及温度的边界条件；(3) 求解动量方程，得出轴向流速 u 的分布及其平均值的计算式（式中可包含压力梯度及界面切应力）。

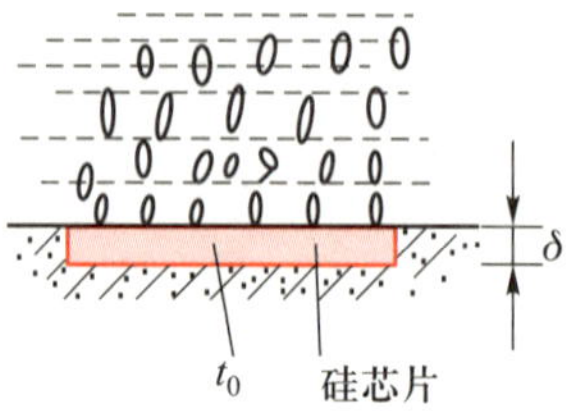

习题 7-47 附图

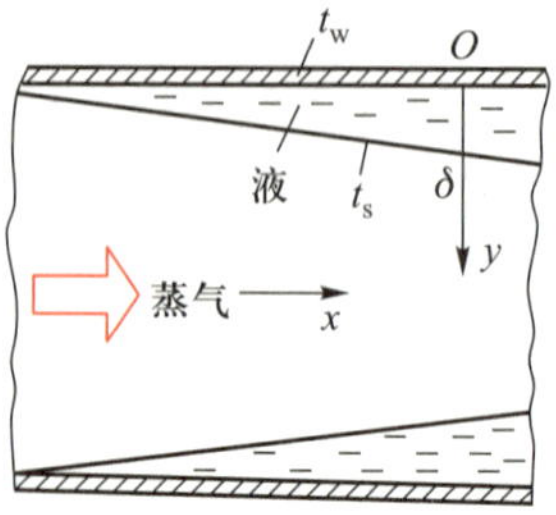

习题 7-48 附图

7-49 可以采用 Bromley 方法近似分析呈现 Leidenfrost 现象（参见习题 7-4）时小水滴与灼热金属板表面间的热交换：设大气压下在金属板上跳跃的水滴直径为 5 mm，金属表面温度为 900 ℃，金属表面发射率为 0.9，试估算水滴与金属板之间的对流传热系数及考虑辐射换热在内的总传热系数。

热管及固液相变的应用

7-50 有一铜水热管，外径 $d_o=25$ mm，内径 $d_i=21$ mm；蒸发段长 0.4 m，外壁温度 $t_e=200$ ℃；冷凝段长 0.4 m，外壁温 $t_c=199.5$ ℃；绝热段长 0.5 m。设蒸发段与凝结段的管外表面传热系数均为 90 W/(m^2·K)，蒸发与凝结的表面传热系数分别为 $h_e=5\,000$ W/(m^2·K)和 $h_c=6\,000$ W/(m^2·K)。试计算该热管的内部热阻在传热过程总热阻中的比例。

7-51 有一尺寸为 10 mm×10 mm、发热量为 100 W 的大规模集成电路，其表面最高允许温度不能高于 75 ℃，环境温度为 25 ℃。试设计一台能采用自然对流来冷却该电子元件的热管冷却器。

7-52 一冷、热流体的流动布置如附图所示，可以看成一种特殊的间壁式传热器。热流体从 t_1' 被冷却到 t_1''，而冷流体从 t_2' 被加热到 t_2''。试分析计算冷、热流体间平均温差的方法。

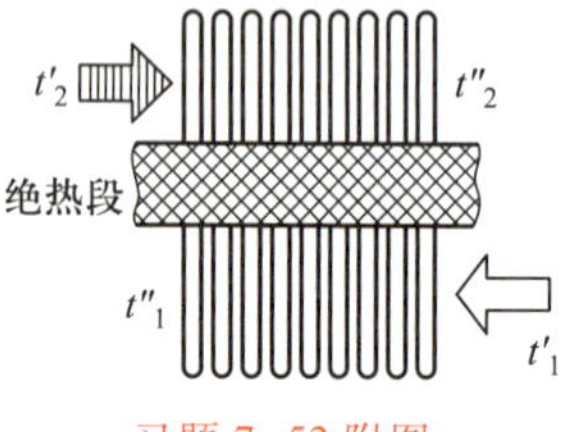

习题 7-52 附图

7-53 有一台烟气、空气的热管传热器如附图所示。已知烟气的进口温度 $t_1'=280$ ℃，空气进口温度 $t_2'=30$ ℃，热管外径为 40 mm。蒸发段与冷凝段各长 1 m。管子采用叉排布置，$s_1/d=2$，$s_2/d=1.5$，流动方向有 20 排，迎风方向为 15 排。气体在最窄流动截面上的流速为 10 m/s。试确定 t_2''。对传热表面上无结垢及有结垢（污垢热阻 $R_A=0.000\,4$ m^2·K/W）的情形分别进行计算。热管传热器置于截面尺寸为 1 000 mm×1 200 mm 的长方形通道内。烟气、空气的压力均可按 1 个物理大气压计算。

7-54 相变材料可应用于储热领域。现有一尺寸为 5 m×5 m×0.1 m 的相变材料储热层，在其 5 m×5 m 的一个侧面有高温流体流过，流体温度恒定为 45 ℃，其余边界均为绝热边界。相变材料为 RT27（石蜡），初始温度为 RT27 的熔点温度。RT27 的物性如下：$T_m=300.15$ K，$L_a=179$ kJ/kg，$\rho=900$ kg/m^3，$\lambda_l=0.20$ W/(m·K)，$c_{pl}=$

2.40 kJ/(kg·K),如忽略高温流体和相变材料层间的对流换热热阻,请计算相变层完全熔化所需要的时间以及通过相变能够储存的最大热量。并提出缩短储热过程时间的措施。

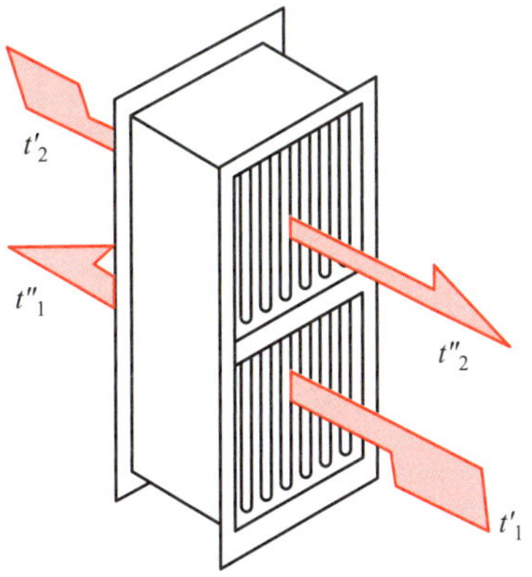

习题 7-53 附图

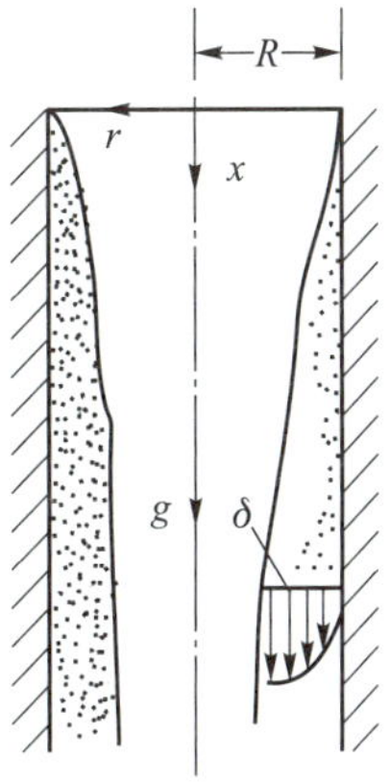

习题 7-55 附图　蒸汽在竖管内的凝结

小论文题目

7-55　对于如附图所示的饱和蒸气在竖管内的膜状凝结问题,试从圆柱坐标的纳维-斯托克斯方程式出发,对 x 方向的动量方程做数量级比较,并利用轴对称的条件,导出稳态下适合本例的动量方程:

$$\eta\left(\frac{\partial^2 u}{\partial r^2}+\frac{1}{r}\frac{\partial u}{\partial r}\right)+(\rho_l-\rho_v)g=0$$

进一步,利用两个边界条件导出截面上的速度分布公式为

$$u=\frac{1}{\eta}(\rho_l-\rho_v)g\left[\frac{1}{4}(R^2-r^2)+\frac{1}{2}(R-\delta)^2\ln\frac{r}{R}\right]$$

其中 δ 为液膜边界层厚度。

7-56　试据在同一铅垂面内 n 排管子的平均表面传热系数的公式 $h_n=h_1/\sqrt[4]{n}$ 导出冷凝器中不同铅垂面内的管排数不相等时,计算平均管排数的公式为

$$n_m=\left(\frac{n_1+n_2+\cdots+n_z}{n_1^{0.75}+n_2^{0.75}+\cdots+n_z^{0.75}}\right)^4$$

7-57　实验研究发现,沸腾传热的临界热流密度与液体的汽化潜热、蒸气密度、表面张力及汽泡直径参数 $\sqrt{\sigma/[g(\rho_l-\rho_v)]}$ 有关。试用量纲分析法证明:

$$q_{cr}=Cr\rho_v^{1/2}\left\{\sqrt{\sigma/[g(\rho_l-\rho_v)]}\right\}^{-1/2}\sigma^{1/2}$$

式中,C 为待定常数。

7-58　一个直径为 10 mm 的铜球,初始温度为 t_i,突然被置于 1 个大气压下饱和水的水浴中,试用集中参数法分析铜球(1)从 $t_i=600$ ℃冷却到 270 ℃,(2)从 $t_i=600$ ℃冷却到 130 ℃及(3)从 $t_i=600$ ℃冷却到 104 ℃所需的时间。提示:利用图 7-16 并用三段折线来代替该曲线。取三段折线的 4 个端点的 q、Δt 值如下:$q=4.8\times10^5$ W/m²,$\Delta t=500$ ℃;$q=2\times10^5$ W/m²,$\Delta t=170$ ℃;$q=1.17\times10^6$ W/m²,$\Delta t=32$ ℃;$q=5\times10^4$ W/m²,$\Delta t=4$ ℃。每一段折线均可用 $q=C\Delta t^n$ 的形式来逼近。

7-59　对于蒸汽在水平光滑单管外的凝结传热,管子材料对凝结传热特性没有任何影响,实验结果都与努塞尔理论符合;但是对于蒸汽在强化管外(例如整体低肋管)的凝结,实验查明管子材料对凝结传热有显著影响:对相同的管子几何结构及实验条件,导热系数小的管材凝结传热系数显著小于导热系数大的管子。试对于管内流过冷却水使管外蒸汽凝结这个案例,分析造成这一现象的原因。

采用基于 MHT-Learning 工具软件的题目

7-60　如本题附图所示，高度为 50 cm 的竖壁将大气压力下 $T_s = 100$ ℃ 的水蒸气与 $T_\infty = 20$ ℃ 的环境隔开。水蒸气侧发生膜状凝结，而空气侧发生自然对流。略去竖壁壁面热阻不计，假定壁面温度 T_w 均匀。试确定：(1) 从蒸汽向空气传热的热流密度；(2) 蒸汽侧竖壁底端每米宽度上凝结液体的流量；(3) 竖壁的温度；(4) 分析这一传热过程的主要热阻及其大小。

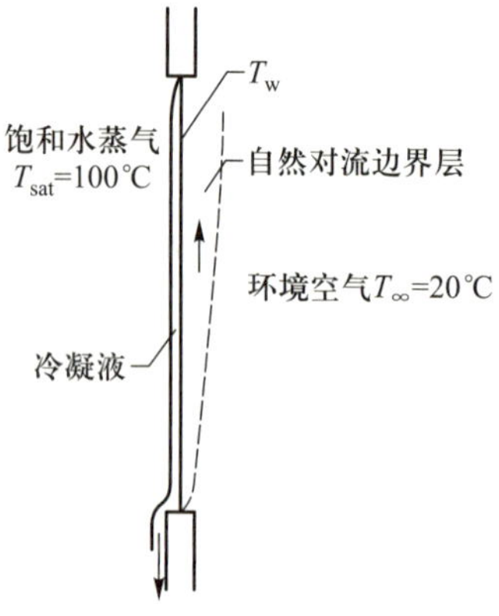

习题 7-60 附图

7-61　在稳定的膜态沸腾阶段，需要考虑辐射的影响，膜态沸腾总的传热系数可按公式(7-26)计算。试对直径为 0.5 mm 的耐高温金丝表面上大气压下水的稳定膜态沸腾，取温差 $\Delta T = T_w - T_s = 200$ ℃ 到 1 000 ℃ 若干个数值，计算膜态沸腾总的传热系数和相应的热流密度，并将结果与教材图 7-16 做比较。

参 考 文 献

[1] MA X H, ROSE J W, XU D Q, et al. Advancein dropwise condensation heat transfer: Chinese research[J]. Chemical Engineering Journal, 2000, 78(2/3): 87-93.

[2] SONG T Y, LAN Z, MA X H, et al. Molecular clustering physical model of steam condensation and the experimental study on the initial droplet size distribution[J]. Int Journal Thermal Science, 2009, 48: 2 228-2 236.

[3] PENG B L, WANG S F, LAN Z, et al. Analysis of droplet jumping phenomenon with lattice Boltzmann simulation of droplet coalescence[J]. Applied Physics Letters, 2013, 102(15): 151601-4.

[4] XU W, LAN Z, PENG B L, et al. Evolution of transient cluster/droplet size distribution in a heterogeneous nucleation process[J]. RSC Advances, 2014, 4: 31 692-31 699.

[5] PENG B L, MA X H, LAN Z, et al. Experimental investigation on steam condensation heat transfer enhancement with vertically patterned hydrophobic-hydrophilic hybrid surfaces[J]. Int Journal Heat Mass Transfer, 2015, 83: 27-38.

[6] NUSSELT W. Die oberflachencondensation des wasserdampfes[J]. VDI, 1916, 60: 541-569.

[7] DHIR V K, LIENHARD J H. Laminar film condensation on plane and axisymmetric bodies in nonuniform gravity[J]. ASME J Heat Transfer, 1971, 93: 97-100.

[8] POPIEL C O, BOGUSLAWSKI L. Heat transfer by laminar condensation on sphere surfaces[J]. Int J Heat Mass Transfer, 1979, 18: 1 486-1 488.

[9] GREGORIG R, KERN J, TUREK K. Improved correlation of film condensation data based on a more rigorous application of similarity parameters[J]. Warme-und-Stoffubertrangung, 1974, 7: 1-13.

[10] GOTO M, HOTTA H, TEZUKZ S. Film condensation of refrigerant vapor on a horizontal tube[J]. Int J Refrigeration, 1980, 3(3): 161-166.

[11] SUKHAME S P, JAGADISH B S, PRABHAKARAN P. Film condensation on single horizontal enhanced condenser tubes[J]. ASME J Heat Transfer, 1990, 112(1): 229-234.

[12] CHENG B, TAO W Q. Experimental study on R-152a film condensation on sigle horizontal smooth tube and enhanced tubes[J]. ASME J Heat Transfer, 1994, 116(1): 266-270.

[13] JI WENTAO, ZHAO CHUANGYAO, ZHANG DINGCAI, et al. Condensation of R134a outside single horizontal titanium, cupronickel (B10 and B30), stainless steel and copper tubes[J]. Int Journal Heat Mass Transfer, 2014, 77: 194-201.

[14] 杨世铭. 冷凝液膜部分湍流时的放热：包括部分低 Pr 数的情形[J]. 机械工程学报, 1957, 5(3): 235~247.

[15] ÇENGEL Y A, GHAJAR A J. Heat and mass transfer: fundamentals and applications[M]. 4th ed. New York: McGraw-Hill, 2011: 604.

[16] LABUNTZOV D A. Heat transfer at film condensation of pure vapors on vertical surface and horizontal pipes[J]. Thermal Energy Engineering (in Russian), 1957, (7): 72~82.

[17] 车德福. 冷凝式锅炉及其系统[M]. 北京：机械工业出版社, 2002.

[18] HU H W, TANG G H, NIU D. Wettability modified nanoporous ceramic membrane for simultaneous residual heat and condensate recovery[J]. Scientific Reports, 2016, 6: 27274.

[19] 张卓澄. 大型电站凝汽器[M]. 北京：机械工业出版社, 1993: 30-164.

[20] DOBSON M K, CHATO J C. Condensation in smooth hori-

zontal tubes[J]. ASME J Heat Transfer,1998,120:193-213.

[21] 西安交通大学热工教研室. 水冷式氟里昂冷凝器传热的强化[J]. 西安交通大学学报,1974(1):13-30.

[22] JI WENTAO,ZHAO CHUANGYAO,ZHANG DINGCAI,et al. Influence of condensate inundation on heat transfer of R134a condensing on three dimensional enhanced tubes and integral-fin tubes with high fin density[J]. Applied Thermal Engineering, 2012,38:151-159

[23] 帅志明. 凝汽器采用螺旋管强化传热的实验研究[J]. 中国电机工程学报,1993,13(1):17-22.

[24] JIANG M,WANG Y,LIU F,et al. Inhibiting the Leidenfrost effect above 1000 ℃ for sustained thermal cooling. Nature, 2022,601:568-570.

[25] LABUNTZOV D A. Heat exchange at boiling of liquids[J]. Thermal Energy Engineering (in Russian). 1959,(12):19-26.

[26] NAKAYAMA W,DAIKOKU T,KUWAHARA H,et al. High-flux heat transfer surface" Thermoexcel"[J]. Hitachi Review,1975,24(8):329-334.

[27] CHEN Z H,HU X H,HU K,et al. Measurement of the microlayer characteristics in the whole range of nucleate boiling for water by laser interferometry [J]. International Journal of Heat and Mass Transfer,2020,146:118856.

[28] ROHSENOW W M. A method of correlating heat transfer data for surface boiling of liquids[J]. ASME Transaction,1952, 74:969-975.

[29] ROHSENOW W M. Boiling [M]// Rohsenow W M,Hartnett J P,Ganic E N. Handbook of heat transfer:fundamentals. 2nd ed. New York:McGraw-Hill,1985

[30] BERGMAN,LAVINE A S,INCROPERA F P,et al. Introduction to heat transfer[M]. 6th ed. Hoboken:John Wiley & Sons,2011:628.

[31] COOPER M G. Saturation nucleate pool boiling:a simple correlation[J]. Int Chem Engng Symp Ser,1984,86:785-792.

[32] JI W T,ZHAO C Y,HE Y L,et al. Experimental validation of Cooper correlation at higher heat flux[J]. Int Journal Heat Mass Transfer,2015,90:1 241-1 243.

[33] ZUBER N. On the stability of boiling heat transfer[J]. Trans ASME,1958,80(3):711-716.

[34] LIENHARD H J. DIHR V K,RIHERD D M. Peak pool boiling heat flux measurements on finite horizontal plates[J]. ASME J Heat Transfer,1973,5:477-483.

[35] BROMLEY L A. Heat transfer in stable film boiling[J]. Chem Eng Prog,1950,46:221-227.

[36] KIPCHIKOV I A,VORONIN G I. Liquid boiling in a thin film[J]. Int J Heat Mass Transfer,1969,12(4):791-796.

[37] 辛明道,童明伟. 液膜沸腾的临界液位何传热[J]. 重庆大学学报,1984,6(2):47-49.

[38] LING K,TAO W Q. Numerical simulation of nucleate boiling in shallow liquid[J]. Computers & Fluids,2018,164:35-40.

[39] SIEGEL R. Effect of reduced gravity on heat transfer[J]. Advances in heat transfer,1967,4:143-228.

[40] BROWNE M W,BANSAL P K. Heat transfer characteristics of boiling phenomenon in flooded refrigerant evaporators[J]. Applied Thermal Engineering,1999,19 ;595-624.

[41] WEBB R L,GUPTE N S. A critical review of correlations for convective vaporization in tubes and tube banks [J]. Heat Transfer Engineering,1992,13:58-81.

[42] WEBB R L,KIM N H. Principles of enhanced heat transfer [M]. 2nd ed. New York :John Wiley & Sons,2005:393-413, 479-522.

[43] FAN J F,DING W K,ZHANG J F,et al. A performance evaluation plot of enhanced heat transfer techniques oriented for energy saving[J]. Int J Heat Mass Transfer,2009,52:33-44.

[44] 庄俊,张红. 热管技术及其工程应用[M]. 北京:化学工业出版社,2000.

[45] 闵桂荣,郭舜. 航天器热控制[M].2 版. 北京:科学出版社,1998:151-156.

[46] STEFAN J. Uber die theorie der eisbildung,inbesondere uber die eisbildung im polarmeer [J]. Ann. Chem. Phys., 1891,42:269-286.

[47] EL-GENK M S,CRONENBERG A W. Solidification in a semi-infinite region with boundary conditions of the second kind: an exact solution [J]. Letters in Heat and Mass Transfer,1979,6 (4):321-327.

第 8 章

热辐射基本定律和物体的辐射特性

对导热与对流传热，我们研究的分别是由于物体的微观粒子的热运动和宏观运动所造成的能量转移，而在辐射传热中我们所关心的是由于物质的电磁运动所引起的热能传递，由于物质运动形式的差别，研究辐射传热的思路和方法与导热及对流传热有很大的不同。

辐射传热在日常生活、各个工程技术领域以及高新科技中有着重要的应用。在楼宇工程中的辐射散热器、各类加热炉与电站锅炉到航空航天技术中的辐射制冷器中，热辐射都起到重要作用甚至决定性的作用。为便于教学，辐射部分的内容分为两章来展开。本章是基础部分，着重从电磁辐射的观点讨论热辐射过程的基本特性，然后阐述热辐射的三个基本定律。在此基础上研究固体、液体和气体的辐射特性，最后介绍环境（太阳）辐射的一些基本概念。有关物体间辐射传热的计算将在下一章中讨论。

8.1 热辐射的基本概念

8.1.1 热辐射的定义及区别于导热对流的特点

辐射是电磁波传递能量的现象。按照产生电磁波的不同原因可以得到不同频率的电磁波。高频振荡电路产生的无线电波就是一种电磁波，此外还有红外线、可见光、紫外线、X 射线及 γ 射线等各种电磁波。由于热的原因而产生的电磁波辐射称为热辐射(thermal radiation)，热辐射这一名词有时也指热辐射能的传递过程。热辐射的电磁波是物体内部微观粒子的热运动状态改变时激发出来的。只要物体的温度高于"绝对零度"(即 0 K)，物体总是不断地把热能变为辐射能，向外发出热辐射。同时，物体亦不断地吸收周围物体投射到它表面上的热辐射，并把吸收的辐射能重新转变成热能。辐射传热就是指物体之间相互辐射和吸收的总效果。当物体与环境处于热平衡时，其表面上的热辐射仍在不停地进行，但其净的辐射传热量等于零。

与导热、对流相比，热辐射这种传递能量的方式有两个特点：(1) 热辐射的能量传递不需要其他介质存在，而且在真空中传递的效率最高；(2) 在物体发射与吸收辐射能量的过程中发生了电磁能与热能两种能量形式的转换。这两个特点都是由辐射是电磁波的传递这个基本事实所决定的。

8.1.2 从电磁波的角度描述热辐射的特性

1. 传播速率与波长、频率间的关系

热辐射具有一般辐射现象的共性。例如，各种电磁波都以光速在空间传播，这是电磁辐射的共性，热辐射亦不例外。电磁波的速率、波长和频率存在如下关系：

$$c=f\lambda \tag{8-1}$$

式中：c 为电磁波的传播速率，在真空中 $c=3\times10^8$ m/s，在大气中的传播速率略低于此值；f 为频率，$\mathrm{s^{-1}}$；λ 为波长，单位为 m，常用单位为 μm(微米)，1 μm $=10^{-6}$ m。

不同介质中电磁波传播速率与真空中传播的速率 c_0 有如下关系：

$$c=\frac{c_0}{n}=\frac{2.997\,9\times10^8}{n}\ \mathrm{m/s} \tag{8-2}$$

式中，n 为介质的折射率(refractive index)，空气近似为 1(略大于 1)，玻璃为 1.5，水为 1.33。

2. 电磁波的波谱

电磁波的波长包括从零到无穷大的范围，整个波谱(spectrum)范围内的电磁波命名示于图 8-1 中。从理论上说，物体热辐射的电磁波波长可以包括整个波谱，即波长从零到无穷大。然而，在工业上所遇到的温度范围内，即 2 000 K 以下，有实际意义的热辐射波长位于 0.76~100 μm 范围内，且大部分能量位于红外线区段的 0.76~20 μm 范围内，而在可见光区段，即波长为 0.38~0.76 μm 的区段，热辐射能量的比重不大。当辐射的波长大于 0.76 μm 时，人们的眼睛将看不见。如果把温度范围扩大到太阳辐射，情况就会有变化。太阳是温度约为 5 762 K 的热源，其温度比一般工业上遇到的温度高出很多。太阳辐射的主要能量集中在 0.2~2.5 μm 的波长范围，其中可见光区段占有很大比重。因而如果把太阳辐射包括在内，热辐射的波长区段可放宽为 0.2~100 μm。各种波长的电磁波在生产、科研与日常生活中有着广泛的应用。

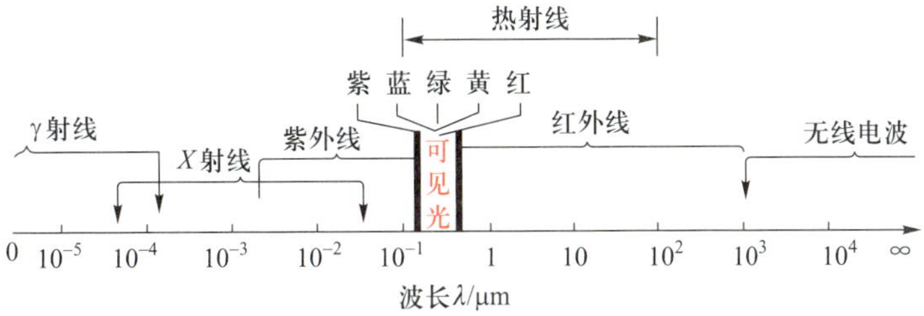

图 8-1　电磁波的波谱

现以电磁波谱中位于可见光右侧的电磁波为例来说明。先看红外辐射（infrared radiation），它又有近红外线与远红外线之分，大体上以 25 μm 为界（有的文献中以 4 μm 为界线，25 μm 是国际照明委员会定的界线）。波长在 25 μm 以下的称为近红外线，25 μm 以上的为远红外线。20 世纪 70 年代初发展起来的远红外加热技术，就是利用远红外元件发射出的以远红外线为主的电磁波对物料进行加热。波长在 1 mm~1 m 的电磁波称为微波（microwave）。微波可以穿透塑料、玻璃及陶瓷制品，但却会被像水那样具有极性分子的物体吸收，在物体内部产生内热源，从而使物体能比较均匀地得到加热。各类食品的主要成分是水，因而微波加热食物是一种比较理想的加热手段，微波炉就是利用这一原理来加热的[1]。波长大于 1 m 的电磁波则广泛应用于无线电技术中。本章下面所讨论的内容专指由于热的原因而产生的波长主要位于 0.1~100 μm 间的电磁辐射，常称为热射线，因为这一波长区段内的电磁波最容易被物体吸收并转化为热能。

3. 物体表面对电磁波的作用

(1) 吸收比、反射比与透射比之间的一般关系

当热辐射的能量投射到物体表面上时，和可见光一样，也发生吸收、反射和穿透现象。参看图 8-2，在外界投射到物体表面上的总能量 Q 中，一部分 Q_α 被物体吸收，另一部分 Q_ρ 被物体反射，其余部分 Q_τ 穿透物体。按照能量守恒定律有

$$Q=Q_\alpha+Q_\rho+Q_\tau$$

或

$$\frac{Q_\alpha}{Q}+\frac{Q_\rho}{Q}+\frac{Q_\tau}{Q}=1 \tag{8-3}$$

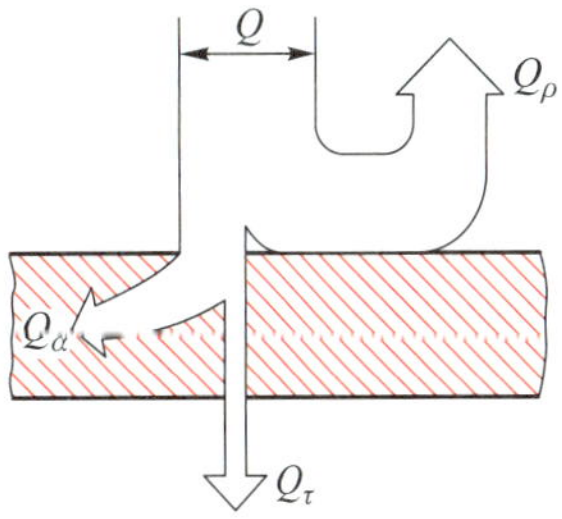

图 8-2　物体对热辐射的吸收、反射和透射

其中三部分能量的份额 Q_α/Q、Q_ρ/Q、Q_τ/Q 分别称为该物体对投入辐射的吸收比（absorbtivity）、反射比（reflectivity）和透射比（transmissivity），习惯上一般称为吸收率、反射率及透射率，本书按国标 GB 3102.6—1993 中的规定命名，分别记为 α、ρ、τ。于是有

$$\alpha+\rho+\tau=1 \tag{8-4}$$

当辐射能进入一般的固体或液体表面后，在一个极短的距离内就被吸收完了。这里的一般的固体是指非透明体。对于金属导体，这一距离只有 1 μm 的数量级；对于大多数非导电体材料，这一距离亦小于 1 mm。实用工程材料的厚度一般都大于这个数。因此可以认为一般的固体和液体不允许热辐射穿透，即 $\tau=0$。于是，对于固体和液体，式(8-4)简化为

$$\alpha+\rho=1 \tag{8-5}$$

因而，就一般的固体和液体而言，吸收能力大的物体其反射本领就小。反之，吸收能力小的物体其反射本领就大。

辐射能投射到气体上时，情况与投射到固体或液体上不同。气体对辐射能几乎没有反射能力，可认为反射比 $\rho=0$，而式(8-4)就简化成

$$\alpha+\tau=1 \tag{8-6}$$

显然，吸收性大的气体，其穿透性就差。据上所述，固体和液体对投入辐射所呈现的吸收和反射特性，都具有在物体表面上进行的特点，而不涉及物体的内部。因此物体表面状况对这些辐射特性的影响是至关重要的。而对于气体，辐射和吸收在包含气体的整个容积中进行，不存在气体的表面状况影响的问题。

(2) 固体表面的两种反射

辐射能投射到物体表面后的反射现象也和可见光一样，有镜面反射(specular reflection)和漫反射(diffuse reflection)的区分，这取决于表面不平整度尺寸的大小，即表面的粗糙程度。这里所指的粗糙程度大小是相对于热辐射的波长而言的。

当表面的不平整尺寸小于投入辐射的波长时，形成镜面反射，此时入射角等于反射角(图 8-3)。高度磨光的金属板就是镜面反射的实例。当表面的不平整尺寸大于投入辐射的波长时，形成漫反射。这时从某一方向投射到物体表面上的辐射向空间各个方向反射出去，如图 8-4 所示。一般工程材料的表面都形成漫反射。

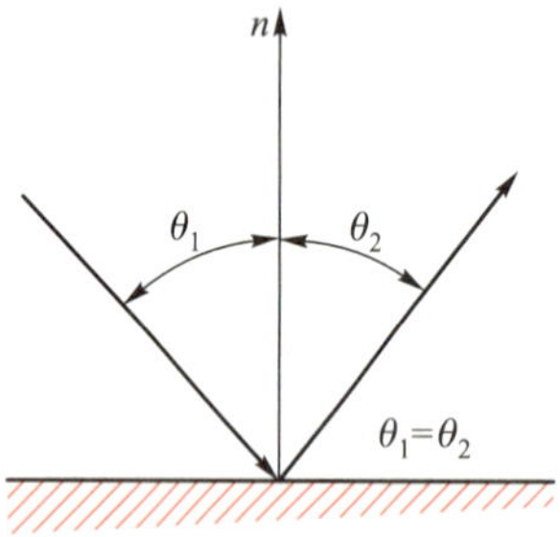

图 8-3　镜面反射

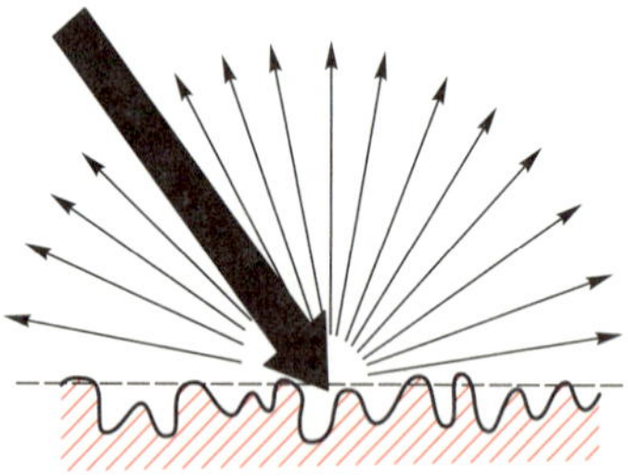

图 8-4　漫反射示意图

8.1.3　黑体模型及其重要性

自然界不同物体的吸收比 α、反射比 ρ 和透射比 τ 千差万别，给热辐射的研究带来很大困难。为方便起见，从理想物体入手进行研究，可理出一个处理复杂问题的头绪来。把吸收比 $\alpha=1$ 的物体称为绝对黑体(简称黑体，black body)；把反射比 $\rho=1$ 的物体称为镜体(当为漫反射时称为绝对白体)；把透射比 $\tau=1$ 的物体称为绝对透明体(简称透明体)。显然，黑体、镜体(或白体)和透明体都是假定的理想物体，其中黑体的概念特别重要。

尽管在自然界并不存在黑体，但用人工的方法可以制造出十分接近于黑体的模型。黑体的吸收比 $\alpha=1$，这就意味着黑体能够全部吸收各种波长的辐射能。黑体的模型就要具备这一基本特性。选用吸收比较大的材料制造一个空腔，并在空腔壁面上开一个小孔(图 8-5 示意性地表示了这样一个开小孔的空腔)，再设法使空腔壁面保持均匀的温度，这时空腔上的小孔就具有黑体辐射的特性。这种带有小孔的温度均匀的空腔就是一个黑体模型。这是因为当辐射能经小孔

射入空腔时，在空腔内要经历多次吸收和反射，而每经过一次吸收，辐射能就按照内壁吸收比的份额被减弱一次，最终能离开小孔的能量是微乎其微的，可以认为完全被吸收在空腔内部。所以，就辐射特性而言，小孔具有黑体表面一样的性质。值得指出，制造空腔材料本身的吸收比的大小原则上对黑体模型没有影响。只是在一定的小孔面积与腔体总面积之比下，材料本身的吸收比越大，黑体模型的有效吸收比越大；小孔面积占空腔内壁总面积的份额越小，小孔的吸收比就越高。对图 8-5 所示球形空腔的黑体模型，若小孔占内壁面积小于 0.6%，当内壁吸收比为 0.6 时，小孔的吸收比可大于 0.996。应用这种原理建立的黑体模型，在黑体辐射的研究以及实际物体与黑体辐射性能的比较等方面都是非常有用的。要进一步指出，在这样的等温空腔内部，辐射是均匀而且各向同性的，空腔内表面上的辐射（这里指的是有效辐射，它包括该表面的自身辐射及反射辐射在内），就是同温度下的黑体辐射。不管腔体壁面的自身辐射特性如何[2-3]。为制造的方便，实际的黑体模型一般用金属圆柱做成，在极高温下（例如 3 500 K），需要采用石墨这样耐高温的材料。黑体在热辐射分析中有其特殊的重要性。8.2 节的讨论将表明，在相同温度的物体中，黑体的辐射能力最大。在研究了黑体辐射的基础上，我们将把其他物体的辐射和黑体辐射相比较，从中找出其与黑体辐射的偏离，然后确定必要的修正系数。本章下面的讨论将按照这一思路进行。

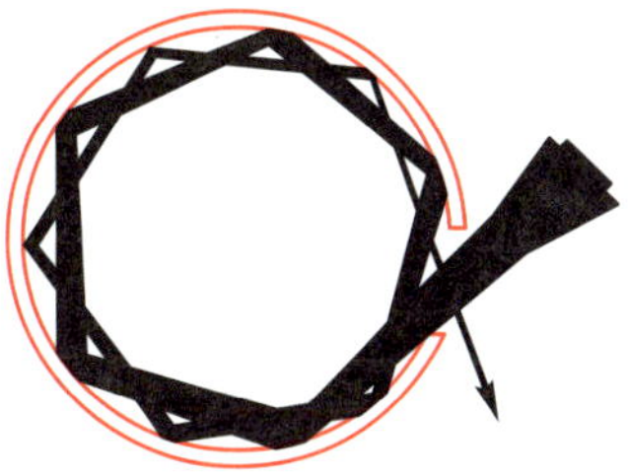

图 8-5　黑体模型示意图

8.2 黑体热辐射的基本定律

关于黑体热辐射有三个基本定律，它们分别从不同的角度揭示了在一定的温度下，单位表面黑体辐射能的多少、辐射能随空间方向的分布及随波长分布的规律。

8.2.1 斯忒藩-玻尔兹曼定律

为了定量的表述单位黑体表面在一定温度下向外界辐射能量的多少，需要引入辐射力的概念。单位时间内单位表面积向其上的半球空间的所有方向辐射出去的全部波长范围内的能量称为辐射力（emissive power），记为 E，其单位为 W/m^2。任意微元表面 dA 都将空间划分为对称的两部分：该表面之上与之下，每一部分都是一个半球空间；微元面 dA 能向其上的半球空间发射辐射能如图 8-6 所示，也能接受来自该半球空间的辐射能。

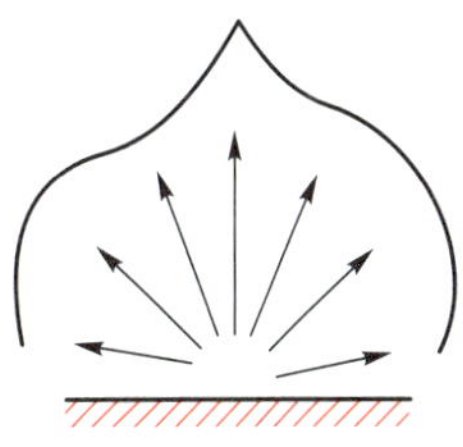

图 8-6　半球空间的图示

黑体的辐射力与热力学温度（K）的关系由斯忒藩-玻尔兹曼定律所规定：

$$E_b = \sigma T^4 = C_0\left(\frac{T}{100}\right)^4 \tag{8-7}$$

式中：σ 称为黑体辐射常数，其值为 5.67×10^{-8} W/($m^2\cdot K^4$)；C_0 称为黑体辐射系数，其值为

5.67 W/(m² · K⁴)；下标 b 表示黑体。这一定律又称为辐射四次方定律，是热辐射传热计算的基础。四次方定律表明，辐射力随着温度的四次方急剧地增加。例如一个 27 ℃ 的黑体表面，其辐射力为

$$E_b = C_0\left(\frac{T}{100}\right)^4 = 5.67\ \mathrm{W/(m^2 \cdot K^4)} \times \left(\frac{27+273}{100}\right)^4\ \mathrm{K^4} = 459\ \mathrm{W/m^2}$$

而 327 ℃ 的黑体表面其辐射力则为

$$E_b = C_0\left(\frac{T}{100}\right)^4 = 5.67\ \mathrm{W/(m^2 \cdot K^4)} \times \left(\frac{327+273}{100}\right)^4\ \mathrm{K^4} = 7\ 350\ \mathrm{W/m^2}$$

虽然温度 T_2 仅为 T_1 的两倍，而辐射力之比却高达 16 倍。

斯忒藩（Joseph Stefan，1835—1893），奥地利物理学家。在他之前物理学家 Gustav Kirchhoff 已经把能吸收所有投射到其表面上的辐射能的理想物体称为绝对黑体（perfect black body）。1879 年，Stefan 用实验证明了黑体的辐射正比与其绝对温度的四次方。物理学家 Lvdwig Boltzmann 于 1884 年从热力学角度证明了黑体辐射的四次方定律，以后这一定律就以 Stefan-Boltzmann 定律而称著于世。Stefan 还在北极冰块的形成这个非线性导热问题上做出了贡献。

近场辐射知识简介

值得指出，当采用上述四次方定律来计算物体表面间的辐射传热时，物体表面之间的距离需要大于一定的数值（常温下约为 10 μm）。如果小于此值，物体表面间辐射传热量要大大增加，距离越近，增加得越多，这种辐射称为近场辐射。本书中不讨论这种情况。

8.2.2 普朗克定律

普朗克（Max Planck）定律揭示了黑体辐射能按波长分布的规律。为了对此定律进行定量的表述，需要引入光谱辐射力的概念。

1. 光谱辐射力

单位时间内单位表面积向其上的半球空间的所有方向辐射出去的在包含波长 λ 在内的单位波长内的能量称为光谱辐射力（spectral emissive power），记为 $E_{b\lambda}$，单位为 W/(m² · m) 或者 W/(m² · μm)。注意这里分母中的 m(μm) 表示了单位波长的宽度，由于 m 这个单位对于热辐射的波长宽度而言太大，因而常采用 μm 来代替。

2. 普朗克定律

黑体的光谱辐射力随波长的变化由以下的普朗克定律所描述：

$$E_b = \int_0^\infty E_{b\lambda}\,d\lambda = \frac{c_1\lambda^{-5}}{e^{c_2(T/\lambda T)} - 1} \tag{8-8}$$

式中：$E_{b\lambda}$ 为黑体光谱辐射力，W/m³；λ 为波长，m；T 为黑体热力学温度，K；e 为自然对数的底；c_1 为第一辐射常量，3.741 9×10⁻¹⁶ W · m²；c_2 为第二辐射常量，1.438 8×10⁻²，m · K。

由图 8-7a、b 可见，黑体的光谱辐射力随着波长的增加，先是增大，然后又减小。光谱辐射力最大处的波长 λ_m 亦随温度而变化。从图 8-7 上的光谱辐射力分布曲线可以发现，随着温度的

增高,曲线的峰值向左移动,即移向较短的波长。对应于最大光谱辐射力的波长 λ_m 与温度 T 之间存在着如下的关系:

$$\lambda_m T = 2.897\ 6\times10^{-3}\ \text{m}\cdot\text{K} \approx 2.9\times10^{-3}\ \text{m}\cdot\text{K} \tag{8-9}$$

此式表明:波长 λ_m 与温度 T 成反比,称为维恩(Wien)位移定律。

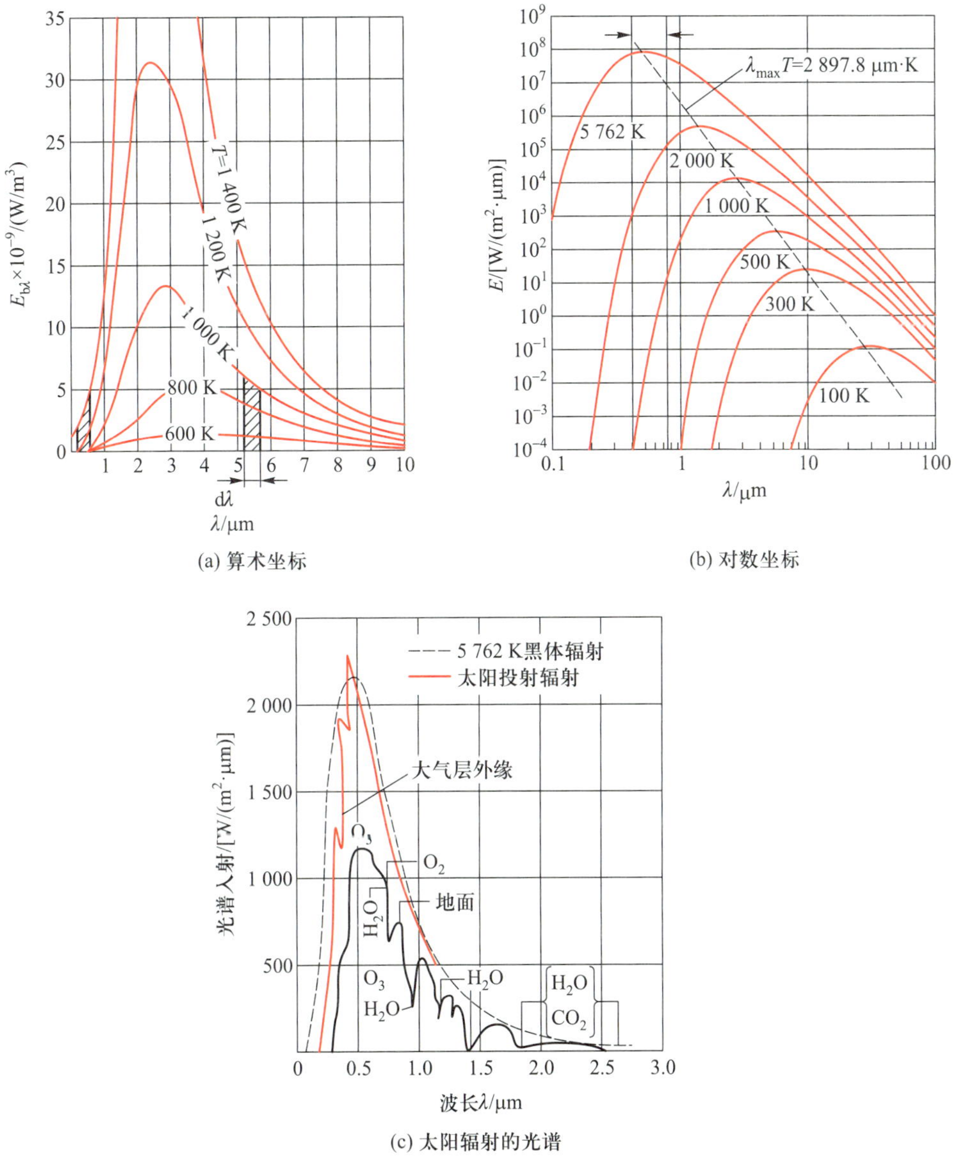

(a) 算术坐标　(b) 对数坐标

(c) 太阳辐射的光谱

图 8-7　普朗克定律的图示

例如,对于温度为 2 000 K 和 5 800 K 的黑体的最大单色辐射力所对应的波长 λ_m 可据(8-9)式计算得出分别为

$T = 2\ 000$ K
$$\lambda_m = \frac{2.9\times10^{-3}\ \text{m}\cdot\text{K}}{2\ 000\ \text{K}} = 1.45\times10^{-6}\text{m} = 1.45\ \mu\text{m}$$

$T = 5\ 800\ \text{K}$ $\qquad \lambda_m = \dfrac{2.9\times10^{-3}\ \text{m}\cdot\text{K}}{5\ 800\ \text{K}} = 0.50\times10^{-6}\text{m} = 0.50\ \mu\text{m}$

这一计算表明，在工业上的一般高温范围内（2 000 K），黑体辐射的最大光谱辐射力的波长位于红外线区段，而温度等于太阳表面温度（约 5 800 K）的黑体辐射的最大光谱辐射力的波长则位于可见光区段。

历史上，维恩位移定律的发现在普朗克定律之前[2]，但式(8-9)可以通过将式(8-8)对 λ 求导并使其等于零而得出。关于黑体辐射能按波长分布的普朗克定律的建立在 20 世纪的科学发展史上具有重要意义：普朗克是在能量具有粒子性，因而是不连续的前提下导得上述公式的，这与当时经典物理学界的观点完全相反。这一全新概念的创立开辟了量子力学的新天地[4]。历史上关于物体辐射规律的发现经历了曲折复杂的过程，曹则贤对此有详细的描述，文献[5]是其 9 篇系列文章的开篇。

太阳的辐射可以看作温度为 5 762 K 的黑体辐射，如图 8-7c 所示。由图可见，太阳辐射集中在波长小于 2.5 μm 的可见光（波长 0.38~0.78 μm）及波长在 0.78~2.5 μm 的近红外的中等波长区段。

3. 普朗克定律与斯忒藩-玻尔兹曼定律的关系

在图 8-7 所示的光谱辐射力曲线下的面积就是该温度下黑体的辐射力。因而有：

$$E_b = \int_0^\infty E_{b\lambda}\mathrm{d}\lambda = \int_0^\infty \frac{c_1\lambda^{-5}}{e^{c_2/(\lambda T)}-1}\mathrm{d}\lambda \tag{8-10}$$

4. 黑体辐射能按波段的分布

为了确定在某个特定的波段范围内黑体的辐射能，例如从波长为零到某个值 λ，可以进行如下积分：

$$E_{b(0-\lambda)} = \int_0^\lambda E_{b\lambda}\mathrm{d}\lambda \tag{8-11}$$

这份能量在黑体辐射力中所占的百分数则为

$$F_{b(0-\lambda)} = \frac{\int_0^\lambda E_{b\lambda}\mathrm{d}\lambda}{\sigma T^4} = \int_0^\lambda \frac{c_1(\lambda T)^{-5}}{e^{c_2/(\lambda T)}-1}\frac{1}{\sigma}\mathrm{d}(\lambda T) = f(\lambda T) \tag{8-12}$$

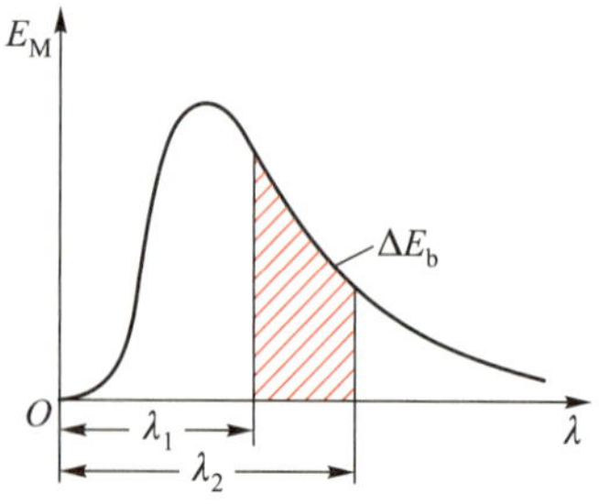

图 8-8　特定波长区段内的黑体辐射能

式(8-12)表明这一百分数仅是以 λT 为自变量的函数，称为黑体辐射函数（black body radiation function）。表 8-1 中给出了以 μm · K 作为 λT 的单位的黑体辐射函数值。有了黑体辐射函数，在任意两个波长 λ_2、λ_1 之间黑体的辐射能（图 8-8 中打斜线部分）就容易算出：

$$E_{b(\lambda_1-\lambda_2)} = F_{b(\lambda_1-\lambda_2)}E_b = (F_{b(0-\lambda_2)} - F_{b(0-\lambda_1)})E_b \tag{8-13}$$

8.2.3　兰贝特定律

兰贝特（Lambert）定律给出了黑体辐射能按空间方向的分布规律。为了说明按空间方向的分布，首先要弄清如何表示空间方向及其大小，需要引进立体角的概念。

表 8-1　黑体辐射函数表[6]

$\lambda T/(\mu m\cdot K)$	$F_{b(0-\lambda)}$	$\lambda T/(\mu m\cdot K)$	$F_{b(0-\lambda)}$	$\lambda T/(\mu m\cdot K)$	$F_{b(0-\lambda)}$	$\lambda T/(\mu m\cdot K)$	$F_{b(0-\lambda)}$
1 000	0.000 32	5 200	0.657 94	10 800	0.928 72	19 200	0.983 87
1 100	0.000 91	5 300	0.669 35	11 000	0.931 84	19 400	0.984 31
1 200	0.002 13	5 400	0.680 33	11 200	0.934 79	19 600	0.984 74
1 300	0.004 32	5 500	0.690 87	11 400	0.937 58	19 800	0.985 15
1 400	0.007 79	5 600	0.701 01	11 600	0.940 21	20 000	0.985 55
1 500	0.012 85	5 700	0.710 76	11 800	0.942 70	21 000	0.987 35
1 600	0.019 72	5 800	0.720 12	12 000	0.945 05	22 000	0.988 86
1 700	0.028 53	5 900	0.729 13	12 200	0.947 28	23 000	0.990 14
1 800	0.039 34	6 000	0.737 78	12 400	0.949 39	24 000	0.991 23
1 900	0.052 10	6 100	0.746 10	12 600	0.951 39	25 000	0.992 17
2 000	0.066 72	6 200	0.754 10	12 800	0.953 29	26 000	0.992 97
2 100	0.083 05	6 300	0.761 80	13 000	0.955 09	27 000	0.993 67
2 200	0.100 88	6 400	0.769 20	13 200	0.956 80	28 000	0.994 29
2 300	0.120 02	6 500	0.776 31	13 400	0.958 43	29 000	0.994 82
2 400	0.140 25	6 600	0.783 16	13 600	0.959 98	30 000	0.995 29
2 500	0.161 35	6 700	0.789 75	13 800	0.961 45	31 000	0.995 71
2 600	0.183 11	6 800	0.796 09	14 000	0.962 85	32 000	0.996 07
2 700	0.205 35	6 900	0.802 19	14 200	0.964 18	33 000	0.996 40
2 800	0.227 88	7 000	0.808 07	14 400	0.965 46	34 000	0.996 69
2 900	0.250 55	7 100	0.813 73	14 600	0.966 67	35 000	0.996 95
3 000	0.273 22	7 200	0.819 18	14 800	0.967 83	36 000	0.997 19
3 100	0.295 76	7 300	0.824 43	15 000	0.968 93	37 000	0.997 40
3 200	0.318 09	7 400	0.829 49	15 200	0.969 99	38 000	0.997 59
3 300	0.340 09	7 500	0.834 36	15 400	0.971 00	39 000	0.997 76
3 400	0.361 72	7 600	0.839 06	15 600	0.971 96	40 000	0.997 92
3 500	0.382 90	7 700	0.843 59	15 800	0.972 88	41 000	0.998 06
3 600	0.403 59	7 800	0.847 96	16 000	0.973 77	42 000	0.998 19
3 700	0.423 75	7 900	0.852 18	16 200	0.974 61	43 000	0.998 31
3 800	0.443 36	8 000	0.856 25	16 400	0.975 42	44 000	0.998 42
3 900	0.462 40	8 200	0.863 96	16 600	0.976 20	45 000	0.998 51
4 000	0.480 85	8 400	0.871 15	16 800	0.976 94	46 000	0.998 61
4 100	0.498 72	8 600	0.877 86	17 000	0.977 65	47 000	0.998 69
4 200	0.515 99	8 800	0.884 13	17 200	0.978 34	48 000	0.998 77
4 300	0.532 67	9 000	0.889 99	17 400	0.978 99	49 000	0.998 84
4 400	0.548 77	9 200	0.895 47	17 600	0.979 62	50 000	0.998 90
4 500	0.564 29	9 400	0.900 60	17 800	0.980 23	60 000	0.999 40
4 600	0.579 25	9 600	0.905 41	18 000	0.980 81	70 000	0.999 60
4 700	0.593 66	9 800	0.909 92	18 200	0.981 37	80 000	0.999 70
4 800	0.607 53	10 000	0.914 15	18 400	0.981 91	90 000	0.999 80
4 900	0.620 88	10 200	0.918 13	18 600	0.982 43	100 000	0.999 90
5 000	0.633 72	10 400	0.921 88	18 800	0.982 93		
5 100	0.646 06	10 600	0.925 40	19 000	0.983 40		

1. 立体角

在平面几何中用平面角来表示某一方向的空间所占的大小,其单位为弧度。类似地,可以用三维空间的立体角(solid angle)及微元立体角(图 8-9)来表示某一方向的空间所占的大小,它们分别定义为

$$\Omega=\frac{A_c}{r^2},\quad d\Omega=\frac{dA_c}{r^2} \tag{8-14}$$

在图 8-9 的球坐标系中,ϕ 称为经度角(longitudinal angle),θ 称为纬度角(latitudinal angle)。空间的方向可以用该方向的经度角与纬度角来表示。显然要说明黑体向半球空间辐射出去的能量按不同方向分布的规律只有对不同方向的相等的立体角来比较才有意义。立体角的单位称为空间度,记为 sr。

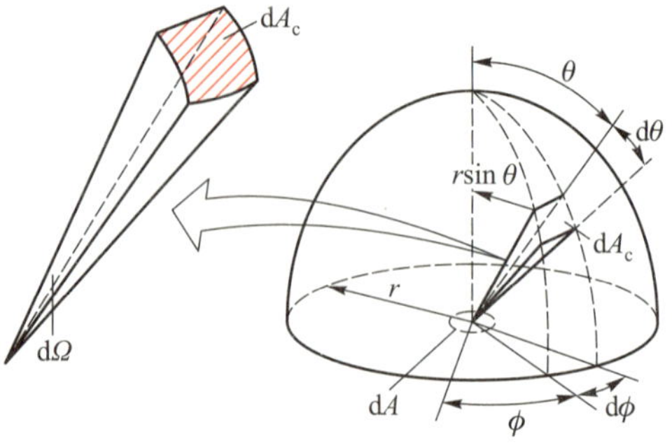

图 8-9　微元立体角与半球空间几何参数的关系

由图 8-9 可得

$$dA_c=rd\theta r\sin\theta d\phi \tag{8-15}$$

代入式(8-14),可得微元立体角为

$$d\Omega=\sin\theta d\theta d\phi \tag{8-16}$$

2. 定向辐射强度

对于黑体辐射可以预期,由于对称性,在相同的纬度角下从微元黑体面积 dA 向空间不同经度角方向单位立体角中辐射出去的能量是相等的。因此研究黑体辐射在空间不同方向的分布只要查明辐射能按不同纬度角分布的规律就可以了。设面积为 dA 的黑体微元面积向围绕空间纬度角 θ 方向的微元立体角 $d\Omega$ 内辐射出去的能量为 $d\Phi(\theta)$,则实验测定表明:

$$\frac{d\Phi(\theta)}{dAd\Omega}=I\cos(\theta) \tag{8-17a}$$

这里 I 为常数,与 θ 方向无关。此式还可以表示为另一形式:

$$\frac{d\Phi(\theta)}{dAd\Omega\cos\theta}=I \tag{8-17b}$$

这里 $dA\cos\theta$ 可以视为从 θ 方向看过去的面积,称为可见面积(图 8-10)。上式左端的物理量是从黑体单位可见面积发射出去的落到空间任意方向的单位立体角中的能量,称为定向辐射强度(directional radiation intensity)。

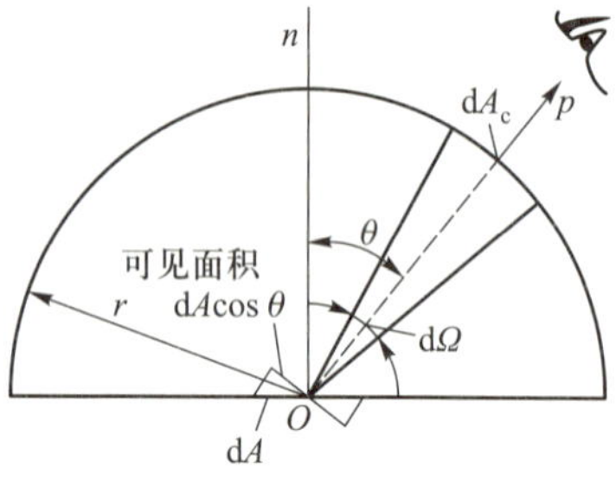

图 8-10　可见面积示意图

3. 兰贝特定律

式(8-17b)表明黑体的定向辐射强度是个常量,与空间方向无关。这就是黑体辐射的兰贝特定律。注意,定向辐射强度是以单位可见面积作为度量依据的,如果以单位实际辐射面积为度量依据,则就是式(8-17a)所示的结果。该式表明,黑体单位面积辐射出去的能量在空间的不同方向分布是不均匀的,按空间纬度角 θ 的余弦规律变化:在垂直于该表面的方向最大,而与表面平行的方向为零,这是兰贝特定律的另一种表达方式,又称为余弦定律。

4. 兰贝特定律与斯忒藩-玻尔兹曼定律间的关系

将式(8-17a)两端各乘以 $d\Omega$,然后对整个半球空间做积分,就得到从单位黑体表面发射出去落到整个半球空间的能量,即黑体的辐射力:

$$E_b = \int_{\Omega=2\pi} \frac{d\Phi(\theta)}{dA} = I_b \int_{\Omega=2\pi} \cos\theta d\Omega$$

将式(8-16)代入上式得

$$\begin{aligned} E_b &= I_b \iint \cos\theta \sin\theta d\theta d\phi \\ &= I_b \int_0^{2\pi} d\phi \int_0^{\pi/2} \sin\theta \cos\theta d\theta = \pi I_b \end{aligned} \tag{8-18}$$

因此,遵守兰贝特定律的辐射,其辐射力等于定向辐射强度的 π 倍。

至此,我们对黑体辐射的规律做一个小结。黑体的辐射力由斯忒藩-玻尔兹曼定律确定,辐射力正比例于热力学温度的四次方;黑体辐射能量按波长的分布服从普朗克定律,而按空间方向的分布服从兰贝特定律;黑体的光谱辐射力有个峰值,与此峰值相对应的波长 λ_m 由维恩位移定律确定,随着温度的升高,λ_m 向波长短的方向移动。

例题 8-1　不同温度下可见光及红外辐射所占比例

试分别计算温度为 1 000 K、1 400 K、3 000 K 及 6 000 K 时可见光和红外线辐射在黑体总辐射中所占的份额。

题解

分析:可见光和红外线的波长范围分别为 0.38~0.76 μm 和 0.76~1 000 μm。将给定温度各自乘以 0.38 μm、0.76 μm 及 1 000 μm,从而得到各个 λT 值。然后根据这些 λT 值,在表 8-1 上查得各自的能量份额 $F_{b(0-\lambda)}$ 值,再据式(8-13)计算出可见光和红外线辐射各自占的份额。

计算:按上述方法计算得到的结果列出于下表中。

温度/K	$\lambda_1=0.38$ μm		$\lambda_2=0.76$ μm		$\lambda_3=1\,000$ μm	
	λT/μm·K	$F_{b(0-\lambda_1)}$/%	λT/μm·K	$F_{b(0-\lambda_2)}$/%	λT/μm·K	$F_{b(0-\lambda_3)}$/%
1 000	380	≪0.1	760	≪0.1	1×10^6	100
1 400	532	≪0.1	1 064	0.07	1.4×10^6	100
3 000	1 140	0.14	2 280	11.7	3×10^6	100
6 000	2 280	11.3	4 560	57.3	6×10^6	100

温度/K	所占份额 %	
	可见光 $F_{b(\lambda_2-\lambda_1)}=F_{b(0-\lambda_2)}-F_{b(0-\lambda_1)}$	红外线 $F_{b(\lambda_3-\lambda_2)}=F_{b(0-\lambda_3)}-F_{b(0-\lambda_2)}$
1 000	<0.1	>99.9
1 400	0.07	99.93
3 000	11.6	88.3
6 000	46.0	42.6

讨论:可见,在 $T<1\,000$ K 时黑体辐射中可见光的比例远不到 1/1 000,只有温度上升到 3 000 K 左右时可见光的比例才可达 10%以上。这一关于可见光在物体自身辐射中所占的比例,总体上对大多数实际物体的辐射也适用。

例题 8-2　微元黑体表面对微元立体角的辐射

如图 8-11 所示，有一微元黑体面积 $dA_b=10^{-3}\ m^2$，与该黑体表面相距 0.5 m 处另有三个微元面积 dA_1、dA_2、dA_3，面积均为 $10^{-3}\ m^2$，该三个微元表面积的空间方位如图 8-11 所示。试计算从 dA_b 发出分别落在 dA_1、dA_2、dA_3 对 dA_b 所张的立体角中的辐射能量。

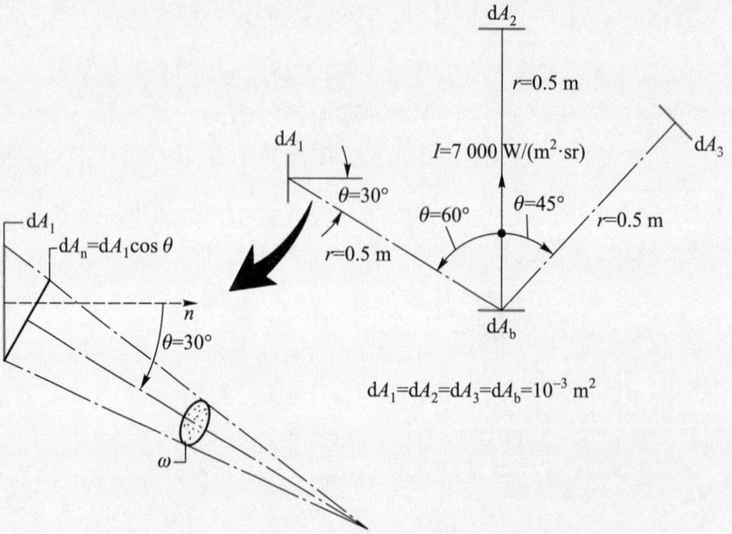

图 8-11　例题 8-2 图示

题解

分析：先根据 dA_1、dA_2 与 dA_3 的大小与方向确定它们对 dA_b 所张的立体角，然后根据式（8-17a）即可得出所求解的能量。

计算：据式（8-14）有：

$$d\Omega_1=\frac{dA_1\cos 30°}{r^2}=\frac{10^{-3}\ m^2\cos 30°}{(0.5\ m)^2}=3.46\times10^{-3}\ sr$$

$$d\Omega_2=\frac{dA_2\cos 0°}{r^2}=\frac{10^{-3}\ m^2\cos 0°}{(0.5\ m)^2}=4.00\times10^{-3}\ sr$$

$$d\Omega_3=\frac{dA_3\cos 0°}{r^2}=\frac{10^{-3}\ m^2\cos 0°}{(0.5\ m)^2}=4.00\times10^{-3}\ sr$$

$$d\Phi(60°)=IdA_b\cos 60°d\Omega_1=7\,000\ W/(m^2\cdot sr)\times(10^{-3}\ m^2)\times\frac{1}{2}\times3.46\times10^{-3}\ sr$$
$$=1.21\times10^{-2}\ W$$

$$d\Phi(0°)=IdA_b\cos 0°d\Omega_2=7\,000\ W/(m^2\cdot sr)\times(10^{-3}\ m^2)\times1\times4.00\times10^{-3}\ sr$$
$$=2.80\times10^{-2}\ W$$

$$d\Phi(45°)=IdA_b\cos\theta_3 d\Omega_3=7\,000\ W/(m^2\cdot sr)\times(10^{-3}\ m^2)\times\frac{\sqrt{2}}{2}\times4.00\times10^{-3}\ sr$$
$$=1.98\times10^{-2}\ W$$

讨论：dA_1 的立体角需要用投射到垂直于 dA_1 与 dA_b 联系方向的面积来计算，黑体的定向辐射强度与方向无关是因为它是以单位可见面积作为度量单位的，实际上黑体辐射能量在空间的分布是不均匀的，法线方向最大，切线方向为零；还应注意，本题得出的是落到该立体角中的能量，但未必是微元面积 dA_1、dA_2 及 dA_3 所吸收的来自黑体微元面积的能量，后者还与微元面积 dA_1、dA_2 及 dA_3 本身的辐射特性有关。

8.3 固体和液体的辐射特性

前面指出，黑体是研究热辐射的标准物体，对于实际物体（包括固体、液体与气体）的辐射特性，将在与黑体的辐射特性进行对比的基础上进行研究。由于实际物体不能完全吸收投入其表面上的辐射能量，因此它们的吸收特性还需要单独介绍。气体的辐射与吸收特性与固体和液体有较大的差别，将在下节中进行讨论，本节中只介绍固体和液体的辐射特性。下面从总辐射能、辐射能按波长及按方向分布三个方面进行讨论。

8.3.1 实际物体的辐射力

实际物体的辐射力 E 总是小于同温度下黑体的辐射力 E_b，两者的比值称为实际物体的发射率（emissivity，或者 emittance，习惯上称为黑度），记为

$$\varepsilon=\frac{E}{E_b} \tag{8-19}$$

因此实际物体的辐射力可以表示成

$$E=\varepsilon E_b=\varepsilon\sigma T^4=\varepsilon C_0\left(\frac{T}{100}\right)^4 \tag{8-20}$$

式（8-20）也称为四次方定律，这是实际物体辐射传热计算的基础。其中物体的发射率一般通过实验测定，它仅取决于物体自身，而与周围环境条件无关。

8.3.2 实际物体的光谱辐射力

实际物体的光谱辐射力往往随波长作不规则的变化，图 8-12 示出了同温度下某实际物体和黑体的 $E_\lambda=f(\lambda,T)$ 的示意性曲线。图上曲线下的面积分别表示各自的辐射力。

实际物体的光谱辐射力按波长分布的规律与普朗克定律不同，但定性上是一致的。在加热金属时可以观察到：当金属温度低于 500 ℃时，由于实际上没有可见光辐射，我们不能觉察到金属颜色的变化，但随着温度的不断升高，金属将相继呈现暗红、鲜红、橘黄等颜色，当温度超过 1 300 ℃时将出现所谓白炽。金属在不同温度下呈现的各种颜色，说明随着温度的升高，热辐射中可见光中短波的比例不断增加。

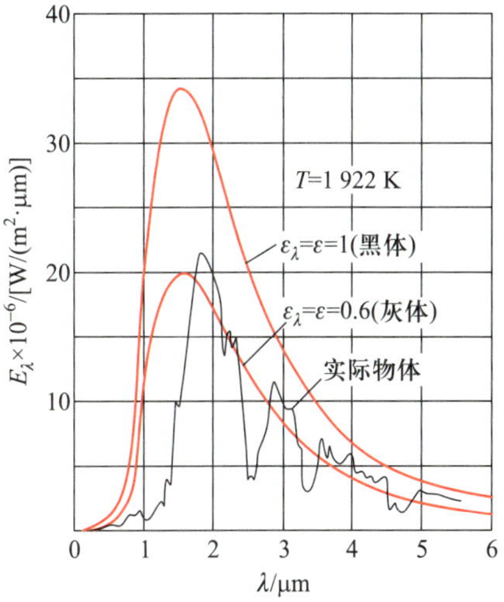

图 8-12　实际物体的光谱辐射力示意图

实际物体的光谱辐射力小于同温下的黑体同一波长下的光谱辐射力，两者之比称为实际物体的光谱发射率（spectral emissivity）：

$$\varepsilon(\lambda)=\frac{E_{\lambda}}{E_{b\lambda}} \tag{8-21}$$

显然，光谱发射率与实际物体的发射率之间有如下的关系：

$$\varepsilon=\frac{E}{E_{b}}=\frac{\int_{0}^{\infty}\varepsilon(\lambda)E_{b\lambda}\mathrm{d}\lambda}{\sigma T^{4}} \tag{8-22}$$

值得指出，实验结果发现，实际物体的辐射力并不严格地同热力学温度的四次方成正比，但要对不同物体采用不同方次的规律来计算，实用上很不方便。所以，在工程计算中仍认为一般实际物体的辐射力都与热力学温度的四次方成正比，而把由此引起的修正包括到用实验方法确定的发射率中去。由于这个原因，发射率还与温度有依变关系。图 8-12 中所指的灰体是指吸收比及光谱发射率与波长无关的物体，将在 8.5 节中详细讨论。

8.3.3 实际物体的定向辐射强度

实际物体辐射按空间方向的分布，亦不尽符合兰贝特定律。这就是说实际物体的定向辐射强度在不同方向上有所变化。为了说明不同方向上定向辐射强度的变化，下面给出定向发射率（又称定向黑度）的定义：

$$\varepsilon(\theta)=\frac{I(\theta)}{I_{b}(\theta)}=\frac{I(\theta)}{I_{b}} \tag{8-23}$$

式中，$I(\theta)$为与辐射面法向成 θ 角的方向上实际物体的定向辐射强度，而 I_b 为同温度下黑体的定向辐射强度。

1. 定向发射率随 θ 角的变化规律

首先，对于黑体表面，显然定向发射率在极坐标中是半径为 1 的半圆；对于定向辐射强度随 θ 的分布满足兰贝特定律的物体，其定向发射率在极坐标中是半径小于 1 的半圆，这样的物体称为漫射体（diffuse body）（图 8-13）。实验测定与电磁理论分析表明，金属与非导体的定向发射率随 θ 角的变化有明显的区别，如图 8-14、图 8-15 所示。图 8-14b 中的 n 为物体的折射率。由图 8-15 可见，对于非导电体，从辐射面法向 $\theta=0°$到 $\theta=60°$的范围内，定向发射率基本不变，当 θ 超过 60°以后，$\varepsilon(\theta)$的减小是明显的，直至 $\theta=90°$时 $\varepsilon(\theta)$降为零（图 8-15）。对于金属材料（图 8-14），从 $\theta=0°$开始，在一定角度范围内，$\varepsilon(\theta)$可认为是个常数，然后随角度 θ 的增加急剧地增大。在接近 $\theta=90°$的极小角度范围内 $\varepsilon(\theta)$的值又有减小直至为零。

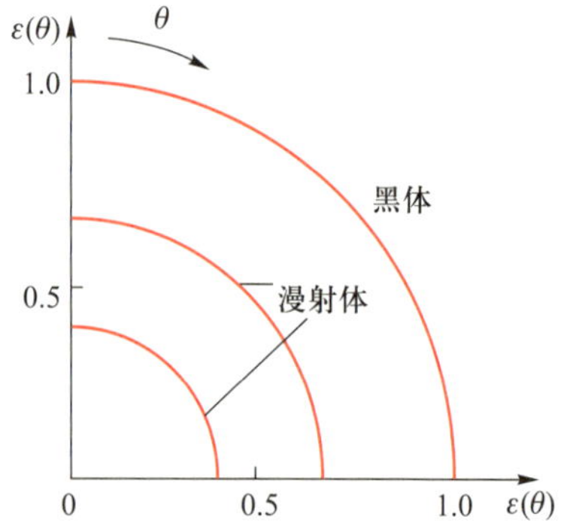

图 8-13　黑体与漫射体的定向发射率

2. 定向发射率 $\varepsilon(\theta)$与半球平均发射率 ε 间的关系

式（8-19）所定义的 ε 实际上是物体在整个半球范围内的辐射能与黑体的辐射能量之比，为突出它与定向发射率的区别，这里特别加了“半球”这一定语。显然从能量守恒原理，可得出如下关系：

$$\varepsilon = \frac{E}{E_b} = \frac{I_b \int_{\Omega = 2\pi} \varepsilon(\theta) \cos \theta \mathrm{d}\Omega}{\pi I_b} = \frac{\int_{\Omega = 2\pi} \varepsilon(\theta) \cos \theta \mathrm{d}\Omega}{\pi} \tag{8-24a}$$

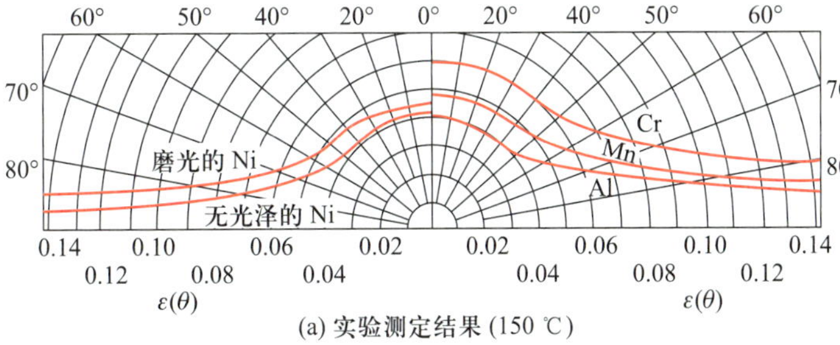

(a) 实验测定结果 (150 ℃)

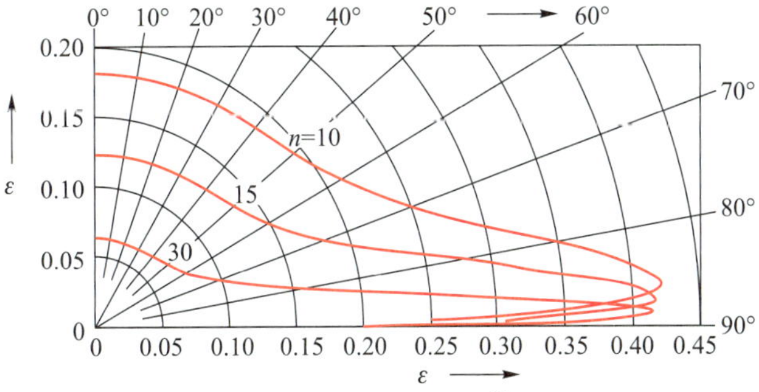

(b) 电磁理论分析结果 [7]

图 8-14　金属的定向发射率举例

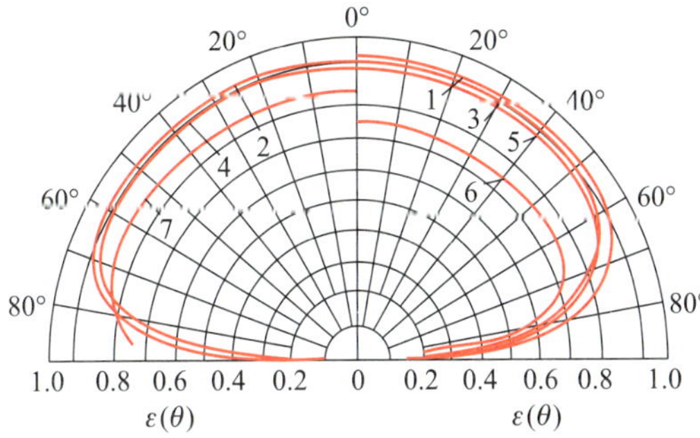

1—潮湿的冰；2—木材；　3—玻璃；4—纸；
5—黏土；　6—氧化铜；7— 氧化铝

(a) 实验测定结果 (0~93.3℃)

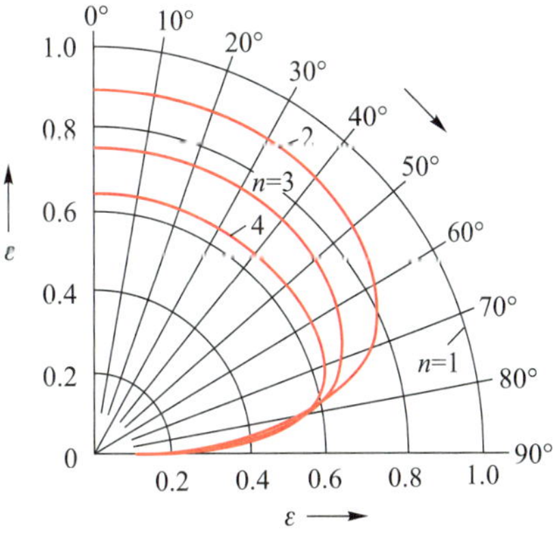

(b) 电磁理论分析结果 [7]

图 8-15　非金属的定向发射率举例

由图 8-14、图 8-15 可见，无论金属还是非金属，在半球空间的大部分范围内，定向发射率基本是个常数，可以用其法向的发射率 ε_n 来近似代替，于是式(8-24a)可以简化为

$$\varepsilon = M\varepsilon_n \tag{8-24b}$$

把这样替代所造成的偏差用系数 M 来修正。大量实验测定表明，对于金属表面 $M = 1.0 \sim 1.3$（高度磨光的表面取上限），对非导体 $M = 0.95 \sim 1.0$（粗糙表面取上限）。所以除了高度磨光的表面以外，工程计算中一般取 $M \approx 1.0$，即 $\varepsilon = \varepsilon_n$ [8]。一般工程手册中给出的物体发射率常常是法向发

射率之值，当计算高度磨光表面时，应该考虑到 ε 与 ε_n 间的差别。既然大部分工程材料定向发射率可近似地取为常数，就意味着可以将它们当作漫射体看待。今后讨论物体表面间的辐射传热时，都将它们当作漫射体。

3. 影响物体发射率的因素

表 8-2 中列出了一些常用材料的发射率的实验值，更多的资料可查阅文献[8-9]。从表 8-2 中我们可以总结出以下一些影响物体表面发射率的因素。

表 8-2　常用材料表面法向发射率

材料类别和表面状况	温度/℃	法向发射率 ε_n
磨光的铬	150	0.058
铬镍合金	52～1 034	0.64～0.76
灰色、氧化的铅	38	0.28
镀锌的铁皮	38	0.23
具有光滑的氧化层表皮的钢板	20	0.82
氧化的钢	200～600	0.8
磨光的铁	400～1 000	0.14～0.38
氧化的铁	125～525	0.78～0.82
磨光的铜	20	0.03
氧化的铜	50	0.6～0.7
磨光的黄铜	38	0.05
无光泽的黄铜	38	0.22
磨光的铝	50～500	0.04～0.06
严重氧化的铝	50～500	0.2～0.3
磨光的金	200～600	0.02～0.03
磨光的银	200～600	0.02～0.03
石棉纸	40～400	0.94～0.93
耐火砖	500～1 000	0.8～0.9
红砖(粗糙表面)	20	0.88～0.93
木材	20	0.8～0.82
碳化硅涂料	1 010～1 400	0.82～0.92
上釉的瓷件	20	0.93
油毛毡	20	0.93
抹灰的墙	20	0.94
灯黑	20～400	0.95～0.97
锅炉炉渣	0～1 000	0.97～0.70
各种颜色的油漆	100	0.92～0.96
雪	0	0.8
水(厚度大于 0.1 mm)	0～100	0.96

物体表面的发射率取决于物质种类、表面温度和表面状况。这说明发射率只与发射辐射的物体本身有关,而不涉及外界条件。不同种类物质的发射率显然是各不相同的。例如,常温下具有光滑氧化层表皮的钢板发射率为 0.82,而镀锌铁皮的发射率只有 0.23。同一物体的发射率又随温度而变化。例如,严重氧化的铝表面在 50 ℃ 和 500 ℃ 的温度下,其发射率分别是 0.2 和 0.3。表面状况对发射率有很大影响。同一金属材料,高度磨光表面的发射率很小,而粗糙表面和受氧化作用后的表面的发射率常常为磨光表面的数倍。例如,在常温下无光泽黄铜的发射率为 0.22,而磨光后黄铜的发射率却只有 0.05。因此在选用金属表面发射率数值时应对表面状况给予足够的关注。大部分非金属材料的发射率值都很高,一般在 0.85~0.95,且与表面状况(包括颜色在内)的关系不大,在缺乏资料时,可近似地取作 0.90。

值得指出,本书前面所说的大多数固体就是指不包括玻璃这样具有透明特性的固体。当辐射能投射到玻璃表面上时,同样有反射、穿透及吸收三种途径,其反射比、吸收比及透射比三者间仍然具有公式(8-2)的关系,具体数值与玻璃种类及其厚度有关。对于窗户用的大约 3 mm 厚的玻璃,对投入的太阳光反射比大约为 8%,吸收比为 6%,透射比约为 86%。图 8-16 示出了厚约为 5 mm 的玻璃透射比随波长变化的情况。玻璃自身的发射率一般在 0.8~0.9。

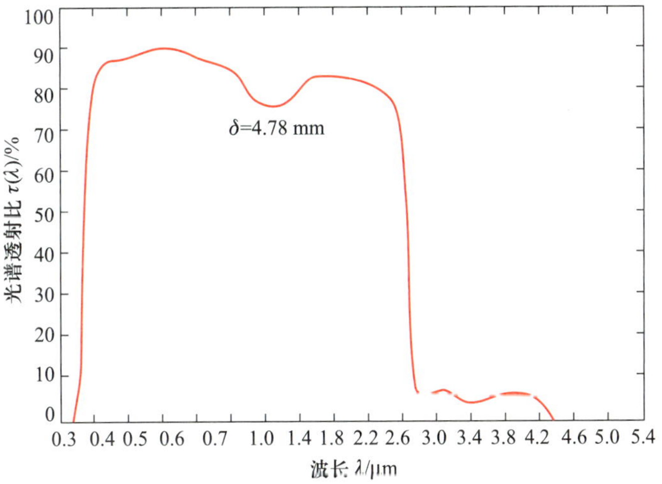

图 8-16 一般玻璃的透射比

例题 8-3 **碳化硅涂料表面辐射力计算**

试计算温度处于 1 400 ℃ 的碳化硅涂料表面的辐射力。

题解

分析:碳化硅涂料是非导体,可取 $\varepsilon=\varepsilon_n$。

计算:由表 8-2 查得,碳化硅涂料在 1 400 ℃ 时的 $\varepsilon_n=0.92$,即 $\varepsilon=0.92$。按照式(8-20),其辐射力为

$$E=\varepsilon C_0\left(\frac{T_2}{100}\right)^4$$

$$=0.92\times5.67\ \mathrm{W/(m^2\cdot K^4)}\times\left(\frac{1\ 400+273}{100}\right)^4\ \mathrm{K^4}$$

$$=409\times10^3\ \mathrm{W/m^2}=409\ \mathrm{kW/m^2}$$

讨论:一般工程手册中给出的发射率常为法向发射率,选用时应注意表面类型与状态而作相应修正。对于本例,要注意给定的温度范围是与发射率范围相对应的。

例题 8-4　祝融号火星车表面辐射力计算

我国发射的祝融号火星车(图 8-17)于 2021 年 5 月 17 日成功着陆火星,成为我国第一个火星表面探测器。火星的平均气温仅有-60 ℃,且昼夜温差大。为了实现祝融号火星车在火星表面低温环境下长期工作,需要维持探测器表面温度为-30 ℃,为减少对环境的辐射散热,经处理后的表面的发射率为 0.05,试计算该表面向宇宙空间的辐射力。(中国空间技术研究院苗建印博士提供资料)

图 8-17　例题 8-4 附图

题解

分析:本题给定了表面发射率,可直接使用。

$$E = C_0\varepsilon\left(\frac{T}{100}\right)^4$$

$$= 0.05\times5.67\ \mathrm{W/(m^2\cdot K^4)}\times\left(\frac{273-30}{100}\right)^4\ \mathrm{K^4} = 9.89\ \mathrm{W/m^2}$$

讨论:当火星车面向太阳时,会吸收太阳辐射。为了保持祝融号火星车工作温度的稳定,火星车表面对太阳辐射的吸收比应该小还是大?

例题 8-5　钨丝发射力及发光效率计算

实验测得 2 500 K 钨丝的法向光谱发射率如图 8-18 所示,试计算其辐射力及发光效率。

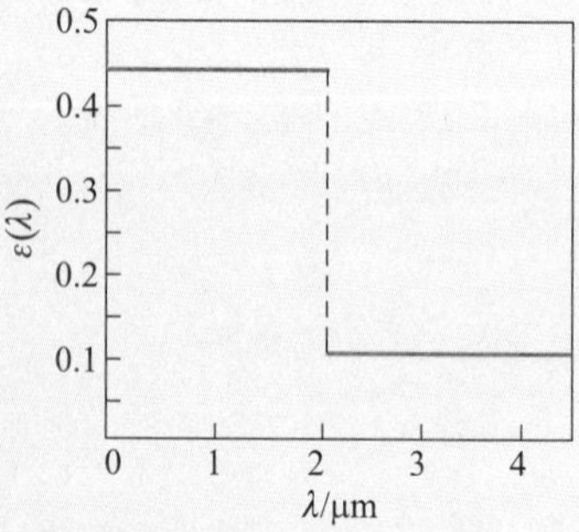

图 8-18　例题 8-5 附图

题解

分析:设钨丝表面为漫射表面,半球空间内的总辐射力可通过发射率 ε 而确定。ε 之值与光谱发射率间有如下关系:

$$\varepsilon = \frac{\int_0^2 \varepsilon(\lambda)E_{b\lambda}\mathrm{d}\lambda + \int_2^\infty \varepsilon(\lambda)E_{b\lambda}\mathrm{d}\lambda}{E_b}$$

$$= \varepsilon_{\lambda1}\frac{\int_0^2 E_{b\lambda}d_\lambda}{E_b} + \varepsilon_{\lambda2}\frac{\int_2^\infty E_{b\lambda}d_\lambda}{E_b} = E_{\lambda1}F_{b(0-2)} + E_{\lambda2}(1-F_{b(0-2)})$$

计算：$\lambda_1 T = 2\times10^{-6}\ \mu m\times2\,500\ K = 5\,000\ \mu m\cdot K$，$F_{b(0-2)} = 0.634\,1$

$$\varepsilon = 0.45\times0.634\,1+0.1\times(1-0.634\,1) = 0.322$$

$$E = \varepsilon E_b = 0.322\times5.67\ W/(m^2\cdot K^4)\times\left(\frac{2\,500}{100}\right)^4 K^4$$

$$= 7.13\times10^5\ W/m^2$$

取可见光的波长范围为 0.38~0.76 μm，则 $\lambda_1 T = 950\ \mu m\cdot K$，$\lambda_2 T = 1\,900\ \mu m\cdot K$。由表 8-1，近似地取 $F_{b(0-0.38)} = 0.000\,3$，$F_{b(0-0.76)} = 0.052\,1$。于是，在可见光范围内发出的能量 ΔE 为

$$\Delta E = (0.052\,1-0.000\,3)\times0.45\times5.67\ W/(m^2\cdot K^4)\times\left(\frac{2\,500}{100}\right)^4 K^4$$

$$= 5.16\times10^4\ W/m^2$$

发光效率为

$$\eta = \frac{\Delta E}{E} = \frac{5.16\times10^4\ W/m^2}{7.13\times10^5\ W/m^2} = 0.072\,7 = 7.27\%$$

讨论：自从发明第一个白炽灯以来，已经历了百余年。白炽灯由于灯丝的工作温度相对较低，热辐射中可见光的比例甚少，因此发光效率不高，大部分能量都作为不可见的红外辐射的能量而没有予以利用。而一个 15 W 的 LED 灯可以发出 60 W 白炽灯一样多的可见光。新的固态光源（如发光二极管，LED），作为白炽灯、荧光灯以后的第三代照明技术是节约能源的重要措施[10]，已经得到广泛应用。

8.4 气体的辐射特性及计算

在工业上常见的温度范围内，单原子气体和分子结构对称的双原子气体，如空气、氢、氧、氮等，实际上并无发射和吸收辐射能的能力，可认为是热辐射的透明体。但是臭氧、二氧化碳、水蒸气、二氧化硫、甲烷、氯氟烃和含氢氯氟烃（两者俗称氟利昂）等三原子、多原子以及结构不对称的双原子气体（一氧化碳）却具有相当大的辐射本领。当这类气体出现在换热场合中时，就要涉及气体和固体间的辐射传热计算。由于燃油、燃煤及燃气的燃烧产物中通常包含有一定浓度的二氧化碳和水蒸气，所以这两种气体的辐射在能源动力工程计算上特别重要。本节着重介绍二氧化碳和水蒸气的辐射和吸收特性。

本节首先分析气体辐射不同于固体、液体辐射的特点，然后简要介绍处于一定容器内具有辐射特性的气体的吸收比及发射率的确定方法，有气体参与的辐射传热的计算则到第 9 章介绍。

8.4.1 气体辐射的特点

气体辐射不同于固体和液体辐射，它们具有如下两个特点。

1. 气体辐射对波长有选择性

气体辐射对波长有强烈的选择性，它只在某些波长区段内具有辐射能力，相应地也只在同样的波长区段内才具有吸收能力。通常把这种有辐射能力的波长区段称为光带（band）。在光带以外，气体既不辐射亦不吸收，对热辐射呈现透明体的性质。例如，臭氧几乎能全部吸收波长小

于 0.3 μm 的紫外线，对波长在 0.3~0.4 μm 间的射线也有较强的吸收作用。因而大气层中的臭氧能保护人类不受紫外线的伤害。二氧化碳的主要光带有三段：2.65~2.80 μm，4.15~4.45 μm，13.0~17.0 μm。水蒸气的主要光带也有三段：2.55~2.84 μm，5.6~7.6 μm，12~30 μm。图 8-19 示意性地表出了二氧化碳和水蒸气的主要光带。可以看出，这些光带均位于红外线的波长范围，而且二氧化碳和水蒸气的光带有两处是重叠的。由于辐射对波长具有选择性的特点，使得水蒸气、二氧化碳这种具有辐射能力的气体自身的发射率与对投入辐射的吸收比并不相等，下面还有详细讨论。

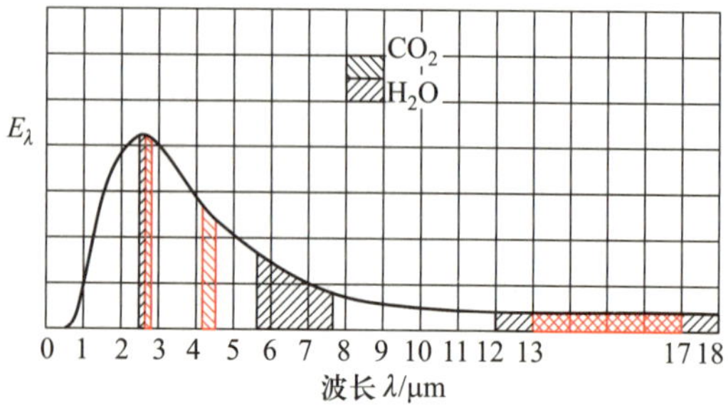

图 8-19　CO_2 和 H_2O 主要光带示意图

2. 气体的辐射和吸收是在整个容积中进行的

大多数固体和液体的辐射和吸收都具有在表面上进行的特点，而气体则不同。就吸收而言，投射到气体层界面上的辐射能在气体层的辐射行程中被吸收减弱；就辐射而言，气体层界面上所感受到的辐射为到达界面上的整个容积气体的辐射。这都说明，气体的辐射和吸收是在整个容积中进行的，与气体的形状和容积有关。因此，在论及气体的发射率和吸收比时，除其他条件外，还必须说明气体所处容器的形状和容积的大小。

8.4.2　光谱辐射能在气层中的定向传递

当辐射能通过吸收性气体层时，因沿途被气体不断吸收而逐渐削弱。削弱的程度取决于辐射强度及途中所碰到的气体分子数目。气体分子数目则和射线行程长度及气体密度 ρ 有关[$\rho = f(p,T)$]。参看图 8-20，考察波长为 λ 的光谱辐射的削弱。投射到气体界面 $x=0$ 处的光谱辐射强度为 $I_{\lambda,0}$，通过一段距离 x 后该辐射强度变为 $I_{\lambda,x}$。通过微元气体层 dx 后，光谱辐射强度 $I_{\lambda,x}$ 的减少量为 $dI_{\lambda,x}$。辐射强度的相对减少量 dI/I 正比例于气体层厚度 dx，故 $dI_{\lambda,x}$ 正比于 $I_{\lambda,x}dx$ 这个乘积。于是可得

$$dI_{\lambda,x} = -k_\lambda I_{\lambda,x} dx$$

式中，k_λ 为光谱减弱系数，它取决于气体的种类、密度和波长。当气体的温度和压力为常数 k_λ 不变时，对上式积分可得

$$\int_{I_{\lambda,0}}^{I_{\lambda,L}} \frac{dI_{\lambda,x}}{I_{\lambda,x}} = -k_\lambda \int_0^L dx$$

$$I_{\lambda,L}/I_{\lambda,0} = e^{-k_\lambda L} \tag{8-25}$$

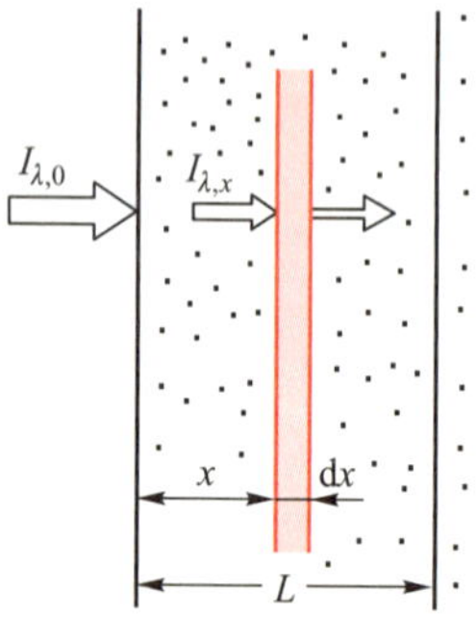

图 8-20　辐射能在气层中的传递

式(8-25)称为贝尔(Beer)定律，表明光谱辐射强度在吸收性气体中传播时按指数规律衰减。$I_{\lambda,L}/I_{\lambda,0}$ 正是厚度为 L 的气体层的光谱透射比 $\tau(\lambda,L)$，所以

$$\tau(\lambda,L) = e^{-k_\lambda L} \tag{8-26}$$

对于气体，反射比 $\rho=0$，而得 $\tau(\lambda,L)+\alpha(\lambda,L)=1$。于是可得气体层的光谱吸收比

$$\alpha(\lambda,L) = 1-e^{-k_\lambda L} \tag{8-27}$$

气体层的厚度 L 很大时 $\alpha(\lambda,L)$ 趋近于 1，但工程实际上所能碰到的气体辐射达不到这种程度。

8.4.3 平均射线程长的计算

上面讨论了某个特定波长的辐射能在某个特定方向上在气体中的传递过程。工程计算中重要的是确定气体在所有光带范围内辐射能的总和的传递过程。这个总和是气体的辐射力 E_g，由实验测定。按发射率的定义，气体的发射率就是辐射力 E_g 与同温度下黑体辐射力之比，即 $\varepsilon_g = E_g/E_b$。气体发射率取决于气体的种类，不同气体的发射率不同。对于同一种气体，它的发射率又受哪些因素支配呢？下面来分析这个问题。

由于气体容积辐射的特点，辐射力与射线行程的长度（简称射线程长，mean beam length）有关，而射线程长取决于气体容积的形状和尺寸。从图 8-21 可知，从不同方向辐射到 A 或 B 处的射线程长是各不相同的。只有如图 8-22 所示的半球气体容积对球心 dA 的辐射，各个方向上的射线程长都是一样的，即半径 R。如果对其他形状内的气体采用当量半球的处理方法，就可以用当量半球的半径作为平均射线程长，所谓当量半球，是指半球内的气体具有与所研究的情况相同的温度、压力和成分时，该半球内气体对球心的辐射力（图 8-22）等于所研究情况下气体对指定地区的辐射力。实用上正是采用这种当量半球半径作为平均射线程长的方案。几种典型几何容积的气体对整个包壁或对某一指定地区的平均射线程长列于表 8-3 中。在缺少资料的情况下，任意几何形状气体对整个包壁辐射的平均射线程长可按下式计算：

$$L = 3.6\frac{V}{A} \tag{8-28}$$

式中：V 为气体容积，m^3；A 为包壁面积，m^2。

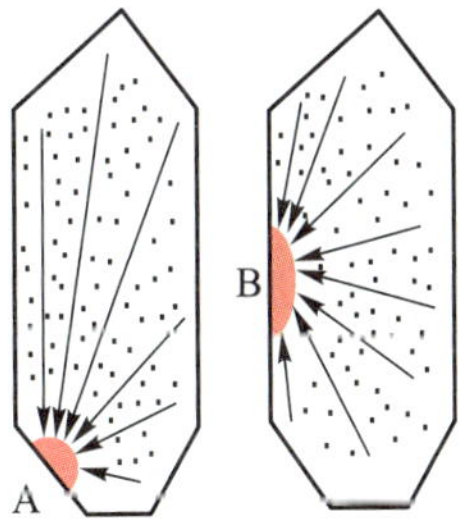

图 8-21 气体对不同地区的辐射

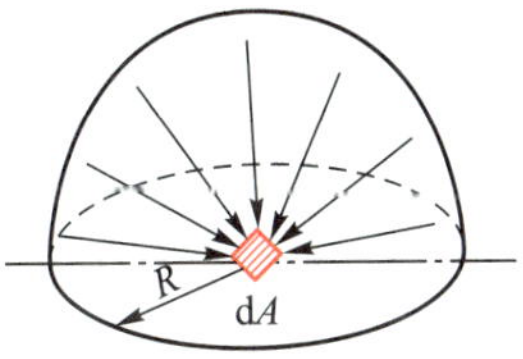

图 8-22 半球内气体对球心的辐射

表 8-3 气体辐射的平均射线程长

气体容积的形状	特性尺度	受到气体辐射的位置	平均射线程长
球	直径 d	整个包壁或壁上的任何地方	$0.6d$
立方体	边长 b	整个包壁	$0.6b$
高度等于直径的圆柱	直径 d	底面圆心 整个包壁	$0.77d$ $0.6d$
两无限大平行平板之间	平板间距 H	平板	$1.8H$
无限长圆柱	直径 d	整个包壁	$0.9d$
高度等于底圆直径两倍的圆柱体	直径 d	上下底面 侧面 整个包壁	$0.6d$ $0.76d$ $0.73d$

气体容积的形状	特性尺度	受到气体辐射的位置	平均射线程长
相对尺寸为 1×1×4 的正方柱体	短边 b	1×4 表面	$0.82b$
		1×1 表面	$0.78b$
		整个包壁	$0.81b$
位于叉排或顺排管束间的气体	节距 s_1、s_2 外直径 d	管束表面	$0.9d\left(\frac{4s_1s_2}{\pi d^2}-1\right)$

使用表 8-3 时应注意，平均射线程长的数值取决于所讨论容器的几何形状与大小；对同一几何形状，平均射线程长还与被辐射的表面在容器壁面上的位置有关。

8.4.4 水蒸气、二氧化碳发射率、吸收比的计算

1. 水蒸气、二氧化碳对包壁上指定地点辐射的发射率

气体对容器壁的平均辐射力或对器壁上某一指定地点的辐射力受气体的温度、成分和沿途吸收性气体分子数目等因素所支配。沿途气体分子数显然与气体分压力 p_a 和平均射线程长 L 的乘积 p_aL 成正比。于是对一定的气体可写出

$$\varepsilon_a=f(T_g,p_aL) \tag{8-29a}$$

式中：T_g 为具有辐射能力的气体组分所在的混合气体的温度；下标 a 表述水蒸气或二氧化碳。

历史上，在对水蒸气、二氧化碳在确定其发射率时[11]，为了处理上的方便，先在气体总压力 $p=10^5$ Pa 条件下，把水蒸气（或二氧化碳）的分压力外推到零的理想情况下绘制实验结果，这个数值，记为 ε_a^*。这是因为除了综合参数 p_aL 对发射率有影响外，还有气体分压力 p_a 的单独影响。然后在总压力不等于 10^5 Pa，及辐射气体分压力 p_a 不等于零的情况引入压力修正系数 C_a，从而有

$$\varepsilon_a=C_a\varepsilon_a^* \tag{8-29b}$$

当混合气体中同时存在水蒸气与二氧化碳时，由于这两种气体部分辐射光带是重叠的，会相互吸收一部分，混合气体的总发射率按照下式计算：

$$\varepsilon_g=C_w\varepsilon_w^*+C_c\varepsilon_c^*-\Delta\varepsilon \tag{8-29c}$$

自从 20 世纪 40 年代 Hotel 等研究者[11]发表实验数据以来，文献中长期采用如图 8-23 所示那样的图线（常称为 Hotel 图线）来计算气体的发射率及吸收比，其中 8-23a 是水蒸气在零分压下的发射率，图 8-23b 是压力修正系数，图 8-23c 是水蒸气、二氧化碳并存时对混合气体总发射率的削弱修正，以上图中的 s 就是平均射线程长 L，为避免与下面要用到的固体的下表 s 相混淆，平均射线程长用符号 L 表示。二氧化碳及吸收比的图线类似，不再显示。

图线法的优点是可以清楚显示发射率随温度、pL 等的变化趋势，例如图 8-25a 表明水蒸气的发射率随着气体温度的升高而减低、随着乘积 pL 的增加而增加。但是图线法有不够准确、不连续因而常常需要外推及无法采用计算机计算的致命缺点。进入 21 世纪后，一些学者[12-13]在基于一定的物理特性考虑的基础上研究了采用曲线拟合方法来获得函数形式的表达方式，其中以 Leckner 的方法[12]与 Hotel 的表达方式最接近，下面介绍这种方法。

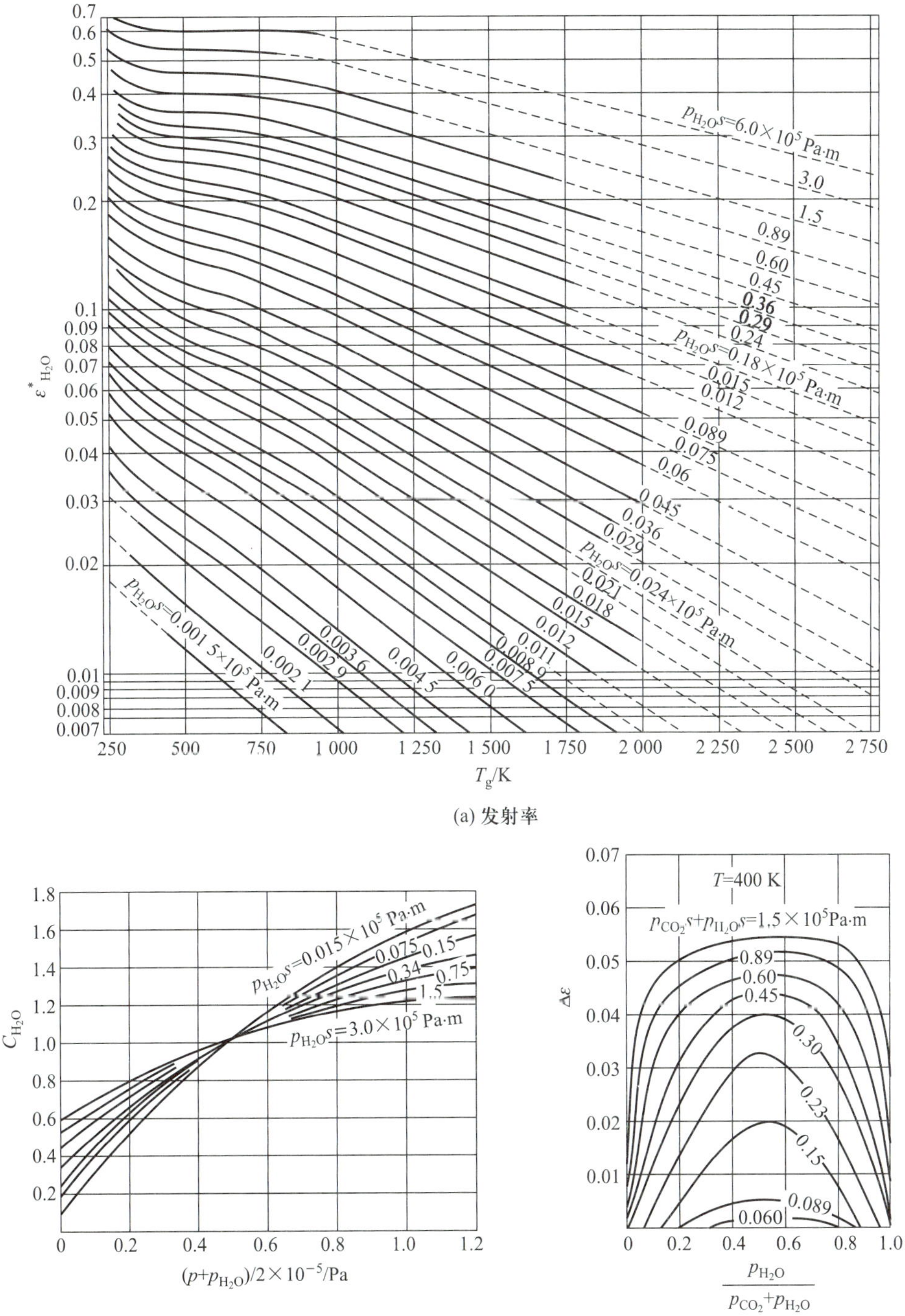

(a) 发射率

(b) 压力修正系数

(c) 混合气体修正值

图 8-23　水蒸气发射率计算图线

2. Leckner 的气体发射率计算方法

(1) 零分压力下水蒸气与二氧化碳发射率 ε_a^*

两种气体 ε_a^* 的对数均可以表示为多项式：

$$\ln \varepsilon_{a}^{*}=a_{0}+\sum_{j=1}^{M} a_{i} \lambda^{j} \quad (j=1,2) \tag{8-30a}$$

其中：

$$a_{i}=c_{0i}+\sum_{j=1}^{N} c_{ji} \tau^{j} \quad (i=0,1,2;j=1,2) \tag{8-30b}$$

$$\lambda=\lg[p_{a}L/(p_{a}L)_{0}],(p_{a}L)_{0}=1\ \text{bar}\cdot\text{cm}(p_{a}L\text{ 的单位为 bar}\cdot\text{cm})$$

$$\tau=T(\text{K})/T_{0}(\text{K})(\text{注意这里 }\tau\text{ 是温度比,不是透射比}),T_{0}=1\ 000\ \text{K}$$

p_a 为水蒸气或二氧化碳的分压力(bar),L 为平均射线程长(cm);参数 c_{0i}、c_{ji} 之值及多项式的项数 M、N 与气体有关,计算方法如下。

对水蒸气,$T>400$ K,$M=N=2$。水蒸气零分压力发射率计算参数见表 8-4。

表 8-4　水蒸气零分压力发射率计算参数

i	C_{0i}	C_{1i}	C_{2i}
0	-2. 211 8	-1. 198 7	0. 035 596
1	0. 856 67	0. 930 48	-0. 143 91
2	-0. 108 38	-0. 171 56	0. 045 915

对二氧化碳,$T>400$ K,$M=2$、$N=3$。二氧化碳零分压力发射率计算参数见表 8-5。

表 8-5　二氧化碳零分压力发射率计算参数

i	C_{0i}	C_{1i}	C_{2i}	C_{3i}
0	-3. 989 3	2. 766 9	-2. 108 1	0. 391 03
1	1. 271 0	-1. 109 0	1. 019 5	-0. 218 97
2	-0. 236 78	0. 197 31	-0. 195 44	0. 044 644

(2) 压力对水蒸气或二氧化碳发射率影响的修正

分压力 p_a 下水蒸气或二氧化碳的发射率 ε_a^p 与零分压下的发射率 ε_a^* 之比为

$$\frac{\varepsilon_{a}^{p}}{\varepsilon_{a}^{*}}=C_{i}=1-\frac{(a-1)(1-P_{E})}{a+b-1+P_{E}}\exp\left\{-c\left\{\lg\left[\frac{(p_{a}L)_{m}}{(p_{a}L)_{0}}\right]-\lg\left[\frac{(p_{a}L)}{(p_{a}L)_{0}}\right]\right\}^{2}\right\}, \tag{8-30c}$$

其中,i 为水蒸气或二氧化碳,以后简记为 w 及 c。拟合参数 a、b、c,有效压力 P_E 及参数 $(p_aL)_m/(p_aL)_0$ 与气体有关,分别按如下公式计算。

对水蒸气

$$P_{E}=P_{T}\left(1+4.9\frac{p_{a}}{P_{T}}\sqrt{273/T}\right) \quad (P_{T}\text{ 为总压力,bar})$$

$$\frac{(p_{a}L)_{m}}{(p_{a}L)_{0}}=13.2(T/T_{0})^{2}$$

$$a=2.14, \quad T/T_{0}\leqslant 0.75$$

$$a=1.888-2.053\lg(T/T_{0}), \quad T/T_{0}>0.75$$

$$b=1.1/(T/T_{0})^{1.4}$$

$$c=0.5$$

对二氧化碳

$$P_E = P_T\left(1+0.28\frac{p_a}{P_T}\right),$$

$$\frac{(p_aL)_m}{(p_aL)_0} = 0.225(T/T_0)^2,\quad T>700\text{ K}$$

$$\frac{(p_aL)_m}{(p_aL)_0} = 0.054/(T/T_0)^2,\quad T\leqslant 700\text{ K}$$

$$a = 1+0.1/(T/T_0)^{1.45}$$

$$b = 0.23$$

$$c = 1.47$$

（3）水蒸气与二氧化碳混合气体的总发射率修正

$$\varepsilon_g = \varepsilon_w^p + \varepsilon_c^p - \Delta\varepsilon = C_w\varepsilon_w^* + C_c\varepsilon_c^* - \Delta\varepsilon$$

$$\Delta\varepsilon = \left(\frac{\zeta}{10.7+101\zeta} - 0.0089\zeta^{10.4}\right)\left\{\lg\left\{\frac{[(p_{CO_2}+p_{H_2O})L]}{[(p_{CO_2}+p_{H_2O})L]_0}\right\}\right\}^{2.76} \tag{8-30d}$$

$$\zeta = \frac{P_{H_2O}}{P_{H_2O}+P_{CO_2}}$$

3. Leckner 的气体吸收比函数计算方法

对水蒸气

$$\alpha_w = C_w\alpha_w^* = C_w\{\varepsilon_w^*[T_s, p_wL(T_s/T_g)](T_s/T_g)^{0.45}\} \tag{8-30e}$$

对二氧化碳

$$\alpha_c = C_c\alpha_c^* = C_c\{\varepsilon_c^*[T_s, p_cL(T_s/T_g)](T_s/T_g)^{0.65}\} \tag{8-30f}$$

注意：1）修正系数 C 分别按照 p_cL，p_wL 用公式（8-30c）计算；2）计算包含在式（8-30e）、式（8-30f）中的发射率时，不是采用气体温度 T_g，而是采用固体壁面温度 T_s，并且 p_aL 要乘上修正系数 T_s/T_g；3）在根据 ε_w^*、ε_c^* 获得 α_w^*、α_c^* 时要分别乘以修正因子 $(T_s/T_g)^{0.45}$、$(T_s/T_g)^{0.65}$，以考虑实际气体的辐射并不是真正与热力学温度成四次方关系的影响。

4. Leckner 的水蒸气与二氧化碳混合气体的吸收比计算方法

混合气体的吸收比也要考虑光带重叠的影响：

$$\alpha_g = C_w\alpha_w^* + C_c\alpha_c^* - \Delta\alpha = \alpha_w + \alpha_c - \Delta\alpha \tag{8-30g}$$

$$\Delta\alpha = [\Delta\varepsilon]_{(p_wL\times T_s/T_g,\, p_cL\times T_s/T_g)}$$

上式中 $\Delta\alpha$ 按照 $\Delta\varepsilon$ 的公式计算，但需采用 $p_wL\times T_s/T_g$，$p_cL\times T_s/T_g$ 各自代替 p_wL，p_cL 来计算。

例题 8-6　烟气对圆柱形封闭包壁的发射率

一个直径 5 m、高 5 m 的圆柱形的炉子内包含有 1 200 K 的烟气，烟气总压力为 2 个标准大气压，烟气中各组分的容积百分数为氮气 80%、水蒸气 8%、氧气 7%、二氧化碳 5%。试确定烟气对包壁辐射的平均发射率。

题解

假设：烟气可以作为理想气体处理。

计算：为计算气体对容器整个包壁辐射的平均发射率，首先需要确定相应的平均射线程长。根据表 8-3

$$L=0.6d=0.6\times5\ \text{m}=3.0\ \text{m}$$

则有：

$$p_{\text{w}}L=2\times1.013\,25\ \text{bar}\times8\%\times3.0\ \text{m}=0.162\,1\ \text{bar}\times300\ \text{cm}=48.63\ \text{bar}\cdot\text{cm}$$

$$p_{\text{c}}L=2\times1.013\,25\ \text{bar}\times5\%\times3.0\ \text{m}=0.101\,3\ \text{bar}\times300\ \text{cm}=30.39\ \text{bar}\cdot\text{cm}$$

$$\tau=1\,200\ \text{K}/1\,000\ \text{K}=1.2$$

（1）$\varepsilon_{\text{w}}^{*}$、$\varepsilon_{\text{c}}^{*}$ 的计算

对水蒸气：$M=N=2$

$$\lambda_{\text{w}}=\lg[p_{\text{w}}L/(pL)_0]=\lg[48.63\ \text{bar}\cdot\text{cm}/1\ \text{bar}\cdot\text{cm}]=1.687\,0$$

$$a_0=c_{00}+c_{10}\tau+c_{20}\tau^2=-2.211\,8-1.198\,7\times1.2+0.035\,596\times1.2^2=-3.599\,0$$

$$a_1=c_{01}+c_{11}\tau+c_{21}\tau^2=0.856\,67+0.930\,48\times1.2-0.143\,91\times1.2^2=1.766\,0$$

$$a_2=c_{02}+c_{12}\tau+c_{22}\tau^2=-0.108\,38-0.171\,56\times1.2+0.045\,915\times1.2^2=-0.248\,13$$

$$\ln\varepsilon_{\text{w}}^{*}=a_0+\sum_{i=1}^{M}a_i\lambda^i=-3.599\,0+1.766\,0\times1.687\,0-0.248\,13\times1.687\,0^2=-1.325\,9$$

$$\varepsilon_{\text{w}}^{*}=\text{e}^{-1.325\,9}=0.265\,56$$

对二氧化碳：$M=2,N=3$

$$\lambda_{\text{c}}=\lg[p_{\text{c}}L/(p_{\text{c}}L)_0]=\lg[30.399\ \text{bar}\cdot\text{cm}/1\ \text{bar}\cdot\text{cm}]=1.482\,9$$

$$\begin{aligned}a_0&=c_{00}+c_{10}\tau+c_{20}\tau^2=-3.989\,3+2.766\,9\times1.2-2.108\,1\times1.2^2+0.391\,0\times1.2^3\\&=-3.029\,0\end{aligned}$$

$$\begin{aligned}a_1&=c_{01}+c_{11}\tau+c_{21}\tau^2+c_{31}\tau^3=1.271\,0-1.109\,0\times1.2+1.010\,95\times1.2^2-0.218\,4\times1.2^3\\&=1.029\,9\end{aligned}$$

$$\begin{aligned}a_2&=c_{02}+c_{12}\tau+c_{22}\tau^2+c_{32}\tau^3=-0.236\,78+0.197\,3\times1.2-0.195\,4\times1.2^2+0.044\,6\times1.2^3\\&=-0.204\,30\end{aligned}$$

$$\ln\varepsilon_{\text{c}}^{*}=a_0+\sum_{i=1}^{M}a_i\lambda^i=-3.029\,0+1.029\,9\times1.482\,9-0.204\,30\times1.482\,9^2=-1.951\,0$$

$$\varepsilon_{\text{c}}^{*}=\text{e}^{-1.951\,0}=0.142\,13$$

（2）压力对水蒸气、二氧化碳发射率的修正

对水蒸气：

$$\begin{aligned}P_{\text{w,E}}&=P_{\text{T}}\left(1+4.9\frac{p_{\text{w}}}{P_{\text{T}}}\sqrt{273/T}\right)=2\times1.013\,3\ \text{bar}\times(1+4.9\times8\%\times\sqrt{273\ \text{K}/1\,000\ \text{K}})\\&=2.405\,4\ \text{bar}\end{aligned}$$

$$\frac{(p_{\text{w}}L)_{\text{m}}}{(p_{\text{w}}L)_0}=13.2\left(\frac{T}{T_0}\right)^2=13.2\times1.2^2=19.008$$

$$a=1.888-2.053\lg(T/T_0)=1.888-2.053\times\lg1.2=1.725\,4$$

$$b=1.1/(T/T_0)^{1.4}=1.1/1.2^{1.4}=0.852\,19$$

$$c=0.5$$

$$\begin{aligned}\frac{\varepsilon_{\text{w}}^{p}}{\varepsilon_{\text{w}}^{*}}=C_{\text{w}}&=1-\frac{(a-1)(1-P_{\text{E}})}{a+b-1+P_{\text{E}}}\exp\left\{-c\left[\lg\frac{(p_{\text{w}}L)_{\text{m}}}{(p_{\text{w}}L)_0}-\lg\frac{p_{\text{w}}L}{(p_{\text{w}}L)_0}\right]^2\right\}\\&=1-\frac{(1.725\,4-1)\times(1-2.405\,4)}{1.725\,4+0.852\,19-1+2.405\,4}\times\exp[-0.5\times(\lg19.008-\lg48.639)^2]\\&=1.235\,5\end{aligned}$$

$$\varepsilon_{\mathrm{w}}^{p}=C_{\mathrm{w}}\times\varepsilon_{\mathrm{w}}^{*}=1.235\,5\times0.265\,56=0.328\,10$$

对二氧化碳：

$$P_{\mathrm{E}}=P_{\mathrm{T}}\left(1+0.28\frac{p_{\mathrm{c}}}{P_{\mathrm{T}}}\right)=2\times1.013\,3\ \mathrm{bar}\times(1+0.28\times0.05)=2.054\,9\ \mathrm{bar}$$

$$\frac{(p_{\mathrm{c}}L)_{\mathrm{m}}}{(p_{\mathrm{c}}L)_{0}}=0.225\left(\frac{T}{T_{0}}\right)^{2}=0.225\times1.2^{2}=0.324\,00$$

$$a=1+0.1\times(T/T_{0})^{-1.45}=1+0.1\times(1.2)^{-1.45}=1.076\,8$$

$$b=0.23,\quad c=1.47$$

$$\frac{\varepsilon_{\mathrm{c}}^{p}}{\varepsilon_{\mathrm{c}}^{*}}=C_{\mathrm{c}}=1-\frac{(a-1)(1-P_{\mathrm{E}})}{a+b-1+P_{\mathrm{E}}}\exp\left\{-c\left[\lg\frac{(p_{\mathrm{c}}L)_{\mathrm{m}}}{(p_{\mathrm{c}}L)_{0}}-\lg\frac{p_{\mathrm{c}}L}{(p_{\mathrm{c}}L)_{0}}\right]^{2}\right\}$$

$$=1-\frac{(1.076\,8-1)\times(1-2.054\,9)}{1.076\,8+0.23-1+2.054\,9}\times\exp[-1.47\times(\lg0.324\,00-\lg30.399)^{2}]$$

$$=1.000\,1$$

$$\varepsilon_{\mathrm{c}}^{p}=C_{\mathrm{c}}\times\varepsilon_{\mathrm{c}}^{*}=1.000\,1\times0.142\,13=0.142\,14$$

(3) 混合气体的总发射率修正

$$\zeta=\frac{p_{\mathrm{w}}}{p_{\mathrm{w}}+p_{\mathrm{c}}}=\frac{8}{8+5}=0.615\,38$$

$$\Delta\varepsilon=\left(\frac{\zeta}{10.7+101\zeta}-0.008\,9\zeta^{10.4}\right)\times\{\lg\{[(p_{\mathrm{c}}+p_{\mathrm{w}})L]/[(p_{\mathrm{c}}+p_{\mathrm{w}})L]_{0}\}\}^{2.76}$$

$$=\left(\frac{0.615\,38}{10.7+101\times0.615\,38}-0.008\,9\times0.615\,38^{10.4}\right)\times[\lg(0.101\,33+0.162\,13)\times300]^{2.76}$$

$$=0.049\,175$$

修正后水蒸气与二氧化碳混合气体的总发射率 ε 为

$$\varepsilon=\varepsilon_{\mathrm{w}}+\varepsilon_{\mathrm{c}}-\Delta\varepsilon=0.328\,10+0.142\,14-0.049\,175=0.421\,07,\quad \text{取为 } 0.421。$$

讨论：由于气体辐射的容积特性，在论及气体的发射率时一定要规定气体所处的容器形状及对容器的哪一部分而言的发射率，本例中是指对整个炉子包壁的平均值。

说明：由于 Leckner 的方法计算过程较复杂，为减少计算过程中的舍入误差，参照 Leckner 给出的系数均有 5 位数字的做法，以上计算中凡由计算得出的结果均保留了 5 位数字，最终得出的发射比保留 5 位数字是没有意义的，小数点后取三位数字已足够。

例题 8-7　烟气对圆柱形包壁辐射的吸收比

在直径为 1 m、长 2 m 的圆形烟道中，有温度为 1 027 ℃ 的烟气通过。若烟气总压力为 10^5 Pa，其中二氧化碳占 10%，水蒸气占 8%，其余为不辐射气体，壁温为 527 ℃，试确定烟气对外壳辐射的吸收比。

假设：(1) 烟气可以作为理想气体处理；(2) 烟气位于在直径 1 m、长 2 m 的圆柱形封闭空腔中。

计算：平均射线程长

$$L=0.73d=0.73\ \mathrm{m}$$

$$p_{\mathrm{w}}L(T_{\mathrm{s}}/T_{\mathrm{g}})=1\ \mathrm{bar}\times0.08\times73\ \mathrm{cm}\times(800\ \mathrm{K}/1\,300\ \mathrm{K})=3.593\,9\ \mathrm{bar\cdot cm}$$

$$p_{\mathrm{c}}L(T_{\mathrm{s}}/T_{\mathrm{g}})=1\ \mathrm{bar}\times0.1\times73\ \mathrm{cm}\times(800\ \mathrm{K}/1\,300\ \mathrm{K})=4.492\,3\ \mathrm{bar\cdot cm}$$

(1) 对于水蒸气,其吸收比: $\alpha_w = C_w \varepsilon_w^* \left[T_s, p_w L\left(\frac{T_s}{T_g}\right) \right] \left(\frac{T_g}{T_s}\right)^{0.45}$

$$\ln \varepsilon_w^* = a_0 + \sum_{i=1}^{M} a_i \lambda^i$$

根据已知条件,计算得: $a_0 = -3.1480$, $a_1 = 1.5090$, $a_2 = -0.21624$, $\lambda = 0.55557$

$$\varepsilon_w^* = \exp(-2.3764) = 0.092885$$

$$C_w = 1 - \frac{(a-1)(1-P_E)}{a+b-1+P_E} \exp\left\{-c\left[\lg \frac{(p_w L)_m}{(p_w L)_0} - \lg \frac{p_w L}{(p_w L)_0}\right]^2\right\}$$

根据已知条件,计算得: $P_E = 1.1796$ bar, $\frac{(p_w L)_m}{(p_w L)_0} = 22.308$, $a = 1.6541$, $b = 0.76185$, $c = 0.5$, $C_w = 1.0382$,

故得

$$\alpha_w = 1.0382 \times 0.092885 \times \left(\frac{1300}{800}\right)^{0.45} = 0.11998$$

(2) 对于二氧化碳,其吸收比: $\alpha_c = C_c \varepsilon_c^* \left[T_s, p_c L\left(\frac{T_s}{T_g}\right) \right] \left(\frac{T_g}{T_s}\right)^{0.65}$

$$\ln \varepsilon_c^* = a_0 + \sum_{i=1}^{M} a_i \lambda^i$$

根据已知条件,计算得: $a_0 = -2.9248$, $a_1 = 0.92417$, $a_2 = -0.18116$, $\lambda = 0.65247$

$$\varepsilon_c^* = \exp(-2.3989) = 0.090818$$

$$C_c = 1 - \frac{(a-1)(1-P_E)}{a+b-1+P_E} \exp\left\{-c\left[\lg \frac{(p_c L)_m}{(p_c L)_0} - \lg \frac{p_c L}{(p_c L)_0}\right]^2\right\}$$

根据已知条件,计算得: $P_E = 1.0280$ bar, $\frac{(p_c L)_m}{(p_c L)_0} = 0.38025$, $a = 1.0684$, $b = 0.23$, $c = 1.47$, $C_c = 1.0001$,故得

$$\alpha_c = 1.0001 \times 0.090818 \times \left(\frac{1300}{800}\right)^{0.65} = 0.12453$$

(3) 混合气体吸收率的修正

$$\Delta\alpha = \left(\frac{\zeta}{10.7+101\zeta} - 0.0089\zeta^{10.4}\right) \left\{\lg\left\{\frac{\left[(p_c+p_w)L\frac{T_s}{T_g}\right]}{[(p_c+p_w)L]_0}\right\}\right\}^{2.76}$$

$$\zeta = \frac{P_{H_2O}}{P_{H_2O}+P_{CO_2}} = \frac{0.08}{0.08+0.1} = 0.44444$$

$$\Delta\alpha = 0.0061193$$

$$\alpha_g = C_c \alpha_c^* + C_w \alpha_w^* - \Delta\alpha = 0.11998 + 0.12453 - 0.0061193 = 0.23839, \quad 取为 0.238。$$

讨论:气体的吸收比还取决于投入辐射表面的温度。如果对烟气的投入辐射表面的温度比烟气温度高,则烟气对包壁辐射的吸收比高于其自身温度下的发射率。

8.5 实际物体对辐射能的吸收与辐射的关系

据前所述，对于黑体，发射率为 1，吸收比也是 1，发射率等于吸收比；对于实际物体，发射率小于 1，实际物体不能完全吸收投射到表面上的辐射能，吸收比也小于 1，那么实际物体的发射率与吸收比之间有什么关系呢？本节就来讨论这个问题。

8.5.1 实际物体的吸收比

单位时间内从外界投入物体的单位表面积上的辐射能称为投入辐射（irradiation）。在 8.1 节中已经指出，物体对投入辐射所吸收的百分数称为该物体的吸收比。实际物体的吸收比 α 的大小取决于两方面的因素：物体本身的情况和投入辐射的特性。所谓物体本身的情况系指物质的种类、物体温度以及表面状况。这里 α 是指对投入物体表面上各种不同波长辐射能的总体吸收比，是一个平均值。为了深入研究物体的吸收特性，有必要引进表征物体对某一波长辐射能吸收特性的物理量，即光谱吸收比。

1. 光谱吸收比

物体吸收某一特定波长辐射能的百分数称为光谱吸收比（spectral absorptivity）。一般地说物体的光谱吸收比与波长有关。图 8-24、图 8-25 分别示出了一些金属导电体和非导电体材料在室温下光谱吸收比随波长的变化。有些材料，如图 8-24 中磨光的铝和磨光的铜，光谱吸收比随波长的变化不大。但另一些材料，如图 8-25 中的白瓷砖，在波长小于 2 μm 的范围 $\alpha(\lambda)$ 小于 0.2，而在波长大于 5 μm 的范围 $\alpha(\lambda)$ 却高于 0.9，$\alpha(\lambda)$ 随波长的变化很大。

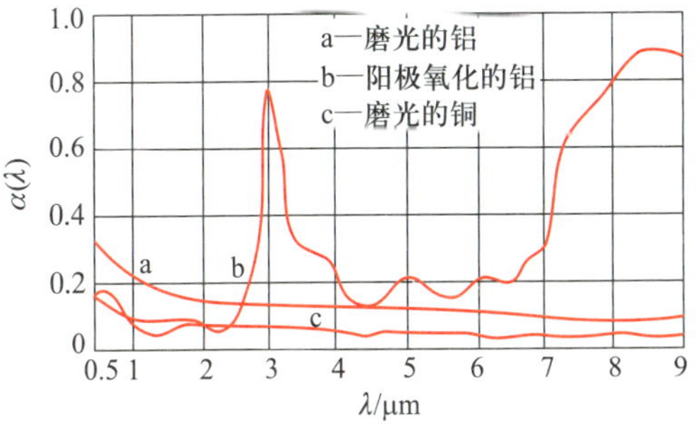

图 8-24　铜与铝的光谱吸收比与波长的关系

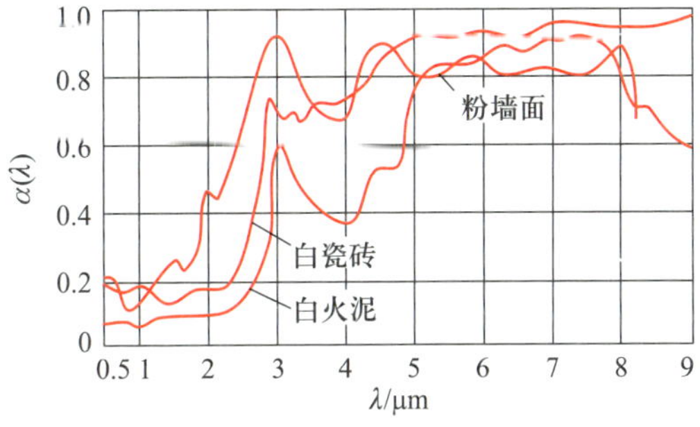

图 8-25　一些非导体的光谱吸收比与波长的关系

2. 实际物体选择性的吸收特性

物体的光谱吸收比随波长而异的这种特性称为物体的吸收具有选择性。在工农业生产中常常利用这种选择性的吸收来达到一定的目的。植物与蔬菜栽培过程中使用的暖房就利用了玻璃对辐射能吸收的选择性：当太阳光照射到玻璃上时，由于玻璃对波长小于 3.0 μm 的辐射能的透射比很大，从而使大部分太阳能可以进入暖房；暖房中的物体由于温度较低，其辐射能绝大部分位于波长大于 3 μm 的红外范围内，玻璃对于波长大于 3 μm 的辐射能的透射比很小，从而阻止了辐射能向暖房外的散失，这就是所谓的“温室效应”（greenhouse effect），本章后面还要详细讨论。焊接工人在焊工件时要戴上一副黑色的眼镜，就是为了使对人体有害的紫外线能被特种玻璃所吸收。特别值得指出，世上万物呈现不同的颜色的主要原因也在于选择性的吸收与辐射。当阳光照射到一个物体表面上时，如果该物体几乎全部吸收各种可见光，它就呈黑色；如果几乎全部反射可见光，它就呈白色；如果几乎均匀地吸收各色可见光并均匀地反射各色可见光，它就呈灰色；如果只反射了一种波长的可见光而几乎全部吸收了其他可见光，则它就呈现被反射的这种辐射线的颜色。

3. 实际物体吸收的选择性对辐射传热计算所造成的困难

但是，实际物体的光谱吸收比对投入辐射的波长有选择性这一特性却给辐射传热的工程计算带来很大的困难。这时，物体的吸收比除与自身表面的性质和温度（T_1）有关外，还与投入辐射按波长的能量分布有关。投入辐射按波长的能量分布又取决于发出投入辐射的物体的性质和温度（T_2）。因此，物体的吸收比要根据吸收一方和发出投入辐射一方两方面的性质和温度来确定。设下标 1、2 分别代表所研究的物体及产生投入辐射的物体，则物体 1 的吸收比可按定义写出如下：

$$\alpha_1=\frac{\int_0^{\infty}\alpha(\lambda,T_1)\varepsilon(\lambda,T_2)E_{b\lambda}(T_2)\mathrm{d}\lambda}{\int_2^{\infty}\varepsilon(\lambda,T_2)E_{b\lambda}(T_2)\mathrm{d}\lambda}$$
$$=f(T_1,T_2,\text{表面 1 的性质},\text{表面 2 的性质})\tag{8-31a}$$

如果投入辐射来自黑体，则物体的吸收比可以表示为

$$\alpha=\frac{\int_0^{\infty}\alpha(\lambda,T_1)E_{b\lambda}(T_2)\mathrm{d}\lambda}{\int_2^{\infty}E_{b\lambda}(T_2)\mathrm{d}\lambda}$$
$$=\frac{\int_0^{\infty}\alpha(\lambda,T_1)E_{b\lambda}(T_2)\mathrm{d}\lambda}{\sigma T_2^4}$$
$$=f(T_1,T_2,\text{表面 1 的性质})\tag{8-31b}$$

上式表明，对一定的物体，其对黑体辐射的吸收比是温度 T_1、T_2 的函数。若物体的光谱吸收比 $\alpha(\lambda,T_1)$ 和温度 T_2 已知，则可按式（8-31）计算出物体的吸收比，其中的积分可用数值法或图解法确定。图 8-26 示出的一些材料对黑体辐射的吸收比就是按这种方法求得的。图中各材料的自身温度 T_1 为 294 K。由图 8-26 可见，即使对于黑体的投入辐射，所列物体的吸收比与投入辐射的温度有很大关系，更不用说如果投入辐射是实际物体，该物体的吸收比变化的范围会更大，在实际工程计算中要顾及如此复杂的情况是很困难的。为了克服这个困难有必要引入灰体的概念。

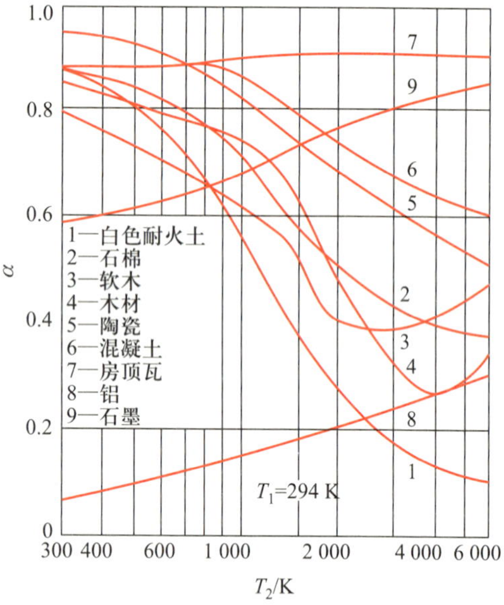

图 8-26　物体对黑体辐射的吸收比与温度关系举例

8.5.2　灰体的概念及其工程应用

物体的吸收比与投入辐射有关的这一特性给工程辐射传热的计算带来很大的不便，回顾其起因全在于物体的光谱吸收比对不同波长的辐射具有选择性。如果物体的光谱吸收比与波长无

关，即 $\alpha(\lambda)$ = 常数，则不管投入辐射的光谱特性如何，吸收比 α 也是同一个常数值。这时物体的吸收比只取决于本身的情况而与外界情况无关。在热辐射分析中，把光谱吸收比与波长无关的物体称为灰体(gray body)。对于灰体在自身的一定温度下有

$$\alpha=\alpha(\lambda)=\text{常数} \tag{8-32}$$

像黑体一样，灰体也是一种理想物体。工业上的辐射传热计算一般都按灰体来处理。既然实际物体或多或少都对辐射能的吸收具有选择性，为什么工程计算又可假定灰体呢？对工程计算而言，只要在所研究的波长范围内光谱吸收比基本上与波长无关，则灰体的假定即可成立，而不必要求在全波段范围内 $\alpha(\lambda)$ 为常数。在工程常见的温度范围(≤2 000 K)内，许多工程材料都具有这一特点。在工程手册或教材中仅列出发射率之值而不给出吸收比，原因也在此。这种简化处理给辐射传热分析计算带来很大的方便。

本书后面还要指出，对于漫射表面，光谱吸收比与光谱发射率是相等的，因此对于漫射的灰体(简称漫灰体)，在一定温度下，光谱发射率 $\varepsilon(\lambda)$ 也与波长无关，是个常数。灰体的光谱辐射力随波长的变化定性地示于图 8-12 中。关于非灰体的辐射传热分析要复杂得多，可参见文献[3]。

8.5.3 吸收比与发射率的关系——基尔霍夫(Kirchhoff)定律

1. 实际物体吸收比和发射率间的关系

实际物体的辐射和吸收之间有什么内在联系呢？基尔霍夫定律回答了这个问题①。

基尔霍夫定律揭示了实际物体的辐射力 E 与吸收比 α 之间的联系。这个定律可以从研究两个表面的辐射传热得出。假定图 8-27 所示的两块平行平板相距很近，从一块板发出的辐射能全部落到另一块板上。若板 1 为黑体表面，其辐射力、吸收比和表面温度分别为 $\varepsilon_b=\alpha_b=1$ 和 T_1，板 2 为任意物体的表面、其辐射力、吸收比和表面温度分别为 E、α 和 T_2。现在考察板 2 的能量收支差额。板 2 自身单位面积在单位时间内发射出的能量为 E，这份能量投射在黑体表面 1 上时被全部吸收。同时，黑体表面 1 辐射出的能量为 E_b。这份能量落到板 2 上时，只被吸收 αE_b，其余部分 $(1-\alpha)E_b$ 被反射回板 1，并被黑体表面 1 全部吸收。板 2 支出与收入的差额即为两板间辐射传热的热流密度

$$q=E-\alpha E_b \tag{a}$$

当体系处于 $T_1=T_2$ 的状态，即处于热平衡条件下时，$q=0$，于是上式变为

$$\frac{E}{\alpha}=E_b \tag{b}$$

把这种关系推广到任意物体时，可写出如下的关系式：

$$\frac{E_1}{\alpha_1}=\frac{E_2}{\alpha_2}=\cdots\frac{E}{\alpha}=E_b \tag{8-33a}$$

式(b)也可改写为

$$\alpha=\frac{E}{E_b}=\varepsilon \tag{8-33b}$$

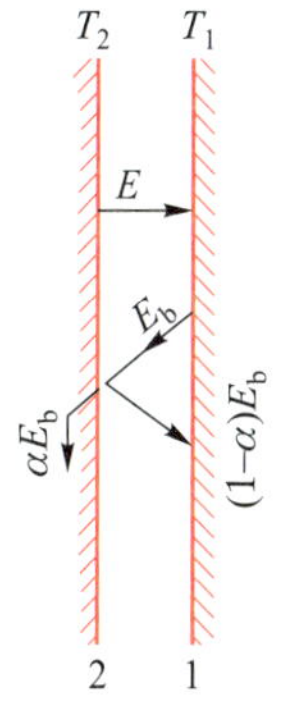

图 8-27 说明基尔霍夫定律的图示

① 基尔霍夫(G. R. Kirchhoff，1824—1887)，德国物理学家。他提出基尔霍夫定律时年仅 25 岁。此外，他还在相变热力学及电路理论中做出了贡献。

式(8-33a)、式(8-33b)就是基尔霍夫定律的两种数学表达式。式(8-33a)可以表述为:在热平衡条件下,任何物体的自身辐射和它对来自黑体辐射的吸收比的比值,恒等于同温度下黑体的辐射力。而式(8-33b)则可简述为:与黑体处于辐射热平衡时,任意物体对黑体投入辐射的吸收比等于同温度下该物体的发射率。

2. 漫射灰体吸收比和发射率间的关系

基尔霍夫定律告诉我们,物体的吸收比等于发射率。但是,这一结论是在“物体与黑体投入辐射处于热平衡”这样严格的条件下才成立的。进行工程辐射传热计算时,投入辐射既非黑体辐射,更不会处于热平衡。那么在什么前提下这两个条件可以去掉呢?让我们来研究漫射灰体的情形。首先,按灰体的定义其吸收比与波长无关,在一定温度下是一个常数;其次物体的发射率是物性参数,与环境条件无关。假设在某一温度 T 下,一个灰体与黑体处于热平衡,按基尔霍夫定律 $\alpha(T)=\varepsilon(T)$。然后,考虑改变该灰体的环境,使其所受到的辐射不是来自同温下的黑体辐射,但保持其自身温度不变,此时考虑到发射率及灰体吸收比的上述性质,显然仍应有 $\alpha(T)=\varepsilon(T)$。所以,对于漫灰表面一定有 $\alpha=\varepsilon$。这就是说,对于漫灰体,不论投入辐射是否来自黑体,也不论是否处于热平衡条件,其吸收比恒等于同温度下的发射率。这个结论对辐射传热计算带来实质性的简化,广泛应用于工程计算。在本书今后的讨论中,如无特别说明均假定辐射表面是具有漫射特性(包括自身辐射和反射辐射)的灰体。

由于在大多数情况下物体可作为灰体处理,则由基尔霍夫定律可知,物体的辐射力越大,其吸收能力也越大。换句话说,善于辐射的物体必善于吸收,反之亦然。所以,同温度下黑体的辐射力最大。

3. 三个层次上的基尔霍夫定律

基尔霍夫定律有三个不同层次上的表达式,其适用条件不同,今归纳于表 8-6,表中 ϕ、θ 为方位角,参见图 8-9。进一步的讨论可参见文献[3]。对大多数工程计算,主要应用“全波段、半球”这一层次上的表达式。

表 8-6　Kirchhof 定律的三个层次表达式

层次	数学表达式	成立条件
光谱,定向	$\varepsilon(\lambda,\phi,\theta,T)=\alpha(\lambda,\phi,\theta,T)$	无条件,光谱、定向发射比与吸收比是物体的固有特性
光谱,半球	$\varepsilon(\lambda,T)=\alpha(\lambda,T)$	漫射表面,其发射比与吸收比与方向无关
全波段,半球	$\varepsilon(T)=\alpha(T)$	与黑体辐射处于热平衡的任何物体,或漫、灰表面

说明物体选择性吸收的一个典型实例,就是温室效应,将在下面进一步讨论。

例题 8-8　炉墙的发射率及对煤层辐射的吸收比

一火床炉的炉墙内表面温度为 500 K,其光谱发射率可近似地表示为:$\lambda\leqslant1.5\ \mu m$ 时 $\varepsilon(\lambda)=0.1$;$\lambda=1.5\sim10\ \mu m$ 时 $\varepsilon(\lambda)=0.5$;$\lambda>10\ \mu m$ 时 $\varepsilon(\lambda)=0.8$。炉墙内壁接受来自燃烧着的煤层的辐射,煤层温度为 2 000 K。设煤层的辐射可以作为黑体辐射,炉墙为漫射表面,试计算其发射率及对煤层辐射的吸收比。

题解

分析:炉墙的发射率可以按定义由以下分段积分来获得:

$$\varepsilon = \varepsilon_{\lambda_1}\frac{\int_0^{\lambda_1}E_{b\lambda}\mathrm{d}\lambda}{E_b} + \varepsilon_{\lambda_2}\frac{\int_{\lambda_1}^{\lambda_2}E_{b\lambda}\mathrm{d}\lambda}{E_b} + \varepsilon_{\lambda_3}\frac{\int_{\lambda_2}^{\infty}E_{b\lambda}\mathrm{d}\lambda}{E_b}$$

$$=\varepsilon_{\lambda_1}F_{b(0-\lambda_1)}+\varepsilon_{\lambda_2}F_{b(\lambda_1-\lambda_2)}+\varepsilon_{\lambda_3}F_{b(\lambda_1-\infty)}$$

按定义，炉墙的吸收比为

$$\alpha = \frac{\int_0^{\infty}\alpha_\lambda(\lambda,T_1)E_{b\lambda}(T_2)\mathrm{d}\lambda}{\int_2^{\infty}E_{b\lambda}(T_2)\mathrm{d}\lambda}$$

由于炉墙为漫射体，所以有 $\varepsilon(\lambda,T)=\alpha(\lambda,T)$，由此可得：

$$\alpha=\varepsilon_{\lambda_1}F_{b(0-\lambda_1)}+\varepsilon_{\lambda_2}F_{b(\lambda_1-\lambda_2)}+\varepsilon_{\lambda_3}F_{b(\lambda_1-\infty)}$$

计算：对于炉墙的发射率，有

$$\lambda_1 T=1.5\ \mu\text{m}\times 500\ \text{K}=750\ \mu\text{m}\cdot\text{K},\quad F_{b(0-\lambda_1)}=0.000$$

$$\lambda_2 T_1=10\ \mu\text{m}\times 500\ \text{K}=5\ 000\ \mu\text{m}\cdot\text{K},\quad F_{b(0-\lambda_2)}=0.634$$

所以：

$$\varepsilon(T_1)=0.1\times0.000+0.5\times0.634+0.8\times(1-0.634)=0.61$$

炉墙吸收的是 2 000 K 时的辐射，应按 2 000 K 计算 λT，即

$$\lambda_1 T_2=1.5\ \mu\text{m}\times 2\ 000\ \text{K}=3\ 000\ \mu\text{m}\cdot\text{K},\quad F_{b(0-\lambda_1)}=0.274$$

$$\lambda_2 T_2=10\ \mu\text{m}\times 2\ 000\ \text{K}=20\ 000\ \mu\text{m}\cdot\text{K},\quad F_{b(0-\lambda_2)}=0.986$$

$$\alpha(T_1,T_2)=0.1\times0.274+0.5\times(0.986-0.274)+0.8\times(1-0.986)=0.395$$

讨论：由计算得 $\varepsilon(T_1)=0.61$，而 $\alpha(T_1,T_2)=0.395$，$\alpha\neq\varepsilon$。这主要是由于在所研究的波长范围内，$\alpha(\lambda)$ 不是常数所致。

8.6 太阳与环境辐射

太阳是一个巨大的热辐射体，其直径为 1.393×10^9 m，是地球的 109 倍。太阳与地球之间的平均距离为 1.5×10^{11} m。太阳能是一种无污染的清洁能源，它的利用越来越受到世界各国的重视。我国幅员辽阔，太阳能资源十分丰富。虽然太阳发出的能量大约只有二十二亿分之一到达地球，但平均每秒钟照射到地球上的能量远远高于全球能源的总消费量。因此，太阳能的合理利用将是解决世界能源问题、减少化石能源排放 CO_2 的有效途径之一。与一般工程技术问题中所碰到的热辐射相比，太阳辐射有它的特点。为了更有效地利用太阳能，提高经济性，认识这些特点是十分必要的。本节中将简要讨论以下问题：达到地球表面的太阳辐射有多大？太阳能在从太空穿过大气层而到达地球表面的过程中会遇到哪些吸收与削弱影响？以及地球温室效应的成因。

8.6.1 太阳常数

太阳是个炽热的气团，其内不断地进行着核聚变反应，由此产生的巨大能量以辐射方式向宇宙空间发射出去。到达地球大气层外缘的能量（即太阳的入射能），具有如图 8-7c 中位置较高

的实线所示的光谱特性,它近似于温度为 5 762 K 的黑体辐射。其 99%的能量集中在 $\lambda=0.2\sim2.5\ \mu m$ 的短波区域,最大能量位于 0.48 μm 的波长处。不难看出,在能量的光谱分布上它与工业炉窑的 2 000 K 左右的能量光谱分布有很大的不同。日地间的距离在一年中是有变化的。在日地平均距离处,据测定,大气层外缘与太阳射线相垂直的单位表面积所接受到的太阳辐射能为 (1 367±6) W/m^2,此值称为太阳常数(solar constant),记为 S_c,它与地理位置或一天中的时间无关。实际上,大气层外缘水平面上每单位面积接受到的太阳投入辐射(solar irradiation)为

$$G_{s,o}=S_c f\cos\theta \tag{8-34}$$

式中:f 为日地距离的修正系数。由于地球绕太阳运行的轨道是椭圆的,计算结果表明在夏至日(远日点)到达大气层外缘的太阳辐射要比平均值小 3.27%,而冬至日(近日点)要大 3.42%,所以一般取 f 之值为 0.97~1.03。θ 为夹角,由于太阳和地球的距离遥远,所以对地球大气层外缘任一表面得到的太阳辐射可以看成从与该表面法线成 θ 角的一股平行辐射线,如图 8-28 所示。

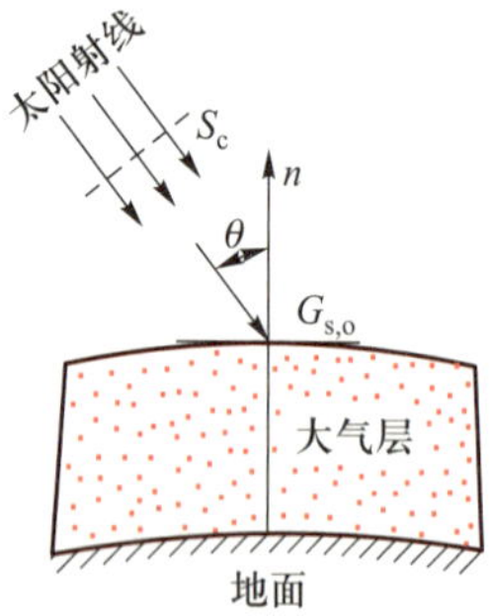

图 8-28　大气层外缘得到的太阳辐射

地球的直径为 1.28×10^7 m。按照上述太阳常数来近似地估算,照射到地球上的太阳能约为

$$\frac{\pi d^2 S_c}{4}=\frac{3.14}{4}\times(1.28\times10^7\ m)^2\times1\ 367\ W/m^2=1.76\times10^{17}\ W$$

1 kg 标准煤的发热值是 29.3×10^6 J,因此照射到地球的太阳能相当于每秒钟燃烧 600 万吨标准煤所发出的热量!这是地球上多种能量的来源,充分有效地利用太阳能对于能源的可持续发展、减少二氧化碳的排放、保持地球的良好生态环境具有重要意义。

8.6.2　太阳能穿过大气层时的削弱

太阳辐射在穿过大气层时要受到大气层的两种削弱作用。第一是包含在大气层中的具有部分吸收能力的气体的吸收,这些气体如臭氧、水蒸气、二氧化碳、各种 CFC 气体等。图 8-7c 中表明有上述气体名称的位置就是该种气体能吸收的光谱范围:臭氧对紫外线的削弱特别明显,在可见光的范围内主要是臭氧与氧气的吸收,在红外的范围内则主要是水蒸气与二氧化碳的吸收。该图中纵坐标最低的实线,就是考虑了气体吸收后到达地球表面的太阳能的光谱分布。第二种减弱作用称为散射(scattering)。所谓散射就是指对太阳投入辐射的重新辐射(redirection),又可分为分子散射(Rayleigh 散射)与米(Mie)散射两种。如图 8-29 所示,分子散射基本上向整个空间均匀地进行,因此可以说大约一半射向宇宙空间,另一半则到达地面;而米散射是由于大气层中的尘埃与悬浮微粒所造成,它使得辐射能基本沿着投入的方向继续向前传递,因此这部分散射能量可以认为全部到达地球表面上。太阳辐射中没有受到吸收与散射的那部分能量则直接到达地球表面,称为太阳的直接辐射(图 8-29)。

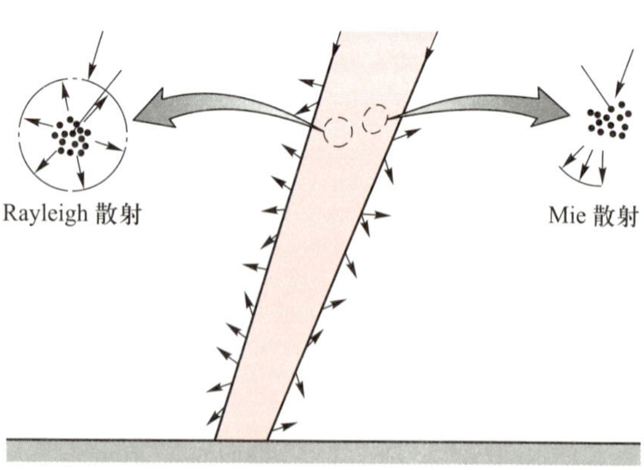

图 8-29　太阳辐射穿过大气层时被散射的情况

我国太阳能资源丰富,全国有三分之二地区全年的日照在 2 200 h 以上,全年平均可以得到的

太阳辐照能量约为 5.86×10^6 kJ/m^2。关于太阳能利用中的辐射传热问题本书下一章中还要讨论。

8.6.3 环境辐射

所谓环境辐射(environmental radiation)是指地球以及大气层中某些具有辐射能力成分的辐射。

先来看地球表面的辐射。地球表面的辐射力也可以用四次方公式表示:

$$E=\varepsilon\sigma T^4 \tag{8-35}$$

这里 ε、T 分别是地球表面平均的发射率与温度。地球表面大部分地区被水所覆盖,由表 8-1 知道厚度大于一定数值的水层其发射率很高,接近于黑体;至于地球表面的平均温度我们可以作一个这样的近似估算。从总体上说,地球从太阳辐射得到的能量应该与地球自身向宇宙空间发出的辐射能相平衡,宇宙空间背景辐射的温度只有 2.73 K,接近于绝对零度。设地球的平均表面温度为 T、直径为 d,则如图 8-30 所示,有

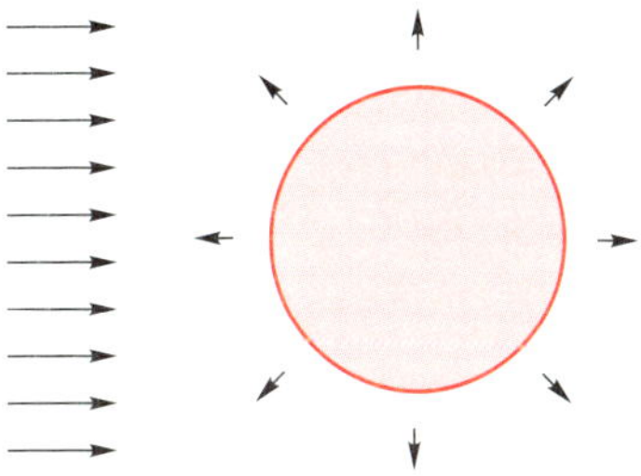

图 8-30 估算地球表面黑体辐射温度的示意图

$$\left(\frac{\pi}{4}d^2\right)S_c=\pi d^2\varepsilon\sigma T^4,\quad \text{即 } E_e=\frac{1}{4}S_c$$

代入有关数据可得:

$$T=\sqrt[4]{\frac{1\ 367\times10^8}{4}\text{W/m}^2\times\frac{1}{5.67\ \text{W/(m}^2\cdot\text{K}^4)}}=279\ \text{K}$$

地球表面的平均温度一年中在 250~320 K 变动,上述计算是与此相符合的。如果以平均温度为 290 K 计算,则按照维恩位移定律,地球的辐射能量中以波长为 10 μm 的红外线为最多。

宇宙热爆炸模型

气象学研究表明,大气层对地球表面投入辐射可以表示为

$$G_{atm}=\sigma T_{sky}^4 \tag{8-36}$$

式(8-36)中,T_{sky} 称为等效的天空温度(effective sky temperature),其值与天气条件有关:寒冷、晴朗的天空此值可能低达 230 K,而暖和有雾的天空可以达到 285 K。地面上温度为 T_{surf}、发射率为 ε_{surf} 的任一表面与天空之间的辐射传热可以表示为[14]:

$$q_{rad}=\sigma\varepsilon_{surf}(T_{surf}^4-T_{sky}^4) \tag{8-37}$$

冬天晴朗的夜晚,天空有效辐射温度较低,使地球表面向天空的辐射散热增加(称为辐射制冷,radiative cooling),地面温度下降较多,低于零度时就会结霜。因而冬日有浓霜的夜晚,第二天常是大晴天,就是这个道理。

8.6.4 低辐射涂层玻璃、温室效应与大气窗口

本章前面提到由于玻璃选择性吸收的特性导致温室效应。本节首先从节能的角度引入低辐射涂层玻璃及智能玻璃的概念。然后进一步讨论地球的温室效应问题。

玻璃作为窗户的主要构件在人类的生活中起着重要的作用,首先玻璃必须能使可见光尽可能通过,同时又必须有良好的保温(隔热)性能,冬天减少室内热量的散失,夏天又能防止强烈的阳光入射。据估计房屋的热损失有三分之一是通过窗户玻璃的。

1. 低辐射涂层玻璃

所谓的低辐射涂层玻璃(low emissivity coated glass)是指在一般玻璃上涂一层发射率很低的

膜而制成的玻璃。低辐射玻璃对波长范围为380~780 nm的可见光具有较高的透射比，而对波长780~2 500 nm的太阳近红外辐射及中远红外辐射有较高反射比。低辐射玻璃的膜面发射率通常不超过0.15，其中称为三银低辐射玻璃的辐射率可低至0.02左右。这种低辐射玻璃在冬天可以大大减少窗户对环境的辐射散热量，同时夏天还可减少来自太阳的红外辐射热量。这种低辐射玻璃已经实现了商业化，我国已经制定了国家标准《镀膜玻璃第2部分：低辐射镀膜玻璃》（GB/T 18915.2—2013）。

2. 智能玻璃

为了实现玻璃窗户既能全年透光，但夏天能减少太阳的辐射进入室内，冬天能减少对外界的辐射，其理想的辐射特性可如下考虑。我们把整个辐射能的光谱分为四大段：紫外、可见光、短波红外（波长0.78 μm到2.5 μm）及长波红外（波长大于2.5 μm）。从图8-7c可见太阳辐射集中在紫外、可见光及短波红外三部分，对于透光及节能而言就是可见光及短波红外，而室内温度下的物体热辐射全部在长波红外部分。为实现理想的透光及节能要求，玻璃的透光特性应该如图8-31所示[15]. 其特点是：对可见光全年有较高的透过率，保证室内的采光；在夏季短波红外部分透光率低（所以太阳辐射的这部分能量进入室内少）、而长波红外部分有极高的发射率，可以将室内热量通过辐射散发出去；在冬季短波红外透光率高（可以加热室内），而长波红外部分发射率低，可减少室内的热量通过辐射散发到外界，以减少室内能量的散失。具有这样理想辐射特性的玻璃称为智能玻璃（smart glass）。

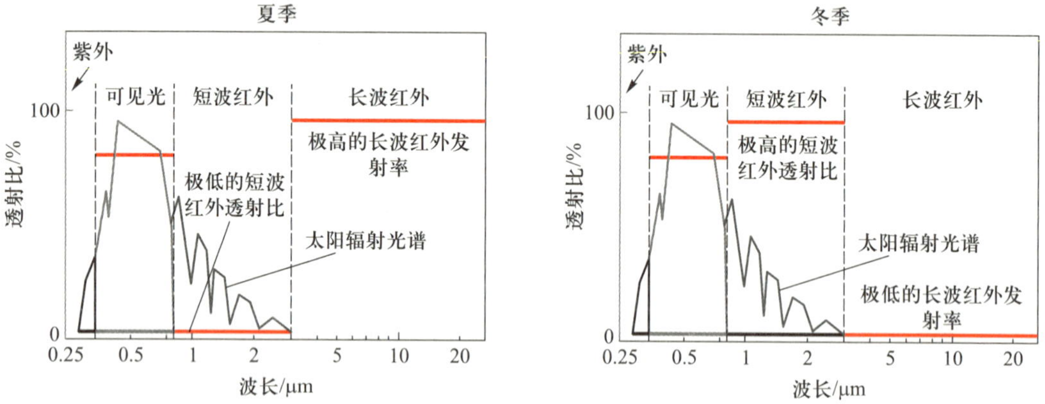

图8-31　理想节能玻璃的透射比与发射率

显然要使玻璃具有这样的智能特性在玻璃的厚度方向其材质不能是一致的，文献[15]提出并研制了如图8-32所示的复合结构：在厚度方向由五层组成，这五层结构组成了称为Fabry-Perot共振腔，其特点是在温度较低时具有很低的对长波红外辐射的透射比，所以冬天可以将较多的室内器物的辐射挡住，而在温度较高时则有较高的透射比，使得室内器物的辐射能大量地透过玻璃向室外散失；表面的VO_2涂层及其下的PMMM层（一种有机物）有助于实现对短波红外辐射冬天透射多、夏天透射少的特性。注意到图8-32所示的玻璃其背面是面向室内的，如前所述，低辐射涂层有利于实现在夏天减少太阳辐射进入室内，而冬天减少室内对外界的辐射散

图8-32　一种智能玻璃的组成

热。当前这类智能玻璃尚处于研制阶段,但具有宽广的应用前景。

3. 温室效应

前面已经提到了温室效应。位于太阳照耀下被玻璃封闭起来的空间,例如小轿车、培养植物的暖房等,其内的温度明显地高于外界温度,就是因为玻璃对太阳辐射具有强烈的选择性吸收的缘故。

气体的选择性吸收造成了地球的温室效应。在过去一个世纪中,由于世界范围内工业发展所排放的大量的对红外波段的辐射具有一定吸收比的气体(如二氧化碳、多种 CFC 制冷剂),聚集在地球的外围,好像给地球罩了一层玻璃窗:以可见光为主的太阳能可以达到地球表面,而地球上一般温度下的物体所辐射的红外范围内的热辐射则大量被这些气体吸收,无法散发到宇宙空间中,使得地球表面的温度逐渐升高。有关数据显示从 1880 年到 2020 年地球表面的平均温度上升了 1.2 ℃左右[16](图 8-33)。为了把这个温升控制在人类社会能容忍的范围内,世界各国必须逐步减少二氧化碳等温室气体的排放。我国已经提出了并正在积极实施到 2030 年碳排放达到最高值,到 2060 年实现碳中和的战略部署。所谓碳中和就是全年平均排放的二氧化碳的数量与采取各种措施吸收二氧化碳的数量达到平衡。为此除严格控制化石燃料的燃烧外,还必须积极采用风能、太阳能等的可再生能源。由于可再生能源的间歇性与不确定性,需要大力发展储能技术,热量传递的知识在各类储能技术中都有重要的应用。

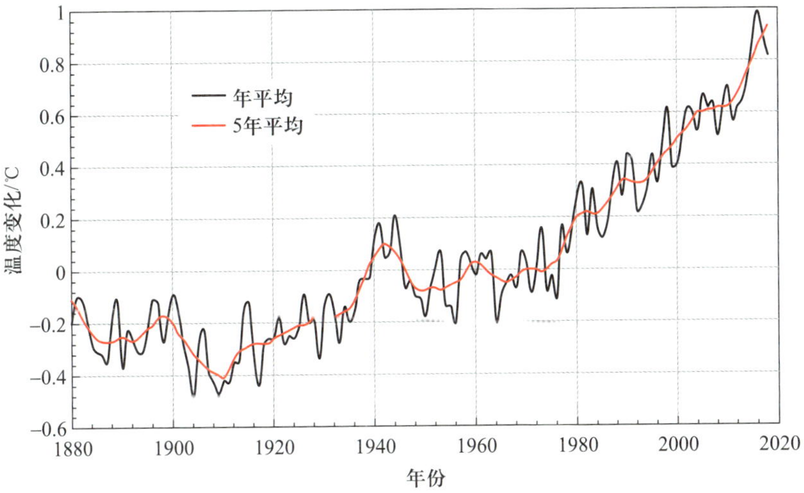

图 8-33　过去百余年中地球表层温度的上升

4. 大气窗口

如上所述,存在于地球表层的气体,总体上对地球表面的辐射起到一定的阻碍作用,但是从图 8-19 可见在波长为 8~13 μm 的波段内,大气高度透明,文献中称之为大气窗口(atmospheric window)[17],即地球表面的物体发出的这波段内的辐射可以毫无阻拦地向宇宙空间发射出去。而这一波段的波长范围正是地球表面上许多物体发出的辐射能的主要波段,这就为辐射制冷创造了客观的条件,本书在第 9 章中进一步介绍。

8.6.5　部分物体对太阳能的吸收比

当研究物体表面对太阳能的吸收时,一般不能把物体作为灰体,即不能把物体在常温下的发射率作为对太阳能的吸收比。因为太阳辐射中可见光占了近一半,而大多数物体对可见光波的吸收表现出强烈的选择性。例如各种颜色(包括白色)的油漆,常温下的发射率均高达 0.9,但在可见光范围内,白漆的吸收比仅 0.1~0.2,而黑漆仍在 0.9 以上。在夏天,人们喜欢穿白色或浅色衣服的理由也在此。在太阳能集热器的研究中要求集热器的涂层具有高的对太阳辐射的吸收比,而又希望减少涂层本身的发射率以减少散热损失,目前已开发出的涂层材料的吸收比与发射率之比可高达 8~10,本书以后还要述及。表 8-7 中列出了一部分材料的数据,可供参考。

表 8-7　部分材料的 300 K 时的发射率与对太阳能的吸收比

表面	α_s	ε(300 K)	α_s/ε
涂在金属底板上的白漆	0.21	0.96	0.22
涂在金属底板上的黑漆	0.97	0.97	1
无光泽的不锈钢	0.50	0.21	2.4
红砖	0.63	0.93	0.68
人的皮肤(某种白种人)	0.62	0.97	0.64
雪	0.28	0.97	0.29
玉米叶子	0.76	0.97	0.78

本章小结与应用

1. 本章小结

热辐射的物理机制与导热和对流截然不同,本章中引进了许多新的概念与定律,正确理解与掌握这些概念与定律是学好辐射传热计算的基础。本节中就对这些新的概念与定律按循序渐进的次序做简要的小结,具体见表 8-8。

表 8-8　本章基本定律与概念小结

定律或概念的名称	基本内容
1. 黑体	理想的辐射与吸收物体,自然界中并不存在,但可以用黑体模型来逼近,黑体的量用下标 b 表示
2. 辐射力	单位辐射面积向半球空间辐射出去的各种波长能量的总和,E,单位 W/m^2
3. 光谱辐射力	单位辐射面积向半球空间辐射出去的包括波长 λ 在内的单位波长间隔内的辐射能,E_λ,单位 W/(m^2 · m)
4. 定向辐射强度	单位可见辐射面积向半球空间 θ 方向的单位立体角中辐射出去的各种波长能量的总和,I_θ,单位 W/(m^2 · sr)
5. 投入辐射	单位时间内从外界投入单位表面积上的各种波长能量的总和,G,单位 W/m^2
6. 吸收比	投入辐射中被吸收能量的百分数,a;仅涉及某一波长的能量时冠以光谱二字,记为 $a(\lambda)$;仅涉及某一方向时冠以定向二字,记为 $a(\theta)$;同时涉及某个波长和某个方向时则记为 $a(\lambda,\theta)$
7. 透射比	投入辐射中穿透过物体能量的百分数,τ,仅涉及某一波长的能量时冠以光谱两字,记为 $\tau(\lambda)$

定律或概念的名称	基本内容
8. 反射比	投入辐射中被反射能量的百分数，ρ，仅涉及某一波长的能量时冠以光谱两字，记为 $\rho(\lambda)$
9. 发射率	物体的辐射力与同温度下黑体辐射力之比，ε，仅涉及某一波长的能量时冠以光谱两字，记为 $\varepsilon(\lambda)$；仅涉及某一方向时冠以定向二字，记为 $\varepsilon(\theta)$；同时涉及某个波长和某个方向时则记为 $\varepsilon(\lambda,\theta)$
10. 灰体	光谱吸收率与波长无关的物体，其引入大大简化了辐射传热的工程计算
11. 漫射体	定向辐射强度的空间分布满足兰贝特定律的物体
12. 气体辐射	是容积辐射，具有选择性。气体不是灰体，其发射率与吸收比的计算取决于所处容器的形状、气体成分与分压力
13. 平均射线程长	一个相当半球的半径，该半球内气体对球心的辐射相当于所研究容器中气体对所指地点的辐射
14. 斯忒藩-玻尔兹曼定律	描述黑体辐射力的定律，式(8-7)，是工程辐射换热计算的基础
15. 普朗克定律	描述黑体辐射能按波长分布的规律，式(8-8)
16. 维恩定律	给出份额最大的光谱辐射能的波长，式(8-9)
17. 兰贝特定律	描述黑体辐射能按空间方向分布的规律，式(8-17b)
18. 漫射体	辐射能按空间分布满足兰贝特定律的物体，大多数工程材料可近似地处理为漫射体
19. 基尔霍夫定律	有三个层次的描述，表 8-6：其中漫灰表面的 $\alpha=\varepsilon$ 的表述是工程辐射传热计算的基础；研究物体与太阳能的作用时不能把物体作为灰体

2. 本章应用举例

例题 8-9　人造卫星表面对太阳辐射吸收比的允许值的估计

如图 8-34 所示，一个研究卫星绕地球的近极点的轨道运行，使得卫星可以总是受到太阳的直接辐射。为了姿态控制，卫星绕与轨道相一致的轴旋转。卫星呈球形，外径 1 m，其内的各种电子器件的散热量为 1 250 W。卫星的外壳需要维持在 265～305 K 的温度。已知壳体的发射率为 0.75，其温度均匀。试估算能允许的卫星表面对太阳能辐射的吸收比。

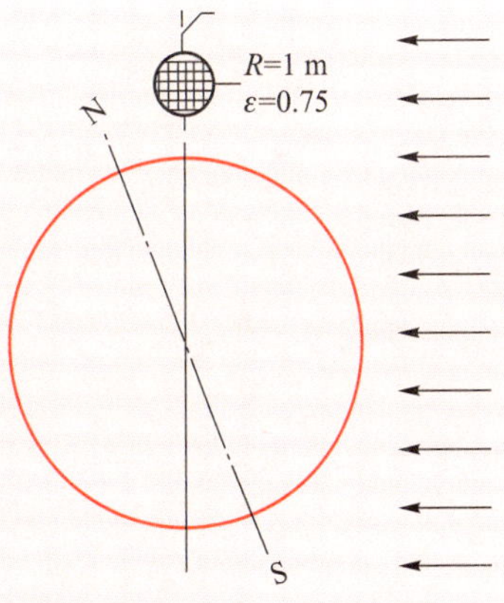

图 8-34　例题 8-9 附图

题解

分析：卫星与太阳间的辐射作用是卫星最主要的换热过程，因此可假设不考虑卫星与地球间的辐射传热；宇宙空间按 0 K 的物体处理，则卫星表面得到的是太阳的辐射和内部电子器件的散热量，传递到宇宙空间的是其自身辐射，根据热平衡有：

$$\alpha_s G_s A + \Phi_e = \varepsilon\sigma T^4 A_t$$

其中 α_s 是卫星表面的吸收比，A 为卫星接收太阳辐射的面积，Φ_e 是电子器件的功率，A_t 是卫星表面积。于是有

$$\alpha_s = \frac{4\pi R^2 \varepsilon\sigma T^4 - \Phi_e}{\pi R^2 G_s}$$

计算：卫星需要维持外表面温度在 265 K 到 305 K 之间。因此最小与最大的吸收比分别为

$$\alpha_{s,\min} = \frac{4\pi\times 1\ \text{m}^2\times 0.75\times 5.67\times 10^{-8}\ \text{W/(m}^2\cdot\text{K}^4)\times(265\ \text{K})^4 - 1\ 250\ \text{W}}{\pi\times 1\ \text{m}^2\times 1\ 367\ \text{W/m}^2} = 0.323$$

$$\alpha_{s,\max} = \frac{4\pi\times 1\ \text{m}^2\times 0.75\times 5.67\times 10^{-8}\ \text{W/(m}^2\cdot\text{K}^4)\times(305\ \text{K})^4 - 1\ 250\ \text{W}}{\pi\times 1\ \text{m}^2\times 1\ 367\ \text{W/m}^2} = 0.786$$

讨论：为使卫星表面对太阳辐射的吸收比达到所需的值，可对表面材料敷设专门的涂层。在太空飞行的物体，辐射是其散热的唯一方式，所以航天事业是促进辐射传热研究发展的主要动力之一。本章引用的辐射名著[3]的作者就是长期从事美国航天事业的研究者。

例题 8-10　测定吸收比与发射率的实验

图 8-35 给出了一种测定表面发射率与吸收比的装置示意图。一直径为 30 mm 的圆柱形试样受水冷却，被置于一个大的腔体的右上角。壳体内壁面为漫灰体，发射率为 0.8。该试样的光谱反射比如图所示。试验中测得稳定工况下试样表面温度为 $T_s = 300$ K，腔体内表面温度为 $T_f = 1\ 000$ K，其中充满 1 000 K 的空气。冷却水带走的热量为 24.4 W。试计算该条件下试样的吸收比与发射率，以及试样表面与空气间的对流传热系数。试样是不透明的漫射体。

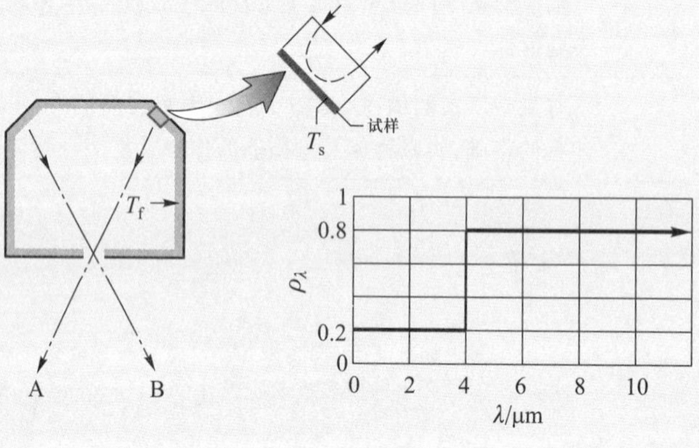

图 8-35　一种测定表面发射率、吸收比的装置示意图

题解

分析：热平衡时，试样从大腔体得到的辐射能，从空气对流得到的能量，减去其自身辐射应等于被冷却水带走的热量。故有：

$$\Phi_{cool} = A[\alpha G(T_f) + \Phi_{conv} - \varepsilon E_b(T_s)] = A[\alpha G(T_f) + h_{conv}(T_f - T_s) - \varepsilon E_b(T_s)]$$

为了计算 h_{conv} 需要先求出发射率和吸收比。腔体的体积很大，它对试样的投入辐射就是 1 000 K 下的黑体辐射。因为试样不透明，所以光谱吸收比 $\alpha(\lambda) = 1 - \rho(\lambda)$。据此可按定义计算试样的吸收比等。

计算：试样的吸收比为

$$\alpha = \int_0^\infty \alpha(\lambda) G_\lambda \mathrm{d}\lambda / G = \int_0^\infty [1 - \rho(\lambda)] E_{b\lambda}(1\ 000\ \text{K}) \mathrm{d}\lambda / E_b(1\ 000\ \text{K})$$

$$\alpha=[1-\rho(\lambda_1)]F_{b(0-\lambda_1)}+[1-\rho(\lambda_2)]F_{b(\lambda_1-\lambda_2)}=[1-\rho(\lambda_1)]F_{b(0-\lambda_1)}+[1-\rho(\lambda_2)](1-F_{b(0-\lambda_1)})$$

据表 8-1，$\lambda_1 T_f=4\times1\ 000\ \mu\text{m}\cdot\text{K}=4\ 000\ \mu\text{m}\cdot\text{K}$，$F_{b(0-\lambda_1)}=0.481\ 3$。故有

$$\alpha=(1-0.2)\times0.481\ 3+(1-0.8)\times(1-0.481\ 3)=0.481$$

按发射率的定义。有

$$\varepsilon=\frac{E(T_s)}{E_b(T_s)}=\int_0^{\infty}\varepsilon(\lambda)E_{b\lambda}(300\ \text{K})\,\text{d}\lambda/E_b(300\ \text{K})$$

$$=[1-\rho(\lambda_1)]F_{b(0-\lambda_1)}+[1-\rho(\lambda_2)](1-F_{b(0-\lambda_1)})$$

据表 8-1，$\lambda_1 T_s=4\times300\ \mu\text{m}\cdot\text{K}=1\ 200\ \mu\text{m}\cdot\text{K}$，$F_{b(0-\lambda_1)}=0.002$

$$\varepsilon=(1-0.2)\times0.002+(1-0.8)\times(1-0.002)=0.2$$

根据发射率和吸收比之值可以得出对流传热的表面传热系数之值为

$$h_{conv}=\frac{1}{T_f-T_s}\left[\frac{\Phi_{cool}}{A}-\alpha G(T_f)+\varepsilon E_b(T_s)\right]$$

$$=\frac{1}{(1\ 000-300)\ \text{K}}\times\left[\frac{24.4\ \text{W}}{3.14/4\times0.03^2\ \text{m}^2}-0.481\times5.67\times10^{-8}\ \text{W}/(\text{m}^2\cdot\text{K}^4)\times(1\ 000\ \text{K})^4+\right.$$

$$\left.0.2\times5.67\times10^{-8}\ \text{W}/(\text{m}^2\cdot\text{K}^4)\times(300\text{K})^4\right]$$

$$=10.5\ \text{W}/(\text{m}^2\cdot\text{K})$$

讨论：读者也许要问：那么 $\rho(\lambda)$ 又是怎样测定的呢？如图 8-35 所示，如果在大腔体的底面中间开一个极小的孔，可以分别测出从腔体左右两个顶面上发出的总的辐射能。由于试样本身温度较低，可以认为试样向外发射的主要是反射的能量，对波长 λ，反射能量正比于 $\rho(\lambda)G_\lambda$，从图中的 A 方向用测定定向辐射强度的仪器可以测定这份能量，而从 B 方向则可测定正比于 $E_\lambda(T_f)$ 的能量，因为 $G_\lambda(T_f)=E_{b\lambda}(T_f)$，所以两者之比即为 $\rho(\lambda)$。

例题 8-11　预测地球外表层温度的非稳态模型

2021 年，诺贝尔物理学奖授予三位科学家："对我们理解复杂系统的开创性贡献"，一半授予 Syukuro Manabe（真锅淑郎）和 Klaus Hasselmann 表彰他们"对地球气候的物理建模、量化可变性和可靠地预测全球变暖"的贡献。这里我们可以从传热学的角度来分析理解真锅淑郎模型。

题解

计算：我们在 8.6.3 节中只考虑地球自身辐射与太阳直接照射之间的稳态平衡得出了地球表面某种平均温度为

$$T=\sqrt[4]{\frac{1\ 367\times10^8}{4}\ \text{W}/\text{m}^2\times\frac{1}{5.67\ \text{W}/(\text{m}^2\cdot\text{K}^4)}}=279\ \text{K}$$

实际上大气层对太阳能有吸收、散射等作用，记大气层的有效吸收比为 α_{earth}，并假设其值为 0.7，取大气层中的温室气体对地球辐射的吸收比为 $\alpha_{gas}=0.39$，则有

$$\pi R^2 S_c\alpha_{earth}=4\pi R^2\sigma T^4(1-\alpha_{gas})$$

$$T=\left[\frac{S_c\alpha_{earcth}}{4\sigma(1-\alpha_{gas})}\right]^{1/4}=\left(\frac{1\ 367\ \text{W}/\text{m}^2\times0.7}{4\times5.67\times10^{-8}\ \text{W}/(\text{m}^2\cdot\text{K}^4)\times0.61}\right)^{1/4}=288.39\ \text{K}$$

如果由于大量向环境排放 CO_2，大气层对地球辐射的平均吸收比增加到 0.4，则有

$$T=\left[\frac{S_c\alpha_{\text{eareth}}}{4\sigma(1-\alpha_{\text{gas}})}\right]^{1/4}=\left(\frac{1\ 367\ \text{W/m}^2\times 0.7}{4\times 5.67\times 10^{-8}\ \text{W/(m}^2\cdot\text{K}^4)\times 0.60}\right)^{1/4}=289.58\ \text{K}$$

地球平均温度升高了 1.19 K。

上述计算都基于稳态模型；严格说地球表层的温度由于温室气体含量的增加在缓慢地变化，为预测地球温度的变化需要建立非稳态模型。

Manabe 提出的非稳态零维数学模型为

$$c_p\frac{\partial T}{\partial t}=S_c(1-\alpha)-\varepsilon\sigma T^4$$

讨论：这个模型的三个参数 c_p、α、ε 的物理意义十分明确，分别是地球表层的等效比定压热容，大气层对太阳辐射的吸收比及地球表层的有效发射率。在通过大量数据积累获得了三个参数的确切数据后就能预测地球的表层温度随时间的变化了。诺贝尔物理学奖评审委员会对此的评价为“Manabe 对地球气候的物理建模、量化可变性和可靠地预测全球变暖，简化为最简单的几个单元可以实现的简单且精准的计算。”

复习题

1. 什么是黑体？在热辐射理论中为什么要引入这一概念？

2. 温度均匀的空腔壁面上的小孔具有黑体辐射的特性，那么空腔内部壁面的辐射是否也是黑体辐射？

3. 试说明，为什么在定义物体的辐射力时要加上“半球空间”及“全部波长”的说明？

4. 黑体的辐射能按波长是怎样分布的？光谱吸收力 $E_{b\lambda}$ 的单位中分母的“m^3”代表什么意义？

5. 黑体的辐射能按空间方向是怎样分布的？定向辐射强度与空间方向无关是否意味着黑体的辐射能在半球空间各方向上是均匀分布的？

6. 什么是光谱吸收比？在不同光源的照耀下，物体常呈现不同的颜色，如何解释？

7. 对于一般物体，吸收比等于发射率在什么条件下才成立？

8. 说明灰体的定义以及引入灰体的简化对工程辐射传热计算的意义。

9. 黑体的辐射具有漫射特性。如何理解从黑体模型（温度均匀的空腔器壁上的小孔）发出的辐射能也具有漫射特性呢？

10. 设想有尺寸很大的一个黑体模型，甲、乙两人位于其中，设模型处于室温下的平衡状态，问甲、乙能够看到对方吗？

11. 试述气体辐射的基本特点。

12. 什么是气体辐射的平均射线程长？离开了气体所处的几何空间而谈论气体的发射率与吸收比有没有实际意义？

13. 式(8-25)中当 s 很大时，气体的 $\alpha(\lambda,s)$ 趋近于 1，能否认为此时的气体具有黑体辐射的性质？

14. 为什么基尔霍夫定律的定向、光谱的表达式无条件成立？

习题

黑体辐射基本定律

8-1　一电炉的电功率为 1 kW，炉丝温度为 847 ℃，直径为 1 mm。电炉的效率（辐射功率与电功率之比）为 0.96。试确定所需炉丝的最短长度。

8-2　直径为 1 m 的铝制球壳内表面维持在均匀的温度 500 K，试计算置于该球壳内的一个试验表面所得到的投入辐射。内表面发射率的大小对这一数值有否影响？

8-3　把太阳表面近似地看成 $T=5\ 800$ K 的黑体，试确定太阳发出的辐射能中可见光所占的百分数。

8-4　一炉膛内火焰的平均温度为 1 500 K，炉墙上有一看火孔。试计算当看火孔打开时从孔（单位面积）向外辐射的功率。该辐射能中波长为 2 μm 的光谱辐射力是多少？哪一种波长下的能量最多？

8-5　在一空间飞行物的外壳上有一块向阳的漫射面板，板背面可认为是绝热的，向阳面得到的太阳投入辐射 $G=1\ 300\ W/m^2$。该表面的光谱发射率为 $0\leqslant\lambda\leqslant 2$ μm 时 $\varepsilon(\lambda)=0.5$；$\lambda>2$ μm 时 $\varepsilon(\lambda)=0.2$。试确定当该板表面温度处于稳态时的温度值。为简化计算，设太阳的辐射能均集中在 0~2 μm 之内。

8-6　一人工黑体腔上的辐射小孔是一个直径为 20 mm 的圆。辐射力 $E_b=3.72\times10^5\ W/m^2$。一个辐射热流计置于该黑体小孔的正前方 $l=0.5$ m 处，该热流计吸收热量的面积为 $1.6\times10^{-5}\ m^2$。问该热流计所得到的黑体投入辐射是多少？

8-7　用特定的仪器测得，一黑体炉发出的波长为 0.7 μm 的辐射能（在半球范围内）为 $10^8\ W/m^3$，试问该黑体炉工作在多高的温度下，在该工况下辐射黑体炉的加热功率为多大？辐射小孔的面积为 $4\times10^{-4}\ m^2$。

8-8　试确定一个电功率为 100 W 的灯泡的发光效率。假设该灯泡的钨丝可看成 2 900 K 的黑体，其几何形状为 2 mm×5 mm 的矩形薄片。

8-9　钢制工件在炉内加热时，随着工件温度的升高，其颜色会逐渐由暗红变成白亮。假设钢件的表面可以作为黑体，试计算在工件温度为 900 ℃及 1 100 ℃时，工件所发出的辐射能中的可见光是温度为 700 ℃时的多少倍？$\lambda T\leqslant 600\ \mu m\cdot K$ 时 $F_{b(0-\lambda)}=0$；$\lambda T=800\ \mu m\cdot K$ 时 $F_{b(0-\lambda)}=0.16\times10^{-4}$。

8-10　一等温空腔的内表面为漫射体，并维持在均匀的温度。其上有一个面积为 0.02 m^2 的小孔，小孔面积相对于空腔内表面积可以忽略。今测得小孔向外界辐射的能量为 70 W，试确定空腔内表面的温度。如果把空腔内表面全部抛光，而温度保持不变，问这对小孔向外的辐射有何影响？

8-11　利用例题 8-10 中的数据，试估算在 100 年内使得地球平均温度升高 1.19 K 的地球表层的等效定压热容量。

8-12　如附图所示，用一个运动的传感器来测定传送带上一个热试件的位置。设热试件的辐射具有黑体的特性，问传感器与热试件之间的距离 x_1 多大时，传感器接收到的辐射能是传感器与试件位于同一竖直线上时的 75%？

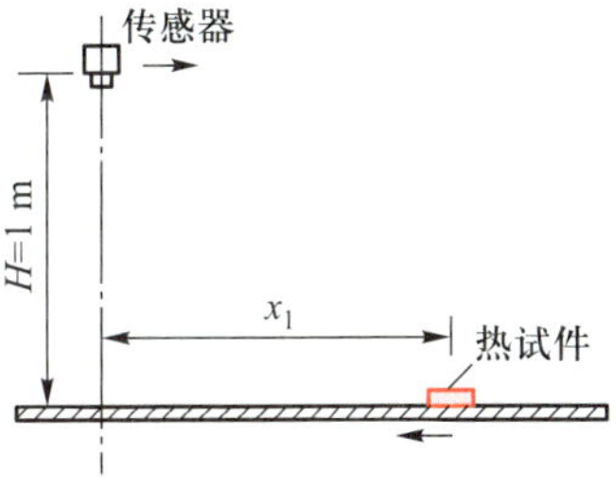

习题 8-12 附图

8-13　从太阳投射到地球大气层外表面的辐射能量的平均值经准确测定为 1 370 W/m^2。太阳直径为 1.39×10^9 m，地球直径为 1.29×10^7 m，两者相距 1.5×10^{11} m。若认为太阳是黑体，试估计其表面温度。

8-14　试证明下列论述：对于腔壁的吸收比为 0.6 的一等温球壳，当其上的小孔面积小于球的总表面面积的 0.6%时，该小孔的吸收比可大于 99.6%。球壳腔壁为漫射体。

实际固体表面的辐射特性计算

8-15　已知材料 A、B 的光谱发射率 $\varepsilon(\lambda)$ 与波长的关系如附图所示，试估计这两种材料的发射率 ε 随温度变化的特性，并说明理由。

8-16　一选择性吸收表面的光谱吸收比随 λ 变化的特性如附图所示，试计算当太阳投入辐射为 $G=800\ W/m^2$ 时，该表面单位面积上所吸收的太阳能量及对太阳辐射的总吸收比。

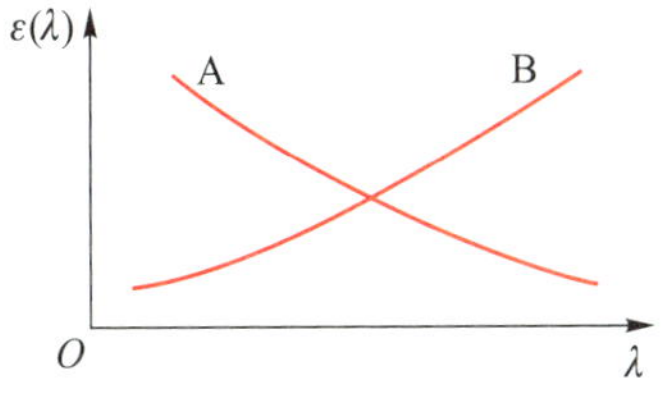

习题 8-15 附图

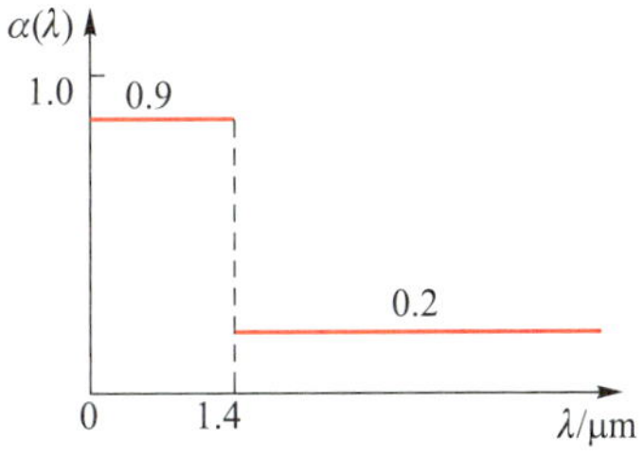

习题 8-16 附图

8-17 一漫射表面在某一温度下的光谱辐射强度与波长的关系可以近似地用附图表示，试计算：(1) 此时的辐射力；(2) 此时法线方向的定向辐射强度，及与法向成60°角处的定向辐射强度。

8-18 暖房的升温作用可以从玻璃的光谱透射比变化特性得到解释。有一块厚为 3 mm 的玻璃，经测定，其对波长为 0.3~2.5 μm 的辐射能的透射比为 0.9，而对其他波长的辐射能可以认为完全不穿透。试据此计算温度为 5 800 K 的黑体辐射及温度为 300 K 的黑体辐射投射到该玻璃上时各自的总透射比。

8-19 一表面的定向发射率 $\varepsilon(\theta)$ 随 θ 角的变化如附图所示，试确定该表面的发射率与法向发射率 ε_n 的比值。

8-20 一小块温度 $T_s=400$ K 的漫射表面悬挂在温度 $T_f=2\ 000$ K 的炉子中。炉子表面是漫灰的，且发射率为 0.25。悬挂表面的光谱发射率如附图所示，试确定该表面的发射率及对炉墙表面发出的辐射能的吸收比。

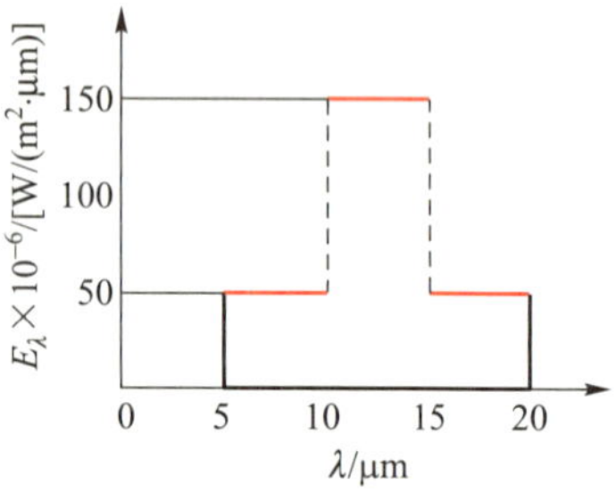

习题 8-17 附图

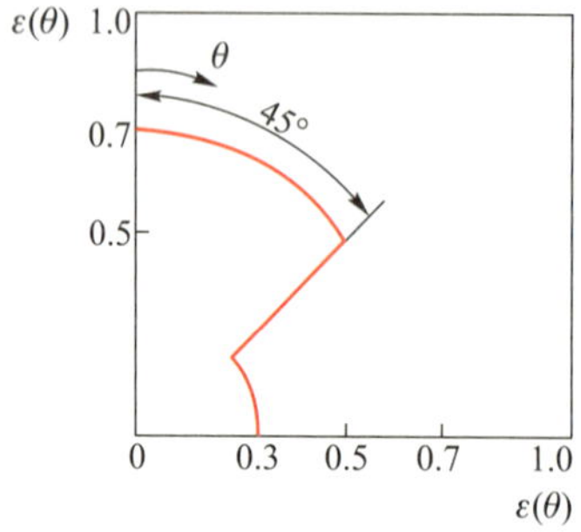

习题 8-19 附图

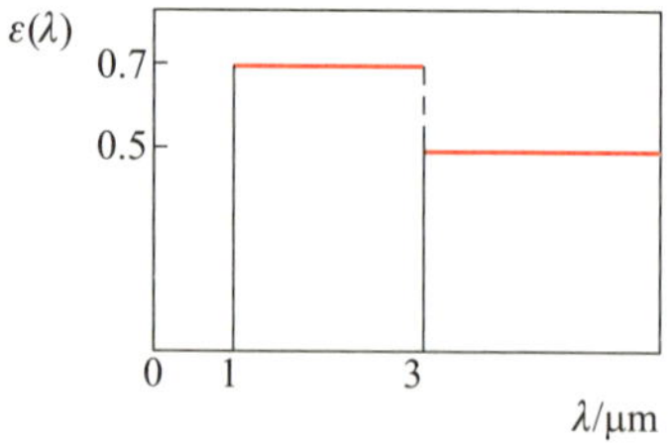

习题 8-20 附图

8-21 温度为 310 K 的 4 个表面置于太阳光的照射下，设此时各表面的光谱吸收比随波长的变化如附图所示。试分析，在计算与太阳能的交换时，哪些表面可以作为灰体处理？为什么？

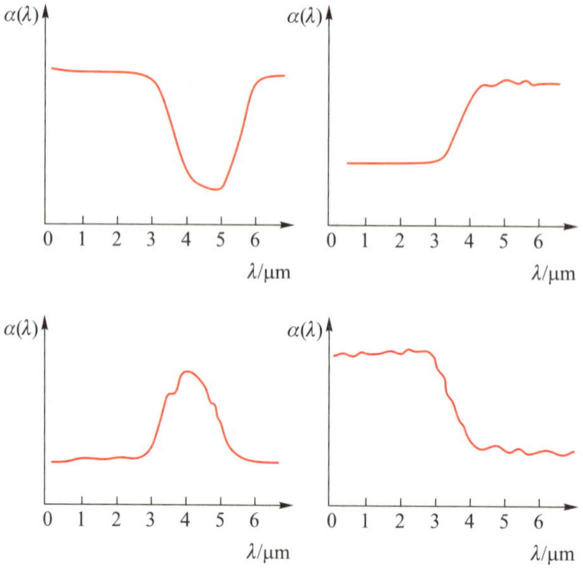

习题 8-21 附图

8-22 一直径为 20 mm 的热流计探头，用以测定一微小表面积 A_1 的辐射热流，该表面的温度为 $T_1=1\ 000$ K。环境温度很低，因而对探头的影响可以不计。因某些原因，探头只能安置在与 A_1 表面法线成 45°处，距离 $l=0.5$ m（见附图）。探头测得的热功率为 1.815×10^{-3} W。表面 A_1 是漫射的，而探头表面的吸收比可近似地取为 1。试确定 A_1 的发射率。A_1 的面积为 4×10^{-4} m²。

8-23 已知一表面的光谱吸收比与波长的关系如附图所示。在某一瞬间，测得表面温度为 1 100 K。投入

辐射 G_λ 按波长分布的情形示于附图 b。试确定:(1) 单位表面积所吸收的辐射能;(2) 该表面的发射率及辐射力;(3) 在此条件下物体表面的温度随时间如何变化(即温度随时间增加还是减少),设物体无内热源,没有其他形式的热量传递。

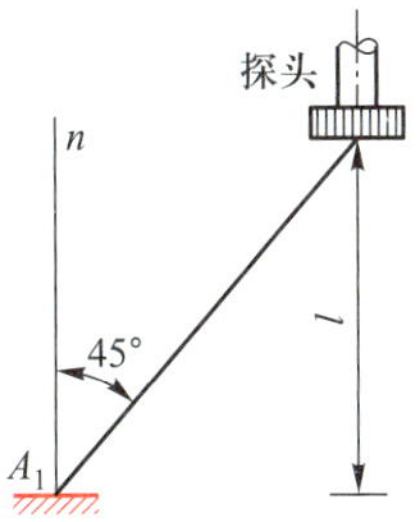

习题 8-22 附图

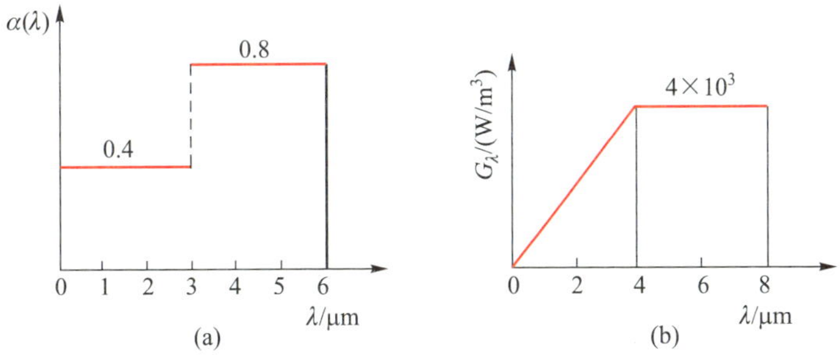

习题 8-23 附图

气体辐射特性计算

8-24 一炉子的炉膛可近似地看成高度等于直径的圆柱体壳,直径为 1 m,其内是由 CO_2、水蒸气和非吸收性气体组成的 1 400 K 的燃气,总压力为 10^5 Pa,CO_2 的分压力为 2×10^4 Pa,水蒸气的分压力为 10^4 Pa。炉膛四周布置有冷却水管。试计算为保证炉膛四壁温度维持在 600 K,冷却水应带走多少热量。燃气与炉壁间的对流传热略而不计。

8-25 一燃气轮机的燃烧室可以近似地视为内径为 0.4 m 的一根长管道。燃气的压力为 10^5 Pa,温度为 1 100 ℃,燃烧室壁温为 500 ℃。CO_2 及水蒸气的摩尔分数均为 0.15,燃烧室壁面可近似地作为黑体处理。试计算燃烧室与燃气间的辐射传热量。

8-26 平均温度为 550 ℃的燃气在内径为 200 mm 的长圆管中流过,总压力为 10^5 Pa,其中含有 13%的 CO_2 及 11%的水蒸气,其余为非吸收性气体。管子内壁平均温度为 150 ℃,并可视为黑体。试计算混合气体与单位长度管壁之间的辐射传热量。设气体的流速为 10 m/s,试确定此时对流传热量与辐射传热量的相对大小。

8-27 有一电站锅炉,炉膛容积 $V=1\ 200\ m^3$,炉墙面积 $A=1\ 264\ m^2$。燃烧产物中水蒸气的体积分数(容积成分)为 0.121,二氧化碳的体积分数为 0.124,燃烧产物的平均温度为 1 100 ℃,炉内压力为 9.733×10^4 Pa。试计算炉膛内烟气与包壁之间的辐射传热量,设包壁为 700 K 的黑体。

综合分析

8-28 一个测定物体表面辐射特性的装置示于附图中。空腔内维持均匀温度 $T_f=1\ 000$ K,腔壁是漫射灰体,$\varepsilon=0.8$,腔内 1 000 K 的热空气与试样表面间的对流传热表面传热系数 $h=10\ W/(m^2\cdot K)$,试样的表面温度用冷却水维持,恒为 300 ℃。试样表面的光谱反射比示于附图。试计算:(1) 试样的吸收比;(2) 试样的发射率;(3) 冷却水带走的热量。试样表面积 $A=5\ cm^2$。

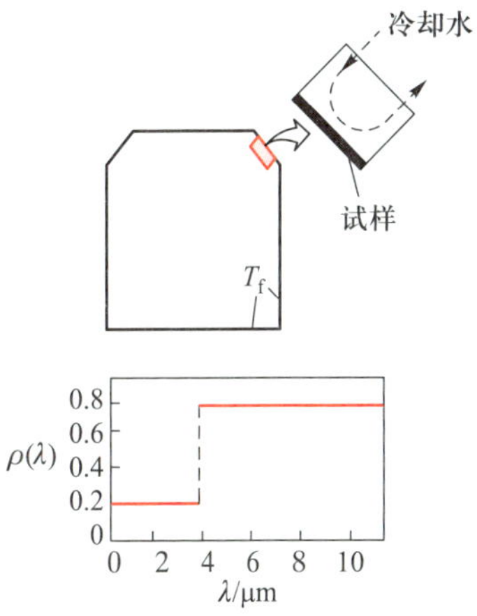

习题 8-28 附图

8-29 用一探头来测定从黑体模型中发出的辐射能,探头设置位置如附图所示。试对下列两种情况计算从黑体模型到达探头的辐射能:(1) 黑体模型的小孔处未放置任何东西;(2) 在小孔处放置了一半透明材料,其透射比为 $\lambda\leqslant2\ \mu m$ 时,$\tau(\lambda)=0.8$,$\lambda>2\ \mu m$ 时,$\tau(\lambda)=0$。

8-30 为了考验高温陶瓷涂层材料使用的可靠性,专门设计了一个试验,如附图所示。已知辐射探头表面积 $A_d=10^{-5}\ m^2$,陶瓷涂层表面积 $A_c=$

$10^{-4} m^2$。金属基板底部通过电加热维持在 $T_2 = 1\ 500$ K，腔壁温度均匀且 $T_w = 90$ K。陶瓷厚 $\delta_1 = 5$ mm，$\lambda_1 = 60$ W/(m·K)；基板厚 $\delta_2 = 8$ mm，$\lambda_2 = 30$ W/(m·K)。陶瓷表面是漫灰的，$\varepsilon = 0.8$。陶瓷涂层与金属基板间无接触热阻。试确定：(1) 陶瓷表面的温度 T_1 及表面热流密度；(2) 置于空腔顶部的辐射能检测器（辐射探头）所接受到的由陶瓷表面发射出去的辐射能量；(3) 经过多次试验后，在陶瓷涂层与基板之间产生了很多小裂纹，形成了接触热阻，但 T_w 及陶瓷涂层表面的辐射热流密度及发射率均保持不变，此时温度 T_1 及 T_2 是增加、降低，还是不变？

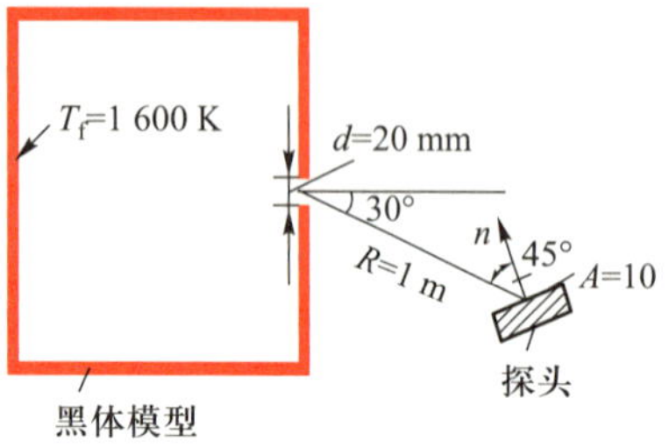

习题 8-29 附图

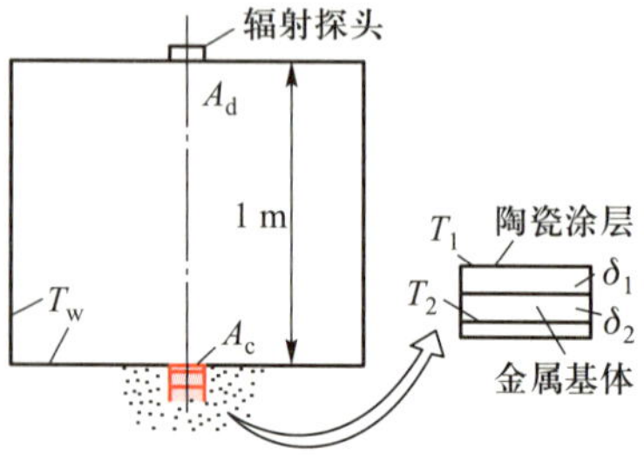

习题 8-30 附图

小论文题目

8-31 在用黑体炉标定热流计、辐射高温计等时，常常要控制炉子的温度（即功率），以使所需的光谱辐射强度的变化在允许的范围之内。试：

(1) 证明对黑体有

$$\frac{dI_{b\lambda}/I_{b\lambda}}{dT/T} = \frac{c_2}{\lambda T}\frac{1}{1-\exp[-c_2/(\lambda T)]}$$

其中 $I_{b\lambda}$ 为黑体的光谱定向辐射强度，它与 $E_{b\lambda}$ 关系为 $I_{b\lambda} = E_{b\lambda}/\pi$

(2) 确定当黑体炉工作在 2 000 K 时，为使波长为 0.65×10^{-6} m 的光谱定向辐射强度的相对变化率小于 0.5%，炉温的允许变化值为多少？

8-32 按照标准宇宙学模型，宇宙起源于一百多亿年前的一次大爆炸（大爆炸模型）。1946 年，俄裔美籍科学家伽莫夫（G. Gamov）提出宇宙起源于一个温度和密度接近无穷大的原始火球的爆炸，他的学生阿尔法（R. A. Alpher）又进一步预言大爆炸的余烬今日应表现为温度为 3 K 的宇宙背景辐射[4,10]。1964 年，美国贝尔（Beer）实验室的两位工程师观察到了弥漫于宇宙的空间的相当于黑体 3 K 的辐射后（后经精密测定相应于宇宙背景辐射分布的温度应为 2.725 K），证实了大爆炸模型的推测。

试根据普朗克定律，画出宇宙背景辐射的图谱。

采用基于 MHT-Learning 工具软件的题目

8-33 冬天夜晚室外地面的积水是否会结冰可采用本题附图来分析。假设地面及其上的薄层积水处于摄氏零度，水的表面可视为黑体，向其上大空间发出自身辐射，天空可视为温度为 $T_{sky} = 250$ K 黑体；温度为 T_∞ 的空气平行吹过水层的表面，速度为 9 m/s。水层长 2 m、宽 1 m。试：(1) 确定空气的最低温度，低于该数值水层就会结冰；(2) 假设往水中加了盐，使得水的冰点下降到 −10 ℃，在水面温度为 −10 ℃ 情况时，在上述条件下水层是否还会结冰？

8-34 一个管式黑体炉及其附属部分如本题附图所示。石墨炉管的内径 $D = 12.5$ mm 而且维持在 $T_b = 2\ 000$ K。管式炉前有一个长为 $L = 60$ mm 附加段，附加段前端设置有与管式炉同心布置的热流密度传感器。其面积为 5 mm²。附加段管壁温度较低，可以使得传感器免受外界辐射的干扰。试：(1) 确定传感器检测到的黑体炉热流密度；(2) 如果传感器只对波长为 0.5~2.5 μm 的热辐射有接受能力，其余波长能量无法感知，确定此条件下所测得热流密度；(3) 在 $T_b = 2\ 000$ K 到 3 000 K 的温度范围，取几个温度值，计算全波长范围内的热流密度及上述指定波长为内的热流密度，并绘制出热流密度与温度间的函数曲线。

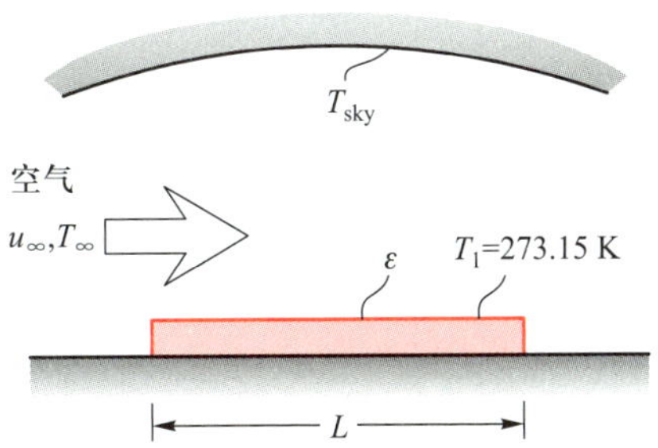

习题 8-33 附图

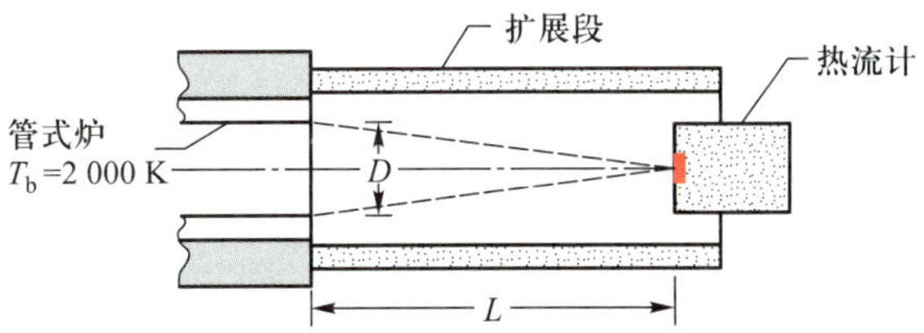

习题 8-34 附图

参考文献

[1] HAMID M. Basic principles of microwave power heating [J]. Heat Transfer Engineering, 1992, 13(4): 73-84.

[2] 陈钟颀. 传热学专题讲座[M]. 北京：高等教育出版社，1989：46-53.

[3] SIEGEL R, HOWELL J. Thermal radiation heat transfer [M]. 4th ed. New York: Taylor & Francis, 2002: 26, 267-285.

[4] 路甬祥. 百年物理学的启示[M]// 中国科学院. 2006 年科学发展报告. 北京：科学出版社.

[5] 曹则贤. 黑体辐射公式的多种推导及其在近代物理构建中的意义[J]. 物理，2021，50(11)：761-766.

[6] MODEST M. Thermal radiation[M]//BEJAN A, KRAUS A D. Heat transfer handbook. New York: John Wiley & Sons, Inc., 2003: 573-633.

[7] BAEHR H D, STEPHAN K. Heat and mass transfer[M]. Berlin: Springer, 1998: 539-542.

[8] ROHSENOW W M, HARTNETT J P, GANIC E N. Handbook of heat transfer Fundamentals[M]. 2nd ed. New York: McGraw-Hill, 1985: 1 420-1 429.

[9] 葛绍岩，那鸿悦. 热辐射性质及其测量[M]. 北京：科学出版社，1989：第 6~10 章.

[10] 中国科学院数学物理学部"新固态照明"咨询组. 关于发展我国新固态光源(SSL)的建议[M]// 中国科学院. 2006 科学发展报告. 北京：科学出版社，2006：277-279.

[11] HOTTEL H C, EGBERT R B. The radiation of furnace gases[J]. ASME Transaction, 1941, 37: 297-307

[12] LECKNER B. Spectral and total emissivity of water vapor and carbon dioxide[J]. Combustion and Flame, 1972, 19: 33-48.

[13] SMITH T F, SHEN Z F, FRIEDMAN J N. Evaluation of coefficients for the weighted sun of gray gases model[J]. ASME Journal of Heat Transfer, 1982, 102: 602-608.

[14] EICKER U, DALIBARD A. Photovotalic-thermal collectors for night radiative cooling of buildings[J]. Solar Energy, 2011, 85: 1 322 1 335.

[15] WANG S, JIANG T, MENG Y, et al. Scalable thermochromic smart windows with passive radiative cooling regulation[J]. Science, 2021, 374: 1 501-1 504.

[16] LIENHARD J N IV, LIENHARD J N V. A heat transfer textbook[M]. Cambridge: Phlogiston Press, 2020: 597.

[17] CATALANOTTI S, CUOMO V, PIRO G, et al. The radiative cooling of selective surfaces[J]. Solar Energy, 1975, 17: 83-89.

第 9 章
辐射传热的计算

本章讨论物体间辐射传热的计算方法，重点是固体表面间的辐射传热。首先介绍辐射传热计算中的一个重要几何因子——角系数，它的定义、性质及其计算方法，接着讨论由两个表面和多个表面组成的封闭腔内辐射传热的计算方法，然后简要介绍气体热辐射传热的计算，并综述辐射传热的强化和削弱的方法。在本章的应用举例中将着重讨论太阳能利用及航空航天领域中的一些辐射传热问题。

9.1 辐射传热的角系数

两个表面之间的辐射传热量与两个表面之间的相对位置有很大关系，图 9-1 示出了两个等温表面间的两种极端布置情况：图 9-1a 中两表面无限接近，相互间的辐射传热量最大；图 9-1b 中两表面位于同一平面上，相互间的辐射传热量为零。由图可以看出，两个表面间的相对位置不同时，一个表面发出而落到另一个表面上的辐射能的百分数随之而异，从而影响传热量。本节专门研究表面的形状及空间相对位置对这个百分数的影响和计算方法。

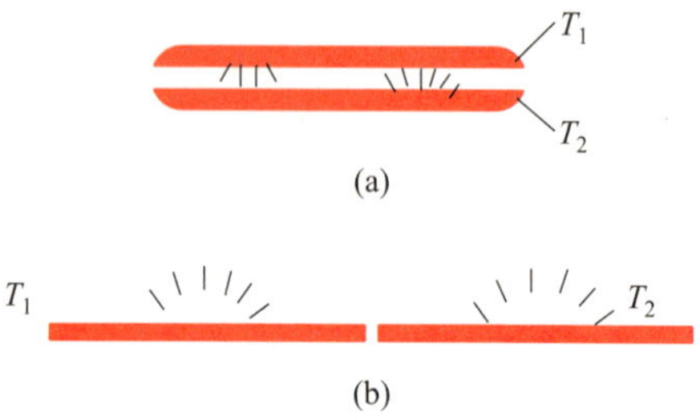

图 9-1　表面相对位置的影响

9.1.1 角系数的定义及计算假定

离开表面 1 的辐射能中落到表面 2 的百分数称为表面 1 对表面 2 的角系数(angle factor)，记为 $X_{1,2}$。同理也可以定义表面 2 对表面 1 的角系数。

在讨论角系数时，假定：(1) 所研究的表面是漫射的；(2) 在所研究表面的不同地点上向外发射的辐射热流密度是均匀的。在这两个假定下，物体的表面温度及发射率的改变只影响该物体向外发射的辐射能的多少而不影响在空间的相对分布，因而不影响辐射能落到其他表面上的百分数。于是，角系数就纯是一个几何因子，与两个表面的温度及发射率没有关系，从而给其计算带来很大的方便。实际工程问题虽然不一定满足这些假定，但由此造成的偏差一般均在工程计算允许的范围之内，因此这种处理方法在工程中广为采用。既然角系数是纯几何因子，与表面的发射率没有关系，在研究角系数时如把物体作为黑体来处理，可以带来不少方便。但所得到的结论对于漫灰表面均适合。

在上述假定下，角系数有下文所述的相对性、完整性与可加性。

9.1.2 角系数的性质

1. 角系数的相对性(reciprocity rule)

首先来看从一个微元表面 dA_1 到另一个微元表面 dA_2 的角系数(图 9-2)，记为 $X_{d1,d2}$ 下标“d1、d2”分别代表 dA_1、dA_2。按定义：

$$X_{d1,d2}=\frac{\text{落到 } dA_2 \text{ 上由 } dA_1 \text{ 发出的辐射能}}{dA_1 \text{ 向外发出的总辐射能}}=\frac{I_{b1}\cos\theta_1 dA_1 d\Omega_1}{E_{b1}dA_1}=\frac{dA_2\cos\theta_1\cos\theta_2}{\pi r^2} \quad \text{(a)}$$

类似地有

$$X_{d2,d1}=\frac{dA_1\cos\theta_1\cos\theta_2}{\pi r^2} \quad \text{(b)}$$

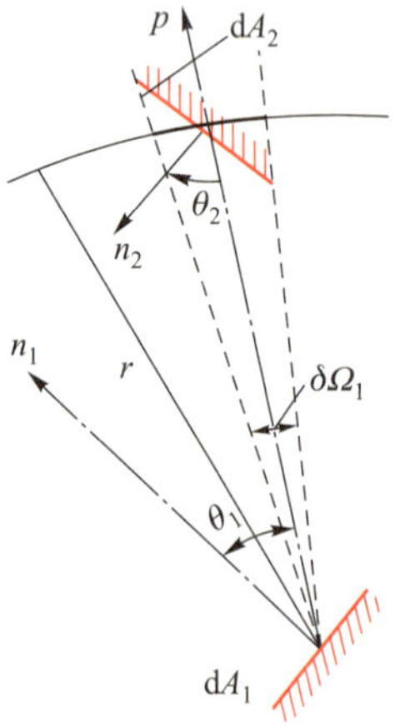

图 9-2　微元表面角系数相对性证明的图示

由此可见

$$dA_1X_{d1,d2}=dA_2X_{d2,d1} \tag{9-1}$$

这是两微元表面间角系数相对性的表达式，它表明 $X_{d1,d2}$ 与 $X_{d2,d1}$ 不是独立的，它们受式(9-1)的制约。

有限大小表面角系数相对性的积分证明

两个有限大小表面 A_1、A_2 之间角系数的相对性可以通过分析图 9-3 所示两个黑体表面间的辐射传热量而获得。两个表面间的传热量记为 $\Phi_{1,2}$，则有

$$\Phi_{1,2}=A_1E_{b1}X_{1,2}-A_2E_{b2}X_{2,1} \tag{c}$$

当 $T_1=T_2$ 时，净辐射传热量为零，则有

$$A_1X_{1,2}=A_2X_{2,1} \tag{9-2}$$

这是两个有限大小表面间角系数相对性的表达式。

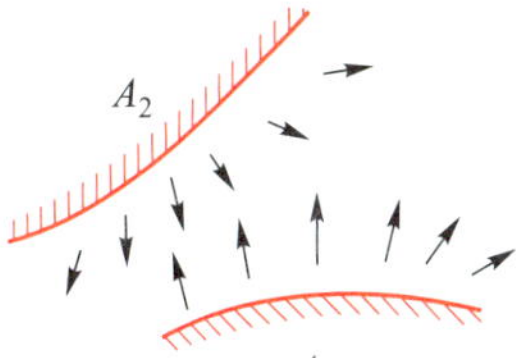

图 9-3　有限大小两表面间角系数相对性证明的图示

2. 角系数的完整性(summation rule)

对于由几个表面组成的封闭系统(图 9-4)，据能量守恒原理，从任何一个表面发射出的辐射能必全部落到封闭系统的各表面上。因此，任何一个表面对封闭腔各表面的角系数之间存在下列关系(以表面 1 为例示出)：

$$X_{1,1}+X_{1,2}+X_{1,3}+\cdots+X_{1,n}=\sum_{i=1}^{n}X_{1,i}=1 \tag{9-3}$$

此式表达的关系称为角系数的完整性。表面 1 为非凹表面时，$X_{1,1}=0$。若表面 1 为图中虚线所示的凹表面，则表面 1 对自己本身的角系数 $X_{1,1}$ 不为零。

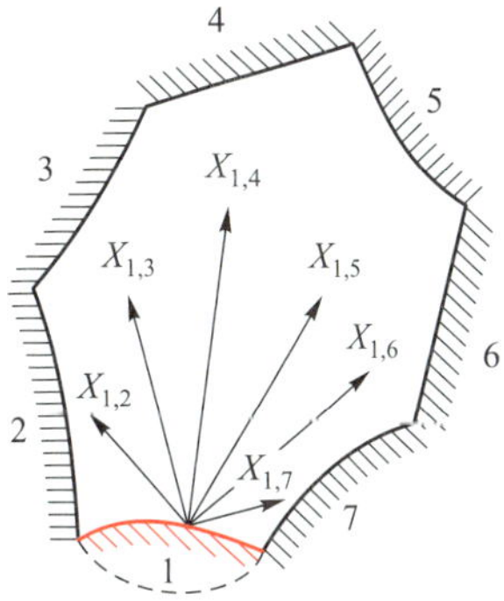

图 9-4　角系数完整性证明的图示

3. 角系数的可加性(superposition rule)

考虑如图 9-5 所示表面 1 对表面 2 的角系数。由于从表面 1 落到表面 2 上的总能量等于落到表面 2 上各部分的辐射能之和，于是有

$$A_1E_{b1}X_{1,2}=A_1E_{b1}X_{1,2a}+A_1E_{b1}X_{1,2b}$$

故有

$$X_{1,2}=X_{1,2a}+X_{1,2b}$$

如把表面 2 进一步分成若干小块，则仍有

$$X_{1,2}=\sum_{i=1}^{N}X_{1,2i} \tag{9-4}$$

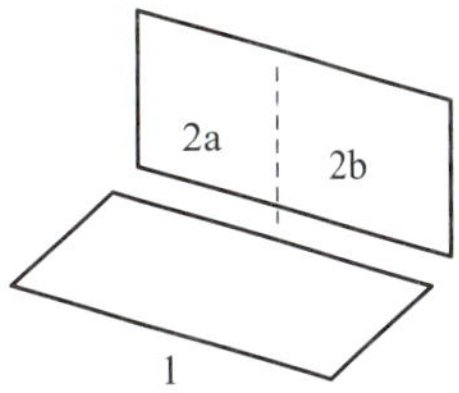

图 9-5　角系数可加性证明的图示

注意，利用角系数可加性时，只有对角系数符号中第二个角码是可加的，对角系数符号中的第一个角码则不存在类似于式(9-4)这样的关系。由于从表面 2 发出落到表面 1 上的总辐射能，等于从表面 2 的各个组成部分发出而落到表面 1 上的辐射能之和，对图 9-5 所示情况可写出

$$A_2E_{b2}X_{2,1}=A_{2a}E_{b2}X_{2a,1}+A_{2b}E_{b2}X_{2b,1}$$

所以

$$A_2X_{2,1}=A_{2a}X_{2a,1}+A_{2b}X_{2b,1} \tag{9-5a}$$

$$X_{2,1}=X_{2a,1}\frac{A_{2a}}{A_2}+X_{2b,1}\frac{A_{2b}}{A_2} \tag{9-5b}$$

角系数的上述特性可以用来求解许多情况下两表面间的角系数之值，下面来讨论角系数的计算问题。

9.1.3 角系数的计算方法

角系数是计算物体间辐射传热所需的基本参数。确定物体间角系数的方法主要有直接积分法与代数分析法两种，我们将重点放在代数分析法上。

1. 直接积分法

所谓直接积分法是按角系数的基本定义通过求解多重积分而获得角系数的方法。对图 9-6 所示的两个有限大小的面积 A_1、A_2，据前面的讨论，有

$$X_{d1,d2}=\frac{\cos\theta_1\cos\theta_2 dA_2}{\pi r^2}$$

显然，微元面积 dA_1 对 A_2 的角系数应为

$$X_{d1,2}=\int_{A_2}\frac{\cos\theta_1\cos\theta_2 dA_2}{\pi r^2} \tag{d}$$

而表面 A_1 对 A_2 的角系数则可通过对式(d)右端作下列积分而得出：

$$A_1X_{1,2}=\int_{A_1}\left(\int_{A_2}\frac{\cos\theta_1\cos\theta_2 dA_2}{\pi r^2}\right)dA_1$$

即

$$X_{1,2}=\frac{1}{A_1}\int_{A_1}\int_{A_2}\frac{\cos\theta_1\cos\theta_2 dA_2 dA_1}{\pi r^2} \tag{9-6}$$

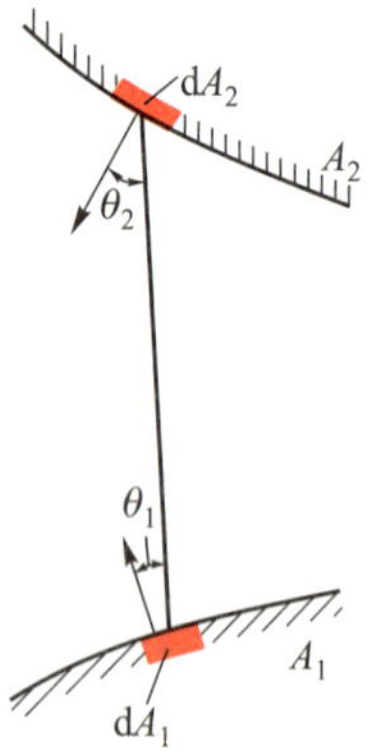

图 9-6 说明直接积分法的图示

这就是求解任意两表面之间角系数的积分表达式。注意这是一个四重积分，不少情况下会遇到一些数学上的困难，需采用某些专门的技巧，有兴趣的读者可参考文献[1-2]。工程上已将大量几何结构角系数的求解结果绘制成图线，可参阅文献[3]。

本章给出了一些二维几何结构角系数的计算公式（表 9-1）以及三种典型三维几何结构的计算式（表 9-2）和一些工程计算图线（图 9-7～图 9-9）。为扩大表示范围，这些图线常常采用对数坐标，查图时要注意对数坐标的特点以及下标 1、2（或 i,j）所指的表面。

表 9-1 四种二维几何结构角系数的计算式

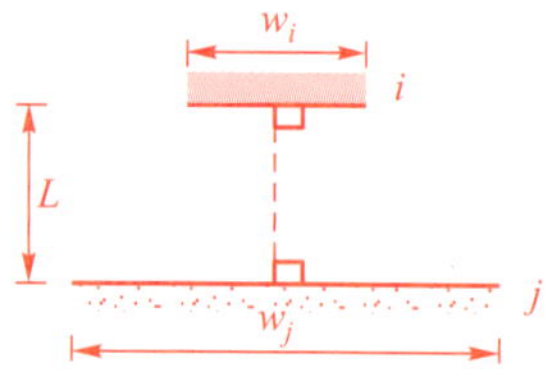	$X_{i,j}=\dfrac{[(W_i+W_j)+4]^{1/2}-(W_i-W_j)+4]^{1/2}}{2W_i}$ $W_i=w_i/L,\quad W_j=w_j/L$
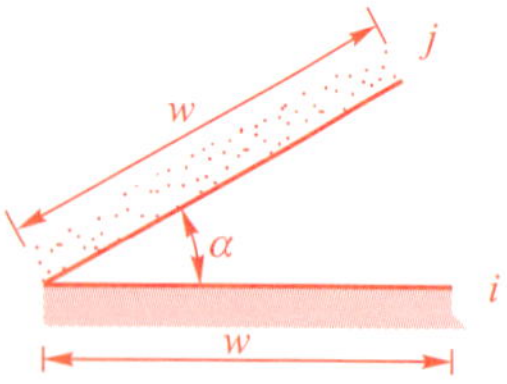	$X_{i,j}=1-\sin\dfrac{\alpha}{2}$

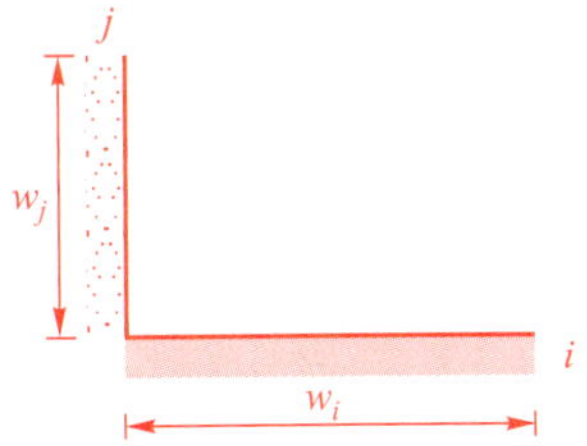	$X_{i,j}=\dfrac{1+(w_i/w_j)-[1+(w_i/w_j)^2]^{1/2}}{2}$
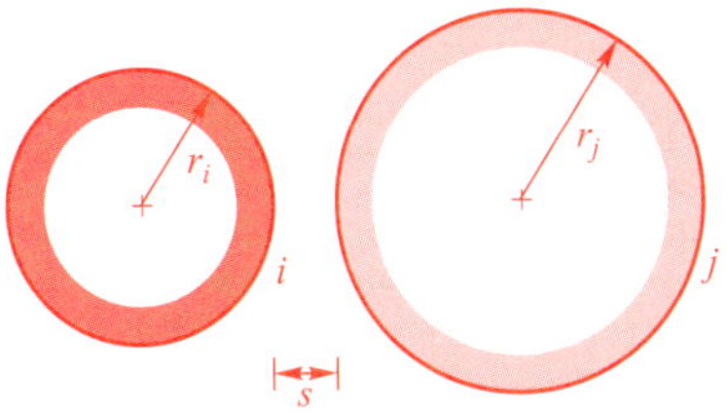	$X_{i,j}=\dfrac{1}{2\pi}\{\pi+[C^2-(R+1)^2]^{1/2}-[C^2-(R-1)^2]^{1/2}+(R-1)\arccos\left(\dfrac{R}{C}-\dfrac{1}{C}\right)-(R+1)\arccos\left(\dfrac{R}{C}+\dfrac{1}{C}\right)$ $R=r_j/r_i,\quad S=s/r_i,\quad C=1+R+S$
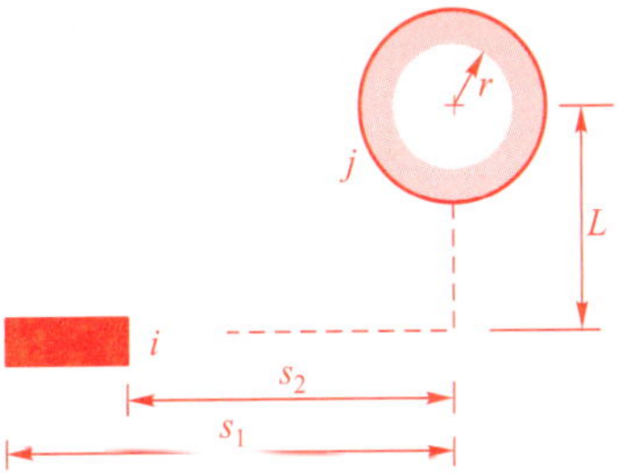	$X_{i,j}=\dfrac{r}{s_1-s_2}\left[\arctan\left(\dfrac{s_1}{L}\right)-\arctan\left(\dfrac{s_2}{L}\right)\right]$

表 9-2 三种三维几何结构角系数计算式

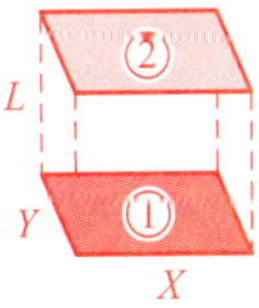	$\bar{X}=X/L,\bar{Y}=Y/L$ $X_{1,2}=\dfrac{2}{\pi\bar{X}\bar{Y}}\left\{\ln\left[\dfrac{(1+\bar{X}^2)(1+\bar{Y}^2)}{1+\bar{X}^2+\bar{Y}^2}\right]^{1/2}+\bar{X}(1+\bar{Y}^2)^{1/2}\arctan\dfrac{\bar{X}}{(1+\bar{Y}^2)^{1/2}}+\bar{Y}(1+\bar{X}^2)^{1/2}\arctan\dfrac{\bar{Y}}{(1+\bar{X}^2)^{1/2}}-\bar{X}\arctan\bar{X}-\bar{Y}\arctan\bar{Y}\right\}$
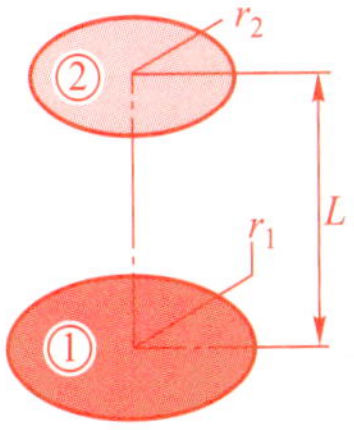	$R_1=r_1/L,\quad R_2=r_2/L$ $S=1+\dfrac{1+R_2^2}{R_1^2}$ $X_{1,2}=\dfrac{1}{2}\{S-[S^2-4(r_2/r_1)^2]^{1/2}\}$
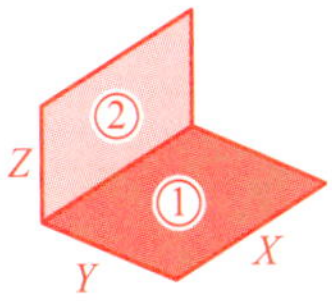	$H=Z/X,\quad W=Y/X$ $X_{1,2}=\dfrac{1}{\pi W}\left(W\arctan\dfrac{1}{W}+H\arctan\dfrac{1}{H}-(H^2+W^2)^{1/2}\arctan\dfrac{1}{(H^2+W^2)^{1/2}}+\dfrac{1}{4}\ln\left\{\dfrac{(1+W^2)(1+H^2)}{1+W^2+H^2}\left[\dfrac{W^2(1+W^2+H^2)}{(1+W^2)(W^2+H^2)}\right]^{W^2}\times\left[\dfrac{H^2(1+H^2+W^2)}{(1+H^2)(H^2+W^2)}\right]^{H^2}\right\}\right)$

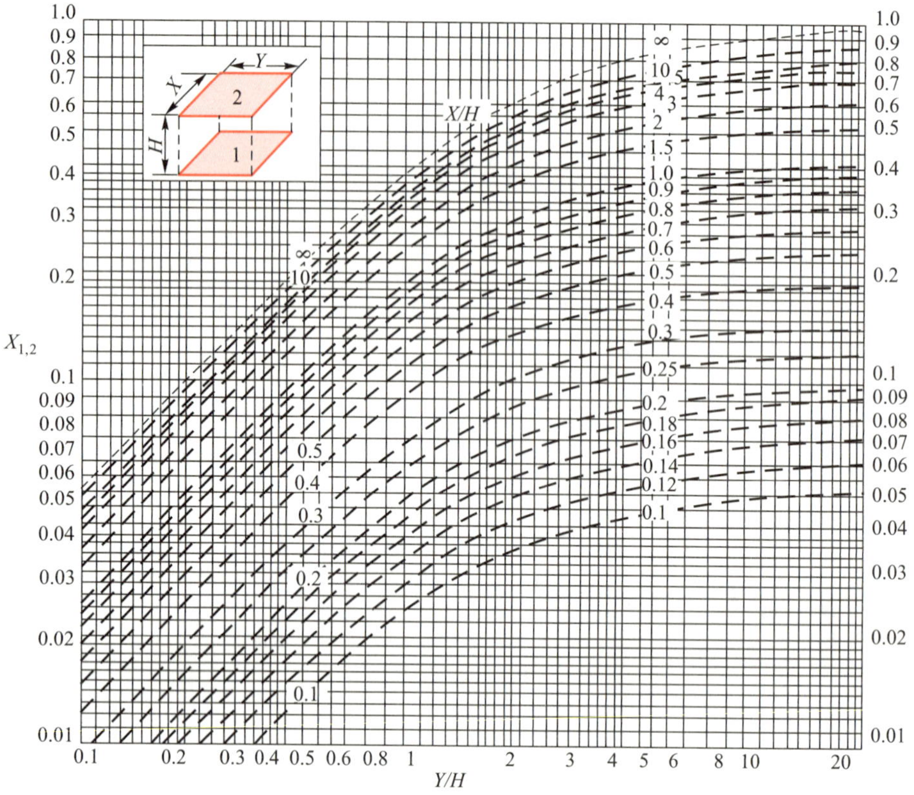

图 9-7　两平行长方形表面间的角系数

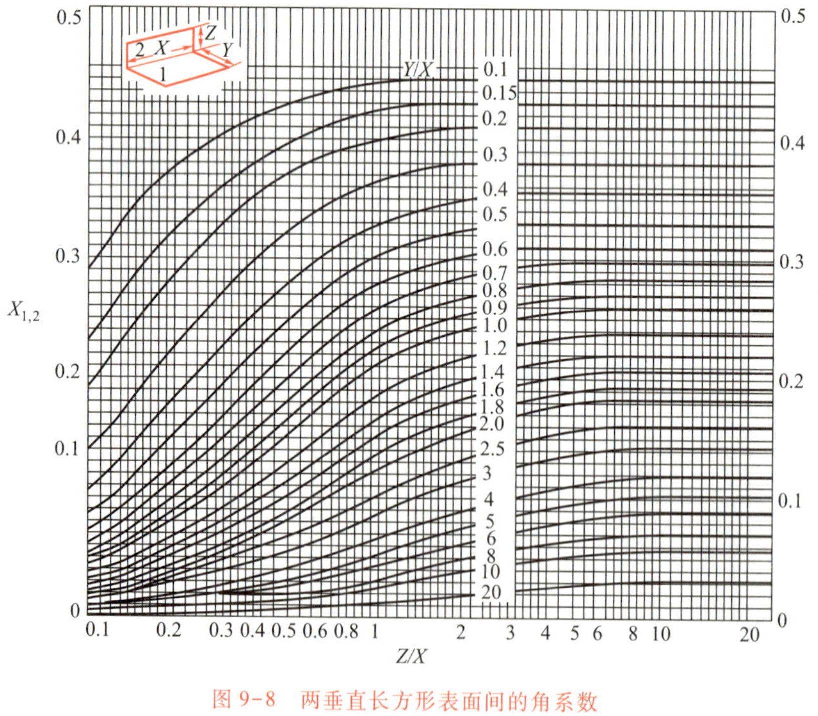

图 9-8　两垂直长方形表面间的角系数

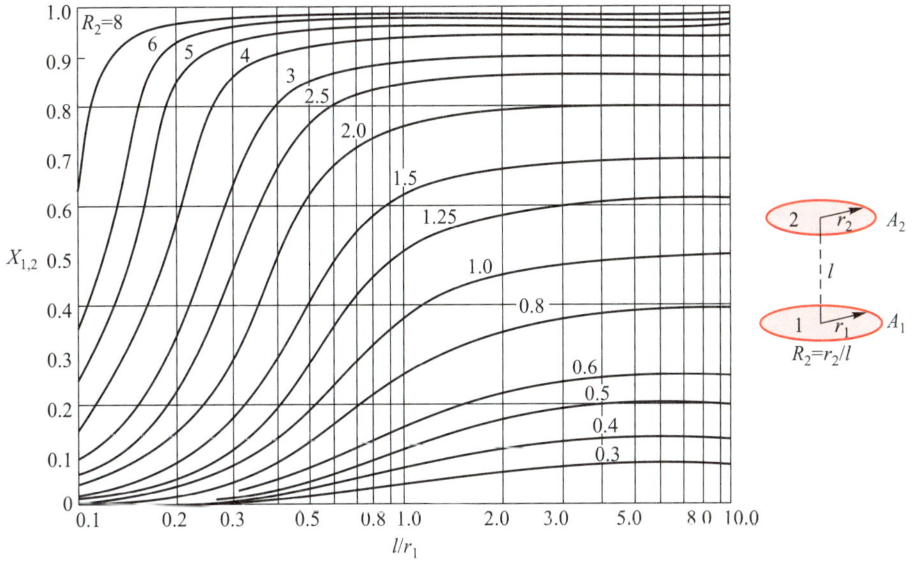

图 9-9　两同轴平行圆盘间的角系数

2. 代数分析法

利用角系数的相对性、完整性及可加性，通过求解代数方程而获得角系数的方法称为代数分析法。下面，先利用此法导出由三个表面组成的封闭系统的角系数计算公式，然后进一步得出计算任意两个二维表面间角系数的交叉线法。

先对图 9-10 所示几何系统进行分析，导出 $X_{1,2}$ 的计算式。假定图示的由三个凸表面组成的系统在垂直于纸面方向是很长的，因而可认为它是个封闭系统（也就是说，从系统两端开口处逸出的辐射能可略去不计）。设三个表面的面积分别为 A_1、A_2 和 A_3。根据角系数的相对性和完整性可以写出：

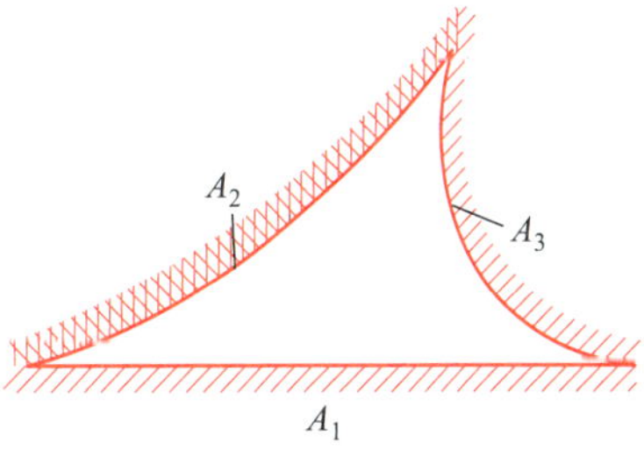

图 9-10　三个表面的封闭系统

$$X_{1,2}+X_{1,3}=1 \quad \text{(e)};\qquad X_{2,1}+X_{2,3}=1 \quad \text{(f)}$$

$$X_{3,1}+X_{3,2}=1 \quad \text{(g)};\qquad A_1X_{1,2}=A_2X_{2,1} \quad \text{(h)}$$

$$A_1X_{1,3}=A_3X_{3,1} \quad \text{(i)};\qquad A_2X_{2,3}=A_3X_{3,2} \quad \text{(j)}$$

这是一个六元一次联立方程式组，据此可以解出 6 个未知的角系数。例如 $X_{1,2}$ 为

$$X_{1,2}=\frac{A_1+A_2-A_3}{2A_1} \tag{9-7}$$

其他五个角系数的计算式也可以仿照 $X_{1,2}$ 的模式求出。因为在垂直于纸面的方向上三个表面的长度是相同的，所以在式(9-7)中可以从分子、分母中消去长度。若系统横断面上三个表面的线段长度分别为 l_1、l_2 和 l_3，则式(9-7)可改写为

$$X_{1,2}=\frac{l_1+l_2-l_3}{2l_1} \tag{9-8}$$

下面应用代数分析法来确定图 9-11 所示的表面 A_1 和 A_2 之间的角系数。假定在垂直于纸面的方向上表面的长度是无限延伸的。作辅助线 ac 和 bd，它们代表在垂直于纸面的方向上无限延伸的两个表面。可以认为，它们连同表面 A_1、A_2 构成一个封闭系统。在此系统里，根据角系数的完整性，表面 A_1 对 A_2 的角系数为

$$X_{\mathrm{ab,cd}}=1-X_{\mathrm{ab,ac}}-X_{\mathrm{ab,bd}} \tag{k}$$

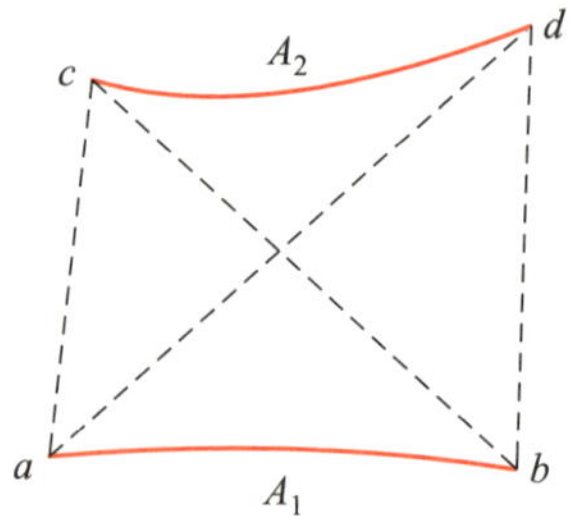

图 9-11　交叉线法图示

同时，也可以把图形 abc 和 abd 看成两个各由三个表面组成的封闭系统。对这两个系统直接应用式(9-7)，可写出两个角系数的表达式

$$X_{ab,ac}=\frac{ab+ac-bc}{2ab} \tag{l}$$

$$X_{ab,bd}=\frac{ab+bd-ad}{2ab} \tag{m}$$

将式(l)、式(m)代入式(k)可得

$$X_{ab,cd}=\frac{(bc+ad)-(ac+bd)}{2ab} \tag{9-9}$$

按照式(9-8)的组成，可以归纳出如下的一般关系：

$$X_{1,2}=\frac{\text{交叉线之和}-\text{不交叉线之和}}{2\times\text{表面 }A_1\text{ 的断面长度}} \tag{9-10}$$

对于在一个方向上长度无限延伸的多个表面组成的系统，任意两个表面之间的角系数的计算式，都可以参照式(9-10)的结构关系写出，其特点是取决于交叉线及不交叉线，因此又把这种方法称为交叉线法(cross-string method)。

根据已知几何关系的角系数的资料，还可以推出其他几何关系的角系数。下面通过例题来说明。

例题 9-1　不相邻的两垂直表面角系数计算

试确定图 9-12 所示的表面 1 对表面 2 的角系数 $X_{1,2}$。

题解

分析：由图 9-12 可见，表面 2 对表面 A、表面 2 对面(1+A)都是相互垂直的矩形，因此角系数 $X_{2,\mathrm{A}}$ 与 $X_{2,(1+\mathrm{A})}$ 都可利用图 9-8 确定。

由角系数的可加性，有

$$X_{2,(1+\mathrm{A})}=X_{2,1}+X_{2,\mathrm{A}}$$

因此有

$$X_{2,1}=X_{2,(1+\mathrm{A})}-X_{2,\mathrm{A}}$$

根据角系数的相对性可得

$$X_{1,2}=\frac{A_2X_{2,1}}{A_1}=\frac{A_2(X_{2,(1+\mathrm{A})}-X_{2,\mathrm{A}})}{A_1}$$

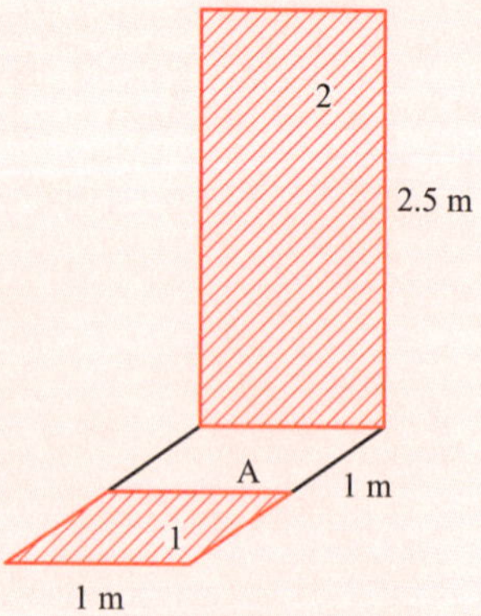

图 9-12　例题 9-1 附图

计算:由图 9-8 得

$$X_{2,A}=0.10,\quad X_{2,(1+A)}=0.13$$

所以

$$X_{1,2}=\frac{A_2X_{2,1}}{A_1}=\frac{A_2(X_{2,(1+A)}-X_{2,A})}{A_1}$$

$$=\frac{2.5\times(0.13-0.10)}{1}=0.075$$

讨论:利用这样的分析方法可以得出不少几何结构的角系数,习题中将有更多这样的例子。有时候角系数比较小,因而计算时要注意有效数字的位数问题。

9.2 两表面封闭系统的辐射传热

如前所述,在热量传递的三种基本方式中,导热与对流传热都发生在直接接触的介质之间,而辐射传热则可发生在两个被真空或透热介质隔开的表面之间。这里的透热介质指的是不参与热辐射的介质,例如空气。本节所讨论的固体表面间的辐射传热是指表面之间不存在参与热辐射介质的情形。

9.2.1 封闭腔模型及两黑体表面组成的封闭腔

1. 封闭腔模型

热辐射是物体以电磁波方式向外界传递能量的过程,在计算任何一个表面与外界之间的辐射传热时,必须把由该表面向空间各个方向发射出去的辐射能考虑在内,也必须把由空间各个方向投入该表面的辐射能包括进去,因此第 8 章在讨论热辐射特性时引入了半球空间的概念。当要计算一个表面通过热辐射与外界的净换热量时,为了确保这一点,计算对象必须是包含所研究表面在内的一个封闭腔(enclosure model)[2,4]。这个辐射传热封闭腔的表面可以全部是物理上真实的,也可以部分是虚构的(如何设定虚构表面,本书下面的算例将进一步予以说明)。最简单的封闭腔就是两块无限接近的平行平板。本节只讨论由两个表面组成的封闭系统,重点在于灰体表面间辐射传热的计算方法。多表面系统下一节再分析。

2. 两黑体表面封闭系统的辐射传热

如图 9-13 所示,黑体表面 1、2 在垂直于纸面方向上为无限长(以下简称二维系统),则表面 1、2 间的净辐射传热量为

$$\begin{aligned}\Phi_{1,2}&=A_1E_{b1}X_{1,2}-A_2E_{b2}X_{2,1}\\&=A_1X_{1,2}(E_{b1}-E_{b2})\\&=A_2X_{2,1}(E_{b1}-E_{b2})\end{aligned}\tag{9-11}$$

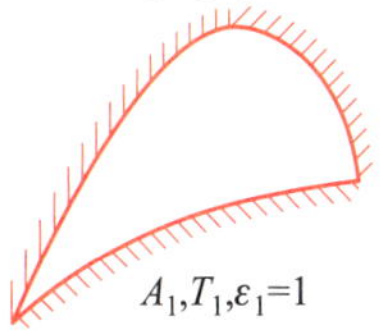

图 9-13　两黑体表面的辐射传热系统

由式(9-11)可见,黑体系统辐射传热量计算的关键在于求得角系数。但灰体系统的情况就要复杂得多,这是因为:(1) 灰体表面的吸收比小于 1,投入灰体表面上的辐射能的吸收不是一次完成的,要经过多次反

射;(2) 由一个灰体表面向外发射出去的辐射能除其自身的辐射力(以后简称为自身辐射)外还包括了被反射的辐射能。这就给辐射传热的计算增加了不少复杂性。

9.2.2 有效辐射

为了能以简洁明了的方式导得灰体系统的辐射传热量计算式,需要引入有效辐射的概念。

1. 有效辐射的定义

前面已经指出,单位时间内投入单位表面积上的总辐射能称为该表面的投入辐射,记为 G。所谓有效辐射(radiosity)是指单位时间内离开表面单位面积的总辐射能,记为 J。有效辐射 J 不仅包括表面的自身辐射 E,而且还包括投入辐射 G 中被表面反射的部分 ρG。这里 ρ 为表面的反射比,可表示成 $1-\alpha$。考察表面温度均匀、表面辐射特性为常数的表面1(图 9-14)。根据有效辐射的定义,表面 1 的有效辐射 J_1 有如下的表达式:

$$J_1=E_1+\rho_1 G_1=\varepsilon_1 E_{b1}+(1-\alpha_1)G_1 \tag{a}$$

在表面外能感受到的表面辐射就是有效辐射,它也是用辐射探测仪能测量到的单位表面积上的辐射功率(W/m^2)。

2. 有效辐射与辐射传热量的关系

图 9-14 表示了固体表面 1 自身发射与吸收外界辐射的情形,我们分别从离开表面非常近的外部 $a-a$ 处与下部 $b-b$ 处两个位置来写出表面 1 的能量收支。

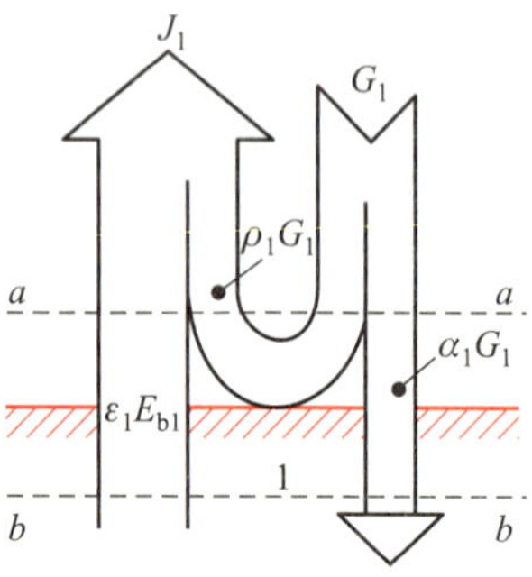

图 9-14 一个表面的辐射能量收支

从表面 1 外部 $a-a$ 来观察,其能量收支差额应等于有效辐射 J_1 与投入辐射 G_1 之差,即:

$$q=J_1-G_1 \tag{b}$$

从表面 1 内部 $b-b$ 处观察,该表面与外界的辐射换热量应为

$$q=E_1-\alpha_1 G_1 \tag{c}$$

从式(b)、式(c)中消去 G_1,即得有效辐射 J 与表面净辐射换热量 q 之间的关系:

$$J=\frac{E}{\alpha}-\frac{1-\alpha}{\alpha}q=E_b-\left(\frac{1}{\varepsilon}-1\right)q \tag{9-12}$$

为使表达式具有一般性,式(9-12)中的下标"1"已经删除。但应注意,该式中的各个量均是对同一表面而言的,而且以向外界的净放热量为正值。

有效辐射的概念以及式(9-12)在固体表面间辐射传热计算中有重要的应用。例如,对于两个有限大小表面间辐射传热角系数的相对性,可以利用有效辐射从而不必假设表面为黑体。

9.2.3 两个漫灰表面组成的封闭腔的辐射传热

下面应用有效辐射的概念来分析由两个漫灰表面组成的封闭系统的辐射传热。

由两个等温的漫灰表面组成的二维封闭系统可抽象为图 9-15 所示的四种情形。其中图 9-15b、c、d 所代表的系统在垂直于纸面方向无限长(二维系统),图 9-15a 所示情形既可代表二维的(A_1、A_2 为圆柱面),也可以是三维的(A_1、A_2 为球面)。无论对于哪种情形,都可以写出表面 1、2 间的辐射传热量为

$$\Phi_{1,2}=A_1 J_1 X_{1,2}-A_2 J_2 X_{2,1} \tag{d}$$

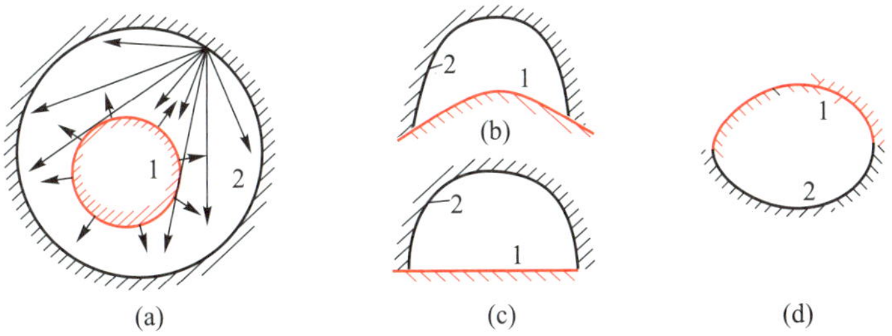

图 9-15　两个物体组成的辐射传热系统

同时应用式(9-12)有

$$J_1A_1=A_1E_{b1}-\left(\frac{1}{\varepsilon_1}-1\right)\Phi_{1,2} \tag{e}$$

$$J_2A_2=A_2E_{b2}-\left(\frac{1}{\varepsilon_2}-1\right)\Phi_{2,1} \tag{f}$$

注意到,按能量守恒定律有

$$\Phi_{1,2}=-\Phi_{2,1} \tag{g}$$

将式(e)~式(g)代入式(d)可得

$$\Phi_{1,2}=\frac{E_{b1}-E_{b2}}{\dfrac{1-\varepsilon_1}{\varepsilon_1A_1}+\dfrac{1}{A_1X_{1,2}}+\dfrac{1-\varepsilon_2}{\varepsilon_2A_2}} \tag{9-13a}$$

若用 A_1 作为计算面积,上式可改写为

$$\begin{aligned}\Phi_{1,2}&=\frac{A_1(E_{b1}-E_{b2})}{\left(\dfrac{1}{\varepsilon_1}-1\right)+\dfrac{1}{X_{1,2}}+\dfrac{A_1}{A_2}\left(\dfrac{1}{\varepsilon_2}-1\right)}\\&=\varepsilon_sA_1X_{1,2}(E_{b1}-E_{b2})\end{aligned} \tag{9-13b}$$

其中

$$\varepsilon_s=\frac{1}{1+X_{1,2}\left(\dfrac{1}{\varepsilon_1}-1\right)+X_{2,1}\left(\dfrac{1}{\varepsilon_2}-1\right)} \tag{9-14}$$

与黑体系统的辐射传热式(9-11)相比,灰体系统的计算式(9-13b)多了一个修正因子 ε_s。ε_s 的值小于 1,它是考虑由于灰体系统发射率之值小于 1 引起的多次吸收与反射对换热量影响的因子,称为系统发射率(又称系统黑度)。

对于下列三种情形,式(9-13)可以进一步简化。

(1) 表面 1 为平面或凸表面(图 9-15a、b、c)。此时 $X_{1,2}=1$,式(9-13b)简化为

$$\begin{aligned}\Phi_{1,2}&=\frac{A_1(E_{b1}-E_{b2})}{\dfrac{1}{\varepsilon_1}+\dfrac{A_1}{A_2}\left(\dfrac{1}{\varepsilon_2}-1\right)}\\&=\varepsilon_sA_1C_0\left[\left(\frac{T_1}{100}\right)^4-\left(\frac{T_2}{100}\right)^4\right]\end{aligned} \tag{9-15}$$

其中系统发射率为

$$\varepsilon_s=\frac{1}{\frac{1}{\varepsilon_1}+\frac{A_1}{A_2}\left(\frac{1}{\varepsilon_2}-1\right)}$$

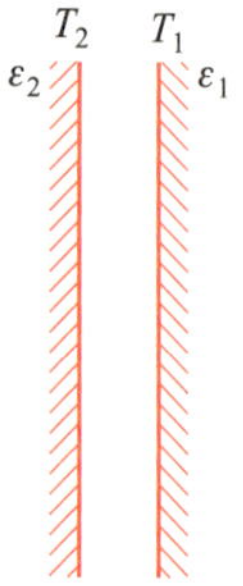

图 9-16 平行平板间辐射传热的示意图

（2）表面积 A_1 和 A_2 相差很小，即 $A_1/A_2\to1$ 的辐射传热系统是个重要的特例。实用上，有重要意义的无限大平行平板间的辐射传热就属于此种特例（图 9-16）。这时，辐射传热量 $\Phi_{1,2}$ 可按下式计算：

$$\Phi_{1,2}=\frac{A_1(E_{b1}-E_{b2})}{\frac{1}{\varepsilon_1}+\frac{1}{\varepsilon_2}-1}=\frac{A_1C_0\left[\left(\frac{T_1}{100}\right)^4-\left(\frac{T_2}{100}\right)^4\right]}{\frac{1}{\varepsilon_1}+\frac{1}{\varepsilon_2}-1}\tag{9-16}$$

（3）表面积 A_2 比 A_1 大得多，即 $A_1/A_2\to0$，表面 1 为非凹表面的辐射传热系统是又一个重要的特例：大房间内的小物体（如高温管道等）的辐射散热，以及气体容器（或管道）内热电偶测温的辐射误差等实际问题的计算都属于这种情况。这时，式（9-13）简化为

$$\Phi_{1,2}=\varepsilon_1A_1(E_{b1}-E_{b2})=\varepsilon_1A_1C_0\left[\left(\frac{T_1}{100}\right)^4-\left(\frac{T_2}{100}\right)^4\right]\tag{9-17}$$

灰表面辐射传热的多次吸收模型

对于这个特例，系统发射率 $\varepsilon_s=\varepsilon_1$。也就是说，在这种情况下进行辐射传热计算，不需要知道包壳物体 2 的面积 A_2 及其发射率 ε_2。读者不妨自行分析一下为什么会有这样的结果。

值得指出，引入有效辐射的概念大大简化了表面间辐射传热的分析。

上面所讨论的都是由两个表面组成的封闭系统，关于由 3 个或更多个表面组成的封闭系统的辐射传热将在下节用网络法求解。

9.2.4 采用低辐射镀膜玻璃双层窗的辐射传热分析

设有如图 9-17 所示的双层窗，第一片玻璃的两面 1 与 2 都镀了一层发射率很低的膜。按照 8.6.4 节的介绍，这种膜自身发射率很低，但对太阳近红外辐射及中远红外辐射有较高反射比。现在分别从夏季与冬季来分析此双层玻璃窗的节能效应。

（1）夏季

普通双层玻璃窗：太阳辐射照射在表面 1 上，大部分透射到室内；一部分被第一片玻璃吸收并通过 2、3 两个表面辐射传热（夏天 T_2 大于 T_3），辐射传热量经第二片玻璃吸收并向室内辐射，使大量太阳辐射热量进入室内。

当表面 1、2 镀低辐射膜时：太阳辐射照射表面 1 上，大部分近红外辐射被反射到环境，大部分可见光和小部分近红外透射到室内；一部分太阳辐射经第一片玻璃吸收，对于表面 2、3 的辐射传热，表面 3 为一般玻璃表面，发射率高，表面 2 发射率低，使得系统发射率较低，通过第二片玻璃进入室内的热量也减少。因此夏天起到减少太阳辐射进入室内的作用。

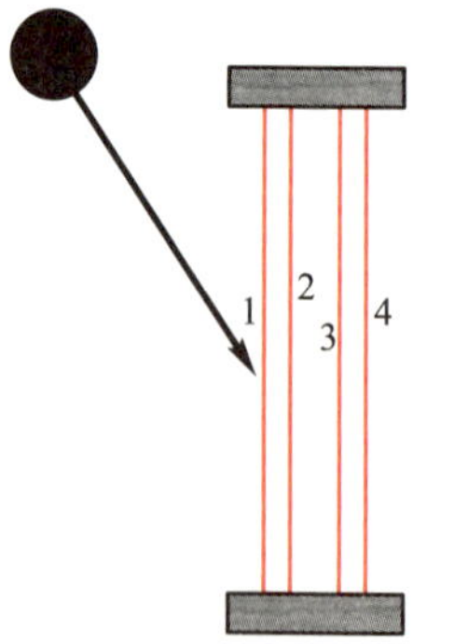

图 9-17 双层窗辐射传热分析

（2）冬天

普通双层玻璃窗：第二片玻璃吸收室内的热量，使得 T_3 大于 T_2，通过表面 2、3 间的辐射传热将热量传递给第一片玻璃向室外散失。

对于 1、2 表面为低辐射镀膜玻璃情形：第二片玻璃吸收室内热量辐射到表面 2 时，被低辐射膜反射回来，因此经第一片玻璃吸收并辐射向室外损失减少。当然由于表面 1 的低辐射膜特性白天吸收太阳光的热也明显降低，但冬季日照时间短黑夜漫长，因此总体上还是起到保温的作用。

例题 9-2　液氧储存容器的热损失分析

液氧储存容器为双壁镀银的夹层结构（图 9-18），外壁内表面温度 $t_{w1}=20$ ℃，内壁外表面温度 $t_{w2}=-183$ ℃，镀银壁的发射率 $\varepsilon=0.02$。试计算由于辐射传热每单位面积容器壁的散热量。

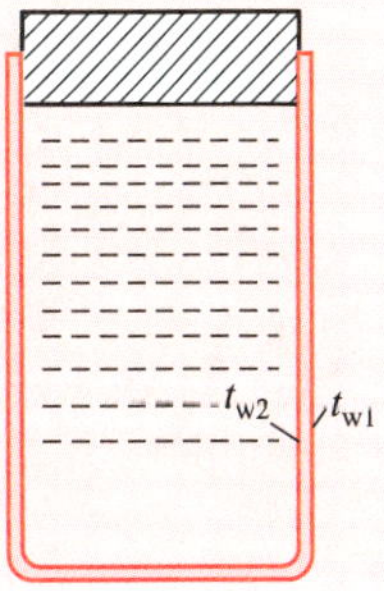

图 9-18　液氧储存容器示意图

题解

分析：因为容器夹层的间隙很小，可认为属于无限大平行表面间的辐射传热问题。容器壁单位面积的辐射热损失量可用式（9-16）计算。

计算：

$$T_{w1}=t_{w1}+273\ \mathrm{K}=(20+273)\ \mathrm{K}=293\ \mathrm{K}$$

$$T_{w2}=t_{w2}+273\ \mathrm{K}=(-183+273)\ \mathrm{K}=90\ \mathrm{K}$$

$$q_{1,2}=\frac{C_0\left[\left(\dfrac{T_{w1}}{100}\right)^4-\left(\dfrac{T_{w2}}{100}\right)^4\right]}{\dfrac{1}{\varepsilon_1}+\dfrac{1}{\varepsilon_2}-1}=\frac{5.67\ \mathrm{W/(m^2\cdot K^4)}\times[(2.93\ \mathrm{K})^4-(0.9\ \mathrm{K})^4]}{\dfrac{1}{0.02}+\dfrac{1}{0.02}-1}=4.18\ \mathrm{W/m^2}$$

讨论：采用镀银壁对降低辐射散热量作用极大。作为比较，设 $\varepsilon_1=\varepsilon_2=0.8$，则将有 $q_{1,2}=276\ \mathrm{W/m^2}$，即辐射热损失量增加 66 倍。

如果不采用抽真空的夹层，而是采用在容器外敷设保温材料的方法来绝热，取保温材料的导热系数为 $0.05\ \mathrm{W/(m\cdot K)}$（这已经是相当好的保温材料了），则按一维平板导热问题来估算，所需的保温材料壁厚 δ 应满足下式：

$$4.18\ \mathrm{W/m^2}=0.05\ \mathrm{W/(m\cdot K)}\times\frac{[20-(-183)]\ \mathrm{K}}{\delta}$$

$$\delta=2.43\ \mathrm{m}$$

由此可见抽真空的低发射率夹层保温的有效性。空气的导热系数比上述保温材料低得多，请读者考虑在这里能否用一个厚的空气夹层来隔热。

例题 9-3　砖槽内钢管的散热

一根直径 $d=50$ mm、长度 $l=8$ m 的钢管，被置于横断面为 0.2 m×0.2 m 的砖槽道内。若钢管温度和发射率分别为 $t_1=250$ ℃、$\varepsilon_1=0.79$，砖槽壁面温度和发射率分别为 $t_2=27$ ℃、$\varepsilon_2=0.93$，试计算该钢管的辐射热损失。

题解

分析：这是一个三维问题，但是因为 $l/d\gg1$，可以近似地按二维问题处理，而直接应用式（9-15）计算钢管的辐射散热损失。

计算:

$$\Phi = \frac{A_1 C_0\left[\left(\frac{T_1}{100}\right)^4 - \left(\frac{T_2}{100}\right)^4\right]}{\frac{1}{\varepsilon_1}+\frac{A_1}{A_2}\left(\frac{1}{\varepsilon_2}-1\right)}$$

$$= \frac{3.14\times0.05\ \text{m}\times8\ \text{m}\times5.67\ \text{W}/(\text{m}^2\cdot\text{K}^4)\times[(5.23\ \text{K})^4-(3.00\ \text{K})^4]}{\frac{1}{0.79}+\frac{3.14\times0.05}{4\times0.2}\times\left(\frac{1}{0.93}-1\right)}$$

$$= 3.710\ \text{kW}$$

讨论:这一问题也可以近似地采用 $A_1/A_2\approx0$ 的模型。此时有

$$\Phi = \varepsilon_1 A_1 C_0\left[\left(\frac{T_1}{100}\right)^4 - \left(\frac{T_2}{100}\right)^4\right]$$

$$= 0.79\times3.14\times0.05\ \text{m}\times8\ \text{m}\times5.67\ \text{W}/(\text{m}^2\cdot\text{K}^4)\times[(5.23\ \text{K})^4-(3.00\ \text{K})^4]$$

$$= 3.754\ \text{kW}$$

与上述结果只相差 1%。

例题 9-4　埋地式加热炉内侧向环境的散热

一直径 $d=0.75$ m 的圆筒形埋地式加热炉采用电加热方法加热,如图 9-19 所示。在操作过程中需要将炉子顶盖移去一段时间,设此时筒身温度为 500 K,筒底为 650 K。环境温度为 300 K。试计算顶盖移去期间单位时间内的热损失。设筒身及底面均可作为黑体。

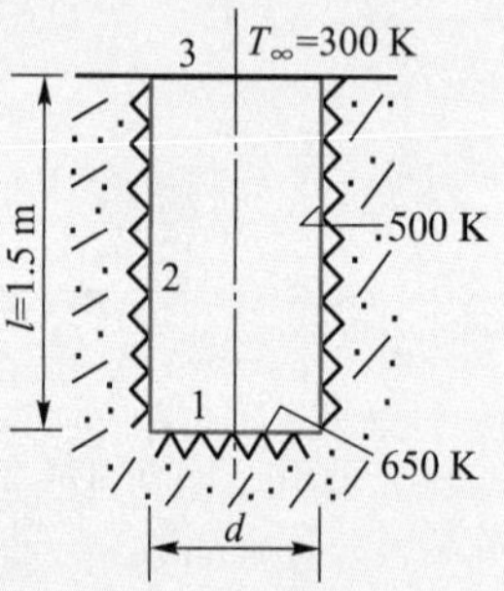

图 9-19　例题 9-4 附图

题解

分析:从加热炉的侧壁与底面通过顶开口散失到厂房中的辐射热量几乎全部被厂房中的物体吸收,返回到加热炉内的比例几乎为零,因此可以把顶盖开口处当作一个假想的黑体表面,其温度则等于环境温度,这样就形成了由 3 个等温表面组成的黑体封闭腔。加热炉散失到厂房中的辐射能为

$$\Phi = \Phi_{2,3}+\Phi_{1,3}$$

$$= A_2 X_{2,3}(E_{b2}-E_{b3})+A_1 X_{1,3}(E_{b1}-E_{b3})$$

计算:据角系数图 9-9,$r_2/l=0.375/1.5=0.25$,$l/r_1=1.5/0.375=4$,得

$$X_{1,3}=0.06,\quad X_{1,2}=1-0.06=0.94$$

据相对性得

$$X_{2,1}=\frac{A_1}{A_2}X_{1,2}$$

$$=\frac{3.14\times0.75^2/4}{3.14\times0.75\times1.5}\times0.94=0.118$$

再据对称性得 $X_{2,1}=X_{2,3}$,故最后得

$$\Phi = 3.14\times0.75\ \text{m}\times1.5\ \text{m}\times0.118\times5.67\ \text{W}/(\text{m}^2\cdot\text{K}^4)\times[(5\ \text{K})^4-(3\ \text{K})^4]+$$

$$\frac{3.14}{4}\times(0.75\ \text{m})^2\times0.06\times5.67\ \text{W}/(\text{m}^2\cdot\text{K}^4)\times[(6.5\ \text{K})^4-(3\ \text{K})^4]$$

$$= 1\ 542\ \text{W}$$

讨论:在上述计算中利用9.1节中的式(c)计算两个黑体表面间的辐射传热,该两个表面并未形成封闭系统。这里要特别指出,只有对于黑体表面,不组成封闭腔的两表面之间的辐射传热计算才具有确定的结果;而对于灰体表面,这样的计算不能得出确定的结果,其数值将随环境条件的不同而改变。鉴于这一原因,本书不讨论不组成封闭腔的任意两表面间的辐射传热,而把注意力集中到工程计算最感兴趣的问题——一个表面通过辐射传热所传递的净辐射传热量。对于这种计算,必须采用封闭腔的模型。

不组成封密腔的两表面间的辐射传热

9.3 多表面系统的辐射传热

在由两个表面组成的封闭系统中,一个表面的净辐射传热量也就是该表面与另一表面间的辐射传热量。而在多表面系统中,一个表面的净辐射传热量是与其余各表面分别传热的传热量之和。工程计算的主要目的是获得一个表面的净辐射传热量,这是本节的讨论重点。对于被透热介质隔开的多表面系统,可以采用网络法得出计算各个表面的有效辐射的联立方程,从而获得一个表面的净辐射传热量。当表面数量大时,需要通过计算机求解来获得有效辐射以及每一表面的净辐射传热量。

9.3.1 两表面传热系统的辐射网络

据有效辐射的计算式(9-12)得一个表面的净辐射传热量为

$$q=\frac{E_b-J}{\dfrac{1-\varepsilon}{\varepsilon}} \quad 或 \quad \Phi=\frac{E_b-J}{\dfrac{1-\varepsilon}{\varepsilon A}} \tag{9-18}$$

又据9.2节式(d):

$$\Phi_{1,2}=A_1J_1X_{1,2}-A_2J_2X_{2,1}=A_1X_{1,2}(J_1-J_2)$$

由此得

$$\Phi_{1,2}=\frac{J_1-J_2}{\dfrac{1}{A_1X_{1,2}}} \tag{9-19}$$

将式(9-18)、式(9-19)与电学中的欧姆定律相比可见:传热量 Φ 相当于电流强度;E_b-J 或 J_1-J_2 相当于电势差;$\dfrac{1-\varepsilon}{\varepsilon A}$ 及 $\dfrac{1}{A_1X_{1,2}}$ 相当于电阻,分别称为辐射传热的表面辐射热阻及空间辐射热阻,因为它们分别取决于表面的辐射特性(ε)及表面的空间结构(角系数 X)。E_b 相当于电源电动势,而 J 则相当于节点电压。这两个辐射热阻的等效电路如图9-20所示。利用上述两个单元电路,可以容易地画出组成封闭系统的两个灰体表面间辐射传热的等效网络,如图9-21所示。根据这一等效网络,可以立即写出下列传热量计算式:

$$\Phi=\frac{E_{b1}-E_{b2}}{\dfrac{1-\varepsilon_1}{\varepsilon_1A_1}+\dfrac{1}{A_1X_{1,2}}+\dfrac{1-\varepsilon_2}{A_2\varepsilon_2}}$$

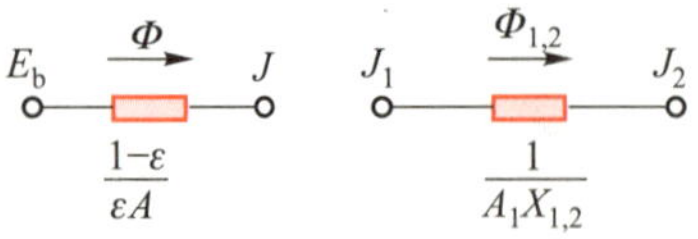

(a) 表面辐射热阻　　(b) 空间辐射热阻

图 9-20　辐射传热单元网络图

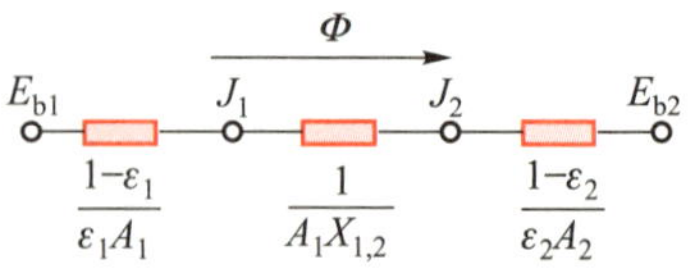

图 9-21　两表面封闭腔辐射传热等效网络图

这就是上一节的式(9-13a)。这种把辐射热阻比拟成等效的电阻从而通过等效的网络图来求解辐射传热的方法,称为辐射传热的网络法(network method of radiation heat exchange)。

9.3.2　多表面封闭系统网络法求解的实施步骤

应用网络法求解多表面封闭系统辐射传热问题的步骤如下。

(1) 画出等效的网络图。画图时应注意:每一个参与传热的表面(净传热量不为零的表面)均应有一段相应的电路,它包括源电动势、与表面热阻相应的电阻及节点电势;各表面之间的连接,由节点电势出发通过空间热阻进行;每一个节点电势都应与其他节点电势连接起来。

(2) 列出节点的电流方程。画出等效网络图后,辐射传热问题就可作为直流电路问题来求解。以如图 9-22 所示的三表面的辐射传热问题为例画出等效网络如图 9-23 所示。根据电学中的基尔霍夫定律,可列出 3 个节点 J_1、J_2、J_3 处的电流方程如下:

$$J_1:\frac{E_{b1}-J_1}{\dfrac{1-\varepsilon_1}{\varepsilon_1A_1}}+\frac{J_2-J_1}{\dfrac{1}{A_1X_{1,2}}}+\frac{J_3-J_1}{\dfrac{1}{A_1X_{1,3}}}=0 \tag{a}$$

$$J_2:\frac{E_{b2}-J_2}{\dfrac{1-\varepsilon_2}{\varepsilon_2A_2}}+\frac{J_1-J_2}{\dfrac{1}{A_1X_{1,2}}}+\frac{J_3-J_2}{\dfrac{1}{A_2X_{2,3}}}=0 \tag{b}$$

$$J_3:\frac{E_{b3}-J_3}{\dfrac{1-\varepsilon_3}{\varepsilon_3A_3}}+\frac{J_1-J_3}{\dfrac{1}{A_1X_{1,3}}}+\frac{J_2-J_3}{\dfrac{1}{A_2X_{2,3}}}=0 \tag{c}$$

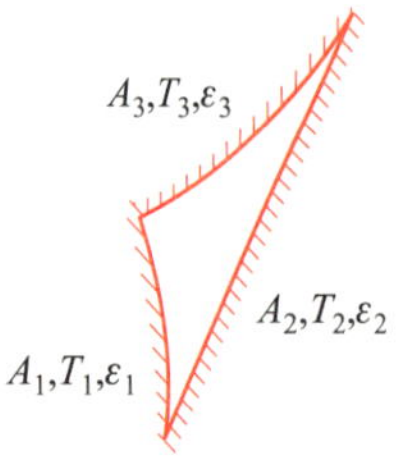

图 9-22　由 3 个表面组成的封闭腔

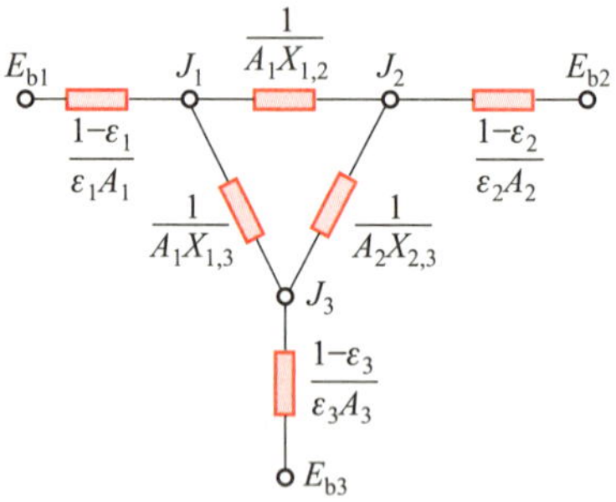

图 9-23　三表面封闭腔的等效网络图

(3) 求解上述代数方程得出节点电势(表面有效辐射)J_1、J_2、J_3。

(4) 按公式 $\Phi_i=\dfrac{E_{bi}-J_i}{\dfrac{1-\varepsilon_i}{\varepsilon_iA_i}}$确定每个表面的净辐射传热量。

9.3.3 三表面封闭系统的两种特殊情形

在三表面封闭系统中有两个重要的特例可使计算工作大为简化，它们是有一个表面为黑体或有一个表面绝热，兹分别说明如下。

（1）有一个表面为黑体。设图 9-22 中表面 3 为黑体。此时其表面热阻$\dfrac{1-\varepsilon_3}{\varepsilon_3 A_3}=0$。从而有 $J_3=E_{b3}$，网络图简化成如图 9-24a 所示。这时上述代数方程简化为二元方程组。

（2）有一个表面绝热，即净辐射传热量 q 为零。设表面 3 绝热，则

$$J_3=E_{b3}-\left(\frac{1}{\varepsilon}-1\right)q=E_{b3} \tag{d}$$

即该表面的有效辐射等于某一温度下的黑体辐射。但与已知表面温度的黑体情形所不同的是：此时绝热表面的温度是未知的，而由其他两个表面所决定，其等效网络如图 9-24b 所示。注意，此处 $J_3=E_{b3}$ 是一个浮动的电势，取决于 J_1、J_2 及其间的两个表面热阻。图 9-24c 是其另一种表示方法，可以更清楚地看出上述特点。

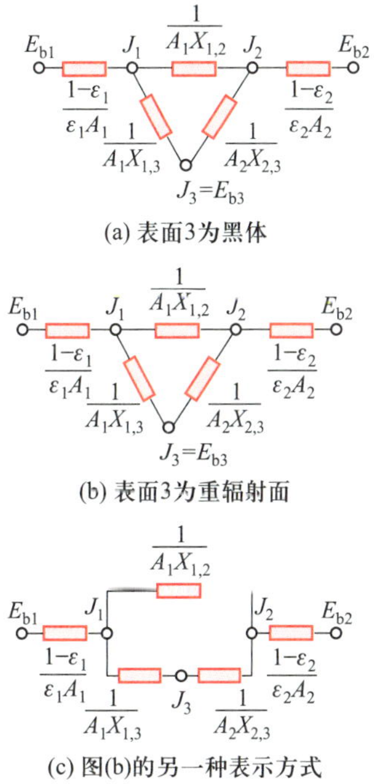

(a) 表面3为黑体

(b) 表面3为重辐射面

(c) 图(b)的另一种表示方式

图 9-24　三表面系统的两个特例

辐射传热系统中，这种表面温度未定而净的辐射传热量为零的表面称为重辐射面（reradiating surface）。对于三表面系统，当有一个表面为重辐射面时，其余两个表面间的净辐射传热量可方便地按图 9-24c 写出为

$$\Phi_{1,2}=\frac{E_{b1}-E_{b2}}{\sum R_t} \tag{e}$$

其中总阻力 $\sum R_t$ 为

$$\sum R_t=\frac{1-\varepsilon_1}{\varepsilon_1 A_1}+\frac{1-\varepsilon_2}{\varepsilon_2 A_2}+R_{eq} \tag{f}$$

按电学原理，并联电路的等效电阻 R_{eq} 为

$$R_{eq}^{-1}=\frac{1}{\dfrac{1}{A_1X_{1,2}}}+\frac{1}{\dfrac{1}{A_1X_{1,3}}+\dfrac{1}{A_2X_{2,3}}}$$

$$R_{eq}=\frac{\dfrac{1}{A_1X_{1,2}}\left(\dfrac{1}{A_1X_{1,3}}+\dfrac{1}{A_2X_{2,3}}\right)}{\dfrac{1}{A_1X_{1,2}}+\dfrac{1}{A_1X_{1,3}}+\dfrac{1}{A_2X_{2,3}}} \tag{g}$$

将式(g)、式(f)代入式(e)，即可求得 $\Phi_{1,2}$。

值得指出，在工程辐射传热计算中常会遇到有重辐射面的情形。电炉及加热炉中保温很好的耐火炉墙就是这种绝热表面。这时可以认为它把落在其表面上的辐射能又完全重新辐射出去，因而被称为重辐射面。虽然重辐射面与换热表面之间无净辐射热量交换，但它的重辐射作用却影响到其他换热表面间的辐射传热。

9.3.4 多表面封闭系统辐射传热计算的几点说明

1. 适合计算机求解的有效辐射计算表达式

由前面的讨论可见，封闭腔中每一个表面净辐射传热量计算的关键是要获得该表面的有效

辐射。一旦有效辐射已知，就可以利用式（9-18）确定其辐射传热量。辐射传热网络法的主要功能就是为有效辐射计算方程的建立提供了一种简便易行的方法，这些计算方程如本节式（a）、（b）、（c）所示。但那样的计算方程是关于有效辐射的隐式形式，不适宜于迭代法求解。在通过计算机用迭代方法求解大量未知的有效辐射时，要将每个表面的有效辐射表达成易于迭代求解的显函数形式，这可以通过将式（a）、（b）、（c）等作形式转换得出，也可以通过对封闭腔中任意表面作能量收支平衡分析得出。下面采用这种分析法导出显函数形式的计算方程。

假设由 N 个漫灰表面组成的封闭腔中，每个表面的温度 T_i 为已知，为简便起见，假定每个表面都不是内凹的，即 $X_{i,i}=0(i=1\sim N)$。在此条件下对任意表面 i 有

$$J_i=\varepsilon_i\sigma T_i^4+(1-\varepsilon_i)\sum_{j=1}^{N}J_jX_{j,i}A_j/A_i$$

利用角系数的相对性 $A_jX_{j,i}=A_iX_{i,j}$，上式可化为

$$J_i=\varepsilon_i\sigma T_i^4+(1-\varepsilon_i)\sum_{j=1}^{N}J_jX_{i,j},\quad i=1,2,\cdots,N \tag{9-20}$$

利用直接解法或迭代法求解代数方程组（9-20），得出各个表面的有效辐射后即可利用式（9-18）计算出各个表面的净辐射传热量。关于求解多表面辐射传热问题的更多的内容（例如部分表面给定温度，而其余表面给定热流密度）可参见文献［1-2］。

2. 计算表面数的划分以热边界条件为依据

这里要特别指出的一点是：对于多表面系统的问题，表面的划分应以热边界条件为主要依据。例如对于一个六面体，如果给定了顶面与底面的温度，而 4 个侧面绝热，则 4 个侧面即可作为一个表面处理，从而使该问题成为一个三表面的封闭系统。

进一步，如果顶面的温度不是均匀分布的，则可根据需要将它分为几个子区域，在每个子区域中认为温度均匀。子区域的数目就是顶面新的计算表面数。

例题 9-5　大厂房内两平行平板间的辐射传热

两块尺寸均为 1 m×2 m、间距为 1 m 的平行平板置于室温 $t_3=27$ ℃ 的大厂房内。平板背面不参与换热。已知两板的温度和发射率分别为 $t_1=827$ ℃、$t_2=327$ ℃ 和 $\varepsilon_1=0.2$、$\varepsilon_2=0.5$，试计算每块板的净辐射散热量及厂房墙壁所得到的辐射热量。

题解

分析：本题是 3 个灰表面间的辐射传热问题。因厂房墙壁表面积 A_3 很大，其表面热阻 $1-\varepsilon_3/(\varepsilon_3A_3)$ 可取为零。因此，$J_3=E_{b3}$ 是个已知量，而其等效网络图如图 9-25 所示。

计算：根据给定的几何特性 $X/H=2$、$Y/H=1$，由图 9-7 查出：

$$X_{1,2}=X_{2,1}=0.285$$

$$X_{1,3}=X_{2,3}=1-X_{1,2}=1-0.285=0.715$$

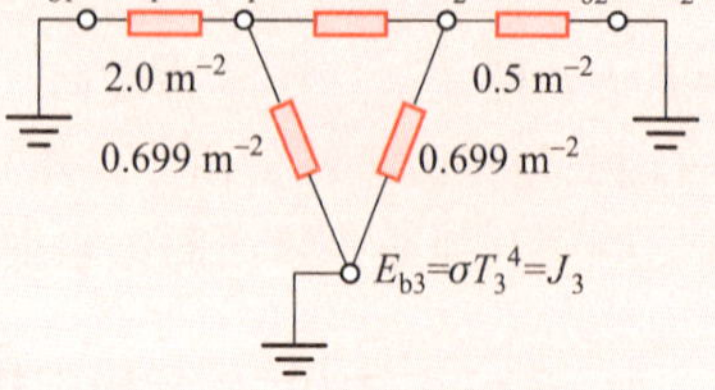

图 9-25　例题 9-5 的网络图

而计算网络中的各热阻值：

$$\frac{1-\varepsilon_1}{\varepsilon_1A_1}=\frac{1-0.2}{0.2\times2\ \mathrm{m}^2}=2.0\ \mathrm{m}^{-2}$$

$$\frac{1-\varepsilon_2}{\varepsilon_2A_2}=\frac{1-0.5}{0.5\times2\ \mathrm{m}^2}=0.5\ \mathrm{m}^{-2}$$

$$\frac{1}{A_1X_{1,2}}=\frac{1}{2\ \mathrm{m}^2\times0.285}=1.75\ \mathrm{m}^{-2}$$

$$\frac{1}{A_1X_{1,3}}=\frac{1}{2\ \text{m}^2\times 0.715}=0.699\ \text{m}^{-2}$$

$$\frac{1}{A_2X_{2,3}}=\frac{1}{2\ \text{m}^2\times 0.715}=0.699\ \text{m}^{-2}$$

以上各热阻的数值已标出在图 9-24 上。对节点 J_1、J_2 应用直流电路的基尔霍夫定律，得

$$J_1:\frac{E_{b1}-J_1}{2}+\frac{J_2-J_1}{1.75}+\frac{E_{b3}-J_1}{0.699}=0$$

$$J_2:\frac{J_1-J_2}{1.75}+\frac{E_{b3}-J_2}{0.699}+\frac{E_{b2}-J_2}{0.5}=0$$

而

$$E_{b1}=C_0\left(\frac{T_1}{100}\right)^4=5.67\ \text{W}/(\text{m}^2\cdot\text{K}^4)\times\left(\frac{1\ 100}{100}\ \text{K}\right)^4$$

$$=83.01\times10^3\ \text{W/m}^2=83.01\ \text{kW/m}^2$$

$$E_{b2}=C_0\left(\frac{T_2}{100}\right)^4=5.67\ \text{W}/(\text{m}^2\cdot\text{K}^4)\times\left(\frac{600}{100}\ \text{K}\right)^4$$

$$=7.348\times10^3\ \text{W/m}^2=7.348\ \text{kW/m}^2$$

$$E_{b3}=C_0\left(\frac{T_3}{100}\right)^4=5.67\ \text{W}/(\text{m}^2\cdot\text{K}^4)\times\left(\frac{300}{100}\ \text{K}\right)^4$$

$$=459\ \text{W/m}^2=0.459\ \text{kW/m}^2$$

将 E_{b1}、E_{b2}、E_{b3} 值代入方程，联立求解得

$$J_1=18.33\ \text{kW/m}^2,\quad J_2=6.347\ \text{kW/m}^2$$

于是板 1 的辐射传热量为

$$\Phi_1=\frac{E_{b1}-J_1}{\dfrac{1-\varepsilon_1}{\varepsilon_1A_1}}=\frac{83.01\times10^3\ \text{W}-18.33\times10^3\ \text{W}}{2}=32.34\times10^3\ \text{W}=32.34\ \text{kW}$$

板 2 的辐射传热量为

$$\Phi_2=\frac{E_{b2}-J_2}{\dfrac{1-\varepsilon_2}{\varepsilon_2A_2}}=\frac{7.348\times10^3\ \text{W}-6.347\times10^3\ \text{W}}{0.5}=2.002\times10^3\ \text{W}=2.002\ \text{kW}$$

厂房墙壁的辐射传热量为

$$\Phi_3=\frac{E_{b3}-J_1}{0.699}+\frac{E_{b3}-J_2}{0.699}=-\left(\frac{E_{b1}-J_1}{2}+\frac{E_{b2}-J_2}{0.5}\right)=-(\Phi_1+\Phi_2)$$

$$=-(32.34\times10^3\ \text{W}+2.002\times10^3\ \text{W})=-34.34\ \text{kW}$$

讨论：表面 1、2 的净辐射传热量中 Φ_1 及 Φ_2 均为正值，说明两个表面都向环境放出了热量。按能量守恒定律，这份能量必为墙壁所吸收。上述结果中的负号就表示了这一物理意义。又，本题为简化分析，设平板 1、2 的背面不参与辐射传热。如果设平板 1、2 的背面分别为表面 4、5，其温度及发射率分别与其正面的一样，试画出这时的等效网络图，并分析表面热阻 $R_{4,5}$、$R_{4,1}$、$R_{4,2}$、$R_{5,1}$、$R_{5,2}$ 之值。

例题 9-6　有重辐射面的空腔表面辐射传热计算

假定例题 9-5 中大房间的墙壁为重辐射表面，在其他条件不变时，试计算温度较高表面的净辐射散热量。

题解

分析：本例题与例题 9-5 的区别在于把房间墙壁看成绝热表面，于是房间墙壁不能把热量传向外界，其辐射网络见图 9-24c。因其他条件不变，上例中各热阻值及 E_{b1} 和 E_{b2} 之值在本例中仍然有效。

计算：

$$R_1=\frac{1-\varepsilon_1}{\varepsilon_1 A_1}=2\ \mathrm{m}^{-2},\quad R_2=\frac{1-\varepsilon_2}{\varepsilon_2 A_2}=0.5\ \mathrm{m}^{-2}$$

$$R_{1,2}=\frac{1}{A_1 X_{1,2}}=1.75\ \mathrm{m}^{-2}$$

$$R_{1,3}=\frac{1}{A_1 X_{1,3}}=0.699\ \mathrm{m}^{-2},\quad R_{2,3}=R_{1,3}=0.699\ \mathrm{m}^{-2}\approx 0.7\ \mathrm{m}^{-2}$$

$$E_{b1}=83.01\ \mathrm{kW/m^2},\quad E_{b2}=7.348\ \mathrm{kW/m^2}$$

串、并联电路部分的等效电阻为

$$R_{eq}^{-1}=\frac{1}{R_{1,2}}+\frac{1}{R_{2,3}+R_{1,3}}=\frac{1}{1.75\ \mathrm{m}^{-2}}+\frac{1}{0.7\ \mathrm{m}^{-2}+0.7\ \mathrm{m}^{-2}}=1.29\ \mathrm{m}^2$$

所以

$$R_{eq}=\frac{1}{1.29\ \mathrm{m}^2}=0.78\ \mathrm{m}^{-2}$$

在 E_{b1} 和 E_{b2} 之间的总阻值为

$$\Sigma R=R_1+R_{eq}+R_2=(2+0.78+0.5)\ \mathrm{m}^{-2}=3.28\ \mathrm{m}^{-2}$$

温度较高的表面的净辐射散热量为

$$\Phi_{1,2}=\frac{E_{b1}-E_{b2}}{\Sigma R}=\frac{83.01\times10^3\ \mathrm{W/m^2}-7.348\times10^3\ \mathrm{W/m^2}}{3.28\ \mathrm{m}^{-2}}$$

$$=23.06\times10^3\ \mathrm{W}=23.06\ \mathrm{kW}$$

讨论：表面 3 改为重辐射面后辐射传热情况发生了重要变化：首先高温表面 1 的净换热量减少了约 29%；其次表面 2 在上例中也是一个净放热的表面，而这里则成为一个净吸热的表面。所以，在进行多表面系统辐射传热的计算时，是否确认其中某个表面为重辐射面必须谨慎。从数学、物理建模的角度看，这相当于要正确地给出热边界条件。

例题 9-7　地板辐射采暖计算

有一辐射采暖间，加热设施布置于顶棚，房间尺寸为 4 m×5 m×3 m，如图 9-26 所示。根据实测已知：顶棚表面温度 $t_1=25$ ℃，$\varepsilon_1=0.9$；边墙 2 内表面温度 $t_2=10$ ℃，$\varepsilon_2=0.8$；其余三面边墙的内表面温度及发射率相同，将它们作为整体看待，统称为 A_3，$t_3=13$ ℃，$\varepsilon_3=0.8$；底面的表面温度 $t_4=11$ ℃，$\varepsilon_4=0.6$。试求：(1) 顶棚的总辐射传热量；(2) 其他 3 个表面的净辐射传热量。

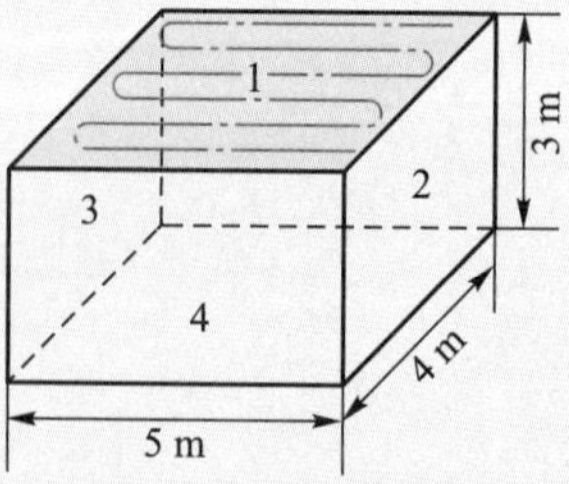

图 9-26　例题 9-7 附图

题解

分析：本题可看作 4 个灰体表面组成的封闭腔的辐射传热问题，其辐射传热网络如图 9-27 所示。为了说明网络法所列出的节点方程与应用计算机求解的有效辐射方程式(9-20)之间的关系，我们先按基尔霍夫定律写出 4 个节点的电流方程：

$$\frac{E_{b1}-J_1}{\dfrac{1-\varepsilon_1}{\varepsilon_1A_1}}+\frac{J_2-J_1}{\dfrac{1}{A_1X_{1,2}}}+\frac{J_3-J_1}{\dfrac{1}{A_1X_{1,3}}}+\frac{J_4-J_1}{\dfrac{1}{A_1X_{1,4}}}=0$$

$$\frac{E_{b2}-J_2}{\dfrac{1-\varepsilon_2}{\varepsilon_2A_2}}+\frac{J_1-J_2}{\dfrac{1}{A_2X_{2,1}}}+\frac{J_3-J_2}{\dfrac{1}{A_2X_{2,3}}}+\frac{J_4-J_2}{\dfrac{1}{A_2X_{2,4}}}=0$$

$$\frac{E_{b3}-J_3}{\dfrac{1-\varepsilon_3}{\varepsilon_3A_3}}+\frac{J_1-J_3}{\dfrac{1}{A_3X_{3,1}}}+\frac{J_2-J_3}{\dfrac{1}{A_3X_{3,2}}}+\frac{J_4-J_3}{\dfrac{1}{A_3X_{3,4}}}=0$$

$$\frac{E_{b4}-J_4}{\dfrac{1-\varepsilon_4}{\varepsilon_4A_4}}+\frac{J_1-J_4}{\dfrac{1}{A_4X_{4,1}}}+\frac{J_2-J_4}{\dfrac{1}{A_4X_{4,2}}}+\frac{J_3-J_4}{\dfrac{1}{A_4X_{4,3}}}=0$$

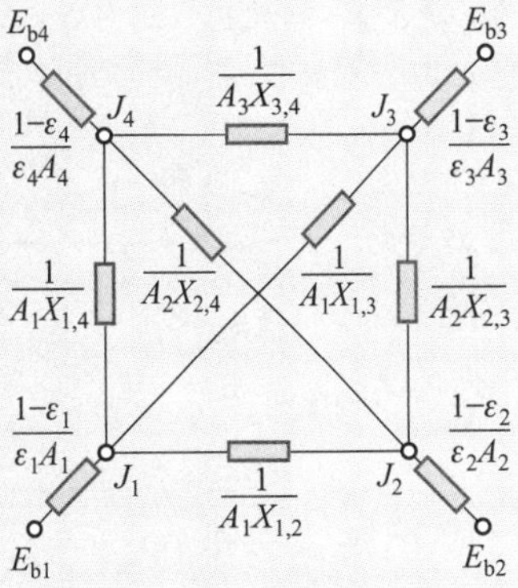

图 9-27　4 个灰体表面间的辐射传热等效网络图

把它们改写成为关于 $J_1\sim J_4$ 的代数方程后，有

$$-\left(\frac{1}{1-\varepsilon_1}\right)J_1+X_{1,2}J_2+X_{1,3}J_3+X_{1,4}J_4=\frac{\varepsilon_1E_{b1}}{\varepsilon_1-1}$$

$$X_{2,1}J_1-\left(\frac{1}{1-\varepsilon_2}\right)J_2+X_{2,3}J_3+X_{2,4}J_4=\frac{\varepsilon_2E_{b2}}{\varepsilon_2-1}$$

$$X_{3,1}J_1+X_{3,2}J_2-\left(\frac{1}{1-\varepsilon_3}\right)J_3+X_{3,4}J_4=\frac{\varepsilon_3E_{b3}}{\varepsilon_3-1}$$

$$X_{4,1}J_1+X_{4,2}J_2+X_{4,3}J_3-\left(\frac{1}{1-\varepsilon_4}\right)J_4=\frac{\varepsilon_4E_{b4}}{\varepsilon_4-1}$$

显然，以上 4 式可统一写成

$$J_i=\varepsilon_i\sigma T_i^4+(1-\varepsilon_i)\sum_{j=1}^{4}J_jX_{i,j}$$

这就是式(9-20)应用于 $N=4$ 的情形。

计算：各对表面间的角系数可按给定条件求出，其值为

$$X_{1,2}=0.15,\quad X_{1,3}=0.54,\quad X_{1,4}=0.31$$

$$X_{2,1}=0.25,\quad X_{2,3}=0.50,\quad X_{2,4}=0.25$$

$$X_{3,1}=0.27,\quad X_{3,2}=0.14,\quad X_{3,3}=0.32,\quad X_{3,4}=0.27$$

$$X_{4,1}=0.31,\quad X_{4,2}=0.15,\quad X_{4,3}=0.54$$

$$X_{1,1}=X_{2,2}=X_{4,4}=0$$

数值求解的结果为：

(1) 顶棚的总辐射传热量 $\Phi_1=1\,204.5$ W；

(2) 其余 3 个表面的净辐射传热量为 $\Phi_2=-395.5$ W、$\Phi_3=-450.5$ W、$\Phi_4=-358.5$ W。

讨论：由本例可见，无论是采用网络法还是采用由式(9-20)所规定的有效辐射显函数形式的表达式，最终都要求解一组关于有效辐射的代数方程组。而网络法的主要作用，实质上是给出了列出有效辐射代数方程的一种简捷方法。

例题 9-8　涡轮机机匣内辐射传热的计算

一小型涡轮机的机匣及尺寸如图 9-28 所示，试计算机匣内表面的辐射传热。

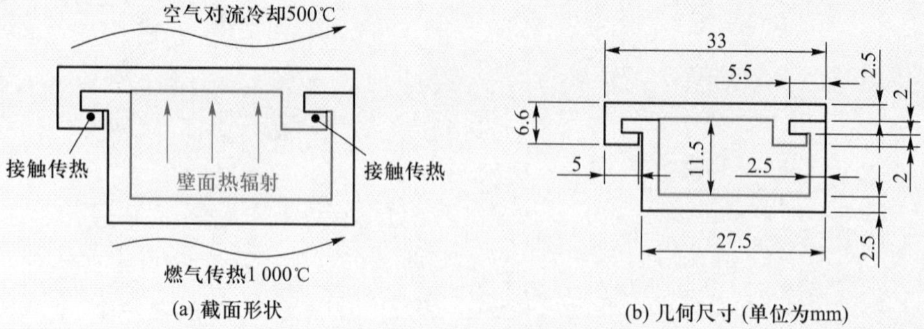

图 9-28　小型涡轮机的机匣及尺寸

题解

分析：对此工程问题做以下简化：

(1) 几何形状的简化。实际的机匣是一个环状封闭腔，简化成为一个二维的截面，并将图 9-28a 简化为图 9-29a，四个壁面的厚度均为 2.5 mm。

(2) 边界条件的简化。将边界条件简化成如图 9-29b 所示。经过上述分析简化，这个复杂的实际问题就成为四个表面组成的封闭腔的辐射传热，且两个表面为重辐射面。

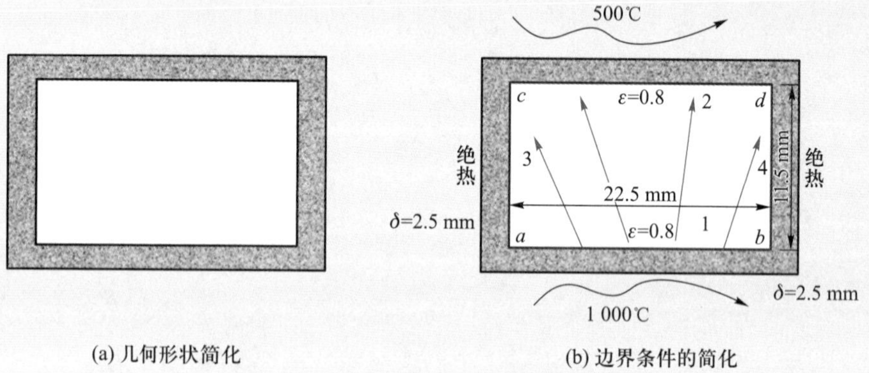

图 9-29　图 9-28 所示实际问题的简化

计算：

此题需要采用迭代计算方法，迭代计算步骤如下：

(1) 假定顶部内表面温度为 500 ℃，底部内表面温度为 1 000 ℃；则形成一个上下表面温度已知，左右绝热的三表面封闭腔，可以用网络法计算上下表面间的辐射换热量。

(2) 根据计算所得的辐射传热量，计算顶部及底部壁面的导热温差(假定材料导热系数)，得出顶部内表面温度及底部内表面温度的数值。

(3) 根据新的壁面温度计算封闭腔辐射传热，得到新的传热量。

(4) 再根据新的传热量，计算上下表面的温度；重复上述计算，直到偏差小于允许值。

以下按照上述四个步骤进行计算。

(1) 步骤 1

首先画出四个表面单位封系统示意图(图 9-30)，计算各表面间角系数。

依题，上下壁面 $L_1=L_2=22.5\ \text{mm}$，左右壁面 $L_3=L_4=11.5\ \text{mm}$ 两对角线长为 $L=25.26\ \text{mm}$，通过交叉线法计算各表面间的角系数：

$$\begin{cases} X_{1,3}=\dfrac{L_1+L_3-L}{2L_1} \\ X_{1,4}=\dfrac{L_1+L_4-L}{2L_1} \\ X_{1,2}=\dfrac{2L-(L_2+L_4)}{2L_1} \end{cases}$$

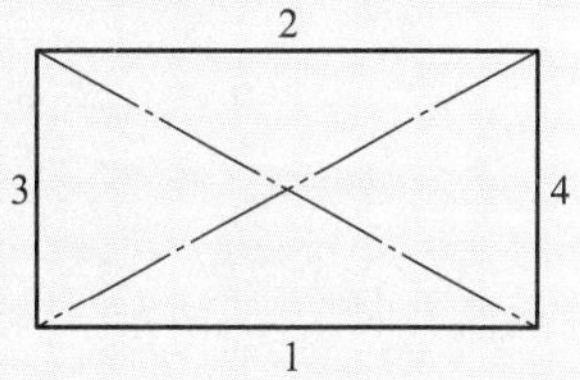

图 9-30 简化后封闭腔系统

经计算得：

$$X_{1,2}=X_{2,1}=0.61,\quad X_{1,3}=X_{1,4}=X_{2,3}=X_{2,4}=0.195$$

$$X_{3,4}=X_{4,3}=0.24,\quad X_{3,2}=X_{3,1}=X_{4,1}=X_{4,2}=0.38$$

根据题意，这是由 4 个灰表面组成的辐射传热问题，其中壁面 3、4 两个面绝热，这两个绝热面净辐射传热量为 0，温度是由壁面 1、2 两个表面所决定的，因此这个问题可以简化为三表面辐射换热的问题：壁面 1、2 为非绝热面，发射率 $\varepsilon_1=\varepsilon_2=0.8$，温度 $t_1=1\ 000\ ℃$，温度 $t_2=500\ ℃$；壁面 3、4 为重辐射面，共同组合构成表面 3。其辐射网络图如图 9-31 所示。

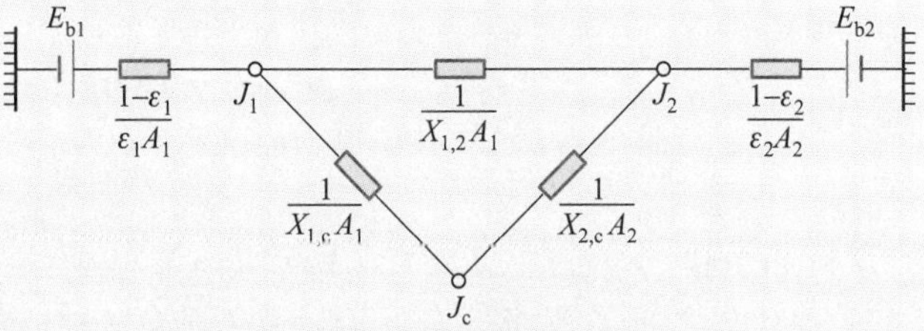

图 9-31 辐射网络图

当有一个表面为重复辐射面时，其与两个表面之间的净辐射传热量可以写为

$$\Phi_{1,2}=\frac{E_{b1}-E_{b2}}{\sum R_t}$$

$$\sum R_t=\frac{1-\varepsilon_1}{\varepsilon_1 A_1}+\frac{1-\varepsilon_2}{\varepsilon_2 A_2}+\frac{\dfrac{1}{A_1X_{1,2}}\left(\dfrac{1}{A_1X_{1,c}}+\dfrac{1}{A_2X_{2,c}}\right)}{\dfrac{1}{A_1X_{1,2}}+\dfrac{1}{A_1X_{1,c}}+\dfrac{1}{A_2X_{2,c}}}$$

其中：$E_{b1}=\varepsilon_1\sigma_b T_1^4=0.8\times5.67\times12.73^4\ \text{kW/m}^2=119.12\ \text{kW/m}^2$，

$E_{b2}=\varepsilon_2\sigma_b T_2^4=0.8\times5.67\times7.73^4\ \text{kW/m}^2=16.2\ \text{kW/m}^2$，

$X_{1,c}$、$X_{2,c}$ 为 1、2 辐射面与重辐射面之间的角系数，$X_{1,c}=X_{2,c}=0.39$。

将计算得到的热阻值及角系数分别代入上式，联立方程求解壁面 1、2 的净辐射传热量：

$$\Phi_{1,2}=\frac{E_{b1}-E_{b2}}{\sum R_t}$$

$$\Phi_{1,2}=\frac{E_{b1}-J_1}{\dfrac{1-\varepsilon_1}{\varepsilon_1 A_1}}=59.08A_1\ \text{kW}$$

$$\Phi_{2,1}=\frac{E_{b2}-J_2}{\dfrac{1-\varepsilon_2}{\varepsilon_2 A_2}}=-59.08A_2\ \text{kW}$$

两式中 $A_1=A_2$，对比两式说明下壁面辐射的热量全被上壁面吸收，符合实际工程中匣子两侧绝热。

（2）步骤 2

壁面 1、2 的辐射传热量通过导热传向外壁面，可列出上下壁面的傅里叶导热定律。

壁面 1 傅里叶导热定律：

$$\frac{\Phi_{1,2}}{A_1}=\lambda\frac{t_{1,n}-t_{1,w}}{\delta_1}$$

壁面 2 傅里叶导热定律：

$$\frac{\Phi_{2,1}}{A_2}=\lambda\frac{t_{2,n}-t_{2,w}}{\delta_2}$$

式中 δ_1、δ_2 为壁厚，分别为 2.5 mm，λ 为导热系数，匣子材质为碳钢（$w_C\approx1.0\%$），其导热系数 $\lambda=43.0\ \text{W/(m}\cdot\text{K)}$。

求解以上方程可求得新顶部内表面温度及底部内表面温度：

$$t_1'=996.57\ ℃,\quad t_2'=503.44\ ℃$$

（3）步骤 3

将步骤 2 求解得到的新顶部内表面温度及底部内表面温度代入步骤 1 进行计算，得到新壁温上下表面间的辐射传热：

$$\Phi_1'=58.18A_1\ \text{kW},\quad \Phi_2'=-58.18A_2\ \text{kW}$$

（4）步骤 4

将计算新得到的上下表面间的辐射传热量代入步骤 2，可再次求解上下壁面的温度，将计算得到的温度与上次计算得到的温度相减，如温差小于允许值，则说明迭代求解得到的最新的上下壁面壁温趋于其壁面真实温度值，则迭代结束。

经迭代计算，当上下表面间的单位面积的辐射传热量 $\Phi_{1,2}'=58.20\ \text{kW/m}^2$，$\Phi_{2,1}'=-58.20\ \text{kW/m}^2$ 时，下壁面温度为 996.62 ℃，上壁面温度为 503.38 ℃，此时前后两次计算得到的壁面温差小于 10^{-7}℃，说明此时壁面温度已经收敛。

讨论：这个近似分析得出的辐射传热量与采用商业软件精确分析图 9-28 得出的辐射传热量偏差在 20%左右，说明合理的近似分析可以得出具有一定准确性的结果。（中国航发湖南动力机械研究所李维高级工程师提供素材）

*9.4 有气体参与的辐射传热的计算

在 8.4 节中我们知道，二氧化碳、水蒸气等三原子气体或者分子结构不对称的二原子气体在一定的光谱波段范围内具有吸收和辐射的能力，而且辐射能在气体中的传递与吸收是在整个容积中进行的，因此讨论气体的辐射传热时总是与气体所处的容器联系在一起的。本节讨论两种最简单的几何情形：封闭空腔内气体与其包壳之间的辐射传热以及位于两块无限大平板内的气体与平板间的辐射传热。由于气体辐射特性的复杂性，为便于分析对两个问题要分别做出各自的假设。

9.4.1 气体与黑体包壳间的辐射传热

有图 9-32 所示的情形，设燃烧室的包壳可以作为黑体处理，温度已知，其内为具有辐射能力的燃气，其温度及对包壳的平均发射率、吸收比均已知，需要确定包壳与燃气之间的辐射传热量。

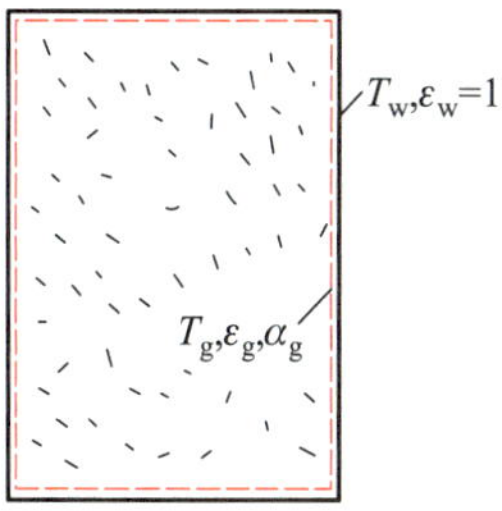

图 9-32　气体与包壳间辐射传热的模型

由于燃气所发出的辐射能及所受到的黑体包壳的辐射都要穿过图中虚线所示的边界，因此可以用虚线边界来代替燃烧室内燃气的辐射，该边界的温度、发射率及吸收比分别为 T_g、ε_g 及 α_g。这样只要把气体的自身辐射 $\varepsilon_g E_{b,g}$ 减去气体对包壳的吸收辐射 $\alpha_g E_{b,w}$，就是燃气与包壳间辐射传热的热流密度：

$$q=\varepsilon_g E_{b,g}-\alpha_g E_{b,w}=5.67\ \mathrm{W/(m^2\cdot K^4)}\left[\varepsilon_g\left(\frac{T_g}{100}\right)^4-\alpha_g\left(\frac{T_w}{100}\right)^4\right] \tag{9-21}$$

值得指出，假定包壳为黑体，使计算人为简化，所得到的结果是偏高的；如果包壳不是黑体，则需要考虑包壳对辐射能的多次吸收与反射，计算要复杂得多，有兴趣的读者可参考文献[5-6]。

9.4.2 两块无限大平板内的气体与平板间的辐射传热

考虑如图 9-33 所示的情形：两块无限大平板 1、2 之间存在具有辐射特性的气体，用符号 g 表示，气体是选择性吸收与辐射的介质，会使问题变得很复杂。这里做一个假定，认为气体是灰体，设其吸收比为 α_g，透射比为 τ_g，则显然有 $\alpha_g+\tau_g=1$ 以及 $\alpha_g=\varepsilon_g$。存在于平板 1、2 之间的气体增加了平板 1、2 之间辐射传热的阻力。现在要问：(1) 平板与气体之间的辐射传热如何计算？(2) 如果气体层虽然参与辐射传热但是净的辐热传热量为零，则两平板间的辐射传热量如何计算？

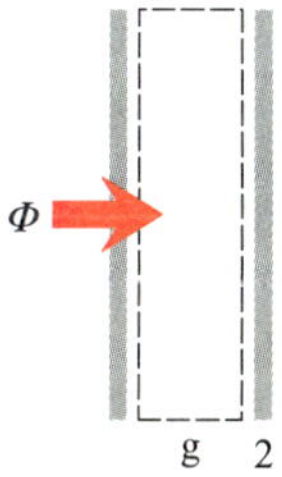

图 9-33　含有辐射介质的平板传热系统

平板间气体的存在增加了平板间辐射传热的阻力，好像增加了空间热阻，这启发我们采用辐射传热的网络法来分析这个问题。首先，分析平板 1、2 之间的辐射传热量。从平板 1 穿过气体层到达平板 2 的辐射能为 $A_1J_1X_{1,2}\tau_g$，这里 A_1、J_1 分别是平板 1 的面积及有效辐射，$X_{1,2}$ 为平板 1 对 2 的角系数，这里其值是 1。类似的平板 2 穿过气层到达平板 1 的辐射能为 $A_2J_2X_{2,1}\tau_g$，于是平板 1、2 间的辐射传热量为

$$\begin{aligned}\Phi_{(1,2)g}&=A_1J_1X_{1,2}\tau_g-A_2J_2X_{2,1}\tau_g=A_1X_{1,2}\tau_g(J_1-J_2)\\&=\frac{J_1-J_2}{\dfrac{1}{A_1X_{1,2}(1-\varepsilon_g)}}\end{aligned} \tag{9-22}$$

这和网络法分析中的空间热阻类似，其网络元件表示于图 9-34。

现在考虑平板与气体间的辐射传热。这个气层对于平板的有效辐射为 $\varepsilon_g E_{bg}$，到达平板 1 的能量为 $A_gX_{g,1}\varepsilon_g E_{bg}$，而从平板 1 发出被气层吸收的辐射热量为 $A_1X_{1,g}J_1\alpha_g=A_1X_{1,g}J_1\varepsilon_g$，因此气体层与平板 1 的辐射传热量为

$$\Phi_{g,1} = A_g X_{g,1} \varepsilon_g E_{b,g} - A_1 J_1 X_{1,g} \varepsilon_g = A_1 X_{1,g} \varepsilon_g (E_{b,g} - J_1) = \frac{E_{b,g} - J_1}{\dfrac{1}{A_1 X_{1,g} \varepsilon_g}} \tag{9-23}$$

这和网络法分析中的表面热阻类似，其网络元件表示于图 9-35。

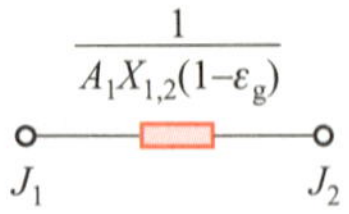

图 9-34　通过介质的辐射热阻

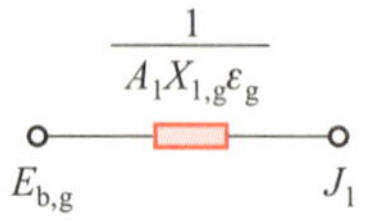

图 9-35　表面与介质间的辐射热阻

至此，我们立即可以画出这个两表面加辐射气层系统的辐射传热网络，如图 9-36 所示。对此图中的 E_{bg} 的计算可分两种情形。首先如果采用某种方法使气体层一直维持在某个恒定温度 T_g，则 $E_{bg}=\sigma T_g^4$，即为气体温度下的黑体辐射力，这时气体层与两平板之间有净的辐射传热；如果气体层没有净的辐射传热，即它从两块平板得到的辐射热又都返回给了平板，这时气体层不参与净的辐射传热，它的作用就像在网络法中遇到的重复辐射面一样（也相当于绝热），这时气体的温度是由平板 1、2 的温度决定的，也即是此时的 E_{bg} 是浮动的，取决于 J_1、J_2 及其表面热阻之值。

当位于平板之间气体层温度并不均匀时，可以将气体层分割为多个平行的气层，每个气层的温度则可视为是均匀的，在气体层不参与净的辐射传热时，每个分层的气体温度都是一个浮动势，通过网络法可以得出气体层中的温度分布。下面对分为两层的情形进行讨论。

如图 9-37 所示，两平板间的气体分为 g_1、g_2 两层，采用与上述类似方法进行分析。

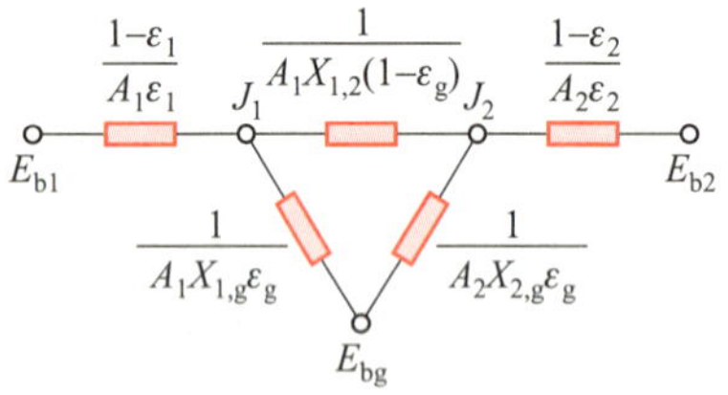

图 9-36　两表面加辐射气层系统的辐射传热网络

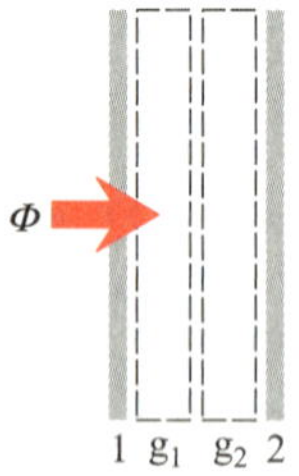

图 9-37　两平板被两个气层隔开的系统

站在气体层 g_1 的右边来看，它得到板 1 的辐射能为 $A_1X_{1,g1}\varepsilon_{g1}J_1$。站在气体层 g_1 的左边来看，它发出到板 1 的辐射能为 $A_{g1}X_{g1,1}\varepsilon_{g1}E_{bg1}$，则气体层 g_1 与板 1 间的辐射传热量为

$$\Phi_{1,g1} = A_1 X_{1,g1} \varepsilon_{g1} J_1 - A_{g1} X_{g1,1} \varepsilon_{g1} E_{bg1} = \frac{J_1 - E_{bg1}}{\dfrac{1}{A_1 X_{1,g1} \varepsilon_{g1}}} \tag{9-24}$$

类似的有板 2 与 g_2 间的辐射传热量为

$$\Phi_{2,g2} = \frac{J_2 - E_{bg2}}{\dfrac{1}{A_2 X_{2,g2} \varepsilon_{g2}}} \tag{9-25}$$

另一方面，离开表面 1 最终达到表面 2 的辐射能量为

$$A_1 X_{1,2} J_1 \tau_{g1} \tau_{g2} = A_1 X_{1,2} J_1 (1-\varepsilon_{g1})(1-\varepsilon_{g2})$$

而离开表面 2 达到表面 1 的辐射能量为

$$A_2X_{2,1}J_2\tau_{g1}\tau_{g2}=A_2X_{2,1}J_2(1-\varepsilon_{g1})(1-\varepsilon_{g2})$$

因此穿过两个气体层后平板 1、2 之间的辐射传热量为

$$\Phi_{(1,2)g}=A_1X_{1,2}(1-\varepsilon_{g1})(1-\varepsilon_{g2})(J_1-J_2)=\frac{J_1-J_2}{\dfrac{1}{A_1X_{1,2}(1-\varepsilon_{g1})(1-\varepsilon_{g2})}} \tag{9-26}$$

这相当于具有四个辐射表面的换热系统，其等效的网络图如图 9-38 所示。

最后要指出，本书 8.4 节以及本节计算中用到的关于水蒸气及二氧化碳气体辐射的图线及 Leckner 拟合关联式都是根据 Hottel H. C. 等研究者在 19 世纪 30 年代实验测定数据的基础上发展出来的[7]；同时不同的工程领域还有结合过程的特点发展起来一些半经验方法，20 世纪 90 年代 Edwards D. K. 及 Matavosian R. 整理和发表了关于气体辐射特性的数据，可见文献[8]。

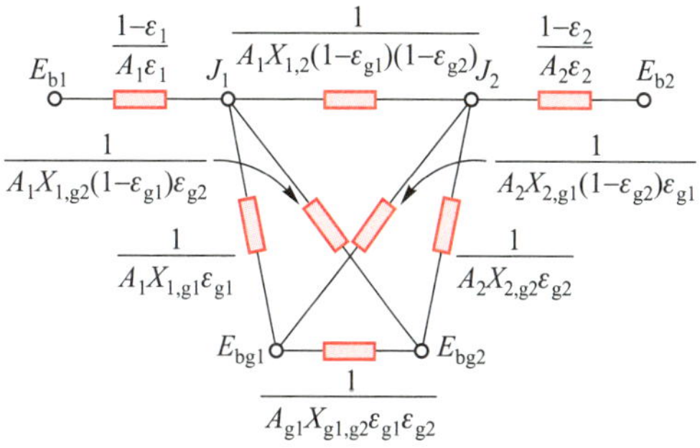

图 9-38　两平板被两个气层隔开的系统网络图

例题 9-9　燃烧室黑体内壁与燃烧产物间的辐射传热

把一燃烧室简化成直径为 1 m、高 2 m 的封闭空间，其平均温度 $T_w=800\ K$，燃气的平均温度 $T_g=1\ 300\ K$，$\varepsilon_g=0.149$，$\alpha_g=0.219$，$\varepsilon_w=1$。试确定燃气与燃烧室外壳间的辐射传热量。

题解

分析：气体与燃烧室之间的辐射传热简化成了两平行平壁组成的封闭系统，其中外壁为黑体，内壁为辐射气体，如图 9-32 所示，可以采用式(9-21)计算单位面积的传热量。

计算：

$$\begin{aligned}\Phi&=Aq=\pi dlC_0\left[\varepsilon_g\left(\frac{T_g}{100}\right)^4-\alpha_g\left(\frac{T_w}{100}\right)^4\right]\\&=3.14\times1\ m\times2\ m\times5.67\ W/(m^2\cdot K^4)\times\left[0.149\times\left(\frac{1\ 300\ K}{100}\right)^4-0.219\times\left(\frac{800\ K}{100}\right)^4\right]\\&=119.6\times10^3\ W\\&=119.6\ kW\end{aligned}$$

讨论：式(9-21)的导出采用了两平行平壁间辐射传热的简化模型，而且其中外壁假定为黑体。如果外壁按灰体处理，就要考虑外壁的多次反射与吸收，计算过程要复杂得多。有兴趣的读者可参见文献[6]。

例题 9-10　辐射性气体的存在对平板间辐射传热的影响

两块大平板 1、2 的温度分别为 $T_1=1\ 200\ K$、$T_2=800\ K$，其发射率分别为 $\varepsilon_1=0.8$、$\varepsilon_2=0.7$。其间充满了发射率为 $\varepsilon_g=0.4$ 的气体，可作为灰体处理。试确定由于辐射性气体的存在对平板间辐射传热的影响。

题解

分析：气体作为灰体处理，就可以用网络法求解，气体层的存在于两板间增加了两板间辐射传热的阻力，会减小两板间的传热量，下一节中会学到这样的作用，称之为遮热板。网络图如图 9-36 所示。

计算:根据已知条件,$X_{1,2}=1$。对于单位面积,图 9-36 中的各项热阻如下:

$$R_1=\frac{1-\varepsilon_1}{\varepsilon_1}=\frac{1-0.8}{0.8}=0.25$$

$$R_2=\frac{1-\varepsilon_2}{\varepsilon_2}=\frac{1-0.7}{0.7}=0.429$$

$$R_{1,g}=\frac{1}{\varepsilon_g}=\frac{1}{0.4}=2.5$$

$$R_{2,g}=\frac{1}{\varepsilon_g}=\frac{1}{0.4}=2.5$$

$$R_{1,2}=\frac{1}{1-\varepsilon_1}=\frac{1}{1-0.4}=1.667$$

$$E_{b1}=5.67\ \mathrm{W/(m^2\cdot K^4)}\times\left(\frac{1\ 200\ \mathrm{K}}{100}\right)^4=117.6\ \mathrm{kW/m^2}$$

$$E_{b2}=5.67\ \mathrm{W/(m^2\cdot K^4)}\times\left(\frac{800\ \mathrm{K}}{100}\right)^4=23.2\ \mathrm{kW/m^2}$$

空间等效热阻

$$R=\frac{1}{1/1.667+1/(2.5+2.5)}=1.25$$

两平板单位面积之间的辐射传热量为

$$q_{(1,2)g}=\frac{E_{b1}-E_{b2}}{\Sigma R}=\frac{(117.6-23.2)\ \mathrm{W/m^2}}{0.25+1.25+0.429}=48.9\ \mathrm{kW/m^2}$$

没有气体层时两平板单位面积之间的辐射传热量为

$$q_{1,2}=\frac{E_{b1}-E_{b2}}{1/\varepsilon_1+1/\varepsilon_2-1}=\frac{(117.6-23.2)\ \mathrm{W/m^2}}{1/0.8+1/0.1-1}=56.2\ \mathrm{kW/m^2}$$

分析:气体层的存在使传热量减小了 11%,由于它是半透明的,因此传热量的减小有限。

9.5 辐射传热的控制(强化与削弱)

在 1.1 节中已经指出,传热的强化或削弱是传热学研究的重要命题。辐射和导热、对流传热的物理机制不同,本节先讨论辐射传热的强化与削弱问题,关于导热与对流传热的强化或削弱将在下一章分析。

9.5.1 控制物体表面间辐射传热的方法

在一定的冷、热表面温度下控制(增强或削弱)表面间辐射传热量的方法,可以从计算辐射传热的网络法得到启示:控制表面热阻以及空间热阻。兹分述如下。

1. 控制表面热阻

根据表面热阻的定义$\left(\dfrac{1-\varepsilon}{A\varepsilon}\right)$,改变表面热阻可以通过改变表面积 A 或改变发射率来实现。

表面积一般由其他条件决定，控制表面发射率是一个有效的方法。值得指出，采用改变表面发射率方法来控制辐射传热量时首先应当改变对换热量影响最大的那个表面的发射率。以图 9-39 所示两无限长同心圆柱表面所组成封闭系统为例，设 $\varepsilon_1=\varepsilon_2=0.5$、$A_1=\dfrac{1}{10}A_2$，则显然内圆柱面 1 的表面热阻$\dfrac{1-\varepsilon_1}{A_1\varepsilon_1}$远大于外圆柱面的热阻$\dfrac{1-\varepsilon_2}{A_2\varepsilon_2}$，两个表面热阻是串联的，见式(9-13a)，所以改变内圆柱面的表面热阻所产生的影响远比改变 ε_2 要明显。这就意味着要强化换热首先应减小各串联环节中最大的热阻项。

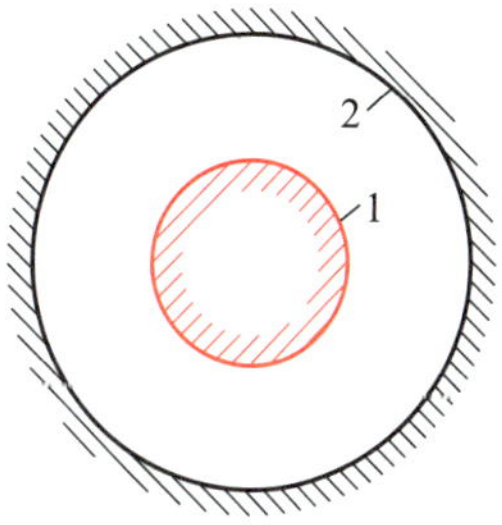

图 9-39　两同心圆柱表面间的辐射传热

当物体的辐射传热涉及温度较低的红外辐射与太阳辐射时，强化或削弱辐射换热需要从控制红外辐射的发射率与对太阳辐射吸收的吸收比同时入手。以图 2-31 所示的平板型太阳能集热器为例，为了吸收尽可能多的太阳能，同时减少吸热板由于自身辐射而引起的损失，吸热板对太阳能的吸收比要尽可能地大，而自身的发射率则要尽量小。因为太阳辐射的主要能量集中在 0.2~2.5 μm 波长范围内，而常温下物体的红外辐射的主要能量在波长大于 3 μm 的范围，所以在太阳能利用中吸热面材料的理想辐射特性应是：在 0.2~3 μm 的波长范围内的光谱吸收比接近于 1，而在大于 3 μm 的波长范围内的光谱吸收比接近于零，如图 9-39 中曲线 1 所示。换句话说，要求 α_s 尽可能大，而 ε 尽可能小。此处 ε 是常温下的发射率。因此，α_s/ε 比值是评价材料吸热性能的重要数据。用人工的方法改造表面，如对材料表面覆盖涂层是提高 α_s/ε 值的有效手段，近年来获得很大发展。这种涂层称为光谱选择性涂层，如在铜材上电镀黑镍层就是一个例子，其吸收比特性如图 9-40 中曲线 2 所示（图中曲线 1 是理想情况）。黑镍镀层的厚度对表面特性的影响示于表 9-3。由表中可以看出，黑镍镀层可使 α_s/ε 值提高到 10 左右。采用光谱选择性涂层是提高集热器效率的重要措施。这里要再次说明，不仅人工研制的涂层表面对太阳能的吸收比不等于其自身的发射率，而且一般材料也常是如此，见表 8-7。

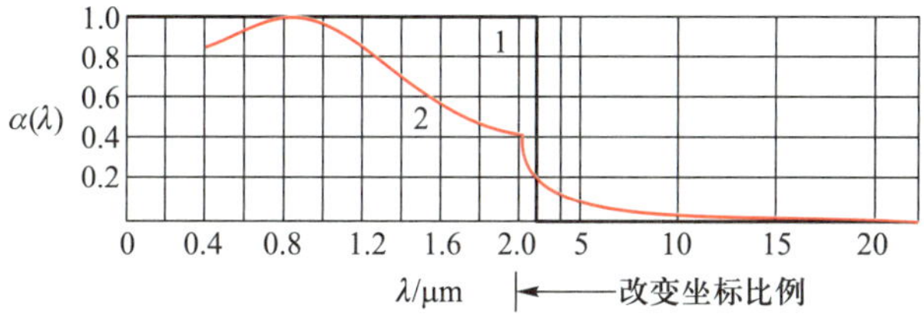

图 9-40　选择性吸收表面光谱吸收比随波长的变化举例

表 9-3　黑镍镀层厚度对辐射特性的影响

镀层厚度指标/(mg/cm²)	0.055	0.077	0.080	0.098	0.13
α_s	0.83	0.97	0.93	0.89	0.91
ε	0.08	0.07	0.09	0.09	0.11
α_s/ε	10.0	14.0	10.0	9.9	8.30

此外，人造地球卫星为了减少迎阳面（直接受到阳光照射的表面）与背阳面之间的温差，采用对太阳能吸收比小的材料作表面涂层；置于室外的发热设备（如变压器），为了防止夏天温升过高而用浅色油漆作为涂层。这些都是用减少对太阳能的吸收比的方法来削弱传热的例子。

2. 控制表面的空间热阻

空间热阻的定义$\left(\dfrac{1}{A_iX_{i,j}}\right)$中面积 A 一般取决于工艺条件，所以改变空间热阻需要调整物体的辐射角系数。例如要增加一个发热表面的散热量，则应增加该表面与温度较低的表面间的辐射角系数。作为综合应用的实例，如图 9-41 所示的送风式电子器件机箱中元件布置的一个一般原则，对温度特别敏感的元件应放置于冷风入口处：此时从对流传热的角度，该处流体温度最低，换热温差大；从辐射的角度该处电子元件对冷表面的角系数远大于将元件置于印制板中间位置时的数值，因此也增加了辐射传热。

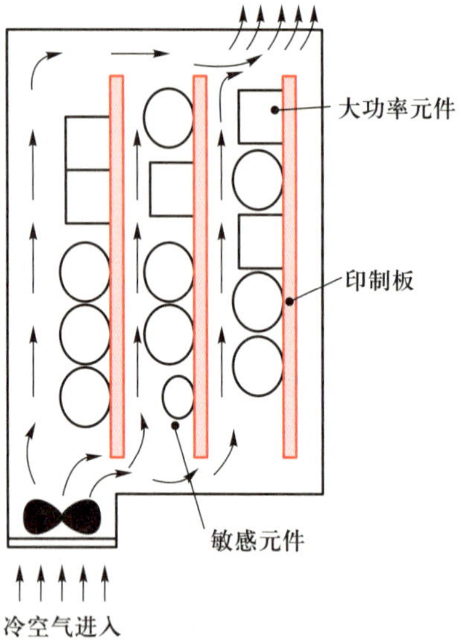

图 9-41　电子机箱布置示意图

为了削弱两个表面间的辐射传热，采用遮热板是一种非常有效的方法，它能够使两种辐射热阻同时得到大幅度的增加。

9.5.2　遮热板的原理及其应用

1. 遮热板削弱辐射传热的原理

所谓遮热板（radiation shield）是指插入两个辐射传热表面之间用以削弱辐射传热的薄板。为了说明遮热板的工作原理，我们来分析在两平行平板之间插入一块金属薄板所引起的辐射传热的变化。辐射表面和金属板的温度、吸收比如图 9-42 所示。为讨论方便起见，设平板和金属薄板都是灰体，并且 $\alpha_1=\alpha_2=\alpha_3=\varepsilon$。据式(9-16)可写出

$$q_{1,3}=\varepsilon_s(E_{b1}-E_{b3}) \quad \text{(a)}$$

$$q_{3,2}=\varepsilon_s(E_{b3}-E_{b2}) \quad \text{(b)}$$

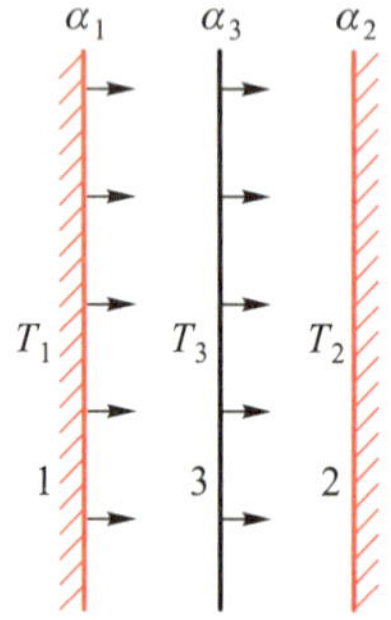

图 9-42　遮热板

式中，$q_{1,3}$ 和 $q_{3,2}$ 分别为表面 1 对遮热板 3 和遮热板 3 对表面 2 的辐射传热热流密度。表面 1、3 及表面 3、2 两个系统的系统发射率相同，都是

$$\varepsilon_s=\frac{1}{\dfrac{1}{\varepsilon}+\dfrac{1}{\varepsilon}-1}$$

在热稳态条件下，$q_{1,3}=q_{3,2}=q_{1,2}$。将式(a)和式(b)相加得

$$q_{1,2}=\frac{1}{2}\varepsilon_s(E_{b1}-E_{b2})$$

与未加金属薄板时的辐射传热相比，其辐射传热量减小了一半。为使削弱辐射传热的效果更为显著，实际上都采用发射率低的金属薄板作为遮热板。例如，在发射率为 0.8 的两个平行表面之间插入一块发射率为 0.05 的遮热板，可使辐射热量减小到原来的 1/27。当一块遮热板达不到削

弱换热的要求时,可以采用多层遮热板。

2. 遮热板的应用

遮热板在工程技术上应用甚广,下面是 4 个应用实例。

(1) 汽轮机中用于减少内、外套管间辐射传热。国产 300 MW(30 万千瓦)汽轮机高、中压汽缸进汽连接管的大致结构如图 9-43 所示。其内套管与内缸连接,外套管与外缸连接。高温蒸汽经内套管流入内缸,内套管的壁温较高。为减少内、外套管间的辐射传热,在其间安置了一个用不锈钢制成的圆筒形遮热罩。另外,300 MW 汽轮机高压主汽门、中压联合汽门的阀杆上都有遮热板,燃气轮机进气部分有遮热衬套等都是应用实例。

(2) 遮热板应用于储存液态气体的低温容器的保温。储存液氮、液氧的容器的示意图如图 9-44 所示。为了提高保温效果,这里采用多层遮热板并抽真空的方法。遮热板用塑料薄膜制成,其上涂以反射比很大的金属箔层。箔层厚约 0.01~0.05 mm,箔间嵌以质轻且导热系数小的材料作分隔层,绝热层中抽成高度真空。据实测,当冷面(内壁)温度为 20~80 K,热面(容器外壁)温度为 300 K 时,在垂直于遮热板方向上的当量导热系数可低至 $5\sim10\times10^{-5}$ W/(m·K)。可见其当量导热阻力是常温下空气的几百倍,故有超级绝热材料之称。

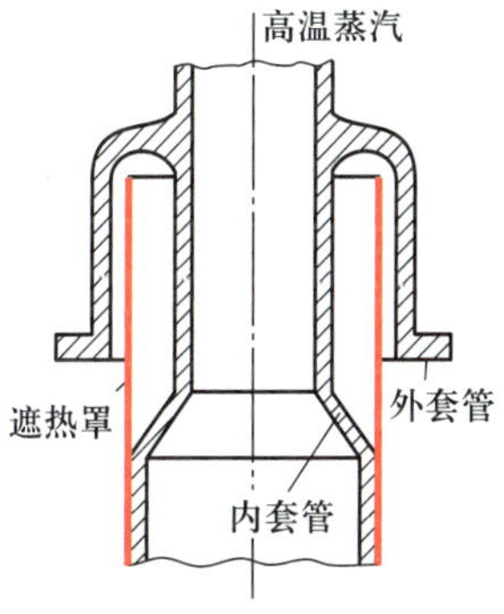

图 9-43　进汽连接管处的遮热罩

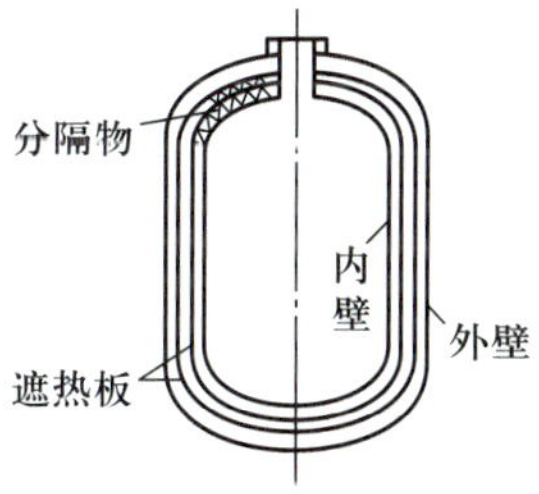

图 9-44　多层遮热板保温容器示意图

(3) 遮热板用于超级隔热油管。世界上有不少石油埋藏于地层下千米乃至数千米处,黏度很大,开采时需注射高温高压蒸汽以使石油稀释。在将蒸汽输送到地面下数千米处的过程中,减少散热损失是件重要的工作。超级隔热油管就是采用了类似低温保温容器的多层遮热板并抽真空的方式制造而成的,其截面图如图 9-45 所示。目前世界上研制成功的这类油管,半径方向的当量导热系数可降低到 0.003 W/(m·K)。

(4) 遮热板用于提高温度测量的准确度。图 9-46 为单层遮热罩抽气式热电偶测温的示意图。如果使用裸露热电偶测量高温气流的温度,高温气流以对流方式把热量传给热电偶,同时热电偶又以辐射方式把热量传给温度较低的容器壁。当热电偶的对流传热量等于其辐射散热量时,热电偶的温度就不再变化,此温度即为热电偶的指示温度。指示温度必低于气体的真实温度,造成较大测温误差。使用遮热罩抽气式热电偶时,热电偶在遮热罩保护下辐射散热减少,而抽气作用又增强了气体与热电偶间的对流传热。此时热电偶的指示温度可更接近于气体的真实温度,使测温误差减小。采用多层遮热罩时效果更加明显。值得指出,为使遮热罩能对热电偶有效地起到屏蔽作用,热电偶离开遮热罩端口的距离 s 应大于$(2\sim2.2)d$(图 9-46)。

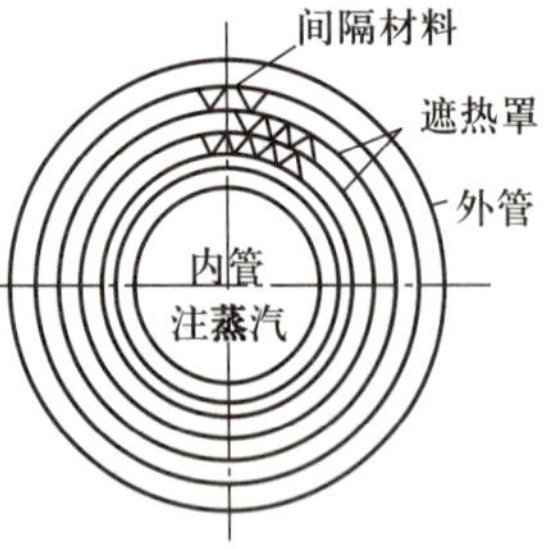

图 9-45　多层遮热板超级隔热油管

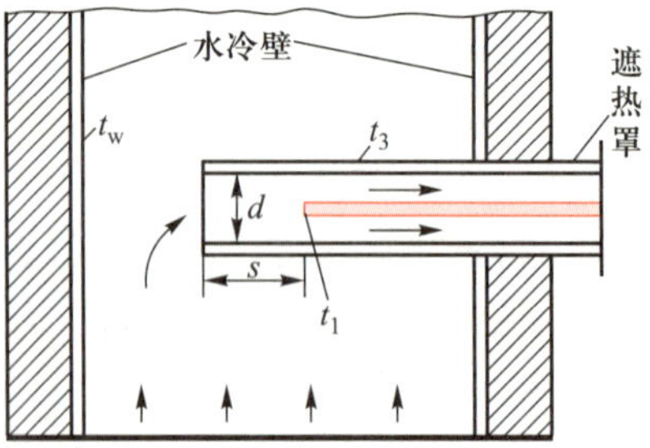

图 9-46　单层遮热罩抽气式热电偶测温示意图

9.5.3　辐射制冷

在 8.6.3 节中已经指出，冬季夜间地面物体向天空的辐射会使得即使气温仍然高于零度，也可能使得地面结冰。这使得我们设想如果夏季白天也能够利用这种空间的辐射制冷，那么就能廉价（甚至无价）获得冷却房间的冷量，从而大大节省采用空调装置而消耗的能量。但是对于一般物体表面的辐射特性，很难做到这点，因为一般材料所吸收的太阳辐射能远大于物体表面向空间辐射的能量。要实现这样的目标需要采用一种称之为超材料（metamaterial）的物质结构。我国学者杨荣贵等设计发明了这样的超材料[10]并且实现了产业化。

这种超材料的示意图如图 9-47 所示，在聚甲基戊烯（TPX）的基体材料（一种塑料薄膜）随机地散布着大量的 SiO_2 微球（图 9-48），底面涂覆 200 nm 厚的银层。三种材料的辐射作用如下：TPX 膜具有高度的透光性，而且容易实现规模化生产；SiO_2 微球在大气窗口的波段（8～13 μm）具有强烈的热辐射特性，而银层则可大量反射太阳的投入辐射。

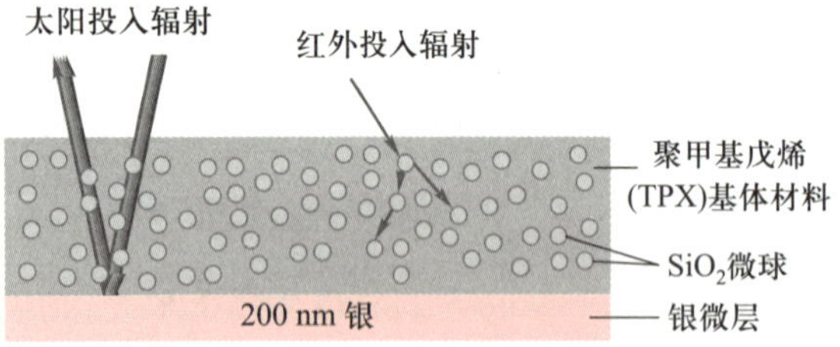

图 9-47　辐射制冷薄膜示意图

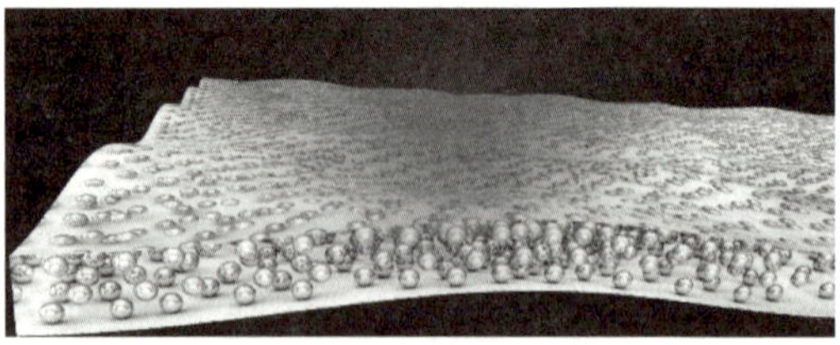

图 9-48　TPX 基体及随机放置的 SiO_2 微球

文献[10]的作者们的实验测定表明含有 6%微球（体积）的 50 μm 厚的超材料薄膜上覆盖 200 nm 厚的银涂层，其平均红外发射率>0.93，反射约 96%的太阳辐照度。在为期 3 天的现场测试中，在阳光直射下，正午（上午 11 点至下午 2 点）的平均辐射冷却功率为 93 W/m^2，连续的平均冷却功率>110 W/m^2。在发表文献[10]时，作者们已经在实验室内成功地实现了大块薄膜的制备（图 9-49）。

图 9-49　文献[10]的作者们制备成功的大块辐射制冷薄膜

当前,这种辐射制冷薄膜已经在我国实现了量产,并在机场候机室夏天的冷却中发挥了显著的节能作用。有关此类制冷薄膜在家庭房间制冷中的应用可参见文献[11]。

9.6 综合传热问题分析

本书前面各章分别研究了导热、对流传热和辐射传热的基本规律及工程计算方法。本章重点讨论的封闭腔中各表面间的传热也仅限于辐射。实际上,许多应用场合都是几种热量传递的机制同时起作用。这类几种热量传递机制同时起作用的传递过程称为综合传热问题或复合传热问题(combined mode of heat transfer,或 multimode of heat transfer)。读者在学习传热学的基本知识的同时,应注意培养自己对实际传热问题的分析能力,逐步掌握在解决实际传热问题时如何提出问题、辨析过程、作出假设、建立模型和理论求解(或计算)的一整套方法。本节举两个实际问题作为综合分析的例子。值得指出,作为一个工程问题来处理时还要综合考虑其他因素,例如初投资、运行费用等,这些不在本节的讨论范围内。

9.6.1 测定炉膛辐射热流密度简易方法的原理分析

为了测定锅炉炉膛中水冷壁管所吸收的火焰辐射的热流密度,在文献[9]中提出了一种简易的测试方法,如图 9-50 所示。在相邻两根水冷壁管之间焊上一块薄壁金属过桥,并在其中心及两侧安置三对热电偶(例如 Ni-Cr/Al 热电偶)。现在要寻找所测定的过桥壁温与其所吸收的辐射热流密度的关系。

为此,可做以下简化假设:(1) 过桥的导热系数为常数;(2) 过桥的背火面与炉墙间的辐射传热可以不计;(3) 在所测定的局部地区火焰对过桥表面的辐射热流是均匀的;(4) 辐射热流一经表面吸收即成为平行于过桥壁面而向两侧传导的导热热流;(5) 过桥表面温度远低于火焰温度;(6) 过桥表面与烟气间的对流传热略而不计。根据这些简化假设,在离开过桥中心 x 处的截面上的导热热流量,应等于在这一区段中所吸收的辐射热量。把过桥表面看作为位于无限大包壁内的一个很小的面积,则有

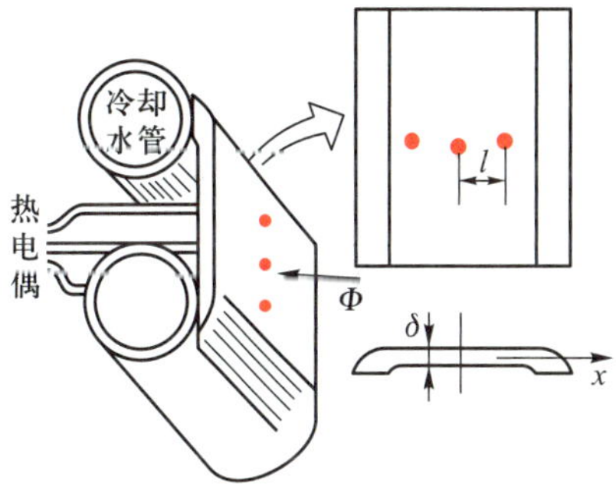

图 9-50 测定辐射热流密度的简易方法

$$-\lambda\delta\frac{\mathrm{d}T_w}{\mathrm{d}x}=\sigma x\varepsilon_w(T_g^4-T_w^4) \qquad (a)$$

式中,$\sigma\varepsilon_w(T_g^4-T_w^4)$为过桥单位面积上所净吸收的辐射热量 q。据假设(5),$T_g^4 \gg T_w^4$;据假设(3),可认为 T_g 为常数。因而上式可简化为

$$-\lambda\delta\frac{\mathrm{d}T_w}{\mathrm{d}x}=qx \qquad (b)$$

分离变量得

$$-\lambda \mathrm{d}T_{\mathrm{w}}=\frac{q}{\delta}x\mathrm{d}x$$

积分得

$$-\lambda T_{\mathrm{w}}=\frac{1}{2}\frac{q}{\delta}x^{2}+c \qquad (\mathrm{c})$$

$x=0$ 时,$T_{\mathrm{w}}=T_{\mathrm{w0}}$,得 $c=-\lambda T_{\mathrm{w0}}$,代入式(c)得

$$q=\frac{2\lambda(T_{\mathrm{w0}}-T_{\mathrm{w}l})}{l^{2}}\delta \qquad (\mathrm{d})$$

式中已代入了 $x=l$ 时 $T_{\mathrm{w}}=T_{\mathrm{w}l}$ 的关系式。此式表明,两测点间的温差正比于该测点间的距离的平方。对这种测试元件用黑体炉进行标定的结果,证明上述分析是正确的[9](图 9-51)。建议读者对求解中所作的 6 条假设的合理性及其在分析过程中的作用做一分析。

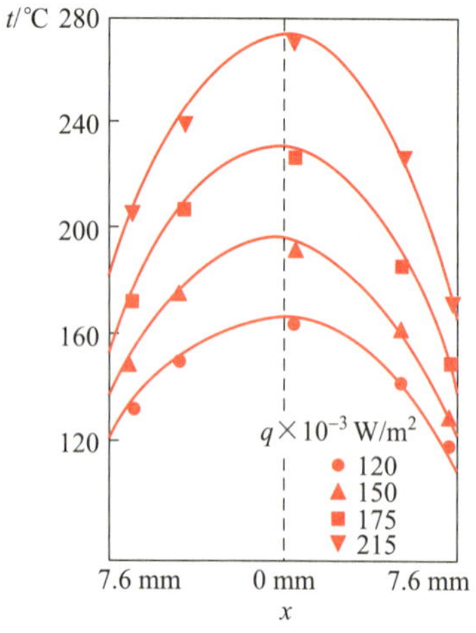

图 9-51　标定结果与理论分析的比较

9.6.2　遮热罩抽气式热电偶为什么能减少气体温度的测量误差

温度是工程技术测量中一个最常见的测量参数,常用玻璃温度计、热电偶等来测量气体或者液体的温度。通过本书 2.4 节的分析可知,一般地说这些测温元件(玻璃温度计的水银泡,热电偶的热接点)的温度并不等于所接触的流体温度。本节中再来考虑由于辐射传热的存在对温度测量准确性的影响及其减小的方法。

首先分析如图 9-52a 所示的情形。一支热电偶被置于高温气流的通道中,热接点的温度为 t_1,气流温度为 t_{f},流道内壁温度为 t_{w},热接点与气流间的对流传热表面传热系数为 h,其表面的发射率为 ε_1。此时热量传递的三种方式同时起作用:一般说流道的表面温度总低于气流温度,因此热接点与流道表面有辐射传热;热接点从高温气流通过对流获得热量(假设气流本身没有辐射与吸收能力);热接点还有通过连线的导热。在这三种热量传递中,连线的导热可以忽略,因为连线很长、导线较细、测高温的热电偶材料的导热系数相对较小,如 Ni-Cr 合金只有 20 W/(m · K)左右。这样当热电偶读数稳定以后,热接点单位面积与流道的辐射传热应等于高温气体对它的对流传热。热接点与流道的辐射传热属于 9.2 节中 $A_1/A_2\to 0$ 的情形,因此对热接点的单位面积有

$$\varepsilon_1(E_{\mathrm{b1}}-E_{\mathrm{b,w}})=h(t_{\mathrm{f}}-t_1) \qquad (\mathrm{a})$$

由此可以得出气流温度为

$$t_{\mathrm{f}}=t_1+\frac{\varepsilon_1 C_0}{h}\left[\left(\frac{T_1}{100}\right)^4-\left(\frac{T_{\mathrm{w}}}{100}\right)^4\right] \qquad (\mathrm{b})$$

这说明,热电偶所显示的温度与实际气流温度间存在由辐射引起的、大小为上式右端第二项的测温误差。取 $t_1=792$ ℃、$t_{\mathrm{w}}=600$ ℃、$h=58.2$ W/(m² · ℃)、$\varepsilon_1=0.3$ 进行计算,代入后得:

$$\begin{aligned} t_{\mathrm{f}} &=t_1+\frac{\varepsilon_1 C_0}{h}\left[\left(\frac{T_1}{100}\right)^4-\left(\frac{T_2}{100}\right)^4\right]\\ &=792\ ℃+\frac{0.3\times 5.67\ \mathrm{W/(m^2\cdot K^4)}}{58.2\ \mathrm{W/(m^2\cdot ℃)}}\times\left[\left(\frac{1\,065\ \mathrm{K}}{100}\right)^4-\left(\frac{873\ \mathrm{K}}{100}\right)^4\right]\\ &=998.2\ ℃ \end{aligned}$$

绝对测温误差达 206.2 ℃,相对误差达 20%。这样大的误差是不允许的。从式(b)可见,为减少辐射测温误差,可以采用减小热接点的发射率(即增加辐射的表面热阻),增加气流的对流传热表面传热系数来实现。在热电偶外围一层遮热板是同时实现上述措施的好方法。

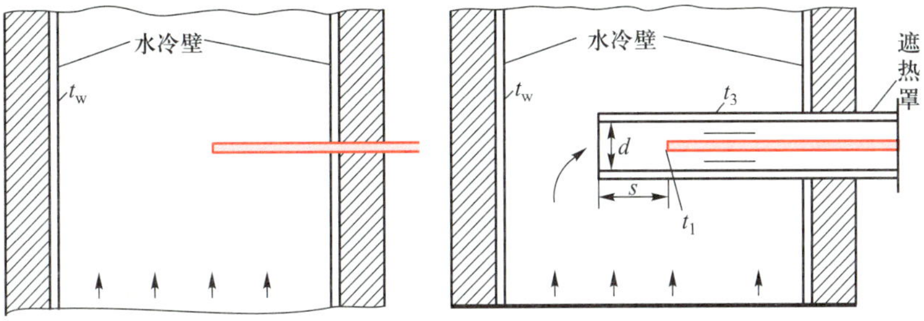

(a) 裸露热电偶测温　(b) 抽气遮热罩热电偶测温

图 9-52　热电偶测温误差分析图示

为分析方便,加遮热罩的情形重现在图 9-52b 中。由于抽吸作用使流经热电偶的气体流速加快,所以加遮热罩还能减小对流热阻。对于图 9-52b 所示的系统,同样略去热电偶连线的导热不计,而且假定气流与热电偶及气流与遮热罩间的对流传热的表面传热系数相同,遮热罩的表面发射率为 ε_s,则该系统的热量交换的过程可分析如下。

首先,热电偶与遮热罩内壁(其温度记为 t_s)有辐射传热,并且仍然可以采用 $A_1/A_2 \to 0$ 的模型,这份换热量(以热电偶的单位面积考虑)为

$$q_{r,tc} = \varepsilon_1 C_0 \left[\left(\frac{T_1}{100}\right)^4 - \left(\frac{T_s}{100}\right)^4\right] \tag{c}$$

式中,下标 tc 表示热电偶(thermocouple)。

热电偶与气流间的对流传热为

$$q_{cv,tc} = h(t_f - t_1) \tag{d}$$

遮热罩同样有辐射与对流传热,但要注意的是,其内外表面同时存在与高温气流的对流传热。以遮热罩的单位面积写出,有

$$q_{r,rs} = \varepsilon_s C_0 \left[\left(\frac{T_s}{100}\right)^4 - \left(\frac{T_w}{100}\right)^4\right] \tag{e}$$

$$q_{cv,rs} = h(t_f - t_s) \tag{f}$$

式中,下标 rs 表示遮热罩(radiation shield)。这里要特别指出,式(c)、式(d)是对热电偶的单位面积写出的,式(e)、式(f)是对遮热罩的单位面积写出的。对遮热罩总体而言,热电偶与其的辐射传热可以略而不计,因而式(e)中没有列入。当整个测试系统进入稳态后,应该有

$$q_{r,tc} = q_{cv,tc} \tag{g}$$

以及

$$q_{r,rs} = 2q_{cv,rs} \tag{h}$$

于是,在给定 t_f 的条件下,可以由式(h)解得 t_s,再由式(g)解出 t_1,即改进后热电偶应有的读数。仍然取 $\varepsilon_1 = \varepsilon_s = 0.3$、$t_w = 600$ ℃,但是对流传热表面传热系数增加为 118 W/(m² · K),由式(h)解得 $t_s = 903$ ℃,由式(g)得出 $t_1 = 951.2$ ℃。在所计算的条件下,改进后测温相对误差减小到 5%以

下(4.88%),已经在可以接受的范围内。当然,就绝对误差而言,仍然相当大。为进一步提高测温准确度,可增加遮热罩的数目,但一般不超过4层。有兴趣的读者不妨自行分析采用3层、4层遮热罩所产生的影响。

9.6.3 辐射传热系数

对于同时存在辐射与对流传热的综合传热问题,常常引入辐射传热系数进行工程传热计算。其具体方法如下:先按本章有关辐射传热的公式算出辐射传热量 Φ_r,然后将它表示成牛顿冷却公式的形式:

$$\Phi_r = Ah_r\Delta t \tag{9-27}$$

式中,h_r 为辐射传热表面传热系数(简称为辐射传热系数)。于是复合传热的总换热量可以方便地表示成

$$\Phi_r = Ah_c\Delta t + Ah_r\Delta t = A(h_c+h_r)\Delta t = Ah_t\Delta t$$

式中:下标"c"表示对流传热;h_t 为包括对流传热与辐射传热在内的总表面传热系数。为避免与总传热系数(见1.2节)相混淆,可称 h_t 为复合传热表面传热系数。

这种辐射传热表面传热系数的表示方法,有时也应用于两个固体表面间的辐射传热。例如对式(9-17)所示的辐射传热,如果要同时考虑表面 A_1 的对流与辐射传热,可以定义相应的辐射传热表面传热系数如下:

$$\begin{aligned} h_r &= \frac{\varepsilon_1\sigma(T_1^4-T_2^4)}{T_1-T_2} \\ &= \varepsilon_1\sigma(T_1^2+T_2^2)(T_1+T_2) \end{aligned} \tag{9-28}$$

这时如把包壳内表面 A_2 的温度 T_2 近似地作为表面 A_1 周围的气体温度,对流传热与辐射传热就有相同的温差(T_1-T_2),引入上述辐射传热系数就便于计算。在文献[12]中针对汽轮机蒸汽管道、阀门及汽缸外缸外表面传热系数的计算问题,有多个采用辐射传热系数的案例,可参考。

本章小结与应用

1. 本章小结

本章的主要概念与计算公式汇总在表9-4中。

表9-4 主要概念与计算公式

概念或公式名称	基本内容
1. 角系数	一个表面发出的辐射能落到另一个表面上的百分数。注意,只是"落到",未必均被"吸收"
2. 角系数的基本属性	在表面辐射热流均匀以及漫射体的假设下,角系数是纯几何因子,与表面的发射率、温度等无关;从能量平衡出发可以导得角系数的相对性、完整性与可加性
3. 角系数的代数分析法	利用角系数的三个特性从已知的角系数获得未知角系数的方法,把角系数的计算由一个复杂的面积分变成代数方程的求解

概念或公式名称	基本内容
4. 有效辐射	从单位表面发出的总辐射能 J，包括自身辐射（辐射力）与反射辐射；有效辐射的引入，简化了灰体表面间辐射传热的计算，避免了分析多次吸收与反射的复杂性
5. 计算辐射传热的封闭腔模型	由于每个表面向整个半球空间发射能量，同时从整个半球空间的各个方向接受辐射能，因此计算某表面的净辐射传热量时，计算系统必须是包括该表面在内的封闭腔；封闭腔表面的划分决定于热边界条件
6. 辐射传热的表面热阻	由表面的面积与发射率所决定
7. 辐射传热的空间热阻	由表面的面积、形状以及与另一表面的相对位置而定，
8. 一个表面的净辐射传热量计算式	$\Phi_i=\dfrac{E_{bi}-J_i}{\dfrac{1-\varepsilon_i}{A_i\varepsilon_i}}$。大于零时，净吸收能量；小于零时，净释放能量
9. 两个表面组成的封闭腔的辐射传热	其内充满透热介质或真空时的辐射传热量计算式见式(9-13)。该式应用甚广，应很好掌握
10. 遮热板	置于两辐射传热物体间的薄板，能同时增加表面热阻与空间热阻，是削弱辐射传热的有效方法
11. 计算辐射传热的网络法	在给定表面的温度时，计算一个表面的净辐射传热量的关键是求解其有效辐射。网络法提供了建立有效辐射代数方程的简易方法，其要点见 9.3.2 节
12. 重辐射面	净辐射传热量为零的表面，它不参与辐射传热，但是其存在对系统中其他表面的辐射传热有很大影响
13. 位于两平板间气体的辐射传热	气体的存在增加了两平板间辐射传热的热阻；假定气体作灰体处理后可用网络法分析
14. 综合传热问题	在同一个传热环节中有几种热量传递模式同时起作用的问题

2. 本章应用举例

例题 9-11　炉膛水冷壁管角系数的确定。

用代数分析法确定图 9-53 所示的锅炉炉膛内火焰对水冷壁的辐射角系数。

题解

分析：图 9-53 所示已经是从电站锅炉炉膛中取出的一个模型。为有助于读者掌握如何从一个复杂的实际问题作出必要的简化假设后进行理论分析，得出具有一定实际意义的结果这样一种分析问题的方法，下面从锅炉炉膛开始将一步一步的简化过程示出于图 9-54 中。

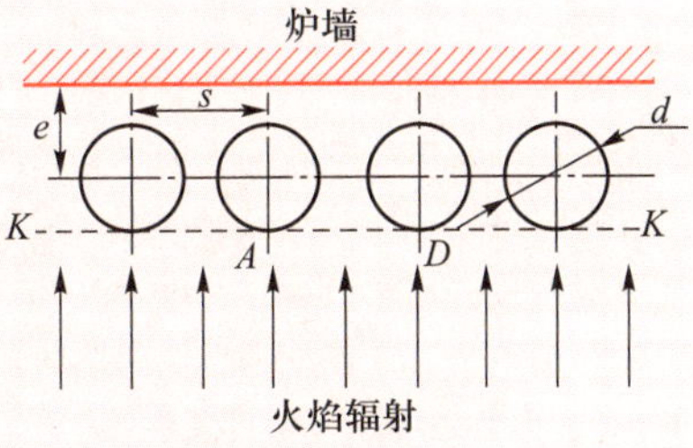

图 9-53　分析火焰对水冷壁角系数的图示

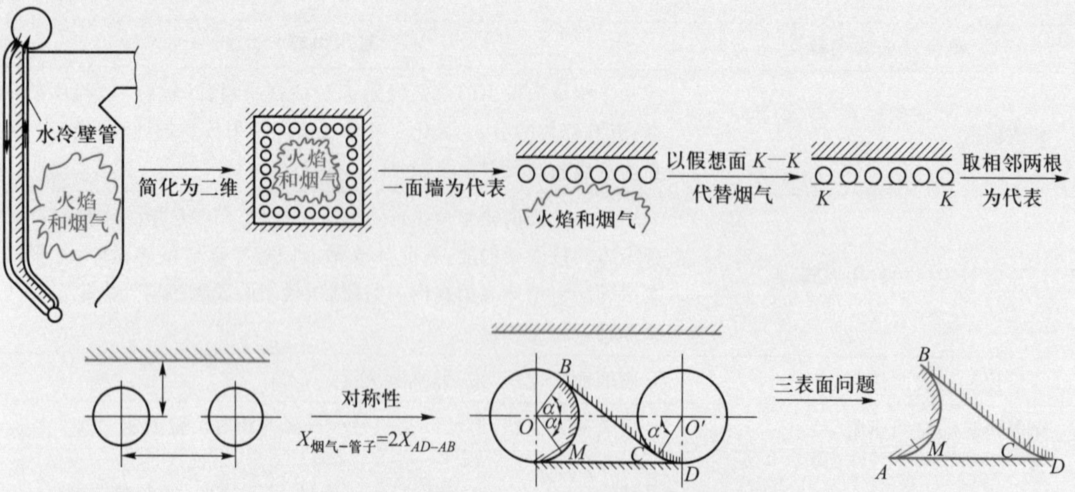

图 9-54　计算锅炉炉膛火焰对水冷壁管角系数的模型

首先，因为垂直于纸面方向管长较管距大得多，可以从三维的炉膛取出一个截面加以研究；对一个截面又可以取一面炉墙为代表；火焰辐射能只有通过与管排相切的假想平面 $K-K$ 才能到达水冷壁管排和炉墙，因此可把 $K-K$ 平面作为火焰辐射面；同一面墙上可以取相邻两根管子为代表；再利用对称性，最后可以把问题简化为三表面的模型来讨论。显然，表面 AD、AMB 以及 BCD 构成了 3 个非凹形表面组成的封闭系统。所谓火焰对水冷壁管的角系数，即平面 AD 对凸表面 AMB 的角系数。这样就可直接用式(9-8)计算火焰对水冷壁管的角系数 X。

计算：

$$X=2\frac{AD+AMB-BCD}{2AD}=\frac{AD+AMB-BCD}{AD}$$

其中 $AD=s$、$AM=CD$（几何对称），将这些关系代入上式得

$$X=\frac{AM+MB+s-BC-CD}{s}=\frac{MB+s-BC}{s}$$

因为

$$BC=(s^2-d^2)^{1/2}$$

$$MB=\alpha d$$

$$\alpha=\arccos(d/s)$$

所以

$$X=1+\frac{d}{s}\arccos(d/s)-\left[1-\left(\frac{d}{s}\right)^2\right]^{1/2}$$

讨论：这是对实际工程问题做一定的简化假设从而得出有用的分析结果的又一个例子。工程实际应用中要得出的是水冷壁管从火焰及炉墙所得到的总的辐射能量。由于炉墙本身的温度相对火焰而言要低得多，因而可以不予考虑，只要考虑火焰辐射落到炉墙上的部分中被反射回来又落到水冷壁管上的那一部分辐射能即可。从严格意义上讲，炉墙的反射部分不是火焰对水冷壁管角系数中应包括的，但是作为工程实用计算的方法。这样处理可使问题简化。考虑到炉墙反射后显然角系数有所增加，此时角系数不仅是 s/d 的函数，而且还与 e/d 值有关。e 为管子中心线离开炉墙的距离。不同 e/d 下，包括炉墙反射在内的角系数由图 9-55 中的曲线 1、2、3、4 表示。图中 $e/d=0$ 代表半根水冷壁管埋入到炉墙中的情形。读者还可以考虑为什么此时的角系数小于 $e/d\geqslant 0.5$（曲线 5）时的值。

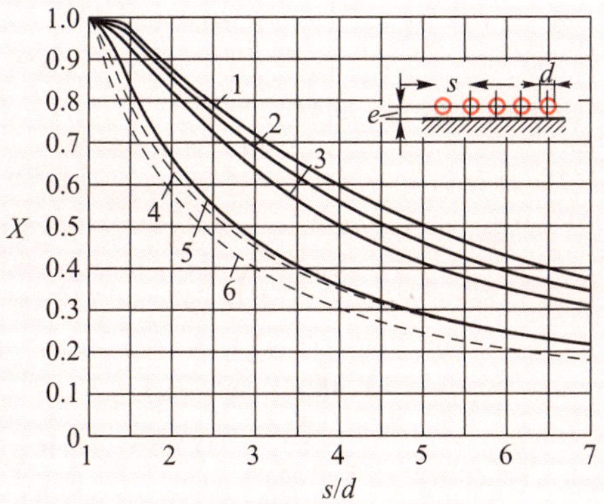

1—$e \geqslant 1.4d$ 时的总辐射（包括背墙反射）；2—$e=0.8d$ 时的总辐射；3—$e=0.5d$ 时的总辐射；4—$e=0$ 时的总辐射；5—$e \geqslant 0.5d$ 时的火焰辐射（不包括背墙反射）；6—$e=0$ 时的火焰辐射

图 9-55　火焰对单排水冷壁管的角系数

例题 9-12　**太阳能集热器的热计算**

有一个平板型太阳能集热器如图 9-56 所示。已知：包括散射辐射在内的投入太阳能辐射为 750 W/m²；透明覆盖采用普通玻璃，吸热面采用铜材，其上镀有 8×10^{-6} mg/m² 的光谱选择性涂层黑镍，实验测得吸热面的平均温度为 90 ℃，覆盖玻璃内表面的平均温度 $t_{tr}=50$ ℃，吸热面与覆盖玻璃间的距离为 4 cm。玻璃对太阳能的透射比取为 $\tau=0.90$，吸热面对太阳能的吸收比 $\alpha_s=0.93$。吸热面自身发射率 $\varepsilon_p=0.094$，覆盖玻璃发射率 $\varepsilon_{tr}=0.94$。试确定该太阳能集热器单位面积的有效吸热量以及集热器的效率。

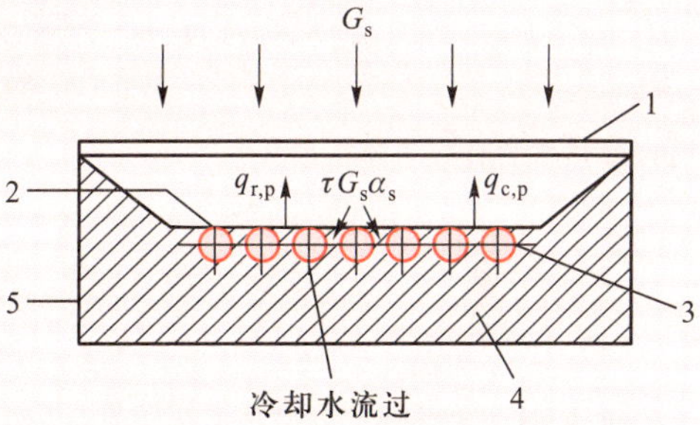

1—透明覆盖；2—吸热面；3—金属管；4—绝热材料；5—箱体

图 9-56　平板型太阳能集热器

题解

分析：这是一个复杂的热量传递过程：太阳的投入辐射 G_s 到达覆盖玻璃上时，一部分穿透玻璃（取决于玻璃穿透比 τ），穿透部分抵达吸热面上时，其中的 α_s 部分被吸收，其余则反射并透过覆盖玻璃抵达外界；由于吸热面的温度高于覆盖玻璃的温度，因此这两块平行板之间有辐射传热，设单位面积的辐射传热量为 $q_{r,p}$；同时吸热面与空腔中的空气之间还有对流传热，设换热量为 $q_{c,p}$。因此对集热器吸热面而言，单位面积上净得到的热流密度 q_{cl} 可表示为

$$q_{cl}=\tau G_s \alpha_s - q_{r,p} - q_{c,p} \tag{a}$$

其中吸热面与覆盖玻璃内表面间的辐射传热可以应用式(9-16)计算，即

$$q_{r,p}=\frac{C_0\left[\left(\frac{T_p}{100}\right)^4-\left(\frac{T_{tr}}{100}\right)^4\right]}{\frac{1}{\varepsilon_p}+\frac{1}{\varepsilon_{tr}}-1}$$

式(a)中的 $q_{c,p}$ 可按平行夹层的有限空间自然对流关联式［即式(6-46)］计算。所谓集热器的效率就是下列比值：

$$\eta=\frac{q_{cl}}{G_s} \tag{b}$$

计算：先计算自然对流散热量。定性温度 $t_m=\frac{t_{tr}+t_p}{2}=\frac{(50+90)\ ℃}{2}=70$ ℃。空气的有关物性为

$$\lambda = 2.96\times10^{-2}\ \mathrm{W/(m\cdot K)},\quad \nu = 20.02\times10^{-6}\ \mathrm{m^2/s},\quad Pr = 0.694$$

$$GrPr = \frac{g\alpha\Delta t\delta^3}{\nu^2}Pr = \frac{9.8\ \mathrm{m/s^2}\times\dfrac{1}{343\ \mathrm{K}}\times(90-50)\ ℃\times(0.04\mathrm{m})^3}{(20.02\times10^{-6}\ \mathrm{m^2/s})^2}\times0.694 = 126\ 649$$

据式(6-46a)有

$$Nu = 0.212\times(GrPr)^{1/4} = 0.212\times(126\ 649)^{1/4} = 4.0$$

$$h = \frac{Nu\lambda}{\delta} = 4.0\times0.029\ 6\ \mathrm{W/(m\cdot K)}/0.04\ \mathrm{m} = 2.96\ \mathrm{W/(m^2\cdot K)}$$

$$q_{c,p} = h\Delta t = 2.96\ \mathrm{W/(m\cdot K)}\times40\ ℃ = 118\ \mathrm{W/m^2}$$

再计算辐射散热量。

$$q_{r,p} = \frac{5.67\ \mathrm{W/(m^2\cdot K^4)}\times\left[\left(\dfrac{363}{100}\right)^4-\left(\dfrac{323}{100}\right)^4\right]\mathrm{K}^4}{\dfrac{1}{0.09}+\dfrac{1}{0.94}-1} = 81.7\ \mathrm{W/m^2}$$

所以集热器的有效热流密度为

$$q_{cl} = 0.90\times750\ \mathrm{W/m^2}\times0.93-118.0\ \mathrm{W/m^2}-81.7\ \mathrm{W/m^2} = 428.1\ \mathrm{W/m^2}$$

$$\eta = \frac{428.1\ \mathrm{W/m^2}}{750\ \mathrm{W/m^2}} = 57.1\%$$

讨论：这一集热器的效率是不算低的。究其原因，除了采用选择性涂层外，吸热板上覆盖一块玻璃也是重要因素，这不仅利用了温室效应，而且也减少了表面的对流散热损失。从上述计算可见，自然对流散热损失是一项主要的损失。要进一步提高效率，可以在吸热表面与玻璃盖板之间堆放一些对太阳光透明的材料，例如玻璃管，以抑制夹层中的自然对流。如果自然对流能完全抑制，夹层中为纯空气导热，则吸热面的这一项散热在理想情况下可减少到

$$q_{c,p} = \frac{\lambda\Delta t}{\delta} = \frac{0.029\ 6\ \mathrm{W/(m\cdot K)}\times40\ ℃}{0.04\ \mathrm{m}} = 29.6\ \mathrm{W/m^2}$$

此时，集热器效率可提高到

$$\eta = \frac{(750\times0.9\times0.93-81.7-29.6)\ \mathrm{W/m^2}}{750\ \mathrm{W/m^2}} = 68.9\%$$

例题 9-13　槽式太阳能集热器传热过程的定性分析

为改变我国以煤为主的能源结构，国家制定了大力发展可再生能源的计划。太阳能是其中重要的一种可再生能源。太阳能发电有光伏发电与光热发电两种。在光热发电中，为利用太阳能首先必须将它有效地聚集起来，目前广为采用的方法有槽式、塔式、蝶式集热器。槽式集热器的外形如图 9-57a 所示，其基本工作过程如下：太阳能照射到抛物型的反射镜上时被反射聚焦到位于反射镜焦点位置上的集热管中，集热管吸收太阳能后加热位于其中的传热流体（如导热油），传热流体温度升高到预期值后就去加热水产生水蒸气，推动汽轮机发电。集热管的一个截面如图 9-57b 所示，它由表面涂覆有吸收比与发射率之比很大的材料的吸热管及其外面的玻璃罩组成，玻璃罩与吸热管之间的环形空间抽成真空，传热流体位于集热管内部沿轴向流动，不断吸收太阳能而温度升高。下面对槽式太阳能集热器的复杂传热过程做一定性分析。

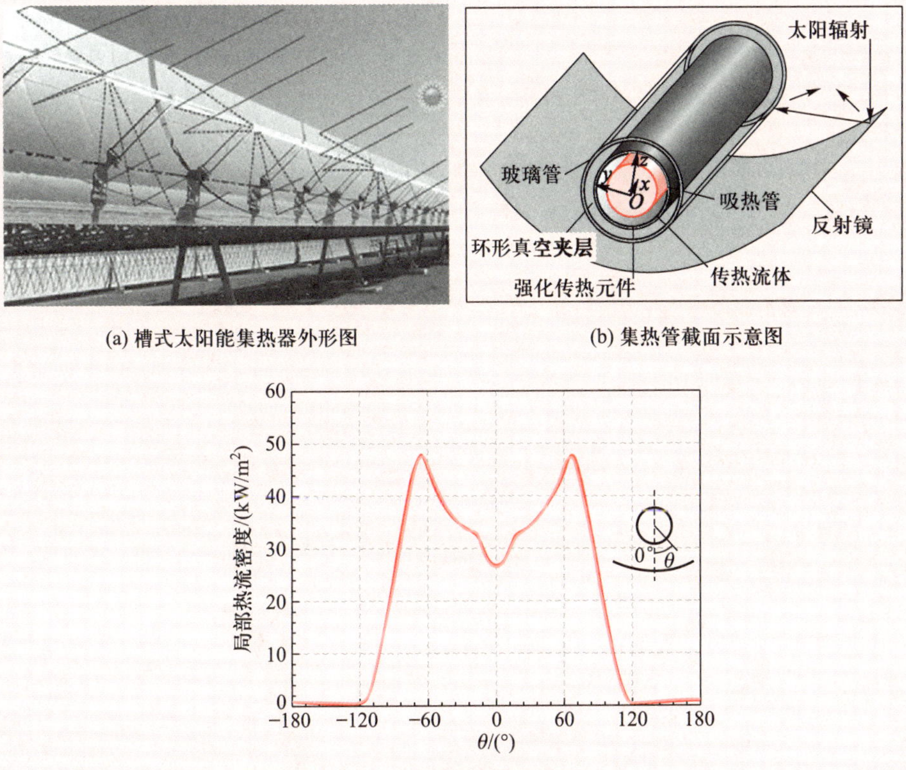

(a) 槽式太阳能集热器外形图　(b) 集热管截面示意图

(c) 局部热流密度分布

图 9-57　槽式太阳能集热器

题解

假定：(1) 整个传热过程处于稳定状态；(2) 忽略选择性涂层的导热热阻；(3) 玻璃套管对太阳辐射是透明。

分析：图 9-58 示出了与集热管传热过程有关的 7 个温度。在集热器中有以下热传递过程：首先从反射镜聚焦而来的辐射热流穿过玻璃管达到吸热管外表面的下半部（与反射镜相应的部分，见图 9-57c）被管壁吸收，这一热流密度分布作为计算的已知条件，然后发生以下 7 个传递过程：(1) 大部分被吸收的辐射能通过集热管管壁的导热（热量从 T_3 到 T_2）传到内壁；(2) 然后通过对流传热传递给其中的工作流体（从温度 T_2 到 T_1）；(3) 由于集热器同时受到环境的冷却，因此集热管外表面温度 T_3 高于玻璃管内表面温度 T_4，通过两个环形表面间的辐射将一部分热量传递到玻璃管的内表面（主要的散热部分）；(4) 通过环形空间中稀薄气体的导热，一部分太阳能的热量传递到玻璃管的内表面（散热损失的次要部分）；(5) 再通过玻璃管壁的导热（热量从 T_4 到 T_5）传递到其外表面；(6) 玻璃管外表面受到环境气流的对流冷却（热量从 T_5 到 T_6）；(7) 同时还通过玻璃管外表面与天空之间的辐射散失一部分热量（热量从 T_5 到 T_7）。由上面的分析可看出，集热管的传热过程是一个典型的复杂传热问题，导热、对流和辐射都起作用。

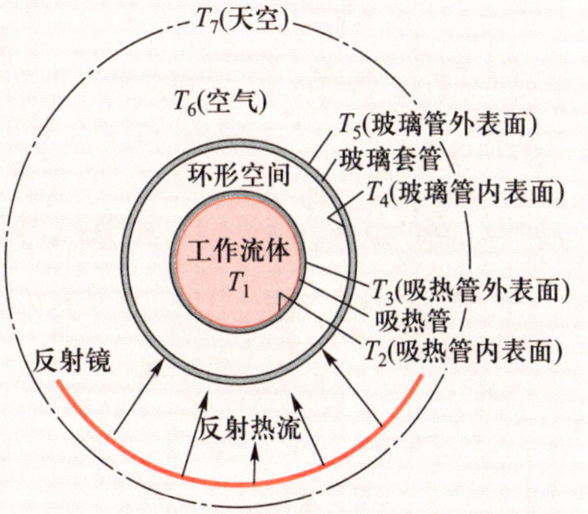

图 9-58　集热管中各环节的热量传递方式分析

讨论:为了提高集热器的集热效率,一般采用以下方法:(1) 集热管外表面的选择性涂层需要有足够大的吸收比和发射率之比;(2) 环形夹层抽真空,以减少通过空气导热与对流的散热,分析表明当气体压力低于 0.1 Pa 时进一步增加真空度已经对减小散热没有帮助[14];(3) 在集热管整体强度允许的情况下减小玻璃套管的管径。

从图 9-57b 还可以看出投射到集热管外表面的辐射热流是极其不均匀的,顶部几乎为零,这样容易引起集热管的温度应力,影响寿命。如何改变辐射热流密度分布的不均匀性,有兴趣的读者可参阅文献[15]。

例题 9-14　空间辐射制冷器工作原理分析

当航天器在太空中飞行时,航天器内部电子仪器和设备的发热量必须通过航天器外壳与太空间的辐射传热散发出去,这时可以完全不考虑星星对航天器的反射,并且可以认为宇宙是一个 0 K 的黑体,完全吸收了航天器的热辐射。当电子器件本身的发热值很小时,例如几十毫瓦的级别,可以采用所谓的辐射制冷器来冷却器件。图 9-59 中所示是一个辐射制冷器的截面图,其中探测器就是发热的元件(被冷却对象)。试分析辐射制冷器的冷却原理。

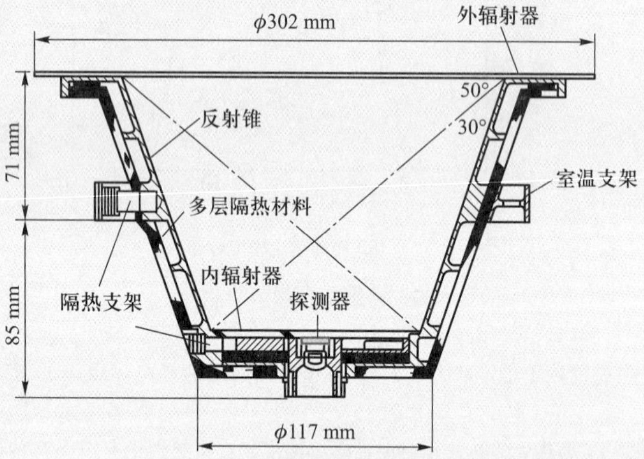

图 9-59　辐射制冷器示意图

题解

分析:现考虑将发热元件简单地暴露于宇宙空间中的情形。假设它没有得到来自其他方面的热量,则达到热平衡时,器件向宇宙空间的辐射散热等于其发热量,即有

$$\varepsilon\sigma T^4=\frac{\dot{\Phi}_{is}}{A}$$

式中:A 为器件的散热面积;$\dot{\Phi}_{is}$ 为内热源功率。对一个功率为 50 mW 的元件,如果其散热表面的直径为 95 mm,发射率为 0.9,则此时的平衡温度为

$$T=\left(\frac{\dot{\Phi}_{is}}{A\varepsilon\sigma}\right)^{1/4}=\frac{50\times10^{-3}\ \mathrm{W}}{3.14\times(0.095\ \mathrm{m})^2\times0.9\times5.67\times10^{-8}\ \mathrm{W/(m^2\cdot K^4)}}=77\ \mathrm{K}$$

所以低热耗的电子元件可以暴露于宇宙空间中通过直接辐射而达到被冷却的目的,这就是辐射制冷器的最基本的工作原理。

要进一步提高辐射制冷器的效率,需要采取多种完善措施。对图 9-59 所示的结构来分析。该制冷器中采用了以下 3 个措施来改进性能:(1) 采用锥形屏蔽罩(即遮热罩)来遮挡从航天器其他部位发出的热辐射，同时又基本不会阻挡电子元件向宇宙空间辐射的散热。当然，锥角的大小与该元件在航天器上的位置有关，需要通过具体的计算来确定。(2) 在屏蔽罩的锥角开口处，增加了一个外辐射器。这是一个中间透空的圆环，其作用是将通过制冷器的骨架、连接构件从航天器来的杂散热量能向太空发射出去。(3) 为进一步减少从航天器本身传递过来的热量，辐射制冷器的外壳敷设了多层抽真空的隔热保温材料。

根据文献[16]，图 9-59 是专门为 100 K 以下排散 10 mW 热量的器件设计的辐射制冷器，内辐射器的直径为 10 cm，辐射表面的 $\alpha_s=0.08$、$\varepsilon=0.8$，屏蔽罩的 $\alpha_s=0.1$、$\varepsilon=0.02$，总重约 1.6 kg。

例题 9-15　火箭发动机外壳辐射散热分析

液体火箭发动机在工作时会产生高温，外壳的壁面平均温度可高达 1 100 ℃。为了减少发动机对于卫星或者航天器结构高温热辐射的影响，往往会采用多层隔热材料来阻挡其对航天器的辐射，但这种材料也会将热量反过来辐射到发动机上，使得发动机温度升高，影响工作寿命。因此，需要计算两者的平衡温度，评估相互间的热辐射影响。图 9-60a 给出了典型的用于轨道控制的液体火箭发动机在卫星平台上的安装状态。在空间真空环境中，隔热屏最外层与发动机之间只存在辐射传热。

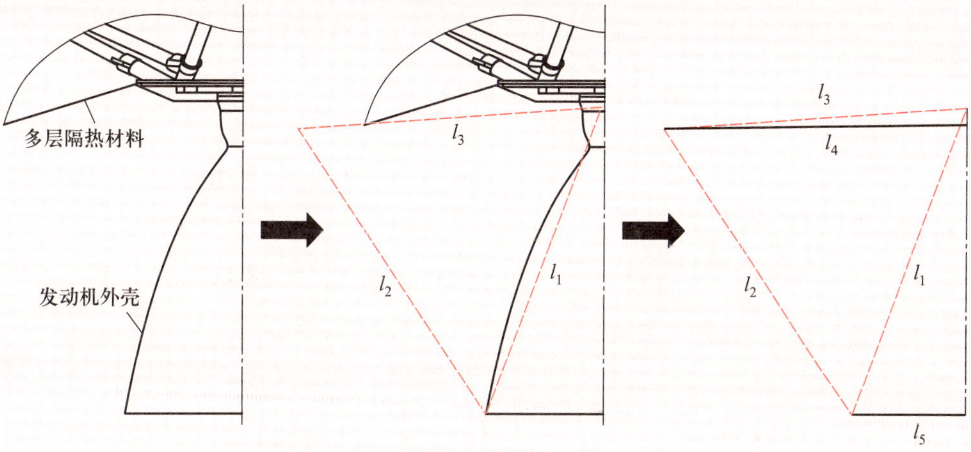

(a)　(b)　(c)

图 9-60　例题 9-15 附图

为了对发动机外壳与多层隔热材料的外表面之间的辐射传热做大致估算，将图 9-60a 简化成图 9-60b 的形状，这就构成轴对称的三表面封闭腔的计算模型。已知：$\varepsilon_1=0.8$，$t_1=1\,100$ ℃，$l_1=522$ mm，$l_2=597$ mm，$\varepsilon_3=0.03$，$t_3=300$ ℃，$l_3=552$ mm。试计算发动机外壳单位面积的辐射传热量。(中国航天六院 601 研究所刘昌国高级工程师团队提供资料)

题解

分析：表面 2 是由宇宙大空间构成的假想表面，因此发射率 $\varepsilon_2=1$，温度 $T_2=3$ K。三个表面的长度就作为其面积，按照常规的三表面系统计算辐射换热量，如图 9-60c 虚线所示。辐射传热网络图如图 9-61 所示。

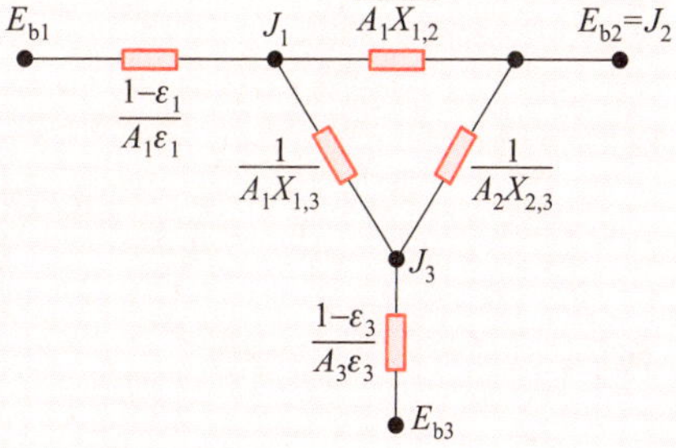

图 9-61　辐射网络图

计算：

$$X_{1,2}=\frac{l_1+l_2-l_3}{2l_1}=\frac{522\text{ mm}+597\text{ mm}-552\text{ mm}}{2\times522\text{ mm}}=0.543\ 10$$

$$X_{1,3}=\frac{l_1+l_3-l_2}{2l_1}=\frac{522\ \text{mm}+552\ \text{mm}-597\ \text{mm}}{2\times522\ \text{mm}}=0.\ 456\ 90$$

$$X_{2,3}=\frac{l_2+l_3-l_1}{2l_2}=\frac{597\ \text{mm}+552\ \text{mm}-522\ \text{mm}}{2\times597\ \text{mm}}=0.\ 525\ 13$$

对节点 1：

$$\frac{E_{b1}-J_1}{\dfrac{1-\varepsilon_1}{A_1\varepsilon_1}}+\frac{J_2-J_1}{\dfrac{1}{A_1X_{1,2}}}+\frac{J_3-J_1}{\dfrac{1}{A_1X_{1,3}}}=0$$

对节点 2：

$$E_{b2}=J_2$$

对节点 3：

$$\frac{E_{b3}-J_3}{\dfrac{1-\varepsilon_3}{A_3\varepsilon_3}}+\frac{J_1-J_3}{\dfrac{1}{A_1X_{1,3}}}+\frac{J_2-J_3}{\dfrac{1}{A_2X_{2,3}}}=0$$

进一步可得

$$\frac{5.\ 67\times10^{-8}\times(1\ 100+273.\ 15)^4-J_1}{\dfrac{1-0.\ 8}{0.\ 522\times0.\ 8}}+\frac{J_2-J_1}{\dfrac{1}{0.\ 522\times0.\ 543\ 10}}+\frac{J_3-J_1}{\dfrac{1}{0.\ 522\times0.\ 456\ 90}}=0$$

$$\frac{5.\ 67\times10^{-8}\times(300+273.\ 15)^4-J_3}{\dfrac{1-0.\ 03}{0.\ 552\times0.\ 03}}+\frac{J_1-J_3}{\dfrac{1}{0.\ 522\times0.\ 456\ 90}}+\frac{J_2-J_3}{\dfrac{1}{0.\ 597\times0.\ 525\ 13}}=0$$

解得

$$J_2=4.\ 593\times10^{-6}\ \text{W/m}^2$$

$$J_1=1.\ 677\times10^{5}\ \text{W/m}^2$$

$$J_3=7.\ 047\times10^{4}\ \text{W/m}^2$$

故

$$\Phi_1=\frac{E_{b1}-J_1}{\dfrac{1-\varepsilon_1}{A_1\varepsilon_1}}=7.\ 074\times10^4\ \text{W}$$

讨论：实际物体形成一个空间三表面封闭腔；三个表面的温度及发射率由已知条件给定。设图 9-60c 中两条到轴线的距离 $l_4=536$ mm，$l_5=246$ mm。三个表面的形状如图 9-62 所示。

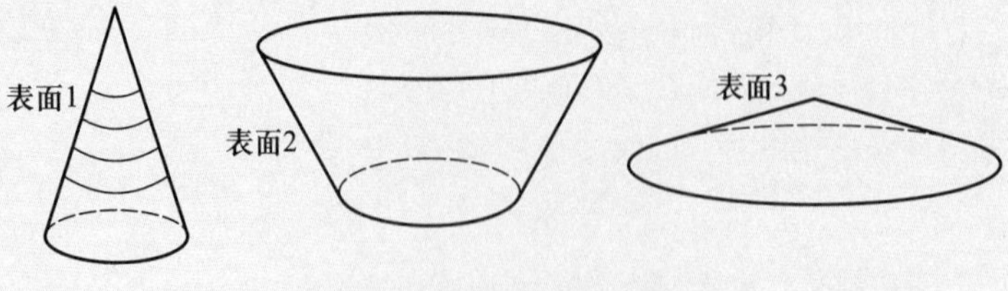

图 9-62　三个立体表面

请读者完成习题 9-57 计算，并与本例进行比较。

复习题

1. 试述角系数的定义，“角系数是一个纯几何因子”的结论是在什么前提下得出的？

2. 角系数有哪些特性？这些特性的物理背景是什么？

3. 为什么计算一个表面与外界之间的净辐射传热量时要采用封闭腔的模型？

4. 实际表面系统与黑体系统相比，辐射传热计算增加了哪些复杂性？

5. 什么是一个表面的自身辐射、投入辐射及有效辐射？有效辐射的引入对于灰体表面系统辐射传热的计算有什么作用？

6. 对于温度已知的多表面系统，试总结求解每一表面净辐射传热量的基本步骤。

7. 什么是辐射表面热阻？什么是辐射空间热阻？网络法的实际作用你是怎样认识的？

8. 什么是遮热板？试根据自己的切身经历举出几个应用遮热板的例子。

9. 9.5.1 节中关于控制表面热阻的讨论是对图 9-39 所示的同心圆柱面系统进行的，其结论对于像图 9-15a 所示的两表面封闭系统是否也成立？

10. 图 9-41 所示的电子器件机箱冷却系统中，印制板上大功率元件布置在机箱出口处，试分析其原因。

11. 图 9-37 中气体层 1 及 2 的平均射线程长怎样确定？

12. 聚酰亚胺膜是一种厚度可变化范围较大、能在-269 ℃到 280 ℃的温度范围内使用、具有耐辐射性、耐介质性和电气绝缘性并能接受多种涂层的薄膜。本书例题 1-6 中提到镀金聚酰亚胺膜是很好的抑制辐射换热的材料。试准对该例题中的图 1-7，分析其中多层镀金聚酰亚胺膜的作用。

13. 在图 9-17 所示的双层窗中，为什么第二片玻璃不采用低发射率的涂层材料？

习题

9-1 在一曲边六面体中，各个表面之间共有多少个角系数，其中有多少个是独立的？几何条件已知。

9-2 设有如附图所示的两个微小面积 A_1、A_2，$A_1=2\times10^{-4}\ \mathrm{m}^2$、$A_2=3\times10^{-4}\ \mathrm{m}^2$。$A_1$ 为漫射表面，辐射力 $E_1=5\times10^4\ \mathrm{W/m^2}$。试计算由 A_1 发出而落到 A_2 上的辐射能。

9-3 如附图所示，已知一微元圆盘 $\mathrm{d}A_1$ 与有限大圆盘 A_2（直径为 D）相平行，两中心线之连线垂直于两圆盘，且长度为 s。试计算 $X_{\mathrm{d}1,2}$。

9-4 试从角系数的积分定义式出发，计算如附图所示的从微元表面积 $\mathrm{d}A_1$ 到球缺内表面 A_2 的角系数，用两种极限情形来检查你所得到的公式的正确性。已知球缺底部圆周上任一点与 $\mathrm{d}A_1$ 之间的连线同 $\mathrm{d}A_1$ 法线间的夹角为 β。

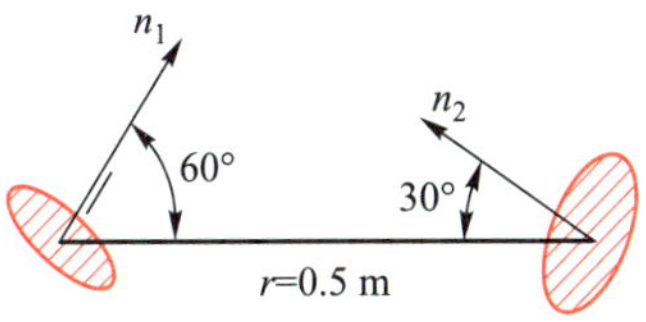

习题 9-2 附图

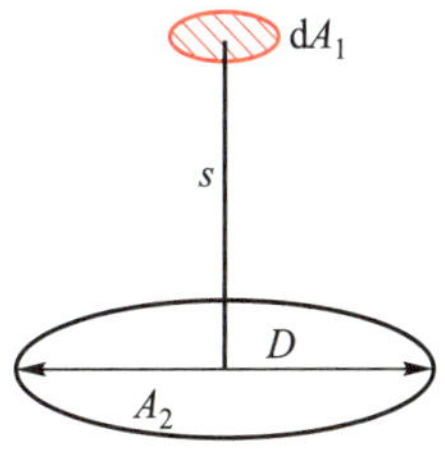

习题 9-3 附图

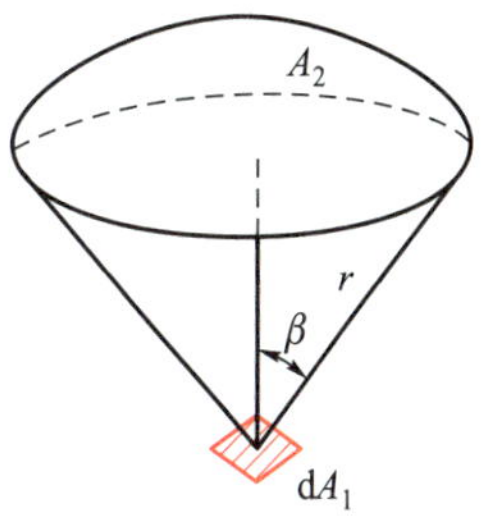

习题 9-4 附图

9-5 在附图中，$l=0.2\ \mathrm{m}$，$r_1=0.1\ \mathrm{m}$，$r_2=0.13\ \mathrm{m}$，试计算 $X_{\mathrm{d}1,2}$。

9-6 试用简捷方法确定附图中的角系数 $X_{1,2}$。

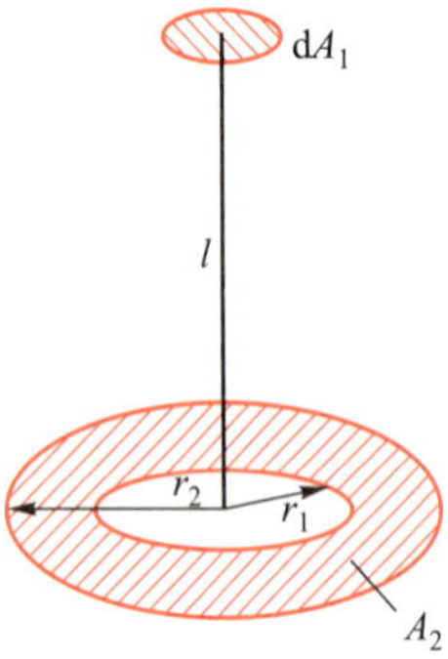

习题 9-5 附图

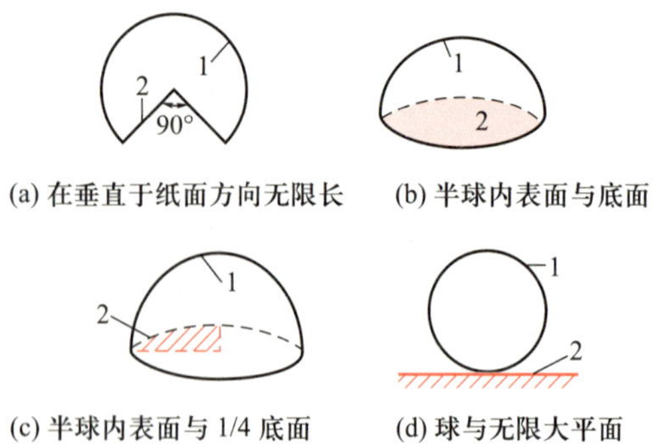

习题 9-6 附图

9-7　试确定附图 a、b 中几何结构的角系数 $X_{1,2}$。

9-8　试确定附图 a、b 中几何结构的角系数 $X_{1,2}$。

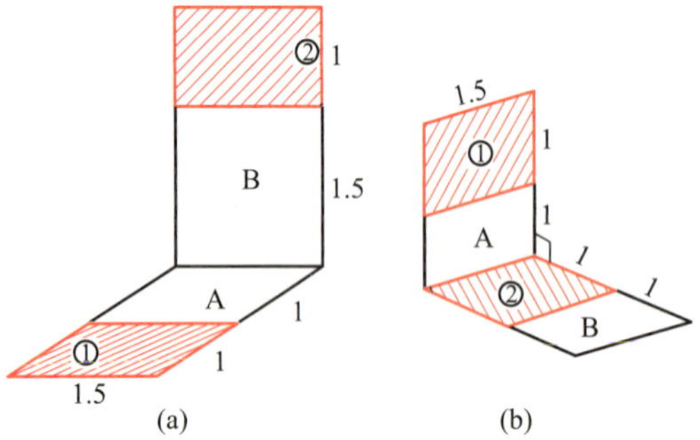

习题 9-7 附图

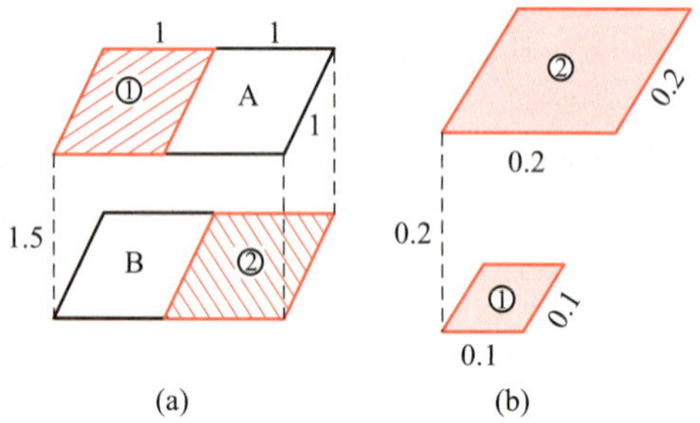

习题 9-8 附图

9-9　三根直径为 d 且互相平行的长圆管呈正三角形布置，中心距为 s。试计算其中任一根管子所发出的辐射能落到其余两管子以外区域的百分数。

9-10　一长圆管被置于方形通道的正中间，如附图所示。试确定每一对边的角系数、两邻边的角系数及任一边对管子的角系数。

9-11　对于如附图所示的情形，试确定 $X_{1,4}$。

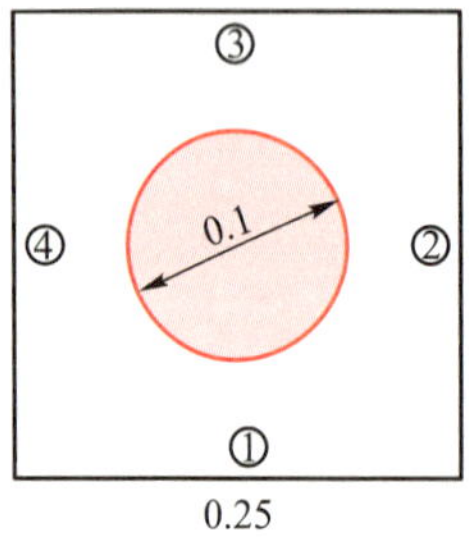

习题 9-10 附图

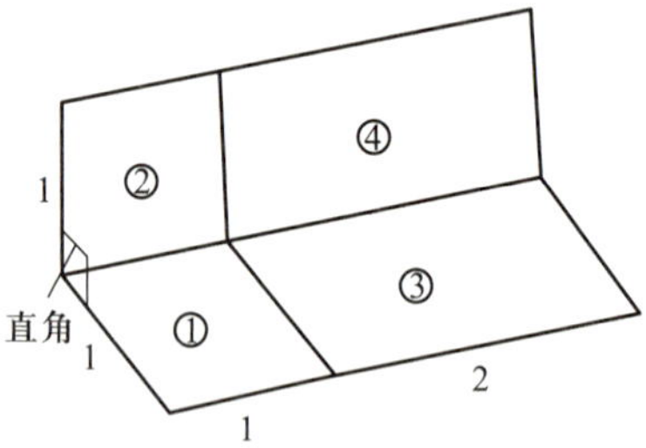

习题 9-11 附图

9-12　在煤粉炉炉膛出口有 4 排凝渣管，其相对节距 s_1/d、s_2/d 比较大，透过前一排管子而落到后一排管子的辐射平面上的来自炉膛的火焰辐射能，仍可认为是均匀分布的。设火焰对第一排管子的角系数为 X，求火焰对凝渣管束总的角系数。当 $s_1/d=5$ 时，火焰辐射能可以透过凝渣管束的百分数是多少？

9-13　试证：对于附图所示的几何结构有

$$X_{AB,D}=\frac{d}{2t}\arctan(t/H)$$

圆柱表面 D 及平面 AB 在垂直于纸面的方向上为无限长。

9-14 对于如附图所示的三种几何结构，试导出从沟槽表面发出的辐射能中落到沟槽外面的部分所占的百分数的计算式。设在垂直于纸面的方向上均为无限长。

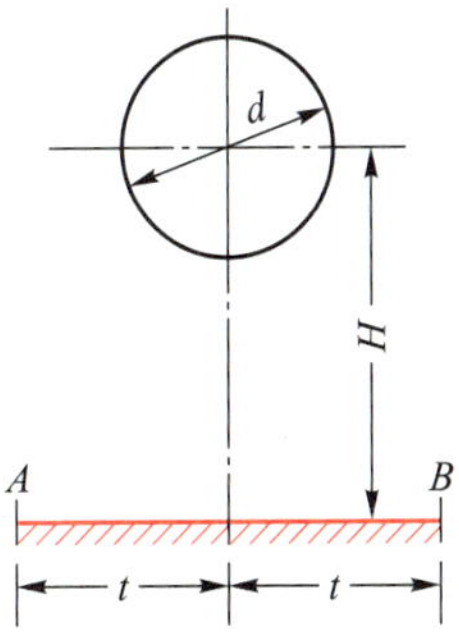

习题 9-13 附图

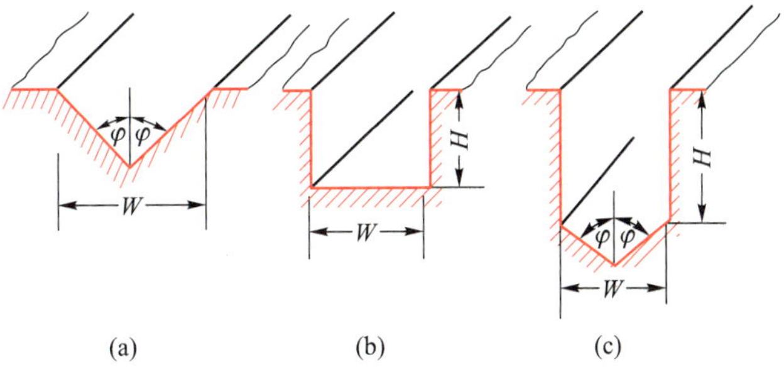

习题 9-14 附图

9-15 对于附图所示的几何结构，试问当 $H/r_2 \to 0$ 时角系数 $X_{1,2}$ 的极限值是多少？

9-16 试确定如附图所示的两互相垂直的表面的角系数 $X_{1,3}$ 之值。

9-17 试计算附图所示的几何结构中的角系数 $X_{1,5}$ 之值。

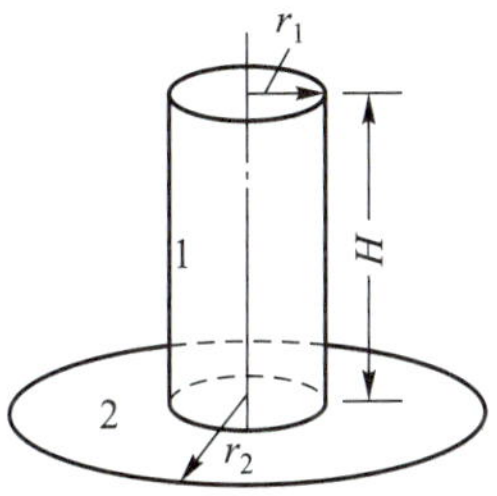

习题 9-15 附图

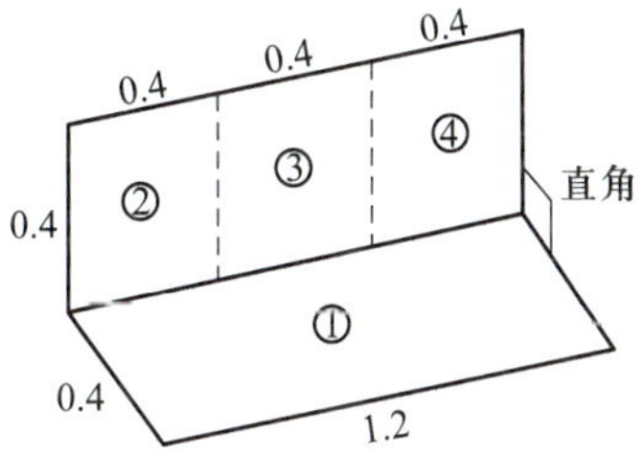

习题 9-16 附图

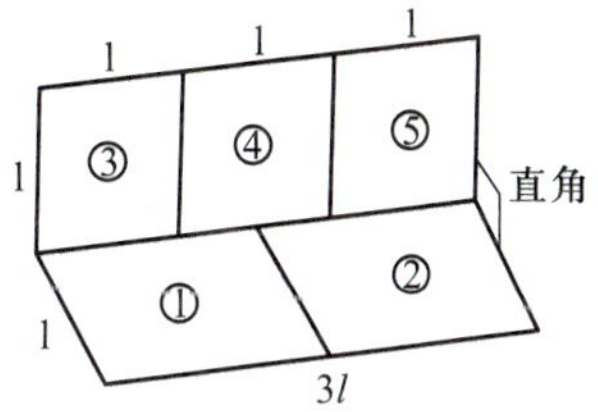

习题 9-17 附图

黑体表面间的传热

9-18 附图所示一管状电加热器内表面温度为 900 K、$\varepsilon=1$，试计算从加热表面投入圆盘上的总辐射能。

9-19 在两块平行的黑体表面 1、3 之间置入一块透明平板 2。板 1、3 的表面温度为已知，板 2 的温度维持在某个值 T_2，其发射率、反射比及透射比各为 ε_2、ρ_2 及 τ_2。试确定表面 1 单位面积上净辐射传热量的表达式。

9-20 一有涂层的长工件表面采用附图所示方法予以加热烘干。设加热器表面温度 $T_s=800$ K，$\varepsilon_s=1$，工件表面温度维持在 $T_p=500$ K，$\varepsilon_p=1$。工件及加热表面在垂直于纸面方向均为无限长。已知 $b_s=0.15$ m，$b_p=0.3$ m，$l=0.2$ m。试对下列两种情形确定施加在单位长度加热器上的电功率：(1) 环境为 300 K 的大空间；(2) 环境是绝热的。对流可以不考虑，工件的另一面绝热。

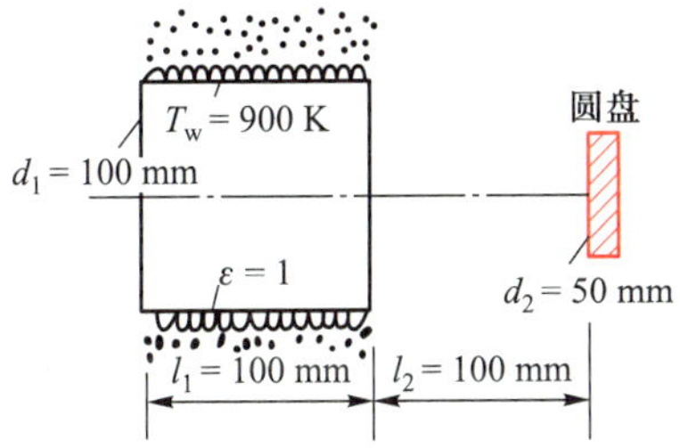

习题 9-18 附图

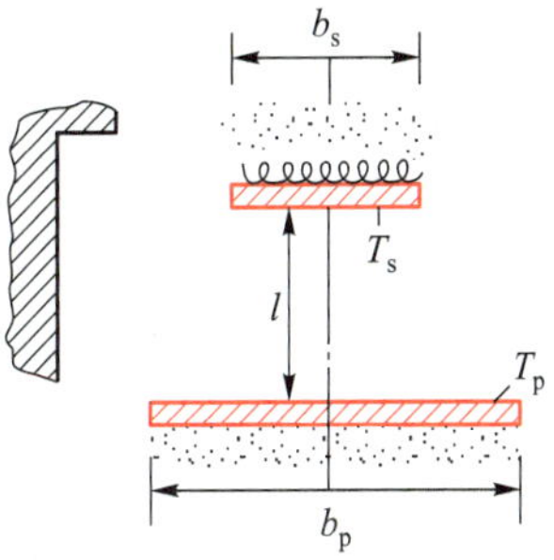

习题 9-20 附图

9-21　两个面积相等的黑体被置于一绝热的包壳中。假定两黑体的温度分别为 T_1 与 T_2，且相对位置是任意的，试画出该辐射传热系统的网络图，并导出绝热包壳表面温度 T_3 的表达式。

9-22　在习题 9-19 中，如果透明板的温度不是用外部方法维持在一定的值，而是受板 1 及板 3 的作用而趋于某一个稳定的值。试确定当板 2 的温度不变时板 1 的辐射传热量（认为板 2 的两个表面温度相等）。

实际物体表面间的辐射传热

9-23　两块平行放置的平板的表面发射率均为 0.8，温度分别为 $t_1=527$ ℃及 $t_2=27$ ℃，板间距远小于板的宽度与高度。试计算：(1) 板 1 的自身辐射；(2) 板 1 的投入辐射；(3) 板 1 的反射辐射；(4) 板 1 的有效辐射；(5) 板 2 的有效辐射；(6) 板 1、2 间的辐射传热量。

9-24　两块无限大平板的表面温度分别为 t_1 及 t_2，发射率分别为 ε_1 及 ε_2。其间遮热板的发射率为 ε_2，试画出稳态时三板之间辐射传热的网络图。

9-25　在上题中，取 $\varepsilon_1=\varepsilon_2=0.8$，$\varepsilon_3=0.025$，试在一定的 T_1、T_2 温度下，推断加入遮热板后 1、2 两表面间的辐射传热减少到原来的多少分之一。

9-26　一外径为 100 mm 的钢管横穿过室温为 27 ℃的大房间，管外壁温度为 100 ℃，表面发射率为 0.85。试确定单位管长上的热损失。

9-27　设热水瓶的瓶胆可以看作直径为 10 cm、高 26 cm 的圆柱，夹层抽真空，其表面发射率为 0.05。试估算沸水刚冲入水瓶后，初始时刻水温的平均下降速率。夹层两壁温可近似地取为 100 ℃及 20 ℃。

9-28　一平板表面接收到的太阳投入辐射为 1 262 W/m^2，该表面对太阳能的吸收比为 α，自身辐射的发射率为 ε。平板的另一侧绝热。平板的向阳面对环境的散热相当于对一个 −50 ℃的表面进行辐射传热。试对 $\varepsilon=0.5$、$\alpha=0.9$ 及 $\varepsilon=0.1$、$\alpha=0.15$ 的两种情形，确定平板表面处于稳定工况下的温度。

9-29　在一块厚金属板上钻了一个直径 $d=2$ cm 的不穿透的小孔，孔深 $H=4$ cm，锥顶角为 90°，如附图所示。设孔的表面是发射率为 0.6 的漫射体，整个金属块处于 500 ℃的温度下，环境温度为 0 K，确定孔口与外界的辐射换热量。

9-30　对于如附图所示的结构，试计算下列情形下从小孔向外辐射的能量：(1) 所有内表面均是 500 K 的黑体；(2) 所有内表面均是 $\varepsilon=0.6$ 的漫射体，温度均为 500 K。

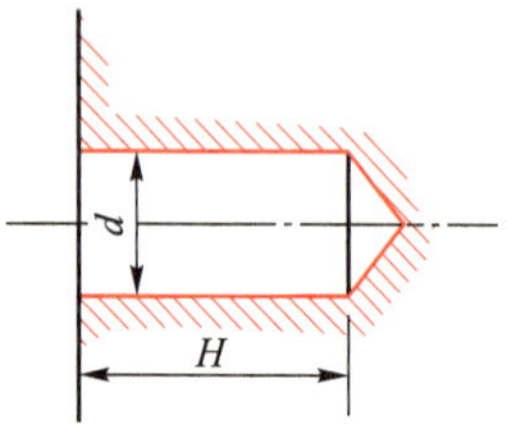

习题 9-29 附图

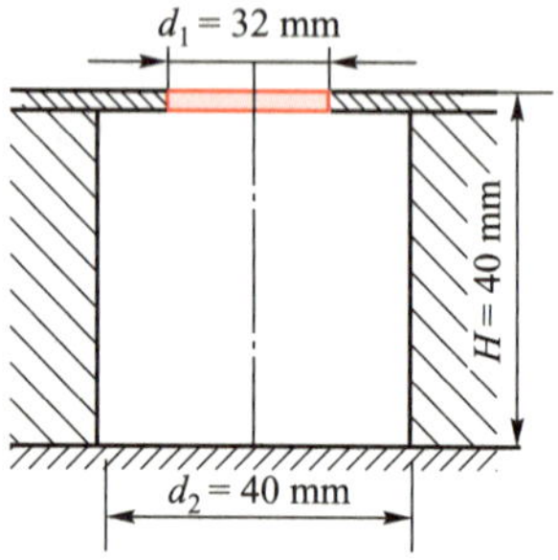

习题 9-30 附图

9-31　有一水平放置的正方形太阳能集热器，边长为 1.1 m，吸热表面的发射率 $\varepsilon=0.2$，对太阳能的吸收比 $\alpha_s=0.9$。当太阳的投入辐射 $G=800$ W/m^2 时，测得集热器吸热表面的温度为 90 ℃。此时环境温度为 30 ℃，天空可视为 23 K 的黑体。试确定此集热器的效率。设吸热表面直接暴露于空气中，其上无夹层（集热器效率定义为集热器所吸收的太阳辐射能与太阳投入辐射之比）。

9-32　假设在上题所述的太阳能集热器吸热面上加了一层厚 8 cm 的空气夹层（空气压力为 1.013×10^5 Pa），夹层顶盖玻璃内表面的平均温度为 40 ℃，玻璃的透射比为 0.85，其他条件不变。试计算此情形下太阳能集热器的效率。

9-33　在一厚 200 mm 的炉墙上有一直径为 200 mm 的孔，孔的圆柱形表面可以认为是绝热的。炉内温度为 1 400 ℃，室温为 30 ℃。试确定当该孔的盖板被移去时，室内物体所得到的净辐射热量。

9-34　一空间飞行器的散热装置应向 0 K 的环境通过辐射散失飞行器运行中内部产生的热量。如果该散热表面的最高允许温度为 2 500 K，发射率 $\varepsilon=0.8$，试确定所允许的最大散热功率。

9-35　设有如附图所示的几何体，半球表面是绝热的，底面被一直径（$D=0.2$ m）分为 1、2 两部分。表面 1 为灰体，$T_1=550$ K，$\varepsilon_1=0.35$；表面 2 为黑体，$T_2=330$ K。试计算表面 1 的净辐射热损失及表面 3 的温度。

在本例中 $X_{1,2}=0$，但为什么 1 与 2 间还有净辐射传热呢？

9-36　已知两个互相垂直的正方形表面（见附图）的温度分别为 $T_1=1\,000$ K、$T_2=500$ K，发射率分别为 $\varepsilon_1=0.6$、$\varepsilon_2=0.8$。该两表面位于一绝热的房间内。试计算该两表面间的净辐射传热量。

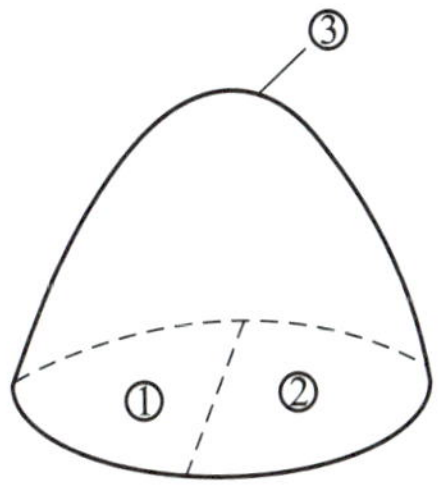

习题 9-35 附图

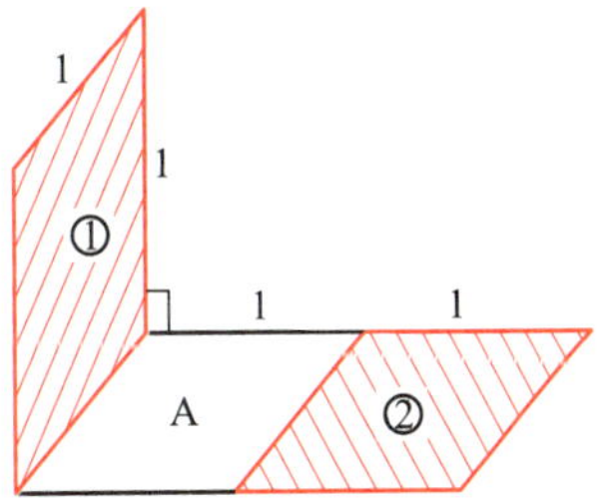

习题 9-36 附图

9-37　两个相距 1 m、直径为 2 m 的平行放置的圆盘，相对表面的温度分别为 $t_1=500$ ℃ 及 $t_2=200$ ℃，发射率分别为 $\varepsilon_1=0.3$ 及 $\varepsilon_2=0.6$，圆盘的另外两个表面的换热忽略不计。试确定下列两种情况下每个圆盘的净辐射传热量：(1) 两圆盘被置于 $t_3=20$ ℃ 的大房间中；(2) 两圆盘被置于一绝热空腔中。

9-38　两个同心圆筒壁的温度分别为 −196 ℃ 及 30 ℃，直径分别为 10 cm 及 15 cm，表面发射率均为 0.8。试计算单位长度圆筒上的辐射传热量。为减弱辐射传热，在其间同心地置入一遮热罩，直径为 12.5 cm，两表面的发射率均为 0.05。试画出此时辐射传热的网络图，并计算套筒壁间的辐射传热量。

9-39　有一内腔为 0.2 m×0.2 m×0.2 m 的正方形炉子，被置于室温为 27 ℃ 的大房间中。炉底电加热，底面温度为 427 ℃，$\varepsilon_1=0.8$。炉子顶部开口，内腔四周及炉子底面以下均敷设绝热材料。试确定在不计对流传热的情况下，为保持炉子恒定的底面温度所需供给的电功率。

9-40　宇宙飞船上的一肋片散热结构如附图所示。肋片的排数很多，在垂直于纸面的方向上可视为无限长。已知肋根温度为 330 K，肋片相当薄，肋片材料的导热系数很大，环境是 0 K 的宇宙空间，肋片表面发射率 $\varepsilon=0.83$。试计算肋片单位面积上的净辐射散热量。

9-41　在一如附图所示的传送带式的烘箱中，辐射加热表面与传送带上被加热工件间的距离 $H=0.35$ m，加热段长 3.5 m，在垂直于纸面方向上宽 1 m，传送带两侧面及前、后两端面 A、B 均可以视为是绝热的，其余已知条件如图示。试：(1) 确定辐射加热面所需的功率；(2) 讨论去掉前、后端面对于热损失及工件表面温度场均匀性的影响。

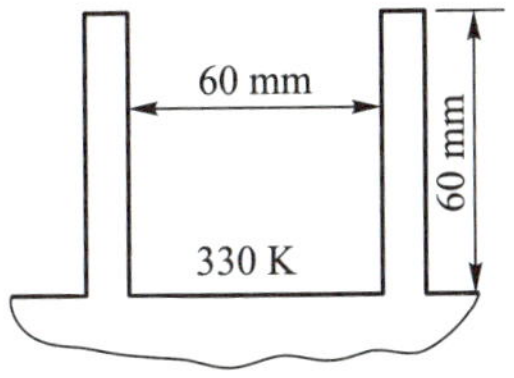

习题 9-40 附图

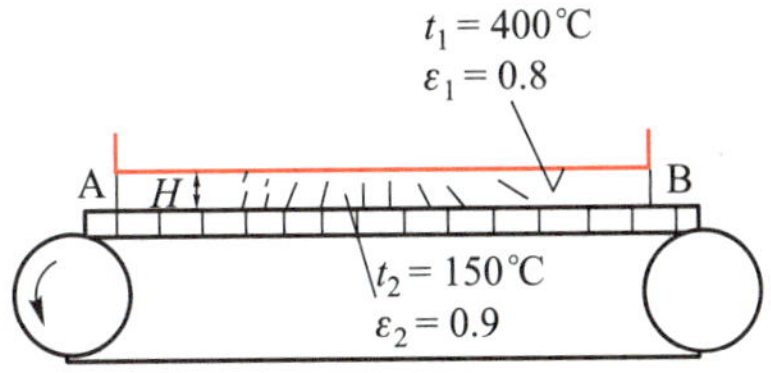

习题 9-41 附图

9-42　在两块平行放置的相距很近的大平板 1 与 2 中，插入一块很薄且两个表面发射率不等的第三块平板。已知 $t_1=300$ ℃，$t_2=100$ ℃，$\varepsilon_1=0.5$，$\varepsilon_2=0.8$。当板 3 的 A 面朝向表面 1 时，板 3 的稳态温度为 176.4 ℃；当板 3 的 B 面朝向表面 1 时，稳态时板 3 的温度为 255.5 ℃。试确定表面 A、B 各自的发射率。

9-43　两块尺寸为 1 m×1 m 的平行平板 1、2，被置于温度为 20 ℃ 的大房间中，两板间相距 1 m，发射率分别为 0.4、0.6，温度分别维持在 500 ℃、350 ℃。不考虑两板背面的换热。今在两板的中间位置上插入一块发射率为 0.05、尺寸为 1 m×1 m 的薄平板 3，且没有采取任何措施来维持平板 3 的温度。试用网络法确定，当中间插入的平板 3 达到热稳态时平板 1、2 各自的净辐射换热量及板 3 的温度。

9-44　用单层遮热罩抽气式热电偶测量一设备中的气流温度。已知设备内壁温度为 90 ℃，热接点与遮热罩表面的发射率均为 0.6，气体对热接点及遮热罩的表面传热系数分别为 40 W/(m^2·K) 及 25 W/(m^2·K)。当气流真实温度 $t_f=180$ ℃时，热电偶的指示值为多少？

9-45　用裸露的热电偶测定圆管中气流的温度，热电偶的指示值 $t_1=170$ ℃，已知管壁温度 $t_w=90$ ℃，气流对热接点的对流传热表面传热系数为 $h=50$ W/(m^2·K)，热接点表面的发射率 $\varepsilon=0.6$。试确定气流的真实温度及测温误差。

9-46　一热电偶被置于外径为 5 mm 的不锈钢套管（$\varepsilon=0.7$）中，且热接点与套管底紧密地接触。该套管被水平地置于一电加热炉中，以测定炉内热空气的温度。已知炉壁的平均温度为 510 ℃，该热电偶读数为 500 ℃，试确定空气的真实温度。空气与套管间的换热为自然对流传热。

9-47　在上题中，如果把装有热电偶的套管置于管道中，用来测定作强制流动的气流温度。气流方向与套管轴线垂直，流速为 10 m/s，其他条件保持不变。试确定此条件下气流的真实温度。

9-48　一个双槽形大电流母线的截面尺寸如附图所示。试确定从一个槽体的内表面发出的辐射能穿过槽间间隙落到环境中的百分数。已知 $H=100$ mm，$S=30$ mm，$W=40$ mm。垂直于低面方向无限长。

9-49　如附图所示，两薄平板 A、B 被置于一绝热的空间内，并位于同一平面上，面积分别为 A_A、A_B 其 4 个表面的发射率分别为 ε_1、ε_2、ε_3 及 ε_4。今设法使板 A、B 分别维持在恒定温度 T_A 及 T_B，试画出这一辐射传热系统的网络图，并列出计算板 A、B 间净辐射换热量的表达式。

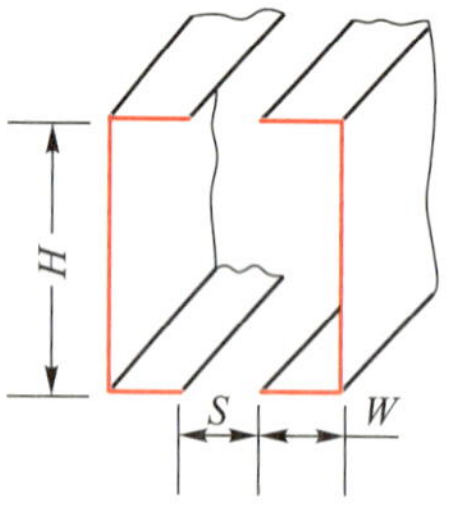

习题 9-48 附图

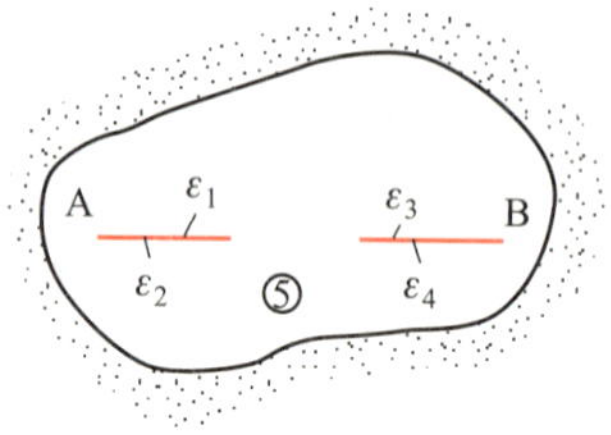

习题 9-49 附图

9-50　设有如附图所示的一箱式炉，炉顶为加热面，底面为冷面，四侧表面为绝热面。试：(1) 把四周绝热面作为一个表面处理，计算加热面的净辐射传热量及绝热面的温度；(2) 把侧面沿高度三等分，假设每一分区中的温度均匀，采用数值计算方法计算加热面的净辐射传热量及三区中的温度；(3) 把侧面沿高度五等分，重复上述计算，并把侧面作为单区、三区及五区的三种计算结果做比较。

9-51　在直径为 D 的人造卫星外壳上涂了一层具有漫射性质的涂料，其光谱吸收特性为 $\alpha(\lambda)=0.6(\lambda\leqslant 3\ \mu m)$ 及 $\alpha(\lambda)=0.3(\lambda>3\ \mu m)$。如附图所示，当它位于地球的阴面一侧时，仅可得到来自地球的投入辐射 $G_e=340$ W/m^2，且可以视为是平行入射线。而位于地球的亮面一侧时，可同时收到来自太阳与地球的投入辐射，且太阳的投入辐射 $G_s=1\ 353$ W/m^2。设地球辐射可视为 280 K 的黑体辐射，人造卫星表面的温度总在 500 K 以下。试分别计算它位于阴面与亮面位置时，在稳态情形下的表面平均温度。

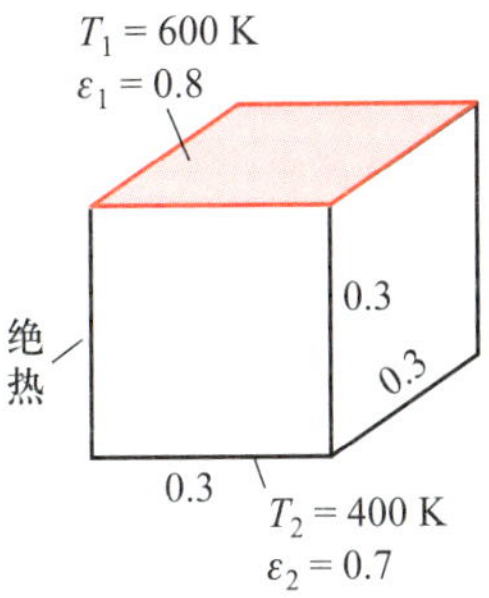

习题 9-50 附图

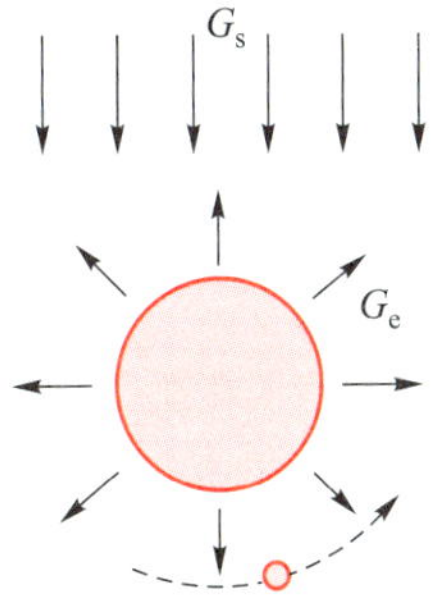

习题 9-51 附图

9-52　一正三角形截面的通道在垂直于纸面方向为无限长。3 个表面中,已知表面 1、2 有均匀的辐射传热热流。而表面 3 有均匀壁温,表面发射率均为 ε。试:(1) 写出确定 3 个表面有效辐射 J_1、J_2、J_3 的方程式;(2) 写出确定表面 1、2 温度的方程式;(3) 写出表面 3 净辐射传热热流的方程式。

综合分析

9-53　对于例题 9-15,重新计算把三个表面按照立体来处理时的发动机外壳的辐射散热量。

9-54　一排平行布置的圆柱状电加热元件用来使炉墙一个表面维持在 500 K(见附图),该墙的外侧面绝热良好,而内侧受温度 $T_f = 450$ K 的流体冷却,$h = 200$ W/(m^2·K)。炉子的另一侧墙壁维持在均匀温度 300 K。试确定加热元件表面的工作温度。设所有表面均可作为黑体处理。

9-55　一燃烧试验设备的壁面上安置了一小块圆形的耐热玻璃,直径为 5 cm,透射比 $\tau = 0.9$,发射率 $\varepsilon = 0.3$,反射比 $\rho = 0$。环境温度为 20 ℃。设玻璃的温度是均匀的,其表面与壁面齐平,外表面的对流传热表面传热系数为 9.6 W/(m^2·K)。燃烧温度为 1 000 K。试确定玻璃的温度及散失到环境中的热量。

9-56　一种利用半导体材料直接进行发电的设备的原理图如附图所示。位于中心的陶瓷管受内部燃气加热维持表面温度为 1 950 K,半导体材料制成 $d_o = 0.35$ m 的圆管,其外用导热性能极好的金属层围住,金属层外用 293 K 的冷却水予以冷却。陶瓷管与半导体表面之间为真空。已知 $d_i = 25$ mm,陶瓷管表面为漫灰体,$\varepsilon = 0.95$;半导体材料亦可视为漫灰体,$\varepsilon = 0.45$。半导体材料输出的电功率是其所吸收的辐射能中 $\lambda = 0.6 \sim 25$ μm 范围内的辐射能的 10%。试确定单位长度设备所能输出的电功率。设沿直径方向可以视为无限长。

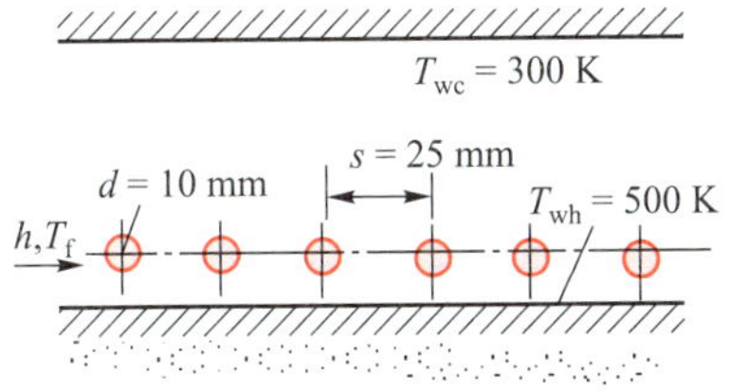

习题 9-54 附图

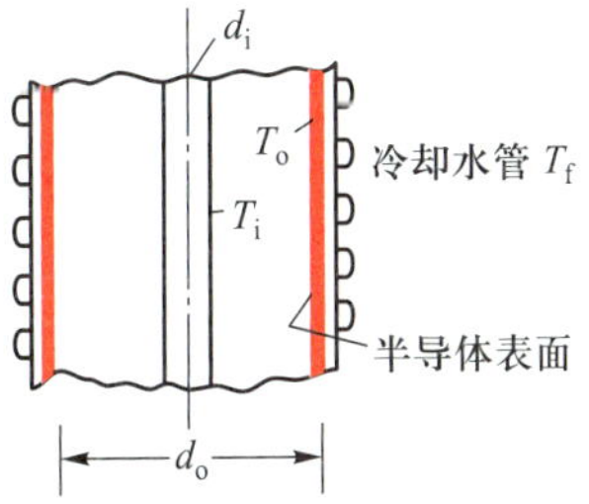

习题 9-56 附图

9-57　在一个刮风的日子里,太阳投射到一幢大楼的平屋顶上的辐射能为 980 W/m^2,屋顶与温度为 25 ℃ 的气流间的对流传热的表面传热系数为 25 W/(m^2·K)。天空可以看作 −40 ℃ 的黑体。屋顶材料对太阳能的吸收比为 0.6,自身发射率为 0.2。试确定屋顶表面在稳态下的温度。

9-58　煤粉炉炉膛中的水冷壁管常因其表面结渣而使传热过程受到削弱。为估计结渣、结灰的影响采用以下简化的模型:外径 $d_t = 50$ mm 的水冷壁管内部发生流动沸腾过程,饱和水温为 600 K。管外受 $T_\infty = 1\,500$ K 的烟气对流传热,$h = 100$ W/(m^2·K)。火焰对水冷壁管的辐射可以等效地看成为来自 $T_\infty = 1\,500$ K 的大空间的辐射。水冷壁管发射率 $\varepsilon_t = 0.8$。试对下列两种情况计算单位管子长度上水冷壁管从炉膛得到的热量:(1) 管外干净无灰渣;(2) 管外结了一层均匀灰渣,厚 $\delta = 5$ mm,其导热系数为 1 W/(m·K),灰渣表面发射率 $\varepsilon_d = 0.9$,其余条件不变。

9-59 一种测定高温下固体材料导热系数的示意性装置如附图所示。一厚 δ 的方形试件(边长为 b)被置于一大加热炉的炉底,其侧边绝热良好,顶面受高温炉的辐射加热,底面被温度为 T_c 的冷却水冷却,且冷却水与底面间的换热相当强烈。试件顶面的发射率为 ε_s,表面温度 T_s 用光学高温计测定。炉壁温度均匀,且为 T_w。测定在稳态下进行。试:(1) 导出试件平均导热系数的计算式(设导热系数与温度呈线性关系);(2) 对于 T_w = 1 400 K、T_s = 1 000 K、T_c = 300 K、ε_s = 0.85,δ = 0.015 m 的情形,计算导热系数的值。

9-60 设附图中 1、2 两表面在垂直于纸面方向上为无限长。为了求得 $X_{1,2}$,有一个学生连接了一个平行四边形并作出了假想表面 1′、2′。他认为,由于表面 1 发出的辐射能在到达表面 2 之前先要经过假想面 1′,因而有 $X_{1,2}=X_{1',2'}$。$X_{1',2'}$可立即查图得出。你是否同意这种看法,阐述你的理由,并用具体例子说明之。

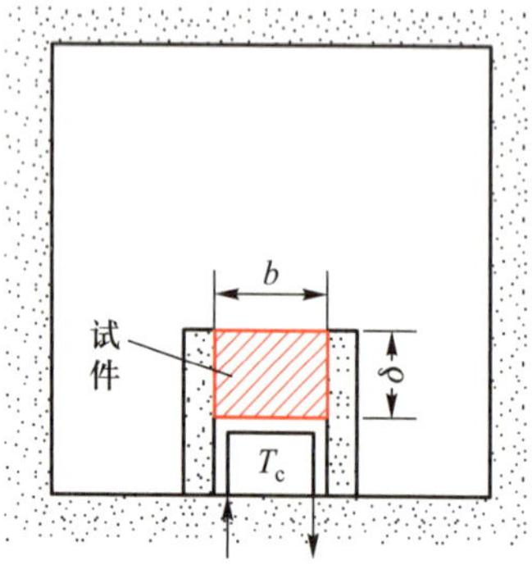

习题 9-59 附图

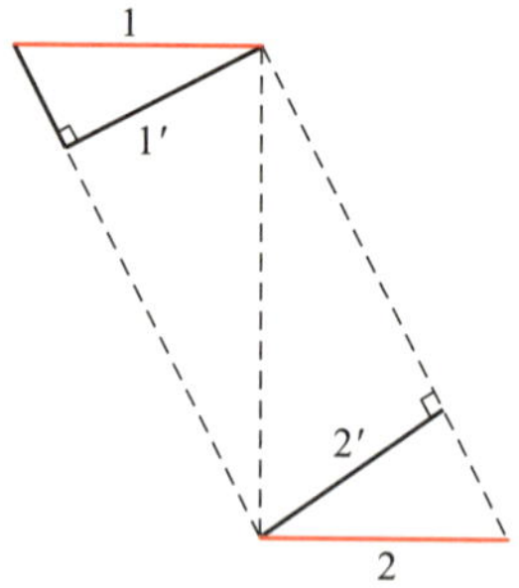

习题 9-60 附图

9-61 如图示一表面产生辐射制冷 q_{rc},该表面同时发生对流传热 q_{conv},与天空发生辐射传热 q_{sky},并吸收太阳辐射 q_{sol}。试列出过程为稳态时四个物理量的热平衡关系式,并根据你的知识写出 q_{conv} 及 q_{sky} 的计算表达式。

9-62 已知某型号超超临界发电机组一次再热 1 000 MW 汽轮机的主蒸汽管道,在某工况下主蒸汽温度 t_g = 600 ℃,主蒸汽管道内表面强制对流传热的表面传热系数 h_{p5} = 7 584 W/(m² · K)。主蒸汽管道内直径 d_2 = 0.38 m,主蒸汽管道外直径 d_3 = 0.58 m,管道材料为 10Cr9MoW2VNbBN。选取硅酸铝棉制品作为保温材料,保温层厚度 0.28 m,保温结构外直径 d_4 = 1.14 m,保温结构外表面采用不锈钢板作为保护层,材料发射率取 ε = 0.3。室外风速为值 W = 3.0 m/s,横向吹过该主蒸汽管道,环境温度 t_a = 25 ℃。假设各层之间接触良好,不存在接触热阻。硅酸铝棉制品的导热系数与温度的关系为

$$\{\bar{\lambda}\}_{W/(mgK)} = 0.056+0.000\,2\{\bar{t}-70\}_{℃}$$

试计算保温层外表面温度、总体传热系数及单位长度管道的散热量。

9-63 编写一个能求解附图所示的 $N(N\geqslant 8)$ 个表面组成的封闭空腔内辐射传热的计算机程序。要求程序能同时处理已知壁温及辐射换热量的两类表面,同时输出:(1) 各个表面的有效辐射;(2) 已知温度表面的辐射传热热流密度;(3) 已知辐射传热热流密度表面的温度。

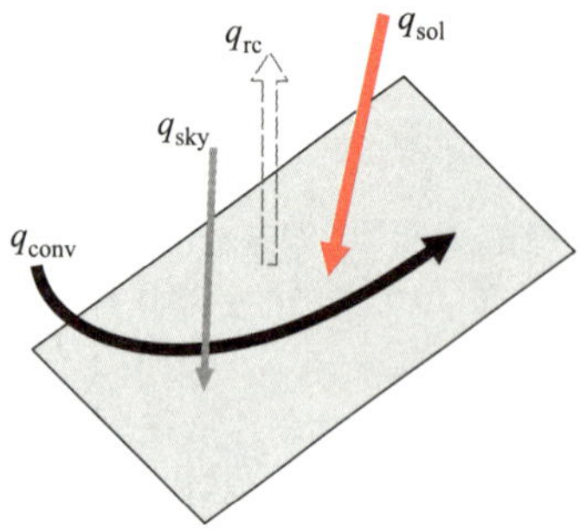

习题 9-61 附图

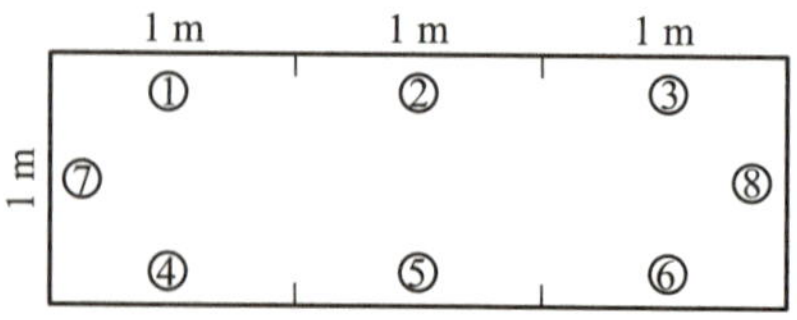

习题 9-63 附图

利用上述程序求解如附图所示的 8 个表面组成的封闭腔的辐射传热问题,已知条件如下表所示。

表面	1	2	3	4	5	6	7	8
T/K	400	500	400	700	800	700		
q							0	0
ε	0.6	0.6	0.6	0.2	0.2	0.2		
角系数 $X_{i,j}$								
	$j=1$	2	3	4	5	6	7	8
$i=1$	0	0	0	0.42	0.20	0.05	0.29	0.04
2	0	0	0	0.20	0.42	0.20	0.09	0.09
3	0	0	0	0.05	0.20	0.42	0.04	0.29
4	0.42	0.20	0.05	0	0	0	0.29	0.04
5	0.20	0.42	0.20	0	0	0	0.09	0.09
6	0.05	0.20	0.42	0	0	0	0.04	0.29
7	0.29	0.09	0.04	0.29	0.09	0.04	0	0.16
8	0.04	0.09	0.29	0.04	0.09	0.29	0.16	0

9-64 如定义空间任意两个表面1、2间的辐射传热量为表面1的自身辐射最终为表面2所吸收的值减去表面2的自身辐射最终为表面1所吸收的值(包括直接辐射的吸收及经历各次反射后的吸收)。试导出如附图所示的表面1、2(平、凸表面)间的辐射传热计算式。设该两表面在垂直于纸面的方向上为无限长表面1、2的 T_1、T_2 以及 ε_1、ε_2 为已知。表面3为0 K下的黑体。

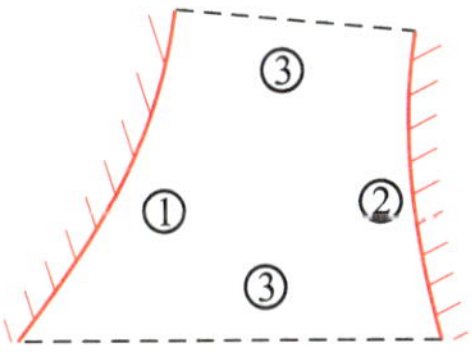

习题 9-64 附图

9-65 对于附图所示的三表面系统,有人认为,因为表面2自己可以看到自己,因而不能用网络法来计算3个表面间的辐射换热,你是否同意这一观点。试对下列条件计算各表面的净辐射换热量 Φ_1、Φ_2 及 Φ_3:$T_1=573$ K,$\varepsilon_1=0.6$;$T_2=293$ K,$\varepsilon_2=0.58$;$T_3=373$ K,$\varepsilon_3=0.6$。

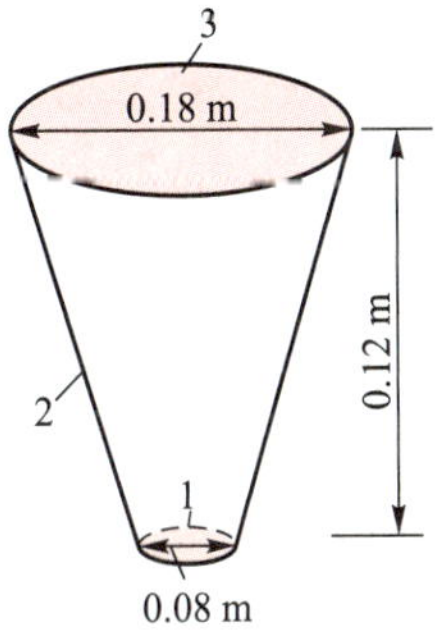

习题 9-65 附图

9-66 在文献[17]中,对于由3个表面组成的辐射传热网络引入了电工学中的Δ-Y转换,如附图所示。Y接法的3个等效辐射热阻按下式计算:

$$R_{1e}=\frac{R_{12}R_{13}}{R_{12}+R_{23}+R_{13}},\quad R_{2e}=\frac{R_{21}R_{23}}{R_{12}+R_{23}+R_{13}},\quad R_{3e}=\frac{R_{13}R_{23}}{R_{12}+R_{23}+R_{13}}$$

其中 R_{12} 等为空间热阻。获得 R_{1e}、R_{2e}、R_{3e} 后可按基尔霍夫定律确定0点的 J_0,然后按任一表面的净辐射换热量便可求解,如 Φ_1 为

$$\Phi_1=\frac{E_{b1}-J_0}{R_1+R_{1e}}$$

试利用这一变换方法计算习题9-69,并比较计算结果。

9-67 为分析遮热罩层数对提高测温准确度的影响,试考虑如附图所示的简化模型。为便于比较,除增加了第二层遮热罩外,其余条件均与9.6.2节的计算相同,即 $t_f=1\ 000$ ℃,$t_w=600$ ℃,热电偶及遮热罩表面的发射率 $\varepsilon=0.3$,烟气与热电偶及遮热罩表面间的表面传热系数 $h_s=116\ \mathrm{W/(m^2\cdot K)}$。

(1) 试确定 s/d_1 之值。在这一数值下热电偶发出的辐射能最多只有5%会穿过遮热罩的端口而落到烟道壁面上。

(2) 设 $d_1=30$ mm,$d_2=50$ mm,遮热罩壁厚在分析中略而不计,试计算采用双层遮热罩后的测温误差。

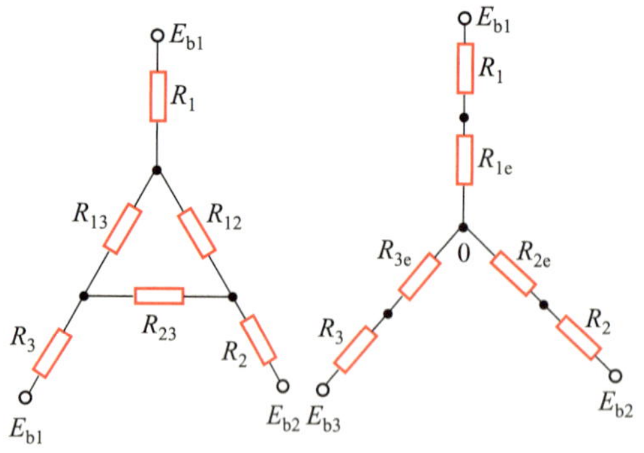

习题 9-66 附图

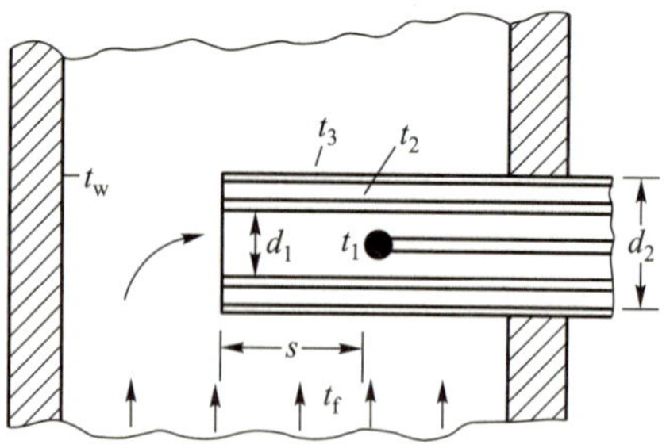

习题 9-67 附图

采用基于 MHT-Learning 工具软件的题目

9-68 对习题 9-63,确定 8 个表面间辐射角系数及 1~6 表面的净辐射传热量。

9-69 在例题 9-13 中指出,在集热管外表面及玻璃罩内表面之间有辐射传热,如果两个表面分别维持在各自均匀的温度,则很容易采用式(9-16)进行计算;但是由于投入吸热管表面上的热流严重不均匀,需要将内、外表面分别分割为若干个小块面积,计算各小块面积的辐射传热后相加,计算的关键是要获得内、外圆上任意一块小面积对于其余各块小面积的角系数。试:(1) 根据角系数的计算方法,对内、外圆直径分别为 70 mm、109 mm 的情形,将圆周等分为若干等份,分别确定内、外圆周上一块小面对其余各小面积的角系数;(2) 采取以下两种方法验证计算的正确性:角系数的完整性,及假定内外壁各自为均匀温度,分别应用公式(9-16)及多表面间辐射传热的计算方法,检查内、外表面间净的辐射传热量是否相等。

参考文献

[1] 斯帕罗,赛斯. 辐射传热[M]. 顾传宝,张学学,译. 北京:高等教育出版社,1982:127-129.

[2] SIEGEL R, HOWELL J. Thermal radiation heat transfer [M]. 4th ed. New York:Taylor & Francis,2002:155-193.

[3] 杨贤荣,马庆芳. 辐射传热角系数手册[M]. 北京:国防工业出版社,1982.

[4] TAO W Q,SPARROW E M. Ambiguities related to the calculation of radiant beat exchange between a pair of surfaces [J]. Int J Heat Mass Transfer. 1985,28(9):1 788-1 790.

[5] 陈钟颀. 传热学专题讲座[M]. 北京:高等教育出版社,1989:100-115.

[6] EDWARDS D K,MATAVOSIAN R. Scaling rules for total absorptivity and emissivity of gases[J]. ASME J Heat Transfer, 1984,106:684-689.

[7] HOTTEL H C. Radiant heat transmission[M]//MCADAMS W H. Heat transmission. 3rd ed. New York:McGraw-Hill,1953.

[8] EDWARDS D K,MATAVOSIAN R. Emissivity data for gases[M]// HEWITT G F. Hemisphere handbook of heat exchanger design. New York:Hemisphere,1990:Section 5. 5. 5.

[9] ANSON P,GODRIGE A M. A simple method for measuring heat flux[J]. J Sci Inst,1967,44:541-544.

[10] ZHAI Y,MA Y,DAVID S N,et al. Scalable-manufactured randomized glass-plymer hybrid metamaterial for daytime radiative cooling[J]. Science,2017,355:1 062-1 066.

[11] ZHANG K,ZHAO D,YIN X,et al. Energy saving and economic analysis of anew hybrid radiative cooling system for single-family houses in the USA[J]. Applied Energy,2018,224:371-381.

[12] 史进渊. 汽轮机传热设计原理与计算方法[M]. 北京:中国电力出版社,2023.

[13] 唐振,孙志新,李增耀,等. 槽式太阳能集热器真空夹层传热的数值模拟[J]. 工程热物理学报,2013,34:1133-1136.

[14] 何雅玲,王坤,杜保存,等. 聚光型太阳能热发电系统非均匀辐射能流特性及解决方法的研究进展[J]. 科学通报,2016,61(30):3 208-3 237.

[15] 闵桂荣,郭舜. 航天器热控制[M]. 2 版. 北京:科学出版社,1998.

[16] KANG H J,TAO WQ. Discussion on the network method for the calculating radiant interchange within an enclosure[J]. J Thermal Science,1994,3(2):130-135.

第 10 章

传热过程分析与换热器的热计算

换热器（heat exchanger）是广泛采用的冷热流体交换热量的设备。本章将综合应用以前各章的知识介绍与分析换热器的基本热计算方法。大多数换热器中的基本过程是第1章中引入的“传热过程”，冷、热流体被固体表面隔开。工程领域中隔开冷热流体壁面的形式很多，本章首先对通过不同形式壁面的传热过程进行传热系数计算方法的分析，接着介绍换热器的种类，重点是间壁式换热器，然后介绍间壁式换热器的两种热计算方法。

最后，将总结控制热量传递过程（传热强化或者削弱）的技术及其近代发展。

10.1 传热过程的分析和计算

第 1 章中已经指出，所谓“传热过程”是指热量从壁面一侧的流体通过壁面传到另一侧流体的过程。传热过程中所传递的热量由以下传热方程确定：

$$\Phi=kA(t_{f1}-t_{f2})$$

其中总传热系数 k 及冷、热流体间温差的计算是关键。本节先讨论不同形状传热表面的传热系数计算方法，温差的计算将在下一节中讨论。

10.1.1 通过平壁的传热过程计算

通过平壁的传热过程在第 1 章已经讨论过，其总传热系数可按式(1-12)计算，即

$$k=\frac{1}{\dfrac{1}{h_1}+\dfrac{\delta}{\lambda}+\dfrac{1}{h_2}} \tag{10-1}$$

由于平壁两侧的面积是相等的，因此总传热系数的数值不论对哪一侧壁面来说都是一样的。式中的表面传热系数 h_1 和 h_2，可以根据具体情况选用以前各章相应的公式来确定。这里补充说明一点：如果流过壁面的流体是含有二氧化碳、水蒸气等气体的烟气，则一般既要考虑对流传热，也要计及辐射传热。例如，锅炉省煤器的烟气侧换热就属于这种情况。这时上式中的表面传热系数应为复合传热表面传热系数(详见 9.6 节)。这种做法对以后讨论的通过圆筒壁及肋壁的传热问题都适用。

10.1.2 通过圆筒壁的传热过程计算

圆管内、外侧的表面积不相等，所以对内侧和对外侧而言的总传热系数在数值上是不同的。下面对管长为 l 的一段圆管的传热过程来做分析。参看图 10-1，管子内半径为 r_i，外半径为 r_o(内径和外径分别为 d_i 和 d_o)，管壁材料的导热系数为 λ，管子内外侧的复合表面传热系数分别为 h_i 和 h_o，内外侧壁温分别为 t_{wi} 和 t_{wo}，管子内外流体的温度分别为 t_{fi} 和 t_{fo}。传热过程包括管内流体到管内侧壁面、管内侧壁面到外侧壁面、管外侧壁面到外侧流体三个环节。在稳态条件下，通过各环节的热流量 Φ 是不变的。各环节的温度差可表示如下：

$$t_{fi}-t_{wi}=\frac{\Phi}{h_i\pi d_i l}$$

$$t_{wi}-t_{wo}=\frac{\Phi}{2\pi\lambda l}\ln\frac{d_o}{d_i}$$

$$t_{wo}-t_{fo}=\frac{\Phi}{h_o\pi d_o l}$$

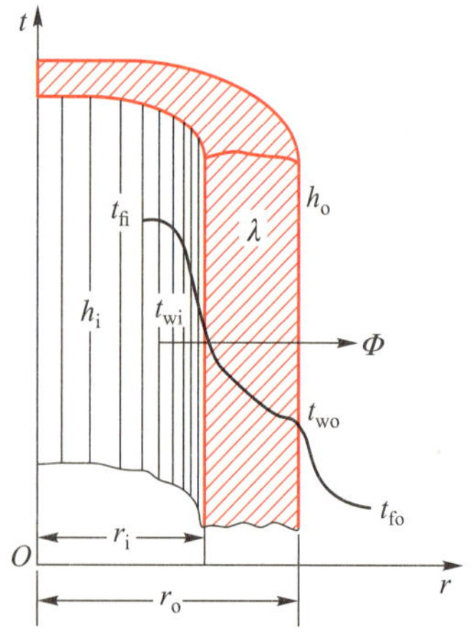

图 10-1 通过圆管的传热

将以上三式相加可得

$$\Phi=\frac{\pi l(t_{fi}-t_{fo})}{\frac{1}{h_i d_i}+\frac{1}{2\lambda}\ln\frac{d_o}{d_i}+\frac{1}{h_o d_o}} \tag{10-2}$$

对外侧面积而言的总传热系数由下式表示：

$$\Phi=kA_o(t_{fi}-t_{fo})=k\pi d_o l(t_{fi}-t_{fo}) \tag{10-3}$$

从以上两式的对比中可得以管外侧面积为基准的总传热系数计算式：

$$k=\frac{1}{\frac{1}{h_i}\frac{d_o}{d_i}+\frac{d_o}{2\lambda}\ln\frac{d_o}{d_i}+\frac{1}{h_o}} \tag{10-4}$$

习惯上，工程计算常以管外侧面积为基准，所以式(10-4)中的 k 未加下角码"o"。从热阻的角度来看，式(10-4)可以改写为

$$\frac{1}{kA_o}=\frac{1}{h_iA_i}+\frac{1}{2\pi\lambda l}\ln\frac{d_o}{d_i}+\frac{1}{h_oA_o} \tag{10-5}$$

其中等式左边是对管外壁而言的传热总热阻，右边三项分别是管内、管壁和管外三个传热环节的热阻。式(10-5)再一次体现了串联热阻的叠加原则。但是必须注意，由于管子内外表面积的不同，这里的分析必须对整个表面积进行。

在运行过程中，管子内、外侧常会积起各种污垢，这时以上总传热系数计算公式中还要增加相应的污垢热阻项。本章 10.4 节将讨论污垢热阻对传热的影响。

10.1.3 通过肋壁的传热过程计算

在表面传热系数较小的一侧采用肋壁是强化传热的一种行之有效的方法。下面以平壁的一侧加肋片的情况进行分析。

参看图 10-2 所示的一侧为肋壁的平壁。无肋一侧的表面积为 A_i，肋侧总表面积为 A_o，它包括肋面突出部分的面积 A_2 及肋与肋间的平壁部分的面积 A_1 两个部分，即 $A_o=A_1+A_2$。肋片间的壁面与流体的换热量为 $h_oA_1(t_{wo}-t_{fo})$，而肋面本身与流体的换热量则为 $h_o\eta_fA_2(t_{wo}-t_{fo})$，其中 η_f 为肋效率，可按 2.4 节的公式计算。在稳态条件下，通过传热过程各环节的热流量 Φ 是一样的，于是可以列出以下方程式：

$$\Phi=h_iA_i(t_{fi}-t_{wi}) \tag{a}$$

$$\Phi=\frac{\lambda}{\delta}A_i(t_{wi}-t_{wo}) \tag{b}$$

$$\Phi=h_oA_1(t_{wo}-t_{fo})+h_o\eta_fA_2(t_{wo}-t_{fo})=h_o\eta_oA_o(t_{wo}-t_{fo}) \tag{c}$$

式中：

$$\eta_o=(A_1+\eta_fA_2)/A_o \tag{10-6}$$

称为肋面总效率(overall fin surface efficiency)。从以上三式中消去 t_{wi} 和 t_{wo} 可得

$$\Phi=\frac{t_{fi}-t_{fo}}{\frac{1}{h_iA_i}+\frac{\delta}{\lambda A_i}+\frac{1}{h_o\eta_oA_o}} \tag{10-7}$$

于是以肋侧表面积 A_o 为基准的肋壁总传热系数为

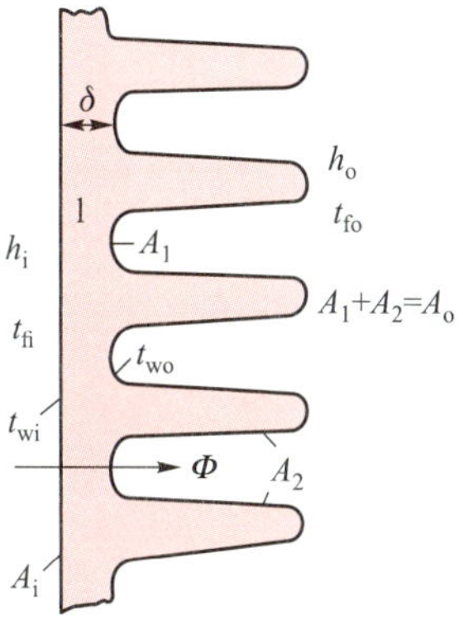

图 10-2 通过肋壁的传热过程

$$k_f=\frac{1}{\frac{1}{h_i}\frac{A_o}{A_i}+\frac{\delta}{\lambda}\frac{A_o}{A_i}+\frac{1}{h_o\eta_o}}\tag{10-8}$$

为了与未加肋片的平壁总传热系数式(10-1)相比较,可以写出以光侧表面面积 A_i 为基准的肋壁总传热系数的表达式:

$$k_f'=\frac{1}{\frac{1}{h_i}+\frac{\delta}{\lambda}+\frac{A_i}{h_o\eta_oA_o}}=\frac{1}{\frac{1}{h_i}+\frac{\delta}{\lambda}+\frac{1}{h_o\eta_o\beta}}\tag{10-9}$$

式中,$\beta=\frac{A_o}{A_i}$,称为肋化系数,即加肋后的总表面积与内侧未加肋时的表面积之比。β 往往远大于 1,而且总可以使 $\eta_o\beta$ 远大于 1,使外侧的传热热阻从 $1/h_o$ 降低到 $1/(h_o\eta_o\beta)$,从而使传热量 Φ 增大。值得指出,在工程传热计算中,为了表征一种强化表面相对于光滑表面的优越性,一般都是以未加肋时的表面积(或轧制肋片前的胚管面积)作为计算总传热系数及热流量的面积的[1]。读者在对比各种肋片表面的传热性能时,必须对计算面积有清楚的了解。同时,本书 2.4 还介绍了肋效能的概念,读者可与这部分内容结合起来理解肋效率、肋效能与肋片表面传热性能的关系。

例题 10-1　蒸汽管道散热计算

蒸汽管道的外径为 80 mm,壁厚 3 mm,外侧包有厚 40 mm 的水泥珍珠岩保温层,其导热系数 $\{\overline{\lambda_2}\}_{W/(m\cdot K)}=0.0651+0.000105\{\overline{t_2}\}_{℃}$($\bar{t}$ 为保温层的平均温度)。管内蒸汽温度 $t_{fi}=150$ ℃,环境温度 $t_\infty=20$ ℃,保温层外表面对环境的复合表面传热系数 $h_o=7.6\ W/(m^2\cdot K)$,管内蒸汽的表面传热系数 $h_i=116\ W/(m^2\cdot K)$,钢管壁的 $\lambda=46.2\ W/(m\cdot K)$。求每米管长的散热损失。

题解

分析:这道题的难点是水泥珍珠岩的导热系数 $\overline{\lambda}_2$ 与其两个表面的温度有关,这两个温度并不知道,为了进行计算需要预先假定。保温层的内表面温度可以看成与管内的蒸汽温度相同,因为管内对流热阻和管壁的导热热阻都很小(从下面的数值对比中可以清楚地看到这一点)。保温层外表面的温度可以先假设为 30 ℃,然后再修正。经过数次迭代计算,就可以得到能满足一定要求的结果。这种"要求解什么需假设什么"的问题就是一种典型的非线性问题。对于非线性问题,迭代法是一种行之有效的求解方法。

计算:保温层外径

$$d_o=80\times10^{-3}\ m+40\times10^{-3}\ m\times2=0.16\ m$$

每米管长的热损失

$$\begin{aligned}\Phi&=k\pi d_o l(t_{fi}-t_\infty)=k\pi\times0.16\ m\times1\ m\times(150\ ℃-20\ ℃)\\&=65.3k\ m^2\cdot ℃\end{aligned}$$

管道内径

$$d_i=80\times10^{-3}\ m-3\times10^{-3}\ m\times2=0.074\ m$$

由式(10-4)得

$$k=\frac{1}{\frac{1}{116\ W/(m^2\cdot K)}\times\frac{0.16\ m}{0.074\ m}+\frac{0.16\ m}{2\times46.2\ W/(m\cdot K)}\times\ln\frac{0.08}{0.074}+\frac{0.16\ m}{2\overline{\lambda}_2}\times\ln\frac{0.16}{0.08}+\frac{1}{7.6\ W/(m^2\cdot K)}}$$

保温层的平均温度

$$\bar{t}=\frac{1}{2}\times(150\ ℃+30\ ℃)=90\ ℃$$

于是

$$\lambda_2=(0.0651+0.000105\times90)\ \mathrm{W/(m\cdot K)}=0.0746\ \mathrm{W/(m\cdot K)}$$

代入上式得

$$k=\frac{1}{0.0186+0.000279+0.743+0.132}\mathrm{W/(m^2\cdot K)}$$
$$=1.119\ \mathrm{W/(m^2\cdot K)}$$

从分母中四项热阻的对比来看，管内对流热阻和管壁的导热热阻均很小，特别是管壁热阻，完全可以忽略不计。这说明，将保温层内表面的温度取作 150 ℃是完全允许的。于是，每米管长的热损失为

$$\Phi=65.3\ \mathrm{m^2}\cdot ℃\times1.119\ \mathrm{W/(m^2\cdot K)}=73.1\ \mathrm{W}$$

这还不是最后的答案，因为保温层的外表面温度 30 ℃是带有假设性的，需要加以校核。外表面温度可按下式计算：

$$t_{wo}=\frac{\Phi}{\pi d_o h_o}+20\ ℃$$
$$=\frac{73.1\ \mathrm{W}}{\pi\times0.16\ \mathrm{m}\times7.6\ \mathrm{W/(m^2\cdot K)}}+20\ ℃=39.1\ ℃$$

再以此作为保温层外表面温度，重新计算：

$$\bar{\lambda}_2=\left(0.0651+0.000105\times\frac{150+39.1}{2}\right)\ \mathrm{W/(m\cdot K)}=0.0750\ \mathrm{W/(m\cdot K)}$$

$$k=1.124\ \mathrm{W/(m^2\cdot K)},\quad \Phi=73.4\ \mathrm{W}$$

讨论：(1) 对于输送水或压力较高的水蒸气的保温管道，管内介质的对流传热阻力一般比保温层的热阻要小得多，因而常可取管壁温度等于管内介质的平均温度，这种做法对于工程传热问题的简捷分析特别有用。(2) 由于导热系数是温度的函数，计算过程必是迭代性的。本例两次相邻计算中保温材料导热系数的相对偏差已小于 1%，作为工程计算可以认为迭代业已收敛。(3) 国家标准《GB/T 4272—2008 设备及管道绝热技术通则》和《GB/T 8175—2008 设备及管道绝热设计导则》制定了相关标准和规范，读者在解决实际问题时应遵循。

例题 10-2 铝电线散热量的计算

铝电线外径为 5.1 mm，外包导热系数 $\lambda=0.15\ \mathrm{W/(m\cdot K)}$ 的聚氯乙烯作为绝缘层。环境温度为 40 ℃，铝线表面温度限制在 70 ℃以下。绝缘层表面与环境间的复合表面传热系数为 10 $\mathrm{W/(m^2\cdot K)}$。求绝缘层厚度 δ 不同时每米电线的散热量。

题解

分析：像式(10-2)这样确定所传递热量的计算式可以进一步拓宽应用：只要分子上的温差与分母中的热阻对应即可。对于本题，给定了电线表面温度的数值，相当于图 10-2 中的 t_{wi}，环境温度相当于图中的 t_{fo}，因此每米长电线的散热量为

$$\frac{\Phi}{l}=\frac{\pi(t_{wi}-t_{fo})}{\dfrac{1}{2\lambda}\ln\dfrac{d_o}{d_i}+\dfrac{1}{h_o d_o}}$$

计算：将已知条件代入上式，得

$$\frac{\Phi}{l}=\frac{\pi\times(70\ ℃-40\ ℃)}{\dfrac{1}{2\times0.15\ W/(m\cdot K)}\times\ln\dfrac{d_o}{0.005\ 1\ m}+\dfrac{1}{10\ W/(m^2\cdot K)d_o}}$$

$\dfrac{\Phi}{l}$是绝缘层外径（或绝缘层厚度）的函数。取 d_o 为 10～70 mm，计算结果用图线表示于图 10-3。图中横坐标为绝缘层外径 d_o，纵坐标分别为表征绝缘层导热热阻的$\dfrac{1}{2\lambda}\ln(d_o/d_i)$（曲线 2）、表征绝缘层外侧热阻的$\dfrac{1}{h_o d_o}$（曲线 1）和散热量$\dfrac{\Phi}{l}$（曲线 3）。

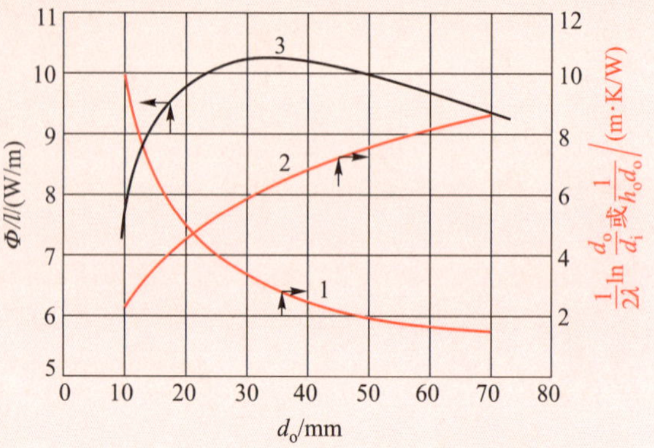

图 10-3　电线散热量与绝缘层外径的关系

讨论：从图上可以看出：d_o = 30 mm 时散热量达到最大值，而当绝缘层外径小于 30 mm 时，增加绝缘层厚度非但不会削弱传热，反而会增加散热。对电线来说，处于这种情况下是有利的，因为可以增加电流的通过能力。本题所述电线的实际产品所采用的绝缘层厚度约为 1 mm，处于对散热有利的范围之内。

10.2 换热器的类型

10.2.1 换热器的分类

用来使热量从热流体传递到冷流体，以满足规定的工艺要求的装置统称换热器（或热交换设备，heat exchanger）。换热器可以按不同的方式分类。按换热器操作过程可将其分为间壁式（recuperators）、混合式（direct contact heat exchanger）及蓄热式（regenerator）（或称回热式）三大类。第 1 章已提到间壁式换热器，是应用最广的类型。在这种换热器中，冷、热流体由壁面间隔开来而分别位于壁面的两侧。在混合式换热器中，冷、热两种流体通过直接接触、互相混合来实现换热，火力发电厂中的传统冷却塔、化工厂中的洗涤塔等属于这一类。当冷、热流体不能混合时这种换热器的应用就受到限制。冷、热两种流体依次交替地流过同一换热表面而实现热量交换的设备称为蓄热式换热器。在这种换热器中，固体壁面除了换热以外还起到蓄热的作用：高温流体流过时，固体壁面吸收并积蓄热量，然后释放给接着流过的低温流体。显然，这种换热器的热量传递过程是非稳态的。在空气分离装置、炼铁高炉及炼钢平炉中常用这类换热器来预冷或预热空气。蓄热式空气加热技术是一种可避免常规燃烧加热污染的方案。该蓄热式加热器（图 10-4）用常规热源（天热气等）燃烧来产生热量，并将热量储存于空心砖（例如 Al_2O_3 砖）蓄热床，在随后的试验期间，热量从蓄热材料中释放出来加热空气。

换热器还可以按表面的紧凑程度而区分为紧凑式换热器（compact heat exchanger）与非紧凑式换热器（non-compact heat exchanger）。紧凑的程度可以用水力直径（d_h，hydraulic diameter，也称当量直径，即流动截面积的 4 倍除以湿周长）来区别，或者用每立方米体积中的传热面积即传热

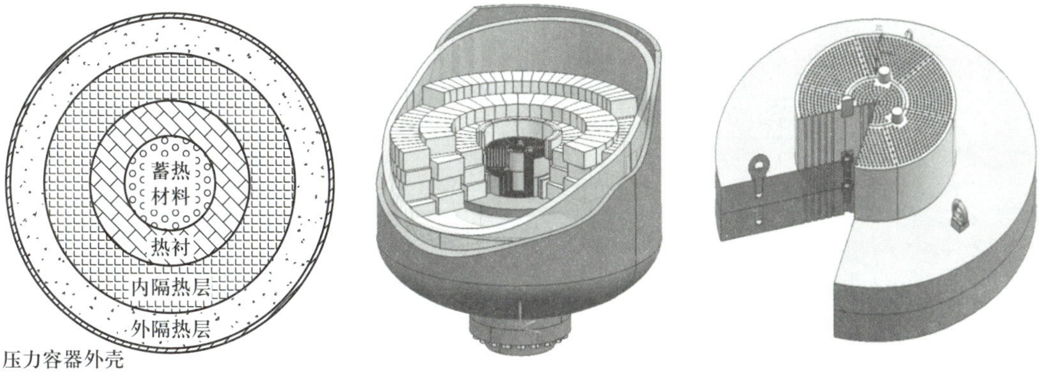

图 10-4　蓄热式加热器结构（西安航天动力研究所陈鹏飞高级工程师提供）

面积密度 β 来衡量：当 $\beta \geqslant 700\ \mathrm{m^2/m^3}$ 或者 $d_h \leqslant 6\ \mathrm{mm}$ 时，称为紧凑式换热器，如图 10-5 所示[4]。当 $\beta > 3\,000\ \mathrm{m^2/m^3}$ 或者 $100\ \mu\mathrm{m} \leqslant d_h \leqslant 1\ \mathrm{mm}$ 时，由于水流直径的减小，导致 Re 数减小，通道内的流动一般为层流，故又称此类换热器为层流换热器；当 $\beta > 15\,000\ \mathrm{m^2/m^3}$ 或者 $100\ \mu\mathrm{m} \leqslant d_h \leqslant 1\ \mathrm{mm}$ 时属于微通道换热器。对这类换热器管内的流动与换热的研究是当前微尺度传热研究的主要内容之一。需要注意的是，换热器的分类不是那么严格，同一种换热器可以归于不同的类型。

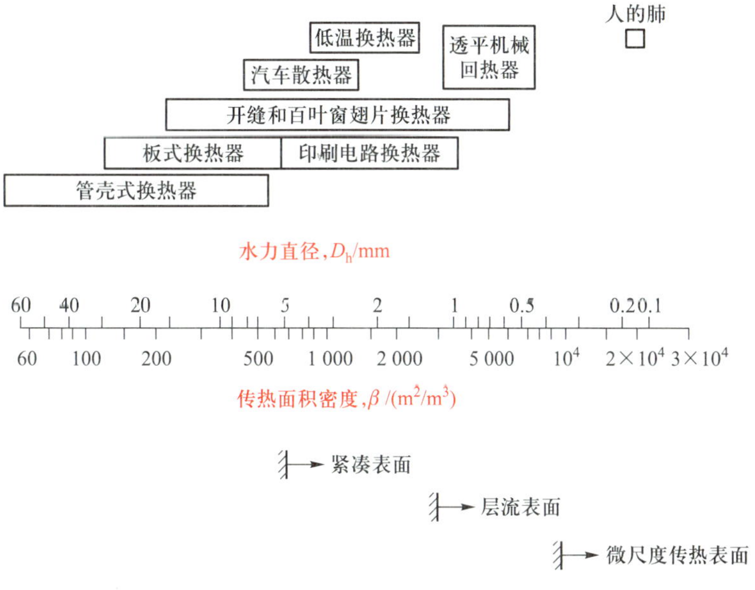

图 10-5　换热器按紧凑性的分类[4]

本章主要介绍在工程技术中应用最广的间壁式换热器的主要结构、类型及其热计算方法。

10.2.2　间壁式换热器的主要形式

1. 套管式换热器（double-pipe heat exchanger）

这是最简单的一种间壁式换热器，依两种流体的流动方向不同而又有顺流布置及逆流布置之别（图 10-6a、b）。实际使用时，为增加换热面积可采用如图 10-6c 所示结构。总的来说，这类间壁式换热器适用于传热量不大或流体流量不大的情形。

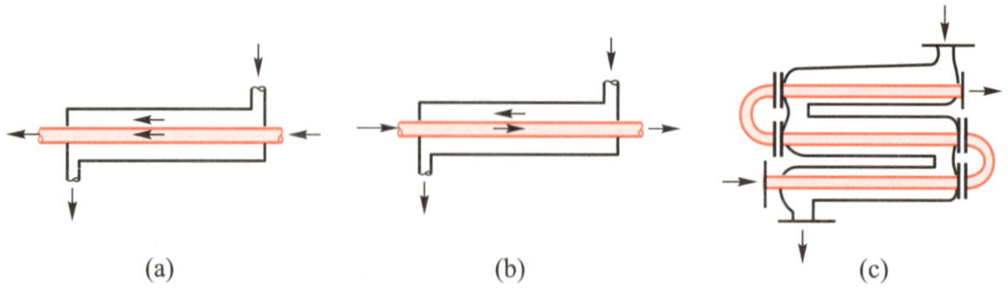

图 10-6　套管式换热器示意图

2. 管壳式换热器(shell and tube heat exchanger)

这是间壁式换热器的一种主要形式,又称壳管式换热器。其基本结构是一个金属壳体及其内以不同方式布置的传热管束。化工厂中的加热器、冷却器,电厂中的冷凝器、冷油器以及压缩机的中间冷却器等都是壳管式换热器的实例。按照管子的布置方式或壳侧流体流动的特点大致可以将管壳式换热器分为以下四类。

(1) 垂直折流板换热器(vertical baffle heat exchanger)

图 10-7 是一种垂直折流板换热器的示意图。它的传热面由管束构成,管子的两端固定在管板上,管束与管板再封装在外壳内,外壳两端有封头;一种流体(图中冷流体)从封头进口流进管子里,再经封头流出,这条路径称为管程。另一种流体从外壳上的连接管进入换热器,在壳体与管子之间流动,这条路径称为壳程。管程流体和壳程流体互不掺混,只是通过管壁交换热量。在同样流速下,流体横向掠过管子的换热效果要比顺着管面纵向流过时好,因此壳体内装有与主流方向垂直的折流板来改善壳程的换热。

为了提高管程流体的流速,在图 10-7 所示的换热器中,一端的封头里加了一块隔板,构成了两管程的结构,称为 1-2 型换热器(此处 1 表示壳程数,2 表示管程数)。图 10-8 所示是一个 1-2 型换热器的透视图,管束采用 U 形管,这种结构形式的优点是可以避免因管子受热膨胀引起的热应力。在壳体两端封头里加装必要数量的隔板,还可以得到 4、6、8 等多管程的结构。把几个壳程串联起来也能得到多壳程结构。图 10-9 所示是由两个 1-2 型换热器串联组成的一个 2-4 型换热器。管壳式换热器的设计压力应不大于 35 MPa,我国已经制定了管壳式换热器的国家标准[5]。

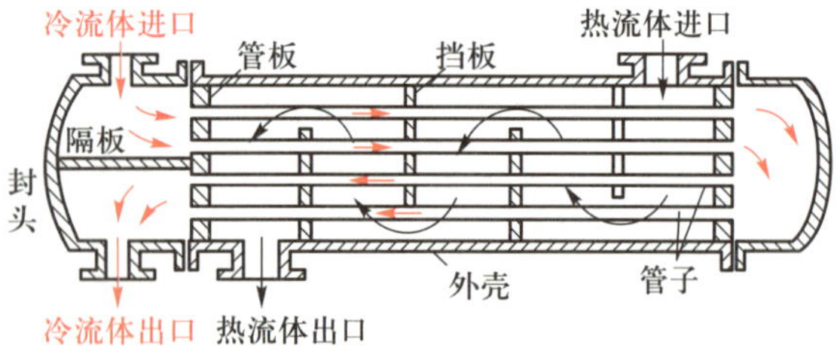

图 10-7　垂直折流板换热器示意图

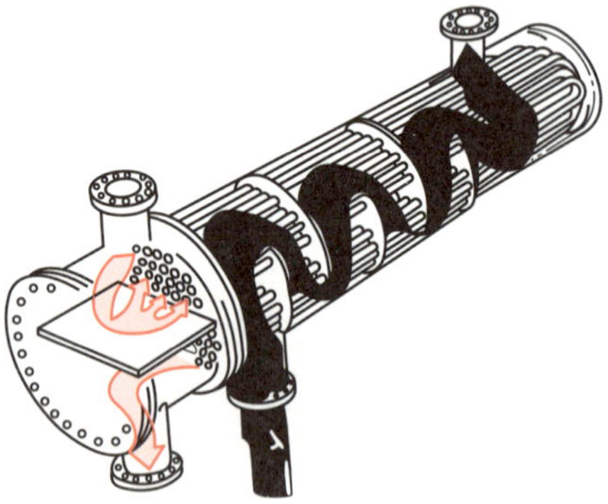

图 10-8　1-2 型换热器立体图

这种垂直折流板式换热器通过流体速度大小及方向突变来强化壳侧的传热,存在流动阻力大、容易结垢(折流板与壳体相交区域容易形成流动的死角,见图 10-10)及产生流体诱发振动等三大缺点。为了克服这些缺点,国内外分别发展出两类各具特色的新型管壳式换热器,即折流杆换热器与螺旋折流板换热器。

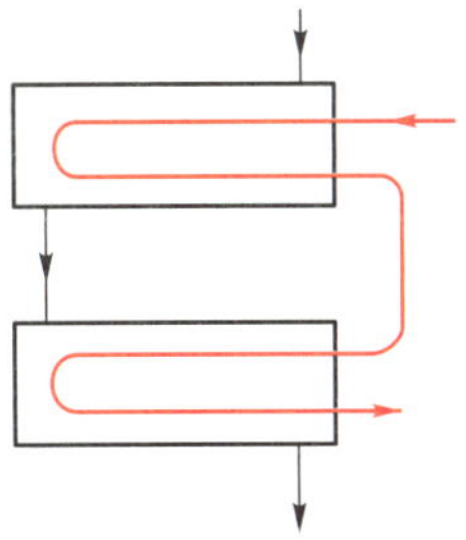

图 10-9　2-4 型换热器示意图

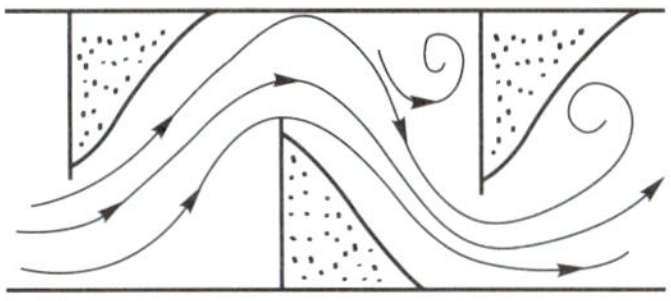

图 10-10　垂直折流板形成的流动死区示意图

(2) 折流杆换热器(rod-baffle heat exchanger)

在折流杆换热器中用一组折流珊代替垂直折流板,如图 10-11 所示。这里用一组纵横间隔放置的细杆来固定换热器管子,使壳侧流体的流动阻力大为减小。图 10-12 中给出了正在组装中的一个折流杆换热器的芯体照片。有关折流杆换热器中的传热问题可参见文献[6-7]。

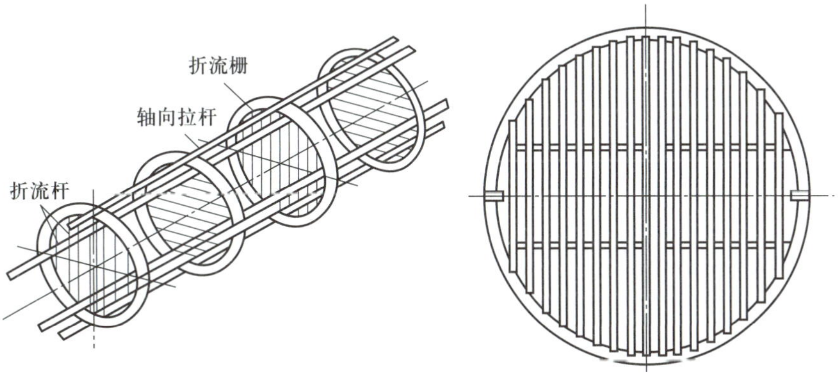

(a) 折流杆芯体　　(b) 折流栅

图 10-11　折流杆换热器示意图

图 10-12　折流杆换热器的芯体照片(华中科技大学黄素逸教授提供)

(3) 螺旋折流板换热器(helical-baffle heat exchanger)

在螺旋折流板换热器中,折流板呈螺旋状,使壳侧流体沿着壳体的轴线螺旋状地前进。由于连续的螺旋折流板制造加工较困难，一般将一个螺旋分割成为4块首尾相搭接的扇形，如图10-13所示。图10-14是搭接式折流板组件的照片，折流板上的小孔是换热管穿过的地方。

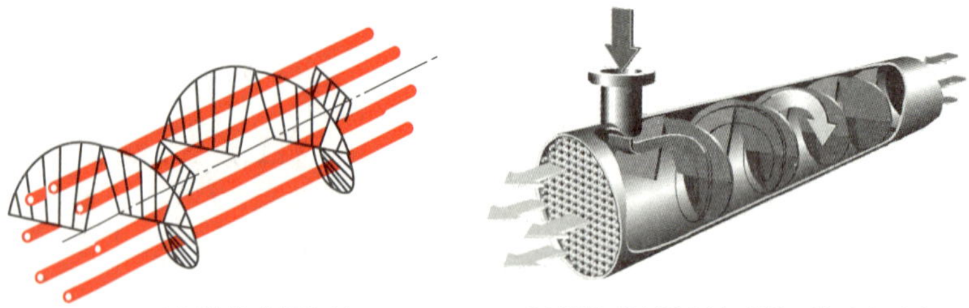

(a) 搭接式折流板　　(b) 搭接式折流板与壳体(管子未示出)

图10-13　搭接式螺旋折流板换热器示意图

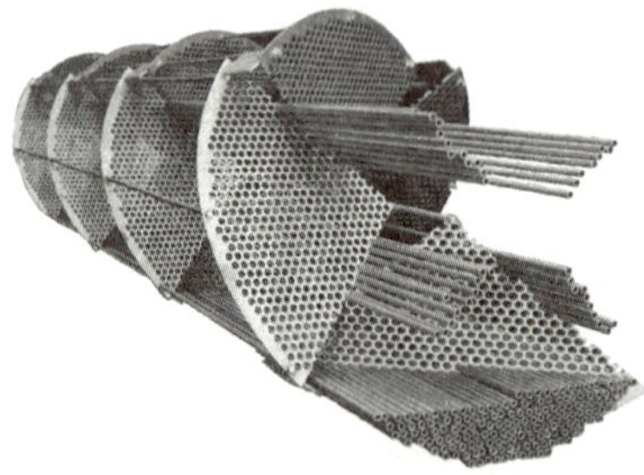

图10-14　搭接式螺旋折流板换热折流板组件照片

但是这种搭接式折流板管壳式换热器，仍然不能彻底克服上述三大缺点，综合效果仍不理想。我国学者王秋旺等在文献[8-9]中提出了克服了连续螺旋板生产的困难、利用连续螺旋折流板而形成的连续螺旋推流强化壳侧流体传热的方法（图10-15），构建了单壳程组合式连续螺旋折流板换热器及多壳程组合式连续螺旋折流板换热器新结构（图10-16），取得了显著的强化传热、降低压降的效果。

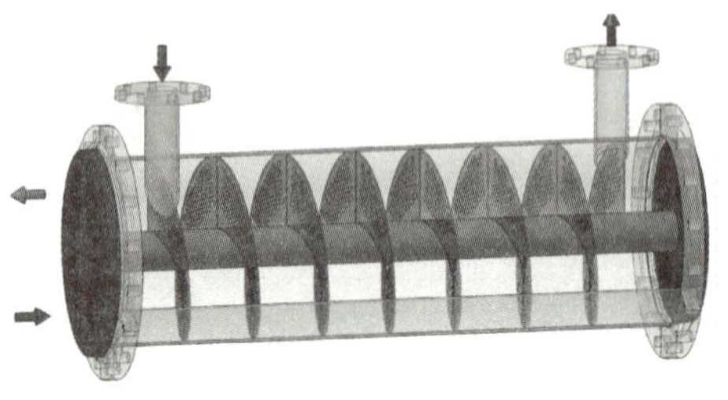

图10-15　连续螺旋推流示意图（管子未示出）
（西安交通大学王秋旺、曾敏教授提供）

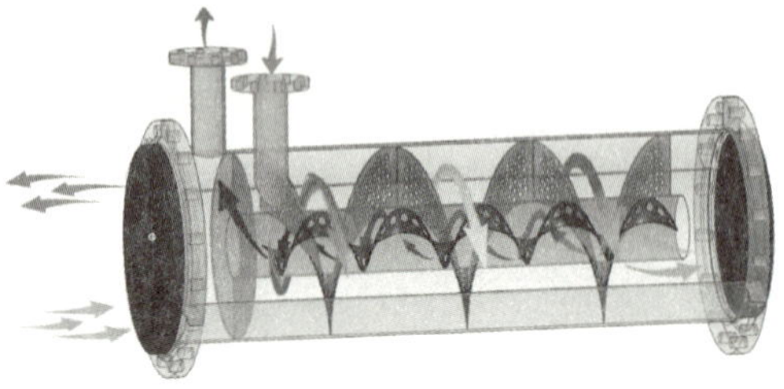

图10-16　多壳程连续螺旋折流板换热器（管子未示出）
（西安交通大学王秋旺、曾敏教授提供）

在图10-16所示的双壳程换热器中，壳侧流体先在外壳程中螺旋推流前进，流到换热器的另一端后通过封头折回到中间的筒体中再以螺旋推流的方式返回到出发端，构成了两个壳程。

（4）绕管式换热器（spiral wound heat exchanger）

缠绕式换热器是在芯筒与外壳之间的空间内将传热管按螺旋线形状交替缠绕而成的换热器，是管壳式换热器的一种，其原理图如图10-17所示。绕管内走一种流体，壳侧走另一种流体；实际绕管式换热器中成百上千根管子按层排布螺旋缠绕在中心筒上，这些管子根据需要可以分成多股，每股中间通过一种流体，壳侧走过温度低于或高于这多股流体的另一种介质，形成所谓的多股流换热器(图 10-18)。这种换热器的优点是可以承受很高的压力，适用于需要同时处理多种介质，在小温差下需要较大传热量的情形，在深冷工程中有较多应用，例如液化天然气(-155~160 ℃的烃类液体)的汽化：液化天然气在壳程以降膜蒸发方式汽化，管内温度较高的流体释放热量而被冷却。

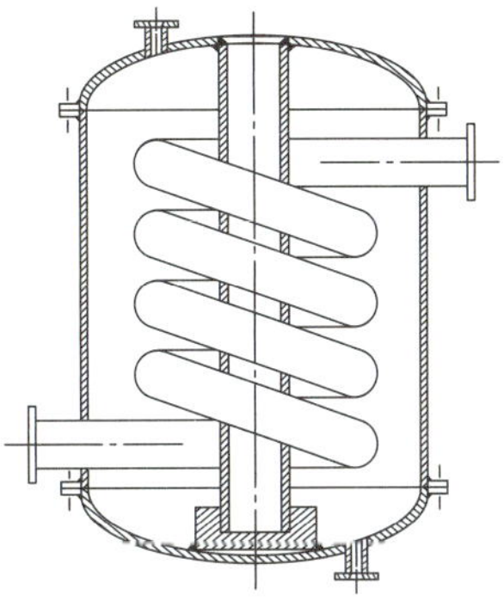

图 10-17　绕管式换热器示意图

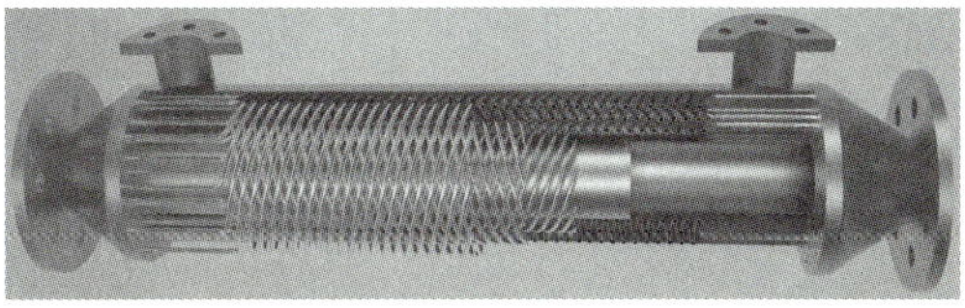

图 10-18　三股流绕管式换热器(西安交通大学曾敏、马挺教授提供)

值得指出用于化学工程中的大型管壳式换热器直径可以达 5 m、长度达 30 多米、换热面积超过 1 万平方米，图 10-19 示出了国产的这样一种大型换热器。

图 10-19　一种大型绕管式换热器(合肥通用机械研究院陈永东高级工程师提供)

3. 交叉流换热器(cross flow heat exchanger)

交叉流换热器是间壁式换热器的又一种主要形式。根据换热表面结构的不同又可有管束式、管翅式、管带式及板翅式等的区别。图 10-20a 所示为锅炉装置中的蒸汽过热器、省煤器、空气预热器采用的光管管束式交叉流换热器的例子。家用空调器中的冷凝器与蒸发器多采用管翅式(图 10-20b)，汽车发动机的散热器采用管带式(图 10-20c)，也常应用于机车和坦克装甲车辆中作为冷却循环水，其中换热管一般为椭圆管或扁管，管外布置了多层翅片以强化空气侧的换热。板翅式交叉流换热器(图 10-20d)广泛应用于低温工程中。在管束式、管翅式及管带式换热器中，管内流体在各自管子内流动，管与管间不相互掺混，而管外的流体(一般为气体)则在管子与各种翅片所构成的空间中流动。在管束式换热器中管外流体可以自由掺混，而在如图 10-20b 所示的管翅式换热器中管外流体由于受翅片的分隔也不能自由掺混。在图 10-20d 所示结构的板翅式换热器中两种流体都不能自由掺混。交叉流换热器中流体各部分是否可以自由掺混对平均温差计算有一定影响。图 10-21 为一种高铁用板翅式换热器，图 10-22 为一种小管径管翅式换热器。

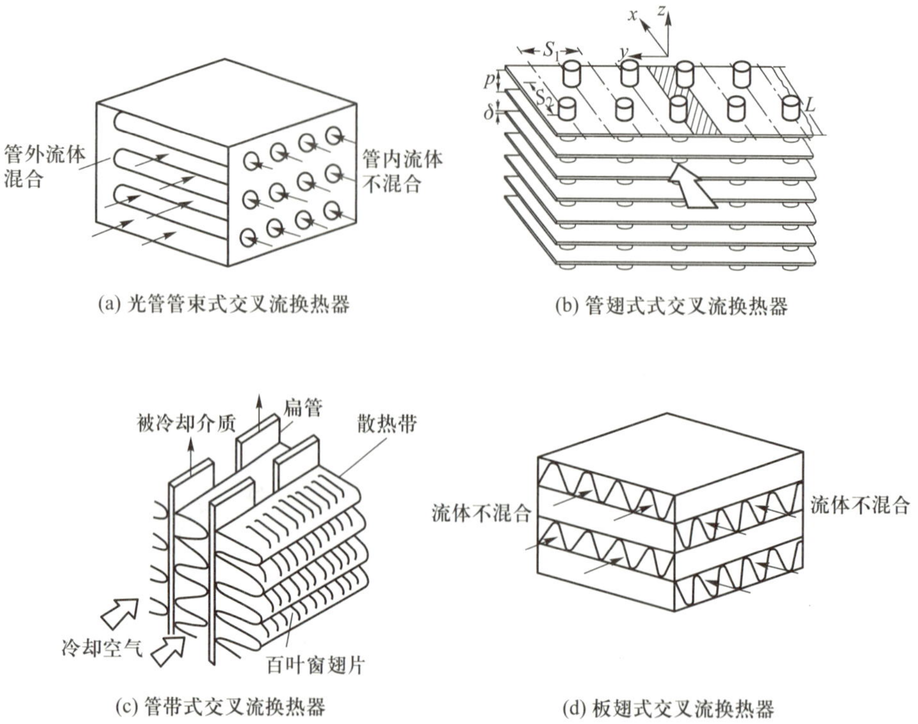

(a) 光管管束式交叉流换热器　(b) 管翅式式交叉流换热器

(c) 管带式交叉流换热器　(d) 板翅式交叉流换热器

图 10-20　交叉流换热器示意图

图 10-21　高铁用板翅式换热器（中车株洲电力机车研究所有限公司田恩高级设计师提供）

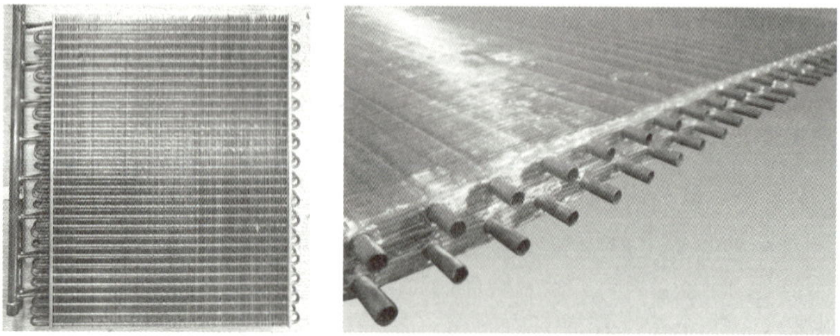

(a) 3 mm铜管铝翅　(b) 4 mm铜管铝翅

图 10-22　管翅式换热器（国际铜业协会宋吉高级工程师提供）

4. 板式换热器（plate heat exchanger）

根据传热元件是平板还是螺旋板可分为平面板式换热器（习惯上简称板式换热器）及螺旋

板式换热器两种。

平面板式换热器由一组几何结构相同的平行薄平板叠加组成，两相邻平板之间用特殊设计的密封垫片隔开，形成一个通道，冷、热流体间隔地在每个通道中流动。为强化换热并增加板片的刚度，常在平板上压制出各种波纹。板式换热器中冷、热流体的流动有多种布置方式，图 10-23a 所示为 1-1 型板式换热器的逆流布置，这里的 1-1 型表示冷、热流体都只流过单程。图 10-23b 所示是板式换热器换热表面的排列情形；图 10-23c 是这种换热器的一种外形简图。图 10-24 是四平市巨元瀚洋板式换热器有限公司开发的国内承压能力最高的大型平面板式换热器。板式换热器拆卸清洗方便，故适合于含有易污染物的流体（如牛奶等有机流体）的换热。

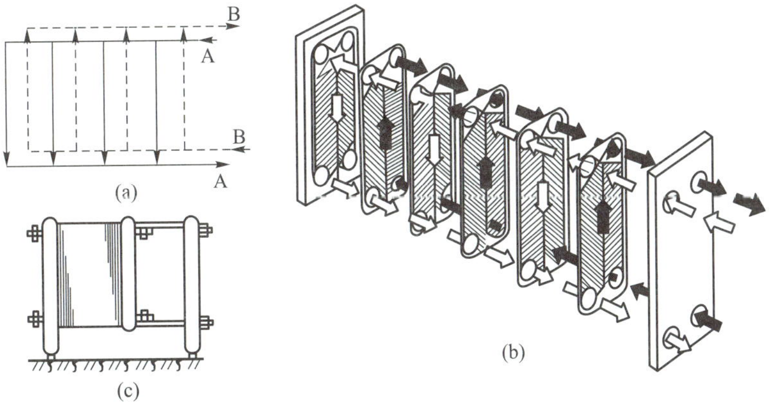

图 10-23　平面板式换热器

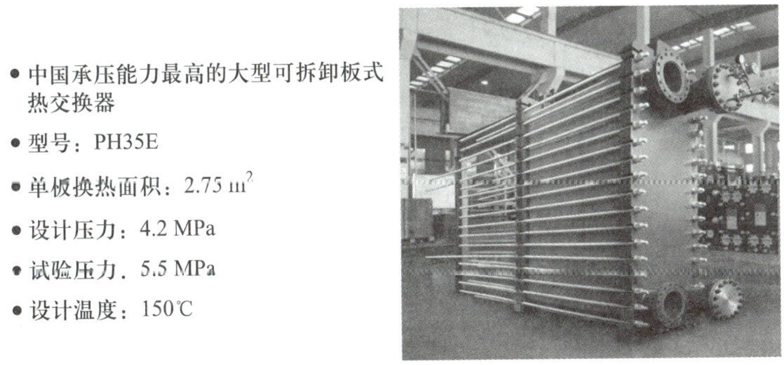

图 10-24　平面板式换热器（四平市巨元瀚洋板式换热器有限公司提供）

螺旋板式换热器（spiral plate heat exchanger）的换热表面系由两块金属板卷制而成，冷、热流体在螺旋状的通道中流动，图 10-25 所示是其两个方向的截面示意图。这种换热器换热效果较好，缺点是换热器的尺寸受到限制、维修困难。

板式换热器板片之间的密封对于换热器高效、安全的工作具有重要意义。如采用垫片密封，限制了板式换热器的承压能力与耐腐蚀程度。为了克服这些缺点，发展出了全焊接（如钎焊和扩散焊）板式换热器，就是整个板片周围采用焊接方式来密封，有兴趣的读者可参见文献[7]。下面举两个我国研发的例子。

仿肺泡巨面结构平面板式换热器是陕西益信伟创智能科技有限公司发明的一种板式换热器，已成功应用于某型航空发动机，如图 10-26 所示。其流体通道由两层肋排交错布置而成，形

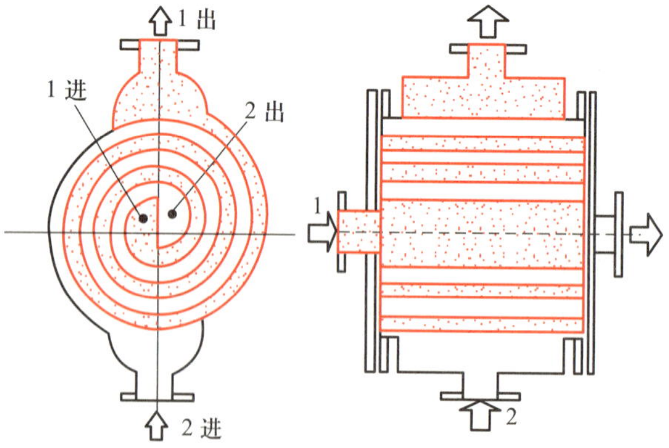

图 10-25　螺旋板式换热器

成仿肺泡巨面结构，这种结构换热器可实现均混流动，有较优的流动传热性能，同时其紧凑度高，比表面积约为 1 400～1 800 m^2/m^3，具有质轻、体积小、单位重量散热功率高的综合特性。此外，其可承受较高压力，耐压可达到 30 MPa。

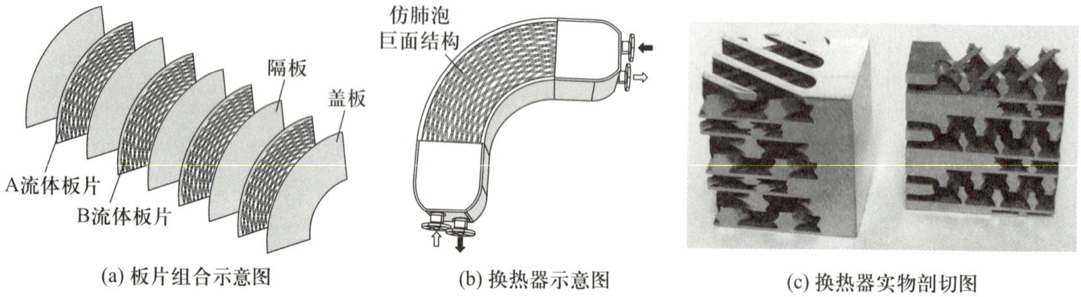

图 10-26　仿肺泡巨面结构平面板式换热器（陕西益信伟创智能科技有限公司王俊伟高级工程师提供）

中国船舶重工集团公司第七一一研究所发明的板壳式换热器的板束焊接结构具有类似“手风琴”的挠性结构，具有天然抗压力冲击的特性，能够适应具有压力和温度波动的运行工况，其结构如图 10-27 所示。板壳式换热器具有传热效率高、末端温差小、耐高温高压、紧凑小巧、可靠性高以及后期维护成本低等优点。现有产品的设计压力为负压～10 MPa、温度为-200～450 ℃。

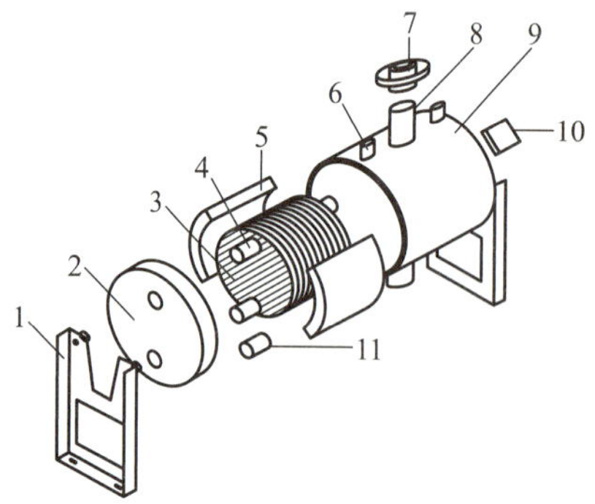

1—支架；2—平盖；3—换热板束；4—板侧接管；
5—侧封板；6—耳吊；7—法兰；8—壳侧接管；
9—壳体；10—铭牌支架；11—板侧接管套管

图 10-27　板壳式热交换器结构图与板束（中国船舶重工集团公司第七一一研究所提供）

5. 印刷电路板式换热器(printed circuit heat exchanger,PCHE)

国际上最早的印刷电路板式换热器产生于 1986 年[7],利用当时制作印刷电路板的方式来制作微细通道而得名。随着微纳米技术的迅速发展,这种整体式的微细通道换热器得到很大发展,板片上的微细通道(直径在 0.5~2 mm)一般采用化学蚀刻方式制成,再用扩散焊接将板片连接成为一个整体(图 10-28、图 10-29)。这类换热器的优点是能承受很高的压力,可用于高温核能工程的气体冷却器、超临界二氧化碳换热等多种场合。目前,商业印刷电路换热器最高已经可承受 620 个大气压,介质温度达 1 160 K。

印刷电路板式换热器

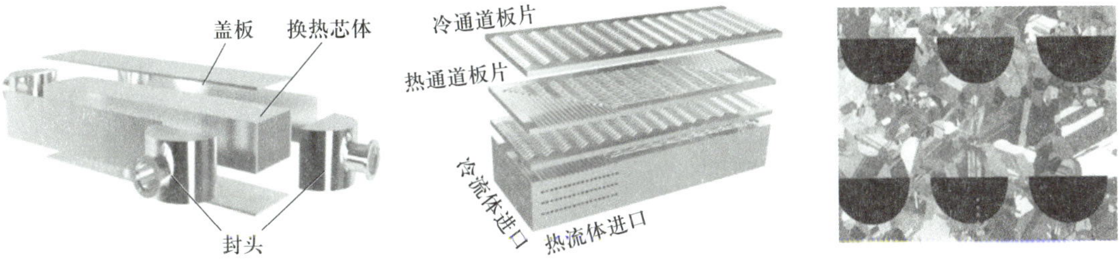

(a) 组装示意　(b) 芯体　(c) 典型流道

图 10-28　印刷电路板式换热器(一)(上海核工程研究设计院股份有限公司提供)

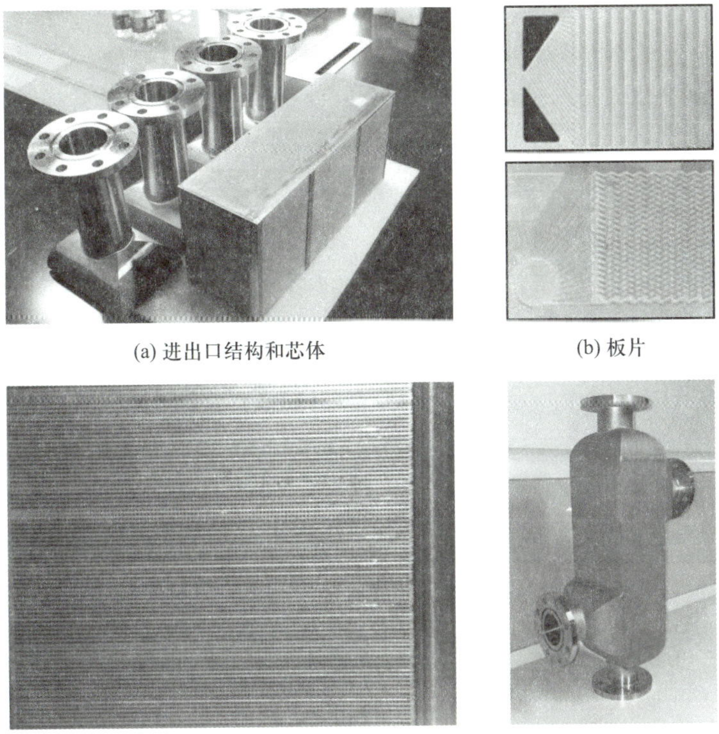

(a) 进出口结构和芯体　(b) 板片

(c) 芯体流道　(d) 换热器实体

图 10-29　印刷电路板式换热器(二)(西安交通大学王秋旺、马挺教授提供)

6. 共形换热器(conformal heat exchanger)

换热器在某些情况下需要考虑与主系统、设备或结构在形状上匹配。实际上所有换热器都需要考虑位置、结构等匹配问题,只不过在一些情况下需要特殊考虑。在航空发动机中,外涵道中的空气温度较低，可用来冷却高温空气、燃油、滑油等介质。由于外涵道是环形通道，所以外涵道换热器一般设计成环形多模块结构，即形状上与外涵道相同，共形换热器的名称由此而来。如图 10-30 所示的涵道蛇形管式换热器，虽然紧凑度不高，但压力损失小、承压能力高、结构简单、易于加工，而且由于与涵道共形，安装及维护方便。

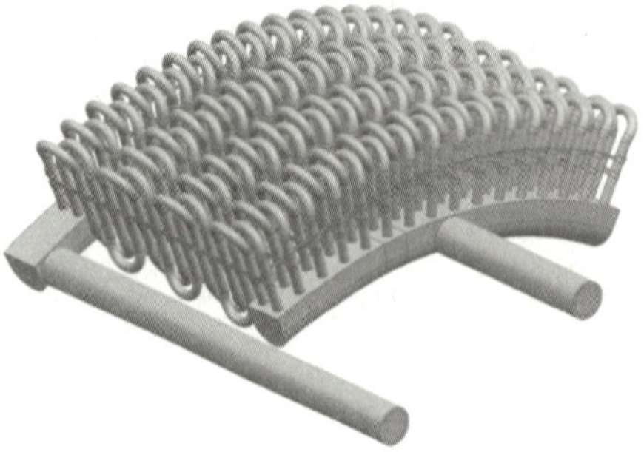

(a) 单元结构示意图

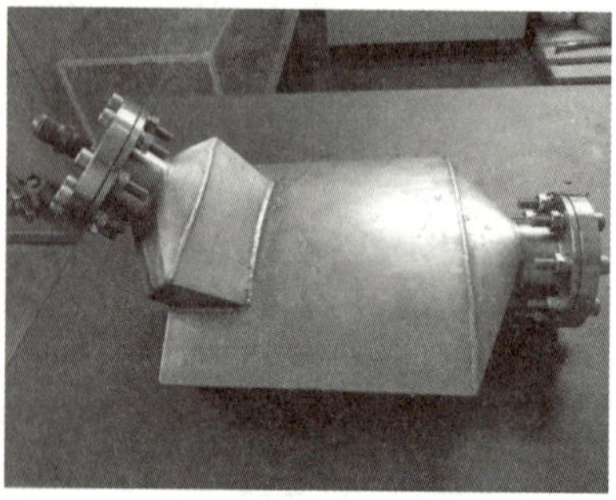

(b) 换热器单元模块

图 10-30 涵道蛇形管式换热器（中国燃气涡轮研究院提供）

间冷回热循环发动机是在传统涡扇发动机中增加间冷器和回热器而形成，具有减少耗油率、降低污染物排放、增加比推力等优点，图 10-31a 所示为某间冷回热涡扇发动机结构中的间冷器和回热器。间冷器（图 10-31b）总共设置 20 个 V 形模块，间冷器采用壁厚仅 0.1 mm 的交错型波纹板式芯体构型（又称原表面结构），紧凑度高。回热器（图 10-31c）采用 8 个单元模块，为典型的 U 形管换热器。

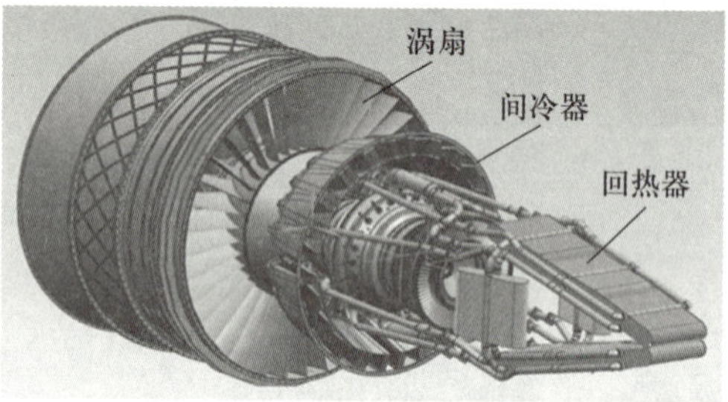

(a) 结构总图

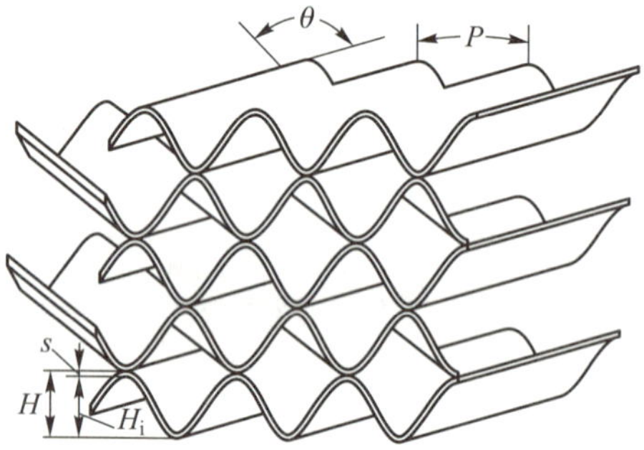

(b) 间冷器交错型(CC)波纹板构型

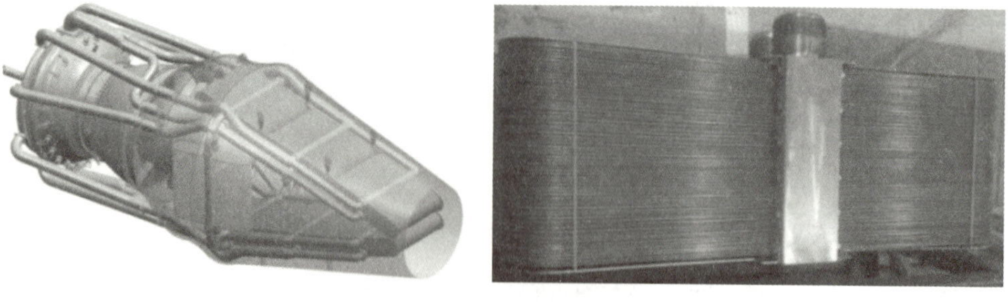

(c) 回热器模块及结构布局

图 10-31 间冷回热循环发动机（中国燃气涡轮研究院提供）

类似地，船舶用分组式管束换热器(图 10-32)、预冷发动机用气-气预冷器(图 10-33)都属于共形设计的范畴。

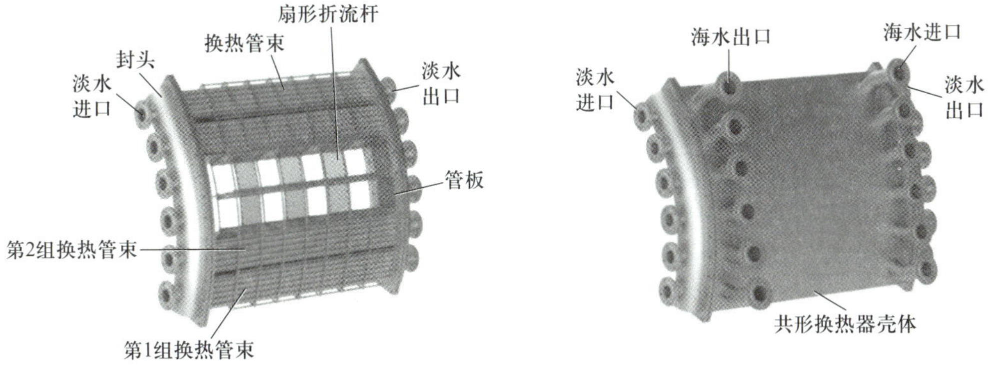

(a) 换热器芯体　　(b) 换热器壳体

图 10-32　船舶分组式共形换热器(武汉热能动力技术重点实验室提供)

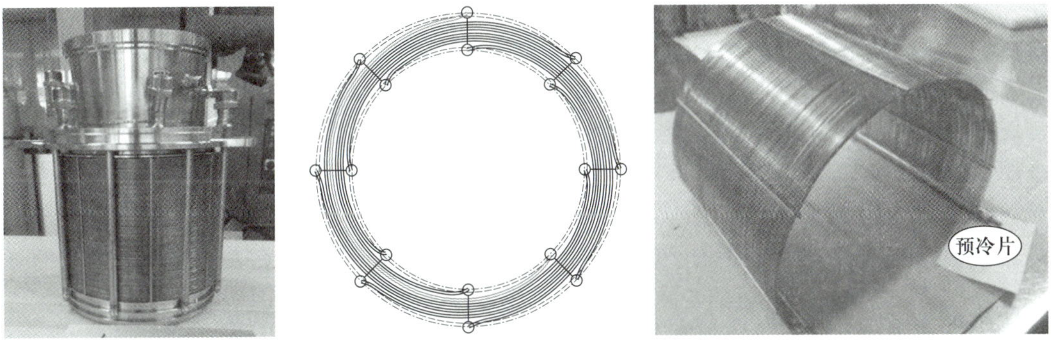

(a) 气-气预冷器　　(b) 预冷片布局　　(c) 预冷片(传热管直径1 mm、壁厚0.1 mm)

图 10-33　预冷发动机用气-气预冷器(中国航天科技六院 801 研究所刘昌国高级工程师团队提供)

7. 3D 打印换热器

3D 打印是一种快速成形技术，它是一种以数字模型文件为基础，运用粉末状金属或塑料等可黏合材料，通过逐层打印的方式来构造物体的技术。2019 年 1 月 14 日，美国加利福尼亚大学圣迭戈分校首次利用快速 3D 打印技术，制造出模仿中枢神经系统结构的脊髓支架，成功帮助大鼠恢复了运动功能。2020 年 5 月 5 日，中国首飞成功的长征五号 B 运载火箭上搭载着"3D 打印机"，这是中国首次太空 3D 打印实验，也是国际上第一次在太空中开展连续纤维增强复合材料的 3D 打印实验。3D 打印技术让很多传统加工技术无法实现的结构设计方案变成了现实。图 10-34 所示为中国核动力研究设计院发明的 3D 打印模块化换热器，可承压 38 MPa。

3D 打印换热器

8. 非金属换热器(nonmetallic heat exchanger)

上述各类换热器无论壳体和传热元件都用金属制成，耐腐蚀程度受到一定限制。而许多非金属虽然其导热性能不如金属但耐腐蚀性则十分优良，因此对于强腐蚀介质的热交换有必要采用非金属换热器，包括石墨换热器、陶瓷换热器、玻璃换热器、氟塑料换热器等，可参见文献[7]。

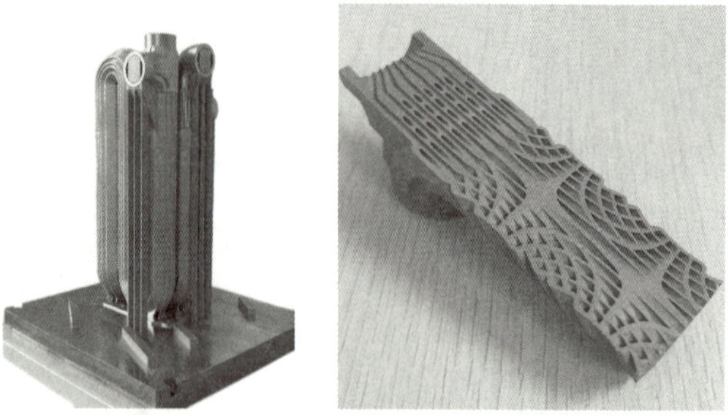

图 10-34　3D 打印模块化换热器（中国核动力研究设计院提供）

10.2.3　提高换热器紧凑性的途径

提高换热器的紧凑程度，以缩小体积、减轻质量是换热器研究中的一个重要目标。由图 10-5 以及上面介绍可见，提高紧凑度的途径有：(1) 减小管径。当管壳式换热器圆管的直径小于 5 mm 时，β 可超过 660 m^2/m^3。(2) 采用板式结构。由多层薄板形成的流道可使水力直径降低，并且可以在板上压制出波纹以增加对流体的扰动。(3) 采用各种肋化表面（即扩展表面）。其中在翅片上开缝的翅片传热效率更高，图 10-20c 中翅片就属于这种类型。(4) 采用丝网状材料等，这是实现紧凑性的重要方法，有一类透平机械回热器就属于这种类型。(5) 借鉴仿生结构。各种高级动物的肺从换热角度来看是最紧凑的热、质（氧气与二氧化碳）交换设备，人肺的 β 高达 15 000 m^2/m^3 以上，是目前任何紧凑式换热器无法比拟的。

当然，上面只是从紧凑性考虑，实际应用时还要考虑流动阻力、换热表面结垢与污染的可能性、制造成本等一系列问题，这将在本章 10.5 节简要介绍。关于紧凑式换热器还可参阅文献[4，12-13]。

10.3　换热器中传热过程平均温差的计算

出现在传热方程式中冷热流体间的温差是整个换热表面上的某种平均温差，本节将在一定的假定条件下导出这种平均温差与换热器进出口冷热流体温度的关系。

10.3.1　简单顺、逆流换热器平均温差的计算

1. 顺流换热器（parallel flow heat exchanger）

考察一个简单而具有典型意义的套管式换热器的工作特点。如图 10-35 所示，热流体沿程放出热量温度不断下降，冷流体沿程吸热而温度上升，且冷、热流体间的温差沿程是不断变化的。因此，当利用传热方程式来计算整个传热面上的热流量时，必须使用整个传热面积上的平均温差（又称平均温压），记为 Δt_m。据此，传热方程式的一般形式应为

$$\Phi = kA\Delta t_m \tag{10-10}$$

现在来导出这种简单顺流及逆流换热器的平均温差计算式。图 10-36 定性地给出了顺流换热器

中冷、热流体的温度沿换热面 A 的变化情况：热流体从进口处的 t_1' 下降到出口处的 t_1''，而冷流体从进口处的 t_2' 上升到出口处的 t_2''。

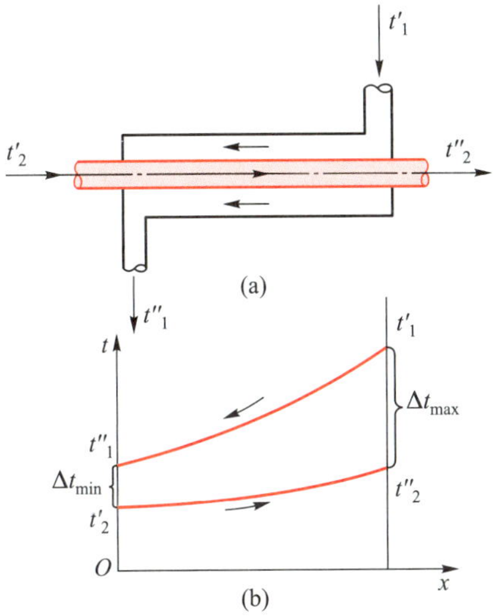

图 10-35　换热器中流体温度沿程变化示意图

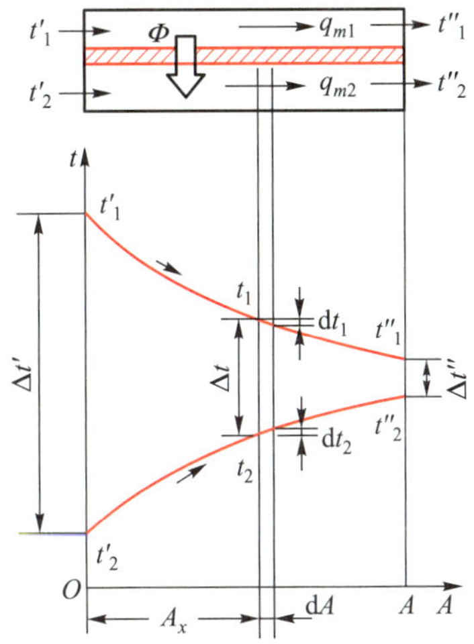

图 10-36　顺流时平均温差的推导

为了分析这一实际问题，可对传热过程做以下假设：(1) 冷、热流体的质量流量 q_{m2}、q_{m1} 及比热容 c_2、c_1 在整个换热面上都是常量；(2) 总传热系数在整个换热面上不变；(3) 换热器无散热损失；(4) 换热面中沿管子轴向的导热量可以忽略不计。应当指出，除了发生相变的换热器外，上述 4 条假设适用于大多数间壁式换热器。如果一种介质在换热器的一部分表面上发生相变，则在整个换热面上该流体的热容量为常数的假设将不再成立，此时无相变部分与有相变部分应分别计算。

现在来研究通过图 10-36 中微元换热面 dA 一段的传热。在 dA 两侧，冷、热流体的温度分别为 t_2 及 t_1，温差为 Δt，即 $\Delta t=t_1-t_2$，它沿传热面是变化的。获得了 Δt 沿 x 方向的变化关系后，对全长做积分即可得出平均值。从热平衡关系与传热方程两个角度来寻找其依变关系式。

在微元面积 dA 两侧热、冷流体的温差为

$$\Delta t=t_1-t_2 \tag{a}$$

通过微元面 dA 的热流量为

$$\mathrm{d}\Phi=k\Delta t\mathrm{d}A \tag{b}$$

热流体放出这份热流量后温度下降了 $\mathrm{d}t_1$。于是

$$\mathrm{d}\Phi=-q_{m1}c_1\mathrm{d}t_1 \tag{c}$$

同理，对于冷流体则有 $\qquad \mathrm{d}\Phi=q_{m2}c_2\mathrm{d}t_2 \qquad$ (d)

将式(a)微分，并利用式(c)、式(d)的关系，可得

$$\mathrm{d}(\Delta t)=\mathrm{d}t_1-\mathrm{d}t_2=-\left(\frac{1}{q_{m1}c_1}+\frac{1}{q_{m2}c_2}\right)\mathrm{d}\Phi=-\mu\mathrm{d}\Phi \tag{e}$$

式中，μ 是为简化表达式引入的。将式(b)代入式(e)得

$$\mathrm{d}(\Delta t)=-\mu k\Delta t\mathrm{d}A \tag{f}$$

分离变量得

$$\frac{d(\Delta t)}{\Delta t}=-\mu k dA$$

积分得

$$\int_{\Delta t'}^{\Delta t_x}\frac{d(\Delta t)}{\Delta t}=-\mu k\int_0^{A_x}dA$$

式中，$\Delta t'$和 Δt_x 分别表示 $A=0$ 处和 $A=A_x$ 处的温差，积分结果为

$$\ln\frac{\Delta t_x}{\Delta t'}=-\mu kA_x \tag{g}$$

即

$$\Delta t_x=\Delta t' e^{-\mu kA_x} \tag{h}$$

由此可见，温差沿换热面呈负指数规律变化。整个换热面的平均温差可由式(h)导得，为

$$\Delta t_m=\frac{1}{A}\int_0^A \Delta t_x dA=\frac{\Delta t'}{A}\int_0^A e^{-\mu kA_x}dA=-\frac{\Delta t'}{\mu kA}(e^{-\mu kA}-1) \tag{i}$$

$A=A_x$ 时 $\Delta t_x=\Delta t''$。按式(g)得

$$\ln\frac{\Delta t''}{\Delta t'}=-\mu kA \tag{j}$$

$$\frac{\Delta t''}{\Delta t'}=e^{-\mu kA} \tag{k}$$

将式(j)、式(k)代入式(i)，最后得

$$\Delta t_m=\frac{\Delta t'}{\ln\dfrac{\Delta t''}{\Delta t'}}\left(\frac{\Delta t''}{\Delta t'}-1\right)=\frac{\Delta t'-\Delta t''}{\ln\dfrac{\Delta t'}{\Delta t''}} \tag{l}$$

2. 逆流换热器(counter flow heat exchanger)

简单逆流换热器中冷、热流体温度的沿程变化示于图 10-37 中。对于 Δt_m 可推导得出与式(l)相同的结果。由于逆流时式(d)右边出现负号，故 μ 的形式为

$$\mu=\frac{1}{q_{m1}c_1}-\frac{1}{q_{m2}c_2} \tag{m}$$

而式(f)至式(l)均不变。

不论顺流、逆流，平均温差可统一用以下计算式表示：

$$\Delta t_m=\frac{\Delta t_{max}-\Delta t_{min}}{\ln\dfrac{\Delta t_{max}}{\Delta t_{min}}} \tag{10-11}$$

式中，Δt_{max} 和 Δt_{min} 分别代表 $\Delta t'$和 $\Delta t''$两者中之大者和小者。式(10-11)为确定平均温差的基本计算式。由于计算式中出现了对数，故常把 Δt_m 称为对数平均温差(logarithmic mean Temperature difference，LMTD)。

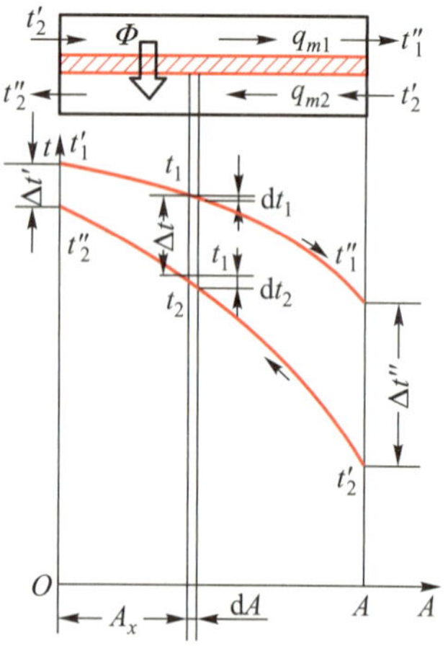

图 10-37 逆流时冷、热流体温度的变化

3. 算术平均与对数平均温差

由上述推导可见，对数平均温差实际上是 Δt_x 在整个换热器面积上的积分平均值，如图 10-38 所示。所谓算数平均温差则是指$(\Delta t_{max}+\Delta t_{min})/2$，相当于假定冷热流体的温度都按照线性变化

时的平均温差。其值总是大于相应的对数平均温差：对顺流，相当于多出了图 10-38a 中阴影线所示的这两块面积，对逆流则多出了图 10-38b 中两月牙形面积之差。两者的差别随着 $\Delta t_{max}/\Delta t_{min}$ 趋近于 1 而逐渐缩小。当 $\Delta t_{max}/\Delta t_{min} \leqslant 2.0$ 时，两者的差别小于 4%，当 $\Delta t_{max}/\Delta t_{min} \leqslant 1.7$，差别小于 2.3%。

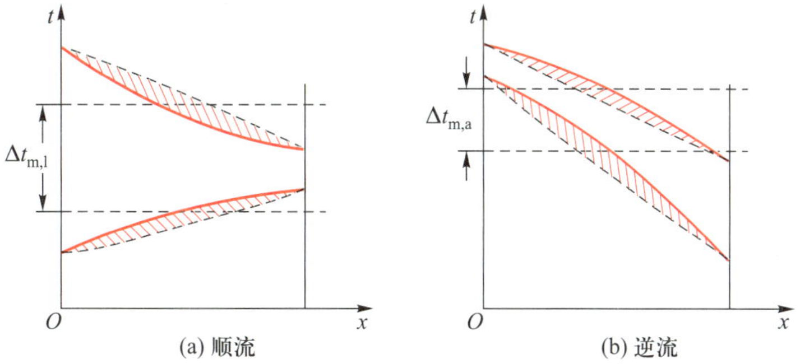

图 10-38　算术平均与对数平均的比较

这里要再次指出，推导对数平均温差时引入的四个假定对一般的工业换热器是基本成立的，因此对数平均温差在换热器设计中得到广泛应用。如果在整个换热器中，这些假定不能成立，那么可以将换热器分割成为若干段，只要在每一段中这些假设能基本成立，就可以分段应用对数平均温差的公式进行换热器热力设计。

10.3.2　其他复杂布置时平均温差的计算

当冷、热流体的流动不属于简单顺流或逆流时，平均温差的计算需要进行修正。以下着重讨论管壳式换热器及交叉流式换热器的平均温差的计算方法。分析表明，对各种布置的管壳式及交叉流式换热器，其平均温差都可以采用以下公式来计算：

$$\Delta t_{min} = \psi (\Delta t_m)_{ctf} \tag{10-12}$$

式中：$(\Delta t_m)_{ctf}$ 是将给定的冷、热流体的进出口温度布置成逆流时的对数平均温差；ψ 是小于 1 的修正系数。这样，复杂布置时平均温差的计算就归结为获得修正系数 ψ。关于不同流动布置下 ψ 的解析计算式可参见文献[14-17]。工程上为应用方便，已将它们绘制成图线，其中最主要的图线示于图 10-39～图 10-42 中。以下着重说明利用这些曲线时的注意事项。

（1）ψ 值取决于两个量纲为一的参数 P 及 R，其定义为

$$P = \frac{t_2'' - t_2'}{t_1' - t_2'}, \quad R = \frac{t_1' - t_1''}{t_2'' - t_2'} \tag{10-13}$$

式中：下标 1、2 分别表示两种流体；上角标“′”及“″”则表示进口与出口。为记忆及教学的方便，对管壳式换热器下标 1、2 可分别看成壳侧与管侧（图 10-39、图 10-40），而对交叉流换热器则可分别看成热流体与冷流体（图 10-41、图 10-42）。

（2）参数 R 具有两种流体热容量之比的物理意义 $\left(\frac{t_1' - t_1''}{t_2'' - t_2'} = \frac{q_{m2} c_2}{q_{m1} c_1}\right)$。参数 P 的分母表示换热器中流体 2 理论上所能达到的最大温升，因而 P 的值代表该换热器中流体 2 的实际温升与理论上所能达到的最大温升之比。所以，R 的值可以大于或小于 1，但 P 的值必小于 1。

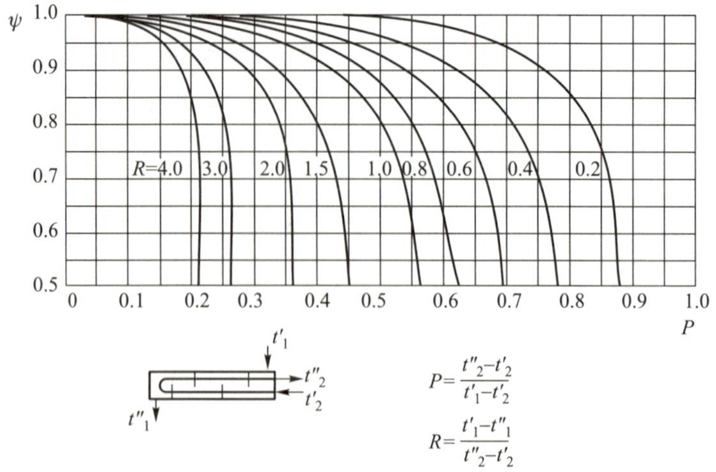

图 10-39　壳侧 1 程，管侧 2、4、6、8…程的 ψ 值

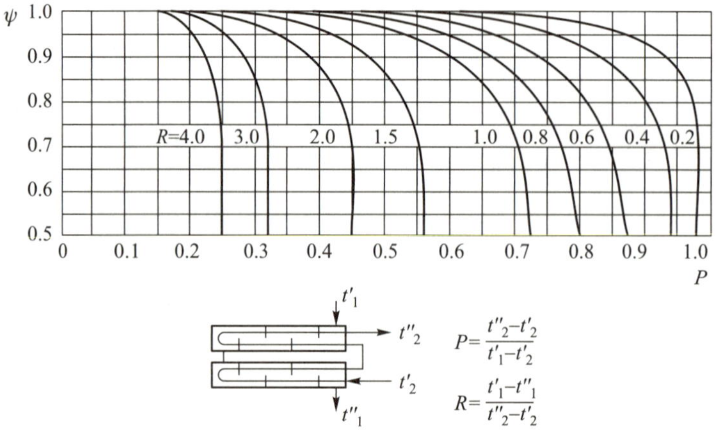

图 10-40　壳侧 2 程，管侧 4、8、12、16…程的 ψ 值

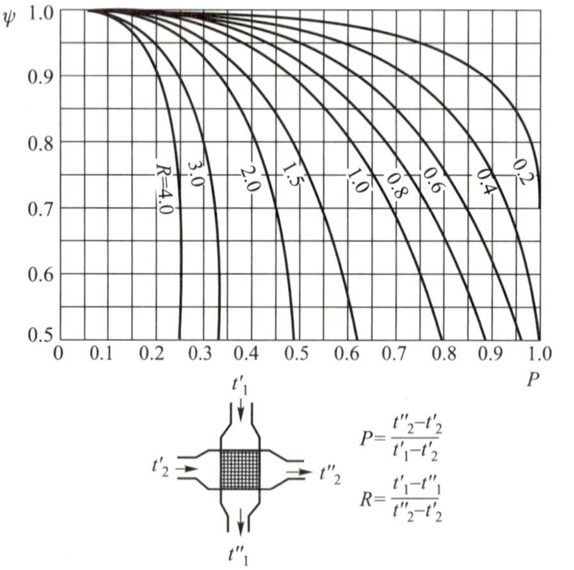

图 10-41　一次交叉流，两种流体各自都不混合时的 ψ 值[18]

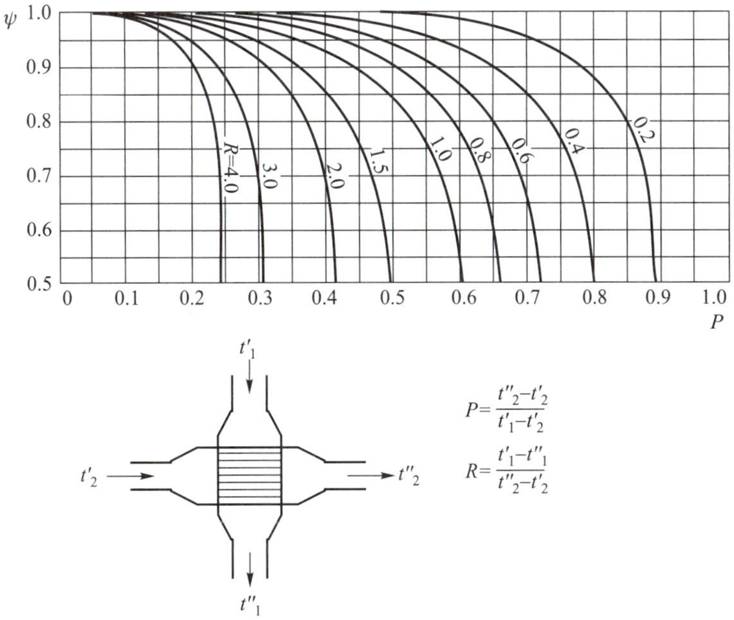

图 10-42　一次交叉流,一种流体混合、另一种流体不混合时的 ψ 值

(3) 对于管壳式换热器,查图时应注意流动的“程”数。所谓“程”,对壳侧流体是指所流经的壳体的个数;对管侧流体,“程”数减 1 是其流动的总体方向改变的次数。例如壳侧 2 程、管侧 4 程(简记为 2-4 型)表示壳侧流体流过 2 个壳体,而管侧流体 3 次改变其总体的流动方向。对于交叉流换热器要注意冷、热流体各自的混合情况。

(4) 由图 10-39~图 10-42 可以看出,当 R 接近于 4 时 P 的值趋近于 $1/R$。此时 ψ 的值随 P 的变动发生剧烈的变化,难以准确地查取 ψ 值。在这种情况下,可用 PR 和 $1/R$ 分别代表 P 及 R 查图。

10.3.3　不同流动布置形式的比较

在各种流动形式中,顺流和逆流可以看作两种极端情况。在相同的进、出口温度条件下,逆流的平均温差最大,顺流的平均温差最小。前面已经指出,顺流时冷流体的出口温度 t''_2 总是低于热流体的出口温度 t''_1,而逆流时 t''_2 却可大于 t''_1。从这些方面来看,换热器应当尽量布置成逆流,而避免作顺流布置。但逆流布置也有缺点,即热流体和冷流体的最高温度 t''_1 和 t''_2 集中在换热器的同一端,使得该处的壁温特别高。对于高温换热器来说,这是应注意避免的。为了降低这里的壁温,有时甚至有意改用顺流,锅炉中的高温过热器就有这种布置。

在蒸发器或冷凝器中,冷、热流体之一发生相变。相变时,若忽略相变介质压力的沿程变化,则流体在整个换热面积上保持为饱和温度。此种情形下,冷凝器和蒸发器中冷、热流体的温度变化分别示出于图 10-43a、b。由于一侧流体温度恒定不变,这类换热器无所谓顺流和逆流。

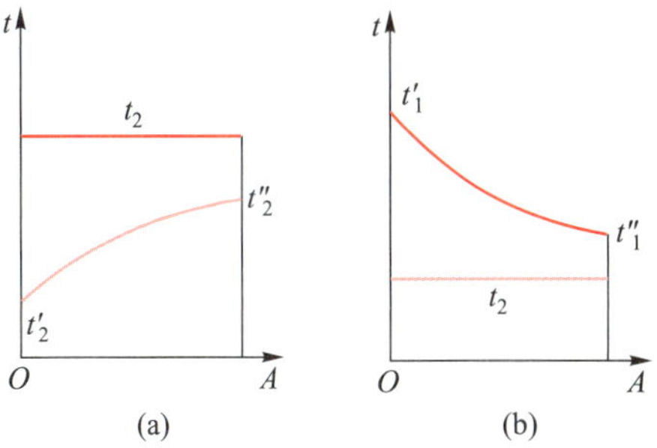

图 10-43　一种介质相变时的温度变化

理论分析表明，对工程上常见的流经蛇形管束的传热（图 10-44），只要管束的曲折次数超过 4 次，就可按总体流动方向作为纯逆流和纯顺流来处理。对于曲折次数为 2、3、4，且两种流体均不混合的情形，ψ 的值可参见文献[17]。

对于其他各种流动形式，都可以看作介于顺、逆流之间的情况。从前面的修正系数 ψ 值的线算图可以看出，其值总是小于 1 的。ψ 值实际上表示了特定流动形式在给定工况下接近逆流的程度。在换热器设计中，除非出于必须降低壁温的目的，一般要求使 $\psi>0.9$，至少不小于 0.8。如果达不到上述要求，则应改变流动布置形式。对 1-2 型壳管式换热器特别值得注意这点。现以壳侧为热流体、管侧为冷流体情形来分析。正常工作情况下，冷热流体的温度变化如图 10-45a 所示，但当传热比较强烈时，会出现如图 10-45b 所示的分布，称为“温度交叉”（temperature cross），这时在换热器点 X 位置后，第二管程的流体反而加热壳侧流体，这是不希望的，当参数 R 小于 0.8 时 1-2 型管壳式换热器就会出现这种情形，这时应该采用总体上呈逆流布置的 2-4 型换热器[4]（图 10-40）。

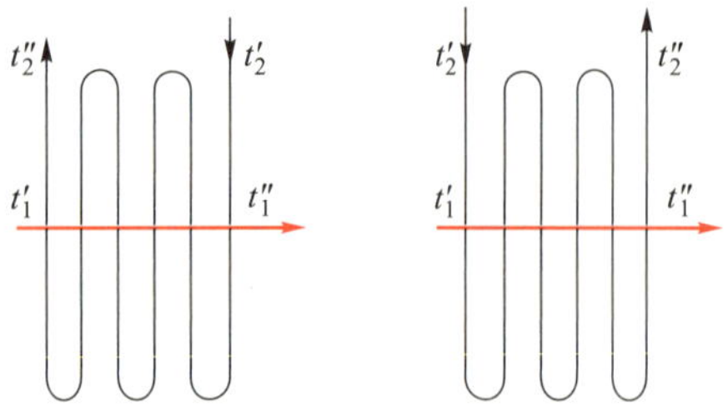

图 10-44　可作为逆流、顺流处理的情况

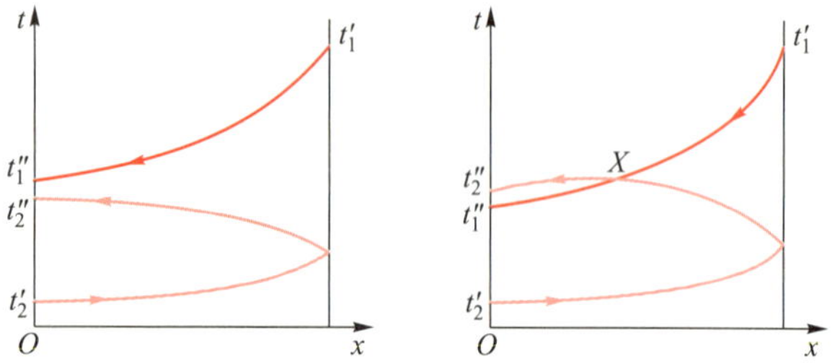

(a) 正常情形　　(b) 出现温度交叉情形

图 10-45　1-2 型换热器中冷热流体的温度分布

例题 10-3　冷油器的平均温差计算

对一台冷油器进行传热实验测得下列参数：进口油温 $t_1'=49.9$ ℃，进口水温 $t_2'=21.4$ ℃。出口油温 $t_2''=44.6$ ℃，出口水温 $t_2''=24$ ℃；水的质量流量 $q_m=21.5\times10$ kg/h；传热面积 $A=2.85$ m^2。冷、热流体的流动方向相反。试计算该工况下冷油器的平均温差。

题解

分析：据题意，油和水的温度的沿程变化如图 10-46 中的实线所示。此时有

$$\Delta t_{max}=49.9\ ℃-24\ ℃=25.9\ ℃$$

$$\Delta t_{min}=44.6\ ℃-21.4\ ℃=23.2\ ℃$$

$$\frac{\Delta t_{max}}{\Delta t_{min}}=\frac{25.9\ ℃}{23.2\ ℃}=1.116<2$$

所以可以采用算术平均温差。

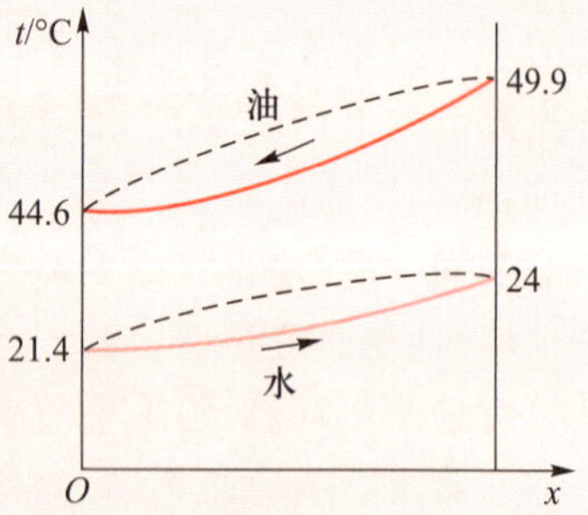

图 10-46　例题 10-3 图示和分析

计算：

$$\Delta t_m=\frac{\Delta t_{max}+\Delta t_{min}}{2}=\frac{25.9\ ℃+23.2\ ℃}{2}=24.6\ ℃$$

讨论：图 10-46 中用实线示出了本题冷、热流体的温度变化曲线。试问，本题中的温度曲线可否画成如图中虚线所示？为什么图 10-37 中逆流的温度分布曲线画成了向上凸的形式？

例题 10-4　螺旋折流板换热器平均温差计算

在一台螺旋板式(图 10-25)中,热水流量为 2 000 kg/h,冷水流量为 3 000 kg/h;热水进口温度 $t'_1=80\ ℃$,冷水进口温度 $t'_2=10\ ℃$。如果要求将冷水加热到 $t''_2=30\ ℃$,试求顺流和逆流时的平均温差。

题解

分析:首先应根据热平衡关系算出热流体的出口温度,然后按照顺流与逆流的方式布置,计算相应的平均温差。

计算:$q_{m1}c_1=(t'_1-t''_1)=q_{m2}c_2(t''_2-t'_2)$

在本题给定温度范围内,水的比热容 $c_1=c_2=4\ 200\ \mathrm{J/(kg\cdot K)}$。代入上式:

$$(2\ 000/3\ 600)\ \mathrm{kg/s}\times(80\ ℃-t''_1)=(3\ 000/3\ 600)\ \mathrm{kg/s}\times(30\ ℃-10\ ℃)$$

得

$$t''_1=50\ ℃$$

(1) 顺流时,$\Delta t_{\max}=80\ ℃-10\ ℃=70\ ℃$,$\Delta t_{\min}=50\ ℃-30\ ℃=20\ ℃$,代入(10-11)得

$$\Delta t_{\mathrm{m}}=\frac{70\ ℃-20\ ℃}{\ln\dfrac{70\ ℃}{20\ ℃}}=39.9\ ℃$$

(2) 逆流时 $\Delta t_{\max}=80\ ℃-30\ ℃=50\ ℃$,$\Delta t_{\min}=50\ ℃-10\ ℃=40\ ℃$,代入(10-11)得

$$\Delta t_{\mathrm{m}}=\frac{50\ ℃-40\ ℃}{\ln\dfrac{50\ ℃}{40\ ℃}}=44.8\ ℃$$

讨论:逆流布置时 Δt_{m} 比顺流时大 12.3%。也就是说,在同样的传热量和同样的总传热系数下,只要将顺流系统改成逆流系统,就可以减少 12.3%的换热面积。

例题 10-5　螺旋折流板换热器平均 1-2 型的温差计算

上例中,如改用 1-2 型壳管式换热器,冷水走壳程,热水走管程,求平均温差。

题解

分析:这里把参数 P、R 计算中的下标 1、2 分别看成壳侧与管侧。

计算:

$$P=\frac{t''_2-t'_2}{t'_1-t'_2}=\frac{50\ ℃-80\ ℃}{10\ ℃-80\ ℃}=0.428$$

$$R=\frac{t'_1-t''_1}{t''_2-t'_2}=\frac{10\ ℃-30\ ℃}{50\ ℃-80\ ℃}=0.667$$

由图 10-39 查得 $\psi=0.95$。

上例中已求得逆流时的平均温差为 44.88 ℃。于是,1-2 型壳管式换热器中的平均温差为

$$\Delta t_{\mathrm{m}}=0.95\times 44.8\ ℃=42.6\ ℃$$

讨论:如果让冷水走管程,热水走壳程,则有

$$P=\frac{t''_2-t'_2}{t'_1-t'_2}=\frac{30\ ℃-10\ ℃}{80\ ℃-10\ ℃}=0.286$$

$$R=\frac{t'_1-t''_1}{t''_2-t'_2}=\frac{80\ ℃-50\ ℃}{30\ ℃-10\ ℃}=1.50$$

由图 10-39 仍得 $\psi=0.95$。而且还可以发现，这里的 P 值即为上述计算中的 PR，而此处的 R 则为上述计算中的 $1/R$。可见在 P、R 的定义式(10-13)中，下标 1、2 仅是指两种流体，对于管壳式换热器没有必要一定要把下标 1、2 与壳侧、管侧（或热流体，冷流体）对应起来，对交叉流换热器也没有必要一定把 1、2 与流体的冷、热（或混合不混合）联系起来。本书前面对下标 1、2 的说明仅是为便于教学方便而已。

10.4 间壁式换热器的热计算

10.4.1 两种类型的计算和两种计算方法

1. 两种类型的计算

换热器的热计算有两种类型。一种是设计一个新的换热器，以确定换热器所需的换热面积。这类计算称为设计计算（design calculation）。另一种是对已有的或已选定了换热面积的换热器，在非设计工况条件下核算它能否胜任规定的换热任务。例如：在锅炉设计中，一个过热器已按额定负荷选定了换热面积，需要核算部分负荷时的换热性能；一台现成的换热器移作他用时，要核算能否完成新的换热任务。这些计算都属于这种类型，称为校核计算（performance calculation）。

下面对两种计算中的已知量及待求量做分析。换热器热计算的基本公式是传热方程、流体的焓差方程及冷热流体的热平衡方程：

$$\Phi=kA\Delta t_{\mathrm{m}} \tag{10-14}$$

$$\Phi=q_{m1}c_1(t_1'-t_1'') \tag{10-15}$$

$$\Phi=q_{m1}c_1(t_1'-t_1'')=q_{m2}c_2(t_2''-t_2') \tag{10-16}$$

在设计计算时，给定的是 $q_{m1}c_1$、$q_{m2}c_2$ 和 4 个进、出口温度中的 3 个温度，最终求得 Φ 及 kA，这里 k 的数值需根据给定的流动布置、冷热流体的流量及进出口温度采用 10.1 节及本书前述各章介绍的关联式计算。

在校核计算时，给定的是 A（包括换热器结构和流动布置）、$q_{m1}c_1$、$q_{m2}c_2$ 和两个进口温度 t_1' 及 t_2'，待求解的是传热量 Φ 出口温度 t_1'' 及 t_2''。此时总传热系数 k 也需由给定的条件计算而得（即此时 kA 为已知量）。

2. 两种计算方法

换热器的热计算方法有多种，常用的两种是平均温差法与效能-传热单元数法。这两种方法所依据的基本方程相同，但利用的具体途径不同。在平均温差法中，直接利用传热方程计算传热量（校核计算）或传热面积（设计计算）；在效能-传热单元数法中，在热平衡方程以及推导对数平均温差时所依据的 4 个基本假设的基础上，引入换热器的效能（effectiveness of heat exchanger）和传热单元数（number of heat transfer unit），设计计算或校核计算都利用这两个参数来进行。下面先介绍对数平均温差法，然后讨论效能-传热单元数法。

换热器的热计算方法

10.4.2 换热器热计算的平均温差法

所谓平均温差法，就是直接应用式(10-14)～式(10-16)进行热计算的方法。

1. 设计计算步骤

平均温差法用作设计计算时步骤如下：

(1) 初步布置换热面，并计算出相应的总传热系数 k。

(2) 根据给定条件，由热平衡式(10-16)求出进、出口温度中的那个待定的温度。

(3) 由冷、热流体的 4 个进、出口温度确定平均温差 Δt_m，计算时要注意保持修正系数 ψ 具有合适的数值。

(4) 由传热方程式(10-14)及总传热系数 k 求出所需的换热面积 A，并核算换热面两侧流体的流动阻力。

(5) 如流动阻力过大，改变方案重新设计。

2. 校核计算步骤

对已有的换热器或换热器的已有设计进行校核计算时，一般已知量为 A、$q_{m1}c_1$、$q_{m2}c_2$ 和 t_1'、t_2' 共 5 个，根据换热面的布置，计算出相应的总传热系数 k。利用传热方程与热平衡式可以解出其余的未知量。通常先假定或进行计算。由于 k 值会随或的改变而稍有变化，因此实际计算常常采用逐次逼近法(即迭代法)。其具体计算步骤如下：

(1) 先假设一个流体的出口温度，按热平衡方程求出另一个流体的出口温度。

(2) 根据 4 个进、出口温度求得平均温差 Δt_m。

(3) 根据换热器的结构，算出相应工作条件下总传热系数 k 的值。

(4) 已知 kA 和 Δt_m，按传热方程式求出传热量，记为 Φ_{ht}。因为流体的出口温度是假设性的，因此求出的 Φ_{ht} 值未必是真实的数值。

(5) 根据 4 个进、出口温度。用热平衡式求得传热量，记为 Φ_{hb}。同理，这个 Φ_{hb} 值也是假设性的。

(6) 比较步骤(4)和(5)中求得的 Φ_{ht} 与 Φ_{hb} 值。一般来说，两者总是不同的。这说明步骤(1)中假设的温度值不符合实际。再重新假设一个流体的出口温度，重复以上步骤(1)~(6)，直到由步骤(4)和(5)求得的 Φ_{hb} 与 Φ_{ht} 值彼此接近时为止。至于两者接近到何种程度方称满意，则由所要求的计算精确度而定。一般认为两者之差应小于 2%~5%。

用平均温差法进行校核计算时，所假定的出口温度的大小对于热平衡热量 Φ_{hb} 与传热量 Φ_{ht} 是否相符有很明显的影响。然而，在下面要介绍的传热单元数法中，出口温度对计算结果的影响要小得多。

10.4.3 换热器热计算的效能-传热单元数法

1. 换热器效能的定义

换热器的效能(effectiveness of heat exchanger) ε 定义为

$$\varepsilon=\frac{(t'-t'')_{\max}}{t_1'-t_2'} \tag{10-17}$$

式中，分母为流体在换热器中可能发生的最大温差值，而分子则为冷流体或热流体在换热器中的实际温度差值中的大者。如果冷流体的温度变化大，则 $(t'-t'')_{\max}=(t_2''-t_2')$，反之则 $(t'-t'')_{\max}=(t_1'-t_1'')$。从定义式可知，效能 ε 表示换热器的实际换热效果与最大可能的换热效果之比。已知 ε 后，换热器交换的热流量即可根据两种流体的进口温度按下式确定：

$$\Phi=(q_m c)_{\min}(t'-t'')_{\max}=\varepsilon(q_m c)_{\min}(t_1'-t_2') \tag{10-18}$$

2. 顺流和逆流时换热器效能的计算

假定 $q_{m1}c_1<q_{m2}c_2$，于是按定义式(10-17)可写出

$$t_1'-t_1''=\varepsilon(t_1'-t_2') \tag{a}$$

根据热平衡式(10-16)有

$$q_{m1}c_1(t_1'-t_1'')=q_{m2}c_2(t_2''-t_2')$$

于是

$$t_2''-t_2'=\frac{q_{m1}c_1}{q_{m2}c_2}(t_1'-t_1'') \tag{b}$$

将式(a)、式(b)相加得

$$(t_1'-t_2')-(t_1''-t_2'')=\varepsilon\left(1+\frac{q_{m1}c_1}{q_{m2}c_2}\right)(t_1'-t_2')$$

即

$$1-\frac{t_1''-t_2''}{t_1'-t_2'}=\varepsilon\left(1+\frac{q_{m1}c_1}{q_{m2}c_2}\right) \tag{c}$$

由上一节式(k)可知

$$\frac{t_1''-t_2''}{t_1'-t_2'}=\mathrm{e}^{-\mu kA}$$

代入上式得

$$\varepsilon=\frac{1-\exp(-\mu kA)}{1+\dfrac{q_{m1}c_1}{q_{m2}c_2}} \tag{d}$$

将上一节式(e)中 μ 的定义代入即得

$$\varepsilon=\frac{1-\exp\left[-\dfrac{kA}{q_{m1}c_1}\left(1+\dfrac{q_{m1}c_1}{q_{m2}c_2}\right)\right]}{1+\dfrac{q_{m1}c_1}{q_{m2}c_2}} \tag{e}$$

当 $q_{m1}c_1>q_{m2}c_2$ 时，类似的推导可得

$$\varepsilon=\frac{1-\exp\left[-\dfrac{kA}{q_{m2}c_2}\left(1+\dfrac{q_{m2}c_2}{q_{m1}c_1}\right)\right]}{1+\dfrac{q_{m2}c_2}{q_{m1}c_1}} \tag{f}$$

上两式可合并成

$$\varepsilon=\frac{1-\exp\left\{-\dfrac{kA}{(q_m c)_{\min}}\left[1+\dfrac{(q_m c)_{\min}}{(q_m c)_{\max}}\right]\right\}}{1+\dfrac{(q_m c)_{\min}}{(q_m c)_{\max}}} \tag{g}$$

其中 $(q_m c)_{\max}$ 与 $(q_m c)_{\min}$ 分别指 $(q_m c)_1$ 和 $(q_m c)_2$ 中的大者与小者。令

$$\frac{kA}{(q_m c)_{\min}}=\mathrm{NTU} \tag{10-19}$$

式(g)成为

$$\varepsilon=\frac{1-\exp\left\{(-\mathrm{NTU})\left[1+\dfrac{(q_m c)_{\min}}{(q_m c)_{\max}}\right]\right\}}{1+\dfrac{(q_m c)_{\min}}{(q_m c)_{\max}}} \tag{10-20}$$

类似的推导可得逆流换热器的效能 ε 为

$$\varepsilon=\frac{1-\exp\left\{(-\mathrm{NTU})\left[1-\dfrac{(q_m c)_{\min}}{(q_m c)_{\max}}\right]\right\}}{1-\dfrac{(q_m c)_{\min}}{(q_m c)_{\max}}\exp\left\{(-\mathrm{NTU})\left[1-\dfrac{(q_m c)_{\min}}{(q_m c)_{\max}}\right]\right\}} \tag{10-21}$$

3. 用传热单元数表示的效能计算公式与图线

式(10-19)所定义的 NTU(number of transfer unit)称为传热单元数,它是换热器热设计中的一个量纲为一的数,在一定意义上可以看成换热器 kA 数值大小的一种度量。

当冷、热流体之一发生相变,即 $(q_m c)_{\max}$ 趋于无穷大时,式(10-20)、式(10-21)均可简化成

$$\varepsilon=1-\exp(\mathrm{NTU}) \tag{10-22}$$

当冷、热流体的 $q_m c$ 的值(习惯上称为水当量)相等时,式(10-20)和式(10-21)分别简化成为

顺流

$$\varepsilon=\frac{1-\exp(-2\mathrm{NTU})}{2} \tag{10-23}$$

逆流

$$\varepsilon=\frac{\mathrm{NTU}}{1+\mathrm{NTU}} \tag{10-24}$$

对于比较复杂的流动形式,ε 的计算公式可参阅文献[19]。为了便于工程计算,这些 ε 的计算式已被绘成线算图备查。作为示例,图 10-47 ~ 图 10-52 给出了几种流动形式的 ε-NTU 图。图中的参变量为比值 $(q_m c)_{\min}/(q_m c)_{\max}$[在图 10-52 中参变量为比值 $(q_m c)_{混合}/(q_m c)_{不混合}$]。值得指出,图 10-49 ~ 图 10-52 所代表的换热器的结构与图 10-39 ~ 图 10-42 是一一对应相同的。

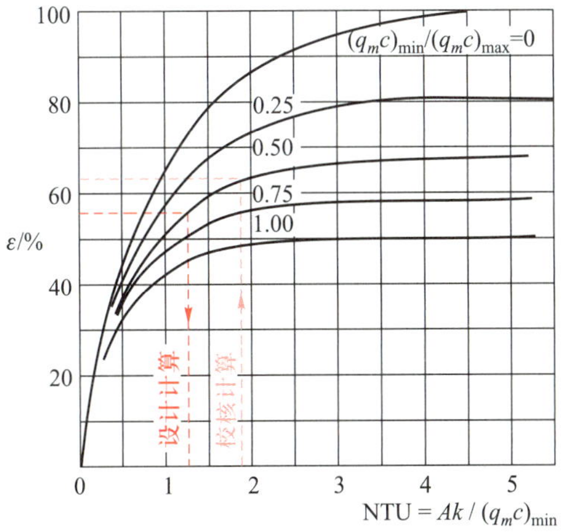

图 10-47 顺流换热器的 ε-NTU 关系图

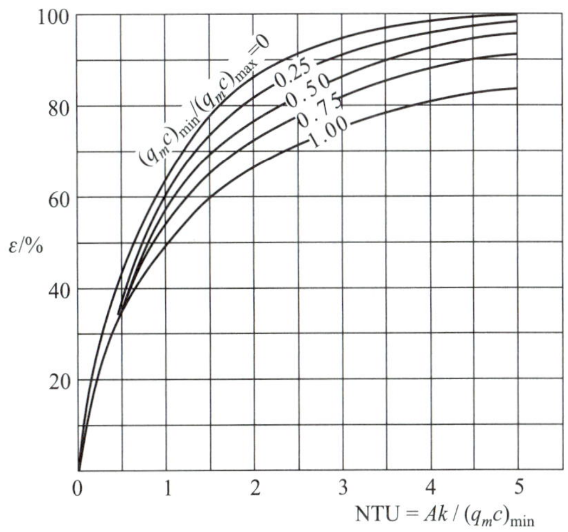

图 10-48 逆流换热器的 ε-NTU 关系图

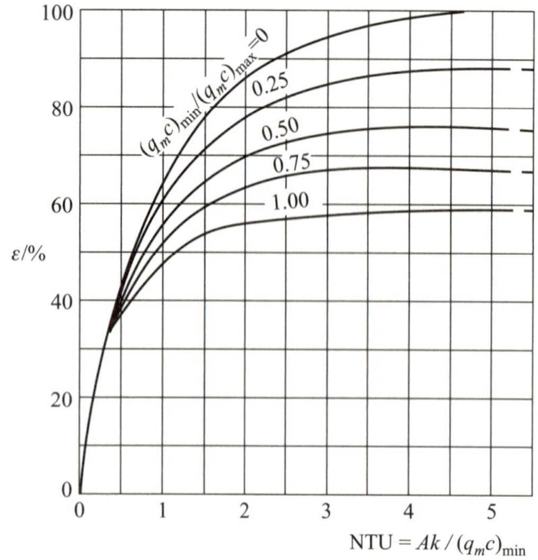

图 10-49　单壳程,2、4、6 等管程换热器的 ε-NTU 关系图

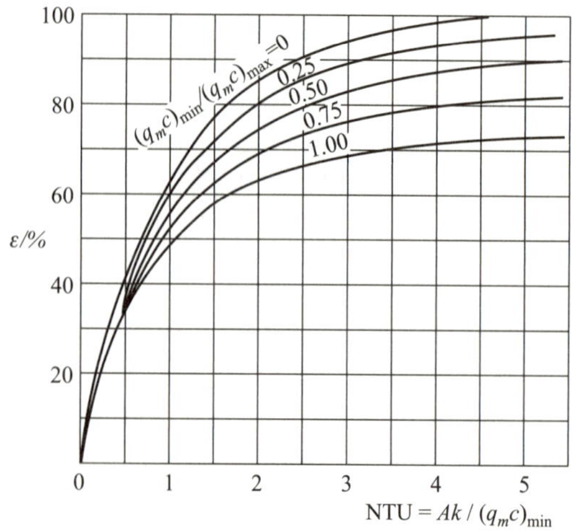

图 10-50　双壳程,4、6、12 等管程换热器的 ε-NTU 关系图

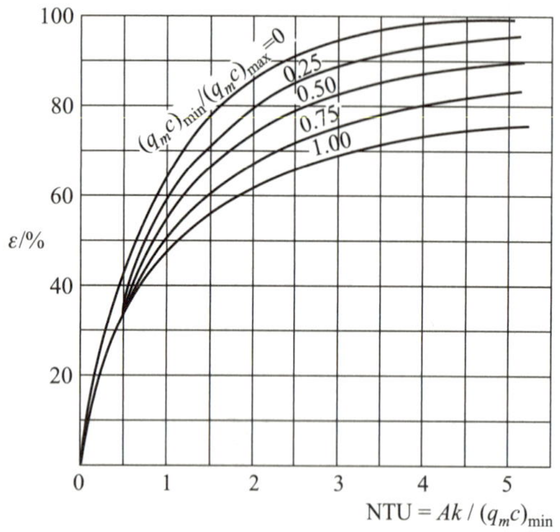

图 10-51　流体不混合的一次交叉流换热器的 ε-NTU 关系图

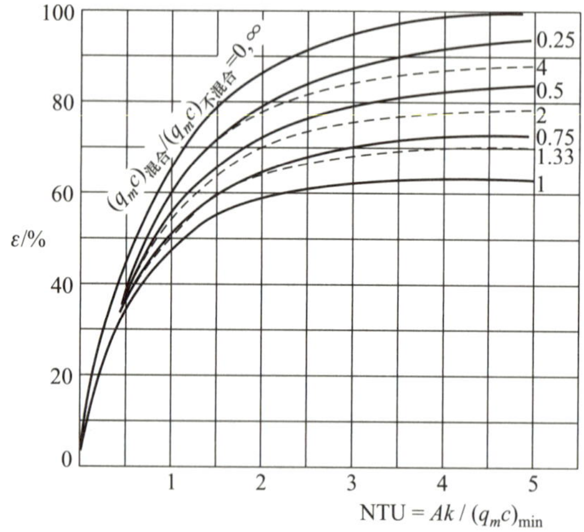

图 10-52　一种流体混合的一次交叉流换热器的 ε-NTU 关系图

4. 采用 ε-NTU 方法进行换热器热计算的步骤

根据 ε 及 NTU 的定义及换热器两类热计算的任务可知,设计计算是已知 ε 求 NTU,而校核计算则是由 NTU 求取 ε,如图 10-47 中箭头所示。它们的计算步骤都与平均温差法中对应计算大致相似,故不再细述。这里仅指出一点:在校核计算中,为了算出 NTU,同样需要假定流体的出口温度以获得 k。但 t''对 k 的影响是通过定性温度来体现的,显然远不如对热平衡热量或平均温差影响那么大,这一点 ε-NTU 法有其一定优越性。采用平均温差法时,通过 ψ 值的大小可以看到流动布置与逆流的差距,有利于改进型式的选择,是其优点。实际使用时究竟采用哪一种方法很大程度上取决于该工程领域中的传统。我国锅炉工程界广泛采用平均温差法,而低温换热器则常采用效能-传热单元数法来设计。

10.4.4 换热器的污垢热阻

1. 换热器在运行中的结垢

换热器运行一段时间后，换热面上常会积起水垢、污泥、油污、烟灰之类的覆盖物垢层，有时还由于换热面与流体的相互作用发生腐蚀而引起的覆盖物垢层。所有这些垢层都表现为附加的热阻，使总传热系数减小，换热器性能下降。图 10-53 中给出了布置在锅炉尾部烟道中的省煤器（用烟气加热水的换热器）管外积灰的照片。由于垢层的导热系数很低，大大增加了传热的阻力。

图 10-53 一台烟气-水换热器管外烟气侧结灰垢的照片

在进行换热器的热设计时必须考虑到这种情况。但是实际运行中垢层的厚度及其导热系数难以确定，通常不是通过计算垢层的导热阻力，而是用它所表现出来的一个当量的热阻值来考虑。这种热阻称为污垢热阻，记为 r_f。对一台实际的换热器，经过一定运行周期后的污垢热阻可以通过测定两个总传热系数来确定：

$$r_f = \frac{1}{k} - \frac{1}{k_0} \tag{10-25}$$

式中：k_0 为洁净换热面的总传热系数；k 为有污垢的换热面的总传热系数。k 与 k_0 的测定应当在冷、热流体相同的进口条件下进行（包括质量流量、进口温度与压力），以保证传热系数的变化是由污垢热阻而致，并非因流动及换热条件的变化而引起。污垢的产生增加了换热器设备的冗余面积，对使用中的换热器则增加了其运行费用，据估计全世界每年因换热器的污垢而引起的经济损失高达数百亿美元，因此污垢的抑制、监测及清除的问题一直是传热学界与工业界所关心的课题[20]。由于污垢产生的机理复杂，目前尚未找出在换热设备中消除污垢的良策。工程界的一种实用做法是，一方面在设计时适当考虑污垢热阻，同时对运行中的换热器实行定期清洗，以保证污垢热阻不超过设计时的选定值。污垢热阻的值只能通过实验测定，其具体方法将在下一节中讨论。表 10-1 列出了一些代表性的值。河水之类污垢热阻的值与各个国家、地区的水文地质条件有关。我国学者虽已在污垢热阻的研究方面开展了有效的工作，但尚未积累起足够多的运行资料以对我国主要江河的河水污垢热阻提出一些推荐值。在设计这一类换热器时，如无相关的实验资料可作依据，附录 18 中摘录的美国 TEMA 标准[21]中所推荐的部分污垢热阻值可供参考。

表 10-1 污垢热阻的代表性数值 $m^2 \cdot K/W$

流体种类	污垢热阻
自来水或井水	
≤52 ℃	0.000 176
>52 ℃	0.000 352
水蒸气（无油）	0.000 88
压缩空气	0.000 176

续表

流体种类	污垢热阻
天然气烟气	0.000 88
制冷剂液体	0.000 176
机械润滑油	0.000 176

2. 有污垢热阻时总传热系数的表示式

表 10-1 所示是适用于壳管式换热器单侧污垢的热阻之值。对于一台管壁两侧均已结垢的换热器，以管子外表面积为计算依据的总传热系数可表示式为

$$k=\frac{1}{\left(\frac{1}{h_o}+r_o\right)\frac{1}{\eta_o}+r_w+r_i\left(\frac{A_o}{A_i}\right)+\frac{1}{h_i}\left(\frac{A_o}{A_i}\right)} \tag{10-26}$$

式中：h_i、h_o 分别为管子内、外侧的表面传热系数；r_i、r_o 分别为管子内、外侧的污垢热阻（单位面积热阻）；r_w 为管壁导热热阻；η_o 为肋面总效率（如果外表面未肋化，则 $\eta_o=1$）。在工程设计中，除了采用污垢热阻来考虑结垢对管壳式换热器传热过程的影响外，还有采用换热面的清洁系数或富裕面积的百分数来考虑结垢影响的。先按干净的换热面计算出总传热系数，再对这一总传热系数打一个折扣。此折扣值（一般为 80%~90%）称为清洁系数（或类似的名称），这种做法在动力工程中应用较多。或者，按清洁表面的总传热系数值计算出所需的传热面积，然后再增加一定百分数的富裕面积（一般为 20%~25%），这就是富裕面积百分数的方法。但这两种方法不能揭示出管内与管外污垢热阻各自的影响，因此其在工程中的应用不如污垢热阻法广泛。

10.5 换热器的选型

10.5.1 换热器的选型

实际工程中，要选择合适的换热器来达到换热需求，以下几个方面的考虑有助于我们做出正确的选择。

1. 换热量

这是换热器选型流程中最重要的参数。不管什么类型或结构的换热器，必须要满足换热要求，即在给定条件下冷热流体的进出口温度变化达到要求。

2. 类型（流路或结构）

换热器的类型选择与运行压力和温度、体积和重量限制、冷热流体类型、有无相变、冷热流体允许的压降等有关。譬如，管翅式换热器适合于气-液之间热量的交换，而板式换热器适合于液-液之间热量的交换。

3. 功耗

换热器中，冷热流体是由泵或风机驱动的，驱动流体耗费的能量与流体的流动阻力密切相

关。一般来说,减小流体流量,有利于降低流体的流动阻力,从而减小驱动流体的功耗,但要满足换热要求,换热器的体积会增加,初投资增加。

4. 材料

换热器材料也是需要重点考虑的问题,这不仅和冷热流体的运行压力和温度有关,还和冷热流体的化学性质以及换热器的运行环境有关。此外,热应力、材料的膨胀与耐腐蚀特性等也需要考虑。

5. 尺寸和重量

一般来说,在满足换热需求时,换热器应该尽可能小和轻。例如,在汽车和航空航天领域,尺寸和重量的限制非常苛刻。换热器的轻质高效目标对制造技术提出了更高的要求。例如本书介绍的 3D 打印是实现这个目标的重要途径。

6. 成本

换热器的成本包括产品的设计制造成本,也包括换热器的运行和维护成本,在换热器选型流程中必须要考虑这一点。

7. 其他

还有一些其他方面在特定的条件下必须考虑。例如:如果流体有毒、易燃易爆,那么安全可靠就是最重要的考虑因素;家用空调中的蒸发器(室内机),运行噪声是要考虑的主要方面。

总之,换热器设计选型是个综合性的课题,必须考虑初投资、运行费用、安全可靠等因素,而以达到最佳的综合技术经济指标为目标。换热器的热计算仅是这个综合性课题的一个局部组成,其他计算还有流动阻力计算、材料强度计算及必要的技术经济分析与比较等。换热器设计的全面论述超出了本书的范围,有兴趣的读者可参阅有关专著[7,12,24],而关于强度计算方面的工作则应按国家标准[5,25]进行。

10.5.2 关于换热器设计的进一步说明

(1) 本书前面所介绍的是关于间壁式换热器热设计的一般方法。在各个工程领域中,以传热学的基本原理为依据、结合长期的工程实践和研究,常常已经总结出更为具体的适合于某一类换热器的设计方法或规程。例如关于垂直折流板换热器就有著名的由美国特拉华大学历经十余年研究总结出来的方法,可参见文献[7,22]。在我国,关于换热器的类型、结构、测试等已经有国家标准可以遵循[5]。

(2) 随着计算机技术的发展,换热器的设计计算,包括热计算、压降计算和综合技术经济指标比较计算,都有可能算得更准确,并在广阔的参数变动范围内进行多种方案的比较和筛选,从而大大提高了设计的能力。国内外一些研究与设计机构已经开发了不少这样的计算软件。其中比较著名的有英国传热及流体流动学会(HTFS)及美国传热技术研究公司(HTRI)所推出的计算软件,可参见文献[7]第 1 篇第 5 章。

(3) 随着信息技术和现代数理方法的迅速发展,人工智能(artificial intelligence,AI)技术在换热器的性能预测及优化设计中得到越来越多的应用,包括进化算法、神经网络、遗传算法、粒子群优化等,文献[23]对这些方法在换热器优化设计中的应用做了综述,可供参考。本书第 12 章对现代信息技术及数理方法在传热学中的应用还要做简要介绍。

例题 10-6 **冷油器的设计计算**

流量为 39 m^3/h 的 30 号透平油，在冷油器中从 $t_1'=56.9$ ℃冷却到 $t_1''=45$ ℃。冷油器采用 1-2 型壳管式结构，管子为铜管，外径为 15 mm，壁厚 1 mm。每小时 47.7 t 的河水作为冷却水在管侧流过，进口温度为 $t_2'=33$ ℃。油安排在壳侧。油侧的表面传热系数 $h=450\ W/(m^2 \cdot K)$，水侧的表面传热系数 $h=5\ 850\ W/(m^2 \cdot K)$。已知 30 号透平油在运行温度下的物性为 $\rho=879\ kg/m^3$，$c_p=1.95\ kJ/(kg \cdot K)$。试求所需传热面积。

题解

分析：本题是一个设计计算，换热量可以从油侧得出，根据热平衡关系，计算出水的出口温度，进而得出对数平均温差。在计算总传热系数时，要明确是以哪一侧面积为依据，如果以外侧为依据，利用式(10-26)，内侧的污垢热阻也要考虑到面积比的影响。

计算：油侧的体积流量为

$$q_{V1}=\frac{39\ m^3}{3\ 600\ s}=1.083\times10^{-2}\ m^3/s$$

油侧的热流量为

$$\begin{aligned}\Phi &=q_{m1}c_1(t_1'-t_1'')=q_{V1}\rho_1c_1(t_1'-t_1'')\\&=1.083\times10^{-2}\ m^3/s\times879\ kg/m^3\times1.95\ kJ/(kg\cdot K)\times(56.9\ ℃-45\ ℃)\\&=2.21\times10^5\ W\end{aligned}$$

水侧的质量流量为

$$q_{m2}=\frac{47.7\times10^3\ kg}{3\ 600\ s}=13.25\ kg/s$$

冷却水的温升

$$t_2''-t_2'=\frac{\Phi}{q_{m2}c_2}=\frac{2.21\times10^5\ W}{13.25\ kg/s\times4.19\times10^3\ J/(kg\cdot K)}=4\ ℃$$

于是冷却水的出口温度为

$$t_2''=33\ ℃+4\ ℃=37\ ℃$$

参数 P 和 R 为

$$P=\frac{t_2''-t_2'}{t_1'-t_2'}=\frac{37\ ℃-33\ ℃}{56.9\ ℃-33\ ℃}=0.17$$

$$R=\frac{t_1'-t_1''}{t_2''-t_2'}=\frac{56.9\ ℃-45\ ℃}{37\ ℃-33\ ℃}=3$$

查图 10-39 得 $\psi=0.97$。对数平均温差为

$$\Delta t_m=0.97\times\frac{(56.9\ ℃-37\ ℃)-(45\ ℃-33\ ℃)}{\ln\dfrac{56.9\ ℃-37\ ℃}{45\ ℃-33\ ℃}}=15.1\ ℃$$

按附录 18a 分别取管内、外侧污垢热阻为 0.000 5 $m^2\cdot K/W$ 和 0.000 2 $m^2\cdot K/W$，于是总传热系数(略去管壁导热阻力)为

$$\begin{aligned}k&=\frac{1}{\dfrac{1}{h_o}+r_o+\left(r_i+\dfrac{1}{h_i}\right)\dfrac{A_o}{A_i}}\\&=1\Big/\left[\frac{1}{450\ W/(m^2\cdot K)}+0.000\ 2\ m^2\cdot K/W+\left(\frac{1}{5\ 850\ W/(m^2\cdot K)}+0.000\ 5\ m^2\cdot K/W\right)\times\frac{15}{13}\right]\\&=313\ W/(m^2\cdot K)\end{aligned}$$

冷油器的计算面积为

$$A=\frac{\Phi}{k\Delta t_{m}}=\frac{2.21\times10^{5}\ \mathrm{W}}{313\ \mathrm{W/(m^{2}\cdot K)}\times15.1\ ℃}=46.8\ \mathrm{m}^{2}$$

实际设计面积可留 10%的裕度,取为 $46.8\ \mathrm{m}^2\times1.10=51.5\ \mathrm{m}^2$。

讨论:虽然在热计算中已计及了污垢热阻(占总热阻的 1/4 以上),但在决定实际换热面积时又加了 10%的冗余面积,以照顾到某些未计及的因素(例如获得总传热系数时可能的误差等)。

例题 10-7　冷油器的校核计算

上例中,如冷油器的进口油温变为 58.7 ℃,而水的流量、进口温度以及油的流量均不变,求出口油温和出口水温。

题解

分析:换热器运行中经常会发生运行条件的变化,称为变工况。进口油温的变化是一种可能的变工况,此时其他条件不变,需要确定冷、热流体出口温度,这是一个校核计算。油和水的温度如升高很多,则需考虑物性变化对 k 的影响。现在变化甚少,可认为总传热系数仍为 313 W/m²·K。此题应采用 ε-NTU 法计算。

计算:

$$q_{m1}c_{1}=1.083\times10^{-2}\ \mathrm{m^{3}/s}\times879\ \mathrm{kg/m^{3}}\times1.95\times10^{3}\ \mathrm{J/(kg\cdot K)}$$

$$=1.856\times10^{4}\ \mathrm{W/K}$$

$$q_{m2}c_{2}=13.25\ \mathrm{kg/s}\times4.19\times10^{3}\ \mathrm{J/(kg\cdot K)}=5.552\times10^{4}\ \mathrm{W/K}$$

$$\frac{(q_{m}c)_{\min}}{(q_{m}c)_{\max}}=\frac{1.856\times10^{4}\ \mathrm{W/K}}{5.552\times10^{4}\ \mathrm{W/K}}=0.334$$

$$\mathrm{NTU}=\frac{kA}{(q_{m}c)_{\min}}=\frac{313\times51.5\ \mathrm{W/K}}{1.856\times10^{4}\ \mathrm{W/K}}=0.87$$

查图 10-49 得 $\varepsilon=0.54$。传热量可按式(10-18)算出:

$$\Phi=\varepsilon(q_{m}c)_{\min}(t_{1}'-t_{2}')$$

$$=0.54\times1.856\times10^{4}\ \mathrm{W/K}\times(58.7\ ℃-33\ ℃)$$

$$=2.58\times10^{5}\ \mathrm{W}$$

由热平衡式可求得油和水的出口温度

$$t_{1}''=t_{1}'-\frac{\Phi}{q_{m1}c_{1}}=58.7\ ℃-\frac{2.58\times10^{5}\ \mathrm{W}}{1.856\times10^{4}\ \mathrm{W/K}}=44.8\ ℃$$

$$t_{2}''=t_{2}'+\frac{\Phi}{q_{m2}c_{2}}=33\ ℃+\frac{2.58\times10^{5}\ \mathrm{W}}{5.552\times10^{4}\ \mathrm{W/K}}=37.6\ ℃$$

讨论:这一题目是采用传热单元数法优于平均温差法的典型。如果采用后者,需先假定 t_1''(或 t_2''),然后从传热方程及热平衡方程计算出的热量是否相符来判断所假设之值是否正确。还应指出,由于 t_1' 的变化很小(约为热流体温降的 15%),因而两种计算的热量必须符合得较好才能得出合理的结果。

10.6 热量传递过程的控制（强化与削弱）

在有热量传递的各个技术过程中，常常需要强化传热过程以节约能源、缩小设备尺寸、减轻重量，或使受热部件得到有效的冷却，保证设备安全运行。另一方面也有需要削弱热量传递过程以减少热损失的情形。这是热量传递过程的控制问题，构成了传热学中两类目标相反的命题：传热的强化和传热的削弱。在 6.6 节中已经对强化单相对流传热的技术、机理进行了深入的讨论，本节着重从强化整个传热过程的角度来分析，介绍强化传热技术的分类，同时说明削弱传热的技术与方法，最后介绍如何通过实验测定来获得污垢热阻。

10.6.1 强化传热过程要抓住主要的热阻环节

所谓强化传热就是指在一定的条件下增加传热过程的传热量。由总传热系数组成式(10-1)、式(10-4)可见，对于一个由几个环节串联组成的总传热过程，要强化传热首先要找出热阻最大的环节，并设法强化该环节的传热，即减少该环节的热阻，这样才能抓住主要矛盾，收到事半功倍之效。所以在对某个具体问题进行强化传热研究的时候，首先应当查明所研究的过程中主要热阻在哪一个环节。

根据本书以前有关章节的讨论，就气体与液体而言，气体侧的热阻常常是最主要的，就水与油类等高黏度的液体相比，油类液体的热阻是主要的；就有相变与无相变的两种传热情形而言，无相变时的热阻常常比较大。因此，单相对流传热的强化，尤其是气体与油类换热的强化，是强化传热技术研究中的重点内容。即使对有相变的传热，在工程技术的应用中同样存在强化传热的必要性。这可以用低沸点工质（例如制冷介质 HFC134a）沸腾或凝结为例来说明。在制冷机的冷凝器或蒸发器中，如果作为传热过程的另一种介质是水，则低沸点工质的相变传热系数常常比单相介质水的强制对流传热表面传热系数要小很多，因而要缩小制冷机的蒸发器（其中制冷剂发生沸腾）或冷凝器（其中制冷剂发生凝结）的体积，首先要提高相变介质的表面传热系数。制冷工业中对强化低沸点工质相变传热的研究就出自这一需要。

自 20 世纪 50 年代以来，国际传热学界对强化传热技术开展了大量的研究，并且取得了长足的进展，目前仍然是国际传热界的重要研究课题。因为随着科学技术的发展对传热的强化或者削弱的要求越来越高。为了减轻化石燃料燃烧所造成的污染、提高能源利用效率、发展高效储能技术、突破高热流密度电子器件散热瓶颈等，在今后很长一段时期内都会保持这样的研究势头。

10.6.2 强化对流传热技术的分类

按照本书前述各章的介绍，热量传递的三种基本方式都可以进行控制（强化或削弱）。从国内外的研究情况来看，对流传热热强化的研究特别活跃，是近半个世纪以来国际传热学界的热门课题。本书在 6.6 节、7.3 节、7.6 节中分别介绍过单相对流及相变传热的强化技术，在 9.5 节中介绍过辐射传热的控制技术，本节对现有的各种强化对流传热的技术从不同的角度进行分类讨论。

1. 从固体侧着手与从流体侧着手的角度来分类

前面指出，工程中发生的大多数传热问题都是热量从一种流体通过固体壁面传给另一种流体,因此要强化热量的传递过程,可以从改变固体表面的结构或形状入手,也可以从改变流体的运动状态或所受到外力场入手,前者如各种强化传热的表面,后者如流体中的插入物以及给流体施加电场、磁场等方法。

2. 从有否使用外部动力源的角度分类

Bergles 与 Webb 将强化传热的技术分为有源技术与无源技术两大类[1,26]。所谓强化传热的无源技术(又称被动技术,passive techniques),是指除了输送传热介质的功率外不再需要附加动力的技术,而有源技术(又称主动技术,active techniques)则是需要额外的动力(机械力、电磁力等)的技术。

无源技术包括以下一些手段:(1) 表面涂层。例如在沸腾传热表面上增加细小多孔层,以强化沸腾传热,在冷凝面上涂以非润湿物质以形成部分珠状凝结等。(2) 粗糙表面。对于单相介质,粗糙表面可以增强流体中的扰动与混合;对于沸腾,粗糙表面可以增加汽化核心,在 7.6 节中已做过介绍。(3) 扩展表面。这是工程技术中广泛用来强化对流传热的措施,它既有增加面积的作用,如 2.4 节中所介绍的各种肋片,又有增加流体中的扰动、切断边界层的发展的作用。图 6-26~图 6-28 及图 6-32 中示出了一些代表性的结构。(4) 各种内外螺纹管,通过增加面积与流体的扰动来强化传热(图 6-34)。(5) 扰流元件。这是一些插入管内以加强流体中的扰动与混合的附件,图 6-33 中示出了螺旋线绕流元件及涡流发生器的例子,对高黏度的油类常常采用这类技术来强化传热。(6) 添加物。这是指在流体中掺混入少量异种物质的小颗粒以强化传热的方法。实验证实,在气流中悬浮的固体小颗粒能明显地强化传热,流化床换热器就是用这类方法强化传热的例子。(7) 冲击传热。这是将一股冷气流对着被冷却的表面冲击过去的一种对流传热,在被冲击的局部地区具有很高的局部表面传热系数值,特别适合于热负荷高的局部地区的冷却,关于冲击传热本书 6.6 节已经做过介绍。

工程实践中常常综合采用不同的方式来获得所需的强化效果,燃气轮机叶片的冷却就是一个典型的例子。如图 10-54 所示,在叶片与温度最高的燃气接触部位采用冲击冷却及气膜冷却(图 10-54a),在叶片内部的冷却通道中采用粗糙元来强化,在空间比较小的尾部则采用短圆柱来增强气流的扰动(图 10-54b)。

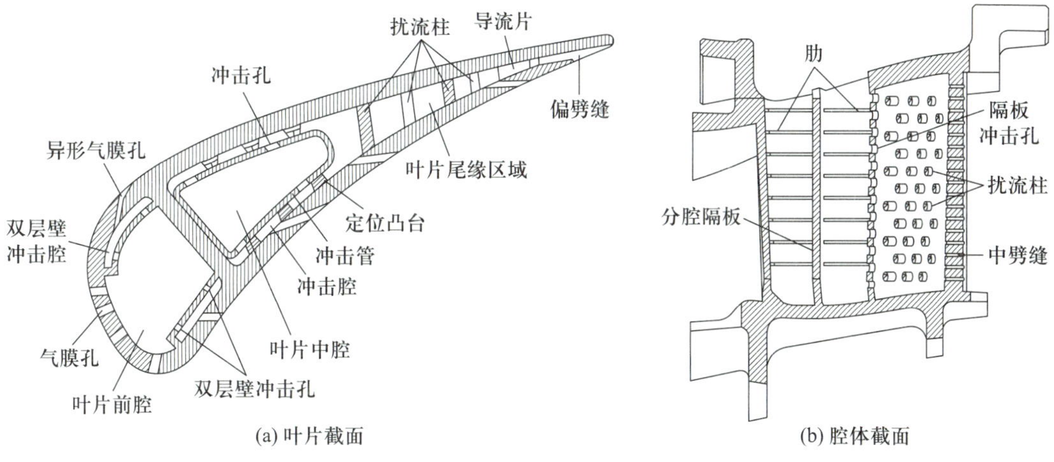

图 10-54　燃气涡轮叶片冷却技术(中国航发株洲动力机械研究所提供)

有源强化技术包括以下一些措施:(1) 对传热介质作机械搅拌;(2) 使传热面发生振动;(3) 使

传热流体作振荡流动;(4) 将电磁场作用于流体;(5) 将异种或同种流体喷入传热介质或从传热表面抽走。不少有源强化技术还处于实验室研究阶段,工程应用还不广泛。

3. 按发展的历史来分类

强化传热的研究已经历了至少半个世纪的历程,按 Bergles 的观点[26],固体表面的传热技术可以区分为三代,见表 10-2。

表 10-2 固体表面的三代传热技术

单相介质管外传热表面	单相介质管内流动
第 1 代　光管	第 1 代　光滑通道
第 2 代　平直翅片	第 2 代　2 维粗糙元
第 3 代　纵向涡发生器	第 3 代　3 维粗糙元
管内外沸腾	管内外凝结
第 1 代　光滑管	第 1 代　光滑管
第 2 代　2 维肋片管	第 2 代　2 维肋片管
第 3 代　3 维微肋片管	第 3 代　3 维微肋片管

关于纵向涡发生器、强化相变传热的 2 维肋片管及 3 维微肋管已经在 6.6 节、7.3 节、7.6 节中分别做过介绍,这里不再重复。

纵观第 6、7 章和上面的讨论,可以总结出以下基本观点:对于无相变的对流传热,凡是能减薄边界层、增加流体的扰动、促使流体中各部分混合以及增加固体壁面上的速度梯度的措施都能强化传热。强化沸腾传热的有效措施是增加固体壁面上的汽化核心,而对于膜状凝结则要减薄所形成的液膜厚度。

10.6.3 隔热保温技术

与强化传热相反,工程上亦有力求削弱传热的场合。这时使用导热系数小的各种绝热材料来削弱导热过程。绝热技术(隔热保温技术)对于减少热力设备的热损失、节约能源具有显著经济效益。例如,在工业炉窑的保温上,国内外的实践都表明,采用新型高效保温材料(硅酸铝纤维炉衬、高铝陶瓷纤维炉衬等)代替传统的保温耐火砖一般可节能 15%~30%。在新技术领域,绝热技术对于实现某些过程具有特别重大的意义。例如,各种高速飞行器(如航天飞机等)在再入大气层时会产生强烈的气动加热,若无适当的绝热措施,将导致飞行器烧毁。又如处于星际空间环境(约为 2.7 K)的飞行器,采用优良的绝热材料后,可不消耗能源或耗用很少能源而使舱内的温度维持在室温水平。隔热保温技术涉及电力、冶金、化工、石油、低温、建筑及航空航天等许多工业部门的过程实施、节约能源、提高经济效益等问题,目前已发展成为传热学应用技术中的一个重要分支。

高于环境温度的热力设备与管道的保温多采用无机的绝热材料。常用的有:(1) 多孔型绝热材料,如微孔硅酸钙[使用温度小于 650 ℃, $\lambda = 0.04 \sim 0.1$ W/(m·K)];(2) 纤维型绝热材料,如岩棉[使用温度小 700 ℃, $\lambda = 0.035 \sim 0.047$ W/(m·K)](曾广泛使用的纤维型材料石棉,由于容易致癌现已不推荐使用);(3) 粒状绝热材料,如膨胀珍珠岩[使用温度小于 800~1 000 ℃, $\lambda = 0.046 \sim 0.17$ W/(m·K)]。值得指出,所有这三类保温材料制品之所以导热系数比较小,除了材料本身导热系数比较小以外,主要还是因为在这些材料中形成了许多积存空气的细小空间。由于空气的导热系数很小,从而使整体的导热性能下降。因而,这些材料的导热系数一般都不会低于同温度下的空气的值,而且在使用中要防止其受潮变湿。冰箱的保温材料用聚氨酯发泡塑料做成,在制备过程中产生的发泡剂气体的导热系数可低于空气的值,例如发泡剂 245fa 室温下导热系数为 0.012 2 W/(m · K);在制备工艺完善时可获得比空气导热系数小的保温材料[28];另外一类比空气导热系数小的保温材料就是纳米多孔材料,这是以传热理论为指导对材料进行所谓“热设计”的成功范例。隔热材料一般呈多孔结构,以利用气体导热系数小的特点来提高隔热效果,但同时还需要具有一定的机械强度。这方面所应用的理论指导思想有:(1) 将气孔直径缩小到气体平均自由程以下,以使得孔内的空气处于稀薄状态而减小其导热作用;(2) 作为骨架或支撑材料在满足机械强度的前提下需选用导热系数尽可能小的物质;(3) 隔热保温材料的固相纤维或颗粒的直径应选择尽可能小的值,以增加接触热阻及热量传导的路径;(4) 固相物质应选择穿透性很小或没有穿透性的物质,它的反射比应尽可能高,以阻挡或散射投入辐射;(5) 使用添加遮光剂等以减小高温下隔热材料的辐射传热。气凝胶(aerogel)就是这样一类具有比空气导热系数还小的材料。

对于低于环境温度的工质和容器,关键在于防止外界热量的传入。有三个档次的绝热材料可供选用。一般性的隔热材料有在大气压下工作的疏松纤维或泡沫多孔材料,如聚苯乙烯泡沫塑料[工作温度为 -75 ~ 80 ℃, $\lambda = 0.03 \sim 0.048$ W/(m · K)]、硬质聚氨酯泡沫塑料[工作温度为 -60 ~ 120 ℃, $\lambda = 0.026 \sim 0.042$ W/(m · K)];效果更好些的有抽真空至 10 Pa 的粉末颗粒绝热材料;效果最佳的是多层真空隔热材料。多层真空绝热材料由低导热系数的玻璃布、铝箔之类的材料组成多层遮热板,这些遮热板具有很高的反射比,板间抽真空至 0.01 ~ 0.001 Pa,在 300 ~ 80 K 温度下,在垂直于遮热板方向的导热系数可低达 10^{-4} W/(m · K)的量级。值得指出,对于多层真空绝热材料,由于气体的导热及表面间的辐射已得到有效抑制,各反射层(即遮热板)间的分隔材料(图 9-40)的导热系数对隔热性能有重要影响。应当采用导热系数尽可能小的材料作为分隔物才能使这种复合结构的绝热材料的优点得到充分发挥。关于低温情况下的隔热技术还可参见文献[29]。

保温技术包括:最优保温材料的选择,最佳保温层厚度的确定,先进的保温结构及工艺,检测技术以及保温的技术经济评价方法等,涉及面很广。保温效率是一个判断热力管道保温优劣的技术指标,它定义为

$$\eta = \frac{\Phi_0 - \Phi_x}{\Phi_0} \tag{10-27}$$

式中: Φ_0 为每单位长度裸管的散热量,W/m; Φ_x 为每单位长度包有厚 x(单位为 mm)保温材料的管子的散热量,W/m。

η 值应大于 90%,工业先进国家 η 值的标准水平更高。值得指出,为了获得优良的保温效果,除选用合适的保温材料及准确的导热系数值进行优化设计外,还要注意结构工艺。例如,接缝损失可观,即使内外层错开接缝,接缝处热损失仍可为无缝处的 2 倍左右,必须认真对待。含湿量的增加将急剧破坏材料的保温能力,有必要采取防雨防雪的围护结构等。

关于绝热技术中的设计计算、测试技术和材料选择等方面的问题可参考文献[29,35]。

10.6.4 热阻分离法

为了监视工业换热器的工作性能,需要确定传热过程各分热阻及污垢热阻的数值。工业换

热器一般没有测定壁温的装置，这时应用热阻分离法可以方便地解决问题。

下面以管壳式换热器为例来说明该方法的要点。总传热系数可表示成

$$\frac{1}{k_o}=\frac{1}{h_o}+r_w+r_f+\frac{1}{h_i}\frac{d_o}{d_i} \tag{a}$$

式中，r_w 及 r_f 分别为管壁导热热阻及污垢的热阻。工业换热器中，一般管内流体的流动总是处于旺盛湍流状态。h_i 与流速 u 的 0.8 次方成正比。于是式(a)可写成

$$\frac{1}{k_o}=\frac{1}{h_o}+r_w+r_f+\frac{1}{c_i u_i^{0.8}}\frac{d_o}{d_i} \tag{b}$$

保持 h_o 不变(只要使壳侧流体流量及平均温度基本不变即可)，改变管侧流速作一系列测定总传热系数 k_o 的实验，则可将式(b)表示成

$$\frac{1}{k_o}=b+\frac{1}{c_i}\frac{d_o}{d_i}\frac{1}{u_i^{0.8}} \tag{c}$$

式中，$b=1/h_o+R_w+R_f$ 是个定数，因为污垢热阻不可能在短时间实验中发生实质性的变化。式(c)是个 $Y=b+mX$ 型的直线方程，其中 $Y=1/k_o$，$X=1/u_i^{0.8}$。将不同管内流速的试验点画在 $1/k_o$-$1/u_i^{0.8}$(即 $X-Y$)图(图 10-55)上，可求出通过这些实验点的直线的斜率 m。式(c)中的 c_i 可由下式确定：

$$c_i=\frac{1}{m}\frac{d_o}{d_i} \tag{d}$$

管侧流体的表面传热系数即可从下式算出：

$$h_i=c_i u_i^{0.8} \tag{e}$$

壳侧流体的表面传热系数 h_o 用下式求出：

$$b=\frac{1}{h_o}+r_w+r_f \tag{f}$$

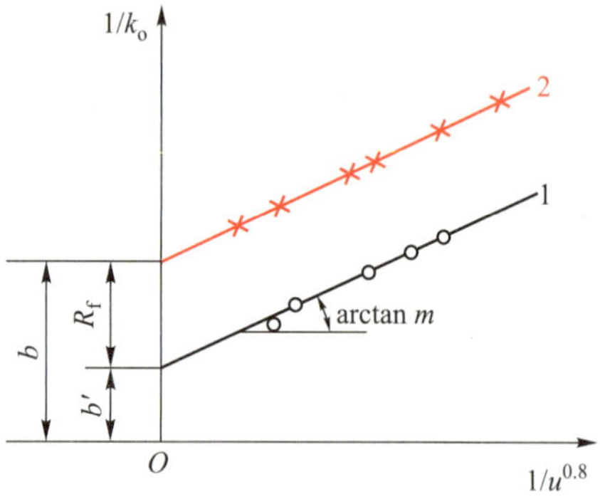

图 10-55　威尔逊图解

式中，b 可由图 10-55 中直线的截距确定。已知 r_w 和 r_f，则壳侧表面传热系数即可算出。h_o 也可用类似的试验方法确定。这时，保持管侧 h_i 不变，改变壳侧流量，用类似于确定 h_i 的方法可求得 h_o。这种利用图解分离传热过程分热阻的方法又称为威尔逊图解法(Wilson plot)[30]。

值得指出，由式(10-26)可见，式(a)、式(b)、式(f)中的 r_f 实际上包含了管壁内、外的污垢热阻及面积比 A_o/A_i 对管内污垢热阻的影响。由于要准确地获得 r_i 之值并不容易，应当在换热器全新或经过清洗后进行上述实验，此时可取 $r_i\approx 0$，从而可以把由于 r_f 取值不确定性所造成的对计算 h_i 或 h_o 的影响降低到最小。

威尔逊图解法还可用来确定污垢热阻。在换热器全新时或经过清洗后作上述实验，并在威尔逊图(图 10-55)上做出直线 1。经过一段时间运行后，在保持壳侧工况与前次实验相同的条件下再作一系列实验，在威尔逊图上做出直线 2。两条直线的截距之差即等于运行过程中增加的污垢热阻 r_f。

上述方法在使用时有一个重要的条件，即换热器一侧的热阻基本保持不变。这一要求在不少情况下难以实现，近些年来发展起来的修正威尔逊法则可不必满足这一要求。威尔逊图解法及其修正方案已广泛应用于冷凝器、蒸发器及各种管翅式换热器的对流传热平均热阻的测定工

作,有兴趣的读者可参考文献[30-34]。

例题 10-8　空冷器总传热系数计算

有一台空气冷却器,空气在管外垂直流过管束,$h_o = 90\ \mathrm{W/(m^2 \cdot K)}$;冷却水在管内流动,$h_i = 6\ 000\ \mathrm{W/(m^2 \cdot K)}$;换热管为外径 16 mm,厚 1.5 mm 的黄铜管。求:(1) 空气冷却器的总传热系数;(2) 如果 h_o 增加 1 倍,总传热系数如何变化?(3) 如果 h_i 增加 1 倍,总传热系数如何变化?

题解

分析:黄铜的导热系数由书末的附录查取,为 111 W/(m · K)。空气在管外流动,应是主要热阻所在,所以以外表面积作为计算面积。

计算:(1) 由式(10-4)得

$$k = \frac{1}{\dfrac{1}{6\ 000\ \mathrm{W/(m^2 \cdot K)}} \times \dfrac{16\ \mathrm{mm}}{13\ \mathrm{mm}} + \dfrac{0.016\ \mathrm{m}}{2 \times 111\ \mathrm{W/(m \cdot K)}} \ln\left(\dfrac{16}{13}\right) + \dfrac{1}{90\ \mathrm{W/(m^2 \cdot K)}}}$$
$$= 88.3\ \mathrm{W/(m^2 \cdot K)}$$

(2) 由以上计算可见,管壁热阻要比管内外热阻小两个以上的数量级,可以略去不计,于是有

$$k = \frac{1}{\dfrac{1}{6\ 000\ \mathrm{W/(m^2 \cdot K)}} \times \dfrac{16\ \mathrm{mm}}{13\ \mathrm{mm}} + \dfrac{1}{90 \times 2\ \mathrm{W/(m^2 \cdot K)}}}$$
$$= 173.6\ \mathrm{W/(m^2 \cdot K)}$$

传热系数增加了 96%。

(3)
$$k = \frac{1}{\dfrac{1}{6\ 000 \times 2\ \mathrm{W/(m^2 \cdot K)}} \times \dfrac{16\ \mathrm{mm}}{13\ \mathrm{mm}} + \dfrac{1}{90\ \mathrm{W/(m^2 \cdot K)}}} = 89.3\ \mathrm{W/(m^2 \cdot K)}$$

传热系数的增加不到 1%。

讨论:本例的计算表明,要强化一个传热过程,必须首先比较各个环节的热阻,找出分热阻最大的环节,并采用强化传热技术减小其热阻值,才能收到显著效果。这个问题中,管外空气侧是热阻最大环节,要改善该空冷器的性能,需要从管外入手;计算表明,管外表面传热系数增加一倍,总传热系数增加了 96%;如何增加管外侧的表面传热系数?在管外加装翅片就是有效的措施。实际中使用的干式空冷器全部是翅片管,就是这个道理。

本章小结与应用

1. 本章小结

(1) 换热器热计算策略

本章的重点是换热器的稳态工况的热设计:或者已知换热器的热负荷需要确定传热面积(设计计算),或者对已有的换热器确定它能承担的热负荷(校核计算)。基本的依据是能量守恒原理(热平衡公式)以及推导对数平均温差时的四个假定。

对设计计算采用对数平均温差方法比较方便。这时主要的工作是根据实际问题选择相应的换热表面形式,按照流动的布置计算出总传热系数。计算对数平均温差时,修正系数的确定会引入一些查图线的误差,因此查图时要特别注意。当需要编制计算程序时,相应的解析公式可以从文献[14-16]中查得。

对于校核计算,采用对数平均温差需要迭代,并且由于假定的出口温度直接影响到对数温差,因此假定值的合适与否对计算结果影响较大,而采用效能-传热单元数方法时,这一缺点就大为减轻。这时,尽管为了计算流体的定性温度也需要假定流体的出口温度,但假定值合适与否对计算结果影响要小得多。

(2) 换热器传热面积的标识

本书一再强调在给出换热器的传热面积时一定要说明是以什么面积作为计算面积的。同样一台换热器,由于计算面积的不同总传热系数可以相差数倍,对于采用强化表面或扩展表面的换热器,尤其要注意。这里大致归纳一下工程中计算面积选取的一些方法:1) 当壁面两侧流体的表面传热系数相差很大时,一般以热阻大的一侧面积作为计算面积。2) 对于各种强化空气侧传热的翅片,常常在翅片上开缝,或制成波纹形状,以增强对空气的扰动。计算翅片面积时一般仍以平片的面积(即投影面积)为依据。3) 对于各种相变传热的强化表面,例如强化管外凝结的低肋管,计算面积一般取为坯管(即光管)的面积。实际上,也只有这样计算面积才适合直接与光管的结果做对比。

(3) 常见换热器的效能解析式

表 10-3 中给出了与图 10-49~图 10-52 所示图线相应的解析表达式,以适应计算机编程计算的需要。

表 10-3 四种换热器的效能计算公式[19]

流动布置	效能计算式
单壳程,2、4、8、…管程	$\varepsilon_1=2\left\{1+C+(1+C^2)^{1/2}\dfrac{1+\exp[-\mathrm{NTU}(1+C^2)^{1/2}]}{1-\exp[-\mathrm{NTU}(1+C^2)^{1/2}]}\right\}^{-1}$ $C=\dfrac{(q_mc)_{\min}}{(q_mc)_{\max}}$
双壳程,4、8、12、…管程	$\varepsilon=\left[\left(\dfrac{1-\varepsilon_1C}{1-\varepsilon_1}\right)^2-1\right]\left[\left(\dfrac{1-\varepsilon_1C}{1-\varepsilon_1}\right)^2-C\right]^{-1}$
流体不混合的一次交叉流	$\varepsilon=1-\exp\left\{\left(\dfrac{1}{C}\right)\mathrm{NTU}^{0.22}[\exp(-C\ \mathrm{NTU}^{0.78})-1]\right\}$
一侧流体不混合的一次交叉流: $(q_mc)_{\max}$ 混合,$(q_mc)_{\min}$ 不混合 $(q_mc)_{\max}$ 不混合,$(q_mc)_{\min}$ 混合	$\varepsilon=\left(\dfrac{1}{C}\right)\{1-\exp[-C(1-\exp(-\mathrm{NTU}))]\}$ $\varepsilon=1-\exp\left\{-\dfrac{1}{C}\exp[1-\exp(-C\ \mathrm{NTU})]\right\}$

2. 本章应用举例

例题 10-9 蒸汽再热器内肋片管作用分析[36]

近代高参数大容量火力发电厂常采用蒸汽再热循环以提高热经济性,即把在汽轮机高压缸中作过功的蒸汽重新送入锅炉加热到高温,然后返回汽轮机的中、低压缸。再热蒸汽压力一般为 2~3 MPa,流经再热器的蒸汽流速受到其压降(不大于自身压力的 8%~10%)的限制。较小的流速及较低的压力都使再热器中蒸汽侧的表面传热系数下降。如果把再热器布置到烟道中烟气温度较高的区域(图 10-56a),就可能会因壁温过高而须采用昂贵的奥氏体钢;如把它布置到烟气温度较低的区域,则因平均温压下降使所需要的传热面积增大,对经济性及运行特性均不利。这就是在设计与布置再热器时所遇到的一对矛盾。

在再热器中高温烟气在管外横向冲刷管束,而被加热的蒸汽在管内流动,蒸汽是“冷”流体。要降低壁温就应使管壁温度尽量接近于蒸汽温度。为此可以考虑在蒸汽侧装肋片以降低蒸汽侧的热阻。为加工方便可采用纵向内肋片管(图 10-56b、c)。

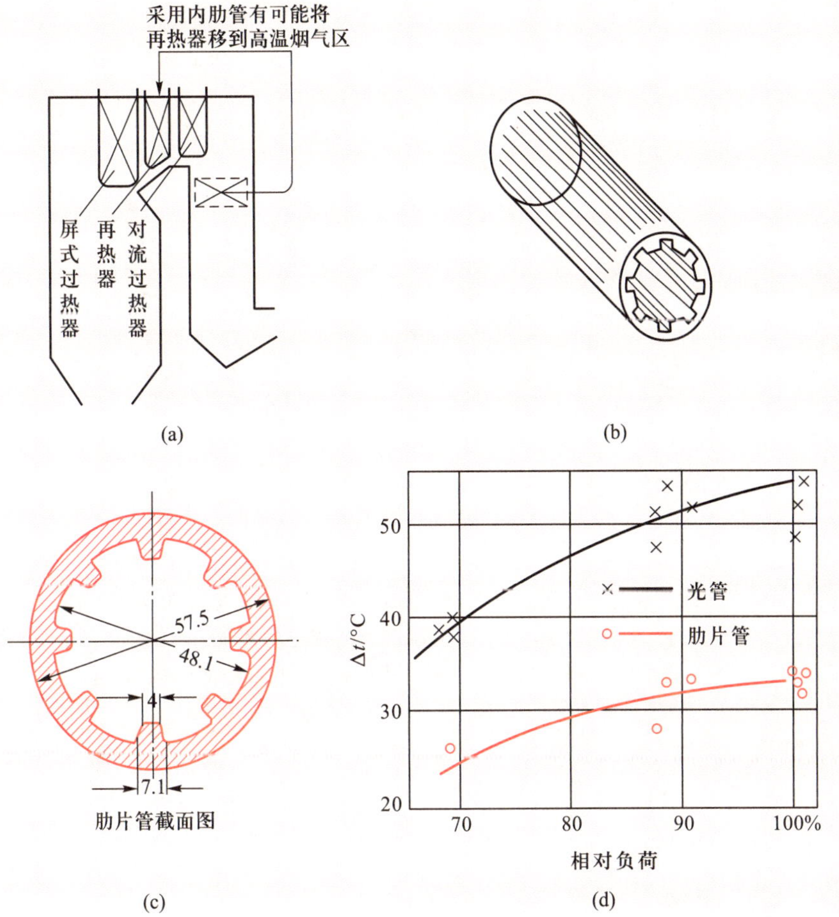

图 10-56　蒸汽再热器内肋片管示意图

试对于图 10-56 所示的情形,确定采用纵向内肋片管的再热器与光管再热器在蒸汽出口处管壁温度与蒸汽温度之差的比。

题解

分析:假设:(1) 两个再热器的外形尺寸(包括烟气侧的换热面积)相同;(2) 蒸汽参数(质量流量、进出口温度及压力)相同;(3) 烟气参数(流速、温度、烟气成分及压力)相同;(4) 管壁热阻可以不计;定义纵向肋片管管壁温度、光管管壁温度与蒸汽间的温差为

$$\Delta t_{\mathrm{Lf}}=t_{\mathrm{Lf}}-t_{\mathrm{v}},\quad \Delta t_{\mathrm{Sm}}=t_{\mathrm{Sm}}-t_{\mathrm{v}} \tag{a}$$

式中:t_{Lf}、t_{Sm} 分别为纵向内肋片管平均壁温及光管平均壁温;t_{v} 为再热蒸汽温度。

用 $A_{\mathrm{c,Lf}}$、$A_{\mathrm{c,Sm}}$ 和 P_{Lf}、P_{Sm} 分别表示两种管子的蒸汽流动截面面积及周界长度,对蒸汽侧可写出

$$h_{\mathrm{Sm}}P_{\mathrm{Sm}}\Delta t_{\mathrm{Sm}}=h_{\mathrm{Lf}}P_{\mathrm{Lf}}\Delta t_{\mathrm{Lf}}$$

即

$$\frac{\Delta t_{\mathrm{Lf}}}{\Delta t_{\mathrm{Sm}}}=\frac{h_{\mathrm{Sm}}P_{\mathrm{Sm}}}{h_{\mathrm{Lf}}P_{\mathrm{Lf}}} \tag{b}$$

计算:据式(6-5)有

$$h=B\frac{(\rho w)^{0.8}}{d_{\mathrm{e}}^{0.2}}=\frac{B\left(\dfrac{q_m}{A_{\mathrm{c}}}\right)^{0.8}}{\left(\dfrac{4A_{\mathrm{c}}}{P}\right)^{0.2}}=B\frac{q_m^{0.8}P^{0.2}}{4^{0.2}A_{\mathrm{c}}}$$

式中:q_m 为再热器中通过每根管子的质量流量;B 为由有关物性组成的综合量。按比较条件,两种再热器的 B 及 q_m 各自相等,因而有

$$\frac{h_{\mathrm{Sm}}}{h_{\mathrm{Lf}}}=\left(\frac{P_{\mathrm{Sm}}}{P_{\mathrm{Lf}}}\right)^{0.2}\frac{A_{\mathrm{c,Lf}}}{A_{\mathrm{c,Sm}}} \tag{c}$$

将式(c)代入式(b)可得

$$\frac{\Delta t_{\mathrm{Lf}}}{\Delta t_{\mathrm{Sm}}}=\left(\frac{P_{\mathrm{Sm}}}{P_{\mathrm{Lf}}}\right)^{1.2}\frac{A_{\mathrm{c,Lf}}}{A_{\mathrm{c,Sm}}} \tag{d}$$

由于 $P_{\mathrm{Sm}}<P_{\mathrm{Lf}}$、$A_{\mathrm{c}}<A_{\mathrm{c,Sm}}$,因而 $\Delta t_{\mathrm{Lf}}<\Delta t_{\mathrm{Sm}}$。这就是说,内肋片管起到了降低壁温的作用。在文献[35]中介绍了光管再热器及内肋片管再热器工业性对比实验的结果。对比实验在一台 280×10^3 kg/h 的超高压直流锅炉上进行。所用内肋片管的截面尺寸(图 10-56c)所示。将有关数值代入式(d)得

$$\frac{t_{\mathrm{Lf}}-t_{\mathrm{v}}}{t_{\mathrm{Sm}}-t_{\mathrm{v}}}=\left(\frac{152.3\ \mathrm{mm}}{199.6\ \mathrm{mm}}\right)^{1.2}\times\frac{1\ 622\ \mathrm{mm}^2}{1\ 847\ \mathrm{mm}^2}=0.63 \tag{e}$$

讨论:实验测得的这两个温差的比值约为 0.65(图 10-56d),可见上述简单的理论分析与实验结果符合较好。在所实验的锅炉中,有肋片的再热器的平均壁温比光管再热器低 20 ℃左右。

本例中,由于主要热阻是在烟气侧,蒸汽侧加翅片并不能强化传热,而主要是改变壁面温度的工况,因此可以假定光管与内翅片管传热量相同,蒸汽侧、烟气侧的参数都一样。

本例的分析揭示了翅片(肋片)的另一个重要作用:翅片能使壁面温度更接近同侧流体的温度,当该侧流体是换热器中的低温流体时,可有效地降低金属表面温度。

例题 10-10　增压内燃机用空气中冷器热设计

为提高汽车动力、节油降耗及降低汽车排放污染物,在增压内燃机车上增加空气中间冷却器(简称中冷器)是个有效措施。中冷器可以使增压后的空气温度降低,密度增大。增压中冷可以在柴油机的热负荷不增加甚至降低以及机械负荷增加不多的前提下,较大幅度地提高柴油机功率,降低排放污染。因此,在增压内燃机车上高效中冷器的利用对于节约能源,保护环境具有重要意义。

所计算的中冷器示于图 10-57 中。增压后的热空气先流经由若干根扁管构成的第一通路,后在接头管道中转弯进入第二通路,冷空气则在扁管间的空间中垂直地流过,为强化冷空气侧的对流传热,在扁管外侧加了由许多小三角形通道所构成的翅片管带。热空气在如图 10-57c 所示的扁管内流动。每根扁管由 7 个方形截面小通道组成,中间 6 个截面的尺寸为 7.0 mm×4.6 mm。热空气的状态参数、质量流量,冷空气的相关条件和扁管、波纹翅片的尺寸均给定。任务是对该中冷器进行校核计算,以获得在一定的热空气质量流量下,换热器的热负荷随冷空气冷流速改变的情况,以及冷、热流体的流动压降。这是一个实际的工程换热器热设计课题[37],讲授的主要目的在于对于这样一个比较复杂的问题如何做适当简化以建立计算模型与如何选择实验关联式。

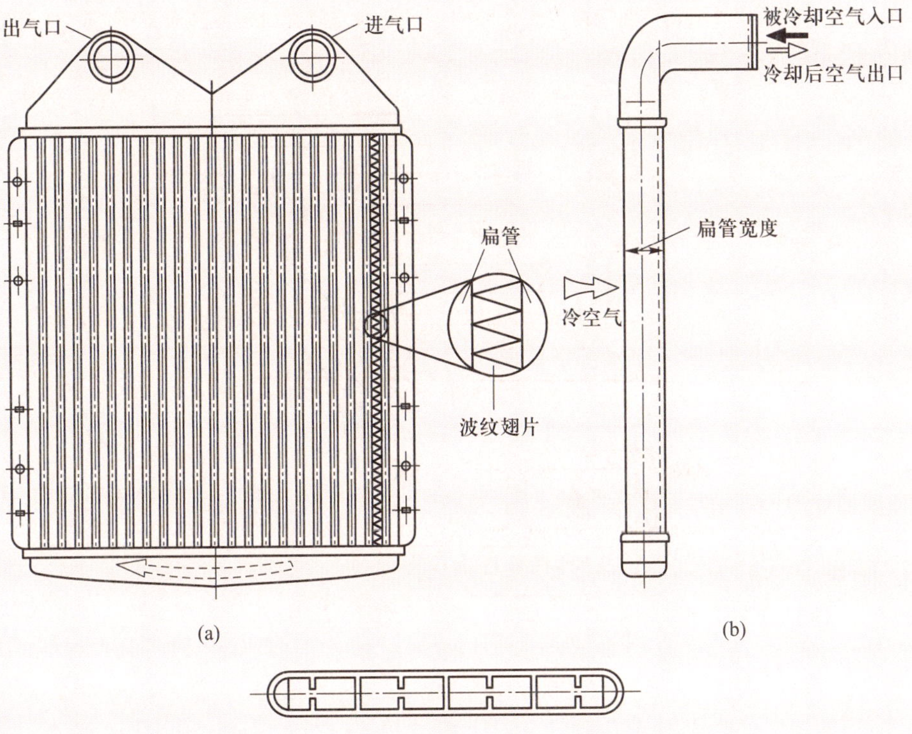

图 10-57　管带式柴油机中冷器

题解

分析：对所计算的换热器进行以下三方面的分析。

(1) 物理问题的简化假设。从冷、热流体流动过程中的混合情形而言，本换热器属于两种流体均各自不混合的情形；冷、热流体流过的通道截面形状均非圆形，对冷流体流动方向通道的长度与通道的当量直径之比小于流动进入充分发展所需之值。热流体的换热是在两个串接的换热单元中完成的。上述特点给计算带来一定的困难，经过分析采用以下处理方法：1) 考虑到热流体在接头通道中并没有充分混合，因此将第一与第二通道串联起来当作一个长通道考虑。2) 在一般的文献中对数平均温差计算式中的修正系数均用图线给出，不能适应计算机编程的需要，这里直接从文献[37]的无穷级数计算式出发来获得两种流体均不混合的对数平均温差修正系数计算的解析表达式。3) 假设在各根扁管中流量均匀分配，每根扁管的流动与传热情况都一样，可以取出一根扁管作为分析对象；对于非圆形截面的流动，考虑到大多数计算工况均为湍流，采用当量直径作为传热与阻力关联式的特征尺度。4) 作为管内流体的通道取出扁管中的一个通路来考虑，该通路上下壁面的外侧为翅片，左右壁面是分隔壁的一半。5) 由翅片构成的三角形通道分为上下两半，分别属于两个相邻的扁管。而每个扁管上下表面各有半个三角形通道，相当于一个完整的三角形通道。扁管翅片的肋效率按等截面直肋公式计算。由于肋效率与表面传热系数有关，因此肋效率的值需在求解过程中动态地决定。

经过上述简化处理，所研究的换热器的计算模型如图 10-58 所示。

(2) 计算公式选择。内表面为计算依据，k 的计算如下：

$$k=\frac{1}{\dfrac{1}{h_i}+R_i+\dfrac{\delta}{\lambda}+\dfrac{A_i}{A_o}\dfrac{1}{h_o}+\dfrac{A_i}{A_o}R_o} \tag{a}$$

式中：h_i、h_o 分别为管子内外对流传热表面传热系数；A_i、A_o 分别为扁管内外换热面积；R_i、R_o 分别为扁管内外的污垢热阻，根据运行经验取为 0.000 2 $m^2 \cdot K/W$；δ 为管壁的厚度；λ 为管壁的导热系数。

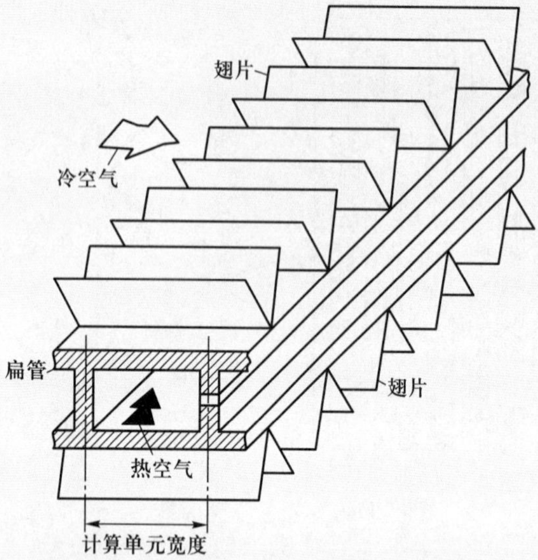

图 10-58　中冷器的计算模型

管子内、外对流表面传热系数 h 由 Nu 确定，即 $h=\dfrac{Nu\lambda_f}{d_e}$，其中：$\lambda_f$ 为管内外流体的导热系数；d_e 为通道的当量直径。

1）管外侧 Nu 的确定。冷空气在三角形截面的短通道内的流动传热，根据 Re 的大小分别按以下公式计算：① $Re \leqslant 2\ 300$ 时采用齐德-泰特公式计算，见式（6-15）；② $Re>2\ 300$ 时按 Gnielinski 公式计算，见式（6-6）。2）管内侧 Nu 的确定。管内侧流体传热系数按 Gnielinski 公式计算。管内外流体的阻力系数均按

$$f=(1.8\lg Re-1.5)^{-2} \tag{b}$$

计算，得出阻力系数后，按

$$\Delta p=\frac{f}{2}\rho u^2\frac{l}{d} \tag{c}$$

计算压降。

（3）换热面积确定。确定换热面积的基本思想如下：1）按照图 10-57c，把扁管分成八根小通道，认为每一根小通道内的换热情形都一样，以一根小通道为计算单位，A_i 为每个小通道的内表面面积，按实际尺寸计算。2）管外侧将翅片按图 10-58 所示处理，外表面计算面积 A_o 由下式算出：

$$A_o=A_r+\eta_f A_f \tag{d}$$

式中：A_r 为管子根部面积，A_f 为肋片面积，η_f 为肋效率。3）肋效率 η_f 的确定：按等截面直肋公式（2-53）计算，该式中的空气对流传热表面传热系数需在计算中确定。

计算：显然这样的计算必须借助计算机来完成。为节省篇幅具体计算细节这里不予列出，有兴趣的读者可参见文献[37]。

讨论：在不同迎面风速下中冷器的热负荷的计算值与实测值与风速的关系示于图 10-59a，图 10-59b 给出了冷空气侧压降计算值与实测值的比较。由图可见，上述计算模型的预测值与实验结果符合较好。

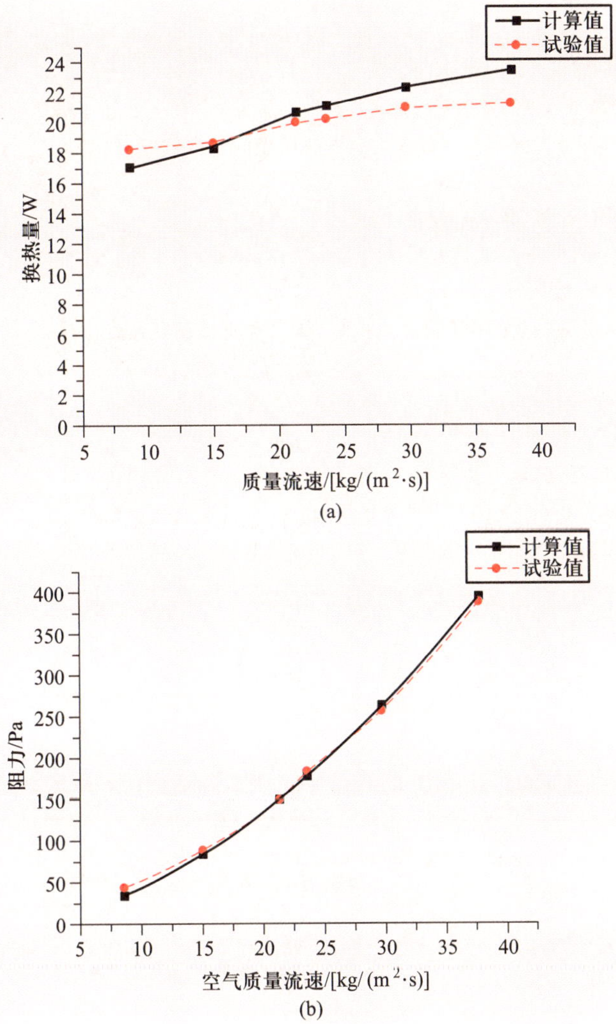

图 10-59　计算值与实验值的对比

本章所提供的两个例题都是从工程实际问题中摘选出来的。这两个例题说明，在本课程内容学习的基础上，对较为复杂的传热问题，通过必要而合理的简化假设（需要一定的实践经验），可以得出具有相当准确性的工程预测计算。读者在学习本课程时，要努力掌握这种对实际问题进行一定的简化、建立计算模型、运用已经掌握的知识而获得具有一定应用价值结果的方法。

复习题

1. 所谓双侧强化管是指管内侧与管外侧均为强化传热表面的管子。设一双侧强化管用内径为 d_i、外径为 d_o 的光管加工而成，试给出其总传热系数的表达式，并说明管内、外表面传热系数的计算面积。

2. 在圆管外敷设保温层与在圆管外侧设置肋片从热阻分析的角度有什么异同？在什么情况下加保温层反而会强化其传热，而加肋片反而会削弱其传热？

3. 重新讨论传热壁面为平壁时第 2 题中提出的问题。

4. 推导顺流或逆流换热器的对数平均温差计算式时做了一些什么假设，这些假设在推导的哪些环节中加以应用？讨论对大多数间壁式换热器这些假设的适用情形。

5. 对于 $q_{m1}c_1 \geqslant q_{m2}c_2$、$q_{m1}c_1 < q_{m2}c_2$ 及 $q_{m1}c_1 = q_{m2}c_2$ 三种情形，画出顺流与逆流时冷、热流体温度沿流动方向的变化曲线，注意曲线的凹向与 $q_m c$ 相对大小的关系。

6. 进行换热器热设计时所依据的基本方程是哪些？有人认为传热单元数法不需要用到传热方程式，你同意吗？

7. 在传热单元数法中有否用到推导对数平均温差时所做的基本假设，试以顺流换热器效能的计算式推导过程为例予以说明。

8. 什么是换热器的设计计算，什么是校核计算？

9. 在进行换热器的校核计算时，无论采用平均温差法还是采用传热单元数法都需要假设一种介质的出口温度，为什么此时使用传热单元数法较为方便？

10. 试用简明的语言说明强化单相强制对流传热、核态沸腾及膜状凝结的基本思想。

11. 在推导换热器效能的计算公式时在哪些环节引入了推导对数平均温差时提出的四个假定？

12. 有一个套管式换热器，管内为热流体，管外为冷流体，两种流体温度的沿程变化如附图所示，试分析：(1) 在推导对数平均温差 4 个假定成立的情况下，图中所示冷热流体温度变化定性上是否合理；(2) 如何对这个换热器进行热设计。

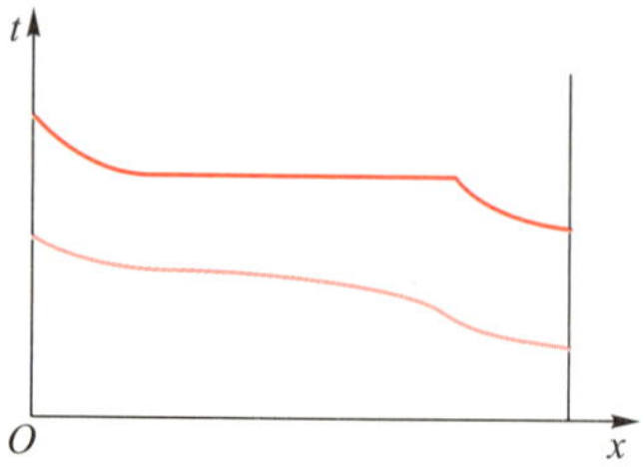

复习题 12 附图

习题

总传热系数计算

10-1 在一台气-气套管式换热器中，中心圆管的内外表面都设置了肋片，试用下表所列符号导出管内流体与环形夹层中流体之间总传热系数的表达式。基管的导热系数为 λ。

名称	内表面	外表面
流体温度	t_{fi}	t_{fo}
表面传热系数	h_i	h_o
肋片部分面积	A_{fi}	A_{fo}
基管面积	A_{ri}	A_{ro}
总传热面积	A_{ti}	A_{to}
肋效率	η_i	η_o
基管半径	r_i	r_o

10-2 一有环肋的肋片管，水蒸气在管内凝结，表面传热系数为 12 200 W/(m^2·K)。空气横向掠过管外，按总外表面面积计算的表面传热系数为 72.3 W/(m^2·K)。肋片管基管外径为 25.4 mm，壁厚 2 mm，肋高 15.8 mm，肋厚 0.381 mm，肋片中心线的间距为 2.5 mm。基管与肋片均用铝做成。试计算当表面洁净无垢时该肋片管的总传热系数[铝的导热系数取为 λ = 169 W/(m·K)]。

10-3 一卧式冷凝器采用外径为 25 mm、壁厚 1.5 mm 的黄铜管做成换热表面。已知管外冷凝侧的平均表面传热系数 h_o = 5 700 W/(m^2·K)，管内水侧的平均表面传热系数 h_i = 5 700 W/(m^2·K)。试计算下列两种情况下冷凝器按管子外表面面积计算的总传热系数：(1) 管子内外表面均是洁净的；(2) 管内为海水，流速大于 1 m/s，结水垢，平均温度小 50 ℃；蒸汽侧有油。

10-4 一套管式换热器长 2 m，外壳内径为 6 cm，内管外直径为 4 cm，厚 3 mm。内管中流过冷却水，平均温度为 40 ℃，流量为 0.001 6 m^3/s。14 号润滑油以平均温度 70 ℃ 流过环形空间，流量为 0.005 m^3/s。试计算内外壁面均洁净及长时间运行结垢后的总传热系数值。冷却水系经处理的冷却塔水，管壁材料为黄铜。

10-5 一种用于制冷剂凝结换热用的双侧强化管用直径为 19/16.4 mm 的坯管加工制造而成，长 1.0 m。在一次实验中测得冷却水进、出口温度分别为 24.6 ℃及 29.7 ℃，平均水速为 0.91 m/s 时，按坯管尺寸计算的管内平均表面传热系数为 1.82×10^4 W/(m^2·K)，管外凝结换热表面传热系数为 1.25×10^4 W/(m^2·K)。管材为铜。试计算按坯管外表面计算的总传热系数值，并分析管内水侧采用强化表面后的强化效果。

平均温差计算

10-6 对于顺流与逆流布置，分别按 $q_{m1}c_1>q_{m2}c_2$ 及 $q_{m1}c_1<q_{m2}c_2$ 两种情况，用温度分布曲线说明对数平均温差总是小于相应的算术平均温差。

10-7 对于逆流式套管换热器，在满足推导对数平均温差条件的前提下，试分析 $q_{m1}c_1=q_{m2}c_2$ 时沿换热表面的局部热流密度的变化规律。

10-8 一加热器中用过热水蒸气来加热给水(电厂中把送到锅炉中去的水称为给水)。过热蒸汽在加热器中先被冷却到饱和温度，再凝结成水，最后被冷却成过冷水。设冷、热流体的总流向为逆流，热流体单相介质部分的 $q_{m1}c_1<q_{m2}c_2$，试画出冷、热流体的温度变化曲线。

10-9 已知 $t_1'=300$ ℃，$t_1''=210$ ℃，$t_2'=100$ ℃，$t_2''=200$ ℃，试计算下列流动布置时换热器的对数平均温差：(1) 逆流布置；(2) 一次交叉，两种流体均不混合；(3) 1-2 型壳管式，热流体在壳侧；(4) 2-4 型壳管式，热流体在壳侧；(5) 顺流布置。

10-10 对于一定的布置方式及冷、热流体一定的进、出口温度。试分析热流体在管侧及在壳侧的两种对数平均温差值有无差别？以上题中第(3)(4)种情形为例，设热流体在管侧，重新计算其对数平均温差。从这一计算中你可得出怎样的推断。

10-11 初始温度为 t_i 的流体流入壁温 t_o 为常数的平行板通道，通道长为 l，流体质量流量为 q_m，比热容为 c_p。设流体与平板间对流传热的表面传热系数 h 为常数，试证流经该通道后流体与平板间的换热量为

$$\Phi=q_mc_p(t_o-t_i)\left[1-e^{-2hl/(q_mc_p)}\right]$$

10-12 设在一顺流式换热器中总传热系数 k 与局部温差呈线性关系，即 $k=a+b\Delta t$，其中 a 为常量，Δt 为任一截面上的局部温差，试证明该换热器的总传热量为

$$\Phi=A\frac{k''\Delta t'-k'\Delta t''}{\ln\dfrac{k''\Delta t'}{k'\Delta t''}}$$

其中 k'、k''分别为入口端与出口端的总传热系数。

换热器设计计算

10-13 一台 1-2 型壳管式换热器用来冷却 11 号润滑油。冷却水在管内流动，$t_2'=20$ ℃，$t_2''=50$ ℃，流量为 3 kg/s；热油入口温度为 100 ℃，出口温度为 60 ℃，$k=350$ W/(m^2·K)。试计算：(1) 油的流量；(2) 所传递的热量；(3) 所需的传热面积。

10-14 一个壳侧为一程的壳管式换热器用来冷凝 7 335 Pa 的饱和水蒸气。要求每小时内凝结 18 kg 蒸汽。进入换热器的冷却水的温度为 25 ℃，离开时为 35 ℃。设总传热系数 $k=1\,800$ W/(m^2·K)。问所需的传热面积是多少？

10-15 在一台 1-2 型壳管式冷却器中，管内冷却水从 16 ℃升高到 35 ℃，管外空气从 119 ℃下降到 45 ℃。空气流量为 19.6 kg/min。换热器的总传热系数 $k=84$ W/(m^2·K)。试计算所需的传热面积。

10-16 某工厂为了利用废气来加热生活用水，自制了一台简易的管壳式换热器。烟气在内径为 30 mm 的管束的钢管内流动，流速为 30 m/s，入口温度为 200 ℃、出口温度取为 100 ℃。冷水在管束与外壳之间的空间内与烟气逆向地流动。要求把它从入口处的 20 ℃加热到 50 ℃，试估算所需的直管长度。烟气物性可按附录中标准烟气的物性值查取。水侧的表面传热系数远大于烟气侧的表面传热系数，烟气的辐射传热可略而不计。

10-17 在一逆流式水-水换热器中,管内为热水,进口温度 $t_1'=100$ ℃,出口温度 $t_1''=80$ ℃;管外流过冷水,进口温度 $t_2'=20$ ℃,出口温度 $t_2''=70$ ℃。总换热量 $\Phi=350$ kW,共有 53 根内径为 16 mm 壁厚为 1 mm 的管子。管壁导热系数 $\lambda=40$ W/(m·K),流体的表面传热系数 $h_o=1\,500$ W/(m²·K)。管内流体为一个流程。假设管子内外表面都是洁净的,试确定所需的管子长度。

10-18 压力为 1.5×10^5 Pa 的无油饱和水蒸气在卧式壳管式冷凝器的壳侧凝结。经过处理的循环水在外径为 20 mm、壁厚为 1 mm 的黄铜管内流过,流速为 1.4 m/s,其温度由进口处的 56 ℃升高到出口处的 94 ℃。黄铜管成叉排布置,在每一竖直排上平均布置 9 根。冷却水在管内的流动为两个流程,管内已积水垢。试确定所需的管长、管子数及冷却水量。传热量 $\Phi=1.2\times10^7$ W。

10-19 要设计一台卧式冷凝器去凝结 50 ℃的饱和水蒸气,以获得 800 kg/h 的凝结量。可供给的冷却水量 20 kg/s,初温为 20 ℃。已经有一些外径为 20 mm、壁厚 2 mm 的黄铜管,每根长 2 m。假设管壁的热阻可以不计,冷却水在管内流动,总的污垢热阻取为 0.000 3 m²·K/W(按黄铜管内表面积计算),试估算所需的黄铜管数。冷却水侧为一程,估算凝结传热的表面传热系数时可假定黄铜管按正方形排列(参阅习题 7-16)。

换热器校核计算

10-20 一台 1-2 型壳管式换热器用 30 ℃的水来冷却 120 ℃的热油[$c_p=2\,100$ J/(kg·K)],冷却水流量为 1.2 kg/s,油流量为 2 kg/s。设总传热系数 $k=275$ W/(m²·K),传热面积 $A=20$ m²,试确定水与油各自的出口温度。

10-21 在一台逆流式的水-水换热器中,$t_1'=87.5$ ℃,流量为每小时 9 000 kg;$t_2'=32$ ℃,流量为每小时 13 500 kg;总传热系数 $k=1\,740$ W/(m²·K),传热面积 $A=3.75$ m²。试确定热水的出口温度。

10-22 欲采用套管式换热器使热水与冷水进行热交换,并给出 $t_1'=200$ ℃,$q_{m1}=0.014\,4$ kg/s,$t_2'=35$ ℃,$q_{m2}=0.023\,3$ kg/s,取总传热系数 $k=980$ W/(m²·K),$A=0.25$ m²,试确定采用顺流与逆流两种布置时换热器所交换的热量、冷却水出口温度及换热器的效能。

10-23 为利用燃气轮机的排气来加热高压水,采用 1-2 型肋片管换热器。在一次测定中得出燃气的质量流量为 2 kg/s,进口温度 $t_1'=325$ ℃;冷却水质量流量为 0.5 kg/s,$t_2'=25$ ℃,$t_2''=150$ ℃。按气体侧基管直径计算的换热面积为 3.8 m²。试计算该条件下的总传热系数。燃气物性可近似地按附录中标准烟气的值查取。

10-24 在习题 10-15 中,如果冷却水流量增加 50%,但冷却水和空气的进口温度、空气流量及传热面积均不变,总传热系数也认为不变,问传热量可增加多少?为比较准确地获得 ε 值。1-2 型换热器可按下式计算:

$$\varepsilon=2\left\{1+W+(1+W^2)^{1/2}\frac{1+\exp[-\mathrm{NTU}(1+W^2)^{1/2}]}{1-\exp[-\mathrm{NTU}(1+W^2)^{1/2}]}\right\}^{-1}$$

式中

$$W=\frac{(q_m c)_{\min}}{(q_m c)_{\max}}$$

从传热过程的机理来说,此时假定总传热系数不变是否合理?传热量的增加主要是通过什么途径实现的?如果空气流量增加 50%,还可以假定 k 不变吗?

10-25 有一台逆流套管式冷油器,冷却水流量为 0.063 9 kg/s,进水温度 $t_1'=35$ ℃,热油进口温度为 120 ℃、油的比热容为 2.1 kJ/(kg·K),传热面积为 1.4 m²。总传热系数为 280 W/(m²·K)。如果油的出口温度不得低于 60 ℃,冷却水的出口温度不得高于 85 ℃,试计算该冷油器所能冷却的最大油流量。

热阻的分析与分离

10-26 有一台液-液换热器,甲、乙两种介质分别在管内、外作强制对流传热。实验测得的总传热系数与两种流体流速的变化情况如附图所示。试分析该换热器的主要热阻在哪一侧。

10-27 一台逆流式换热器刚投入工作时在下列参数下运行 $t_1'=360$ ℃,$t_1''=300$ ℃,$t_2'=30$ ℃,$t_2''=200$ ℃,$q_{m1}c_1=2\,500$W/K,$k=800$ W/(m²·k)。运行一年后发现,在 $q_{m1}c_1$、$q_{m2}c_2$ 及 t_1'、t_2' 保持不变的情形下,冷流体只能被加热到 162 ℃,而热流体的出口温度则高于 300 ℃,试确定此情况下的污垢热阻及热流体的出口温度。

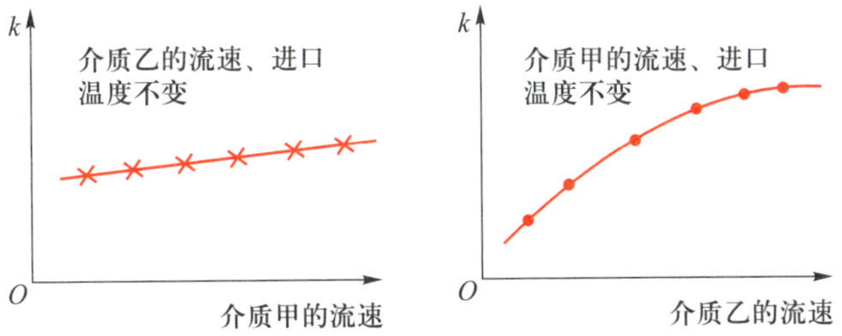

习题 10-26 附图

10-28　为了查明汽轮机凝汽器在运行过程中结垢所引起的热阻，分别用洁净的铜管及经过运行已结垢的铜管进行了水蒸气在管外凝结的实验，测得了下表所示的数据，试确定已使用过的管子的水垢热阻（按管子外表面面积计算）。

管子	冷却水流量 q_m/[kg/(m·s)]	t_2'/℃	t_2''/℃	冷凝温度 t_1'/℃	管子外表面面积 A_1/m^2
清洁的	1.425	10.5	14.1	52.1	0.093
结垢的	1.425	10.3	13.1	52.6	0.093

10-29　在一台洁净的水冷式冷凝器中，保持换热量及冷凝温度不变而改变水速测得以下数据：

水速/(m/s)	0.986	1.27	1.83	2.16
总传热系数/[W/(m^2·K)]：	2 700	2 980	3 365	3 530（以外表面面积计算）

设水侧 $h \sim u^{0.8}$（u 为流速），管壁厚 0.2 cm，$\lambda = 111$ W/(m·K) 管子外径与内径之比为 1.25。试用威尔逊图解法确定蒸汽凝结时的表面传热系数。

10-30　在附图所示的立式氨冷凝器的换热过程中，冷却水膜与壁面间的换热规可近似地表示为

$$h_i = c_i q_{m,L}^n$$

其中，$q_{m,L}$ 为单位圆周长度上的质量流量，而氨侧凝结换热的表面传热系数可表示为

$$h_o = c_o q^{1/3}$$

对于直径为 51 mm、厚 3 mm 的光滑洁净的钢管，实验得到下列数据。试用图解法确定系数 c_i、c_o 及指数 n（参阅本章参考文献[30]）。

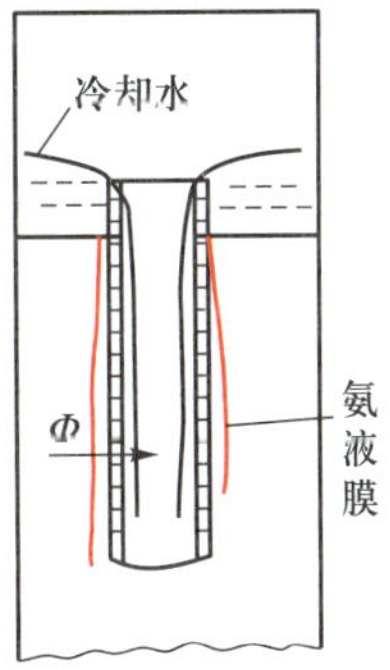

习题 10-30 附图　立式氨冷凝器的竖管进水口

序号	q_{mL}/[kg/(m·s)]	冷却水平均温度 t_1/℃	氨凝结温度 t_2/℃	传热系数 k/[W/(m^2·K)]	热流密度 q/(W/m^2)
1	1.406	22.5	28.7	2 156	13 328
2	1.139	22.7	28.7	2 050	12 084
3	0.941	22.9	28.7	2 006	11 269
4	2.158	22.6	30.8	2 306	18 794
5	0.781	23.5	30.8	1 778	1 898
6	1.974	21.1	26.9	2 369	11 804
7	1.072	21.4	25.0	2 096	7 589

序号	q_{mL}/[kg/(m·s)]	冷却水平均温度 t_1/℃	氨凝结温度 t_2/℃	传热系数 k/[W/(m²·K)]	热流密度 q/(W/m²)
8	1.462	22.9	30.8	2 096	16 364
9	1.233	25.1	30.8	2 063	11 574

10-31 对氟利昂 22(R22)在单根水平放置的双侧强化管外的凝结传热测得了以下实验数据:冷却水进出口温度分别为 26.4 ℃及 30.7 ℃,平均水速为 1.05 m/s(按坯管直径计算);R22 的饱和温度为 40 ℃;坯管直径为 19/16.4 mm;基于坯管内表面积的水侧表面传热系数为 1.25×10^4 W/(m²·K)。试计算基于坯管外表面积的凝结传热的表面传热系数。管子材料为铜,表面清洁无污垢。

传热的强化与削弱

10-32 试证球状物体的临界绝缘半径 $r=2\lambda/h$,其中 λ 为绝热材料导热系数,h 为球外表面积表面传热系数,假定为常数。

10-33 一外径为 400 mm 的细长管壳式换热器水平地搁置于 20 ℃的房间内。壳侧的平均壁温为 200 ℃。由于投产局促,外壳尚未敷设保温材料,但涂有一层朱红漆。试估算在此条件下每平方米外壳上的散热量。

10-34 在上题中,估算当外壳包了一层 50 mm 厚的绝热材料时每平方米面积上的散热损失。绝热层导热系数 $\lambda=0.104$ W/(m·K),其余条件不变。此时的保温效率是多少?

10-35 在室温为 20 ℃的房间内,横穿过一根高温管道。管道外径为 90 mm,外包两层绝热材料。第一层为厚 90 mm 的 B 级硅藻土制品,第二层为厚 30 mm 的粉煤灰泡沫砖,外面再用很薄的石棉纸包裹。设石棉纸外壁温度为 60 ℃,问第二层绝热材料的最高温度是否在允许的范围以内?

10-36 对一种用于制冷剂 R22 冷凝的双侧强化管,用实验方法测得的水平放置时的换热参数如下表所示(冷凝温度为 40 ℃),其中 h_i、h_o 分别按坯管内、外表面积计算。坯管内径为 16.4 mm,外径为 19 mm,材料为铜。试:(1) 计算 4 种工况下双侧强化的总传热系数。设内外表面均无污垢。(2) 在相同的冷凝温度、平均水速及进口水温下对水平放置的坯管进行第 2 种工况的传热计算,以确定其内、外侧的表面传热系数,进而计算相应的总传热系数,以确认双侧强化管的强化传热的性能。管子的长度取为 1 m,所有计算均对坯管尺寸进行。

工况	进口温度 t_2'/℃	出口温度 t_2''/℃	平均水速 u/(m/s)	管内表面传热系数 h_i/[W/(m²·K)]	管外表面传热系数 h_o/[W/(m²·K)]
1	20.14	30.35	0.52	1.125×10^4	9.754×10^3
2	26.43	30.74	1.05	2.249×10^4	1.240×10^4
3	27.21	30.52	1.50	3.097×10^4	1.269×10^4
4	28.55	31.01	2.08	4.284×10^4	1.354×10^4

10-37 在文献[37]中对如附图所示的平直翅片管束外的空气外掠流动得出了如下准则方程(4 排的平均特性):

$$Nu=0.480Re^{0.489}\ (560<Re<5\times10^3)$$

其中,特征长度取管子外径,Re 中的流速为垂直于流动方向上最窄截面处的速度,定性温度为进口与出口截面上气流温度的平均值,空气侧的换热面积按总表面面积(计及肋效率)计算。

今用这种翅片管制成高 30 cm 的 R134a 蒸气的冷凝器。R134a 的饱和蒸气在管内冷凝,管子竖直放置,进风面上共 10 排管子,流动方向为 4 排,来流空气的温度为 25 ℃,迎面风速(即空气进入换热器前的风速)为 2.0 m/s。试计算每秒钟内 R134a 的凝结量。冷凝温度为 40 ℃。如果该冷凝器采用光管，其他条件均相同，试比较 R134a 冷凝量的大小。这种翅片的效率计算比较复杂，这里近似地取为 0.9。风道的截面尺寸为 0.3 m×0.262 5 m。

10-38 文献[39]中还对开缝翅片管束的换热器进行了实验测定（开缝翅片如附图所示），测得空气侧平均换热的特征数方程为

$$Nu = 0.745Re^{0.493}$$

试用这种开缝翅片管束重新进行上题的计算。开缝翅片的肋效率较不开缝时要小一些，可取为不开缝时的 95%。

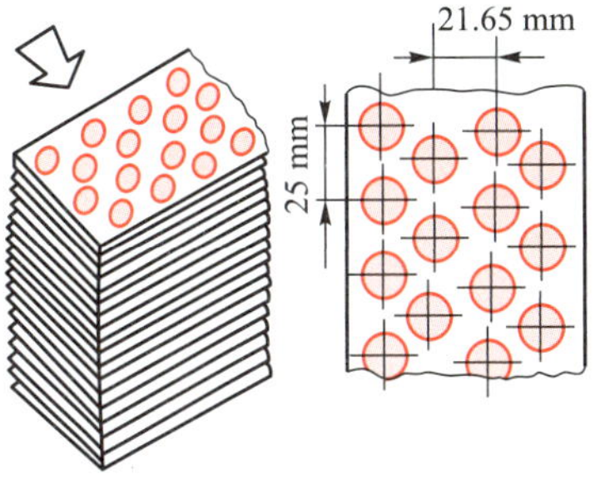

管子内径为 9.33 mm，外径为 10.55 mm；翅片间距为 3.2 mm，翅片厚 0.2 mm；管子为铜管，翅片材料为铝

习题 10-37 附图

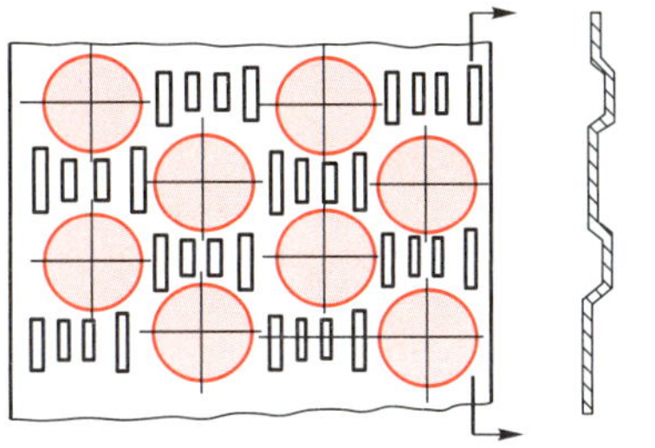

习题 10-38 附图

传热问题综合分析

10-39 试分析保温瓶瓶胆（见附图）的热量散失途径，并指出在制造瓶胆时采用了哪些措施来减少热损失。

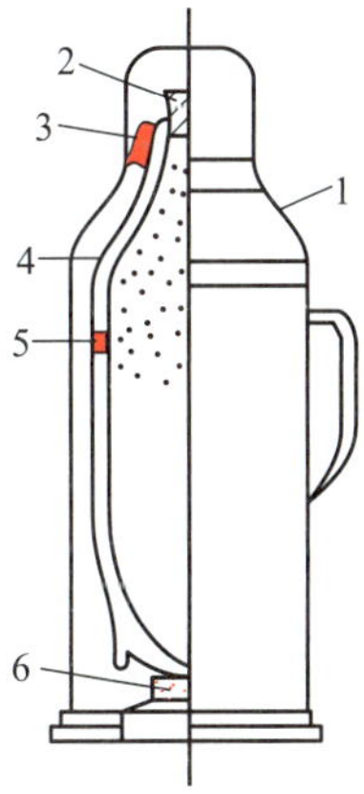

1—瓶壳；2—瓶塞；3—颈圈；4—瓶胆；5—石棉粒；6—底座

习题 10-39 附图

10-40 直径 $d_o = 50$ mm、壁厚 $\delta = 5$ mm 的锅炉水冷壁管中流过温度为 315 ℃的沸腾水，管壁导热系数 $\lambda = 40$ W/(m·K)，炉膛中的火焰、烟气及炉墙对水冷壁管辐射传热的综合效果可用温度 $T_\infty = 1\ 500$ K 的环境来代替。试确定其内、外表面均洁净时单位长度上的换热量。水冷壁管外表面 $\varepsilon = 0.8$，对流作用可不计。

10-41 在上题中，如果水冷壁管外壁均匀地结了一层厚 2 mm 的灰垢，其 $\varepsilon = 0.9$，其余条件不变，试重新计算单位长度上的换热量。

10-42 一蒸汽管道的保温层外包了油毛毡，表面温度为 330 K，外径为 0.32 m。该管道水平地穿过室温为 22 ℃的房间，在房间内的长度为 6 m。试计算蒸汽管道在该房间内的总散热量。

10-43 一块表面积为 A 的平板埋于绝热材料之中（如附图所示）。初始时与温度为 T_∞ 的气流处于平衡状态，后突然受到投入辐射 G 的作用。平板对 G 的吸收比为 α_1，自身辐射的发射率为 ε，平板的热容量为 mc。此时对流传热的表面传热系数为 h。试按集中参数法导出平板温度随时间变化的关系式，及当平板又一次处于稳态工况时的温度值。取 $G = 3\ 000$ W/m^2，$\alpha_1 = 0.8$，$\varepsilon = 0.9$，$T_\infty = 300$ K，$mc = 20\ 400$ J/K，$h = 50$ W/(m^2·K)。

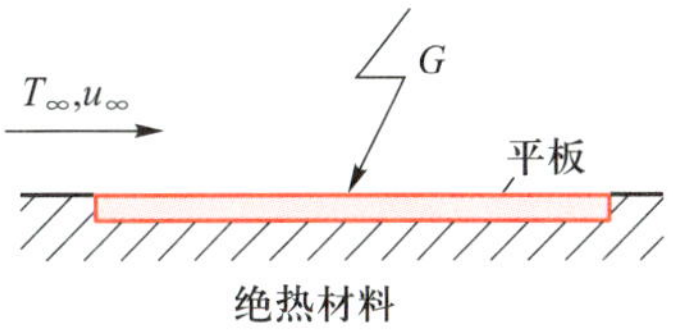

习题 10-43 附图

10-44 设发热表面上一个直径为 d 的圆柱形散热肋片被水平地置于温度为 t_∞ 的环境中（见习题 2-90 附图），肋片与周围空气发生层流自然对流传热。肋片表面的发射率为 ε，导热系数为 λ。肋片顶端的散热需加以考虑，可作为竖直平板上的自然对流，特征长度取 $0.9d$。肋根温度 t_0 保持恒定，肋高为 H。试列出稳态条件下肋片中温度分布应满足的微分方程及边界条件，并分析所得微分方程的特点及你对求解这种问题的建议。

10-45 120 ℃的饱和水蒸气在换热器管子外表面凝结，以加热管内的冷水，总传热系数 $k=1\ 800\ \mathrm{W/(m^2\cdot K)}$。试：(1) 确定把流量为每小时 2 000 kg 的水从 20 ℃加热到 80 ℃所需的传热面积；(2) 如运行后产生了 $0.000\ 4\ \mathrm{m^2\cdot K/W}$ 的污垢热阻（其计算面积与传热系数相同），这时的出口水温是多少？（进口水温及流量保持不变。）

10-46 用在圆管内绕电阻丝的方法来进行大空间内水平圆管的自然对流传热。在一次实验中测得：表面平均温度的热电势 $E_w=1.88\ \mathrm{mV}$，空气温度的热电势 $E_f=0.96\ \mathrm{mV}$，加热功率 $P=28\ \mathrm{W}$。管子外径 $d=0.08\ \mathrm{m}$，长 $l=0.8\ \mathrm{m}$。管子外表面镀铬，发射率 $\varepsilon=0.06$。热电势 E 与温度 t 的关系为

$$\{t\}_{℃}=0.107\ 3+26.57\{E\}_{\mathrm{mV}}-0.582\ 8\{E\}_{\mathrm{mV}}^2$$

式中下标表示 t 与 E 的单位。试确定该次自然对流传热实验中的对流传热的表面传热系数、Nu 及 Gr、Pr 之值。

10-47 在习题 10-43 中引入以下量纲为一的参数：

$$\Theta=T/T_\infty,\quad N_1=\frac{\alpha_1 G}{T_\infty \alpha},\quad N_2=\frac{\varepsilon\sigma T_\infty^3}{h},\quad \bar{\tau}=\frac{A\alpha\tau}{mc}\text{（量纲为一的时间）}$$

试将平板温度随时间变化的微分方程无量纲化，并利用习题 10-43 中所给出的数据计算 N_1、N_2 之值。在这些值下用数值方法求解微分方程，并比较 τ 值相当大时数值求解所得的结果与习题 10-43 第 2 部分计算之值是否一致。

10-48 附图所示为温室房顶玻璃所受到的各种热交换作用的示意图，图中：G_s 为太阳投入辐射；G_a 为大气投入辐射，在红外辐射范围（$\lambda\geqslant 8\ \mu\mathrm{m}$）；$G_i$ 为温室内物体的投入辐射，在红外辐射范围；h_o 为外部流体对流传热的表面传热系数；t_∞ 为外部空气度；h_i 为内部流体对流传热的表面传热系数；t_f 为温室内空气温度。该玻璃较薄，沿厚度方向的导热热阻可以不计。对于 $\lambda<1\ \mu\mathrm{m}$ 的辐射可认为该玻璃是透明的；但对于 $\lambda>1\ \mu\mathrm{m}$ 的辐射可认为全部吸收。假设辐射热流密度均匀地分布在玻璃表面上，玻璃温度也是均匀的。太阳辐射按 5 800 K 黑体辐射处理。(1) 试写出稳态条件下单位玻璃表面积上的能量平衡式；(2) 设 $t_g=27\ ℃$，$t_\infty=24\ ℃$，$h_i=10\ \mathrm{W/(m^2\cdot K)}$，$h_o=55\ \mathrm{W/(m^2\cdot K)}$，$G_s=1\ 000\ \mathrm{W/m^2}$，$G_a=250\ \mathrm{W/m^2}$，$G_i=440\ \mathrm{W/m^2}$，试估算温室内的温度 t_f。

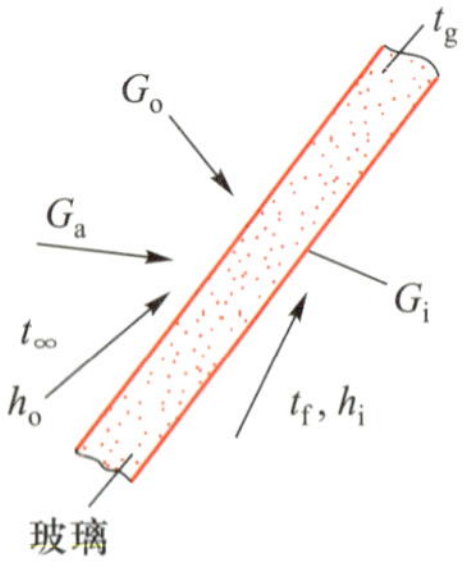

习题 10-48 附图

10-49 用直径为 13 mm 的不锈钢管做水平管外的自然对流传热实验。在不锈钢管两端通电加热，电阻为 4 Ω/m。为使钢管表面温度不超过 300 ℃，试确定下列两种情形下不锈钢管所能允许的最大电流：(1) 不锈钢管置于 20 ℃的静止空气中；(2) 不锈钢管置于高压水中，水的饱和温度超过 300 ℃。不锈钢管表面发射率可按氧化后的钢表面处理。

10-50 在一次外层空间试验里，一个很小的仪器被投放到宇宙空间中。假设此仪器可近似地看作直径为 4 cm 的经过表面处理的铝球，初始温度为 30 ℃。球的温度降低到 40 K 时该仪器就会失效。设宇宙空间可视为 0 K 的黑体，试估算该仪器能工作多长时间而不致失效。球的表面发射率取为 0.96，铝的物性可近似地取常温下纯铝的值。

10-51 试估算附图所示的铝母线长期工作的最大允许电流。已知厂房内的空气温度 $t_\infty=25\ ℃$，长期工作允许的表面温度为 70 ℃，此时每 1 000 m 长铝母线的电阻 $R_0=0.036\ 6\ \Omega$，母线表面涂漆。图中支柱绝缘子是在有限几个地点上用来支撑母线用的，计算时可认为母线的四周全是架空的。按电工标准，这种母线单根立放时的允许电流为 1 820 A。试把你的计算结果与标准值相比较。由于顶面与底面仅占总面积的 10%，计算时允许做近似处理，顶面与底面的自然对流传热表面传热系数可取与侧面相同的值。

10-52 直径为 r_1 的导线（芯线）内有电流流过，其外绝缘层半径为 r_2。由于电阻而引起的单位长度上的发热率 $\dot{\Phi}$ 是均匀的。试证：

(1) 芯线表面温度要比环境高

$$\frac{\dot{\Phi}}{2\pi}\left(\frac{1}{\lambda}\ln\frac{r_2}{r_1}+\frac{1}{r_2 h}\right)$$

(2) 当 r_2 的大小使得芯线表面温度最低时。其中心温度比环境温度高

$$\frac{\dot{\Phi}}{2\pi}\left(\frac{1}{\lambda}\ln\frac{r_2}{r_1 h}+\frac{1}{\lambda}+\frac{1}{2\lambda_o}\right)$$

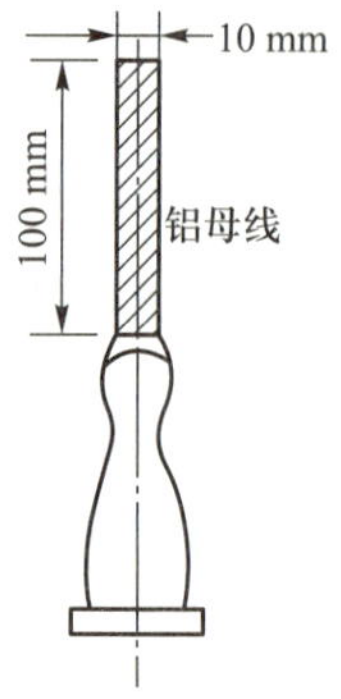

习题 10-51 附图
（铝母线及其支承）

其中，λ 为绝缘层的导热系数，h 为外表面复合传热的表面传热系数，λ_0 为芯线的导热系数。

10-53 在推导对数平均温差所做的 4 个假设成立的前提下，绘制顺流或逆流换热器冷、热流体各自的平均温度沿流动方向变化的曲线时应注意什么问题？在有的文献中给出了如图所示的变化曲线，你认为合理吗？

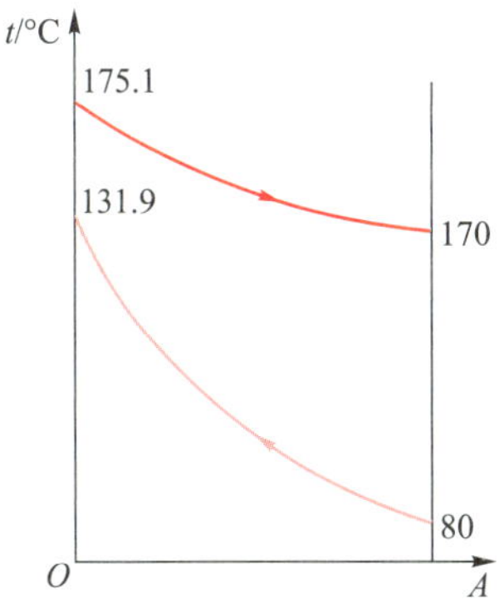

习题 10-53 附图

10-54 一安置在室外的变压器必须向环境散失 350 W 的热量。在夏天，室外气温可高达 308 K。设变压器的散热可以看成是高 1 m、直径为 0.5 m 的圆柱侧面与顶面的散热。太阳的平均照射热流密度为 700 W/m^2。外壳涂漆，对太阳能的吸收比为 0.2，由于变压器四周尚有其他杂物，环境的辐射可近似地看成环境温度下的黑体辐射。试估算夏天最高气温时的平均外壳温度。

10-55 温度为 150 ℃ 的热空气流入内径为 100 mm、壁厚为 6 mm、长为 30 m 的钢管，流量为 0.407 kg/s。管外用 40 mm 厚的水泥泡沫砖保温，环境温度为 15 ℃，保温层外表面对环境的复合传热表面传热系数为 9.6 W/(m^2·K)。求该管道出口处的热空气温度。

10-56 在例题 10-9 中没有考虑水蒸气与管壁之间的辐射传热，试分析在下列参数下这一假设的合理性：再热器为光管，内径 d_i = 45 mm；蒸汽压力 p = 3 MPa，再热蒸汽温度 t = 550 ℃，蒸汽流速 u = 25 m/s。注意，过热蒸汽管内湍流对流传热的平均表面传热系数仍可采用式(6-5)来计算。但因本书未附有其热物性的表格，所以利用文献[17]中的线算图 15 计算得 h_i = 750 W/(m^2·K)。再热器的壁温可取为比蒸汽温度高 40~50 ℃。

10-57 水平放置的直径为 2 mm 的裸铝线处于 15 ℃ 的无强制流动的空气中，导线表面温度为 75 ℃，发射率为 0.3。在此导线外包有厚 1.2 mm 的橡胶层，其导热系数为 0.14 W/(m·K)，外表面发射率为 0.9。问在同样的电流下，橡胶表面的温度及导线表面的温度各为多少？对于 $GrPr<10^4$ 时的水平圆柱外的自然对流，实验得出的式(6-29)中的系数 C 与指数 n 为

$GrPr$	C	n
$10^{-2}\sim10^2$	1.02	0.148
$10^2\sim10^4$	0.850	0.188

10-58 用初温为 35 ℃ 的冷却水来冷却流量为 1.82 kg/s、初温为 150 ℃ 的热油，要求把油冷却到 85 ℃，而冷却水则加热到 80 ℃。有人提出了如附图所示的两种方案。这两种方案都采用逆流式套管换热器，但图 b 所示方案中采用两台大小相等的较小换热器来代替图 a 中的一台大的换热器，水侧为串联，油侧为并联，油量均分。设油的平均比热容为 2.1 kJ/(kg·K)，水的平均比热容为 4.2 kJ/(kg·K)，大小换热器的总传热系数均为 850 W/(m^2·K)，试确定哪一种方案所需的传热面积较小。

10-59 一工业用炉的炉门尺寸为 1 m×1 m。由于其向火侧不能敷设足够的绝热材料，故炉门外壁温度仍高达 140 ℃。为减少对室内其他物体的热辐射，在距炉门 1 m 处又设置一块与炉门平行且同样尺寸的金属遮热板(如附图所示)。设炉门外表面的发射率为 0.85，遮热板两个表面的发射率均为 0.75，室温为 25 ℃，试确定遮热板处于稳态工况时的壁面温度。

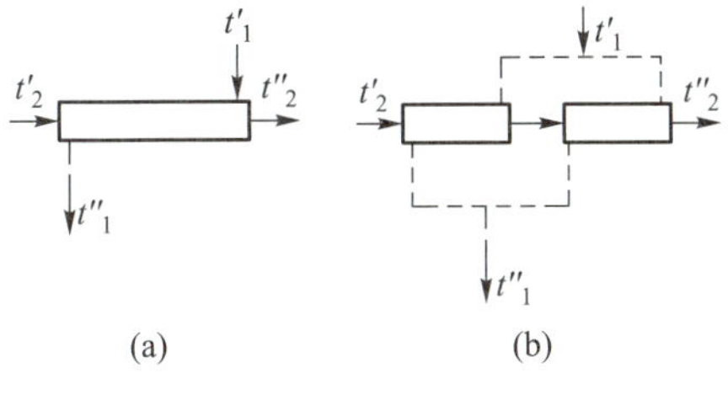

习题 10-58 附图

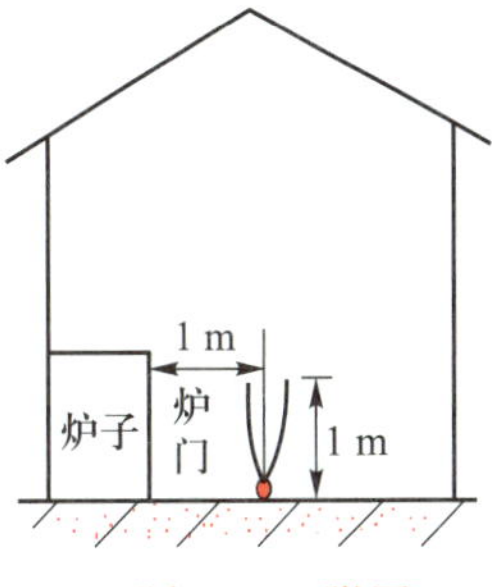

习题 10-59 附图

10-60 一种存放液氮的钢制球形容器如附图所示。它由两层同心钢制球壳(第一层的内外半径分别为 R_0、R_1，第二层的内外半径分别为 R_2、R_3)及球外的保温层(内外半径分别为 R_3、R_4)组成。在第一层球壳及第二

层球壳之间($R_1<R<R_2$)为真空,且半径为 R_1、R_2 的球面抛光良好而可作为理想的反射体。这两层球壳之间用对称布置的 4 个圆锥状实心柱体支撑(见附图,$\omega=2.4\times10^{-2}$ sr),其导热系数为温度的线性函数。并已知:$T=50$ K 时 $\lambda=0.05$ W/(m·K),$T=300$ K 时 $\lambda=0.15$ W/(m·K)。钢壳的导热系数也是温度的线性函数,且 $T=50$ K 时 $\lambda=5$ W/(m·K),$T=300$ K 时 $\lambda=15$ W/(m·K)。保温材料为玻璃棉,$\lambda=3\times10^{-2}$ W/(m·K),可视为常数。77 K 的液氮储存于半径为 R_1 的球容器中,其汽化潜热 $r=2\times10^2$ kJ/kg、$\rho=808$ kg/m^3。环境温度 $T_\infty=298$ K。$R_0=0.149$ m,$R_1=0.150$ m,$R_2=0.200$ m,$R_3=0.201$ m,$R_4=0.300$ m,保温层外表面复合传热的表面传热系数 $h=10$ W/(m^2·K)。试计算该钢制球形容器中存放的 50% 容积的液氮经多少天可能全部蒸发掉。假定过程是稳态的。

10-61 为了进行竖直圆柱状环形空间(夹层)中空气自然对流传热的实验,专门设计了如附图所示的装置。内管壁系一组合壁,壁中有一层电加热丝,且加热丝与金属壁绝缘,内壁上同时装有测壁温的热电偶若干对,其余结构如图所示。试分析从内部发出的热量是通过哪些传热方式散发到周围环境中去的。为了计算环形夹层中自然对流传热的表面传热系数,需要把从内管发出、通过非自然对流方式传递的热量扣除。由于形状复杂及表面的发射率难以确定等因素,这部分热量无法用现有的经验公式通过计算扣除。你能否设想一种通过实验的方法来确定总热量中通过非自然对流方式散失的热量的方案。实验时实验段的表面温度可通过热电偶来控制,并维持在 75~80 ℃左右基本不变。

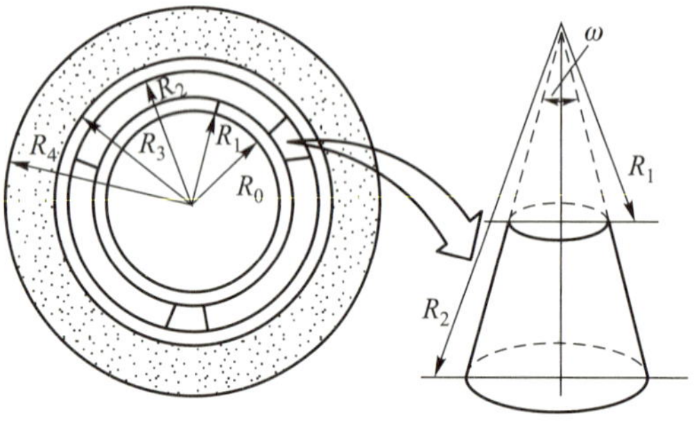

习题 10-60 附图

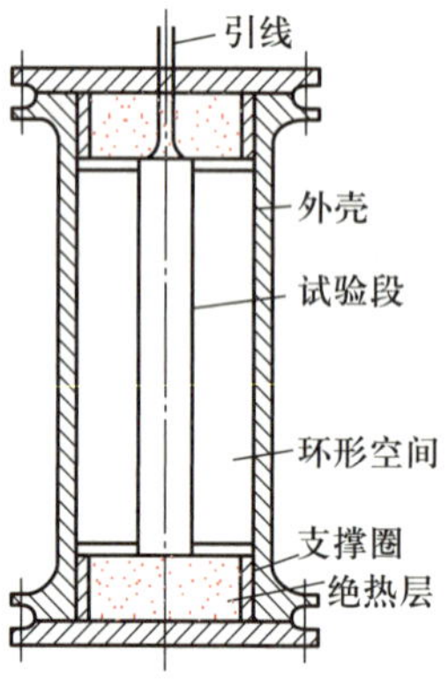

习题 10-61 附图

10-62 对于气体、液体与固体表面之间的热交换问题,在什么情形下流体与固体表面间不存在辐射传热,或虽然存在但相对于对流传热可以略而不计,学完本书后读者对此应有清楚的了解。试对以下 9 种情形作出判断,并简要说明理由:(1) 空气的自然对流传热;(2) 空气的强制对流传热;(3) 烟气的自然对流传热(例如在一矩形封闭腔内的烟气一侧受热,另一侧被冷却);(4) 烟气的强制对流传热(例如烟气流过锅炉的蒸汽过热器、再热器等);(5) 水及其他液体的自然对流传热;(6) 水及其他液体的强制对流传热;(7) 过热水蒸气的自然对流传热;(8) 过热水蒸气的强制对流传热(如水蒸气在管内作湍流强制对流传热);(9) 锅炉炉膛中高温烟气、火焰(1 000 ℃以上)与四周水冷壁管之间的传热。

10-63 试查明人造卫星外壳材料的不同对外壳表面平衡温度的影响。卫星在星际空间运行,受到太阳的直接投入辐射 $G=1\,400$ W/m^2。太阳可视为 $T=5\,800$ K 的黑体,星际空间的温度取为 0 K。卫星内部温度 T_i 恒定,且 $T_i=273$ K。卫星单位面积表面与其内部的换热量可表示成牛顿冷却公式的形式,其当量表面传热系数 $h=0.4$ W/(m^2·K)。试对下列三种材料确定卫星表面的平衡温度:(1) 材料的辐射特性可认为是黑体;(2) 选择性吸收材料 A(见附图 a);(3) 选择性吸收材料 B(见附图 b)。材料 A、B 的特性均服从兰贝特定律。

10-64 考虑一室内溜冰场的结冰过程。如附图所示,-30 ℃的 R152a 制冷剂流经设置于水层中的排管,制冷剂在排管内流动的过程中始终保持为液态。每根管子的制冷剂流量为 0.05 kg/s,管子内径 $d_i=6$ mm,壁厚 $\delta=1$ mm,节距 $s=50$ mm,管子长 5 m,水层深 $H=50$ mm。考虑水层自 0 ℃开始到完全结冰的过程。试问:(1) 流出每根管子的制冷剂温度是多少?(2) 需要多长时间才能把水层完全冻结为冰?设结冰过程中管子外表面始终保持为 0 ℃,水的凝固热为 3.34×10^5 J/kg。

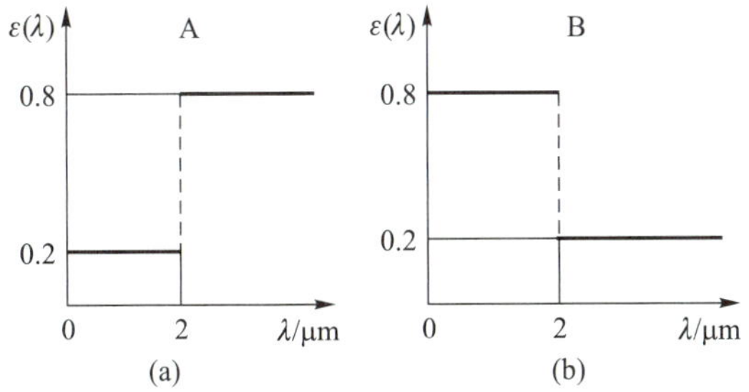

习题 10-63 附图

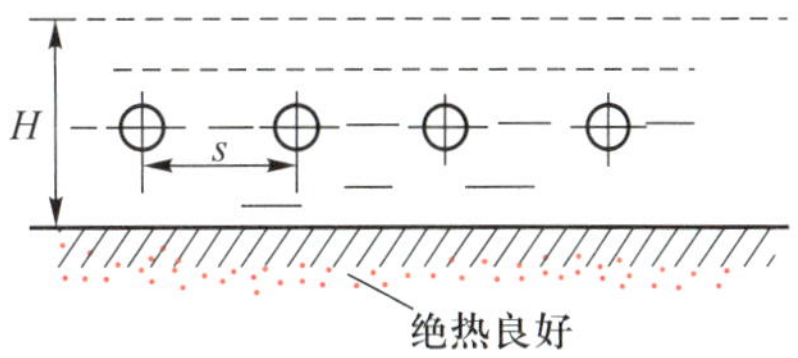

习题 10-64 附图

10-65 直径为 10 mm 的铜导线采用聚苯乙烯绝缘，其导热系数 $\lambda=0.14\ \mathrm{W/(m\cdot K)}$。该导线常年位于风速为 0.2 m/s 的环境中。试计算气温为 20 ℃时能使散热量达到最大的绝缘层厚度及单位长度上的散热量。设导线表面温度维持在 80 ℃，计算中可采用 10.1 节中得出的假定 h 为常数的结论，但应计及辐射传热（与 20 ℃的环境之间发生）。聚苯乙烯塑料表面的发射率为 0.9。

传热学的综合应用

10-66 试分析用于电子器件散热的导热模块（见附图）中热量的传递过程。弹簧起什么作用？为什么要充以氦气？

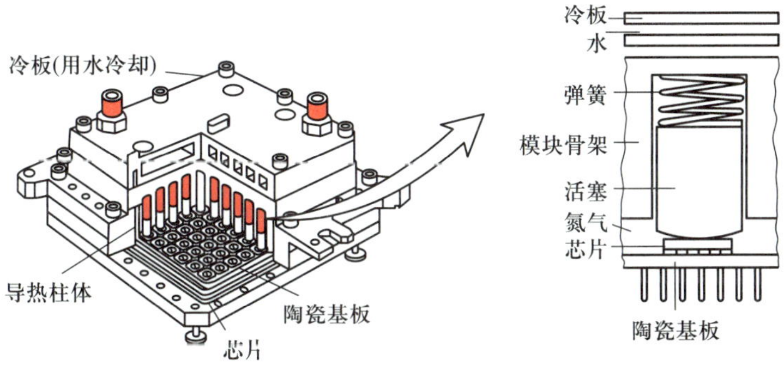

习题 10-66 附图

10-67 在电子仪器中常采用如附图所示的自然对流方式来冷却电子元件。假设该组件被置于一个较大的机箱内，底板可认为是绝热的。每个发热元件的功率均一样，且其温度各自接近均匀。试画出沿流动方向发热元件温度分布的定性曲线并解释之。

10-68 一台大型交流发电机的一段铁芯如附图所示，其轴向（x 方向）厚度为 6 cm，两侧开有通风沟，沟内有冷却空气通过。已知铁芯发热造成均匀的内热源，$\Phi=8\times10^4\ \mathrm{W/m^3}$，通风沟表面温度为 50 ℃，试确定铁芯中的最高温度。铁芯的导热系数 $\lambda=1.9\ \mathrm{W/(m\cdot K)}$。为简便起见，可近似地按无限大平板处理。

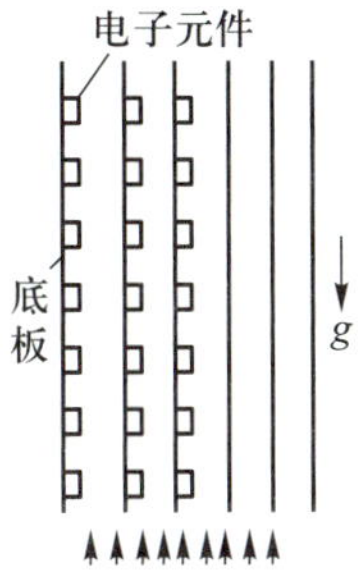

习题 10-67 附图

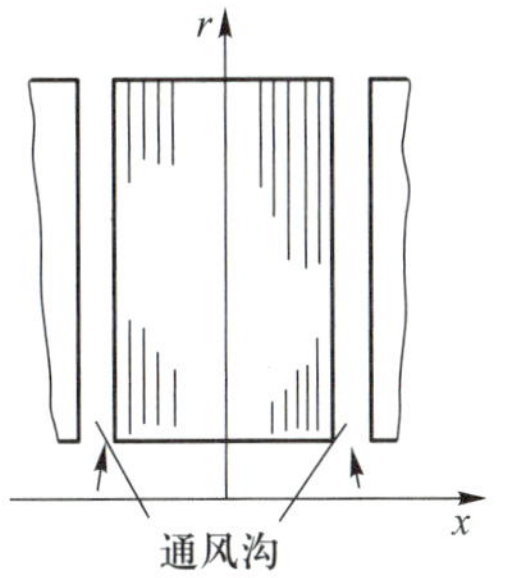

习题 10-68 附图

10-69 发电机转子的磁轭可近似简化成一具有内部均匀热源的空心圆筒。已知内外半径 r_i、r_o 处与温度为 t_{f0} 的冷却流体发生对流传热，表面传热系数为 h，由体积损耗所形成的内热源强度为 $\dot{\Phi}$，导出磁轭内的温度分布及最高温度所在位置。按一维问题处理。

10-70 一台同步发电机转子磁轭的内、外半径分别为 $r_i=1$ m、$r_o=1.6$ m，材料导热系数 $\lambda=40$ W/(m·K)，积损耗所生的热量为 $\dot{\Phi}=10^5$ W/m^3，两表面温度均为 200 ℃。求磁轭的最高温度及其所在位置（磁轭导热的简化模型同上题）。

10-71 在一无限大物体中，某点处持续受到热流量 Φ（单位为 W）的加热时，经过 τ（单位为 s）时间后该物体中各点的温度可用下式表示：

$$\theta=t(r,\tau)-t_0=\frac{\Phi}{4\pi\lambda r}\left(1-\mathrm{erf}\frac{r}{\sqrt{4\alpha\tau}}\right)$$

其中 r 为计算点离开热源中心的距离。试利用这一结果来分析下列电火花加工中电极材料的选取问题。电火花加工中，火花放电的局部地区的温度会升得很高以致损坏电极，因此电极的熔点应较高而且导热系数应比较大。已知铜的熔点为 2 600 ℃，$\lambda=398$ W/(m·K)；钼的熔点为 1 083 ℃，$\lambda=126$ W/(m·K)。选用哪种材料作电极较好？

10-72 在冶金工业中，为利用从冶金炉排出的废气来加热送到炉子的空气而采用如附图所示的气-气换热器。为强化换热采用多层不锈钢丝网组成辐射网且置于烟道出口。今用实验测定了换热器的总传热系数与有无辐射网及进口烟温的关系，如附图所示。试分析这一测定结果是否合理。

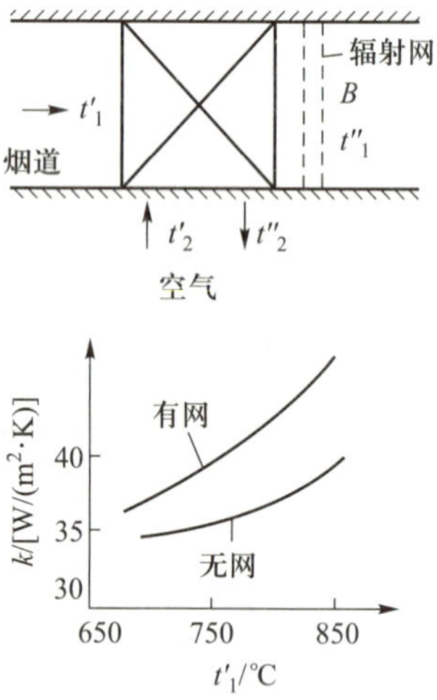

习题 10-72 附图

10-73 冰球蓄冷是用以解决夏天用电时白天与夜间峰谷差的方法。即在夜间用电处于低谷时用电制冷让位于球内的水结冰，到白天用电高峰时用冰球来冷却水然后送去空调，从而节省一部分空调用电。今有直径为 10 cm 的球壳，壳体很薄并用铜制成；温度为 10 ℃ 的水从外部流过冰球，冰球内的融化过程可假定是一纯导热过程，并认为冰、水的导热系数相同。试分析：(1) 水速对冰球融化过程快慢的影响。是否水速越大冰球融化得越快？(2) 提出一个特征数，其大小可以反映边界上对流传热强烈程度对融化速度影响的重要性；(3) 估计此特征数的一个值，大于此值后，表面上对流传热的强弱对融化速度已无影响。

10-74 一般认为，在换热面上结垢要使总传热系数减小。但正如在小直径的管外包绝缘层可能反而导致传热强化一样，对于通过圆管的传热，在管内结垢有可能反而会使传热强化，试分析有哪些因素反而会导致这种结果[40]。

10-75 美国能源部所主持的一项用铯辐照农产品的研究，是利用铯(Cs)放射出的能量中所含的 37.6%的 γ 射线来照射农产品，以提高产品收成，降低病虫害[41]。把放射性物质 Cs 装在直径为 57 mm、长 500 mm 的圆柱形容器内，然后相叠布置成如附图所示的情形。在辐照时应通以冷却气流来冷却含 Cs 的容器，因为 Cs 射线中其余 62.4%的能量将变成热能（每个圆柱约 213 W），而圆柱表面温度应不高于 300 ℃。试确定在附图所示情况下空气的流速需多大才能满足冷却要求。假设：(1) 24 个叠层布置的圆柱可用相隔宽度为 57 mm 的两平板来代替；(2) 两假想平板的高度取为投影高度的 78.5%，即每个 Cs 圆柱只取半个圆柱面作为实际参加换热的表面；(3) 挡板可认为是绝热的；(4) 为使计算结果偏于安全，通道内的对流换热按湍流充分发展状态考虑。

10-76 一种测定相变物质（PCM）凝固点的方法如下：如附图所示，将相变物质（固体）放入一根长试管中，试管内安置有一热电偶以测定其温度。将此试管置于温度为 t_0 的恒温水浴中。t_0 需比预计的凝固点 t_m 高。待试管中的 PCM 全部熔化且温度已十分接近 t_0 时，将它从恒温浴中取出置于空气中冷却。用数字采集系统记录试管中 PCM 物质的降温曲线，即可由该曲线确定该材料的凝固点。已知 PCM 的 $\lambda=1$ W/(m·K)，试管外表面总表面传热系数 $h=8$ W/(m^2·K)，试管外半径 $R=6$ mm。试：(1) 分析热电偶所测得之值能否代表整个试管中 PCM 的温度。(2) 画出 PCM 的温度随时间变化的曲线，从温度 t_0($>t_m$)一直冷却到环境温度 t_∞($<t_m$)。

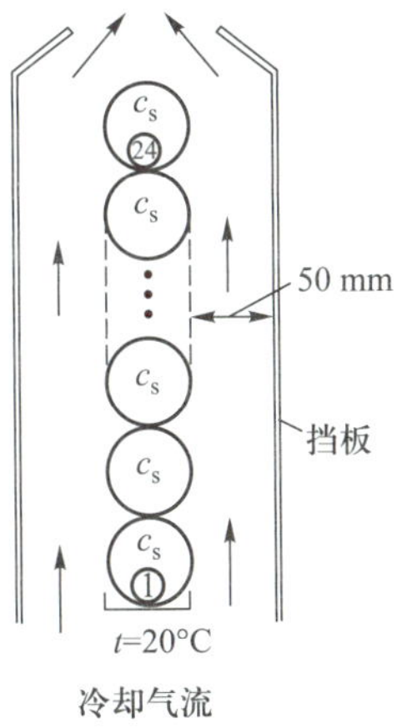

习题 10-75 附图

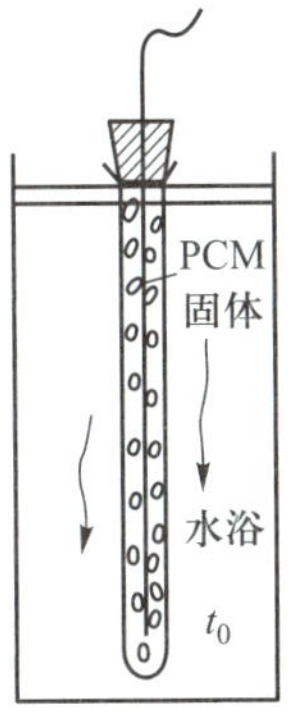

习题 10-76 附图

10-77 采用相变材料储能是蓄能技术中最常用的方法。例如,在白天利用太阳能加热水,再将热水流经置于 PCM 中的圆管使 PCM 熔化,而到晚上再将冷水流过圆管使其凝。附图示出了一根置于方形容器内的管道在均匀受热后不同时刻其周围相变材料熔化的情形。试分析所示 4 个时刻热量传递的机理。

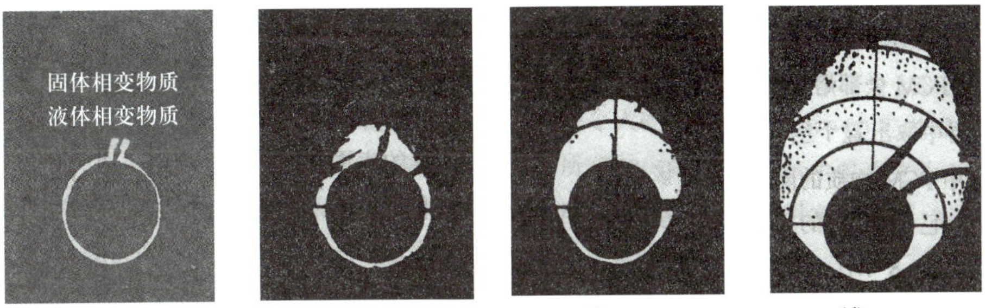

(a) $\tau=\tau_1$　(b) $\tau=\tau_2$　(c) $\tau=\tau_3$　(d) $\tau=\tau_4$

$\tau_1<\tau_2<\tau_3<\tau_4$

习题 10-77 附图

10-78 机器人目前已广泛应用于生产过程中,特别对于恶劣的工作环境(高温或低温环境)机器人的作用更加明显。但在温度不均匀的环境中工作时必须对机器人的温度场有一个准确的计算,才能对膨胀、收缩等机械变形有合理的预测,以使机器人的动作能达到预期效果。另一方面,高温环境中机器人的手还应有良好的绝热,以免损伤机器人。为了预测在高温中工作的某一机械手的温度场,采用了如附图所示的二维轴对称模型。设该机械手的初始温度均匀并为 T_0,后突然处于高温环境中,其中手的表面与温度为 $T_{\infty1}$ 的周围介质对流传热的表面传热系数为 h_1,与温度为 T_{sur1} 的环境发生辐射传热,其表面发射率为 ε_1。相应的手臂表面也有上述这些传热,参数各为 $T_{\infty2}$、h_2、T_{sur2} 及 ε_2。手臂端部为绝热。试:(1) 写出该机械手温度场的控制方程,物性均已知;(2) 写出初始条件与边界条件;(3) 如果采用数值方法将计算区域分为手臂、手、侧面绝热层及顶端绝热层 4 个区分别计算,那么在每两个区相结合的界面上还应补充什么条件[42]?

10-79 在美洲国家的天气预报中,除了报告每天的最低、最高及平均温度外,还有一个温度是风冷温度(wind-chill temperature)。我们知道,人的冷暖感觉除了与气温有关外还与风速有很大关系。风冷温度是一个当量环境温度,当人处于静止空气下的风冷温度环境中时,其冷暖感觉与处于实际气温、实际流速的环境中相同。经验告诉我们,当人的皮肤散热的热流密度为 58 W/m^2 时感到热,为 232 W/m^2 时感到舒服,为 696 W/m^2 感到很凉快,而为 928 W/m^2 时感到冷。若把人体简化为直径为 0.3 m、高 1.75 m 的等温柱体,皮肤温度为 33 ℃,试确定当风冷温度为-70 ℃时人的冷暖感觉。

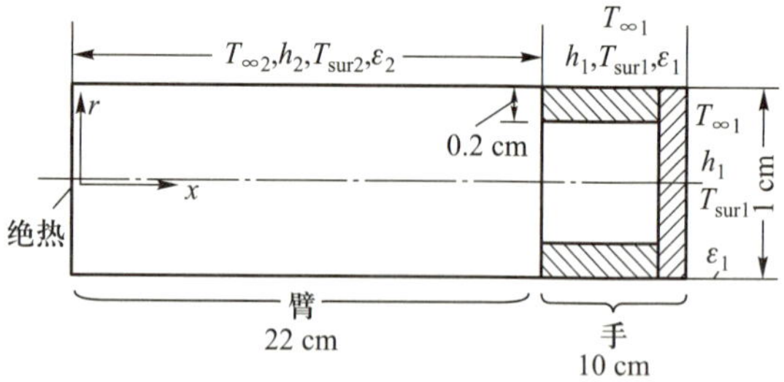

习题 10-78 附图

10-80　冶金工业中直流电弧炉的底阳极及其附近情况示于附图中。底阳极本身为一直径为 400 mm、高 530 mm 的钢棒，其与铁水直接接触的一端有厚 δ_1 的一层已熔为液体。底阳极另一端用冷却水冷却要求其表面温度不高于 100 ℃。底阳极中按温度的不同可分出三个区域：$\delta_1=106$ mm 的液层，其 $\lambda_1=38$ W/(m·K)，厚 $\delta_2=131.4$ mm 的一层，温度从 1 200 ℃降低到 860 ℃，$\{\lambda_2\}_{W/(m\cdot K)}=64\times(1-0.004\,7\{t\}_{℃})$；厚 $\delta_3=292.6$ mm 的一段，温度从 860 ℃降低到 100 ℃，$\{\lambda_3\}_{W/(m\cdot K)}=16.3\times(1+0.000\{t\}_{℃})$。通过底阳极的最大电流 $I_{max}=1\,200$ A，底阳极的计算总电阻为 $3.84\times10^{-6}\,\Omega$。冷却水入口温度为 30 ℃，出口不能高于 60 ℃。问需水量是多少？

10-81　为了判断水平管中两相流的流动结构（流态），文献[43]中提出如附图 a 所示的方法：用很细的材料（直径为 5 μm 左右）做一对热电偶并装入要测试的管子中。根据所测得的热电势信号随时间的变化曲线，可以判断相应的流动状态。对附图 b 所示的四种流动结构，试利用传热学的基本知识分析热电偶所测得的热电势信号随时间是怎样变化的，并定性地画出温度（热电势）随时间变化的曲线。设液体温度为 t_l，汽相温度为 t_v，且 $t_v>t_l$。热电偶接点置于管子中心线处。

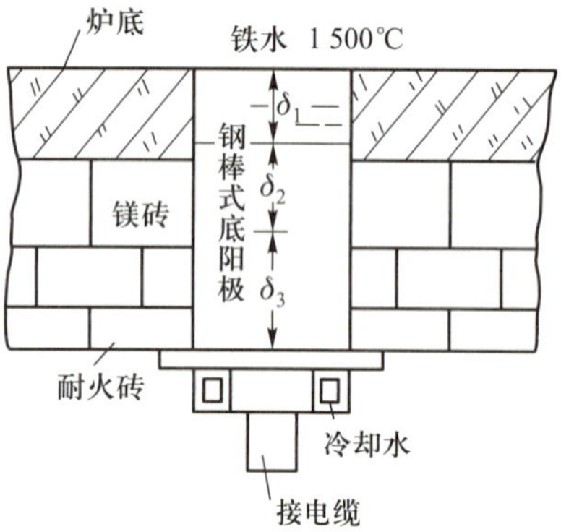

习题 10-80 附图

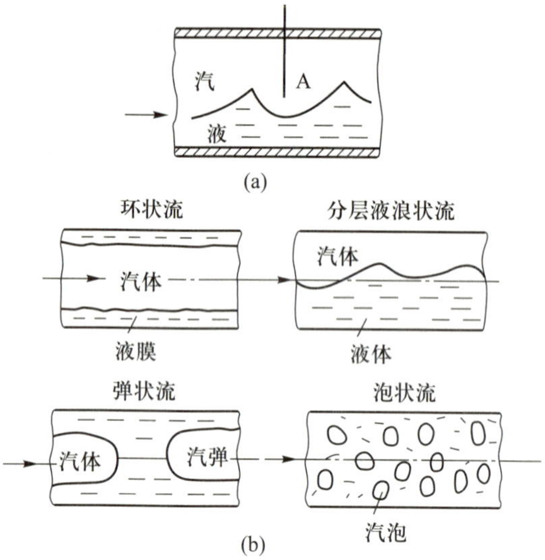

习题 10-81 附图

10-82　直径 10 mm 的铜导线运行在环境温度为 20 ℃、表面传热系数为 10 W/(m²·K)的环境中，其表面温度保持为 80 ℃。今用导热系数 $\lambda=0.16$ W/(m·K)的绝缘材料包覆铜导线，试确定当绝缘层外形分别为圆柱形及正方形时的临界绝缘层厚度，并比较单位体积绝缘层材料所获得的散热量。

小论文题目

10-83　对于附图所示的双层玻璃窗，试计算在一个黑暗的冬夜玻璃窗的散热损失。已知条件为：$\delta_g=4$ mm，$\delta_a=8$ mm；玻璃高 1.5 m，宽 3 m。在宽度方向离开玻璃 2 m 处为墙角，有一股冷风沿着墙面从该墙角吹过窗子外表面。$t_{fo}=-10$ ℃，$t_{fi}=20$ ℃，玻璃的导热系数 $\lambda=0.78$ W/(m·K)。设对于波长大于 3 μm 的辐射能，玻璃的光谱吸收比 $\varepsilon(\lambda)=1$。气体外掠平板湍流边界层对流传热时，若加热段之前有一段非加热段 l_o，以非加热段起点到所研究地点的距离 l 作为 Nu 及 Re 的特征长度，而在加热段内的平均传热特性可按下式计算：

$$Nu_l=0.028Re_l^{0.8}\left[1+0.4\left(\frac{l_o}{l}\right)^{2.75}\right]$$

10-84　为了有效冷却一圆筒形的燃烧室，在其外壁上设置了一个带环肋的铝制夹套，如附图所示。燃烧室内燃烧产物与内壁热交换的结果相当于使内壁净吸收热流密度 $q=10^5$ W/m²。燃烧室壁面的 $\lambda=30$ W/(m·K)，铝材的 $\lambda=240$ W/(m·K)。环肋受气流冷却，$h_o=105$ W/(m²·K)，$t_{fo}=35$ ℃。(1) 铝夹层与燃烧室外壁接触良好，试计算 t_i、t_1 及 t_r 之值；(2) 设有接触热阻存在，且 $R_c=2\times10^{-4}$ m²·K/W 试重新计算 t_i 及 t_r。翅片厚 3 mm，两翅片中心间的距离为 8 mm。

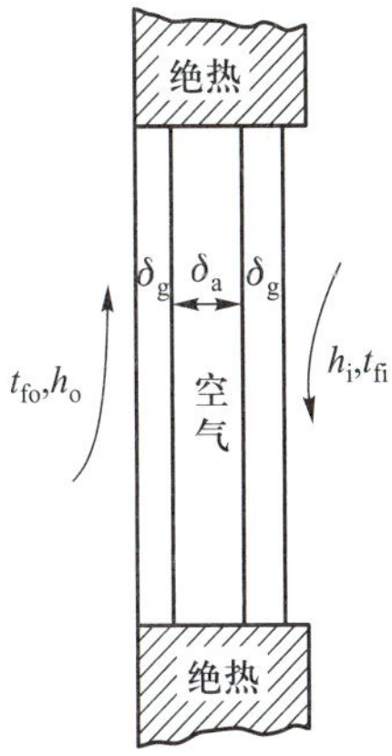

习题 10-83 附图

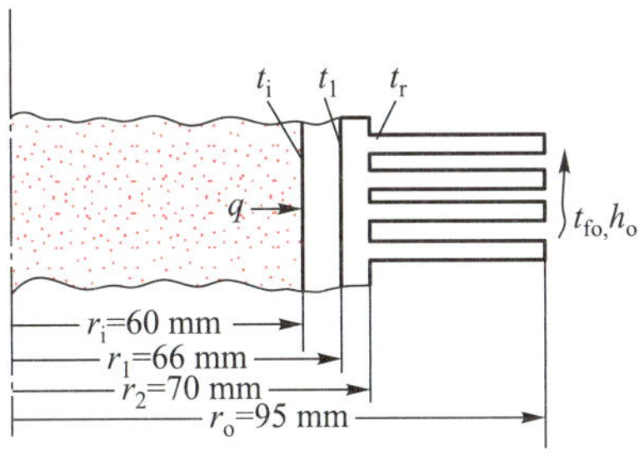

习题 10-84 附图

采用基于 MHT-Learning 工具软件的题目

10-85　对于习题 10-24，分别用查图线及公式取定换热器的效能 ε，并确定对所计算的题目，两种方法的计算结果差别的百分数，由此可知查图线方法相对于精确计算的大致偏差范围。

参 考 文 献

[1] WEBB R L, KIM N H. Principle of enhanced heat transfer [M]. 2nd ed. Boca Raton: Taylor & Francis, 2005: 28.

[2] AZIZ A. The critical thickness of insulation [J]. Heat Transfer Engineering, 1997. 18(2): 61-93.

[3] 张洪济. 热传导[M]. 北京:高等教育出版社, 1992: 84-87.

[4] SHAH R K, SEKULIC D P. Fundamentals of heat exchanger design. Hoboken, John Wiley & Sons, Inc. 2003, 10. 程林, 译. 换热器热设计技术[M]. 北京:机械工业出版社, 2010: 9, 145-147, 176.

[5] GB/T 27698—2023. 热交换器及传热元件性能测试方法[S]. 北京:中国标准出版社, 2023.

[6] GENTRY C C. Rod-baffle heat exchanger technology [J]. Chemical Engineering Progress, 1990, 86(7): 48-56.

[7] 钱颂文. 换热器设计手册[M]. 北京:中国化学工业出版社, 2002.

[8] PENG B, WANG Q W, ZHANG C, et al. An experimental study of shell-and-tube heat exchangers with continuous helical baffles[J]. ASME J Heat Transfer, 2007, 12(9 10): 1 425-1 431.

[9] WANG Q W, CHEN Q Y, CHEN G D, et al. Numerical investigation on combined multiple shell-pass shell-and-tube heat exchanger with continuous helical baffles[J]. Int Journal Heat Mass Transfer, 2009, 52: 1 214-1 222.

[10] 栾辉宝, 陶文铨, 夏晓宇, 等. 全焊接板式换热器发展综述[J]. 中国科学:技术科学, 2013, 43(9): 1 020-1 033.

[11] MA T, LI L, XU X Y, et al. Study on local thermal-hydraulic performance and optimization of zigzag-type printed circuit heat exchanger at high temperature[J]. Energy Conversion and Management, 2015, 104: 55-66.

[12] 凯斯,伦敦. 紧凑式换热器[M]. 宣益民,张后雷,译. 北京:科学出版社,1997:196-289.

[13] HESSELGREAVES J E. Compact heat exchangers: selection, design and operation[M]. Amsterdam: Pergamon Press, 2001.

[14] JAKOB M. Heat transfer: Vol. 2[M]. New York: John Wiley & Sons, 1957: 211-260.

[15] CROZIER R Jr, SAMUELS M. Mean temperature difference in odd-tube pass heat exchanger[J]. ASME J Heat Transfer, 1977, 99(3): 487-489.

[16] 陈钟颀. 传热学专题讲座[M]. 北京:高等教育出版社,1989:280-290.

[17] 古尔维奇,库兹涅佐夫. 锅炉机组热力计算标准方法[M]. 北京锅炉厂设计科,译. 北京:机械工业出版社,1976:70-75.

[18] TUCKER A S. The LMTD correction-factor for single pass crossflow heat exchanger[J]. ASME J Heat Transfer, 1996, 118(2): 488-490.

[19] BERGMAN T L, LAVINE A S. Fundamentals of heat and mass transfer[M]. 8th ed. Hoboken: John Wily & Sons, 2017: 496-497.

[20] 杨善让,徐志明,孙灵芳. 换热器设备污垢与对策[M]. 2 版. 北京:科学出版社,2004:1-48,578-582.

[21] Standards of tubular heat exchanger manufacturer association[S]. 9th ed. New York: Tubular Exchanger Manufacturer Association, 2007.

[22] BELL K J. Delaware method for shell-side design[M]// Palen J W. Heat exchanger source book. Washington, D. C.: Hemisphere Publishing Corporation, 1980: 129-166.

[23] DU XUEPING, ZENG MIN, XIE GONGNAN, et al. Thermal performance prediction and optimization of " heat exchangers" by artificial intelligence techniques[M]// YAN Jinyue. Handbook of Clean Energy Systems. New Jersey: John Wiley & Sons Ltd., 2015: 1-46.

[24] 王启川. 热交换器设计[M]. 台北:五南图书出版公司,2007.

[25] GB 150—2011. 压力容器[S]. 北京:中国标准出版社,2011.

[26] BERGELS A E. Enhanced heat transfer: endless frontier, or mature and routine? [J]. Enhanced Heat Transfer, 1999, 6: 79-88.

[27] 韩介勤,杜达,艾卡德. 燃气轮机传热和冷却技术[M]. 程代京,谢永慧,译. 西安:西安交通大学出版社,2005:15.

[28] ZHANG HU, FANG WEN ZHEN, LI YUE MING, et al. Experimental study of the thermal conductivity of polyurethane foams[J]. Applied Thermal Engineering, 2017, 115: 528-538.

[29] 陈国邦,张鹏. 低温绝热与传热技术[M]. 北京:科学出版社,2004:第 2、3 章.

[30] 西安交通大学热工教研室. 在换热器传热试验中用威尔逊图解法确定给热系数[J]. 化工及通用机械,1974,(4):24-30.

[31] ROSE H, RADEMACHER R, MARZO M D. Horizontal flow boiling of pure and mixed refrigerants[J]. Int J Heat Mass Transfer, 1987, 30: 979-992.

[32] CHENG B, TAO W Q. Experimental study of R-152a film condensation on single horizontal smooth and enhanced tube[J]. ASME J Heat Transfer, 1994, 116(1): 266-270.

[33] 陶文铨,康海军,辛容昌,等. 空冷器管组内紊流强制对流换热的热阻分离法测定[J]. 暖通空调,1997,27(增刊):64-67.

[34] JI W T, ZHAO C Y, HE Y L, et al. Experimental validation of Cooper correlation at higher heat flux[J]. Int Journal Heat Mass Transfer, 2015, 90: 1 241-1 243.

[35] 王巧云,李今平. 设备及管道绝热应用技术手册[M]. 北京:中国标准出版社,1998.

[36] 陶文铨. 传热学基础[M]. 北京:电力工业出版社,1981.

[37] 何雅玲,唐连伟,高健,等. 一种新型车用柴油机中冷器的热力计算方法及分析[J]. 内燃机学报,2005,23(5):447-450.

[38] ROETZEL W, NICOLE F J L. Mean temperature difference for heat exchanger design: a general approximate explicit equation[J]. ASME J Heat Transfer, 1975, 97: 5-8.

[39] KANG H J, LI W, LI H Z, et al. Experimental study on heat transfer and pressure drop characteristics for four types of plate-fin-and-tube heat exchanger surfaces[J]. J Thermal Science, 1994, 3(1): 34-42.

[40] CRITTENDEN B D, ALDERMAN N J. Mechanism by which fouling can increase overall heat transfer coefficients[J]. Heat Transfer Engineering, 1987, 8(2): 87-94.

[41] RICO L, CONNERS C, GOLAND Y. Heat transfer analysis of the source plaque for the cesium agricultural commodities irradiator[J]. Heat Transfer Engineering, 1992, 8(2): 87-94.

[42] PEJMAN B, RAZANI A. Two-dimensional thermal analysis of a robotic arm and hand with insulation interacting with a high-temperature field[J]. Heat Transfer Engineering, 1992, 13(2): 19-31.

[43] LI J M, WU Y Z. Flow pattern detection during refrigerant condensation inside tubes by response of the temperature fluctuation[M]//WANG B X. Transport phenomena: science and technology. Beijing: Higher Education Press, 1992: 454-457.

第 11 章
传质学简介

在含有两种或两种以上组分的流体内部，如果有组分的浓度梯度存在，则每一种组分都有向其低浓度方向转移，以减弱这种浓度不均匀的趋势。混合物的组分在浓度梯度作用下由高浓度向低浓度方向的转移过程称为传质，亦称质量传递。正如温度差是热量传递的推动力那样，浓度差是质量传递的推动力。衣服的晾干是日常生活中遇到的空气-水分二元混合物中的传质现象。在能源、动力、低温工程、化工及环境保护等工程领域中，存在着大量的物料干燥、加湿、去湿、吸收、脱吸等传质过程。在二元混合物中，温度梯度或总压力梯度的存在也会产生扩散，分别称为热扩散及压力扩散，这些扩散的结果会引起相应的浓度扩散。不过当温度梯度或总压力不大时，热扩散与压力扩散所引起的质量传递往往可以忽略不计。本书只讨论由于浓度梯度引起的质量传递过程。本章首先讨论由于分子运动而引起的质量传递过程（称为质扩散），然后讨论流体中由于对流掺混而引起的质量传递（质对流），介绍了一维稳态质扩散-反应问题的理论解。本章最后将以干湿球温度计测定过程的分析作为传热、传质学的应用实例。

11.1 质扩散与斐克定律

11.1.1 混合物浓度的表示方法

浓度梯度是传质的一种推动力。组分的浓度通常用质量浓度 ρ（单位为 kg/m^3）和物质的量浓度 c（单位为 $kmol/m^3$）表示①，其定义为

$$\rho_A = \frac{m_A}{V}, \quad \rho_B = \frac{m_B}{V} \tag{11-1a}$$

$$c_A = \frac{n_A}{V}, \quad c_B = \frac{n_B}{V} \tag{11-1b}$$

式中：m_A、m_B 分别为混合物容积 V 中组分 A 及 B 的质量，kg；n_A、n_B 分别为混合物容积 V 中组分 A 及 B 的物质的量，kmol。

对于混合气体，应用理想气体状态方程时可得出其组分 i 的物质的量浓度 c_i 与组分的分压力 p_i 及温度 T 的关系如下：

$$c_i = \frac{p_i}{RT} \tag{11-2}$$

式中：p_i 为混合物中组分 i 的分压力，Pa；R 为摩尔气体常数，$R = 8.314\ J/(mol \cdot K)$。

11.1.2 质扩散斐克定律及典型扩散过程

1. 三种传递过程的类比

如图 11-1 所示，不同浓度的组分 A 及组分 B 被分隔在容器的两侧。容器两侧的温度相同且压力相差不大，仅考虑质扩散。抽去隔板时（图中虚线表示隔板已抽去），由于浓度梯度的存在，组分 A、B 相互扩散。单位时间内在垂直于质量扩散方向的面积上所扩散的组分 A 的量 M_A 或 N_A，可用斐克（Fick）定律计算：

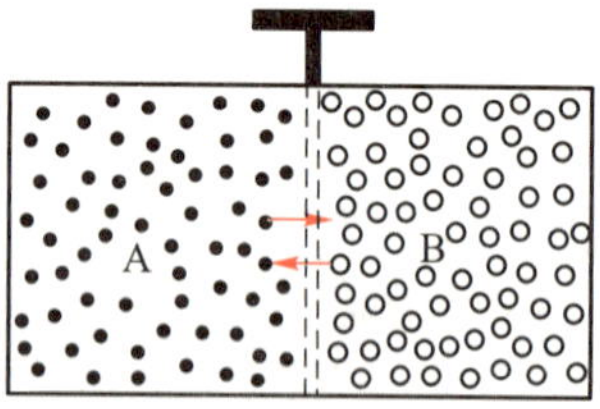

图 11-1　组分 A、B 的相互扩散

$$M_A = -D_{AB}\frac{\partial \rho_A}{\partial x} \tag{11-3a}$$

$$N_A = -D_{AB}\frac{\partial c_A}{\partial x} \tag{11-3b}$$

式中：M_A 及 N_A 分别为质量通量密度和物质的量的通量密度，单位分别为 $kg/(m^2 \cdot s)$ 及 $kmol/(m^2 \cdot s)$；D_{AB} 为比例系数，称为质扩散系数，单位为 m^2/s，下角码 AB 表示物质 A 向物质 B 扩散；负号表示质量传递的方向指向浓度降低的方向。

---

① 物质的量是 GB 3102.8—1993 中规定的基本量之一，单位为 mol（摩尔）。物质中所包含的基本单元数与 0.012 kg 碳 12 的原子数相等的物质的量为 1 mol。基本单元可以是分子、原子、离子、电子及其他粒子。本书中的基本单元均指分子。实验表明，任何物质的 $6.022\,1 \times 10^{23}$ 个分子的质量，以 g（克）为单位时其数值恰等于其相对分子质量。例如，水的相对分子质量为 18，1 mol 水中含有 $6.022\,1 \times 10^{23}$ 个水分子，故水的摩尔质量为 18 g/mol。工程上常用 kmol（千摩尔）作为物质的量的单位。

在第 5 章关于雷诺比拟的讨论中，列举了动量转移与热量转移在基本关系上的类似性。这里进一步再与质量转移做比较。表 11-1 中以一维稳态过程为例列出了对比的情况。三种传递现象中传递率的计算式可以统一表示为

传递率 = -扩散率×传递过程的推动力

式中负号表示传递的方向与传递的特征量增加的方向相反。切应力 τ 是动量传递的一种度量，作用在垂直于动量传递方向的平面上。对表 11-1 所示的情形，动量 ρu 沿 x 方向增加，而动量的传递则是沿着 $-x$ 方向进行的。为了强调这一事实，在牛顿切应力的计算式中也引入了负号。

表 11-1　热量扩散、动量扩散与质量扩散的对比

传递过程	传递率	扩散系数	传递特征量	传递推动力	示意图
热量扩散	q	a	$\rho c_p t$	$\frac{d(\rho c_p t)}{dx}$	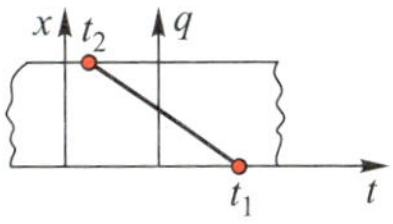
动量扩散	τ	ν	ρu	$\frac{d(\rho u)}{dx}$	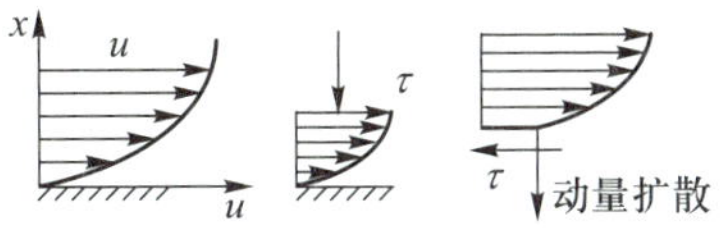
质量扩散	N	D	c	$\frac{dc}{dx}$	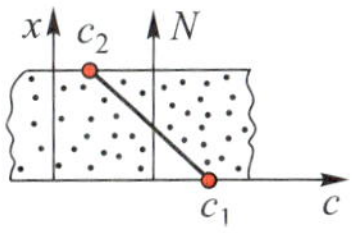

2. 质扩散系数

质扩散系数 D 是个物性参数，它表征了物质扩散能力的大小。它的值取决于混合物的性质、压力与温度，主要靠实验确定。附录 19 中给出了一些数据，可供参考。对气相物质，当已知温度 T_0、压力 p_0 下的扩散系数 D_0 时，温度 T、压力 p 下的扩散系数可按下式估计：

$$D = D_0\left(\frac{T}{T_0}\right)^{1.5}\frac{p_0}{p} \tag{11-4}$$

3. 两种典型的质扩散过程

(1) 等摩尔逆向扩散

如图 11-2 所示，设组分 A、B 以相同的物质的量的通量密度向相反方向扩散，则称这种扩散过程为等摩尔逆向扩散。在导出扩散通量密度的计算式之前，先来研究扩散系数 D_{AB} 及 D_{BA} 间的关系。对于如图 11-2 所示的系统，稳态时整个扩散系统总压力为常数，故有

$$p_0 = p_A + p_B = 常量$$

即

$$\frac{dp_A}{dx} + \frac{dp_B}{dx} = 0$$

又据斐克定律，有

$$N_A = -D_{AB}\frac{dc_A}{dx} = -\frac{D_{AB}}{RT}\frac{dp_A}{dx},\quad N_B = \frac{D_{BA}}{RT}\frac{dp_B}{dx}$$

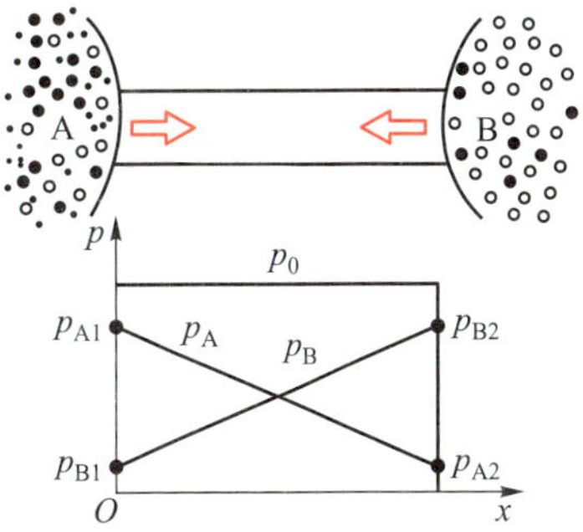

图 11-2　等摩尔逆向扩散

因为 $N_A=-N_B$，故得

$$\frac{D_{AB}}{RT}=\frac{D_{BA}}{RT}$$

即

$$D_{AB}=D_{BA}=D \tag{11-5}$$

由此可见，对二元混合物，两种组分各自的扩散系数（即 A 组分在 B 组分中的扩散系数 D_{AB} 与 B 组分在 A 组分中的扩散系数 D_{BA}）是相等的。

现在来导出等摩尔逆向扩散中物质的量的通量密度的计算式。从上述推导及图 11-2 可得

$$-\frac{dp_A}{dx}=\frac{RT}{D_{AB}}N_A$$

对此式积分可得

$$N_A=\frac{D_{AB}(p_{A1}-p_{A2})}{RT\Delta x}=\frac{D_{AB}}{\Delta x}(c_{A1}-c_{A2}) \tag{11-6}$$

式中：p_{A1}、p_{A2} 分别为组分 A 在 1、2 两点的分压力；Δx 是两点间的距离。

在气体分离的蒸馏过程中，当低沸点组分和高沸点组分的潜热相近时，高沸点组分凝结释放出的热量使相同物质的量的低沸点组分汽化（略去散热），则该过程可近似地按等摩尔逆向扩散来处理。

（2）单向扩散

考虑如图 11-3 所示的量筒底部的水层向顶部大气的扩散过程。由于水面上水分的蒸发，水蒸气不断地向上扩散。此外，设在量筒口有一股极低流速的气流不断地把水蒸气带走，则可建立起一个稳态的扩散过程来。假设：(1) 扩散过程是稳态的；(2) 系统是等温的；(3) 水面上方气空间的压力 p_0 为常数；(4) 混合气体可以作为理想气体处理。据此，下面来导出这时水面上水蒸气向上扩散的物质的量的通量密度计算式。首先来分析水面上方气空间中的压力关系。由假定可知：

$$p_0=p_w+p_a=\text{常数}$$

所以

$$\frac{dp_a}{dx}=\frac{dp_w}{dx} \tag{a}$$

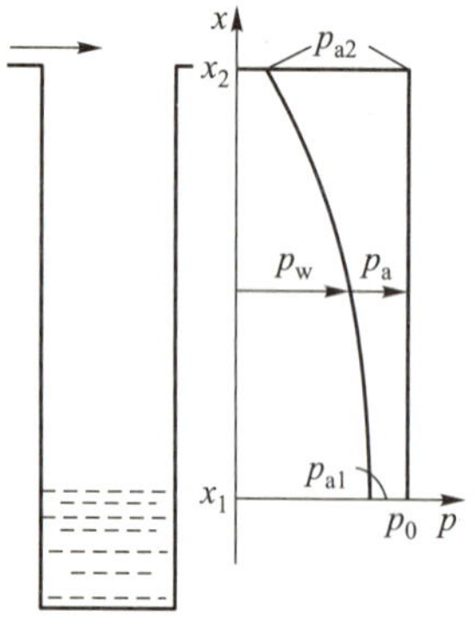

图 11-3　单向扩散

注意，与等摩尔逆向扩散不同，这里$\frac{dp_a}{dx}$并不是常数，系统中 p_a、p_w 的变化定性地示于图 11-3 中。由图可见，空气的分压力梯度在接近水面处几乎为零。这是因为空气在水中的溶解度几乎为零，因而不能向水中扩散。由于在这一过程中水面上的水蒸气不断地向空气扩散，而空气不能进入水面，因而称为单向扩散。但另一方面，量筒口处空气的分压力显然要大于水面上的分压力，因而必然有空气不断地从量筒口向量筒底扩散，这样便会在水平面上积聚越来越多的空气。为了维持一个稳定的扩散过程，可以设想一定会有一股沿水面的法线方向向上流动的混合气流。该混合气流中夹带有空气，以补偿从量筒口向水面的空气扩散。在量筒的任一截面上这股向上的气流的流速应使该截面上空气的净质量交换率（空气向下扩散与补偿气流向上夹带的空气之

差)为零,即:

$$N_a = -\frac{D}{RT}\frac{dp_a}{dx} + c_{a,x}v_x = 0 \tag{b}$$

式中,$c_{a,x}$、v_x 分别为 x 截面处气体中空气的物质的量浓度及补偿气流的流速。由此得

$$v_x = \frac{D}{RT}\frac{dp_a}{dx}\frac{1}{c_{a,x}} = -\frac{1}{c_{a,x}}\frac{D}{RT}\frac{dp_w}{dx} \tag{c}$$

于是,该截面上水蒸气的总质量交换率为

$$N_w = -\frac{D}{RT}\frac{dp_w}{dx} + v_x c_{w,x} = -\frac{D}{RT}\frac{dp_w}{dx} - \frac{D}{RT}\frac{dp_w}{dx}\frac{c_{w,x}}{c_{a,x}} \tag{d}$$

对于理想气体,有

$$c_{w,x} = \frac{p_w}{RT}, \quad c_{a,x} = \frac{p_a}{RT}$$

所以

$$\frac{c_{w,x}}{c_{a,x}} = \frac{p_w}{p_a} \tag{e}$$

将式(e)代入式(d)得

$$N_w = -\frac{D}{RT}\frac{p_w + p_a}{p_a}\frac{dp_w}{dx} = -\frac{D}{RT}\frac{p_0}{p_0 - p_w}\frac{dp_w}{dx} \tag{11-7}$$

这是在斐克定律的基础上考虑了单向扩散特点后得出的物质的量的通量密度计算式,称为斯蒂芬(Stephan)定律。

为了得出用两个截面上的分压力表示的扩散过程中物质的量的通量密度的计算式,将式(a)代入式(11-7)得

$$\frac{dp_a}{p_a} = \frac{RT}{Dp_0}N_w dx \tag{f}$$

将此式从截面 1 到截面 2 积分,并利用稳态过程中 N_w 与 x 无关的条件,可得

$$N_w = \frac{Dp_0}{RT}\frac{1}{\Delta x}\ln\frac{p_{a2}}{p_{a1}} \tag{11-8}$$

如果以水蒸气的气体常数 R_w 来代替摩尔气体常数 R,则计算得到的是质量通量密度(单位时间内单位截面积上所扩散的质量),即

$$M_w = \frac{Dp_0}{R_w T}\frac{1}{\Delta x}\ln\frac{p_{a2}}{p_{a1}} \tag{11-9}$$

式(11-8)、式(11-9)称为斯蒂芬定律的积分表达式,其中 $\Delta x = x_2 - x_1$。

11.1.3 克努森扩散

克努森(Knudsen)扩散是发生在微纳尺度下的组分扩散过程。克努森数(Kn)的定义可参照 6.5.1 节的内容。具体来说,当组分扩散空间的特征尺度接近或小于分子的平均自由程时(图 11-4),组分分子与固体壁面碰撞的频率将接近或大于分子与分子间的碰撞频率,因此分子扩散的难度增大,其扩散系数降低。克努森扩散在科学与工程问题中广泛存在,如在燃料电池膜电极催化层中,碳载体颗粒间孔隙的平均孔径约为 40~50 nm,小于氧气常温常压下的平均自由程

约 68 nm，反应气体的扩散受到孔隙壁面约束，扩散系数降低；此外，气体还会从碳颗粒间的大孔进入碳载体颗粒内部的微孔中（小于 10 nm），在更小尺寸的孔隙中，克努森扩散更加显著[1-2]。

克努森扩散系数可通过如下公式计算：

$$D_{Kn}=\frac{d_p}{3}\sqrt{\frac{8RT}{\pi M}} \tag{11-10}$$

式中：d_p 为局部孔径，m；M 为分子的摩尔质量，kg/mol。考虑克努森扩散后组分分子的有效扩散系数包含二元扩散系数和克努森扩散系数：

$$D_{eff}=(D_b^{-1}+D_{Kn}^{-1})^{-1} \tag{11-11}$$

D_b 为式（11-3）中的组分二元扩散系数。

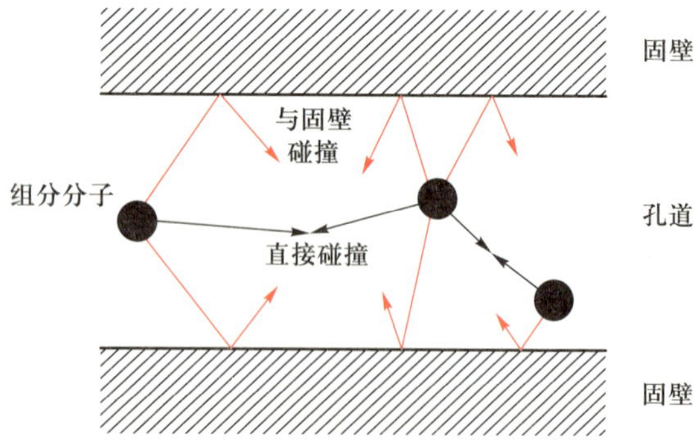

图 11-4　克努森扩散过程示意图

以氧气在燃料电池催化层的微纳孔隙中的扩散为例，假定温度为 333 K，D_b 取值为 2.66×10^{-5} m²/s，采用式（11-10）和式（11-11）计算的 D_{Kn} 与 D_{eff} 随孔径变化的结果如图 11-5 所示。可以看到，随着孔径减小，D_{Kn} 减小；当孔径为 10 nm 时，D_{Kn} 甚至比 D_b 低约一个数量级，此时 D_{eff} 主要由 D_{Kn} 决定。不难发现，对于微纳尺度孔隙中发生的扩散过程，考虑克努森扩散是非常有必要的。

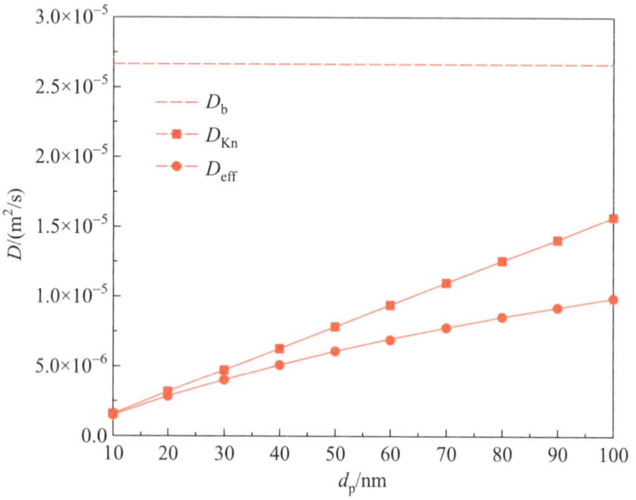

图 11-5　D_b、D_{Kn} 与 D_{eff} 随孔径变化规律

例题 11-1　量筒底层水的蒸发率计算

直径为 10 mm 的量筒底部的水层向空气中扩散。水面至量筒口的高度为 150 mm，量筒口处的大气为干空气，整个系统处于 25 ℃的条件下。试计算水的蒸发率。

题解

分析：可用式（11-9）求质量通量密度。由附录 19 知 1 标准大气压 313 K 时，$D_0=0.288\times10^{-4}$ m²/s。利用式（11-4），计算得 $D=0.256\times10^{-4}$ m²/s。水蒸气在量筒底面水层上的分压力为 25 ℃下的饱和压力，由详细的水蒸气表（见文献[3]第 456 页）查出为 $p_{w1}=0.0317\times10^5$ Pa。量筒口为干空气，$p_{w2}=0$。

计算：

$$p_{a1}=p_0-p_{w1}=(1.0132-0.0317)\times10^5\ \text{Pa}=0.9815\times10^5\ \text{Pa}$$

$$p_{a2}=p_0-p_{w2}=(1.0132-0)\times10^5\ \text{Pa}=1.0132\times10^5\ \text{Pa}$$

$$M_w=\frac{Dp_0}{R_wT}\frac{1}{\Delta x}\ln\frac{p_{a2}}{p_{a1}}=\frac{0.256\times10^{-4}\ \text{m}^2/\text{s}\times1.0132\times10^5\ \text{Pa}}{\frac{8314}{18}\text{m}^2/(\text{s}^2\cdot\text{K})\times298\ \text{K}\times0.15\ \text{m}}\times\ln\frac{1.0132\times10^5\ \text{Pa}}{0.9815\times10^5\ \text{Pa}}$$

$$=3.99\times10^{-6}\ \text{kg}/(\text{m}^2\cdot\text{s})$$

$$\text{蒸发率}=M_wA=3.99\times10^{-6}\ \text{kg}/(\text{m}^2\cdot\text{s})\times3.14\times(5\times10^{-3}\ \text{m})^2$$

$$=3.13\times10^{-10}\ \text{kg/s}$$

讨论：如果用精密的天平测定在一定时间间隔内量筒中液体的蒸发率，则可由式(11-9)来确定该液体的蒸气在空气中的扩散系数。

11.2 对流传质及表面传质系数

11.2.1 对流传质表面传质系数

对流传质(又称质对流)是指当流体流经一个相界面时与界面之间发生的质量交换。这种界面可以是液体表面也可以是固体表面，如图 11-6 所示。在对流传质过程中所传递的质量也采用类似于牛顿冷却公式的形式来计算：

$$N_A=h_m(c_{A,w}-c_{A,f}) \tag{11-12a}$$

$$M_A=h_m(\rho_{A,w}-\rho_{A,f}) \tag{11-12b}$$

式中：$c_{A,w}$、$\rho_{A,w}$ 分别为界面处组分 A 的物质的量浓度与质量浓度，单位分别为 kmol/m^3、kg/m^3；$c_{A,f}$、$\rho_{A,f}$ 分别为主流中组分 A 的物质的量浓度与质量浓度，单位分别为 kmol/m^3、kg/m^3；h_m 为表面传质系数，m/s。

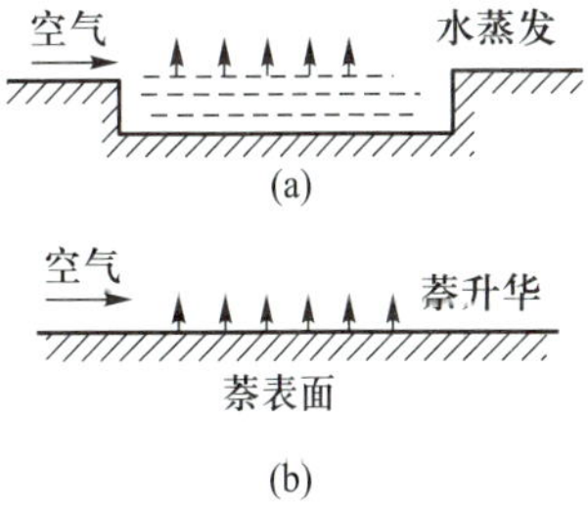

图 11-6 对流传质举例

上式也和牛顿冷却公式一样，只是表面传质系数的定义式。确定表面传质系数的计算是对流传质的主要研究内容。本节的重点将放在讨论对流传质与对流传热过程的类似点和不同点上，并阐明在什么条件下可以利用比拟关系获得表面传质系数的计算式。本书下面讨论的内容是 5.4 节中所介绍的类比法的基本思想的拓宽与应用。

11.2.2 对流传热与传质的类比

现在以空气平行地吹过一块萘表面的对流传质过程为例进行讨论，目的是找出离开前缘点 x 处的局部表面传质系数以及该段中的平均表面传质系数。对对流传质问题的理论求解实质上与对流换热的求解相类似，即是要得出壁面附近萘蒸气的浓度分布，然后应用斐克定律及式(11-12)来获得传质系数 h_m。这一对流传质问题与对应的对流传热问题的对比示于表 11-2。

表 11-2　对流传热与对流传质的对比

对比内容	对流传热	对流传质
图示	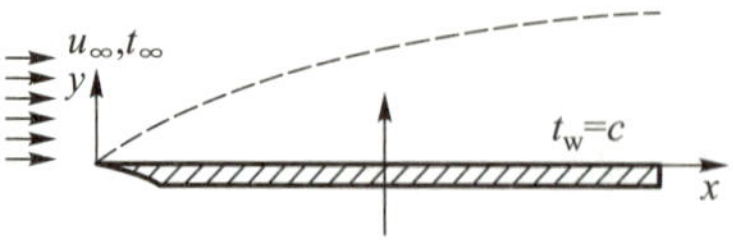	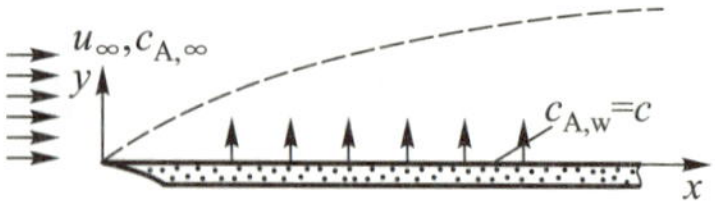
控制方程	$\frac{\partial u}{\partial x}+\frac{\partial v}{\partial y}=0$ $u\frac{\partial u}{\partial x}+v\frac{\partial u}{\partial y}=\nu\frac{\partial^2 u}{\partial y^2}$ $u\frac{\partial t}{\partial x}+v\frac{\partial t}{\partial y}=a\frac{\partial^2 t}{\partial y^2}$	$\frac{\partial u}{\partial x}+\frac{\partial v}{\partial y}=0$ $u\frac{\partial u}{\partial x}+v\frac{\partial u}{\partial y}=\nu\frac{\partial^2 u}{\partial y^2}$ $u\frac{\partial c_A}{\partial x}+v\frac{\partial c_A}{\partial y}=D\frac{\partial^2 c_A}{\partial y^2}$
边界条件	$y=0:u=v=0,t=t_w$ $y\to\infty:u\to u_\infty,t\to t_\infty$	$y=0:u=0,v=v_w\approx 0,c_A=c_{A,w}$ $y\to\infty:u\to u_\infty,c_A\to c_{A,\infty}$
转移率方程	$-\lambda\left(\frac{\partial t}{\partial y}\right)_{y=0}=h(t_w-t_\infty)$	$-D\frac{\partial c_A}{\partial y}=h_m(c_{A,w}-c_{A,\infty})$
假定条件	流体物性为常数	(1) 组分 A 在空气中的浓度很低,流体的物性仍可按空气的物性计算; (2) 界面上质交换率很小,界面速度 v_w 可以略而不计
相似特征数	$Nu=\frac{hl}{\lambda}=\frac{\partial\left(\frac{t-t_w}{t_\infty-t_w}\right)}{\partial(y/l)}\Bigg\vert_{y=0}$ $Pr=\frac{\nu}{a}=\frac{\text{动量边界层厚度}}{\text{热边界层厚度}}$	$Sh=\frac{h_m l}{D}=\frac{\partial\left(\frac{c_A-c_{A,w}}{c_{A,\infty}-c_{A,w}}\right)}{\partial(y/l)}\Bigg\vert_{y=0}$ $Sc=\frac{\nu}{D}=\frac{\text{动量边界层厚度}}{\text{浓度边界层厚度}}$
层流分析解	$Nu_x=0.332Re_x^{1/2}Pr^{1/3}$ $Nu=0.664Re^{1/2}Pr^{1/3}$	$Sh_x=0.332Re_x^{1/2}Sc^{1/3}$　(11-13a) $Sh=0.664Re^{1/2}Sc^{1/3}$　(11-13b)

浓度守恒方程的推导

由上表可见,当一种组分的浓度比较低、质量通量密度比较小时,界面上质交换引起的法向速度 v_w 相对很小,从而可以不计其影响,这时对流换热与对流传质在相同的定解条件下可以得到形式完全一致的结果。实用上确实存在很多可以满足上述限制条件的问题。以上的讨论是对层流进行的,对湍流的情形也可以得出同样的结论。在上表中边界层内组分 A 的浓度守恒方程是从类比于对流传热的能量守恒方程写出的,没有严格推导。实际上这个质量守恒方程可类似于 5.2.1 节推导以温度表示的能量守恒方程那样导出。

表 11-2 中引入了与 Nu 对应的舍伍德(Sherwood)数 Sh 以及与 Pr 对应的施密特(Schmidt)数 Sc。当对流换热与对流传质具有相同的单值性条件时,在表 11-2 所示的条件下有

$$Nu=CRe^mPr^n,Sh=CRe^mSc^n \tag{11-14}$$

于是有

$$\frac{Nu}{Sh}=\left(\frac{Pr}{Sc}\right)^{n} \quad 或 \quad \frac{hl}{\lambda}\frac{D}{h_{m}l}=\left(\frac{\nu}{a}\frac{D}{\nu}\right)^{n} \tag{11-15}$$

即

$$\frac{h}{h_{m}}=\left(\frac{D}{a}\right)^{n}\frac{\lambda}{D}=\rho c_{p}\left(\frac{a}{D}\right)^{1-n}=\rho c_{p}Le^{1-n} \tag{11-16}$$

式中,比值 a/D 称为刘易斯(Lewis)数,记为 Le。式(11-16)称为刘易斯关系式。n 值一般在 0.33~0.4。式(11-15)、式(11-16)给出了两个类似现象之间的类比关系。除了表 11-2 中所讨论的外掠层流边界层的情形外,表 11-3 中还给出了另外两个可以类比的例子。表中管内强制对流传质的关联式适用于湿壁塔这一类传质设备。湿壁塔这种传质装置由多根竖管组成,管内壁被一层向下流动的液膜所覆盖,气体由下向上流经管内,在气液界面上发生对流传质过程。关联式中 Re 中的流速是气体相对于管子的流速,而特征长度为管内径 d。

表 11-3 强制对流传热与传质的对比

传递方式	对流传热	对流传质[4]
管内层流充分发展段	给定壁温 $Nu=3.66$	给定浓度 $Sh=3.66$
	给定热流密度 $Nu=4.36$	给定质交换率 $Sh=4.36$
管内湍流充分发展段	$Nu=0.023Re^{0.8}Pr^{0.3}$(流体被冷却)	$Sh=0.023Re^{0.83}Sc^{0.33}$ (11-17) $2\times10^{3}<Re<7\times10^{4}$ $0.6<Sc<2\,500$
外掠平板湍流	$Nu_{x}=0.029\,2Re_{x}^{0.8}Pr^{0.33}$ $Re_{x}>5\times10^{5}$	$Sh_{x}=0.029\,2Re_{x}^{0.8}Pr^{0.33}$ (11-18) $Re_{x}>5\times10^{5}$

值得指出,从固体表面散发气相介质的质交换现象除了上面提到的升华现象外,从家具、建材表面散发甲醛等易挥发性有机物气体(volatile organic compound,VOC)也是非常典型的质扩散及质对流现象。根据文献[5]的报道,装饰用板材向空气扩散 VOC 的扩散系数大致在 10^{-6}~10^{-8} m²/s,此值虽远小于水蒸气在空气中的扩散系数(10^{-4} 的量级),但是由于 VOC 对人体的危害性,室内空气品质的研究已经引起广泛关注。

例题 11-2 圆管内对流传质系数的计算

含少量碘的压力为 1.013×10^{5} Pa、温度为 25 ℃的空气,以 5.18 m/s 的速度流过直径为 3.05×10^{-2} m 的圆管。设在空气流中碘蒸气的平均物质的量浓度为 c_{m},管壁表面碘蒸气的浓度为零,试确定从气流到管壁的传质系数及碘蒸气在管子表面上的沉积率。空气-碘的质扩散率 $D=0.826\times10^{-5}$ m²/s($p=1.013\times10^{5}$ Pa,$t=25$ ℃)。

题解

假设:忽略碘蒸气对气流物性的影响,可从空气的物性表查得物性参数;假定过程已经稳定。

计算:查得空气的 $\nu=15.53\times10^{-6}$ m²/s。于是有

$$Re=\frac{ud}{\nu}=\frac{5.18\ \text{m/s}\times3.05\times10^{-2}\ \text{m}}{15.53\times10^{-6}\ \text{m}^{2}/\text{s}}=1.02\times10^{4}$$

由式(11-17)得

$$h_{m}=\frac{D}{d}\times 0.023Re^{0.83}Sc^{0.44}$$

$$=\frac{0.826\times 10^{-5}\ m^{2}/s}{3.05\times 10^{-2}\ m}\times 0.023\times(1.02\times 10^{4})^{0.83}\times\left(\frac{15.53}{8.26}\right)^{0.44}$$

$$=1.746\times 10^{-2}\ m/s$$

碘蒸气在管壁上的沉积是对流传质过程,故有

$$N=h_{m}(c_{m}-c_{w})=1.746\times 10^{-2}\ m/s\times(c_{m}-0)$$

$$=1.746\times 10^{-2}\ m/s\times c_{m}\quad [\text{单位为 kmol/(m}^{2}\cdot\text{s)}]$$

讨论:(1) 本例中忽略了碘蒸气的存在对空气物性的影响,这只有在系统中碘蒸气的浓度较低时适用。当碘蒸气的质量浓度较高时,应按混合气体的法则计算各物性。(2) 注意到,对流传质中 h_m 的单位为 m/s,这是速度的单位。由式(11-12b)可以看出,h_m 的大小代表了单位面积上由于质交换的结果组分 A 离开相界面的速度。本章中所得到的值 1.746×10^{-2} m/s 与主流速度 5.18 m/s 相比至少差两个数量级,因而是完全可以不计其影响的。

11.3 一维稳态质扩散-反应问题的理论解

本节介绍几种典型的一维稳态质扩散-反应问题的理论解,阐述耦合化学反应的传质过程的基本特征。

11.3.1 化学反应描述

化学反应在科学与工程问题中非常常见,例如氢燃料电池中的阴极氧气还原反应和阳极的氢气氧化反应。以化学反应 $A_g \rightarrow B_g$ 为例来讨论。

气体 A 经过反应生成气体 B。假设该反应的反应速率可通过如下公式计算:

$$r=kc_{A}^{\alpha} \tag{11-19}$$

式中:k 为反应动力学常数;α 为该反应的反应级数。若 α 为 1,则该反应为一级反应。反应级数表征反应物浓度对化学反应速率影响程度,反应级数越大则影响程度越大,反之则越小。本章后续内容也将以一级反应为例,对传质-反应问题进行讨论。

11.3.2 边界反应与体反应

本节主要介绍两类常见的化学反应过程,边界反应与体反应。例如在氢燃料电池的多孔电极内,氢气和氧气首先分别在阳极和阴极的电极孔隙中扩散,后在阴极和阳极催化层内部的铂金催化剂表面参与反应,呈现典型的边界反应特征;而如溶液中盐酸与碳酸钠的反应,氢离子与碳酸根离子在溶液内传质反应并产生二氧化碳和水,其没有明确的反应界面,呈现典型的体反应特征。图 11-7a 与图 11-7b 分别描述了边界反应与体反应的过程。

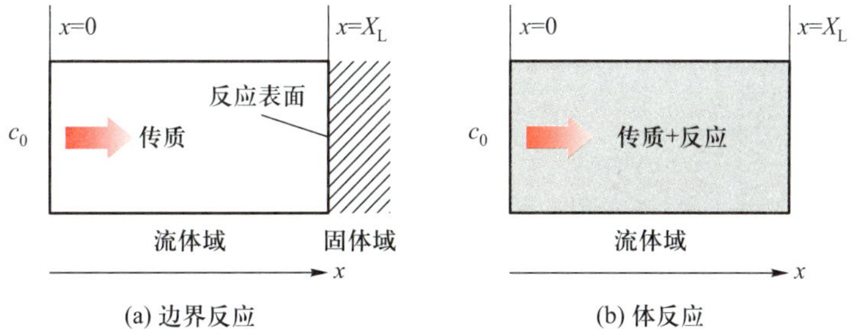

图 11-7　边界反应与体反应过程示意图

11.3.3　发生边界反应的一维稳态扩散-反应问题及其解析解

在发生边界反应的扩散-反应过程中，流体域内部不发生化学反应，因此其源项为零，此时组分浓度守恒方程可简化为

$$\frac{\mathrm{d}}{\mathrm{d}x}\left(D\frac{\mathrm{d}c_A}{\mathrm{d}x}\right)=0 \tag{11-20}$$

式(11-20)的通解为

$$c_A(x)=c_1x+c_2 \tag{11-21}$$

式中，c_1 和 c_2 为常数，可由以下边界条件确定：

$$\begin{aligned}&x=0,c_A=c_0\\&x=X_L,-D\frac{\mathrm{d}c_A}{\mathrm{d}x}=k_sc_A\end{aligned} \tag{11-22}$$

式中：c_0 为流体域入口处组分浓度；k_s 为边界反应速率常数，m/s。式(11-22)表示在流体域入口处采用第一类边界条件，在流体域右界面处采用第三类边界条件。c_1 和 c_2 的具体表达如下：

$$\begin{aligned}&c_1=-c_0\frac{k_s}{D+k_sX_L}\\&c_2=c_0\end{aligned} \tag{11-23}$$

结合式(11-21)和式(11-23)，可得反应组分 A 的浓度分布。

取 $D=1.0\times10^{-5}$ m²/s、$X_L=10$ cm、$c_0=1$ mol/m³，研究反应速率的影响。以 4 种具有不同反应速率的工况为例，k_s 分别取值 1.0×10^{-5} m/s、1.0×10^{-4} m/s、1.0×10^{-3} m/s 以及 1.0×10^{-2} m/s。组分 A 的浓度分布如图 11-8a 所示，可以看到，组分 A 从左侧进入流体域后在流体域内扩散，浓度线性降低，抵达最右侧后参与边界反应。随着 k_s 增大，反应速率逐渐增大，组分浓度逐渐降低。流体域内的总反应速率为 $k_sc_A|_{x=X_L}$ 如图 11-8b 所示。值得一提的是，可以根据浓度分布图线，将扩散-反应过程划分为反应控制区与扩散控制区。当 k_s 较小时，组分 A 的浓度整体处于较高水平，此时提高 k_s 可提高总反应速率。例如，当 k_s 从 10^{-5}m/s 提高到 10^{-4}m/s 时，总反应速率从 9×10^{-6}mol/(m²·s)提高到了约 4×10^{-5}mol/(m²·s)，此时总反应速率受 k_s 影响很大，因此处于反应控制区；当 k_s 进一步增大时，反应物浓度较小，此时提高反应速率常数几乎不影响总反应速率，例如当 k_s 从 10^{-3}m/s 提高到 10^{-2} m/s 时，总反应速率仍然约为 1×10^{-4}mol/(m²·s)。这是由于此时反应受到组分的扩散速率决定，组分 A 无法有效地扩散至反应界面，反应达到了极限反应速率工况，此时处于扩散控制区。

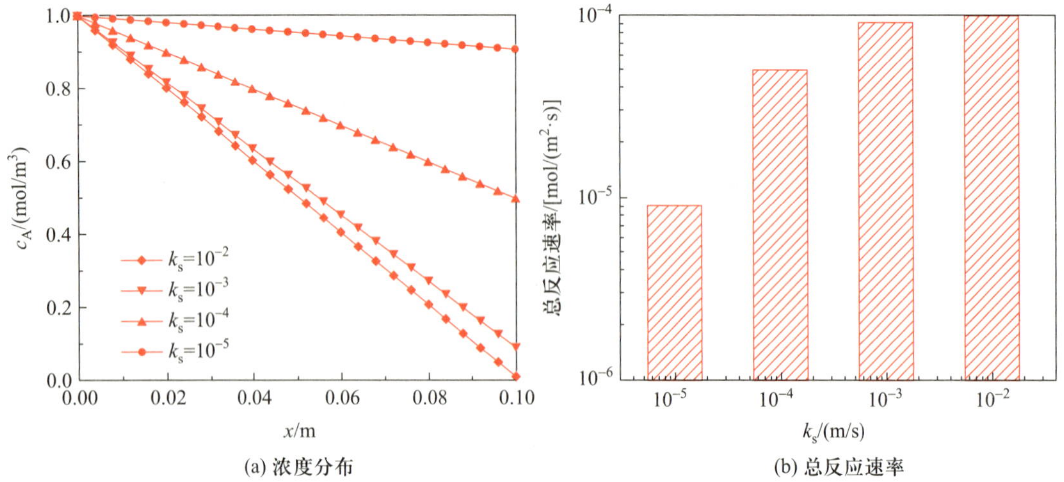

图 11-8　一维稳态传质-边界反应理论解

11.3.4　发生体反应的一维稳态扩散-反应问题及其解析解

在发生体反应的扩散-反应问题中，流体域内部发生如下化学反应过程：

$$\frac{\mathrm{d}}{\mathrm{d}x}\left(D\frac{\mathrm{d}c_{\mathrm{A}}}{\mathrm{d}x}\right)=kc_{\mathrm{A}} \tag{11-24}$$

式(11-24)的通解为

$$c_{\mathrm{A}}(x)=\beta_1\exp(\alpha x)+\beta_2\exp(-\alpha x) \tag{11-25}$$

式中：k 为体反应速率常数，单位为 1/s；$\alpha=\sqrt{\dfrac{k}{D}}$ 表示反应速率与扩散系数的比值，单位为 1/m；β_1 和 β_2 为常数，可由以下边界条件确定

$$\begin{aligned}&x=0,c_{\mathrm{A}}=c_0\\&x=X_{\mathrm{L}},-D\frac{\mathrm{d}c_{\mathrm{A}}}{\mathrm{d}x}=0\end{aligned} \tag{11-26}$$

式(11-26)表示在流体域入口处采用第一类边界条件，在流体域右界面处采用零通量边界条件。β_1 和 β_2 的具体表达如下：

$$\begin{aligned}\beta_1&=\frac{\exp(-Th)}{\exp(-Th)+\exp(Th)}c_0\\\beta_2&=\frac{\exp(Th)}{\exp(-Th)+\exp(Th)}c_0\end{aligned} \tag{11-27}$$

其中 Th 为蒂勒(Thiele)模量，定义为 $Th=X_{\mathrm{L}}\alpha$，其物理意义为流体域中化学反应与扩散的相对强弱。结合式(11-24)和式(11-27)，可得反应组分 A 的浓度分布。

进一步地，可通过求解反应物在左边界的通量获得其总反应速率

$$\Psi=-D\nabla c=c_0\tanh(Th)\sqrt{Dk} \tag{11-28}$$

取 $D=1.0\times10^{-5}\ \mathrm{m^2/s}$、$X_{\mathrm{L}}=10\ \mathrm{cm}$、$c_0=1\ \mathrm{mol/m^3}$。研究 4 种具有不同反应速率的工况，$k$ 分别取值 $1.0\times10^{-5}\ \mathrm{s^{-1}}$、$1.0\times10^{-3}\ \mathrm{s^{-1}}$、$1.0\times10^{-1}\ \mathrm{s^{-1}}$ 以及 $1.0\times10^{1}\ \mathrm{s^{-1}}$。对应的 Th 分别为 10^0、10^1、10^2 以及

10^3。组分 A 的浓度分布如图 11-9a 所示。可以看到，组分 A 从左侧传入流体域后发生反应，浓度逐渐降低，在最右侧达到最低。此外，随着 *Th* 增大，反应速率逐渐增大，组分浓度进一步降低。图 11-9b 绘制了不同 *Th* 下组分 A 的总反应速率变化。可以看到，当 *Th* 较小的时候，总反应速率随着 *Th* 增大而迅速增大，此时对应反应控制区，反应动力学主导总反应速率；当 *Th* 较大时总反应速率的增加幅度变小，对应扩散控制区，扩散速率主导总反应速率。

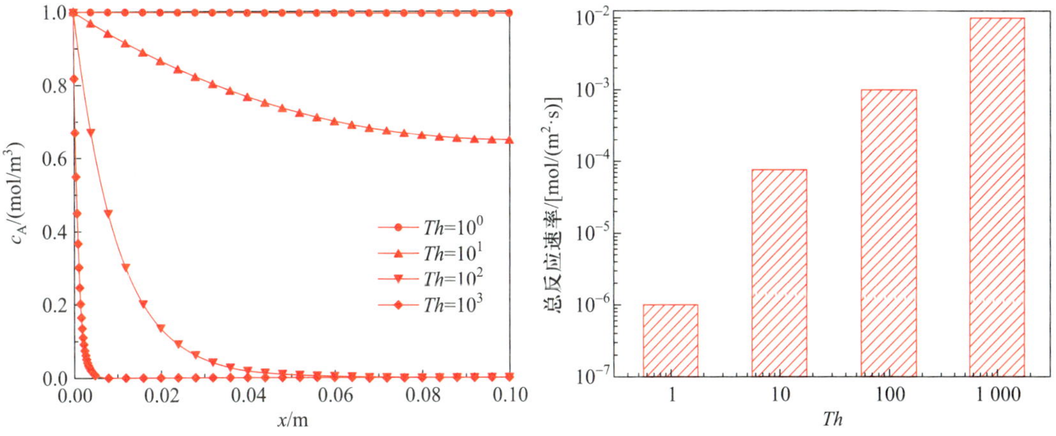

(a) 浓度分布　　(b) 总反应速率

图 11-9　体反应理论解

一维稳态含化学反应对流传质问题的解析解

实际的带化学反应的质扩散问题常常在流体中发生，因此是带化学反应的质对流扩散问题。

例题 11-3　氢燃料电池电流密度计算

在氢燃料电池中，催化层是发生化学能向电能转化的场所。氧气在催化层中扩散，并与质子和电子发生如下电化学反应：

$$O_2+4H^++4e^-=2H_2O \tag{11-29}$$

假设氧气在催化层中发生如 11.3.4 节所示的一维稳态扩散-反应过程，氧气在催化层左侧入口（$x=0$）的边界条件为恒定浓度的第一类边界条件，c_0 为 10 mol/m^3；氧气在催化层右界面（$x=X_L$）为无通量边界条件。已知氧气在催化层中的有效扩散系数 D 为 1.0×10^{-7} m^2/s，反应速率常数 k 为 1 000 s^{-1}，催化层的厚度 X_L 为 5 μm，试计算催化层中氧气总反应速率 Ψ。

并已知催化层平面面积上的电流密度 I 和氧气总反应速率 Ψ 关系如下：

$$I=nF\Psi \tag{11-30}$$

式中：n 为单位摩尔氧气消耗的电荷摩尔数，根据式（11-29）可知 n 为 4；F 为法拉第常数 96 485 C/mol。试计算此时产生的电流密度。

题解

分析：可基于式（11-24）和式（11-27）获得氧气浓度分布的理论解，通过式（11-28）可求解氧气的总反应速率。具体求解过程中，需先根据 k 与 D 的数值求得 α，进而求得 Th。将 c_0、Th、D 以及 k 代入式（11-28）即可求得氧气的总反应速率。

计算：

$$\alpha=\sqrt{\frac{k}{D}}=\sqrt{\frac{1\ 000\ \mathrm{s}^{-1}}{1.0\times10^{-7}\ \mathrm{m}^2/\mathrm{s}}}=1.0\times10^5\ \mathrm{m}^{-1}$$

$$Th=X_{\mathrm{L}}\alpha=5.0\ \mu\mathrm{m}\times1.0\times10^5\ \mathrm{m}^{-1}=0.5$$

计算得到氧气总反应速率及电流密度为

$$\Psi=c_0\tanh(Th)\sqrt{Dk}=1.0\ \mathrm{mol/m^3}\times\tanh(0.5)\times\sqrt{1.0\times10^{-7}\ \mathrm{m^2/s}\times1\ 000\ \mathrm{s}^{-1}}$$

$$=4.621\ 2\times10^{-2}\ \mathrm{mol/(m^2\cdot s)}$$

$$I=nF\Psi=4\times96\ 485\ \mathrm{C/mol^3}\times4.621\ 2\times10^{-2}\ \mathrm{mol/(m^2\cdot s)}=1.783\ 5\ \mathrm{A/cm^2}$$

质子交换膜燃料电池简介

讨论：如果氢燃料电池操作在电压 0.5 V，此时的电池功率密度为电压 U×电流密度 I= 0.891 7 W/cm²，对于一个反应面积为 25 cm² 的电池，功率可达 22.29 W。如若实际应用中需要 1 kW，可采用 45 片左右的电池堆积的方式，这也是实际应用中采用氢燃料电池堆的原理。一个 1 kW 的氢燃料电池堆发出的电基本可以满足一个家庭的日常用电。

本章小结与应用

1. 本章小结

本章以两种组分所构成的混合物（二元混合物）为对象简要介绍了传质学的最基本的内容。对于质对流仅限于一种组分的浓度相对很小的情形。在这些条件下传热与传质在很多方面存在着类似的规律性，本节也主要是从这一角度介绍的。其中表 11-1 归纳了扩散传递过程的类比，表 11-2、表 11-3 则汇总了对流传递过程的比较。同时对于一维的有化学反应的扩散传质过程介绍了组分的分析解。注意，与传热学不同的是，质扩散有等摩尔逆向扩散与单向扩散之别，在传热学中不存在与等摩尔逆向扩散对应的传导过程；其次，传质学没有与辐射相对应的传递过程。传质学的内容相当丰富，对于不符合本章介绍条件的传质过程，无论扩散与对流其规律性都要复杂得多。读者欲更多地了解传质学及其应用，可参考有关专著[4,6-7]。

2. 本章应用举例——质量与热量同时存在的传递过程分析

在工程技术中常会遇到同时存在质交换及热交换的情形。这里以干湿球温度计为例来分析传热、传质过程中的温度差及浓度差之间的关系。

干湿球温度计是用来测定空气相对湿度的仪器，在热力学课程中曾经在绝热、饱和的条件下获得了如何由干、湿球温度计算相对湿度的方法[3,8]。其实，热力学中假设经过湿球后空气已达到饱和是一种理想的情况，下面从传热、传质过程的观点来分析这一过程。

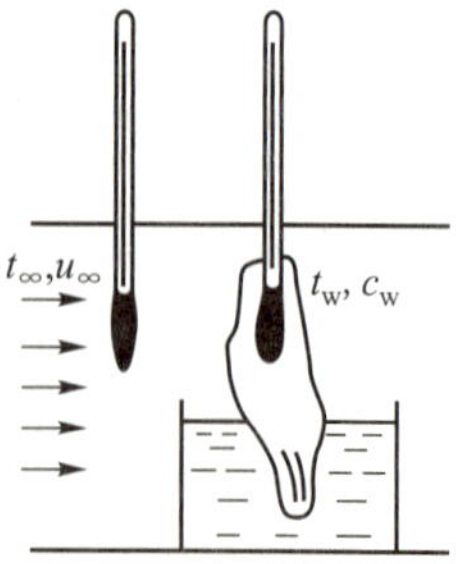

图 11-10　干湿球温度计示意图

如图 11-10 所示，当一股温度为 t_∞、水蒸气的质量浓度为 ρ_∞ 的气流吹过湿球时，同时发生着对流传质及对流传热。首先，水蒸气由湿球上的水膜进入空气流中，水膜表面水蒸气的分压力即为湿球温度 t_{w} 下的饱和蒸汽压力。设相应的水蒸气的质量浓度为 ρ_{w}，于是在单位水膜面积上的质交换为

$$M_{\mathrm{w}}=h_{\mathrm{m}}(\rho_{\mathrm{w}}-\rho_\infty)\tag{g}$$

由于水分的蒸发要吸收潜热，从而使水膜温度降低（t_{w} 低于干球温度 t_∞），

气流与水膜表面间又产生了对流换热，单位面积上的换热为

$$q=h(t_\infty-t_w) \tag{h}$$

达到热平衡时，气流传给水膜的热量等于水分蒸发所消耗的潜热，即

$$h_m(\rho_w-\rho_\infty)r=h(t_\infty-t_w)$$

其中 r 为水的汽化潜热。于是得

$$\rho_\infty=\rho_w-\frac{1}{r}(t_\infty-t_w)\frac{h}{h_m} \tag{i}$$

所研究的对流传质与传热问题具有相同的单值性条件，因而刘易斯关系式（11-16）适用。代入式（i）（取 $n=1/3$）得

$$\rho_\infty=\rho_w-\frac{t_\infty-t_w}{r}\rho c_p\left(\frac{a}{D}\right)^{2/3} \tag{11-31}$$

这就是按传热、传质分析得出的来流中水蒸气浓度的计算式，由此可以计算出其相对湿度。计算时物性可按 $(t_\infty+t_w)/2$ 确定。

例题 11-4　干湿球温度计测量湿度的分析

总压力为 1.013×10^5 Pa 的湿空气，干球温度为 20 ℃，湿球温度为 10 ℃，试确定相对湿度。

题解

假设：含有水蒸气的空气按理想气体处理，取水蒸气在空气中扩散时的 $Sc=0.60$，空气的 $Pr=0.70$。

计算：

$$\frac{a}{D}=\frac{Sc}{Pr}=\frac{0.60}{0.70}=0.857,\quad \left(\frac{a}{D}\right)^{2/3}=0.902$$

按平均温度 15 ℃查空气物性，得 $\rho=1.226\ \text{kg/m}^3$，$c_p=1.005\ \text{kJ/(kg·K)}$。由水蒸气性质表查得，与湿球温度对应的饱和蒸汽压 $p_w=1.227\times10^3$ Pa。于是有

$$\rho_w=\frac{p_w}{R_wT}=\frac{1.227\times10^3\ \text{Pa}}{\dfrac{8\ 314}{18}\ \text{m}^2/(\text{s}^2\cdot\text{K})\times283\ \text{K}}=0.009\ 4\ \text{kg/m}^3$$

水蒸气在 10 ℃时的汽化潜热 $r=2\ 477.7$ kJ/kg。由式（11-31）可得

$$\begin{aligned}\rho_\infty&=\rho_w-\frac{t_\infty-t_w}{r}\rho c_p\left(\frac{a}{D}\right)^{2/3}\\&=0.009\ 4\ \text{kg/m}^3-\frac{20\ ℃-10\ ℃}{2\ 477.7\ \text{kJ/kg}}\times1.226\ \text{kg/m}^3\times1.005\ \text{kJ/(kg·K)}\times0.901\\&=(0.009\ 4-0.004\ 48)\ \text{kg/m}^3=0.004\ 92\ \text{kg/m}^3\end{aligned}$$

据理想气体状态方程，来流中水蒸气的分压力为

$$p=\rho R_wT=0.004\ 92\ \text{kg/m}^3\times462\ \text{m}^2/(\text{s}^2\cdot\text{K})\times283\ \text{K}=6.43\times10^2\ \text{Pa}$$

20 ℃时水蒸气的饱和压力 $p_s=2.34\times10^3$ Pa，故得相对湿度值为

$$\frac{0.643}{2.34}\times100\%=27.5\%$$

讨论：按 t_w 是绝热饱和温度可算得相对湿度为 24.5%[6]。就湿度测定而言，这两个结果间的差异是可以接受的。同时，考虑到传热、传质计算中在 Sc 取值上的不确定性，因而实用上常采用热力学的方法由干球温度及湿球温度来确定相对湿度[5-6]。

复习题

1. 传热学、传质学与流体力学常被称为“三传”。试简述“三传”过程中传递率的计算方式，所用到的各量和符号的意义。

2. 质量扩散系数、表面传质系数的单位各是什么，具有什么意义？

3. 说明应用刘易斯关系式的条件。

4. 请说明传质-反应过程中反应控制区和传质控制区的条件。

5. 举例说明涉及传热与传质知识的生活与工业过程，阐述传热学、传质学知识在解决其中关键问题时的作用。

习题

扩散传质

11-1　一输送氧气的橡皮管，外径为 12 mm，厚 1.5 mm。在稳定情况下内表面上氧气的浓度为 0.05 $kmol/m^3$，外表面上氧气的浓度为 0.010 7 $kmol/m^3$，氧气在该橡皮管中的扩散系数为 $1.5\times10^{-9}\ m^2/s$。试计算每小时内每米长管子上通过橡皮管的氧气扩散量。

11-2　两容器中均盛有空气与二氧化碳的混合物，但两混合物的成分比例不同。容器 1 中含有 0.08 kmol 的空气及 0.02 kmol 的二氧化碳；容器 2 中含有摩尔分数（某组分的物质的量与混合物的量之比）为 30% 的空气及摩尔分数为 70% 的二氧化碳。两容器中的压力均为 1.013×10^5 Pa，温度均为 25 ℃。两容器被一内径为 100 mm、长 2 m 的管道相连接。试确定两容器间二氧化碳的交换率。

11-3　一敞开的直径为 15 cm、深 7.5 cm 的平底容器，底部盛有薄薄一层 25 ℃的水。容器开口处的空气温度为 25 ℃，压力为 1.013×10^5 Pa，空气的相对湿度为 50%。试计算此时水的蒸发率。

11-4　采用图 11-3 所示设备来测定水蒸气在空气中的扩散系数。试验用量筒内径为 30 mm，水面离开量筒边缘的距离为 100 mm，筒底水温及环境温度均为 25 ℃，相对湿度为 30%。一股气流吹过筒口 1 h 后，用精密天平测得水的损失为 10.7 mg。试确定在此试验条件下水蒸气在空气中的扩散系数。大气压力下为 1.013×10^5 Pa。

11-5　一试管内径为 2 cm，底部盛有 26 ℃的苯液体。从液面到试管顶端的距离为 20 cm。已知 26 ℃下苯的饱和压力为 0.133×10^5 Pa。D 的数值可按 25 ℃时的数据取用。空气与苯液处于热平衡，且空气中不含苯蒸气。试计算苯的蒸发率。空气压力为 1.013×10^5 Pa。

对流传质

11-6　压力为 1.013×10^5 Pa、温度为 25 ℃的干空气，吹过一块 30 cm×30 cm 的冰块，速度为 1.5 m/s。冰块除了暴露于气流中的表面外，其余表面无质交换。试计算每小时内因质交换而引起的冰块质量的损失。

11-7　一温度计的温包被湿布包覆。当压力为 1.013×10^5 Pa 的干燥空气吹过该温包时，温度计示值为 22 ℃。试计算干空气的温度。计算时取 $Sc/Pr=0.845$。

11-8　相对湿度为 50%、温度为 40 ℃的空气，以 2 m/s 的速度吹过长 10 m 的游泳池。池水温度为 30 ℃。试估算风吹到游泳池的尽头时每平方米水面上的蒸发量。

11-9　平均温度为 25 ℃的干空气，以 6.5 m/s 的速度流过内径为 2.5 cm、长 1.5 m 的圆管。管子内壁上覆盖有一层薄薄的水膜，管壁温度维持在 25 ℃。试计算每秒钟内空气所带走的水量。

11-10　习题 11-7 的结果表明，可以用在温度计温包外加湿布套的方法来扩大温度计的读数。今有一股温度较高的干燥空气,用最大量程为 50 ℃的温度计测量该气流的温度。在该温度计的温包外加了湿套以后,读得温度为 35 ℃。试估算气流的真实温度。气流压力为 1.013×10^5 Pa。

11-11 相对湿度为 40%、温度为 25 ℃的空气,以 4 m/s 的速度进入内径为 8 cm 的竖直管,而 25 ℃的水则沿内表面缓慢地流下。试计算为使出口气流的湿度达到饱和所需的管子长度。气流压力为 1.013×10^5 Pa。

11-12 空气以 5 m/s 的速度掠过 500 m×500 m 的湖面,湖水与空气均为 25 ℃。试对空气相对湿度为 10% 及 80% 的两种情况,计算整个湖面的蒸发率。

11-13 相对湿度为 45%、温度为 16 ℃的空气,以 5 m/s 的速度吹过长 0.5 m 的一块多孔平板。水可以连续不断地流过多孔平板表面以补充蒸发损失,从而使暴露于空气中的一侧面总是湿的。采用加热的方法使该板维持在 10 ℃,气流的压力为 1.013×10^5 Pa。试确定所需的加热功率。

11-14 25 ℃的不含萘的空气,在 1.013×10^5 Pa 的压力下流过一个萘平面,在离开前沿点 2 m 处,$Re_x=9\times10^4$。试计算在此 2 m 的区域内的平均传质系数。取 $Sc=2.5$。由于空气中萘的含量很少,其物性可取空气的值。

11-15 一块边长 20 cm 的正方形金属薄平板被置于一风洞中。板的上表面上覆盖了一层薄水膜,压力为 1.013×10^5 Pa、温度为 50 ℃的干空气以 15 m/s 的速度吹过平板。风洞内壁温度为 10 ℃,水膜的发射率为 1。试计算平板的稳态平衡温度。

综合题

11-16 一根外径 $d=5$ cm 的冷气输送管道裸露于空气中,表面温度为 5 ℃。用干湿球温度计测得空气的干球温度为 32 ℃,湿球温度为 25 ℃。为减少管子表面因结露而引起的冷量损失,拟在管外包扎一层 $\lambda=0.08$ W/(m·K)的保温材料,希望加保温材料后外表面不再出现水滴。试估算所需隔热材料的厚度。作为一种估算,可取保温材料外表面的复合换热表面传热系数 $h=9$ W/(m²·K),空气的 $Pr=0.7$,水蒸气在空气中扩散的 $Sc=0.6$。为不使保温材料因吸收水分而变潮湿,要在其外表面涂上一层沥青,计算时可以不考虑。

11-17 在一次空气外掠圆柱的萘升华试验中,测得以下 4 组数据:

编号	升华量/mg	试验时间/min	试件表面的萘蒸气密度/(kg/m³)	Re_f	来流温度/℃
1	3.08	60	1.2192×10^{-4}	746	9.1
2	3.10	50	1.2627×10^{-4}	902	9.4
3	2.70	38	1.2664×10^{-4}	1 123	9.4
4	2.23	25	1.4002×10^{-4}	1 289	10.4

试件的升华面积为 1.508×10^{-3} m²,Sc 为 2.5,来流中萘的浓度为零。试计算 4 种工况下的 Sh。萘试件圆柱直径为 30 mm。

11-18 30 ℃的水从内径 $d=30$ mm、$l/d>50$ 的竖管内表面以水膜形式自上而下地流动,平均温度为 20 ℃的空气以 6 m/s 的速度由下而上地掠过水膜表面。管内空气的总压力为 1.013×10^5 Pa,其中水蒸气的平均分压力为 780 Pa。设法维持壁温为 30 ℃。试求每米管子上水膜与空气间的总换热量,即由蒸发引起的潜热交换及由对流引起的显热交换的总换热量。

参考文献

[1] CHEN L, ZHANG R Y, KANG Q, et al. Pore-scale study of pore-ionomer interfacial reactive transport processes in proton exchange membrane fuel cell catalyst layer [J]. Chemical Engineering Journal, 2020, 391: 123590.

[2] CHEN L,ZHANG R Y,HE P,et al. Nanoscale simulation of local gas transport in catalyst layers of proton exchange membrane fuel cells [J]. Journal of Power Sources,2018,400,114-125.
[3] 刘桂玉,刘志刚,阴建民,等. 工程热力学[M]. 北京:高等教育出版社,1998.
[4] HINES A L,MADDOX R N. Mass transfer:fundamentals and application [M]. Englewood Cliffs:Prentice - Hall Inc.,1985:178-192.
[5] 熊建银,张寅平,李景广. 建材和家具污染散发及标识[M]//张寅平,邓启红,钱华,等. 中国室内环境与健康亚久进展报告 2012. 北京:中国建筑工业出版社,2012.
[6] 张立志. 除湿技术[M]. 北京:化学工业出版社,2004.
[7] 华泽钊. 冷冻干燥技术[M]. 北京:科学出版社,2006.
[8] 沈维道,郑佩芝,蒋淡安. 工程热力学[M].2 版. 北京:高等教育出版社,1993:39.

第 12 章

传热学专题及近期进展

从本书前面11章的内容可以发现，近年来学者们在导热、对流、辐射及换热器设计等领域均取得了新的研究成果。值得注意的是，相关新理论、新方法和新技术如机器学习的发展，也为传热学研究注入了新的活力。本章遴选一二，重点介绍炽耗散、传热结构拓扑优化、机器学习和传热学以及变换热学和热超构材料设计方面的相关研究进展。本章的教学目的在于，激发读者的兴趣，使读者对传热学这门历久弥新的学科有更加全面的了解。需要指出的是，由于篇幅有限，还有很多传热学新成果不能逐一介绍，也请国内外学者理解。

12.1 煅及煅耗散理论

12.1.1 煅及煅耗散

在第 2 章分析导热过程时，借鉴了导电过程。我们发现，导热和导电过程及其遵循的基本定律是相似的。这里进一步列出导热过程的热流、热阻、温度和热容类比导电过程中的电流、电阻、电势和电容，见表 12-1。

表 12-1 导热过程与导电过程物理量类比

导电过程	导热过程
电量，Q_e/C	热量，Q/J
电流，I/A	热流，Φ/(J/s)
电流密度，i/(A/m^2)	热流密度，q/(W/m^2)
电势，U/V	热势，T/K
电容，$C=Q_e/U$/F	热容，$C=Q/T$/(J/K)
电阻，$R=\Delta U/I$/Ω	热阻，$R_h=\Delta T/q$/(K/W)
电导率，σ/[1/(Ω·m)]	热导率，λ/[W/(m·K)]
欧姆定律，$i=-\sigma \mathrm{d}U/\mathrm{d}l$/(A/m^2)	傅里叶定律，$q=-\lambda \mathrm{d}T/\mathrm{d}x$/(W/m^2)
电势能，$U_e=0.5Q_eU$/J	“热势能”，?

从表 12-1 发现，对比电学中的电势能，热学中并无相对应的物理量。鉴于此，清华大学过增元教授定义了热量传递势能的一个新物理量——煅(entransy)[1-3]：

$$G=\frac{1}{2}Q_{vh}T \tag{12-1}$$

式中：Q_{vh} 是储存在介质中的热量；T 为介质的温度。当比热容 c_V 为常数时，煅为

$$G=\frac{1}{2}\rho c_V VT^2 \tag{12-2a}$$

正如电容器内的电能反映了在一定时间内传递电量的能力。煅作为“热势能”，代表了一定时间内物体传递热量的能力。这里需要指出的是，煅的单位为 JK。

对于式(12-2a)定义的煅的物理意义，可做以下理解：

$$G=\frac{1}{2}\rho c_V VT^2=\frac{1}{2}(\rho c_V VT)T \tag{12-2b}$$

其中括号内的量 $\rho c_V VT$ 是该物体具有的热量(单位为 J，注意已经与温度无关)，括号外的温度是当前状态下这份热量所处的温度。显然如果这个 T 为室温，这份热量不可能再传递，只有当 T 大于室温时，才能被传递，而且 T 越高，$\rho c_V VT$ 越大，传递的能力也越大。因此 G 可以表示物体传递热量的能力。至于上式中的系数 1/2 是在理论推导过程中产生的，有兴趣的读者可参阅文献[1-2]。

在一维非稳态无源项的导热方程两边同乘以当地的温度 T，可获得如下方程：

$$\rho c_V T\frac{\partial T}{\partial \tau}=T\nabla\cdot(\lambda\nabla T)=-\nabla\cdot(qT)+q\cdot\nabla T \qquad (12-3)$$

方程左边为控制单元体内炽的变化率。右边第一项是对应导热过程的炽流，第二项表明传热过程中的炽耗散。方程(12-3)表明，在传热过程中，热量没有耗散，而炽会发生耗散，炽的耗散率为方程(12-3)右端第二项的绝对值：

$$\dot{\phi}_g=|q\cdot\nabla T|=\lambda(\nabla T)^2 \qquad (12-4)$$

我们知道，传热学是研究温差存在下热量传递规律的科学。导电过程中耗散的是电能为 $I\nabla U$ 或 I^2R。如表 12-1 表示，电流对应热流，电势差对应温度差，因此式(12-4)是关于炽耗散的定义式，与电能耗散相对应。在传热过程伴随着炽耗散。

图 12-1 为一维稳态无内热源导热问题，左右边界的温度为 T_1 和 T_2。根据导热的基础知识，可以知道从平板左边界通过导热进入平板的热量和从右边界通过导热离开平板的热量相等：

$$q_1=q_2 \qquad (12-5)$$

那么在上述过程中耗散的量是什么呢？答案即为炽。根据式(12-3)右边第二项，从左边界和右边界进入和离开平板的炽流分别为 q_1T_1 和 q_2T_2；一维稳态导热过程中的炽耗散为

$$\int q\nabla T\mathrm{d}x=q(T_2-T_1) \qquad (12-6)$$

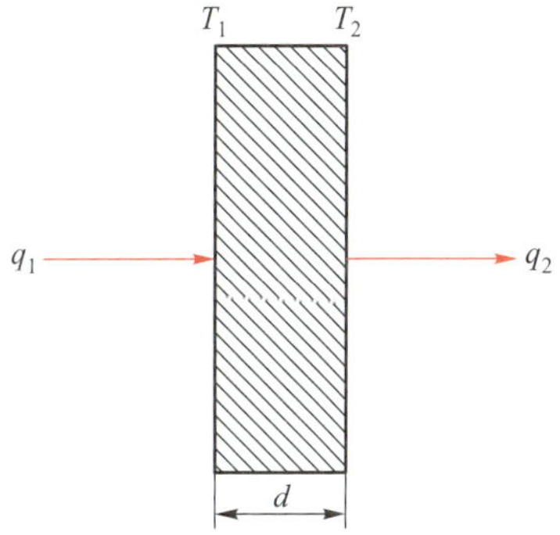

图 12-1　一维稳态无内热源导热示意图

12.1.2　炽耗散极值理论

从图 12-1 及式 12-6 可见，在给定热流下，当耗散最小时，需要导热温差值最小，这时导热过程最优，这就是给定热流密度情形下的最小炽耗散原理，其完整表述为：在导热热流给定的条件下，物体中的炽耗散最小时，则导热温差最小。针对图 12-1 中的过程，在热流给定的情况下，可以通过增加物体的导热系数来实现温差变小，从而实现炽耗散变小。

同样从图 12-1 及式 12-6 可见，如果左右温度是恒定值，热流量越大时，炽耗散也越大，这就是最大炽耗散理论，其完整表述为：在导热温差给定的情况下，当物体中的炽越大时，导热热流越大，过程最优。最小炽耗散原理和最大炽耗散理论统称为炽耗散极值原理。这一分析虽然是对于导热过程得出的，也适用于对流传热过程。文献[4]的数值仿真表明上述两种边界条件下的炽耗散极值原理，对于对流传热过程，可以统一地表示为：在任何边界条件下优化的对流传热过程，使得传递单位热量的炽耗散最小。

12.1.3　炽耗散理论与场协同原理的联系

关于场协同原理(FSP)与炽理论的关系，文献[4-5]对于 6 种强化传热的几何结构，在层流与湍流、给定壁温及给定热流等多种条件的强化特性与基准表面进行了比较，分别用 FSP 及炽理论进行了分析，发现其结论完全一致，说明了两者之间有内在的一致性。图 12-2 中给出了对于带纵向涡的 H 形翅片(图 12-2a)及没有纵向涡的 H 形翅片(均为给定壁温)在湍流情况下的模拟结果。由图可见，带纵向涡的 H 形翅片传热优于无纵向涡的翅片(图 12-2b)，其协同角明显小于无纵向涡的翅片(图 12-2c)，而其炽耗散则大于无纵向涡的翅片(图 12-2d)。这些结果完全协调一致。

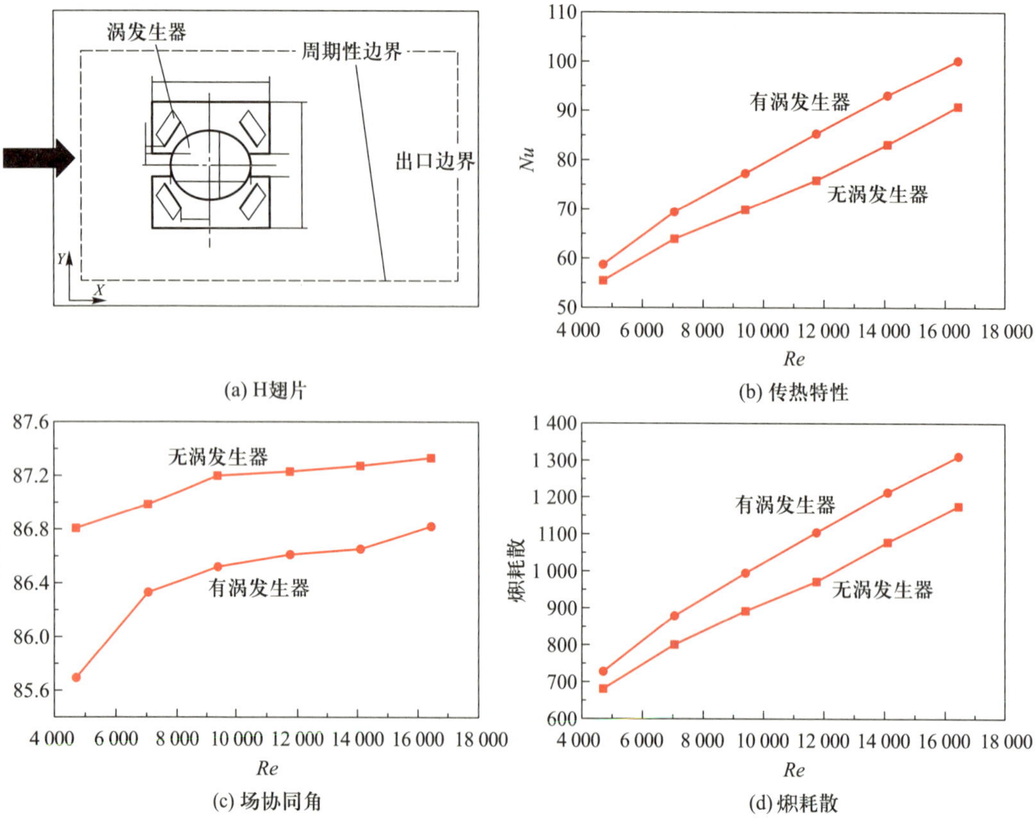

图 12-2 炽耗散与场协同原理的分析对比

文献[3]中提供了大量应用炽理论用来分析热量传递过程的优化的例子,值得有兴趣的读者参考。

12.2 传热过程拓扑优化

优化传热表面的结构以提升传热性能是研究者们孜孜以求的目标。通常,研究者或通过优化现有结构的尺寸(如改变通道的尺寸),或通过优化现有结构的形状(如改变通道的形状),来强化传热性能。上述结构优化称为尺寸优化和形状优化,如图 12-3a 和图 12-3b 所示。有些学者师法自然,借鉴自然界中树叶、肺等经过数百万年优化的结构,以此获得启发来优化相关的传热结构[6]。那么,有没有一种进行结构直接设计的方法,不依赖于人类经验也无需从自然界寻求启发,无需在事先给定的结构上进行优化,能够自动设计出全新结构,实现相关目标需求?起源于 20 世纪 80 年代末的拓扑优化就是这样一种方法。

12.2.1 拓扑优化的基本思想

粗略地说,所谓拓扑优化就是指几何拓扑的优化,该方法最初应用于固体力学中的结构优化,如桁架和悬臂梁等[7]。随着研究的深入,拓扑优化已经应用到许多学科领域,包括光学、声学、电磁学、流体力学和传热学等[8]。该方法基于优化理论,根据约束条件和性能指标,在给定的区域内对材料分布进行优化。相比于尺寸优化和形状优化,拓扑优化方法无需事先给定结构,具有更多的设计自由度,能够设计出形态迥异且性能优越的结构(图 12-3c)。拓扑优化获得的结构通常并不能够通过经验设计获得。下面简单介绍拓扑优化的基本数学原理。

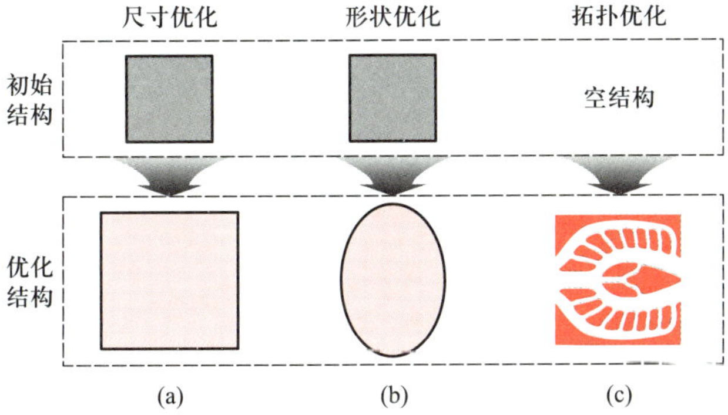

图 12-3　尺寸优化、形状优化与拓扑优化

一个含约束的优化问题的一般数学表述如下:

$$
\begin{aligned}
&\text{最小化} \quad && J(\gamma_1,\gamma_2,\cdots,\gamma_n) \\
&\text{满足} \quad && F_i(\gamma_1,\gamma_2,\cdots,\gamma_n)=0, \quad i=1\sim p
\end{aligned}
\tag{12-7}
$$

式中:J 和 F_i 分别为目标函数和约束条件。对于流动过程,希望压降越小越好;对于传热过程,希望传热量最大、最高温度最低或平均温差最小等。$\gamma_1\sim\gamma_n$ 为优化变量,通常为区域内的固体分布。在第 4 章介绍热传导数值求解的内容中,数值模拟将计算区域分为若干个网格,每一个网格是一个单元体。拓扑优化是优化每一个单元体内的固体的体积分数,如为 0,就是流体区,如为 1 就是固体区。对于流动传热问题,约束条件包括质量、动量和能量守恒方程,以及相关的初始和边界条件。式(12-7)就是求解满足约束条件 F_i、使得目标函数 J 最小的计算区域内每一个单元体的固体体积分数。针对各类优化问题已发展出不同优化算法,如在数值分析课程中学习到的牛顿迭代法和梯度下降法。拉格朗日乘数法是一种常用的拓扑优化方法,有兴趣的读者可参阅相关数学专业书籍。下面介绍一些传热问题的拓扑优化结果,以便读者了解拓扑优化在传热问题中的应用。

12.2.2　拓扑优化在传热学研究中的应用

1. 导热问题的拓扑优化

以芯片散热为背景来说明导热问题的拓扑优化。在如图 12-4a 所示的边长为 L 的正方形区域内,具有均匀的体热源为 Q。区域底表面中央 20%L 处维持恒定低温 T_∞,区域其余边界为绝热边界。在正方形内填充有两种材料,分别为低导热系数材料 1 和高导热系数材料 2。材料 1 自身导热系数较低,故引入高导热系数材料 2 将正方形区域内的热量传导至底表面低温边界并最终导出正方形区域。现需要优化材料 2 在区域内的分布,以达到区域内温度最低的目标。该问题的约束条件为具有内热源的导热方程和上述边界条件;此外,考虑到材料 2 价格较高,在优化过程中还引入了材料 2 在区域中体积分数不超过 50% 的约束。采用拓扑优化方法,获得了如

图 12-4b 所示的材料 2 优化分布。总体而言，高导热系数的材料 2 从低温边界呈树杈状向区域内部生长，形成导热通道将热量汇聚并导出，从而降低区域内温度。图 12-4c 给出了一种未优化的材料 2 分布结果。可以发现，拓扑优化结构中的平均温度为 43.19 ℃，远低于未优化结构中的平均温度 78.31 ℃，表明拓扑优化结构更具优越性。需要注意的是，图 12-4b 中通过的拓扑优化结构，很难通过一般的尺寸设计或者形状设计获得，是超乎先决经验的新结构。

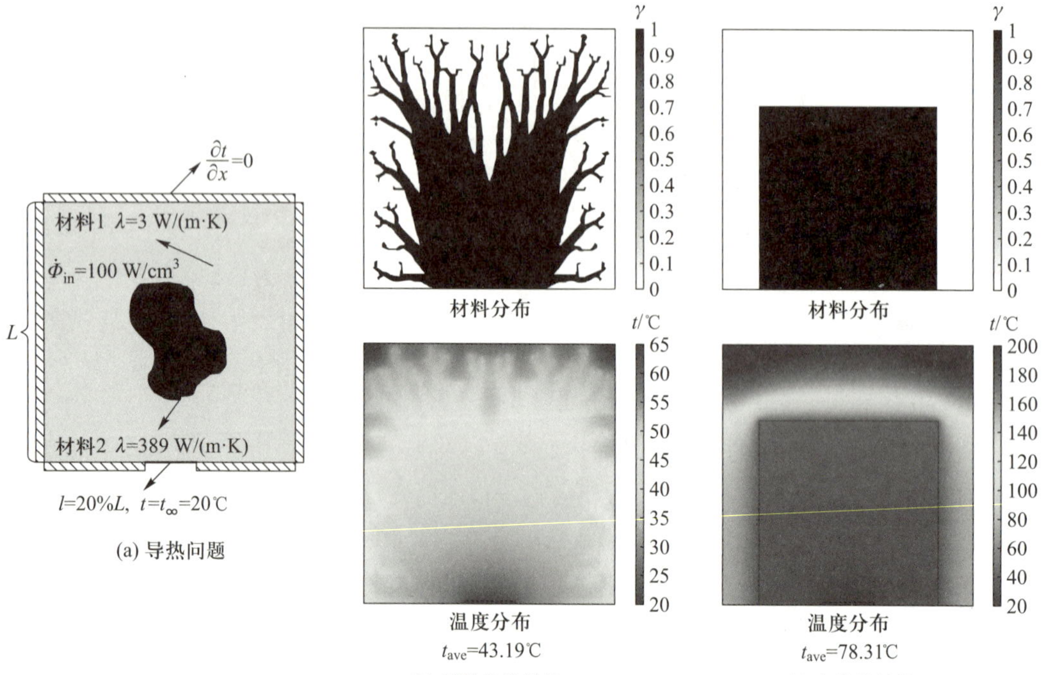

(a) 导热问题 (b) 拓扑优化结构 (c) 未优化结构

图 12-4 导热问题拓扑优化

2. 自然对流传热问题的拓扑优化

第 6 章介绍了自然对流传热过程，其起因是流体温度的非均匀分布导致空间中非均匀密度分布，由此产生浮升力驱动流体流动。文献[9-11]是将拓扑优化用于自然对流问题的例子。图 12-5a 给出了一个三维有限空间自然对流（6.4.4 节）拓扑优化问题的示意图。具有恒定热源的发热元件位于区域底部，可认为是发热的芯片。区域底部的其余边界为绝热边界，区域的侧壁及顶壁为低温定温边界，模拟周围空气环境。其中，定温边界对应第 2 章介绍的第一类边界条件[式(2-16)]，而绝热边界则对应第二类边界条件[式(2-17)]。由于加热区域布置在计算域底部，流体受到加热后在浮升力作用下向上运动，与顶部和四周冷壁面进行换热，形成自然对流。拓扑优化的目的即是设计由高导热系数金属（如铜、铝、不锈钢等）制成的散热器结构，以强化发热元件与冷壁面间的自然对流换热，使得发热元件的温度最低。约束条件包括考虑浮升力项的质量、动量和能量守恒方程以及上述边界条件。此外，考虑成本问题，还对设计域内填充的金属材料的体积分数进行了限制。图 12-5 展示了 Gr 为 4×10^5 和固体体积分数约束为 10%时获得的拓扑优化结构及 3D 打印实物图，呈现非常漂亮的珊瑚状结构。分析表明，在相同的固体材料体积下，相比于传统的直肋散热器，这种珊瑚状结构能够显著强化自然对流散热，降低发热元件的温度。

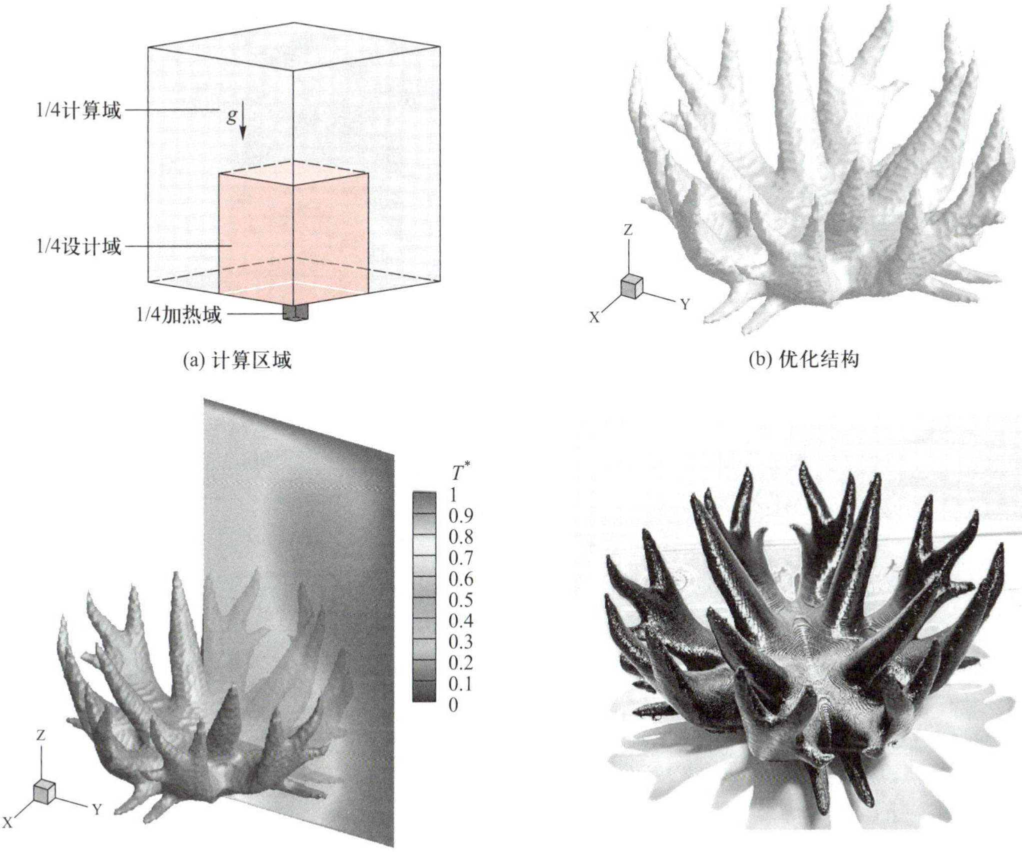

(a) 计算区域　(b) 优化结构　(c) 量纲为一的过余温度　(d) 3D打印样品

图 12-5　自然对流问题拓扑优化

3. 强制对流传热的拓扑优化

针对强制对流换热，我们希望尽可能强化传热并减小流阻。有学者针对微通道强制对流换热进行了拓扑优化研究[12-14]。图 12-6a 给出了一种用于芯片冷却的微通道散热器示意图。微通道散热器底表面是发热芯片，换热流体从微通道进口流入，对被芯片加热的高温底表面进行冷却，其温度升高并从出口流出。显然，微通道内的流道结构设计对上述流动传热过程影响显著。图 12-6b 给出了不同 *Re* 下拓扑优化获得的微通道散热器结构[15]。可以看出，拓扑优化生成了一支明显的主流道，其中的流动阻力较小；同时类似叶脉的固体结构布置在主流道四周，流体在这些支流道内可以充分和固体区域进行换热，达到强化传热的目的。图 12-6c 给出了拓扑优化结构的三维示意图。可以看出，拓扑优化的结构与传统的流道结构显著不同，这种拓扑优化结构也很难直接通过人为设计出来。研究表明，相比于传统结构，上述拓扑优化结构在相同压降的情况下，能够显著提升传热性能[16]。

拓扑优化可设计出与自然界中相似的结构，但在其设计过程中无需事先给定结构形式，而是根据拓扑优化算法自动设计出符合目标函数需求的结构。自然界经过长时间的进化获得的结构展现了先进的特性和功能。拓扑优化设计出来的结构如前面的树杈状、珊瑚状以及叶脉结构，和自然界中的结构呈现一定的相似性，也从侧面表明拓扑优化所得结构的合理性。目前，流动传热

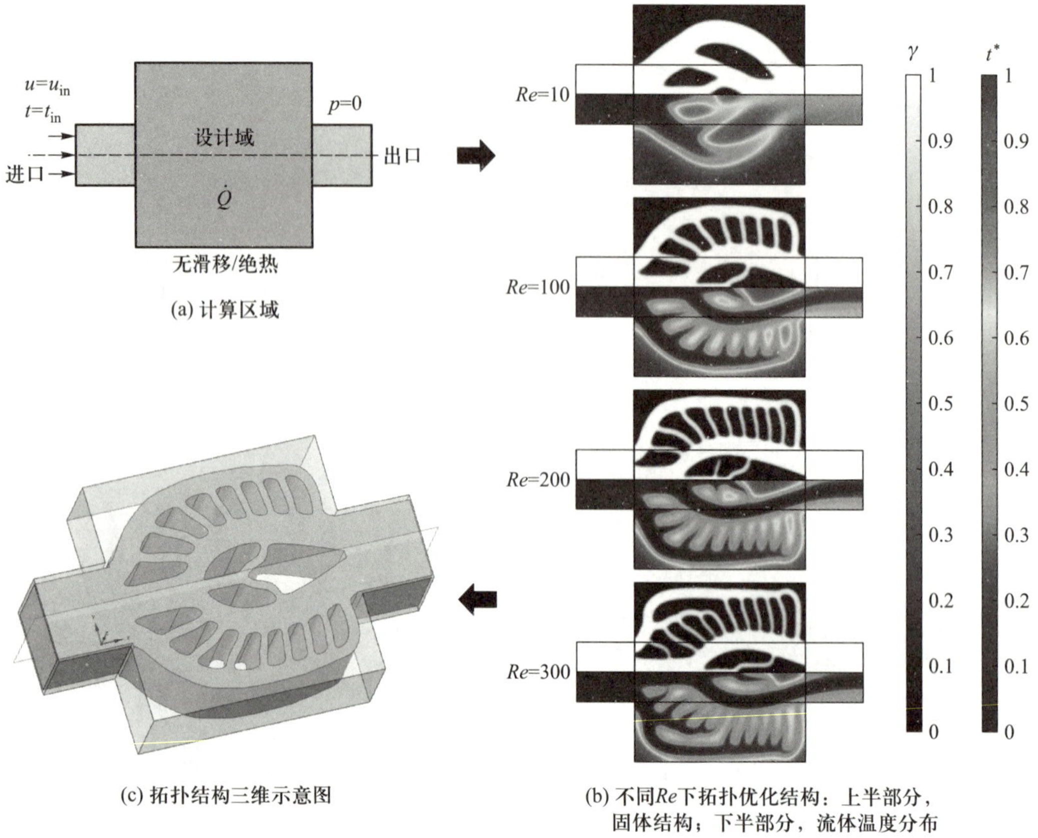

图 12-6　微通道强制对流换热问题拓扑优化

问题的拓扑优化研究正处于蓬勃发展阶段，具有巨大潜力，还需要进一步地研究和探索[15-16]。需要指出的是，拓扑优化结构较为复杂，采用传统制备方法存在困难，而 3D 打印技术可以制备上述结构。可以说，拓扑优化和 3D 打印相辅相成，能够实现先进结构的变革性设计及制备。

12.3 机器学习及其在传热学中的应用

12.3.1 机器学习的本质及神经网络

人工智能推动了社会的发展，无人驾驶、语音识别、天气预测等各个领域都会涉及人工智能。作为人工智能的应用分支，机器学习在传热学领域具有广袤的发展前景。

机器学习的本质是从一组包含输入数据（数值、图片和文本等）和目标数据的数据集中，探究与掌握所研究（学习）问题的规律，即因变量与自变量间的关系，并基于学习到的规律对于新的输入数据预测所研究对象的目标数据。神经网络是机器学习方法的重要内容。神经网络通常由输入层、隐藏层和输出层构成，输入层接收输入数据，隐藏层包含大量的神经元，每个神经元具有可调整的权重和偏置，对输入数据进行运算得到输出结果，并在输出层输出。该过程中权重和偏置的调整过程就是神经网络学习所研究问题的规律的过程,如图 12-7 所示。

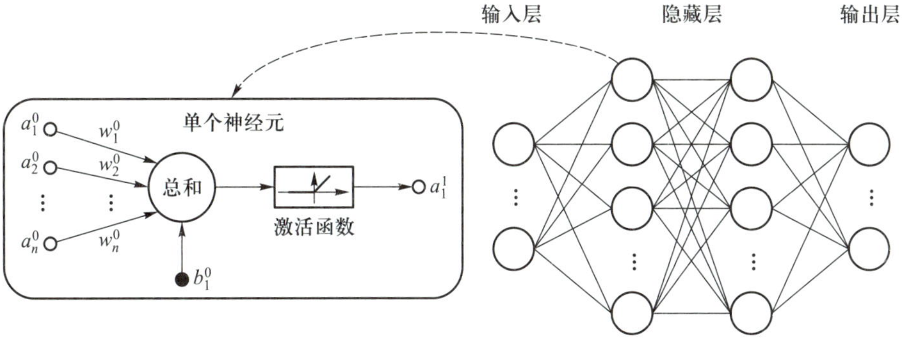

图 12-7　神经网络示意图

神经网络的功能由层间神经元上的前向传播和反向传播实现。前向传播是由输入数据向输出目标运算的过程。以经过单个神经元的运算过程为例,如图 12-7 左侧所示,前一层的神经元会将一定数值 a_i^0 传递至该神经元,该神经元具备一个对应的权重项 w_i^0 作用于接收的数据,将 a_i^0 与 w_i^0 相乘后得到上一层神经元传递的信息。每个神经元通常与上一层多个神经元相连接,将这些传递信号加和完成了层间神经元的信息传递。之后,神经元会加入一个偏置 b_i^0 并将该数值输入激活函数,以获取该神经元上最终输出的数值。隐藏层的整体运算可写成矩阵形式,所有神经元的权重值 w_i^l、偏置值 b_i^l 和数值 a_i^l 分别构成 3 个一维矩阵。在计算过程中第 l-1 层的神经元上的数值与第 l 层神经元的权重值相乘再与偏置值相加得到向下一层传递的输出值 z^l,即

$$a^l=\sigma(z^l)=\sigma(w^l a^{l-1}+b^l) \tag{12-8}$$

神经网络的反向传播是将预测结果的误差沿着神经元的链接反向传播,并不断基于误差修正神经元上的权重和偏置,使由真实值和网络输出值计算的损失函数不断降低,让神经网络掌握任务规律。此过程由链式求导法则和梯度下降原理实现[17],即

$$\delta^l=\left(\frac{\partial z^{l+1}}{\partial z^l}\right)^T\frac{\partial J(w,b,x,y)}{\partial z^{l+1}}=(w^{l+1})^T\delta^{l+1}\sigma'(z^l) \tag{12-9}$$

式中:δ^l 为修正第 l 层神经元参数的对应误差;$J(w,b,x,y)$ 为损失函数(由网络预测值和真实值计算,作为误差反向传递修正神经元参数);σ' 为激活函数的导数。

12.3.2　机器学习在传热学中的应用举例

1. 管内强制对流传热

下面以 6.1.2 节内介绍的光滑圆管内强迫湍流流动换热问题来介绍机器学习在传热学中如何应用。我们知道,光滑圆管内的湍流对流传热关联式可用 Dittus-Boelter(D-B)公式描述。我们对上述过程进行机器学习,基于给定的 Re 和 Pr 来预测 Nu。

机器学习的实现流程包括网络的搭建、数据集的准备、网络的训练和网络预测能力的检验。搭建具有一层输入层、三层隐藏层和一层输出层的全连接神经网络。在输入层中,输入 D-B 公式的工况参数 Re 和 Pr,经过三层分别包含 64、128 和 64 个神经元的隐藏层,在输出层中输出 Nu。

数据集包含参数 Re、Pr 和输出目标 Nu。将 Re 在 10^4 至 1.2×10^5 的范围内取 100 个采样值。在每个采样的 Re 下,将 Pr 在 0.7~120 的范围内取 100 个采样值。在上述采样情况下,共生成

10 000 组包含 Re 和 Pr 的数据，并计算相应的 Nu，组成数据集。我们将生成的数据集（包括 Re、Pr 及相应的 Nu）分成训练集和测试集，分别占数据集的 80% 和 20%，用于训练网络和测试网络的预测能力。

训练过程中由预测值和真实值计算的损失函数的变化如图 12-8a 所示，可以看出，损失函数随着训练过程的进行不断下降，表明网络的预测能力不断提升。利用经过训练的网络对测试集数据进行预测，其结果如图 12-8b 所示。图中所谓的真实值就是在给定的 Re 及 Pr 下根据 D-B 公式计算的 Nu，纵坐标预测值是神经网络根据给定的 Re 及 Pr 预测得到的 Nu。显然如果两者间严格一致，应为一条对角线。神经网络网络预测结果和真实值间的平均绝对百分比误差如式（12-11）计算：

$$\mathrm{MAPE}=\frac{100\%}{n}\sum_{i}\left|\frac{Nu_{\mathrm{predict},i}-Nu_{\mathrm{true},i}}{Nu_{\mathrm{true},i}}\right| \tag{12-10}$$

机器学习针对训练集和测试集的平均绝对百分比误差分别为 0.54% 和 1.77%，可以看出，所建立的全连接神经网络掌握了 D-B 公式的规律，能够基于 Re 和 Pr 对 Nu 进行精确预测。

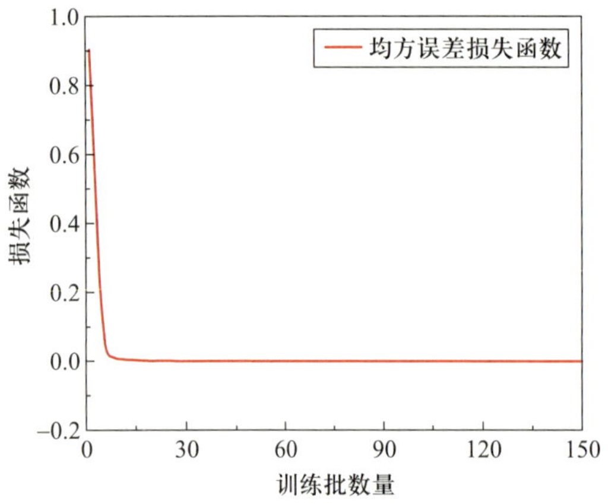

(a) 网络训练过程中损失函数的变化

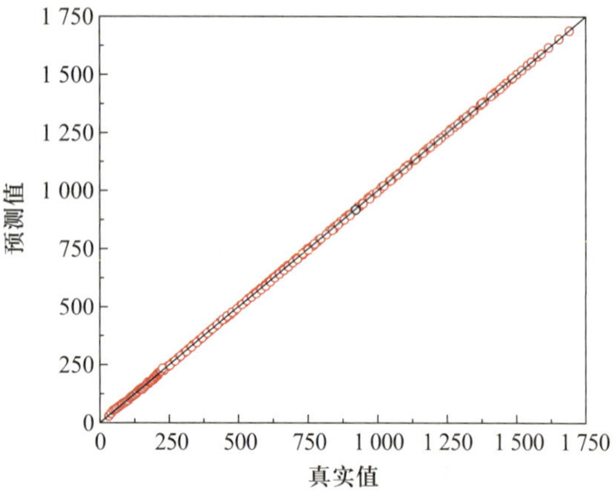

(b) 测试集的预测值和真实值的对比

图 12-8　网络训练及预测结果

上述关于 D-B 公式的预测是机器学习在传热学背景下实现由输入数据（Re 和 Pr）到目标预测（Nu）的简单应用。这里目标数据 Nu 是由 D-B 公式那样的经验关联式计算出来的。然而在现实中，常常遇到的问题是没有掌握输入数据和目标之间的关系。这时通过神经网络对于输入数据集的训练，虽然无法提供输入数据与目标数据间的显函数的定量关系，但是可以实现对给定的一批新的输入数据实现对相应的目标数据的预测。

2. 机器学习在传热问题中的应用

利用机器学习能够预测复杂结构的导热系数[18]也可以预测温度场[19]。针对第 5~6 章的单相对流传热问题，机器学习对层流以及更为复杂的湍流条件下的对流换热性能预测均表现出色[20-22]。神经网络技术也能处理像沸腾换热这样复杂的传热问题[23-25]。机器学习也能够有效应用于辐射传热问题[26-28]。此外，文献[29-30]利用机器学习提出了换热器性能优化设计方案。

12.3.3　机器学习在传热学研究中应用的新趋势

如上所述，机器学习能发掘给定数据集中的物理量潜在关系，从而寻求该问题的物理规律。特别是对那些物理规律还不清楚的复杂过程，机器学习是获得以数据表示的变量之间依变关系的有效工具。随着人工智能的迅速发展，机器学习与多学科的交叉成为科学研究新的趋势。机器学习在传热学与流体力学中的如下新趋势值得关注。在文献[31-32]中作者突破了传统的有限容积法等数值模拟方法的框架，提出了能够学习偏微分方程的机器学习算法，直接对物理场进行仿真，称为内嵌物理机理的神经网络(physics-informed neural networks, PINN)。PINN 直接将流动与传热的控制方程及边界条件植入神经网络的损失函数中，通过训练得出近似逼近偏微分方程的解。该方向目前仍存在巨大的挑战。例如，与有限容积法等求解偏微分方程的数值方法相比，基于 PINN 仿真耗时要长得多，且难以学习复杂的物理现象等。

12.4 变换热学及热超构材料

12.4.1 变换热学的基本思想

人们都幻想自己能拥有隐身的能力。电影里面常有这样的场景：科学家研发了一种隐形药剂，人们喝下药剂后，神奇地消失在了肉眼可见的视觉世界之中；或者设计了一种隐身衣，穿上后其他人看不到自己。2006 年，英国物理学家 John Pendry 及 Ulf Leonhardt 各自独立提出了基于变换光学技术实现隐身斗篷的方法，变换光学领域开始蓬勃发展。在传热学领域，也可以通过设计相关材料，实现热学隐身，就是常指人的视觉或观察仪器探测不到斗篷内部的物体的温度场。2008 年，复旦大学黄吉平教授课题组从理论上证明了能够实现热学隐身的热斗篷的存在[33]。图 12-9 展示了德国学者设计的热斗篷结构[34]，其包含一个圆形空间(被隐身区)和包裹在其外部的环形空间(热斗篷区)。学者们在环形空间内设计了特殊的结构，使得外界无法探测到该区域内的发热物体温度场。研究表明，对于导热过程，由于这种特殊的结构，无论在中间圆形区域内放置什么物体，都不会影响环形区域外(背景区)的温度分布。换句话说，当我们对背景区进行温度测量时，它的温度不会变化。因此，环形空间起到了一个热隐身斗篷的功能，使得被隐身区内的物体对外界热隐身了。

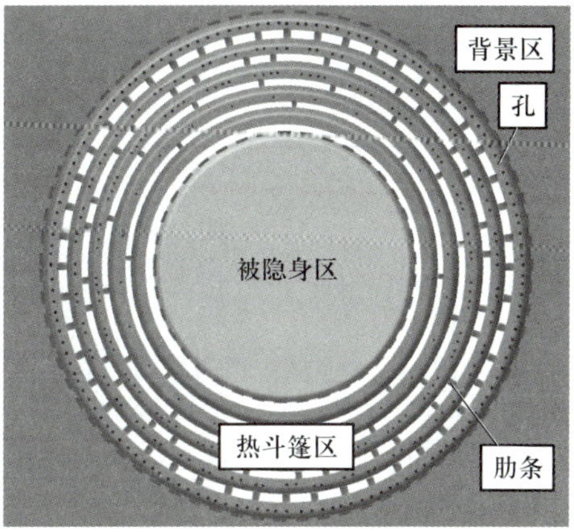

图 12-9 实现热隐身的热斗篷

针对图 12-9 的热斗篷，我们不禁会有如下问题：(1) 热斗篷区内有怎样的复杂的结构？(2) 这种复杂结构的导热系数是什么样的？(3) 为什么这种结构能够实现热隐身功能？

回答上述问题，需要了解空间坐标变换和变换热学的相关基础知识。

以二维稳态无内热源导热方程为例，根据 2.2 节知识可知其温度场的控制方程为

$$\nabla \cdot (\lambda \nabla T) = 0 \tag{12-11}$$

假定所研究导热区域是各向异性的，其中的导热系数 λ 在二维直角坐标系下表达式为

$$\lambda = \begin{bmatrix} \lambda_{xx} & \lambda_{xy} \\ \lambda_{yx} & \lambda_{yy} \end{bmatrix} \tag{12-12}$$

对于我们较熟悉的各向同性材料，其主对角元素具有非零的相同值，而其他非主对角元素值为零。

数学推导证明，导热方程在坐标变换后具有形式不变性(form-invariance)。坐标变换后的导热方程式(12-12)表达式如下：

$$\nabla \cdot (\lambda' \nabla T) = 0 \tag{12-13}$$

详细的推导可参考文献[35]。坐标变换后，控制方程的形式不变，只是导热系数变为 λ'，其表达式为

$$\lambda' = \frac{\mathbf{J}\lambda \mathbf{J}^{\mathrm{T}}}{\det \mathbf{J}} \tag{12-14}$$

式中：$\mathbf{J}$ 为空间变换矩阵；$\mathbf{J}^{\mathrm{T}}$ 为 $\mathbf{J}$ 的转置矩阵；$\det \mathbf{J}$ 为 $\mathbf{J}$ 的行列式。

12.4.2 热斗篷设计

以图 12-10 中的矩形区域为例，其中填充导热系数各向同性的材料，区域左边界为恒定高温、右边界为恒定低温，上下边界为绝热边界，那么很容易知道该区域内温度从 $x=0$ 到 $x=L$ 线性下降且温度不随 y 坐标的变化而变化。现在，考虑对图 12-10a 中的一个圆形区域进行如下坐标变换：

$$\begin{aligned} r' &= R_1 + \frac{R_2 - R_1}{R_2} r \\ \theta' &= \theta \end{aligned} \tag{12-15}$$

通过上述操作，将在图 12-10a 中的 $0<r<R_2$ 的圆形区域转换压缩为一个环形区域 $R_1<r'<R_2$ 区域。同时将图 12-10a 中的 $r=0$ 的点通过坐标变换创造出了一个 $r'<R_1$ 的空间。在后续的讨论中可以看到，在 $r'<R_1$ 中无论添加何种物体，也无论物体具有何种性质，理论上均不会影响外界的传热过程及温度场。

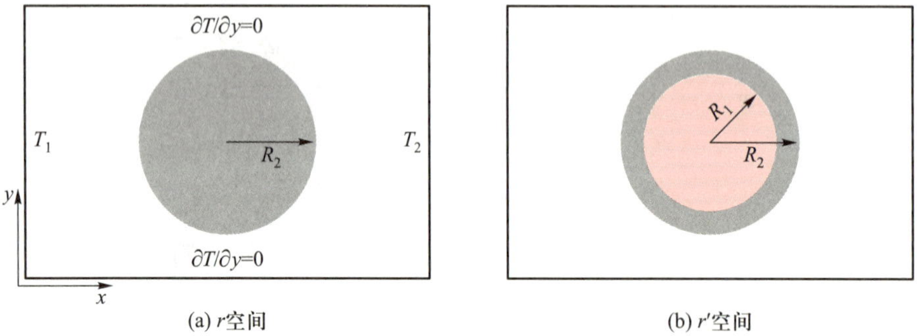

图 12-10 热斗篷设计中涉及的空间变换

在极坐标下对应于式(12-15)的空间变换矩阵 $\mathbf{J}$ 为

$$\mathbf{J} = \begin{bmatrix} \dfrac{\partial r'}{\partial r} & \dfrac{\partial r'}{r\partial \theta} \\ \dfrac{r'\partial \theta'}{\partial r} & \dfrac{r'\partial \theta'}{r\partial \theta} \end{bmatrix} = \begin{bmatrix} \dfrac{R_2 - R_1}{R_2} & 0 \\ 0 & \dfrac{r'(R_2 - R_1)}{R_2(r' - R_1)} \end{bmatrix} \tag{12-16}$$

假设图 12-10a 的原坐标系中材料为各向同性且导热系数为 λ_0，如用式(12-17)表达则为主对角元素值为 λ_0 的对角矩阵。根据式(12-14)，在 r'坐标系下导热系数变为

$$\lambda'=\frac{\mathbf{J}\lambda\mathbf{J}^{\mathrm{T}}}{\det\mathbf{J}}=\frac{\begin{bmatrix}\dfrac{R_2-R_1}{R_2} & 0\\ 0 & \dfrac{r'(R_2-R_1)}{R_2(r'-R_1)}\end{bmatrix}\begin{bmatrix}\dfrac{R_2-R_1}{R_2} & 0\\ 0 & \dfrac{r'(R_2-R_1)}{R_2(r'-R_1)}\end{bmatrix}}{\dfrac{r'(R_2-R_1)^2}{R_2^2(r'-R_1)}}\lambda_0=\lambda_0\begin{bmatrix}\dfrac{r'-R_1}{r'} & 0\\ 0 & \dfrac{r'}{r'-R_1}\end{bmatrix} \tag{12-17}$$

在图 12-10b 的坐标下，$R_1<r'<R_2$ 内区域内每一点的导热系数通过式(12-17)确定。因此，通过空间变换，一方面在图 12-10b 创造了一个在图 12-10a 中并不存在的空间，同时从图 12-10a 的均匀导热系数变到图 12-10b 中由式(12-17)确定的形式。只要环形空间内的导热系数为式(12-17)给定，那么无论 $r'<R_1$ 的区域内填充何种物质，都不会改变 $r'>R_2$ 温度的分布，这回答了 12.4.1 节的第二个和第三个问题。换句话说，图 12-10b 中的环形区域实现了对 $r'<R_1$ 区域内物体的热隐身。

针对式(12-17)给出的导热系数，进一步详细分析如下：

(1) 通过上述分析可以看出，热斗篷尽管听起来非常科幻，但其设计并仍然是从导热过程的控制方程式出发的。

(2) 对于环形区域内的每一点，其径向和方位角方向上导热系数乘积为常数 λ_0^2。特别地，环形区域内的每一点的导热系数均随空间变化，且每一点的导热系数在径向及方位角方向上不等，以 R_2 位置为例：

$$\lambda'_{rr}=\frac{R_2-R_1}{R_2}\lambda_0,\quad \lambda'_{\theta\theta}=\frac{R_2}{R_2-R_1}\lambda_0 \tag{12-18}$$

在 R_1 位置上

$$\lambda'_{rr}=0,\quad \lambda'_{\theta\theta}\to\infty \tag{12-19}$$

总体而言：在径向上，导热系数从 R_2 到 R_1 逐渐减小；在方位角方向上，从 R_2 到 R_1 逐渐增加。物理上来说，逐渐减小的径向导热系数和逐渐增加的方位角方向导热系数，将驱使热量更多地沿着方位角方向而非径向进行传递。可以这样理解，当径向导热系数非常小时，在$r'<R_1$ 区域内物体难以与环形空间实现热量交流，因此不会对外界传热产生影响。

(3) 如第 2 章所述，导热系数在不同位置不同且在同一个位置不同方向也不同的材料，称为非均质各向异性材料。具有如式(12-17)给出的导热系数为各向异性非均质材料通常在自然界中并不存在。这种人工设计的具有特殊热学性质的材料称为热超构材料。构就是结构的意思，超构表明结构具有新奇特性[36]。在第 9 章中已经指出，这种人工设计的具有特殊性质的材料统称为超构材料(metamaterial)。

式(12-17)从理论上给出了实现热隐身需要满足的导热系数分布。然而，上述热隐身超构材料实现起来非常困难。特别地，当 r'趋近于 R_1 时，在径向上的导热系数$(r'-R_1)/r'$趋近于零，而在圆环方位角方向上的导热系数 $r'/(r'-R_1)$趋近于无穷大，这给材料的设计带来了巨大挑战。图 12-9 中展示的环形空间内的设计(回答了 12.4.1 节的第一个问题)，近似实现了上述导热系

数的分布。其基本结构特征为空气圆环和铜圆环交替形成，相邻圆环通过数目不等的肋条连接，每个铜圆环内钻了数目不等的孔。总体而言：一方面随着 r'减小，相邻铜环间的连接件越来越少，因此径向导热系数越来越小；另一方面随着 r'减小，对应的铜环上的打孔越来越少，实现方位角方向上导热系数随着 r'减小逐渐变大。更多的结构细节分析，读者可参阅相关文献[34]。

需要指出的是，目前热超构材料的设计，主要集中在导热问题。对于一般的流体传热过程，由于纳维-斯托克斯方程并不满足坐标变换的形式不变性[37]，因此很难实现对流传热问题的热超构材料设计。更多的关于变换热学和热超构材料的研究，感兴趣的同学可以参考相关专著和综述[38-40]。

复习题

12.1 炽的定义和物理意义是什么？炽耗散极值原理是什么？

12.2 什么是结构优化？结构优化的三个层次分别是什么？

12.3 流动传热拓扑优化问题中，约束条件有哪些？常见的目标函数有哪些？

12.4 结合本文各章节内容，考虑机器学习能够发挥作用的地方。譬如，第 5 章 5.1.1 节介绍表面传热系数受众多因素影响，机器学习是否可以在确定表面传热系数方面发挥作用？

12.5 空间变换如何进行？什么是热超构材料？

参考文献

[1] GUO Z Y, ZHU H Y, LIANG X G. Entransy: a physical quantity describing heat transfer ability[J]. Int J Heat Mass Transf, 2007, 50(13-14): 2 545-2 556.

[2] 过增元、梁新刚、朱宏晔. 炽：描述物体传递热量能力的物理量[J]. 自然科学进展, 2006, 16(10): 1 288-1 296.

[3] 梁新刚, 陈群, 过增元. 传热及理论及其应用[M]. 北京：科学出版社, 2019.

[4] HE Y L, TAO W Q. Numerical studies on the inherent interrelationship between field synergy principle and entransy dissipation extreme principle for enhancing convective heat transfer[J]. Int J Heat Mass Transfer, 2014, 74: 196-205.

[5] 陶文铨, 何雅玲, 场协同原理：它的科学之美及与炽的关系[J]. 中国科学：技术科学, 2021, 51: 1 155-1 165.

[6] TAO P, SHANG W, SONG C, et al. Bioinspired engineering of thermal materials[J]. Advanced Materials, 2015, 27(3): 428-463.

[7] BENDSØE M P. Optimal shape design as a material distribution problem[J]. Structural Optimization, 1989, 1: 193-202.

[8] DEDE E M. Multiphysics topology optimization of heat transfer and fluid flow systems[C]// Boston: Proceedings of the COMSOL Conference, 2009.

[9] ALEXANDERSEN J, AAGE N, ANDREASEN C S, et al. Topology optimisation for natural convection problems[J]. International Journal for Numerical Methods in Fluids, 2014, 76(10): 699-721.

[10] LUO J W, CHEN L, He A, et al. Topology optimization of convective heat transfer by the lattice Boltzmann method[J]. Numerical Methods in Fluids, 2022, 95(3): 421-452.

[11] LUO J W, CHEN L, XIA Y, et al. Topology optimization of natural convection using porous metal foam based on the adjoint lattice Boltzmann method and level set method[J]. Computers & Fluids, 2023, 265(106007): 1-22.

[12] YAN S, WANG F, HONG J, et al. Topology optimization of microchannel heat sinks using a two-layer model[J]. International Journal of Heat and Mass Transfer, 2019, 143(118462): 1-16.

[13] ZHOU J, LU M, ZHAO Q, et al. Thermal design of microchannel heat sinks using a contour extraction based on topology optimization (CEBTO) method[J]. International Journal of Heat and Mass Transfer, 2022, 189(122703): 1-17.

[14] XIA Y, CHEN L, LUO J, et al. Numerical investigation of microchannel heat sinks with different inlets and outlets based on topology optimization[J]. Applied Energy, 2023, 330(120335): 1-16.

[15] FAWAZ A, HUA Y, LE CORRE S, et al. Topology optimization of heat exchangers: a review[J]. Energy, 2022, 252(124053): 1-58.

[16] ALEXANDERSEN J, ANDREASEN C S. A review of topology optimisation for fluid-based problems[J]. Fluids, 2020, 5 (29): 1-33.

[17] GOODFELLOW I, BENGIO Y, COURVILLE A. Deep learning [M]. Cambridge, Massachusetts: MIT Press, 2016.

[18] WEI H, ZHAO S, RONG Q, et al. Predicting the effective thermal conductivities of composite materials and porous media by machine learning methods [J]. International Journal of Heat and Mass Transfer, 2018, 127: 908-916.

[19] EDALATIFAR M, TAVAKOLI M B, GHALAMBAZ M, et al. Using deep learning to learn physics of conduction heat transfer [J]. Journal of Thermal Analysis and Calorimetry, 2020, 146 (3): 1 435-1 452.

[20] CHEN L X, YUAN C, ZHANG H N, et al. Development of turbulent heat flux model for unsteady forced convective heat transfer of small-to-medium Prandtl-number fluids based on deep learning [J]. International Journal of Heat and Mass Transfer, 2022, 194(123115): 1-25.

[21] WANG Q, ZHOU W, YANG L, et al. Comparison between conventional and deep learning-based surrogate models in predicting convective heat transfer performance of U-bend channels [J]. Energy and AI, 2022, 8(100140): 1-17.

[22] KIM H, KIM J, LEE C. Interpretable deep learning for prediction of Prandtl number effect in turbulent heat transfer [J]. Journal of Fluid Mechanics, 2023, 955: A14, 1-39.

[23] SUH Y, BOSTANABAD R, WON Y. Deep learning predicts boiling heat transfer [J]. Sci Rep, 2021, 11(1): 1-10.

[24] RASSOULINEJAD M S M, AL-HINDAWI F, SOORI T, et al. Deep learning strategies for critical heat flux detection in pool boiling [J]. Applied Thermal Engineering, 2021, 190(116849): 1-11.

[25] MALAKHOV I, SEREDKIN A, CHERNYAVSKIY A, et al. Deep learning segmentation to analyze bubble dynamics and heat transfer during boiling at various pressures [J]. International Journal of Multiphase Flow, 2023, 162: 1-13.

[26] GARCÍA-ESTEBAN J J, BRAVO-ABAD J, CUEVAS J C. Deep learning for the modeling and inverse design of radiative heat transfer [J]. Physical Review Applied, 2021, 16(064006): 1-17.

[27] SULLIVAN J, MIRHASHEMI A, LEE J. Deep learning based analysis of microstructured materials for thermal radiation control [J]. Sci Rep, 2022, 12(1): 1-14.

[28] TAUSENDSCHÖN J, RADL S. Deep neural network-based heat radiation modelling between particles and between walls and particles [J]. International Journal of Heat and Mass Transfer, 2021, 177: 1-19.

[29] SUNDAR S, RAJAGOPAL M C, ZHAO H, et al. Fouling modeling and prediction approach for heat exchangers using deep learning [J]. International Journal of Heat and Mass Transfer, 2020, 159: 1-18.

[30] PRASAD B, KUMAR R, SINGH M. Performance analysis of heat exchanger system using deep learning controller [J]. International Journal of Electrical and Electronics Research, 2022, 10(2): 327-334.

[31] RAISSI M, PERDIKARIS P, KARNIADAKIS G E. Physics-informed neural networks: a deep learning framework for solving forward and inverse problems involving nonlinear partial differential equations [J]. Journal of Computational physics, 2019, 378: 686-707.

[32] CUOMO S, DI COLA V S, GIAMPAOLO F, et al. Scientific machine learning through physics-informed neural networks: Where we are and what's next [J]. Journal of Scientific Computing, 2022, 92(3): 88, 1-62

[33] FAN C Z, GAO Y, HUANG J P. Shaped graded materials with an apparent negative thermal conductivity[J]. Applied Physics Letters, 2008, 92(25): 251907.

[34] SCHITTNY R, KADIC M, GUENNEAU S, et al. Experiments on transformation thermodynamics: molding the flow of heat [J]. Physical Review Letters, 2013, 110(19): 195901.

[35] HUANG J P. Theoretical thermotics [M]. Singapore: Springer Nature Singapore Pte Ltd., 2020.

[36] 黄吉平. 热超构材料十年简史[J]. 物理, 2018. 47 (11): 685-694.

[37] ZHANG Z, XU L, QU T, et al. Diffusion metamaterials [J]. Nature Reviews Physics, 2023, 5(4):. 218-235.

[38] LI Y, LI W, HAN T, et al., Transforming heat transfer with thermal metamaterials and devices[J]. Nature Reviews Materials, 2021, 6(6): 488-507.

[39] YANG S, WANG J, DAI G, et al., Controlling macroscopic heat transfer with thermal metamaterials: Theory, experiment and application[J]. Physics Reports, 2021, 908: 1-65.

[40] DAI G, WANG J. Transformation hydrodynamic metamaterials: rigorous arguments on form invariance and structural design with spatial variance [J]. Physical Review E, 2023, 107(5): 055108.

附录

附录 1 常用单位换算表

物理量名称	符号	换算系数：我国法定计量单位	换算系数：工程单位	
压力	p	Pa	atm	
		1	$9.869\ 23\times10^{-6}$	
		$1.013\ 25\times10^{5}$	1	
运动黏度	ν	m^2/s	m^2/s	
		1	1	
		0.092 903	0.092 903	
动力黏度	η	Pa · s	$kgf\cdot s/m^2$	
		1	0.101 972	
		9.806 65	1	
比热容	c	kJ/(kg · K)	kcal(kgf · ℃)	
		1	0.238 846	
		4.186 8	1	
热流密度	q	W/m^2	$kcal/(m^2\cdot h)$	
		1	0.859 845	
		1.163	1	
导热系数	λ	W/(m · K)	kcal/(m · h · ℃)	
		1	0.859 845	
		1.163	1	
表面传热系数 传热系数	h k	$W/(m^2\cdot K)$	$kcal/(m^2\cdot h\cdot ℃)$	
		1	0.859 845	
		1.163	1	
功率热流量	P Φ	W	kcal/h	kgf · m/s
		1	0.859 845	0.101 972
		1.163	1	0.118 583
		9.806 65	8.433 719	1

附录 2　金属材料的密度、比热容和导热系数

材料名称	20 ℃			导热系数 λ/[W/(m·K)]									
	密度	比热容	导热系数	温度/℃									
	ρ kg/m³	c_p J/(kg·K)	λ W/(m·K)	-100	0	100	200	300	400	600	800	1 000	1 200
纯铝	2 710	902	236	243	236	240	238	234	228	215			
杜拉铝(96Al-4Cu,微量 Mg)	2 790	881	169	124	160	188	188	193					
铝合金(92Al-8Mg)	2 610	904	107	86	102	123	148						
铝合金(87Al-13Si)	2 660	871	162	139	158	173	176	180					
铍	1 850	1 758	219	382	218	170	145	129	118				
纯铜	8 930	386	398	421	401	393	389	384	379	366	352		
铝青铜(90Cu-10Al)	8 360	420	56		49	57	66						
青铜(89Cu-11Sn)	8 800	343	24.8		24	28.4	33.2						
黄铜(70Cu-30Zn)	8 440	377	109	90	106	131	143	145	148				
铜合金(60Cu-40Ni)	8 920	410	22.2	19	22.2	23.4							
黄金	19 300	127	315	331	318	313	310	305	300	287			
纯铁	7 870	455	81.1	96.7	83.5	72.1	63.5	56.5	50.3	39.4	29.6	29.4	31.6
阿姆口铁	7 860	455	73.2	82.9	74.7	67.5	61.0	54.8	49.9	38.6	29.3	29.3	31.1
灰铸铁($w_C \approx 3\%$)	7 570	470	39.2		28.5	32.4	35.8	37.2	36.6	20.8	19.2		
碳钢($w_C \approx 0.5\%$)	7 840	465	49.8		50.5	47.5	44.8	42.0	39.4	34.0	29.0		
碳钢($w_C \approx 1.0\%$)	7 790	470	43.2		43.0	42.8	42.2	41.5	40.6	36.7	32.2		
碳钢($w_C \approx 1.5\%$)	7 750	470	36.7		36.8	36.6	36.2	35.7	34.7	31.7	27.8		
铬钢($w_{Cr} \approx 5\%$)	7 830	460	36.1		36.3	35.2	34.7	33.5	31.4	28.0	27.2	27.2	27.2
铬钢($w_{Cr} \approx 13\%$)	7 740	460	26.8		26.5	27.0	27.0	27.0	27.6	28.4	29.0	29.0	
铬钢($w_{Cr} \approx 17\%$)	7 710	460	22		22	22.2	22.6	22.6	23.3	24.0	24.8	25.5	
铬钢($w_{Cr} \approx 26\%$)	7 650	460	22.6		22.6	23.8	25.5	27.2	28.5	31.8	35.1	38	

材料名称	20 ℃			导热系数 λ/[W/(m·K)]									
	密度	比热容	导热系数	温度/℃									
	ρ kg/m³	c_p J/(kg·K)	λ W/(m·K)	-100	0	100	200	300	400	600	800	1 000	1 200
铬镍钢(18-20Cr/8-12Ni)	7 820	460	15.2	12.2	14.7	16.6	18.0	19.4	20.8	23.5	26.3		
铬镍钢(17-19Cr/9-13Ni)	7 830	460	14.7	11.8	14.3	16.1	17.5	18.8	20.2	22.8	25.5	28.2	30.9
镍钢($w_{Ni}\approx 1\%$)	7 900	460	45.5	40.8	45.2	46.8	46.1	44.1	41.2	35.7			
镍钢($w_{Ni}\approx 3.5\%$)	7 910	460	36.5	30.7	36.0	38.8	39.7	39.2	37.8				
镍钢($w_{Ni}\approx 25\%$)	8 030	460	13.0										
镍钢($w_{Ni}\approx 35\%$)	8 110	460	13.8	10.9	13.4	15.4	17.1	18.6	20.1	23.1			
镍钢($w_{Ni}\approx 44\%$)	8 190	460	15.8		15.7	16.1	16.5	16.9	17.1	17.8	18.4		
镍钢($w_{Ni}\approx 50\%$)	8 260	460	19.6	17.3	19.4	20.5	21.0	21.1	21.3	22.5			
锰钢($w_{Mn}\approx 12\%\sim 13\%$, $w_{Ni}\approx 3\%$)	7 800	487	13.6			14.8	16.0	17.1	18.3				
锰钢($w_{Mn}\approx 0.4\%$)	7 860	440	51.2			51.0	50.0	47.0	43.5	35.5	27		
钨钢($w_{W}\approx 5\%\sim 6\%$)	8 070	436	18.7		18.4	19.7	21.0	22.3	23.6	24.9	26.3		
铅	11 340	128	35.3	37.2	35.5	34.3	32.8	31.5					
镁	1 730	1 020	156	160	157	154	152	150					
钼	9 590	255	138	146	139	135	131	127	123	116	109	103	93.7
镍	8 900	444	91.4	144	94	82.8	74.2	67.3	64.6	69.0	73.3	77.6	81.9
铂	21 450	133	71.4	73.3	71.5	71.6	72.0	72.8	73.6	76.6	80.0	84.2	88.9
银	10 500	234	427	431	428	422	415	407	399	384			
锡	7 310	228	67	75	68.2	63.2	60.9						
钛	4 500	520	22	23.3	22.4	20.7	19.9	19.5	19.4	19.9			
铀	19 070	116	27.4	24.3	27	29.1	31.1	33.4	35.7	40.6	45.6		
锌	7 140	388	121	123	122	117	112						
锆	6 570	276	22.9	26.5	23.2	21.8	21.2	20.9	21.4	22.3	24.5	26.4	28.0
钨	19 350	134	179	204	182	166	153	142	134	125	119	114	110

附录 3　保温、建筑及其他材料的密度和导热系数

附录 3a　常 规 材 料

材料名称	温度 t/℃	密度 ρ/(kg/m³)	导热系数 λ/[W/(m·K)]
膨胀珍珠岩散料	25	60~300	0.021~0.062
沥青膨胀珍珠岩	31	233~282	0.069~0.076
磷酸盐膨胀珍珠岩制品	20	200~250	0.044~0.052
水玻璃膨胀珍珠岩制品	20	200~300	0.056~0.065
岩棉制品	20	80~150	0.035~0.038
膨胀蛭石	20	100~130	0.051~0.07
沥青蛭石板管	20	350~400	0.081~0.10
石棉粉	22	744~1 400	0.099~0.19
石棉砖	21	384	0.099
石棉绳		590~730	0.10~0.21
石棉绒		35~230	0.055~0.077
石棉板	30	770~1 045	0.10~0.14
碳酸镁石棉灰		240~490	0.077~0.086
硅藻土石棉灰		280~380	0.085~0.11
粉煤灰砖	27	458~589	0.12~0.22
矿渣棉	30	207	0.058
玻璃丝	35	120~492	0.058~0.07
玻璃棉毡	28	18.4~38.3	0.043
软木板	20	105~437	0.044~0.079
木丝纤维板	25	245	0.048
稻草浆板	20	325~365	0.068~0.084
麻秆板	25	108~147	0.056~0.11
甘蔗板	20	282	0.067~0.072
葵芯板	20	95.5	0.05

续表

材料名称	温度 t/℃	密度 ρ/(kg/m^3)	导热系数 λ/[W/(m·K)]
玉米梗板	22	25.2	0.065
棉花	20	117	0.049
丝	20	57.7	0.036
锯木屑	20	179	0.083
硬泡沫塑料	30	29.5~56.3	0.041~0.048
软泡沫塑料	30	41~162	0.043~0.056
铝箔间隔层(5层)	21		0.042
红砖(营造状态)	25	1 860	0.87
红砖	35	1 560	0.49
松木(垂直木纹)	15	496	0.15
松木(平行木纹)	21	527	0.35
水泥	30	1 900	0.30
混凝土板	35	1 930	0.79
耐酸混凝土板	30	2 250	1.5~1.6
黄沙	30	1 580~1 700	0.28~0.34
泥土	20		0.83
瓷砖	37	2 090	1.1
玻璃	45	2 500	0.65~0.71
聚苯乙烯	30	24.7~37.8	0.04~0.043
花岗石		2 643	1.73~3.98
大理石		2 499~2 707	2.70
云母		290	0.58
水垢	65		1.31~3.14
冰	0	913	2.22
黏土	27	1 460	1.3

附录 3b 聚氨酯发泡材料与气凝胶

材料	温度 t/℃	密度 ρ/(kg/m^3)	导热系数 λ/[W/(m·K)]	文献
聚氨酯发泡材料	25	29.5-33.6	0.022 9~0.026 6	[1]
	25	33.6 环戊烷发泡剂	0.026 6	
	0		0.026 0	
	-25		0.024 8	
	25	30.5 异戊烷发泡剂	0.024 7	
	0		0.025 0	
	-25		0.023 4	
	25	30.4 环戊烷发泡剂+五氟丙烷发泡剂	0.024 1	
	0		0.023 5	
	-25		0.022 3	
	25	31.3 环戊烷+ 五氟丙烷发泡剂低压发泡剂	0.023 3	
	0		0.023 2	
	-25		0.021 3	
	25	29.5 环戊烷发泡剂+ 五氟丙烷发泡剂+LBA 发泡剂	0.022 9	
	0		0.022 1	
	-25		0.021 3	
氧化铝气凝胶	30	37	0.029	[2]
	400		0.098	
	800		0.298	
	室温~400	450	0.029~0.035	[5]
	400~800		0.035~0.055	
	800~1 200		0.055~0.08	
氧化硅气凝胶	27	120	0.013	[3]
	25	160	0.014	
	100		0.015	
	200		0.019	
	0	200	0.020	
	200		0.028	
	400		0.045	
	600		0.090	
	27	80~300	0.018~0.03	[4]
	室温~800	185	0.02~0.035	[5]
	800~1 200	185	0.035~0.065	
炭气凝胶	2 000	52	0.601	[6]

附录 3c 编织类复合材料

材料名称	温度 t/℃	密度 ρ/(kg/m^3)	面内导热系数 λ/[W/(m·K)]	面外导热系数 λ/[W/(m·K)]
C/C-SiC 二维穿刺复合材料	室温	1 600~2 100	10.0~20.0	5.0~10.0 [7,8]
C/C-SiC 三维针刺	室温	1 600~2 100	10.0~20.0	5.0~10.0 [7,9]
三维四向编织(C 纤维增强,环氧树脂基)	室温	1 300~1 700	0.40~1.60	1.50~4.50 [10]

附录 4 几种保温、耐火材料的导热系数与温度的关系

材料名称	材料最高允许温度/℃	密度 ρ/(kg/m^3)	导热系数 λ/[W/(m·K)]
超细玻璃棉毡、管	400	18~20	$0.033+0.000\,23\{t\}_{℃}$①
矿渣棉	550~600	350	$0.067\,4+0.000\,215\{t\}_{℃}$
水泥蛭石制品	800	400~450	$0.103+0.000\,198\{t\}_{℃}$
水泥珍珠岩制品	600	300~400	$0.065\,1+0.000\,105\{t\}_{℃}$
粉煤灰泡沫砖	300	500	$0.099+0.000\,2\{t\}_{℃}$
岩棉玻璃布缝板	600	100	$0.031\,4+0.000\,198\{t\}_{℃}$
A 级硅藻土制品	900	500	$0.039\,5+0.000\,19\{t\}_{℃}$
B 级硅藻土制品	900	550	$0.047\,7+0.000\,2\{t\}_{℃}$
膨胀珍珠岩	1 000	55	$0.042\,4+0.000\,137\{t\}_{℃}$
微孔硅酸钙制品	650	≯250	$0.041+0.000\,2\{t\}_{℃}$
耐火黏土砖	1 350~1 450	1 800~2 040	$(0.7\sim0.84)+0.000\,58\{t\}_{℃}$
轻质耐火黏土砖	1 250~1 300	800~1 300	$(0.29\sim0.41)+0.000\,26\{t\}_{℃}$
超轻质耐火黏土砖	1 150~1 300	540~610	$0.093+0.000\,16\{t\}_{℃}$
超轻质耐火黏土砖	1 100	270~330	$0.058+0.000\,17\{t\}_{℃}$
硅砖	1 700	1 900~1 950	$0.93+0.000\,7\{t\}_{℃}$
镁砖	1 600~1 700	2 300~2 600	$2.1+0.000\,19\{t\}_{℃}$
铬砖	1 600~1 700	2 600~2 800	$4.7+0.000\,17\{t\}_{℃}$

① $\{t\}_{℃}$ 表示以℃为单位的材料的平均温度的数值。

附录 5　大气压力($p=1.013\,25\times10^5$ Pa)下干空气的热物理性质

$\dfrac{t}{℃}$	$\dfrac{\rho}{kg/m^3}$	$\dfrac{c_p}{kJ/(kg\cdot K)}$	$\dfrac{\lambda\times10^2}{W/(m\cdot K)}$	$\dfrac{a\times10^6}{m^2/s}$	$\dfrac{\eta\times10^6}{Pa\cdot s}$	$\dfrac{\nu\times10^6}{m^2/s}$	Pr
-50	1.584	1.013	2.04	12.7	14.6	9.23	0.728
-40	1.515	1.013	2.12	13.8	15.2	10.04	0.728
-30	1.453	1.013	2.20	14.9	15.7	10.80	0.723
-20	1.395	1.009	2.28	16.2	16.2	11.61	0.716
-10	1.342	1.009	2.36	17.4	16.7	12.43	0.712
0	1.293	1.005	2.44	18.8	17.2	13.28	0.707
10	1.247	1.005	2.51	20.0	17.6	14.16	0.705
20	1.205	1.005	2.59	21.4	18.1	15.06	0.703
30	1.165	1.005	2.67	22.9	18.6	16.00	0.701
40	1.128	1.005	2.76	24.3	19.1	16.96	0.699
50	1.093	1.005	2.83	25.7	19.6	17.95	0.698
60	1.060	1.005	2.90	27.2	20.1	18.97	0.696
70	1.029	1.009	2.96	28.6	20.6	20.02	0.694
80	1.000	1.009	3.05	30.2	21.1	21.09	0.692
90	0.972	1.009	3.13	31.9	21.5	22.10	0.690
100	0.946	1.009	3.21	33.6	21.9	23.13	0.688
120	0.898	1.009	3.34	36.8	22.8	25.45	0.686
140	0.854	1.013	3.49	40.3	23.7	27.80	0.684
160	0.815	1.017	3.64	43.9	24.5	30.09	0.682
180	0.779	1.022	3.78	47.5	25.3	32.49	0.681
200	0.746	1.026	3.93	51.4	26.0	34.85	0.680
250	0.674	1.038	4.27	61.0	27.4	40.61	0.677
300	0.615	1.047	4.60	71.6	29.7	48.33	0.674
350	0.566	1.059	4.91	81.9	31.4	55.46	0.676
400	0.524	1.068	5.21	93.1	33.0	63.09	0.678
500	0.456	1.093	5.74	115.3	36.2	79.38	0.687
600	0.404	1.114	6.22	138.3	39.1	96.89	0.699
700	0.362	1.135	6.71	163.4	41.8	115.4	0.706
800	0.329	1.156	7.18	188.8	44.3	134.8	0.713
900	0.301	1.172	7.63	216.2	46.7	155.1	0.717
1 000	0.277	1.185	8.07	245.9	49.0	177.1	0.719
1 100	0.257	1.197	8.50	276.2	51.2	199.3	0.722
1 200	0.239	1.210	9.15	316.5	53.5	233.7	0.724

附录 6　大气压力($p=1.013\ 25\times10^5$ Pa)下标准烟气的热物理性质

(烟气中组成成分的质量分数:$w_{CO_2}=0.13$;$w_{H_2O}=0.11$;$w_{N_2}=0.76$)

t / ℃	ρ / kg/m^3	c_p / kJ/(kg·K)	$\lambda\times10^2$ / W/(m·K)	$a\times10^6$ / m^2/s	$\eta\times10^6$ / Pa·s	$\nu\times10^6$ / m^2/s	Pr
0	1.295	1.042	2.28	16.9	15.8	12.20	0.72
100	0.950	1.068	3.13	30.8	20.4	21.54	0.69
200	0.748	1.097	4.01	48.9	24.5	32.80	0.67
300	0.617	1.122	4.84	69.9	28.2	45.81	0.65
400	0.525	1.151	5.70	94.3	31.7	60.38	0.64
500	0.457	1.185	6.56	121.1	34.8	76.30	0.63
600	0.405	1.214	7.42	150.9	37.9	93.61	0.62
700	0.363	1.239	8.27	183.8	40.7	112.1	0.61
800	0.330	1.264	9.15	219.7	43.4	131.8	0.60
900	0.301	1.290	10.00	258.0	45.9	152.5	0.59
1 000	0.275	1.306	10.90	303.4	48.4	174.3	0.58
1 100	0.257	1.323	11.75	345.5	50.7	197.1	0.57
1 200	0.240	1.340	12.62	392.4	53.0	221.0	0.56

附录 7　大气压力($p=1.013\ 25\times10^5$ Pa)下过热水蒸气的热物理性质

T / K	ρ / kg/m^3	c_p / kJ/(kg·K)	$\eta\times10^5$ / Pa·s	$\nu\times10^5$ / m^2/s	λ / W/(m·K)	$a\times10^5$ / m^2/s	Pr
380	0.586 0	2.053	1.250	2.133	0.025 6	2.125	1.004
400	0.554 9	2.009	1.328	2.392	0.027 0	2.423	0.987
450	0.491 1	1.976	1.527	3.109	0.031 2	3.213	0.968
500	0.440 9	1.982	1.730	3.923	0.035 9	4.105	0.956
550	0.400 3	2.001	1.936	4.835	0.040 0	5.112	0.946
600	0.366 7	2.027	2.142	5.843	0.046 4	6.239	0.937
650	0.338 3	2.056	2.350	6.946	0.052 1	7.485	0.928
700	0.314 0	2.087	2.556	8.141	0.058 0	8.847	0.920
750	0.293 0	2.119	2.762	9.426	0.064 1	9.426	0.913
800	0.274 6	2.153	2.966	10.80	0.070 4	11.91	0.907
850	0.258 4	2.187	3.168	12.26	0.076 9	13.60	0.901

附录 8　大气压力（$p=1.013\ 25\times10^5$ Pa）下二氧化碳、氢气、氧气、氮气、氦气的热物理性质

	T/K	ρ/(kg/m^3)	c_p/[kJ/(kg·K)]	λ/[W/(m·K)]	$a\times10^8$/(m^2/s)	$\nu\times10^6$/(m^2/s)	$\eta\times10^6$/(Pa·s)	Pr
二氧化碳气体 沸点 195 K	250	2.165	0.806	0.012 95	742.9	5.804	12.56	0.781 2
	300	1.797	0.853	0.016 79	1 096.2	8.361	15.02	0.762 7
	400	1.343	0.942	0.025 14	1 987.5	14.66	19.70	0.737 7
	500	1.074	1.016	0.033 49	3 072.4	22.37	24.02	0.728 2
	600	0.894 1	1.076	0.041 56	4 318.3	31.31	28.00	0.725 2
	800	0.670 4	1.169	0.056 71	7 235.5	52.34	35.09	0.723 4
	1 000	0.536 2	1.234	0.070 57	10 663	76.95	41.26	0.721 7
	1 500	0.357 5	1.327	1.002 9	21 151	151.4	54.14	0.716 0
	2 000	0.268 1	1.370	1.248 4	33 980	242.4	65.00	0.713 5
	T/K	ρ/(kg/m^3)	c_p/[kJ/(kg·K)]	λ/[W/(m·K)]	$a\times10^6$/(m^2/s)	$\nu\times10^6$/(m^2/s)	$\mu\times10^6$/(Pa·s)	Pr
氢气 沸点 20.4 K	20	71.28	9.565	0.103 3	0.151 5	0.192 7	13.74	1.272
	40	0.623 8	10.57	0.031 89	4.835	3.269	2.039	0.676 1
	60	0.411 3	10.49	0.044 61	10.34	6.968	2.867	0.673 7
	80	0.307 5	10.74	0.056 48	17.11	11.60	3.566	0.678 1
	100	0.245 7	11.23	0.068 34	24.77	17.05	4.190	0.688 4
	150	0.163 7	12.61	0.101 0	48.94	33.97	5.561	0.694 2
	200	0.122 8	13.54	0.132 4	79.69	55.23	6.780	0.693 1
	250	0.098 20	14.05	0.160 6	116.4	80.47	7.903	0.691 6
	300	0.081 84	14.31	0.185 8	158.6	109.4	8.953	0.689 8

续表

	T/K	ρ/(kg/m³)	c_p/[kJ/(kg·K)]	λ/[W/(m·K)]	$a\times10^6$/(m²/s)	$\nu\times10^6$/(m²/s)	$\eta\times10^6$/(Pa·s)	Pr
氢气 沸点 20.4 K	400	0.061 39	14.48	0.234 1	263.3	177.4	10.89	0.673 8
	500	0.049 11	14.51	0.280 5	393.5	258.0	12.67	0.655 6
	600	0.040 93	14.55	0.328 1	550.9	350.3	14.34	0.635 8
	800	0.030 70	14.71	0.425 2	941.5	567.9	17.44	0.603 2
	1 000	0.024 56	14.99	0.524 8	1 425	826.3	20.30	0.579 8
	1 500	0.016 4	16.02	0.785 0	2 992	1 616	26.46	0.540 2
氧气 沸点 90.2 K	150	2.619	0.920	0.013 78	5.721	4.343	11.38	0.759 1
	200	1.956	0.915	0.018 24	10.20	7.525	14.72	0.738 1
	250	1.562	0.915	0.022 46	15.72	11.39	17.80	0.724 9
	300	1.301	0.920	0.026 49	22.14	15.88	20.65	0.717 3
	400	0.975	0.942	0.034 03	37.07	26.50	25.84	0.715 1
	500	0.780	0.972	0.041 05	54.15	39.10	30.49	0.722 1
	600	0.650	1.003	0.047 66	73.12	53.45	34.73	0.731 0
	800	0.487	1.055	0.060 0	116.8	86.87	42.33	0.743 7
	1 000	0.390	1.090	0.071 55	168.4	126.0	49.12	0.748 3
	1 500	0.260	1.143	0.098 19	330.6	246.1	63.97	0.744 6
	2 000	0.195	1.180	0.123 1	534.9	395.9	77.17	0.740 1
氮气 沸点 77.4 K	80	4.440	1.113	0.007 445	1.507	1.267	5.624	0.840 8
	90	3.899	1.086	0.008 418	1.987	1.615	6.297	0.812 7
	100	3.483	1.072	0.009 332	2.513	1.998	6.959	0.795 0

续表

	T/K	ρ/(kg/m³)	c_p/[kJ/(kg·K)]	λ/[W/(m·K)]	$a\times10^6$/(m²/s)	$\nu\times10^6$/(m²/s)	$\eta\times10^6$/(Pa·s)	Pr
氮气 沸点 77.4 K	150	2.289	1.049	0.014 01	5.834	4.403	10.08	0.754 7
	200	1.711	1.044	0.018 28	10.24	7.547	12.91	0.737 0
	250	1.367	1.042	0.022 25	15.63	11.34	15.50	0.725 7
	300	1.138	1.041	0.025 97	21.91	15.72	17.89	0.717 4
	400	0.853 3	1.045	0.032 81	36.79	26.03	22.21	0.707 4
	500	0.682 5	1.056	0.039 04	54.15	38.19	26.06	0.705 2
	600	0.568 8	1.075	0.044 84	73.33	52.00	29.58	0.709 2
	800	0.426 6	1.122	0.055 51	116.0	84.13	35.89	0.725 5
	1 000	0.341 3	1.167	0.065 36	164.1	121.7	41.54	0.742 0
	1 500	0.227 5	1.244	0.088 02	311.0	237.6	54.07	0.764 1
	2 000	0.170 7	1.284	0.109 3	498.8	383.1	65.39	0.768 1
氦气 沸点 4.2 K	5	11.89	6.724 3	0.010 22	0.127 9	0.117 0	1.390	0.914 2
	10	5.014	5.415 0	0.016 89	0.622 2	0.450 6	2.259	0.724 2
	15	3.275	5.285 7	0.021 91	1.266	0.906 4	2.969	0.716 1
	20	2.442	5.244 2	0.026 20	2.046	1.467	3.582	0.717 0
	40	1.217	5.205 4	0.040 45	6.385	4.554	5.542	0.713 3
	60	0.811 4	5.198 4	0.052 55	12.46	8.771	7.117	0.704 0
	80	0.608 8	5.195 9	0.063 52	20.08	13.97	8.503	0.695 6
	100	0.487 1	5.194 8	0.073 71	29.13	20.07	9.778	0.689 1
	150	0.324 9	5.193 8	0.096 94	57.45	38.48	12.50	0.669 8

续表

	T/K	ρ/(kg/m^3)	c_p/[kJ/(kg·K)]	λ/[W/(m·K)]	$a\times10^6$/(m^2/s)	$\nu\times10^6$/(m^2/s)	$\eta\times10^6$/(Pa·s)	Pr
氦气 沸点 4.2 K	200	0.243 7	5.193 4	0.118 0	93.21	62.13	15.14	0.666 5
	250	0.195 0	5.193 3	0.137 5	135.8	90.26	17.60	0.664 7
	300	0.162 5	5.193 2	0.156 0	184.8	122.6	19.93	0.663 6
	400	0.121 9	5.193 1	0.190 4	300.7	199.3	24.29	0.662 7
	500	0.097 54	5.193 1	0.222 3	438.9	290.8	28.36	0.662 6
	600	0.081 28	5.193 1	0.252 4	597.9	396.3	32.22	0.662 8
	800	0.060 97	5.193 1	0.308 5	974.5	646.8	39.43	0.663 7
	1 000	0.048 78	5.193 1	0.360 6	1 424	946.4	46.16	0.664 8
	1 500	0.032 52	5.193 1	0.479 0	2 837	1 893	61.55	0.667 3
	2 000	0.024 39	5.193 1	0.586 1	4 627	3 098	75.55	0.669 4

附录 9 饱和水的热物理性质[①]

$\frac{t}{℃}$	$\frac{p\times10^{-5}}{Pa}$	$\frac{\rho}{kg/m^3}$	$\frac{h'}{kJ/kg}$	$\frac{c_p}{kJ/(kg\cdot K)}$	$\frac{\lambda\times10^2}{W/(m\cdot K)}$	$\frac{a\times10^8}{m^2/s}$	$\frac{\eta\times10^6}{Pa\cdot s}$	$\frac{\nu\times10^6}{m^2/s}$	$\frac{\alpha_V\times10^4}{K^{-1}}$	$\frac{\gamma\times10^4}{N/m}$	Pr
0.01	0.006 117	999.8	0.000 6	4.220	56.1	13.3	1 791	1.792	−0.679 7	756.5	13.47
10	0.012 28	999.7	42.02	4.196	58.0	13.8	1 306	1.306	0.876 9	742.2	9.447
20	0.023 39	998.2	83.91	4.184	59.8	14.3	1 002	1.003	2.067	727.4	7.004
30	0.042 47	995.6	125.7	4.180	61.5	14.8	797.2	0.801	3.033	711.9	5.415
40	0.073 85	992.2	167.5	4.180	63.1	15.2	652.7	0.658	3.855	696.0	4.326
50	0.123 5	988.0	209.3	4.182	64.4	15.6	546.5	0.553	4.578	679.4	3.551
60	0.199 5	983.2	251.2	4.185	65.4	15.9	466.0	0.474	5.233	662.4	2.981
70	0.312 0	977.7	293.1	4.190	66.3	16.2	403.5	0.413	5.840	644.8	2.550
80	0.474 1	971.8	355.0	4.197	67.0	16.4	354.0	0.364	6.414	626.7	2.218
90	0.701 8	965.3	377.0	4.205	67.5	16.6	314.2	0.325	6.967	608.2	1.957
100	1.014	958.4	419.2	4.216	67.9	16.8	281.6	0.294	7.506	589.1	1.748
110	1.434	951.0	461.4	4.228	68.2	17.1	254.6	0.268	8.041	569.1	1.579
120	1.987	943.1	503.8	4.244	68.4	17.2	232.0	0.246	8.578	549.7	1.441
130	2.703	934.8	546.4	4.262	68.2	17.2	212.9	0.228	9.123	529.3	1.327
140	3.615	926.1	589.2	4.283	68.0	17.3	196.6	0.212	9.684	508.6	1.233
150	4.762	917.0	632.2	4.307	68.2	17.3	182.6	0.199	10.27	487.4	1.153
160	6.182	907.4	675.5	4.335	68.0	17.3	170.4	0.188	10.88	466.0	1.087
170	7.923	897.5	719.1	4.368	67.7	17.3	159.8	0.178	11.53	444.1	1.031
180	10.03	887.0	763.1	4.405	67.3	17.2	150.4	0.170	12.20	421.9	0.983 8

$\frac{t}{℃}$	$\frac{p\times10^{-5}}{Pa}$	$\frac{\rho}{kg/m^3}$	$\frac{h'}{kJ/kg}$	$\frac{c_p}{kJ/(kg\cdot K)}$	$\frac{\lambda\times10^2}{W/(m\cdot K)}$	$\frac{a\times10^8}{m^2/s}$	$\frac{\eta\times10^6}{Pa\cdot s}$	$\frac{\nu\times10^6}{m^2/s}$	$\frac{\alpha_V\times10^4}{K^{-1}}$	$\frac{\gamma\times10^4}{N/m}$	Pr
190	12.55	876.1	807.4	4.447	66.9	17.2	142.0	0.162	12.97	399.5	0.944 6
200	15.55	864.7	852.3	4.496	66.3	17.1	134.6	0.156	13.79	376.8	0.912 2
210	19.08	852.7	897.6	4.551	65.7	16.9	127.9	0.150	14.69	353.8	0.885 8
220	23.20	840.2	943.6	4.615	65.0	16.8	121.8	0.145	15.69	330.7	0.865 0
230	27.97	827.1	990.2	4.638	64.1	16.5	116.2	0.140	16.82	307.4	0.849 3
240	33.47	813.4	1 037.6	4.772	63.2	16.3	111.1	0.137	18.10	283.9	0.838 7
250	39.76	798.9	1 085.8	4.870	62.1	16.0	106.3	0.133	19.58	260.4	0.833 3
260	46.92	783.6	1 135.0	4.986	60.9	15.6	101.8	0.130	21.30	236.9	0.833 2
270	55.03	767.5	1 185.3	5.123	59.6	15.2	97.59	0.127	23.34	213.4	0.838 9
280	64.17	750.3	1 236.8	5.289	58.1	14.6	93.55	0.125	25.81	189.9	0.851 4
290	74.42	731.9	1 290.0	5.493	56.5	14.0	89.66	0.123	28.86	166.6	0.871 7
300	85.88	712.1	1 345.0	5.750	54.7	13.4	85.86	0.121	32.74	143.6	0.901 9
310	98.65	690.7	1 402.2	6.085	52.9	12.6	82.09	0.119	37.84	120.9	0.944 7
320	112.84	667.1	1 462.2	6.537	50.9	11.7	78.31	0.117	44.86	98.64	1.005
330	128.58	640.8	1 525.9	7.186	48.9	10.6	74.43	0.116	55.13	77.03	1.094
340	146.01	610.7	1 594.5	8.208	46.9	9.35	70.33	0.115	72.75	56.26	1.232
350	165.29	574.7	1 670.9	10.116	44.7	7.70	65.80	0.115	103.4	36.65	1.488
360	186.66	527.6	1 761.7	15.004	42.6	5.38	60.31	0.114	191.2	18.77	2.125
370	210.44	451.4	1 890.7	45.155	42.5	2.09	52.26	0.116	763.8	3.882	5.552

① α_V 值选自《Steam Tables in SI Units》(2nd ed.). Ed. by Grigull U, et al. Berlin: Springer Verlag, 1984.

附录 10　干饱和水蒸气的热物理性质

$\frac{t}{℃}$	$\frac{p\times10^{-5}}{Pa}$	$\frac{\rho''}{kg/m^3}$	$\frac{h''}{kJ/kg}$	$\frac{r}{kJ/kg}$	$\frac{c_p}{kJ/(kg\cdot K)}$	$\frac{\lambda\times10^2}{W/(m\cdot K)}$	$\frac{a\times10^8}{m^2/s}$	$\frac{\eta\times10^6}{Pa\cdot s}$	$\frac{\nu\times10^6}{m^2/s}$	Pr
0.01	0.006 117	0.004 855	2 500.9	2 500.9	1.884	1.71	186 620	8.946	1 843.1	0.987 5
10	0.012 28	0.009 407	2 519.2	2 477.2	1.895	1.76	98 865	9.238	982.1	0.993 3
20	0.023 39	0.017 31	2 537.4	2 453.5	1.906	1.83	55 236	9.544	551.2	0.998 0
30	0.042 47	0.030 42	2 555.5	2 429.8	1.918	1.89	32 375	9.860	324.2	1.001
40	0.073 85	0.051 24	2 573.5	2 406.0	1.931	1.96	19 802	10.19	198.8	1.004
50	0.123 5	0.083 15	2 591.3	2 381.9	1.947	2.04	12 581	10.52	126.5	1.005
60	0.199 5	0.130 4	2 608.8	2 357.7	1.965	2.12	8 267	10.85	83.2	1.007
70	0.312 0	0.198 4	2 626.1	2 333.0	1.986	2.21	5 599	11.20	56.4	1.008
80	0.474 1	0.293 7	2 643.0	2 308.0	2.012	2.30	3 895	11.54	39.3	1.009
90	0.701 8	0.423 9	2 659.5	2 282.5	2.043	2.40	2 774	11.89	28.0	1.011
100	1.014	0.598 2	2 675.6	2 256.4	2.080	2.51	2 017	12.23	20.4	1.014
110	1.434	0.826 9	2 691.1	2 229.6	2.124	2.62	1 494	12.58	15.2	1.018
120	1.987	1.122	2 705.9	2 202.1	2.177	2.75	1 124	12.93	11.5	1.025
130	2.703	1.497	2 720.1	2 173.8	2.239	2.88	858.3	13.27	8.87	1.033
140	3.615	1.967	2 733.4	2 144.1	2.311	3.01	663.2	13.62	6.92	1.044
150	4.762	2.548	2 745.9	2 113.7	2.394	3.16	518.0	13.96	5.48	1.058
160	6.182	3.260	2 757.4	2 082.0	2.488	3.31	408.5	14.30	4.39	1.074
170	7.923	4.122	2 767.9	2 048.8	2.594	3.47	324.9	14.65	3.55	1.093
180	10.03	5.159	2 777.2	2 014.2	2.713	3.64	260.4	14.99	2.90	1.115

续表

$\frac{t}{℃}$	$\frac{p\times10^{-5}}{Pa}$	$\frac{\rho''}{kg/m^3}$	$\frac{h''}{kJ/kg}$	$\frac{r}{kJ/kg}$	$\frac{c_p}{kJ/(kg\cdot K)}$	$\frac{\lambda\times10^2}{W/(m\cdot K)}$	$\frac{a\times10^8}{m^2/s}$	$\frac{\eta\times10^6}{Pa\cdot s}$	$\frac{\nu\times10^6}{m^2/s}$	Pr
190	12.55	6.395	2 785.3	1 977.9	2.844	3.82	210.2	15.33	2.40	1.140
200	15.55	7.861	2 792.0	1 939.7	2.990	4.01	170.7	15.67	1.99	1.168
210	19.08	9.589	2 797.3	1 899.6	3.150	4.21	139.3	16.01	1.67	1.198
220	23.20	11.62	2 800.9	1 857.4	3.329	4.42	114.2	16.35	1.41	1.233
230	27.97	14.00	2 802.9	1 812.7	3.529	4.64	93.98	16.71	1.19	1.271
240	33.47	16.75	2 803.0	1 765.4	3.754	4.87	77.51	17.06	1.02	1.314
250	39.76	19.97	2 800.9	1 715.2	4.011	5.13	64.02	17.43	0.873	1.364
260	46.92	23.71	2 796.6	1 661.5	4.308	5.40	52.90	17.81	0.751	1.420
270	55.03	28.07	2 789.7	1 604.4	4.656	5.71	43.70	18.21	0.649	1.484
280	64.17	33.17	2 779.9	1 543.0	5.073	6.06	36.03	18.63	0.562	1.559
290	74.42	39.13	2 766.7	1 476.7	5.582	6.47	29.63	19.08	0.488	1.646
300	85.88	46.17	2 749.6	1 404.6	6.220	6.97	24.26	19.58	0.424	1.748
310	98.65	54.54	2 727.9	1 325.7	7.045	7.59	19.74	20.14	0.369	1.870
320	112.84	64.64	2 700.6	1 238.4	8.159	8.39	15.92	20.77	0.321	2.019
330	128.58	77.05	2 666.0	1 140.2	9.753	9.50	12.64	21.52	0.279	2.211
340	146.01	92.76	2 621.8	1 027.3	12.236	11.10	9.780	22.48	0.242	2.478
350	165.29	113.6	2 563.6	892.75	16.692	13.61	7.176	23.74	0.209	2.912
360	186.66	143.9	2 481.5	719.83	27.356	18.18	4.617	25.64	0.178	3.859
370	210.44	201.8	2 334.5	443.83	96.598	32.45	1.664	29.66	0.147	8.829

附录 11 几种饱和液体的热物理性质

液体	t / ℃	ρ / kg/m^3	c_p / kJ/(kg·K)	λ / W/(m·K)	$a\times10^8$ / m^2/s	$\nu\times10^6$ / m^2/s	$\alpha_V\times10^3$ / K^{-1}	r / kJ/kg	Pr
NH_3	-50	702.1	4.360	0.722 3	23.60	0.468 4	1.673	1 415.9	1.985
	-40	690.2	4.414	0.688 1	22.59	0.407 5	1.760	1 388.6	1.804
	-30	677.8	4.465	0.654 6	21.63	0.360 1	1.850	1 359.7	1.665
	-20	665.1	4.514	0.622 0	20.72	0.322 4	1.944	1 329.1	1.556
	-10	652.1	4.564	0.590 1	19.83	0.291 7	2.048	1 296.7	1.471
	0	638.6	4.617	0.559 2	18.97	0.266 4	2.163	1 262.2	1.404
	10	624.6	4.676	0.529 1	18.12	0.245 0	2.296	1 225.5	1.352
	20	610.2	4.745	0.499 9	17.27	0.226 7	2.452	1 186.4	1.313
	30	595.2	4.828	0.471 4	16.40	0.210 8	2.640	1 144.4	1.285
	40	579.4	4.932	0.443 5	15.52	0.196 8	2.871	1 099.3	1.268
	50	562.9	5.064	0.416 3	14.61	0.184 4	3.161	1 050.5	1.262
R12	-50	1 544.7	0.861	0.094 70	7.121	0.285 6	1.808	174.21	4.011
	-40	1 516.5	0.873	0.090 72	6.852	0.255 5	1.883	170.32	3.728
	-30	1 487.7	0.886	0.086 86	6.588	0.230 5	1.970	166.27	3.499
	-20	1 458.1	0.901	0.083 10	6.327	0.209 4	2.072	162.04	3.310
	-10	1 427.6	0.917	0.079 43	6.070	0.191 4	2.192	157.56	3.152
	0	1 396.1	0.934	0.075 84	5.816	0.175 7	2.335	152.81	3.020
	10	1 363.2	0.954	0.072 31	5.562	0.161 8	2.508	147.71	2.910
	20	1 328.9	0.976	0.068 83	5.307	0.149 5	2.719	142.22	2.817
	30	1 292.7	1.002	0.065 39	5.048	0.138 3	2.983	136.26	2.740
	40	1 254.3	1.033	0.061 98	4.782	0.128 2	3.322	129.74	2.680
	50	1 213.0	1.072	0.058 56	4.504	0.118 6	3.774	122.53	2.637
R22	-50	1 435.6	1.079	0.117 7	7.599	0.270 8	1.984	239.39	3.564
	-40	1 406.8	1.091	0.113 0	7.365	0.243 1	2.083	233.24	3.301
	-30	1 377.2	1.105	0.108 4	7.121	0.219 9	2.200	226.81	3.089
	-20	1 346.5	1.123	0.103 8	6.865	0.200 3	2.338	220.02	2.918
	-10	1 314.7	1.144	0.099 3	6.599	0.183 4	2.503	212.79	2.779
	0	1 281.5	1.169	0.094 7	6.323	0.168 5	2.701	205.05	2.665
	10	1 246.7	1.199	0.090 2	6.036	0.155 4	2.945	196.69	2.574

液体	t ℃	ρ kg/m^3	c_p kJ/(kg·K)	λ W/(m·K)	$a\times10^8$ m^2/s	$\nu\times10^6$ m^2/s	$\alpha_V\times10^3$ K^{-1}	r kJ/kg	Pr
R22	20	1 209.9	1.236	0.085 7	5.735	0.143 6	3.250	187.60	2.503
	30	1 170.7	1.281	0.081 2	5.416	0.132 8	3.647	177.64	2.452
	40	1 128.5	1.339	0.076 6	5.070	0.122 9	4.187	166.60	2.424
	50	1 082.3	1.419	0.071 9	4.681	0.113 6	4.970	154.19	2.427
R152a	-50	1 063.7	1.567	0.133 5	8.009	0.404 8	1.851	351.78	5.054
	-40	1 043.8	1.587	0.128 3	7.742	0.355 3	1.926	343.62	4.589
	-30	1 023.5	1.610	0.123 2	7.474	0.314 8	2.014	335.15	4.211
	-20	1 002.7	1.636	0.118 2	7.208	0.281 1	2.116	326.30	3.899
	-10	981.28	1.665	0.113 5	6.950	0.252 6	2.236	316.98	3.635
	0	959.11	1.697	0.108 9	6.692	0.228 4	2.380	307.11	3.413
	10	936.07	1.734	0.104 5	6.436	0.207 6	2.554	296.60	3.225
	20	911.97	1.777	0.100 1	6.180	0.189 4	2.767	285.32	3.066
	30	886.61	1.826	0.095 9	5.921	0.173 6	3.035	273.16	2.931
	40	859.67	1.885	0.091 7	5.657	0.159 6	3.378	256.93	2.821
	50	830.78	1.957	0.087 5	5.382	0.147 1	3.833	245.43	2.733
R134a	-50	1 446.3	1.238	0.115 6	6.454	0.380 9	1.959	231.98	5.902
	-40	1 417.7	1.255	0.110 6	6.218	0.329 4	2.045	225.86	5.298
	-30	1 388.4	1.273	0.105 8	5.985	0.288 8	2.146	219.53	4.826
	-20	1 358.3	1.293	0.101 1	5.755	0.255 9	2.266	212.92	4.447
	-10	1 327.1	1.316	0.096 5	5.527	0.228 7	2.409	205.97	4.139
	0	1 294.8	1.341	0.092 0	5.299	0.205 9	2.584	198.60	3.885
	10	1 261.0	1.370	0.087 6	5.071	0.186 3	2.800	190.74	3.673
	20	1 225.3	1.405	0.083 3	4.838	0.169 2	3.072	182.28	3.498
	30	1 187.5	1.447	0.079 0	4.599	0.154 2	3.425	173.10	3.353
	40	1 146.7	1.498	0.074 7	4.348	0.140 8	3.898	163.02	3.238
	50	1 102.3	1.566	0.070 4	4.080	0.128 6	4.562	151.81	3.153
11号润滑油	0	905.0	1.834	0.144 9	8.73	1 336			15 310
	10	898.8	1.872	0.144 1	8.56	564.2			6 591
	20	892.7	1.909	0.143 2	8.40	280.2	0.69		3 335
	30	886.6	1.947	0.142 3	8.24	153.2			1 859

续表

液体	t / ℃	ρ / kg/m^3	c_p / $kJ/(kg\cdot K)$	λ / $W/(m\cdot K)$	$a\times10^8$ / m^2/s	$\nu\times10^6$ / m^2/s	$\alpha_V\times10^3$ / K^{-1}	r / kJ/kg	Pr
11 号润滑油	40	880. 6	1. 985	0. 141 4	8. 09	90. 7			1 121
	50	874. 6	2. 022	0. 140 5	7. 94	57. 4			723
	60	868. 8	2. 064	0. 139 6	7. 78	38. 4			493
	70	863. 1	2. 106	0. 138 7	7. 63	27. 0			354
	80	857. 4	2. 148	0. 137 9	7. 49	19. 7			263
	90	851. 8	2. 190	0. 137 0	7. 34	14. 9			203
	100	846. 2	2. 236	0. 136 1	7. 19	11. 5			160

液体	t / ℃	ρ / kg/m^3	c_p / $kJ/(kg\cdot K)$	λ / $W/(m\cdot K)$	$a\times10^8$ / m^2/s	$\nu\times10^6$ / m^2/s	$\alpha_V\times10^3$ / K^{-1}	r / kJ/kg	Pr
14 号润滑油	0	905. 2	1. 866	0. 149 3	8. 84	2 237			25 310
	10	899. 0	1. 909	0. 148 5	8. 65	863. 2			9 979
	20	892. 8	1. 915	0. 147 7	8. 48	410. 9	0. 69		4 846
	30	886. 7	1. 993	0. 147 0	8. 32	216. 5			2 603
	40	880. 7	2. 035	0. 146 2	8. 16	124. 2			1 522
	50	874. 8	2. 077	0. 145 4	8. 00	76. 5			956
	60	869. 0	2. 114	0. 144 6	7. 87	50. 5			462
	70	863. 2	2. 156	0. 143 9	7. 73	34. 3			444
	80	857. 5	2. 194	0. 143 1	7. 61	24. 6			323
	90	851. 9	2. 227	0. 142 4	7. 51	18. 3			244
	100	846. 4	2. 265	0. 141 6	7. 39	14. 0			190
二氧化碳 沸点 194. 7 K 潜热 $r=0.591\times10^6$ J/kg	220	1 166. 1	1. 962	0. 176 2	7. 700	0. 207 5			2. 695
	230	1 128. 7	1. 997	0. 163 3	7. 244	0. 180 9			2. 498
	240	1 088. 9	2. 051	0. 150 8	6. 750	0. 158 9			2. 353
	250	1 046. 0	2. 132	0. 138 5	6. 209	0. 140 3			2. 259
	260	998. 89	2. 255	0. 126 4	5. 609	0. 124 5			2. 221
	270	945. 83	2. 453	0. 114 3	4. 924	0. 111 0			2. 255
	280	883. 58	2. 814	0. 120 2	4. 103	0. 099 29			2. 420
	290	804. 67	3. 676	0. 089 55	3. 028	0. 088 74			2. 931
	300	679. 24	8. 698	0. 080 59	1. 364	0. 078 19			5. 732

续表

液体	$\frac{T}{K}$	$\frac{\rho}{kg/m^3}$	$\frac{c_p}{kJ/(kg\cdot K)}$	$\frac{\lambda}{W/(m\cdot K)}$	$\frac{a\times10^8}{m^2/s}$	$\frac{\nu\times10^6}{m^2/s}$	$\frac{\alpha_V\times10^3}{K^{-1}}$	$\frac{r}{kJ/kg}$	Pr
液氧 沸点 90.2 K 潜热 $r=0.211\times10^6$ J/kg	60	1 282.0	1.673	0.193 9	9.040	0.450 9			4.988
	70	1 237.0	1.678	0.179 7	8.657	0.300 6			3.472
	80	1 190.5	1.682	0.165 4	8.264	0.219 4			2.655
	90	1 142.1	1.699	0.151 1	7.785	0.171 3			2.200
	100	1 090.9	1.738	0.136 6	7.204	0.139 9			1.941
液氢 沸点 20.28 K	14	76.969	7.031	0.076 67	1.417	0.331 7		453.85	2.341
	16	75.264	7.721	0.090 23	1.553	0.265 7		456.69	1.711
	18	73.375	8.579	0.098 64	1.567	0.222 7		455.82	1.421
	20	71.265	9.570	0.103 3	1.515	0.192 6		450.31	1.272
	22	68.893	10.77	0.105 2	1.418	0.170 4		439.19	1.202
	24	66.199	12.32	0.105 0	1.288	0.153 3		421.24	1.191
	26	63.079	14.49	0.103 1	1.128	0.139 7		394.75	1.239
	28	59.339	17.98	0.099 43	0.932 1	0.128 6		356.75	1.379
	30	54.538	25.28	0.093 74	0.679 8	0.119 3		300.89	1.755
	32	47.085	57.29	0.084 26	0.312 4	0.111 4		205.57	3.567

附录 12　几种液体的体胀系数

液体	T/K	$\alpha_V\times10^3$/K^{-1}
(SAE50)乙二醇	273	0.65
R113	260	1.392
	280	1.454
	300	1.537
	320	1.648
	340	1.795
	360	1.995
	380	2.276
	400	2.693
	420	3.373
	440	4.674
	460	8.100

液体	T/K	$\alpha_V\times10^3$/K^{-1}
机油	273	0.70
液氢	20.3	16.59
水银	273	0.18
液氮	70	5.129
液氧	77.4	3.899
	80	3.978
	90	4.363
	100	4.920
	110	5.751
甘油	280	0.47
	300	0.48
	320	0.50

附录 13　液态金属的热物理性质

金属名称	t ℃	ρ kg/m³	λ W/(m·K)	c_p kJ/(kg·K)	$a\times10^6$ m²/s	$\nu\times10^8$ m²/s	$Pr\times10^2$
水银 熔点 -38.9 ℃ 沸点 357 ℃	20	13 550	7.90	0.139 0	4.36	11.4	2.72
	100	13 350	8.95	0.137 3	4.89	9.4	1.92
	150	13 230	9.65	0.137 3	5.30	8.6	1.62
	200	13 120	10.3	0.137 3	5.72	8.0	1.40
	300	12 880	11.7	0.137 3	6.64	7.1	1.07
锡 熔点 231.9 ℃ 沸点 2 270 ℃	250	6 980	34.1	0.255	19.2	27.0	1.41
	300	6 940	33.7	0.255	19.0	24.0	1.26
	400	6 865	33.1	0.255	18.9	20.0	1.06
	500	6 790	32.6	0.255	18.8	17.3	0.92
铋 熔点 271 ℃ 沸点 1 477 ℃	300	10 030	13.0	0.151	8.61	17.1	1.98
	400	9 910	14.4	0.151	9.72	14.2	1.46
	500	9 785	15.8	0.151	10.8	12.2	1.13
	600	9 660	17.2	0.151	11.9	10.8	0.91
锂 熔点 179 ℃ 沸点 1 317 ℃	200	515	37.2	4.187	17.2	111.0	6.43
	300	505	39.0	4.187	18.3	92.7	5.03
	400	495	41.9	4.187	20.3	81.7	4.04
	500	434	45.3	4.187	22.3	73.4	3.28
铋铅(56.5%Bi) 熔点 123.5 ℃ 沸点 1 670 ℃	150	10 550	9.8	0.146	6.39	28.9	4.50
	200	10 490	10.3	0.146	6.67	24.3	3.64
	300	10 360	11.4	0.146	7.50	18.7	2.50
	400	10 240	12.6	0.146	8.33	15.7	1.87
	500	10 120	14.0	0.146	9.44	13.6	1.44
钠钾(25%Na) 熔点 -11 ℃ 沸点 784 ℃	100	852	23.2	1.143	26.9	60.7	2.51
	200	828	24.5	1.072	27.6	45.2	1.64
	300	808	25.8	1.038	31.0	36.6	1.18
	400	778	27.1	1.005	34.7	30.8	0.89
	500	753	28.4	0.967	39.0	26.7	0.69
	600	729	29.6	0.934	43.6	23.7	0.54
	700	704	30.9	0.900	48.8	21.4	0.44

金属名称	t / ℃	ρ / kg/m^3	λ / $W/(m\cdot K)$	c_p / $kJ/(kg\cdot K)$	$a\times10^6$ / m^2/s	$\nu\times10^8$ / m^2/s	$Pr\times10^2$
钠 熔点 97.8 ℃ 沸点 883 ℃	150	916	84.9	1.356	68.3	59.4	0.87
	200	903	81.4	1.327	67.8	50.6	0.75
	300	878	70.9	1.281	63.0	39.4	0.63
	400	854	63.9	1.273	58.9	33.0	0.56
	500	829	57.0	1.273	54.2	28.9	0.53
钾 熔点 64 ℃ 沸点 760 ℃	100	819	46.6	0.805	70.7	55	0.78
	250	783	44.8	0.783	73.1	38.5	0.53
	400	747	39.4	0.769	68.6	29.6	0.43
	750	678	28.4	0.775	54.2	20.2	0.37
铅 熔点 327.5 ℃ 沸点 1 749 ℃	350	10 644	16.0	0.147	10.2	23.8	2.32
	400	10 580	16.6	0.147	10.7	21.0	1.97
	500	10 452	17.7	0.145	11.7	17.4	1.49
	600	10 324	18.8	0.144	12.7	15.0	1.18
	700	10 196	19.9	0.142	13.7	13.4	0.97
	800	10 068	21.0	0.141	14.8	12.2	0.83
	900	9 940	22.1	0.140	15.9	11.4	0.72
	1 000	9 812	23.2	0.139	17.0	10.7	0.63

附录 14　第一类贝塞尔(Bessel)函数选摘

x	$J_0(x)$	$J_1(x)$	x	$J_0(x)$	$J_1(x)$	x	$J_0(x)$	$J_1(x)$
0.0	1.000 0	0.000 0	0.9	0.807 5	0.405 9	1.8	0.340 0	0.581 5
0.1	0.997 5	0.049 9	1.0	0.765 2	0.440 0	1.9	0.281 8	0.581 2
0.2	0.990 0	0.099 5	1.1	0.719 6	0.470 9	2.0	0.223 9	0.576 7
0.3	0.977 6	0.148 3	1.2	0.671 1	0.498 3	2.1	0.166 6	0.568 3
0.4	0.960 4	0.196 0	1.3	0.620 1	0.522 0	2.2	0.110 4	0.556 0
0.5	0.938 5	0.242 3	1.4	0.566 9	0.541 9	2.3	0.055 5	0.539 9
0.6	0.912 0	0.286 7	1.5	0.511 8	0.557 9	2.4	0.002 5	0.520 2
0.7	0.881 2	0.329 0	1.6	0.455 4	0.569 9			
0.8	0.846 3	0.368 8	1.7	0.398 0	0.577 8			

附录 15　误差函数选摘

x	erf x	x	erf x	x	erf x
0.00	0.000 00	0.36	0.389 33	1.04	0.858 65
0.02	0.022 56	0.38	0.409 01	1.08	0.873 33
0.04	0.045 11	0.40	0.428 39	1.12	0.886 79
0.06	0.067 62	0.44	0.466 22	1.16	0.899 10
0.08	0.090 08	0.48	0.502 75	1.20	0.910 31
0.10	0.112 46	0.52	0.537 90	1.30	0.934 01
0.12	0.134 76	0.56	0.571 62	1.40	0.952 28
0.14	0.156 95	0.60	0.603 86	1.50	0.966 11
0.16	0.179 01	0.64	0.634 59	1.60	0.976 35
0.18	0.200 94	0.68	0.663 78	1.70	0.983 79
0.20	0.222 70	0.72	0.691 43	1.80	0.989 09
0.22	0.244 30	0.76	0.717 54	1.90	0.992 79
0.24	0.265 70	0.80	0.742 10	2.00	0.995 32
0.26	0.286 90	0.84	0.765 14	2.20	0.998 14
0.28	0.307 88	0.88	0.786 69	2.40	0.999 31
0.30	0.328 63	0.92	0.806 77	2.60	0.999 76
0.32	0.349 13	0.96	0.825 42	2.80	0.999 92
0.34	0.369 36	1.00	0.842 70	3.00	0.999 98

注：误差函数 $\mathrm{erf}\,x=\frac{2}{\sqrt{\pi}}\int_0^x e^{-t^2}\mathrm{d}t$；误差余函数 $\mathrm{erfc}\,x=1-\mathrm{erf}\,x$。

附录16　长圆柱的非稳态导热线算图

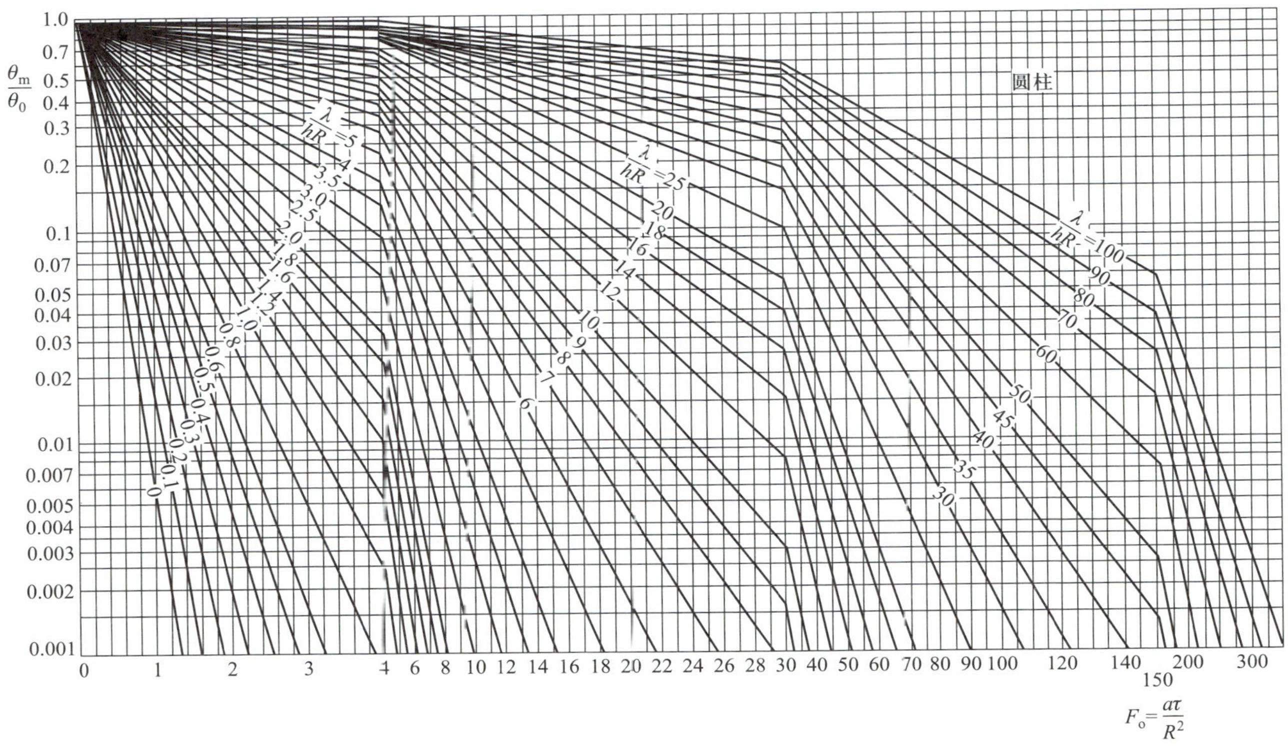

附录16a　长圆柱中心温度诺谟图

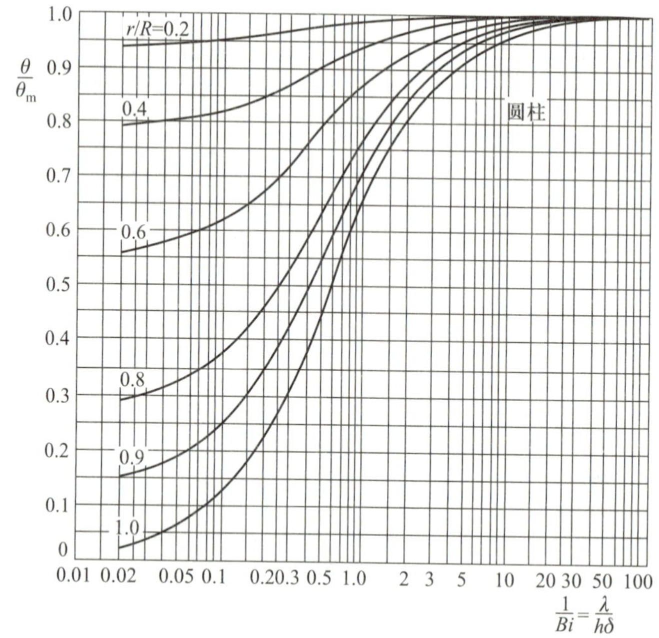

附录 16b　长圆柱的 θ/θ_m 曲线

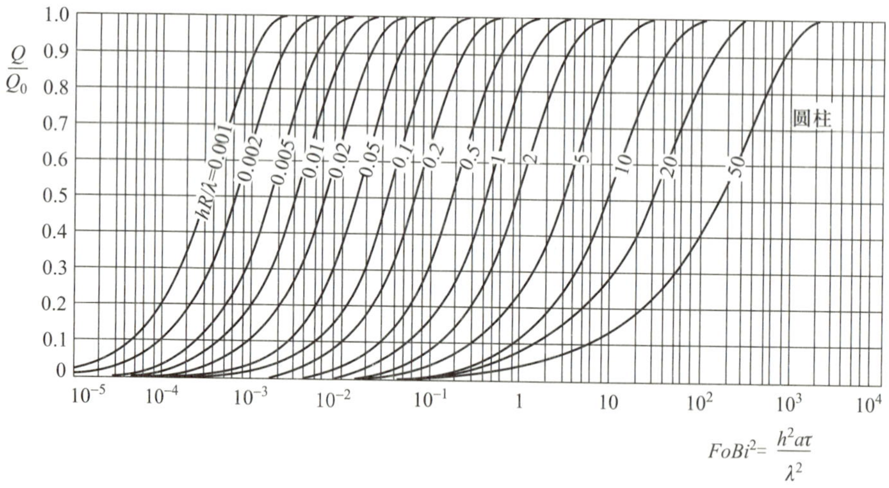

附录 16c　长圆柱的 Q/Q_0 曲线

附录17　球的非稳态导热线算图

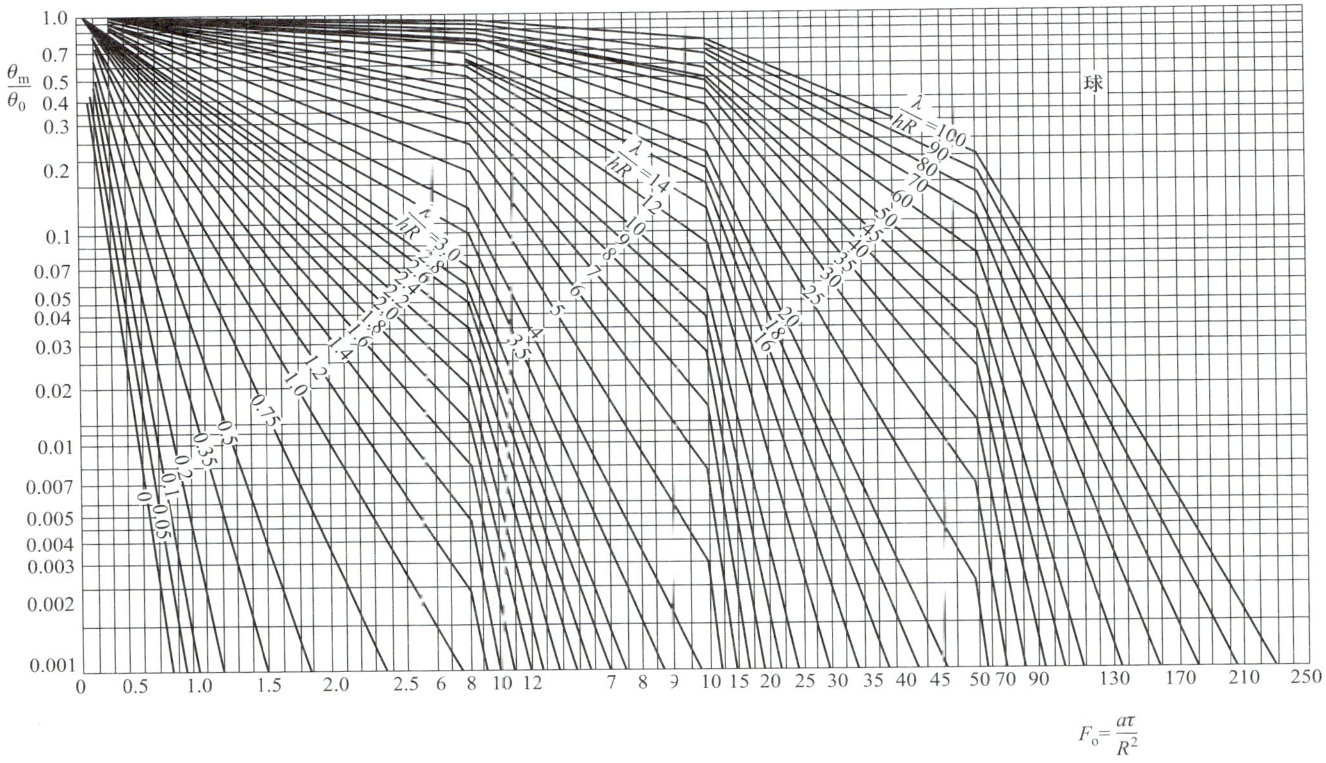

附录17a　球的中心温度诺谟图

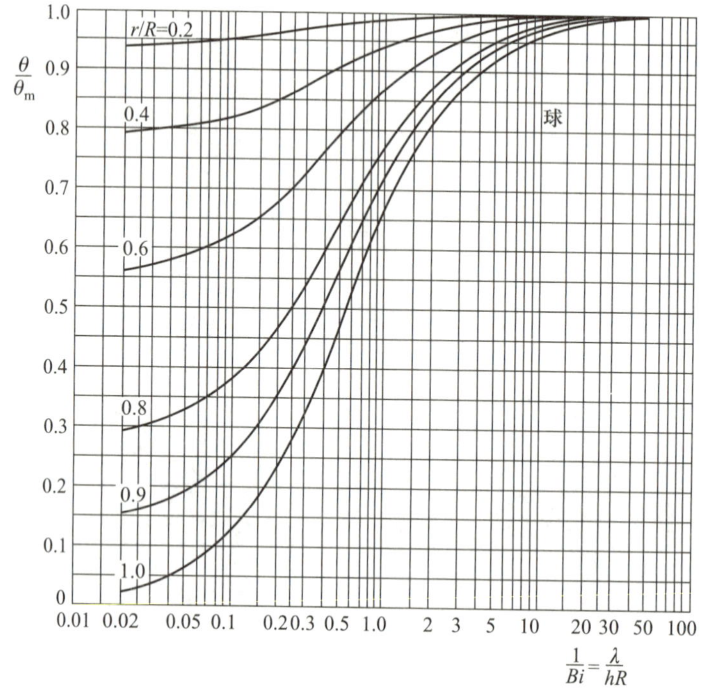

附录 17b　球的 θ/θ_m 曲线

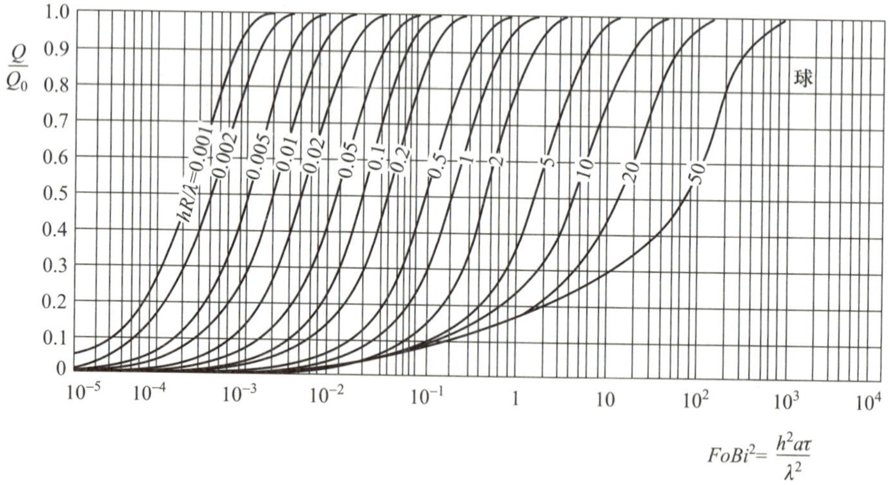

附录 17c　球的 Q/Q_0 曲线

附录 18　污垢热阻参考值[11]

附录 18a　水的污垢热阻

m²·K/W

加热介质的温度	<115 ℃		115～205 ℃	
水的温度	≤52 ℃		>52 ℃	
水的类型	水的流速/(m/s)		水的流速/(m/s)	
	≤1	>1	≤1	>1
海水	0.000 088	0.000 088	0.000 176	0.000 176
含盐的水	0.000 352	0.000 176	0.000 528	0.000 352
冷却塔和人造喷水池净化水	0.000 176	0.000 176	0.000 352	0.000 352
冷却塔和人造喷水池未净化水	0.000 528	0.000 528	0.000 881	0.000 704
自来水或井水	0.000 176	0.000 176	0.000 352	0.000 352
河水最小值	0.000 352	0.000 176	0.000 528	0.000 352
河水平均值	0.000 528	0.000 352	0.000 704	0.000 528
浑浊或带有泥质的水	0.000 528	0.000 352	0.000 704	0.000 528
硬水(>256.8 mg/L)	0.000 528	0.000 528	0.000 881	0.000 881
冷凝液	0.000 088	0.000 088	0.000 088	0.000 088
净化的锅炉给水	0.000 176	0.000 088	0.000 176	0.000 176
锅炉排水	0.000 352	0.000 352	0.000 352	0.000 352

附录 18b　化工过程物料的污垢热阻

m²·K/W

流体种类	污垢热阻
气体和蒸气	
酸性气体	0.000 352～0.000 528
溶剂蒸气	0.000 176
稳定的塔顶产品蒸气	0.000 176～0.000 352
液体	
单醇胺和二醇胺溶液	0.000 352
二甘醇和四甘醇溶液	0.000 352
稳定的侧向馏分及塔底产品	0.000 176～0.000 352
植物油	0.000 528

附录 18c　工业流体的污垢热阻　　$m^2 \cdot K/W$

流体种类	污垢热阻
油类	
2 号燃料油	0.000 352
6 号燃料油	0.000 880
变压器油	0.000 176
机械润滑油	0.000 176
气体和蒸汽	
水蒸气(无油)	0.000 088
排放水蒸气(含油)	0.000 264~0.000 352
制冷剂蒸气(含油)	0.000 352
压缩空气	0.000 176
氨气	0.000 176
二氧化碳	0.000 176
氯气	0.000 352
燃煤烟气	0.001 76
天然气烟气	0.000 88
发动机排气	0.000 176
液体	
制冷液	0.000 176
压缩流体	0.000 176
工业有机传热介质	0.000 352
氨	0.000 176
氨(含油)	0.000 528
乙醇溶液	0.000 352
乙二醇溶液	0.000 352
传热熔盐	0.000 880
CO_2	0.000 176
氯(液体)	0.000 352
木醇溶液	0.000 352

附录 18d　天然气-汽油加工过程的污垢热阻

$m^2 \cdot K/W$

流体种类	污垢热阻
气体和蒸气	
天然气	0.000 176~0.000 352
塔顶产品蒸气	0.000 176~0.000 352
液体	
劣质油	0.000 352
富油	0.000 176~0.000 352
天然气油和液化石油气	0.000 176~0.000 352

附录 19　大气压力($p=1.013\ 25\times10^5$ Pa)下二元气体混合物的扩散系数[12]

气体对	温度/K	$D/(10^4\ m^2/s)$
空气-二氧化碳	317.2	0.177
空气-乙醇	313	0.145
空气-氨	317.2	0.765
空气-水	313	0.288
二氧化碳-氮	298	0.167
二氧化碳-氧	293.2	0.153
二氧化碳-二氧化硫	263	0.064
二氧化碳-水	307.2	0.198
	352.3	0.245
氨-水	307.1	0.902
氢-氮	298	0.784
氢-水	328.5	1.121
氮-氨	298	0.230
氮-水	307.5	0.256
氮-二氧化硫	263	0.104
氧-水	352.3	0.352

附录 20　熔盐的热物理性质

熔盐名称	$\frac{t}{℃}$	$\frac{\rho}{kg/m^3}$	$\frac{\lambda}{W/(m\cdot K)}$	$\frac{c_p}{kJ/(kg\cdot K)}$	$\frac{a\times10^8}{m^2/s}$	$\frac{\nu\times10^7}{m^2/s}$	Pr
三元氯化盐 Mg/K/Na（质量分数：45.98%/38.91%/15.11%）	450	1 705	0.465	1.076	25.34	21.90	8.64
	500	1 677	0.452	1.051	25.65	19.99	7.80
	550	1 649	0.439	1.026	25.95	18.50	7.13
	600	1 621	0.426	1.001	26.26	17.31	6.59
	650	1 593	0.413	0.976	26.57	16.35	6.15
	700	1 564	0.400	0.951	26.89	15.56	5.79
	750	1 536	0.387	0.926	27.21	14.92	5.48
	800	1 508	0.374	0.901	27.53	14.39	5.23
二元氯化盐 Mg/K（摩尔分数：32%/68%）	450	1 655	0.460	0.992	28.00	33.12	11.83
	500	1 628	0.455	0.997	28.02	29.95	10.69
	550	1 600	0.450	1.002	28.04	27.23	9.71
	600	1 573	0.445	1.007	28.07	24.98	8.90
	650	1 545	0.440	1.013	28.11	23.22	8.26
	700	1 517	0.435	1.018	28.15	21.99	7.81
	750	1 490	0.430	1.023	28.19	21.31	7.56
	800	1 462	0.425	1.028	28.25	21.22	7.51
FLiNaK	500	2 097	0.793	1.880	20.11	38.81	19.29
	550	2 066	0.821	1.880	21.14	27.71	13.11
	600	2 035	0.849	1.880	22.19	20.60	9.28
	650	2 003	0.877	1.880	23.28	15.85	6.81
	700	1 972	0.905	1.880	24.41	12.55	5.14
	750	1 941	0.933	1.880	25.57	10.18	3.98
	800	1 910	0.961	1.880	26.76	8.44	3.15
太阳盐	300	1 899	0.500	1.495	17.61	17.11	9.71
	350	1 867	0.509	1.503	18.15	12.43	6.85
	400	1 836	0.519	1.512	18.70	9.59	5.13
	450	1 804	0.528	1.520	19.27	8.07	4.19
	500	1 772	0.538	1.529	19.86	7.32	3.69
	550	1 740	0.547	1.538	20.46	6.74	3.30
	600	1 708	0.557	1.546	21.09	5.71	2.71

续表

熔盐名称	t ℃	ρ kg/m³	λ W/(m·K)	c_p kJ/(kg·K)	$a\times10^8$ m²/s	$\nu\times10^7$ m²/s	Pr
HITEC	200	1 934	0.436	1.560	14.46	38.00	26.29
	250	1 897	0.425	1.560	14.36	24.62	17.15
	300	1 860	0.396	1.560	13.63	17.19	12.61
	350	1 824	0.363	1.560	12.77	12.84	10.06
	400	1 787	0.331	1.560	11.87	10.08	8.49
	450	1 750	0.299	1.560	10.93	8.03	7.34
	500	1 714	0.266	1.560	9.96	6.49	6.51

参考文献

[1] ZHANG H, FANG W Z, LI Y M, et al. Experimental study of the thermal conductivity of polyurethane foams [J]. Applied Thermal Engineering, 2017,115(25): 528-538.

[2] POCO J F, SATCHER J H, HRUBESH L W. Synthesis of high porosity, monolithic alumina aerogels[J]. Journal of non-crystalline Solids, 2001, 285(1): 57-63.

[3] FRICKE J, LU X, WANG P, et al. Optimization of monolithic silica aerogel insulants[J]. International journal of heat and mass transfer, 1992, 35(9): 2 305-2 309.

[4] XIE T, HE Y L, HU Z J. Theoretical study on thermal conductivities of silica aerogel composite insulating material[J]. International Journal of Heat and Mass Transfer, 2013, 58 (1-2): 540-552.

[5] XIE T, HE Y L, TONG Z X. Analysis of insulation performance of multilayer thermal insulation doped with phase change material[J]. International Journal of Heat and Mass Transfer, 2016, 102: 934-943.

[6] FENG J Z, FENG J, JIANG Y G, et al. Ultralow density carbon aerogels with low thermal conductivity up to 2000℃[J]. Materials Letters, 2011, 65(23): 3 454-3 456.

[7] 张立同. 纤维增韧碳化硅陶瓷复合材料:模拟、表征与设计[M]. 北京:化学工业出版社,2009.

[8] GOU J J, REN X J, FANG W Z, et al. Two small unit cell models for prediction of thermal properties of 8-harness satin woven pierced composites, [J]. Composite Part B,2018,135:218-231.

[9] FANG W Z, GOU J J, ZHANG H, et al. Numerical predictions of the effective thermal conductivity for needled C/C-SiC composite materials[J]. Numerical Heat Transfer, Part A: Application, 2016, 70(10): 1 101-1 107.

[10] GOU J J, ZHANG H, DAI Y J, et al. Numerical prediction of effective thermal conductivities of 3D four-directional braided composites[J]. Composite Structures, 2015, 125: 499-508.

[11] RICHARD C, et al. Standards of the tubular exchanger manufacturers association[M]. 9th ed. New York: Tubular Exchanger Manufacturers Association, Inc., 2007.

[12] MARRETO T R, MASON E A. Gaseous diffusion coefficients [J]. J Phys Chem Ref Data, 1972, 1(3): Published Online: October 2009.

主题索引

B

C

D

E

F

G

H

J

K

L

M

N

P

Q

R

S

T

W

X

Y

Z

图书在版编目（CIP）数据

传热学 / 陶文铨主编 . -- 6 版 . -- 北京：高等教育出版社，2024.6
ISBN 978-7-04-062027-6

Ⅰ. ①传… Ⅱ. ①陶… Ⅲ. ①传热学 Ⅳ. ① TK124

中国国家版本馆 CIP 数据核字（2024）第 058700 号

内容提要

本书是在第五版的基础上围绕“双碳”目标、总结近年来教学改革成果修订而成的。本书第五版是“十二五”普通高等教育本科国家级规划教材和国家级一流本科课程主讲教材。

本书紧跟当前世界范围内科学技术和高等教育的发展，在教材内容上力争反映最新科技成就及国内代表性单位的研究成果，注重学生的科学和工程思维能力的培养。全书共12章，包括导热、对流传热、辐射传热、传热过程及换热器、传质学、传热学专题及近期进展等内容。同时，本书还提供线上学习资料，包括多媒体课件、习题解答、拓展资料等。本书典型例题剖析全面深刻、习题丰富、参考文献详尽，特别是每章都有小结与应用以及基于自主知识产权教学辅助软件MHT-Learning求解的习题，可供读者深入学习时参考。

本书可作为高等学校能源动力类、化工与制药类、航空航天类、机械类、环境科学与工程类、安全科学与工程类、交通运输类、兵器类、土木类专业的教材或教学参考书，也可供其他专业选用和有关科技工作者参考。

传热学（第 6 版）
Chuanrexue

策划编辑 宋 晓　责任编辑 宋 晓　封面设计 王 鹏　版式设计 徐艳妮
责任绘图 于 博　责任校对 刘娟娟　责任印制 赵义民

出版发行 高等教育出版社
社　　址 北京市西城区德外大街 4 号
邮政编码 100120
印　　刷 三河市春园印刷有限公司
开　　本 787mm × 1092mm 1/16
印　　张 35.75
字　　数 900 千字
购书热线 010-58581118
咨询电话 400-810-0598
网　　址 http://www.hep.edu.cn
　　　　 http://www.hep.com.cn
网上订购 http://www.hepmall.com.cn
　　　　 http://www.hepmall.com
　　　　 http://www.hepmall.cn
版　　次 1982 年 7 月第 1 版
　　　　 2024 年 6 月第 6 版
印　　次 2024 年12月第 2 次印刷
定　　价 70.00 元

物 料 号 62027-00